AKAL BÁSICA DE BOLSILLO 114

Élie Lévy

Diccionario Akal de Física

Maqueta: RAG
Portada: Sergio Ramírez

Título original
Dictionnaire de Physique

Reimpresión, 2026

Sector Foresta, 1
28760 Tres Cantos
Madrid - España

Tel.: 918 061 996
Fax: 918 044 028

www.akal.com

ISBN: 978-84-460-1255-9
Depósito legal: M. 23.898-2008

Impreso en Feranández Ciudad, S. L. Pinto
(Madrid)

Élie Lévy
Bajo la dirección de
François le Lionnais

Diccionario Akal de Física

Prefacio de
Pierre Auger y Jean Terrien

Traducción
Faustino Barriuso

akal

PREFACIO

Este Diccionario de física aparece poco después de la muerte de F. Le Lionnais, que ha sido su inspirador. Las relaciones, tanto laborales como de amistad que mantuvimos con él durante muchos años, nos obligan a rendir aquí un emocionado homenaje a este hombre, cuyas numerosas actividades al servicio de la Ciencia, y de modo más particular su devoción a una sana divulgación de los descubrimientos científicos, han continuado sin descanso hasta el último momento, a pesar de los crecientes sufrimientos físicos que le acompañaron, secuelas de los malos tratos sufridos durante su deportación.

Nacido en 1901, F. Le Lionnais obtuvo a los veinticuatro años, en Estrasburgo, los títulos de Ingeniero químico y de Ingeniero de organización del trabajo e investigación operativa. Sus múltiples dones se pusieron muy pronto de manifiesto. A los veintisiete años, por ejemplo, alcanzó con éxito la salvación económica de una empresa dedicada a la fundición.

Resistente desde la primera hora, fue detenido en 1944, internado en Fresnes y más tarde deportado a Dora, de siniestra memoria. Una salud robusta por entonces, una vida interior rica e intensa, una fuerza de carácter poco común, aliadas a una vigilancia mantenida alerta en todo instante, le ayudaron a soportar los malos tratos... y a hacerlos soportables a un gran número de sus compañeros de infortunio. Regresó de allí en mayo de 1945.

Su actividad se manifestó entonces en los campos más variados. Una notable inteligencia y una excepcional memoria le permitieron la dedicación a su gusto por la ciencia, por todas las ciencias, tan pronunciado; pero asimismo por la literatura, la pintura, la música... y por el ajedrez, campo en el que alcanzó el reconocimiento de especialista de reputación universal.

Fue ocupando puestos de mayor responsabilidad cada vez: consejero del director de Estudios generales en la Escuela superior de Guerra, jefe de división en el departamento de Ciencias exactas y naturales de la Unesco, consejero científico cerca del gobierno indio, miembro del Comité de Ciencias de la ORTF (la Radio-Televisión francesa), de la Comisión de Restauración de Obras de arte de los museos nacionales de Francia. Contribuyó a fundar, cerca de París, el Instituto de Altos Estudios científicos. Durante varios años, por fin, animó todas las semanas una emisión de Francia-Cultura: «La Ciencia en marcha», seguida con asiduidad por un muy numeroso auditorio. Con ayuda de sus autores se ofrecía un análisis, que él sabía hacer vivo y animado, de las publicaciones científicas más recientes.

Le preocuparon igualmente las relaciones entre la ciencia y la sociedad. Durante su presencia en la Unesco contribuyó a la creación del periódico Impacto, consagrado a la situación y el papel de la ciencia en las sociedades modernas. Con L. de Broglie creó, en 1950, la Asociación de Escritores científicos, de la que fue presidente de honor hasta su muerte...

Para hablar de los conocimientos científicos F. Le Lionnais se esforzó en encontrar expresiones que fueran a la vez adecuadas y fácilmente comprensibles para los oyentes, incluso los no especializados. Ello le condujo a interesarse grandemente por el lenguaje, en todas sus facetas. Así le encontramos como miembro del Comité consultivo del Lenguaje científico de la Academia de Ciencias, miem-

bro del Comité de Estudios de los Términos científicos franceses... Quizá sea necesario relacionar con este deseo de dominar la lengua su encuentro con otros apasionados de la palabra, Raymond Queneau fundamentalmente, para fundar un «Taller de literatura potencial» —el OULIPO (ouvroir de littérature potentielle)—, *seguido por otros «OUXPO», donde X representaba la música, o la pintura, o la literatura policíaca.*

F. Le Lionnais tenía, por fin, el don de saber comunicar su entusiasmo creador. Fue así, por ejemplo, como pudo, entre 1942 y 1947 y en colaboración con Jean Ballard, obtener de varios eminentes matemáticos diversos estudios (a pesar de las dificultades de la época), que reunió y publicó bajo el título Las grandes corrientes del pensamiento matemático. *Más tarde estimó que el procedimiento ideal para la difusión de la ciencia entre un público de buena formación intelectual, aunque no especializado, era la creación de diversos diccionarios.*

En colaboración con A. Bouvier y M. George hizo aparecer un Diccionario de matemáticas; *después, más recientemente, y en colaboración con J. Brette, un diccionario antológico sumamente original sobre* Los números notables. *En fase de preparación se encontraban asimismo, en el momento de su desaparición, un* Diccionario de astronomía y de las ciencias de la Tierra, *un* Diccionario de química...

El presente Diccionario de física *ha sido realizado en colaboración con E. Lévy, a quien una larga carrera de profesor ha familiarizado con los problemas que plantea la enseñanza de la física a auditorios de distintos niveles y de distintas edades, en particular a los estudiantes de los cursos llamados «preparatorios», que constituyen un puente entre los años de enseñanza elemental en los Institutos y los años de especialización, teórica y técnica, de Facultades y Escuelas Técnicas.*

En conclusión, expresamos aquí, de una parte, la muy alta y cordial estima que profesábamos a F. Le Lionnais, así como la profunda tristeza que, junto a todos sus amigos, hemos sentido con su desaparición. Tenemos, de otra parte, la firme esperanza —fundada, creemos— de que esta obra, la última en aparecer bajo la firma de F. Le Lionnais, pueda alcanzar su propósito, es decir, contribuir eficazmente a iluminar a numerosos lectores en diversos aspectos actuales de la física.

Pierre AUGER, Jean TERRIEN

PRÓLOGO

Según el público al que se destine, un diccionario de física puede concebirse de diferentes maneras. Un número muy limitado de artículos, comentando de forma elemental las expresiones más corrientes, es el más conveniente para jóvenes lectores. En el lado opuesto, un diccionario destinado a un público de físicos debe contener las definiciones precisas de todas las expresiones, familiares o no, que pueda encontrar el lector. Cada uno de estos tipos de obra tiene su razón de ser, y hay muestras excelentes de ellos. Nuestro propósito es otro. Hemos ambicionado componer una obra manejable, capaz de responder a lo que espera el hombre culto normal, no especializado, pero dotado de curiosidad por diversos aspectos de la física actual.

Esperamos que en esta obra encuentre las explicaciones que le permitan no detenerse en el curso de una lectura, por ejemplo, al encontrarse con una expresión que se refiera a cualquier fenómeno físico y cuyo sentido le sea desconocido, o lo haya perdido de vista. Puede desear ser iluminado acerca del interés y el significado de uno de los numerosos «efectos» físicos, efectos conocidos de antiguo (el efecto Joule, por ejemplo) o de descubrimiento más reciente (efecto láser, efecto túnel...), o incluso acerca de uno de los numerosos aparatos cuyo funcionamiento es una aplicación de las leyes de la física, ya sea de uso extendido en la actualidad (autoclave, motor ordinario, televisor...) o de uso restringido a especialistas, de manera que tan sólo resulte conocida su existencia (acelerador de partículas, reactor nuclear, sismógrafo...). El dominio de la física se extiende mucho más allá de los laboratorios, y el lector puede, en fin, desear conocer la actual interpretación de algunos fenómenos o de algunos objetos naturales (arco iris, agujero negro...).

Es difícil trazar fronteras precisas entre el reino de la física y los dominios de otras «ciencias de la naturaleza» (astronomía, ciencias de la Tierra, química, biología...), los de las distintas técnicas o los de determinadas artes (arquitectura, música, pintura..., ¡incluso el arte culinario!). Los dominios comunes son a menudo designados por medio de nombres compuestos: astrofísica, geofísica, química física...

Señalemos que la utilización de las leyes físicas en aplicaciones prácticas puede ser consciente o inconsciente. Un constructor de órganos no puede ignorar las leyes de los tubos sonoros, pero un cocinero puede no conocer explícitamente las leyes teóricas relativas a las disoluciones coloidales, pese a lo cual ligará perfectamente una mayonesa. Sucede, sin embargo, que un mejor conocimiento de las leyes que se utilizan es origen frecuente de progresos técnicos. El considerable desarrollo de la navegación aérea es fruto en gran parte de un mejor conocimiento de las leyes de la mecánica de fluidos... El estudio de esas conexiones, de esas interdependencias es, ciertamente, del mayor interés, pero no siendo nuestra obra, por su propósito, una enciclopedia de las ciencias, de las artes y de las técnicas, ha sido necesario limitarnos en este campo. Hemos preferido, en consecuencia, a menudo con cierta arbitrariedad, retener el vocabulario relativo a las leyes físicas utilizadas, excluyendo el vocabulario propio de los dominios fronterizos (ciencia, arte o técnica). Se encontrará, por ejemplo, el principio de funcionamiento de un sismógrafo, pero no el vocabulario relativo a la estructura interna del globo terráqueo; las palabras que se refieren a las características físicas del sonido, pero no su correlato musical.

Las relaciones de la física con las matemáticas son aún más estrechas, y se ha escrito mucho sobre este particular. Consideramos útil recordar aquí, muy sucintamente, algunos aspectos.

El matemático puro puede definir entes matemáticos, provistos axiomáticamente de ciertas propiedades. Después, por deducción, con la única exigencia de la coherencia lógica, puede realizar construcciones, teorías, no desprovistas de una cierta belleza; todo ello sin referencia alguna a una realidad física cualquiera. La ambición del físico es, precisamente, estudiar la realidad, los fenómenos, a menudo complejos, que llamamos reales; algunos de los cuales se producen a nuestra escala y son, por tanto, directamente perceptibles, mientras que otros ocurren en lo infinitamente pequeño o en lo infinitamente grande, y tan solamente nos resultan conocidos por sus repercusiones a nuestra escala.

Para describir esos diversos fenómenos, o al menos los «modelos» que él imagina para representarlos cuando son demasiado complejos o no directamente perceptibles, el físico utiliza distintas *magnitudes físicas,* relacionadas entre sí por medio de *leyes físicas,* cualitativas o cuantitativas, que se esfuerza en descubrir.

Señalemos que los significados ligados a ciertas magnitudes han evolucionado en el curso del tiempo, a través de una serie de sucesivas modificaciones en los modelos representativos de un mismo fenómeno. Hemos preferido en esos casos evocar la evolución por medio de algunas frases, lo que, en nuestra opinión, puede ayudar a comprender mejor los significados admitidos en la actualidad. Véase, por ejemplo, y con este propósito, la voz calor (valdrían también color, luz, magnetismo...).

Para expresar de modo preciso y conciso una ley física es cómodo, y en general necesario, utilizar el lenguaje matemático, ya que resulta inadecuado el lenguaje corriente. Con este fin se asocia a cada magnitud física un ente matemático en posesión de propiedades análogas: se asocia, por ejemplo, una fuerza con un vector geométrico, siendo idénticas sus leyes de composición interna. Son numerosos, además, los entes matemáticos que han sido primitivamente ideados y luego definidos y estudiados con este fin. Citaremos, por ejemplo, a los tensores, concebidos para representar válidamente las tensiones mecánicas internas en el seno de un material, y utilizados hoy en muchos otros casos. La ley física se expresa a continuación como una relación entre los conceptos matemáticos asociados.

A partir de tal relación se hace posible obtener, por las vías deductivas preparadas por los matemáticos, un conjunto de relaciones diferentes, descubriéndose de este modo nuevas leyes físicas. La ley inicial, los cálculos relacionados con ella y las nuevas leyes que han obtenido en este proceso constituyen entonces una *teoría física.*

Una ley a partir de la cual pueden establecerse otras leyes del modo citado, por vía deductiva, pero que a su vez no puede ser relacionada con una ley más general, es llamada *principio* (primera ley, etimológicamente). Las que derivan matemáticamente de una teoría son *leyes teóricas.* Una ley establecida por vía experimental directa, y que no puede extraerse de ninguna teoría conocida es llamada *ley empírica.*

El calificativo asociado con una ley, al uso del párrafo precedente, puede cambiar en el curso del tiempo. El antiguo «principio» de Arquímedes es hoy considerado como una ley derivada lógicamente de las leyes de la estática de fluidos. Es, por tanto, una ley teórica en la actualidad; lo que algunos llaman un «teorema». Se dice también que en la actualidad está «explicado», porque está relacionado con un modelo que describe el origen de las presiones en el seno de un fluido.

Naturalmente, toda ley descubierta por vía puramente teórica debe ser sometida al control experimental. Si los resultados no están de acuerdo con las previsiones debe ser revisado cada uno de los eslabones de la cadena de razonamientos. Es posible que entonces nos percatemos de que ciertos datos, considerados como adquiridos, eran de hecho axiomas inconscientes. La no-confirmación experimental de la ley de «composición de velocidades», prevista por la mecánica newtoniana y revelada negativamente por los resultados de la experiencia de Michelson y Morley, puso en cuestión las ideas establecidas, o que así lo parecían al menos, acerca de la existencia del «éter», de un espacio y un tiempo «absolutos». De ese fracaso resultó el importante avance que conocemos como teoría relativista.

Señalemos, para finalizar, que las leyes teóricas plantean a veces difíciles problemas de interpretación, no siendo siempre fácil encontrar el modelo que las haga inteligibles y sin incoherencias. Así, algunos resultados obtenidos por la mecánica cuántica originan interpretaciones que aún resultan controvertidas. Hemos señalado algunas de entre las más célebres. (V. teorema de Bell, doble solución...).

Puede verse, a través de las líneas anteriores, que si la física ha podido y puede enriquecer el dominio de las matemáticas gracias a los problemas que plantea, resulta a su vez tributaria de dos fuentes, tan esenciales una como la otra: la de la observación y la experiencia, la de la expresión y el razonamiento matemático.

Los niveles de conocimientos de nuestros lectores en el campo de las matemáticas pueden ser harto desiguales, y nos hemos esforzado en la medida de lo posible para dar a cada palabra una primera definición expresada en el lenguaje común, accesible por tanto a la mayoría, a reserva de precisar más tarde el significado y los aspectos cuantitativos por medio de las expresiones matemáticas apropiadas.

Para aquellos lectores a los cuales ese aspecto matemático, que hemos procurado limitar tanto como nos ha sido posible, no resulta repulsivo, pero que pueden ignorar el sentido de ciertos entes matemáticos utilizados aquí, hemos procurado recordar la definición de éstos, brevemente, sin el rigor debido, que puede encontrarse con más pertinencia en una obra sobre matemáticas[1].

El uso quiere que las leyes, efectos o experiencias históricas lleven el nombre o los nombres de sus descubridores respectivos. Es un medio cómodo para designarlos, y a él nos hemos atenido. Presenta este uso, sin embargo, dos inconvenientes en los que conviene recalar. En primer lugar, varios descubrimientos son atribuidos con frecuencia al mismo autor. Existen en la literatura, por ejemplo, dos «leyes de Faraday», dos «experiencias de Hertz»... En ese caso es el contexto el que permite elegir la definición apropiada. En segundo lugar se da también el caso opuesto, una misma ley puede ser conocida por dos nombres de autores diferentes, cuando la prioridad en su descubrimiento resulta controvertida. La ley sobre la compresibilidad isoterma de los gases es conocida como ley de Mariotte en Francia y como ley de Boyle en el resto del mundo. Recordamos generalmente esta doble denominación, sin tomar partido en este tipo de debate, al que no negamos, evidentemente, un interés específico para los historiadores de la ciencia.

Esa misma historia comporta además otros aspectos importantes: estudio sistemático de la aparición y la concatenación de los conocimientos científicos en el curso del tiempo, estudio de la vida y la obra de cada uno de los autores, del papel representado por cada una de las instituciones, regionales, nacionales o internacionales, que han contribuido a esta evolución de los conocimientos. No era ese, en absoluto, el fin de nuestro trabajo. Hemos considerado útil, sin embargo, fijar los datos de los descubrimientos esenciales, y aquellos que permiten situar en el tiempo la vida de los autores que se han citado.

François LE LIONNAIS, Élie LÉVY

François Le Lionnais, inspirador y coautor de este *Diccionario,* ha fallecido, desgraciadamente, en marzo de 1984, cuando nuestro trabajo común, que ya había llegado a su término, estaba a punto de ser remitido al editor. He tenido, por tanto, que ocuparme de los últimos retoques.

Séame permitido agradecer aquí, con todo calor, a Pierre Auger, miembro del Instituto de Francia, y a Jean Terrien, director honorario de la Oficina internacional de Pesos y Medidas, por haber aceptado con toda amabilidad ocuparse, en el prefacio, de la evocación de la vida y la obra de François Le Lionnais.

Alain Nourtier, del Centro d'Orsay de la Universidad de París-Sur, ha tenido a bien releer las pruebas de esta obra, suministrándonos multitud de sugerencias luminosas. Se lo agradecemos vivamente.

E. L.

---

1. Véase, por ejemplo, el *Diccionario de matemáticas* de A. Bouvier y M. George, bajo la dirección de F. Le Lionnais, Akal, Madrid, 1984.

Prólogo

[illegible]

NOTAS PARA EL LECTOR

1. Los diferentes artículos están presentados por orden alfabético en voces cerradas. Cuando la expresión que se quiere definir lleva nombres propios hemos elegido como voz el primero de esos nombres; en ausencia de nombres propios, la palabra más significativa de la expresión, y, cuando quepa la duda, se ha previsto un reenvío. *Ejemplos: a)* Bajo la rúbrica «Joule» se encontrará la definición de la unidad joule o julio (J), y después, ordenados alfabéticamente, los diferentes efectos, leyes y experiencias debidas a Joule, seguidas por las experiencias (o expansiones) conocidas como «de Joule-Gay Lussac» y «de Joule-Thomson»; *b)* La expresión «Balanza de torsión» está dentro de la voz «Balanza», pero existe un reenvío a esta voz desde la palabra «Torsión».

2. Los nombres en *cursiva* son, en general, objeto de una definición en su lugar alfabético correspondiente.

3. Las magnitudes diferentes de las escalares se han impreso en letra negrita. *Ejemplo:* La expresión de la fuerza de Lorentz:

   $$\mathbf{f} = q(\mathbf{E} + \mathbf{v} \wedge \mathbf{B}).$$

4. Las remisiones, tanto dentro como al final de los artículos (V. = ver) indican al lector los títulos de otros artículos en los que puede encontrar una información complementaria.

5. Los valores numéricos citados para ilustrar una definición son aproximados solamente, lo que se indica con el signo $\simeq$. Salvo excepciones señaladas, todos los valores se expresan en el Sistema Internacional de unidades (el SI). Valores numéricos más precisos, que afectan a un reducido número de constantes físicas, se han reunido en alguno de los cuadros que se encuentran al final de la obra.
   He aquí, sobre este asunto, los convenios adoptados en el curso de la obra. El signo = (igual a) indica una igualdad rigurosa, resultado generalmente de una definición. *Ejemplo:* $\mathbf{f} + m\mathbf{a}$ (postulado de la mecánica newtoniana), o $c = 2{,}997\,924\,58 \cdot 10^8$ m/s (definición del metro).
   El signo $\simeq$ (aproximadamente igual a) significa que el valor numérico que sigue conlleva una cierta incertidumbre experimental, conocida en principio.
   Ejemplo: La constante de Planck h se conoce actualmente con un margen de error relativo próximo a $5/10^6$. Se escribirá, por tanto:

   $$h \simeq 6{,}626\,176 \cdot 10^{-34} \text{ J.s (ppm 5)}$$

   o, si es bastante para los cálculos que siguen, por ejemplo:

   $$h \simeq 6{,}6(\pm\, 0{,}02) \cdot 10^{-34} \text{ J.s}$$

   El signo ~ (del orden de) se utiliza cuando tan sólo es importante el orden de magnitud del valor citado. *Ejemplo:* $c \sim 3 \cdot 10^8$ m/s, $h \sim 6 \cdot 10^{-34}$ J.s, o incluso $c \sim 10^8$ m/s, $h \sim 10^{-34}$ J.s.

6. Algunos Anexos han sido colocados al final de la obra con el fin de que el lector pueda encontrarlos y consultarlos cómodamente. Se encontrará la lista de los Anexos en la tabla de materias, pág. 845.

A

A

▶ Símbolo del *amperio,* unidad de intensidad eléctrica.

▶ En la representación simbólica de un núclido X, ($^A_Z X$), A representa el número másico (siendo Z el número atómico).

Å

▶ Símbolo del *angström,* unidad no fundamental de longitud (1 Å = 10^{-10} m = 10^{-8} cm).

a

▶ Símbolo del prefijo *atto* (10^{-18}). V. CUADRO DE PREFIJOS DEL S.I. (Anexo 1).

Abbe Ernst (1840-1905)

▶ *Condición de seno Abbe.*—Condición de *aplanatismo* de los sistemas centrados.

▶ *Refractómetro de Abbe.*—Instrumento que permite determinar experimentalmente el índice de refracción de una sustancia por el método del *ángulo límite.*

Aberración

▶ *Aberración anual o de las estrellas fijas.*—Cuando se observan las estrellas «fijas» a lo largo de un año desde un mismo lugar, se tiene la impresión de que describen pequeñas elipses en el cielo, cuyos semiejes mayores se ven, aproximadamente, bajo el mismo ángulo (próximo a 20 segundos de arco). James Bradley, descubridor del fenómeno en 1728, supo mostrar que este movimiento inesperado (de ahí la palabra *aberración*) es, de hecho, un movimiento aparente que resulta de componer la velocidad de la luz **c** con la velocidad orbital terrestre **v** en el momento de la observación.

El cálculo da, efectivamente, tg $a = v/c$, siendo a el *ángulo que mide la máxima aberración.* Se encuentra a sensiblemente próximo a 20″ con $v \simeq 30$ km/s y $c \simeq 300.000$ km/s.

Bradley pudo así confirmar el valor de la velocidad de la luz encontrado por Römer cincuenta años antes y aportar, por otra parte, un argumento importante en favor del sistema de Copérnico, único capaz de explicar el fenómeno. En el lenguaje de la mecánica relativista, el fenómeno de aberración aparece ligado a un cambio de sistema de referencia, y su valor máximo es muy cercano al calculado por Bradley: tg $a = \gamma \cdot v/c$, con $\gamma = 1/\sqrt{1 - v^2/c^2} \simeq 1$.

▶ *Aberración esférica.*—V. ABERRACIONES GEOMÉTRICAS.

Aberraciones

Defectos de nitidez o de forma en las imágenes formadas por los instrumentos ópticos. Una primera clase de aberraciones proviene de las propiedades de *dispersión* de la luz por parte de los cristales ópticos: son las aberraciones *cromáticas*. Los defectos observables en la luz monocromática constituyen la segunda clase: la de las aberraciones *geométricas*.
Se demuestra que no pueden existir instrumentos capaces de dar imágenes totalmente desprovistas de aberraciones. Para cada tipo de aparato, el constructor debe estimar qué defectos pueden ser tolerados y cuáles deben corregirse. Un método general de corrección consiste en operar por compensación asociando, en la construcción del instrumento, diversos implementos afectados separadamente del mismo tipo de aberración pero en sentido opuesto.
Aparecen problemas análogos en el diseño y la construcción de microscopios electrónicos y de lentes electrónicas; son más difíciles de resolver y limitan a menudo el poder separador de estos instrumentos.

▶ *Aberraciones cromáticas.*—Salvo los espejos, todos los instrumentos no especialmente corregidos dan, de un objeto que emite luz blanca (superposición de radiaciones monocromáticas), tantas imágenes como radiaciones. Estas imágenes no coinciden ni en posición ni en tamaño: la imagen aparece irisada, cualquiera que sea el plano de observación.

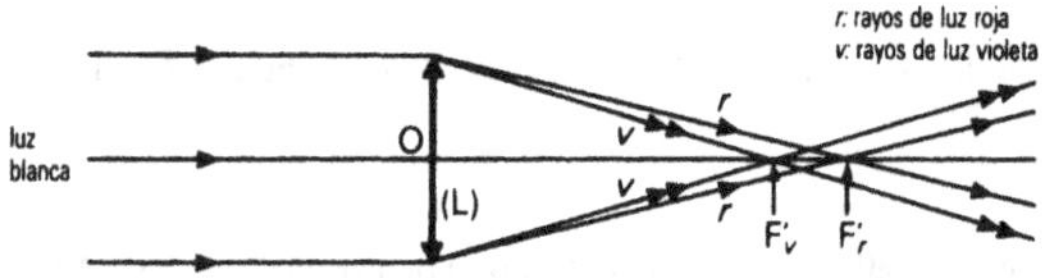

Desde este punto de vista, un sistema óptico centrado se caracteriza dando el valor de su *«aberración cromática longitudinal principal»*: distancia, medida a lo largo del eje del sistema, que separa sus dos focos imagen principales, correspondientes a dos luces monocromáticas bien definidas, situadas en los extremos del espectro visible.
Es posible, asociando convenientemente lentes hechas con distintos cristales, minimizar, ya que no suprimir, las aberraciones cromáticas de un instrumento. Los instrumentos así corregidos son llamados *acromáticos,* o *apocromáticos* cuando la corrección es más profunda.

▶ *Aberraciones esféricas.*—Defectos de nitidez o forma en las imágenes dadas por un instrumento óptico iluminado por luz monocromática. Estos defectos son tanto más importantes cuanto las condiciones del instrumento, que suponemos asimilable a un sistema centrado, estén más alejadas de las condiciones de la óptica paraxial (o aproximación de Gauss).

1. *El objeto es puntual.*—Si está situado sobre el eje del instrumento (punto A) y envía sobre éste un haz luminoso cuyo semiángulo de abertura «u» es importante, la imagen de la óptica paraxial aparece rodeada de un halo circular luminoso, cuyo radio puede medir la importancia de este defecto, llamado comúnmente *aberración esférica.* Se demuestra que este defecto crece, en primera aproximación, como u^3. V. CÁUSTICA.
Cuando el objeto no está en el eje (punto B), la simetría de revolución de la mancha luminosa sobre la pantalla es reemplazada por una simetría con respecto al plano que contiene el eje del objeto. La mancha luminosa adopta la forma de un pequeño cometa. Es la *mancha cromática* o *coma,* cuyas dimensiones crecen en función de *u* y de α, ángulo de inclinación entre el rayo que proviene de B y el eje.
Si el objeto continúa alejándose del eje, se puede aún obtener sobre la pantalla una mancha débil, bajo la condición de interponer un diafragma. El diámetro de esta *pseudo-imagen* depende simultáneamente de *u* y de α. V. ASTIGMATISMO.

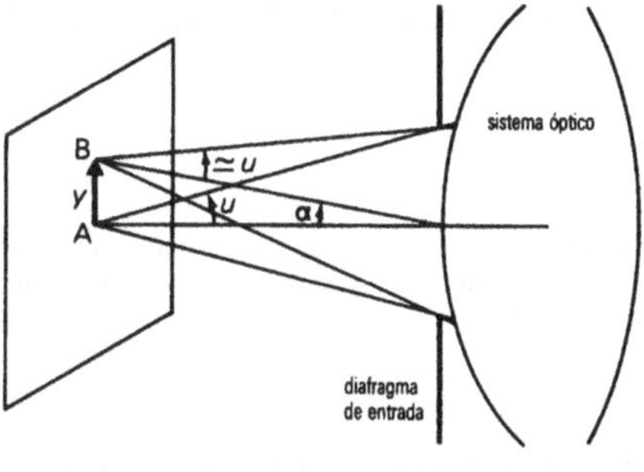

2. *El objeto es plano,* de dimensiones no despreciables, colocado perpendicularmente al eje del instrumento (necesariamente diafragmado). A los defectos de nitidez se superponen dos defectos de forma –la imagen no reproduce fielmente la forma del objeto–: son la *curvatura de campo* y la *distorsión.*

Abertura o apertura

▶ *Abertura de un haz luminoso.*–Si el haz proviene de un foco puntual su abertura se mide por el ángulo sólido Ω del cono formado por sus rayos extremos o, si el cono es de revolución, por el semiángulo en el vértice u, $\Omega = \pi(1 - \cos u)$. Cuando la fuente puntual está «en el infinito», el haz es cilíndrico; su abertura viene medida por el radio de su sección recta. Para un haz que provenga de una fuente extensa, véase tubo de radiación.

▶ *Abertura numérica.*–Magnitud de la que en gran parte dependen las cualidades de un microscopio. Vale, por definición, n sen u, donde n es el índice de refracción del medio incidente (sobre el objetivo) y u el semiángulo en el vértice del haz que sale del centro del objeto y penetra en el objetivo. Se demuestra que el poder de resolución de un microscopio es mejor si su abertura numérica es más grande. Con un objetivo de inmersión ($n \simeq 1{,}52$) y un objetivo aplanático se puede conseguir que n sen $u \simeq 1{,}5$.

▶ *Abertura relativa* (de una lente o, más generalmente, de un objetivo).–Cociente O/f' entre el diámetro O de la lente, o de la pupila de salida del objetivo, y su distancia focal f'. En los objetivos de los grandes anteojos astronómicos es del orden de 1/20.

▶ *Número de abertura* (de un objetivo fotográfico, de una cámara o de un aparato de proyección).–Es el número n, igual a la inversa de su abertura relativa O/f': $n = f'/O \Rightarrow O = f'/n$. Los objetivos fotográficos llevan, generalmente, una serie de valores de n (por ejemplo, 1,4 2 2,8 4 5,6 8, etc.). Cada número es prácticamente igual al precedente multiplicado por la raíz de 2. Elegir, por ejemplo, $n = 5{,}6$ es elegir el diámetro de abertura del diafragma igual a $f/5{,}6$. Si se quiere utilizar un tiempo de exposición *dos* veces más corto, con un objetivo de la misma luminancia, se obtendrá una imagen de la misma luminosidad con la condición de abrir más el diafragma ($\sqrt{2}$ veces más) y de tomar $O = f/4$. La profundidad de campo, sin embargo, será menor.

Abierta

▶ *Transformación abierta.*–Evolución de un sistema físico-químico entre un estado inicial y un estado final, diferentes entre sí.

Si el estado final es idéntico al estado inicial, la transformación recibe los nombres de cerrada o cíclica.
V. MOTORES TÉRMICOS.

Abierto

▶ *Sistema abierto.*—Sistema físico-químico, que puede intercambiar con su entorno energía *y* materia. El agua que hierve en un recipiente sin tapadera o un organismo vivo sin sistemas abiertos.
V. SISTEMA TERMODINÁMICO.

Absoluta

▶ *Aceleración absoluta.*—V. TRANSFORMACIÓN DE ACELERACIONES.

▶ *Medida absoluta.*—Determinación de una magnitud por un procedimiento que implique exclusivamente medidas de magnitudes *fundamentales*. Una medida absoluta puede ser muy precisa si las magnitudes se miden por referencia directa a los patrones correspondientes, lo que no puede hacerse más que en laboratorios equipados (V. un ejemplo en GRAVIMETRÍA).
Lo más frecuente es que se mida una magnitud comparándola a una magnitud de la misma naturaleza ya conocida. Se realiza así una medida *relativa*.
Ejemplo: La medida de una resistencia eléctrica en el *puente de Wheatstone* consiste en determinar la razón entre esta resistencia desconocida y otra supuestamente conocida. Si se toman las precauciones experimentales necesarias, la incertidumbre en el resultado puede provenir solamente de la incertidumbre en el valor de la resistencia conocida.

▶ *Temperatura absoluta.*—V. TEMPERATURA TERMODINÁMICA.

▶ *Velocidad absoluta.*—V. TRANSFORMACIÓN DE VELOCIDADES.

Absoluto

▶ *Cero absoluto.*—V. CERO, TEMPERATURA TERMODINÁMICA.

▶ *Tiempo absoluto.*—V. MECÁNICA NEWTONIANA, TRANSFORMACIÓN DE GALILEO.

Absorbente

▶ *Absorbente de neutrones.*—Sustancia que origina con neutrones libres reacciones nucleares que se producen sin emisión de otros neutrones. El cadmio es un ejemplo de sustancia que absorbe neutrones.
Cuando se introducen barras de cadmio, con mayor o menor profundidad, en el corazón de un reactor nuclear se provoca una disminución más o menos acusada en el número de neutrones libres, necesarios para la reacción de fisión. Éstas permiten moderar, «controlar» el funcionamiento del reactor, y detenerlo rápidamente en caso necesario.

Absorción

Un flujo energético que atraviesa una sustancia puede interactuar con la materia, lo que se traduce experimentalmente en la desaparición aparente de una parte de la energía incidente. Si un flujo Φ penetra en una sustancia y emerge de ella un flujo Φ_t más débil (transmitido), se dice que la diferencia $\Phi_a = \Phi - \Phi_t$ ha sido *absorbida* por la sustancia.
La absorción se produce a través de distintos mecanismos.

Un flujo de energía de vibraciones acústicas se debilita en el curso de su propagación por, en general, una serie de rozamientos disipativos debidos a la viscosidad del medio.
Un flujo de energía electromagnética puede, según la frecuencia de las ondas que lo constituyen —directamente proporcional a la energía individual de los fotones asociados—, provocar la excitación, la agitación o la ionización de moléculas, átomos o núcleos. Del mismo modo, un flujo de partículas subatómicas (protones, electrones...), asociadas cada una a una «onda de materia», puede desencadenar diversos sucesos estudiados en física de las partículas...
La energía que falta no se pierde, evidentemente. Se la encuentra bajo diversos aspectos: energía térmica de agitación (rayos infrarrojos, microondas, que se utilizan, por ejemplo, en calefacción), energía electromagnética difundida (efectos Tyndall, Rayleigh, Compton, Raman...), energía electrónica (efecto fotoeléctrico...), energía de masa (por materialización), etc.
V. FACTOR DE ABSORCIÓN, DEBILITAMIENTO, OPACIDAD.

▶ *Factor de absorción.*—Cuando un medio material, de espesor limitado (una diapositiva, por ejemplo) recibe localmente un flujo energético Φ, una parte de ese flujo, Φ_r, es generalmente reflejado; otra parte, Φ_t, transmitida, y el resto, Φ_a, absorbido en el curso de la travesía del medio.
Las magnitudes $\rho = \Phi_r/\Phi$, $\tau = \Phi_t/\Phi$ y $\alpha = \Phi_a/\Phi$ son, respectivamente, los factores de *reflexión*, de *transmisión* y de *absorción*.
Los valores de cada uno de estos factores adimensionales están comprendidos entre 0 y 1, y el principio de conservación de la energía implica, naturalmente, que la suma de los tres es uno. Los dos primeros pueden determinarse por radiometría, y de ahí se deduce el tercero, α.
La experiencia demuestra que esas magnitudes no dependen del flujo incidente, pero pueden depender, para un mismo medio, de la naturaleza y la composición espectral del flujo incidente.

Abundancia

▶ *Abundancia cósmica.*—Utilizando principalmente el análisis espectrométrico se puede establecer un cuadro de abundancias relativas de los distintos elementos químicos en el Universo. El hidrógeno y el helio son los núclidos más abundantes, como indica el siguiente cuadro resumido:

Hidrógeno	90 %	Carbono	0,06 %
Helio	9 %	Hierro	0,04 %
Oxígeno	0,1 %		

Los núclidos de número atómico elevado son muy poco abundantes.

▶ *Abundancia (o composición) isotópica.*—Medida por la razón entre el número de átomos de cada uno de los isótopos presentes en una mezcla y el número total de átomos de la misma. Se evalúa en tanto por ciento. *Ejemplo:* la abundancia isotópica de una muestra natural de uranio es, sensiblemente, 99,28 % de uranio-238, 0,71 % de uranio-235 (el único fisible) y 0,01 % de uranio-234. Contrariamente a lo que se había creído en un principio, la mayor parte de los elementos químicos son mezclas isotópicas, siendo una veintena de ellos la excepción, y su composición isotópica es, a menudo, diferente de un mineral a otro. Es, en particular, el caso del plomo, lo que se explica por las distintas aportaciones del plomo radiogénico, provenientes de la familia del uranio, de la del torio o de la del actinio.

V. CUADRO DE NÚCLIDOS ISÓTOPOS (Anexo 3), ESPECTRÓGRAFO DE MASAS.

Acanaladuras

V. ESPECTROS ACANALADOS.

Acción

1. *La acción mecánica* de un sistema A sobre el sistema B provoca deformaciones del sistema B, que la sufre, o modifica su estado de movimiento. Se puede esquematizar, en general, esta acción por un conjunto de *fuerzas* que se ejercen sobre B.
V. ACCIÓN A DISTANCIA, ACCIÓN Y REACCIÓN, FUERZA, INTERACCIONES, TORSOR DE FUERZAS.

2. Magnitud utilizada en mecánica analítica y en mecánica cuántica. Es homogénea al producto de una energía por un tiempo, y se mide, por tanto, en J.s (Julio-segundo).
V. ACCIÓN DE HAMILTON, ACCIÓN DE MAUPERTUIS, CUANTO DE ACCION, PRINCIPIO DE ACCIÓN ESTACIONARIA.

▶ *Acción a distancia.*—En su teoría de la gravitación universal (1687), Newton admite la existencia de una acción a distancia *instantánea;* toda modificación de un cuerpo material se traduce instantáneamente en una modificación de su atracción sobre cualquier otro cuerpo material, incluso si su distancia mutua es muy grande. La misma idea, aunque ya discutida, es retomada por Coulomb (1785) en su teoría de las interacciones entre cuerpos electrizados.
Se debe a Faraday haber propuesto (hacia 1847) claramente otra hipótesis. Consiste en imaginar, entre el cuerpo-origen de la acción y el que la sufre, la propagación de un *campo* con velocidad finita; este campo es el vehículo de la interacción. Algunos años más tarde, Maxwell (1864) descubre la ley que gobierna la propagación, a una velocidad *c* muy grande, pero finita, de un campo electromagnético, y más recientemente (1913) la relatividad general implica la propagación del campo gravitatorio a la misma velocidad *c*.
Hay que notar que con las ideas actuales, el campo es la expresión matemática de una *perturbación* en el medio de propagación, incluso aunque el medio sea el «vacío». Una vez emitida, la perturbación continúa propagándose y produciendo efectos incluso si desaparece la fuente emisora. Continuamos percibiendo la llegada de campos electromagnéticos (hertzianos o luminosos) emitidos hace millares de años por estrellas ya desaparecidas.
V. INTERACCIONES, POTENCIAL RETARDADO, TEORÍA CUÁNTICA DE CAMPOS.

▶ *Acción y reacción.*—El principio de *igualdad entre acción y reacción* fue introducido por Newton en su teoría de la gravitación: «Si un punto material A ejerce sobre otro punto material A' una fuerza de atracción gravitacional f', recíprocamente A' ejerce sobre A una fuerza de reacción f igual y opuesta a f', cualquiera que sea su estado de reposo o de movimiento.»
Esta ley fue, a continuación, extendida a cualquier tipo de interacción mecánica. Resultan de ello dos consecuencias, utilizadas a menudo:
1 / Las acciones mecánicas que ejercen, uno sobre otro, dos cuerpos materiales cualesquiera forman dos conjuntos de fuerza (dos torsores) opuestos. Sus elementos de reducción respectivos (resultante y momento resultante), calculados en un mismo punto, son respectivamente iguales y opuestos.
2 / En todo sistema material el conjunto de «fuerzas interiores» —fuerzas que sus diversas partículas ejercen unas sobre otras— forman en total un torsor nulo.
En electromagnetismo, si las fuerzas eléctricas culombianas entre corpúsculos inmóviles se comportan como fuerzas gravitatorias y obedecen al principio de acción y reacción, no sucede lo mismo con las fuerzas magnéticas, por lo que tiene sentido tratar separadamente estos dos aspectos de la interacción electromagnética. Las fuerzas magnéticas entre dos cargas puntuales, ambas en movimiento, en el sistema de referencia del laboratorio, no obedecen al principio de acción y reacción salvo en casos excepcionales (V. Dibujo). Se demuestra, sin embargo, que las fuerzas electromagnéticas que se ejercen mutuamente entre dos circuitos eléctricos inmóviles forman torsores opuestos.
No es aplicable el principio en mecánica relativista.
V. CAMPO ELECTROMAGNÉTICO, FUERZA DE LAPLACE, FUERZA DE LORENTZ, LEY DE BIOT Y SAVART, MECÁNICA NEWTONIANA.

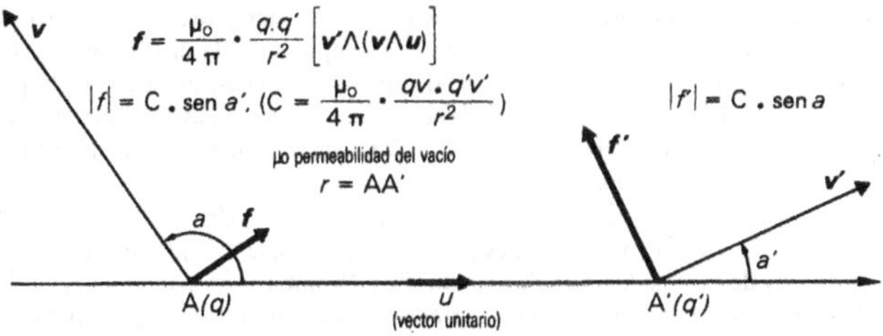

FIG. 1.—*Caso general*

Para mayor simplicidad la figura se ha hecho suponiendo que las velocidades ***v*** y ***v'*** de dos corpúsculos cargados, en el instante considerado, están en un mismo plano, aunque no son paralelas entre sí.
¡Las fuerzas ***f*** y ***f'*** no tienen ni la misma dirección ni la misma intensidad!

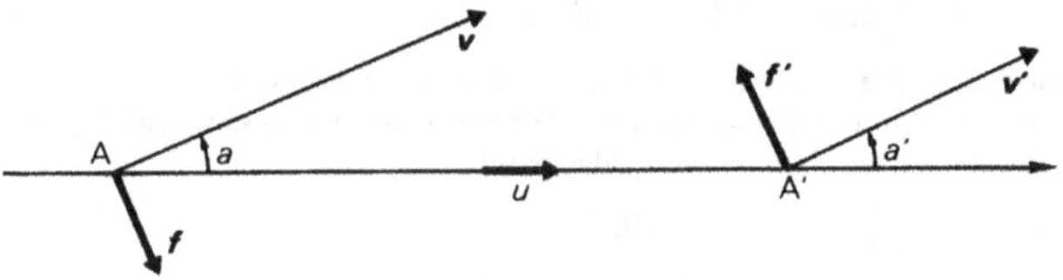

FIG. 2.—*Caso particular*

v y ***v'*** son paralelas entre sí.
f y ***f'*** son de la misma intensidad, pero antiparalelas.

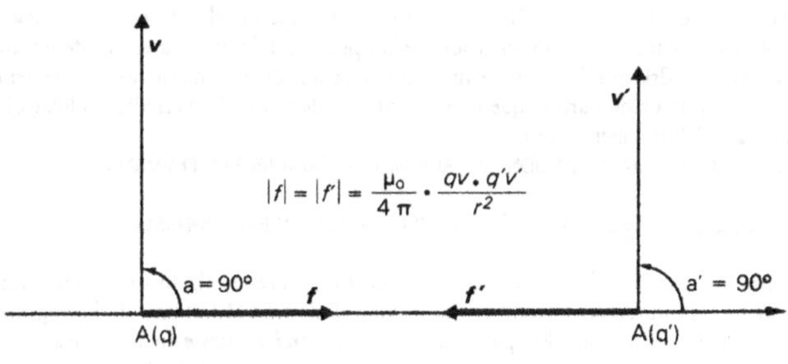

FIG. 3.—*Caso particular*

v y ***v'*** son ambas perpendiculares a AA'.
Aquí ***f*** y ***f'*** son iguales y opuestas (cf. definición de amperio).

▶ *Principio de acción estacionaria.*—El movimiento de un sistema material está bien definido si se conocen las leyes de variación, en función del tiempo, de cada una de las coordenadas generalizadas q_i (i = 1, 2, 3, ..., n; n = número de grados de libertad del sistema). El principio de acción estacionaria puede llevar al conocimiento de esas leyes: «Las leyes mecánicas del movimiento son tales que la *integral de acción,* S, del sistema en movimiento, calculada entre dos estados de éste, es *estacionaria*».
Esto significa que, si entre dos estados A_1 y A_2 las funciones $q_i(t)$ que corresponden al movimiento son reemplazadas por funciones próximas $q_i'(t) = q_i'(t) + \delta q_i(t)$, siendo nulos los $\delta q_i(t)$ para cada uno de los estados A_1 y A_2, la variación δS que resulta para la integral de acción S es nula en primer orden. La relación que traduce matemáticamente el principio de acción estacionaria es, por tanto, δS = 0. S es entonces, mas no siempre, *mínima:* de ahí la expresión, comúnmente utilizada, de «principio de *mínima* acción».
De forma más gráfica –y simplificada–, en el curso del movimiento del sistema el punto Q ($q_1, q_2, ..., q_n$) de su espacio de configuración describe una curva C. Sustituir las $q_i(t)$ por las $q_i'(t)$ conduce a hacer describir al punto Q una curva C′ vecina a C; ambas curvas se cortan en los extremos Q_1 y Q_2. El principio de acción estacionaria expresa que la diferencia de valor de la integral de acción, calculada a lo largo de C y luego de C′, es nula de primer orden, cualquiera que sea C′.
En el caso general, la integral de acción de la que hablamos es la integral de acción de Hamilton:

$$S = \int_{t_1}^{t_2} L(q_i, \dot{q}_i, t)\, dt; \qquad \dot{q}_i = dq_i/dt,$$

donde $L(q_i, \dot{q}_i, t)$ es la *función de Lagrange* o *lagrangiana* del sistema.
Si el movimiento se realiza sin variación de energía (sistema conservativo), S puede ser reemplazada por la integral de acción de Maupertuis:

$$S' = \int_{A_1}^{A_2} p_i \cdot dq_i \qquad (p_i = \partial L/\partial \dot{q}_i).$$

Este principio, enunciado por Maupertuis (1744) y después generalizado, sobre todo por Hamilton y Jacobi, hacia 1830, es la base del formalismo analítico de las mecánicas newtoniana y relativista. Se demuestra, en efecto, que de él se deducen las ecuaciones canónicas (de Lagrange o de Hamilton-Jacobi). Sus previsiones son, pues, idénticas a las que resultan del formalismo newtoniano o relativista, según la expresión que se adopte para la función de Lagrange L. El formalismo de Feynmann de la mecánica cuántica se inspira en él.
Por añadidura, este principio es matemáticamente análogo al principio de Fermat, fundamento de la óptica geométrica, lo que implica una correspondencia formal entre los problemas que tratan de *trayectorias de partículas* y los concernientes a la marcha de los *rayos luminosos.* Siendo la óptica geométrica una aproximación de la óptica ondulatoria, parece evidente que la mecánica clásica podría ser igualmente una aproximación de una mecánica más general. Ese fue uno de los puntos de partida que condujeron al hallazgo de la mecánica ondulatoria (De Broglie, 1924; Schrödinger, 1926).
V. ESPACIO DE CONFIGURACIÓN, ESTACIONARIO, PRINCIPIO DE FEYMANN.

▶ *Principio de mínima acción.*—V. PRINCIPIO DE ACCIÓN ESTACIONARIA.

▶ *Quantum o cuanto de acción.*—En 1912, en los albores de la mecánica cuántica, Bohr escribió que las trayectorias circulares accesibles al electrón del átomo de hidrógeno en un estado estacionario son aquellas para las cuales la *integral de acción* (maupertuisiana) S′, calculada a lo largo de un período del movimiento, es un *múltiplo entero* de la *constante de Planck h:* $S' = \oint mv\, dl = n \cdot h$. De ahí viene la denominación de *cuanto de acción,* atribuida a menudo a la magnitud h.

Su valor numérico, obtenido en particular por estudio del fenómeno termoiónico, es conocido con una precisión del orden de $5/10^6$. (V. TABLA DE CONSTANTES FÍSICAS). Con una precisión del orden de 1 % se puede utilizar $h \simeq 6{,}6 \cdot 10^{-34}$ J.s.
V. ÁTOMO DE BOHR, RELACIÓN DE PLANCK-EINSTEIN-DE BROGLIE, SPIN.

Aceleración

Magnitud vectorial que informa sobre la rapidez de las variaciones, en módulo y dirección, de la velocidad de un móvil.
El vector aceleración instantánea de un móvil puntual se define geométricamente de la siguiente manera: a partir de un punto O cualquiera, se construye el vector **OP** equipolente a la velocidad instantánea $\boldsymbol{v}$ del móvil. El extremo P de estos nuevos vectores describe, en el curso del tiempo, una curva H, *hodógrafa* del movimiento. La aceleración $\boldsymbol{a}$ del móvil es, en cada instante, el vector equipolente a la velocidad $\boldsymbol{v}_p$ del punto P.

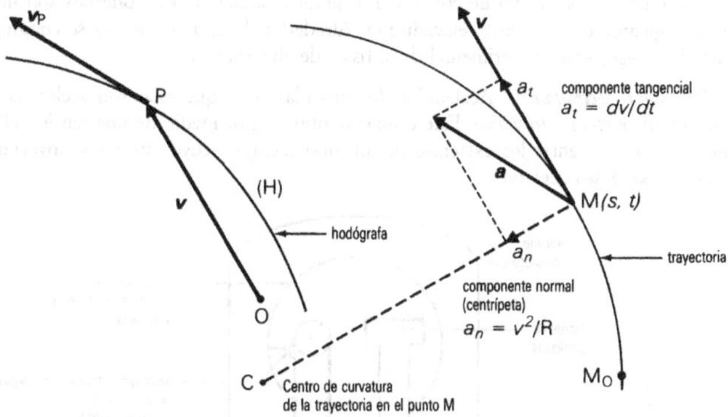

En notación vectorial, siendo M la posición del móvil en un instante t en un referencial (O; x, y, z), **OM** = $\boldsymbol{r}$, su velocidad es la derivada con respecto al tiempo del vector $\boldsymbol{r}$: $\boldsymbol{v} = d\boldsymbol{r}/dt$, escrito a menudo como $\boldsymbol{v} = \dot{\boldsymbol{r}}$, y su aceleración instantánea $\boldsymbol{a}$ es la derivada, con respecto al tiempo, del vector velocidad $\boldsymbol{v}$: $\boldsymbol{a} = d\boldsymbol{v}/dt = \dot{\boldsymbol{v}}$, o la segunda derivada del vector $\boldsymbol{r}$: $\boldsymbol{a} = d^2\boldsymbol{r}/dt^2 = \ddot{\boldsymbol{r}}$.
Para los cambios de sistema de referencia (en mecánica newtoniana y en mecánica relativista), V. TRANSFORMACIÓN DE ACELERACIONES.
Una aceleración se mide, en el SI, en m/s^2 (metro/segundo^2).

▶ *Cantidad de aceleración de un móvil puntual.*—Magnitud vectorial, $m\boldsymbol{a}$, siendo m la masa y $\boldsymbol{a}$ la aceleración del móvil.
El conjunto de cantidades de aceleración de diversos elementos, prácticamente puntuales, de un sistema de puntos materiales o de un sistema material constituye su *torsor dinámico.*

Acelerador de partículas

Aparato destinado a comunicar a los corpúsculos de los dominios atómico y subatómico elevadas velocidades, es decir, energías cinéticas considerables, transformándolos así en proyectiles capaces de actuar eficazmente sobre otros corpúsculos, que servirían de blancos. V. CUADRO 2.4.

Antes de la invención de este tipo de aparatos, los físicos tenían a su disposición las partículas proyectiles emitidas por los cuerpos radiactivos espontáneamente, o las de los rayos cósmicos. Se pueden calibrar las nuevas posibilidades aportadas por los grandes aceleradores comparando estos dos datos: una cámara de Wilson, en la alta atmósfera, revela, de modo aleatorio, en torno a un protón por minuto, mientras el acelerador del C.E.R.N. da regularmente cada tres segundos un chorro de 10^{12} protones, con energías equivalentes a las de los protones cósmicos (de decenas de miles de electrón-voltios).
En todos los aceleradores las fuerzas son creadas por la acción de un campo eléctrico. Por ello sólo pueden ser directamente utilizados sobre partículas electrizadas (electrones, protones, deuterones o iones pesados). La fuerza que un campo magnético permanente ejerce sobre un corpúsculo electrizado es perpendicular a la velocidad de éste y no altera su energía. Es posible, a cambio, curvar a voluntad con un campo magnético la trayectoria de un corpúsculo o mantener a éste sobre una trayectoria curva. Basándose en la naturaleza y el papel de los campos eléctricos y magnéticos se clasifica a los aceleradores de partículas en uno u otro de los principales tipos siguientes: acelerador electrostático, acelerador lineal, betatrón, ciclotrón, sincrociclotrón, sincrotrón, anillo de colisión. Los grandes aceleradores modernos son máquinas de tamaño gigantesco y de coste elevadísimo. Alrededor de estas máquinas se congrega en gran parte la investigación experimental de la física de alta energía.

▶ *Acelerador electrostático.*—Acelerador de partículas en el que éstas son aceleradas por la acción de un *campo electrostático.* Este campo se obtiene por medio de una tensión eléctrica *continua* que se crea entre los extremos de un tubo vacío, en cuyo interior se inyectan las partículas que se desea acelerar.

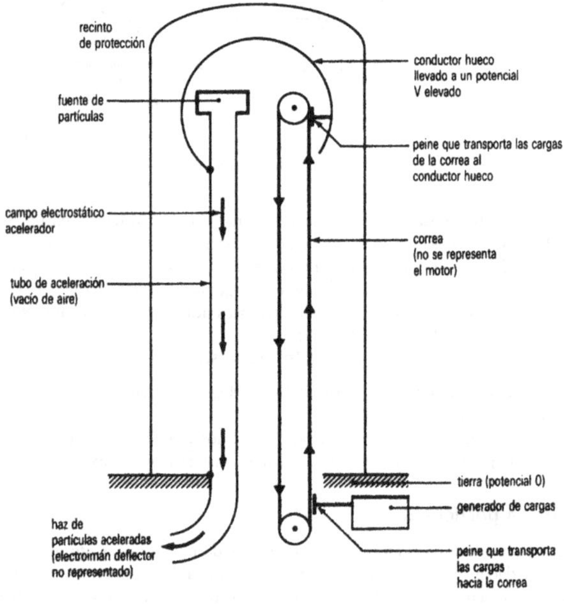

Esquema, muy simplificado, de un acelerador de Van der Graaff

La tensión continua se obtiene rectificando un voltaje alterno elevado, obtenido por la acción de un transformador-elevador de tensión sobre la tensión del sector (procedimiento Greinacher, en 1919, realizado por Cockroft y Walton en 1932); se puede obtener también llevando cargas eléctricas sucesivas a un conductor hueco, cuyo potencial con respecto al suelo aumenta así progresivamente. Una correa aislante se carga localmente en un extremo, en el exterior del aparato, y cede espontáneamente su carga al pasar por el interior del conductor hueco (Van der Graaff, 1932).

A pesar de los numerosos artificios usados en su construcción, las dificultades del aislamiento limitan las tensiones utilizables en los aceleradores electrostáticos. Se llega a comunicar a los electrones o a los protones energías en torno a la decena de MeV.

▶ *Acelerador lineal* (o, por contracción, *lineac*).—Acelerador de partículas en el que éstas son aceleradas por una tensión eléctrica alterna y recorren, en el interior de un recinto vacío, una trayectoria *rectilínea*. Los primeros aceleradores lineales fueron realizados por Wideroë (1928) y después por Sloan y Lawrence en 1931.

La aceleración se obtiene en este instrumento por medio de dos técnicas, adaptadas la primera a los protones y otras partículas «pesadas» y la segunda a los electrones, más «ligeros» y, por tanto, más rápidos.

En la primera, la tensión aceleradora se aplica entre tubos metálicos sucesivos, llamados «tubos de deslizamiento». En el interior de estos tubos el campo eléctrico es prácticamente nulo, y las partículas deslizan en ellos a velocidad constante (de ahí su nombre). Por contra, reciben impulsos sucesivos, cuyos efectos se acumulan, pasando de un tubo al siguiente. Las longitudes de los tubos sucesivos y la frecuencia de la tensión se calculan de manera que los impulsos se producen siempre en los instantes en los que la diferencia de potencial local es aceleradora y adquiere su máximo valor.

Un perfeccionamiento importante en este tipo de aparatos, que consiste en colocar un conjunto de tubos de deslizamiento en una cavidad resonante (estructura Álvarez, 1947), resultó posible cuando se supo excitar estas cavidades por medio de generadores de alta frecuencia y gran potencia, que acababan de desarrollarse con el uso del radar.

En los *lineac* de electrones, éstos circulan en el interior de un único tubo, análogo a una guía de ondas. Los electrones son acelerados de manera continua, a lo largo de su trayecto, por el campo eléctrico axial de una onda electromagnética progresiva que se propaga en el tubo.

En todos estos aparatos es necesario utilizar un campo magnético apropiado para asegurar la estabilidad de las oscilaciones transversales del haz de partículas.

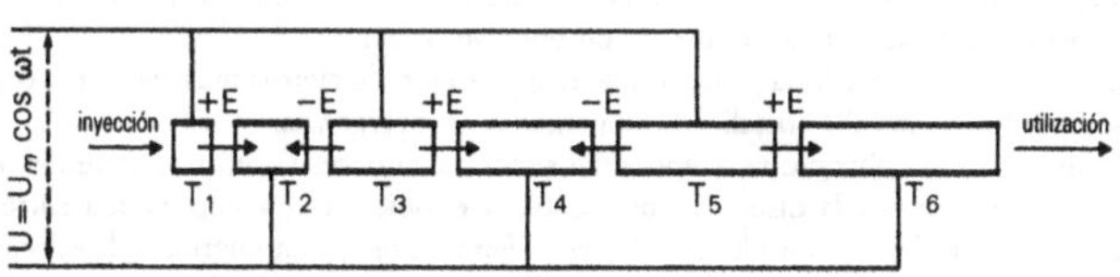

Esquema de los primeros aceleradores lineales de protones

En el interior de cada «tubo de deslizamiento» T_1, T_2, etc., el campo eléctrico es prácticamente nulo (apantallamiento electromagnético). En el instante en el que, en la primera zona de separación entre tubos, el campo eléctrico alcanza su valor máximo E_m, alcanza en las siguientes zonas: $-E_m$, $+E_m$, $-E_m$, etc., alternativamente. Medio periodo después se invierten dichos valores.

Es el tiempo que debe emplear una partícula para recorrer cada tubo con la velocidad adquirida a su entrada.

Se demuestra que, si, al comienzo, se inyecta una oleada continua de partículas, éstas se agrupan, por una serie de aceleraciones y deceleraciones relativas, en paquetes alrededor de las que están «en fase» con el campo.

Los aceleradores lineales sirven hoy, principalmente, para inyectar en los grandes aceleradores circulares (sincrotrón, por ejemplo) partículas que posean la energía inicial precisa.
Citemos, entre los aceleradores lineales, el de Orsay (200 m, 1 GeV) y el de Stanford (3.200 m, 20 GeV).
Aceleradores lineales de electrones, de dimensiones más modestas (del orden del metro), dan flujos de electrones suficientemente energéticos (20 a 30 MeV) para crear, por impacto sobre blancos apropiados, rayos X penetrantes, necesarios para ciertos usos. Se utilizan, por ejemplo, en metalurgia (radiografías de piezas metálicas) o en medicina (los rayos X obtenidos a partir de *lineacs* reemplazan ventajosamente hoy a los tubos clásicos, a los de los betatrones e incluso, para ciertos tratamientos, a los rayos gamma de la «bomba de cobalto»).

Acelerógrafo

V. ACELERÓMETRO.

Acelerómetro

Aparato concebido para determinar experimentalmente la aceleración de un móvil (vehículo, cohete, etc.).
En principio es, esencialmente, un cuerpo A, de masa m conocida, que participa del movimiento del vehículo (convenientemente amortiguado su posible relativo). Cuando el vehículo adquiere una aceleración $\mathbf{a}$, la comunica al cuerpo A, ejerciendo sobre él una fuerza $\mathbf{F} = m.\mathbf{a}$. La medida de **F** permite conocer $\mathbf{a}$.
Los acelerómetros difieren entre ellos por los medios técnicos utilizados para medir esta fuerza **F** (deformación de un muelle, de una membrana elástica, sobrepresión de un fluido, etc.).
Un acelerómetro en el que se registran los valores sucesivos de la fuerza **F** es un *acelerógrafo*.
V. SISMÓMETRO.

Aceptor

V. SEMICONDUCTOR DOPADO.

Acomodación

Adaptación del ojo a la visión de objetos cada vez más cercanos, y que se puede comparar a la operación de «puesta a punto» de un objetivo fotográfico.
La acomodación es debida principalmente a la acción de ciertos músculos que, contrayéndose, modifican la forma del cristalino y aumentan su convergencia.
La imagen de un objeto que se aproxima se forma entonces siempre en la retina. A condición, no obstante, de que la distancia entre el ojo y el objeto esté comprendida entre dos límites, que dependen del ojo considerado. *Ejemplo:* Para un ojo joven «normal», la «distancia máxima de visión distinta» (sin acomodación) es infinita; la «distancia mínima» (al máximo de acomodación) es del orden de 10 cm. Con la edad el cristalino pierde progresivamente su elasticidad; el ojo se vuelve présbita.
V. AMETROPÍA, AMPLITUDES DE VISIÓN NÍTIDA, DISTANCIA HIPERFOCAL, VISIÓN.

Acoplamiento

Dos sistemas físicos están *acoplados* cuando las transformaciones en uno de ellos ejercen influencia sobre los estados del otro, y viceversa. Se trata la mayoría de las veces de sistemas oscilantes, aunque no necesariamente. Pueden citarse como ejemplos el acoplamiento de dos péndulos en mecánica, o el de dos circuitos oscilantes en electromagnetismo. En electrotecnia, dos alternadores que suministren corriente alterna o un mismo circuito de distribución deben estar necesariamente acoplados, lo que obliga a mantener en ambos aparatos la misma frecuencia y la misma fase. Dentro de un átomo, los movimientos periódicos de rotación de los electrones están acoplados, tal como se precisa en el modelo vectorial del átomo. Estos son algunos ejemplos entre muchos.

A menudo se pueden llevar a cabo entre dos sistemas acoplamientos de diferentes maneras. Las ecuaciones diferenciales simultáneas relativas al movimiento de los dos sistemas acoplados, convenientemente escritas, hacen aparecer en cada caso un parámetro numérico, llamado *coeficiente de acoplamiento,* cuyo valor está comprendido entre cero y uno. Es, en principio, el coeficiente que, en la ecuación de uno de los sistemas, pone de relieve la presencia del otro. Según que ese coeficiente sea pequeño o grande, el *acoplamiento* recibe el nombre de *débil* (o suelto) o *fuerte*.

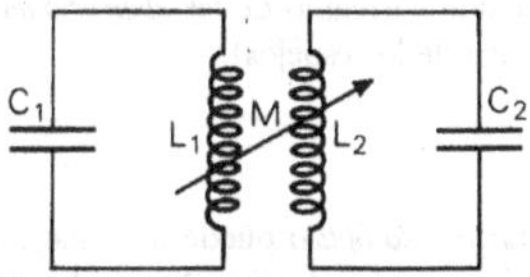

Acoplamiento de dos circuitos eléctricos oscilantes por inducción mutua; coeficiente de acomplamiento:
$\lambda = \sqrt{M^2/L_1 L_2}$

Cuando se trata de dos sistemas oscilantes, la resolución de las ecuaciones citadas muestran que si llamamos N_1 y N_2 a sus frecuencias propias respectivas ($N_1 < N_2$), el conjunto de dos osciladores se comporta como un único sistema con dos *grados de libertad,* poseyendo dos frecuencias propias nuevas, llamadas *frecuencias fundamentales,* N_1' y N_2', cuyos valores dependen del coeficiente de acoplamiento, aunque siempre son exteriores al intervalo (N_1, N_2): $N_1' < N_1 < N_2 < N_2'$. Las oscilaciones de frecuencias N_1' y N_2', únicas oscilaciones sinusoidales del sistema, son las *oscilaciones fundamentales* del mismo, o sus *modos fundamentales* de oscilación. Un excitador externo, de frecuencia variable N, puede imprimir oscilaciones forzadas a un conjunto acoplado. La resonancia se produce cuando $N = N_1'$ o $N = N_2'$. Además es suficiente casi siempre que uno de los osciladores sea amortiguado para que el otro también lo sea, circunstancia que se aprovecha para amortiguar una oscilación sobre la que no es posible actuar directamente.

La teoría de los acoplamientos comporta generalizaciones.

1. Dos oscilaciones acopladas pueden ser de *naturaleza diferente*. Una oscilación mecánica puede acoplarse, por ejemplo, con una oscilación eléctrica. Esto es lo que se produce en un galvanómetro de cuadro móvil, en un micrófono, en un altavoz, etc.

2. Las oscilaciones acopladas pueden afectar a un *solo y único oscilador* de varios grados de libertad. Un ala de avión, por ejemplo, es un oscilador de dos grados de libertad. Bajo el efecto de las variaciones de presión que sufre, el ala puede vibrar en flexión o en torsión. Ambas vibraciones están acopladas. Resulta importante, naturalmente, tener en cuenta las consecuencias posibles de este acoplamiento en la concepción misma del ala, ya que cabe el riesgo, en resonancia, de encontrar oscilaciones de gran amplitud en una de las frecuencias fundamentales. Este ejemplo ilustra el interés práctico evidente del estudio general de los acoplamientos.

3. Del lado opuesto, el acoplamiento puede afectar a *un gran número de osciladores*. Por ejemplo, las vibraciones de todos los corpúsculos que constituyen una red cristalina –átomos, moléculas o iones– están acopladas. Algunas propiedades de los cristales, mecánicas, térmicas, eléctricas y ópticas, son consecuencia de ello.

▶ *Acoplamiento spin-órbita.*—V. MODELO VECTORIAL DEL ÁTOMO.

▶ *Constante de acoplamiento.*—Magnitud adimensional relativa a la influencia recíproca entre dos sistemas físicos acoplados (V. ACOPLAMIENTO). En el estudio de las interacciones fundamentales, este coeficiente interviene en la expresión del hamiltoniano o del lagrangiano relativo al conjunto de los dos sistemas acoplados. A cada tipo de interacción corresponde un coeficiente de acoplamiento diferente. De él depende la intensidad de la interacción.
Ejemplo: En las interacciones electromagnéticas entre dos corpúsculos el coeficiente de acoplamiento viene dado por la expresión $\alpha = \frac{1}{4\pi\varepsilon_0} \frac{e^2}{\hbar \cdot c^2}$, siendo e la carga elemental, ε_0 la permisividad del vacío, $\hbar$ la constante reducida de Planck, c la velocidad de la luz. Se comprueba que es, exactamente, la expresión de la constante de *estructura fina*.
V. INTERACCIONES.

Acromático

Un sistema óptico se llama acromático si ha sido corregido de las *aberraciones cromáticas,* o si está desprovisto de ellas de modo natural (caso de los espejos).

Acromatismo

▶ *Acromatismo aparente.*—El ocular de un *instrumento óptico* puede dar imágenes virtuales distintas y de distinta coloración a partir de la imagen del objetivo. Si sus dimensiones son tales que son vistas bajo un mismo ángulo, el observador tiene la impresión de ver una imagen única, desprovista de aberraciones cromáticas. Se dice que este ocular está provisto de acromatismo aparente.
Es el caso de los oculares formados por un *doblete* cuyo *símbolo* responde a la condición $f_1' + f_2' = 2e$, los oculares 3, 2, 1, por ejemplo.

Actínico

Califica todo rayo susceptible de provocar diferentes transformaciones químicas, y particularmente de impresionar una emulsión fotográfica. Esta propiedad es una característica de la acción ionizante del rayo; es tanto más importante cuanto lo es la energía individual de cada uno de los fotones asociados al rayo, es decir, cuanto mayor es la frecuencia del rayo (V. RELACIÓN DE PLANCK-EINSTEIN).
Mientras que la luz rojiza de las lámparas eléctricas es poco actínica, la luz solar, rica en radiaciones violeta, sobre todo en la alta montaña, es por el contrario muy actínica. Conviene, evidentemente, tenerlo en cuenta.
Los rayos X son más actínicos que los rayos luminosos; los rayos gamma, más que los rayos X, lo que explica su acción nociva sobre los tejidos vivos. V. EFECTO FOTOELÉCTRICO, RADIOPROTECCIÓN, SENSIBILIDAD DE LAS EMULSIONES FOTOGRÁFICAS.

Actínidos

Elementos químicos que, en la tabla periódica, forman una serie situada inmediatamente después del actinio, y comprende actualmente catorce elementos:

$${}_{90}Th\ {}_{91}Pa\ {}_{92}U\ {}_{93}Np\ {}_{94}Pu\ {}_{95}Am\ {}_{96}Cm\ {}_{97}Bk\ {}_{98}Cf\ {}_{99}Es\ {}_{100}Fm\ {}_{101}Md\ {}_{102}No\ {}_{103}Lw.$$

Corresponden los actínidos, esencialmente, al llenado progresivo del nivel 5*f*, y serían entonces comparables a los elementos «lantánidos» o «tierras raras», que corresponden al llenado del nivel 4*f*. Todos son radiactivos, y la mayoría se obtienen en reacciones nucleares. Sólo el torio y el uranio existen en la Tierra en cantidades apreciables.

Activación

1. Transformación, por reacción nuclear, de un núclido estable en otro radiactivo.
Ejemplo: El berilio natural $^{10}_{5}Be$, cuyos núcleos son estables, bombardeado por partículas alfa (núcleos de helio) $^{4}_{2}He$, se transforma, con la eliminación de un neutrón $^{1}_{0}n$, en un isótopo radiactivo del nitrógeno (el cual produce espontáneamente átomos de carbono con emisión de positrones): $^{10}_{5}Be + ^{4}_{2}He \rightarrow ^{1}_{0}n + ^{13}_{7}N$; $^{13}_{7}N \rightarrow ^{0}_{1}e + ^{13}_{6}C$.
La activación del berilio, que se escribe hoy de modo más sencillo ^{10}Be (α, n) ^{13}N, fue realizada por primera vez por Irene y Federico Joliot. V. RADIACTIVIDAD ARTIFICIAL.

2. De un modo más general, transformación, por aporte de energía, de un corpúsculo inerte en corpúsculo apto para interactuar desde un punto de vista físico o químico.
V. ENERGÍA DE ACTIVACIÓN.

Activador

Sinónimo: Luminógeno.

Sustancia que se introduce en pequeña cantidad en la composición de ciertos sólidos cristalinos y que convierten a éstos en fosforescentes.
Ejemplo: Una pequeña cantidad de cobre (es suficiente un microgramo por gramo) vuelve fosforescente al sulfuro de cinc.
V. FOSFORESCENCIA.

Actividad

1. Abreviación por radiactividad. *Ejemplo:* el radio 226 posee una actividad alfa: $^{226}_{88}Ra \rightarrow ^{4}_{2}He + ^{222}_{86}Rn$.

2. La actividad de una cantidad determinada de un radionúclido es igual al número de sus núcleos que se desintegran en un segundo. Si durante un intervalo de tiempo dt el número de núcleos de la muestra estudiada pasa de N a N + dN (dN <0), su actividad vale $A = - dN/dt$.
A mide la *velocidad de desintegración* de la muestra. *Ejemplo:* la actividad de un gramo de radio es, sensiblemente, $3{,}7 \cdot 10^{10}$ desintegraciones por segundo.
Este valor ha sido tomado como unidad de actividad y se llama *curie* o *curio* (Ci). Se utiliza igualmente el *rutherford*, que representa 10^{6} des./s. La unidad actual es el *becquerel* (Bq). 1 Bq = 1 núcleo desintegrado por segundo. Se utiliza en terapéutica física, en la que la actividad de las radiofuentes se cifra en mili o microcuries (V. CONSTANTE RADIACTIVA, SEMIVIDA, VIDA MEDIA).

3. Actividad óptica. V. PODER ROTATORIO.

4. Actividad en Termodinámica. V. LEY DE ACCIÓN DE MASAS, LEY DE OSTWALD.

Activo

Califica a un *dipolo electrocinético* que contiene uno o varios generadores o receptores eléctricos. Un acumulador eléctrico, una célula fotoeléctrica, son dipolos activos. Un dipolo activo está caracterizado no sólo por su resistencia (o su impedancia), sino también por una o varias fuerzas electromotrices o contraelectromotrices.
En caso contrario, el dipolo es *pasivo*.
Califica a una sustancia dotada de *poder rotatorio*.

Acumulador

▶ *Acumulador o pila recargable.*—Dispositivo que puede *absorber* energía eléctrica, acumulada en forma de energía química, y *restituirla* después, cuando se solicite, en su forma primitiva de energía eléctrica (con un rendimiento a menudo elevado, del orden del 80 %). En la primera fase se dice que el acumulador se *carga* —se comporta entonces como receptor—; en la segunda se *descarga* —es un generador.
Los acumuladores de plomo, que son aún hoy los más utilizados, fueron descubiertos por Gastón Planté en 1859. Son cubas electrolíticas con dos electrodos de óxido de plomo, sumergidos en una solución acuosa de ácido sulfúrico. Las reacciones electroquímicas que se producen en las interfases electrodos-solución aún son discutidas (V. Dibujo).
Desde el punto de vista cuantitativo, los acumuladores de plomo son interesantes en el laboratorio por la constancia de su fuerza electromotriz en la fase de descarga —alrededor de dos voltios— y por el valor prácticamente despreciable de su resistencia interna (inferior a un miliohmio) (V. GENERADOR DE TENSIÓN).

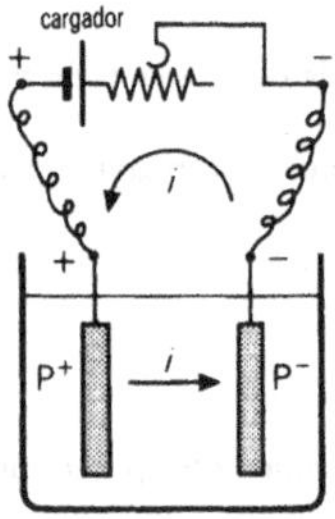

1. Carga

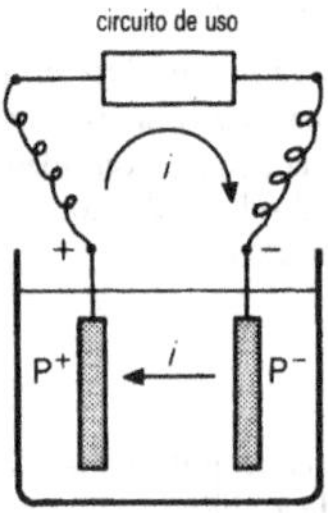

2. Descarga

1. *Carga*

El electrodo P^+, unido al polo positivo del generador de carga, es llamado electrodo positivo.
Aquí es el ánodo.
El plomo se oxida en él y pasa a plomo Pb^{2+} desde Pb^{4+}, dando dióxido de plomo PbO_2.

El electrodo P^-, unido al polo negativo, es llamado electrodo negativo.
Aquí es el cátodo.
El plomo sufre una reducción en él, desde Pb^{2+} hasta Pb, dando plomo esponjoso gris.

2. *Descarga*

El sentido de la corriente se invierte.
P^+ funciona como el polo positivo del acumulador y como cátodo.

P^- funciona como polo negativo del acumulador y como ánodo.

Se invierten igualmente las transformaciones acopladas de oxidación-reducción precedentes (más compleja , en realidad, de lo indicado en este esquema simplificado).

En la industria, una batería de acumuladores (asociación de muchos elementos idénticos) se caracteriza principalmente por la intensidad eléctrica máxima que puede suministrar sin deterioro y por su «capacidad» (cantidad de electricidad, medida en amperios-hora, que cede en cada descarga). Una batería de coche de 12 V, por ejemplo (seis elementos de 2 V asociados en serie), posee una capacidad de 200 Ah y puede proporcionar excepcionalmente, en el arranque, una corriente de 50 A.
A pesar de perfeccionamientos incesantes, las características de los acumuladores de plomo por

kilogramo de masa (en particular su capacidad energética másica) son muy débiles para permitir equipar vehículos de tracción eléctrica autónoma, cómodos, no polucionantes y capaces de competir con los vehículos de gasolina.
Se han estudiado y se estudian otros tipos de acumuladores. En particular, los *acumuladores «alcalinos»* (níquel/solución acuosa de sodio/cadmio) son conocidos desde comienzos de siglo. Se utilizan a veces, principalmente por su robustez (contrariamente a los acumuladores de plomo, pueden permanecer descargados largo tiempo sin sufrir daño). Los *acumuladores de «plata»* (óxidos de plata/cincato de potasio/potasio en solución acuosa/cinc) son más recientes. Poseen una capacidad energética másica interesante (del orden de 120 Wh/kg, en lugar de los 35 Wh/kg de los mejores acumuladores de plomo), pero son mucho más caros. Se contemplan con cierta esperanza los acumuladores cuyos electrodos sean *cuerpos orgánicos* (poliacetileno plástico), más ligeros que los metales y que podrían volverse conductores dopándolos adecuadamente.
V. ELECTRÓLISIS, GENERADORES ELÉCTRICOS, PILAS, POLARIZACIÓN DE ELECTRODOS.

Acústica

Rama de la física que tiene por objeto el estudio de los fenómenos sonoros, es decir, aquellos que percibimos por el oído.
Se atribuyen a Pitágoras las primeras leyes conocidas de la acústica, acaso de la física. Fue él, en efecto, quien supo establecer las leyes que relacionan la longitud de una cuerda vibrante con la altura del sonido que produce. En nuestros días, las investigaciones en acústica están altamente motivadas por el perfeccionamiento de los instrumentos musicales y el nacimiento de la música electrónica, por el desarrollo de las telecomunicaciones, de las técnicas de grabación y reproducción del sonido, por la ayuda que dichas investigaciones aportan a la lucha contra el ruido...
La parte propiamente física de la acústica conlleva el estudio del origen de los sonidos, su producción, su propagación en los diferentes medios y los fenómenos relacionados con ella —reflexión, difracción, interferencias, absorción...—, así como el estudio de sus receptores físicos. Las leyes de la acústica son usadas en psicología para el estudio de la fonación y de la audición, para el estudio de las relaciones entre las características físicas de los sonidos y sus cualidades psicológicas; en arquitectura, en la concepción de recintos dotados de cualidades acústicas determinadas... Los auditorios, por ejemplo, deben poseer un *tiempo de reverberación* óptimo, adaptado a su función.
El estudio de infra y ultrasonidos constituye una prolongación de la acústica en dos direcciones.

Adaptación de impedancias

Un generador eléctrico alimentando un receptor le suministra una potencia *máxima* si las impedancias de ambos órganos están «adaptadas» la una a la otra.
En el caso simple de un generador de corriente continua alimentando una resistencia exterior R variable, un cálculo elemental enseña que la potencia suministrada a esta resistencia es máxima cuando $R = r$, siendo r la resistencia interna del generador. En corriente alterna, un cálculo parecido muestra que generador y receptor deben poseer impedancias complejas conjugadas (resistencias iguales y reactancias opuestas).
Si esta condición no puede cumplirse directamente, es posible obviar la dificultad colocando entre generador y receptor un cuadripolo «adaptador de impedancias»
Un problema análogo se presenta en otros dominios de la física (acústica, mecánica...), cada vez que se desea maximizar la potencia transmitida entre dos órganos. La «caja de cambios» de un vehículo es un conjunto de adaptadores de impedancia mecánicos, interpuestos, uno u otro según la velocidad del vehículo, entre el motor y el eje de las ruedas.

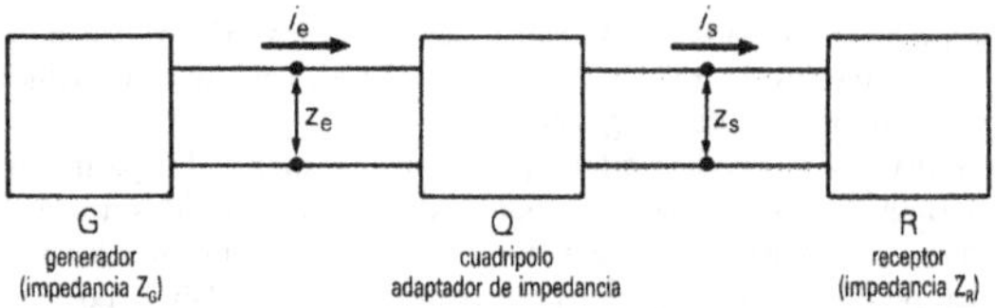

Generador (Impedancia z_G) | Cuadripolo adaptador de impedancia | Receptor (Impedancia z_R)

La impedancia de entrada z_E del conjunto (Q + R) debe ser conjugada de z_G: $z_e = \bar{z}_G$.
La impedancia de salida del conjunto (G + Q) debe ser conjugada de z_R: $\bar{z}_R = z_S$ (impedancia de salida).

Adherencia

▶ *Fuerzas de adherencia.*—Fuerzas intermoleculares atractivas que se ejercen entre dos cuerpos (sólidos o líquidos) en contacto.
Dos bloques metálicos, adosados uno a otro y con una superficie de contacto perfectamente lisa, no pueden separarse uno de otro en dirección perpendicular a la superficie de contacto más que si se ejerce una fuerza sobre ellos al menos igual a la resultante de las fuerzas de adherencia (lo que constituye y suministra un medio para medirlas). Las fuerzas de adherencia contribuyen al rozamiento entre sólidos.

Adiabático

Raíz griega que significa no atravesable (se sobrentiende que para el calor).

▶ *Calorímetro adiabático.*—Calorímetro concebido de manera que evite todo intercambio de calor con el exterior. Este resultado es más fácil de alcanzar si es posible imponer a la temperatura del medio externo (materializado por una camisa de agua, por ejemplo) el que sea en todo instante prácticamente igual a la temperatura interior.
V. CALORÍMETRO DE BERTHELOT, MODOS DE PROPAGACIÓN DEL CALOR.

▶ *Invariante adiabática.*—Por una analogía, de hecho mal fundada, con las transformaciones adiabáticas definidas en Termodinámica, se dice de un proceso físico que evoluciona lentamente que es adiabático. Si en el curso de este proceso una magnitud conserva un valor constante, se dice de dicha magnitud que es una «invariante adiabática».
Ejemplo: Bajo la acción de un campo magnético uniforme **B** un electrón describe en un plano perpendicular a **B** una trayectoria circular con una velocidad constante $\boldsymbol{v}$. Si **B** varía lentamente en el tiempo la trayectoria se modifica, pero la magnitud v^2/B permanece constante. Es una invariante adiabática.

▶ *Pared adiabática o atérmana.*—Muro impermeable a todo intercambio de calor.
Las paredes reales no son jamás rigurosamente adiabáticas. Pueden ser prácticamente adiabáticas cuando su estructura y los materiales de los que están hechas contribuyen a *aminorar* suficientemente los cambios de calor a través de la pared hasta hacerlos despreciables mientras dura la experiencia y sin influencia significativa en los resultados.
V. MODOS DE PROPAGACIÓN DEL CALOR, VASO DE DEWAR.

▶ *Transformación adiabática.*—Transformación que se realiza sin cambio de calor entre el sistema y el medio exterior.

Las transformaciones adiabáticas *reversibles* (cuasiestáticas), por tanto, necesariamente lentas, son *isoentrópicas*.
Las transformaciones reales, de duración corta —la brusca expansión de un gas, por ejemplo—, son prácticamente adiabáticas, pues no hay tiempo para que se produzcan en la transformación intercambios de calor significativos. Estas transformaciones no son isoentrópicas.
V. ENTROPÍA, LEY DE LAPLACE.

Aditiva

▶ *Magnitud aditiva.*—Magnitud cuyo valor numérico correspondiente a la reunión de dos sistemas (sin acción química mutua) es igual a la suma de los valores que poseen en cada uno de los sistemas aisladamente.
Ejemplo: Dos recipientes contienen cada uno 50 g. de agua a 24° C. Si sus contenidos se trasvasan a un tercer recipiente, se obtienen en éste 100 g. de agua a 24° C. La masa es una magnitud aditiva; la temperatura no lo es.
V. MAGNITUD EXTENSIVA.

Admitancia

V. IMPEDANCIA, IMPEDANCIA COMPLEJA.

Adsorción

Fijación de sustancias gaseosas o líquidas sobre la superficie de ciertos sólidos. *Ejemplo:* El carbón poroso absorbe los gases, en cantidades tanto más importantes cuanto más baja es su temperatura.
Utilizado en diversas circunstancias (obtención de un vacío, análisis químico por cromatografía, protección contra gases nocivos...), este fenómeno es, en general, reversible. Se supone originado por fuerzas de Van der Waals, que se ejercen entre las moléculas del cuerpo adsorbido y las del sólido. Es, en ese caso, una fisisorción. Cuando la fijación se produce por enlaces químicos, se dice que se trata de una quimisorción.

Æpinus (Franz Ulrich Theodor Hoch, llamado) (1724-1802)

▶ *Condensador de Æpinus.*—Condensador plano formado por dos discos idénticos de cobre, sostenidos por dos vástagos de vidrio aislante y colocados paralelamente uno a otro a una distancia regulable. Se utiliza aún hoy para ciertas demostraciones.

Afaquia

Raíces griegas que significan «sin lentes».

Es la condición de un ojo que ha perdido el cristalino. Se produce, en efecto, cuando el cristalino se vuelve opaco y hay que proceder a su ablación.
Un ojo con afaquia no es suficientemente convergente y no puede acomodar. Debe, por tanto, llevar lentes correctoras, adaptadas una a la visión lejana y otra a la visión próxima.
V. ACOMODACIÓN, VISIÓN.

Afinidad química

V. POTENCIAL QUÍMICO.

Afocal

Califica a un sistema óptico centrado que no posee foco a distancia finita. Un sistema afoca da de un objeto infinitamente alejado una imagen infinitamente alejada.
Es, por ejemplo, el caso de un anteojo astronómico utilizado por un observador de vista normal cuando éste quiere observar largo tiempo sin fatiga. Manejando la posición del ocular obra de suerte que la imagen del objeto celeste que observa se encuentre en su *punctum remotum,* infinitamente alejado por consiguiente, como el objeto.
(Se gana, sin embargo, en claridad, si el objeto es en apariencia puntual, en detalles observables, si éste posee un diámetro aparente sensible, en amplificación y poder de resolución, pudiendo obtenerse de un sistema afocal muchas ventajas.)

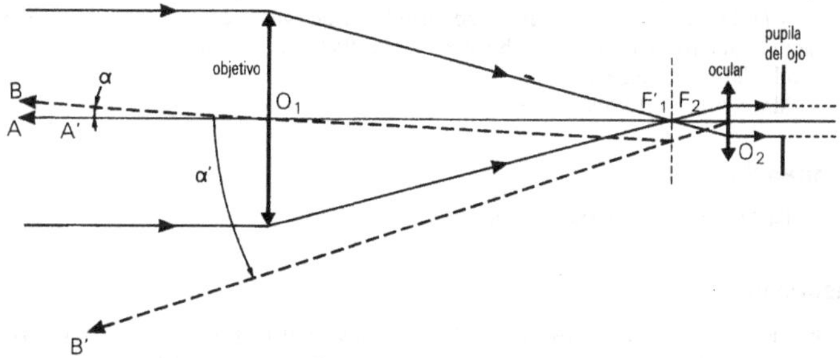

F'_1, foco imagen del objetivo, y F_2, foco objeto del ocular, se confunden.
α diámetro aparente del objeto AB.
α' diámetro aparente de su imagen A' B'.

Agitación térmica

Movimiento espontáneo, desordenado y permanente de los corpúsculos constitutivos de todos los cuerpos materiales.
La existencia de este movimiento explica determinados fenómenos, en particular el movimiento browniano, la difusión de gases...
Se establece que la energía de agitación total —energía de traslación, de rotación, de vibración...— es una función creciente de la temperatura, de donde el calificativo de *térmica*.
V. ENERGÍA (DE AGITACIÓN) TÉRMICA, EQUIPARTICIÓN DE LA ENERGÍA.

Agravidez

V. INGRAVIDEZ.

Agudeza

▶ *Agudeza visual.*—Cualidad del ojo que le permite ver separadamente objetos muy próximos uno al otro, o percibir en el campo visual un objeto de pequeño diámetro aparente y reconocer su forma.
Los oftalmólogos evalúan esta cualidad del ojo, en una escala convencional, en «décimas». Diez décimas corresponden al reconocimiento de letras o cifras vistas bajo un ángulo de un minuto (sexagesimal).

Para los físicos, la agudeza visual no es otra cosa que el *poder separador* del ojo, considerado como instrumento óptico y medido por su *límite de resolución*. La experiencia (A. Arnulf) muestra que este poder separador depende en particular del diámetro de abertura de la pupila del ojo en visión directa, de la pupila de salida ω del conjunto instrumento-ojo en la visión a través de un instrumento óptico. Si ω es muy débil (del orden de 0,5 mm) la agudeza visual es limitada por fenómenos de difracción. Cuando ω es del orden de 3 mm la agudeza está limitada por la estructura celular de la retina y su valor numérico presenta menos ventajas. El aumento para el cual ω = 0,5 mm se conoce como *aumento óptimo*.

Agujero negro

Expresión que designa ciertos objetos celestes, de existencia aún hipotética, y que son invisibles porque no emiten –no pueden emitir– ninguna radiación: de ahí el calificativo «negro». Puede justificarse su existencia de una forma relativamente simple. La *velocidad* mínima *de liberación*, a partir de un punto sobre la superficie de un astro, vale $v = \sqrt{2GM/R}$ (G constante de gravitación universal, M masa del astro, R su radio). Si, para una M dada R es suficientemente pequeño, v se hace matemáticamente superior a la velocidad de la luz. Ahora bien, c es la velocidad máxima impuesta por la mecánica relativista a cualquier grano de energía. Por tanto, si $R \leqslant 2GM/c^2$, el astro es un agujero negro. Este valor límite de R es al *radio de Schwarzschild*. Nuestra Tierra sería un agujero negro si su radio, cuyo valor actual es aproximadamente 6.400 km, valiera alrededor de un centímetro conservando su masa actual.

De hecho, según la relatividad general, esos objetos pueden provenir de modo efectivo de la «contracción» de ciertas estrellas. El espacio-tiempo adquiriría entonces una fuerte «curvatura» local, y cualquier partícula, cualquier radiación que pasara por la vecindad desaparecería en ese «pozo».

Recientemente se ha podido observar un «púlsar binario» (1974), estrella de neutrones que gira alrededor de una compañera invisible, sin duda un agujero negro. Por otra parte, una teoría que parte de la relatividad general (Damour, 1983) ha ligado con éxito las características de ese movimiento con la influencia sobre el púlsar de una onda gravitacional proveniente de su compañera y que se propaga a una velocidad finita c (velocidad de las ondas electromagnéticas). Si ese tipo de observaciones y de cálculos se renueva, daría mayor credibilidad a la existencia de los agujeros negros –y, simultáneamente, a la existencia de las ondas gravitacionales, que son una predicción de la relatividad general.

Airy Sir George Bidell (1801-1892)

▶ *Disco o mancha de Airy.*–Cuando un objeto puntual envía luz monocromática sobre un instrumento óptico prácticamente desprovisto de aberraciones, la imagen puntual prevista por las leyes de la óptica geométrica es reemplazada realmente por una mancha luminosa circular, de radio no despreciable (algunos milímetros a veces). Es la *mancha*, o *disco de Airy*.

Su existencia limita a menudo el *poder separador* de un instrumento óptico. Su origen hay que buscarlo en la naturaleza ondulatoria de la luz, como lo demuestra la teoría de la *difracción*, que da para su radio el valor $y' = \frac{1{,}22\lambda}{2n' \operatorname{sen} u'}$, donde λ es la longitud de onda de la luz usada, n' el índice de refracción del medio imagen y u' el semiángulo de abertura del haz en el medio imagen.

Aislado

V. SISTEMA TERMODINÁMICO.

Aislante

Cuerpo *mal conductor* de la electricidad (dieléctrico), de un flujo acústico (aislante sonoro) o de un flujo de calor (aislante térmico).
V. PARED ADIABÁTICA, CONDUCTIVIDAD ELÉCTRICA, CONDUCTIVIDAD TÉRMICA.

Albedo

De una palabra latina que significa blancura.

Antigua denominación del «factor de reflexión difusa».
V. FACTOR DE LUMINANCIA.

Alcohómetros

V. AREÓMETROS.

Aleatorio

▶ *Variable aleatoria.*—Una variable se denomina *aleatoria,* o *escotástica,* si los valores que toma dependen de circunstancias o interviene *el azar,* al menos aparentemente.
Los *errores de medida* conocidos como accidentales son variables aleatorias.
Su tratamiento matemático exige la utilización del *cálculo de probabilidades.*

▶ *Momento de una variable aleatoria* X.
1.er caso: X toma valores discretos $x_i (i = 1, 2, ..., k)$ con *frecuencias* respectivas $f_i = n_i/n$, con $n = \Sigma n_i$. Su momento de orden r vale, por definición:

$$\mu_r = \sum_{i=1}^{k} x_i^r f_i = \frac{1}{n} \sum_{i=1}^{k} n_i x_i^r$$

2.° caso: varía de manera continua. Se escribe entonces: $\mu_r = \int_{-\infty}^{+\infty} x^r f(x)\, dx$ donde $f(x)\, dx$ es la probabilidad para X de tener un valor comprendido entre x y $x + dx$, y $f(x)$ su *densidad de probabilidad* en x.
En particular, el momento de primer orden, llamado a menudo *esperanza matemática* de X, E(X) —expresión que proviene de la Teoría de juegos—, no es otra que la *media* $\bar{x}$ de los valores de X. $E(X) = \bar{x} = \mu_1$.

El *momento centrado* de orden r es la magnitud $\mu_r' = \sum_{i=1}^{k} (x_i - \bar{x})^r f_i = \sum_{i=1}^{k} n_i(x_i - \bar{x})^r/n$ para una distribución discreta de X, y para una distribución continua $\mu_r' = \int_{-\infty}^{+\infty} (x - \bar{x})^r f(x)\, dx$.

El momento centrado de orden 2 es la *variànza* de X, y la raíz cuadrada de la varianza, $\sigma = \sqrt{u_2'}$, su desviación cuadrática media, o *desviación típica* (o *desviación standard*). Se demuestra que la desviación típica puede ser calculada con comodidad gracias a la relación $\sigma^2 = \mu_2 - (\mu_1)^2$.
V. INCERTIDUMBRE EN LAS MEDIDAS, LEY DE DISTRIBUCIÓN NORMAL, PROBABILIDADES.

Alfa

▶ *Coeficiente alfa.*—V. COEFICIENTE DE DILATACIÓN TÉRMICA DE LOS GASES.

▶ *Partícula alfa.*—Sinónimo: Helión, o núcleo del átomo de helio. V. RADIACTIVIDAD ALFA.

▶ *Radiactividad alfa.*—Transmutación espontánea de un núcleo atómico con emisión de una partícula α.
El núcleo resultante tiene un número atómico menor en dos unidades (salida de dos protones) y un número másico cuatro unidades menor (salida de cuatro neutrones).
Es el caso del radio, por ejemplo: $^{226}_{88}Ra \rightarrow {}^{4}_{2}He + {}^{222}_{86}Rn$.
Las partículas expulsadas lo son con una velocidad característica del núclido emisor. Las emitidas por el radio tienen una velocidad cercana a los 15.000 km/s, y una energía, por tanto ¡cercana a los 5 MeV! Estas partículas sirvieron de proyectiles en las primeras experiencias de transmutación artificial. (V. ACTIVACIÓN, FAMILIAS RADIACTIVAS, LEYES DE SODDY, RUTHERFORD.)

▶ *Rayos alfa.*—Trayectorias de las partículas alfa expulsadas por los radionucleidos. (V. RADIACTIVIDAD ALFA.)
Los rayos alfa son poco penetrantes pero altamente ionizantes (V. EQUIVALENTE DE DOSIS).

Alotropía

Raíces griegas que significan otros aspectos.

Propiedad de un elemento químico de formar cuerpos simples diferentes. *Ejemplos:* Los dos cuerpos simples gaseosos O_2 y O_3, oxígeno y ozono, son dos estados ligados diferentes del mismo elemento químico, el elemento oxígeno. Se dice que son dos variedades alotrópicas del mismo elemento. 2: Los átomos de carbono pueden asociarse para dar dos sólidos, el diamante y el grafito, que difieren uno del otro en sus estructuras cristalinas. Se dice que el carbono presenta dos variedades alotrópicas, o que es dimorfo.
V. POLIMORFISMO.

Alterna

▶ *Magnitud alterna.*—Magnitud periódica cuyo valor medio a lo largo de un período es nulo. (V. TEOREMA DE FOURIER.)
A menudo, ciertos autores califican de alterna a toda magnitud que toma valores positivos y negativos alternativamente.
V. CORRIENTE ALTERNA.

Alternador

Máquina rotatoria que produce una corriente eléctrica alterna gracias al fenómeno de inducción electromagnética.
Un alternador se compone de un *estator* y un *rotor*. El rotor, cilindro de hierro laminado, puede girar en el interior del estator. Lleva un arrollamiento de hilo conductor por el que se hace circular una corriente continua. Es la *corriente de excitación,* gracias a la cual el rotor presenta en su periferia dos polos magnéticos, uno norte y uno sur, en los *rotores bipolares,* y una serie alternativa de polos norte y sur en los *rotores multipolares.* En el estator se encuentran conductores ante los que desfilan los polos del rotor y que son, por consiguiente, la fuente y asiento de las fuerzas electromotrices alternas. Se agrupan y reúnen estos conductores por medio de anillos y escobillas en los polos exteriores del alternador.
El rotor cumple, por tanto, la función de *inductor,* y el estator, el papel de *inducido.*
La *frecuencia* f de la corriente obtenida depende del número p de pares de polos y de su velocidad de rotación (n vueltas por segundo): $f = p \cdot n$. En España dicha frecuencia es 50 Hz. Se obtiene a menudo con rotores bipolares arrastrados a una velocidad de 50 vueltas/s, lo que es posible con turbinas de vapor *(grupos turbo-alternador).*

La f.e.m. de un alternador es aproximadamente sinusoidal. Su valor máximo depende de f y del flujo máximo Φ que atraviesa una espira del inducido: $e = kf\Phi$ sen $2\pi ft$, siendo k un coeficiente que depende del modo de arrollamiento del inducido. Existen, igualmente, alternadores de inductor fijo e inducido móvil.

Alternancia

Una magnitud sinusoidal es positiva durante un semiperíodo y negativa durante el semiperíodo siguiente. Cada uno de estos semiperíodos es una *alternancia*.

Altímetro

Instrumento que da la altitud de un lugar por lectura directa.
Son, a menudo, simples barómetros aneroides, graduados en metros teniendo en cuenta las variaciones de la presión de la atmósfera con la altura. (V. NIVELACIÓN BAROMÉTRICA.) La precisión es considerablemente mayor por sondas de radar.

Altura del sonido

La *altura* de un sonido, conocida también como su *tono*, es el carácter de la sensación auditiva que permite decir que el sonido es más o menos grave o agudo (V. ESCALA, INTERVALO MUSICAL).
Desde el punto de vista físico, la altura de un sonido *puro* depende esencialmente de su frecuencia. Cuanto más elevada es ésta, más agudo parece el sonido. Para un sonido *periódico complejo* se vuelve a encontrar aparentemente la misma ley, pero experiencias recientes han demostrado que la presencia de la vibración fundamental, de la frecuencia del sonido en consecuencia, no es determinante. En efecto, la supresión de esta vibración fundamental no parece alterar la altura del sonido complejo restante. La distribución del resto de las componentes parece tener tanta importancia como el sonido fundamental. A un sonido *no periódico* se le puede atribuir una altura si existe entre sus componentes un sonido periódico dominante. Para todos los sonidos, por fin, la sensación de altura depende *ligeramente* de su intensidad, o, lo que viene a ser lo mismo, de su nivel de presión acústica.
Se ha sugerido también caracterizar numéricamente la altura de un sonido cualquiera por un número igual, no a su frecuencia, sino a la frecuencia del sonido puro, tomado a 40 dB por encima de la presión de referencia, lo que da para el auditor medio una sensación de altura comparable. La altura se mediría entonces en *mels* (primera sílaba de melodía). Por consiguiente, y por definición, la altura del *sonido de referencia* (de frecuencia 1.000 Hz) al nivel de presión acústica 40 dB, posee una altura que vale 1.000 mels.

Álvarez Luis (1911)

Premio Nobel en 1968. V. ACELERADORES LINEALES.

Amagat Emile 1841-1915

▶ *Diagrama de Amagat*.—Diagrama en dos dimensiones que facilita el estudio de las propiedades termoelásticas de los fluidos reales. Es un conjunto de curvas isotermas PV = f(P), siendo P la presión que soporta el fluido y V su volumen. Se deduce de ellas el valor de los coeficientes termoelásticos α y β. (V. Dibujo.)

Presenta, entre otros factores de interés, el de poner de manifiesto las desviaciones, a diferentes temperaturas y presiones, de las propiedades del fluido estudiado con respecto a las de los gases perfectos, y de facilitar los cálculos.
C. COEFICIENTES TERMOELÁSTICOS, LEY LÍMITE DE AVOGADRO-AMPÈRE.

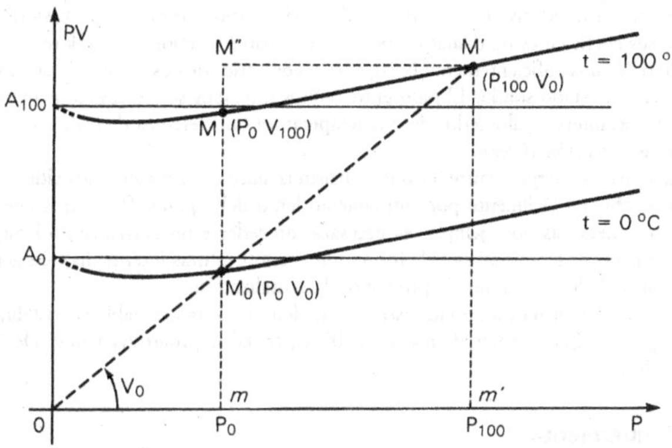

$$\alpha_0^{100} = \frac{1}{100}\,\frac{V_{100} - V_0}{V_0} = \frac{1}{100}\,\frac{M_0\,M}{mM_0}\,; \qquad \beta_0^{100} = \frac{1}{100}\,\frac{P_{100} - P_0}{P_0} = \frac{1}{100}\,\frac{M_0\,M''}{mM_0}.$$

Ametropías

Raíces griegas que significan defecto de medida del ojo.

Anomalías ópticas del ojo, de las cuales las más frecuentes son: la miopía, la hipermetropía y el astigmatismo.
Un ojo *miope* es un ojo demasiado convergente. Su *punto remoto,* el punto más alejado que el ojo puede percibir sin acomodar, está a una distancia finita D del ojo; cuanto más pequeña es D, más miope es el ojo. Un ojo *hipermétrope* es, por el contrario, insuficientemente convergente; no puede ver distintamente un objeto delante de sí sin acomodar. Su *punctum remotum* es virtual, pues está situado detrás de sí: D es negativa. No es un ojo útil más que provisto de su vidrio corrector.
Para corregir un ojo miope o hipermétrope se le provee de una lente esférica respectivamente divergente o convergente, cuya potencia vale $v = 1/D$, donde D se mide en metros y v en dioptrías.
Un ojo afectado de *astigmatismo* no es asimilable a un sistema de revolución alrededor de su eje. Posee dos planos de simetría cuya intersección es el eje visual, y en estos dos planos la potencia no tiene el mismo valor. El ojo no puede ver distintamente más que rectas colocadas en estos planos de simetría, y además acomodando de modo diferente.
La corrección de un ojo con astigmatismo exige lentes esférico-cilíndricas.
V. AMPLITUDES DE VISIÓN.

Amorfo

Califica a los cuerpos que presentan una resistencia mecánica comparable a la de los sólidos, pero a los que ciertas propiedades distinguen de los sólidos cristalinos. Existen cuerpos amor-

fos minerales, los vidrios por ejemplo, u orgánicos como el plexiglás. Estos cuerpos generalmente transparentes, isótropos, de fractura lisa, no tienen un punto de fusión claro. Calentados se ablandan y se vuelven líquidos progresivamente. El estudio por rayos X revela que su estructura molecular no es rigurosamente periódica como en los cristales. Son, de hecho, líquidos en *sobrefusión*.
Se encuentra efectivamente que los valores de ciertas «constantes físicas» de un cuerpo amorfo, sus coeficientes de dilatación por ejemplo, son próximos a sus valores en estado líquido. A temperaturas suficientemente bajas, por el contrario, dichos valores se acercan a los de la sustancia en estado sólido. El paso entre ambos dominios se efectúa de manera continua, en un estrecho intervalo alrededor de una temperatura característica de cada cuerpo, su «temperatura de transición vítrea».
Para ciertos cuerpos, entre los que se hallan la sílice y los silicatos (los vidrios), el estado amorfo se obtiene fácilmente por enfriamiento lento del líquido. Para otros cuerpos, ciertas aleaciones metálicas por ejemplo, es necesario proceder a un enfriamiento brutal. Gracias a este fenómeno de temple se evita la formación, a temperaturas intermedias, de gérmenes cristalinos a partir de los cuales pueda producirse la cristalización.
El estado amorfo es un estado *metaestable*, siendo el estado estable el cristalino. La sílice amorfa, por ejemplo, mantenida hacia los 500 °C, cristaliza progresivamente. Decimos que se «desvitrifica».

Amortiguamiento

V. OSCILACIONES AMORTIGUADAS.

Amperaje (familiar)

Intensidad de una corriente eléctrica medida en amperios.

Ampère André Marie (1775-1836)

▶ *amperio* (A).—Unidad de intensidad de corriente eléctrica.
El amperio fue primero una unidad «práctica» incorporada a las unidades del sistema c.g.s. El amperio valía por definición 1/10 de la unidad de intensidad del sistema c.g.s. electromagnético (el biot). Se le representaba aproximadamente por sus efectos químicos (un amperio deposita 1,118 mg/s de plata en el cátodo de un voltámetro en el que hay nitrato de plata), lo que servía para definir el «amperio internacional». Hoy el amperio es una de las unidades fundamentales del sistema internacional y se define por sus efectos electromagnéticos: «El amperio es la intensidad de una corriente eléctrica constante que, circulando por dos conductores rectilíneos, paralelos e indefinidos de sección circular despreciable, y colocados en el vacío a un metro de distancia entre ellos, produciría entre ellos una fuerza de $2 \cdot 10^{-7}$ N por metro de longitud.»
La fórmula que da la intensidad de la fuerza que se ejerce sobre una longitud «l» de uno de los conductores arriba definidos se escribe: $f = 2 \cdot \frac{\mu_0}{4\pi} \cdot \frac{l}{a} \cdot I^2$, siendo *a* la distancia entre ambos conductores, I la intensidad de corriente. Se observa que la definición actual de amperio conduce a imponer indirectamente a la permeabilidad del vacío el valor numérico $\mu_0 = 4\pi \cdot 10^{-7}$. V. AMPERIO-PATRÓN.

▶ *Observador de Ampère (Regla del...)*.—Regla propuesta por Ampère (1820) para encontrar en todos los casos posibles el sentido del campo magnético creado por una corriente eléctrica rectilínea (V. EXPERIENCIA DE OERSTED, LEY DE BIOT Y SAVART).

«Supongamos un observador colocado a lo largo del conductor y atravesado por la corriente de pies a cabeza. Si observa un punto M próximo, el campo magnético en M se dirige hacia su izquierda.»

La regla de Ampère es, pues, un procedimiento práctico para encontrar rápidamente el convenio del triedro a la izquierda (V. ORIENTACIÓN EN EL ESPACIO).

No es siempre fácil imaginarse a uno mismo en la posición, a veces incómoda, del observador de Ampère. Existen otras reglas, más sencillas, como la del sacacorchos de Maxwell...

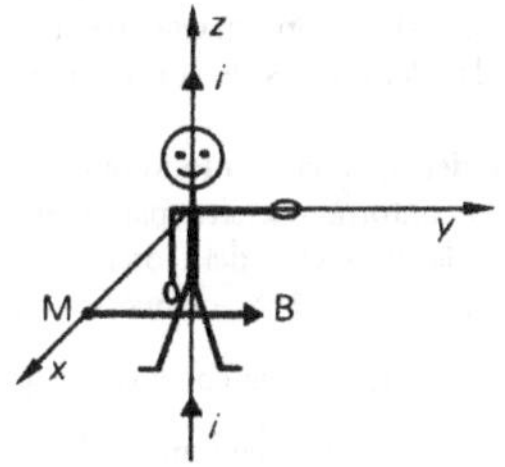

▶ *Teorema de Ampère.*—Expresa la relación entre el campo magnético creado por corrientes eléctricas constantes y la intensidad de dichas corrientes. Puede enunciarse de dos maneras, matemáticamente equivalentes:

1. *Forma «integral»:* La circulación del vector inducción magnética **B** a lo largo de un trayecto cerrado orientado Γ es proporcional a la suma de las intensidades de corriente que «atraviesan

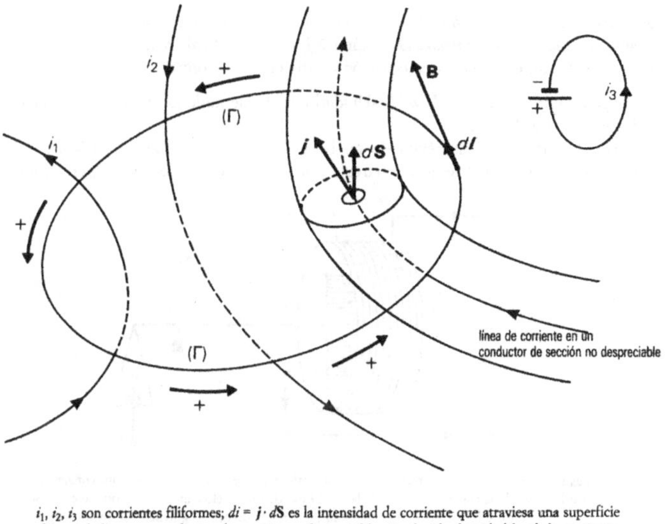

i_1, i_2, i_3 son corrientes filiformes; $di = \boldsymbol{j} \cdot d\mathbf{S}$ es la intensidad de corriente que atraviesa una superficie elemental $d\mathbf{S}$ en un conductor de sección no despreciable, siendo $\boldsymbol{j}$ la densidad local de corriente. La expresión integral del teorema de Ampère es:

$$\oint_{(\Gamma)} \mathbf{B} . d\mathbf{l} = \mu_0 \left(i_1 - i_2 + \iint_S di \right).$$

el circuito» (que atraviesan, en realidad, una superficie cualquiera limitada por el camino cerrado): siendo μ_0 la permeabilidad del vacío: $\oint_\Gamma \mathbf{B} \cdot dl = \mu_0 \Sigma I_i$.

Se trata de una suma algebraica en la que se cuentan como positivas las corrientes que atraviesan la superficie en sentido directo y como negativas las que la atraviesan en sentido inverso. No se tienen en cuenta las corrientes que no atraviesan el circuito: la circulación de la componente del campo creado por dichas corrientes es nula.

2. *«Forma local»:* El rotacional del campo magnético en un punto de un medio cualquiera es proporcional a la suma de las densidades de corriente en ese punto: rot $\mathbf{B} = \mu_0 \Sigma \boldsymbol{j}$. (V. TEOREMA DE STOKES.)
En todas estas relaciones se tienen en cuenta todo tipo de corrientes: corrientes de conducción y corrientes particulares si el contorno encierra materia imanada, lo que hace, en esta eventualidad, particularmente difícil la utilización del teorema. Lo adecuado es, entonces, sustituir el campo **B** por la excitación magnética **H**. Se demuestra que el teorema de Ampère hace intervenir en ese caso tan sólo las corrientes de conducción: $\oint_\Gamma \mathbf{H} \cdot dl = \Sigma i_c$; rot $\mathbf{H} = j_c$.

Adaptado a campos y corrientes variables en función del tiempo, este teorema se completa dando la relación de Maxwell-Ampère, una de las ecuaciones de Maxwell, fundamento de la teoría electromagnética y de la teoría de las ondas electromagnéticas.

▶ *Amperio-hora.*—Unidad de cantidad de electricidad (y no de intensidad) utilizada en electrotecnia con preferencia al culombio, C.
Es la cantidad de electricidad transportada en una hora por una corriente de intensidad constante e igual a 1 A. 1 Ah = 3.600 C.

▶ *Amperio por metro (A/m o A · m⁻¹).*—Unidad del sistema internacional (S.I.) que sirve para evaluar una *intensidad de imanación* volúmica J_v o una *excitación magnética* **H**. Estas dos magnitudes presentan, en efecto, una ecuación de dimensiones común.

▶ *Amperio-metro cuadrado (A · m²).*—Unidad del SI que mide el *momento magnético* de un circuito eléctrico o de un imán.
Ejemplo: El momento magnético de un bucle de corriente tiene por módulo: $dM = i \cdot dS$; i es la intensidad de corriente que circula por el bucle y se mide en amperios, mientras que

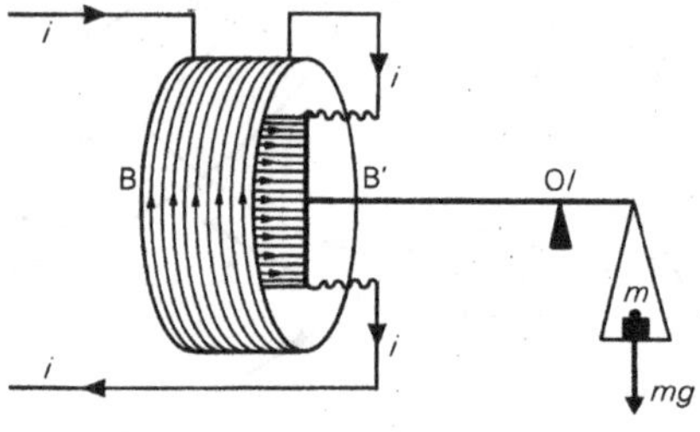

Las dos bobinas B y B′ son recorridas por una misma corriente *i*. Sus ejes son ortogonales. B está fija; B′ es solidaria con el fiel de una balanza. El par de origen electromagnético que se ejerce sobre B′ y, por tanto, sobre el fiel está equilibrado por un par de origen gravitatorio debido al peso de una masa *m* colocada en el platillo de la balanza. Como en el electrodinamómetro de Pellat, *i* y *m* están relacionadas por la ecuación $i^2 = Cm$, pero la constante C no es aquí calculable. La masa *m* se determina de una vez por todas por comparación con un instrumento de medida absoluta, de manera que el equilibrio se produce cuando *i* es exactamente igual a un amperio.

dS se mide en metros cuadrados y es la superficie del lazo. Se ve perfectamente el origen de la expresión $A \cdot m^2$.

▶ *Amperio-patrón.*—Nombre dado a un electrodinamómetro de dimensiones y uso cómodos, en el que el equilibrio se obtiene cuando es atravesado por una intensidad de exactamente un amperio.
Este aparato se utiliza a veces en laboratorios de control para verificar la graduación de los amperímetros. Se prefiere a veces para este empleo un montaje con resistencia patrón y pila patrón.

▶ *Amperio-vuelta.*—Unidad que se usa en la teoría de los *circuitos magnéticos* para medir las *fuerzas magnetomotrices*.

Amperianas

▶ *Corrientes amperianas.*—Conjunto de corrientes eléctricas macroscópicas ficticias que pueden reemplazar a la materia imanada de un imán en el cálculo del campo magnético exterior que éste crea y también en el cálculo de las acciones mecánicas que sufre al ser sumido en un campo magnético.
Siendo **J** el vector intensidad de imanación volúmica en un punto del imán, se demuestra que:
1 / En todo punto interior la corriente amperiana local se caracteriza por un vector densidad $\boldsymbol{j}_v = \text{rot}\,\mathbf{J}$ (la intensidad local de esta corriente atravesando un bucle elemental de área dS vale $di = \boldsymbol{j}_v \cdot d\mathbf{S}$).
2 / En todo punto situado sobre la superficie del imán la corriente amperiana local se caracteriza por un vector densidad (superficial) $\boldsymbol{j}_s = \mathbf{J} \wedge \boldsymbol{n}$, siendo $\boldsymbol{n}$ el vector unitario normal en ese punto a la superficie del imán orientada hacia el exterior (la intensidad local de esta corriente a través de un elemento de longitud dl tomada en la superficie vale $di = \boldsymbol{j}_s \cdot d\boldsymbol{l}$).
Es necesario no confundir estas corrientes amperianas macroscópicas ficticias con las *corrientes particulares*, causas reales de las propiedades magnéticas del imán según la teoría amperiana ac-

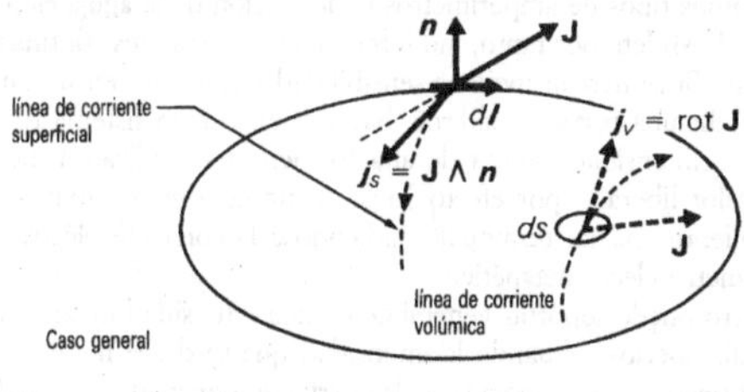

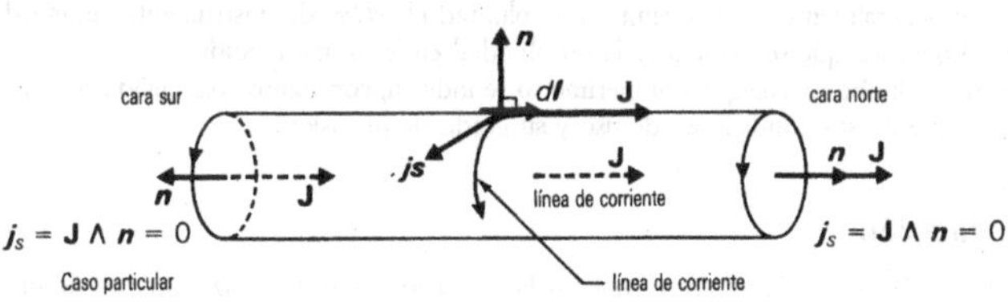

Este imán (ideal) es equivalente a un conjunto de espiras, aisladas y unidas por los bordes, teniendo cada una un espesor dl y recorridas por una corriente continua ficticia de valor $di = j_s \cdot dl = J \cdot dl$.

tual del *magnetismo*. También es posible, además, reemplazar las corrientes particulares por masas magnéticas ficticias. Corrientes amperianas y masas magnéticas son cómodas herramientas de cálculo.

Amperímetros

Instrumentos de medida que sirven para medir por lectura directa la intensidad de una corriente eléctrica.

Mientras que se les exige a los galvanómetros una altísima sensibilidad, se tolera en los amperímetros una sensibilidad menor, pero se les exige medidas cómodas, rápidas; que sean robustos y si es posible baratos. Con este fin el órgano móvil no es sostenido por hilos verticales. Gira sobre pivotes arrastrando una aguja cuyo extremo se desplaza por una graduación en limbo. El par mecánico se produce, cuando es necesario, por un resorte espiral. Siempre es necesario un ajuste previo del aparato.

Existen numerosos tipos de amperímetros. He aquí algunos de los más empleados.

Los *amperímetros magnetoeléctricos* tienen el mismo principio de funcionamiento que los galvanómetros de cuadro móvil. Son los más fieles y los más sensibles. Presentan la ventaja de reseñar el sentido de la corriente si se cuida de ubicar el cero en el centro de la escala.

El principio de funcionamiento de los amperímetros *ferromagnéticos* recuerda el de los galvanómetros de imán móvil, siendo reemplazado éste por una o dos piezas de hierro dulce, que se imanan temporalmente y giran bajo la influencia del campo magnético creado por la corriente. Existen diferentes modelos. Son menos sensibles que los anteriores, pero también menos costosos y más robustos.

Bajo el principio de funcionamiento de los *electrodinamómetros* se construyen los amperímetros electrodinámicos.

También existen *amperímetros térmicos* basados en el calentamiento por efecto Joule de un hilo metálico tenso cuando es recorrido por la corriente que se quiere medir. El hilo se alarga y su alargamiento es convertido por un mecanismo en rotación de aguja.

En los tres últimos tipos de amperímetros la desviación de la aguja es proporcional al *cuadrado* de la intensidad. Miden, por tanto, indiferentemente corrientes continuas y alternas: miden valores «eficaces». Si se desean mejores sensibilidad y fidelidad en un amperímetro electromagnético para medir una corriente alterna, hay que añadir un sistema rectificador.

Para medir una intensidad alterna de alta frecuencia se utilizan a menudo amperímetros de *termopar*. El calor liberado por efecto Joule en un conductor auxiliar se usa para calentar la «soldadura caliente» de un termopar, midiéndose la corriente eléctrica resultante por medio de un amperímetro electromagnético.

Un amperímetro puede soportar generalmente una intensidad máxima bastante débil —del orden de un miliamperio—. Cuando la intensidad que se desea medir es mayor se envía al instrumento sólo una fracción conocida de la corriente, por medio de un dispositivo reductor, un *shunt* generalmente. Se aumenta así a voluntad el *calibre* del instrumento (intensidad máxima medible), aunque se disminuye la sensibilidad en la misma medida.

Sobre el limbo de cualquier amperímetro se indican, con signos convencionales, el tipo de aparato que es, sus condiciones de uso y su grado de precisión.

Amplificación

Operación que consiste en reemplazar las variaciones de pequeña amplitud de una magnitud, vehículo de una señal, por las variaciones de mayor amplitud de una magnitud de la misma naturaleza.

Los dispositivos que efectúan esta operación son los *amplificadores*.

La razón $g = a_2/a_1$, donde a_1 es la amplitud de entrada al amplificador y a_2 la amplitud de salida, mide la *ganancia* de la operación.
Ejemplos: Las muy débiles deformaciones de la cápsula de un barómetro aneroide (algunas décimas de milímetro) producen, por medio de un sistema de palancas, los desplazamientos más importantes del extremo de una aguja. La ganancia de este *amplificador mecánico* (palanca + aguja) alcanza al menos el valor 100. Valores del mismo orden de magnitud se alcanzan en los *amplificadores ópticos* (V. MÉTODO DE POGGENDORFF). Cuando se necesita una ganancia mucho mayor, la rapidez de las variaciones que se quieren amplificar exige un dispositivo de muy escasa inercia; se recurre a los *amplificadores electrónicos*.

Amplificador

▶ *Amplificador electrónico.*—Aparato utilizado para la amplificación de una señal eléctrica o una señal de otra naturaleza (mecánica, acústica...) después de convertirla en señal eléctrica. (V. TRANSDUCTOR.)
Todos los amplificadores electrónicos contienen, como elementos esenciales, tubos de vacío y, mucho más corrientemente hoy, transistores. Las figuras representan, a título indicativo, dos esquemas simplificados en extremo: el de un triodo y el de un transistor amplificadores. Nótese la analogía.
Variando los tipos de montaje pueden obtenerse, en función de las necesidades, *ganancias* importantes en intensidad, en tensión o en potencia. El complemento de energía es tomado entonces del generador incorporado al amplificador. Un amplificador electrónico es, por consiguiente, un cuadripolo activo.

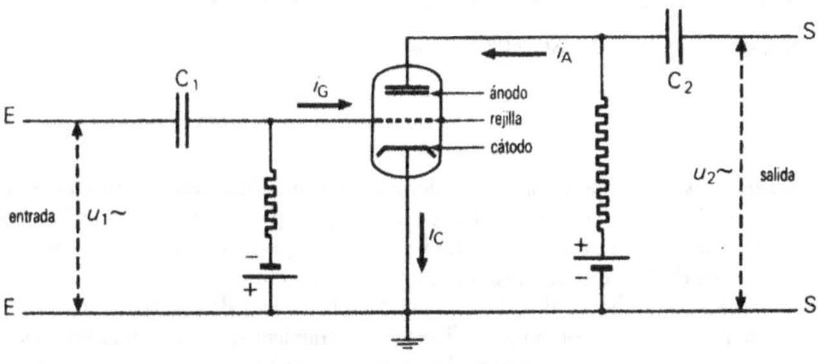

Montaje de un triodo amplificador, (esquema simplificado)

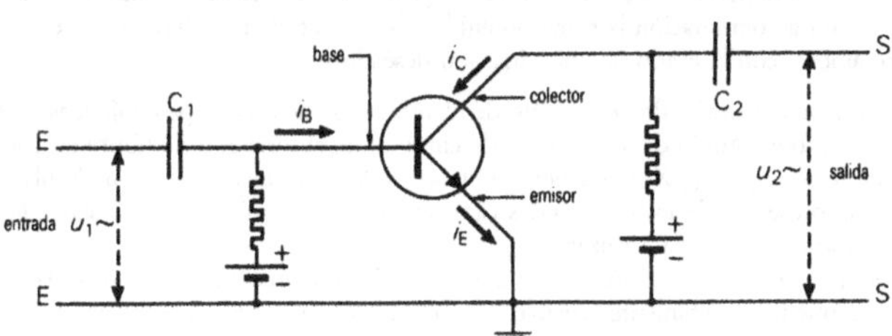

Montaje de un transistor (n, p, n) amplificador, (esquema simplificado)

Ganancia en tensión $G = U_2/U_1$

Los amplificadores electrónicos permiten seguir fácilmente las débiles y veloces variaciones de tensión eléctrica que acompañan, por ejemplo, al músculo cardíaco, y hacerlas legibles en los «electrocardiogramas», o la actividad cerebral sobre «encefalogramas». Son necesarias cadenas de alta ganancia comprendiendo muchas *etapas de amplificación* para la recepción de señales muy debilitadas provenientes de fuentes emisoras sitas a grandes distancias (comunicación con satélites, por ejemplo).

▶ *Amplificador mecánico.*—V. AMPLIFICACIÓN.

▶ *Amplificador óptico.*—V. AMPLIFICACIÓN.

Amplitud

En lenguaje corriente *la amplitud* de las variaciones de una magnitud corresponde a la distancia entre sus valores extremos. Piénsese, por ejemplo, en la amplitud de las variaciones de la temperatura ambiente en un lugar dado y en el curso de un año.

En Física *la amplitud* de una magnitud designa casi siempre su desviación máxima con respecto a un valor medio. *Ejemplo:* Un punto material M oscila en una recta a uno y otro lado de un punto fijo O según la ecuación $x = A \cos \omega t$. Su *elongación* OM varía periódicamente en el transcurso del tiempo entre −A y +A. Su *amplitud* es, precisamente, A (y no 2A).

Se demuestra que la *energía* puesta en juego en un fenómeno oscilatorio sinusoidal es proporcional al cuadrado de su amplitud. De ahí proviene el interés de esta magnitud. *Ejemplo:* Si el punto material precedente tiene una masa m su energía mecánica conserva a lo largo de sus oscilaciones un valor constante dado por $E = m\omega^2 A^2/2$, siendo ω la pulsación del movimiento. V. PRINCIPIO DE INTERFERENCIA, PROBABILIDAD DE PRESENCIA.

▶ *Amplitud compleja.*—V. NOTACIÓN COMPLEJA.

Análisis

▶ *Análisis armónico.*—Descomposición de una función en una serie de funciones sinusoidales, lo que resulta posible en virtud del *teorema de Fourier* para funciones periódicas y de las *integrales de Fourier* para funciones no periódicas. Es una operación relativamente frecuente en ciertos dominios de la física (acústica, óptica, electromagnetismo, etc.).

Se obtienen los resultados de esta descomposición a través de cálculos o, a veces, por vía experimental. En ese caso son posibles diversos procedimientos, basados bien en las leyes de composición de movimientos mecánicos de rotación o de vibración, bien en las leyes de composición de corrientes eléctricas sinusoidales. En ambos casos se realiza la suma de funciones sinusoidales de frecuencias convenientes, eligiendo por tanteo las amplitudes y fases iniciales. Se compara a continuación la suma obtenida a la función dada..., hasta obtener la identidad entre ambas, con el grado de aproximación deseado.

▶ *Análisis espectral.*—Procedimiento de identificación de los cuerpos químicos presentes en una muestra por estudio de su espectro de emisión, de absorción o de fluorescencia, en los dominios de los rayos γ, X, hercianos o luminosos. Cada elemento, ion o molécula es reconocible por la presencia de rayas o bandas características. La técnica utilizada depende naturalmente del tipo de espectro a realizar.

Este procedimiento no utiliza más que un poquito de materia, no destruye la mezcla estudiada, y puede ser altamente sensible. Puede ser incluso cuantitativo gracias a medidas relativas de intensidad en rayas, previa graduación y contraste del aparato.

V. ASTROFÍSICA, ESPECTRÓGRAFO DE MASAS, RAYAS DE FRAUNHOFER.

Analizador

Analizar una luz monocromática es determinar experimentalmente su *estado de polarización*. Los aparatos que permiten hacerlo son los *analizadores*. Se utiliza corrientemente como analizador o bien un prisma de Nicol –u otro cristal birrefringente convenientemente tratado– o bien un polaroide o film polarizante.

El principio de funcionamiento es el mismo cualquiera que sea el analizador. Éste posee siempre un plano de simetría óptica importante: su plano de sección principal. Cuando recibe un haz de luz, sólo transmite la componente de la vibración luminosa situada en el plano de la sección principal. Haciendo girar el analizador alrededor de la dirección del haz incidente, se pueden seguir las eventuales variaciones de la intensidad luminosa trasmitida y deducir de ellas el estado de polarización investigado.

Por ejemplo, si la intensidad transmitida varía continuamente entre un máximo y un mínimo nulo, conforme a la ley de Malus es fácil concluir que la luz incidente está polarizada rectilíneamente, y que su dirección de vibración es perpendicular al plano de sección principal en la posición de extinción (se señala mejor la posición de extinción con un analizador de penumbra). Si la intensidad transmitida permanece constante, el haz incidente transporta luz natural o luz polarizada circularmente.

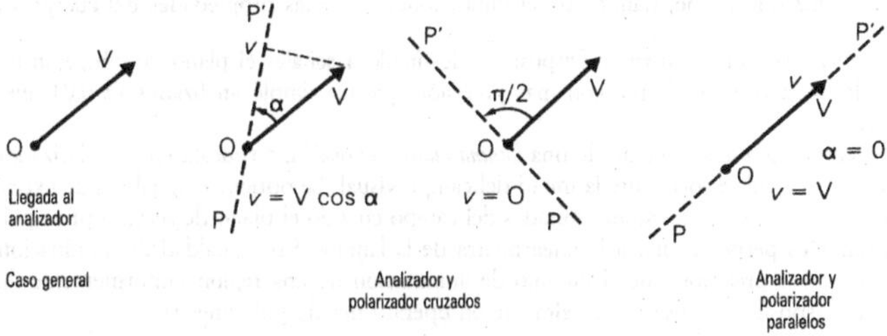

V: vibración incidente; *v*: vibración transmitida.

El analizador recibe *luz polarizada rectilíneamente* representada por **OV**.

Se supone que el haz llega perpendicularmente al plano del dibujo en O.
Las líneas PP' son la proyección, en el plano de dibujo, del plano de sección principal del analizador.

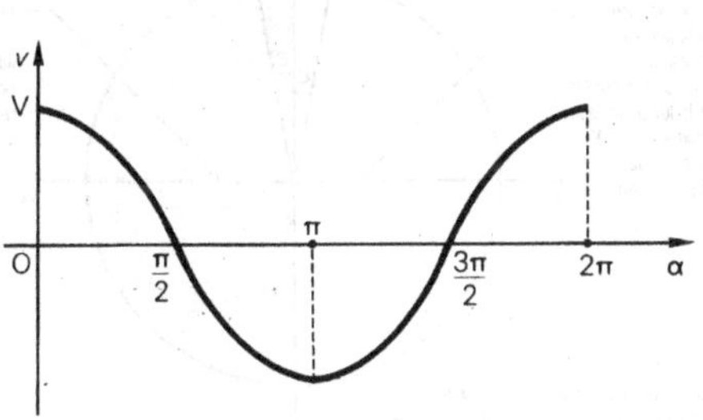

Variaciones con el ángulo α de la *amplitud* de la vibración transmitida.

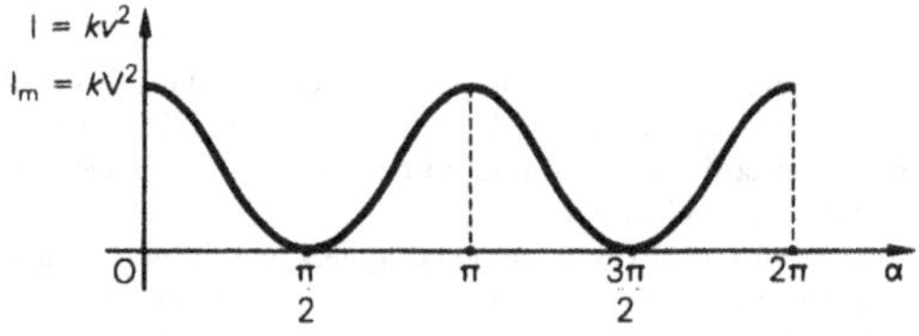

Variaciones con el ángulo α de la *intensidad luminosa* transmitida.

Es posible resolver este género de dificultades asociando al analizador una combinación adecuada de láminas de cuarto de onda y de media onda, lo que permite igualmente reconocer eventualmente una luz elíptica, encontrar la dirección de sus ejes principales, su excentricidad y el sentido de su recorrido. Puede igualmente percibirse que una luz está parcialmente polarizada y determinar su *grado de polarización*.

En los montajes de polarimetría se coloca casi siempre el objeto de estudio entre un *polarizador*, que suministra la luz rectilínea, y un analizador, que determina el estado de polarización de la luz que recibe, dando con él indicaciones sobre las propiedades del cuerpo estudiado.

▶ *Analizador de penumbra*.—Dispositivo destinado a señalar el plano de vibración de una luz polarizada rectilíneamente con más precisión que un simple analizador (± 0,01° en lugar de 0,1°).

Se compone esencialmente de una *lámina cuarto de onda* interpuesta entre polarizador y analizador que cubre solamente la mitad del campo visual. Se obtiene la igualdad de extinción parcial (de *penumbra*) de ambas mitades del campo cuando el plano de sección principal del analizador es perpendicular a la línea neutra de la lámina. Esta igualdad de iluminación se nota con mayor precisión que el mínimo de iluminación de una región uniformemente iluminada. Este dispositivo se usa principalmente en operaciones de polarimetría.

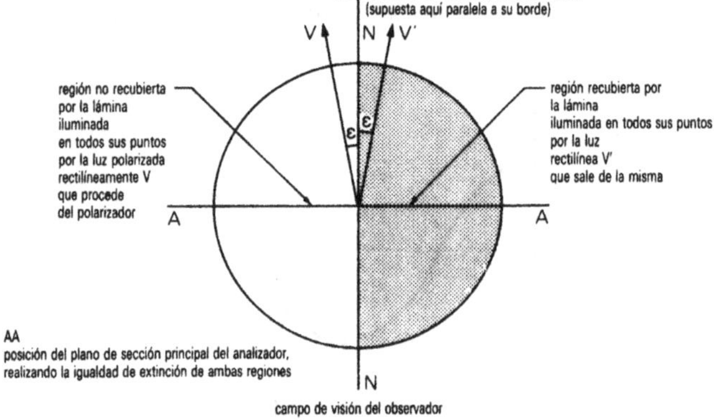

▶ *Analizador de imagen.*—Dispositivo destinado a determinar, por barrido metódico punto por punto, las luminosidades locales de una imagen óptica. Es uno de los órganos esenciales de cualquier cámara de televisión.
El primer analizador de imagen fue el «disco de Nipkow», realizado por éste (en 1884) y que servía efectivamente para transmitir a distancia filmes cinematográficos. Después se han concebido otros analizadores más sensibles. El desarrollo actual de la televisión y de los magnetoscopios se ha visto ampliamente favorecido por dichos analizadores.
Todos utilizan las propiedades fotoeléctricas de sustancias adecuadas (fotoemisividad o fotoconductividad) para transformar la imagen óptica en una secuencia de breves corrientes eléctricas, cuyas intensidades son proporcionales a las iluminaciones de cada punto de la imagen a transmitir o grabar.
V. ICONOSCOPIO, IMAGEN-ORTHICÓN, NIPKOW, SPOT O PUNTO VOLANTE, TELEVISIÓN EN COLOR, VIDICÓN.

Analógico

▶ *Cálculo analógico.*—Resolución de ecuaciones, relativas a un proceso en el que están en juego fenómenos diversos (mecánicos, hidráulicos, etc.), por observación de magnitudes físicas pertenecientes a un montaje sometido a las mismas restricciones matemáticas, es decir, regido por ecuaciones análogas.
Ese montaje es frecuentemente un circuito eléctrico apropiado, y las magnitudes observables, magnitudes eléctricas: intensidades, tensiones, etc.
V., a título de ejemplo, CIRCUITO EQUIVALENTE, LEYES DE KIRCHHOFF, REOGRAFÍA.

▶ *Representación analógica.*—Representación de informaciones que afectan a un determinado fenómeno por los valores de parámetros que pertenecen a otro dominio.
Ejemplo: La fotografía en «blanco y negro» de un paisaje es una representación analógica de ese paisaje. Sobre su superficie, en efecto, son registradas bajo la forma de manchas grises (en gran número, más o menos claras, más o menos profundas) las informaciones que provienen de cada pequeña región del paisaje, y recogidas por la cámara.
V. NUMERIZACIÓN.

Andrews Thomas 1813-1885

▶ *Diagrama de Andrews.*—Conjunto de curvas que representan la evolución del volumen másico (volumen por unidad de masa) de un cuerpo puro en función de la presión P, a temperatura constante (curvas isotermas, llamadas *isotermas de Andrews*).
Para comprender la razón del fracaso en los ensayos de licuefacción de ciertos gases (hidrógeno, oxígeno...), Andrews emprendió el estudio sistemático de las condiciones de licuefacción de los gases licuables, y representó los resultados de sus experimentos por medio de isotermas $v(P)$. Descubrió así (en 1869) la existencia para cada sustancia de una *temperatura crítica*.
Solamente por debajo de esta temperatura una compresión isoterma (rama BB') hace aparecer la primera gota de líquido (punto B) y provoca la licuefacción progresiva del gas a presión constante (rama BA). El líquido se comprime después difícilmente (rama AA').
Este descubrimiento permite, por consiguiente, la licuefacción de todo gas, incluidos los gases reputados como «permanentes».
V. CONTINUIDAD ENTRE LOS ESTADOS LÍQUIDO Y GASEOSO, PUNTO CRÍTICO.

▶ *Isotermas de Andrews.*—V. DIAGRAMA DE ANDREWS.

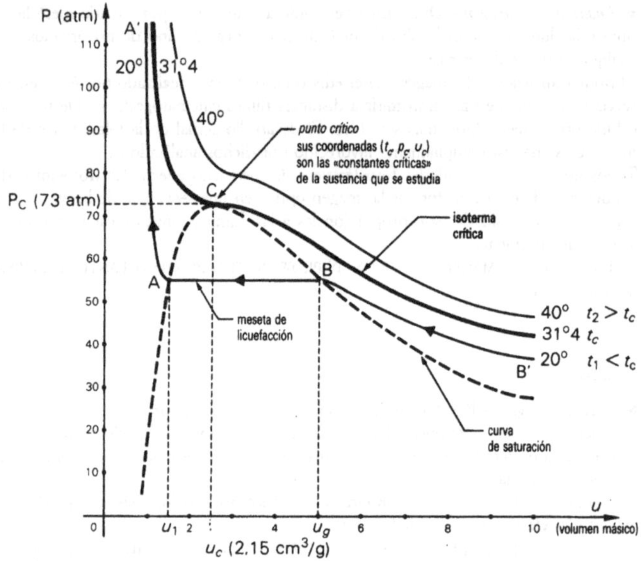

Anecoica

Raíces griegas que significan «sin eco».

V. CÁMARAS SORDAS.

Anemómetro

Raíces griegas que significan medición del viento.

Aparato destinado a medir la velocidad del viento o, de un modo más general, la velocidad a la que fluyen un líquido o un gas.

La magnitud medible que resulta de la acción del fluido sobre un anemómetro puede ser mecánica (velocidad de rotación de un carro alrededor de un eje fijo, inclinación de un péndulo con respecto a la vertical...) o una modificación de una propiedad física, por ejemplo, la disminución de la resistencia de un «hilo caliente» enfriado por la corriente fluida...

La mayoría de los anemómetros son de lectura directa, tras ajuste previo.

Ångström Anders Jonas (1814-1874)

▶ *angström (Å).*—Unidad de longitud, desaconsejada hoy, introducida en física por Ångström (hacia 1870).

Sirvió fundamentalmente para medir la longitud de onda de las radiaciones luminosas.

Los radios de los átomos son del orden del Å.

1 Å = 0,1 nm (nanómetros) = 10^{-4} µm (micrómetros) = 10^{-10} m.

Ángulo

▶ *Ángulo de incidencia, de reflexión, de refracción.*—V. LEYES DE SNELLIUS O DE DESCARTES.

▶ *Ángulo límite*.—Un rayo luminoso incide sobre la superficie que separa dos medios, M_1 y M_2, transparentes, homogéneos e isótropos, cuyos índices de refracción son, respectivamente, n_1 y n_2 (suponemos menor el primero: $n_1 < n_2$).

Si el rayo «viene» del medio 1, cuyo índice de refracción es menor, existe siempre un rayo refractado, cualquiera que sea el ángulo de incidencia i. El *ángulo de refracción límite* l se alcanza para incidencia «rasante» (i = 90° sen $l = n_1/n_2$).

Si el rayo de luz «viene» del medio 2, cuyo índice de refracción es superior, existe un ángulo de incidencia límite para el que se produce una refracción rasante (r = 90°; sen $l' = n_1/n_2$; $l' = l$ = ángulo límite). Para un ángulo de incidencia superior, la energía incidente se vuelve a encontrar íntegra en el rayo reflejado. Se dice que hay *reflexión total*. Cuando un nadador se tira en plancha a una piscina y mira la superficie del agua bajo un ángulo superior al límite (unos 48° en el caso del agua), dicha superficie le parece un auténtico espejo plano.

Algunos dispositivos (ejemplo: los refractómetros de Abbe o de Pulfrich) aprovechan uno u otro de estos fenómenos para determinar experimentalmente la razón entre los índices de refracción, n_1/n_2, reseñando uno de los ángulos l o l', obteniendo n_1 sin n_2 es conocido y *viceversa*.

V. PRISMA DE REFLEXIÓN TOTAL.

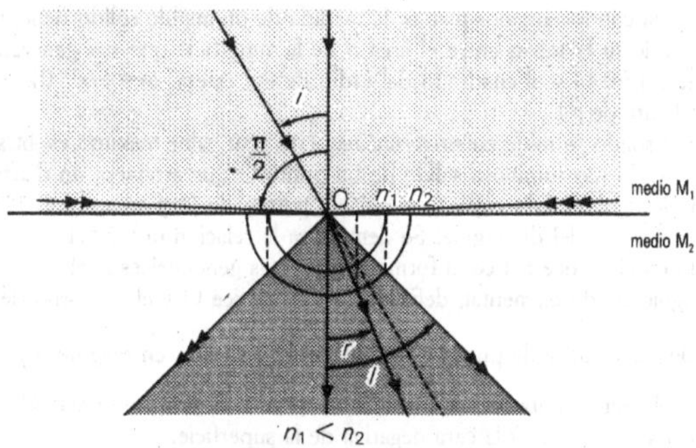

Paso de la luz de un medio M_1 menos refringente a un medio M_2 más refringente

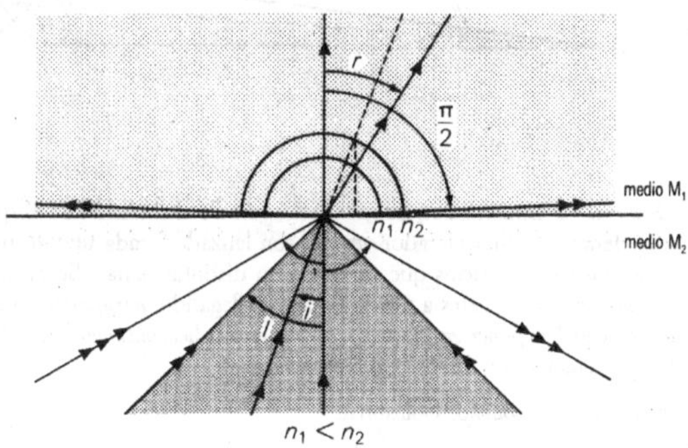

Paso de la luz de un medio M_2 (más refringente a un medio M_1 (menos refringente)

▶ *Ángulo de pérdida.*—Un dieléctrico sometido a un campo eléctrico alterno se calienta. Es el caso, por ejemplo, del aislante en un condensador. La energía eléctrica se disipa en él en forma de calor. Estas «pérdidas eléctricas» comprenden las que se producen por efecto Joule (un dieléctrico no es nunca perfectamente aislante) y las debidas a la histéresis eléctrica. Estas últimas son en general las de mayor importancia.
Este fenómeno puede ser aprovechado para el calentamiento de un cuerpo aislante (caldeo en un horno de microondas, por ejemplo).
Se demuestra que si el campo es sinusoidal, de pulsación ω y de valor eficaz E, la potencia perdida por unidad de volumen en un dieléctrico de permitividad ε viene dada por la expresión: $P = 1/2\ \omega\varepsilon E^2 \cdot \text{tg}\ \varphi$. El ángulo φ es llamado ***ángulo de pérdida*** del dieléctrico y es generalmente pequeño (inferior a 10°).

▶ *Ángulo de perspectiva.*—Para un observador situado en un punto O, el ***ángulo de perspectiva*** de un punto observado A es el ángulo formado por la recta OA con el plano horizontal que pasa por O.

▶ *Ángulo sólido.*—Región del espacio tridimensional limitada por un cono (¡no necesariamente circular!). El vértice del cono lo es también del ángulo sólido.
Por analogía con los ángulos planos, la medida de un ángulo sólido tiene, por convenio, el valor ω, siendo ω la razón entre el área S de la superficie que sus generatrices cortan en una esfera de centro O y el cuadrado del radio de esa esfera. $\omega = S/r^2$. (Se demuestra que ω es independiente de r.)
Un ángulo sólido se mide en *esterorradianes* (sr) y su valor máximo es 4π sr.
Ejemplos: 1. El haz luminoso salido de un punto O que atraviesa un diafragma D está contenido en el ángulo sólido cuyas generatrices parten de O y se apoyan sobre el contorno que limita la abertura del diafragma. Se demuestra la relación $\omega = 2\pi(1 - \cos\alpha)$, siendo α el semiángulo en el vértice del cono formado por estas generatrices si el cono lo es de revolución.
2. El ángulo sólido elemental, definido por su vértice O y el contorno de una superficie elemental de vector $d\mathbf{S}$ y de punto medio M tiene por valor, en magnitud y sentido $d\omega = \dfrac{\boldsymbol{u} \cdot d\mathbf{S}}{r^2}$, siendo $\boldsymbol{u}$ el vector unitario de la semirrecta orientada OM, r = OM. El ángulo sólido $d\omega$ es positivo si se ve desde O la cara negativa de la superficie.
V. BUCLE DE CORRIENTE, POTENCIAL ESCALAR MAGNÉTICO.

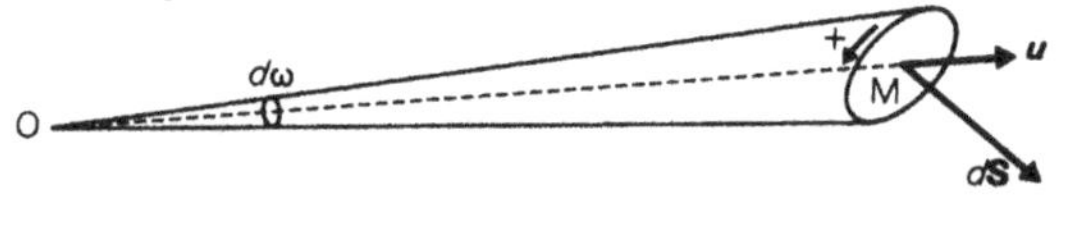

Anillo

▶ *Anillo de almacenamiento de intersección* (ISR).—Anillo de colisión en el que paquetes de partículas, procedentes de un acelerador vecino, son lanzados, cada uno en un sentido diferente, al interior de dos canales vacíos que se cortan en distintas zonas. Se programan las operaciones para *almacenar* los paquetes a medida que van llegando, *agruparlas* separadamente en cada uno de ambos canales, *poner en marcha* a continuación las *colisiones* haciendo que los paquetes de partículas se encuentren en las regiones de cruce.

▶ *Anillo de colisión.*—*Sinónimo:* Colisionador.

Aparato en cuyo interior se producen choques frontales, o casi frontales, entre partículas subnucleares animadas de velocidades iguales y opuestas. Existen actualmente, en servicio o en

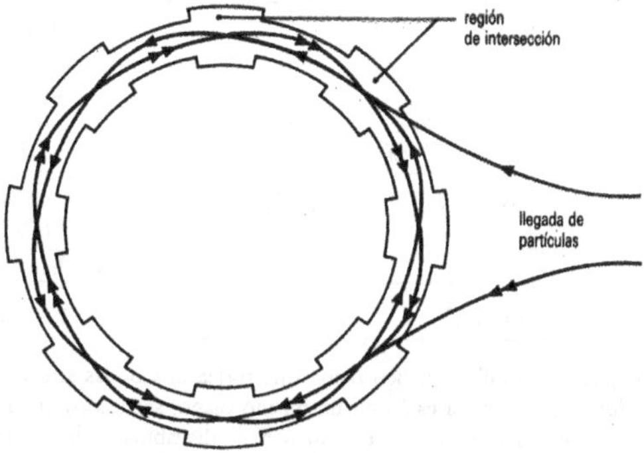

Esquema simplificado de un anillo de almacenamiento de intersección (p, p)
(CERN, Ginebra)

Número de canales: 2 (sólo está representado el contorno exterior del conjunto).
Circunferencia: alrededor de 950 m.
Número de intersecciones: 8. Ángulo de intersección: 15°.
Energía de cada protón: 28 GeV. Intensidad de cada haz, en el momento del choque: 20 A (alrededor de 10^{14} protones por mm^2 y por segundo).
Frecuencia de colisiones en cada intersección: alrededor de 10^5 en cada segundo.

proyecto, anillos de colisión entre electrones (e, e), entre protones (p, p), entre electrones y antielectrones (e, ē) y entre protones y antiprotones (p, p̄).
Estos anillos poseen un inconveniente. La densidad volúmica de un haz de partículas que provienen de un acelerador es mucho menor que la de un blanco material; es necesario, para obtener una frecuencia de colisiones aceptable entre dos haces, almacenar muchos paquetes de partículas idénticas que llegan sucesivamente, unirlas en un único haz, ya sea en el mismo anillo, ya en un *anillo de almacenamiento* anexo, antes de poner en marcha las colisiones. Pese a estas complicaciones los anillos de colisiones conservan un considerable interés, por el hecho siguiente: tras un choque entre una partícula proyectil y una partícula blanco inicialmente inmóvil, el centro de masas de ambas partículas conserva su estado de movimiento anterior al choque y la energía cinética correspondiente no es utilizable para la creación de eventuales nuevas partículas. Si la colisión tiene lugar con baja energía (la velocidad del proyectil es netamente inferior a la de la luz), un cálculo basado en las leyes de la mecánica newtoniana, válidas a esas velocidades, muestra que la energía disponible E_d es solamente la mitad de la energía cinética del proyectil. Si, como sucede habitualmente, el suceso se produce a altas energías (v próxima a c), las leyes de la mecánica relativista, que son ahora las únicas válidas, dan para $E_d \simeq \sqrt{2mc^2 E_c}$ (m = masa en reposo de la partícula). E_d es aún más débil que antes, menor que la mitad de E_c. (V. Ejemplos numéricos en el cuadro.)
Por el contrario, en un choque frontal, el centro de masas de las partículas permanece en reposo, quedando disponible toda la energía cinética inicial ($E_d = 2 \cdot E_c$).
Los anillos de colisión (e, e) y (p, p) son *anillos de almacenamiento de intersección*. No son aceleradores. En un anillo (e, ē) o (p, p̄) se puede, por el contrario, realizar las tres operaciones en el mismo recinto: *almacenar* los paquetes de partículas y antipartículas, *acelerar simultáneamente* los dos haces (que giran en sentidos contrarios el uno del otro y llevan cargas opuestas) y después *provocar* las *colisiones* entre ellas. (V. LEP.)

Partículas en colisión	*Energía cinética de cada una de las partículas en un anillo de col.*	*Energía disponible*	*Energía cinética de una partícula proyectil lanzada sobre blanco fijo y dando la misma energía disponible*
p, p̄	3,65 GeV	7,3 GeV	28 GeV
	28 –	56 –	1.670 –
	50 –	100 –	5.330 –
e, ē	0,5 GeV	1 GeV	1.000 GeV

▶ *Anillo de guardia.*–Anillo metálico plano que rodea una de las armaduras de un condensador plano. Anillo y armadura están en un mismo plano, separados mecánicamente, pero unidos eléctricamente por un hilo. De esta manera la distribución de las cargas en la armadura es uniforme como si se tratara de un condensador ideal de superficie ilimitada: en el anillo se localizan las perturbaciones marginales.
La fuerza que se ejerce sobre la armadura es así fácil de calcular y explotar.
V. ELECTRÓMETRO.

Anión

De un verbo griego que significa subir.

Átomo o grupo de átomos que llevan una carga eléctrica negativa.
En una cuba electrolítica, los aniones remontan la corriente eléctrica (de ahí su nombre) y se dirigen hacia el electrodo positivo, llamado *ánodo*.
V. CATIÓN, ELECTRÓLISIS, IÓN.

Aniquilación

V. MATERIALIZACIÓN.

Anisótropo

V. ISÓTROPO.

Ánodo

V. ANIÓN, ELECTRODO, ELECTRÓLISIS.

Antena

▶ *Antena emisora.*–Órgano externo de los puestos emisores de telecomunicación por ondas hertzianas, gracias al cual las ondas moduladas que sirven como vehículo de las señales que se quieren transmitir son radiadas al espacio. Se atribuye a Marconi el mérito de haber usado el primero (en 1896) una antena emisora, inspirado quizá en la antena receptora utilizada en la misma época por Popov, que estudiaba las oscilaciones provocadas en un circuito por las tormentas atmosféricas.
Desde el punto de vista teórico, una antena emisora forma parte de un circuito oscilante acoplado a los circuitos interiores, generadores de la señal que se emite. La antena es, por tanto,

sede de oscilaciones eléctricas estacionarias cuya frecuencia es característica del emisor. Su radiación se explica con la teoría de los *dipolos de Hertz*.

▶ *Antena receptora*.—Órgano de los puestos de recepción de las ondas hertzianas, cuyo papel es captar las ondas a su llegada al puesto. Es un conductor, un hilo de cobre tenso por ejemplo, uno de cuyos extremos al menos es libre y que forma parte de un circuito oscilante: el circuito de antena. El campo electromagnético que procede del emisor actúa como excitador del circuito. Para que las oscilaciones resultantes tengan la máxima amplitud es necesario que ese circuito sea puesto en resonancia con la frecuencia de la emisora. Con este fin el circuito de antena está provisto de componentes electrónicos ajustables (bobinas o condensadores).
Si el destino de la antena es recibir ondas de la misma frecuencia siempre (o de frecuencias próximas: es el caso de las antenas de televisión, en que las ondas portadoras de imagen y sonido en un mismo canal son de frecuencias cercanas), la sintonía del circuito antena se facilita dando a la antena una longitud conveniente (múltiplo de la cuarta parte de la longitud de onda que se quiere captar). Cuando la antena está destinada a captar ondas de frecuencias muy diferentes (ondas largas y medias, por ejemplo), su longitud no juega ningún papel de importancia. A menudo se instala en el interior del puesto receptor, o a veces reemplazada por una antena de cuadro.

Anteojo

Los físicos llaman anteojo a todo instrumento óptico destinado a la observación de objetos alejados.
Para observar los objetos celestes se utilizan los «anteojos astronómicos», y para los objetos sobre la Tierra, «anteojos terrestres», que comprenden los «catalejos», los «prismáticos» y los «anteojos de Galileo».

▶ *Anteojo astronómico*.—Instrumento óptico destinado al estudio de los cuerpos celestes, ya sea por observación visual, ya sea por fotografía. El órgano esencial del instrumento es su *objetivo*, asociación de lentes que da en el plano focal una imagen real tanto mayor cuanto mayor es su distancia focal. Esta imagen «objetiva» es recogida directamente sobre una placa fotográfica, o bien observada con la ayuda de un *ocular*.
En el caso de la observación visual, se demuestra que el aumento del aparato es sensiblemente igual al cociente de las respectivas distancias focales del objetivo y del ocular: $G = f_{ob}/f_{oc}$. Pueden esperarse varios millares de unidades en los grandes anteojos de observatorio.
La cualidad más preciada de estos grandes anteojos es su poder de resolución. El *límite de resolución* angular a depende del diámetro D del objetivo y vale, sensiblemente: $a = 120/D$, si se expresa en segundos y D en milímetros. El aparato es tanto más interesante cuanto mayor es D, por consiguiente. Puede predicarse lo mismo de la *claridad* del instrumento para la visión estelar. Por ambas razones se hacen esfuerzos para construir objetivos de gran diámetro, lo que presenta graves problemas a la hora de su realización práctica, puesto que hay que evitar las *aberraciones* inherentes a la utilización de haces de gran *abertura*; es preciso obtener, de otro lado, grandes masas de vidrio homogéneo. El anteojo más grande actualmente en servicio, en Yerkès, posee un diámetro de objetivo de alrededor de un metro. Con un ocular adecuado se puede alcanzar un límite de resolución óptimo $a = 0{,}12''$, lo que permite distinguir, sobre la luna, dos puntos que al menos estén separados entre sí por 150 m.
La *anchura de campo* de un anteojo es tanto más estrecha cuanto mayor es su aumento, hecho que proporciona algunas dificultades evidentes a la hora de manejar el aparato. El campo en anchura del anteojo de Yerkès vale alrededor de 30'': una estrella tarda un tiempo muy escaso en atravesarlo (unos cuatro segundos). Se remedian estas dificultades añadiendo a cada anteojo importante un *buscador*, para facilitar la orientación del aparato, y arrastrando el an-

teojo con un movimiento regular alrededor de un eje paralelo al eje de la Tierra *(montaje ecuatorial)*.
El anteojo astronómico es el instrumento fundamental de la *astronomía de posición*, que estudia el movimiento de los astros. La *astronomía física*, que estudia la composición de cada uno de ellos así como la composición espectral de la luz que nos remiten, utiliza en primer lugar los telescopios, y después los radiotelescopios.

▶ *Anteojo terrestre.*—Al igual que los anteojos astronómicos, los terrestres constan de un *objetivo* y un *ocular*. Sin embargo, la imagen en los primeros está invertida con respecto al objeto, lo que no tiene ninguna importancia cuando se observa una estrella pero es totalmente indeseable en la observación de un objeto terrestre. Ello hace indispensable dotar, para la observación terrestre, de un *dispositivo rectificador* a los anteojos celestes. Ese dispositivo, que invierte la imagen, se intercala entre el objetivo y el ocular.
En los *catalejos* ese inversor está constituido por un grupo de lentes, que reciben a veces el nombre de *vehículo* y cuya misión es reemplazar la imagen del objetivo por una nueva imagen invertida. El conjunto formado por el vehículo y el ocular se llama *ocular terrestre*.
En los *prismáticos* se obtiene por medio de dos prismas de reflexión total. El primero rectifica la imagen en un sentido, y el segundo, en el sentido perpendicular.
El *anteojo de Galileo*, el más antiguo de los conocidos, representa una tercera solución. El ocular es una lente divergente. La imagen final resulta derecha y no es necesario ningún sistema rectificador. Desdichadamente, la imagen final es peor que en los prismáticos. El anteojo de Galileo ya no se utiliza, salvo si se desea un instrumento de pequeño aumento y escaso volumen (gemelos de teatro, por ejemplo).

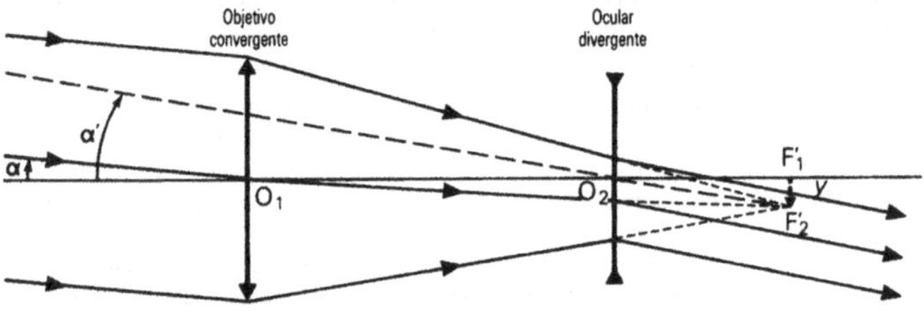

El objeto, al que suponemos muy alejado, es visto bajo un ángulo α. El objetivo proporciona una imagen y en su plano focal imagen. El observador regula la posición del ocular de manera que la imagen definitiva esté a la distancia máxima de visión nítida. En la figura se ha supuesto que el observador está en posición normal. La imagen definitiva se encuentra en el infinito, y está derecha con respecto al objeto.
Aumento angular: $G = \alpha'/\alpha = f_1'/f_2'$ (≈ 3 en el dibujo).

Antielectrón ($\bar{e}$ o e^+)

Sinónimos: Electrón positivo, positrón, positón.

Antipartícula del electrón. Su existencia fue prevista por Dirac (1928). Fue descubierta experimentalmente por Anderson en 1932 en una cámara de Wilson expuesta a los rayos cósmicos. Resulta ser la consecuencia de una «creación de pares» electrón + antielectrón, cuyas trayectorias se curvan de modo opuesto bajo la acción de un campo magnético.
V. ANTIMATERIA, RADIACTIVIDAD β^+.

Antiferromagnetismo

V. FERROMAGNETISMO.

Antimateria

El principio de «independencia de la carga» postula que las interacciones entre los antineutrones, antiprotones y antielectrones ($\bar{n}$, $\bar{p}$, $\bar{e}$) son exactamente las mismas que las que existen entre neutrones, protones y electrones (n, p, e). Se puede, por tanto, esperar razonablemente que puedan existir antinúcleos, antiátomos, y formar la *antimateria*.
Parece que se haya podido obtener efectivamente, a partir del acelerador de Brookhaven en 1935, la formación efímera del más sencillo de los antinúcleos, el antideuterón ($\bar{p}$, $\bar{n}$), y más recientemente, en Serpoukhov, en 1971, algunos núcleos de antihelio 3 ($\bar{p}$, $\bar{p}$, $\bar{n}$). Estas experiencias son difíciles de realizar en un laboratorio terrestre, pues las antipartículas se encuentran demasiado pronto en las proximidades de sus partículas correspondientes, siempre abundantes sobre la Tierra, y desaparecen en seguida por desmaterialización.
Quizás existen lejos de la Tierra, en el Universo, zonas de antimateria, donde nuestras partículas no podrían existir más que de modo efímero. Se ha emitido la hipótesis de que la energía anormalmente elevada emitida en ciertas regiones del cielo podrían provenir del encuentro de una galaxia de materia con una galaxia de antimateria. Los fotones que nos llegan (fotones X, fotones luminosos o fotones hertzianos) no parecen poder darnos ninguna información a este respecto, siendo idénticos fotones y antifotones. Los neutrinos, cuando sepamos captarlos mejor, nos aportarán tal vez un comienzo de respuesta a esta cuestión.
V. ANTIPARTÍCULA.

Antinodales

▶ *Puntos antinodales*.—V. PUNTOS NODALES.

Antipartícula

El estudio de las partículas subnucleares por vía teórica y por vía experimental demuestra que a toda partícula corresponde una *antipartícula*. Sus características son iguales (masa, spin, duración de la vida media...) o de signos opuestos para aquellas que pueden ser positivas o negativas (carga eléctrica, carga bariónica, leptónica, de extrañeza...).
Ejemplo: Al *protón* de carga eléctrica $Q = +1$ y de carga bariónica $B = +1$ corresponde un *antiprotón* que tiene la misma masa, la misma vida media y el mismo spin, pero una carga eléctrica $Q = -1$ y una carga bariónica $B = -1$.
Una partícula para la cual todas las cargas son nulas es idéntica a su antipartícula.
Es el caso del fotón y del mesón π^0 —pero no del neutrón: $Q = 0$; $B = +1$. Se designa a las antipartículas con las mismas letras simbólicas con las que designa a las partículas correspondientes, pero suprarrayándolas; p, n, e son las partículas protón, neutrón, electrón, y $\bar{p}$, $\bar{n}$, $\bar{e}$ son sus antipartículas (antiprotón, antineutrón, antielectrón o positrón).
V. ANTIMATERIA, CUADRO DE PARTÍCULAS SUBNUCLEARES, MATERIALIZACIÓN.

Antípodas ópticos

V. POLARIZACIÓN ROTATORIA.

Antirreflectante

▶ *Tratamiento antirreflectante.*—Tratamiento que se hace sufrir a las lentes de un instrumento óptico, con el fin de mejorar la visibilidad de las imágenes dadas por el instrumento.
Este tratamiento consiste en depositar sobre cada superficie de vidrio en contacto con el aire, generalmente por sublimación en el vacío, una capa muy fina de un material transparente cuyo índice de refracción responda a ciertas condiciones. Se utiliza a menudo fluoruro de magnesio. El espesor de la capa incorporada al cristal se calcula de manera que, a consecuencia de los fenómenos interferencia en láminas delgadas, la luz que se refleje sea prácticamente nula. Se mejora así principalmente la luminosidad de la imagen, aumentando su contraste con el fondo y eliminando la luminosidad difusa que producen habitualmente las luces reflejadas parásitas. Estas capas antirreflejos se ajustan para una longitud de onda media sita en la zona del amarillo-verde, en la que el ojo es más sensible; cuando recibe luz blanca, un vidrio así tratado refleja una luz complementaria del amarillo verdoso, y aparece como azul violáceo. De ahí el nombre de *azuleamiento* dado a veces al tratamiento antirreflectante.

Antirresonancia

Un oscilador al que una excitación externa impone oscilaciones forzadas se dice que está en *antirresonancia* cuando la amplitud de uno de los parámetros característicos de sus oscilaciones —desplazamiento, velocidad, intensidad eléctrica— pasa por un valor mínimo.
Como la resonancia, la antirresonancia es un fenómeno frecuente.
En el dominio de la *mecánica* podemos citar el caso simple de dos osciladores acoplados —dos masas M y M′ unidas por muelles como muestra la figura— y sometidos a una excitación sinusoidal de frecuencia variable f. Mientras que la resonancia se establece para dos valores f'_1 y f'_2 respectivamente próximos de los valores f_1 y f_2 de las frecuencias propias del sistema, existe una frecuencia intermedia f'_3 para la cual la amplitud del desplazamiento de cada oscilador pasa por un mínimo. El sistema está entonces en *antirresonancia*. Eligiendo convenientemente la masa M′ y su acoplamiento, puede reducirse notablemente la amplitud de las oscilaciones de M. Es la idea en la que se basan diversos dispositivos destinados a atenuar las vibraciones indeseadas de las máquinas que vibran o giran.
En el dominio de la *electricidad*, remitimos al ejemplo del *circuito tapón*.

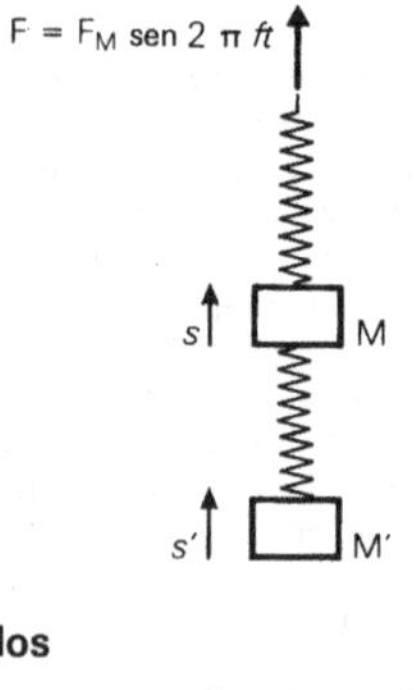

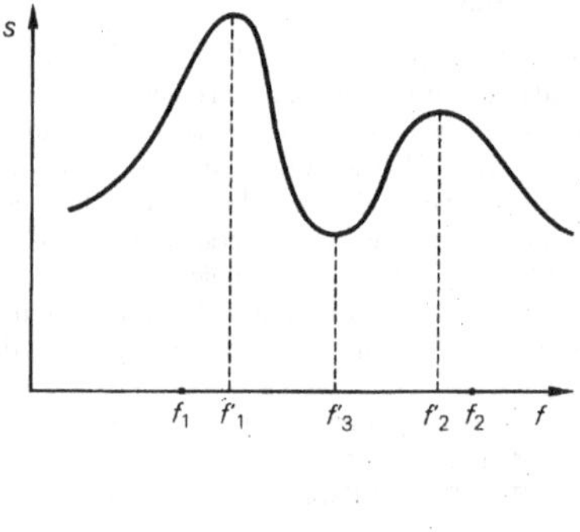

Apareados

▶ *Electrones apareados.*—Pareja de electrones, pertenecientes a una misma nube electrónica y que se encuentran en el mismo estado cuántico, salvo que su espines son opuestos (antiparalelos).
V. CAPAS ELECTRÓNICAS, PRINCIPIO DE EXCLUSIÓN DE PAULI.

Aperiódico

Califica la evolución de un sistema que regresa a su posición de equilibrio sin poder efectuar a una y otra parte de la misma oscilaciones periódicas, estando su evolución fuertemente amortiguada.

V. OSCILACIONES AMORTIGUADAS, OSCILACIONES LIBRES.

Aplanatismo

Un sistema óptico centrado posee aplanatismo para un punto A de su eje si posee las dos propiedades siguientes:

1. Es rigurosamente estigmático para el punto A.
2. Es aproximadamente estigmático para todos los puntos objeto próximos a A y situados en el plano que, pasando por A, es perpendicular al eje del sistema.

Se demuestra que un sistema es aplanático si y sólo si se verifica la condición de «seno Abbe»: sen u/sen u' = constante, cualesquiera que sean u y u', semiángulos de abertura de un haz incidente y emergente que proviene de A.

Se puede decir también que esa es la condición necesaria y suficiente para hacer desaparecer la coma relativa a los puntos próximos a A.

El aumento, relativo al par de planos conjugados que contienen A y su imagen A' vale entonces $\gamma = y'/y = n \text{ sen } u / n' \text{ sen } u'$; n y n' son los respectivos índices de refracción de los medios objeto e imagen.

Ejemplos: Los objetivos de los buenos microscopios se calculan para que sean aplanáticos para el centro de la preparación. Un espejo parabólico es rigurosamente estigmático pero no aplanático para un punto infinitamente alejado en su eje.

V. CONDICIÓN DE HERSCHELL, OBJETIVO DE SCHMIDT, PUNTOS DE WEIERSTRASS.

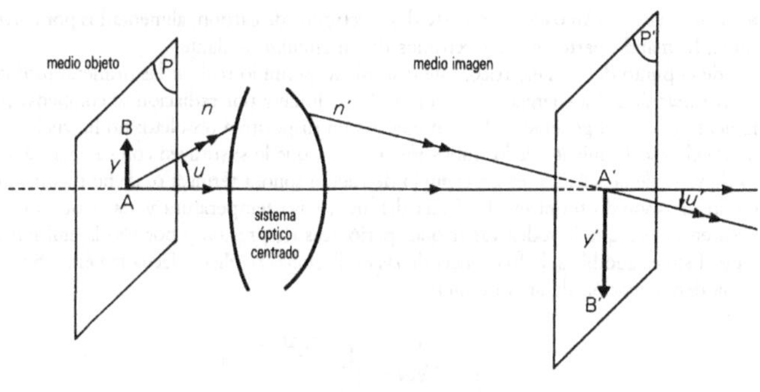

Apodización

Por causa de los fenómenos de difracción, la imagen de un objeto puntual luminoso dada por un instrumento óptico está constituida por una mancha central, en la que se concentra la mayor parte del flujo lumínico procedente del objeto (es la mancha de Airy), rodeada por una región iluminada mucho más débilmente. La gráfica que representa la variación de la iluminación en el plano de la imagen explica que denominemos *cuerpo* (de la imagen) a la mancha central, y *pie* a la parte menos iluminada.

La *apodización* es una técnica capaz de hacer desaparecer el pie, y cuyo efecto es hacer más nítida la separación de las imágenes de dos objetos puntuales próximos, principalmente cuando ambos remiten hacia el instrumento flujos de valores muy diferentes. Sin la eliminación del pie de la imagen, el cuerpo menos luminoso queda enmascarado por el pie de la imagen más iluminada.

La apodización es posible porque está demostrado que la existencia del pie está ligada al hecho de que, en el plano del diafragma de apertura del instrumento, la amplitud lumínica, constante en todo punto, se anula bruscamente en los bordes. La eliminación del pie se consigue colocando en el plano del diafragma una pantalla absorbente, calculada de manera que realice una variación continua conveniente y adecuada de la amplitud luminosa, desde el centro hasta los bordes.

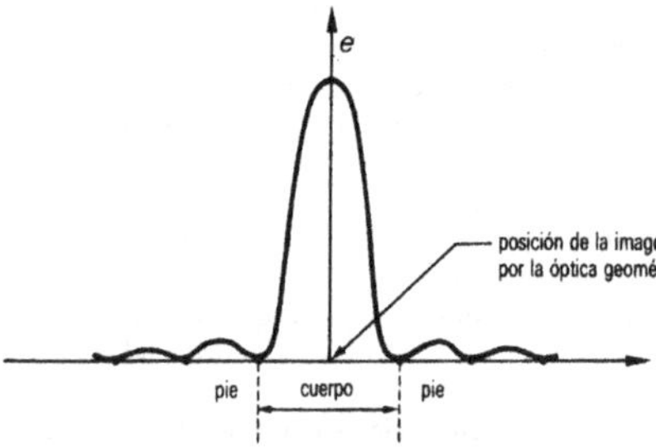

Reparto de la iluminación en el plano de la imagen de un objeto puntual

Arco

▶ *Arco cantante.*—Arco eléctrico entre dos electrodos de carbón, alimentados por corriente continua, formando parte ambos electrodos de un circuito oscilante.

Desde el punto de vista eléctrico, este dispositivo permitió realizar las primeras *oscilaciones eléctricas mantenidas.* La energía disipada por efecto Joule y por radiación se compensa permanentemente gracias al generador de continua. Es un dispositivo obsoleto: no ha vuelto a utilizarse desde el descubrimiento de los tubos electrónicos, que lo sustituyen con ventaja. Desde el punto de vista de la acústica, es un ejemplo de fuente sonora térmica o, dicho de otro modo, una fuente de «sonido térmico». La llama del arco, cuya temperatura varía periódicamente, provoca en el aire que la rodea variaciones periódicas de presión y por ello la emisión de un sonido. Éste es audible si la frecuencia de las oscilaciones se elige adecuadamente. Se comprende así la denominación de arco cantante.

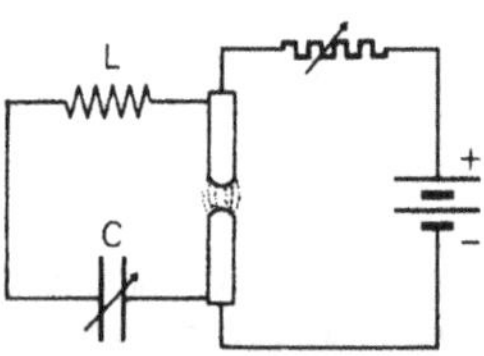

▶ *Arco eléctrico.*—El paso de una corriente eléctrica entre dos conductores (metálicos o de carbón), primeramente en contacto y poco a poco separados uno del otro, origina en el espacio que les separa una viva luz, cuando la tensión V es suficiente (unos cien voltios). Esta fuente luminosa tiene a menudo la forma de un arco apoyado en los dos electrodos, de donde viene

su nombre (Davy, 1863). La intensidad de la corriente i (del orden de algunos amperios) es función decreciente de la tensión V. La resistencia eléctrica del arco (su *resistencia dinámica* $r = dV/di$) es, por tanto, negativa.
Los electrodos son llevados a altas temperaturas (varios millares de grados centígrados) y en parte se volatilizan. El paso de la corriente está asegurado por los electrones salidos del cátodo y por los iones que producen en el gas que les rodea, que así se transforma en plasma. La emisión luminosa acompaña a las recombinaciones de iones y electrones y a las desexcitaciones de moléculas previamente excitadas por choques térmicos. El estudio de esta luz en el espectrógrafo proporciona informaciones sobre estos procesos.
Se utilizan los arcos eléctricos como fuentes luminosas de gran poder.

▶ *Arco iris*.—En el curso de algunas tardes de tormenta, cuando el Sol reaparece por el oeste mientras en el este aún están presentes las nubes cargadas de lluvia, cualquier observador que

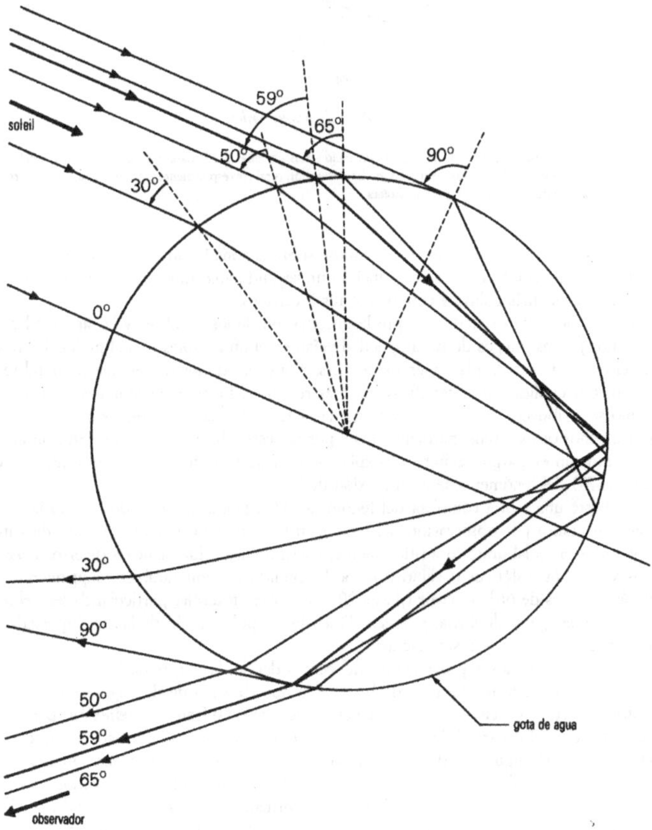

FIG. 1a.

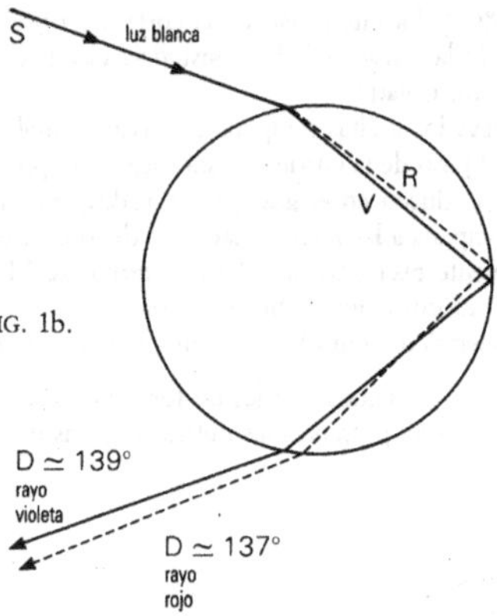

FIG. 1b.

Arco de primer orden

Sólo los rayos que llegan a la gota con incidencias cercanas a 59° dan, a la salida, rayos paralelos (haz cilíndrico). Son los *rayos eficaces*. La desviación total correspondiente está próxima a 137° para la radiación roja y 139° para la violeta.

dé la espalda al Sol puede ver, recortándose sobre la zona lluviosa, un arco de círculo enorme, brillantemente coloreado, y a veces incluso un segundo arco (arco de segundo orden) de radio mucho mayor, más pálido y con los colores invertidos.
Este fenómeno ha excitado siempre la imaginación de los hombres y la sagacidad de los físicos. Los poetas griegos de la Antigüedad veían en él un gigantesco chal multicolor desplegado en el curso de sus desplazamientos por Iris, mensajera de los dioses que da nombre al fenómeno. Las explicaciones científicas son más recientes. La primera teoría explicativa del fenómeno se atribuye a Roberto Grosseteste hacia 1220. Dicha teoría fue retomada y completada por muchos otros sabios, particularmente por Descartes hacia 1650. La coloración del arco iris no pudo, sin embargo, recibir una explicación satisfactoria hasta el descubrimiento por Newton (1672) del fenómeno de la dispersión de la luz.
Hoy existe una teoría completa del fenómeno. Una teoría que ha sido verificada experimentalmente, tanto por observación del fenómeno natural como por observación de «arcos iris» obtenidos en el laboratorio artificialmente, haciendo llegar luz blanca a diversos cuerpos, sólidos y líquidos, esféricos o cilíndricos. Se ha podido percibir también, suprimiendo toda luz parásita, arcos de orden mayor (¡hasta 20°!) y explicar todas las particularidades del fenómeno (papel de las gotas de lluvia, y de sus dimensiones; polarización de la luz dispersada, etc.).
La actual teoría puede resumirse así:
1. Los rayos luminosos provenientes del centro del Sol llegan, paralelos unos a otros, a diferentes puntos de la misma gota de lluvia, a la que abordan desde ángulos de incidencia distintos. Penetran en ella y, antes de emerger de nuevo, sufren una reflexión, para el arco de primer orden (dos para el de segundo orden, etc.). Se demuestra que cada vez que se produce el fenómeno el ángulo de desviación pasa por un valor estacionario para un cierto valor del rayo incidente. Sólo los rayos que llegan con ángulos de incidencia próximos a estos valores privilegiados son «rayos eficaces». Estos rayos forman, a la salida, haces cilíndricos. El ojo que los recibe cree ver, en el infinito (y en la dirección de los haces) una imagen del Sol (figs. 1*a* y 1*b*).

2. Las dos refracciones, a la entrada y a la salida de la gota, provocan la separación de las radiaciones monocromáticas que componen la luz solar (fenómeno de dispersión, fig. 2). El ojo ve por ello las imágenes diversamente coloreadas, dadas por gotas de agua diferentes y superpuestas.

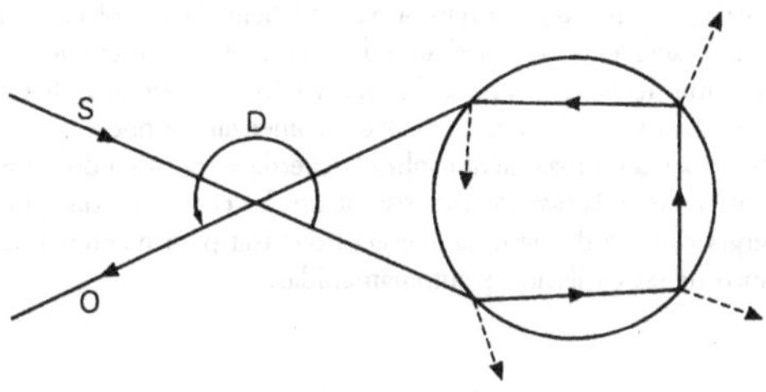

Arco de segundo orden

FIG. 2

3. Para un mismo observador, este fenómeno se reproduce en todos los planos que giran alrededor de la recta SO que une el centro del Sol al ojo del observador. Éste ve finalmente porciones de arcos de distintos colores (violeta, azul, verde, amarillo, naranja, rojo) bajo ángulos crecientes en el arco de primer orden (decrecientes en el de segundo...) (fig. 3).

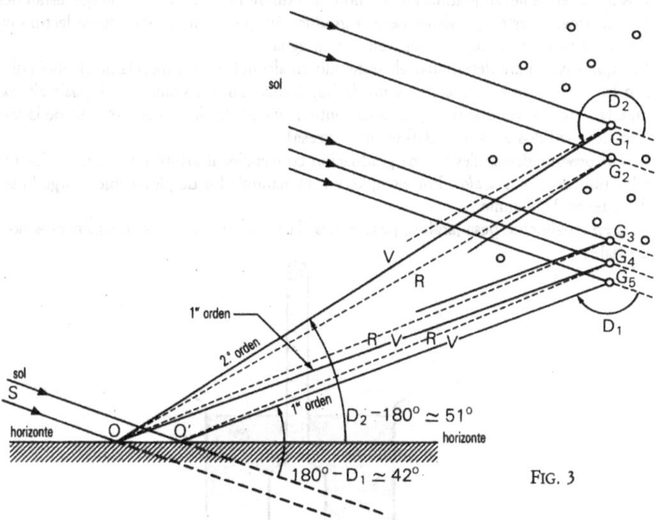

FIG. 3

Figura en un plano que contiene a la recta SO

Cada gota de lluvia que cae juega sucesivamente el papel de G_1, G_2, ..., G_5.
Para el observador O, el arco de 1.er orden está limitado, en el plano de la figura, por los rayos OG_4 (violeta) y OG_3 (rojo); el arco de 2.° orden, por los rayos OG_2 (rojo) y OG_1 (violeta).
El observador O' ve un arco de 1.er orden limitado por OG_5 (violeta) y OG_4 (rojo)...

Arco (música)

Gracias a la colofonia la fuerza de rozamiento del arco sobre la cuerda atacada es importante cuando su velocidad relativa es nula y se convierte en muy débil en caso contrario, como han demostrado experiencias directas. Se comprende así que la cuerda se adhiera en principio al arco que la arrastra, hasta que su tensión sea suficiente para volverla a su posición de equilibrio. Deslizando fácilmente contra el arco, la cuerda efectúa oscilaciones libres que se amortiguan por radiación de energía sonora. El arco vuelve a apoderarse de ella brevemente cuando su velocidad relativa se anula, y todo vuelve a comenzar de nuevo.

El trabajo de la fuerza de rozamiento sobre la cuerda es positivo durante la fase de adherencia y prácticamente nulo en la fase de libre oscilación. La cuerda extrae, por tanto, periódicamente, de la energía cinética del arco, la energía necesaria para mantener sus oscilaciones, lo que es característico de las oscilaciones automantenidas.

Areómetros

Instrumentos basados en la utilización de la ley de los *cuerpos flotantes.* Sirven para determinar con rapidez la densidad y, por ello, su composición cuantitativa si este líquido es una mezcla de sustancias conocidas.

Los areómetros más usados están hechos de un tubo de vidrio, lastrado en su parte inferior y coronado por un vástago cilíndrico de pequeña sección (V. Dibujo). Sumergido en un líquido flota verticalmente. El nivel al que aflora el vástago es tanto más bajo cuanto más denso es el líquido. Se cuantifica el resultado gracias a una graduación adecuada del vástago.

Los areómetros llevan graduaciones y nombres diferentes según el uso al que están destinados.

Los *densímetros* están provistos de una graduación que permite por simple lectura conocer la densidad relativa del líquido con respecto al agua.

Los que sirven para determinar el contenido en alcohol de una mezcla de alcohol etílico y agua son los *alcohómetros.* Los *alcohómetros de Gay-Lussac* dan directamente el *grado alcohólico* de la mezcla. Una mezcla que tiene *n* grados contiene *n* cm^3 de alcohol en 100 cm^3 de la mezcla (volúmenes medidos a 15 °C) (definición francesa).

Los *areómetros Baumé* llevan una graduación convencional arbitraria y son usados fundamentalmente como *pesa-ácidos.* Por ejemplo, en un acumulador de plomo bien cargado la solución debe tener 22° Baumé.

Existen igualmente pesa-jarabes, pesa-leches (lactómetros), etc. Son instrumentos no demasiado fiables.

Armónicos

1. Frecuencias de resonancia de osciladores que poseen varios *grados de libertad*. Cuando estos osciladores son excitados por una vibración compleja, su energía de vibración se concentra en bandas de frecuencia que rodean sus armónicos. El timbre del sonido que emite un instrumento musical depende de los armónicos del instrumento.
V. ACOPLAMIENTO.
2. Si dos fenómenos periódicos sinusoidales de la misma naturaleza (sonidos, oscilaciones eléctricas...) poseen las frecuencias N_1 y N_p, múltiplo de N_1 ($N_p = pN_1$, con p entero positivo), el segundo es el *armónico* de orden p del primero, el primero es el *subarmónico* de rango p del segundo.
El conjunto de armónicos de un fenómeno de frecuencia N_1 constituye una «*serie armónica*».
El fenómeno de frecuencia N_1, armónico de primer orden, es llamado el «*fundamental*» de la serie.
V. TEOREMA DE FOURIER.

Arquímedes (287-212 a. C.)

▶ *Ley de Arquímedes*.—«Cuando un sólido inmóvil se encuentra rodeado por todas partes por un medio fluido en equilibrio, el conjunto de fuerzas de presión que se ejercen sobre su superficie es equivalente a una fuerza única A, llamada *empuje* de Arquímedes, igual y opuesto al peso de la parte de fluido que él ocupa (fluido "desplazado").»
El empuje A está dirigido, por tanto, verticalmente hacia arriba. Su línea de acción pasa por el centro de gravedad C del fluido desplazado. Este punto, que puede coincidir o no con el centro de gravedad G del cuerpo, es el *centro de empuje*.
El medio fluido puede ser un líquido, varios líquidos superpuestos, un gas e incluso un líquido coronado por un gas (caso de los cuerpos flotantes).
Recíprocamente, si el medio fluido ocupa un volumen limitado, se puede demostrar que las fuerzas de presión suplementarias sobre las paredes del recinto, que resultan de la presencia del sólido, tienen una resultante igual y opuesta al empuje de Arquímedes.
La ley de Arquímedes, que la experiencia demuestra directa e indirectamente en todas sus consecuencias, fue descubierta intuitivamente, se dice, y considerada largo tiempo como un *principio*. Se puede demostrar que es consecuencia de las leyes generales de la estática de fluidos y que se entronca, por tanto, con un *teorema*. Son numerosas sus aplicaciones: en el laboratorio, en la industria y en la vida corriente. Citemos solamente como ejemplo el estudio de los cuerpos flotantes y de la estabilidad de sus equilibrios, cuestión tan importante, como sabemos, para los navegantes.
V. AREÓMETROS, CUERPOS FLOTANTES, PESO APARENTE.

Arrastre

▶ *Aceleración de arrastre*.—V. TRANSFORMACIÓN DE ACELERACIONES.

▶ *Velocidad de arrastre*.—V. TRANSFORMACIÓN DE VELOCIDADES.

Arrhénius Svante (1859-1927)

Premio Nobel de Química en 1903.

▶ *Fórmula de Arrhénius*.—Relación establecida por Arrhénius hacia 1880 que explica los resul-

tados experimentales acerca de la influencia de la temperatura en las velocidades de transformación físico-químicas.
V. ENERGÍA DE ACTIVACIÓN.

▶ *Hipótesis de Arrhénius.*—Sugerida por él hacia 1887, esta hipótesis fue el origen de la teoría iónica de las disoluciones. En ella se supone que un electrólito se disocia en iones positivos y negativos, *desde que se disuelve* y no gracias al paso de la corriente eléctrica. De una parte, estos iones —portadores de cargas eléctricas— explican la conductividad de la disolución y las leyes de Faraday en consecuencia. Por otra parte, su presencia explica las desviaciones de las soluciones electrolíticas con respecto a la ley de Raoult.
Esta hipótesis no fue admitida sin discusión. Los químicos no comprendieron de inmediato por qué, por ejemplo, el ion sodio presente en una solución salina no ataca al agua, cuando se sabe la violencia con la que ésta es atacada por el sodio metálico. Este tipo de objeción fue resuelto (la estructura electrónica de un ion no es la misma que la de un átomo) y la teoría iónica ha sido confirmada y completada por numerosos resultados experimentales.
V. ECUACIÓN DE OSTWALD, MOVILIDAD.

Articulaciones

El número de grados de libertad de algunos órganos mecánicos sólidos está limitado a menudo por articulaciones que les unen a órganos fijos. He aquí algunos ejemplos de articulaciones: Una pieza tiene un solo grado de libertad de traslación si está siendo guiada por una *corredera* (ejemplo: movimiento alternativo de traslación de un pistón en su cilindro); un solo grado de libertad de rotación si está unida por una articulación giratoria (ejemplo: movimiento de una rueda en torno a su eje). Una pieza capaz de girar y deslizar a la vez como un pestillo cilíndrico tiene dos grados de libertad independientes. Este tipo de articulación se denomina *de cerrojo* (ejemplo: los reglajes independientes en altura y en dirección de una plataforma). Los dos movimientos precedentes están ligados entre sí si la pieza debe efectuar un movimiento *helicoidal,* en cuyo caso el número de grados de libertad vuelve a ser uno (ejemplo: tornillo que avanza girando en su tuerca).
Señalemos, para finalizar, la existencia de articulaciones que permiten tres grados de libertad a una pieza móvil que debe girar libremente alrededor de un punto fijo. Esta *articulación esférica* se lleva a efecto con un *cardan* (ejemplo: el giróscopo) o con una *rótula* o *bola* (la fijación del fémur a la cadera, por ejemplo).

Astático

Califica a un conjunto de cuerpos materiales rígidamente unidos entre ellos, que permanecen en *equilibrio indiferente* cuando están situados en un campo especificado.
Ejemplo: El carro móvil de ciertos galvanómetros de imán móvil está compuesto por dos pequeños imanes idénticos, paralelos y de sentidos opuestos, rígidamente unidos uno a otro. Suspendido de un hilo sin torsión, este carro, aunque sometido al campo magnético terrestre, está en equilibrio en cualquier posición. Su interés estriba en que libera al galvanómetro de los inconvenientes derivados de las variaciones aleatorias del campo magnético terrestre. El experimentador puede imponer libremente un campo director más fiable por medio de un imán apropiado.

Astigmatismo

▶ *Astigmatismo del ojo.*—Defecto óptico del ojo (V. AMETROPÍA).

▶ *Astigmatismo de un instrumento óptico.*—Magnitud que mide de un modo convencional un cierto *defecto de estigmatismo.*

Cuando un sistema óptico centrado, diafragmado, recibe un pequeño haz luminoso de rayos que provienen de una fuente puntual sensiblemente alejada del eje, la imagen casi puntual de la aproximación de Gauss es reemplazada por una *pseudoimagen,* mancha luminosa casi circular de diámetro no despreciable. Si se corta el pincel luminoso emergente con una pantalla se comprueba, delante y detrás de esta mancha, la existencia de dos pequeñas rectas luminosas perpendiculares entre sí. Son dos *focales* del pincel luminoso, secciones en la pantalla de dos áreas de reducción del pequeño haz luminoso, elementos de superficie de una *cáustica.*

Se demuestra que el diámetro de la pseudoimagen disminuye cuando lo hace la distancia entre las focales. Se ha preferido, por tanto, caracterizar este defecto de estigmatismo de modo cuantitativo por la distancia entre las focales, llamada convencionalmente *distancia de astigmatismo,* o más brevemente *astigmatismo* del instrumento en las condiciones de uso especificadas previamente.

Los objetivos fotográficos llamados «anastigmáticos» están corregidos de este defecto para todos los puntos del campo útil.

V. ABERRACIONES GEOMÉTRICAS.

Aston Francis William (1877-1945)

Premio Nobel de Química en 1922

▶ *Espacio oscuro de Aston.*—En un tubo de descarga, el *espacio oscuro de Aston* está situado inmediatamente al lado del cátodo.

En esta región los electrones salidos del cátodo no han adquirido aún la energía cinética necesaria para excitar la luminiscencia de los átomos que encuentran. Este último fenómeno se produce algo más lejos, en la zona luminosa que cubre el cátodo y que recibe el nombre de vaina catódica.

▶ *Espectrógrafo de Aston.*—V. ESPECTRÓGRAFO DE MASAS.

▶ *Curva de Aston.*—V. ENERGÍA DE ENLACE.

Astrofísica

La astronomía se divide tradicionalmente en dos ramas.

La astronomía de posición o *astrometría* estudia principalmente las posiciones relativas de los astros y sus movimientos. Todo el mundo conoce la resonancia de las observaciones y descubrimientos de Copérnico, Tycho Brahé, Galileo, Kepler, Newton, Le Verrier...

La astronomía físico-química o *astrofísica* estudia las propiedades físico-químicas de cada uno de los objetos celestes, incluidas las del medio intersideral: temperatura, presión, composición química, radiación emitida (electromagnética o corpuscular). La astrofísica se pregunta por el origen de estos rayos y por la evolución verosímil en el curso del tiempo del astro emisor en función de esos rayos.

Siendo los astros inaccesibles para el hombre, salvo unos cuantos planetas «próximos» desde hace poco, nuestros conocimientos resultan exclusivamente de observaciones que se hacen desde la Tierra con instrumentos terrestres (todo lo más instalados en satélites artificiales extraatmosféricos) y de las interpretaciones que damos a esas observaciones.

Entre los instrumentos del astrofísico destaca el *telescopio,* cuyo papel fundamental es reunir en una pequeña imagen los rayos recibidos en la gran superficie de su objetivo. Los telescopios vienen acompañados de una *placa fotográfica,* sustituida hoy a menudo por una cámara electrónica más sensible, cuando se quiere situar exactamente el astro, observado entre otros

astros conocidos; de un *fotómetro* (fotoelectrónico), cuando se desea medir las magnitudes estelares o, por fin, de un *espectrógrafo* si se quiere proceder al análisis espectral de la radiación recibida. Estos análisis espectrales son actualmente la fuente esencial de nuestros conocimientos acerca de la naturaleza química de los materiales constitutivos del Universo. También nos informan, usando las leyes del efecto Doppler, acerca de los movimientos siderales.
Desde hace unos cincuenta años, a los telescopios ópticos hay que añadir los *radiotelescopios*, sensibles a las ondas hertzianas. Nos han llevado ya al descubrimiento de nuevos objetos celestes, como los pulsars.
V. AGUJERO NEGRO, CICLOS TERMODINÁMICOS, PULSAR, QUASAR, RAYOS CÓSMICOS.

Atenuación

▶ *Coeficiente de atenuación.*—V. COEFICIENTE DE DEBILITAMIENTO.

Atenuador

Cuadripolo electrocinético pasivo destinado a debilitar, sin deformarla, alguna de las características de una señal eléctrica. Utilizado, por ejemplo, para adaptar una señal a la escala de un instrumento de medida.
V. CONSTANTE DE TRANSFERENCIA, DEBILITAMIENTO, RESISTENCIA ADICIONAL, SHUNT.

Atérmano

Raíz griega que significa no atravesable por el calor.
Sinónimo: Adiabático.

El calificativo *atérmano* posee la ventaja de tener un antónimo: «*diatérmano*» (atravesable por el calor). Se dice, por ejemplo, que una pared es atérmana o diatérmana.

Atérmico

V. ENDOTÉRMICO.

Atmósfera (atm)

Unidad de presión, desaconsejada en principio.
Es la presión que ejerce una columna vertical de *mercurio normal* de 760 mm de altura. Dicha presión equilibra a la que realmente ejerce la atmósfera terrestre a nivel del mar.
1 atm = $1{,}01325 \cdot 10^5$ Pa (pascales: unidad del SI).
V. CUADRO DE UNIDADES DE PRESIÓN (Anexo 1).

Atomicidad

Número de átomos que constituyen una molécula.
La atomicidad n de un cuerpo «simple» (formado por átomos idénticos) se mide generalmente determinando su masa molecular M (por medio de la ley de Avogadro-Ampère casi siempre), siendo previamente conocida su masa atómica A. Así, n = M/A.
Ejemplo: Las moléculas de dos cuerpos simples, oxígeno y ozono, contienen el mismo tipo de *elemento*, el oxígeno, cuyo símbolo es O. Sus atomicidades respectivas son 2 y 3, lo que se traduce en sus «fórmulas»: O_2 para el oxígeno molecular, O_3 para el ozono.

Atómico

▶ *Energía atómica.*—V. ENERGÍA ATÓMICA.

▶ *Número atómico.—Sinónimo:* Número de carga. Número entero positivo asociado a cada elemento químico. Es el número Z que acompaña al símbolo X de un elemento: ${}^{A}_{Z}X$, donde A es el número másico. *Ejemplo:* ${}^{12}_{6}C$ designa al elemento carbono, de número atómico 6 (y de número másico 12).
Un átomo de número atómico Z posee en su nube electrónica Z *electrones* (lo que explica que núclidos isótopos puedan tener propiedades químicas casi idénticas, ya que éstas dependen principalmente de la nube electrónica) y en su núcleo Z *protones* (y, por tanto, A-Z neutrones). Z designa, por consiguiente, el número de cargas, positivas y negativas, del átomo: de ahí su otro nombre.
Los números atómicos de los elementos naturales van desde el 1 (hidrógeno) hasta el 92 (uranio). Núclidos de número más alto que 92 han sido obtenidos artificialmente. Estos «transuránidos» son todos radiactivos y de vida media muy corta.

▶ *Teoría atómica.*—Teoría fundada en la idea de que toda la materia, sólida, líquida o gaseosa, está formada por corpúsculos muy numerosos y de pequeñísimo tamaño. Estos corpúsculos son las *moléculas* formadas por agrupamientos de *átomos*.
Por ejemplo, un milímetro cúbico de un gas cualquiera, medido en condiciones normales de presión y temperatura (1 atm. 0 °C), contiene alrededor de $3 \cdot 10^{16}$ (treinta mil billones) de moléculas. Todos estos corpúsculos están en plena agitación, rapidísima, y nosotros sentimos la ilusoria impresión de tratar con medios continuos.
Hace más de dos mil años, algunos filósofos griegos habían emitido, bajo una forma ciertamente rudimentaria, la hipótesis de que la materia poseía una estructura discontinua. Esta hipótesis fue retomada al comienzo de siglo XIX por los químicos (Dalton en particular), que buscaban una explicación para las leyes ponderales, recientemente descubiertas. La teoría fue precisada y completada progresivamente; se demostró apta para suministrar explicaciones satisfactorias para muchos otros fenómenos en física y en química (estereoquímica, mecanismo de las reacciones químicas, propiedades termoelásticas de los gases, difusión de la luz por los gases, de los rayos X por los cristales...). Finalmente fue admitida por todos, y ya no se habla hoy de *hipótesis*, sino de *teoría* atómica.
V. ATOMICIDAD, ÁTOMO, HIPÓTESIS DE AVOGADRO, IONES, MOLÉCULA, MOVIMIENTO BROWNIANO, TEORÍA CINÉTICA DE LOS GASES.

Átomo

Los átomos de los que se ocupa la *teoría atómica*, corpúsculos *indivisibles* según su etimología, estados de *división última* de un *elemento* químico según la definición actual, nos resultan hoy mejor conocidos. Sabemos que a cada elemento —existe una centena de ellos— corresponde un tipo de átomo diferente. Tenemos una idea de su tamaño —del orden del angström (10^{-10} m). Conocemos mejor sus masas (desde $1{,}7 \cdot 10^{-24}$ g para el hidrógeno a cerca de $4 \cdot 10^{-22}$ g para el uranio). Nos es posible clasificarlos y adjudicar a cada uno un número atómico.
Nuestras ideas sobre su estructura se han ido complicando progresivamente. Algunos fenómenos (electrólisis, emisión catódica, radiactividad...) nos han conducido a admitir que cada átomo contiene cargas positivas y negativas en cantidades iguales, siendo el átomo eléctricamente neutro al menos mientras no está ionizado.
Hacia 1900, J. J. Thompson veía a los átomos como esferas de electricidad positiva en las que se encontraban sumergidos los electrones, granos de electricidad negativa. Jean Perrin, por el contrario (1901), imaginaba que cada átomo era un minúsculo «sistema solar», gravitando los

electrones como los planetas alrededor de un núcleo positivo, siendo reemplazadas las fuerzas gravitatorias de Newton por las fuerzas eléctricas culombianas.

Este último modelo prevaleció tras las experiencias de Rutherford (1911), en las que un haz de partículas α atravesaba una delgadísima placa metálica, y fue más tarde utilizado por Bohr (1913), quien propuso admitir en el átomo dos regiones:

1. El núcleo, positivo, cuyo tamaño es del orden del fermi (10^{-15} m) (y, por tanto, unas cien mil veces menor que el átomo) y en el que está prácticamente concentrada toda la masa atómica.
2. Un cortejo electrónico planetario, estando cada uno de ellos ubicado según leyes estrictas en niveles energéticos sucesivos (V. ÁTOMO DE BOHR).

Este modelo tuvo gran éxito durante una decena de años gracias a las explicaciones simples y precisas que de él se pudieron deducir acerca del origen y estructura de los espectros ópticos y de rayos X. Pero también fue considerado inadecuado cuando la mecánica cuántica –cuyo comienzo arrancó precisamente de él– hubo adquirido un gran desarrollo. Por ejemplo, los resultados de la mecánica cuántica se interpretan abandonando totalmente la noción de órbitas electrónicas. En el átomo de hidrógeno el núcleo está rodeado de una nube continua de electricidad negativa, cuya carga total es igual a la carga del electrón, pero cuya densidad volúmica varía con la distancia al núcleo. La densidad pasa por un máximo cuando esta distancia es igual al radio del átomo de Bohr.

Señalemos, en fin, que los átomos, salvo los de los *gases nobles*, no permanecen aislados. Se asocian entre ellos, por medio de enlaces en los que juegan un papel trascendental los electrones periféricos, para dar lugar a las moléculas. Por contra, bajo el efecto de choques diversos (fotones, electrones...), los átomos pierden electrones y se ionizan. Incluso a altas temperaturas, bajo el efecto de choques mutuos, los átomos pierden electrones, se ionizan y originan los plasmas.

V. ATOMICIDAD, CAPAS ELECTRÓNICAS, EFECTO FOTOELÉCTRICO, ESPECTROS DE MASAS, EXPERIENCIAS DE FRANCK Y HERTZ, MASA ATÓMICA, NÚCLEO, NÚCLIDOS, NÚMERO ATÓMICO, ORBITAL, TABLA PERIÓDICA.

▶ *Modelo vectorial del átomo.*–Representación convencional de diversos estados estacionarios del átomo, teniendo en cuenta las condiciones de cuantificación.

A cada uno de los electrones estudiados se les adjudica: un vector momento cinético orbital $\boldsymbol{l}$ y un vector momento cinético de spin $\boldsymbol{s}$. ¿Qué resulta de ello para el átomo?

Si el acoplamiento (spin, órbita) para cada electrón es mucho más fuerte que el acoplamiento entre electrones es posible definir para cada uno de éstos un momento cinético interno $\boldsymbol{j} = \boldsymbol{l} + \boldsymbol{s}$, y el átomo posee un momento cinético global $\mathbf{J} = \Sigma \boldsymbol{j}_i$. Este tipo de composición de momentos cinéticos, llamado *acoplamiento j, j,* parece válido solamente para los electrones de capas completas, y da generalmente como resultado J = 0.

Si el acoplamiento (spin, órbita) es demasiado débil, los momentos orbitales se componen entre ellos para dar $\mathbf{L} = \Sigma \boldsymbol{l}_i$; los momentos cinéticos de spin, por su lado, dan $\mathbf{S} = \Sigma \boldsymbol{s}_i$. El átomo está entonces caracterizado por tres vectores: **L**, **S** y $\mathbf{J} = \mathbf{L} + \mathbf{S}$. Este acoplamiento L, S, llamado igualmente acoplamiento *Russell Saunders*, se ha revelado válido para los electrones periféricos de gran número de átomos.

La mecánica cuántica limita los valores posibles de los módulos de estos distintos vectores (V. MOMENTO CINÉTICO, SPIN).

Ejemplo: Un átomo alcalino (sodio...) posee un electrón periférico único. En el estado fundamental, este electrón se encuentra en una capa de número cuántico principal n con $l = 1$ y $s = 1/2$; resulta para el átomo $L = l = 1$, $S = s = 1/2$. Entonces el acoplamiento $J = L + S$ da $J = 1/2$ o $J = 3/2$. Habrá dos términos espectrales, que los espectroscopistas señalan como $n^2P_{1/2}$ y $n^2P_{3/2}$ (V. CAPAS ELECTRÓNICAS, MULTIPLETES).

Este tipo de representación ha jugado históricamente un papel importante en la clasificación de las rayas espectrales y, por lo mismo, ha enriquecido nuestros conocimientos sobre la es-

tructura de los cortejos electrónicos. Se ha revelado, sin embargo, insuficiente en el caso de átomos con un gran número de electrones. Hay que recurrir entonces a cálculos más coherentes de la mecánica cuántica, que no pueden desgraciadamente llevarse a cabo más que al precio de numerosas hipótesis simplificadoras.
V. ÁTOMO, ÁTOMO DE BOHR, PRINCIPIO DE COMBINACIÓN, TÉRMINOS ESPECTRALES.

Atracción universal

V. GRAVITACIÓN NEWTONIANA.

Atractor

La evolución temporal de un sistema físico-químico puede representarse por la trayectoria de un punto en el *espacio de las fases* del sistema. En algunos casos la trayectoria de ese punto gana progresivamente un dominio limitado de este espacio, hacia el que parece atraído. Este dominio se llama *atractor*. *Ejemplos simples:* Las oscilaciones de débil amplitud de un péndulo pueden caracterizarse por los valores sucesivos de dos parámetros: la abscisa x y la velocidad $\dot{x}$ de su centro de masas. Se puede entonces representar estas oscilaciones por la trayectoria de un punto P en un espacio de las fases de dos dimensiones. Si las oscilaciones son amortiguadas, el péndulo termina por detenerse. P describe una trayectoria que tiende asintóticamente hacia el origen O (fig. 1). Si son oscilaciones mantenidas, su amplitud conserva un valor constante a. P recorre de modo periódico una elipse (E), cualquiera que sea la posición inicial P_0 (fig. 2). En el primer caso el atractor es el punto O; en el segundo, la elipse (E).
V. ATRACTOR EXTRAÑO.

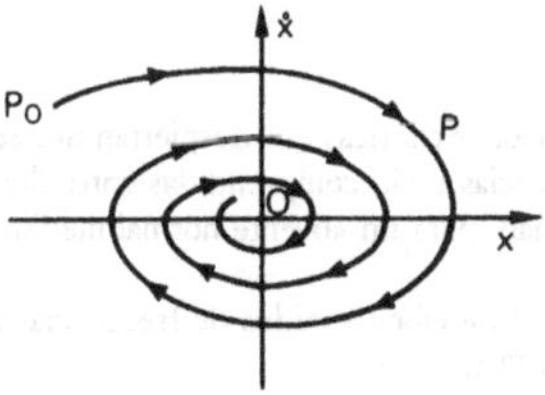

FIG. 1

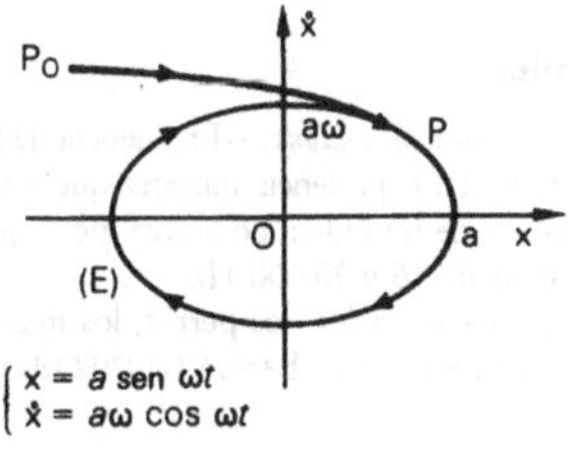

FIG. 2

▶ *Atractor extraño.*—Atractor relativo a la evolución de un sistema *turbulento*, dotado por tanto de «sensibilidad a las condiciones iniciales». Contrariamente a lo que sucede en condiciones de no turbulencia, un atractor extraño no puede determinarse, experimentalmente o por cálculo, más que punto a punto. De otro lado, si el sistema se estudia a partir de dos estados iniciales vecinos, los dos puntos representativos toman rápidamente posiciones alejadas una de otra, sin correlación aparente entre ellas, en el interior de una región atractora. Se cita como ejemplo el atractor correspondiente a la circulación de aire atmosférico provocada por convención térmica.
V. TURBULENCIA.

Atto

V. CUADRO DE PREFIJOS DEL SI.

Atwood George (1746-1807)

▶ *Máquina de Atwood.*—Dispositivo ideado por Atwood (en 1784) para ilustrar las leyes de la Mecánica newtoniana, en particular la ley de proporcionalidad entre la aceleración de un cuerpo y la resultante de las fuerzas que le han sido aplicadas.
Es un conjunto de dos cilindros metálicos idénticos, unidos por un hilo (supuesto de masa y tensión despreciables), que pasa por una polea (de momento de inercia despreciable) que puede girar (¡sin rozamiento!) alrededor de un eje horizontal. Colocando una sobrecarga de masa conocida *m* sobre uno de los cilindros, éste toma un movimiento vertical de *caída aminorada*. Se puede entonces medir la aceleración, gracias a algunos artificios operatorios.
Admitiendo todas las condiciones anteriores, se demuestra que la aceleración «a» debe ser constante y proporcional al peso *mg* de la sobrecarga: $a = \frac{m}{2M + m} \cdot g$, siendo M la masa de cada cilindro y g la aceleración de la gravedad.

Ejemplo: Con M = 100 g y *m* = 1 g, el tiempo empleado por la sobrecarga para recorrer un metro es ligeramente superior a 6 s (0,45 s en caída libre). La experiencia verifica aproximadamente estas previsiones.
Esta máquina tuvo un gran éxito entre un amplio público ilustrado. La máquina contribuyó grandemente a hacer conocer mejor la mecánica experimental. Hoy, por supuesto, sólo presenta un interés histórico.

Audibilidad

▶ *Umbral de audibilidad.*—V. FRECUENCIAS AUDIBLES, AUDIOGRAMA.

Audibles

▶ *Frecuencias audibles.*—Frecuencia de las vibraciones elásticas que despiertan una sensación auditiva. La experiencia muestra que estas frecuencias están comprendidas entre dos límites, variables de un individuo a otro, pero que se sitúan, para un «oyente normal medio», en las cercanías de 16 y 20.000 Hz.
Algunos animales (los perros, los murciélagos...) perciben sonidos de frecuencias más altas.
V. AUDIOGRAMA, BANDA DE FRECUENCIAS, SONIDO.

Audición

Percepción, bajo la forma de sensaciones sonoras, de ondas mecánicas recibidas por el oído, de la misma forma que la visión es la percepción bajo la forma de imágenes de ondas electromagnéticas recibidas por el ojo.
Desde el punto de vista físico, se puede representar esquemáticamente el oído como una sucesión de tres órganos. El *oído externo* recoge la onda incidente, la cual pone al tímpano en vibración. En el *oído medio*, una cadena de huesecillos transmite estas vibraciones a otra membrana, la ventana oval, modificando en el curso del trayecto ciertas características físicas (presión y velocidad de desplazamiento máximas), lo que tiene como efecto hacerlas más soportables o más perceptibles, según los casos. En el *oído interno* estas vibraciones actúan sobre las terminaciones del nervio auditivo, varias docenas de millares de cilios vibrátiles minúsculos. El nervio auditivo, por fin, comunica al cerebro las diversas informaciones así recibidas.
Las dificultades que quedan por resolver cuando se quiere relacionar las sensaciones sonoras con las propiedades físicas de las ondas acústicas provienen de nuestra ignorancia actual acerca del papel exacto que juegan los diversos constituyentes del conjunto oído interno-cerebro, en

el tratamiento que ambos hacen sufrir selectivamente a las diversas vibraciones parciales que componen un sonido.

▶ *Audición biaural (o biótica o bilateral).*—Audición simultánea por ambos oídos. Permite percibir, aproximadamente, las direcciones en las que se encuentran las fuentes sonoras. Gracias probablemente a diferencias de intensidad acústica, quizá también a diferencias de fase, las ondas sonoras provenientes de la misma fuente presentan diferencias a su llegada a cada oído. El «relieve sonoro» depende de esto. Se sabe que ha sido posible acentuar este relieve por medio de aparatos de grabación y reproducción apropiados.
V. BINOCULAR.

Audiograma

Gráfico que da, en función de las frecuencias de sonido audibles (aproximadamente entre 16 Hz y 20.000 Hz), sus *umbrales de audibilidad*, es decir, los valores mínimos de presiones acústicas (o de intensidades sonoras) que hacen perceptibles esos sonidos.
Se adjunta generalmente el umbral de audición intolerable o *umbral doloroso*, valor *máximo* de la presión (o de la intensidad) que el oído puede soportar. El cociente entre esos valores extremos, para el oyente medio, es considerable: del orden de 10^7 para las presiones y de 10^{14} para las intensidades, en el «sonido de referencia» (de frecuencia 1.000 Hz).
V. AUDICIÓN, FONO.

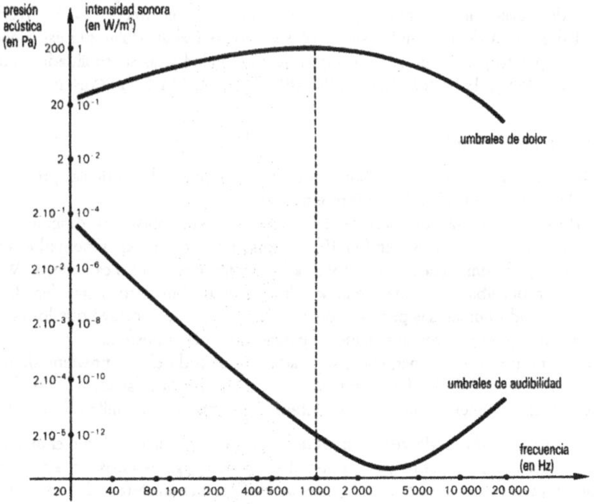

Audiograma del «oyente normal medio» (escalas logarítmicas)

Para el sonido de frecuencia 1.000 Hz: $p_0 = 2 \cdot 10^{-5}$ Pa, $I_0 = 10^{-12}$ W/m^2.

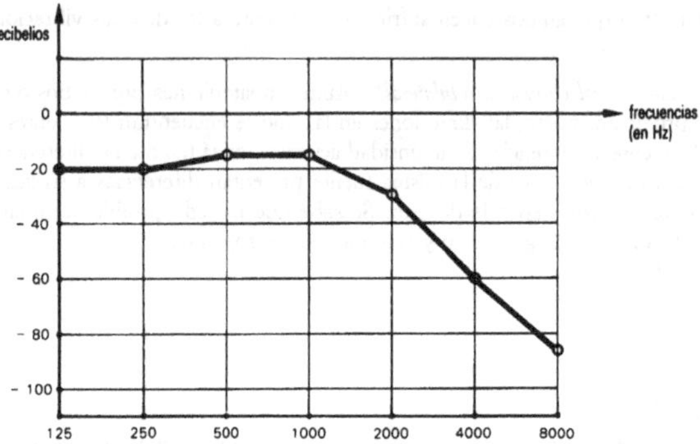

Ejemplo de audiograma comparativo (oído de un oyente normal)
(60 años de edad)

En abcisas las frecuencias (en Hz) (escala logarítmica).
En ordenadas las diferencias (en decibelios) entre el umbral de audición del oído real y el del oyente normal medio, para algunas frecuencias.

Audiómetro

Aparato que contiene un auricular telefónico cuya membrana es puesta en vibración por una fuente de oscilaciones eléctricas regulable en intensidad y en frecuencia. La frecuencia y la intensidad acústica de los sonidos sucesivos emitidos por el auricular son así conocidas. Se utiliza este aparato para estudiar los campos de audibilidad y las sensibilidades auditivas.
V. AUDIOGRAMA, ISOFONÍA, LEY DE BOUGUER-WEBER, LEY DE FECHNER.

Auger Pierre-Victor (1899)

▶ *Chorro de Auger.—Sinónimo:* Chorro atmosférico. Chorro de partículas provocado por la llegada de rayos cósmicos en la atmósfera terrestre.
Cuando se sabía de la existencia de chorros tan sólo en emulsiones fotográficas y, por tanto, en volúmenes pequeños, Auger (en 1938) y más tarde otros experimentadores pudieron observar la llegada simultánea de electrones a los contadores (o a las cámaras de Wilson) cuando éstos se encontraban a algunas centenas de metros uno de otro. Estas llegadas coincidentes eran demasiado numerosas para ser fortuitas, por lo que se concluyó que los electrones pertenecían a un «gran chorro» ampliamente extendido en la atmósfera.
Desde el punto de vista energético, si se admite que todo el haz proviene de una única partícula primaria, el cálculo demuestra que ésta, a su llegada a las altas capas de la atmósfera, debe poseer una energía cinética considerable (¡por encima del millón de GeV!).

▶ *Efecto Auger.*—Buscando visualizar en una cámara de niebla de Wilson el mecanismo de emisión de rayos X secundarios por átomos de uno de los gases raros del aire (o nobles: neón, argón, criptón, xenón), previamente diseminados en una atmósfera de hidrógeno insensible a los rayos X, Pierre Auger pudo constatar que alguno de estos átomos, después de haber absorbido rayos X de frecuencia suficientemente grande, expulsan cada uno de ellos, de forma casi simultánea, varios electrones. Estas primeras experiencias (de 1923) han sido repetidas por otros investigadores en variadas circunstancias.

Uno de los electrones emitidos por un átomo determinado puede ser identificado con el electrón emitido por efecto fotoeléctrico, y previsto por la teoría. Cada uno de los otros electrones, que se ha convenido luego en llamar «electrones Auger», reemplaza la radiación secundaria esperable, y lleva una energía cinética característica del átomo estudiado. (V. figura). La emisión de estos electrones suplementarios inesperados es el «efecto Auger».
Este efecto es hoy utilizado en espectrógrafos especiales, muy sensibles, en los cuales los electrones expulsados son sometidos a campos eléctricos o magnéticos para determinar su energía cinética inicial. Este técnica es de gran utilidad, por ejemplo, cuando se desea descubrir los átomos extraños que se fijan en muy pequeña cantidad en las superficies metálicas, o sobre las interfases entre sustancias diferentes formando granos en el interior de un material heterogéneo...
Notemos que este fenómeno se parece más a otros casos de conversión de una energía de excitación en energía mecánica que en energía radiactiva. Es el caso, por ejemplo, de los choques de segunda especie o incluso de la desexcitación con emisión de electrones, en lugar de rayos γ, por radionúclidos formados de nuevo.
V. RENDIMIENTO AUGER.

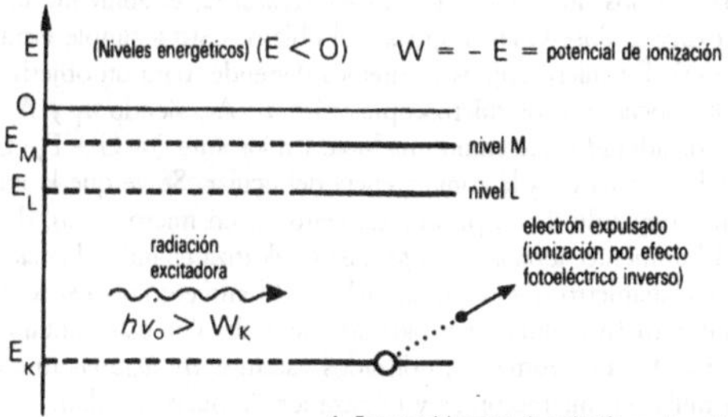

1. Esquema del proceso de excitación por absorción

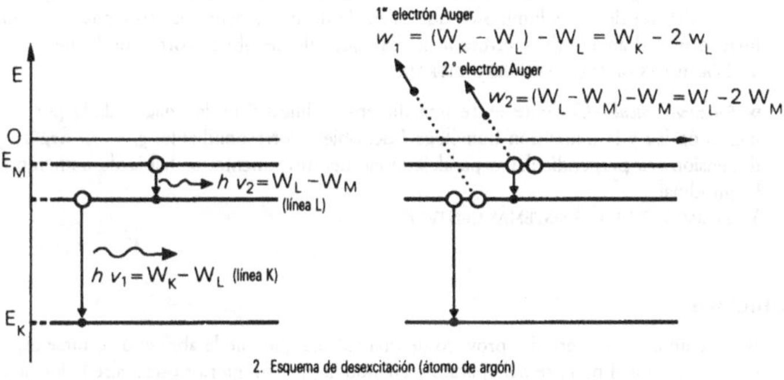

2. Esquema de desexcitación (átomo de argón)

a / por *proceso radiactivo*
(emisión de rayos X secundarios)

b / por *proceso Auger.*
se conoce también como conversión interna
o como autoionización
(emisión de electrones)

▶ *Electrón Auger.*—V. EFECTO AUGER.

▶ *Rendimiento Auger.*—Probabilidad, para un átomo que se encuentra en un estado de excitación dado, de desexcitarse por emisión de electrones Auger. Este rendimiento r_A es el complemento a uno del rendimiento de fluorescencia (desexcitación radiactiva). *Ejemplos:* Argón: $r_A = 0{,}93$, $r_F = 0{,}07$; Xenón 0,30; 0,70.
V. EFECTO AUGER.

Aumento

El aumento de un instrumento óptico visual es igual al cociente entre el diámetro aparente α' de la imagen suministrada por el aparato y el diámetro aparente α del objeto, visto a simple vista: $G = \alpha'/\alpha$. El aumento así definido es igual al cociente de las dimensiones de las imágenes retinianas relativas a los dos modos de observación, e informa por consiguiente sobre la eficacia del instrumento. Siendo el aumento un cociente entre ángulos, es un número adimensional y no comporta unidades. Se le expresa algunas veces, sin embargo, en «diámetros» (para distinguirle del aumento de superficie, $G_s = G^2$).
Hay relaciones particulares para cada tipo de instrumento que permiten calcular su aumento. En una lupa, o en un ocular, de los que se conoce la *convergencia* C, el aumento se deduce inmediatamente: $G = C/4$, expresándose C en dioptrías (el objeto, visto a simple vista, se supone colocado a 25 cm del ojo). En microscopios y anteojos depende, para un objetivo determinado, del ocular que se le asocia. En los microscopios $G = a_1 \cdot A_2$, siendo a_1 y A_2 los *aumentos* de objetivo y ocular, considerado éste como una lupa. En los anteojos $G = F_1 \cdot C_2$, donde F_1 es la distancia focal del objetivo y C_2 la convergencia del ocular. Se ve que la influencia del objetivo sobre el aumento depende de su propio aumento en un microscopio, de su distancia focal en un anteojo. El aumento *normal* o *equipupilar* se alcanza cuando el *círculo ocular* del instrumento tiene el mismo diámetro que la pupila del ojo. El aumento *óptimo* se da cuando el *poder resolutivo* del conjunto (instrumento + ojo) adquiere el valor más ventajoso compatible con el objetivo del aparato. Los aumentos utilizados varían entre algunas unidades en las lupas y alrededor de un millar en microscopios y telescopios de buena calidad.

▶ *Aumento angular. Sinónimo:* Razón de convergencia.— Cociente entre el semiángulo de apertura u' del haz de rayos luminosos que salen de un instrumento óptico y pasan por un punto imagen A' y el ángulo de apertura u del haz que sale del objeto correspondiente A: $g_a = u'/u$.
V. FÓRMULAS DE LOS SISTEMAS CENTRADOS.

▶ *Aumento lineal.*—Cociente entre una dimensión lineal l' de la imagen dada por un instrumento óptico y la dimensión homóloga l del objeto correspondiente: $g_l = l'/l$. Según que esta dimensión sea perpendicular o paralela al eje del instrumento, se habla de aumento lateral o longitudinal.
V. FÓRMULAS DE LOS SISTEMAS CENTRADOS.

Autoclave

Recipiente metálico cerrado, provisto de una válvula que puede abrirse o cerrarse espontáneamente —de ahí el nombre del aparato— cuando la presión interior oscila alrededor de un valor fijado de antemano. El agua encerrada en el recipiente puede ser llevada así —y mantenida— a una temperatura superior a su temperatura de ebullición normal (100 °C), por ejemplo, 120 °C, si la solapa está regulada para una presión de dos atmósferas. Los objetos, sumergidos en agua o en su vapor, son llevados a una temperatura suficiente durante el tiempo necesario (para su esterilización por ejemplo, o simplemente para su cocción rápida).
V. LEYES DE LA EBULLICIÓN.

Autocolimación

V. COLIMADOR.

Autoconsistente

Palabra que se utiliza en ciertos dominios de la física, mecánica cuántica, teoría de plasmas... *Ejemplo:* En un conjunto de corpúsculos idénticos, cada corpúsculo se desplaza bajo la acción de un campo creado en cada instante por todos los demás corpúsculos, que están todos también en movimiento. La determinación de ese campo exige ensayos sucesivos. El campo conveniente debe ser tal que la distribución espacial del corpúsculo que de él resulte le reconstruya en todo punto y todo instante. Un campo así se llama «autoconsistente».

Autoinducción

Nombre dado al fenómeno de *inducción electromagnética* cuando tiene su origen, en un circuito recorrido por una corriente eléctrica, en una serie de variaciones de flujo que el circuito se envía a través de sí mismo. El circuito estudiado es así circuito *inducido* y circuito *inductor*.
Este fenómeno se traduce en la aparición de una *fuerza electromotriz* (f.e.m) *de autoinducción*.
Si la variación de flujo se debe a una alteración de la intensidad de corriente, la f.e.m. de autoinducción vale: $e = -L\frac{di}{dt}$, donde L es el *coeficiente de autoinducción* y di/dt la velocidad de variación de la corriente en el instante estudiado.
Conforme a la ley de Lenz, la autoinducción tiene como efecto oponerse a las variaciones de corriente, y por consiguiente moderar éstas, o al menos retrasarlas. S puede demostrar que esto es lo que traduce el signo (−) de la fórmula precedente.
La autoinducción tiene un papel particularmente importante en altas frecuencias.
V. EXTRACORRIENTES, INDUCTANCIA, LEY DE OHM EN CORRIENTE ALTERNA, OSCILACIONES ELÉCTRICAS.

▶ *Coeficiente de autoinducción.*—Un circuito orientado C recorrido por una corriente eléctrica de intensidad i crea en sus proximidades un campo magnético **B** y se encuentra por tanto atravesado por un flujo (propio) Φ. Este flujo depende linealmente de i (V. INDUCCIÓN MUTUA): $\Phi = \mathbf{L} \cdot i$. La magnitud **L**, *coeficiente de autoinducción* del circuito, es independiente de i, en ausencia de sustancia magnética próxima. Es una magnitud siempre positiva, cualquiera que sea la orientación de C, y perfectamente calculable algunas veces. Por ejemplo, la autoinducción (o coeficiente de autoinducción, o inductancia propia, como a veces se llama) de una longitud d tomada en una bobina muy larga, lejos de los extremos, vale aproximadamente: $\mathbf{L} = \mu_0 \cdot n^2 \cdot \mathbf{S}/d$, con μ_0 = permisividad del vacío, n = número de espiras de la bobina, **S** la superficie media de una espira. (Se comprende la razón por la que medimos a veces μ_0 en henrios/m).
V. IMPEDANCIA, IMPEDANCIA COMPLEJA.

Avogadro Amadeo de Quaregna e Ceretto, conde (1776-1856)

▶ *Constante de Avogadro.*—Número de entidades elementales contenidas en un mol, sensiblemente $6 \cdot 10^{23}$ (V. CUADRO DE CONSTANTES). El valor numérico de la constante de Avogadro recibe el nombre de «número de Avogadro». $N \approx 6 \cdot 10^{23}$.
Las teorías cuantitativas de un gran número de fenómenos físico-químicos, que pertenecen a ramas y campos muy distintos, hacen intervenir las constantes de Avogadro, y permiten medirla: movimiento browniano, difusión de la luz por partículas finas, difusión de rayos X por

cristales, electrólisis, viscosidad de los gases, radiación del cuerpo negro... La convergencia numérica notable de los resultados obtenidos contribuyó de manera decisiva a la admisión de la «teoría atómica», largo tiempo controvertida.
V. NÚMERO DE LOSCHMIDT.

▶ *Hipótesis de Avogadro.*—«Un volumen dado de diferentes cuerpos gaseosos, medidos en las mismas condiciones de presión y temperatura, contiene el mismo número de moléculas, cualquiera que sea la sustancia estudiada.»
Esta hipótesis fue enunciada por Avogadro (en 1811) para explicar la simplicidad de las leyes sobre dilatación de gases descubiertas algunos años antes por Gay-Lussac. Combatida en aquella época por los adversarios de la «teoría atómica», tuvo que esperar casi cincuenta años para recibir el reconocimiento de la comunidad científica. La teoría cinética de los gases da una explicación de esta hipótesis y demuestra que sería completamente rigurosa si los gases fueran «perfectos».
V. LEY DE AVOGADRO-AMPÈRE.

▶ *Ley de Avogadro-Ampère.*—El *volumen molar* de un cuerpo gaseoso químicamente puro, medido en las mismas condiciones de temperatura y de presión, posee el mismo valor, cualquiera que sea la sustancia observada.
En condiciones normales de temperatura y de presión este volumen vale sensiblemente 22,4 litros.
Si d es la densidad del cuerpo respecto al aire, la ley de Avogadro-Ampère se traduce en la relación $M \simeq 29d$, donde M es la *masa molar* del cuerpo.
Esta ley, enunciada independientemente, parece ser, por Avogadro y por Ampère (1814), es solamente aproximada. Es una consecuencia de la hipótesis de Avogadro y de la definición misma de volumen molar. Ha sido de gran ayuda a lo largo de la Historia, en particular para la determinación de la atomicidad de los elementos gaseosos (hidrógeno, oxígeno, nitrógeno...)
V. LEY LÍMITE DE AVOGADRO-AMPÈRE.

▶ *Ley límite de Avogadro-Ampère.*—Para todos los gases químicamente puros el producto de la presión P por el volumen molar V_m tiende a un límite común A cuando, a temperatura constante, se hace tender P a cero.»
La magnitud $A = \lim (PV_m)_{P=0}$ depende, por tanto, sólo de la temperatura.

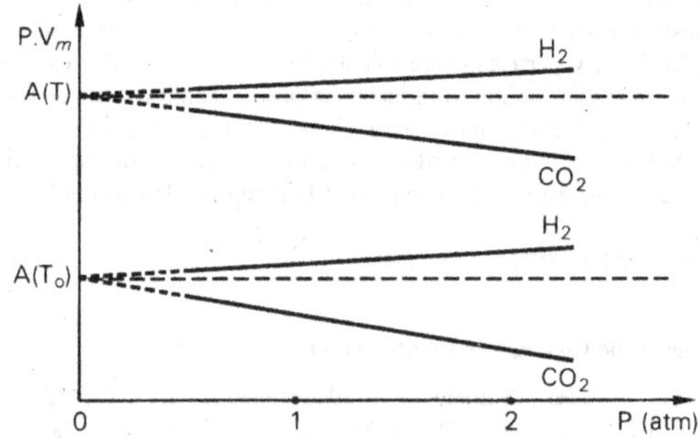

Trazos llenos: Isotermas de gases reales (extrapoladas hasta presiones nulas)
Trazos de puntos: Isotermas (teóricas) de todos los gases si conservaran el estado de gases perfectos para todas las presiones.

Para presiones relativamente pequeñas la curva $PV_m = f(P)$ es prácticamente rectilínea, lo que permite determinar el límite A mediante una extrapolación.
Según la *teoría cinética de los gases*, esta ley es consecuencia del hecho de que, cuando un gas real cualquiera está sometido a presiones cada vez más débiles, su recorrido libre medio aumenta y las dimensiones moleculares y sus interacciones a distancia se vuelven despreciables. Sus propiedades se aproximan poco a poco, por tanto, a las de los *gases ideales o perfectos*, cualquiera que sea su estructura molecular.
La experiencia demuestra que esta ley límite se verifica con mayor precisión que la ley de Avogadro-Ampère. Operando a 0 °C (T = 273,15 °K) se encuentra $A_0 = 2{,}271 \cdot 10^3$ Pa · m³ · mol⁻¹, lo que da para el volumen molar de los gases, supuestos perfectos, en condiciones normales de presión y temperatura: $V_0 \approx 22{,}4$ litros por mol.
V. CONSTANTE DE LOS GASES PERFECTOS, CUADRO DE CONSTANTES (Anexo 6), TEMPERATURA AVOGADRO.

▶ *Número de Avogadro.*—V. CONSTANTE DE AVOGADRO.

▶ *Temperatura Avogadro.*—Escala termométrica definida tomando como magnitud termométrica la magnitud A, límite del producto P.*v* del volumen molar *v* de un gas cualquiera por su presión P cuando, a temperatura constante, P tiende a cero (V. LEY LÍMITE DE AVOGADRO-AMPÈRE).
Escribiendo $A = RT_a$ (R = constante de los gases perfectos) se define una temperatura T_a, independiente del gas utilizado, porque A no depende de él.
Se demuestra que la temperatura Avogadro, que puede esperarse por experiencia, coincide con la temperatura termodinámica Kelvin; de ahí su interés.
V. TEMPERATURA TERMODINÁMICA, TERMÓMETROS DE GAS.

Azeotrópico

Raíces griegas que significan «sin cambio en la ebullición».

Mezcla de dos líquidos de concentración determinada que posee la propiedad, cuando es calentada a presión constante, de hervir a temperatura fija, como lo haría un cuerpo puro. No lo es, sin embargo: la concentración azeotrópica de la misma mezcla varía en efecto continuamente con la presión.
Existe mezclas azeotrópicas a temperatura máxima y a temperatura mínima (V. gráficos). La existencia de este fenómeno dificulta la separación por destilación de dos componentes de la mezcla.

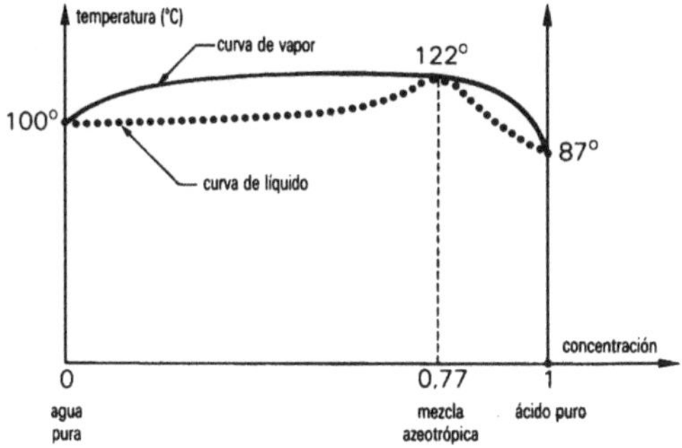

Mezcla azeotrópica agua, ácido nítrico (a una atmósfera)

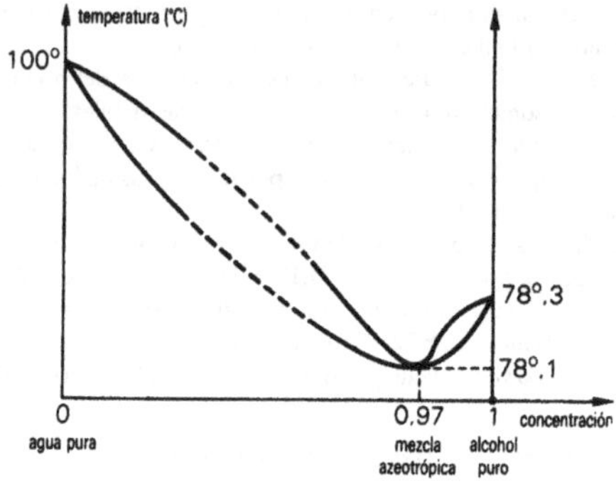

Mezcla azeotrópica agua, alcohol etílico (a una atmósfera)

Azimut

De una palabra árabe que significa «el recto camino».

En geodesia, así como en las técnicas de localización por radio, o por radar, el azimut de un punto A para un observador O es el ángulo formado por el plano vertical que contiene a la recta OA con un plano vertical de referencia que contiene al punto O, o al punto A, según los casos.

En mecánica, la posición, en un instante dado, de un punto material M, en movimiento en un plano, es caracterizada a veces por coordenadas polares: r = **OM**, θ = Ox, OM (Ox, eje de referencia). El ángulo polar θ es el azimut del punto móvil M.

Azuleamiento

V. ANTIRREFLECTANTE.

B

B

V. VECTOR «CAMPO MAGNÉTICO».

Babinet Jacques (1794-1872)

▶ *Compensador de Babinet.*
V. COMPENSADOR.

▶ *Teorema de Babinet.*—Proposición que resulta de la teoría de la difracción. Cuando un haz luminoso atraviesa un diafragma antes de llegar a la pantalla de observación, pueden aparecer zonas oscuras sobre esta pantalla, consecuencia de fenómenos de difracción producidos en la travesía del diafragma. Si una pantalla E, horadada por distintas aberturas, se coloca en el plano del diafragma, es posible que se observe un cierto reparto de iluminación no nula en las zonas precedentemente oscuras. El teorema de Babinet establece que se observará en ese caso el mismo reparto de claridad si la pantalla E se sustituye por su pantalla complementaria.
Dos pantallas se dicen complementarias si las aberturas de una se corresponden a las zonas opacas de la otra, y viceversa.

Baffle

De un verbo inglés que significa «desviar».

Dispositivo cuyo papel es suprimir las ondas emitidas hacia atrás por la membrana de un altavoz, haciéndolas seguir un camino complicado en cuyo curso son absorbidas lo más completamente posible. Sin baffle, estas ondas, en oposición de fase con las ondas emitidas hacia adelante, vendrían a estorbar la audición con fenómenos indeseados de interferencias.

Balance energético (Q)

Denominación convencional dada al *aumento de energía cinética* global de los corpúsculos en el curso de una reacción nuclear.
Ejemplo: Un núclido A, por choque con una partícula a, se transforma en otro núclido B, con emisión de una partícula b: A(a, b) B o, en forma desarrollada: $A + a \rightarrow B + b$. La ley de conservación de la energía se traduce en: $m_A c^2 + T_A + m_a c^2 + T_a \rightarrow m_B c^2 + T_B + m_b c^2 + T_b$, donde las cantidades $m \cdot c^2$ designan las energías asociadas a la masa de los diversos corpúsculos, y las cantidades T, las energías cinéticas respectivas, inmediatamente antes o inmediatamente después del choque. El *balance energético* de esta reacción es, *por definición*:

$$Q = (T_B + T_b) - (T_A + T_a),$$

y se advierte que equivale a la *pérdida de masa* del sistema: $Q = \Delta m \cdot c^2$, con $\Delta m = (m_A + m_a) - (m_B + m_b)$.

Q puede alcanzar valores en torno a la decena de MeV.
Si Q es positivo, la reacción se llama *exoenergética*, y *endoenergética* en caso contrario. Si Q = 0, la reacción se llama *isoenergética* (es el caso de las difusiones elásticas).
Trasladada al dominio macroscópico de la química molecular, el balance energético designa el crecimiento de energía de agitación térmica del medio reaccionante, es decir, el calor de reacción a volumen constante según el antiguo convenio de los químicos (de ahí la letra Q).
V. CALOR DE TRANSFORMACIÓN.

Balanza

Instrumento que sirve para medir una masa, un peso o, más generalmente, una fuerza o cualquier otra magnitud capaz de engendrar una fuerza, la intensidad de una corriente eléctrica, por ejemplo.
Hay diferentes tipos de balanzas. Su principio de funcionamiento es a menudo el mismo: equilibrar una fuerza o un par desconocidos con una fuerza o un par conocidos, actuando ambos sobre el mismo sistema móvil (V., a modo de ejemplo, la balanza de precisión de dos platillos). Existen instrumentos de pesada que usan la piezoelectricidad.
Según el uso al que esté destinado la balanza —investigación científica o transacciones comerciales—, las exigencias son diferentes en lo tocante a comodidad de empleo, y a sus dos cualidades: *fidelidad* y *sensibilidad*. La *exactitud* y *precisión* de los resultados dependen de ellas.
V. BALANZA AUTOMÁTICA, BALANZA DE COTTON, DE COULOMB, DE CURIE, BALANZA DE TORSIÓN, BALANZA ROMANA, BÁSCULA, DINAMÓMETRO, ELECTRODINAMÓMETRO, ELECTRÓMETRO.

▶ *Balanza automática*.—Su fiel, como el de un vulgar pesacartas, es solicitado en un sentido por el peso del cuerpo a pesar, colocado sobre un platillo, y en el otro por un contrapeso ligado al fiel. La posición de equilibrio depende del valor del peso p desconocido, de la masa $m = p/g$, por consiguiente (g = aceleración de la gravedad). Una aguja arrastrada por el fiel da el valor de m por lectura directa.
Lo más difícil ha sido encontrar el mecanismo de enlace entre el fiel y el platillo de una parte, y entre el fiel y el contrapeso de otra, de modo que la desviación de la aguja sea *proporcional* a la masa m. Las divisiones sucesivas sobre la graduación son en ese caso equidistantes.
Se sabe que este tipo de balanzas viene a menudo provisto de mecanismos que permiten imprimir automáticamente el resultado de la medida o hacerle aparecer con un conjunto de cifras luminosas.

▶ *Balanza de corriente*.—V. AMPERIO PATRÓN, ELECTRODINAMÓMETRO.

▶ *Balanza (de precisión) de dos platillos*.—Conviene señalar que la palabra balanza proviene de dos raíces latinas que significan, precisamente, «dos platillos».
El fiel de la balanza es una pieza metálica rígida que puede girar libremente alrededor de un eje horizontal fijo, materializado por la arista de una cuchilla. Dos platillos están suspendidos en los extremos del fiel por medio de dos cuchillas solidarias al mismo. La figura representa un esquema de principio.
Cuando dos cuerpos, de masas respectivas m_1 y m_2, se colocan en los platillos, el fiel es solicitado en un sentido o en otro, por las fuerzas verticales $m_1 \mathbf{g}$ y $m_2 \mathbf{g}$. Oscila, se detiene después en una posición de equilibrio. Los momentos, con respecto al eje de rotación, de las fuerzas que actúan sobre el fiel en uno y otro sentido son ahora iguales, lo que traduce la expresión:

$$(M_1 + m_1)\, g \cdot d_1 \cos\theta = (M_2 + m_2)\, g \cdot d_2 \cos\theta + mg \cdot \operatorname{sen}\theta \cdot a$$

M_1, M_2 y m son, respectivamente, las masas de los platillos y del fiel; d_1 y d_2, las longitudes de los brazos del fiel (distancias OA_1 y OA_2 entre cuchillas supuestas perfectamente paralelas); a,

la distancia entre el eje de rotación y el centro de gravedad del fiel, y θ, el ángulo de inclinación del fiel con la horizontal.
Si los platillos son idénticos ($M_1 = M_2$), los brazos del fiel de la misma longitud ($d_1 = d_2$) y la aguja solidaria del fiel, en el cero de la graduación ($\theta = 0$), se puede escribir $m_1 = m_2$. Suponiendo conocida m_2, deduciríamos de ahí la masa m_1 del objeto a medir, y eventualmente su peso $p_1 = m_1\ g$ (habiendo medido g de antemano). Pero ninguna de las condiciones anteriores se cumple nunca rigurosamente. Hay que utilizar modos de operación, a veces muy complicados, para obtener finalmente el valor correcto de la masa desconocida m_1. La Oficina Internacional de Pesos y Medidas utiliza, para controlar periódicamente los ejemplares nacionales del kilogramo patrón, una balanza que permite realizar pesadas cuya precisión relativa esperable es $1/10^9$ (una desviación de un microgramo por kilogramo). Para este grado de precisión son indispensables numerosas precauciones. Hay, por ejemplo, que mantener la balanza encerrada en un recinto a temperatura uniforme, tener en cuenta el empuje del aire sobre los cuerpos ubicados en los platillos, e incluso preocuparse del desgaste eventual que sobre estos cuerpos pueda producir el procedimiento utilizado para limpiarlos de las pequeñas partículas de polvo...
Para las necesidades comerciales este grado de precisión no es, por fortuna, indispensable. Una precisión relativa del orden de $1/10^3$ es generalmente suficiente.

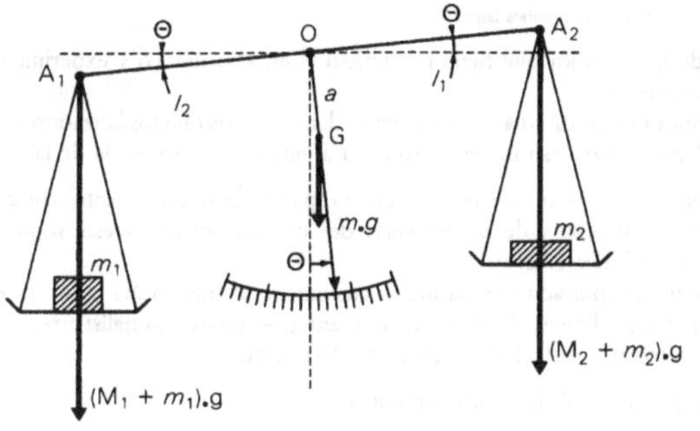

▶ *Balanza romana (Romana).*—Es el modelo de balanza más antiguo entre los utilizados. Lleva un fiel de brazos desiguales. El cuerpo a pesar se ubica en un platillo suspendido del extremo del brazo corto. Su acción sobre el fiel se compensa con la de un contrapeso que se hace correr sobre el brazo más largo, hasta que el fiel alcanza su equilibrio en posición horizontal. El aparato está graduado por el constructor. El resultado de una pesada se obtiene por lectura directa, observando la posición del contrapeso.
Este tipo de balanza ha caído en desuso, pero su principio de funcionamiento se aplica aún en ciertas básculas.

▶ *Balanza de torsión.*—Dispositivo que permite medir la intensidad de una fuerza haciéndola actuar sobre uno de los extremos de un aparato móvil que puede girar en torno a un eje, y equilibrando el par que resulta con un par de torsión antagonista. Este último proviene de la reacción de un hilo de torsión. Si C es la costante de torsión del hilo, el equilibrio se obtiene cuando el aparato ha girado un ángulo a tal que $C \cdot a = M$, siendo M el momento con respecto al eje de rotación de la fuerza desconocida.
V. BALANZA DE COULOMB, PÉNDULO DE TORSIÓN.

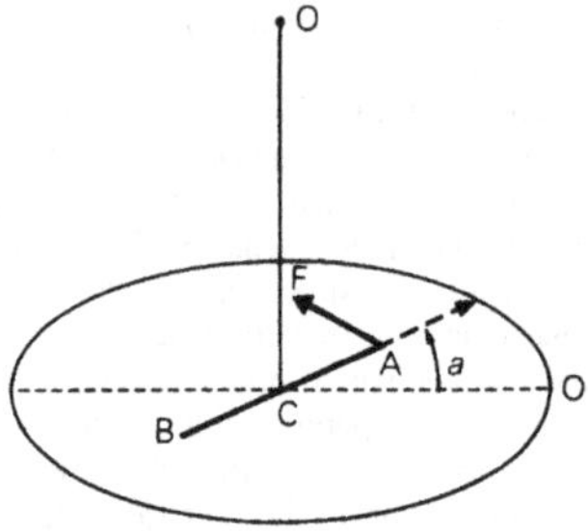

Si el hilo de torsión es vertical, la barra AB puede moverse en un plano horizontal. Su posición es mensurable gracias a un círculo graduado. Si suponemos F perpendicular a AB (de longitud $2d$), su momento con respecto al eje vale $M = F \cdot d$.

Balística

De un verbo griego que significa lanzar.

Rama de la mecánica que tiene por objeto el estudio teórico y experimental del movimiento de los proyectiles.
La balística *interior* estudia su movimiento dentro de los objetos lanzadores (fusiles, cañones...), y la balística *exterior*, su movimiento en la atmósfera tras su salida de la boca.

▶ *Ingenio balístico*.—Cuerpo lanzado en el espacio, cuyo movimiento, como el de un proyectil, depende de su peso y de la resistencia del aire únicamente, y está sometido por tanto a las leyes de la balística exterior.
Un ingenio, propulsado por un motor cualquiera, se transforma en un ingenio balístico cuando su motor se detiene. Se dice que está entonces en «vuelo balístico».
V. GALVANÓMETRO BALÍSTICO, PÉNDULO BALÍSTICO.

▶ *Vuelo balístico*.—V. INGENIO BALÍSTICO.

Balmer Johan Jakob (1825-1898)

▶ *Fórmulas de Balmer*.—En 1885 descubre que se pueden representar, con gran precisión, las longitudes de onda λ de algunas rayas del espectro del hidrógeno entonces conocidas, a través de una fórmula única: $\lambda = C \cdot m^2/m^2 - 4$, donde C es una constante determinada empíricamente (C = 3.645,6 Å) y m es un *número entero* positivo mayor que 2; m = 3, 4, 5... Se hizo hincapié más tarde que la fórmula de Balmer puede escribirse así:

$$\frac{1}{\lambda} = \frac{4}{C}\left(\frac{1}{2^2} - \frac{1}{m^2}\right)$$

Este descubrimiento, puramente formal en apariencia, iba a dar un impulso considerable a las teorías sobre el origen de las rayas espectrales, y con más generalidad, a las teorías acerca de la estructura atómica.
Hoy la fórmula primitiva se reemplaza por una *fórmula de Balmer generalizada*, válida no solamente para el hidrógeno, sino para todos los hidrogenoideos. Contiene *dos números enteros*, n y m, siendo n menor que m: $\sigma = RZ^2 \left[(1/n^2) - (1/m^2)\right]$. $\sigma = 1/\lambda$ es el número de onda de una

raya espectral, R la constante de Rydberg y Z el número atómico del átomo emisor. A cada valor de n corresponde una *serie de rayas* espectrales.
En el caso del hidrógeno, tomando $n = 2$ y $m = 3, 4, 5...$ se encuentra la serie de Balmer primitiva, de la que se conocen hoy algunas docenas de rayas. Otras líneas, registradas gracias a la mejoría en las técnicas espectroscópicas, pertenecen a otras series, entre ellas la *serie de Lymman* en el ultravioleta ($n = 1$; $m = 2, 3, 4...$) y la *serie de Paschen* en el infrarrojo ($n = 3$; $m = 4, 5, 6...$).
V. ÁTOMO DE BOHR, PRINCIPIO DE COMBINACIÓN, TÉRMINOS ESPECTRALES.

Banco óptico

Especie de raíl rectilíneo sobre el que pueden deslizar patines que llevan diversos dispositivos ópticos: fuente luminosa, lentes, pantalla.
Es fácil, con un banco óptico, realizar rápidamente distintas puestas a punto con dispositivos que permanecen bien alineados y de los que puede fácilmente señalarse sus posiciones relativas, gracias a una graduación inscrita en el banco.
Los bancos ópticos son de uso corriente en ciertas operaciones de focometría o de fotometría.

Banda

▶ *Banda de conducción.*—V. TEORÍA DE BANDAS.

▶ *Banda de frecuencias.*—Conjunto de oscilaciones periódicas, de naturaleza acústica, eléctrica u otra, cuyas frecuencias están comprendidas entre dos valores dados.
Ejemplos: La banda de frecuencias usada en *telefonía* (300 a 3.000 Hz) posee una longitud suficiente para la inteligibilidad de las conversaciones. En las emisiones de radio, que deben transmitir voz y música, se utiliza la banda (100, 4.500 Hz) en modulación de amplitud, y una banda mas larga (30, 15.000 Hz) en frecuencia modulada, lo que es una ventaja de este procedimiento.
V. CANAL (DE TELEVISIÓN), FILTROS ELÉCTRICOS, MODULACIÓN.

▶ *Banda lateral.*—V. MODULACIÓN.

▶ *Banda pasante.*—V. FILTRO ELÉCTRICO.

▶ *Banda permitida.*—V. TEORÍA DE BANDAS.

▶ *Banda prohibida.*—V. TEORÍA DE BANDAS.

▶ *Banda de valencia.*—V. TEORÍA DE BANDAS.

▶ *Longitud de banda.*—V. AGUDEZA DE PICO DE RESONANCIA.

Bandas

▶ *Teoría de bandas (de energía).*—Se ha establecido que la conductividad eléctrica de los sólidos se debe a la movilidad de los electrones que entran en su constitución, como han demostrado, por ejemplo, las experiencias de Tolman. Parece entonces asombroso que ciertos sólidos sean excelentes *conductores,* el cobre por ejemplo; que otros sean excelentes *aislantes,* como el diamante, el cual posee, sin embargo, una estructura cristalina comparable a la del cobre, y que otros, en fin, sean *semiconductores,* como el germanio. Una explicación de estos diferentes comportamientos, que la teoría clásica de la conductividad no había podido obtener, ha sido dada en Mecánica cuántica por la *teoría de bandas,* que puede resumirse sucintamente como sigue.
Los iones positivos de un cristal se disponen regularmente en el espacio y forman una red tri-

dimensional. Los electrones periféricos de cada átomo, sumergidos en esta estructura periódica, dejan de estar localizados en la vecindad inmediata de cada ion positivo. Los electrones están «deslocalizados», y pertenecen todos al conjunto de iones del cristal, lo que asegura la cohesión. Los estados cuánticos accesibles a esta nube forman varios conjuntos casi continuos, netamente separados unos de otros. Los niveles energéticos posibles están por tanto distribuidos en «bandas permitidas» separadas entre sí por «bandas prohibidas» (V. figura). Estas bandas permitidas sustituyen en un cristal a los niveles energéticos discretos accesibles a un electrón en un átomo aislado.

Por añadidura, los electrones de un cristal son fermiones idénticos, y obedecen al principio de exclusión de Pauli. A la temperatura del cero absoluto, en lugar de reunirse en el nivel energético más bajo como harían los bosones, los electrones llenarían todos los sucesivos niveles energéticos desde el más bajo. La energía E_f asociada al nivel más alto de los ocupados se le llama *energía de Fermi* del material observado. Es esencialmente la posición de esta energía E_f en el sistema de bandas permitidas la que determina el carácter eléctrico del material que estudiamos.

Si la energía de Fermi se encuentra en una banda permitida, los niveles energéticos inmediatamente superiores están vacíos y son accesibles; los electrones de esa banda pueden responder a la acción de un campo eléctrico exterior, aunque sea débil, y adquirir la energía cinética suplementaria, lo que se traduce en el paso de una corriente eléctrica. El material estudiado es un *buen conductor*. La banda parcialmente llena se denomina *banda de conducción*, y los electrones que la ocupan, *electrones de conducción*. Se comportan como si fueran electrones libres.

Si, por el contrario, la energía de Fermi marca el límite superior de una banda permitida, los niveles inmediatamente superiores están prohibidos. Los electrones de esta banda no pueden responder a una excitación eléctrica exterior y el material es *aislante*. Sin embargo, en este último caso, a las temperaturas habituales (T cercana a 300 °K), la agitación térmica puede modificar ligeramente esta distribución y hacer pasar algunos electrones a la banda permitida siguiente, si la anchura ΔE de la banda prohibida intermedia es, no obstante, de poca importancia. Los materiales en los que se produce esta circunstancia son los llamados *semiconductores*. Así, el suplemento de energía que puede esperarse a la temperatura ordinaria es de unas centésimas de eV y la anchura de la banda prohibida en el diamante es de 5 eV, lo que le hace un buen aislante, mientras que en el germanio esa anchura es de unas décimas de eV. El germanio es un semiconductor.

Un semiconductor, según esta teoría, es por consiguiente un aislante perfecto en las proximidades del cero absoluto y su conductividad aumenta con la temperatura, lo que confirma la experiencia.

V. SEMICONDUCTORES.

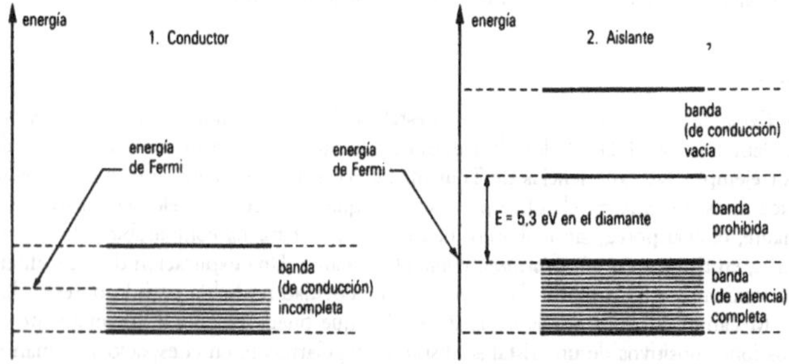

Bar (símbolo bar)

Unidad auxiliar de presión. Un *bar* vale por definición 10^5 pascales.
Su submúltiplo, el *milibar* (símbolo mbar), se usa corrientemente en meteorología así como en técnicas de vacío.

$$1 \text{ mbar} = 10^{-3} \text{ bar} = 10^2 \text{ Pa} \simeq 0{,}75 \text{ torr}$$

V. CUADRO DE UNIDADES DE PRESIÓN (Anexo 1).

Bardeen John (1908)

Nobel 1956 (con Shockley y Brattain). V. TRANSISTOR.
Premio Nobel 1972 (con Cooper y Schrieffer). V. SUPERCONDUCTIVIDAD.

Baria

Raíz griega que significa pesado

Unidad de presión del sistema c.g.s.
Es la presión constante que, actuando sobre una superficie de 1 cm^2, ejerce perpendicularmente a esta superficie una fuerza total de 1 dina.

$$1 \text{ b} = 0{,}1 \text{ Pa}, \qquad 1 \text{ atm} = 1{,}01325 \cdot 10^6 \text{ b} \simeq 1 \text{ Mb}.$$

Baricentro

El baricentro de un conjunto de n puntos A_i ($i = 1, 2, ..., n$), afectados cada uno de un coeficiente a_i es un punto B definido por la relación: $\mathbf{OB} = \Sigma a_i \cdot \mathbf{OA}_i / \Sigma a_i$.
Se demuestra que este punto es único, y no depende del origen O. Se verifica igualmente la relación: $\Sigma a_i \cdot \mathbf{BA}_i = 0$.
V. CENTRO DE MASAS, REFERENCIAL BARICÉNTRICO.

Barión

Nombre genérico de un tipo de partículas subnucleares.
Los bariones deben su nombre al hecho de que sus masas son relativamente importantes, comparadas a la del electrón, único leptón (o partícula «ligera») conocido al principio.
Ejemplo: Los nucleones (protones y neutrones) son ambos bariones. Sus masas están, en ambos casos, próximas a 940 MeV/c^2 (2.000 veces superiores, por tanto, a la del electrón, cercana a 0,5 MeV/c^2).
Como los leptones, los bariones obeceden a la estadística de Fermi-Dirac. Son *fermiones*.
Contrariamente a los leptones, los bariones participan en las interacciones fuertes. Son *hadrones*.
Está hoy admitido que los bariones se dividen en dos clases (los nucleones —de extrañeza nula— y los hiperones —de extrañeza no nula—) y que no son partículas «*elementales*». Cada barión es un estado ligado de tres quarks.
V. CUADRO DE CLASIFICACIÓN DE PARTÍCULAS, NÚMERO BARIÓNICO (Anexo 4).

Bariónico

▶ *Carga (o número) bariónica.*—Número entero atribuido a cada partícula subnuclear.
Este número es, por convenio, igual a uno para todos los bariones, − 1 para sus antipartículas y 0 para cualquier otra partícula (mesones o leptones).

Su interés estriba en el hecho de que se ha observado hasta hoy que, en todas las reacciones, hay conservación de la suma algebraica de las cargas bariónicas, de la misma manera que hay conservación de la suma algebraica de las cargas eléctricas.
Ejemplo: La reacción observada de la desintegración del neutrón en protón, electrón y antineutrino conserva estos dos tipos de cargas:

	n^0	$\rightarrow p^+$	$+ e^-$	$+ \bar{\nu}$	
Carga eléctrica	0	+ 1	− 1	0	*q*
Carga bariónica	+ 1	+ 1	0	0	*b*

Por contra, la desintegración del protón en positrón y neutrino (que sería extraordinariamente exoenergética) no se ha observado jamás. Violaría la ley de conservación de la carga bariónica.
V. CARGA LEPTÓNICA, LEYES DE CONSERVACIÓN.

Barkhausen Heinrich Georg (1881-1956)

▶ *Experiencia de Barkhausen.*—Experiencia diseñada por Barkhausen (1919) con el fin de verificar uno de los puntos importantes de la teoría de Weiss sobre el *ferromagnetismo.*
Consiste en someter a un campo magnético variable una barra metálica ferromagnética colocada en el interior de un arrollamiento conductor cerrado por un altavoz. Toda variación en la imanación de la barra debe producir en el arrollamiento, por inducción, una corriente eléctrica de cuya existencia puede dar fe el altavoz.
La experiencia muestra que, estando sometida la barra a un campo magnético uniforme en el que crece la intensidad lentamente y de manera *continua,* se oye efectivamente en el altavoz una sucesión *discontinua* de chasquidos. Se deduce que la imanación de la barra aumenta a golpes, como había previsto la teoría.
La realización cuantitativa de esta experiencia ha permitido obtener un orden de magnitud para las dimensiones de los *dominios de Weiss* para cada material estudiado.

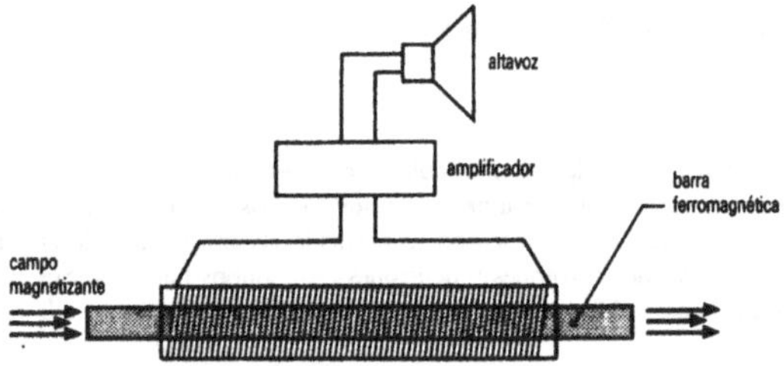

Barkla Charles Glover (1877-1944)

Premio Nobel 1917.
V. RAYOS X, ESPECTROS X.

Barlow Peter (1776-1862)

▶ *Rueda de Barlow.*—Disco de cobre que puede moverse en torno a un eje horizontal y que se coloca en el entrehierro de un imán (V. figura). Si se hace pasar una corriente eléctrica continua a lo largo de un radio del disco, utilizando dos contactos deslizantes, uno sobre el eje y el otro en la periferia, se constata que el disco gira.

Este hecho es interesante desde tres puntos de vista: 1. Constituye una prueba experimental de la existencia de la fuerza prevista por la ley de Laplace. 2. Esta fuerza se ejerce en principio sobre las cargas móviles, por tanto aquí sobre los electrones que aseguran el paso de corriente. El movimiento observado lleva a admitir que la fuerza se transmite a los átomos y a los iones positivos que constituyen la «osamenta» del disco; es una fuerza «ponderomotriz». 3. La rueda de Barlow es el primer ejemplo histórico de motor eléctrico. En realidad su potencia, fácilmente calculable, no puede pasar de algunas décimas de vatios (¡algunas diezmilésimas de caballo de vapor!).
El funcionamiento de la rueda de Barlow es reversible. Su puesta en rotación por un medio mecánico tiene como efecto crear en el circuito exterior una corriente eléctrica inducida. Se convierte así en un ejemplo de generador eléctrico.
Barlow puso de manifiesto su papel motor (1828); Faraday, su papel de generador. De ahí proviene su otra denominación: disco de Faraday.

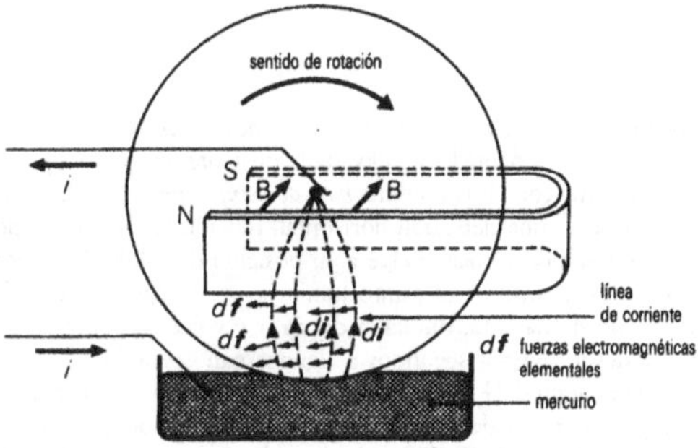

Barn (b)

Unidad utilizada en física de partículas para la medición de las *secciones eficaces*. 1 barn = 10^{-28} m^2 = 100 fm^2 = área del círculo máximo de un núcleo atómico medio supuesto esférico. La palabra barn significa en inglés granero, y proviene de una expresión humorística para designar un blanco «grande como la puerta de un granero».

Barnett Samuël 1873

▶ *Efecto Barnett.*—V. EFECTOS GIROMAGNÉTICOS.

Barómetro

Instrumento que sirve para medir la presión atmosférica.
V. MANÓMETROS.

▶ *Barómetro aneroide* (sin líquido).—La presión atmosférica a medir produce en una membrana metálica elástica una deformación más o menos grande, que se amplifica por medio de un sistema de palancas actuando sobre una aguja indicadora o sobre un órgano que inscribe y registra. Es, por tanto, un aparato de lectura directa, graduado por comparación con un barómetro de mercurio. Es transportable, y puede medir alturas, sirviendo cómodamente de altímetro. Presenta el inconveniente de ser poco preciso y, sobre todo, poco fiel.

▶ *Barómetro de mercurio.*—La presión atmosférica que se va a medir se ejerce sobre la superficie libre de una cubeta de mercurio y equilibra la presión ejercida por una columna de mercurio que termina en la misma cubeta (V. EXPERIENCIA DE TORRICELLI).
Se demuestra que la presión p desconocida vale $p = h\rho g$.
h es la altura de la columna de mercurio, ρ la densidad del mercurio y g la intensidad del campo gravitatorio, en las condiciones de la experiencia (ρ depende de la temperatura, g de la altura y latitud del lugar).
Si h se mide en metros, ρ en kg/m^3 y h en m/s^2, la presión se mide en pascales (Pa). Una precisión que se puede alcanzar en la medida de p es $1/10^6$.
El resultado también puede darse en milímetros de *mercurio normal* (o *torr*), a condición de reemplazar la altura h por la altura h_0 de mercurio normal que equilibraría la misma presión p: $p = \rho \cdot g \cdot h / \rho_0 \cdot g_0$, siendo ρ_0 la densidad de mercurio a 0 °C y g_0 la aceleración de la gravedad en un lugar ideal (altitud 0, latitud 45°).
760 mm de mercurio normal = $1{,}01325 \cdot 10^5$ Pa = 1.013,25 mbar.

Barrido

En un osciloscopio el barrido consiste en la imposición que se hace sobre el spot o punto luminoso de que recorra la pantalla, a velocidad constante, en un tiempo conocido y regulable. Este efecto se consigue con el uso de una *base de tiempos* incorporada al aparato. Ésta produce sobre el haz electrónico una deflexión horizontal, función lineal del tiempo. Después de haber descrito el eje de tiempos, el haz vuelve a su posición de salida de manera casi instantánea y el barrido comienza de nuevo. El punto luminoso es «apagado» generalmente en la fase de retorno. El periodo de barrido, duración de un ir y volver del spot, puede ser ajustado a un valor arbitrario, desde algunos segundos a algunos nanosegundos.
Generalmente, la magnitud G de la que se desea estudiar las variaciones a lo largo del tiempo se utiliza para producir una deflexión vertical del haz. Se puede así obtener sobre la pantalla la gráfica $G = G(t)$. Tal es la finalidad del barrido. La técnica del barrido ha sido extendida a numerosas operaciones de análisis de imágenes.
V. NUMERACIÓN, SCANNER, TELEVISIÓN.

Barril

Antigua unidad de volumen francesa, de alrededor de 235 litros.
Usada hoy en la industria petrolífera, hija directa de la unidad que se usaba en los Estados Unidos de América. Su valor es, sensiblemente, 160 litros (158,987 litros).
La masa de un barril de petróleo, de densidad 0,85 g/l, está próxima a los 135 kg. La producción de un barril por día equivale a 50 tm por año. V. t.e.p.

Báscula

▶ *Báscula (o basculador) electrónico.*—Circuito constituido generalmente por la asociación de dos transistores junto con otros diversos componentes (diodos, condensadores, resistencias).
Recibe los nombres de *biestable*, *monoestable* o *estable*, según que tenga 2, 1 ó 0 configuraciones de equilibrio estable.
En el primer caso, uno de los transistores puede estar en corte mientras el otro está en saturación, o viceversa, el primero saturado y el segundo bloqueado. Un impulso puede hacer *bascular* el dispositivo de una a otra configuraciones de equilibrio. En el segundo caso, sólo una de las configuraciones precedentes es estable. El dispositivo evoluciona espontáneamente hacia esa configuración desde que cesa el impulso eventual que le ha separado de ella. Un bas-

culador estable, por fin, puede oscilar espontáneamente, con una frecuencia regulable, entre ambas configuraciones.
Los basculadores electrónicos entran en la composición de los dispositivos de conteo de impulsos, en algunas memorias de ordenadores...

▶ *Báscula mecánica.*–Instrumento que sirve para pesar objetos pesados o voluminosos. El objeto que se quiere pesar se coloca sobre la plataforma del aparato, y su peso P se equilibra con el peso *p* (mucho menor) de unas pesas graduadas que se colocan en un platillo.

Báscula de Quintenz (esquema de principio)

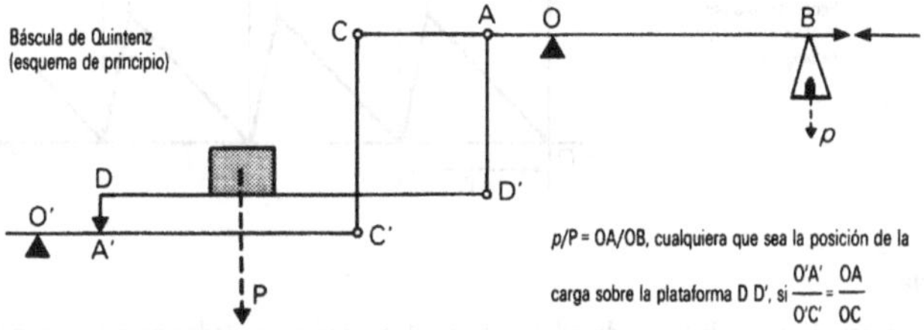

$p/P = OA/OB$, cualquiera que sea la posición de la carga sobre la plataforma D D', si $\frac{O'A'}{O'C'} = \frac{OA}{OC}$

Plataforma y platillo están unidos por un sistema de poleas calculado de manera que obtengamos: 1 / Que el equilibrio sea independiente de la posición sobre la plataforma del cuerpo que pesamos. 2 / Que exista una relación sencilla en el equilibrio entre *p* y P (por ejemplo: P = 100*p*).
Los puentes basculantes, basados en el mismo principio, pueden pesar objetos de varias toneladas, por ejemplo las cargas sucesivas de mineral y de carbón destinadas a un alto horno...

Base de tiempos

Montaje electrónico destinado a obtener una señal eléctrica de *diente de sierra*, es decir, constituida por una parte creciente, función lineal del tiempo, y de una parte decreciente tan brusca y breve como sea posible.
Se lleva a cabo aproximadamente una base de tiempo con un simple condensador al que se le imponen *oscilaciones de relajación*. Técnicas más elaboradas utilizan un circuito de dos regímenes estables (basculante), que libera una señal rectangular, seguida de un dispositivo integrador, el cual transforma la señal rectangular en una en diente de sierra.
Las bases de tiempo se utilizan para asegurar el *barrido* en osciloscopios, televisores, radares...

Señal en diente de sierra producida por una base de tiempos ideal

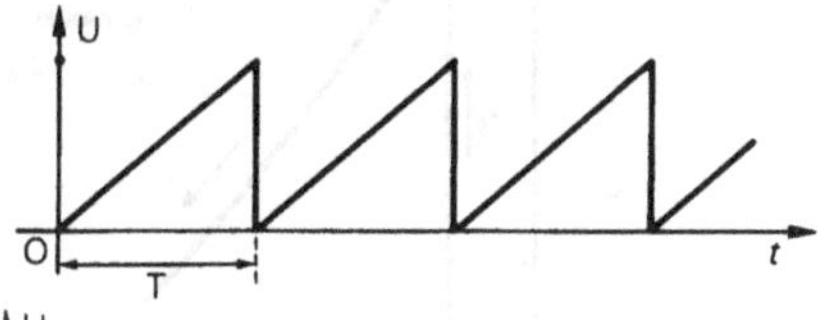

Señal producida por las oscilaciones de relajación de un condensador

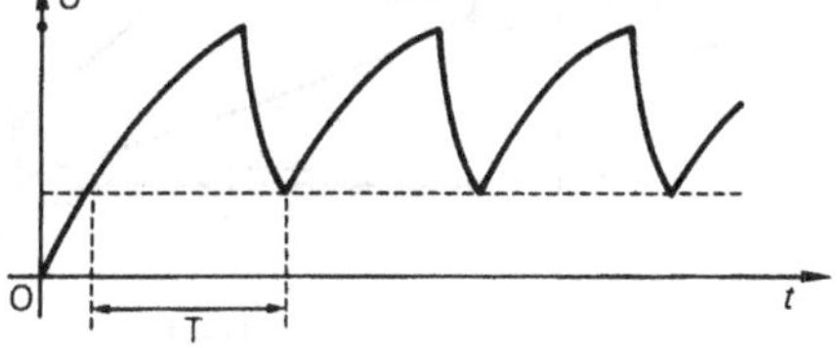

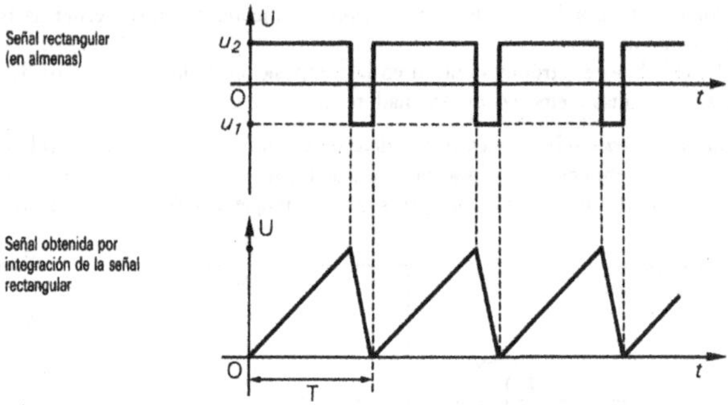

Batería

Conjunto de acumuladores, de pilas o de condensadores, asociados en serie, en paralelo o de modo mixto, con el fin de obtener características ajustadas al uso al que se le destina. *Ejemplo:* Una batería de 6 V para un vehículo automóvil se consigue asociando en serie tres elementos acumuladores de f.e.m. 2 V.

Beau de Rochas Alphonse (1815-1893)

▶ *Ciclo Beau de Rochas* (o de Otto): Ciclo teórico de los motores de explosión de cuatro tiempos, de encendido controlado (V. MOTORES TERMODINÁMICOS).
Primer tiempo: *admisión* (válvula de admisión abierta): la mezcla de aire y gasolina es aspirada dentro del cilindro por el pistón que desciende (AB, fig. 1).
Segundo tiempo: *compresión* (adiabático) de la mezcla por parte del pistón que vuelve a subir, con todas las válvulas cerradas (BC).

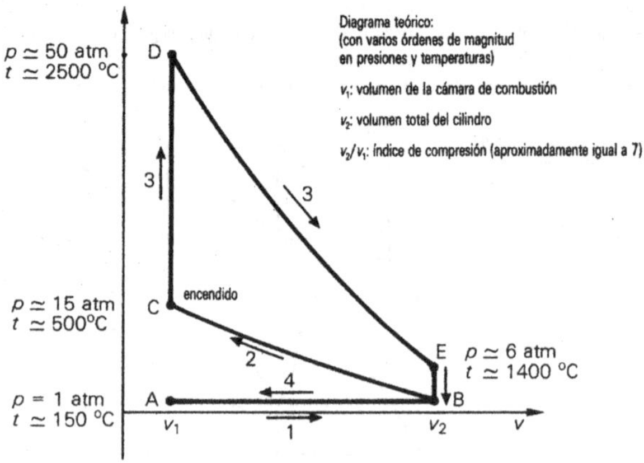

FIG. 1

Tercer tiempo: *explosión y expansión* (adiabática): el pistón es reenviado hacia abajo por los gases calientes provenientes de la combustión casi instantánea de la gasolina. ¡Es el único tiempo motor del ciclo (DE)!
Cuarto tiempo: *escape*. La válvula de escape se abre y el pistón, volviendo a subir, expulsa los gases hacia la atmósfera (EBA).
El ciclo real se obtiene, por ejemplo, por medio del indicador de Watt (fig. 2).
La superficie limitada por el diagrama que representa el ciclo en coordenadas de Clapeyron mide, con la salvedad de un coeficiente, el trabajo total obtenido en el curso de un ciclo.

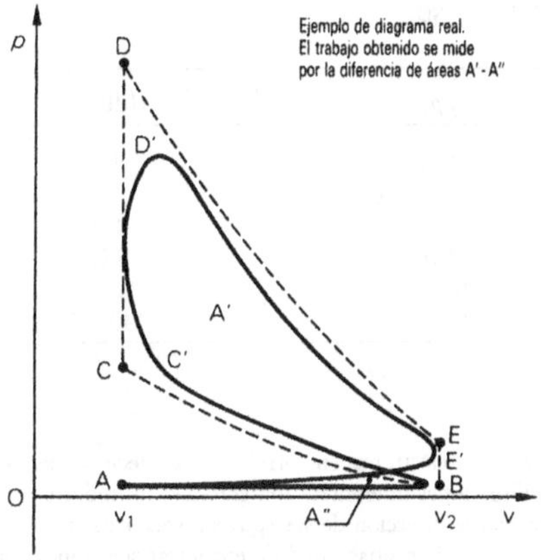

FIG. 2

Becquerel Henry (1852-1908)

Premio Nobel en 1903, junto a Marie y Pierre Curie.

▶ *Becquerel* (Bq).—Unidad del SI: «Actividad de una muestra radiactiva en la que el número de transiciones espontáneas nucleares por segundo es igual a 1.»
V. ACTIVIDAD.

Bell Alexander Graham (1847-1922)

▶ *Bel* (B) y *decibelio* (dB).—Unidad utilizada en acústica. (Su nombre es un homenaje a A. G. Bell, inventor del teléfono.) Las intensidades de los sonidos audibles se escalonan sobre un intervalo muy grande (V. AUDIOGRAMA); parece cómodo, para situar unos con relación a los otros, utilizar una escala logarítimica. Se sustituye, con este fin, la razón entre dos intensidades I_2/I_1 ($I_2 > I_1$) por la magnitud $r = \lg_{10}(I_2/I_1)$, que por convenio se mide en bels o, más frecuentemente, en decibelios, siendo $r^{dB} = [\lg_{10}(I_2/I_1)] \cdot 10$. Si se comparan, no las intensidades, sino las presiones acústicas, no hay que perder de vista que la razón de dos intensidades es el cuadrado de la razón entre dos presiones: $r^{dB} = 20 \lg_{10}(p_2/p_1)$.
El uso del decibelio se extendió enseguida a otros campos. Por ejemplo, en electrotécnica se utiliza en concurrencia con el *neper* (Np) para medir ganancias y constantes de amortiguación

(V. cuadro), o para evaluar la relación entre dos potencias disipadas en un dipolo, o entre las intensidades y tensiones correspondientes:

$$r^{dB} = 10 \lg(P_2/P_1)$$
$$[= 20 \lg(V_2/V_1) = 20 \lg(I_2/I_1) \text{ si el dipolo es óhmico}].$$

Cuando se mide una tensión, se encuentra a veces ventajoso tomar como tensión de referencia la tensión $V_0 = 0{,}775$ V, que corresponde a una potencia disipada de 1 mW en una resistencia de 600 Ω. El voltímetro se gradúa entonces directamente en decibelios: $V^{dB} = 20 \lg(V^{volts}/0{,}775)$.
V. LEY DE FECHNER, FONO.

I_2/I_1	p_2/p_1	r(dB)	r(Np)
1,26	1,12	1	0,115
2	$1{,}41 = \sqrt{2}$	3	0,35
7,4	2,72	8,7	1
10	$3{,}16 = \sqrt{10}$	10(1 B)	1,15
10^2	10	20	2,30
10^{14}	10^7	140	16,1

Bell John S.

▶ *Teorema de Bell.*—Dos electrones en correlación, es decir, teniendo la misma onda asociada, se envían en dos direcciones diferentes. Son entonces recibidos por dos aparatos independientes, capaces de señalar la dirección de sus spines respectivos (un aparato del tipo Stern y Gerlach). Es posible calcular la probabilidad de encontrar sus spines con el mismo sentido o con sentido opuesto. Los resultados de este cálculo no son los mismos si se utilizan las leyes de la mecánica cuántica en su versión «ortodoxa» actual (que supone a los electrones correlacionados incluso si se alejan considerablemente uno de otro) o si se utilizan las leyes que resultan de la hipótesis que entiende que los electrones, una vez separados, están cada uno de ellos localizados en una onda asociada distinta, sin correlación entre ellos. La incompatibilidad de los resultados que provienen de ambos cálculos queda establecida matemáticamente por el *teorema de Bell* (1964). Este teorema ha sido objetado por la escuela de De Broglie.
Hay tentativas de experiencias que zanjen la cuestión, aunque los resultados iniciales están aún en discusión.
V. E.P.R.

Bernoulli Daniel (1700-1782)

▶ *Teorema de Bernoulli.*—Expresa la conservación de la energía mecánica en todo elemento de volumen de un fluido *perfecto* (no viscoso), *incompresible* y en régimen *laminar* (no turbulento). Suponemos de otro lado que el movimiento del fluido es *estacionario* (se dice también en régimen permanente), lo que quiere decir que todas las características del movimiento en un punto (velocidad, presión...) son independientes del tiempo.
El teorema se formula en estas condiciones y tras simplificar:

$$\rho\frac{u^2}{2} + \rho g z + p = \text{Cte},$$

donde ρ es la densidad del fluido, g la aceleración de la gravedad, z la altura a la que está el elemento de volumen observado, **u** la velocidad a la que fluye, p la presión estática en la región, $\rho\, u^2/2$ la presión *dinámica* y $P = p + \rho\, u^2/2$ la presión total.

Si el flujo es laminar, pero no estacionario, la velocidad **u** deriva de un potencia escalar φ ($\mathbf{u}$ = grad φ), e interviene un término adicional en el primer miembro, que se anula en la primera hipótesis: $\frac{\partial\varphi}{\partial t} + \rho\frac{u^2}{2} + \rho g z + p = \text{Cte}.$

Este teorema, válido sólo en las condiciones ideales expuestas, no lo es cuando se trata de un fluido real, ya que la viscosidad implica una disipación de energía. Se utiliza, sin embargo, en diversas circunstancias, para obtener resultados válidos en primera aproximación.

V. TEOREMA DE TORRICELLI, TUBO DE VENTURI.

▶ *Variable de Bernoulli.*—Variable aleatoria X para la cual cada prueba sólo puede dar uno u otro de dos resultados, mutuamente incompatibles, que podemos simbolizar como 0 y 1. Se escribe generalmente:

$$\text{Prob}(X = 1) = p, \quad \text{Prob}(X = 0) = q \quad \text{con } p + q = 1.$$

Ejemplo: La desintegración en un lapso de tiempo dt de uno de los núcleos de una muestra radiactiva es una variable Bernoulli. Si el núcleo existe en el instante t, puede haber desaparecido en el instante posterior $t + dt$ (suceso señalado como 1) o existir todavía (suceso señalado como 0).

V. LEY DE DISTRIBUCIÓN BINOMIAL.

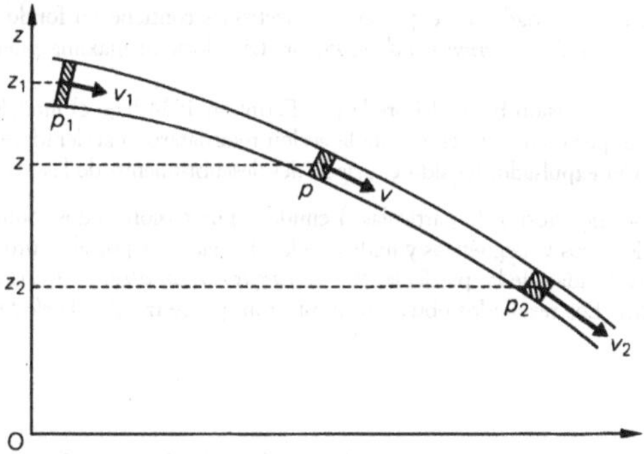

Berthelot Marcellin (1827-1907)

▶ *Calorímetro Berthelot.*—*Calorímetro adiabático* que permite medir una cantidad de calor por el calentamiento que produce cuando ha sido absorbida por una cantidad de agua conocida y encerrada en el calorímetro.

Berthollet Claude, conde (1748-1822)

▶ *Experiencia de Berthollet.*—Si se ponen en comunicación dos recipientes conteniendo dos gases diferentes, sin afinidad química uno por el otro, se comprueba que ambos gases se mezclan y dan, en el equilibrio, un medio *homogéneo*, cualesquiera que sean sus densidades y sus condiciones iniciales respectivas. Se dice que ambos gases se han *difundido* uno en el otro.

Si P_1, V_1, T_1 y P_2, V_2, T_2, son, respectivamente, las presiones, volúmenes y temperaturas absolutas iniciales de cada gas, la presión P, el volumen V y la temperatura T de la mezcla obtenida vienen dadas por la relación: $\frac{P \cdot V}{T} = \frac{P_1 \cdot V_1}{T_1} + \frac{P_2 \cdot V_2}{T_2}$, si cada gas se encuentra lo bastante próximo al estado de gas perfecto.
V. LEY DE DALTON, TEORÍA CINÉTICA DE LOS GASES.

Beta (β)

▶ *Coeficiente* β.—V. COEFICIENTES TERMOELÁSTICOS DE LOS GASES.

▶ *Partícula* β^-.—*Sinónimo:* Electrón (negativo) e^-.

▶ *Partícula* β^+.—*Sinónimo:* Antielectrón (positivo) o positrón e^+.

▶ *Radiactividad* β.—Transmutación espontánea de un núclido con emisión de un electrón negativo y de un antineutrino $\bar{\nu}$ (radiactividad β^-) o de un positrón y un neutrino ν (radiactividad β^+).
Este tipo de transmutación entraña, por tanto, la conservación del número másico del núcleo emisor (transmutación llamada *isobárica*) y una variación de una unidad en su número atómico, aumento en el primer caso y disminución en el segundo.
Ejemplos: ${}^{14}_{6}C \rightarrow {}^{14}_{7}N + e^- + \bar{\nu}$ (actividad β^-)
${}^{13}_{7}N \rightarrow {}^{13}_{6}C + e^+ + \nu$ (actividad β^+.)
El espectro de velocidades de expulsión de electrones contiene un fondo continuo cuya existencia ha llevado al *descubrimiento de neutrinos*. La velocidad máxima puede aproximarse a la de la luz.
La teoría de la emisión beta, elaborada por Fermi en 1934 bajo el modelo de radiación electromagnética, pero teniendo en cuenta la acción retardataria o aceleradora del núcleo final sobre el electrón expulsado, ha sido el origen del descubrimiento de las *interacciones débiles*.

▶ *Rayos* β.—Trayectorias de partículas β emitidas por radionúclidos. Sometiendo los rayos β a campos eléctricos y magnéticos y midiendo las desviaciones por ellos provocadas se pudo determinar la velocidad de las partículas β y sus *cargas másicas* q/m_0 (q = carga eléctrica, m_0 = masa en reposo). Los resultados obtenidos mostraron que se trataba de *electrones* (positivos o negativos).

Betatrón

Acelerador de electrones y, por tanto, de *rayos beta*: de ahí su nombre.
Los electrones son inyectados en el interior de un canal circular vacío, colocado en el entrehierro de un electroimán (V. figura). Éste crea un campo magnético periódico que cumple dos funciones:
1. Mantiene a los electrones en una trayectoria circular de radio conocido (algunos decímetros).
2. Crea, gracias al fenómeno de la *inducción electromagnética*, el campo eléctrico *acelerador*, tangente a la trayectoria.
Para obtener este doble resultado, el electroimán es excitado simultáneamente por una corriente continua y por una corriente alterna, convenientemente elegidas. El campo magnético resultante no se invierte nunca, lo que resulta necesario para que sirva de guía a los electrones; pero el campo eléctrico inducido es de sentido acelerador solamente en el semiperíodo de ascenso del campo magnético. Durante ese corto lapso de tiempo (0,01 s si la corriente alterna excitatriz es la del sector), los electrones son sucesivamente inyectados, acelerados y expulsados. Tienen, sin embargo, tiempo de recorrer varios millares de veces la trayectoria circular, y

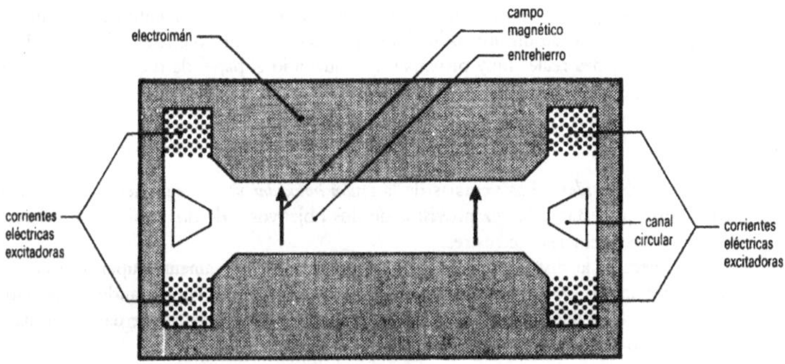

su velocidad final se acerca a la de la luz, lo que les confiere una energía cinética de varias decenas de megaelectrovoltios.

El primer betatrón data de 1940. Estos aparatos se utilizan hoy para obtener, por bombardeo de blancos adecuados y por medio de los electrones que inyectan, rayos X de gran penetración para la industria metalúrgica (radiografía de piezas metálicas) o para usos médicos.

V. RADIACIÓN CICLOTRÓN, SINCROTRÓN.

Bethe Hans Albrecht (1906)

Premio Nobel 1967

▶ *Ciclo de Bethe.*—V. CICLOS TERMONUCLEARES.

BeV

Símbolo para *billón de electrón-voltios*, nombre dado en la literatura americana al múltiplo del electrón-voltio que en Europa llamamos GeV, (giga electrón voltio). En efecto, billón significa en EE.UU. «millón de millares». 1 BeV = 1 GeV = 10^9 eV.

V. CUADRO DE PREFIJOS DEL SI.

Bevatrón

Nombre dado al sincrotrón de protones instalado en Berkeley en 1954. La energía cinética que este acelerador de partículas puede comunicar a cada protón se aproxima a los 4 GeV (4 BeV en la terminología americana, de donde proviene su nombre).

Biáxico

Medio *birrefringente* en el que existen, en cualquier punto, dos direcciones privilegiadas, denominadas *ejes ópticos*. La mica es un ejemplo de medio biáxico. Estos medios son relativamente poco utilizados en óptica.

Billet Félix (1808-1882)

▶ *Bilente de Billet.*—Dispositivo formado por las dos mitades de una lente de vidrio que ha sido serrada según un plano que pasa por su eje. Las dos semilentes así obtenidas se aproximan, como si se quisiera reconstruir la lente original, pero no totalmente pegadas una a otra. Un dispositivo tal da, de un objeto luminoso puntual convenientemente colocado sobre el eje común dos imágenes reales muy próximas que, jugando el papel de fuentes secundarias *coherentes*, sirven para obtener *figuras de interferencia*.

Binocular

▶ *Instrumento binocular.*—Las ventajas de la *visión binocular* son íntegramente utilizadas en los instrumentos que están a la vez provistos de dos objetivos y de dos oculares. Es el caso, por ejemplo, de los «gemelos» terrestres.
Se le da a veces a la distancia entre los objetivos un valor netamente superior a la distancia normal entre ambos ojos (40 cm, por ejemplo, en vez de 6 cm), conservando los oculares, naturalmente, la separación normal. Este procedimiento resulta interesante para acentuar el relieve. Es usado en algunos *anteojos binoculares* y en ciertos telémetros.

▶ *Visión binocular.*—La visión *binocular* presenta sobre la visión *monocular* la ventaja de hacer más sensible el relieve, por una serie de ligeras diferencias de perspectiva en la visión del mismo objeto por parte de cada ojo.
La visión binocular resulta posible por nuestra capacidad de *fusión*: las dos imágenes retinianas de un mismo objeto dan lugar a una percepción única de ese objeto. El mecanismo cerebral de está facultad no parece completamente elucidado.

Bioluminescencia

Luminescencia espontánea observada en ciertos seres vivos, plantas, animales o microorganismos. Se puede citar la luminescencia verde, tan conocida, de las luciérnagas, o la «fosforescencia del mar», de la que hablan los poetas, y que se atribuye a la presencia de bacterias en la superficie marina.
Este fenómeno, cuyas leyes no son aún bien conocidas, resulta quizá de una transformación química que se produce *in vivo,* y sería asociable a una quimioluminescencia.

Biot Jean Baptiste (1774-1862)

▶ *biot.*—Unidad de intensidad eléctrica del sistema cegesimal. 1 biot = 10 A. La unidad CGS de carga eléctrica, el biot-segundo, vale, por tanto, 10 culombios.

▶ *Ley de Biot.*—Ley relativa al fenómeno de *polarización rotatoria* producido por una sustancia ópticamente activa disuelta en un disolvente inactivo. «El poder rotatorio α de la solución es proporcional a la concentración c de la disolución de sustancia activa: $\alpha/c = [\alpha]$. La constante $[\alpha]$, llamada *poder rotatorio específico* de la solución, es independiente de c (relación entre la masa de soluto y el volumen de la disolución).
Si se tienen varias sustancias activas disueltas en un mismo disolvente inactivo se adicionan sus efectos. Por el contrario, la ley de Biot no se verifica cuando las moléculas disueltas sufren en disolución una transformación cualquiera (deformación asociación, etc.).
Ejemplo numérico: Las disoluciones de azúcar en agua obedecen a la ley de Biot. Su poder rotatorio específico vale $[\alpha] = 66{,}6°$ cuando, como es corriente en polarimetría, se mide c en g/cc y α en °/dm. En unidades del SI coherentes $[\alpha] = 0{,}666\ ° \cdot m^2 \cdot Kg^-$. La ley de Biot es utilizada corrientemente por la industria azucarera para determinar las concentraciones de los jugos azucarados.

▶ *Ley de Biot y Savart.*—Ley establecida experimentalmente, poco después del descubrimiento de Oersted, que da la intensidad del campo magnético creado en las proximidades de un hilo conductor indefinido recorrido por una corriente continua (V. figura).

En un punto M situado a una distancia *a* del conductor el campo **B** está en un plano perpendicular al conductor, en el sentido previsto por la regla del observador de Ampère, y su intensidad vale $B = (\mu_o/4\pi)\ 2i/a$; μ_o es la permeabilidad del vacío, *i* la corriente medida en amperios, *a* la distancia entre M y el conductor, medida en metros; es evidente que B viene dado en unidades SI, es decir, en teslas.
Para volver a encontrar este resultado por vía deductiva, Laplace imaginó la existencia de una ley elemental, llamada hoy «ley elemental de Biot y Savart» y, más a menudo, 2.ª ley de Laplace.

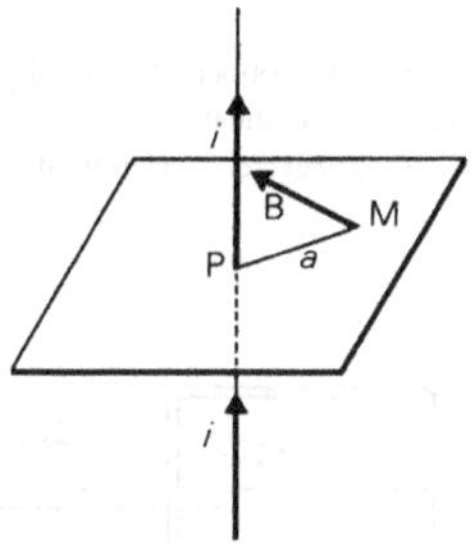

▶ *Ley elemental de Biot y Savart.*—Postula la existencia de un campo magnético elemental $d\mathbf{B}$ creado en cada punto del espacio por cada uno de los *elementos de un circuito* recorrido por una corriente eléctrica, y da su expresión matemática. En un punto M situado a una distancia *a* del elemento de circuito $\mathbf{OO'} = \mathbf{dl}$, $d\mathbf{B} = \frac{\mu_o}{4\pi} \cdot \frac{i \cdot \mathbf{dl} \wedge \mathbf{u}}{a^2}$; μ_o es la permeabilidad del vacío, $\mathbf{u}$ el vector unitario de la recta orientada OM e *i* la intensidad de corriente.
Esto quiere decir que la dirección y el sentido del campo $d\mathbf{B}$ vienen dados por la regla del observador de Ampère, y que su intensidad vale:

$$dB = \frac{\mu_0}{4\pi} \cdot i \cdot \frac{dl \cdot \text{sen}\ \alpha}{a^2} \text{(V. figura)}$$

El campo **B**, creado en M por todo el circuito, es la suma vectorial de todos los campos elementales: $d\mathbf{B}$: $\mathbf{B} = \oint_c d\mathbf{B}$.
Si la corriente es debida al desplazamiento de un corpúsculo portador de una carga eléctrica *q*, que en el sistema de laboratorio se encuentra, en el momento de la experiencia, en el punto 0 animado de una velocidad $\mathbf{v}$, el campo elemental en M viene dado por la expresión (en condiciones no relativistas: $v \ll c$): $\mathbf{b} = \frac{\mu_0}{4\pi} \cdot q \cdot \frac{\mathbf{v} \wedge \mathbf{u}}{a^2}$. Se puede demostrar que este enuncia-

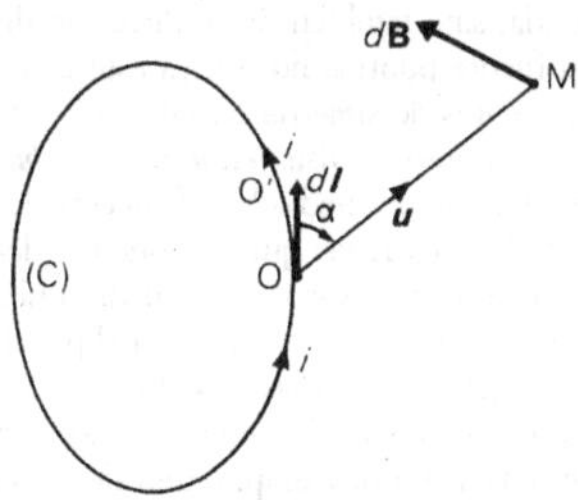

do es idéntico al precedente. Éste, aún hoy, es a menudo presentado como uno de los axiomas en que se funda el electromagnetismo. Se demuestra, sin embargo, en el marco de la mecánica relativista, que no es en absoluto necesario postular ni la existencia ni la expresión del campo magnético $d\mathbf{B}$. Una y otra son simples consecuencias matemáticas del postulado de Coulomb en Electrostática.
V. CAMPO ELECTROMAGNÉTICO, LEY DE BIOT Y SAVART.

Birrefringencia

Un haz luminoso cilíndrico, estrecho, monocromático, al penetrar en ciertos medios da origen a dos haces refractados distintos simultáneamente (fig. 1). Los medios que poseen esta propiedad reciben el nombre de *birrefringentes,* y el fenómeno se llama *birrefringencia* o *doble refracción.*

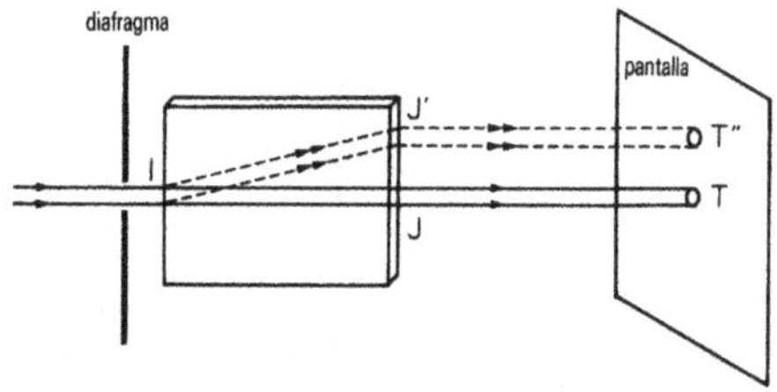

FIG. 1

El desdoblamiento de los rayos tiene lugar desde la entrada de la luz en el medio.
El haz de rayos IJT sigue las leyes de Descartes. Es un haz *ordinario.*
El haz IJ'T' posee un comportamiento diferente. Es un haz *extraordinario.*
Si se hace girar la lámina birrefringente en torno al haz incidente, la mancha T' gira alrededor del punto T, que permanece inmóvil.

Los sólidos cristalinos son birrefringentes (salvo los del sistema cúbico o regular). Sucede lo mismo con los cristales líquidos. Otros cuerpos pueden transformarse en birrefringentes bajo la acción de coerción externa. Estas son las *birrefringencias artificiales,* o accidentales, por oposición a la *birrefringencia natural* de los cristales.
La doble refracción, descubierta por Bartholin (1669) en el espato de Islandia, es atribuida, según una teoría propuesta ya por Huygens (1690) y completada más tarde por aportaciones contemporáneas de la óptica electromagnética, al hecho de que los medios birrefringentes son *ópticamente anisótropos:* en estos medios la luz se propaga con una velocidad que depende no sólo de su longitud de onda, sino también de su dirección de propagación. Las superficies de onda que parten de una fuente puntual no son ya esféricas, como en un medio isótropo. Su forma depende de los elementos de simetría cristalográfica del medio atravesado, lo que clasifica a los medios, desde este punto de vista, en *uniáxicos* y *biáxicos* (fig. 2). Conociendo la forma de las superficies de onda, de un medio birrefringente, la construcción clásica de Huygens permite la construcción de los dos rayos que se obtienen del mismo rayo incidente. La figura 3 muestra esta construcción para el caso de un medio uniáxico, y en ella cada superficie de onda está formada por dos capas, una esférica y otra elipsoidal, tangentes. A veces es más cómodo usar, con el mismo objetivo, no ya las superficies de onda, sino las *superficies de índices.* Hay que señalar además que los rayos obtenidos por doble refracción transportan ambos luz polarizada. En un cristal uniáxico, por ejemplo, uno de los rayos, aquel que obedece aparen-

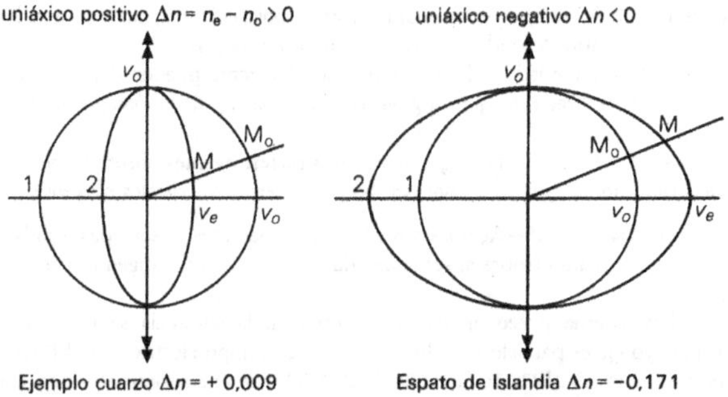

FIG. 2

Formas de *superficies de onda* en un medio uniáxico.
1. Superficies esféricas $OM_0 = v_0$ (velocidad radial ordinaria = c/n_0).
2. Superficies elipsoidales $OM = v$ (velocidad radial extraordinaria, que depende de la dirección de propagación y está comprendida entre $v_0 = c/n_0$ y $v_e = c/n_e$).

La diferencia entre los *«índices principales»* $\Delta n = n_e - n_0$ puede servir para caracterizar cuantitativamente la birrefringencia del medio.

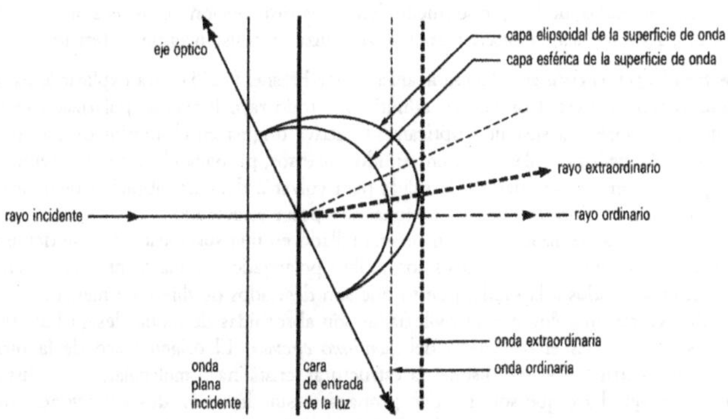

FIG. 3

Construcción de los rayos extraordinario y ordinario, a la entrada de un medio birrefringente uniáxico (Construcción «de Huygens»).
Se supone un rayo incidente perpendicular a la cara de entrada.

temente a las leyes de Descartes, y que recibe por ello el nombre de *rayo ordinario,* lleva luz rectilínea que vibra perpendicularmente al plano de sección principal del cristal, mientras que el otro rayo, llamado *rayo extraordinario,* transporta una vibración situada en el plano de sección principal.

Estas circunstancias se aprovechan para construir polarizadores, analizadores, láminas de onda, media onda y cuarto de onda, que se utilizan en *polarimetría.*
Los elementos característicos de un cuerpo birrefringente pueden depender de la longitud de onda de la luz utilizada, lo que origina, con luz blanca, un fenómeno de *dispersión por birrefringencia.*
Señalemos, para finalizar, que algunos cuerpos birrefringentes absorben de modo desigual las distintas radiaciones que los atraviesan. Son los cuerpos o cristales *pleocroicos.*

▶ *Birrefringencia artificial.*—Algunas sustancias transparentes e isótropas, sólidas, líquidas o gaseosas, se vuelven anisótropas al ser sometidas a coerciones de origen mecánico, eléctrico, magnético...
Si la acción externa posee un eje de simetría A, la sustancia se transforma en un *cristal uniáxico,* cuyo eje es paralelo a A. Es el caso de un campo eléctrico (V. EFECTO KERR), de un campo magnético (V. EFECTO COTTON-MOUTON) o de una acción mecánica: compresión, tracción, estiramiento, laminado...
Ejemplo: En el caso de una compresión uniforme producida por fuerza F aplicada sobre una superficie S, la intensidad del efecto producido se puede caracterizar por la diferencia entre los índices extraordinario y ordinario del cristal uniáxico equivalente. Se demuestra que, si λ es la longitud de la onda usada, $n_e - n_0 = k \cdot \lambda \cdot F/S$. Para un cierto vidrio y luz amarilla se encuentra, por ejemplo, un valor para k de $5 \cdot 10^{-7}$ m/N.
En un material sometido a coerciones mecánicas no uniformes, se produce una distribución de tensiones internas que se puede estudiar experimentalmente. El material convertido en ópticamente anisótropo es iluminado con luz blanca y colocado entre dos prismas de Nicol cruzados. Se observa entonces sobre una pantalla una serie de líneas oscuras y de líneas diversamente coloreadas, de las que se puede deducir la distribución de las tensiones y deformaciones locales. Esta técnica, la *fotoelasticimetría,* se utiliza en resistencia de materiales.

▶ *Birrefringencia circular.*—Teoría avanzada por Fresnel (1815) para explicar la existencia de la *polarización rotatoria.* Consiste en admitir que todo rayo luminoso polarizado rectilíneamente que llega sobre una sustancia ópticamente activa origina en el interior de ésta dos rayos distintos polarizados circularmente en sentidos inversos, propagándose con diferentes velocidades y que pueden recomponerse a la salida para volver a dar una vibración rectilínea. El giro de la dirección de vibración es proporcional al espesor atravesado.
En experiencias realizadas con un prisma tallado en una sustancia activa se demuestra la *existencia física* de esos dos rayos distintos, ambos polarizados circularmente, que se encuentran en ese caso separados a la salida, puesto que son desviados de diferente manera.
Ambas vibraciones circulares privilegiadas son absorbidas de modo desigual al atravesar algunas sustancias. Es el fenómeno del *dicroísmo circular.* El origen físico de la birrefringencia circular se atribuye a una disimetría estructural, cristalina o molecular, de la sustancia activa, asimetría que hace que sólo puedan propagarse sin alteración dos vibraciones circulares. Tal asimetría proviene, en las moléculas orgánicas, de la existencia de un carbono asimétrico (Pasteur, 1846). Esta idea ha contribuido históricamente a la edificación de la estereoquímica (estudio del reparto espacial de los diferentes átomos de una molécula).

▶ *Birrefringencia eléctrica.*—V. EFECTO KERR.

▶ *Birrefringencia magnética.*—V. EFECTO COTTON-MOUTON.

Bit

Contracción del inglés *binary digit* = dígito o cifra binaria.
1. Designa cada una de las cifras 0 y 1 de la numeración binaria, usada hoy en todas las máquinas de tratamiento de la información y en todos los procesos de numerización.

Ejemplo: El número decimal 10 es representado en numeración binaria por 1010: $(1 \cdot 2^3 + 0 \cdot 2^2 + 1 \cdot 2^1 + 0)$.
La capacidad de memoria de un ordenador se mide por el número de bits, o kilobits, que puede almacenar (1 Kbit = $2^{10} \simeq 1.000$ bits).
2. En cibernética, bit designa la *unidad de información.* Es la cantidad de información que puede vehicular una «palabra» de 1 bit. Cuando un problema o pregunta comporta dos respuestas tan sólo (verdadero o falso, por ejemplo), un bit es suficiente para memorizar o transmitir la respuesta (0 para falso, 1 para cierto). Cuando una pregunta efectiva aporta una cantidad de información I que admite el valor:

$$I = \lg_2 N \; (= \lg_{10} N / \lg_{10} 2) \quad (\text{Si } N = 2, I = 1)$$

Ejemplo: Una pregunta de un sondeo de opinión admite tres respuestas (sí, no, sin opinión). La cantidad de información correspondiente a cada respuesta vale $\lg_2 3 = 1{,}6$ bit. Una palabra de 1 bit no es suficiente para registrarla. Una palabra de 2 bits es más que suficiente.

Bitter Francis (1902)

▶ *Figuras de Bitter.*—V. PAREDES DE BLOCH.

Blagden Sir Charles (1748-1820)

▶ *Ley de Blagden.*—La temperatura de solidificación de una disolución acuosa diluida de una sustancia pura es menor que la del agua pura. El descenso crioscópico observado, Δt, es proporcional a la concentración (molalidad):

$$\Delta = k \cdot (\text{masa de soluto})/(\text{masa de disolución})$$

V. LEYES DE RAOULT.

Blanco

Desde el punto de vista de la física, el *blanco* no es un color, sino la superposición de todos los colores visibles. Un material difusor, una pared, un papel, etc., iluminado con luz blanca, parece blanco a su vez si, a causa de su estructura físico-química superficial, puede dispersar todas las radiaciones que recibe.

Bloch Félix (1905-1983)

Premio Nobel en 1952, junto a E. Purcell (V. RMN).

▶ *Paredes de Bloch.*—La actual teoría del magnetismo supone la existencia en los medios ferromagnéticos de minúsculos dominios llamados «dominios de Weiss», en cuyo interior los momentos magnéticos elementales tienen la misma orientación, siendo ésta diferente para cada dominio. Las *paredes de Bloch* son las zonas que separan dos dominios contiguos.
El espesor de una pared es del orden de un centenar de intervalos interatómicos, y en ese pequeño intervalo la dirección de los momentos elementales se modifica poco a poco, de manera que coinciden las orientaciones de los extremos con las de los dominios correspondientes.
La forma de estas paredes puede, en cierta forma, determinarse experimentalmente. Espolvoreando la superficie, muy pulida, de un cuerpo ferromagnético con un óxido de hierro finamente dividido, se puede observar a este último acumularse a lo largo de ciertas líneas, formando las llamadas *figuras de Bitter.* Estas líneas son secciones de las paredes de Bloch sobre

la superficie ferromagnética. Este tipo de experiencias aporta conocimientos de gran utilidad sobre la configuración de los dominios de Weiss del material estudiado y, eventualmente, acerca de la variación de estas configuraciones provocadas por campos magnéticos externos.

Blondel André (1863-1938)

▶ *Osciloscopio de Blondel.*—Osciloscopio que utiliza la acción del par *mecánico* que un campo magnético constante ejerce sobre una espira recorrida por la corriente eléctrica variable que queremos estudiar. La rotación de la espira es seguida en general por un procedimiento óptico. Este tipo de aparato, cuya inercia mecánica le hace inadecuado en el estudio de corrientes rápidamente variables, es sustituido hoy por el osciloscopio *electrónico;* la inercia de los haces de electrones es prácticamente inexistente.

Bobina

Conductor (eléctrico) filiforme (de cobre en general) arrollado helicoidalmente en torno de una carcasa cilíndrica, no magnética casi siempre. Una bobina puede llevar varias capas superpuestas de espiras unidas. En ese caso el conductor está revestido de una funda aislante. El número total de espiras varía entre una decena y algunos centenares de millar.
Las características principales de una bobina eléctrica son su resistencia y su autoinducción (o coeficiente de autoinducción). Sus otros parámetros (constante de tiempo, coeficiente de calidad) dependen de los anteriores.
Cuando la carcasa de una bobina es ferromagnética su autoinducción aumenta, pero varía con la imanación del soporte.
V. Bobina de inducción, Solenoide, Transformador.

▶ *Bobina de inducción.*—Especie de transformador de alta cuyo arrollamiento primario es alimentado por una *corriente continua* interrumpida y restablecida periódicamente por medio de un interruptor.
Aparece, por inducción, una tensión eléctrica entre los bornes del secundario que es alterna (ley de Lenz). Colocando un condensador en paralelo con el interruptor se consigue que la constante de tiempo del primario sea mucho más breve. Se consigue así en el secundario una tensión cortada, siempre del mismo sentido y que puede alcanzar valores elevadísimos, del orden de las decenas de kilovoltios, partiendo de algunos voltios en el primario.
Este dispositivo, diseñado por Rhumkorff (en 1851), ha sido extraordinariamente útil en el estudio de las descargas en gases rarificados y en sus distintas aplicaciones (producción de rayos catódicos, de rayos X, etc.), así como en las primeras experiencias de producción de ondas electromagnéticas. Hoy se reemplaza este dispositivo por la asociación de un transformador, alimentado por la red, y un rectificador.
La «delco» de nuestros motores de explosión está basado en el principio de la bobina.

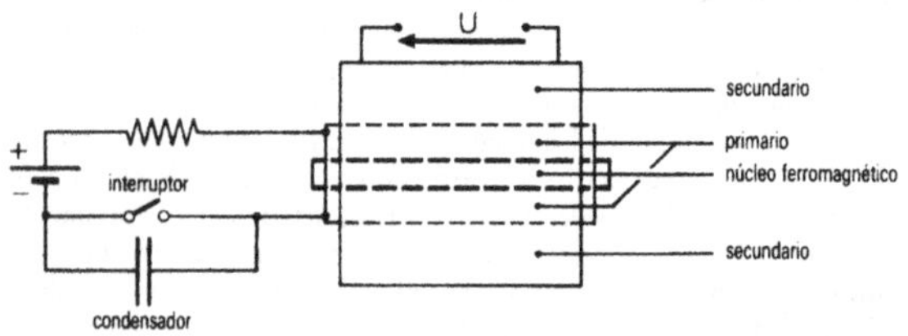

Bohr Aage (1922)

Premio Nobel en 1975 (con Mottelson y Rainwatter).
V. MODELOS NUCLEARES.

Bohr Niels (1885-1960)

Premio Nobel en 1922.

▶ *Átomo de Bohr.*—Modelo de átomo planetario propuesto por Bohr en 1913. Rutherford y Perrin habían ya imaginado un modelo de átomo en el cual los electrones, cargados negativamente, giran en torno a un núcleo positivo bajo la acción de fuerzas electrostáticas atractivas. Desgraciadamente, las leyes de Maxwell predicen que, en esas condiciones, cada electrón debe emitir radiación electromagnética de frecuencia progresivamente decreciente, perdiendo así de modo progresivo su energía hasta caer finalmente en el núcleo; la experiencia muestra, de otro lado, que los átomos son estables, que sólo radian energía cuando están excitados y que dicha radiación está formada por un conjunto discreto de frecuencias (espectro de rayas).
Para resolver estas dificultades, Bohr propuso conservar el modelo planetario, pero admitiendo tres nuevos postulados, inspirados en parte en la hipótesis utilizada con éxito por Planck. (V. LEY DE PLANCK.)
1. Sólo son estables las trayectorias electrónicas que responden a ciertas condiciones de *cuantificación.*
2. Cuando un electrón se encuentra en una de esas «órbitas accesibles o permitidas» mantiene una *energía constante.* Tan sólo emite radiación cuando pasa de una a otra de esas órbitas.
3. La energía perdida en el transcurso de una de esas «transiciones», $\Delta E = E_m - E_n$, $(E_m > E_n)$, es emitida bajo el aspecto de radiación electromagnética de frecuencia $\nu = (E_m - E_n)/h$, donde h es la constante de Planck.

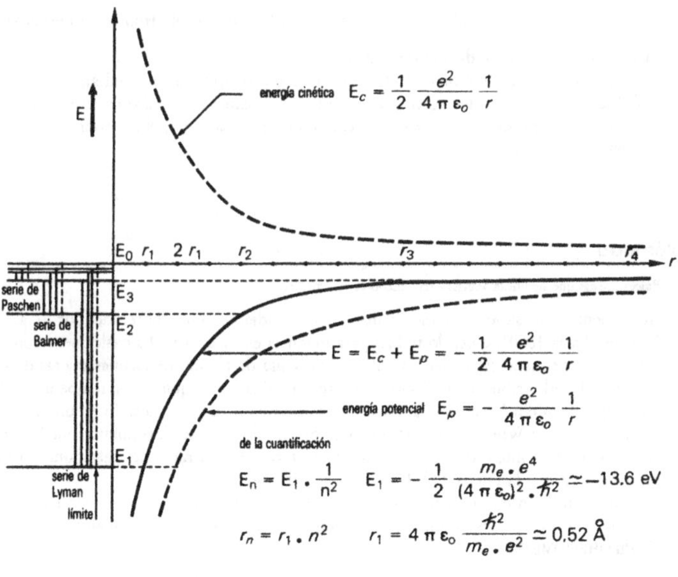

Estos postulados fueron aplicados por Bohr al caso sencillo del átomo de hidrógeno (un único electrón), para el que se suponen todas las órbitas circulares (más tarde estudiará Sommerfeld las órbitas elípticas). Aquí es necesaria una única condición cuántica: el momento cinético orbital M del electrón debe ser *múltiplo entero* de un valor constante universal $h/2\pi$ ($\hbar$) o, lo que resulta matemáticamente idéntico, la integral de acción (maupertuisiana), calculada a lo largo de un período, debe ser múltiplo entero de $\hbar$; en cualquier caso resulta $m_e vr = n\hbar$, siendo m_e la masa del electrón, v su velocidad y r el radio de la órbita. El *número entero* positivo n es el *número cuántico* que caracteriza cada una de las órbitas permitidas.
Teniendo en cuenta esta condición, las leyes de la mecánica nos dan los valores de todas las energías posibles: $E_n = E_1/n^2$ (V. figura: e es la carga eléctrica del electrón y ε_0 la permisividad del vacío).
En cuanto a las radiaciones emitidas en las diferentes transiciones, sus frecuencias son $\nu = (E_1/h) \cdot (1/m^2 - 1/n^2)$ $(n < m)$. La emisión de un espectro de rayas queda así justificada, y el acuerdo numérico con los resultados experimentales es notable. (V. CONSTANTE DE RYDBERG, ENERGÍA DE IONIZACIÓN, FÓRMULA DE BALMER.)
Esta teoría, incoherente porque hace uso simultáneamente de leyes clásicas y de postulados que las contradicen, constituyó, sin embargo, un paso decisivo para la comprensión de la estructura atómica. Hoy ha sido sustituida por una teoría más coherente, basada en los postulados de la mecánica cuántica, según la cual la noción misma de trayectoria carece de sentido. Se vuelven a encontrar, sin embargo, varios resultados de la teoría de Bohr (la ley, por ejemplo, de la variación con $1/n^2$ de los niveles energéticos del hidrógeno). El lenguaje de Bohr se utiliza aún, por su relativa simplicidad, sobre todo en obras de vulgarización.

▶ *Magnetón de Bohr.*—V. MAGNETÓN.

▶ *Radio de Bohr.*—En la *teoría de Bohr,* el único electrón del átomo de hidrógeno en su estado fundamental recorre una órbita circular cuyo radio viene dado por la expresión $a = \frac{4\pi\varepsilon_0}{e^2} \frac{\hbar^2}{m_e} \simeq 0{,}52$ Å, donde e y m_e son la carga y la masa del electrón, ε_0 la permitividad del vacío y $\hbar$ la constante reducida de Planck.
En la *teoría cuántica* del átomo el electrón no posee trayectoria. Sin embargo, la *densidad de probabilidad de presencia* del electrón en su estado fundamental es máxima en todos los puntos de una esfera centrada en el núcleo, cuyo radio es, precisamente, el de Bohr.
V. ORBITAL ATÓMICO.

Bolómetro

Raíces griegas que significan «lanzar» (cf. discóbolo) y «medir».

Instrumento que sirve para medir una energía radiante. Fue concebido por el astrónomo Langley (hacia 1880), quien lo utilizó para medir la energía solar. Es básicamente un conductor de muy pequeña capacidad calorífica, una hojita de platino de algunas micras de espesor, por ejemplo. Al recibir una radiación el cuerpo se calienta y adquiere una temperatura de equilibrio ligeramente más alta que la temperatura ambiente. Si está colocado en una de las ramas de un puente de Wheatstone previamente equilibrado, éste se desequilibra por la llegada de la radiación, y la intensidad de corriente resultante sobre la rama del galvanómetro tiene directa relación con la intensidad de la radiación incidente.
Todavía se utilizan en nuestros días los bolómetros, junto a las pilas termoeléctricas y las termistancias. En estos dos últimos casos se trata de *«receptores térmicos»* altamente sensibles.
V. PIROHELIÓMETRO.

Boltzmann Ludwig (1844-1906)

▶ *Constante de Boltzmann.*—Constante *k* de la *relación de Boltzmann* S = *k* ln W, donde S es la entropía de un sistema en un estado macroscópico determinado y W la probabilidad termodinámica de ese estado.
Aplicando esta fórmula a un gas perfecto se establece la fórmula *k* = R/N, donde R es la constante de los gases perfectos y N el número de Avogadro; R y N son medibles por vía experimental. De ahí se deduce su valor numérico: $k \simeq 1{,}38 \cdot 10^{-23}$ julio por kelvin ($J \cdot K^{-1}$).
V. TABLA DE CONSTANTES (Anexo 6).

▶ *Estadística de Boltzmann.*—V TERMODINÁMICA ESTADÍSTICA.

▶ *Ley de distribución de Boltzmann.*—Ley de reparto de los corpúsculos que constituyen un sistema, en equilibrio termodinámico, entre sus diferentes niveles de energía accesibles. Es una de las consecuencias de las hipótesis fundamentales de la mecánica estadística de Boltzmann. Siendo u_i la energía de uno de esos niveles, el número de corpúsculos que poseen esa energía (su *población*) permanece estadísticamente constante a lo largo del tiempo, y vale $N_i = N \cdot (exp\ -u_i/k\,T)/Z$, donde N es el número de partículas total del sistema, T su temperatura absoluta, *k* la constante de Boltzmann y Z la *función de partición* del sistema. $Z = \sum_i (\exp -u_i/kT)$.

De ahí se deduce la relación entre las poblaciones de dos niveles energéticos cualesquiera

$$N_2/N_1 = \exp\,[(-u_2 - u_1)/kT].$$

Esa es la fórmula que expresa la ley de distribución de Boltzmann. Se notará que la población de un nivel energético es tanto más débil cuanto más elevado es ese nivel: $u_2 > u_1 \Leftrightarrow N_2 < N_1$.
Ejemplos de aplicación: En un gas perfecto monoatómico, *u* es una energía cinética de traslación. La ley de Boltzmann permite entonces volver a encontrar la ley de distribución de velocidades de Maxwell, demostrar el principio de equipartición de la energía, etc.
En un sistema formado por granos microscópicos en suspensión en un líquido, *u* es la *energía potencial gravitatoria.* El estudio experimental del reparto de granos con la altura permite, por la ley de Boltzmann, calcular la constante *k* y a partir de ella deducir el número de Avogadro (Perrin, 1910). En un conjunto de corpúsculos provisto de un momento magnético y sometidos a la acción de un campo magnético uniforme, *u* es una *energía potencial magnética.* La utilización de la ley de Boltzmann permitió encontrar, en este caso, las leyes experimentales del paramagnetismo por vía teórica (Langevin, 1905)...
V. INVERSIÓN DE POBLACIÓN, PROBABILIDAD TERMODINÁMICA.

▶ *Relación de Boltzmann.*—Relación matemática propuesta por Boltzmann (1877) entre la *entropía* de un sistema S en un estado macroscópico determinado y la *probabilidad termodinámica* W de ese estado. Siendo *k* una constante universal llamada constante de Boltzmann, la relación se escribe: S = *k* ln W.
Esta relación admite, por tanto, que las propiedades termodinámicas macroscópicas de un sistema, que se desprenden del valor de su entropía, dependen en definitiva del movimiento de sus corpúsculos constituyentes, ya que la probabilidad depende de él. La relación fue intuida por Boltzmann a partir de distintos datos:
1. El grado de «desorden» de un sistema es tanto mayor cuanto mayor es su probabilidad termodinámica (de donde S y W son simultáneamente crecientes.
2. S y W son ambas máximas simultáneamente cuando un sistema aislado alcanza su *equilibrio termodinámico.*
3. Mientras que la entropía es una magnitud aditiva, la probabilidad es una magnitud multiplicativa: $S = S_1 + S_2 \Leftrightarrow W = W_1 \cdot W_2$.
La relación S = *k* ln W responde a todas estas condiciones.

Conviene notar que, contrariamente a la definición de Clausius, la relación de Boltzmann permite definir la entropía de un sistema *incluso cuando está fuera del equilibrio.*
Tras haber sido vivamente criticada, la relación de Boltzmann es universalmente admitida hoy, y es válida en cualquiera de las estadísticas (clásica o cuántica) utilizadas.
V. ENTROPÍA MICROSCÓPICA.

Bomba

▶ *Bomba de calor.*—Dispositivo utilizado en ciertas instalaciones de calefacción. Permite extraer calor de una «fuente fría» (la atmósfera, el agua de un río...) para entregarlo en una «fuente cálida» (el local que se quiere caldear).
De acuerdo con las leyes de la termodinámica, esto no es posible más que si el dispositivo recibe una aportación de trabajo del exterior. El funcionamiento de una bomba de calor es, por consiguiente, el de una máquina térmica invertida. En ella, el calor Q recibido por el foco cálido es igual al que ha sido extraído de la fuente fría Q′ más el trabajo (su equivalente calorífico) suministrado: $Q = Q' + W$.
La razón Q/W es el «coeficiente de *eficacia*» o de «*amplificación térmica*» de la bomba. En condiciones ideales de funcionamiento (ciclo reversible) $r = Q/W = T_1/(T_1 - T_2)$, donde T_1 y T_2 son, respectivamente, las temperaturas absolutas de los focos cálido y frío.
Ejemplo: Si $t_1 = 20$ °C y $t_2 = 5$ °C, $r = 20$. Con un trabajo equivalente a 100 calorías se pueden proporcionar al apartamento 2.000 calorías, extrayendo 1.900 calorías del río.
El principio de funcionamiento del *refrigerador* es idéntico. La energía eléctrica suministrada W sirve para extraer el calor Q′ del recinto que se desea enfriar; la cantidad de calor W + Q′ se disipa en el apartamento.

▶ *Bombas de vacío.*—Instrumentos destinados a rarificar los gases encerrados en un recinto cerrado. La eficacia de una bomba de vacío se mide, por una parte, por la presión residual mínima que permite obtener, y por otra, por la velocidad a la que alcanza ese resultado óptimo. Las bombas de un primer tipo pueden funcionar cuando la presión inicial en el recinto es igual a la presión atmosférica. Un segundo tipo de bombas sólo funciona cuando en el recinto reinan ya unas condiciones de presión redudicas. Éstas, por tanto, son utilizadas necesariamente asociadas a una bomba auxiliar del primer tipo, que recibe el nombre de bomba primaria. Entre las bombas del primer tipo citemos las bombas alternantes de pistón —las más antiguas entre las conocidas—, las bombas rotatorias de paletas, que son perfeccionamientos de las anteriores, y las bombas de agua, fundadas en un principio diferente. Utilizadas en el momento oportuno, las mejores de estas bombas puede conseguir rápidamente un vacío del orden de 10^{-4} milibares.
Las bombas del segundo tipo se basan en las propiedades moleculares de los gases rarificados. La bomba rotativa de Gaede, la bomba de condensación de Langmuir son ejemplos de ello. Pueden, con ellas, alcanzarse vacíos del orden de 10^{-8} milibares.
Las bombas de vacío se utilizan comúnmente en multitud de industrias: fabricación de tubos electrónicos, realización de frío por vaporización de un gas a presión reducida, etc.
V. CUADRO DE VACÍO Y ULTRAVACÍO.

Bombeo óptico

En un conjunto de átomos idénticos, en equilibrio termodinámico, la energía interna global está repartida entre los diferentes átomos. La «población» de cada nivel energético accesible (la energía está cuantificada) viene dada por la *ley de distribución de Boltzmann*. Irradiando una asamblea de estas características con una luz de características bien elegidas (frecuencia y estado de polarización) es posible modificar la distribución de equilibrio, empobreciendo un nivel energético inferior en beneficio de un nivel más elevado. Este procedimiento fue bautizado como *bombeo óptico* por sus descubridores (Kastler y Brossel, 1950). *Ejemplo:* Se mantiene vapor de sodio a baja presión y temperatura constante. Si se le somete a la acción de un campo magnético exterior, sus diferentes niveles energéticos se descomponen en subniveles por *efecto Zeeman*. Es iluminado por un haz de luz, polarizada circularmente y de frecuencia convenientemente elegida, que llega a la muestra en la dirección del campo. En ese caso, sólo los átomos que se encuentran en el nivel inferior ($l = 0$, $m = -1/2$) absorben esa radiación, saltando al nivel ($l = 1$, $m = +1/2$) (V. figura). Este fenómeno de «bombeo», no obstante, es entorpecido por el fenómeno de *relajación*. Tras un tiempo medio francamente breve (en torno a 10^{-8} s) los átomos bombeados regresan a un nivel energético inferior, emitiendo una radiación. Muchos de ellos retornan al nivel de partida, pero algunos caen en un nivel intermedio ($l = 0$, $m = +1/2$). Puede demostrarse que si la iluminación continúa, este último nivel se puebla en detrimento del nivel inferior, pudiendo producirse finalmente una *inversión de población*.

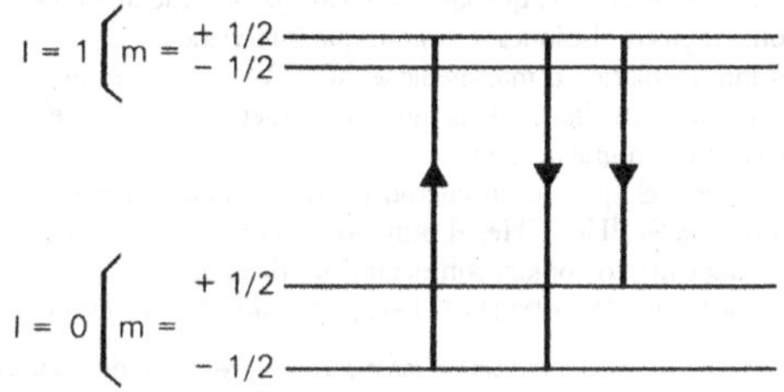

Hay que señalar que, a consecuencia de la disminución progresiva del número de átomos en el nivel inferior, únicos que absorben la luz incidente, el gas se vuelve progresivamente transparente a esta luz, lo que permite el seguimiento de la operación.
El bombeo óptico se utiliza para provocar y mantener la inversión de población necesaria para el funcionamiento de ciertas fuentes *láser*. Pero hay muchas otras aplicaciones, y su mayor interés radica, quizá, en las posibilidades que ofrece a los estudios finos y precisos acerca de la estructura energética de los átomos.

Borda Charles de (1733-1799)

▶ *Péndulo de Borda.*—Péndulo gravitatorio formado por una esfera metálica, suspendida de un punto fijo por intermedio de un hilo de masa despreciable comparada con la de la esfera. Es casi un péndulo simple, y de ahí su interés. De hecho, la longitud del péndulo simple ideal que tendría el mismo período para amplitudes débiles —su «péndulo simple síncrono»— vale $l = a\left(1 + \frac{2}{5}\frac{r^2}{a^2}\right)$. Donde a es la distancia entre el punto de suspensión y el centro de la esfera, y r el radio de la misma.
Este tipo de péndulo ha sido utilizado durante mucho tiempo para medir la intensidad del campo gravitatorio terrestre. (V. GRAVIMETRÍA.)

Born Max (1882-1970)

Premio Nobel 1954.
V. MECÁNICA CUÁNTICA.

Bose Sir Jagadis Chunder (1858-1937)

▶ *Estadística de Bose-Einstein.*—Fue ideada por Bose (en 1924) para reencontrar la ley de Planck sobre la radiación del cuerpo negro, considerando ésta como una *nube de fotones.* Einstein demostró a continuación que las reglas estadísticas de Bose son igualmente aplicables a las moléculas de un gas material.
V. BOSÓN, ESTADÍSTICAS CUÁNTICAS, FERMIÓN.

Bosón

Corpúsculo que obedece a las leyes de la *estadística cuántica de Bose-Einstein.* Se demuestra (teorema spin-estadístico) que los bosones son los corpúsculos cuyo spin es nulo o igual a un número entero (de unidades $\hbar$).
Parece establecido que todas las partículas de intercambio, mediadoras de las diversas interacciones, son bosones —mientras que las partículas que son fuente de esas interacciones son fermiones—. Son, en efecto, bosones: el fotón, que interviene en la interacción electromagnética; «los bosones intermediarios o intermedios», W^+, W^- y Z^0, que intervienen en la interacción débil; los gluones, intermediarios de la interacción fuerte, y, por fin, el hipotético gravitón, mediador de la interacción gravitatoria.
A escala automática, el spin de un cuerpo puede ser nulo, entero o semientero. *Ejemplo:* de los dos átomos de *helio,* ^3He y ^4He, el primero es un fermión y el segundo un bosón. Algunas de sus propiedades macroscópicas son netamente distintas.
V. CONDENSACIÓN DE BOSE-EINSTEIN, TABLA DE PARTÍCULAS SUBNUCLEARES (Anexo 4).

▶ *Bosones intermedios (bosones vectoriales intermedios).*—Nombre de las partículas mediadoras de la interacción débil. Se sabe hoy que son tres. Dos de ellas están cargadas eléctricamente, W^+ y W^-, y la tercera es eléctricamente neutra, Z^0.
V. INTERACCIÓN ELECTRODÉBIL.

Botella de Leyden

Nombre dado comúnmente a un dispositivo realizado, se dice que involuntariamente, en el laboratorio de Leyden (Holanda), hacia 1745 por Petrus von Musschenbrock. Fue el primer *condensador eléctrico.* Una botella de vidrio sirve de aislante y dos láminas metálicas adheridas a sus paredes interior y exterior sirven como armaduras.
Este descubrimiento tuvo entre el gran público un éxito considerable. Por todas partes se jugó a hacer pasar la descarga de las botellas, previamente cargadas, a través de filas de personas cogidas de las manos. Parece que se atribuyó a los condensadores las mismas virtudes, algo mágicas, que hoy se atribuyen a los «rayos láser» o a los «microprocesadores».
Desde el punto de vista científico, la capacidad de la botella de Leyden es baja (un centenar de picofaradios), pero puede soportar tensiones de varios millares de kilovoltios. Su excesivo tamaño prohíbe cualquier utilización que no sea la didáctica.

Bothe Walther (1891-1957)

Premio Nobel 1954.
V. NEUTRÓN.

Boucherot Paul (1869-1943)

▶ *Teorema de Boucherot.*—«En una malla eléctrica, alimentada por una tensión alterna sinusoidal con un generador apropiado, la potencia activa suministrada por el generador es igual a la suma de las potencias activas "absorbidas" (convertidas en otras formas de potencia –térmica, mecánica...–) en cada una de las ramas de la malla. Asimismo, las potencias reactivas cedida por el generador y absorbida por la malla son iguales.»

El interés de este resultado es doble: 1. Si la primera parte del teorema traduce el principio general de conservación de la energía, su segunda parte muestra una analogía formal interesante entre potencia activa y potencia reactiva. 2. Desde un punto de vista práctico, este teorema permite a menudo escribir fácilmente las ecuaciones que ayuden en la resolución de problemas técnicos de redes eléctricas.

Bouguer Pierre 1698-1758

▶ *Leyes de Bouguer.*–1. «La iluminación E de una pequeña pantalla, colocada perpendicularmente al rayo central de un haz luminoso que proviene de una fuente puntual, es inversamente proporcional al cuadrado de la distancia fuente-pantalla d: $E = k \cdot I/d^2$.» I es la intensidad de la fuente, y el coeficiente numérico k vale uno en el sistema internacional.

Esta ley, simple consecuencia de las definiciones de iluminación e intensidad, se utiliza en fotometría cuando se desea modificar en una relación variable y conocida una de las dos regiones del fotómetro.

2. «Las dos regiones de un fotómetro parecen desigualmente iluminadas cuando la relación entre sus iluminaciones respectivas, E + dE y E alcanza un valor mínimo, independiente de E: $r = (E + dE)/E \simeq 1{,}016$. O bien, en decibelios: $s = \lg r \simeq 0{,}07$ dB.»

Una generalización, expresada de modo más sencillo, diría: «El aumento relativo mínimo de un estímulo luminoso E que el ojo puede percibir es independiente del valor de E y vale $dE/E \simeq 1{,}6$ %.» *Ejemplo:* si E = 64 lux, dE = 1 lux.

Esta razón mínima dE/E, que mide de hecho el contraste entre las dos regiones del fotómetro, es llamada convencionalmente *umbral diferencial relativo visual.*

V. LEY DE BOUGUER-WEBER, LEY DE FECHNER.

▶ *Ley de Bouguer-Weber.*–Generalización de la ley de Bouguer, que concierne al umbral diferencial relativo de los estímulos visuales.

«El umbral diferencial relativo de los estímulos que excitan uno cualquiera de nuestros sentidos es constante: $dE/E = a$.»

El valor de la constante varía según la naturaleza del sentido afectado: $a \simeq 1{,}6$ % para los estímulos visuales, 15 % para las sensaciones auditivas, 25 % para las olfativas...

Son, naturalmente, leyes empíricas aproximadas, que sólo valen para valores medios de las excitaciones E.

V. LEY DE FECHNER.

Boyle Robert (1627-1691)

▶ *Ley de Boyle-Mariotte.*–Ley que trata de la compresibilidad de los gases, descubierta por *Boyle* (1660) e independientemente, se cree, por *Mariotte* (1676): «El volumen de un gas, cuya temperatura se mantiene constante, varía en razón inversa a su presión.»

Este enunciado puede traducirse matemáticamente de diversas formas:

1. Si llamamos V al volumen ocupado por determinada masa gaseosa, P su presión y T su temperatura, toda transformación isoterma reversible deja constante el producto PV: $PV = f(T)$.
2. La contracción relativa isoterma de una masa gaseosa es igual a su compresión relativa: $-dV/V = dP/P$.

Medidas más precisas y extensas, emprendidas más adelante (1850) por *Regnault,* han demostrado que se trata de una ley aproximada solamente. La contracción relativa es a veces superior a la compresión relativa (el gas es «más compresible» de lo que indica la ley de Boyle-

Mariotte), a veces inferior (el gas es entonces «menos compresible»). La proporción relativa puede alcanzar entre el 10 y el 12 %.
La teoría cinética de los gases muestra que la ley de Boyle-Mariotte es propia de los «gases perfectos», y atribuye las desviaciones que presentan los gases reales a la existencia de fuerzas intermoleculares.
V. COEFICIENTE DE COMPRESIBILIDAD DE LOS GASES, ECUACIÓN DE VAN DER WAALS.

▶ *Ley límite de Boyle-Mariotte.*—Cuando se hace tender a cero la presión P soportada por una masa de gas manteniendo constante su temperatura T, su volumen V aumenta indefinidamente, pero el producto PV tiende hacia un *límite finito,* que es función de la temperatura absoluta: $(\lim PV)_{P \to 0} = A(T)$.
V. LEY DE AVOGADRO-AMPÈRE, TEMPERATURA DE AVOGADRO.

Bq

Símbolo del *becquerel,* unidad de actividad radiactiva.

Bragg Sir William Henry (1862-1942)
Su hijo Sir Lawrence (1890-1971)

Premio Nobel compartido en 1915.

▶ *Ley de Bragg.*—Trata del fenómeno llamado *reflexión selectiva* de los rayos X por los cristales. «Cuando un haz cilíndrico de rayos X monocromático llega a un cristal, una parte importante de la energía incidente es *aparentemente reflejada* según las leyes de Descartes, si la dirección de incidencia satisface la relación $2\,d \operatorname{sen} \theta = p\lambda$.» θ es el ángulo de la dirección incidente, no con la cara de entrada al cristal ni con su normal, sino con una de las familias de *planos reticulares* del cristal, *d* el «paso reticular» correspondiente, λ la longitud de onda del haz X y *p* un número entero positivo ($p = 1, 2, 3, 4...$).
Esta relación, conocida como *relación de Bragg,* resulta de una teoría del fenómeno que los Bragg, inspirándose en la teoría de la *difracción* de la luz por las redes ópticas, propusieron (en 1914) para explicar el éxito de las *experiencias de Von Laüe.* Admitieron que los rayos X penetran profundamente en el cristal y son de hecho *difundidos* en todas las direcciones por cada uno de sus átomos, regularmente distribuidos en el espacio (red tridimensional). Las radiaciones emitidas son *coherentes* y producen interferencia constructiva solamente en las direcciones privilegiadas que satisfacen la condición de Bragg. La intensidad aparentemente reflejada decrece cuando *p* aumenta, y depende de la naturaleza de los centros difusores situados sobre cada uno de los planos reticulares de la familia afectada.
Las actuales teorías, más elaboradas, ofrecen resultados sensiblemente equivalentes.
La ley de Bragg se utiliza corrientemente para determinar tanto la estructura de un cristal, mineral u orgánico, como para determinar la longitud de onda de un haz de rayos X por medio de un cristal de estructura conocida.
Ejemplo: La ley de Bragg ha permitido descubrir que un cristal de sal gema está constituido por el reparto regular, no de moléculas de cloruro sódico, sino de iones Na^+ e iones cloro Cl^- alternados. Más recientemente ha contribuido a establecer la estructura en doble hélice de la molécula de ADN (Watson y Crick, 1953)...

Branly Edouard (1844-1940)

▶ *Cohesor de Branly.*—Dispositivo que sirve para detectar la llegada de una onda electromagnética. Es un tubo lleno de limadura de hierro. Colocado en un circuito eléctrico impide el paso de la corriente a causa de su elevada resistencia. La llegada de una onda electromagnética

parece volver a los granos de la limadura *coherentes* (de ahí el nombre de cohesor). La resistencia eléctrica del tubo se reduce fuertemente y se produce paso de corriente, que sirve de detector de la llegada de la onda. Basta un ligero golpe sobre el tubo para que las limaduras se descohesionen, y el tubo vuelve entonces a quedar listo para su uso.
Los detectores de hoy tienen por fortuna un funcionamiento más ágil. Sin embargo, el funcionamiento de este aparato plantea cuestiones aún no resueltas. Este cohesor fue utilizado en tiempos de las primeras experiencias de Marconi (1896) sobre telecomunicación. El descubrimiento por Branly de su papel de detector de ondas de radio fue polémico.

Brattain Walter H. (1902)

Premio Nobel en 1956 (con Bardeen y Shockley). V. TRANSISTOR.

Braun Karl Ferdinand (1850-1918)

Premio Nobel con Marconi en 1909.

▶ *Tubo de Braun* (o tubo catódico).—Tubo de vidrio alargado en el que se ha practicado un alto vacío, y que encierra en uno de sus extremos un cañón de electrones y en el otro una pantalla luminiscente. Eventualmente se encuentran órganos de deflexión eléctrica o magnética entre ambos extremos.
Ideado por su inventor Braun hacia 1897, este tubo sirvió en el estudio de los *rayos catódicos*. Provisto de los perfeccionamientos que permiten las técnicas actuales, constituye uno de los componentes esenciales de los *osciloscopios* electrónicos, como los de los televisores, por ejemplo.

Breeder

V. SUPERREGENERADOR.

Bremstrahlung

V. RADIACIÓN DE FRENADO.

Brewster Sir David (1781-1868)

▶ *Ángulo de Brewster*.—Ángulo de incidencia que hay que dar a un haz de luz natural monocromática que llega a una superficie reflectante para que sea *totalmente polarizado* por *reflexión*.

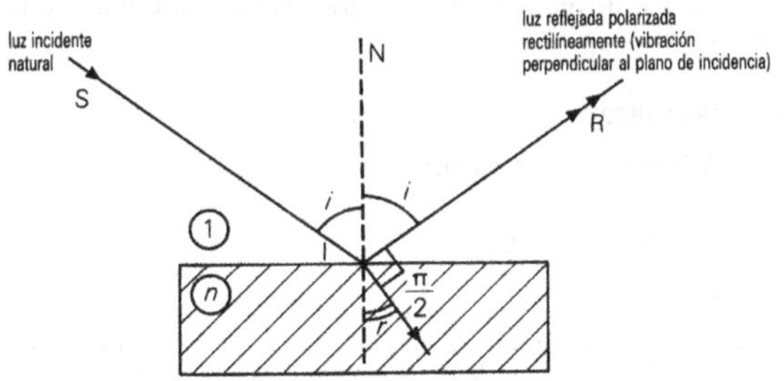

Con el fin de recibir tan sólo el rayo reflejado por la primera cara de la lámina, ésta se construye de material absorbente (cristal ennegrecido).
Con un índice de refracción $n = 1{,}52$, el *ángulo de Brewster* vale sensiblemente 56° 40′.

Si llamamos n al índice de refracción del medio reflectante con respecto al medio incidente, el ángulo de Brewster i viene dado por la relación $\operatorname{tg} i = n$. Este resultado, establecido experimentalmente por Brewster (en 1812), es considerado hoy como un corolario lógico de la teoría electromagnética de la luz (V. FÓRMULAS DE FRESNEL).
Para *incidencia brewsteriana,* los rayos reflejado y transmitido son ortogonales, y este último está «parcialmente polarizado».

Bridgman Percy Williams (1882-1961)

V. EXPERIENCIAS DE TAMMANN Y BRIDGMAN.

Brillancia

Denominación afortunadamente abandonada hoy.
V. LUMINANCIA.

Brillo

Antigua denominación de una magnitud fotométrica, más tarde llamada *luminancia*.

▶ *Brillo estelar.*—El flujo luminoso $d\Phi$, proveniente de una estrella y recogido sobre una pequeña superficie dS, normal al rayo medio del haz, produce en esta superficie una iluminación $e = d\Phi/dS$. A esta iluminación es a lo que se llama en astrofísica *brillo estelar* de la estrella estudiada. $d\Phi$ se mide en lumen y e en lux.
Hoy se mide el brillo estelar en la mayoría de los casos recibiendo el flujo en un receptor energético cuya curva de sensibilidad espectral es idéntica a la del ojo (célula fotoeléctrica acompañada de filtros especiales).
V. MAGNITUD.

Brinell Johann August (1849-1925)

▶ *Bola de Brinell.*—Bola de acero especial, muy duro, que se utiliza en ensayos de *dureza*.
Apoyada fuertemente sobre la superficie del material que se estudia, bajo la acción de una fuerza conocida F, la bola deja una impronta tanto más profunda cuanto menor es la dureza del material. La dureza es estimada numéricamente por el *número de Brinell:* $B = F/S$, donde S es el área de la impronta.
Como ejemplo, B es del orden de 50 N/mm^2 para el plomo y 800 N/mm^2 para una cierta muestra de hierro.

Briot Charles (1817-1882)

▶ *Fórmula de Briot.*—V. FÓRMULA DE CAUCHY.

Broglie Luis-Victor, duque de (1892-1987)

Premio Nobel en 1929.

▶ *Onda de Broglie (onda brogliana).*—Onda asociada a todo corpúsculo en movimiento. Su existencia es uno de los postulados de la mecánica ondulatoria (De Broglie, 1924).
A todo corpúsculo material animado de movimiento rectilíneo y uniforme le corresponde una onda plana monocromática cuyas características (frecuencia ν, longitud de onda λ) están ligadas a magnitudes típicamente corpusculares (energía cinética E, momento lineal p) por las dos

relaciones: $\nu = E/h$; $\lambda = h/p$; h = constante de Planck. Utilizando la constante reducida las relaciones se transforman en $E = \hbar\omega$; $\boldsymbol{p} = \hbar\boldsymbol{k}$, donde ω es la pulsación y $\boldsymbol{k}$ su número de ondas. *Ejemplo:* Para un electrón acelerado por una tensión U, el cálculo da $\lambda = 12{,}3/\sqrt{U}$ (U en voltios, λ en angströms); para U = 10 kV, $\lambda \simeq 0{,}12$ Å. Ese es el orden de magnitud de la longitud de onda de los rayos X; y esto explica el éxito de las experiencias de *difracción* de *haces de electrones* en una pequeña lámina de material cristalino (experiencia de Davidson y Germer, 1927). Las previsiones de Broglie se vieron así confirmadas por el experimento. El microscopio electrónico es una de sus numerosas aplicaciones actuales.

En cuanto al significado físico que hay que atribuir a la onda asociada, el acuerdo no es unánime entre los físicos. La teoría probabilística de la escuela de Copenhague es la más comúnmente admitida, pero hay otras, y la misma de la escuela de De Broglie sobre la conducción o guía del corpúsculo por su onda asociada no ha sido abandonada.

V. DOBLE SOLUCIÓN (TEORÍA DE LA), DUALIDAD ONDA-CORPÚSCULO, ECUACIÓN DE SCHRÖDINGER, MECÁNICA CUÁNTICA, ONDA DE MATERIA, VARIABLES OCULTAS.

Broglie Maurice, duque de (1875-1960)

V. MOVIMIENTO BROWNIANO, RAYOS X.

Brown Robert (1773-1858)

V. MOVIMIENTO BROWNIANO.

Browniano

▶ *Movimiento browniano.*—Movimiento de agitación aleatorio, brusco e incesante que anima a finísimas partículas sólidas en suspensión en un líquido. Este movimiento fue observado por primera vez por R. Brown (1827), a quien debe el nombre. Brown observó la agitación, inexplicable por entonces, de granos de polen suspendidos en agua. Mucho más tarde se observó este mismo fenómeno en partículas en suspensión en un gas (M. de Broglie, 1908). No se encontró una explicación satisfactoria hasta la de Einstein y Von Smulokowsky en 1905, inspirándose en la teoría cinética de la agitación molecular. Según estos autores las partículas en suspensión se comportan como moléculas de un cuerpo entre las moléculas de una sustancia dispersante. El movimiento observado no es otro que la agitación térmica normal de esas partículas, agitación que presenta la ventaja de ser visible, al menos con ultramicroscopio, gracias al tamaño relativo de esas «pseudomoléculas».

Trabajos minuciosos de Perrin aportaron *verificaciones experimentales cuantitativas* sobre algunas consecuencias de esta teoría (ley de distribución de velocidades de una misma partícula en el curso del tiempo, leyes de reparto en altura del conjunto de partículas bajo la acción combinada de los choques moleculares y del campo gravitatorio...).

El movimiento browniano es hoy considerado como una de las pruebas experimentales indirectas más seguras de la existencia de la agitación molecular y, consecuentemente, de la existencia de moléculas.

La expresión movimiento browniano es utilizada constantemente, abusando del lenguaje, en diversos dominios (matemáticas, sociología...) para designar las variaciones desordenadas de un conjunto compuesto por un gran número de elementos.

Brújula

De una palabra italiana que significa cajita.

Instrumento que contiene una aguja imanada móvil alrededor de un eje horizontal. Bajo la acción de la componente horizontal del *campo magnético terrestre* la aguja se orienta y da la di-

rección del meridiano magnético del lugar. Se puede deducir la dirección del meridiano geográfico a condición de conocer la declinación local.
Se admite que la brújula era conocida por los chinos hacia el comienzo de nuestra era. Su utilización por los navegantes occidentales es mucho más reciente, ya que se remonta al siglo XII solamente.
Provista de múltiples mejoras, la brújula continúa siendo utilizada por los navegantes actuales, marítimos y aéreos, bajo el nombre de *compás magnético*. Como ya se ha dicho, su utilización exige el conocimiento de la declinación local. Este conocimiento no es indispensable con el uso del *compás giroscópico*.

▶ *Brújula de declinación*.—Instrumento destinado a medir el ángulo de declinación del *campo magnético terrestre* en un lugar dado.
Su órgano esencial es una aguja magnética que gira en torno a un eje vertical y cuyos extremos se desplazan ante un círculo graduado. Para medir la declinación hay que conocer necesariamente la posición del meridiano geográfico local, lo que se obtiene enfocando a las estrellas por medio de un pequeño anteojo astronómico que forma parte del aparato. Colocando el cero de la graduación en el plano del meridiano geográfico, la posición del extremo norte de la aguja imanada en el círculo graduado da en principio el valor buscado de la declinación local. En la práctica se hacen necesarias ciertas correcciones y el valor de la declinación se obtiene al menos a algunas décimas de minuto sexagesimal.

▶ *Brújula de inclinación*.—Instrumento destinado a medir la inclinación del *campo magnético terrestre* en un lugar dado de la superficie de la Tierra.
Consta, en esencia, de una aguja imanada que puede girar alrededor de un eje horizontal. Si se conoce el plano del meridiano magnético del lugar basta con colocar el eje de rotación de la aguja perpendicularmente a ese plano. La aguja se equilibra en la dirección del campo terrestre, y el ángulo de su eje norte-sur con la horizontal representa precisamente la inclinación buscada.
Procedimientos de medida más elaborados permiten medir la inclinación aun en el caso de no conocer la posición exacta del meridiano magnético.

▶ *Brújula de tangentes*.—Nombre que se dio al primer instrumento que sirvió para medir la intensidad de la corriente eléctrica. Es el más antiguo modelo de «galvanómetro». La intensidad i de la corriente es proporcional a la *tangente* del ángulo de desviación a de una aguja imantada: $i = k \text{ tg } a$. De ahí viene el nombre del aparato.

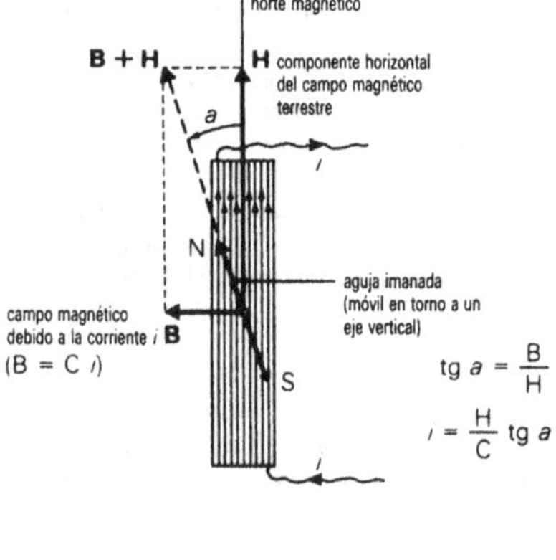

Este aparato permitió, por ejemplo, determinar experimentalmente las leyes de Pouillet, de Biot y Savart, etc. Junto a su interés histórico aún tiene un estimable valor pedagógico.

BTU (British Thermal Unit)

▶ Unidad que se utiliza aún en nuestros días en los países anglófonos y que sirve para medir cantidades de calor. Es, por definición, el calor necesario para elevar en un grado Farenheit (5/9 °C) una cantidad de agua de masa igual a un pound (una libra: 453,6 g). Un BTU resulta aproximadamente equivalente a 252 calorías o a 1.055 julios. En los cálculos involucrados en la medida de grandes cantidades de energía se utiliza su múltiplo Q. $Q = 10^{18}$ BTU.

Bujía

1. Importante órgano del que están provistos los cilindros de un motor de explosión. Está constituido por dos electrodos cuyos extremos están suficientemente próximos como para que pueda estallar entre ellos, periódicamente, la chispa eléctrica destinada a provocar la explosión de la mezcla gaseosa previamente comprimida (aire y gasolina pulverizada).
2. Antigua unidad de intensidad luminosa, aproximadamente equivalente a la intensidad de una vela de cera, o bujía (de ahí su nombre). Su definición exacta, levemente distinta de un país a otro, ha variado igualmente en el curso del tiempo. Hoy ha sido sustituida por una unidad del mismo orden de magnitud, de definición rigurosa y universalmente admitida: la *candela.*

Burn-up

V. TASA DE COMBUSTIÓN.

Buscador

Anteojo astronómico de pequeño aumento y, por tanto, con importante campo lateral, que se fija sobre anteojos de muy grande aumento (cuyo campo en anchura es, obviamente, mucho menor), estando alineados los ejes de ambos anteojos paralelamente. Puede fácilmente apuntar el buscador hacia la estrella, o la región celeste que se quiere observar, ayudándose, por ejemplo, de una constelación visible por completo en sus proximidades. El eje anteojo grande queda dirigido automáticamente hacia el punto de observación, cosa que no podría realizarse directamente salvo a costa de laboriosos tanteos.

C

C

▶ *Símbolo del culombio,* unidad de carga eléctrica del SI.

c

▶ *Constante fundamental.*—Tres denominaciones para tres definiciones diferentes:
1. *c* es la *celeridad* (o velocidad) de la *luz* en el vacío (el hecho de medir *c* en el vacío se da a menudo por sobrentendido); más generalmente es la velocidad en el vacío de todas las radiaciones electromagnéticas, y, por tanto, de todos los *fotones*.
2. *c* es la *constante de coordinación.*
3. *c* es la *constante relativista* (V. ECUACIONES DE TRANSFORMACIÓN DE LORENTZ). Estas tres definiciones tratan de hecho de la misma magnitud. Las ecuaciones de Maxwell demuestran la identidad entre constante de coordinación y velocidad de la luz. Además, se establece en mecánica relativista que un corpúsculo de masa en reposo *m* y velocidad *v* posee una energía $E = mc^2/\sqrt{1 - v^2/c^2}$, donde *c*, homogénea con una velocidad, es precisamente la constante relativista. Se deduce matemáticamente que la velocidad de un corpúsculo cuya energía es finita y cuya masa es inferior a todo valor medible (caso de los fotones) es igual a *c*.

▶ *Símbolo del prefijo centi.*—*Ejemplo:* $1\ cm^3 = (10^{-2}\ m)^3 = 10^{-6}\ m^3$.

Caballo de vapor

Antigua unidad de potencia mecánica (de símbolo CV o HP). Su valor era, por definición, 75 kilográmetros por segundo. 1 CV = 75 kgm/s ≅ 736 W. Aún se utiliza en industria.

Cable

▶ *Cable coaxial.*—Conjunto de dos conductores cilíndricos del mismo eje en el que uno envuelve a otro. Estos conductores son de cobre, en general, separados por un aislante especialmente apropiado y recubiertos por una vaina protectora. Los cables coaxiales se usan fundamentalmente para la transmisión de señales eléctricas a gran distancia (conversaciones telefónicas intercontinentales, por ejemplo), en concurrencia con *guías de ondas* para transmitir las señales desde un poste emisor de radio, televisión o radar hacia la antena correspondiente. La velocidad de propagación, las leyes de debilitamiento de una señal en el curso de su camino a lo largo de un cable coaxial, dependen en primer lugar de las características electromagnéticas del aislante. Si esas características dependen en exceso de la frecuencia de la oscilación eléctrica transmitida, las diversas componentes sinusoidales de una señal son tratadas de modo diferen-

te, lo que deforma la señal. Es uno de los mayores problemas que hay que resolver en la concepción y construcción de un cable coaxial.
V. ECUACIONES DE HEAVISIDE, IMPEDANCIA ELÉCTRICA ESPECÍFICA.

▶ *Cable hertziano.*—V. HAZ HERTZIANO.

Cailletet Louis (1832-1913)

▶ *Aparato de Cailletet.*—Dispositivo experimental que comprende un tubo de vidrio grueso, graduado, en el que se encierra el fluido objeto de estudio. Un compresor-expansor, un manómetro y un termostato permiten modificar, lenta o bruscamente, y medir el volumen, la presión y la temperatura del fluido.
Este aparato sirvió hace tiempo para estudiar la compresibilidad de los gases a diferentes temperaturas, así como las condiciones de licuefacción y vaporización de las sustancias.

Caja

▶ *Caja de capacidades.*—Colección de condensadores de capacidades conocidas que se utiliza cuando se quiere introducir una capacidad ajustable en un circuito de medida, un poco a la manera de las cajas de resistencias o las cajas de pesas.

▶ *Caja de «pesas».*—Nombre consagrado por el uso para designar las colecciones de cuerpos de «masas» conocidas que acompañan a ciertas balanzas. Según el orden de magnitud de su masa, los cuerpos son de hierro, de latón o de aleaciones ligeras. Cada colección se elige de manera que, con un número *mínimo* de elementos, se puede determinar la masa de cualquier cuerpo si está comprendida en un intervalo dado. Una de las cajas de pesas más utilizadas comprende componentes cuyas masas, en cada decena, valen respectívamente, 1, 2, 2, 5 unidades.
Ejemplo: Con solamente nueve componentes, de masas respectivas 1, 2, 2, 5 dg, 1, 2, 2, 5 g y 1 Dg se pueden evaluar todas las masas comprendidas entre 1 dg y 21 g yendo de dg en dg. ¡Hay 210!
Procedimientos de control permiten comparar progresivamente cada una de esas pesas de una caja con un kilo y, si es necesario, con el kilo-patrón.

▶ *Caja de resistencias.*—Conjunto de conductores eléctricos no inductivos, de resistencias eléctricas conocidas, que se utiliza cuando se desea ajustar la resistencia de un dipolo pasivo que forma parte de un circuito de medida (rama de un puente de Wheatstone, por ejemplo).
La composición de una caja de resistencias recuerda a la de una *«caja de pesas»*.

cal

Símbolo de la caloría.

Calefacción

Fenómeno que se produce cuando algunas gotas de líquido son vertidas sobre un sólido cuya temperatura es netamente mayor que la temperatura de ebullición del líquido (algunas gotas de agua, por ejemplo, sobre chapa al rojo). Las gotas brincan un momento, se desplazan en todos los sentidos en las proximidades del sólido y luego desaparecen, a veces con brusquedad. Esto se explica por el hecho de que una capa de vapor, que se forma cuando las gotas están en las proximidades del sólido, se renueva e interpone entre sólido y líquido, impidiendo entre ellos todo contacto directo.

Calentamiento termodinámico

V. BOMBA DE CALOR.

Calibre

▶ *Calibre de un instrumento de medida.*—Valor de la magnitud que se quiere medir que corresponde a la indicación máxima de la escala de lectura del aparato.
Frecuentemente un aparato es de *calibrado múltiple,* pudiendo el usuario, a su gusto, elegir el calibre que juzgue más adecuado para la medición que efectúa.
Ejemplo: Un amperímetro reglado en el calibre 3 puede servir para medir intensidades de hasta 3 amperios (cuando su aguja presenta una desviación máxima). Si se regula en el calibre 10, la misma desviación máxima mide ahora 10 amperios.
V. ATENUADOR, RESISTENCIA ADICIONAL, SHUNT.

Calidad

▶ *Factor de calidad:*
1. Electricidad.—Parámetro numérico, representado por Q, característico de un sistema oscilante cualquiera. Se le puede definir como el cociente entre la energía localizada en el sistema en resonancia y la energía que hay que suministrarle en esa situación para compensar las pérdidas inevitables y mantener las oscilaciones.
Se demuestra, por ejemplo, que si el sistema es un circuito RLC en serie, ese cociente vale $L\omega_0/2\pi R$, donde $\omega_0 = 1/\sqrt{LC}$ es la pulsación propia —o de resonancia— del dipolo. En general: $Q = \frac{L\omega_0}{R} = \frac{1/C\omega_0}{R}$. La resistencia B entraña disipación de energía Q es, por tanto, mayor cuanto más débil es esa pérdida, lo que justifica esa denominación. Su valor numérico es con frecuencia igual a algunas decenas de unidades.
Puede, del mismo modo, calcularse el factor de calidad de una antena, de una cavidad resonante, etc.
Otras diversas propiedades de un sistema oscilante dependen de su factor de calidad.
V. RESONANCIA, SOBRETENSIÓN.
2. Radiología.—V. EQUIVALENTE DE DOSIS.

Calor

El lenguaje común confunde hoy todavía calor y temperatura. Por ejemplo, la expresión «Hace mucho *calor*» significa realmente que la *temperatura* (del aire) se considera muy elevada. En el área científica esta confusión es impensable, ya que la naturaleza del calor tal como la concebimos hoy fue establecida en el curso del siglo XIX con el desarrollo de la termodinámica.
Los físicos del siglo XVIII veían aún en el calor un fluido, el *calórico,* imponderable, sutil y que entraba en proporción mayor o menor en la constitución de toda la materia. «El vapor de agua —decía Lavoisier— está formado por agua asociada a una cantidad grande de calórico.»
En la actualidad la definición de calor puede darse así:
1/ No existe calórico ni calor impregnando la materia.
2/ Cuando un cuerpo A_1 a temperatura t_1 se pone en presencia de un cuerpo A_2 a temperatura t_2, la experiencia demuestra que se establece entre ellos un equilibrio progresivo y espontáneamente a una temperatura intermedia t. *Convenimos en decir que* A_1 *ha cedido calor a* A_2.
3/ El calor así intercambiado no es otro que la suma de los trabajos mecánicos que las moléculas de A_1 han efectuado sobre las de A_2, como martillos minúsculos, agitándose en todas las direcciones de manera desordenada. Tal es la definición cualitativa de calor.

4/ De acuerdo con el primer principio de la Termodinámica, el calor recibido por un cuerpo contribuye a aumentar su *energía interna* U. Es posible realizar un idéntico aumento de energía interna, ΔU, dando al cuerpo una cantidad de calor Q solamente, o solamente una cantidad de trabajo W (trabajo de compresión, por ejemplo). La relación $\Delta U = Q = W$ define el calor desde un punto de vista cuantitativo y proporciona un medio para medir una cantidad de calor. Esto explica que se haya decidido evaluar calor y trabajo con una misma unidad: el julio. Sin embargo, el hecho de que uno sea un trabajo ordenado y el otro desordenado no deja de tener consecuencias, como precisa el segundo principio de la termodinámica.
V. CALORÍA, CAPACIDAD TÉRMICA, DEGRADACIÓN DE LA ENERGÍA, ENERGÍA TÉRMICA, EQUIVALENTE MECÁNICO DE LA CALORÍA, MODOS DE PROPAGACIÓN DEL CALOR.

▶ *Calor atómico.*—V. CAPACIDAD CALORÍFICA MOLAR, LEY DE DOULONG Y PETIT.

▶ *Calor de cambio de estado.*—Calor latente másico relativo al paso de un cuerpo de un estado de agregación a otro; suponiendo este cambio realizado de manera reversible, a temperatura y a presión constantes. Para un mismo cambio de estado, el calor latente depende de la temperatura (V. un ejemplo en la figura).
Ejemplo: El paso de 1 kg de agua de la fase líquida a la fase vapor, a 100 °C y a la presión atmosférica normal, a las condiciones por tanto en las que ambas fases están en equilibrio, absorbe una energía igual a $3{,}25 \cdot 10^5$ J. $L = 3{,}25 \cdot 10^5$ J/kg (sensiblemente, 539 cal/g) es el *calor de vaporización* del agua a 100 °C (la vaporización es una transformación endotérmica).
Se demuestra que el calor latente de un cuerpo puro está relacionado con las variaciones de entalpía ΔH y las variaciones de entropía ΔS que acompañan al cambio por las relaciones

$$mL_{12} = \Delta H = T\Delta S$$

siendo T la temperatura termodinámica de cambio de estado y *m* la masa de la muestra.
Resulta en particular que en un *punto triple* el calor de paso de la fase 1 a la fase 3, L_{13}, es la suma de los calores de paso $L_{12} = L_{23}$. *Ejemplo:* En el punto triple del agua (0,01 °C, 4,58 torr) el *calor de fusión* del hielo vale sensiblemente $L_F = 80$ cal/g, y el calor de vaporización del agua es $L_V = 597$ cal/g; el *calor de sublimación* del hielo vale alrededor de 677 cal/g $= L_S = L_F + L_V$.
V. CAMBIOS DE ESTADO DE SEGUNDO ORDEN, FÓRMULAS DE CLAYPERON.

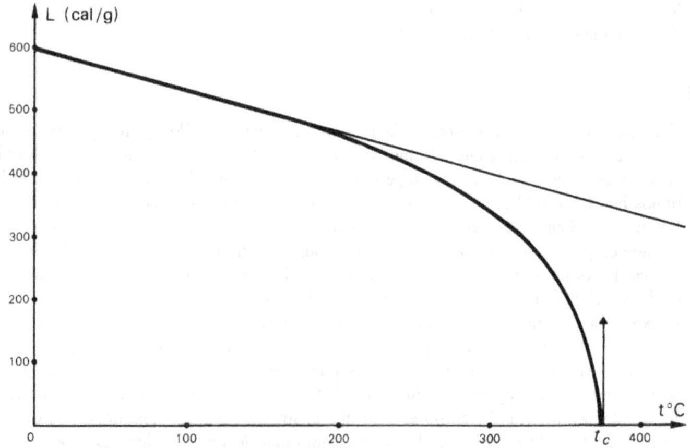

Variación del calor de vaporización del agua en función de la temperatura.

▶ *Calor de compresión isoterma (Sinónimo).*—Coeficiente calorimétrico *h*.

▶ *Calor de dilatación isoterma (Sinónimo).*—Coeficiente calorimétrico *l*.

▶ *Calor de fusión, de sublimación, de vaporización.*—V. CALOR DE CAMBIO DE ESTADO.

▶ *Calor de transformación.*—Calor que un sistema cerrado cambia con el exterior en el curso de una transformación físico-química determinada, habiendo sido llevada la temperatura del estado final eventualmente al valor que tenía en su estado inicial. Con el convenio llamado de los Químicos este calor se cuenta como positivo si hay que retirarlo del sistema (es el «calor liberado»). La transformación se llama exotérmica si Q es positivo, endotérmica en caso contrario y atérmica si Q = 0. En termodinámica se usa el convenio inverso. Se cuenta como positivo el calor dado al sistema («calor absorbido»). Admitiendo este último criterio, se demuestra que el calor de transformación de un sistema que evoluciona a volumen constante es igual al aumento de su energía interna U por causa de la transformación, teniendo las temperaturas inicial y final el mismo valor T; $Q_v = \Delta U_v$; y al aumento de su entalpía a presión constante: $Q_p = \Delta H_p$. Las variaciones de los calores de transformación en función de T pueden calcularse utilizando las fórmulas establecidas por Kirchoff (1858): $dQ_v/dT = \Delta C_v$; $dQ_p/dT = \Delta C_p$; ΔC_v, ΔC_p son, respectivamente, las diferencias entre la suma de las capacidades caloríficas de los productos y de los reactivos, capacidades isócoras en el primer caso e isóbaras en el segundo.
V. BALANCE ENERGÉTICO, CALOR DE CAMBIO DE ESTADO.

▶ *Calor latente* (de un verbo latino que significa esconder).—Cuando un sistema absorbe calor su temperatura se eleva generalmente. Puede, sin embargo, producirse una transformación del sistema a *temperatura constante* (dilatación, cambio de estado, de estructura química...). Si se designa como Q el calor isotermo puesto en juego, la magnitud $L = Q/m$ mide el *calor latente* del sistema para esta transformación.
V. CALOR DE CAMBIO DE ESTADO, CALORES DE TRANSFORMACIÓN, COEFICIENTES CALORIMÉTRICOS, FÓRMULA DE CLAPEYRON.

▶ *Calor másico.*—Sinónimo de calor específico.
V. CAPACIDAD CALORÍFICA MÁSICA.

▶ *Calor molar.*—V. CAPACIDAD TÉRMICA MOLAR, RELACIÓN DE R. MAYER.

▶ *Calor no compensado.*—Un sistema material evoluciona entre dos estados de equilibrio termodinámico próximos tomando una cantidad de calor δQ de un foco de calor a temperatura T. Su entropía experimenta un aumento dS tal que: $T \cdot dS > \delta Q$. Clausius propone escribir: $T \cdot dS = \delta Q + \delta Q'$, llamando a la cantidad de calor $\delta Q'$ *calor no compensado* (por un cambio exterior).
El segundo principio de la termodinámica puede entonces traducirse en las tres proposiciones siguientes. Toda evolución real (irreversible) implica $\delta Q' > 0$. Una evolución que implique $\delta Q' < 0$ es fundamentalmente imposible. El límite común $\delta Q' = 0$ corresponde a una evolución ideal (reversible).
Pero la relación de Clausius puede igualmente escribirse:

$$dS = \delta Q/T + \delta Q'/T = dS_e + dS_i$$

siendo dS_e la variación entrópica impuesta por el cambio térmico con el exterior y dS_i es una entropía creada, cuyo valor puede medir el grado de irreversibilidad de la evolución.
V. DEFINICIÓN AXIOMÁTICA, DEFINICIÓN HISTÓRICA, ENTROPÍA.

▶ *Calor total.*—Nombre que se da a veces a la *entalpía*.

▶ *Ecuación del calor.*—Ecuación que da las variaciones de la temperatura en función del tiempo en los diferentes puntos de un medio en el que se difunde calor por conducción.
V. LEY DE FOURIER (DIFUSIÓN DEL CALOR).

▶ *Modos de propagación del calor.*—El calor se propaga espontáneamente de los cuerpos más calientes a los menos calientes, observación que lleva a uno de los enunciados posibles del segundo principio de la termodinámica cuando se la generaliza. La experiencia enseña que este cambio puede hacerse por *conducción,* por *convección* o por *radiación;* los tres modos de propagación pueden coexistir. *Ejemplo:* En las antiguas chimeneas, el combustible, llevado a la incandescencia, calentaba la sala por radiación principalmente, aunque el calor comunicado al aire por conducción y por convección aseguraba el tiro de la chimenea. Nuestros actuales radiadores comunican el calor al apartamento por conducción, por convección y, en cierta medida, por radiación (infrarroja).

Calor específico

Operando en las mismas condiciones que detallamos en la definición de capacidad térmica o calorífica, se demuestra que esta última es proporcional a la masa m de la muestra. Se define así el *calor específico* de una sustancia: $c(T) = C(T)/m$. Es una magnitud característica del cuerpo. Tradicionalmente se ha medido en calorías por gramo y grado; hoy la tendencia de la física es medirlo todo en el SI: en J/kg °K.
Ejemplo: El calor específico del agua a presión constante y a 15 °C vale, por definición de caloría:

$$c_p(15\ °C) = 1\ cal/g \cdot °C = 4.185\ J \cdot kg^{-1} \cdot °K^{-1}.$$

▶ *Calor específico molar.*—Capacidad calorífica de una muestra cuya masa es la masa molecular de la sustancia en gramos (un mol). Se evalúa en $J \cdot mol^{-1} \cdot °K^{-1}$. Si la sustancia estudiada posee estructura atómica definida (caso de los cuerpos sólidos simples, los metales, por ejemplo...), se trata de un mol de átomos, y el calor molar es el antiguo «calor atómico», producto del calor específico por la masa atómica, Ac (V. LEY DE DOULONG Y PETIT). Si el cuerpo posee una estructura molecular (caso de los cuerpos gaseosos simples: hidrógeno, oxígeno..., o compuestos: dióxido de carbono, metano...) el calor específico molar es el antiguo *calor molar*, Mc (V. LEY DE DELAROCHE Y BÉRARD, RELACIÓN DE R. MAYER.)

caloría (cal)

Antigua unidad que sirve para medir las *cantidades de calor:* «Es la cantidad de calor que hay que suministrar para elevar en un grado celsius la temperatura de un cuerpo cuyo calor específico sea igual al del agua a 15 °C a la presión atmosférica normal.»
La tendencia internacional es medir la energía, en cualquiera de las formas en que aparece, en julios, y desterrar la caloría como unidád de medida, y en consecuencia sus múltiplos: la kilocaloría, la termia, la frigoría...

$$1\ Kcal = 10^3\ cal;\ 1\ th = 1\ Mcal = 10^6\ cal;$$
$$1\ fg = -10^3\ cal;\ 1\ cal = 4{,}185\ J.$$

▶ *Equivalente mecánico de la caloría.*—La posibilidad de realizar trabajo mecánico utilizando calor es conocida desde fines del siglo XVII (Papin, Newcomen, 1690). Pero las primeras operaciones en calorimetría datan del final del siguiente siglo (Laplace y Lavoisier, 1783, Rumforf...), y hay que llegar al siglo XIX para encontrarse las numerosas tentativas dirigidas a determinar el equivalente mecánico de la unidad de cantidad de calor, la caloría. Se pusieron en marcha varias experiencias, usando diversos fenómenos: calentamiento de una muestra de plomo por martilleo (Hirn), calentamiento de un disco de cobre por corriente de Foucault (Viollet d'Arsonval), cálculo a partir de los calores específicos de los gases (Mayer), calentamiento del agua por rozamiento (Joule y continuadores...).
Los resultados concordantes de los diferentes ensayos contribuyeron a hacer adoptar el principio de equivalencia entre calor y trabajo y el primer principio de la termodinámica.

Las medidas más precisas fueron las de Joule, de ahí sin duda el uso de la letra J para el equivalente. Las medidas más recientes, basadas en el calentamiento por efecto Joule de agua en circulación permanente, dan para J = 4,1855 J/cal. Este valor no es adoptado universalmente. Siendo el calor una forma de energía, J no es más que el cociente entre dos unidades que sirven para medir una misma magnitud. Adoptar un valor numérico para J reconduce a definir la caloría.

Calórico

V. CALOR.

Calorimetría

Operación que consiste en medir una cantidad de calor y ciencia de su medida. Los aparatos que sirven para efectuar la operación se llaman *calorímetros*.
Los diferentes procesos en calorimetría reposan en un mismo principio. Un sistema material —el calorímetro y cuanto contiene— que recibe una cantidad desconocida de calor Q sufre un cambio. Se calcula entonces, teniendo en cuenta las propiedades térmicas del sistema, que suponemos conocidas, la energía E que habría sido preciso comunicarle para imponerle el mismo cambio (mismo estado inicial, mismo estado final). El primer principio de la termodinámica permite escribir Q = E; de ahí Q.
Los *calorímetros* pueden incluirse en dos grandes clases:
1. Calorímetros de *calentamiento*: El calor que se quiere medir lo recibe en el interior de un recinto, en principio atérmano, una masa conocida de un cuerpo calorimétrico (líquido o sólido). Cuerpo y calorímetro se calientan. De su calentamiento Δt se deduce: $Q = \mu \Delta t + q$. μ es la capacidad calorífica, supuestamente conocida, de las sustancias que se calientan, y q un término correctivo que tiene en cuenta un posible y débil intercambio de calor con el exterior. *Ejemplo:* el calorímetro de Berthelot.
2. Calorímetros *isotermos*: El calor Q que vamos a medir se utiliza para producir un cambio de estado, a temperatura constante, de un cuerpo del que conocemos el *calor latente* L. Si m es la masa que ha sufrido el cambio de estado, $Q = mL$. *Ejemplo:* Calorímetro de fusión de hielo de Bunsen, calorímetro de vaporización del hidrógeno para medidas a temperaturas muy bajas, etc.
Los intercambios débiles de calor se miden en el *microcalorímetro*. En física de partículas los aparatos concebidos para absorber completamente a las partículas y medir su *energía* son llamados calorímetros.

Calorimétrica

▶ *Bomba calorimétrica.*—Recinto metálico cuyas paredes pueden resistir sin alteraciones sensibles presiones interiores muy fuertes. Ello permite medir los calores liberados en el curso de transformaciones físico-químicas a *volumen constante*.
Cuando los reactivos —uno de los cuales, al menos, es gaseoso—, han sido encerrados en la bomba, ésta se coloca en un calorímetro. Terminada la reacción, se deduce el calor de la misma de la elevación de temperatura de calorímetro.

Calorimétricos

▶ *Coeficientes calorimétricos.*—Si una masa dada m de un cuerpo homogéneo, en equilibrio termodinámico, recibe una débil cantidad de calor δQ, los tres parámetros que definen su estado (su temperatura absoluta T, su presión p y su volumen v) sufren igualmente pequeñas variaciones dT, dp, dv. La existencia de una *ecuación de estado* garantiza que dichas variaciones no son independientes entre sí. El calor recibido puede expresarse, por tanto, en función de dos de esas variables solamente:

$$\frac{\delta Q}{m} = c_p(T, p)\, dT + h(T, p)\, dp$$

$$\frac{\delta Q}{m} = c_v(T, v)\, dT + l(T, v)\, dv$$

$$\frac{\delta Q}{m} = \lambda(p, v)\, dp + \mu(p, v)\, dv.$$

El uso quiere que las seis magnitudes c_p, c_v, h, l, λ y μ sean llamadas *coeficientes calorimétricos. Los coeficientes* λ y μ, poco utilizados, no poseen denominaciones especiales. Se reconoce en c_p y c_v los «calores específicos» a presión o a volumen constante, mientras que l y h son sus «calores latentes» (isotermos) de dilatación y de compresión, respectivamente.
V. Relaciones de Clapeyron, Relación de R. Mayer.

Calutrón

Aparato del que se sirvieron para separar los isótopos del uranio en las primeras tentativas de uso de la energía nuclear. Su principio de funcionamiento es el mismo del *espectrógrafo de masas*. Su bajo rendimiento ha hecho que se le descarte de la lista de procedimientos de enriquecimiento usados por la industria.

Cámara

▶ *Cámara anecoica* (sin eco).–Sala cuyas paredes han sido estudiadas para no dejar penetrar ningún ruido exterior, por una parte, y para absorber las ondas sonoras provenientes de fuentes interiores, por otra. Es el equivalente acústico de las cámaras negras usadas en fotografía. Las cámaras anecoicas, o sordas, permiten en particular estudiar las cualidades de los instrumentos de medida acústicos, establecer audiogramas, etc.

▶ *Cámara clara.*–Dispositivo constituido por una lámina de vidrio y un espejito plano, paralelo a la lámina, que se adapta sobre un microscopio y que permite, cuando se ha hecho la puesta a punto, ver simultáneamente, en un mismo plano, la imagen aumentada del objeto estudiado a través del microscopio, por una parte, y la imagen, a través de la cámara clara, sobre un folio de papel o una regla graduada.
Este dispositivo es utilizado, bien para medir las dimensiones de la imagen virtual dada por el microscopio –y deducir de ello algunas de sus características (campo, potencia)–, bien para dibujar en una hoja de papel los contornos de la imagen para estudiarla a continuación.

▶ *Cámara de burbujas.*–Es un *detector* de partículas utilizado cerca de los grandes aceleradores. Imaginado por Glaser (en 1952), consiste en un recipiente de grandes dimensiones –su capacidad es del orden del m^3– que contiene un líquido (hidrógeno a menudo, propano, freón...) mantenido en condiciones de temperatura y presión próximas a la ebullición. Después el líquido se expande bruscamente hasta hacerle llegar al estado metaestable de *«retraso de la ebullición»*. (Se sabe que un líquido mantenido a una temperatura t al que se somete a una presión p inferior a su presión de vapor saturante F_t entra normalmente en ebullición.) Si el líquido ha sido atravesado, inmediatamente antes de la expansión, por una partícula ionizante, la recombinación de los iones formados produce localmente un ligero calentamiento que hace

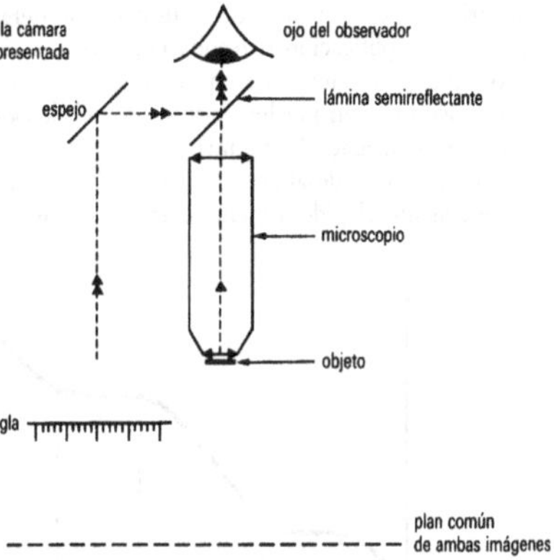

desaparecer el estado metaestable y se inicia la ebullición por consiguiente a lo largo de la trayectoria seguida por la partícula. Pequeñas burbujas gaseosas jalonan la trayectoria y la vuelven visible. Un fogonazo permite la fotografía de la misma.
Estas cámaras de *burbujas* se parecen, por tanto, a las *cámaras de Wilson*, pero presentan sobre éstas ventajas importantes. Sus tiempos muertos, mucho más breves, permiten seguir la cadencia de salida de los grandes aceleradores de partículas (son tiempos de algunos milisegundos). Además las interacciones de partículas con los átomos de una cámara de burbujas son mucho más frecuentes, ya que los átomos de un líquido en un mismo volumen son mucho más numerosos que los de un gas. Los «sucesos» entre partículas son muy numerosos y en un tiempo muy breve. Se comprende la necesidad de un funcionamiento automatizado y la utilidad del ordenador para procesar los innumerables clichés.
Las cámaras de burbujas son hoy una de las principales fuentes de información sobre las partículas «elementales».

▶ *Cámara de chispas.*—Tipo de detector de partículas de gran utilización hoy junto a los grandes aceleradores. (V. CÁMARA DE IONIZACIÓN.)
Existen diferentes modelos. Uno de ellos, llamado precisamente *cámara de hilos,* está constituida por una serie de armaduras planas y paralelas. Un generador eléctrico establece entre ellas una elevada tensión, siendo positivas, por ejemplo, las armaduras impares y negativas las pares. Cada armadura está constituida por una capa de hilos metálicos paralelos entre ellos, cambiando su orientación 90° al pasar de una armadura a la siguiente. Cada partícula ionizante desencadena a su paso numerosas chispas localizadas. Se pueden señalar los pares de hilos cruzados entre los que estallan sucesivamente y reconstruir así la trayectoria de la partícula en el espacio. Este trabajo de reconstrucción es rápido, ya que los hilos conductores presentan la ventaja de liberar señales eléctricas directamente asimilables por el ordenador.

▶ *Cámara de ionización.*—Detector de partículas.
Recinto cerrado que encierra una mezcla conveniente, líquida o gaseosa, en cuyo interior se encuentran dos electrodos, que actúan como armaduras de un condensador cilíndrico o plano. Un generador puede crear entre las armaduras un campo eléctrico. Cuando tal dispositivo es atravesado por una partícula o un haz de partículas ionizantes, los iones formados a su paso son puestos en movimiento por el campo eléctrico y pueden ser capturados, los iones positivos por el cátodo y viceversa. Se obtiene entonces en el circuito del condensador, o bien una breve corriente, que se traduce en los extremos de una resistencia exterior en una tensión efímera

—un «impulso eléctrico»—, o bien una corriente más duradera. Es fácil detectar y medir impulsos y corrientes, con amplificación si resulta necesario.
Los iones formados adquieren, tanto más rápido, una energía cinética tanto mayor cuanto más intenso es el campo eléctrico, sin perder de vista que el *funcionamiento* de la cámara de ionización depende de esa intensidad (V. figura).
Zona 1: Una parte de los iones desaparece por recombinación antes de llegar a las armaduras (régimen de funcionamiento elegido a menudo en las cámaras en medio líquido).

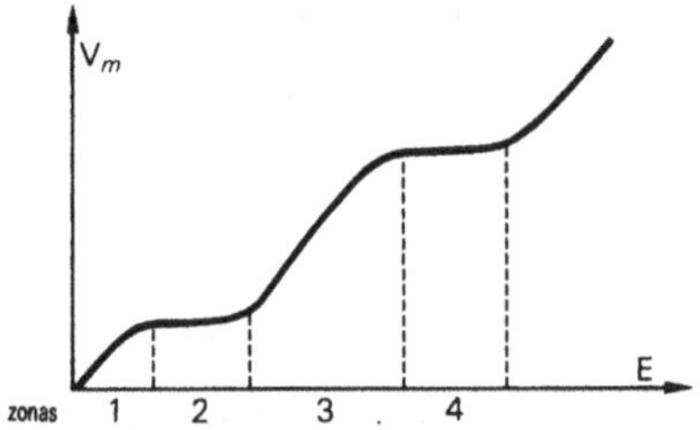

Zona 2: Todos los iones formados llegan a los electrodos. Adaptando adecuadamente las características de los circuitos exteriores, este tipo de detectores se utiliza tanto para contar una a una las partículas que atraviesan el aparato *(cámara de impulsos)* como para medir el flujo de partículas que transporta un haz midiendo la intensidad de corriente que provoca *(cámara de corrientes)* o para determinar la carga acumulada durante un tiempo dado *(cámara de integración)*. Empleadas en dosimetría, por ejemplo, presentan la ventaja de poder medir directamente una exposición.
Más allá de la zona 2, los iones, altamente acelerados, provocan en el entorno nuevas ionizaciones.
Zona 3: Como muestran la experiencia y la teoría, el impulso eléctrico se hace proporcional a la energía perdida por la partícula en la travesía de la cámara. Estas *«cámaras proporcionales»* se utilizan en dosimetría, por ejemplo, para medir las dosis absorbidas.
Zona 4: A cada partícula corresponde la llegada, en un tiempo muy corto, de verdaderas avalanchas de iones, aunque aún es imposible una descarga *disruptiva* por una serie de procesos bastante complejos (formación de una carga especial en torno a uno de los electrodos). Es la zona de funcionamiento de los *contadores de Geiger-Muller.*
Más allá de la zona 4, por fin, el paso de cada partícula produce una descarga eléctrica entre las placas. Estas circunstancias se aprovechan en la *cámara de chispas.*

▶ *Cámara de Wilson (o de niebla).*—Detector de partículas, ideado y realizado por C. T. R. Wilson (en 1911) con el fin de verificar las hipótesis de la época sobre la existencia de partículas ionizantes de origen extraterrestre. A lo largo del tiempo ha sido dotado de numerosos perfeccionamientos, y continúa rindiendo preciosos servicios en el estudio de las partículas subnucleares.
Es un recinto cerrado que encierra un gas ionizable y un vapor fácilmente condensable, nitrógeno y vapor de agua, por ejemplo. Por medio de un pistón se puede provocar al conjunto una expansión brusca (adiabática, por consiguiente) que enfría el gas, por lo que el vapor se encuentra en él en estado de *sobresaturación.*
Inmediatamente después de ser atravesado el aparato por una partícula se produce la expansión. El vapor *se condensa alrededor de los iones formados por el paso de la partícula.* La trayectoria de ésta es así señalada por una niebla de finas gotitas. Un destello luminoso permite fo-

tografiarla. El gas es inmediatamente comprimido de nuevo y los iones barridos por un campo eléctrico adecuado. El aparato está listo para una nueva experiencia.
La expansión se dirige generalmente por computadoras, colocadas a un lado y otro del aparato. Expansión, destello, barrido y descompresión están coordinados cuidadosamente.
Los tiempos muertos entre dos experiencias —del orden del minuto— impiden desgraciadamente el empleo de cámaras de niebla con los grandes aceleradores actuales, que liberan un flujo de partículas aproximadamente cada segundo. Se prefiere en estos casos el uso de otros detectores, principalmente la cámara de burbujas o la cámara de chispas.

▶ *Cámara negra.*—Recinto cerrado cuyas paredes, no reflectantes, son igualmente opacas, y no dejan penetrar, por tanto, nada de luz exterior. Se utiliza para trabajos sobre clichés fotográficos, en luz no actínica si es necesario.

Cámara negra

«Aparato fotográfico» cuyo objetivo es reemplazado por un simple agujero muy estrecho (algunas décimas de milímetro de diámetro). En la pared opuesta del aparato se dibuja una imagen invertida del paisaje exterior.
Cuanto más estrecho es el orificio, más nítida —aunque menos luminosa— es la imagen.
La formación de la «imagen en la cámara negra» se explica simplemente por el principio de propagación rectilínea de la luz.

Camino óptico

Un rayo luminoso, al atravesar diversos medios transparentes y homogéneos sucesivos, de índices de refracción respectivos $n_1, n_2, ..., n_p$, describe una línea quebrada $AI_1 I_2, ..., I_{p-1} B$, siendo los puntos $I_1, I_2, ..., I_{p-1}$ los sucesivos puntos de incidencia sobre las superficies refractantes o reflectantes que encuentra, una tras otra. Mientras que la magnitud $l = AI_1 + I_1 I_2 + ... + I_{p-1} B$ es la longitud *geométrica* del trayecto seguido, la magnitud $L = n_1 . AI_1 + n_2 . I_1 I_2 + ... + n_p . I_{p-1} B$, en la que la longitud de cada segmento viene multiplicada por el correspondiente índice de refracción —magnitud que podría denominarse longitud óptica—, se llama tradicionalmente *camino óptico* L = (AB).
Su interés radica: 1.° En su utilización en el enunciado del *principio de Fermat*, fundamento de la óptica geométrica; 2.° En el hecho de que posee en óptica física una significación simple. Se demuestra, en efecto, que el camino óptico L(AB) es igual a la distancia que la luz habría recorrido en el vacío durante el tiempo usado realmente en el trayecto $AI_1 I_2 ... I_{p-1} B$. Existe, por tanto, un lazo entre las ópticas física y geométrica.
V. DIFERENCIA DE MARCHA.

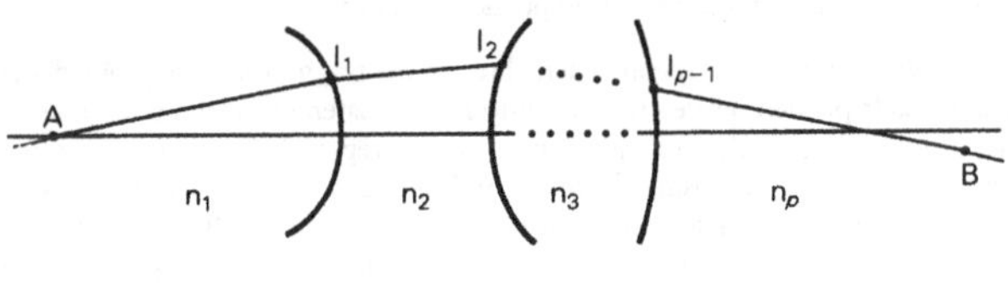

Campo

1. Región del espacio donde todos los puntos poseen, al menos desde el punto de vista cualitativo, una propiedad común.
Ejemplo: El campo de un instrumento óptico, para una posición dada del ojo del observador,

es el conjunto de puntos del espacio cuya imagen a través del instrumento es vista por el observador.

2. Conjunto de valores de una magnitud determinada, en los puntos de una región del espacio dada.
Ejemplo: En un cuerpo móvil, el conjunto de vectores velocidad en los puntos de su trayectoria constituye un campo de velocidades.

3. En cada punto de la región, la magnitud física relativa al campo estudiado es a menudo denominada campo, con un calificativo referido a su naturaleza.
Ejemplo: Una carga eléctrica inmóvil crea a su alrededor un campo electrostático (definiciones 1 y 2) caracterizado en cada punto M por una magnitud vectorial **E**(M). **E**(M) es el (vector) campo electrostático en M.

Según la naturaleza tensorial de la magnitud que define el campo, éste recibe el nombre de escalar, vectorial, etc.
Ejemplo: Un campo de temperaturas, un campo de potenciales electrostáticos, son campos escalares; el campo de velocidades, un campo electrostático, son campos vectoriales; el campo (de inducción) magnético **B** en las cercanías de una corriente eléctrica es un campo pseudovectorial.
V. ACCIÓN A DISTANCIA, TEORÍA CUÁNTICA DE CAMPOS.

▶ *Aproximación del campo central.*—Hipótesis simplificadora utilizada en particular en el cálculo de los niveles energéticos en un átomo. El movimiento de un electrón perteneciente a una nube electrónica de un átomo de Z electrones depende simultáneamente del campo culombiano del núcleo y de los campos electromagnéticos producidos por los (Z − 1) electrones restantes. Pero, de otra parte, su propio movimiento influye en el de los otros electrones por el campo que él crea en torno suyo. Es finalmente imposible en estas condiciones calcular rigurosamente la expresión del campo en el que se mueve un electrón de la nube y, con ella, su energía. Son necesarias algunas aproximaciones para obtener la expresión de un campo global *autocoherente.* Se utilizan distintos procedimientos de cálculo a este fin. La *aproximación del campo central* consiste en admitir que cada electrón está bajo la acción de un campo central corregido.
V. CONSTANTE DE APANTALLAMIENTO.

▶ *Campo central.*—Campo vectorial en el que los vectores representativos están sobre rectas que se cortan en un punto.
Ejemplo: El campo gravitarorio creado por un cuerpo material esférico y homogéneo es un campo central. Todas las direcciones de los vectores fuerza pasan por el centro de la esfera.

▶ *Campo coercitivo.*—V. FERROMAGNETISMO, HISTÉRESIS MAGNÉTICA.

▶ *Campo culombiano (Sinónimo).*—Campo electrostático.

▶ *Campo desmagnetizante.*—Según la actual teoría del magnetismo, las propiedades de una sustancia imanada pueden ser descritas sustituyendo la materia imanada por masas magnéticas ficticias, o por corrientes eléctricas asimismo ficticias, repartidas unas u otras sobre la superficie exterior y en el volumen mismo del imán. Se llama *campo desmagnetizante* al campo magnético creado en el interior de la sustancia por esas masas o corrientes ficticias. La denominación recuerda que dicho campo se opone al campo magnético exterior que produce la imanación de la sustancia (campo *magnetizante).* Un problema análogo se plantea en electrostática (V. CAMPO DESPOLARIZANTE).

▶ *Campo despolarizante.*—Cuando se coloca un dieléctrico en una región en la que existe un campo electrostático $\mathbf{E}_0$, se polariza. Las cargas de polarización que aparecen en la masa del dieléctrico y sobre su superficie crean en todo punto M del mismo dieléctrico un campo elec-

trostático $\boldsymbol{e}$. El campo resultante en M vale, entonces, $\mathbf{E} = \mathbf{E}_0 + \boldsymbol{e}$. El campo $\boldsymbol{e}$ es en la mayoría de los casos de sentido opuesto a $\mathbf{E}_0$ y recibe el nombre de *campo despolarizante,* por contraposición al *campo polarizante* $\mathbf{E}_0$. Su cálculo, y consecuentemente el del campo resultante **E** sólo es posible en algunos casos sencillos.
Ejemplo: $\mathbf{E}_0$ es uniforme. El dieléctrico es homogéneo e isótropo, su superficie exterior es esférica y su polarización puramente inducida. El vector polarización **P** es, en esas condiciones, uniforme (div $\mathbf{P} = 0$). Las cargas de polarización volúmicas son, por tanto, nulas. Sólo existen las cargas superficiales. Se encuentra por análisis que el campo despolarizado en el centro de la esfera tiene por valor $\boldsymbol{e} = -\mathbf{P}/3\varepsilon_0$, y el campo resultante $\mathbf{E} = \mathbf{E}_0 \dfrac{3\varepsilon_0}{2\varepsilon_0 + \varepsilon}$ (siendo ε_0 la permisividad del vacío y ε la permisividad del dieléctrico. (V. Fórmula de Clausius-Mossoti.)

▶ *Campo escalar.*—Función de punto con valores escalares. V. CAMPO.

▶ *Campo eléctrico.*—Un sistema de cargas eléctricas inmóviles en un referencial R crea en un punto M de este referencial un potencial electrostático V(M) y por tanto un campo *electrostático* $\mathbf{E}_s = -\text{grad } V$.
Si este sistema de cargas se mueve en R (caso, por ejemplo, de los portadores de carga en una corriente variable), se crea en M, además del campo $\mathbf{E}_s$, un campo magnético **B** variable y, a consecuencia del fenómeno de inducción electromagnética, un campo eléctrico inducido $\mathbf{E}_i = \partial \mathbf{A}/\partial t$ (**A** es el potencial vector del que deriva **B**) ($\mathbf{B} = \text{rot } \mathbf{A}$).
Se llama *campo eléctrico* en M a la suma de dos términos: $\mathbf{E} = -\text{grad } V - \dfrac{\partial \mathbf{A}}{\partial t}$. Se reduce al campo electrostático **E** si la distribución de cargas es independiente del tiempo $\dfrac{\partial \mathbf{A}}{\partial t} = 0$. Es el campo eléctrico que hay que tomar en consideración para calcular la fuerza (de Lorentz) $\mathbf{F} = q(\mathbf{E} + \boldsymbol{v} \wedge \mathbf{B})$, fuerza que se ejerce sobre una carga de prueba que pasa por el punto M con una velocidad $\boldsymbol{v}$.
V. CAMPO ELECTROMAGNÉTICO, CAMPO ELECTROMOTOR.

▶ *Campo electromagnético.*—Conjunto indisociable (**E**, **B**) de dos campos, eléctrico E y magnético **B**, creado por cargas eléctricas en movimiento. Su estudio pasó en el tiempo por distintas etapas.
La experiencia demostró pronto la existencia de un campo electrostático y de un campo magnético independientes uno de otro. El primero era creado por cargas eléctricas inmóviles y el segundo por imanes inmóviles. Tras una serie de descubrimientos experimentales sucesivos, se fue llegando a la definición de un campo eléctrico y un campo magnético, ambos creados por distribuciones de carga eléctrica que evolucionan en el curso del tiempo, no siendo estos campos independientes entre sí, como lo demuestran las leyes de Maxwell-Ampère y de Maxwell-Faraday. Más recientemente, la relatividad restringida muestra, tal como aquí se resume, que el campo eléctrico y el campo magnético representan ambos una única magnitud: el campo electromagnético, cuya existencia y propiedades derivan lógicamente de la ley de Coulomb.
En su referencial propio, R_0 (supuesto inercial), una carga eléctrica q colocada en O crea en un punto M ($\mathbf{OM} = \boldsymbol{r}$) un campo electrostático tal que, sobre una carga de prueba q_p colocada en M, animada eventualmente de una velocidad $\boldsymbol{u}_0$, se ejerce la fuerza de Coulomb:

$$\mathbf{F}_0 = \frac{1}{4\pi\varepsilon_0} q \cdot q_e \frac{\boldsymbol{r}}{r^3},\text{ lo que implica la existencia de un campo } \mathbf{E} = \frac{1}{4\pi\varepsilon_0} q \frac{\boldsymbol{r}}{r^3}$$

Las leyes relativistas de transformación de velocidades y de fuerzas enseñan que esta misma fuerza, evaluada en cualquier otro referencial inercial (R), con relación al cual R_0 (y con él q) se traslada con velocidad constante $\boldsymbol{v}$ (en las condiciones de la transformación especial de Lorentz), se transforma en una fuerza de dos componentes, conocida como *fuerza de Lorentz:*

$\mathbf{F} = q_p \mathbf{E} + q_p \mathbf{v} \wedge \mathbf{B}$ ($\mathbf{v}$ = velocidad de q en R). El campo creado en M por la carga q, medido en R, conlleva, por tanto, una componente eléctrica **E** y una componente magnética **B**, ambas calculables en función de **E** (y de $\mathbf{v}$). V. TRANSFORMACIONES DE CAMPO ELECTROMAGNÉTICO.
Basta imaginar que R es el referencial del laboratorio para convencerse de que sólo con la ley de Coulomb, desarrollada en el marco de la mecánica relativista, el físico encuentra en su laboratorio necesariamente la presencia de un campo magnético de dos componentes (**E**, **B**) creado por la carga q que se mueve.
Se demuestra de otro lado que las ecuaciones de Maxwell, y por tanto todas las leyes del electromagnetismo, pueden deducirse lógicamente de las expresiones de las componentes **E** y **B** y de la ecuación de movimiento de la carga q en el sistema de referencia del laboratorio.
El hecho de que esas leyes hayan sido descubiertas experimentalmente puede considerarse como una verificación anticipada de la mecánica relativista.
V. CUADRIVECTOR ELECTROMAGNÉTICO, GAUGE ELECTROMAGNÉTICA.

▶ *Campo electromotor.*—Campo eléctrico que existe en el interior de todo generador eléctrico. Este campo explica que el movimiento de los portadores de carga sea inverso al que les impondría el campo electrostático $\mathbf{E}_s$, consecuencia de la diferencia de potencial entre los polos del generador (V. figura).
Contrariamente al campo electrostático $\mathbf{E}_s$, el campo electromotor $\mathbf{E}_m$ no «deriva de un potencial escalar». La circulación a lo largo de un circuito cerrado del campo total ($\mathbf{E}_s + \mathbf{E}_m$) es igual a la f.e.m. del generador.

$$\oint (\mathbf{E}_s + \mathbf{E}_m) \cdot dl = \oint \mathbf{E}_m \cdot dl = e$$

Eso quiere decir que el trabajo de las fuerzas eléctricas que el campo electromotor ejerce sobre los portadores de carga es igual a la energía eléctrica disponible en el circuito.
El campo electromotor se origina en el fenómeno que asegura, en el generador objeto de estudio, la conversión en energía eléctrica de alguna otra fuente de energía. *Ejemplo:* En los generadores mecanoeléctricos (dinamos, alternadores...) el campo electromotor se debe a un fenómeno de inducción electromagnética. En un generador termoeléctrico (par) se crea un campo electromotor en las regiones soldadas (efecto Peltier) y a todo lo largo de los conductores (efecto Thomson).
En los receptores eléctricos (motores) existe un campo contraelectromotor.

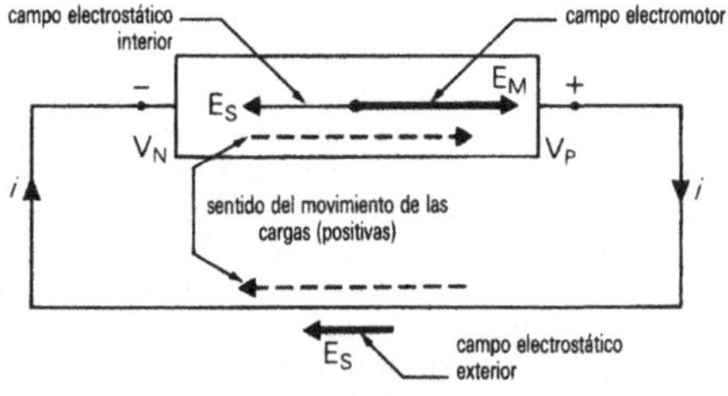

▶ *Campo electrostático.*—Campo vectorial creado alrededor suyo por cargas eléctricas en equilibrio (de ahí la palabra electrostático).
Se define en cada punto M por la expresión de la fuerza que sufre cualquier carga de prueba q (supuesta puramente pasiva) situada en M dividida por esa misma carga: $\mathbf{F} = q\mathbf{E}$ ... $\mathbf{E} = \mathbf{F}/q$.
En el sistema internacional, midiéndose la fuerza en newton y la carga en culombios, el campo electrostático se mide en V/*m* (voltios por metro).
Se puede calcular en función de sus cargas fuente.

— Una carga puntual q_0 colocada en un punto O crea en el punto M (**OM** = $\boldsymbol{r}\boldsymbol{u}$) el campc eléctrico dado por la *ley de Coulomb:*

$$\mathbf{E} = k\frac{q_0}{r^2}\boldsymbol{u}\left(= \frac{1}{4\pi\varepsilon_0}\ \frac{q_0}{r^2}\boldsymbol{u} \simeq 3 \cdot 10^9 \frac{q_0}{r^2}\boldsymbol{u} \text{ en el SI}\right).$$

El campo creado por un conjunto de cargas se obtiene sumando vectorialmente los campos debidos a cada una de ellas.

Ejemplo: El campo creado por cargas repartidas en un volumen V con una densidad volúmica local ρ(M) tiene por expresión: $\mathbf{E} = \frac{1}{4\pi\varepsilon_0}\iiint_v \frac{\rho(M)\, dv}{r^2}\boldsymbol{u}$.

El campo electrostático posee las propiedades matemáticas de los *campos newtonianos.*

V. CAMPO, CAMPO ELÉCTRICO, CAMPO ELECTROMAGNÉTICO.

▶ *Campo estacionario* (o *constante,* o *permanente*).—Campo en el que la magnitud característica es independiente del tiempo.

Ejemplo: El campo magnético creado por una corriente eléctrica *continua* es constante (¡pero no necesariamente uniforme!).

▶ *Campo gravitacional.*—V. CAMPO GRAVITATORIO.

▶ *Campo gravitatorio.*—Campo mediador en el fenómeno de la gravitación universal. Todo cuerpo material puntual produce en torno suyo un campo gravitatorio. Si el cuerpo que crea el campo C_1 está en un punto O, el campo que produce en un punto M (**OM** = r · u = $\boldsymbol{r}$ = $\boldsymbol{r}\boldsymbol{u}$) viene representado por el vector:

$$\mathbf{A} = -\,G\frac{m_1}{r^2}\mu = -\,G\frac{m_1}{r^3}\boldsymbol{r}.$$

Si en el punto M se encuentra otro punto material $\mathbf{C}_2$, de masa m_2, sufre una fuerza $f_2 = m_2 \cdot A = -\,G\frac{m_1\, m_2}{r^2}\mu$. Se encuentra así de nuevo la expresión de la ley newtoniana de gravitación (de atracción universal). G es una constante llamada de *gravitación universal*; m_1 y m_2 son las masas gravitatorias de los cuerpos $\mathbf{C}_1$ y $\mathbf{C}_2$.

La relatividad general asimila el campo gravitatorio a un campo de aceleración (v = PRINCIPIO DE EQUIVALENCIA).—La misma teoría admite, por otra parte, que el campo gravitacional provinente de una fuente cuya masa se mueve rápidamente en el tiempo, se propaga en el vacío con una velocidad *c* igual a la de la luz, a la de las ondas electromagnéticas. Al campo gravitatorio de la teoría cuántica asocia una partícula de intercambio, el *gravitón.*

V. ONDA GRAVITACIONAL.

▶ *Campo (de inducción) magnética* **B**.—Desde el punto de vista histórico, la existencia de un campo magnético (cuya notación primitiva, y aún a veces actual es **H**) ha sido admitida como la de un intermediario entre, sucesivamente, a) imanes, b) imanes y corrientes eléctricas, c) corrientes eléctricas.

El campo (pseudovectorial) **B** es definido hoy por la fuerza *df* que ejerce sobre un elemento de corriente *i dl*: *df* = *i dl* ∧ **B**. También por el par de momento **C** que ejerce sobre una pequeña aguja imanada de momento magnético **M**: **C** = **M** ∧ **B**. Esto justifica, ante un gran número de físicos, la denominación de *campo magnético*. Además, y por otra parte, la variación en el curso del tiempo del flujo de este mismo vector **B** origina el fenómeno de inducción electromagnética. De ahí su nombre de *vector de inducción magnética*, también muy extendido. En cuanto a las fuentes de este campo magnético, las antiguas masas magnéticas de la teoría culombiana fueron reemplazadas por las «corrientes particulares o microcorrientes» de la teoría

amperiana. Actualmente, la Física relativista muestra que el campo **B** es una de las componentes de una entidad más compleja, el *campo electromagnético*, cuya fuente, en último término, son las cargas en movimiento, y que se manifiesta principalmente por su acción sobre cargas en movimiento.
En el SI el campo **B** se mide en teslas (T). Otra unidad que aún se utiliza es el gauss (G), unidad del antiguo sistema c.g.s. electromagnético. 1 G = 10^{-4} T.
V. FUERZA DE LORENTZ, LEY DE LAPLACE, LEY DE BIOT Y SAVART, MAGNETISMO, CUADRIVECTOR CAMPO ELECTROMAGNÉTICO, VECTORES MAGNÉTICOS.

▶ *Campo magnético terrestre.*–*Campo magnético* natural que existe en todo punto de las proximidades de la Tierra, sensiblemente uniforme en la extensión de un laboratorio. Se descubre fácilmente su dirección y su sentido gracias a su acción directa sobre una aguja imantada suspendida por su centro de gravedad. La posición del vector que representa el campo en un lugar O queda señalada por dos ángulos: la *declinación* D y la *inclinación* I (V. figura).

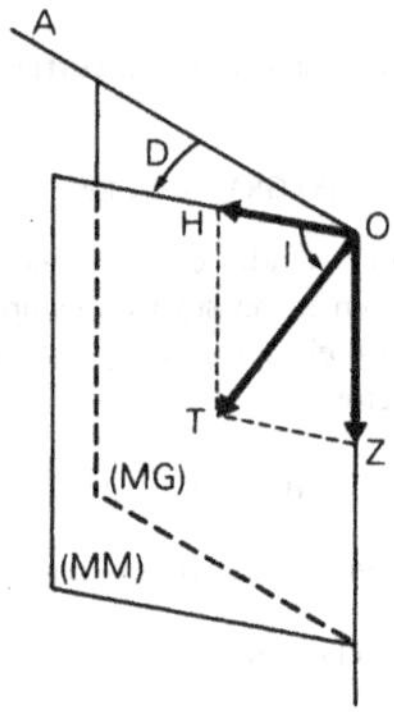

La vertical OZ y la recta OA, paralela al eje de rotación de la Tierra y señalada por miras astronómicas, definen el plano del meridiano geográfico (MG).
OZ y el vector campo magnético OT definen el plano del meridiano magnético (MM).
La *declinación* es el ángulo D, ángulo diedro entre ambos planos meridianos.
La *inclinación* es el ángulo I, que forma el vector campo OT con su componente horizontal OH.
Como indicativo del orden de magnitud, damos los valores medios del año 1985 en la región parisina:

	D = − 3° 38′ 5	I = 63° 39′ 8	T = 47.069 *n*T	H = 20.881 *n*T Z = 42.184 *n*T
Variaciones seculares	+ 8′ 4	+ 0′ 5	+ 18 *n*T	

Existen dos puntos para los cuales la inclinación vale 90° en la superficie terrestre: uno situado en las proximidades del polo norte geográfico (el polo norte de la aguja apunta allí hacia el suelo), y otro cerca del polo sur geográfico (el polo norte de la aguja apunta en él hacia lo alto). Son los *polos magnéticos* de la Tierra.
La *intensidad* del campo magnético terrestre puede medirse de diversas maneras, por ejemplo por la corriente inducida que produce en una bobina cuando la giramos bruscamente.
En un mismo lugar, declinación, inclinación e intensidad varían en el curso del tiempo. Se observan variaciones regulares, diurnas y seculares, a las que se unen a veces bruscas variaciones imprevistas ligadas a la actividad solar. En una misma fecha estas características varían de un lugar a otro, con incluso anomalías locales.

El *origen* del campo magnético terrestre es aún controvertido. Parece atribuible sobre todo a causas internas (movimientos de sustancias magnéticas que componen el núcleo terrestre). Es perturbado a menudo por influencias exteriores ligadas a la actividad solar.
En cuanto a sus aplicaciones, la brújula que utilizan los navegantes desde hace tantos años es la más conocida de ellas. Se conoce menos que la prospección de recursos en el subsuelo, y se funda en parte en el estudio de las anomalías locales del campo gravitatorio terrestre. Se ha podido recientemente, ayudándose del conocimiento de las variaciones seculares del campo terrestre, fechar la formación de algunas rocas volcánicas que guardaron al enfriarse la traza de su imanación primera.

▶ *Campo magnetostático.*—Por analogía con el campo electrostático creado por cargas eléctricas inmóviles, se llama a veces campo magnetostático al campo magnético creado por imanes estacionarios o por corrientes eléctricas constantes en circuitos inmóviles.
V. CAMPO ELECTROMAGNÉTICO, CAMPO MAGNÉTICO.

▶ *Campo molecular.*—V. LEY DE CURIE-WEISS.

▶ *Campo radial.*—Campo vectorial cuyos vectores representativos están sobre rectas que se cortan todas en un eje, al que son perpendiculares. *Ejemplo:* El cuadro de un amperímetro es obligado en general a girar en un campo magnético radial, obtenido al colocar un cilindro ferromagnético en el entrehierro de un electroimán.

▶ *Campo rotatorio.*—Campo magnético cuyo vector representativo, de módulo constante, gira a velocidad constante en un plano fijo. Se consigue un campo rotatorio por medio de corrientes eléctricas difásicas y trifásicas circulando por bobinas dispuestas de modo conveniente.
Ejemplo: Con tres bobinas idénticas de ejes coplanarios y concurrentes, formando ángulos de 120°, y haciendo circular por cada una de ellas una de las tres corrientes componentes de una trifásica (desfasadas cada una de ellas 120° con relación a las otras), el campo magnético que se obtiene en la intersección de los tres ejes es un campo rotatorio. Si es la pulsación de la corriente, es también la velocidad angular a la que gira B (V. figura).
Los campos rotatorios aseguran el funcionamiento de la mayoría de los motores de corriente alterna difásica y trifásica, por lo que este tipo de corriente tiene alto interés industrial.

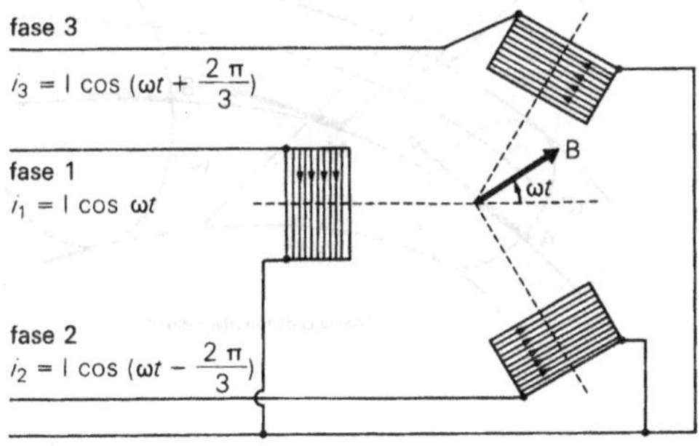

▶ *Campo solenoidal.*—*Sinónimo:* Campo de gradientes, o campo de circulación conservativa.
V. TEOREMA DE STOKES.

▶ *Campo turbillonario.*—*Sinónimo:* Campo rotacional, campo de flujo conservativo. V. TEOREMA DE OSTROGRADSKY.

▶ *Campo uniforme.*—Campo vectorial cuyos vectores representativos son equipolentes (la misma dirección, el mismo sentido y la misma intensidad en todos los puntos del dominio de existencia del campo).
Ejemplo: En el limitado espacio de un laboratorio, el campo gravitatorio terrestre es prácticamente uniforme.

▶ *Campo vectorial.*—Función de punto de valores vectoriales. V. CAMPO.

▶ *Curvatura de campo.*—Defecto que presentan algunos instrumentos ópticos, que se traduce en el hecho de que la imagen de un objeto plano bastante grande, perpendicular al eje del instrumento, está situada sobre una superficie curva. Este defecto, anodino si la profundidad de campo del instrumento es pequeña, se vuelve molesto en el caso contrario. Sobre una placa fotográfica, necesariamente plana, si el centro de la imagen de un objeto grande es nítido, los bordes son borrosos y viceversa.
Cuando la curvatura de campo está corregida («objetivos gran-angular»), se dice que se ha conseguido la *planitud* del campo.
V. ABERRACIONES, ABERRACIONES GEOMÉTRICAS.

▶ *Líneas de campo.*—Líneas continuas asociadas a un campo de vectores y tales que, en todo punto, el vector campo local es tangente a la línea de campo que pasa por ese punto. Cada línea de campo está orientada positivamente en el sentido del campo. Un calificativo recuerda en general la naturaleza física del campo asociado. *Ejemplo:* línea de flujo, línea de campo electrostático, línea de corriente (eléctrica), línea de fuerza, etc. Un conjunto de líneas de campo, que a veces es posible materializar, constituye el *espectro* del campo.
V. ESPECTRO ELÉCTRICO, ESPECTRO MAGNÉTICO, TUBO DE CAMPO.

▶ *Tubo de campo.*—Superficie acanalada formada por un conjunto de líneas de campo que pasan por los diferentes puntos de un contorno cerrado.
Si el campo es «de flujo conservatorio» (campo rotacional) se demuestra que es relativamente más intenso allá donde los tubos de campo se aprietan y menos intenso donde se ensanchan.

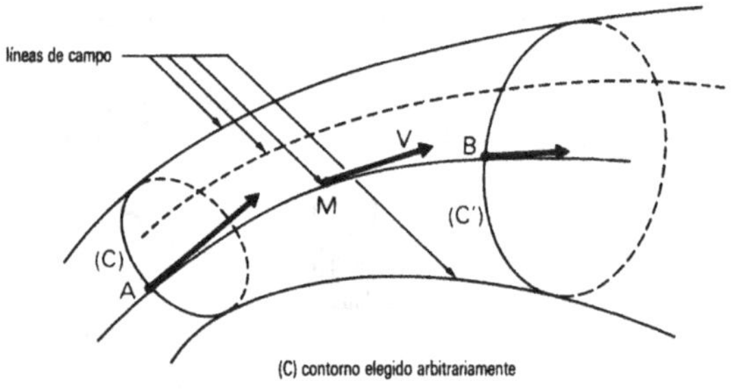

(C) contorno elegido arbitrariamente

Campos

▶ *Campos de un instrumento óptico.*—El campo objeto es el conjunto de puntos del espacio objeto que se puede ver, o fotografiar, con la ayuda del instrumento estudiado, para una regulación dada de éste y una posición del ojo o de la placa fotográfica. El conjunto conjugado en el espacio imagen es el *campo aparente* del instrumento.
Se estudian de manera separada en general el *campo en profundidad* (también llamado campo longitudinal) y el *campo lateral*, o en *anchura*, o *transversal*.

El campo en profundidad, contado siguiendo el eje del aparato, viene dado por la acomodación del ojo o por la tolerancia de nitidez de la placa fotográfica. Es, por ejemplo, de algunas micras en los microscopios. El campo lateral, en un plano de visión prefijado, es en general un círculo, cuyo radio determinan los diafragmas del instrumento. Se distingue el campo de *plena abertura*, conjunto de puntos que envían al receptor el mismo flujo lumínico máximo f, y el campo de *contorno*, anillo que rodea al campo de plena abertura y que comprende los puntos que envían flujos decrecientes, de f a O, a medida que sus posiciones se alejan hacia la periferia. Los constructores se esfuerzan por hacer desaparecer este campo de contorno.

▶ *Teoría cuántica de campos.*—Esta teoría, generalización de la electrodinámica cuántica, admite que toda interacción entre dos corpúsculos resulta de la propagación de un campo entre ambos corpúsculos, y precisa por otra parte que ese *campo* está *cuantificado*. Esto quiere decir que las ecuaciones que describen la propagación del campo no son más que el aspecto formal del intercambio entre los dos corpúsculos de una partícula, emitida por uno y absorbida por el otro. Estas partículas intermediarias, o *partículas de intercambio*, pueden por tanto ser creadas y luego aniquiladas. Son específicas de cada tipo de interacción.
V. GRAFOS DE FEYNMANN, INTERACCIONES, INTERACCIÓN ELECTRODÉBIL, POTENCIAL DE YUKAWA.

Candela (cd)

Unidad de intensidad luminosa. Es una de las siete unidades fundamentales del SI.
La unidad de intensidad luminosa, definida primitivamente con referencia a la luz de las velas, distinta entre uno y otro país, y denominada sucesivamente bujía, bujía decimal, bujía internacional..., fue definida, desde 1948, universalmente por referencia a la radiación del cuerpo negro y denominada candela. Es la «intensidad luminosa, en su dirección perpendicular, de una superficie de 1/60 cm^2 de cuerpo negro a la temperatura de fusión normal del platino». Más recientemente, en 1979, la Conferencia Internacional de Pesas y Medidas modificó esa definición:
«La candela es la intensidad luminosa, en una dirección dada, de una fuente que emite una radiación monocromática de frecuencia $540 \cdot 10^{12}$ Hz y cuya intensidad energética en esa dirección vale 1/683 watios por estereorradián (W/sr).»
Esta radiación de referencia es la que corresponde al máximo de sensibilidad del ojo humano en visión diurna (radiación verdeamarilla de longitud de onda próxima a $0{,}555.10^{-6}$ m). En cuanto a la fracción 1/683, ha sido elegida de manera que no se modifique sensiblemente el precedente valor de la unidad.
V. EFICACIA LUMINOSA RELATIVA, EQUIVALENTE ENERGÉTICO DEL LUMEN.

Canónicas

▶ *Ecuaciones canónicas.—Sinónimo:* Ecuaciones de Hamilton-Jacobi.

▶ *Variables canónicas de un sistema.*—Conjunto de sus *coordenadas generalizadas* y de sus *momentos conjugados*, q_i y $p_i (i = 1, 2, 3, ..., n)$, siendo n el número de grados de libertad del sistema.
V. ECUACIONES DE HAMILTON-JACOBI, PRINCIPIO DE ACCIÓN ESTACIONARIA.

Cantidad

▶ *Cantidad de aceleración:*
1. De un punto material.—Vector $m\boldsymbol{a}$, donde m es la masa inerte del móvil y $\boldsymbol{a}$ su aceleración.
2. De un sistema material.—V. TORSOR DINÁMICO.

▶ *Cantidad de calor.*—V. CALOR.

▶ *Cantidad de electricidad.*—V. CARGA ELÉCTRICA.

▶ *Cantidad de iluminación.*—Producto $e \cdot \Delta t$ de la iluminación de una pantalla por su duración Δt. Sinónimo: exposición luminosa.
V. OPACIDAD.

▶ *Cantidad de materia.*—V. MOL.

▶ *Cantidad de movimiento.*—En mecánica newtoniana, la *cantidad de movimiento* o *momento lineal* de un móvil puntual de masa m, animado de una velocidad $\mathbf{v}$, vale, por definición, $\mathbf{p} = m\mathbf{v}$. En mecánica relativista, siendo m la masa (en reposo) del móvil, su cantidad de movimiento vale:

$\mathbf{p} = m\mathbf{v}/\sqrt{1 - v^2/c^2}$, con c = velocidad de la luz.Para un móvil cualquiera, el conjunto de las cantidades de movimiento de sus diferentes puntos constituye su *torsor cinético*.
V. CUADRIVECTOR IMPULSO-ENERGÍA, IMPULSO DE UN MÓVIL.

▶ *Teorema de la cantidad de movimiento.*—«El aumento de la cantidad de movimiento $\mathbf{P}$ de un sistema material, durante un intervalo dado de tiempo $(t_1 \rightarrow t_2)$, es igual al impulso $\mathbf{I} = \int_{t_1}^{t_2} \mathbf{R} \cdot dt$, durante ese mismo intervalo de tiempo, de la resultante $\mathbf{R}$ de las fuerzas que sobre el sistema se ejercen: $\mathbf{P}_2 - \mathbf{P}_1 = \mathbf{I}$.»
Esta es una de las consecuencias directas de los principios fundamentales, en mecánica newtoniana y en relatividad restringida. El movimiento del sistema puede tener lugar en un referencial inercial o no inercial. En este caso hay que tener en cuenta, naturalmente, a las fuerzas de inercia.
Caso particular. Si $\mathbf{R}$ es constantemente nula (sistema aislado en movimiento, por ejemplo, en un referencial inercial), la cantidad de movimiento del sistema permanece invariable. Es una «constante del movimiento». Esta circunstancia se utiliza en la resolución de numerosos problemas: choques de partículas, retroceso de las armas de fuego, movimiento de vehículos «a reacción» —aviones, cohetes—, etc.

Cañón de electrones

Dispositivo destinado a la creación de pinceles de electrones.
Un cañón de electrones consta esencialmente de un *cátodo* emisor, su filamento calentador, varios *ánodos* y, en general, un electrodo intermedio llamado *Wehnelt*, del nombre de su inventor. Tomando como origen el potencial catódico, los ánodos son llevados a potenciales positivos regulables (varios millares de voltios) y el electrodo de Wehnelt a una tensión negativa, asimismo regulable, de algunas decenas de voltios. Esquemáticamente podemos decir que el Wehnelt conduce los electrones hacia la abertura del primer diafragma, que va a jugar el papel de punto objeto, mientras que la tensión eléctrica entre el Wehnelt y los ánodos crea el campo eléctrico necesario para acelerar los electrones y comunicarles la energía deseada. En realidad, el Wehnelt y los ánodos constituyen un sistema de *lentes electrostáticas* muy estudiado, que da del punto objeto una imagen puntual muy alargada, cuya iluminación depende de la tensión del Wehnelt.
Siendo U el valor máximo de la tensión a la que son sometidos los electrones, emitidos por el cátodo prácticamente sin velocidad inicial, es fácil calcular la velocidad v que poseen a la salida del cañón, por aplicación del teorema de la energía cinética. Si v es pequeña frente a la velocidad de la luz, c, se obtiene $v^2 = \frac{2e}{m}$ U. En caso contrario hay que recurrir a las expresiones de la mecánica relativista: $mc^2 \left(\frac{1}{\sqrt{1 - v^2/c^2}} - 1 \right) = e \cdot U$ (e y m son respectivamente la carga y la masa del electrón).

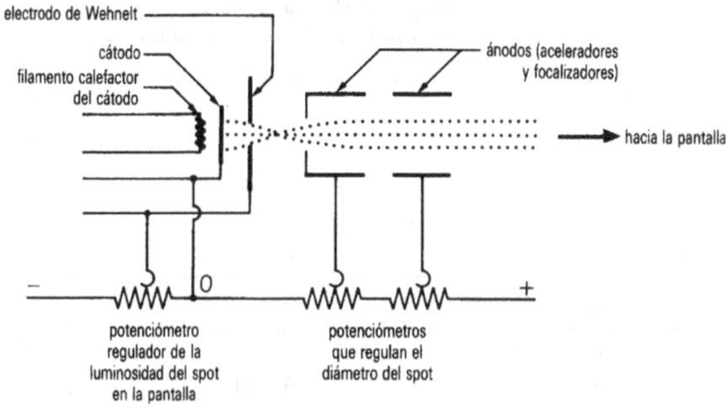

Están provistos de un cañón de electrones los aparatos de Franck y Hertz para la medida de potenciales de ionización, los microscopios electrónicos, los osciloscopios, los receptores de televisión, los escáners, etc.

Caos molecular

Cuando un gas está en equilibrio termodinámico en un recipiente cerrado, sus moléculas no están quietas. El reparto desordenado de sus posiciones y de sus vectores/velocidad se designa con la expresión gráfica de caos molecular.
V. LEY DE DISTRIBUCIÓN DE VELOCIDADES DE MAXWELL, TEORÍA CINÉTICA DE LOS GASES, TERMODINÁMICA ESTADÍSTICA.

Capa

▶ *Capa electrónica.*—Si se adopta el antiguo lenguaje de Bohr-Sommerfeld, una *capa* electrónica es un conjunto de electrones que describen en torno al núcleo de un átomo órbitas circulares o elípticas correspondientes a un mismo número cuántico principal n. Esas capas sucesivas son designadas habitualmente con las letras K, L, M..., siendo la capa K la más «próxima» al núcleo y la que corresponde al número cuántico más pequeño: $n = 1$. (V. ESPECTROS X.) Los electrones de una misma capa se reparten en varias «subcapas», cada una de ellas caracterizada por su número cuántico secundario l, cuyo valor está ligado a la forma de la trayectoria, $0 \leqslant l \leqslant (n - 1)$. A los electrones de una misma subcapa se les atribuye por otra parte un número cuántico de spin $s = \pm 1/2$, y un número cuántico magnético m, $-l \leqslant m \leqslant +l$ (V. EFECTO ZEEMAN); la energía de cada electrón planetario depende totalmente de los cuatro números cuánticos n, l, m y s.
La actual teoría cuántica ignora los conceptos de trayectoria y, consecuentemente, de órbita. Cada uno de los estados estacionarios del electrón atómico está definido por una función de onda independiente del tiempo, un *orbital*. El valor de la energía electrónica que se deduce depende precisamente de los cuatro números cuánticos precedentes n, l, m y s. Es, por tanto, absurdo seguir hablando de capa y de subcapa, salvo que se niegue a esas palabras su significación geométrica clásica.
V. ÁTOMO DE BOHR, CONFIGURACIÓN ELECTRÓNICA, MODELO VECTORIAL DE ÁTOMO, ESTRUCTURA FINA.

Designación de capas y subcapas.
Número máximo de electrones en cada una

Capas		Subcapas			Número máximo de electrones	
	n	Designaciones	*l*	*m*	Por subcapa	Por capa
K	1	1*s*	0	0	2	2
L	2	2*s*	0	0	2	8
		2*p*	1	−1 0 +1	6	
M	3	3*s*	0	0	2	18
		3*p*	1	−1 0 +1	6	
		3*d*	2	−2 −1 0 +1 +2	10	
N	4	4*s*	0	0	2	32
		4*p*	1	−1 0 +1	6	
		4*d*	2	−2 −1 0 +1 +2	10	
		4*f*	3	−3 −2 −1 0 +1 +2 +3	14	
	n	*n*s	0	0	2	$2n^2$
		.	.	.	.	
		.	.	.	.	
		.	.	.	.	
			$(n-1)$	$-l$ . . . . 0 . . . . $+l$	$4n-2$	

▸ *Capa doble.*—V. HOJA MAGNÉTICA.

Capacidad eléctrica

▸ *Capacidad de un acumulador,* o de una pila.—Cantidad total de electricidad que el aparato puede suministrar en funcionamiento normal. Se evalúa generalmente en amperio-hora (Ah). *Ejemplo:* Una pila corriente cuya f.e.m. vale 4,5 V, posee una capacidad de 1 Ah. Si se le exige alimentar un instrumento cuya potencia sea de 1 mW, es fácil deducir que lo podrá hacer sin discontinuidad durante 4.500 h.
Cuando una pila ha suministrado una cantidad de electricidad igual a su capacidad, está fuera de uso. Si se trata de un acumulador, es recargable.

▸ *Capacidad de un condensador.*—V. CONDENSADOR.

▸ *Capacidad de un conductor.*—V. COEFICIENTES DE INFLUENCIA ELÉCTRICA.

Capacidad térmica

Sinónimo: Capacidad calorífica.

Para elevar la temperatura de un cuerpo desde un valor T hasta una temperatura próxima T + *d*T en condiciones especificadas (a presión constante, por ejemplo), la experiencia de-

muestra que hay que suministrarle, bajo la forma que sea (térmica, mecánica, química...) una cantidad de energía dE. El cociente $C(T) = dE/dT$ mide por definición su capacidad calorífica a temperatura T.
Su capacidad calorífica media entre dos temperaturas T_1 y T_2, $C_{T_1}^{T_2}$, definida de forma análoga, puede medirse por una operación calorimétrica o evaluada si se conoce la función C(T):

$$C_{T_1}^{T_2} = \frac{1}{T_2 - T_1} \int_{T_1}^{T_2} C(T) \cdot dT.$$

Ambas magnitudes se miden en julios por grado kelvin ($J \cdot K^{-1}$). Se demuestra que las capacidades caloríficas a volumen constante, C_v, y a presión constante C_p, están ligadas a dos funciones de estado del cuerpo, la energía interna $U(T, v)$ y la entalpía $H(T, p)$ por las relaciones:

$$C_v = \frac{\partial U(T, v)}{\partial T}; \; C_p = \frac{\partial H(T, p)}{\partial T}.$$

Capacitancia

Magnitud característica de la influencia de un condensador eléctrico sobre la intensidad de la corriente alterna sinusoidal que le atraviesa. Su valor es $1/C\omega$ (C = capacidad del condensador, ω = pulsación de la corriente), y se evalúa en ohmios.
V. IMPEDANCIA, IMPEDANCIA COMPLEJA.

Capacitiva

▶ *Reactancia capacitiva.*—V. IMPEDANCIA ELÉCTRICA COMPLEJA.

Capilaridad

Propiedad de algunos fluidos y rama de la física (más exactamente de la mecánica de fluidos) que se ocupa de dicha propiedad: que estudia las características de los líquidos localizados sobre su superficie libre (superficie de contacto con el aire) o sobre su superficie de contacto con cualquier otro cuerpo, líquido, gaseoso o sólido. La forma curva, tan conocida, que adopta la superficie libre del mercurio, la existencia de «pompas de jabón», el ascenso del agua en un tubo muy fino, la forma esférica de una gota de agua en ausencia de gravedad... son ejemplos de *fenómenos capilares*.
Esta denominación se debe al hecho de que algunas de estas propiedades son particularmente notorias cuando un líquido se encuentra en el interior de un *tubo capilar*, tubo cuyo canal interior es fino «como un cabello».
Se atribuye el origen de estos fenómenos a dos circunstancias: 1.° Las moléculas superficiales, atraídas unas hacia otras por fuerzas de cohesión, forman en la superficie del líquido una membrana que puede compararse para ciertos efectos con una membrana elástica. 2.° Esas mismas moléculas son atraídas hacia un solo lado de la membrana por las moléculas que se encuentran en el interior del líquido.
Resulta de todo ello que en la superficie del líquido aparecen, a escala microscópica, fuerzas llamadas de *tensión superficial*, y que el área de la membrana toma espontáneamente el valor mínimo compatible con los enlaces. Hay que proporcionar trabajo para extender esa membrana, por lo que podemos hablar de una reserva de energía llamada *energía superficial*.
Esa energía y la tensión superficial explican la mayoría de los fenómenos capilares.
V. LEY DE JURIN, LEY DE LAPLACE, LEY DE TATE.

Cápsula manométrica

Cajita honda de metal, rígida y cerrada por una membrana elástica.
Cuando se somete una de las caras de la membrana a una presión desconocida p, estando la otra expuesta a la presión atmosférica ambiente p_0, la diferencia de presión $p - p_0$ provoca una deformación más o menos acusada de la membrana, deformación que puede servir para evaluar la cantidad $p - p_0$, o incluso para registrar sus variaciones eventuales en el decurso del tiempo.
Las deformaciones se tornan visibles, y más sencillas de medir (son débiles en general) amplificándolas por medio de un sistema de palancas exterior a la cápsula. Se puede igualmente comunicar el interior de la cápsula con un manómetro de agua.
Algunos micrófonos son asimilables a una cápsula manométrica, originando las deformaciones de la pared elástica una corriente eléctrica variable.

Captura K

Transmutación espontánea de un núcleo atómico por captura de un electrón, sacado generalmente de la capa K de su corteza electrónica.
Esta transformación, acompañada siempre de emisión de rayos X, se produce conservando el número másico y disminuyendo en una unidad el número atómico (como en la emisión β^+).
Ejemplo: ${}^7_4Be + {}^{0}_{-1}e \rightarrow {}^7_3Li + \nu$ (ν neutrino emitido).
En el interior del núcleo atómico se produce la transmutación de un protón en un neutrón ($p^+ + e^- \rightarrow n + \nu$) (proceso inverso al de la desintegración β^-), mientras que los rayos X emitidos provienen de la reordenación cortical tras la desaparición de un electrón K.
La actividad β y la actividad K son el objeto de la teoría de Fermi que llevó al descubrimiento de las interacciones débiles.

Carga

▶ *Carga de polarización.*—V. CARGA LIGADA.

▶ *Carga de prueba.*—Carga eléctrica puntual, de valor q conocido, cuyo rol se supone puramente pasivo. Colocada en un punto donde existe un campo eléctrico **E** no bien conocido, la fuerza $\boldsymbol{f}$ que sufre la carga de prueba permite conocer las características del vector campo **E** gracias a la relación $\boldsymbol{f} = q\mathbf{E}$.

▶ *Carga de ruptura.*—V. TENACIDAD.

▶ *Carga de un acumulador.*—V. ACUMULADOR.

▶ *Carga de un condensador.*—V. CONDENSADOR.

▶ *Carga eléctrica.*—Se sabe desde los trabajos de Coulomb (1785) que las cargas eléctricas son magnitudes escalares medibles, cuantitativamente definidas por la *Ley de Coulomb*. Existen dos tipos de cargas eléctricas que se ha convenido en medir con números positivos las unas y las otras con números negativos.
En el campo de la microfísica es una característica de cualquier partícula que participa en la interacción electromagnética. La determinación de la carga de una partícula se hace estudiando su movimiento en el seno de un campo electromagnético (**E**, **B**) conocido. Se deducen, sucesivamente, la fuerza responsable $\boldsymbol{f}$ del movimiento, y después, por aplicación de la ley de Lorentz $\boldsymbol{f} = q \cdot (\mathbf{E} + \boldsymbol{v} \times \mathbf{B})$ se obtiene la carga q. (V. CÁMARA DE WILSON, EXPERIENCIA DE MILLIKAN). Se encuentra que todas las partículas eléctricamente cargadas llevan una carga igual, en valor absoluto, a una cantidad e llamada carga elemental (aproximadamente igual a $1{,}6 \cdot 10^{-19}$ C), salvo acaso los quarks. El protón, por ejemplo, lleva una carga igual a $+e$, el

electrón una carga igual a $-e$, mientras que el protón es eléctricamente neutro. El origen de esas coincidencias y diferencias es por ahora desconocido. (V. NÚMERO DE CARGA, CUADRO DE PARTÍCULAS SUBATÓMICAS O ELEMENTALES). Un átomo contiene el mismo número de protones y de neutrones, y resulta eléctricamente neutro por compensación.
En el dominio macroscópico todo cuerpo material contiene gran número de átomos. Su carga eléctrica global es, por tanto, nula, salvo si ha perdido o captado un número de electrones. En ese caso lleva una carga –se dice también una cantidad de electricidad– positiva o negativa. Pero puede igualmente, aun permaneciendo eléctricamente neutro, llevar cargas eléctricas positivas en ciertas zonas y cargas negativas en otras zonas (V. INFLUENCIA ELÉCTRICA).
En todas las transformaciones conocidas la carga eléctrica obedece siempre a dos leyes: una ley de *conservación* y una ley de *invariancia*.
Las cargas eléctricas se miden en culombios (C), unidad del **SI**, y raramente en franklin (unidad c.g.s.e.). 1 franklin = $(1/3 \cdot 10^{9})$ C. En física de partículas la unidad de carga es siempre la carga elemental e.
V. CARGA BARIÓNICA, CARGA LEPTÓNICA, CORRIENTE ELÉCTRICA, ELECTRIZACIÓN, IONES.

▶ *Carga espacial.*—Las partículas electrizadas libres de moverse en el interior de algunos dispositivos –tubos electrónicos, aceleradores de partículas– constituyen en cada instante una carga eléctrica repartida en el volumen de una cavidad. Es una *carga espacial.*
Por intermedio de los campos eléctricos y magnéticos que esta carga crea en todo punto de la cavidad, ejerce una influencia sobre cada una de las partículas electrizadas que la constituyen; la carga de espacio, por consiguiente, influye en el funcionamiento del aparato. Se comprende entonces la necesidad de tenerla en cuenta en el estudio de este tipo de dispositivos.

▶ *Carga libre.*—Carga eléctrica que lleva un corpúsculo (ion, electrón...) libre de moverse.
V. PORTADOR DE CARGA, TEOREMA DE GAUSS, TEORÍA DE BANDAS DE ENERGÍA.

▶ *Carga ligada o carga de polarización.*—Carga eléctrica perteneciente a un corpúsculo (átomo o molécula) que puede deformarse, polarizarse.
En un dieléctrico polarizado aparecen cargas ligadas no compensadas en las superficies libres con una densidad superficial local σ, y si la polarización del dieléctrico no es homogénea, en todo punto interior del mismo con una densidad volúmica local ρ. Se demuestran las relaciones $\sigma = \mathbf{P} \cdot \mathbf{n}$; $\rho + -\mathrm{div}\mathbf{P}$, donde **P** es el vector polarización local y **n** el vector unitario normal a la superficie (orientado hacia el exterior.
V. CORRIENTE DE POLARIZACIÓN, TEOREMA DE GAUSS.

▶ *Carga másica.*—Relación entre la carga eléctrica y la masa de un corpúsculo. Es una magnitud característica de cada partícula subnuclear. Se evalúa en culombios por kilogramo (C/kg). Vale, por ejemplo, alrededor de $1{,}7 \cdot 10^{11}$ C/kg para el electrón y $9{,}5 \cdot 10^{7}$ C/kg para el protón.

▶ *Centro de carga.*—Baricentro de un conjunto de n cuerpos puntuales A_i portadores de cargas $q_i (i = 1, 2, 3 ..., n)$, positivas o negativas. Siendo O un punto cualquiera del espacio, la posición del centro de carga C, totalmente independiente del origen arbitrario O, está dada por la relación: $\mathbf{OC} = (\Sigma q_i \cdot \mathbf{OA}_i)/q$, donde $q = \Sigma q_i$ es la carga total del sistema.
V. MOMENTO ELÉCTRICO MULTIPOLAR, POLARIZABILIDAD.

▶ *Densidad lineal, superficial, volúmica de carga.*—V. cada una de esas palabras.

▶ *Operador conjugación de carga.*—Operador, cuya notación es C, que aplicado al vector de estado de una *partícula* subnuclear le hace corresponder el vector de estado de su *antipartícula*. Su efecto es, por tanto, invertir el signo de todas las cargas de la partícula (carga eléctrica, bariónica, etc.). Las interacciones electromagnéticas y fuertes permanecen invariantes por conjugación de carga, no así las interacciones débiles.
V. TEOREMA TPC.

Carnot Sadi (1796-1832)

▶ *Ciclo de Carnot.*—Ciclo termodinámico de una máquina térmica ideal que funciona de modo reversible intercambiando calor con dos fuentes. Está compuesto por dos transformaciones isotermas y dos adiabáticas, alternadas, del fluido en evolución (gas o mezcla gas-líquido).
Si la máquina funciona como motor, el ciclo toma calor Q_1 de la fuente cálida (isoterma AB), se expansiona de manera adiabática (BC), restituye a la fuente fría un calor Q_2, menor que Q_1 (isoterma CD) y por fin es comprimido de modo adiabático hasta llegar a su estado inicial (adiabática DA). En una máquina receptora (refrigerador o bomba de calor) el ciclo es idéntico al precedente, pero recorrido en sentido contrario, estando también invertidos los sentidos de los intercambios de calor.
V. Rendimiento de una máquina térmica, Teorema de Carnot.

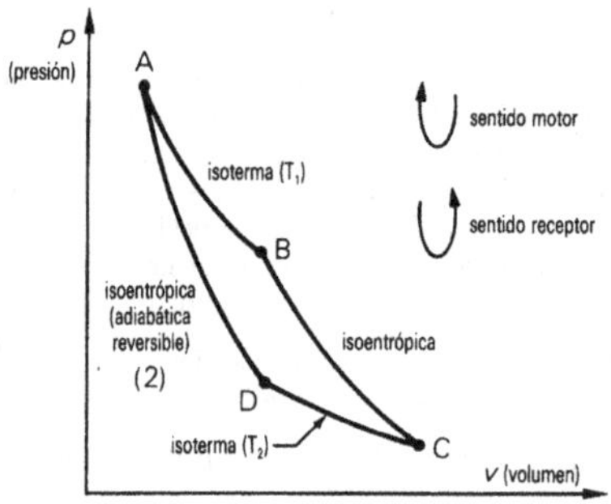

Diagrama de Clapeyron (para un gas perfecto). El área del diagrama mide el trabajo intercambiado con el exterior en el curso de un ciclo; trabajo equivalente a la cantidad de calor ($q_1 - q_2$)

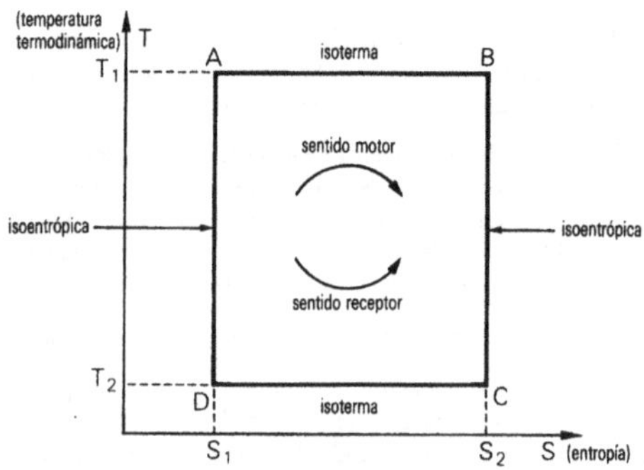

Diagrama entrópico

El área del diagrama mide el calor ($q_1 - q_2$), intercambiado con las fuentes, cuyas temperaturas valen respectivamente T_1 y T_2.

▶ *Función de Carnot.*—En virtud del teorema de Carnot, el rendimiento $d\eta$ de una máquina térmica que funciona siguiendo un ciclo de Carnot «elemental» (la temperatura $t - dt$ del foco frío se supone muy próxima a la temperatura t del foco cálido) depende exclusivamente de esas dos temperaturas. Se demuestra que puede escribirse: $d\eta = \Gamma(t) \cdot dt$. $\Gamma(t)$ es la *función de Carnot* relativa a la escala termométrica t. En la escala termodinámica T la función de Carnot es $\Gamma(t) = 1/T$, así el rendimiento elemental es $d\eta = dT/T$.

▶ *Principio de Carnot.*—*Sinónimo:* Principio de Carnot-Clausius.
V. SEGUNDO PRINCIPIO DE LA TERMODINÁMICA.

▶ *Teorema de Carnot.*—Es una consecuencia del segundo principio de la termodinámica. Se enuncia generalmente bajo la forma de dos proposiciones: 1 / Todas las máquinas térmicas equivalentes entre dos focos, (motor, refrigerador o bomba de calor), que funcionan de manera reversible con fuentes de calor a las *mismas temperaturas* t_1 y t_2 tienen *el mismo rendimiento*.
Este rendimiento η no depende, por tanto, ni del cuerpo que describe el ciclo característico de la máquina ni de las particularidades del ciclo, sino solamente de las temperaturas de las fuentes: $\eta = f(t_1, t_2)$. La forma matemática de la función f depende de la escala de temperatura utilizada.
2 / Toda máquina térmica real, de funcionamiento irreversible, por tanto, posee un rendimiento térmico *inferior* al de una máquina, del mismo tipo, con funcionamiento reversible, que utilice las mismas fuentes de calor.
Si llamamos Q_1 y Q_2 a los calores recibidos por el cuerpo que sufre la evolución (Q_1 y Q_2 medidos utilizando el criterio termodinámico de signos) y si T_1 y T_2 son las temperaturas absolutas de ambas fuentes, se demuestra que el teorema de Carnot se traduce matemáticamente por estas dos relaciones:

$$(Q_1/T_1) + (Q_2/T_2) = 0 \text{ para un ciclo ideal (reversible).}$$
$$(Q_1/T_1) + (Q_2/T_2) < 0 \text{ para un ciclo real (irreversible).}$$

V. RELACIONES DE CLAUSIUS, TEMPERATURA TERMODINÁMICA.

Carré Ferdinand (824-1900)

▶ *Experiencia de Carré.*—Es posible realizar, sin fuente de calor externa, la ebullición del agua, *disminuyendo* suficientemente la *presión* a que está sometida. Se comprueba que durante la ebullición el agua se enfría paulatinamente, transformándose parcialmente en hielo. La congelación, transformación exotérmica, compensa así el débito energético de la ebullición, transformación endotérmica.

Catadióptrico

▶ *Sistema catadióptrico.*—Sistema óptico que consta de un *espejo* asociado a un sistema dióptrico. Un telescopio es un sistema catadióptrico.
Se desmuestra que un sistema catadióptrico, trabajando en la aproximación de Gauss, es equivalente a un único espejo. Por ejemplo, una lente delgada seguida de un espejo plano perpendicular a su eje establece la misma correspondencia entre objeto e imagen que un espejo esférico.

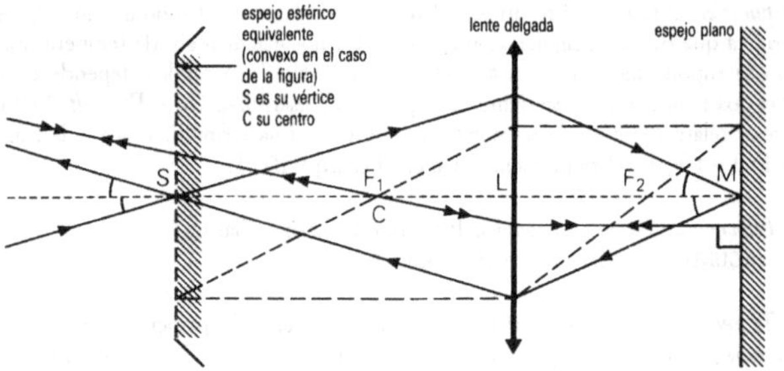

Catetómetro

Raíces griegas que significan vertical y medida.

Instrumento destinado a medir con precisión longitudes verticales. Un visor puede deslizar a lo largo de una regla vertical graduada. El eje del visor es horizontal, y con él se enfocan sucesivamente los extremos del objeto de estudio (por ejemplo, las posiciones de las superficies libres superior o inferior de un barómetro de mercurio). Se obtiene con facilidad una precisión superior a la décima de milímetro.

Catión

De un verbo griego que significa descender.

Átomo o grupo de átomos que llevan, por defecto electrónico, una o más cargas eléctricas elementales *positivas*.
Ejemplo: Perdiendo un electrón, un átomo de hidrógeno, primitivamente neutro, se convierte en el catión H^+ y una molécula de hidrógeno en el catión H_2^+.
Sometidos a un campo eléctrico en una cuba electrolítica, los cationes se desplazan en el sentido del campo y, por tanto, en el sentido convencional de la corriente eléctrica. «Descienden por» la corriente, de ahí su nombre. El electrodo al que se dirigen se llama cátodo.
V. ANIÓN, ELECTRÓLISIS, ION, RAYOS POSITIVOS.

Catódicos

▶ *Electrones catódicos.*—Electrones que salen del cátodo de un tubo electrónico.
1 / En los tubos de *cátodo caliente* —diodo, triodo, tubo de Coolidge, etc.— los electrones presentes en el material que constituye el cátodo pueden escapar al exterior si la agitación térmica es suficiente (V. EFECTO TERMOELÉCTRICO).
2 / En los tubos de *cátodo frío* —tubo de Crookes, por ejemplo— los electrones son expulsados del cátodo por efecto de los choques debidos a los iones positivos del gas que llena el tubo, y son precipitados en el ánodo por la acción del intenso campo eléctrico.
3 / La emisión de electrones catódicos puede resultar igualmente de choques con fotones, de ahí el nombre de *fotocátodos* que reciben los cátodos de las células fotoeléctricas.
Cuando son lanzados en una atmósfera muy rarificada —presión inferior a una centésima de milibar (se habla a veces de «vacío catódico»)— los electrones se propagan en línea recta y constituyen los *rayos catódicos*.
V. CAÑÓN DE ELECTRONES, OSCILOSCOPIO, TUBO DE BRAUN.

Cátodo

V. ELECTRODO, ELECTRÓLISIS, ELECTRONES CATÓDICOS.

Catodoluminiscencia

Luminiscencia obtenida por bombardeo de un blanco por medio de un haz de *rayos catódicos*, es decir, de electrones acelerados por una tensión eléctrica suficiente. Cada uno de los electrones del haz es eficaz si su energía cinética, al llegar al blanco, es igual al menos al cuanto de energía mínimo para que el material que recibe el impacto emita un fotón.
Las imágenes que podemos ver en los osciloscopios, microscopios electrónicos, receptores de televisión... se deben a un fenómeno de *catodoluminiscencia*. Los revestimientos luminiscentes de sus pantallas se eligen en función de los colores que se quiere obtener y de la persistencia deseada para la imagen. Hablamos de fluorescencia o de fosforescencia según sea la naturaleza del revestimiento.
La luminiscencia obtenida por bombardeo con rayos β, electrones rápidos emitidos espontáneamente por los cuerpos radiactivos, se clasifica entre los fenómenos de radioluminiscencia.

Catóptrico

De una palabra griega que designa un espejo.

Nombre con el que los «filósofos» griegos designaban la parte de la óptica que estudia los fenómenos asociados a la *reflexión* de la luz.

▶ *Sistema catóptrico.*—Sistema óptico que refleja los rayos luminosos que recibe.
Los espejos son sistemas catóptricos, en contraposición a las lentes, que son sistemas *dióptricos*.
V. SISTEMA CATADIÓPTRICO.

Cauchy Augustin-Louis (1789-1857)

▶ *Fórmula de Cauchy.*—Relación que da el valor del índice de refracción n de un medio transparente dispersivo en función de la longitud de onda λ de la luz monocromática utilizada: $n^2 = a + \frac{b}{\lambda^2} + \frac{c}{\lambda^4}$; a, b, c son tres constantes positivas, dependientes del medio, que se determinan midiendo tres pares de valores (n, λ).
Este tipo de fórmula traduce con gran precisión un conjunto de resultados que afectan en particular a los índices de refracción del aire y de diferentes vidrios ópticos. Los índices de otros medios, del agua, por ejemplo, son mejor representados por una fórmula más completa, llamada *fórmula de Briot*:

$$n^2 = a + \frac{b}{\lambda^2} + \frac{c}{\lambda^4} + d\lambda^2.$$

La teoría electromagnética de la luz da una explicación de estas fórmulas y precisa sus condiciones de validez.
V. FÓRMULA DE SELLMEIER.

Cáustica

De un verbo griego que significa arder.

▶ *Superficie cáustica.*—Tras haber atravesado un sistema óptico cualquiera, los rayos luminosos salidos de una misma fuente puntual son todos ortogonales a una misma familia de superficies

(V. TEOREMA DE MALUS) y en consecuencia tangentes a una superficie envolvente. Es una *superficie cáustica*. Esta denominación recuerda que se trata de una zona de fuerte acumulación de energía luminosa. Su forma depende del sistema y de la posición del punto objeto.
Ejemplo: si el punto fuente S está en el eje de un sistema óptico centrado se obtiene una cáustica de dos capas. Una de ellas es una porción del eje, la otra es una superficie de revolución alrededor del eje y adquiere la forma de un cáliz cuyo vértice S' es uno de los extremos de la primera capa. Diafragmando el sistema hasta utilizar sólo rayos paraxiales, se ve cómo ambas capas se reducen progresivamente al punto S', imagen del punto objeto S en la aproximación de Gauss.
V. ABERRACIONES GEOMÉTRICAS.

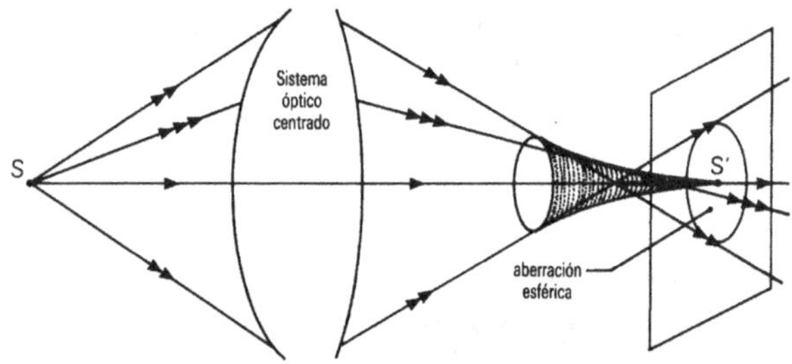

Cavendish Henry (1731-1810)

▶ *Constante de Cavendish.*—V. CONSTANTE DE GRAVITACIÓN.

▶ *Experiencia de Cavendish.*—Experimento electrostático que demostró que la carga eléctrica almacenada por un conductor en equilibrio se encuentra localizada en su superficie externa.
Consiste en poner un conductor cargado con la superficie interior de un conductor hueco S. Se constata que la carga del conductor cargado pasa instantáneamente a la superficie exterior de S, lo que puede verificarse con una precisión superior a $1/10^5$.
Este fenómeno, necesaria consecuencia de la ley de Coulomb (fundamento de la electrostática), es considerado como una de las mejores verificaciones experimentales de esta ley.

Cavidad resonante

Recinto limitado por paredes conductoras, de cobre por ejemplo, que contiene una sustancia aislante, aire las más de las veces. Si se producen en el interior del recinto oscilaciones eléctricas mantenidas de frecuencia adecuada se forman, por una serie de reflexiones múltiples en las paredes, *ondas estacionarias* de gran amplitud, a la manera en la que se establecen ondas estacionarias mecánicas en una cuerda vibrante. La cavidad entra en resonancia.
Las ondas estacionarias en la cavidad resonante obedecen a las ecuaciones de Maxwell completadas por las condiciones que imponen las paredes. Son accesibles las soluciones para cavidades de forma simple (paralelepipédica, cilíndrica, esférica...). Cada solución define un «*modo de oscilación*» de la cavidad y da la expresión de la *frecuencia propia* correspondiente.
Ejemplo: Las frecuencias propias de una cavidad resonante de forma cúbica y arista a valen:
$N = \frac{c}{2a}\sqrt{l^2 + m^2 + n^2}$, siendo c la velocidad local de las ondas, y l, m, n tres números enteros positivos arbitrarios (no todos nulos). La frecuencia propia más débil ($l = 1$, $m = 0$, $n = 0$) vale

$N_1 = c/2a$. Es la *frecuencia fundamental*. Una cavidad cúbica de 5 cm de arista puede, por tanto, entrar en resonancia con una onda decimétrica $\lambda_1 = \frac{c}{N_1} = 2a$.

Las cavidades resonantes se usan corrientemente en montajes electrónicos en *hiperfrecuencia*, que encontramos en aceleradores de partículas, magnetrones, indímetros, radares...

Cavitación (Formación de cavidades)

Aparición de «cavidades» en el seno de un cuerpo líquido o gaseoso. Son en realidad regiones en las que la *presión* local se hace anormalmente débil. Este fenómeno se produce, por ejemplo, cuando un fluido entra en agitación violenta (en algunas turbinas hidráulicas, cerca de las hélices de un navío o un avión girando a gran velocidad, etc.). Aparece a veces acompañada de importantes degradaciones materiales.

Celeridad

Sinónimo: Velocidad, rapidez.

Se aconseja, cuando hay riesgo de confusión, utilizar la palabra *velocidad* para designar la que poseen los *objetos materiales* y llamar *celeridad* a la rapidez de *propagación de una onda* o una señal. Esta precaución evita, por ejemplo, confundir la rapidez de una señal eléctrica transmitida a lo largo de un conductor eléctrico —del orden de 300.000 km/s— con la velocidad de deriva de los portadores de carga en el conductor —algunos milímetros por segundo como máximo—.

N. del T.: Ha habido varios intentos de introducir la palabra francesa *célerité* en el dominio de la física en castellano, en más de un sentido y sin demasiado éxito. No obstante, parece razonable la distinción señalada en el texto francés del que venimos.

Celostato

Dispositivo óptico utilizado en los observatorios astronómicos. Es esencialmente un espejo plano, o un sistema equivalente, que un mecanismo de relojería hace girar regularmente alrededor de un eje, con una velocidad calculada convenientemente. El celostato, una vez regulado, envía, por reflexión, la luz que recibe (de la zona del cielo que se quiere estudiar) al eje del anteojo de observación. Éste puede así permanecer inmóvil, incluso si la observación ha de ser prolongada.

Un dispositivo semejante se utiliza para la luz solar. El aparato se llama entonces *helioscopio* (no confundir con el *heliostato* usado en Geodesia).

Celsius Anders (1701-1744)

▶ *Temperatura Celsius.*—La escala de temperaturas que se utiliza en la vida corriente fue propuesta por Celsius hacia 1740. Hasta una época muy reciente, se fundamentaba en la dilatación aparente del mercurio en un tubo de vidrio, con dos puntos fijos convencionales: 0 °C para la temperatura del hielo fundente y 100 °C para la temperatura de ebullición del agua a la presión atmosférica normal. Este «intervalo fundamental» se dividía en 100 partes iguales sobre el cristal, valiendo cada división un grado. Esto resultaba equivalente a definir una escala de referencia arbitraria imponiendo entre la temperatura θ y el volumen aparente v del mercurio en su envoltura una relación afín o lineal: $v = a\theta + b$ (V. ESCALA CENTESIMAL).

Desde 1948, la temperatura Celsius, t, medida en grados Celsius se *define* legalmente a partir de la temperatura termodinámica T, medida en Kelvins (K), por la relación $t = T - T_0$, siendo $T_0 = 273{,}15$ Kelvins, la temperatura absoluta a la que funde el hielo. De ahí resulta en particular: 1.° que una variación de temperatura posee el mismo valor en ambas escalas: $\Delta t(°C) = \Delta T(K)$ (sería lógico por analogía medir t en Celsius (¿Ce?) y no en «grados» Celsius (°C); 2.° que los puntos fijos 0 y 100 conservan sus antiguos valores (V. Cuadro). Con este fin se ha elegido el valor 273,16, atribuido a la temperatura del punto triple del agua.

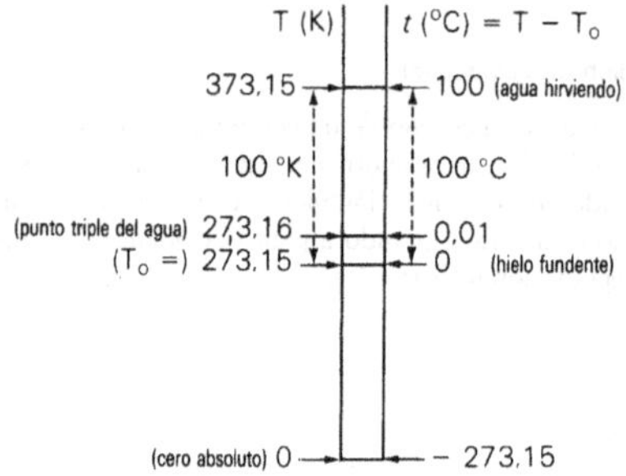

Nótese que la dilatación del mercurio ya no juega papel alguno en la *definición* actual de la temperatura Celsius. Los termómetros de mercurio dan aproximadamente los valores de t, lo que explica que se les continúe utilizando en la vida corriente, en la que una gran precisión es superflua. Ese no es el caso de los laboratorios (V. ESCALA INTERNACIONAL DE TEMPERATURAS).

Centígrado

1 / Centésima parte del grado, unidad de ángulo plano.
2 / Calificativo, hoy en desuso, de la escala de temperatura Celsius. °C se lee grado Celsius y no grado centígrado.

Central nuclear

Instalación industrial que suministra energía eléctrica a partir de la energía que se libera en el curso de una reacción nuclear. Todas las centrales nucleares actuales utilizan las reacciones de *fisión* de productos («combustibles») fisibles: plutonio, torio, uranio. No existe hoy ninguna que utilice reacciones de *fusión*; la fusión controlada no resulta aún realizable, ni siquiera en el laboratorio.
Una central nuclear comprende, en esquema: un *reactor*, órgano en el que se produce la fisión, liberándose energía en forma de energía térmica, un *fluido portador de calor* que asegura la transferencia de esta energía hacia un *grupo turbina-alternador*, que la convierte en energía eléctrica, necesitando por fin una serie de *órganos protectores* contra las radiaciones nocivas.
En concurrencia con el uso probable de energías renovables (eólica, geotérmica, solar), el desarrollo de las centrales nucleares permitirá economizar carbón y petróleo, materias primas preciosas para la industria química, cosa que se olvida a menudo. Sin embargo, aquí se plantea la grave cuestión de las posibilidades de protección contra los efectos peligrosos, permanentes o accidentales, de las centrales nucleares. El problema de la eliminación de los desechos radiactivos, por ejemplo, no está aún resuelto.
V. ENERGÍA TERMONUCLEAR, REACTOR NUCLEAR, TIPOS DE REACTORES.

Centro

▶ *Centro de carga, de gravedad, de inercia, de masas.*—V. esas distintas palabras.

▶ *Centro de empuje.*—V. LEY DE ARQUÍMEDES.

▶ *Centro óptico.*—Punto situado en el eje principal de una lente, tal que a todo rayo interior que pasa por ese punto le corresponden un rayo incidente y un rayo emergente paralelos entre sí. Este rayo incidente atraviesa la lente sin desviación.

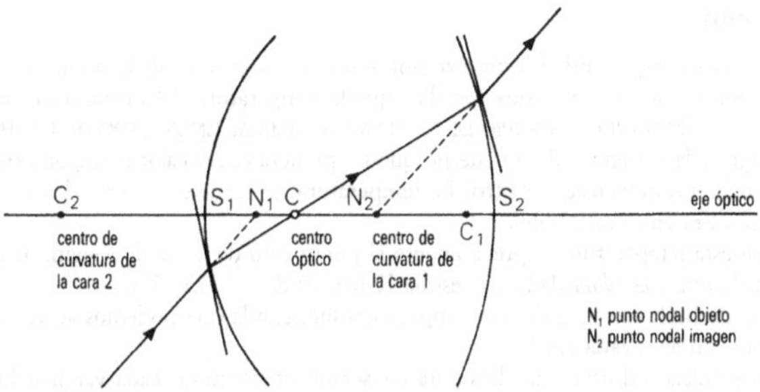

Čerenkov Pavel Alexeïevitch (1904)

Premio Nobel en 1958 (con Frank y Tamm).

▶ *Efecto Čerenkov* (Tcherenkov).—Emisión de luz que acompaña al movimiento de una partícula eléctricamente cargada cuando atraviesa un medio material transparente con una velocidad v superior a la velocidad local c' de la luz.
Esta radiación luminosa, generalmente azul-violácea, se propaga en capas cónicas que envuelven la dirección seguida por la partícula, formando sus normales con esta dirección un ángulo θ ($\cos\theta = c'/v$). Es una onda, por tanto, tipo estela, análoga a las que se observan en la superficie del agua al paso de una canoa rápida, o a la onda de choque de un ingenio aéreo supersónico.

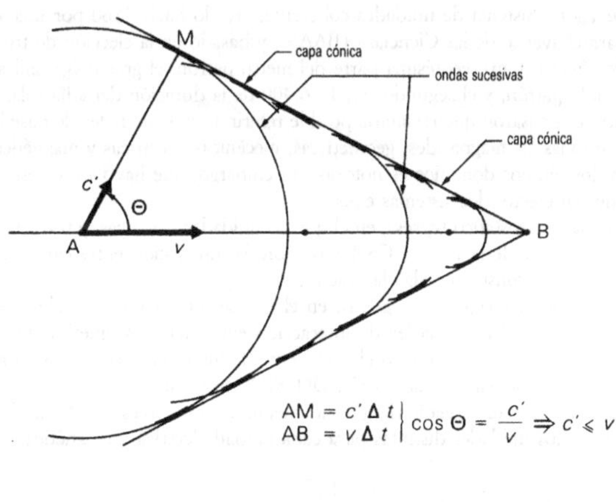

Este fenómeno, predicho por Sommerfeld en 1904, y observado por primera vez (en 1926) por Lucien Mallet, fue completamente estudiado por Čerenkov (1934); el estudio lo perfeccionaron Frank y Tamm cinco años después. Esta teoría admite que la partícula produce a su paso una polarización efímera en los átomos a los que se aproxima. La despolarización consiguiente libera energía luminosa. La capa cónica es la envolvente de las sucesivas ondas emitidas. Se utiliza el efecto Čerenkov en detectores y contadores de partículas.

Cero absoluto

Cuando dos cuerpos aislados del exterior son puestos en contacto, el cuerpo «más caliente» cede calor al cuerpo «más frío». Se dice que la temperatura del primero es superior a la del segundo (V. SEGUNDO PRINCIPIO DE LA TERMODINÁMICA, ENUNCIADO DE CLAUSIUS). Se puede imaginar la existencia de un cuerpo que no pudiera ceder calor a ningún otro. Estaría, por tanto, más frío que cualquier otro. La temperatura de ese cuerpo sería el *cero absoluto.*
Se demuestra en termodinámica:
1 / Que esta temperatura es precisamente el punto cero de la escala Kelvin, de ahí la denominación de *escala absoluta* dada a la escala Kelvin (0 K = − 273,15 °C).
2 / Que de hecho se trata de una temperatura límite, a la que podemos acercanos experimentalmente, sin alcanzarla jamás.
Se han empleado distintos medios para conseguir temperaturas cada vez más bajas.
Con las *mezclas refrigerantes* (hielo y sal, por ejemplo), es posible alcanzar temperaturas del orden de − 20 °C. La utilización de la *ebullición* de los líquidos a *presión reducida*, de la *expansión adiabática* de los gases, combinada con la técnica de los intercambios de calor, ha permitido licuar progresivamente todos los gases, y llegar así a los alrededores de 4,2 K, temperatura normal de ebullición del helio. Con la ebullición del helio a presión reducida, se llega finalmente a las cercanías de 1 K.
Entonces, el procedimiento de *desimanación adibática* es el único que permite alcanzar temperaturas inferiores. El récord actual es del orden de 10^{-8} K.
V. TEMPERATURAS NEGATIVAS.

c.g.s.

▶ *Sistema c.g.s.*—Sistema de unidades coherente, creado hacia 1860 por una «Asociación británica para el avance de las Ciencias» (BAAS), y basado en la elección de tres unidades básicas: el centímetro (cm), centésima parte del metro patrón, el gramo (g), milésima parte de la masa del kilo patrón, y el segundo (s), 1/86.400 de la duración del «día solar medio».
Sus creadores pensaron que resultaría posible referir a estas unidades de base las unidades derivadas de todas las magnitudes, geométricas, mecánicas, eléctricas y magnéticas.
En estos dos últimos dominios es notorio, sin embargo, que hay varias posibilidades. Se han construido, en efecto, dos sistemas c.g.s.:
— El sistema electrostático (cgses), en el que las unidades eléctricas, y tras ellas las magnéticas, se definen a partir de la Ley de Coulomb sobre la interacción entre cargas eléctricas, escrita de manera que la constante valga la unidad: $f = q \cdot q'/r^2$.
— El sistema electromagnético (cgsem), en el que se toma convencionalmente igual a la unidad el coeficiente relativo a la ley de interacción entre masas magnéticas $f = mm'/r^2$ (antigua ley culombiana del magnetismo), o el coeficiente de interacción entre dos corrientes eléctricas (teoría amperiana actual) $f = 2ii'\, l/a$ (V. DEFINICIÓN DE AMPERIO).
Ambos sistemas se han revelado desgraciadamente incompatibles, en el sentido de que nos llevan a definir dos unidades distintas para cada unidad eléctrica y magnética.

Ante esta dificultad sólo había dos posibles caminos:
– yuxtaponer los dos sistemas, asignando a cada uno de ellos su propio dominio de uso, lo que se lleva a cabo en el *sistema de Gauss;*
– abandonar uno y otro y elegir una cuarta unidad básica en el dominio electromagnético; esto es lo que se hace en el sistema internacional actual (SI).
V. RELACIONES DE COORDINACIÓN, CUADRO DE SISTEMAS DE UNIDADES (Anexo 1).

Ci

Símbolo del curie, antigua unidad de *actividad* de los cuerpos radiactivos.

Ciclo

▶ *Ciclo por segundo.*—Unidad —desaconsejada— de frecuencia. 1 ciclo/s = 1 hertz = 1 Hz. (= 1 hertzio).

▶ *Ciclo termodinámico.*—Sucesión *cerrada* de transformaciones sufridas por un sistema material (estado final idéntico al estado inicial).
El fluido que evoluciona en una máquina térmica (motor térmico, máquina frigorífica o bomba de calor) describe sucesivamente un mismo ciclo termodinámico. (Cuando, en el curso del funcionamiento de la máquina, el fluido es expulsado a la atmósfera —como en los motores de explosión, por ejemplo—, se cierra el ciclo mentalmente imaginando que el fluido expulsado es devuelto a su estado inicial a través de transformaciones ficticias.) Cada tipo de máquina está caracterizado por un ciclo termodinámico diferente, designado generalmente con el nombre de su «inventor». *Ejemplo:* Ciclo de Otto (o de Beau de Rochas) en los motores de explosión; ciclo de Diesel, en los motores del mismo nombre; ciclo de Rankine, o ciclo de Hirn, en las turbinas y máquinas de vapor alternas; ciclo de Rankine inverso en las máquinas frigoríficas de compresión y en las bombas de calor.
En toda máquina real las transformaciones y, en consecuencia, los ciclos, son por naturaleza *irreversibles.* Se suele asociar a cada uno de ellos, en el estudio comparativo de sus rendimientos, un *ciclo de Carnot* ideal, funcionando el ciclo ditermo reversible entre las temperaturas extremas alcanzadas por el ciclo.

▶ *Ciclo termonuclear.*—Sucesión aceptable de reacciones nucleares conocidas, simples (intervienen en cada una de ellas no más de dos corpúsculos), que llevan a la síntesis de un núcleo de helio 4 (helión, o partícula alfa) por *fusión* de cuatro núcleos de hidrógeno (protones). Tal reacción no puede producirse de modo directo, ya que el encuentro simultáneo de cuatro corpúsculos es sumamente improbable.
A esta fusión, altamente exoenergética —alrededor de 27 MeV por helión—, se atribuye hoy la energía radiada por las estrellas, en particular por nuestro Sol (hipótesis de Perrin, 1919). Dos ciclos parecen verosímiles: el ciclo CNO —carbono, nitrógeno, oxígeno— o *ciclo de Bethe*, del nombre del físico que lo propuso, y el *ciclo pp* (protón, protón), del que existen algunas variantes..., o ciclo de Weissacker.
Ciclo de Bethe: $^{1}H + ^{12}C \rightarrow ^{13}N \rightarrow ^{13}C + e^{+} + \nu$ (ν = neutrino)
$^{1}H + ^{13}C \rightarrow ^{14}N$
$^{1}H + ^{14}N \rightarrow ^{15}O \rightarrow ^{15}N + e^{+} + \nu$
$^{1}H + ^{15}N \rightarrow ^{12}C + ^{4}He$
Ciclo pp: $^{1}H + ^{1}H \rightarrow ^{2}D + e^{+} + \nu$
$^{1}H + ^{2}D \rightarrow ^{3}He$
$^{3}He + ^{3}He \rightarrow ^{4}He + ^{1}H + ^{1}H$
$^{1}H + ^{2}D \rightarrow ^{3}He$
$^{1}H + ^{1}H \rightarrow ^{2}D + e^{+} + \nu$

Cualesquiera que sean las reacciones intermedias, que varían ciertamente de una estrella a otra y de una región a otra, el balance es el mismo: $4\ {}^1_1H \rightarrow {}^4_2He + 2e^+ + 2\nu$.
La energía liberada mantiene la masa de la estrella a la elevada temperatura necesaria para este tipo de reacción (alrededor de 10^7 K), a pesar de la energía radiada.
V. ENERGÍA TERMONUCLEAR, FUSIÓN NUCLEAR, REACCIÓN NUCLEAR.

Ciclotrón

Acelerador de partículas de forma circular, de donde proviene su nombre, ideado y realizado por primera vez por Lawrence y Livingston (1932).
En el entrehierro de un gran electroimán (puede llegar a pesar cien toneladas) se colocan dos recintos huecos, vacíos de aire, de forma semiesférica y con las caras planas enfrentadas: las D (su sección reproduce la letra D). Se establece una tensión eléctrica alterna entre ellas, que crea un campo eléctrico acelerador en el corte que separa los hemisferios.
Las partículas cargadas que deseamos acelerar (protones, deuterones...) se inyectan en el interior de una de las D, en las proximidades de su centro y perpendicularmente a la cara plana. El campo magnético **B** del electroimán conduce las partículas hacia el corte separador haciéndolas describir, a velocidad constante, una circunferencia (una semicircunferencia) de radio $r_1 = mv_1/q$B (m y q son la carga y la masa de cada partícula, y v_1 su velocidad inicial). Al atravesar la zona de separación entre hemisferios (el corte) cada partícula recibe un impulso que aumenta su velocidad. El radio del semicírculo que describe en la segunda D es mayor $r_2 = mv_2/q$B, y así sucesivamente. La trayectoria de cada partícula es, por consiguiente, una serie de semicírculos de radios crecientes, recorridos con velocidades asimismo crecientes, unidos por cortas líneas rectas.

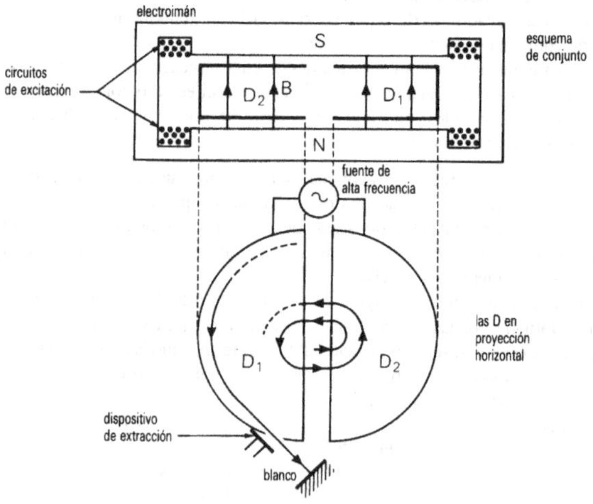

Este sencillo mecanismo debe su éxito al hecho de que el tiempo para recorrer todos los semicírculos sucesivos es el mismo $t = \pi r/v = \pi m/q$B. De ello resulta que, si se elige bien la frecuencia N de la tensión aceleradora, cada partícula gana velocidad gracias a un valor máximo de la tensión cada vez que atraviesa el corte, bien en un sentido o en el contrario. Si esta *con-*

dición de sincronismo $N = qB/2\pi m$ se cumple, las ganancias de energía se acumulan y al final del recorrido la energía cinética de la partícula vale, teóricamente, $W = \frac{1}{2} mv^2 = q^2 B^2 R^2/2m$. Se ve que W será tanto más elevada cuanto mayores sean B y R. *Ejemplo:* La energía cinética de un protón acelerado en un ciclotrón, en el que el radio de cada D valga 0,75 m y el campo magnético 1 tesla vale, sensiblemente, 27 MeV, siendo la frecuencia de sincronía del orden de 15 MHz.

Símbolos de la investigación científica durante muchos años, los ciclotrones fueron los primeros aceleradores que permitieron obtener flujos considerables de partículas, cuyas energías (varias decenas de MeV) bastaban para realizar transmutaciones interesantes. Se les debe, por ejemplo, el hallazgo de los primeros transuránidos conocidos. Hay algunas circunstancias, sin embargo, que limitan sus resultados. La «variación relativista» de la masa, en particular, como consecuencia del aumento de velocidad, implica que una frecuencia constante no puede garantizar el sincronismo a velocidades altas. Por ello se han ideado otros aceleradores: betatrón, sincrociclotrón, sincrotrón.

▶ *Radiación ciclotrón.*—V. RADIACIÓN SINCROTRÓN.

Ciencias físicas

Expresión, consagrada por el uso, que se emplea para designar el conjunto de las diferentes ramas de la *física* propiamente dicha (física macroscópica, molecular, atómica, nuclear y subnuclear), las de la *química* (mineral, orgánica, cuántica...) y las de la «*química-física*» (rama de la química cuyo objeto es el estudio de la estructura de las moléculas químicas y de las leyes que rigen sus transformaciones, empleando para ello las leyes y las técnicas de la física).

Cinemática

V. MECÁNICA.

Cinética

V. MECÁNICA, MOMENTO CINÉTICO, TEORÍA CINÉTICA DE LOS GASES.

Circuito

▶ *Circuito eléctrico equivalente.*—Circuito eléctrico oscilante en el que las oscilaciones se rigen por ecuaciones matemáticas análogas a aquellas que expresan oscilaciones pertenecientes a dominios distintos de la física (acústica, hidráulica...), siendo estas últimas las que queremos estudiar. Estas analogías formales explican que se hayan podido definir en esos diversos dominios algunas magnitudes —reactancias, impedancias— típicamente eléctricas.

Desde el punto de vista industrial el uso de circuitos eléctricos equivalentes economiza tiempo y medios, ya que ello permite, en algunos proyectos y realizaciones, estudios preliminares rápidos y sencillos.

El cuadro adjunto ofrece, a título de ejemplo, las correspondencias entre algunas características de un oscilador mecánico monodimensional y las de un circuito eléctrico equivalente (existen varios tipos de ellos).

V. CÁLCULO ANALÓGICO, RESONADOR DE HELMHOLTZ.

Oscilador mecánico	Circuito eléctrico equivalente
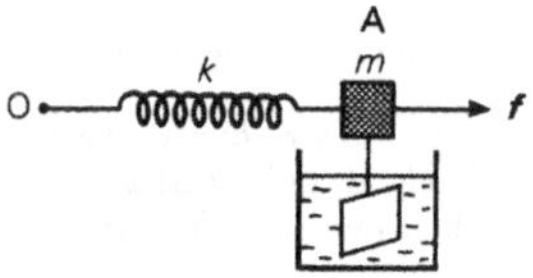	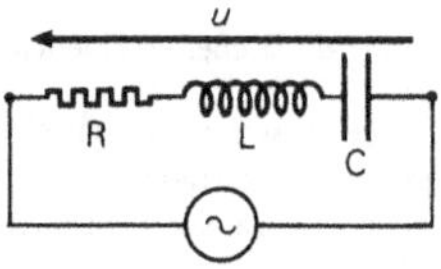
Excitación mecánica	Excitación eléctrica
$f = F \cos \omega t$	$u = U \cos \omega t$

Parámetros de la respuesta

x (elongación de A)	q (carga del condensador)
v dx/dt (= x) (velocidad de A)	$i = dq/dt$ (= q) (intensidad de corriente)

Ecuaciones del problema

Consecuencia de la ley de la Dinámica	Consecuencia de la ley de Ohm
$m\ddot{x} + k'\dot{x} + kx = F \cos \omega t$	$L\ddot{q} + R\dot{q} + (1/C)\, q = U \cos \omega t$

Magnitudes homólogas

m (masa inercial de A)	L (autoinducción de la bobina)
k' (coeficiente de rozamiento fluido)	R (resistencia del circuito)
k (constante del muelle)	1/C (C = capacidad del condensador)

Respuestas a las excitaciones

	$x = X \text{ sen } (\omega t - \varphi)$	$q = Q \text{ sen } (\omega t - \varphi)$
	$\dot{x} = v = V \cos (\omega t - \varphi)$	$\dot{q} = i = I \cos (\omega t - \varphi)$
con	F/V = Z (impedancia mecánica)	U/I = Z (impedancia eléctrica)
	$= \sqrt{k'^2 + (m\omega - k/\omega)^2}$	$= \sqrt{R^2 + (L\omega - 1/C\omega)^2}$
	$m\omega$ (inertancia)	$L\omega$ (inductancia)
	k/ω (rigidancia)	$1/C\omega$ (capacitancia)
	$m\omega - k/\omega$ (reactancia mecánica)	$L\omega - 1/C\omega$ (reactancia eléctrica)
y	$\text{tg } \varphi = (m\omega - k/\omega)/k'$	$\text{tg } \varphi = (L\omega - 1/C\omega)/R$
	$\cos \varphi = k'/Z$	$\cos \varphi = R/Z$

φ desfase de la respuesta (v o i) sobre la excitación (f o u)

Balances energéticos

$\frac{1}{2} mv^2$ (energía cinética instantánea)	$\frac{1}{2} Li^2$ (energía electromagnética instantánea)
$\frac{1}{2} kx^2$ (energía potencial instantánea)	$\frac{1}{2} q^2/C$ (energía electrostática instantánea)
$\frac{1}{2} k' V^2$ (potencia media disipada por rozamiento)	$\frac{1}{2} RI^2$ (potencia media disipada por efecto Joule)
$\frac{1}{2} FV \cos \varphi$ (potencia media de mantenimiento suministrada desde el exterior)	$\frac{1}{2} UI \cos \varphi$ (potencia media de mantenimiento suministrada desde el exterior)
$\frac{1}{2} k' V^2 = \frac{1}{2} FV \cos \varphi$	$\frac{1}{2} RI^2 = \frac{1}{2} UI \cos \varphi$

▶ *Circuito lógico.*—Conjunto de componentes electrónicos (resistencias, diodos, transistores) gracias al cual pueden realizarse las operaciones lógicas elementales que se necesitan en el funcionamiento de los dispositivos de tratamiento de la información, en las calculadoras, los ordenadores, en las centrales telefónicas con conmutación electrónica, etc. Es demostrable que todo razonamiento lógico puede ser descompuesto en una serie de proposiciones elementales unidas por «funciones», siendo las tres principales las siguientes: la negación (operación complemento o NO), la suma lógica (operación O) y la multiplicación (función Y), estando cada una de estas operaciones definidas por su *tabla de verdad*. Cada circuito lógico, combinación de puertas lógicas y básculas biestables, puede realizar una o varias operaciones. Recibiendo a la entrada los datos del problema bajo la forma de una de las dos cifras binarias (0 ó 1), el circuito da la respuesta a la salida, también bajo la forma de 0 ó 1. Se conviene que la cifra 0 indique que la proposición es falsa y la cifra 1 que es cierta.
Estando la cadencia de tiempos regulada por un órgano conveniente, un impulso eléctrico significa 1; una ausencia de impulso, 0.
Estos mismos circuitos son igualmente aptos para ejecutar operaciones artiméticas. Un circuito sumador, por ejemplo, es una combinación de puertas *o*, *no*, *y*.
Ejemplos:
1. tablas de verdad:

Proposición *a*	0	0	1	1
Proposición *b*	0	1	0	1
Función *o* ($a + b$)	0	1	1	1
Función *y* ($a \times b$)	0	0	0	1

Proposición *a*	0	1
Función *no a* ($\bar{a}$)	1	0

Es necesario y suficiente que *a* o *b* sean ciertas para que $a + b$ sea cierta. Es necesario que *a* y *b* sean ciertas para que sea verdadera $a \times b$.

2. Puerta *no*

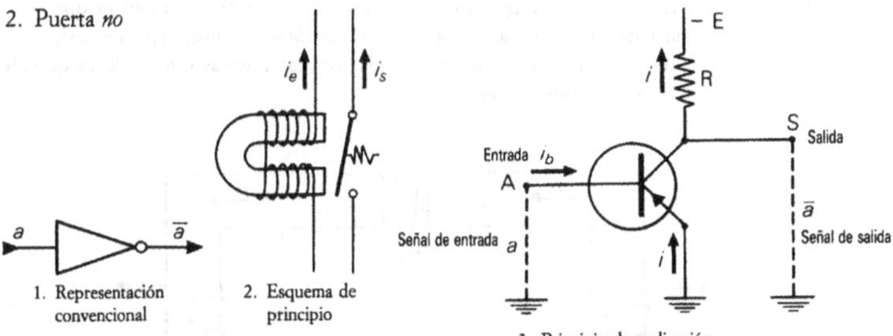

1. Representación convencional

2. Esquema de principio

3. Principio de realización por medio de un transistor *pnp*

▶ *Circuito magnético.*—Circuito formado por una sucesión de materiales de elevada permeabilidad que canaliza las líneas de un campo magnético, de la misma forma que un circuito de conductores canaliza las líneas de corriente eléctrica.
Esta analogía reposa, desde el punto de vista cuantitativo, en una relación denominada *fórmula de Hopkinson*. La relación trata, con un sencillo aspecto formal, de un anillo de hierro en forma de toro, rodeado por un arrollamiento regular en el que circula una corriente, y da el flujo magnético que atraviesa una sección del anillo: $\Phi = \frac{\mathcal{E}}{\mathcal{R}}$, donde $\mathcal{E} = n \cdot i$ y $\mathcal{R} = \frac{1}{\mu} \frac{L}{S}$. *n* representa el número de espiras, *i* la intensidad de la corriente, *l* la longitud media del anillo y *s* la sección del mismo, siendo μ la permeabilidad del hierro en las condiciones de la experiencia.

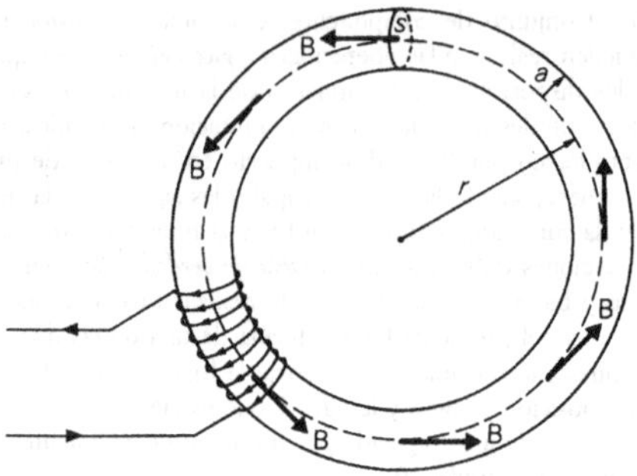

1. Circuito magnético simple *ininterrumpido*.
Anillo de hierro tórico cuya anchura $2a$ es mucho menor que el radio r del toro. La longitud del anillo es, sensiblemente, $l = 2\pi r$.

El cálculo del campo **B** (teorema de Ampère) conduce a la fórmula de Hopkinson: $\Phi = \dfrac{ni}{\dfrac{1}{\mu}\dfrac{l}{s}}$.

Es visible la analogía de esta fórmula con la ley de Ohm I = E/R relativa a un circuito eléctrico. El flujo magnético Φ juega el papel de la intensidad I y la cantidad E reemplaza a la fuerza electromotriz $\mathcal{E}$. Se la llama por eso *fuerza magnetomotriz* y es medida en amperio-vuelta. La cantidad $\mathcal{R}$ que sustituye a la resistencia R es conocida como *reluctancia* y se mide en henrio^{-1}, ya que sus dimensiones son inversas de las de una autoinducción.
La utilización de la fórmula de Hopkinson en casos más complejos demuestra que se puede llevar esta analogía bastante más lejos. Por ejemplo, las *leyes de asociación,* en serie o en paralelo, de fuerzas magnetomotrices o de reluctancias son las mismas que las leyes que afectan a fuerzas electromotrices o resistencias.

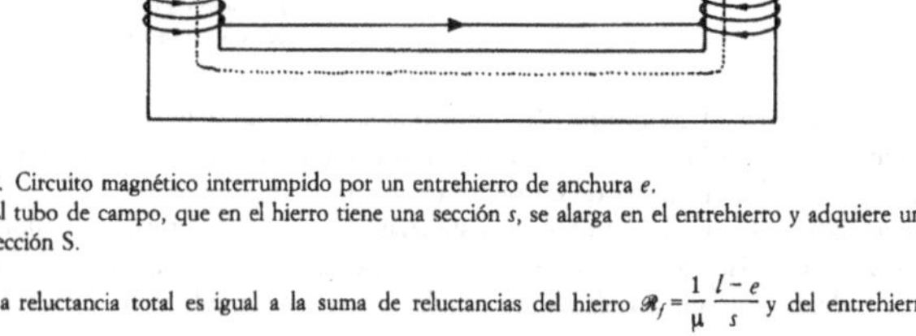

2. Circuito magnético interrumpido por un entrehierro de anchura e.
El tubo de campo, que en el hierro tiene una sección s, se alarga en el entrehierro y adquiere una sección S.

La reluctancia total es igual a la suma de reluctancias del hierro $\mathcal{R}_f = \dfrac{1}{\mu}\dfrac{l-e}{s}$ y del entrehierro $\mathcal{R}_e = \dfrac{1}{\mu_0}\dfrac{e}{S}$.

La primera es a menudo despreciable ante la segunda, puesto que la permeabilidad del aire es mucho menor que la del hierro.

Estos resultados son utilizados corrientemente en el cálculo de electroimanes, dinamos, etc. No hay que perder de vista, sin embargo, que son consecuencia de analogías puramente formales. ¡En los circuitos magnéticos no existen portadores de cargas magnéticas en movimiento!

▶ *Circuito oscilante.*—Circuito en el que pueden originarse corrientes eléctricas alternas de alta frecuencia, gracias generalmente a la descarga de un condensador en una autoinducción de escasa resistencia.
Si la resistencia es suficientemente pequeña, la corriente es prácticamente sinusoidal, y su frecuencia vale $N_0 = 1/2\pi\sqrt{LC}$ *(fórmula llamada de Thomson).* L es la autoinducción del circuito y C la capacidad del condensador: si, por ejemplo, L = 1 mH y C = 1μF, N_0 vale cerca de 10^4 Hz.
Si la resistencia, sin ser despreciable, resulta inferior a un valor crítico $R_c = \sqrt{4L/C}$, se obtiene una oscilación eléctrica amortiguada cuya pseudofrecuencia $N = N_0\sqrt{1-(R/R_c)^2}$ disminuye cuando aumenta R.
V. OSCILACIONES AMORTIGUADAS, OSCILACIONES MANTENIDAS.

▶ *Circuito tapón.*—Condensador y bobina de pequeña resistencia, puestos en paralelo en un circuito eléctrico (fig. 1).

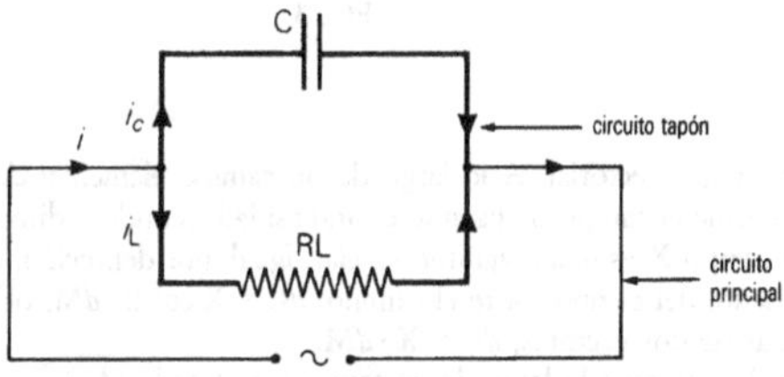

FIG. 1

Esta denominación (poco usada en castellano) proviene del hecho de que el dipolo que constituyen autoinducción y condensador puede *oponerse al paso de una corriente* en el circuito principal siempre que esta corriente sea sinusoidal de pulsación ω igual a la pulsación propia ω_0 del circuito oscilante que forma el circuito tapón al suponerlo aislado del principal.
Se demuestra, en efecto, que la impedancia de este dipolo pasa por un máximo para $\omega = \omega_0$ y, por tanto, que la intensidad eficaz del circuito exterior pasa entonces por un mínimo. Este valor sería nulo si la resistencia del dipolo fuera nula. En la realidad circula una pequeña corriente por el circuito principal que transporta la escasa energía necesaria para entretener las oscilaciones del circuito tapón, que se encuentra recorrido por una elevada intensidad (fig. 2).

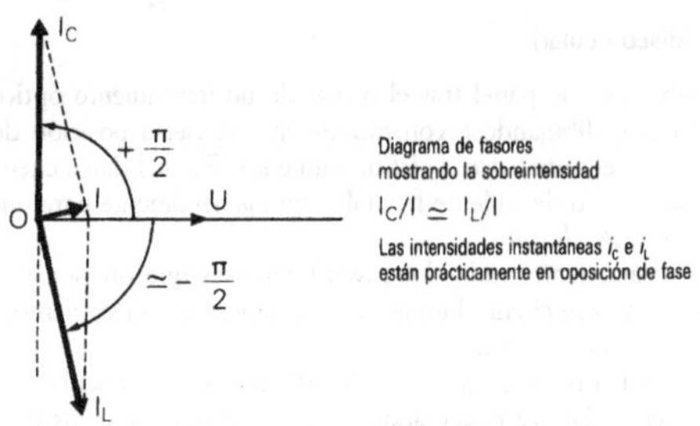

FIG. 2

Si se imponen en el circuito principal corrientes de diferentes pulsaciones, el circuito tapón debilita selectivamente aquellas cuyas pulsaciones pertenecen a una banda $\Delta\omega$ alrededor de ω_0 (fig. 3).
El circuito tapón es, por tanto, un ejemplo simple: de un circuito antirresonante, de un circuito de oscilaciones entretenidas, de un dispositivo inverso a un filtro pasa-banda.

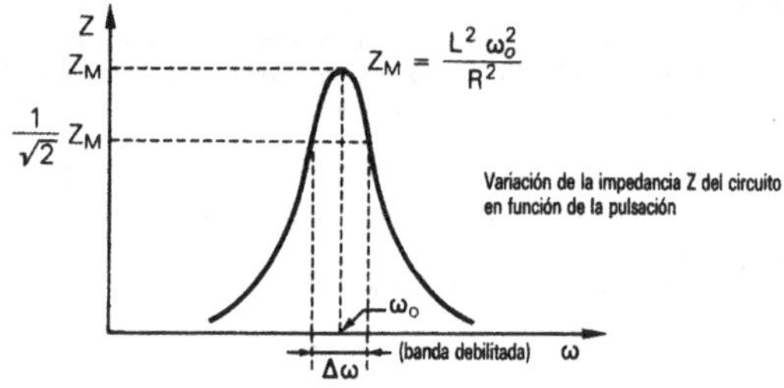

FIG. 3

Circulación

Sea **X**(M) un campo vectorial. A lo largo de un camino elemental d**M**, en el que podemos considerar uniforme el campo (constante en intensidad, sentido y dirección), la *circulación elemental* dC del campo **X** es una magnitud escalar, igual, por definición, al producto del camino por la componente del campo sobre el camino: $dC = X \cos \theta \cdot dM$, o bien, bajo la forma del producto escalar de dos vectores, $dC = \mathbf{X} \cdot d\mathbf{M}$.
La circulación del campo a lo largo de un trayecto orientado $\widehat{M_1 M_2}$ cualquiera es la suma de las circulaciones elementales: $C = \int_{\widehat{M_1 M_2}} \mathbf{X} \cdot d\mathbf{M}$.
Cuando el vector **X** representa una *fuerza,* su circulación se llama *trabajo.*
V. CIRCULACIÓN CONSERVATIVA.

▶ *Circulación conservativa.*—Un campo vectorial **X**(M) se llama *«conservativo»* si la circulación a lo largo de un trayecto entre dos puntos dados M_1 y M_2 depende sólo de la posición de esos puntos y de ninguna manera de la forma del trayecto $\widehat{M_1 M_2}$.
Un campo conservativo, o de circulación conservativa, deriva de un *potencial escalar* y viceversa.
V. POTENCIAL ESCALAR, TEOREMA DE STOKES.

Círculo ocular (disco ocular)

Desplazando una hoja de papel tras el ocular de un instrumento óptico, un microscopio por ejemplo, se percibe, dibujándose con nitidez en una cierta posición de la hoja, un pequeño círculo brillante. Es el *círculo ocular* del instrumento. Es fácil darse cuenta de que es la imagen a través del microscopio de su lente frontal y, más generalmente para un instrumento cualquiera, de su *diafragma de abertura.*
A la salida del instrumento, todos los rayos luminosos que provienen de los diversos puntos del objeto atraviesan ese círculo luminoso. Conviene, por consiguiente, colocar ahí el *ojo* si se desea optimizar el uso del aparato.
En los gemelos de teatro (anteojos de Galileo) existe el disco ocular, pero es virtual y está situado delante del ocular. El observador debe entonces colocar los ojos lo más cerca posible del ocular, para perder la menor cantidad de luz posible.

Cizalla

Sinónimos: Esfuerzo de cizalladura, esfuerzo cortante.

V. TENSIONES.

Cizalladura

▶ *Esfuerzo de cizalladura.*—V. TENSIONES.

Clapeyron Emile (1799-1864)

▶ *Relaciones de Clapeyron.*—Hay dos grupos de relaciones, consecuencias de los dos primeros principios de la Termodinámica, que son conocidos bajo ese nombre.
1. El primero afecta a l y h, *calores latentes de dilatación* y de *compresión* respectivamente, de un cuerpo puro homogéneo (V. COEFICIENTES CALORIMÉTRICOS) y se escribe así: $l = T\left(\frac{\partial P}{\partial T}\right)_v$; $h = -T\left(\frac{\partial v}{\partial T}\right)_P$. T, P y v son, respectivamente, la temperatura, la presión y el volumen másico del cuerpo. Las derivadas parciales $\left(\frac{\partial P}{\partial T}\right)$ a volumen constante y $\left(\frac{\partial v}{\partial T}\right)$ a presión constante son calculables a partir de la ecuación de estado: $f(P, T, v) = 0$.
Ejemplo: Si el cuerpo es un gas perfecto, $l = p$, $h = -v$.
2. El segundo grupo concierne a los *calores latentes de cambio de estado* de primera especie. $L_{12} = T(v_2 - v_1)\, dP/dT$, donde L_{12} es el calor latente de paso de la fase 1 a la fase 2, de volúmenes másicos respectivos v_1 y v_2; T la temperatura de transformación; dP/dT la pendiente de la curva de equilibrio de ambas fases en un diagrama (T, P).
Ejemplo: La fusión del hielo ordinario, uno de los muy escasos cambios de estado que se efectúa con disminución de volumen másico $(v_1 - v_2) = -0{,}09\ cm^3/g$) aunque su calor latente L sea positivo, corresponde por consiguiente a una pendiente negativa. Se encuentra que $dP/dT = -133$ atm/K, valor que confirma la experiencia.
Si se tiene en cuenta el hecho de que el calor L_{12} absorbido en una transformación reversible isoterma entraña un aumento de la entropía másica s del cuerpo analizado, $s_2 - s_1 = L_{12}/T$, la relación de Clapeyron puede escribirse de la forma:

$$dP/dT = (s_2 - s_1)/(v_2 - v_1).$$

V. RELACIONES DE EHRENFEST.

▶ *Representación de Clapeyron.*—Diagrama de la evolución de un sistema tomando como parámetros su volumen V (o más a menudo su volumen másico v) y su presión P, cuyos valores sucesivos son llevados a los ejes de abscisas y ordenadas de un sistema de coordenadas cartesianas. Las *isotermas de Andrews*, por ejemplo, se trazan en un diagrama de Clapeyron.
En el estudio de los balances energéticos, el trabajo de compresión intercambiado entre un sistema que describe un ciclo y el medio exterior ($W = \oint -p\, dv$) es proporcional, en la representación de Clapeyron, al área limitada por la curva representativa del ciclo. Es una de las ventajas de esta representación.
V. CICLO BEAU DE ROCHAS, CICLO DE CARNOT, EXPANSIÓN DE UN GAS.

Claridad

Cualidad de un instrumento óptico que se refiere a la luminosidad mayor o menor de los objetos vistos a través del instrumento, comparada con la luminosidad de los mismos objetos vistos al natural.

1. Para objetos de diámetro aparente sensible (sus imágenes retinianas cubren algunas células), la claridad es igual por definición al cociente entre las iluminaciones medias de las imágenes retinianas en visión instrumental (e') y en visión directa (e): $C = e'/e$. Se demuestra que este cociente, inferior a la unidad, es tanto más pequeño cuanto mayor es el aumento del aparato. El fondo del cielo visto a través de un anteojo aparece sombrío.

2. Para objetos aparentemente puntuales (estrellas, objetos ultramicroscópicos...) los flujos luminosos se concentran en una sola célula. La claridad se define como el cociente entre el flujo que penetra en el ojo en la visión a través del instrumento y el flujo en visión directa, Φ' y Φ respectivamente: $C' = \Phi'/\Phi$. (¡Este cociente puede valer varios centenares de millares de unidades!) Se comprende el interés que presenta dotar a los telescopios y anteojos de objetivos de gran diámetro, que puedan absorber un gran flujo luminoso.
De aquí se deduce que, si para el ojo desnudo son perceptibles alrededor de un millar de estrellas (las más brillantes), ¡los telescopios modernos pueden captar cientos de millares de estrellas! (V. MAGNITUD).

3. En los instrumentos que dan imágenes reales (aparatos de proyección, objetivos fotográficos...) conviene definir la claridad como el cociente entre la iluminación media de la imagen (e') y la luminancia del objeto (L): $C'' = e'/L$. Se demuestra que en un objetivo fotográfico la claridad se hace mitad cuando se multiplica por $\sqrt{2}$ el número de abertura n (el diafragma está más cerrado).

Clase

▶ *Clase de precisión de un instrumento de medida* (para desviación proporcional).—Valor de la incertidumbre instrumental absoluta, proveniente de los efectos de ajuste y fidelidad. Se expresa, por convenio, en porcentaje del número total de divisiones del aparato, y se admite que permanece prácticamente constante a lo largo de la escala (no es el mismo concepto, naturalmente, que el de incertidumbre relativa). Se controla a menudo el patronaje de un instrumento comparándolo con otro de «clase» superior, es decir, más preciso.
Ejemplo: En un amperímetro de clase 0,5, cuya escala de lectura contiene 200 divisiones iguales, la incertidumbre instrumental absoluta en un punto cualquiera de la escala vale $0{,}5\ \% \cdot 200 = 1$ división (1 mA si se utiliza el calibre 1 A, 10 mA si se calibra a 10 A, etc.). La incertidumbre relativa, del orden de 1/200 hacia el extremo superior de la escala, se hace mayor hacia el extremo inferior.

Clausius Rudolph (1822-1888)

▶ *Relaciones de Clausius.*—Generalizaciones de expresiones matemáticas del teorema de Carnot a los casos en los que el sistema que describe un ciclo se encuentra, sucesivamente, en contacto con un gran número de fuentes de calor, constituyendo el sistema y los focos caloríficos un sistema aislado.
Si convenimos en llamar δQ el calor cedido al sistema por el foco de calor cuya temperatura vale T (convenio termodinámico de signos), se obtiene en el caso de un ciclo reversible la *igualdad de Clausius:* $\oint \delta Q/T = 0$, y para un ciclo irreversible la *desigualdad de Clausius:* $\oint \delta Q/T < 0$. Esta última relación y la anterior son de una importancia histórica considerable, porque en ellas radica la primera definición de *entropía*.

▶ *Relación de Clausius-Mossotti.*—Relación entre la permitividad relativa ε_r de un dieléctrico de moléculas *no polares* y la polarizabilidad α de sus moléculas. Esta relación se obtiene a partir de una hipótesis según la cual el campo eléctrico local E_l, responsable de la deformación de una molécula, y por ello de su polarización, es igual a la suma del campo macroscópico impuesto y del campo localmente creado por el conjunto de los otros dipolos inducidos (campo despolarizante). Se obtiene así la relación:

$$\varepsilon_0 \frac{\varepsilon_r - 1}{\varepsilon_r + 2} = \frac{N}{3}\alpha \quad ; \quad \text{ó,} \quad \varepsilon_0 \frac{\varepsilon_r - 1}{\varepsilon_r + 2} \cdot \frac{M}{\rho} = \frac{N_a}{3}\alpha$$

siendo N el número de moléculas por unidad de volumen, ρ la densidad del dieléctrico, M su masa molecular y N_a el número de Avogadro ($N = \rho N_a/M$). Si la permitividad relativa es directamente medible, esta relación da el valor numérico de la polarizabilidad. *Ejemplo:* En el caso del dióxido de carbono (molécula no polar), se encuentra $\varepsilon_r \simeq 1{,}00098$, lo que conduce a una polarizabilidad, $\alpha \simeq 2{,}9 \cdot 10^{-40}$ F · m².
Para los cuerpos con moléculas polares, V. RELACIÓN DE LANGEVIN-DEBYE.

Clément Nicolas (1779-1842)

▶ *Experiencia de Clément y Desormes.*—Experiencia que consiste en realizar la expansión brusca, adiabática por tanto, de un gas encerrado en un matraz, abriendo y en seguida cerrando el grifo que cierra el matraz. El gas se enfría ligeramente, lo suficiente para deducir de ello el valor del cociente $\gamma = c_p/c_v$ de sus calores másicos. Hoy no presenta esta experiencia otro interés que no sea el histórico.
V. FÓRMULA DE REECH, LEY DE LAPLACE.

Coagulación

V. FLOCULACIÓN.

Cockroft Sir John Douglas (1897-1967)

Premio Nobel en 1951 (con Walton).
V. ACELERADOR ELECTROSTÁTICO.

Coeficientes

Magnitudes características de fenómenos físicos especificados.
Ver la palabra que expresa el fenómeno estudiado.
Ejemplo: Coeficiente de imanación (V. IMANACIÓN), coeficiente de influencia eléctrica (V. INFLUENCIA ELÉCTRICA).

Coherencia

Dos focos que emiten ondas de la misma naturaleza —mecánica, acústica, óptica...— y de la misma frecuencia son llamados *coherentes* si su *diferencia de fase* conserva un valor *constante* en el curso del tiempo, cualquiera que sea el valor de la diferencia de fase. Si esta última condición no se cumple, las dos fuentes se llaman «incoherentes». Ambas palabras, coherente e incoherente, son igualmente utilizadas para calificar las ondas emitidas por los dos focos.
Es evidente que dos focos isócronos, *entretenidos,* son necesariamente coherentes. Es el caso, por ejemplo, de osciladores (o dipolos) de Hertz a lo largo de la antena de una emisora de radio. Dos focos isócronos (de la misma frecuencia, obviamente) *amortiguados* que son reactivados de modo aleatorio, independientemente el uno del otro, son incoherentes. Sus diferencias de fase pueden tomar cualquier valor. Es el caso más corriente de las diferentes zonas elementales de una fuente luminosa extensa.
V. COHERENCIA ESPACIAL, COHERENCIA TEMPORAL, LÁSER, ANCHURA DE UNA RAYA ESPECTRAL, PRINCIPIO DE INTERFERENCIA.

▶ *Coherencia espacial.*—Coherencia de las ondas emitidas por dos pequeñas regiones situadas sobre un mismo foco extenso. Salvo en el caso de focos láser, dos regiones distintas de una fuente luminosa extensa son incoherentes porque contienen osciladores amortiguados que emiten independientemente unos de otros *trenes de onda* sucesivos.

▶ *Coherencia temporal.*—En una experiencia de *interferencia luminosa,* el de la doble rendija de Young, por ejemplo, los dos focos S_1 y S_2 (las dos rendijas, en el ejemplo) son dos focos secundarios iluminados por un mismo foco primario S. El estado de interferencia de un punto M de la pantalla sobre la que se dibujan las franjas depende de la diferencia de marcha: $(SS_1 M) - (SS_2 M)$.
La experiencia muestra que en los puntos M′ para los cuales esta diferencia de marcha sobrepasa un cierto valor crítico L, el fenómeno de interferencia no existe.
La explicación es que los haces que llegan a M′ en el mismo momento han abandonado el foco S en *instantes* diferentes, demasiado alejados el uno del otro. No pertenecen al mismo tren de onda. Son incoherentes. Es una *incoherencia temporal.*
La diferencia de marcha crítica L es tanto mayor cuanto más largo es el tren de onda emitido por S.
V. LÁSER.

Coherente

V. SISTEMAS DE UNIDADES.

Cohete

Ingenio de forma alargada, sin alas sustentadoras, propulsado, por reacción.
Los cohetes de fuegos de artificio o de señalización son propulsados por la expulsión espontánea y violenta de los gases de combustión de la pólvora. Los cohetes encargados de comunicar a las cápsulas (habitadas o no) su velocidad de satelización o de liberación están movidos, principalmente, por motores a reacción.
El funcionamiento de esos dispositivos da origen a un *empuje* **P** que propulsa la nave hacia adelante: tanto más importante cuanto más grande es la velocidad de eyección de los gases y mayor es su caudal. Otras fuerzas pueden actuar sobre el cohete: **R**, resistencia del aire atmosférico; **A**, atracción gravitatoria (terrestre, lunar, solar...); **F**, fuerzas de inercia eventuales, diferentes según el referencial con respecto al cual se estudia el movimiento (referencial terrestre, geocéntrico...).
La ley del movimiento del cohete puede entonces escribirse, aplicando la ley fundamental de la mecánica newtoniana:

$$M(d\mathbf{v}/dt) = \mathbf{P} + \mathbf{R} + \mathbf{A} + \mathbf{F}$$

donde M es la masa del cohete, comprendiendo la masa de su estructura (carcasa, motores y cualquier servidumbre), la de la cápsula que se quiere lanzar y la del combustible necesario para sus distintos motores que aún no ha sido consumido en el instante estudiado. A partir de esta ecuación es posible prever por cálculo la ley de aumento de la velocidad $\mathbf{v}$ del ingenio en el curso del tiempo. Los técnicos utilizan otros parámetros numéricos en sus cálculos provisionales.
Puede demostrarse que la *energía* necesaria en una misión determinada es más pequeña si el cohete conlleva varios pisos superpuestos, cuyas estructuras se van abandonando sucesivamente en el curso del vuelo, lo que aligera la parte restante. Esta es la razón por la que se utilizan con la mayor frecuencia cohetes de tres etapas, encendiéndose el motor de cada una de ellas cuando el piso precedente ha sido abandonado.

Colector

1. Órgano importante en las máquinas que giran (las dinamos, por ejemplo). Asegura el contacto entre los conductores activos del «rotor», por una parte, y el circuito exterior por otra, por mediación de las «escobillas».

2. Es una de las tres regiones de un *transistor*.

Colestéricos

Nombre de una familia de *cristales líquidos*, así llamada porque los primeros cristales de esta familia que fueron conocidos eran derivados del colesterol.

Colimador

De un verbo latino que significa apuntar.

1. Pequeño anteojo provisto de un retículo que sirve para orientar hacia un objetivo determinado el disparo de un arma de fuego. Sinónimo: visor, alza o mira telescópica.

2. Un colimador de laboratorio está constituido por un objeto luminoso —mirilla o retículo— que se coloca en el plano focal objeto de un sistema. Utilizado sobre un banco óptico, o ante un goniómetro, un espectroscopio, etc., un colimador permite la realización práctica de un objeto «infinitamente alejado», es decir, de un haz luminoso cilíndrico (V. un ejemplo en la figura). Existen instrumentos que son simultáneamente anteojo y colimador. Son los *«anteojos autocolimadores»*. Se utilizan para señalar con precisión (incertidumbre menor que un minuto sexagesimal) la dirección de la normal de una superficie plana reflectante. En efecto: tan sólo cuando el eje del anteojo toma esa dirección se ve en el ocular del aparato la imagen de retorno del retículo coincidiendo con el retículo mismo.

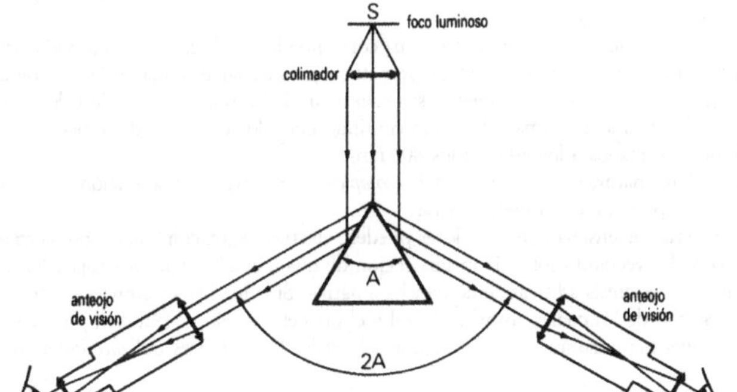

El ángulo formado por las dos posiciones del anteojo de visión es igual al doble del ángulo que se quiere medir A.

Colisión

V. Anillo de colisión, Choque, Difusión de partículas, Percusión.

Colisionador

V. ANILLO DE COLISIÓN.

Coloides

V. DISOLUCIONES COLOIDALES.

Color

Nombre dado a un número cuántico.
V. GLUONES, CUADRO DE PARTÍCULAS SUBNUCLEARES (Anexo 4).

Colores

Los objetos que vemos nos parecen, simultáneamente, más o menos luminosos y diversamente coloreados. *Luminosidad* y *color* son, de hecho, sensaciones. Su estudio (el de su influencia sobre el comportamiento humano) cae dentro del dominio de la psicofisiología. Pero el estudio de las magnitudes físicas que generan esas sensaciones corresponde a la física.
El uso de pigmentos coloreados, minerales o vegetales, data de épocas prehistóricas, como testimonian las pinturas rupestres. Son conocidos los perfeccionamientos aportados en este terreno por la química de los colorantes. Pero el origen físico de los colores ha permanecido en el misterio durante mucho tiempo. Nuestros primeros conocimientos científicamente fundados sobre este tema provienen de las experiencias de Newton acerca de la descomposición de la luz (1680): un prisma analiza la luz, obteniéndose los siete colores del «espectro», mientras que una lente la recompone a partir de ese mismo espectro. Newton realizó la experiencia con luz solar: los resultados son ciertos para cualquier luz blanca. No sin vivas discusiones, estas experiencias impusieron la idea de que la luz blanca contiene reunidos todos los colores del arco iris.
Hoy pensamos que cualquier sensación luminosa visual tiene su origen en la llegada a la retina de una onda de luz.
La sensación de un *color simple* (o *puro*) corresponde a la llegada de una onda sinusoidal (de aquí viene la expresión onda «monocromática» para designar a una onda sinusoidal). Newton escogió y nombró, arbitrariamente, siete: existen, de hecho, infinidad de colores, cuyas longitudes de onda se escalonan de modo continuo entre los extremos del espectro visible (sensiblemente cercanos a los 400 y a los 800 nm).
Los colores naturales son, en general, *«complejos»*. Son fruto de la adición de colores simples, que un espectroscopio puede separar.
La experiencia enseña que los colores pueden, efectivamente, combinarse por *adición* o por *sustracción*. Proyectando sobre la misma región de una pantalla blanca luz roja y luz verde se obtiene, por «síntesis aditiva», una mancha amarilla. Si la luz blanca atraviesa sucesivamente dos filtros, uno de los cuales absorbe el azul y el otro el amarillo, se obtiene, por «mezcla sustractiva», una luz púrpura complementaria del verde. Los pintores utilizan ambas posibilidades.

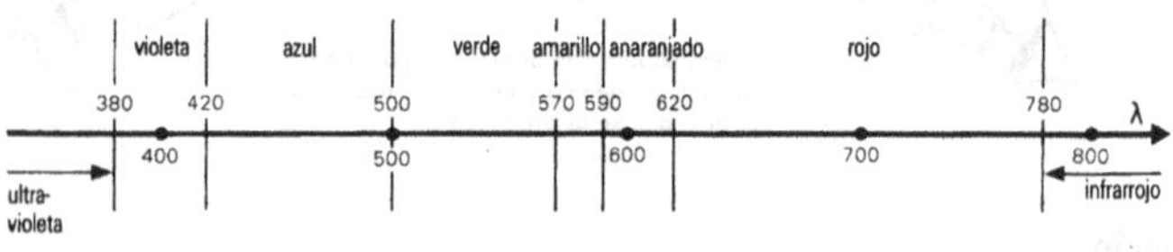

Límites aproximados (variables de un observador a otros) del dominio de los distintos «colores del arco iris». (Escala de longitudes de onda en nanómetros. 1 nm = 10 Å.)

Algunos atlas de colores contienen decenas de millares de matices, que solamente los observadores avezados pueden distinguir entre sí.
V. BLANCO, COLORIMETRÍA, EFICACIA LUMINOSA, GRIS, NEGRO.

▶ *Colores complementarios.*—Colores, simples o complejos, que dan por síntesis aditiva la sensación de blanco.

Colores utilizados en colorimetría técnica (fotocolores, por ejemplo).
Rojo, azul, verde, colores fundamentales.
El turquesa, suma de azul y verde, es complementario del rojo.
El magenta, suma de azul y rojo, es complementario del verde.
El amarillo es complementario del azul.

Ejemplo: Tres manchas, roja, verde y azul, superpuestas sobre una pantalla blanca, dan una mancha resultante blanca, bajo la condición de que las iluminaciones relativas de cada una de ellas sean convenientemente dosificadas.
V. DIAGRAMAS COLORIMÉTRICOS.

Colorimetría

Parte de la Óptica cuyo objeto es investigar y medir las magnitudes físicas que originan las sensaciones visuales del color.
El análisis espectrométrico muestra que toda luz coloreada se caracteriza por su composición espectral energética (ley de distribución, entre sus diferentes componentes monocromáticos, de la energía total que transporta). Pero la experiencia nos enseña que los haces luminosos pueden producir una sensación de color idéntica sin poseer la misma composición espectral. No son físicamente idénticas, pero para el ojo son *«cromáticamente equivalentes»*.
Las leyes de Grassmann muestran que es imposible medir los *parámetros* comunes, llamados parámetros colorimétricos, de un conjunto de haces cromáticamente equivalentes. Las leyes sobre la *trivariancia visual,* las leyes de la *tricromía* establecen que el número de esos parámetros es tres, y precisan sus relaciones con los caracteres fisiológicos de las sensaciones que provocan. Es posible, por fin, conociendo la composición espectral de una luz, deducir por cálculo sus parámetros colorimétricos (incluso se han construido «colorímetros» que dan ese resultado por lectura directa) y prever, por tanto, sus efectos fisiológicos. Las técnicas de reproducción y transmisión del color —impresión, fotografía, cine— aprovechan generosamente esas investigaciones. Sin los resultados ya obtenidos no existiría, por ejemplo, la televisión en color.
V. DIAGRAMAS COLORIMÉTRICOS.

Colorimétricos

▶ *Diagramas colorimétricos.*—Conjunto de puntos cuyas coordenadas, referidas a ejes apropiados, representan los parámetros de un conjunto de luces cromáticamente equivalentes.

Existen tantos tipos de diagramas de color como de convenios que fijan el tipo de parámetros colorimétricos. Los más utilizados se apoyan en la ley de la tricromía usando como colores fundamentales los de las tres radiaciones, roja, verde y azul, de la CIE (V. TRICROMÍA).
En el diagrama llamado *xy*, los ejes son rectangulares, y las coordenadas de cada punto, a través de una serie de convenciones que tienen sobre todo en cuenta la sensibilidad del ojo a los distintos colores, valen: $x = X/(X + Y + Z)$; $y = Y/(X + Y + Z)$, donde

$$X = 2{,}769\ L_r + 0{,}382\ L_g + 18{,}80\ L_b$$
$$Y = L_r + L_g + L_b = (= L)$$
$$Z = 0{,}0123\ L_g + 93{,}07\ L_b$$

L_r, L_g, L_b son las luminancias de tres haces monocromáticos que dan por síntesis aditiva el equivalente visual de una luz coloreada cuya luminancia total es L.
x e *y* son sus parámetros cromáticos; *x*, *y*, $L(= L_r + L_g + L_b)$ son sus parámetros colorimétricos.
En la figura, la curva (S) representa el lugar geométrico de los puntos con luces monocromáticas. Los puntos de la recta (P) representan luces púrpura. El punto (W) ($x = y = 1/3$) representa la luz blanca W.
Esta representación presenta diversas ventajas. Permite, por ejemplo, pasar fácilmente de parámetros cromáticos *x* e *y* a parámetros fisiológicos, tonalidad y grado de saturación.

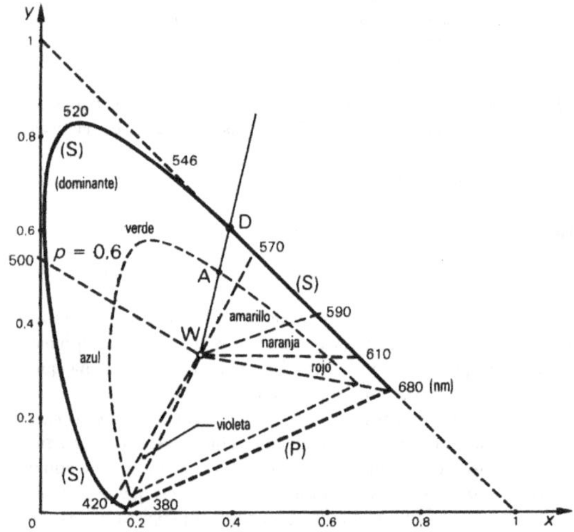

FIG. 1

Ejemplo: El color representado por el punto A es un color complejo, en el que la longitud de onda dominante (y con ella la tonalidad) es la del punto D, intersección de la recta WA con la curva (S). Por otro lado, se ve que el color es tanto más saturado cuanto más próximo está A de la curva (S), tanto más claro cuanto más próximo está A de W. Su pureza cromática (su grado de saturación, por consiguiente) se mide por la relación

$$p = \frac{y_D/(y_D - y_W)}{y_A/(y_A - y_W)}$$ En la figura, $p = 0{,}6$.

La figura 2 da una idea de otro tipo de diagrama colorimétrico conocido como triángulo de colores.
V. COLORES, COLORIMETRÍA, TRICROMÍA, TRIVARIANCIA VISUAL.

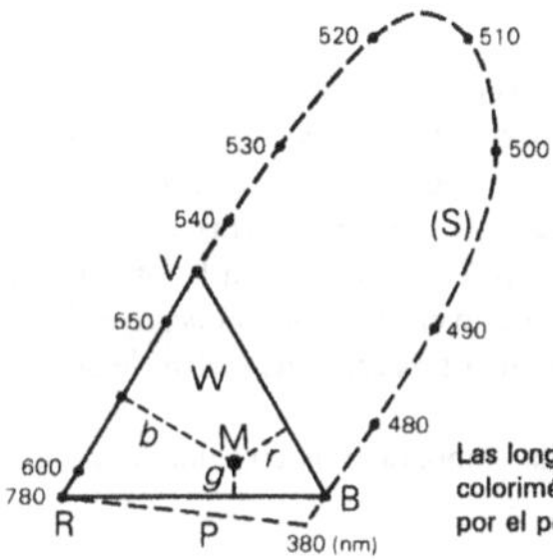

Las longitudes *r*, *g*, *b*, son los parámetros colorimétricos de la luz representada por el punto M.

FIG. 2

▶ *Parámetros colorimétricos*.—V. COLORIMETRÍA.

Coma

De la palabra cometa.

V. ABERRACIONES GEOMÉTRICAS.

Coma

De una palabra griega que significa corte.

Intervalo mínimo entre dos notas musicales susceptible de ser detectado por un oído humano medianamente entrenado. Una coma vale aproximadamente cinco savarts.

Combinación

▶ *Principio de combinación*.—V. PRINCIPIO DE RITZ.

Combustibles nucleares

Por analogía con los combustibles de las centrales térmicas, se llama a veces combustibles nucleares a las sustancias fisibles, fuentes de energía de las centrales nucleares. No son, hablando con propiedad, «combustibles»: los combustibles liberan energía química y las sustancias fisibles son fuentes de energía nuclear.
Existen dos «combustibles» nucleares naturales: el *uranio* (0,0004 % de la corteza terrestre) y el *torio* (0,0015 %). Un tercer combustible, el *plutonio,* se obtiene por transmutación a partir del uranio.
V. FÉRTIL, FISIBLE, REACCIONES EN CADENA.

Comparable

V. MAGNITUD COMPARABLE.

Comparador

Instrumento destinado a medir con precisión la longitud de un objeto por *comparación* con una longitud conocida. Si se trata, por ejemplo, de dos longitudes «entre lazos», el comparador está constituido por dos microscopios de ejes paralelos provistos de oculares micrométricos y que pueden deslizar por una regla. Se enfocan los trazos que delimitan la longitud desconocida y después se comienza de nuevo la operación con la longitud conocida. La precisión del proceso puede alcanzar la décima de micra (lo que implica que la temperatura de ambas longitudes esté bien determinada, ¡con una precisión del orden de la centésima de grado si se trata de objetos metálicos!).
La medida de la longitud de una regla comparándola con una longitud de onda se hace por interferometría.

Compartimento cuántico

V. CONFIGURACIÓN ELECTRÓNICA.

Compatibilidad

1. Mecánica cuántica.—V. OBSERVABLES COMPATIBLES.

2. Televisión.—Hay dos reglas de compatibilidad que deben cumplir emisoras y receptores de televisión:
a) Un receptor de «blanco y negro» debe poder recibir, en blanco y negro, los programas emitidos en «color».
b) Un receptor de «color» debe poder recibir, en blanco y negro, los programas emitidos en blanco y negro.
Para satisfacer estas dos exigencias en particular las emisiones en color están compuestas de una señal de luminancia acompañada de dos señales de crominancia. La primera transmite la señal en blanco y negro y las dos últimas las señales que únicamente pueden recibir los receptores en color.

3. Se presentan problemas de compatibilidad en otros dominios (cuando se trata de acoplar dos ordenadores, por ejemplo).

Compensador

Dispositivo usado en óptica para introducir, en el trayecto de un haz luminoso, una variación en el camino óptico conocida y ajustable a voluntad, de manera que con ella podamos compensar una variación de camino óptico desconocida, que así puede ser medida.
En *interferometría* los compensadores son simples láminas de cristal, isótropas y de caras planas, en las que se hace variar bien la inclinación con respecto al haz, bien el ancho global.
En *polarimetría* son generalmente láminas de cuarzo talladas convenientemente y de las que se hace variar la anchura global. Se genera así una diferencia de marcha ajustable entre las dos vibraciones privilegiadas (V. en la figura el ejemplo del compensador de Babinet).

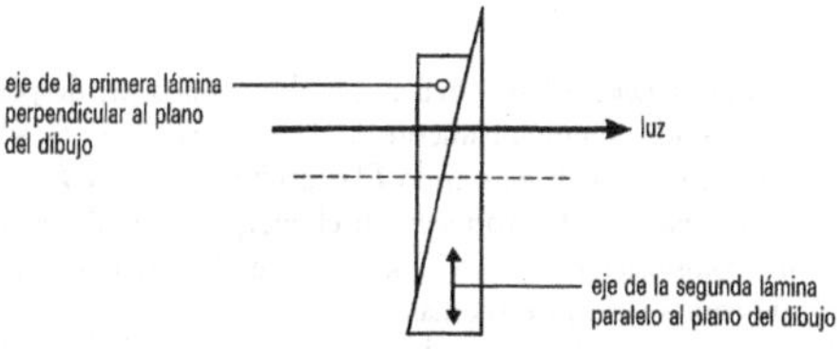

Compensador de Babinet usado en polarimetría

El haz atraviesa dos cuñas solidarias de cuarzo, talladas paralelamente a sus ejes respectivos, siendo éstos perpendiculares entre sí. Desplazando el conjunto perpendicularmente al haz se genera una diferencia de marcha entre las dos vibraciones privilegiadas.

Complejo

▶ *Notación compleja.*—Herramienta matemática utilizada a menudo en diversos campos de la física (electricidad, óptica, mecánica...) por las facilidades de cálculo que ofrece, fundamentalmente cuando intervienen magnitudes periódicas. *Ejemplo:* a la intensidad i de una corriente eléctrica sinusoidal, de pulsación ω y de fase inicial φ se asocia la magnitud compleja: Siendo $i = I_m \cos(\omega t + \varphi)$:

$$\underline{i} = I_m[\cos(\omega t + \varphi) + j\,\mathrm{sen}(\omega t + \varphi)] \qquad j = \sqrt{-1}$$
$$\underline{i} = I_m \exp j(\omega t + \varphi) = \underline{I}\exp(j\omega t) \qquad \text{con } \underline{I} = I_m \exp(j\varphi)$$

La intensidad i es así la parte real de la intensidad compleja $\underline{i} \cdot \underline{I}$ es una amplitud compleja. El interés de esta notación estriba en el hecho de que en toda combinación o transformación lineal de funciones periódicas, el resultado es igual a la parte real del resultado que se obtiene realizando, casi siempre más fácilmente, esas combinaciones o transformaciones sobre las funciones complejas asociadas. Se puede, por ejemplo, reemplazar toda derivación o integración sobre funciones periódicas por transformaciones del mismo tipo con funciones exponenciales. En el caso de magnitudes pseudoperiódicas (V. OSCILACIONES AMORTIGUADAS) del tipo: $s = S_m \exp(-\lambda t)\cos(\omega t + \varphi)$, se puede asociar a s la función compleja $\underline{s} = \underline{S}\exp(j\underline{\omega}t)$, donde $\underline{S} = S_m \exp(j\varphi)$ es siempre la amplitud compleja, mientras que $\underline{\omega} = \omega = j\lambda$ es un pulsación compleja. Su parte real es igual a la pulsación real ω y su parte imaginaria representa el coeficiente de amortiguamiento λ.

V. IMPEDANCIA COMPLEJA, ÍNDICE DE REFRACCIÓN COMPLEJO, INTEGRAL DE FOURIER, REPRESENTACIÓN DE FRESNEL, SERIE DE FOURIER.

▶ *Radiación compleja.*—Radiación que no es monocromática.

V. COLORES, GRUPO DE ONDAS, SONIDO COMPLEJO.

Complementariedad

▶ *Principio de complementariedad.*—Enunciado por Niels Bohr (en 1928), afirma que la teoría corpuscular y la teoría ondulatoria no son contradictorias, sino complementarias. Cada una representa uno de los dos *aspectos límite* de una realidad de la que no podemos proporcionar un modelo «clásico», que se inspire en fenómenos a nuestra escala. Esos dos aspectos aparecen, por tanto, necesariamente, *uno u otro*, según el tipo de experiencia realizado.

La escuela de Louis de Broglie sostiene que la teoría corpuscular da cuenta del comportamiento individual de las partículas de la microfísica, mientras que la teoría ondulatoria explica los efectos estadísticos de esos comportamientos cuando se trata de un gran número de partículas idénticas.

V. DESIGUALDADES DE HEISENBERG, DUALIDAD ONDA-CORPÚSCULO.

Composición

▶ *Composición de aceleraciones.*—Un móvil puntual, de masa m, desplazándose en un sistema de referencia R, sometido simultáneamente a dos fuerzas $\boldsymbol{f}_1$ y $\boldsymbol{f}_2$ adquiere una aceleración $\boldsymbol{a} = \boldsymbol{f}/m = (\boldsymbol{f}_1/m) + (\boldsymbol{f}_2/m) = \boldsymbol{a}_1 + \boldsymbol{a}_2$, siendo $\boldsymbol{f}$ la resultante de $\boldsymbol{f}_1$ y $\boldsymbol{f}_2$, y $\boldsymbol{a}_1$ y $\boldsymbol{a}_2$ las aceleraciones respectivas que las fuerzas $\boldsymbol{f}_1$ y $\boldsymbol{f}_2$ producen en el cuerpo puntual. Se ve, en este sencillo ejemplo, que la ley de «composición» de aceleraciones, en el marco de la mecánica newtoniana, es análoga a la ley de composición de fuerzas.
Pero lo que llamamos tradicionalmente «ley de composición *de las* aceleraciones» es de hecho la ley de «transformación» de la aceleración de un móvil *tras un cambio de referencial*.
V. TRANSFORMACIÓN DE ACELERACIONES, TRANSFORMACIÓN DE VELOCIDADES.

▶ *Composición de fuerzas.*—Componer el conjunto de fuerzas que se ejercen sobre un mismo cuerpo material es reemplazarlas por un conjunto más simple que sea equivalente.
1 / Ejemplo simple: Dos fuerzas que se ejercen simultáneamente sobre un punto material. Si se representa ambas fuerzas por dos vectores deslizantes $\boldsymbol{f}_1$ y $\boldsymbol{f}_2$, su conjunto tiene el mismo efecto sobre el movimiento del punto que una fuerza única, representada por el vector $\boldsymbol{f}$, obtenida usando la *regla del paralelogramo* (f es la diagonal del paralelogramo construido con f_1 y f_2). Se escribe: $\boldsymbol{f} = \boldsymbol{f}_1 + \boldsymbol{f}_2$. Se dice que $\boldsymbol{f}$ es la *resultante,* siendo $\boldsymbol{f}_1$ y $\boldsymbol{f}_2$ las componentes.
Inversamente, reemplazar $\boldsymbol{f}$ por el conjunto $\boldsymbol{f}_1$ y $\boldsymbol{f}_2$ es *descomponer* $\boldsymbol{f}$. A dos fuerzas dadas les corresponde una única resultante. La afirmación contraria no es cierta.
Verificada experimentalmente en todas sus consecuencias, esta ley de composición es una de las leyes fundamentales de la mecánica. Se deduce, por ejemplo, que dos fuerzas iguales y opuestas no producen efecto alguno en los movimientos de un punto material.
2 / Si el móvil es un cuerpo no puntual, es aún posible determinar por vía geométrica la resultante del conjunto de fuerzas que se ejercen sobre él, pero solamente en algunos casos, por ejemplo si se trata de un sólido ideal (no deformable) y si todas las fuerzas son coplanarias.
3 / En el caso general, el conjunto de fuerzas que se ejerce sobre un mismo móvil no es equivalente a una sola fuerza. Pero aún se puede sustituir por un conjunto reducido. V. TORSOR DE FUERZAS.

▶ *Composición de velocidades.*—Nombre tradicional, que es de hecho un abuso de lenguaje. No se trata, en efecto, como en el caso de la composición de fuerzas, de la composición de las velocidades de un móvil en un mismo referencial, sino más bien de la *transformación* de la velocidad de un móvil cuando se utilizan sucesivamente dos referenciales, moviéndose uno de ellos con relación al otro.
V. TRANSFORMACIÓN DE VELOCIDADES.

Compresibilidad

Facultad que poseen los cuerpos materiales, principalmente los gases, de disminuir en volumen cuando se aumenta la presión ejercida sobre ellos.
V. COEFICIENTES DE COMPRESIBILIDAD, REOLOGÍA.

▶ *Coeficiente de compresibilidad.*—Magnitud que es igual, por convenio, al cociente entre la contracción relativa $-d\mathrm{V}/\mathrm{V}$ de un cuerpo material y el aumento de presión $d\mathrm{P}$ que origina dicha contracción en circunstancias especificadas. $\chi = \dfrac{-d\mathrm{V}/\mathrm{V}}{d\mathrm{P}}$. Se mide en Pa^{-1}.
Los más corrientemente utilizados son los coeficientes de compresibilidad isoterma χ_T y los coeficientes de compresibilidad isoentrópica χ_S. Los primeros corresponden a compresiones *reversibles a temperatura constante*; los segundos, a compresiones *reversibles adiabáticas* (V. FÓRMULA DE REECH).

Estos coeficientes pueden medirse directamente o, más a menudo, calculados. En el caso de un gas, por ejemplo, $\chi_T = \frac{1}{T}\frac{\alpha}{\beta}$, donde α y β son los coeficientes termoelásticos de la sustancia. En el caso de un sólido $\chi_T = 3\frac{1 - 2\sigma}{E}$, donde σ es el coeficiente de Poisson y E el módulo de Young del cuerpo. Numéricamente, χ_T es del orden de 10^{-5} Pa^{-1} para un gas; unas diez mil veces más débil para un líquido y un millón de veces menor en el caso de los sólidos. Los gases son, por tanto, a temperatura constante, sensiblemente «más compresibles» (10^4 veces) que los líquidos y aún más (10^6 veces) en comparación con los sólidos.

Compton Arthur Holly (1892-1962)

Premio Nobel en 1927 (con C.T.R. Wilson)

▶ *Efecto Compton*.—Fenómeno de difusión *con aumento de longitud de onda* de un haz de rayos X, o de rayos gamma, al atravesar un blanco. Este fenómeno fue observado por Compton la primera vez en 1923, en la difusión de rayos X del molibdeno por una lámina delgadísima de grafito.

Para explicar este inesperado efecto hubo de admitir que no se trataba de un fenómeno ondulatorio, sino de *choques individuales* de *fotones* X sobre electrones débilmente ligados del blanco.

El cálculo se funda en las leyes del «choque elástico» (conservación de la energía y de la cantidad de movimiento globales). Desde el punto de vista cualitativo, cada fotón, cuya velocidad c es necesariamente invariante, habiendo cedido al electrón —inicialmente casi inmóvil— parte de su energía de llegada, $E = h\nu$ (h = constante de Planck), ve disminuir necesariamente su frecuencia y, por tanto, aumentar su longitud de onda, ya que $\lambda = c/\nu$. Se encuentra por medio del cálculo que el aumento $\Delta\lambda$ es tanto más importante cuanto mayor es el ángulo de difusión θ: $\Delta\lambda = \frac{h}{m_e c}(1 - \cos\theta)$, siendo m_e la masa en reposo del electrón. La magnitud $a = \frac{h}{m_e c}$, homogénea de una longitud, es conocida convencionalmente como *longitud de onda de Compton* del electrón ($a \approx 0{,}0243$ Å). Ese mismo cálculo da igualmente los valores del «ángulo de retroceso» φ del electrón golpeado. Pero es necesario hacer uso de la Mecánica cuántica para encontrar la ley de reparto de los fotones del haz en las distintas direcciones de difusión.

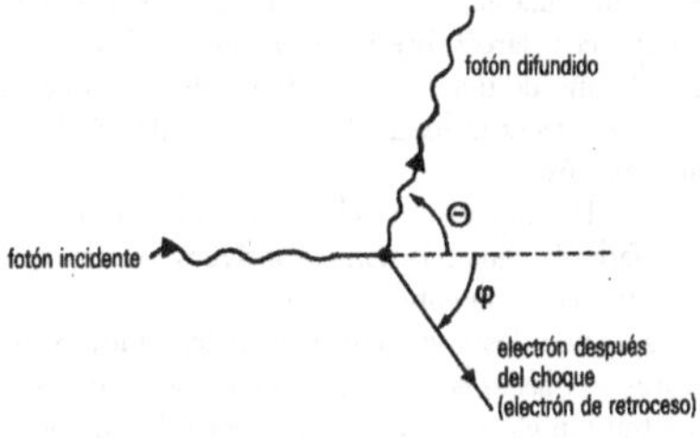

Numerosas experiencias han permitido verificar con precisión cada una de las predicciones de la teoría. Algunas experiencias, hechas en la cámara de Wilson, son el equivalente a verdaderas fotografías del efecto.

Actualmente se realizan investigaciones complementarias en orden a conseguir un efecto Compton «inverso», que entrañaría una *disminución* de la longitud de onda de los fotones incidentes a consecuencia de choques con electrones de alta velocidad.

V. DUALIDAD ONDA-CORPÚSCULO.

Concentración

Parámetro con el cual se caracteriza la proporción de una mezcla homogénea en uno de sus componentes. Es el cociente entre la masa m del constituyente y el volumen V de la mezcla: $c = m/V$ (evaluada a menudo en g/litro).
Se prefiere, sin embargo, utilizar como unidad de masa para cada componente su masa molecular M: $m = nM$. El cociente $C = n/V$ (evaluado generalmente en moles por litro) es la *concentración molar* (volúmica) o *molaridad* del constituyente observado.
V. DOSIFICACIÓN.

Condensación

1 / Mecánica: Si el volumen V de un cuerpo disminuye y se hace igual a $V + dV$ ($dV < 0$), se dice convencionalmente que sufre una *condensación* s: $s = -dV/V$. Una condensación es, por tanto, una contracción relativa (V. COEFICIENTES DE COMPRESIBILIDAD).
Cuando en un medio elástico se provoca una condensación local variable en el tiempo, esta perturbación se propaga en el medio por ondas longitudinales. Es el caso, por ejemplo, de las ondas acústicas.
2 / Estadística cuántica: V. CONDENSACIÓN DE EINSTEIN.
3 / Termodinámica: Una condensación es un cambio de estado.
Se dice que un vapor se condensa cuando se licúa (fenómeno inverso a la vaporización) o cuando se solidifica (inverso de una sublimación). Los estados sólido y líquido son «estados condensados».
Según las condiciones climáticas, el vapor de agua atmosférico da, al condensarse, rocío o escarcha.

Condensador

1 / Sistema óptico cuyo fin es concentrar, «condensar», la luz sobre el objeto que queremos observar, o del que queremos proyectar la imagen en una pantalla.
En los microscopios, por ejemplo, es uno de los órganos esenciales. Según el modo en el que se ha concebido, se realiza una iluminación axial —el objeto aparece negro sobre fondo claro— o lateral —el objeto aparece claro sobre fondo negro— (observación ultramicroscópica).
2 / Termodinámica: Órgano de una máquina de vapor en la que éste, tras haber cedido o realizado trabajo, viene a *condensarse* hasta el estado líquido. Al hacerlo cede calor al condensador, que actúa como *foco frío*.
En las instalaciones fijas la temperatura del condensador se mantiene constante por medio de una circulación apropiada de agua fría. En las antiguas locomotoras de vapor éste se escapaba a la atmósfera, que actuaba como condensador.
3 / Dispositivo formado por dos conductores eléctricos muy próximos separados por un aislante. Los conductores son las *armaduras* del condensador; el aislante, su *dieléctrico*.
Si establecemos una tensión eléctrica V (voltios) entre las armaduras el condensador *se carga*, lo que significa que cargas eléctricas iguales y de signo contrario aparecen sobre las caras enfrentadas de las armaduras: Q culombios sobre una, −Q sobre la otra. Q es *la carga* del condensador. Simultáneamente aparece un campo eléctrico sobre cada punto del dieléctrico. El campo y las cargas desaparecen al establecerse un contacto eléctrico entre las armaduras. El condensador «*se descarga*».
La razón $Q/V = C$ depende solamente de la estructura del condensador. Es su *capacidad*, medida en faradios. Se demuestra que la capacidad de un condensador, cuyo dieléctrico tiene un

espesor constante y débil frente a las dimensiones laterales *e*, viene dada por la expresión $C = \varepsilon S/d$, siendo S el área común de las superficies enfrentadas y ε la permisividad del dieléctrico, que suponemos homogéneo e isótropo.

Las fórmulas precedentes muestran que, para tensiones iguales, la carga Q crece con el cociente S/*e* (si se aproximan las armaduras, por ejemplo). Se puede así *condensar* ventajosamente la carga sobre las armaduras: de ahí la palabra *condensador*.

Los condensadores acumulan igualmente energía en el momento de la carga, energía que restituyen durante la descarga. La *energía electrostática* acumulada vale $E = \frac{CV^2}{2}$. Se demuestra que está localizada en el dieléctrico, con una desidad volúmica $\frac{dE_s}{dv} = \frac{\varepsilon E^2}{2}$, siendo *dv* un elemento de volumen en el seno del dieléctrico y E el campo eléctrico local.

Condensadores de distintas formas son utilizados corrientemente, en los montajes electrónicos sobre todo. Sus capacidades se miden en picofaradios ($1\ pF = 10^{-12}\ F$) y raramente alcanzan hasta los milifaradios ($1\ mF = 10^{-3}\ F$). Pueden asociarse varios condensadores, de manera que se sumen sus capacidades –en paralelo– o de manera que la inversa de la capacidad equivalente sea igual a la suma de las inversas –en serie o *cascada*.

V. Ángulo de pérdida, Botella de Leyden, Capacitancia, Circuito oscilante, Constante de tiempo, Electrómetro, Impedancia compleja, Rigidez dieléctrica.

▶ *Condensador calculable*.–Condensador cuya estructura geométrica está suficientemente bien definida como para que su capacidad sea calculable en función de sus dimensiones.

Los condensadores calculables son útiles, directa o indirectamente, en la medición absoluta de capacidades, tensiones eléctricas, resistencias..., y de ahí proviene su interés.

V. Anillo de guardia, Condensador cilíndrico, Condensador de Lampard y de Thompson, Condensador plano, Electrómetro.

▶ *Condensador cilíndrico*.–Condensador formado por dos armaduras cilíndricas coaxiales. Su capacidad se calcula a través de la expresión:

$$C = 2\pi\varepsilon_0 \cdot \frac{l}{\mathrm{Log}\ r_2/r_1},$$

donde l es la longitud común de las armaduras, r_1 el radio de la armadura interna, r_2 el radio interior de la armadura externa, ε_0 la permisividad del vacío (si se admite que el espacio entre armaduras está vacío).

V. Electrómetro.

▶ *Condensador electrolítico*.–Condensador que se obtiene realizando un comienzo de electrólisis de una disolución de una sal alcalina que impregna un papel adecuado, usando como ánodo una placa de aluminio. Ésta sufre rápidamente una oxidación anódica y se recubre de una película de óxido de aluminio aislante. La corriente se detiene. Se obtiene un condensador en el que el filme de alúmina funciona como dieléctrico.

Este tipo de condensador presenta la ventaja de su módico precio y de su elevada capacidad, debida a la pequeña anchura de su dieléctrico (unos pocos nanómetros). Presentan como principal inconveniente no poder ser utilizados en corriente alterna. Si la placa de aluminio superficialmente oxidada funciona como cátodo, el depósito de óxido de aluminio se reduce y desaparece.

V. Factor de mérito de un condensador.

▶ *Condensador de Lampard y Thompson*.–Condensador calculable formado por cuatro cilindros metálicos idénticos, de sección circular y ejes paralelos, que rodean simétricamente a un quinto conductor de forma análoga, pero dividido perpendicularmente al eje de simetría común en dos partes, una de las cuales es móvil y puede deslizar a lo largo del eje (V. figura).

Lampard y Thompson demostraron (en 1956) que el coeficiente de influencia mutua entre cada pareja de armaduras opuestas es proporcional a la longitud l que separa las dos partes de la armadura central. Con más precisión: $-C_3^1 = -C_1^3 = -C_4^2 = -C_2^4 = C = k \cdot l$. (Recuérdese que la notación C_j^i designa el coeficiente de influencia del conductor j sobre el conductor i en presencia de otros conductores.) La magnitud C recibe así el nombre de capacidad de ese condensador particular, y el coeficiente k posee un valor numérico universal conocido: $k = \text{Log } 2 \dfrac{\varepsilon_0}{\pi} = 1{,}953\ 548\ 76$ pF/m (ε_0 = permisividad del vacío). Este dispositivo se presta por tanto a realizar una *medida absoluta* de capacidad, ya que siendo k conocido, es suficiente con medir una longitud recta, lo que puede realizarse por procedimientos interferenciales por medio de una radiación patrón, con una incertidumbre de alrededor de $1/10^8$.

También pueden utilizarse algunos montajes eléctricos de corriente alterna para comparar, progresivamente, primero la capacidad de este condensador (del orden de una fracción de picofaradio) con una capacidad mayor, y luego la impedancia de esta última ($1/C\omega$: la pulsación ω debe ser conocida con precisión) con la resistencia de un conductor. Se espera por este camino conseguir resistencias patrón del orden del ohmio, con un grado de incertidumbre semejante ($\sim 10^{-7}$).

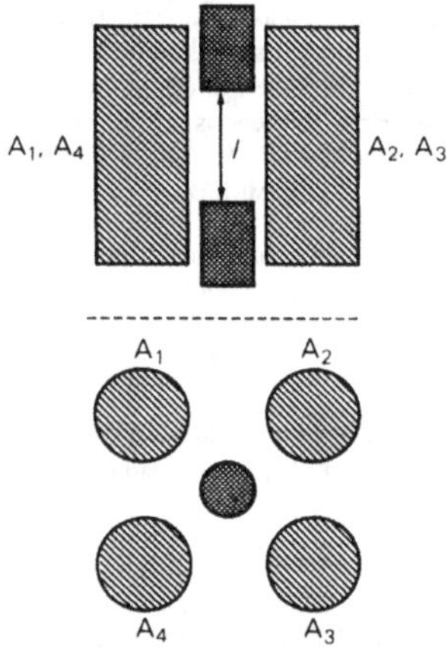

▶ *Condensador plano.*—Condensador formado por dos armaduras planas paralelas. Si su dieléctrico es el vacío, su capacidad se calcula a través de la fórmula: $C = \varepsilon_0 \dfrac{S}{d}$, siendo d la distancia entre armaduras y S la superficie de las mismas.
V. Anillo de guarda, Electrómetro.

▶ *Factor de mérito de un condensador.*—Factor que caracteriza cada tipo de condensador desde un punto de vista práctico. Es igual, por definición, *a la energía máxima por unidad de volumen* que el condensador puede almacenar: $f = \dfrac{CV^2}{2v}$, siendo C la capacidad del condensador, V la tensión máxima de uso y v su volumen. Se demuestra que si se agrupan condensadores idénticos para obtener una batería que tenga la tensión y la capacidad deseadas, el factor de mérito del conjunto es igual al de cada uno de los condensadores que lo constituyen. Los condensadores de papel corrientemente utilizados tienen factores de mérito del orden de 10^4 J/m^3. El de los condensadores electrolíticos es unas cinco veces mayor, lo que quiere decir que para una misma energía almacenada, los segundos son cinco veces menores.

Condiciones

▶ *Condiciones estándar.*—Expresión utilizada en Termoquímica. Corresponde por convenio a una temperatura de 25 °C y una presión de un bar (= 10^5 Pa).

▶ *Condiciones normales (de presión y temperatura).*—Un cuerpo se encuentra en condiciones normales si su temperatura es igual a 0 °C y está sometido a la *presión atmosférica normal* (1 atm = $1{,}01325 \cdot 10^5$ Pa ≃ 1.013 mbar).

Conducción

Es uno de los modos de propagación, en un medio material, de un flujo de calor (conducción térmica), de una perturbación eléctrica (conducción eléctrica) o de una perturbación mecánica (conducción acústica). Los medios que permiten la conducción con facilidad son llamados (buenos) *conductores*, o dotados de conductibilidad; aquellos en los que la conducción es imposible (muy lenta, en realidad) son los malos conductores o *aislantes*.
La conducción térmica resulta de la transferencia progresiva de un aumento local de la agitación térmica desordenada (V. CONDUCTIVIDAD TÉRMICA, LEY DE FOURIER).
La conducción eléctrica, en corriente continua, consiste en un flujo de portadores de carga, flujo ordenado que se superpone a la agitación térmica. En corriente alterna la conducción consiste en una transmisión progresiva, bajo la forma de una onda electromagnética, del movimiento oscilatorio de los portadores de carga (V. CONDUCTIVIDAD ELÉCTRICA, LEYES DE OHM).
Las conducciones térmica y eléctrica no son totalmente independientes (V. LEY DE WIEDEMANN Y FRANZ).
La conducción acústica se debe a la elasticidad del medio propagador que asegura, bajo la forma de una onda acústica (mecánica), la transmisión de cualquier deformación local variable (V. VELOCIDAD DEL SONIDO, FONÓN).

Conductancia

La conductancia G de un dipolo pasivo recorrido por una corriente eléctrica *continua* es igual, por definición, a la inversa de su resistencia R: $G = 1/R$. G se mide en siemens (S) si R se mide en ohmios.
En corriente *alterna* sinusoidal, la conductancia G es la parte real de la admitancia compleja $\underline{Y}$ del dipolo, y vale, por tanto, $G = R/(R^2 + X^2)$, donde X es la reactancia del dipolo. Se vuelve a encontrar la relación $G = 1/R$ si y sólo si $X = 0$.
V. CONDUCTIVIDAD, IMPEDANCIA ELÉCTRICA COMPLEJA, LEYES DE OHM.

Conductibilidad

V. CONDUCCIÓN, CONDUCTIVIDAD.

Conductividad

▶ *Conductividad eléctrica.*—Magnitud que caracteriza la *conductividad* de un material desde un punto de vista cuantitativo. Su definición es consecuencia de la Ley de Ohm local $\mathbf{J} = \sigma \cdot \mathbf{E}$, en la que **J** es el vector densidad de corriente en un punto, **E** el campo eléctrico en ese punto y σ la *conductividad* del material.

Se ve que para un campo dado la densidad de corriente es tanto mayor cuanto más grande es σ, de donde viene su nombre. Señalemos que a veces se usan indistintamente conductividad y conductibilidad, en un claro abuso de lenguaje.

La magnitud inversa, $\rho = 1/\sigma$, es la resistividad del material.

Las expresiones que dan la resistencia R de un conductor cilíndrico de longitud l y sección s $R = \rho\frac{l}{s}$ y la conductancia $G = \sigma\frac{s}{l}$ se utilizan en la mayor parte de los procedimientos de medida de ρ y σ. En ellas se ve que la *resistividad* se mide en ohmios-metro (Ω · m) y la conductividad en siemens por metro (S/m).

La conductividad de un *metal* es muy grande, del orden de 10^7 S/m. Es independiente de la intensidad de la corriente y decae débilmente al aumentar la temperatura. La de los *semiconductores* es más pequeña, del orden de 10^{-2} S/m, varía a veces con la intensidad y crece fuertemente con la temperatura. Los cuerpos reputados como *aislantes* poseen una pequeñísima conductividad, a veces del orden de 10^{-20} S/m. La mecánica cuántica aclara la relación entre estos datos y la estructura electrónica de los distintos medios (V. TEORÍA DE BANDAS).

V. CONDUCCIÓN, LEY DE WIEDEMANN Y FRANZ, TERMISTANCIA, VARISTANCIA.

▶ *Conductividad térmica*.—Magnitud caracterizadora desde el punto de vista cuantitativo de la conductibilidad térmica de un material. Es el coeficiente λ de la ley local de Fourier: $\varphi = -\lambda \cdot \mathbf{grad}\, T$, donde φ es el vector densidad de flujo en un punto y T la temperatura local. φ se evalúa en vatios por metro y por kelvin ($W \cdot m^{-1} \cdot K^{-1}$).

Ejemplos: La conductividad térmica de los metales es del orden de algunas centenas de unidades (cobre, 390; aluminio, 200...). Naturalmente, se hace menor para los malos conductores (vidrio, 1; agua, 0,6; madera, 0,1...).

V. CONDUCCIÓN, LEY DE WIEDEMANN Y FRANZ.

Configuración

V. ESPACIO DE LAS FASES, DE CONFIGURACIONES, DE EVOLUCIÓN.

▶ *Configuración electrónica*.—Manera de repartirse la nube electrónica de un átomo en sus diferentes *orbitales*.

En el estado fundamental del átomo este reparto está determinado por la ley que exige que la energía total del edificio atómico sea mínima. Los resultados de los cálculos correspondientes, moderados por las observaciones de los espectros atómicos, *se representan* simplemente por una de estas convenciones:

1 / Cada orbital, definido por los números cuánticos n (número cuántico principal) y l (número cuántico secundario), se representa por un pequeño rectángulo, una *cabaña cuántica*. Ésta puede estar vacía, contener un electrón (llamado desapareado) o, como máximo, como exige el principio de exclusión de Pauli, dos electrones con spines opuestos (electrones apareados). Cada electrón se representa con una flecha.

Ejemplo: átomo de hidrógeno, $_1H$: [↑]; de carbono, $_6C$: [↑↓] [↑↓] [↑|↑|]

2 / Cada orbital queda representado por su número cuántico principal n (n = 1, 2, 3, ..., 7) y por una de las letras s, p, d, f, g, h, que corresponden, respectivamente, según un uso introducido por los espectroscopistas, a los diferentes valores posibles (0, 1, 2, ..., [n − 1]) del número cuántico secundario l. El número total de electrones que ocupan la subcapa así especificada se da como índice superior.

Ejemplo: $_1H$: $1s^1$; $_6C$: $1s^2$, $2s^2$, $2p^2$.

Cuando un átomo está en un estado excitado, uno al menos de sus electrones se encuentra en un orbital de nivel energético superior.

Ejemplo: $_6$C excitado: [↑↓] [↑] [↑ | ↑ | ↑] o $1s^2$, $2s^1$, $2p^3$.
V. CAPA ELECTRÓNICA, REGLA DE HUND, CUADRO DE ESTRUCTURAS ELECTRÓNICAS DE LOS ÁTOMOS (Anexo 3).

Confinamiento

1. Término utilizado en las técnicas de producción de energía por fusión nuclear controlada. En este tipo de reacciones el plasma reaccionante debe estar *confinado* en un volumen limitado durante un tiempo suficiente (criterio de Lawson). Ahora bien, es imposible utilizar para este propósito una pared metálica. A la temperatura de la reacción (muchas decenas de millares de grados), la pared sería rápidamente disgregada y el plasma contaminado.
En los moldes *inerciales*, en los que el confinamiento debe durar algunos nanosegundos, éste se produce espontáneamente por la *inercia* de la materia.
En los moldes *magnéticos* (o «lentes») el confinamiento debe durar algunas décimas de segundo. Se obtiene por la acción sobre el plasma de campos magnéticos convenientemente configurados. En el plasma circula una fuerte corriente eléctrica longitudinal, que produce un campo magnético circular. Las fuerzas de Laplace que de ello resultan tienen como efecto desplazar las líneas de corriente y, por ello, los portadores de carga del plasma hacia el eje. Es el efecto de encogimiento, o de *constricción (pinch effect*, en inglés), y despega el plasma de la pared, tal como deseamos.
En los reactores cilíndricos «*de espejos*» la corriente longitudinal se obtiene con dos electrodos llevados a diferentes potenciales, mientras que en los extremos del reactor campos magnéticos inhomogéneos provocan el reflujo de una fracción importante de los núcleos electrizados, manteniéndolos así en reacción.
En los *tokomaks*, reactores de forma tórica (Artsimovitch, 1956) y, por tanto, sin extremos, la corriente longitudinal es creada por inducción en el plasma, que funciona como el secundario de un transformador.
La experiencia muestra, desgraciadamente, que en todos los reactores de confinamiento magnético es difícil evitar el establecimiento de *inestabilidades*, movimientos colectivos de los iones del plasma, indeseables porque provocan la pérdida de una parte de los iones que atraviesan las fronteras del confinamiento deseado, y resultan a menudo fatales para el buen funcionamiento del reactor. Numerosas investigaciones experimentales y teóricas tienen como objetivo precisamente prever y dominar los diversos tipos de inestabilidades.
2. V. QUARKS.

Congelación

Paso del estado líquido al estado sólido. Es, por consiguiente, el *cambio de estado* inverso de la fusión.
Utilizando el fenómeno de la *sobrefusión*, la temperatura de cambio de estado sólido ↔ líquido de un cuerpo puro puede ser registrada con una precisión mayor que operando en el sentido de la congelación.
V. ESCALA INTERNACIONAL PRÁCTICA DE LAS TEMPERATURAS.

Conjugadas

▶ *Observables conjugadas.*—V. OBSERVABLES.

▶ *Variables conjugadas.*—V. MAGNITUDES EXTENSIVAS.

Conjugado

▶ *Momento conjugado.*—Un punto material de masa m está en movimiento en un referencial ortonormal (O, x, y, z). Si $T = \frac{1}{2}m(\dot{x}^2 + \dot{y}^2 + \dot{z}^2)$ es su energía cinética y $V(x, y, z)$ su energía potencial, su lagrangiana tiene por expresión: $L(x, y, z, \dot{x}, \dot{y}, \dot{z}, t) = T - V$. El *momento conjugado* de su abscisa x vale, por definición: $p_x = \partial L/\partial \dot{x}$. Idénticamente, los momentos conjugados de y y z son: $p_y = \partial L/\partial \dot{y}$. $p_z = \partial L/\partial \dot{z}$.

De un modo más general, la función de Lagrange $L(q_i, \dot{q}_i, t)$ de un sistema material que posee n grados de libertad depende de sus coordenadas generalizadas y de sus momentos generalizados, q_i y $\dot{q}_i$ (i = 1, 2, ..., n) respectivamente. El momento conjugado de la coordenada q_i vale, por definición, $p_i = \partial L/\partial \dot{q}_i$ (V. IMPULSO DE UN MÓVIL).

En el formalismo hamiltoniano de la Mecánica analítica cada pareja (q_i, p_i) constituye una par de *variables canónicas* conjugadas. En Mecánica cuántica es un par de *observables* conjugadas.

Conjugados

▶ *Planos conjugados.*—En un sistema óptico centrado que funciona en el marco de la aproximación de Gauss, a todo objeto luminoso colocado en un plano P_1, perpendicular al eje del sistema, corresponde una imagen sita en un plano P_2, perpendicular asimismo al eje. P_1 y P_2 forman una pareja de *planos conjugados.*

Se dice de la misma manera para un objeto A_1 y su imagen A_2, para un rayo R_1 y su correspondiente rayo emergente R_2: que forman un par de objetos, o de rayos, conjugados (con relación al sistema, se sobrentiende).

El principio de retorno inverso de la luz autoriza a decir que si P_2, A_2, R_2 son elementos objeto, sus correspondientes imágenes conjugadas son P_1, A_1, R_1, a condición de invertir el sentido de propagación de la luz.

V. SISTEMA CENTRADO, FÓRMULAS DE LOS SISTEMAS CENTRADOS.

Conmutación

En electrotecnia se designa toda modificación de un conjunto de circuitos eléctricos por modificación apropiada de las conexiones. *Ejemplo:* En una central telefónica la conexión entre un abonado y su interlocutor se hace por conmutación de diversos circuitos (hoy se hace por medio de dispositivos electrónicos), que conduce a poner en contacto ambos aparatos.

V. DINAMO.

▶ *Relaciones de conmutación canónicas.*—En mecánica cuántica, expresiones entre conmutadores de las componentes de un mismo operador, o de operadores distintos, referentes al movimiento de un corpúsculo.

Ejemplos: Las relaciones de conmutación entre las componentes cartesianas de los operadores posición R e impulso P del corpúsculo se escriben:

$$[R_j, R_k] = 0 \quad ; \quad [P_j, P_k] = 0 \quad (j, k = 1, 2, 3)$$

$$[R_j, P_k] = \delta_{jk} \cdot i\hbar \quad (\delta_{jk}, \text{ it llamada delta de Kronecker} = \begin{cases} 0, j \neq k \\ 1, j = k \end{cases}$$

$$i^2 = -1 \quad ; \quad \hbar \text{ constante reducida de Planck.}$$

V. MOMENTO CINÉTICO, OBSERVABLES COMPATIBLES, OBSERVABLES CONJUGADAS, SPIN.

Conmutador

▶ 1. *Electrotecnia.*—Dispositivo que permite realizar rápidamente una *conmutación. Ejemplo:* Si se quiere examinar sobre la pantalla de un osciloscopio la tensión alterna u_{ab} que alimenta un dipolo y, *simultáneamente,* la intensidad i que se genera en él, uno de los procedimientos consiste en poner en comunicación osciloscopio y circuito por medio de un conmutador, como en el ejemplo de la figura. El conmutador establece alternativamente las uniones 1 y 2. Sobre la pantalla aparecen sucesivamente la curva de las variaciones de u_{ab} y después la de $u_{ab} = ri$ (en fase con i). Si el conmutador es suficientemente rápido, la persistencia de las imágenes retinianas permite ver simultáneamente ambas curvas.
Para este tipo de usos existen conmutadores mecánicos y electrónicos.

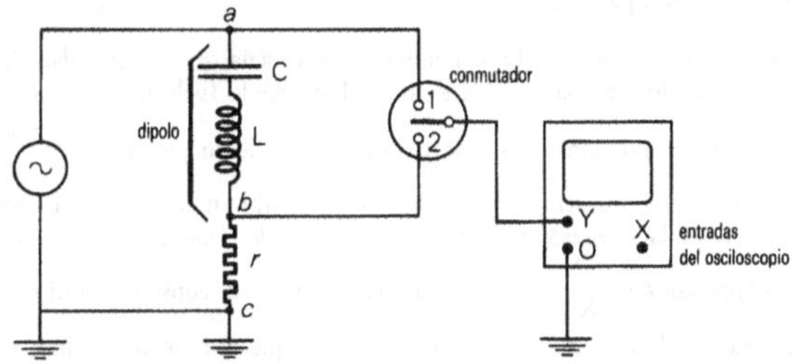

▶ 2. *Operadores.*—El conmutador [A, B] de dos *operadores* A y B es igual, por definición, a la diferencia entre sus operadores producto A · B y B · A: [A, B] = A · B − B · A.
Esta definición es de gran importancia en Mecánica cuántica.
V. Relación de conmutación, Observables compatibles, Observables conjugadas.

Conmutar

Dos operadores A y B *conmutan* si sus operadores producto A · B y B · A son equivalentes o, lo que es lo mismo, si su *conmutador* [A, B] es nulo. Si B · A = −A · B, se dice que los operadores son *anticonmutativos.*
V. Observables compatibles, Observables conjugadas.

Conmutatriz

Máquina rotatoria equivalente por sí misma a un «grupo transformador» (motor alimentado por corriente alterna acoplado a una dinamo de continua).
Las conmutatrices han servido hasta hace poco para convertir, en diferentes usos industriales (carga de acumuladores, por ejemplo), la corriente alterna del sector en corriente continua. Hoy son sustituidas por rectificadores de semiconductores, que tienen, entre otras, la ventaja de ser más pequeños.

Conservación

▶ *Leyes de conservación.*—Leyes que expresan que algunas magnitudes físicas determinadas conservan valores constantes en el curso de ciertas transformaciones. Esas leyes pueden ser de origen experimental, como la ley de conservación de la *masa* en un sistema cerrado, o bien obtenerse matemáticamente de leyes más generales, como las leyes de conservación de la *cantidad*

de movimiento y del *momento cinético* de un sistema aislado en movimiento. Las leyes de conservación de la *energía* y de ciertas características intrínsecas de las partículas subnucleares (cargas *eléctrica, barónica, leptónica, de extrañeza*, etc.) se infieren de postulados que avala la experiencia. Cualquier transformación observada que viole una de esas leyes plantea un problema teórico importante.
V. CONSERVACIÓN DE LA ENERGÍA, CONSERVACIÓN DE LA MASA, ECUACIÓN DE CONTINUIDAD, SIMETRÍA DE LAS LEYES FÍSICAS, TEOREMA DE NOETHER.

Constante

▸ *Constante.*—de atenuación, de gravitación, de estructura fina, de torsión, de transferencia. V. cada una de esas palabras.

▸ *Constante de desintegración.*—La experiencia nos enseña que la velocidad de desintegración, en un instante dado, de una muestra de un radionucleido (velocidad que mide su *actividad* en ese instante) es proporcional a la cantidad de radionucleido presente: $v = \frac{-dN}{dt} = \lambda \cdot N$. N es el número de núcleos presentes en el instante t, $N - dN$ en el instante inmediatamente posterior $t + dt$. λ es la *constante radiactiva*, o *constante de desintegración*, del núcleo estudiado. Puede compararse $\lambda = \frac{-dN}{N} \frac{1}{dt}$ a una tasa de mortalidad, constante aquí.)
De la constancia de λ se deduce matemáticamente que el número N sigue una ley de decrecimiento exponencial $N = N_0 \exp(-\lambda t)$, N_0 es el número de núcleos presente en el instante $t = 0$. Se puede apreciar que la actividad $v = \frac{-dN}{dt}$ sigue la misma ley de decrecimiento exponencial: $v = V_0 \exp(-\lambda t)$; $V_0 = \lambda N_0$ es el valor de la actividad en el instante $t = 0$.
Un núclido que posee varios modos de desintegración posee la misma cantidad de constantes radiactivas. *Ejemplo:* Las constantes del ^{212}Bi (bismuto) valen, respectivamente, $0{,}65 \cdot 10^{-4}\ s^{-1}$ para su actividad β^- y $1{,}26 \cdot 10^{-1}$ para su actividad α.
V. PERÍODO RADIACTIVO, SEMIVIDA, VIDA MEDIA.

▸ *Constante de los gases perfectos.*—Constante R de la ecuación de los gases perfectos $PV = nRT$, donde P, V y T son, respectivamente, la presión, el volumen y la temperatura (absoluta) de n moles de gas. Es una constante universal (es independiente de la especie química en estudio). Su valor numérico ha sido obtenido a partir de las isotermas de Amagat de los gases reales, por extrapolación a presión nula (V. LEY LÍMITE DE AVOGADRO-AMPÈRE). El valor admitido actualmente es:

$$R = 8{,}3144\ J \cdot mol^{-1} \cdot K^{-1}$$

▸ *Constante de tiempo.*—Parámetro que tiene las dimensiones de un tiempo y del que depende la rapidez de variación de un fenómeno cuyo crecimiento o decrecimiento es exponencial.
Ejemplo: Un condensador cargado, de capacidad C, colocado en un circuito no inductivo de resistencia R se descarga progresivamente en el curso del tiempo según la ley: $q = q_0 \exp(-t/RC) = q_0 \exp(-t/\theta)$. q_0 es la carga en el instante $t = 0$. La constante $\theta = RC$ es la *constante de tiempo* del circuito. Cada vez que pasa un tiempo igual a θ segundos la carga q se transforma en q/e ($e = 2{,}718...$).
V. EXTRACORRIENTES, OSCILACIONES AMORTIGUADAS, VIDA MEDIA.

▸ *Constante diélectrica.*—V. PERMISIVIDAD.

▸ *Constante radiactiva.*—*Sinónimo*: Constante de desintegración.

▶ *Constante relativista.*—V. c, TRANSFORMACIÓN DE LORENTZ.

▶ *Constante solar.*—V. ENERGÍA SOLAR.

Constantes

▶ *Constantes críticas.*—V. DIAGRAMA DE ANDREWS, PUNTO CRÍTICO.

Constringencia

V. PODER DISPERSIVO.

Contador

▶ *Contador eléctrico.*—Aparato que se destina a medir el consumo de *energía* en una instalación eléctrica.

Con pequeñas variantes, el funcionamiento de los contadores se basa en la rotación de un carro alrededor de un eje fijo bajo la acción de un par motor de origen electromagnético cuyo momento M es proporcional a la potencia de la corriente eléctrica P: $M = aP$. En el mismo eje se fija un disco de cobre que gira en el entrehierro de un imán. El disco es ahora sede de corrientes de Foucault, cuyo efecto es frenar al carro móvil por medio de un par resistente de momento M′ proporcional a la velocidad de rotación: $M' = b\omega$. Rápidamente, los dos pares antagonistas se hacen iguales, lo que implica una proporcionalidad entre velocidad de rotación y potencia: $\omega = \frac{a}{b} \cdot P$.

De todo ello resulta que el ángulo α que gira el aparato durante un tiempo t es proporcional a la energía consumida W:

$$\alpha = \int_0^t \omega \cdot dt = \frac{a}{b}\int_0^t P \cdot dt = kW.$$

Generalmente, el eje de rotación lleva un sistema de agujas que permiten la lectura directa sobre un limbo de la energía consumida.

▶ *Contador de partículas.*—V. CÁMARA DE IONIZACIÓN, CONTADOR DE GEIGER-MULLER.

Contador de Centelleo

Detector de partículas en el que se utiliza la emisión de una breve señal luminosa, por parte de una sustancia luminiscente, en el punto de impacto de un fotón o de una partícula material portadora de una carga eléctrica.

Continuidad

▶ *Continuidad de los estados líquido y gasesoso.*—Sabemos por experiencia que es posible realizar el paso del estado líquido al estado gaseoso (o el paso inverso) de un cuerpo puro encerrado en un recipiente, por medio de modificaciones en la temperatura y de la presión, en el curso de las cuales el cuerpo queda perfectamente *homogéneo.* Sus propiedades físicas —densidad, índice de refracción, viscosidad, etc.— evolucionan entonces de modo *continuo* desde los valores propios de una fase hasta los que caracterizan a la otra.

Este resultado, contrario al que se observa comúnmente (en el transcurso de una ebullición, por ejemplo), se obtiene si las transformaciones son tales que su punto representativo —diagrama (t, p), por ejemplo— rodea o contornea el punto crítico del cuerpo analizado (V. figura). Si se realiza el trayecto (B_1 B_2 D A_2 A_1), el cuerpo, inicialmente gaseoso (punto B_1) permanece homogéneo pero pasa a líquido (punto A_1) como puede constatarse viéndole hervir por calentamiento isobárico (A_1 E B_1).

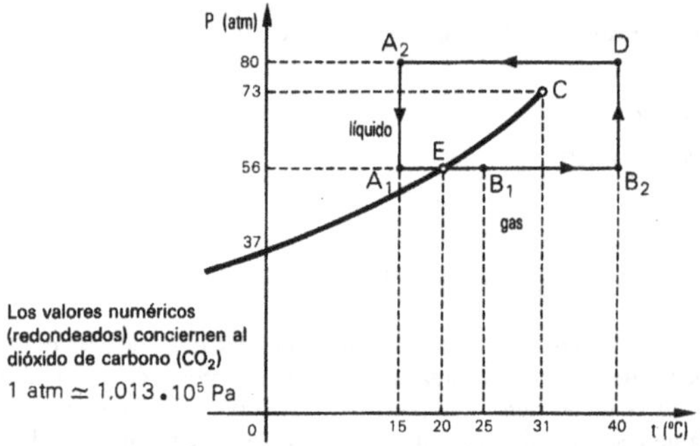

Un fenómeno semejante no existe en los cambios de estado sólido-líquido o sólido-gas. Es posible para un cuerpo, por tanto, pasar continuamente de un estado de orden imperfecto hacia un estado de orden total y viceversa, pero no hacia un estado de orden perfecto. Faltan por hacer los estudios que expliquen en profundidad el fenómeno a escala molecular.
V. CAMBIOS DE ESTADO, VAPOR.

▶ *Ecuación de continuidad.*—Relación que traduce generalmente la ley de conservación de una magnitud (masa, carga eléctrica, energía...) en cualquier región de un medio continuo.
Ejemplo: Para expresar la conservación de la masa en un fluido en movimiento se escribe que entre dos instantes cualesquiera la disminución de la masa del fluido en el interior de un dominio de volumen τ es igual a la masa del fluido que ha «abandonado» el dominio atravesando su superficie fronteriza S. (V. FLUJO SALIENTE.) Se obtiene la relación:

$$\iiint_\tau (-\partial\rho/\partial t)\cdot d\tau = \iint_S \rho \boldsymbol{v}\cdot d\mathbf{S}$$

donde ρ designa la densidad del fluido, $\boldsymbol{v}$ la velocidad a la que fluye a través de un elemento de superficie $d\mathbf{S}$.
Una transformación clásica de esta relación integral (V. TEOREMA DE OSTROGRADSKI) conduce a la ecuación de continuidad local:

$$\text{div}\,(\rho\boldsymbol{v}) + \partial\rho/\partial t = 0$$

Señalemos que si el fluido es homogéneo e incompresible su ecuación de continuidad se simplifica y se transforma en div $\boldsymbol{v} = 0$, lo que implica una cierta estructura de las líneas de flujo.
La letra ρ puede también representar una densidad (volúmica) de carga eléctrica.
El vector $\rho\boldsymbol{v} = \boldsymbol{j}$ es entonces la densidad de corriente eléctrica en un punto.
La ecuación de continuidad div $\boldsymbol{j} + \partial\rho/\partial t = 0$ traduce la ley de conservación de la carga eléctrica en un medio recorrido por una corriente.
Las ecuaciones de continuidad pueden contener términos suplementarios si es preciso tener en cuenta un efecto de fuente o un efecto de conversión.
V. PRODUCCIÓN DE ENTROPÍA, TEOREMA DE POYNTING.

Contracción

▶ *Contracción (relativista) de longitudes.*—Es una consecuencia de las leyes de la relatividad restringida (V. TRANSFORMACIÓN DE LORENTZ): la longitud L_0, medida en un referencial R_0 con respecto al cual el objeto medido está inmóvil (es su «referencial propio»), adquiere aparentemente un valor L más pequeño cuando se hace la medida a partir de un referencial R, con respecto al que el objeto, y R por tanto, posee un movimiento de traslación uniforme.
$L_0 - L$ es la «contracción», L_0 la longitud propia del objeto.
Ejemplo: R_0 desliza con respecto a R con velocidad $\boldsymbol{v}$.
Si la longitud que se va a medir es paralela a la dirección de $\boldsymbol{v}$, la contracción es máxima. Se encuentra, anotando en un mismo instante las posiciones de los dos extremos del objeto, que $L = L_0\sqrt{1 - v^2/c^2}$, y por tanto una contracción aparente relativa $(L_0 - L)/L_0 \approx v^2/2c^2$, cuando $v \ll c$ (c es la velocidad de la luz en el vacío). Si la longitud que se va a medir es perpendicular a la dirección de la velocidad v la contracción es nula.
V. CONTRACCIÓN DE LORENTZ-FITZGERALD.

Contraelectromotor

▶ *Campo contraelectromotor.*—V. CAMPO ELECTROMOTOR, RECEPTOR ELÉCTRICO.

Contraelectromotriz

▶ *Fuerza contraelectromotriz* (f.c.e.m.).—V. RECEPTOR ELÉCTRICO.

Contraste

Oposición entre dos sensaciones de la misma naturaleza (visual, auditiva...), simultáneas o sucesivas.
Cuantitativamente, siendo I_1 e I_2 las intensidades respectivas de dos estímulos físicos causantes de las sensaciones en estudio ($I_1 > I_2$), el *contraste* se mide en general por una de las razones I_1/I_2 o $(I_1 - I_2)/I_1$; algunas veces por la relación $(I_1 - I_2)/(I_1 + I_2)$.
Ejemplo: En acústica, el contraste entre una señal y el ruido de fondo que la acompaña viene en general medido por el cociente *señal/ruido:* $c = I_1/I_2$, o por la magnitud s, que se mide en decibelios: $s = 10 \log c$.
Para una buena audición, no perturbada por el ruido de fondo, el oído exige un contraste mínimo del orden de 40 dB (¡$I_1/I_2 \geqslant 10^4$!).
V. CONTRASTE DE FASE, EFECTO DE MÁSCARA, FACTOR DE VISIBILIDAD, LEY DE BOUGUER, LEY DE BOUGUER-WEBER, RUIDO DE FONDO.

Convección térmica

Transporte de calor realizado por un fluido en movimiento.
Se conoce como convección térmica *forzada* aquella en la que el movimiento del fluido es mantenido por medio de una intervención exterior (caso de la bomba en una instalación de «calefacción central», por ejemplo), y se llama *natural* a la convección si el fluido se mueve espontáneamente.
Ejemplo de convección natural: En un recinto que contiene un líquido y en el que la pared inferior se mantiene a elevada temperatura, la capa líquida inmediatamente en contacto con esa pared se calienta por conducción, y su densidad disminuye. Gracias al empuje de Arquímedes la capa líquida se eleva y es sustituida por una capa más fría, que se caldea a su vez... Se establece así espontáneamente un flujo líquido, ascendente y descendente. El régimen cir-

culatorio se vuelve turbillonario (torbellinos de Bénard) cuando la diferencia de temperaturas entre la pared inferior y la superficie líquida superior sobrepasa un umbral crítico.
V. CORRIENTE ELÉCTRICA DE CONVECCIÓN.

Convergencia

▶ *Relación de convergencia.*—V. SISTEMA CENTRADO.

Convergente

▶ *Haz luminoso convergente.*—V. VERGENCIA DE UN HAZ.

▶ *Sistema óptico convergente.*—V. VERGENCIA DE UN SISTEMA CENTRADO.

Converger

V. REACTIVIDAD, REACCIÓN EN CADENA.

Conversión

▶ *Conversión interna.*—V. EFECTO AUGER.

▶ *Relación de conversión.*—V. SUPERREGENERADOR.

Coolidge William David (1873-1975)

▶ *Tubo de Coolidge.*—Tubo de cátodo caliente, productor de rayos X.
Realizado por primera vez por Coolidge (en 1917), es un tubo o válvula de vacío que contiene un filamento de tungsteno, al que se lleva a temperatura elevada para que emita electrones por efecto termoeléctrico. El haz electrónico, acelerado por una tensión eléctrica suficientemente alta, bombardea un anticátodo provocando la emisión de rayos X deseada.
El tubo de Coolidge presenta la ventaja de prestarse a dos reglajes independientes. Actuando sobre la temperatura del filamento se gobierna el flujo electrónico y, con él, la intensidad del haz de rayos X; actuando sobre la tensión aceleratriz se modifica la energía cinética de los electrones, y por tanto sobre la frecuencia (máxima) de los rayos X emitidos. Por estas razones, entre otras, los tubos de Coolidge han reemplazado totalmente a los antiguos tubos de Crookes.

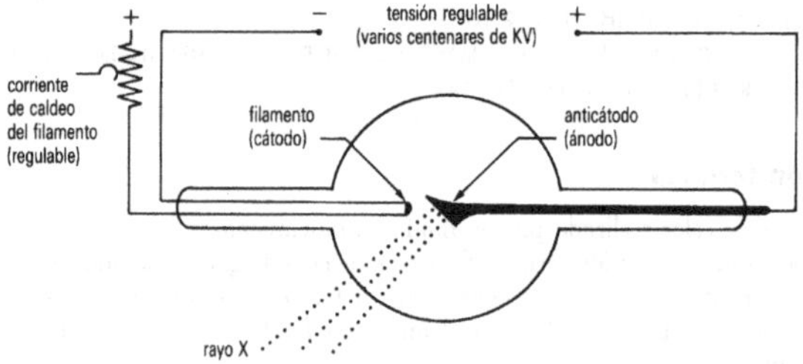

Cooper Leon N. (1930)

Premio Nobel en 1972 (con Barden y Schrieffer).

▶ *Pares de Cooper.*—V. SUPERCONDUCTIVIDAD.

Coordenadas generalizadas

El estudio de la evolución de un sistema material cualquiera, conjunto de corpúsculos, sólido rígido, cuerpo deformable..., puede hacerse siguiendo las variaciones en el curso del tiempo de un cierto número de parámetros independientes, convenientemente elegidos, que pueden ser coordenadas cartesianas, cilíndricas, esféricas, curvilíneas, volúmenes, presiones... o cualquier otro tipo de parámetros.

Estos parámetros $q_i (i = 1, 2, 3, ..., n)$ son las *coordenadas generalizadas* del sistema. Sus derivadas con respecto al tiempo, $q_i = \partial q_i / \partial_t$ son las *velocidades generalizadas*. n es el número de grados de libertad.

V. HAMILTONIANO, LAGRANGIANA, MOMENTO CONJUGADO, VARIABLES CANÓNICAS.

Coordinación

▶ *Relación de coordinación.*—Relación entre las dos magnitudes, ε_0 y μ_0, permitividad y permeabilidad del vacío respectivamente. Es consecuencia de las definiciones de las distintas unidades eléctricas y magnéticas en los dos sistemas c.g.s. (el sistema electrostático y el sistema electromagnético). Se escribe: $\varepsilon_0 \cdot \mu_0 \cdot c^2 = 1$, donde la constante c, homogénea a una velocidad, recibe el nombre de *constante de coordinación.*

Esta relación ha servido históricamente para establecer una coordinación (de ahí su nombre) entre ambos sistemas. Se demuestra, por ejemplo, que la razón entre sus unidades de intensidad eléctrica vale $u_{em}/u_{es} = c^2$, etc. Del valor de una de estas razones, obtenida experimentalmente, se deducía el valor de c y después el de una de las constantes, ε_0 o μ_0, teniendo la otra por valor la unidad (en el sistema c.g.s.e.s.: $\varepsilon_0 = 1 \Rightarrow \mu_0 = 1/c^2$; en el c.g.s.e.m.: $\mu_0 = 1 \Rightarrow \varepsilon_0 = 1/c^2$).

La constante c se ha revelado idéntica numéricamente a la velocidad de la luz en el vacío; coincidencia nada fortuita, de la que la teoría de Maxwell suministra adecuada explicación. La relación de coordinación conserva su validez en el Sistema Internacional, el SI, actualmente en uso. Siendo el valor de c «perfectamente» conocido hoy, las magnitudes ε_0 y μ_0 son, igualmente, perfectamente conocidas (V. la definición de metro). $\mu_0 = 4\pi \cdot 10^{-7}$ (V. la definición de amperio). $\varepsilon_0 = 1/4\pi \cdot 10^{-7} \cdot c^2$.

V. CUADRO DE CONSTANTES FÍSICAS (Anexo 6).

Copenhague

▶ *Escuela de Copenhague.*—Conjunto de físicos (Bohr, Born, Heisenberg, Dirac...; Niels Bohr fue profesor de la Universidad de Copenhague) a los que se debe la interpretación probabilística del formalismo mecanocuántico, interpretación conocida como ortodoxa.

A pesar de los numerosos éxitos obtenidos por dicha interpretación, ha sido y es aún objeto de polémica y contestación (Einstein, De Broglie, Schrödinger... y sus continuadores).

Copérnico Nicolaj (1473-1543)

▶ *Referencial de Copérnico.*—Referencial utilizado por Copérnico y más tarde por Newton, para estudiar los movimientos de los planetas del Sistema Solar. Se define por su origen situado en el centro de masas del Sistema Solar —prácticamente confundido con el centro del Sol— y por tres ejes que salen de ese punto y se dirigen hacia tres estrellas lejanas (hoy tres galaxias lejanas). Según los cálculos de Newton, los movimientos referidos al sistema de referencia de Copérnico obedecen a las leyes fundamentales de la Mecánica y, en particular, al principio de inercia. El referencial de Copérnico es, en consecuencia, un *referencial inercial.*

Coriolis Gaspard (1792-1843)

▶ *Aceleración de Coriolis.*—V. TRANSFORMACIÓN DE ACELERACIONES.

▶ *Fuerza de Coriolis.*—V. FUERZAS DE INERCIA.

Coronio

Hipotético elemento químico, cuya existencia se creyó descubierta, gracias a su espectro, en la corona solar (1864). Más tarde se llegó a la conclusión de que las rayas espectrales que originaron dicha hipótesis, desconocidas por entonces, pertenecen en realidad al espectro del hierro fuertemente ionizado (1942). La presencia de oxígeno altamente ionizado en ciertas nebulosas llevó igualmente a la errónea suposición de la existencia de otro elemento desconocido, bautizado como «nebulio».

Correspondencia

▶ *Principio de correspondencia.*—Enunciado por Niels Bohr en una época en la que no estaba sólidamente desarrollado el formalismo de la mecánica cuántica, el principio postula que las leyes que se deducen de ese formalismo deben enlazar con las de la mecánica clásica cuando su dominio de aplicación se aleja de la región infinitamente pequeña en la que la constante de Planck juega un papel importante. Este principio «de coherencia» entre las mecánicas clásica y cuántica permitió un control de los primeros resultados obtenidos en mecánica cuántica.

Corriente

▶ *Corriente alterna.*—Corriente eléctrica variable cuya intensidad instantánea en cada punto del circuito, orientado en principio, es a veces positiva y a veces negativa. Una corriente alterna puede ser *aperiódica* (ejemplo: corriente modulada), *pseudoperiódica* (ejemplo: corriente de descarga de un condensador en una resistencia inductiva) o, en la mayoría de los casos, *periódica* (ejemplo: la corriente producida por un alternador). El valor medio a lo largo de un periodo de una corriente alterna periódica puede ser nulo o no serlo (V. TEOREMA DE FOURIER). Los dos semiperiodos de una corriente alterna periódica cuyo valor medio es nulo son con frecuencia simétricos (en el extremo de cada semiperiodo la intensidad alcanza el mismo valor cambiado de signo). Estas corrientes, con dos *alternancias* simétricas, son llamadas por algunos autores *alternadas.* Las corrientes sinusoidales son corrientes alternadas.

Las corrientes alternas periódicas llamadas de *baja frecuencia* (BF) comprenden, en particular, a las corrientes que alimentan las redes de distribución (50 Hz en Europa, 60 Hz en los Estados Unidos) y las corrientes telefónicas (entre 10^2 y 10^5 Hz, aproximadamente). En ese extremo comienzan las corrientes de *alta frecuencia* (AF o HF), usadas fundamentalmente en la transmisión de señales de radio (V. BANDAS DE FRECUENCIA).

Además de las propiedades que comparten con las corrientes continuas, las corrientes alternas poseen propiedades específicas en función de la variación más o menos veloz de la intensidad local: sobre todo las que provienen de los fenómenos de inducción electromagnética y de la presencia de condensadores en el circuito (V. EFECTO DE SUPERFICIE [o de PIEL], IMPEDANCIA, TRANSFORMADOR). De otro lado, un fenómeno de propagación de un mismo valor de intensidad a lo largo de un circuito de escasa importancia en circuitos BF de poca longitud, alcanza una importancia extrema en las corrientes AF. En un hilo de antena, por ejemplo, se producen ondas estacionarias, con nudos y vientres como en una cuerda vibrante.

▶ *Corriente cargada.*—V. INTERACCIÓN ELECTRODÉBIL.

▶ *Corriente continua.*—Designa este término, por abuso de lenguaje, a toda corriente eléctrica cuya intensidad, en cada punto del circuito, permanece constante a lo largo del tiempo. Es también conocida, lógicamente, como *corriente constante.*

▶ *Corriente de conducción.*—V. CONDUCCIÓN, CONDUCTIVIDAD ELÉCTRICA.

▶ *Corriente de convección.*—La experiencia muestra que un cuerpo material cargado eléctricamente que se pone en movimiento, crea un campo magnético en sus proximidades, exactamente como lo haría una corriente eléctrica (de conducción). Por convenio se dice que se trata de una corriente eléctrica de «convección».
V. CONVECCIÓN TÉRMICA, EXPERIENCIA DE ROWLAND.

▶ *Corriente desfasada.*—V. CORRIENTE POLIFÁSICA.

▶ *Corriente de polarización.*—Toda modificación, en el curso del tiempo, de la polarización de un dieléctrico, implica un movimiento de sus cargas ligadas, y por ende una corriente eléctrica. Es una *«corriente de polarización».* Se demuestra que el vector densidad de corriente de polarización en un punto del dieléctrico y en un instante dado es el vector $j_p = \partial \mathbf{P}/\partial t$, donde $\mathbf{P}(t)$ es el vector polarización eléctrica en ese punto y en ese instante.
V. CORRIENTE DE DESPLAZAMIENTO.

▶ *Corriente dewatada.*—V. CORRIENTE WATADA.

▶ *Corriente eléctrica.*—La corriente eléctrica se conoce tan sólo desde el arranque del siglo XIX (V. ELECTRICIDAD, OERSTED, VOLTA).
Las corrientes eléctricas se manifiestan, a escala macroscópica, por medio de diversos «efectos»: efectos magnéticos, pasivos o activos (V. LEY DE BIOT Y SAVART, FUERZA DE LAPLACE), efectos térmicos (V. LEY DE JOULE), efectos electroquímicos (V. ELECTRÓLISIS).
En cuanto a su mecanismo, hoy no cabe ninguna duda de que se trata de verdaderos movimientos del conjunto de diversos *portadores de carga eléctrica,* movimientos ordenados (se les llama también de «deriva») que se superponen a menudo a los movimientos desordenados de origen térmico (V. CORRIENTES DE CONDUCCIÓN, DE CONVECCIÓN, DE POLARIZACIÓN, DE DESPLAZAMIENTO, RAYOS CATÓDICOS, RAYOS POSITIVOS, TEORÍA DE BANDAS DE ENERGÍA...).
Resulta banal recordar los numerosos dominios de aplicación de las corrientes eléctricas. Desde hace más de un siglo, las corrientes galvánicas, las corrientes farádicas están siendo utilizadas en terapéutica... La industria de nuestros días utiliza abundantemente corrientes alternas o continuas, tanto para el *transporte* a larga distancia de la energía destinada al alumbrado, a la calefacción, al movimiento, a las transformaciones químicas o a otros usos industriales..., cuanto para la *transmisión de informaciones* bajo la forma de señales eléctricas, soportadas por un hilo o inalámbricas.
V. GENERADORES ELÉCTRICOS.

▶ *Corriente modulada.*—V. MODULACIÓN.

▶ *Corriente monofásica.*—Corriente eléctrica alterna, a menudo sinusoidal; generalmente es parte de una *corriente polifásica.*

▶ *Corriente neutra.*—V. INTERACCIÓN ELECTRODÉBIL.

▶ *Corriente periódica.*—Corriente eléctrica variable cuya intensidad instantánea i, en cada punto del circuito, vuelve a tomar periódicamente el mismo valor.
Ejemplos: La corriente suministrada por una base de tiempos es una corriente periódica de sentido constante. Una corriente sinusoidal es una corriente alterna. Toda corriente periódica puede ser considerada como resultante de la superposición de una corriente continua y varias corrientes sinusoidales (V. TEOREMA DE FOURIER).

▶ *Corriente polifásica.*—Conjunto de corrientes alternas acopladas. Son corrientes generalmente

sinusoidales del mismo periodo, cuyas intensidades presentan entre ellas diferencias constantes de fase ($\Delta\varphi$). Prácticamente sólo se utilizan corrientes *difásicas* —el desfase entre corrientes es un semiperiodo ($\Delta\varphi = \pi$)— y, sobre todo, las corrientes *trifásicas,* en las que las tres corrientes componentes están desfasadas un tercio de periodo ($\Delta\varphi = 2\pi/3$).
Estas últimas se obtienen en los «alternadores trifásicos». Los conductores activos que constituyen el inducido de un alternador trifásico están asociados de manera que forman tres arrollamientos distintos, y colocados de tal suerte que, en cada arrollamiento, las corrientes inducidas están «en fase», mientras que las corrientes en dos arrollamientos distintos presentan entre ellas una diferencia de fase de un tercio de periodo.
El interés industrial de las corrientes trifásicas es grande por varias razones, tales como las dos siguientes:
1. Permiten asegurar con gastos menores el transporte de energía a larga distancia. En particular, bastan cuatro conductores en lugar de seis para transportar tres corrientes monofásicas independientes: tres hilos «de fase» y un hilo «neutro». Se demuestra incluso que si la potencia demandada está repartida por igual entre los tres circuitos de utilización (se dice entonces que «las fases están equilibradas») la intensidad resultante en el neutro es nula en todo instante, y ese hilo sería inútil.
2. Cada usuario que recibe los cuatro conductores dispone a voluntad de varias tensiones monofásicas, pudiendo alimentar con ese conjunto un motor de «campo giratorio».

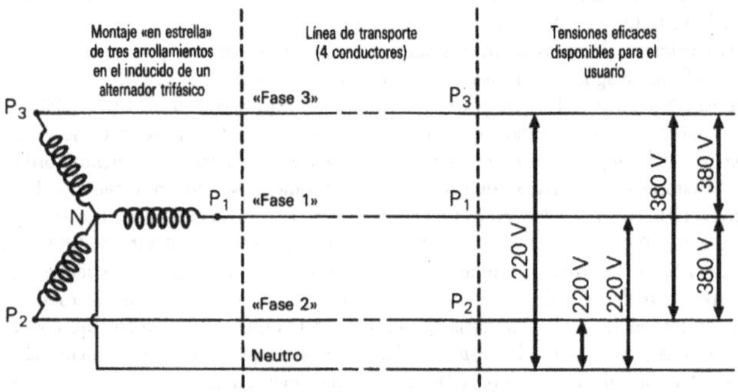

Intensidad en el hilo de fase 1: $i_1 = I_{m1} \cdot \cos \omega t$

" " " " 2: $i_2 = I_{m2} \cdot \cos (\omega t - \frac{2\pi}{3})$

" " " " 3: $i_3 = I_{m3} \cdot \cos (\omega t + \frac{2\pi}{3})$

" " " neutro: $i = i_1 + i_2 + i_3$

▶ *Corriente sinusoidal.*—Corriente eléctrica alterna en la que la intensidad i en cada punto del circuito es función sinusoidal del tiempo: $i = I_m \operatorname{sen} (\omega t + \varphi)$. i es la intensidad *instantánea*, I_m la intensidad *máxima* o intensidad de pico, ω la *pulsación* y φ la *fase inicial* (cuando $t = 0$). Se escribe también: $i = I_e \sqrt{2} \operatorname{sen} (\omega t + \varphi)$, donde $I_e = I_m/\sqrt{2}$ es la intensidad *eficaz*. La frecuencia de la corriente vale $N = \omega/2\pi$ y su periodo es $T = 1/N$.
Ejemplos: La corriente obtenida por inducción en una bobina sin núcleo de hierro, a la que se hace girar en un campo magnético constante con velocidad uniforme, es una corriente sinusoidal, en la que la pulsación coincide con la velocidad angular a la que gira la bobina. La corriente de la red de distribución doméstica es una corriente prácticamente sinusoidal, cuya frecuencia vale 50 Hz, el periodo 1/50 s y la pulsación $\omega = 100\pi$ rad/s.
V. Alternador, Impedancia, Notación compleja.

▶ *Corriente transitoria.*—V. EXTRACORRIENTES.

▶ *Corriente trifásica.*—V. CORRIENTE POLIFÁSICA.

▶ *Corriente variable.*—Corriente eléctrica cuya *intensidad varía en el curso del tiempo.* Si la corriente circula tanto en un sentido como en otro resulta cómodo, desde el punto de vista teórico, orientar el circuito: en ese caso la corriente es a veces positiva y a veces negativa.
V. CORRIENTE ALTERNA, CONTINUA, PERIÓDICA, EXTRACORRIENTES.

▶ *Corriente watada.*—La intensidad de la corriente que circula en un circuito en cuyos extremos existe una tensión sinusoidal $u = U \cos \omega t$, es a su vez sinusoidal, de la misma pulsación ω, pero generalmente desfasada en un ángulo φ con la tensión, salvo que el circuito sea una simple resistencia óhmica. Se puede escribir:

$$i = I \cos(\omega t - \varphi) = I \cos \varphi \cdot \cos \omega t + I \operatorname{sen} \varphi \cdot \operatorname{sen} \omega t = i_1 + i_2$$

La componente i_1 está en fase y la componente i_2 en cuadratura con la tensión. En consecuencia, la potencia instantánea disponible en el circuito posee también dos términos: $p = ui_1 + ui_2 = p_1 + p_2$.
El cálculo demuestra que la potencia media a lo largo de un periodo para el término p_2 es nula. De ello se deduce que la potencia media consumida en el circuito es la que corresponde tan sólo al primer término, p_1, y por tanto a la intensidad i_1. Por esta razón, la corriente i_1 es llamada *corriente watada,* y la corriente en cuadratura, i_2, *corriente dewatada.*
Nótese que, en la línea de alimentación, las pérdidas por efecto Joule son debidas a la corriente global, de intensidad $i = i_1 + i_2$.
V. POTENCIA ACTIVA, FACTOR DE POTENCIA.

▶ *Línea de corriente.*—V. DENSIDAD DE CORRIENTE ELÉCTRICA.

▶ *Tubo de corriente.*—V. DENSIDAD DE CORRIENTE ELÉCTRICA.

Corrientes

V. CORRIENTES AMPERIANAS, CORRIENTES DE FOUCAULT.

▶ *Corrientes farádicas.*—Antigua denominación de las corrientes eléctricas alternas de baja frecuencia. Faraday se encuentra en el origen del descubrimiento de la inducción electromagnética, que permite su producción.

▶ *Corrientes galvánicas* (llamadas también *corrientes voltaicas*).—Antiguo nombre para la corriente eléctrica continua. Los descubrimientos de Galvani (1791) y de Volta (1799) fueron el origen de las primeras pilas eléctricas, fuentes de corriente continua.

▶ *Corrientes voltaicas.*—V. CORRIENTES GALVÁNICAS.

Cortante

▶ *Esfuerzo cortante.*—*Sinónimos:* Cizalladura, cizalla.

Corte, corto

▶ *Corte óptico.*—En un microscopio de gran aumento la profundidad de campo es muy pequeña (del orden de la micra si el aumento se acerca a 500). Si se estudia un objeto transparente, es posible, utilizando pequeñas variaciones en la puesta a punto, observar sucesivamente franjas distintas en el espesor del objeto. Cada una de estas delgadísimas franjas es un «corte óptico».

▶ *Corto-circuito.*—Órgano destinado a interrumpir automáticamente una corriente eléctrica cuando su intensidad alcanza un valor superior a cierto otro dado, supuesto peligroso. Puede ser un simple hilo calibrado de plomo, de plata... (cortocircuito *fusible*) o un interruptor de mando magnético, llamado *disyuntor*.

Cortocircuito

Conductor de resistencia nula, o casi nula, que se coloca entre dos puntos de un circuito eléctrico. Constituye un nuevo circuito, más corto. Si la tensión existente entre los dos puntos fuera importante, su puesta en cortocircuito entrañaría un aumento anormal de la intensidad en el circuito (de ahí la necesidad de protección por fusible o disyuntor). Sin embargo, resulta cómodo a veces, en el laboratorio, «cortocircuitar» voluntariamente un aparato, uniendo sus extremos a través de un conductor de pequeña resistencia, con el fin de mantenerlo fuera del circuito sin necesidad de desconectarlo.

Cósmicas

V. Velocidades cósmicas.

Cósmico

V. Radiación cósmica.

Cosmotrón

Nombre dado al primer *sincrotón* de protones instalado en Brookhaven (en 1952). Este acelerador de partículas fue el primero en comunicar a los protones una energía cinética del orden de 3 GeV, comparable a la de las partículas de los rayos cósmicos: de ahí su nombre.

Cotton Aimé 1869-1951

▶ *Balanza de Cotton.*—Instrumento que sirve para determinar la intensidad de un campo magnético midiendo la fuerza que ejerce sobre un hilo conductor, fijo en el ástil de una balanza y recorrido por una corriente eléctrica de intensidad conocida.

La originalidad de la balanza de Cotton (1923) reside en la forma del ástil. La cinta conductora se fija sobre el perímetro de un sector, limitado por dos arcos de círculo. En la condición

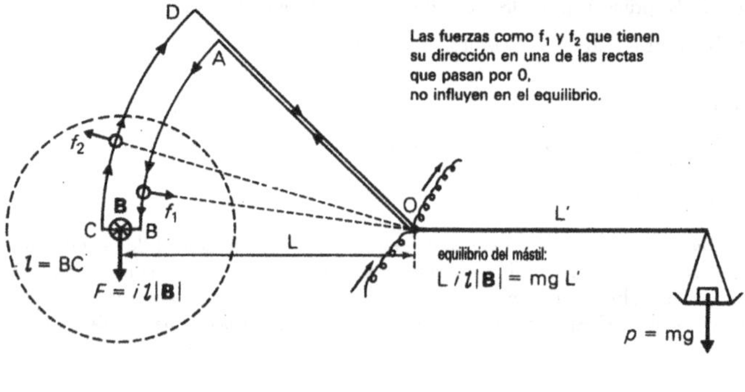

de equilibrio sólo interviene la fuerza electromagnética que se ejerce sobre una extensión limitada de la cinta (L = BC en la figura), aunque ésta pertenece necesariamente a un circuito completo.
La balanza de Cotton ha sido utilizada durante mucho tiempo únicamente para determinar con precisión los intensos campos del entrehierro de los grandes electroimanes.

▶ *Efecto Cotton-Mouton.—Sinónimo:* Birrefringencia magnética. Fenómeno de birrefringencia provocado por la acción de un *campo magnético* sobre algunas sustancias líquidas, inicialmente isótropas. Cuantitativamente, este efecto puede caracterizarse por la diferencia que se obtiene entre los índices ordinario y extraordinario de la sustancia. Se comprueba que esta diferencia es proporcional al cuadrado del campo magnético **B**: $n_e - n_0 = C \cdot \lambda \cdot B^2$; λ es la longitud de onda de la luz utilizada y C es la llamada *constante de Cotton-Mouton.*
Ejemplo: $C = +2{,}5 \cdot 10^{-2}$ para el nitrobenceno, si la longitud de onda se mide en metros y B en teslas.
V. EFECTO KERR.

Coulomb Charles (1736-1806)

▶ *Balanza de Coulomb.—Balanza de torsión* ideada y utilizada por Coulomb. Le sirvió para medir las fuerzas repulsivas, sumamente débiles (equivalentes a veces al peso de un microgramo) que se ejercen entre dos polos de imán, o entre las cargas eléctricas soportadas por dos esferitas ligeras. Las fuerzas atractivas originan equilibrios inestables, y fueron estudiadas por el «método dinámico de las oscilaciones».
Como conclusión de estas medidas, Coulomb enunció (1785) las dos leyes sobre interacciones electrostáticas y magnetostáticas.

▶ *Coulomb o culombio (C).*—Unidad de cantidad de electricidad (o de carga eléctrica) del SI. El culombio es la cantidad de electricidad que atraviesa en un segundo una sección cualquiera de un conductor recorrido por una corriente eléctrica continua cuya intensidad vale un amperio (1 A).
Otras unidades de cantidad de electricidad: 1 amperio-hora (Ah) = 3.600 C; 1 faraday = 96.500 C; 1 carga elemental = $1{,}60 \cdot 10^{-19}$ C.

▶ *Leyes de Coulomb.*

1. *Electrostática.*—Dos cargas eléctricas puntuales *q* y *q'*, colocadas en los puntos M y M', ejercen cada una sobre la otra dos fuerzas, iguales y opuestas, en la dirección de la recta MM', repulsivas si las cargas son de la misma naturaleza (vítrea o resinosa) y atractivas en caso contrario, y cuya intensidad es proporcional al valor de cada una de las cargas e inversamente proporcional al cuadrado de la distancia MM' = *r*.
Esto es lo que traducen las expresiones matemáticas: $\mathbf{f'} = kqq'\mathbf{u}/r^2$, $\mathbf{f} = -\mathbf{f'}$. $\mathbf{f'}$ es la fuerza que se ejerce sobre la carga *q'* y $\mathbf{f}$ la que se ejerce sobre *q*; $\mathbf{u}$ es el vector unitario del segmento orientado MM'; $\mathbf{MM'} = r\mathbf{u}$ y *k* un coeficiente positivo que depende de las unidades utilizadas. En el SI se escribe $k = 1/4\pi\varepsilon_0 \approx 9 \cdot 10^9$.
Esta ley fue enunciada en 1785 (un siglo después de la ley de Newton sobre la gravitación universal), como conclusión de una serie de experiencias realizadas por medio de la balanza de torsión, puesta nuevamente a punto con este fin. Hoy constituye uno de los axiomas fundamentales de electrostática y, más generalmente, del electromagnetismo. Nótese que es la expresión matemática de la ley de Coulomb la que justifica el convenio que atribuye valores positivos a un tipo de carga y valores negativos al otro (V. figura).
V. ACCIÓN A DISTANCIA, ACCIÓN Y REACCIÓN, CAMPO ELECTROMAGNÉTICO, CAMPO ELECTROSTÁTICO, PERMITIVIDAD.

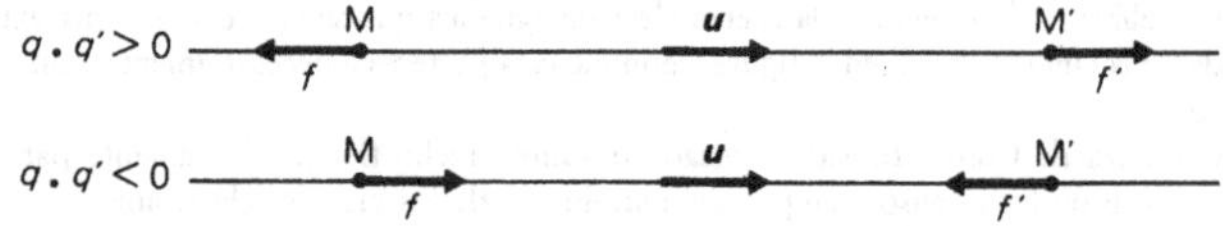

2. *Magnetostática*.—Como indica su expresión matemática, $\mathbf{f'} = kmm'\mathbf{u}/r^2$, es una ley hanáloga a la ley sobre las interacciones eléctricas, siendo reemplazadas las cargas eléctricas por cargas (o masas) *magnéticas m* y *m'*. Las dos leyes fueron enunciadas por Coulomb a partir de experiencias análogas.
Pero contrariamente a la ley de interacción entre cargas eléctricas, la presente ley ha perdido casi todo su interés científico, por la serie de tentativas fracasadas que se han hecho para aislar las masas magnéticas de cada especie o monopolos (norte o sur). Las actuales teorías sobre el origen de los campos electromagnéticos explican la interacción entre imanes sin que sea necesaria la existencia de masas magnéticas.
V. CAMPO MAGNÉTICO, EXPERIENCIA DEL IMÁN ROTO, MAGNETISMO, MASAS MAGNÉTICAS, MONOPOLO MAGNÉTICO.

3. *Mecánica*.—Leyes (aproximadas) sobre el *rozamiento* por deslizamiento (rozamiento dinámico y rozamiento estático). Fueron establecidas experimentalmente por Coulomb hacia 1779.

▶ *Teorema de Coulomb*.—El campo electrostático **E** en un punto M, muy próximo a la superficie de un conductor en equilibrio, pero exterior a él, tiene la dirección de la normal local del conductor y su sentido es hacia el exterior o el interior del mismo según que la carga en el elemento de superficie vecino sea positiva o negativa; su módulo es proporcional a la densidad superficial de carga σ existente en el elemento de superficie.
Suponiendo al conductor rodeado de un espacio vacío, el enunciado precedente adopta la forma $\mathbf{E} = (\sigma/\varepsilon_0)\, \boldsymbol{n}$, donde ε_0 es la permitividad del vacío, $\boldsymbol{n}$ el vector unitario normal a la superficie que pasa por M y orientado hacia el exterior del conductor. Caso de que el conductor estuviera en el seno de un dieléctrico, σ es la suma de las densidades de carga libres y de polarización: $\sigma = \sigma_p + \sigma_p$. (Se encuentra una expresión sencilla: $\mathbf{D} = \sigma_p \cdot \boldsymbol{n}$, si se utiliza el vector desplazamiento eléctrico **D**, en la que sólo aparece la densidad de cargas libres.)
Este teorema presenta el interés de que permite calcular uno de los dos términos, campo o densidad superficial, cuando el otro es conocido.
V. PODER DE LAS PUNTAS, PRESIÓN ELECTROSTÁTICA.

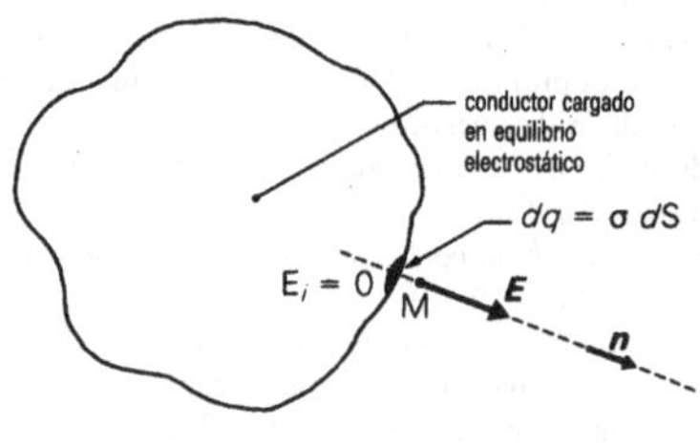

Covariantes

▶ *Magnitudes covariantes*.—V. NATURALEZA TENSORIAL DE UNA MAGNITUD.

Covolumen

Valor límite al que tiende si hacemos disminuir, a temperatura constante, el volumen de un fluido aumentando indefinidamente la presión que sobre él se ejerce. El parámetro *b* de la ecuación de *Van der Waals* representa el covolumen. Se puede imaginar que *b* representa, de manera intuitiva, el volumen propio de todas las moléculas del fluido sumadas una a una (de ahí la palabra covolumen). Se demuestra, de hecho, que si estas moléculas fueran *inmóviles,* esféricas e impenetrables en el contacto mutuo, el valor del covolumen sería solamente de $b/3$. Se concluye que el covolumen depende de la agitación térmica de las moléculas.

Creación de pares

V. MATERIALIZACIÓN.

Criostato

Termostato adaptado a las temperaturas muy bajas. *Ejemplo:* Un objeto colocado en nitrógeno líquido, en equilibrio con su vapor, puede ser mantenido a una temperatura T comprendida entre la temperatura del punto triple del nitrógeno (~ 63 K) y la de su punto crítico (~ 126 K). La temperatura T es tanto menor cuanto más débil es la presión del vapor de nitrógeno.

Cristal

V. ORDEN ESTRUCTURAL, SÓLIDO, SIMETRÍA CRISTALINA.

▶ *Defectos en un cristal.*—Un cristal real presenta siempre defectos de estructura, salvo rarísimas excepciones. Estos defectos no afectan, generalmente, más que a un número ínfimo de átomos del cristal. Sin embargo, es posible estudiarlos hoy por vía teórica —es uno de los objetivos de la «física del estado sólido»— y por vía experimental, gracias a diversas técnicas: difracción de rayos X, microscopio electrónico, etc. Algunos de estos defectos se localizan en puntos. Átomos del cristal pueden ser reemplazados por *átomos extraños,* de estructuras electrónicas y dimensiones próximas a las del átomo reemplazado, pero no iguales. Alguno de los nudos de la red puede estar desocupado: el cristal presenta *lagunas.* Si uno de los átomos ausentes ocupa en otra región una posición *intersticial* (posición que no coincide con un nudo de la red), decimos que se trata de un *defecto de Frenkel.* Si en un cristal iónico este defecto se produce simultáneamente para iones de signo opuesto, en igual cantidad, es un defecto de *Schottky.* Otros defectos se localizan en regiones enteras. Las *dislocaciones* se deben a la existencia de filas de átomos interrumpidas. Las *maclas* pueden resultar de la existencia simultánea, en el cristal de un cuerpo «dimorfo», de dos regiones de estructuras diferentes más o menos imbricadas una en la otra. Las «zonas de Guinier-Preston» se deben a fuertes concentraciones de uno de los componentes en una solución sólida.
Las propiedades de los sólidos cristalinos dependen en alto grado de estos defectos. *Ejemplos:* la deformación de los metales por laminación, estiramiento, forja, etc., es facilitada por la presencia de líneas de dislocación, a lo largo de las cuales las filas de átomos pueden deslizar. La resistividad eléctrica de un cristal de germanio se hace mil veces más débil por la presencia de unos pocos átomos de antimonio (un átomo forastero por cada millón de átomos de germanio). Se comprueba en este ejemplo el extremado grado de pureza que se exige en la fabricación de placas semiconductoras antes de doparlas.

Cristales líquidos

Gráfico nombre dado en el momento de su descubrimiento (Lehman, Reinitzer, 1888) a ciertas sustancias orgánicas sintéticas que son, a la vez, fluidas, como los líquidos habituales, y ópticamente anisótropas, como los sólidos cristalinos. Se conoce hoy un centenar de tales sustancias, que sufren, por calentamiento o por enfriamiento, las transformaciones: fase sólida-cristal líquido-fase líquida. Son en cada caso auténticas transformaciones de estado isotermas. De ahí la actual denominación de *mesofases* o *estados mesomorfos,* adjudicada a estos estados «intermedios».

Muchas de estas sustancias son cuerpos con moléculas alargadas, «calamíticas» (de la palabra latina para caña). Citemos una de ellas: la MBBA (Metoxi para-Butil Benziliden Anilina) cuya molécula contiene núcleos bencénicos rígidamente unidos, y que presenta la ventaja de ser mesomorfa a temperatura ambiente. Hay varios tipos de cristales líquidos con moléculas calamíticas (G. Friedel, 1922). En los cristales *esmécticos* las moléculas son todas paralelas y sus centros de gravedad están repartidos al azar, pero en planos paralelos equidistantes. Estos cuerpos son altamente birrefringentes. En los *colestéricos,* dotados de un importante poder rotatorio, los ejes moleculares están repartidos en planos paralelos, pero su dirección, común en cada uno de esos planos, gira regularmente al pasar de un plano al vecino. En los *nemáticos,* por fin, sólo se mantiene el paralelismo de los ejes moleculares. Sus centros se reparten en el espacio de modo aleatorio.

Con el tiempo se han ido descubriendo cuerpos (Timmermans, 1938) con estados mesomorfos cuyas moléculas, de simetría esférica, son llamadas *«globulares»,* el metano pesado, por ejemplo (CD_4). Son «cristales plásticos». Más recientemente (S. Chandrasekhar, 1977) se han descubierto mesofases con moléculas *discóticas,* formadas por un núcleo plano rodeado de cadenas laterales divergentes...

Las aplicaciones actuales de esas diversas sustancias –y otras aplicaciones ya previsibles– derivan principalmente de sus propiedades ópticas, y más exactamente, de la sensibilidad de estas propiedades a débiles excitaciones externas (térmicas, eléctricas...).

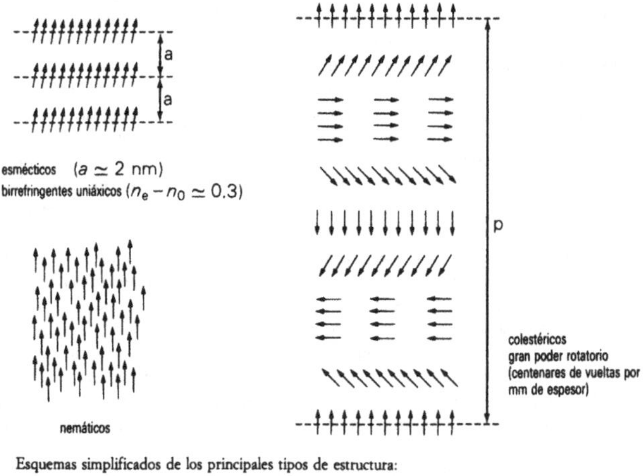

Esquemas simplificados de los principales tipos de estructura:

Nemáticos.—Todas las moléculas son paralelas, pero sus centros de gravedad están repartidos de manera aleatoria.

Esmécticos.—Todas las moléculas son paralelas y sus centros de gravedad se ubican en planos paralelos equidistantes. $a \approx 20$ Å. Son cuerpos birrefringentes uniáxicos, y su birrefringencia es en general muy alta ($\Delta n \approx 0{,}3$).

Colestéricos.—Se parecen a los esmécticos, pero la dirección de sus moléculas caería con regularidad de un plano a otro. Los colestéricos tienen, gracias a esta estructura, un poder rotatorio considerable.

Ejemplos: En una delgada lámina de colestérico, iluminada con luz blanca, una leve elevación local de la temperatura, modificando la estructura de la zona, puede hacer aparecer una mancha coloreada. Este hecho se utiliza en biología, por ejemplo, para descubrir y medir un pequeño calentamiento anormal, muy localizado.
La orientación de las moléculas de un nemático puede ser perturbada con facilidad por un campo eléctrico. Estas perturbaciones fluctuantes provocan una *«difusión dinámica»,* por reflexión o por refracción, de la luz que se envía sobre una lámina de nemático, y la región perturbada se vuelve visible en todas las direcciones. Es el principio de fijación luminosa en las calculadoras o relojes «de cristal líquido». Se están realizando investigaciones para utilizar esta técnica en televisión. Los actuales tubos catódicos serían reemplazados por grandes pantallas planas. Pero es preciso encontrar cristales líquidos de respuesta rápida, compatibles con las altas frecuencias usadas en televisión.

Criometría

V. LEYES DE RAOULT.

Críticas

▶ *Constantes críticas.*—V. PUNTO CRÍTICO.

Crítico

▶ *Amortiguamiento crítico.*—V. OSCILACIONES AMORTIGUADAS.

▶ *Exponente crítico.*—V. RENORMALIZACIÓN.

▶ *Masa crítica.*—Cantidad mínima de material fisible (de combustible) que es necesario reunir en un reactor nuclear para que la reacción pueda encadenarse. La existencia de este umbral puede ser comprendida intuitivamente. Para cada generación de neutrones, la probabilidad de encuentros eficaces con núcleos fisionables es proporcional al número de esos núcleos y, por tanto, a la cantidad de combustible presente. La probabilidad de fugas hacia el exterior a través de las paredes es proporcional a la superficie del combustible. El cociente entre el volumen y la superficie de una sustancia sólida disminuye cuando la cantidad de sustancia disminuye: por debajo de un cierto valor crítico se hace demasiado débil y la reacción converge.
Un cálculo completo muestra que para un reactor de uranio (U 235) puro, con neutrones rápidos (caso de las bombas atómicas) la masa crítica es de algunas decenas de kilogramos, y vale algunas toneladas en un reactor industrial de uranio natural con moderador.

▶ *Presión crítica.*—V. PUNTO CRÍTICO.

▶ *Temperatura crítica.*—V. PUNTO CRÍTICO.

▶ *Volumen crítico.*—V. PUNTO CRÍTICO.

Cromáticamente equivalentes

Se dice que dos haces luminosos son «cromáticamente equivalentes» si producen en el ojo del observador la misma sensación de luminosidad y color.
La experiencia muestra la existencia efectiva de tal equivalencia entre dos haces luminosos cuyas composiciones espectrales pueden ser diferentes. *Ejemplo:* se pueden obtener sobre una pantalla blanca dos manchas aparentemente idénticas formando la una con un haz de luz verde monocromática y la otra con dos haces superpuestos de luces azul y amarilla, cuyas luminosidades y longitudes de onda se han elegido convenientemente.

Esta importante propiedad de la visión contribuye a hacer técnicamente posible la reproducción y transmisión de los colores.
V. LEY DE GRASSMANN, TRIVARIANCIA VISUAL.

Crominancia

V. COMPATIBILIDAD (EN TELEVISIÓN), TELEVISIÓN EN COLOR.

Crookes Sir William (1832-1919)

▶ *Radiómetro de Crookes.*—Globo pequeño de vidrio en cuyo interior se ha hecho un vacío del orden de 10^{-6} atm y en el que se ha colocado un molinillo de alas ligeras ennegrecidas por una de sus caras. Bajo la acción de una radiación (visible o invisible) el molinillo gira, tanto más vivamente cuanto más intensa es la radiación. La rotación se produce en el sentido que hace retroceder a las caras ennegrecidas.
Este movimiento se debe al hecho de que, del lado ennegrecido, cada ala absorbe más energía radiante y se calienta más que del lado limpio. Las moléculas del gas residual que golpean en las alas rebotan con velocidades más elevadas del lado ennegrecido y, por reacción, el ala recula. Este tipo de aparato fue ideado (en 1872) precisamente para descubrir las radiaciones infrarrojas. Las *«fuerzas radiométricas»* que se evidencian desaparecen prácticamente si el vacío es más elevado —¡y se ve en ese caso al molinillo girar en sentido contrario!, bajo el efecto de la *presión de radiación,* que se vuelve predominante en esas condiciones.

▶ *Tubo de Crookes.*—Tubo de cristal que encierra un gas rarificado (presión menor que la centésima de torr) y en el que una descarga eléctrica entre dos electrodos origina rayos catódicos. Hay que mantener una diferencia de potencial elevada entre ambos electrodos (superior a 100 kV).

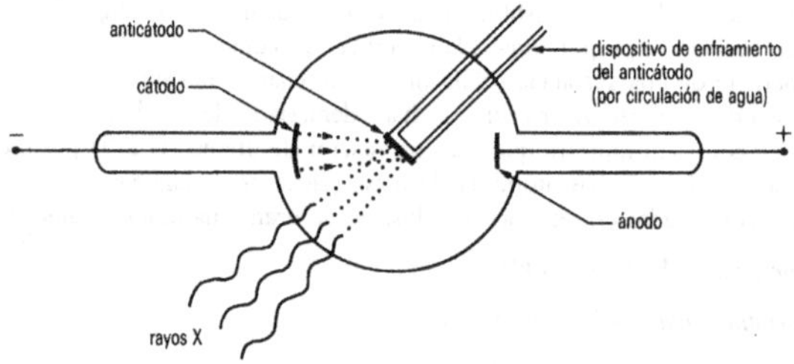

El estudio del funcionamiento del tubo de Crookes muestra, en esencia, que el gas está ionizado; que los iones positivos resultantes, acelerados por la diferencia de potencial, van al cátodo, lo golpean y extraen electrones de él. Éstos, electrizados negativamente, son entonces acelerados en sentido contrario y constituyen el haz de *rayos catódicos*.
Los tubos de Crookes fueron utilizados para estudiar las propiedades de los rayos *catódicos,* de los rayos *positivos* y para producir *rayos X.* Éstos se obtienen por el impacto de los rayos catódicos sobre una placa metálica, especialmente colocada con ese fin en el interior del tubo y conocida como *anticátodo.* Para esta última aplicación, se prefiere hoy usar el tubo de cátodo caldeado de Coolidge, más sencillo de regular.

Crown

Nombre dado a un tipo de vidrio (silicato de sodio y de calcio) utilizado en la fabricación de instrumentos ópticos. Posee un índice de refracción medio, y un *poder dispersivo* relativamente débil (n_D = 1,52; 1/ν = 1/60). Su nombre recuerda que en otro tiempo estaba marcado con una corona (*crown*, en inglés).

Cuadripolo

▶ *Cuadripolo adaptado*.—Si la impedancia de salida de un cuadripolo electrocinético es tal que su impedancia de entrada es igual a ella, se dice que el cuadripolo está «cerrado en su impedancia *característica*», o bien que «está *adaptado*».

▶ *Cuadripolo electrocinético*.—Red eléctrica que tiene cuatro bornes. Los dos bornes de entrada están unidos a una fuente de corriente variable, y los dos polos de salida, al circuito de utilización. Un cuadripolo que no contenga ninguna fuente de energía es llamado *pasivo*, y en caso contrario, *activo*.
El estudio de un cierto número de dispositivos electrónicos y electrocinéticos, aparentemente diferentes, puede hacerse por procedimientos matemáticos idénticos cuando es posible asimilarlos a cuadripolos. Es, por ejemplo, el caso de amplificadores, filtros, transformadores, líneas de transporte eléctrico, etc.
V. CONSTANTE DE TRANSFERENCIA, GANANCIA, MATRIZ DE TRANSFERENCIA.

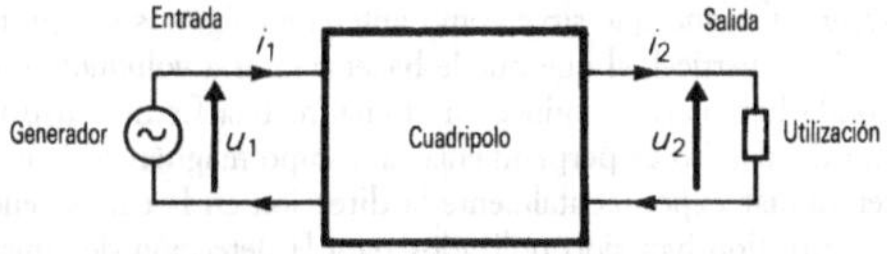

La impedancia de salida $z_s = u_2/i_2$ viene impuesta por el circuito de utilización.
La impedancia de entrada $z_e = u_1/i_1$ depende del cuadripolo (notación compleja).

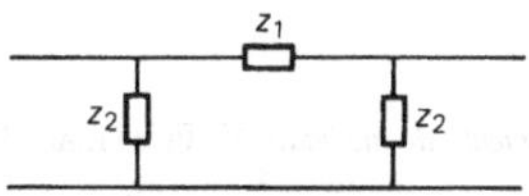

Ejemplo: célula simétrica en π.

▶ *Cuadripolo electrostático*.—V. MOMENTOS MULTIPOLARES ELÉCTRICOS, MULTIPOLOS.

Cuadrivectores

En mecánica newtoniana, la posición en el espacio tridimensional de un móvil puntual M viene definida generalmente en cualquier instante por las componentes (x, y, z) del vector **OM** = $\boldsymbol{r}$ sobre los tres ejes ortonormales de un referencial (O, x, y, z). En mecánica relativista el parámetro tiempo depende del referencial elegido. En un «referencial de espacio-tiempo» (O, x, y, z, ict) (notación de Minkowski), la posición del móvil viene definida por las cuatro componentes x, y, z, ict de un *cuadrivector de posición*, representado simbólicamente por ($\boldsymbol{r}$, ict), con c = constante relativista, e $i^2 = -1$.
De la misma forma se definen otros cuatrivectores, como los siguientes:
Cuadrivector impulso-energía: ($\boldsymbol{p}$, iE/c), donde $\boldsymbol{p}$ representa las tres componentes espaciales del vector momento lineal del móvil, y E, su energía total.

Cuadrivector fuerza: $\gamma(\boldsymbol{f}, i\boldsymbol{f}, \boldsymbol{v}/c)$, donde $\boldsymbol{f}$ representa las tres componentes de la fuerza $\boldsymbol{f}$ que actúa sobre el móvil, y $\boldsymbol{v}$, la velocidad del mismo. El principio fundamental de la dinámica en este formalismo se escribe: $\mathbf{F} = d\mathbf{P}/dt$, siendo $\mathbf{F}$ el cuadrivector fuerza, $\mathbf{P}$ el cuadrivector momento y t el tiempo propio del móvil. $\gamma = (1 - v^2/c^2)^{-1/2}$.
Cuadrivector gauge electromagnética: $(\mathbf{A}, iV/c)$, siendo $\mathbf{A}$ el potencial vector, y V, el potencial escalar del campo.
Cuadrivector número de onda: $(\boldsymbol{k}, i\omega/c)$, donde $\boldsymbol{k}$ representa las tres componentes del vector de onda, y ω, la pulsación.
Todos los cuadrivectores poseen la misma propiedad: tras un cambio de referencial inercial, su ley de transformación común es idéntica a las de las coordenadas de espacio-tiempo del punto. Si se utiliza la *transformación especial de Lorentz*, por ejemplo para el cuadrivector momento-energía, se obtiene:

$$\begin{pmatrix} p_x \\ p_y \\ p_z \\ iE/c \end{pmatrix} = (L) \begin{pmatrix} p'_x \\ p'_y \\ p'_z \\ iE'/c \end{pmatrix} \qquad \text{con } (L) \qquad \begin{pmatrix} \gamma & 0 & 0 & -i\beta\gamma \\ 0 & 1 & 0 & 0 \\ 0 & 0 & 1 & 0 \\ i\beta\gamma & 0 & 0 & \gamma \end{pmatrix}$$

Cuadro

▶ *Cuadro móvil.*—V. GALVANÓMETRO DE CUADRO MÓVIL.

▶ *Cuadro receptor.*—Órgano que sirve como antena en algunos receptores de radio.
Es un circuito plano, vertical, al que puede hacerse girar a voluntad en torno a un eje vertical. Al llegar una onda hertziana se induce en el cuadro una f.e.m., cuyo valor eficaz es máximo cuando el plano del cuadro es perpendicular al campo magnético de la onda. Esta circunstancia permite determinar experimentalmente la dirección en la cual se encuentra el emisor.
Dispositivos de este tipo han sido utilizados para la detección de emisoras clandestinas, y en la navegación aérea o marítima. En estos últimos usos han sido sustituidos en la actualidad por el radar.

Cualidades

▶ *Cualidades de un instrumento de medida.*—V. FIDELIDAD, PRECISIÓN, SENSIBILIDAD.

Cuánticas

▶ *Estadísticas cuánticas.*—V. ESTADÍSTICAS.

Cuántico

V. MECÁNICA CUÁNTICA, NÚMERO CUÁNTICO.

▶ *Cromodinámica cuántica.*—V. GLUONES.

Cuantificación

Procedimiento matemático a consecuencia del cual se impone a una magnitud física que varíe por saltos bruscos.
Ejemplo: En su teoría del átomo de hidrógeno, Bohr obtuvo la *cuantificación de la energía* del

electrón planetario, imponiendo a la integral de acción de éste (maupertuisiana), calculada a lo largo de un periodo, que sea igual a un múltiplo entero del *cuanto de acción h*.
V. MAGNITUD CUANTIFICADA, MECÁNICA CUÁNTICA, NÚMERO CUÁNTICO.

Cuarto de onda

▶ *Lámina de cuarto de onda*.—V. LÁMINA DE SEMIONDA.

Cuarzo

Sólido cristalino natural. Desde el punto de vista químico es un cristal de sílice, u óxido de silicio, SiO_2. Desde el punto de vista cristalográfico es un cuerpo birrefringente, uniáxico, positivo y ópticamente activo. Es utilizado en óptica cristalina para, por ejemplo, fabricar láminas de semionda. Desde el punto de vista práctico se utiliza el cuarzo, ante todo, por sus propiedades piezoeléctricas.

Cuasi

▶ *Cuasi-estacionario*.—Una corriente eléctrica alterna se propaga a lo largo de los conductores con una velocidad c igual a la velocidad de una onda electromagnética en el medio aislante que rodea al conductor (aproximadamente, $3 \cdot 10^8$ m/s). Puede, por tanto, definirse para la intensidad de la corriente una longitud de onda $\lambda = c/N$, donde N es la frecuencia de la corriente. Ahora bien, en el estudio de las corrientes constantes y sus leyes (la ley de Ohm, por ejemplo) se hace la hipótesis de que en todo instante el valor de la intensidad es el mismo en cualquier punto del circuito. Esas leyes no parecen aplicables en corriente alterna: no obstante, si las dimensiones del conductor son pequeñas comparadas con la longitud de onda λ, la hipótesis precedente se verifica con buena aproximación. Se conviene en decir que se trata de una corriente *cuasi estacionaria*. *Ejemplo:* La longitud de onda para la intensidad a lo largo de un circuito filiforme en corriente industrial de baja frecuencia (N = 50 Hz) es del orden de 6.000 km. En el estudio de laboratorio de un circuito alimentado por esta corriente «lentamente variable», es posible utilizar las leyes de las corrientes constantes, a condición, naturalmente, de tener en cuenta los efectos de inducción y de capacidad que pueden sobrevenir. No se puede despreciar, por el contrario, el fenómeno de propagación si el circuito está alimentado en alta y muy alta frecuencia. Con N = 1 GHz, $\lambda \simeq 30$ cm.
V. EXPERIENCIAS DE LECHER.

▶ *Cuasi estático*.—Se dice que un sistema está en evolución cuasi estática cuando sus estados sucesivos son estados contiguos de equilibrio. Se dice también que su evolución es *reversible* (V. esa voz).

▶ *Cuasi-partículas*.—En un sistema formado por un número muy grande de corpúsculos, toda perturbación local que afecte a esos corpúsculos puede propagarse progresivamente, originando así una onda. A cada tipo de onda asocia la mecánica cuántica una partícula, caracterizada por su energía $E = \hbar\omega$ y su momento lineal $\boldsymbol{p} = \hbar\boldsymbol{k}$, donde ω es la pulsación de la onda, supuesta sinusoidal, $\boldsymbol{k}$ su vector de onda y $\hbar$ la constante reducida de Planck. Esas partículas, sin embargo, están estrechamente asociadas a los movimientos y deformaciones de los corpúsculos materiales, y no es concebible su existencia en libertad. Decimos que son *cuasi-partículas*.
V. FONÓN, MAGNÓN.

Cuerpo

▶ *Cuerpo flotante.*—Cuerpo parcialmente sumergido en un fluido y que permanece en equilibrio bajo la acción de su peso **P** y el del empuje de Arquímedes **A**. Su peso aparente es nulo: **P** + **A** = 0. Son bien conocidos los ejemplos de navíos y de icebergs.
La *estabilidad* del equilibrio de un cuerpo flotante es un problema complejo, porque cuando el cuerpo se inclina su parte sumergida se hace diferente y varía el centro de empuje. La forma externa del cuerpo debe ser concebida por ello de tal suerte que el par de fuerzas peso-empuje le devuelva en cada ocasión a la posición de equilibrio.
V. AREÓMETROS, LEY DE ARQUÍMEDES.

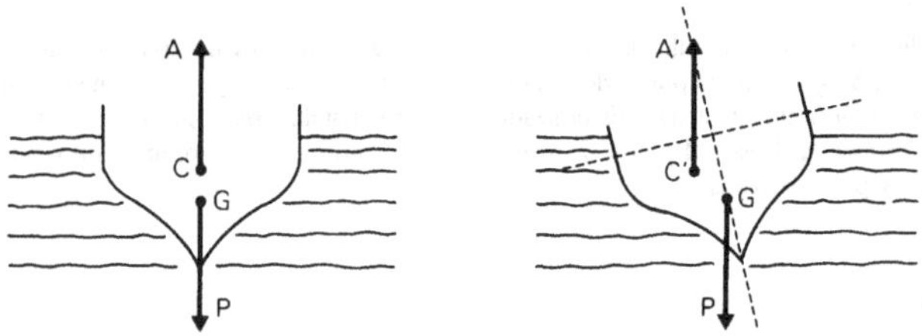

▶ *Cuerpo gris.*—V. GRIS.

▶ *Cuerpo negro.*—En lenguaje corriente, cuerpo que parece negro incluso si está iluminado con luz blanca. Una placa metálica ennegrecida responde aproximadamente a esta definición. En colorimetría, negro corresponde a ausencia de color.
En lenguaje termodinámico, un cuerpo negro ideal es, por definición, un cuerpo que *absorbe todas las radiaciones que recibe.* Un horno dotado de una pequeña abertura es una aproximación razonable al cuerpo negro. Pero puede igualmente emitir por radiación térmica todas las radiaciones monocromáticas. Todo cuerpo negro es, por tanto, un *radiador integral ideal.*
No hay contradicción entre ambas definiciones. Las leyes de la radiación térmica muestran, en efecto, que un radiador integral parece blanco a temperaturas elevadas; pero las radiaciones que emite a temperaturas relativamente bajas (unos 500 °C o menos) no adquieren intensidad relevante salvo en el infrarrojo invisible. Este radiador parece, por tanto, negro a la temperatura ambiente: de ahí su nombre.
V. CUERPO GRIS, LEY DE KIRCHHOFF, PIROMETRÍA, RADIACIÓN NEGRA.

Cuña de aire

Lámina de aire situada entre dos láminas de cristal, cuyas caras enfrentadas son planas, tienen una arista común D y forman entre ellas un ángulo pequeño α (del orden de algunos minutos). Un haz de rayos luminosos paralelos, monocromáticos, llega a la lámina con un ángulo de incidencia i. Cada rayo del haz origina dos rayos reflejados, el primero en F y el segundo en F′. En su punto de reencuentro interfieren. Si e es el espesor local de la cuña de aire, su diferencia de camino óptico vale $\delta = 2e \cos i + \lambda/2$ (uno solo de los rayos sufre una reflexión aire-vidrio, lo que explica el término suplementario $\lambda/2$). El ángulo i es el mismo para todos los rayos, pero no la anchura de cuña e. Se observan, por tanto, figuras de interferencia de «igual espesor», localizadas prácticamente sobre la lámina y paralelas a la arista D. La primera franja se confunde casi con D: es una franja negra. Las otras franjas oscuras corresponden a espesores de valores $e = k \cdot \lambda/2 \cos i$ y se hallan a distancias de la arista $x = k \cdot \lambda/2\alpha \cos i$, siendo en

ambas fórmulas k un número entero positivo. El valor de la distancia entre franjas es $f = \lambda/2\alpha \cos i$. Si i es muy pequeño, se obtiene, para $\lambda = 600$ nm y $\alpha = 1'$, $f \cong 1$ mm.
En luz blanca, las primeras franjas brillantes aparecen irisadas.
V. INTERFERÓMETRO DE MICHELSON, LÁMINA DELGADA.

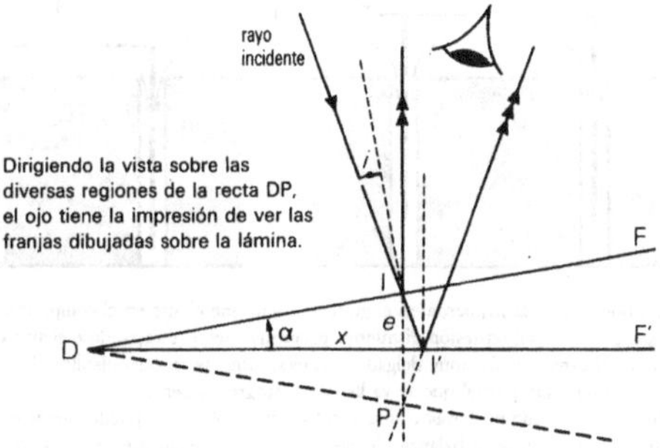

Cuñas Johansson

Colección de laminillas de acero que sirven en los laboratorios y talleres mecánicos como calibradores de longitud de gran precisión.
Cada laminilla tiene dos caras paralelas, perfectamente planas, cuya distancia ha sido calibrada con precisión, generalmente a 20 °C, por comparación interferométrica con un patrón de longitud (precisión del orden de la centésima de micra). Poniendo cuñas, una junto a otra, como se asocian en el platillo de una balanza las pesas de una caja, se pueden conseguir longitudes conocidas, yendo, por ejemplo, de micra en micra entre un milímetro y veinte milímetros.

Curie Marie (nacida Sklodowska) (1867-1934)

Premio Nobel de Física en 1903 (con H. Becquerel y P. Curie).
Premio Nobel de Química en 1911.
V. POLONIO (Anexos 3, 6), RADIACTIVIDAD.

Curie Pierre (1859-1905)

Premio Nobel de Física en 1903 (con H. Becquerel y M. Curie).
▶ *Balanza de Curie.*—Tipo de balanza ideado por Curie con el fin principal de conciliar dos propiedades, sensibilidad y rapidez en las pesadas, teóricamente contradictorias. Se demuestra, en efecto, que el período de oscilación de una balanza de precisión es tanto mayor cuanto más grande es su sensibilidad: por tanto, mayor es la duración de las pesadas. Con una balanza sensible a la décima de miligramo el período de oscilación puede alcanzar el minuto, y las oscilaciones la decena de minutos, lo que puede actuar como fuente de error, por eventuales modificaciones de los productos pesados, por ejemplo.
El artificio utilizado para esquivar esta dificultad fue asegurar la detención rápida del movimiento de la balanza, dotándola de amortiguadores de aire fijos en cada plato. Cuando se encuentra fuera de su posición de equilibrio, la balanza regresa a ella y se detiene sin oscilar prácticamente.

Este tipo de balanza, provisto de otros perfeccionamientos (dispositivos de lectura y de manejo a distancia...), aún se utiliza en los laboratorios.

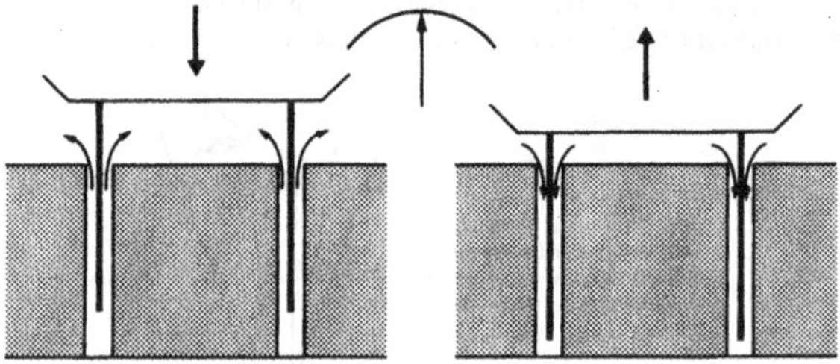

El plato que baja (a la izquierda en el gráfico) comprime el aire en el compartimento superior del amortiguador. Esta sobrepresión disminuye progresivamente, escapándose el aire a la atmósfera por una ranura o canal circular muy delgado. Simultáneamente, el otro platillo (el de la derecha) provoca bajo él un vacío parcial que se va llenando progresivamente.
Tal amortiguador, que no implica ningún rozamiento sólido, no puede alterar en modo alguno la posición de equilibrio de la balanza, deteniendo su movimiento prematuramente.

▶ *Constante de Curie.*—V. LEYES DE CURIE SOBRE LOS MEDIOS MAGNÉTICOS.

▶ *Curie o curio.*—Antigua unidad de *actividad* de los radionúclidos, reemplazada en la actualidad por el becquerel (Bq).
El curie es la actividad de una cantidad de radioelemento para la cual el número de desintegraciones por segundo es $3{,}7 \cdot 10^{10}$, sensiblemente igual a la actividad de un gramo de radio. $1 \text{ Ci} = 3{,}7 \cdot 10^{10} \text{ Bq}$.

▶ *Ley de Curie sobre la simetría.*—Ley propuesta por P. Curie (en 1894). Puede enunciarse así: «En todo fenómeno físico-químico se encuentran los elementos de simetría de la magnitud que es causa del mismo, a veces con elementos de simetría suplementarios.»
Es normal, incluso en la vida corriente, que se haga uso, de manera más o menos consciente, de esta ley.
Sin embargo, hoy se sabe que esta ley comporta excepciones.
V. RUPTURA DE LA SIMETRÍA, SIMETRÍA DE LAS LEYES FÍSICAS

▶ *Leyes de Curie sobre los medios magnéticos.*—Establecidas experimentalmente por Pierre Curie (en 1895).
1 / La susceptibilidad magnética másica (llamada coeficiente de imanación) de los cuerpos *diamagnéticos* es independiente de la temperatura.
2 / La susceptibilidad magnética másica de los cuerpos *paramagnéticos* es inversamente proporcional a su temperatura T. $\chi_m \cdot T = C$. C es la «*constante de Curie*» de la sustancia estudiada.
Ejemplo: La constante de Curie del oxígeno, cuerpo paramagnético, vale $C \simeq 3{,}4 \cdot 10^{-5}$ $m^3 \cdot kg^{-1} \cdot K$.
Las teorías sobre los orígenes del diamagnetismo y del paramagnetismo a escala atómica (Langevin, 1905) dieron una explicación plausible a las dos leyes de Curie.
V. LEY DE CURIE-WEISS.

▶ *Ley de Curie-Weiss.*—Forma que adquiere la *ley de Curie* para algunas sustancias *paramagnéticas*, sólidos en general, o fluidos sobrepresionados. Se escribe así: $\chi_m(T - \theta) = C$. La temperatura θ (temperatura o punto de Curie) es característica de cada sustancia, y puede ser positiva o negativa. *Ejemplo:* $\theta = -5{,}4$ K para el oxígeno a 100 atmósferas. (El oxígeno es paramagnético a cualquier temperatura realizable.)

Weiss ha dado una explicación a este aspecto de la ley de Curie por medio de una hipótesis suplementaria: la existencia, en ciertas sustancias, de un *campo molecular*.
V. IMANACIÓN ESPONTÁNEA, PUNTO DE CURIE.

▶ *Punto de Curie.—Sinónimo:* Temperatura de Curie.—Temperatura por encima de la cual un cuerpo *ferromagnético* se transforma en *paramagnético*.
La posibilidad de este paso demuestra que la diferencia entre el ferromagnetismo y el paramagnetismo no es esencial. Los dos fenómenos se deben a la orientación, por un campo magnético exterior, de los portadores de momento magnético presentes en la sustancia. Por encima del punto de Curie la agitación térmica es suficiente para que los portadores citados se hagan independientes los unos de los otros, desapareciendo así su *imanación espontánea*, característica del ferromagnetismo. Ésta reaparece cuando la temperatura regresa por debajo de dicho punto de Curie.
Ejemplo: El hierro, ferromagnético por debajo de $t \approx 770°$, se hace paramagnético más allá de la misma, obedeciendo entonces a la *ley de Curie-Weis* del paramagnetismo: $\chi_m(T - t) = C$.
Desde un punto de vista termodinámico, las sustancias sufren, al pasar por el punto de Curie, una transformación o *cambio de estado de segunda especie*.
Circunstancias análogas se observan en las sustancias *ferroeléctricas* (V. PUNTO DE NEEL).

▶ *Temperatura de Curie.*—V. LEY DE CURIE-WEISS, PUNTO DE CURIE.

CH

Chadwick Sir James (1891-1974)

Premio Nobel en 1935.
V. NEUTRÓN.

Charles Jacques Alexandre César (1746-1823)

▶ *Ley de Charles*.—V. LEY DE GAY-LUSSAC.

Chevenard Pierre 1888-1960

▶ *Dilatómetro de Chevenard*.—V. DILATÓMETROS PARA SÓLIDOS.

Chladni Ernst 1756-1827

Figuras de Chladni: V. MEMBRANA VIBRANTE.

Choque

Esta palabra, que traduce onomatopéyicamente el ruido que produce el encuentro brusco de dos móviles, se utiliza corrientemente como sinónimo de *colisión* (entre el martillo y el clavo, entre dos bolas, entre dos moléculas, entre dos partículas subnucleares...).
Uno de los problemas que se plantean en un choque consiste en prever por cálculo el movimiento de los cuerpos inmediatamente después del choque, conociendo sus movimientos inmediatamente anteriores. Se puede admitir que, durante el tiempo brevísimo de su contacto (algunos milisegundos o menos), el conjunto de cuerpos (dos generalmente) que colisionan se comportan como un *sistema aislado* del exterior. La solución al problema viene de escribir la conservación de la suma de sus momentos lineales (o cantidades de movimiento), de sus momentos angulares o cinéticos y de sus energías totales.
Señalemos que en física de partículas las leyes de la Mecánica cuántica, únicas válidas a esta escala, prevén solamente las *probabilidades* relativas de los diferentes estados posibles del sistema tras el choque.
El estudio de las colisiones es una de nuestras principales fuentes de conocimiento acerca de la estructura de las partículas y sobre las diferentes interacciones a escala subnuclear.
V. CHOQUE ELÁSTICO, DIFUSIÓN DE PARTÍCULAS.

▶ *Choque de segunda especie*.—Choque entre dos corpúsculos en el curso del cual uno de entre ellos, inicialmente en un estado excitado, cede toda o parte de su energía de excitación sin que exista emisión de energía radiante. Es un choque *no radiante*: la energía cedida es absor-

bida por el otro corpúsculo y tiene como efecto aumentar la energía cinética o la energía de excitación.
V. LEY DE STOKES.

▶ *Choque elástico.*—1 / En física macroscópica se dice que el encuentro brusco entre dos cuerpos es un choque *perfectamente elástico* si se conserva su energía cinética total. Sus deformaciones eventuales son deformaciones elásticas (de ahí su nombre, choque elástico): desaparecen, por tanto, completamente tras el choque, y la energía que ha servido para producirlas se recupera exactamente en el curso de su desaparición.
La experiencia demuestra que los choques reales son inelásticos. La suma de sus energías cinéticas tras el choque es menor que la de antes del choque. La energía «desaparecida» sirve en parte para producir deformaciones permanentes, en parte para aumentar la agitación térmica de las moléculas de los cuerpos afectados. Cuando un proyectil, por ejemplo, encuentra un blanco impenetrable, se forma y calienta, a veces hasta la fusión.
A veces sucede que dos cuerpos permanecen unidos tras un choque. Se dice que se trata, en ese caso, de un *choque blanco* o totalmente inelástico. V. COEFICIENTE DE RESTITUCIÓN, PÉNDULO BALÍSTICO.
2 / En microfísica se llama elástico el choque entre dos partículas si el estado interno de cada una de ellas es el mismo antes y después del choque. La teoría cinética de los gases postula que los choques intermoleculares, y entre paredes y moléculas, son perfectamente elásticos.
Si el estado energético de la partícula blanco se modifica (puede haber sido excitada o, incluso, ionizada) decimos que el choque es inelástico. La energía cinética de la partícula proyectil en ese caso es menor tras el choque, y la energía que pierde reaparece en forma de radiación cuando la partícula excitada se desexcita y vuelve al estado inicial. Por un mecanismo de este tipo se consigue frenar a los neutrones rápidos en los reactores nucleares.

▶ *Choque totalmente inelástico.*—V. CHOQUE ELÁSTICO.

Chorro

▶ *Chorro atómico.*—V. CHORRO MOLECULAR.

▶ *Chorro molecular.*—El procedimiento de obtención de un chorro molecular consiste en dejar escapar, por una pequeña abertura, las moléculas de un gas encerrado en un recinto, hacerlas atravesar un espacio en el que se mantiene un vacío profundo y recogerlas luego en receptores apropiados (V. figura).

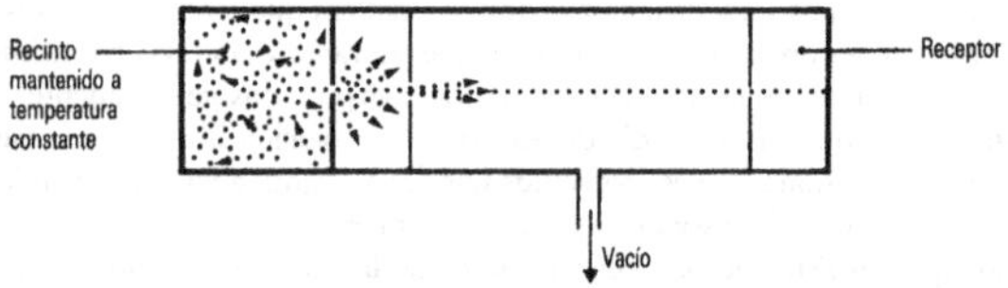

Cada molécula se escapa del primer recinto con la velocidad que tenía al llegar a la abertura, fruto de la agitación térmica en el recinto. Sigue a continuación su camino en línea recta, constituyéndose así en un *rayo molecular* (cf. rayo catódico). El conjunto de rayos moleculares es un «haz molecular» o un «*chorro molecular*».
La *intensidad* de un chorro molecular se mide por el número de moléculas que llegan al receptor por unidad de tiempo.
Si las moléculas observadas son monoatómicas (caso de los vapores metálicos) se habla de rayos atómicos y de *chorro atómico*.

Utilizado por Dunoyer (en 1911) por primera vez, la técnica de los chorros moleculares permitió verificar algunas previsiones de la teoría cinética de los gases, por ejemplo la ley de distribución de velocidades de Maxwell. Más recientemente ha sido posible, sometiendo los chorros atómicos a campos magnéticos o eléctricos, estudiar experimentalmente otros dominios de la física: cuantificación en el espacio (experiencias de Stern y Gerlach), resonancia paramagnética electrónica (experiencias de Rabi), etc.

D

D

▶ *Raya D.*—Raya espectral de color amarillo anaranjado emitida (y absorbida) por el vapor de sodio. Se trata en realidad de un doblete, D_1 D_2 de longitudes de onda, en el aire normal, $\lambda_1 = 589{,}5910$ nm; $\lambda_2 = 589{,}9963$ nm.
V. RAYAS DE FRAUNHOFFER, RESONANCIA ÓPTICA.

▶ *Vector D.*—V. VECTOR DESPLAZAMIENTO ELÉCTRICO.

d

▶ *Electrón d.*—V. ELECTRÓN *s*.

D'Alembert Jean Le Rond (1717-1783)

▶ *Dalambertiano.*—Operador diferencial de segundo orden, cuyo signo es □, utilizado principalmente en electromagnetismo. Siendo Δ (o ∇^2, si se prefiere utilizar el operador nabla) el operador laplaciano, y v la velocidad de una onda electromagnética en un medio perfecto isótropo, el operador lambertiano se define por la relación:

$$\square = \nabla^2 - \frac{1}{v^2} \cdot \frac{\partial^2}{\partial t^2},$$

donde t es la variable tiempo.
Ejemplo: Las ecuaciones de propagación del campo electromagnético en el vacío (**E**, **B**), pueden escribirse:

$$\nabla^2 \mathbf{E} = 1/c^2 \cdot \partial^2 \mathbf{E}/\partial t^2; \qquad \nabla^2 \mathbf{B} = 1/c^2 \cdot \partial^2 \mathbf{B}/\partial t^2$$

o de manera más concisa:

$$\square \mathbf{E} = 0; \qquad \square \mathbf{B} = 0,$$

donde c es la velocidad de la luz en el vacío.

▶ *Operador de d'Alembert.*—V. DALAMBERTIANO.

▶ *Paradoja de d'Alembert.*—Se demuestra en dinámica de fluidos que cuando un sólido se desplaza, con movimiento rectilíneo y uniforme, en el seno de un fluido perfecto incompresible, la resistencia que se ejerce sobre él debe ser nula, lo que evidentemente va en contra de toda observación. La paradoja deja de serlo si se tiene en cuenta, en los cálculos, la viscosidad del fluido, que nunca se anula realmente.

▶ *Principio de d'Alembert.*—La ecuación fundamental de la dinámica newtoniana, relativa al movimiento de un punto material en un referencial inercial, se escribe: $\boldsymbol{f} = m \cdot \boldsymbol{a}$, donde $\boldsymbol{f}$ es la resultante de las fuerzas que actúan sobre el móvil, $\boldsymbol{a}$ su vector aceleración y m su masa inerte. Según una idea de d'Alembert, se puede escribir así esta ecuación: $\boldsymbol{f} - m \cdot \boldsymbol{a} = 0$. El estudio del movimiento puede entonces asimilarse formalmente al estudio de un equilibrio, resultante de la acción simultánea de la *fuerza aplicada* $\boldsymbol{f}$ y de una fuerza suplementaria $\boldsymbol{f}_i = -m \cdot \boldsymbol{a}$, que d'Alembert sugirió llamar *fuerza de inercia*. Esta denominación ha sido utilizada en trabajos posteriores, aplicada al estudio de los movimientos en referenciales no inerciales.

Dalton John (1766-1844)

▶ *Ley de Dalton.*—«Cuando varios gases forman una mezcla en equilibrio, cada uno de ellos ejercen sobre las paredes del recinto que contiene la mezcla una presión igual a la que ejercería si ocupara él solo dicho recinto a la temperatura de equilibrio. La presión total es igual a la suma de esas *presiones parciales*: $P = \sum_i p_i$.»

Enunciada por Dalton (en 1801), esta ley no es, de hecho, rigurosamente válida salvo en el caso de los gases perfectos, como demuestra la teoría cinética de los gases. Cuando tratamos de gases reales, la ley es solamente aproximada. De esta ley se deduce:

1 / Que la ecuación de estado de una mezcla de gases perfectos adopta la misma forma matemática que la de un gas perfecto: $p_i = n_i RT/V \rightarrow PV = nRT$, donde $n = \sum_i n_i$, es el número total de moles gaseosos en la mezcla y R la constante de los gases perfectos.

2 / Que en una mezcla que satisfaga la ecuación de Dalton, las presiones parciales son proporcionales a las fracciones molares: $x_i = n_i/n$; $p_i/P = n_i/n = x_i$.

Ejemplo: A nivel del mar (P = 1 atm.), la fracción molar del oxígeno vale 0,21 (el 21 %). La presión parcial del oxígeno es, en consecuencia, 0,21 atm.

V. EXPERIENCIA DE BERTHOLLET, FUGACIDAD, POTENCIAL QUÍMICO.

Daltónico

V. DISCROMATOPSIA.

Daniell John Frederic (1790-1845)

▶ *Pila Daniell.*—Pila hidroeléctrica formada por la cadena: zinc (polo negativo), disolución acuosa saturada de sulfato de zinc, disolución acuosa saturada de sulfato de cobre, cobre (polo po-

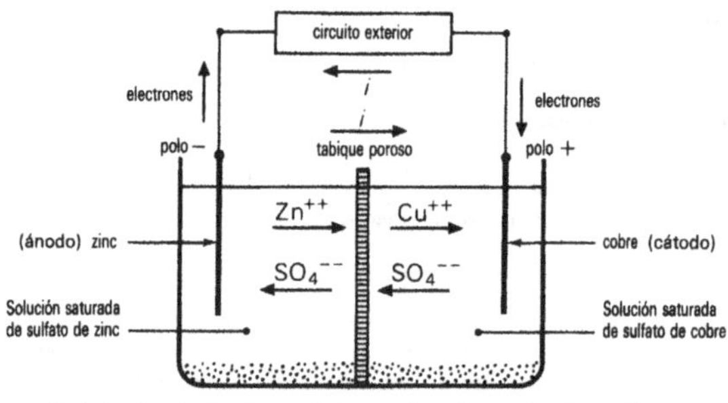

En la interfase ánodo-solución, el zinc pasa de su forma reducida a su forma oxidada Zn^{++}: $Zn \rightarrow Zn^{++} + 2e^-$.
En la interfase cátodo-solución, el cobre pasa de su forma oxidada a su forma reducida Cu: $Cu^{++} \rightarrow Cu - 2e^-$ $(Cu^{++} + 2e^- \rightarrow Cu)$.

sitivo). Las dos disoluciones se separan con un tabique poroso. El funcionamiento de la pila no modifica contacto alguno. La pila es, por tanto, *impolarizable*. La experiencia muestra que posee, efectivamente, una f.e.m. constante E aproximadamente igual a 1,09 V a 20 °C (decrece ligeramente cuando aumenta la temperatura).
Su estudio teórico, en el marco de la termodinámica, parece mostrar que la energía eléctrica que la pila suministra es algo inferior a la que proviene de la energía química desprendida en la reacción global.

$$Zn + CuSO_4 \rightarrow ZnSO_4 + Cu.$$

Una pequeña parte de esa energía (alrededor del 4 %) se convierte en calor por efecto Peltier, en las interfases electrodo-solución.
V. PILA WESTON, POLARIZACIÓN DE LOS ELECTRODOS.

Datación

Determinación de la fecha de un suceso antiguo (la muerte, por ejemplo, de un organismo vivo, animal o vegetal, o la formación de una roca por cristalización de un magma, etc.). Se utilizan distintos procesos físicos con este fin, fundamentalmente procesos basados en la radiactividad.
Todo organismo vivo contiene en sus células varios isótopos de carbono, incluyendo carbono 14, que es radiactivo. La abundancia relativa de este último permanece constante por la serie de cambios permanentes entre el medio exterior y el organismo. Tras la muerte cesan esos cambios, y la abundancia de carbono 14 disminuye progresivamente a causa de su radiactividad. Conociendo su período ($T \sim 5.700$ años), la medida de su abundancia actual permite calcular la fecha de la muerte del organismo.
La determinación de la edad de un mineral exige el estudio comparativo de las abundancias isotópicas de una pareja dada (núcleo activo padre, núcleo radiogénico hijo) presente en el mineral. Esas abundancias se miden en el espectrógrafo de masas. Por ejemplo, el par $^{238}U \rightarrow {}^{206}Pb$.
Estos procedimientos son complementarios de los procesos estratigráficos. Tienen la ventaja sobre éstos de dar, no un orden cronológico, sino una datación «absoluta» (siendo el cero la época presente). Son también los únicos que permiten fechar la formación de rocas más allá de la época de formación de fósiles (alrededor de 550 millones de años). Se ha podido deducir, por ejemplo, el orden de magnitud de la edad de la Tierra (unos 4.500 millones de años).

Davisson Clinton Joseph (1881-1958)

Premio Nobel en 1937 (con G.-P. Thomson)

▶ *Experiencia de Davisson y Germer.*—Experimento histórico, llevado a cabo en 1927, que demostró, por primera vez, la existencia del fenómeno de difracción de los electrones, previsto en la mecánica ondulatoria de L. de Broglie.
Consiste en enviar un haz estrecho de electrones sobre un cristal metálico (níquel, por ejemplo). Se observa en ese caso que los electrones sufren reflexiones selectivas, análogas a las reflexiones selectivas de los rayos X que llegan a un cristal (V. LEY DE BRAGG).
Incomprensible desde la perspectiva de los electrones corpusculares, obedientes a las leyes de la mecánica clásica, el fenómeno admite una fácil explicación, cualitativa y cuantitativa, si se admite que a cada electrón del haz está «asociada» una onda, que se propaga y se difracta como una onda electromagnética, y cuya longitud de onda está relacionada con la cantidad p de movimiento del electrón por la ecuación de De Broglie: $\lambda = h/p$. Si la velocidad del electrón es

muy inferior a la velocidad de la luz, entonces $p = mv$, y se obtiene $\lambda = \frac{h}{\sqrt{2meV}}$, siendo h la constante de Planck, m y e, respectivamente, la masa y la carga del electrón, y V la tensión que acelera el haz. Numéricamente $\lambda \simeq \sqrt{150/V_{(\text{volts})}}$. *Ejemplo:* con V = 1 000 volts, la longitud de onda vale sensiblemente 0,4 A. En la escala de las radiaciones electromagnéticas, es del dominio de los rayos X.
V. MICROSCOPIO ELECTRÓNICO, ONDA ASOCIADA.

d.d.p.

Abreviatura por «diferencia de potencial».
V. LEYES DE OHM, POTENCIAL ELÉCTRICO.

Debilitamiento

Sinónimo: Atenuación.

▶ *Coeficiente de debilitamiento lineal o de atenuación lineal.*—El estudio teórico de la propagación de una señal a lo largo de una línea de transmisión (línea bifilar, cable coaxial, guía de onda, fibra óptica...) enseña que la potencia transmitida sufre en general una atenuación exponencial en el curso del viaje. Si llamamos P_e a la potencia de entrada en la línea, la potencia de salida vale $P_s = P_e \cdot e^{-\lambda_L l}$, donde l es la longitud de la línea y λ su *coeficiente de atenuación lineal*. Se mide en general en decibelios por metro, a veces en Néper por metro

$$\lambda^{(\text{dB/m})} = 10 \cdot \lg(P_e/P_s)/l^{(m)} \qquad \lambda^{(\text{Np/m})} = \frac{1}{2} Ln(P_e/P_s)/l^{(m)}.$$

Este coeficiente depende de las características de la línea; resistencia, inductancia, capacidad, conductancia de fuga (o perditancia) y, para una línea dada, de la frecuencia de cada una de las componentes monocromáticas de la señal.
V. COEFICIENTE DE ABSORCIÓN, CONSTANTE DE TRANSFERENCIA, ECUACIONES DE HAVISIDE.

Debye Peter Josephus Wilhelmus (1884-1966)

Premio Nobel de Química en 1936

▶ *debye* (D).—Unidad auxiliar de momento eléctrico, adaptada a los valores más frecuentes de los momentos eléctricos moleculares.
Por definición, un debye vale 10^{-8} unidades c.g.s. electrostático.
Se deduce que $1D = \frac{10}{3} \cdot 10^{-30}$ culombio-metro (C.m).
V. MOLÉCULAS POLARES, POLARIZABILIDAD.

▶ *Fuerzas de Debye.*—V. FUERZAS INTERMOLECULARES.

▶ *Longitud de Debye.*—Una carga eléctrica puntual q, sumergida en un medio que contiene otras cargas, positivas y negativas (electrólito, plasma...), modifica en torno suyo el reparto de carga espacial, atrayendo a las cargas del otro signo y repeliendo a las del mismo signo que ella; siempre en la medida que lo permite la agitación térmica. De ello se obtiene que el potencial global en un punto situado a distancia r de la carga q tiene por expresión:

$$V = \frac{1}{4\pi\varepsilon_0} \frac{q}{r} \cdot \exp(-r/h).$$

Es, como se ve, igual al potencial culombiano de la carga $q(q/4\pi\varepsilon_0 r)$ dividido por el factor

$\exp(r/h)$. La carga espacial apantalla a la carga q. El potencial V se llama *potencial de Debye*, y el parámetro *h*, *radio* o *longitud de Debye* . El cálculo, basado en las leyes clásicas de reparto, dan la expresión: $h = \sqrt{\varepsilon_0 kT/2nq^2}$, siendo ε_0 la permisividad del vacío, *k* la constante de Boltzmann, T la temperatura del medio, *n* la densidad volúmica de cada tipo de carga en el medio (lejos de la carga q).

Ejemplo: En un plasma a $T = 10^4$ K, conteniendo $n = 10^{10}$ iones o electrones por centímetro cúbico, con $q = 1{,}6 \cdot 10^{-19}$ C (carga elemental), se encuentra $h \simeq 0{,}05$ mm. A 0,5 mm de distancia, el potencial efectivo es $\exp\frac{0{,}5}{0{,}05}$ ($\simeq$ 22 000) veces más pequeño que el potencial culombiano creado por la carga q.

▶ *Potencial de Debye*.—V. LONGITUD DE DEBYE.

▶ *Temperatura de Debye*.—La teoría de Debye (construida en 1912) retoma la idea de Einstein sobre la cuantificación de la energía de vibración de los átomos en un sólido cristalino. Pero parte de la suposición de que la frecuencia de vibración no es única. Estando acoplados todos estos osciladores, se instalan en el sólido ondas estacionarias de vibración, cuyas frecuencias ν forman un espectro continuo, con un valor máximo característico del sólido, ν_M. Partiendo de estas premisas, Debye estableció que la energía interna U de un mol de átomos de un sólido simple tiene por valor:

$$U = 9RT(T/\theta)^3 \int_0^{x_M} x^3 \cdot dx/(\exp x - 1)$$

donde la variable $x = h\nu/kT$ es la misma que en la función de Einstein (h = constante de Planck, k = constante de Boltzmann, R = constante de los gases perfectos). $\theta = h\nu_M/k$ es la *temperatura de Debye* del sólido estudiado. Derivando respecto a la temperatura T se obtiene el calor atómico a volumen constante del sólido: $Ac_v = \partial U/\partial T = 3R \cdot D(T/\theta)$.

La función universal $D(T/\theta)$ es la *función de Debye*.

Más próxima a los resultados experimentales que la teoría de Einstein, particularmente a muy bajas temperaturas (da para Ac_v una variación en T^3, conforme a la experiencia), la teoría de Debye no es, sin embargo, totalmente satisfactoria. Algunos estudios recientes tienden a mejorarla, estudiando con mayor detenimiento la ley de distribución del espectro de frecuencias y su adaptación a cada tipo de cristal.

V. LEY DE DOUOLONG Y PETIT, MODELO DE EINSTEIN.

Deca (da)

V. CUADRO DE PREFIJOS DEL SI (Anexo 1).

Deceleración

Magnitud igual y opuesta a la aceleración de un móvil.

Decibel o decibelio

V. BEL.

Deci (d)

V. CUADRO DE PREFIJOS DEL SI (Anexo 1).

Decrecimiento

V. OSCILACIONES AMORTIGUADAS.

Deflexión

Cambio de dirección que se impone a un flujo. El órgano que produce ese efecto se llama *deflector*. *Ejemplo:* En un osciloscopio electrónico existen dos deflectores. Son, en la mayoría de los casos, condensadores eléctricos convenientemente situados que producen dos deflexiones sucesivas en el haz de electrones que los atraviesan, una horizontal y otra vertical.
En óptica, al cambio de dirección de un rayo luminoso se le llama, preferentemente, *desviación*.

Deformación

Alteración progresiva que en el curso del tiempo sufre un material sometido a los mismos esfuerzos de manera permanente. Para un material dado la deformación es generalmente tanto más importante cuanto mayor es la temperatura de funcionamiento.

Degeneración

Cuando varios estados de un mismo sistema material, un átomo por ejemplo, poseen una misma energía, difiriendo unos de otros por otras características, se dice que el nivel energético de esos estados está degenerado. El número de estados distintos que poseen la misma energía es su grado, u orden, de degeneración.
Ejemplos: En la antigua concepción de Bohr-Sommerfeld, cada uno de los niveles energéticos de un electrón en un átomo estaba degenerado, ya que le correspondían diferentes «trayectorias», circulares o elípticas, caracterizada cada una por un número secundario diferente. En la actual mecánica cuántica, la degeneración de un nivel energético está ligada a la posibilidad de encontrar, para el operador hamiltoniano del sistema, varias funciones propias correspondientes a un mismo valor propio.
V. ESPECTRO DE UN OPERADOR.

Densidad

▶ *Densidad absoluta* (o *propia*).—Magnitud, en desuso en algunos países (que prefieren hablar de masa volúmica), que mide el cociente entre la masa de un cuerpo y su volumen.
V. MASA VOLÚMICA.

▶ *Densidad de corriente eléctrica*.—En un conductor filiforme recorrido por una corriente continua de intensidad i, el caudal de carga eléctrica por unidad de área $j = \frac{i}{s}$ se llama *densidad de corriente* y se mide en amperios por metro cuadrado (A/m^2).
En un conductor grueso de forma cualquiera se define en cada punto un *vector densidad de corriente*, llamado también *vector corriente*. Es el vector $\mathbf{j}$, cuyo flujo a través de un elemento de superficie $d\mathbf{S}$ que pasa por ese punto es igual a la intensidad de corriente que pasa por dS: $di = \mathbf{j} \cdot d\mathbf{S}$. La intensidad a través de una superficie finita S vale: $i = \iint_S \mathbf{j} \cdot d\mathbf{S}$.
En régimen permanente existe un conjunto de curvas, tangentes en cada punto al vector corriente local. Son las *líneas de corriente*. Un subconjunto de líneas de corriente apoyándose sobre un contorno cerrado constituye un *tubo de corriente*.
La densidad de corriente puede expresarse en función de la velocidad de los distintos *porta-*

dores de carga cuyo desplazamiento constituye la corriente. Se obtiene: $j = \Sigma nqv$, siendo n el número de portadores por unidad de volumen que, en el conductor, transportan una carga q a una velocidad v. Debe observarse que la contribución de una carga negativa que se desplaza en sentido inverso ($q < 0$, $v < 0$) es equivalente a la de una carga positiva, desplazándose en el sentido de la corriente ($q > 0$, $v > 0$).
V. ECUACIÓN DE CONTINUIDAD, LEY DE OHM LOCAL.

▶ *Densidad espectral.*—Magnitud auxiliar que caracteriza el reparto de una variable energética o fotométrica (flujo, intensidad, luminancia...) entre los diferentes pequeños dominios de longitud de onda que componen la radiación estudiada.
Ejemplo: Se escribe que el flujo energético transportado por las radiaciones cuyas longitudes de onda están comprendidas entre λ y λ + $d\lambda$ vale: $d\Phi_\lambda^{\lambda + d\lambda} = \varphi(\lambda) \cdot d\lambda$; $\varphi(\lambda) = d\Phi_\lambda^{\lambda + d\lambda}/ d\lambda$ es la *densidad espectral de flujo* para la longitud de onda λ.
Se define de igual forma la densidad espectral de flujo para la frecuencia ν: $\varphi(\nu) = d\Phi_\nu^{\nu + d\nu}/d\nu$.
Se demuestran las relaciones:

$$\varphi(\nu) = -\frac{\lambda^2}{c}\varphi(\lambda), \qquad \varphi(\nu) = -\frac{\nu^2}{c}\varphi(\nu)$$

donde c es la velocidad de la radiación estudiada.

▶ *Densidad óptica.*—Siendo τ el factor de transmisión (o de transparencia) de un medio, su *densidad óptica* D vale, por definición, $D = -\log_{10} \tau$.
V. FACTOR DE ABSORCIÓN.
Cuando un flujo atraviesa sucesivamente varios medios, siendo el factor de transmisión global igual al *producto* de los factores de transmisión sucesivos, la densidad óptica global es igual a la *suma* de las sucesivas densidades ópticas.
La densidad óptica de un cuerpo no dispersante y perfectamente transparente es nulo ($\tau = 1 \Leftrightarrow D = 0$).
V. OPACIDAD.

▶ *Densidad (relativa).*—Cociente entre la densidad de una sustancia ρ y la densidad ρ_0 de un cuerpo de referencia: $d = \rho/\rho_0$.
Para sustancias líquidas y sólidas, el cuerpo de referencia es el agua a 4 °C, temperatura a la que su densidad es máxima: $\rho_0 = 1$ kg/l = 1.000 kg/m^3.
Para las sustancias gaseosas, el cuerpo de referencia es generalmente el aire. Si las densidades ρ y ρ_0 han sido medidas en las mismas condiciones de presión y temperatura —y en la medida en que podamos admitir que el gas estudiado obedece a las mismas leyes de dilatación y compresión que el aire (aproximadamente las de un gas perfecto)— su densidad relativa d es independiente de la temperatura y de la presión. La masa de 22,4 litros de aire en condiciones normales vale sensiblemente 29 g; con ello, el orden de magnitud de la densidad de cualquier gas (relativa), de masa molecular M, es de $d = M/29$. *Ejemplo:* La densidad del hidrógeno relativa al aire es $d \simeq 2/29 \simeq 0{,}07$.

Densímetro

Instrumento destinado a medir la densidad de un líquido por lectura directa.
V. AREÓMETRO.

Densitómetro

Sinónimo: Microfotómetro.

Dispositivo que sirve para medir la *densidad óptica* de un cliché, elemento de superficie por

elemento de superficie. Los sucesivos resultados son a menudo transformados en informaciones numéricas.
V. OPACIDAD, NUMERIZACIÓN.

Depleción

De una palabra latina que significa vaciar

▶ *Zona de depleción.*—Región, prácticamente vaciada de cualquier portador de carga (electrón o hueco), que aparece espontáneamente en un *diodo semiconductor* en la zona de la unión. Su espesor es del orden de algunas micras y puede variar ligeramente si el diodo está polarizado. La zona de depleción se comporta como un aislante (V. figura) y confiere al diodo una capacidad, que vale generalmente algunos picofaradios. Hay que tener en cuenta esto, principalmente cuando se utiliza el diodo en corrientes de alta frecuencia.

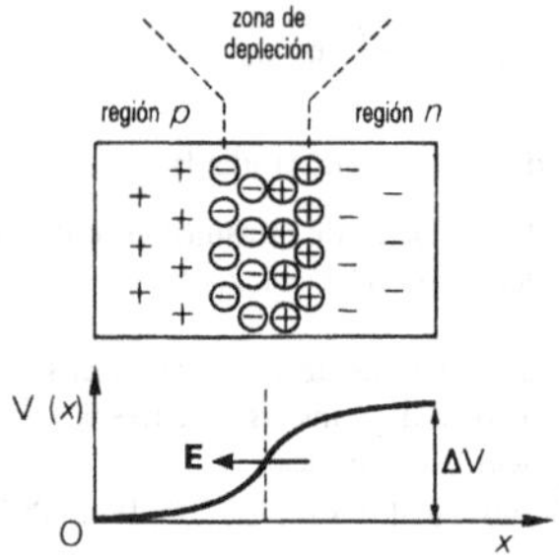

+ hueco, − electrón: portadores libres (sólo los portadores mayoritarios son representados simbólicamente).

⊕ ión dador, ⊖ ión aceptor: iones fijos (sólo se representan simbólicamente los iones fijos en la zona de depleción).

ΔV barrera de potencial (≈ 0,1 V).

E = − grad V Campo eléctrico debido esencialmente a los iones fijos de la zona de depleción, y que mantienen los portadores libres fuera de esa zona.

Los *varicaps* son diodos cuya capacidad varía con la tensión de polarización, según leyes conocidas.
Se obtiene una corriente de sentido directo solamente si la tensión aplicada sobrepasa a ΔV, salvo efecto túnel, como en los *diodos Esaki.*

Descartes René (1596-1650)

▶ *Expresión vectorial de las leyes de Descartes.*—Los rayos incidente, refractado y reflejado, orientados positivamente en el sentido de propagación de la luz, permiten definir sobre cada uno de ellos tres vectores unitarios: u_1, u_2 y u' (V. figura). Se demuestra que todas las leyes de Descartes se encuentran incluidas en la relación matemática:

$$n_1\, \mathbf{u}_1 \cdot d\mathbf{I} = n_2\, \mathbf{u}_2 \cdot d\mathbf{I}$$

donde $d\mathbf{l}$ es un vector elemental cualquiera situado en el plano tangente a la superficie de separación de ambos medios en el punto de incidencia **I**. $n_1 = n_2$ en el caso de la reflexión.

▶ *Fórmulas de Descartes.*—V. FÓRMULAS DE LOS SISTEMAS CENTRADOS.

▶ *Leyes de Descartes (o de Snellius).*—Leyes referidas a los fenómenos de reflexión y de refracción de la luz que llega a la superficie de separación de dos medios transparentes, homogéneos e isótropos.
Todo rayo incidente origina, en estas condiciones, un rayo reflejado y, simultáneamente, un rayo refractado. (A_1 I, IA', IA_2, respectivamente: V. figura.)
1 / Leyes de la reflexión.—El rayo reflejado se encuentra en el plano de incidencia (plano que contiene la normal IN a la superficie de separación y el rayo incidente A_1 I).
El ángulo de reflexión i' es igual al ángulo de incidencia.
2 / Leyes de la refracción.—(Son estas leyes, precisamente, las que fueron descubiertas por Snellius y luego retomadas por Descartes, quien les dio una «justificación», hoy rechazada.)
El rayo refractado se encuentra en el plano de incidencia.
Existe una relación constante entre el seno del ángulo de incidencia i y el seno del ángulo de refracción r: sen i/sen $r = n_2/n_1 = n$.
n_1 y n_2 son los «índices de refracción», característicos de los medios de incidencia y de refracción; n es el índice relativo del segundo medio con respecto al primero.
Las leyes de Descartes son, junto al principio de propagación rectilínea de la luz, los postulados básicos de la óptica geométrica. La teoría ondulatoria de la luz da una explicación de todo ello. (V. CONSTRUCCIÓN DE HUYGENS.)
V. ÁNGULO LÍMITE, LEYES DE KEPLER, PRINCIPIO DE FERMAT, RETORNO INVERSO DE LA LUZ.

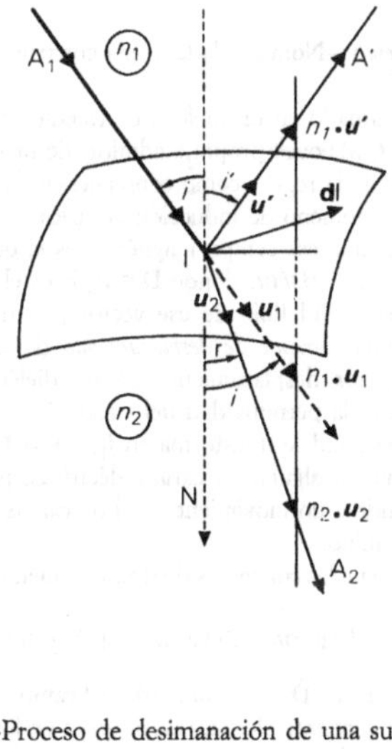

Desimanación

▶ *Desimanación adiabática.*—Proceso de desimanación de una sustancia paramagnética, aislada térmicamente, por supresión del campo magnético externo responsable de su imanación. Una *desimanación adiabática* tiene como efecto un *enfriamiento* de la sustancia.
Desde el punto de vista teórico, este efecto pudo preverse aplicando los principios de la termodinámica, del mismo modo que se previó el enfriamiento de un gas tras una expansión adia-

bática. En el caso del paramagnetismo perfecto, toda transformación adiabática elemental reversible comporta la relación: $dQ = C\,dT - \mathbf{B} \cdot d\mathbf{M} = 0$, que traduce que el calor intercambiado con el exterior es nulo. (C representa la capacidad calorífica a imanación constante de la muestra, **M** su momento magnético, T su temperatura y **B** el campo magnético exterior.) Se ve que una disminución de la imanación viene necesariamente acompañada de un enfriamiento ($dM < 0 \Leftrightarrow dT < 0$), medido por la expresión $|dT| = |dM| . \frac{B}{C}$. Teniendo en cuenta los campos obtenibles, un cálculo completo muestra que, a temperaturas muy bajas, y haciéndose C muy pequeña, se hace posible obtener enfriamientos interesantes.
La experiencia ha sido realizada, por ejemplo, con una muestra de alambre de hierro en polvo, enfriado previamente hasta las proximidades de 1 K por contacto con helio líquido, hirviente a presión reducida, y después aislado térmicamente y desimanado. Su temperatura final es próxima a 0,001 K.
V. CERO ABSOLUTO.

Desmaterialización

V. MATERIALIZACIÓN.

Desormes Charles Bernard (1777-1862)

V. LEY DE CLÉMENT Y DESORMES.

Desplazamiento

▶ *Corriente de desplazamiento.*—Nombre dado a una corriente eléctrica ficticia en la teoría electromagnética de Maxwell.
Cuando en un punto M situado en un dieléctrico (medio aislante) existe un campo eléctrico $\mathbf{E}(t)$, función del tiempo t, Maxwell propone admitir, de una parte, que se obtiene un campo magnético en todo punto de la región como consecuencia de la existencia de ese campo eléctrico (es la recíproca del fenómeno de inducción eléctrica descubierto experimentalmente por Faraday) y, de otra parte, que ese campo magnético es el que produciría una corriente eléctrica de densidad (en M) $j_d = \partial \mathbf{D}/\partial t$, donde $\mathbf{D} = \varepsilon_0\,\mathbf{E}$ es el vector desplazamiento en M (ε_0 es la permitividad del vacío). El flujo de ese vector j_d a través de una pequeña superficie $d\mathbf{S}$ que contenga M es una *corriente de desplazamiento* de intensidad $di = j_d \cdot d\mathbf{S}$. El análisis actual muestra que el vector desplazamiento en un dieléctrico comprende dos términos: $\mathbf{D} = \varepsilon_0\,\mathbf{E} + \mathbf{P}_e$, donde ε_0 es la permitividad del vacío, $\mathbf{P}_e$ es el vector *polarización eléctrica* del medio en M. El vector densidad se transforma en $j_D = \varepsilon_0\,\partial \mathbf{E}/\partial t + \partial \mathbf{P}/\partial t$. El primer término no corresponde a movimiento alguno de cargas eléctricas, pero el segundo es la *corriente de polarización* que corresponde a un movimiento real de cargas (ligadas). Si el medio es el vacío sólo subsiste el primer término.
El hecho de tomar en cuenta a las corrientes de desplazamiento llevó, históricamente, a las ecuaciones de Maxwell.
V. RELACIÓN DE MAXWELL-FARADAY, RELACIÓN DE MAXWELL-AMPÈRE.

▶ *Vector desplazamiento eléctrico* (**D**).—En su teoría del campo electromagnético, Maxwell se esforzó en demostrar que la corriente eléctrica se propaga en los medios materiales, conductores o aislantes, con una velocidad igual a la de la luz en el «éter», gracias a la presencia en esos medios de otro medio sutil que él llamó «éter electromagnético». Supuso que si las «moléculas de electricidad» se mueven con facilidad en lo conductores, pueden sufrir solamente un desplazamiento de pequeña amplitud a partir de su posición de equilibrio en los aislantes. Estos

desplazamientos se propagan entre contiguos, a la manera en la que una perturbación local se propaga en un medio elástico. Ahora bien, en un medio elástico, a una tracción local *f* corresponde una pequeña deformación ***d*** proporcional a la fuerza: ***d*** = *kf*. De la misma manera, en un dieléctrico el campo **E** representa la tracción local, mientras que la deformación, aquí el desplazamiento, está representado por el *vector desplazamiento* **D** = ε**E**, donde ε es una característica del medio (su permitividad).
Este teoría mecanicista ha sido abandonada en la actualidad, pero las expresiones matemáticas obtenidas por Maxwell, siempre válidas, han conducido al descubrimiento de las ondas electromagnéticas.
V. CORRIENTE DE DESPLAZAMIENTO, TEOREMA DE GAUSS, EXPERIENCIAS DE HERTZ, VECTORES ELECTROMAGNÉTICOS.

▶ *Vector desplazamiento magnético* (**H**).—V. TEOREMA DE AMPÈRE, VECTOR **H**, VECTORES ELECTROMAGNÉTICOS.

Destriau G.

▶ *Efecto Destriau.*—V. ELECTROLUMINESCENCIA.

Desviación

Cambio de dirección de un rayo luminoso, que avanza en un medio no homogéneo (es el origen de los espejismos) o que atraviesa un dioptrio (superficie de separación entre dos medios diferentes).
V. DEFLEXIÓN, EXPERIENCIA DE NEWTON, MÍNIMO DE DESVIACIÓN, PRISMA.

▶ *Mínimo de desviación.*—Cuando un pequeño haz monocromático de la luz atraviesa un prisma de cristal en un plano de sección recta, sufre una desviación D. Si se hace crecer el ángulo de incidencia del haz sobre la cara de entrada del prisma, el ángulo de desviación D decrece, pasa por un mínimo D_m y luego crece de nuevo. La existencia de este «*mínimo de desviación*» es utilizada con frecuencia. *Ejemplos:*
1 / La medida de D_m y la del ángulo del prisma A ofrecen un medio de cálculo preciso del índice de refracción del cristal, gracias a la fórmula:

$$n = \operatorname{sen}\frac{A + D_m}{2} \Big/ \operatorname{sen}\frac{A}{2}.$$

2 / Los espectroscopios de prisma son utilizados en el mínimo de desviación. En efecto, en estas condiciones las rayas espectrales, imágenes coloreadas de la rendija de entrada al aparato, son más nítidas. En los espectroscopios de retículo se aprovechan circunstancias análogas.

Desviación típica

V. MOMENTOS DE UNA VARIABLE ALEATORIA.

Detectores (de partículas)

Los objetos más pequeños que los mejores microscopios actuales pueden percibir tienen dimensiones del orden de algunos angströms. Ahora bien, si el diámetro de los átomos es del orden del angström, el de los núcleos atómicos es diez mil veces más pequeño: son, por tanto, *a fortiori*, «invisibles» las partículas subnucleares. Se comprende que, para su *detección*, haya que emplear procedimientos indirectos, que generaciones de físicos experimentales no han dejado de idear y perfeccionar. Simplificando, y no citando más que los detectores más típicos se pueden agrupar éstos en tres categorías:

1 / Detectores por *efectos eléctricos*. Se pueden citar como ejemplos el viejo electroscopio de panes de oro, usado por J. Perrin (en 1895) para detectar los electrones transportados por los rayos catódicos y estudiar su carga; las células fotoeléctricas, que permiten la detección de fotones gracias a la corriente eléctrica que generan con su impacto; todas las cámaras de ionización y los detectores de semiconductores.

2 / Los detectores por *efectos luminosos*. Son, fundamentalmente, las cámaras de centelleo y los detectores por efecto Čerenkov.

3 / Los detectores por *trazas*. Las emulsiones fotográficas, las cámaras de niebla de Wilson, las cámaras de burbujas, las cámaras de chispas pertenecen todas ellas a esta categoría.

En la mayor parte de los casos el fenómeno inicial consiste en ionizaciones o excitaciones diversas de átomos del medio por parte de las partículas electrizadas que lo atraviesan. Las partículas sin carga no pueden, consiguientemente, ser detectadas más que por caminos indirectos, a través de las partículas cargadas secundarias que se obtienen en su interacción con medios adecuados. Por ejemplo, los neutrones pueden ser detectados por las partículas alfa, cargadas positivamente, que pueden liberar si se tiene cuidado de introducir boro en el detector –bajo la forma de fluoruro de boro gaseoso, por ejemplo–. Se produce la reacción $^{10}B(n, \alpha)\,^{7}Li$.

Algunos detectores, los tubos de Geiger-Muller, por ejemplo, permiten solamente el recuento de las partículas que los atraviesan. Son los *contadores* de partículas. Con otros detectores es posible determinar el número y la energía de las partículas incidentes, y establecer así una verdadera *espectrometría de partículas*. Es el caso de algunas cámaras de ionización. Con otras, en fin, se puede ver la traza individual de cada partícula, estudiar sus modificaciones bajo el efecto de campos eléctricos o magnéticos, estudiar sus posibles transformaciones bajo el efecto de choques con otras partículas. Se deducen de esos diversos «sucesos» informaciones útiles sobre las características de la partícula: carga, impulso, energía, spin, duración, etc.

▶ *Detectores de semiconductores.–Detectores de partículas* basados en la creación de pares electrón-hueco en un semiconductor al paso de una partícula rápida dotada de carga eléctrica. Existen distintos modelos. El más sencillo es un diodo de silicio o de germanio, dopado. Su montaje es comparable al de un tubo de Geiger-Muller.

Sus pequeñas dimensiones, el hecho de que se alimente con tensiones eléctricas débiles, la brevedad de sus tiempos muertos y una respuesta proporcional a la energía de las partículas incidentes son datos que explican el notable desarrollo de estos detectores.

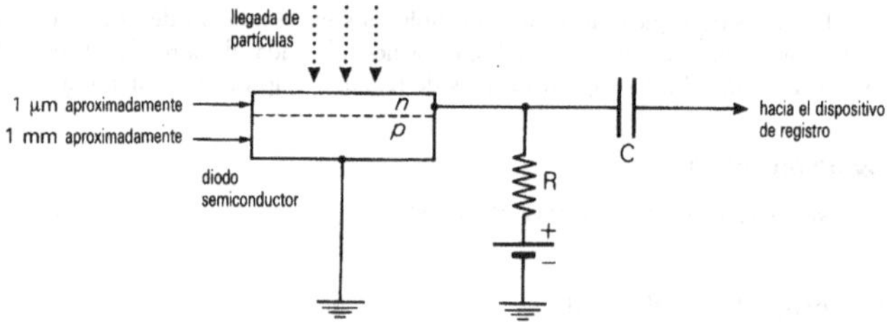

Detergente

Sustancia que permite eliminar de un cuerpo cualquiera las partículas grasientas adheridas al mismo, que el agua pura no puede arrastrar.

Las moléculas de un detergente, jabón o cuerpo sintético, tienen formas alargadas y terminan, en un extremo, por un agrupamiento de átomos, polarizado eléctricamente, capaz de fijarse con facilidad sobre las moléculas de agua (decimos que son agrupamientos *hidrófilos*) y, en el otro extremo, por una cadena carbonada apolar, *hidrófoba*. Adhiriéndose con facilidad a las moléculas de la superficie libre del agua por sus extremos hidrófilos, estas moléculas modifican la estructura de esa superficie y, en consecuencia, su tensión superficial. Son sustancias *tensoactivas*. En una operación de limpieza, estas moléculas se fijan, por una parte, en la superficie que se quiere limpiar, humedecida, y, por otra, sobre las partículas de grasa. Ayudadas por la agitación, se insertan progresivamente entre superficie y partículas y rodean a cada una de ellas de una capa monomolecular que aísla la superficie. Puede entonces procederse a la evacuación de grasa y detergente por medio del agua de aclarar.

V. CAPILARIDAD, TENSIÓN SUPERFICIAL.

Deuterio (^2_1H, o D)

Es uno de los isótopos del hidrógeno.

El hidrógeno molecular H_2 contiene una pequeña proporción de moléculas de deuterio (alrededor de una por cada 6.900). El agua corriente contiene, mezcladas con las moléculas de H_2O, alrededor de un 0,015 % de moléculas de D_2O. Reunidas estas moléculas, tras una serie de electrólisis en cascada, constituyen el agua «pesada», así llamada porque su densidad es ($d \simeq 1{,}10$) ligeramente superior a la unidad. El agua pesada se utiliza como moderador en los reactores nucleares de *fisión*. El deuterio –o más exactamente su núcleo, el deuterón– se utiliza como proyectil en reacciones del tipo $^{14}N(d, p)\ ^{15}N$. Se espera de él que sea el combustible fundamental en los futuros reactores *de fusión*.

V. TRITIO.

Deuterón (o deutón)

Nombre del núcleo de *deuterio*. Está constituido por dos nucleones: un protón y un neutrón, cuya energía de enlace es relativamente débil. Para separarlos es necesaria una energía próxima a los 2 MeV, mientras que para extraer un nucleón de un núcleo medio hacen falta alrededor de 8 MeV. La comparación de las distintas características del deuterón (masa, spin, momento magnético, etc.) con las de cada uno de sus componentes contribuyó al estudio de las fuerzas de enlace entre nucleones.

V. ISOSPIN.

Dewar Sir James (1843-1923)

▶ *Vaso de Dewar.*–Recinto de paredes atérmanas utilizado en el laboratorio, en la industria y en la vida corriente («termos»). Es un vaso de *doble pared*, de vidrio plateado para pequeñas capacidades y de un metal poco conductor para las grandes capacidades. En el interior de la doble pared se hace el vacío. Estas precauciones tienen como fin minimizar, tanto como sea posible, los intercambios de calor –por conducción, por convección y por radiación– entre el interior del vaso y la atmósfera exterior.

Dextrogiro

V. POLARIZACIÓN ROTATORIA.

Diafragma

Pantalla opaca con una abertura generalmente circular, fija o variable. Un instrumento óptico suele contener diversos diafragmas. Dos de entre ellos juegan un papel importante: el diafragma de apertura y el diafragma de campo.
Diafragma de apertura es el que, de hecho, limita la extensión, la abertura de cada uno de los haces luminosos que provienen de cada punto del objeto y que atraviesan el instrumento. Tal es, por ejemplo, el papel del diafragma de apertura regulable de un objetivo fotográfico. Su conjugado objeto en el medio de incidencia es la *pupila* de entrada al instrumento. Su conjugado imagen en el medio emergente es la pupila de salida, del mismo.
Se llama *diafragma de campo* al que tiene como efecto limitar la anchura de campo del instrumento. Su conjugado objeto es el *lucernario* o tragaluz de entrada, y el de salida, su conjugado imagen.
Estas denominaciones son fáciles de comprender si se piensa en el caso sencillo de un observador contemplando un paisaje lejano a través de un tragaluz. Este tragaluz juega para él el papel de un diafragma de campo, siendo la pupila de su ojo el diafragma de apertura.
V. CÍRCULO OCULAR, CAMPO DE UN INSTRUMENTO ÓPTICO.

Diálisis

De «dia», a través, y «lisis», separación

Operación que consiste en la extracción, por paso a través de una membrana *semipermeable*, de ciertos cuerpos que se encuentran en suspensión (o disueltos) en una mezcla acuosa. Una membrana semipermeable (celofán, pergamino...) es una membrana porosa cuyos poros son de muy pequeño diámetro (unos 20 Å). Atraviesan con facilidad esas membranas los iones y moléculas pequeñas, que resultan infranqueables para las macromoléculas o para los agregados de pequeñas moléculas (micelas).
Una operación de este tipo se produce en el filtro renal. La sangre deposita en él algunas sustancias sobrantes (sales, urea, ácido úrico...), pero no otras sustancias de pesos moleculares más altos (hemoglobina, por ejemplo), que son nuevamente arrastradas al torrente sanguíneo. Si el riñón no puede realizar esta función, se hace necesario subvenir a ello en un «riñón artificial», por medio de la hemodiálisis.
V. SOLUCIONES COLOIDALES.

Diamagnético

Un cuerpo es llamado diamagnético si, bajo la influencia de un campo magnético **B**, se imana y adquiere, en cada pequeña región, una intensidad de imanación (inducida) **J**, proporcional al campo inductor, pero de sentido opuesto. Su *susceptibilidad magnética* (volúmica) χ es, por tanto, negativa. La experiencia muestra que su valor es siempre pequeño (generalmente del orden de 10^{-5}), y que es prácticamente independiente de la temperatura.
De hecho, todas las sustancias son diamagnéticas; esta propiedad queda a veces enmascarada por un paramagnetismo o un ferromagnetismo de mayor importancia.
Una pequeña barra de bismuto ($\chi = -1{,}6 \cdot 10^{-4}$), de forma alargada, situada entre los polos de un electroimán, se coloca en cruz con el eje de simetría del campo. Es el origen de la palabra diamagnético (día = de través). En las mismas condiciones una barrita paramagnética se coloca alineada con el eje del campo. El cálculo de las fuerzas que se ejercen sobre las barras aporta una explicación de estos resultados.
El origen del diamagnetismo se atribuye a la acción del campo inductor sobre el movimiento de los electrones atómicos y, en consecuencia, sobre su momento magnético orbital individual ***m***. Se demuestra, en efecto, que cualquiera que sea la orientación respectiva de los vectores **B**

y *m*, éste, mientras que **B** pasa desde el valor 0 a su valor final **B**, crece en una cantidad *dm* proporcional a **B**, pero de sentido opuesto. Con algunas hipótesis simplificadoras, el cálculo suministra el valor de la susceptibilidad (volúmica) del material: $\chi = \mu_0 Z \cdot n\, r^2 \cdot e^2/6m$, resultado verificado por la experiencia, donde *n* es el número de átomos por unidad de volumen, Z el número atómico, *e* y *m* la carga y la masa de electrón, μ_0 la permeabilidad del vacío y *r* el radio del átomo, supuesto esférico.
Al ser el diamagnetismo de origen intra-atómico, es independiente de la agitación térmica y, consecuentemente, de la temperatura.
V. IMANACIÓN INDUCIDA, LEY DE CURIE.

Diámetro

▶ *Diámetro aparente*.—Ángulo bajo el que se ve el «diámetro» de un objeto o, más generalmente, su dimensión más importante.
Ejemplo: El diámetro aparente del sol oscila, según la época del año, en torno a los 32 minutos sexagesimales (alrededor de 0,01 rad). Es, por otra parte, el diámetro aparente de un objeto de 2 mm de diámetro colocado a 20 cm del ojo.
V. AGUDEZA VISUAL, AUMENTO.

▶ *Ley del diámetro rectilíneo (Mathias)*.—Si se representa en un diagrama temperatura absoluta/densidad la curva de saturación de un fluido, cuando ésta es conocida (V. DIAGRAMAS DE ANDREWS), se comprueba que los puntos medios de las cuerdas paralelas al eje de densidades se encuentran todos sobre una recta que pasa por el punto crítico C. (V. figura) Esta ley, para la que no existe actualmente justificación teórica, se utiliza a veces para la determinación empírica de las constantes críticas.

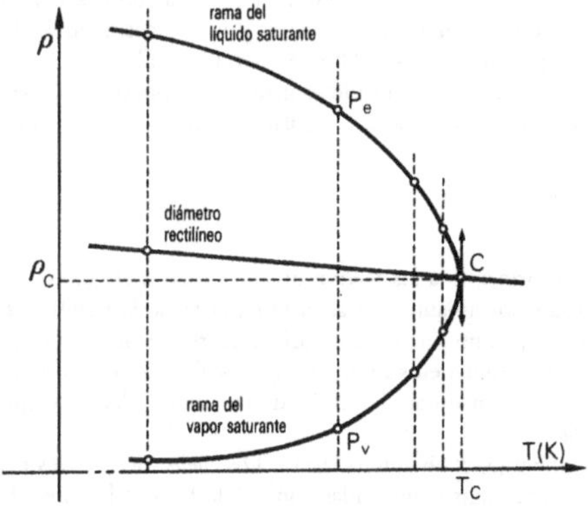

Diapasón

Varilla metálica de forma rectangular, curvada en forma de U. Desde el punto de vista acústico es una *varilla vibrante*. Moderadamente excitada, por medio de un arco pequeño o un martillito, un diapasón vibra transversalmente dando prácticamente un único tipo de onda estacionaria, con dos vientres en los extremos y otro vientre en el medio. La frecuencia de la vibración depende, por tanto, de la longitud del diapasón y del material del que está hecho. Puesto sobre una caja de resonancia de dimensiones adecuadas, abierta al aire, pone a ésta en resonancia, y su energía de vibración es rápidamente radiada bajo la forma de una onda sonora *sinusoidal*. Las vibraciones de un diapasón pueden ser entretenidas por medio de diversos montajes eléctricos.

Diapositiva

Dia significa en griego a través

Prueba fotográfica positiva que se puede observar por transparencia con una lupa, proyectada sobre una pantalla o a simple vista.

Diascopio

Aparato de proyección en el cual el objeto que se quiere proyectar se ilumina por transparencia (diascopio significa en griego ver a través).
Si el soporte del objeto no es transparente, la proyección es posible por medio de un *episcopio*.

Diatérmano

Califica un tabique *permeable* a los cambios de calor entre los medios que separa.
V. ATÉRMANO.

Dicroísmo

V. PLEOCROÍSMO.

▶ *Dicroísmo circular*.—Fenómeno resultante de la absorción desigual, por ciertas sustancias *ópticamente activas*, de dos vibraciones circulares privilegiadas a izquierda y derecha, que pueden transmitir sin alteración (V. BIRREFRINGENCIA CIRCULAR).
A un rayo incidente polarizado rectilíneamente corresponde entonces un rayo emergente que lleva una vibración elíptica, o incluso circular, si la otra vibración circular ha sido enteramente absorbida.

Dieléctrico

Nombre dado en principio a los medios aislantes usados en los condensadores y generalizado después para todos los aislantes. El agua pura, la mica, la parafina, las cerámicas son dieléctricos. Si estos cuerpos no pueden conducir la corriente eléctrica es porque, contrariamente a los conductores, no poseen en su estructura, a escala atómica, portadores de carga (electrones o iones) libres de moverse bajo la acción de un campo eléctrico exterior. Véase la teoría de las *bandas de energía*.
No existe, sin embargo, el aislante perfecto. Los dieléctricos reales tienen conductividades no nulas, pero muy pequeñas comparadas con las de los conductores. Esta débil conductividad se atribuye, bien a la presencia de impurezas conductoras, bien a una débil ionización. El agua químicamente pura, por ejemplo, conserva aún una conductividad próxima a 10^{-6} siemens por metro. El *vacío* es un dieléctrico algo particular.
V. PERMITIVIDAD, POLARIZACIÓN ELÉCTRICA, SUSCEPTIBILIDAD ELÉCTRICA.

Diesel Rudolf (1858-1913)

▶ *Ciclo Diesel*.—Ciclo de funcionamiento de un motor de combustión interna de encendido por compresión. Es un ciclo de Joule truncado, ideado por Diesel en 1893 (V. figura).

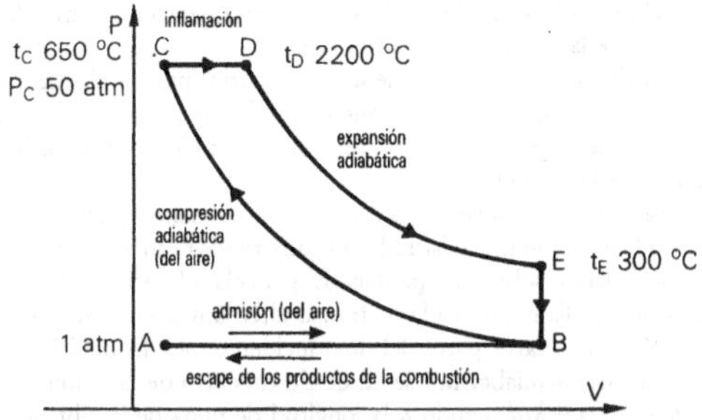

Esquema de un ciclo teórico (Cf. ciclo de Joule)
con algunos órdenes de magnitud de temperaturas y presiones
(no se han respetado las escalas)

Este ciclo presenta, sobre el ciclo de Otto, la ventaja esencial de prestarse al uso de subproductos de la destilación del petróleo (fue incluso pensado, primitivamente, para ser alimentado por carbón en polvo).
El aire es comprimido sólo, sin riesgo, por tanto, de encendido prematuro pese a la gran temperatura que se alcanza. La relación de compresión puede, por tanto, ser más alta que en un motor de explosión.
El combustible se inyecta solamente al final del tiempo de compresión. Se inflama entonces espontáneamente y acaba de arder durante la expansión. El rendimiento térmico se mejora, pudiendo alcanzarse el 46 %.
Utilizado al principio en los motores marinos de gran potencia, el ciclo de Diesel está adaptado hoy a los vehículos terrestres.

Diferencia

▶ *Diferencia de fase.*—V. COHERENCIA, DIFERENCIA DE MARCHA.

▶ *Diferencia de marcha.*—Dos ondas sinusoidades estacionarias, de longitud de onda λ, provenientes de una misma fuente puntual (o de dos fuentes puntuales síncronas), pueden llegar a un mismo punto M tras haber recorrido en un medio común dos trayectos distintos. Un sonido entretenido, por ejemplo, y su eco. Se llama diferencia de marcha de ambas ondas en el punto M a la diferencia de longitud de sus trayectos respectivos: $\delta = l_1 - l_2$. De esta diferencia de marcha δ depende la diferencia de fase: $\Delta\varphi = 2\pi\ \delta/\lambda$ entre las dos ondas a su llegada a M y, por consiguiente, el estado de vibración en ese punto (V. PRINCIPIO DE INTERFERENCIA). Sucede frecuentemente en óptica que cada una de las ondas atraviesa, antes de llegar a M, varios medios transparentes distintos. Las longitudes *geométricas* l de sus trayectos respectivos deben en ese caso ser reemplazadas por las longitudes o *caminos ópticos* L de esos trayectos: $\delta_0 = L_1 - L_2$. La diferencia de fase vale entonces $\Delta\varphi = 2\pi\ \delta_0/\lambda_0$, siendo λ_0 la longitud de onda en el vacío de la luz utilizada.
V. COHERENCIA TEMPORAL, INTERFERENCIAS, ORDEN DE INTERFERENCIA.

Difracción

Fenómeno que se produce cuando una onda luminosa encuentra una pantalla provista de una abertura, o un obstáculo de dimensiones finitas. Se constata que, contrariamente a las previsiones del principio de propagación rectilínea, la onda se despliega al otro lado de la pantalla-

obstáculo, incluso en la zona de sombra geométrica, con un reparto de la energía difractada que recuerda al de las franjas de interferencia.
La explicación del fenómeno se encuentra en el principio de Huygens-Fresnel. El estado vibratorio en un punto situado tras la pantalla resulta de la interferencia de las vibraciones que llegan simultáneamente a ese punto, provenientes de todos los puntos fuente de onda incidente no tapados por la pantalla.
En el caso relativamente simple de una onda monocromática plana que llega a una pantalla E, paralela a un plano de onda y taladrada por una rendija estrecha, se observa, de acuerdo a las previsiones del cálculo, sobre una pantalla E' paralela a la primera una línea central —paralela a la rendija— muy brillante, rodeada de franjas alternativamente oscuras y claras. Son las «franjas de difracción». La mayor parte del flujo incidente (alrededor del 90 %) se concentra en la mancha central, cuya semiabertura se ve desde el centro de la rendija bajo un ángulo α dado por la relación sen $\alpha = \lambda/d$, siendo λ la longitud de onda de la vibración y d la anchura de la rendija. Se ve que si d es mucho mayor que λ, α es prácticamente nulo. Volvemos a encontrar la propagación rectilínea.
Las franjas observadas en esas condiciones, estando la pantalla de observación E' a distancia finita, son llamadas *franjas de Fresnel.* Cuando la pantalla de observación está «en el infinito» —de hecho, en el plano focal imagen de una lente convergente situada tras la pantalla E— las franjas reciben el nombre de *franjas de Fraunhofer* (V. MANCHA DE AIRY).
Conviene señalar que si la rendija es sustituida por un hilo opaco el cálculo prevé que se deben producir franjas en el interior de la sombra geométrica, ¡con una franja brillante en el medio! Este resultado, aparentemente paradójico, ha sido confirmado por la experiencia, sin embargo, y fue un hecho de relevante importancia esgrimido a favor de la teoría ondulatoria de la luz (1820).
Ejemplo numérico:
Con una rendija de un milímetro de ancha, que recibe una onda luminosa plana de longitud de onda $\lambda = 0{,}5$ micras, se observa sobre una pantalla E', colocada a un metro de distancia de E, una línea central brillante de un milímetro de ancha. Es necesario el uso de una lupa para detectar las franjas laterales.
V. LEY DE BRAGG, PODER SEPARADOR, PRINCIPIO DE PROPAGACIÓN RECTILÍNEA, PRINCIPIO DE INTERFERENCIA, RETÍCULO ÓPTICO.

Difusión

▶ *Difusión del calor.*—Propagación de calor desde una región cálida hacia otra fría, que puede producirse sin transporte de materia (V. CONDUCCIÓN, CONDUCTIVIDAD TÉRMICA, LEY DE FOURIER) o con transporte de materia (V. DIFUSIÓN TÉRMICA).

▶ *Difusión de las radiaciones electromagnéticas.*—Este fenómeno puede provenir de una simple reflexión —o refracción— de la radiación incidente, cuando la superficie reflectante —o refractante— es muy irregular. Es el caso de la difusión de la luz a través de un vidrio esmerilado. La justificación teórica, por tanto, puede reclamarse a las sencillas leyes de la óptica geométrica. El caso es distinto cuando la difusión se produce en el interior del medio difusor. La causa, entonces, es con frecuencia la presencia de finísimas partículas extrañas, suspendidas en el medio. Esta difusión en los medios turbios se llama *efecto Tyndall.* Puede también producirse en un medio purificado, y se atribuye en este caso a las moléculas mismas del medio, si éste es gaseoso. Es el *efecto Rayleigh.* En los medios cristalinos, sólo los defectos locales de la red explican la difusión de la luz visible, pero la difusión de rayos X es un fenómeno general. Es la *difusión de Bragg.* Estos distintos tipos de difusión inspiraron una teoría, debida inicialmente a lord Rayleigh (en 1871) y modificada posteriormente con las aportaciones sucesivas de la teoría electromagnética y de la física cuántica. En el lenguaje de las teorías ondulatorias, cada centro cargado del blanco (en particular, cada uno de sus electrones, libres o ligados) es puesto en oscilación forzada por el campo eléctrico de la onda incidente. Este centro emite entonces una onda, y todas esas ondas parciales dan, por interferencia, la onda difundida. En el lenguaje corpuscular, cada fotón incidente es difundido tras un choque con uno de los elementos del blanco.

Las leyes que especifican la conducta de la radiación difundida –reparto angular de su intensidad, de su estado de polarización...– se deducen de estas premisas, teniendo en cuenta la estructura del medio difusor. No es indiferente que éste sea un gas perfecto, cuyas moléculas son independientes y repartidas al azar –las ondas parciales son en ese caso incoherentes y no pueden interferir, sumándose sus intensidades–, o un cristal en el que los centros difusores, regularmente distribuidos en el espacio (salvo defectos locales), emiten ondas parcialmente *coherentes*.

A los modos citados de difusión hay que añadir la difusión por *efecto Compton* y la difusión por *efecto Raman,* que son ambas difusiones con cambio de frecuencia, y cuya explicación completa hace intervenir el aspecto corpuscular de la radiación.

▶ *Difusión de materia (o difusión mutua).*–Dos gases cualesquiera, mantenidos a la misma temperatura y puestos uno en presencia del otro, forman espontáneamente una mezcla homogénea (V. EXPERIENCIA DE BERTHOLLET). Se dice que ambos gases se *difunden* el uno en el otro. Puede producirse un fenómeno análogo en ciertos líquidos. El agua y el alcohol, por ejemplo, son «miscibles» en cualquier proporción. Incluso se ha podido observar que dos sólidos, fuertemente comprimidos durante un tiempo, dan a veces una delgada capa de aleación (el cobre y el cinc, por ejemplo)...

Estos fenómenos de difusión mutua consisten en un transporte irreversible de cada uno de los constituyentes desde las zonas de mayor concentración hacia aquellas en las que ésta es más débil. Son posibles gracias a la agitación térmica, y su velocidad depende de la estructura de los cuerpos presentes y de las condiciones experimentales. Desde el punto de vista cuantitativo, se rigen por la *ley de Fick.*

V. DIFUSIÓN TÉRMICA, EFUSIÓN, MISCIBILIDAD.

▶ *Difusión de partículas.*–Fenómeno en el curso del cual una serie de partículas que encuentran o que atraviesan un medio material se dispersan bruscamente en numerosas direcciones. Puede citarse como ejemplo la experiencia de difusión de partículas alfa a través de un pan de oro (llamada también experiencia de Geiger-Marsden, o de Rutherford).

La física actual atribuye este fenómeno a los choques de las partículas proyectiles sobre –y con– las partículas blanco del medio atravesado (heliones sobre núcleos de oro en el ejemplo anteriormente citado). Este tipo de «suceso» es corriente en física de altas energías, y hay técnicas apropiadas –cámara de niebla, cámara de burbujas– que permiten su estudio individualizado.

En el curso de una colisión la partícula proyectil puede desaparecer por absorción, por materialización, etc. Se reserva el nombre de *difusión* a los sucesos tras los cuales la partícula permanece idéntica a sí misma.

La difusión es causada, en último análisis, por las fuerzas repulsivas o atractivas que se ejercen entre las partículas blanco y las partículas proyectil. Si esas fuerzas son de origen electrostático, se dice que la *difusión* es *culombiana.* Es el caso de la difusión de Rutherford. Sucede a veces que esas fuerzas provienen de la *interacción fuerte.* Es el tipo de difusión que se obtiene cuando las partículas proyectil son eléctricamente neutras (difusión de neutrones), o cargadas, pero suficientemente energéticas. Así, los heliones fuertemente acelerados pueden aproximarse a un núcleo atómico hasta distancias tan cortas que las fuerzas nucleares intervienen y son dominantes. Las leyes de reparto de las partículas difundidas en las distintas direcciones no son las mismas, evidentemente, que en el caso de una difusión culombiana.

▶ *Difusión térmica, o termodifusión.*—Fenómeno de transporte simultáneo de materia y de calor que se produce cuando se mantiene una diferencia de temperatura entre dos regiones de un medio fluido homogéneo. Si en un punto P de ese medio existen un gradiente de temperatura grad T y un gradiente de concentración grad c de uno de sus constituyentes, se observan en ese punto un flujo de calor y un flujo de materia, que pueden caracterizarse por los vectores densidad de flujo J_Q y J_M. Ambas magnitudes dependen simultáneamente de grad T y grad c. V. RELACIONES DE ONSAGER.

Difusividad

Magnitud que caracteriza a un medio material en cuanto a su aptitud para favorecer la difusión de corpúsculos materiales o de perturbaciones térmicas. En el primer caso la difusividad D_n se define por la *ecuación de Fick:* $\partial c/\partial t = D_n \cdot \Delta c$; en el segundo, por la *ecuación de Fourier:* $\partial T/\partial t = D_Q \cdot \Delta T$.
Estas magnitudes están relacionadas con otras características del medio. Se demuestra, por ejemplo, que si el medio es asimilable a un gas perfecto, $D_n = \frac{1}{3}\mathbf{u}l$, donde $\mathbf{u}$ es la velocidad media de sus moléculas y l su recorrido libre medio. En cuanto a la difusividad térmica, $D_Q = \lambda/\rho c_p$, donde λ es la conductividad térmica, ρ la densidad y c_p el calor másico a presión constante del medio, cualquiera que éste sea.
Se encuentra que las dos magnitudes, D_n y D_Q, poseen una ecuación de dimensiones idéntica, y son, por tanto, evaluables en m^2/s ambas.

Difusor

Cuerpo que esparce en diversas direcciones toda o parte de la energía que recibe (energía acústica o electromagnética).

▶ *Difusor ortotrópico.*—Difusor de luz que satisface en todos sus puntos a la *ley de Lambert.*

▶ *Difusor perfecto.*—Cuerpo ideal que posee simultáneamente dos propiedades: 1. Es un difusor ortótropo u ortotrópico. 2. Difunde íntegramente todo el flujo luminoso que recibe.
Se demuestra que existen, para un difusor perfecto, dos relaciones simples entre su luminancia L, su excitancia M y su iluminación E: $L = E/\pi$; $M = E$. Una capa de magnesio es aproximadamente un difusor perfecto. Para los difusores reales, ver «factor de luminancia».

Digital

Derivado de «dígito», cifra.

▶ *Aparato digital.*—Aparato de cálculo o de medida (calculadora, amperímetro, cronómetro...) en el que los resultados aparecen bajo la forma de cifras luminosas («marcadores numéricos» por diodos luminiscentes o por cristales líquidos) y no por medio de los desplazamientos de una aguja ante un limbo graduado.

Dilatación de la duración o del tiempo

Dos referenciales inerciales R y R′ se trasladan cada uno con respecto al otro. Se produce un fenómeno en un punto M inmóvil en R (su «sistema de referencia propio») durante un tiempo T_0 (su duración o «tiempo, propio») medido por medio de un reloj fijo en R. Según las leyes de la Relatividad restringida, este mismo fenómeno posee una «duración aparente» más larga, T′, cuando se mide en R′ por medio de relojes H′ fijos en R′, sincronizados entre ellos.

(Se obtiene $T' = t'_2 - t'_1$, notando sucesivamente los instantes t'_1 y después t'_2 que aparecen en dos relojes H'_1 y H'_2 cuando pasa sucesivamente ante ellos M al comienzo y al final del fenómeno analizado.)

La *transformación especial* de Lorentz da:

$$T' = \gamma(v) \cdot T_0, \qquad \text{con } \gamma(v) = \sqrt{1/1 - v^2/c^2},$$

siendo c la velocidad de la luz.

Con $v/c = 0{,}99$, se encuentra que $T' = 7T_0$!

Siendo todos los sistemas de referencia inerciales equivalentes, este resultado admite uno recíproco. Un fenómeno que se produzca en M' posee una duración propia T'_0 (medida en R' por H') y una duración aparente $T = \gamma(-v)\, T'_0$ (medida en R por su reloj H). $\gamma(v) = \gamma(-v) > 1$.

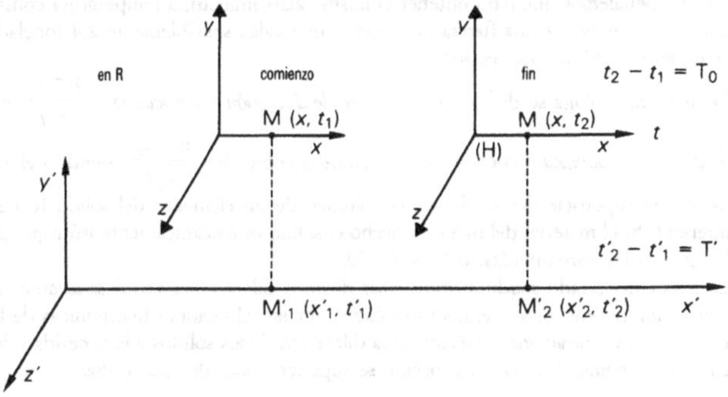

Esta «paradoja» se comprende fácilmente si se admite que el valor *intrínseco* de la duración de un suceso es su duración propia. Cuando un observador mide una duración aparente comete un error sistemático, tanto más importante cuanto mayor es la velocidad relativa de los sistemas referenciales; un poco como se comete un error sistemático de paralaje cuando se mide la longitud de un objeto por medio de una regla que no puede *aplicarse* contra el objeto. Pero el observador que mide una «duración aparente» puede, si conoce el valor de v, calcular la duración propia correspondiente.

Si el *sentido común* no nos ha revelado jamás la necesidad de distinguir duración propia y duraciones aparentes, es verosímilmente porque las velocidades de desplazamiento que nosotros sabemos realizar no entrañan más que dilataciones del tiempo imperceptibles. Por contra, experimentos rigurosos en torno a la duración de la existencia de un muón, por ejemplo, muestran la existencia efectiva del alargamiento previsto por la Relatividad restringida. Mientras que su duración de vida propia vale alrededor de 10^{-6} s., su duración aparente en el sistema de laboratorio cuando la partícula se mueve rápidamente vale del orden de 10^{-4} s. Aquí:

$$T' = 100\ T_0!\ (v/c = 0{,}99995)$$

V. CONTRACCIÓN DE LONGITUDES, PARADOJA DE LOS GEMELOS.

Dilatación térmica

▶ *Dilatación de gases.*—V. COEFICIENTES TERMOELÁSTICOS.

▶ *Dilatación de sólidos.*—Todas las dimensiones de un cuerpo sólido se dilatan cuando se eleva su temperatura (a presión constante). En un amplio intervalo de temperaturas, la distancia entre dos puntos marcados en un sólido puede expresarse en función de la temperatura por una relación de la forma $l_1 = l_0(1 + at + bt^2)$. l_0 y l_1 son, respectivamente, los valores de esa distancia a 0 °C y a una temperatura variable «t» °C, y a y b dos parámetros dependientes del sólido.

El *coeficiente de dilatación lineal* medio entre 0 y t °C vale, por definición, $\lambda_0^t = \dfrac{l_t - l_0}{l_0\, t} = a + bt$;

$\lambda_t = \dfrac{dl/l}{dt} = a + 2b$ es el coeficiente a t °C.

Ejemplo: para cierto acero dulce

$$a = 1{,}170 \cdot 10^{-5}\ \mathrm{K}^{-1} \quad ; \quad b = 5 \cdot 10^{-9}\ \mathrm{K}^{-2} \quad ; \quad \lambda_0^{100} = 1{,}22 \cdot 10^{-3}\ \mathrm{K}^{-1}$$

Una barra de este acero que mida 10 metros a 0 °C se alarga en 12,2 mm cuando se lleva a 100 °C. Señalemos que para obtener el mismo alargamiento, a temperatura constante, la barra debe ser sometida a una fuerza de tracción que valga sensiblemente 2,4 toneladas-fuerza por centímetro cuadrado de sección.

De manera análoga se define un *coeficiente de dilatación superficial* $\sigma = \dfrac{s_t - s_0}{s_0\, t}$ y un *coeficiente de dilatación volúmica* o coeficiente de dilatación cúbica $k = \dfrac{v_t - v_0}{v_0\, t}$, siendo s el área de un elemento de superficie del sólido y v el volumen de un elemento del sólido (o de una cavidad interior). Si el material del que está hecho el sólido es mecánicamente isótropo, se demuestran las igualdades aproximadas: $\sigma \simeq 2\lambda$; $k \simeq 3\lambda$.

La Física del estado sólido atribuye esas diversas dilataciones térmicas al aumento de las distancias interatómicas, aumentos provocados por las vibraciones inarmónicas de los átomos.

Los efectos y aplicaciones diversos de la dilatación de los sólidos y la necesidad de su previsión en campos como el de la construcción se suponen conocidos por todos.

▶ *Dilataciones de líquidos.*—No teniendo forma propia los líquidos, sólo es importante su dilatación de volumen. Pero, al estar un líquido contenido siempre en un recipiente sólido, se puede estudiar tanto su *dilatación verdadera,* incremento de su propio volumen $v(t)$ como su *dilatación aparente,* aumento aparente de su volumen $v'(t)$, volumen leído sobre el recipiente que lo contiene, habiéndose ignorado deliberadamente el incremento de la capacidad de éste. Se define, naturalmente, un coeficiente de dilatación verdadera medio $l = (v_t - v_0)/v_0 t$, y un coeficiente de dilatación aparente en el que v es sustituido por v'. Entre ambos coeficientes existe una relación aproximada $l = l' + k$, donde k es el coeficiente de dilatación cúbica del recipiente. Recordemos que la dilatación aparente del mercurio en su continente de vidrio es la que nos permite leer la temperatura en un termómetro de mercurio.

V. Dilatómetros.

Dilatómetros

Instrumentos destinados al estudio de la dilatación térmica de sólidos y líquidos.

1. *Sólidos.*—La muestra de la que quiere conocerse la ley de dilatación lineal se coloca en un termostato de temperatura regulable. Por medio de un comparador, o por interferometría óptica si se trata de pequeñas dilataciones, se mide la longitud de la muestra a distintas temperaturas comparándola con la de una muestra patrón mantenida a 0 °C.

El dilatómetro de Chevenard es un dilatómetro diferencial en el que se mide la diferencia de longitud entre la muestra y la regla patrón, llevadas simultáneamente a diferentes temperaturas, siendo conocida previamente la ley de dilatación de la regla.

2. *Líquidos.*—La ley de dilatación verdadera del mercurio fue estudiada directamente por el

método de Dulong y Petit (V. figura). Se dedujo del estudio su coeficiente de dilatación verdadera $m \simeq 1{,}82 \cdot 10^{-4}\ K^{-1} (\simeq 1/5.500)$.
La dilatación aparente de un líquido se estudia generalmente en un dilatómetro de vástago de vidrio —depósito coronado por un vástago, previamente graduado en fracciones de igual volumen a 0 °C. Si se conoce la ley de dilatación cúbica del dilatómetro (a partir, por ejemplo, del conocimiento de la ley verdadera del mercurio) se puede deducir la dilatación verdadera de un líquido cualquiera.

Estudio de la dilatación verdadera del mercurio por el método de Dulong y Petit

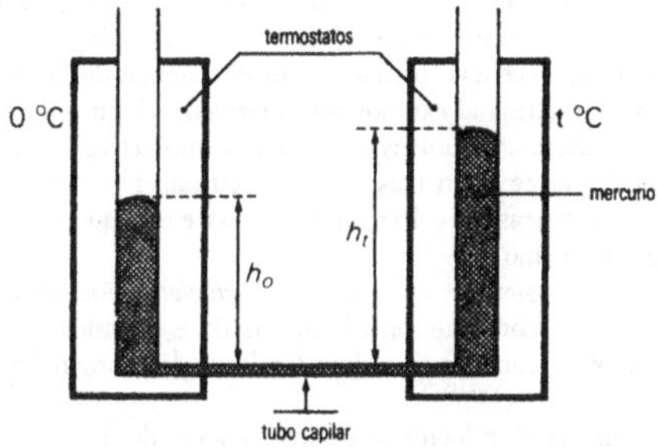

Estática de líquido: $\rho_0 h_0 = \rho_t h_t \Rightarrow v_t = v_0 \cdot \frac{h_t}{h_0} \Rightarrow m'_0 = \frac{h_t - h_0}{t h_0}$

ρ_0, ρ_t, v_0, v_t densidades y volúmenes másicos del mercurio a 0 °C y a t °C

Dimensiones

▶ *Ecuaciones de dimensiones.*—V. DIMENSIONES DE UNA MAGNITUD.

Dina

De una palabra griega que significa fuerza.

Unidad de fuerza del antiguo sistema c.g.s.: «Intensidad de una fuerza constante que, ejercida sobre un móvil de masa igual a un gramo, le comunica una aceleración de un centímetro por segundo cuadrado (1 cm/s²).» 1 dina = 10^{-5} N.

Dinámica

Rama de la mecánica (V. MECÁNICA).

▶ *Dinámica acústica.*—La dinámica de una *obra musical* (o, más generalmente, de un conjunto de signos sonoros) es la distancia entre la intensidad energética máxima y la intensidad mínima del sonido de la obra estudiada. Se evalúa en decibelios.
Del mismo modo, la dinámica de un dispositivo reproductor o transmisor del sonido (disco, casete, magnetófono, emisor o receptor de radio...) se mide por la distancia entre la potencia mayor y la más pequeña de las señales que puede transmitir o reproducir *sin deformación inaceptable.*
Se comprende así que las cualidades de fidelidad de una cadena de reproducción dependen, entre otras cosas, de su *dinámica,* tanto como del *intervalo* de frecuencias que puede reproducir.

Dinamo

Sinónimo: Máquina de Gramme.

Máquina giratoria que suministra corriente eléctrica continua, producida por inducción electromagnética.
Una dinamo se compone de dos órganos esenciales: uno está fijo, es el *inductor*, y el otro, móvil, es el *inducido*. El inductor es un electroimán terminado en piezas polares alternativamente norte y sur. Hay dos en total en las dinamos *bipolares* y varios pares en las dinamos *multipolares*. El inducido es una pieza de hierro dulce, cilíndrica, que gira alrededor de su eje en el interior del inductor, arrastrando a los *«conductores activos»*, laminillas de cobre fijas en las generatrices en las que aparece una corriente inducida mientras desfilan ante los polos magnéticos.
Esta corriente es transmitida al exterior por intermedio de un *colector*, conjunto de barras de cobre paralelas, eléctricamente unidas a los conductores activos y girando con el inducido, así como por medio de dos *escobillas* fijas, unidas eléctricamente a los bornes del aparato. Las escobillas rozan con las barras del colector por dos extremos, que se desgastan progresivamente. Son las *delgas* de la dinamo.
En el exterior circula finalmente una corriente *continua*, aunque cada uno de los conductores activos sea sede de una corriente *variable* en sentido e intensidad. Es en el dispositivo colector-escobillas, que oficia como rectificador, donde reside la originalidad del descubrimiento de Gramme (1871).
La corriente que imana al inductor se obtiene a veces de un generador auxiliar. Se dice en este caso que la dinamo es de «excitación independiente». Lo más frecuente es que sea la propia corriente producida en la dinamo la que excita al inductor. Hablamos entonces de «autoexcitación». (La imanación remanente es suficiente para producir el arranque.)
La fuerza electromotriz (f.e.m.) de una dinamo es calculable. Se encuentra, por ejemplo, que en una dinamo bipolar vale $e = np\Phi$ (n es la velocidad de rotación del inducido, p el número de conductores activos y Φ el flujo magnético que atraviesa el inducido). Se han construido dinamos con fuerzas electromotrices que van desde algunos voltios hasta varios millares de voltios, y con potencias que van desde una fracción de vatio hasta muchos millares de kilovatios.
Para potencias pequeñas el inductor es a veces un simple imán permanente. La máquina es entonces una *magneto*.
Las dinamos se utilizan para producir las corrientes necesarias en operaciones como la electrólisis, galvanoplastia, carga de baterías, tracción eléctrica, etc. Hoy, sin embargo, son reemplazadas en todos esos usos, y cada vez con mayor frecuencia, por alternadores acoplados a rectificadores.
Señalemos, por fin, que el funcionamiento de una dinamo es reversible. Con pequeñas modificaciones técnicas, una dinamo puede convertirse en un motor eléctrico.
V. GENERADOR ELÉCTRICO.

Dinamómetro

Raíces griegas que significan medida de fuerzas.

Aparato que sirve para medir la intensidad de una fuerza por uno de sus efectos estáticos: alargamiento o compresión de un resorte, modificación de la posición de equilibrio de un conjunto de cuerpos pesados, etc. Un peso de muelles, un pesacartas, una balanza de lectura directa... son dinamómetros.
Las fuerzas que se pueden medir pueden variar entre algunos mN (las fuerzas de tensión superficial, por ejemplo) y varios MN (fuerzas de tracción de una locomotora, por ejemplo).

Dinodo

Electrodo intermedio en un *«multiplicador de electrones»*.

Diodo

▶ *Diodo avalancha.*—Diodo de unión cuyas dos mitades han sido dopadas *n*, una mucho más fuertemente que la otra.
La corriente que se establece en el sentido $n^+ n$ crece bruscamente a consecuencia de la creación por avalanchas de nuevos portadores de carga. La característica comprende dos ramas. El paso de la rama de débil corriente OA a la rama de corriente intensa BC es muy rápido (alrededor de 10^{-9} s).
Los diodos de avalancha se usan para realizar conmutaciones rápidas en las calculadoras electrónicas.

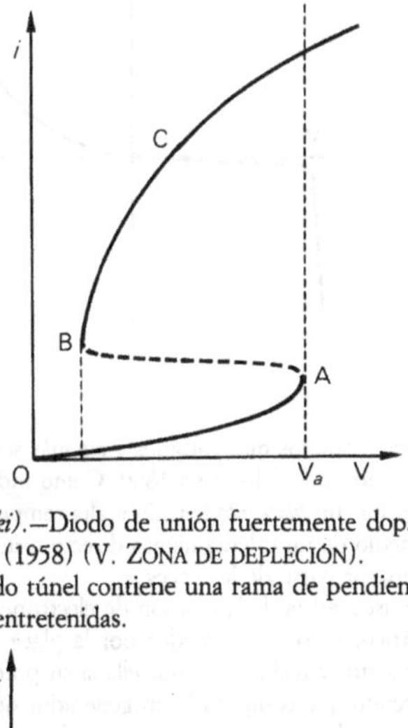

▶ *Diodo túnel (o diodo Esaki).*—Diodo de unión fuertemente dopado, cuyas propiedades fueron descubiertas por Esaki (1958) (V. ZONA DE DEPLECIÓN).
La característica de un diodo túnel contiene una rama de pendiente negativa, muy útil para la realización de oscilaciones entretenidas.

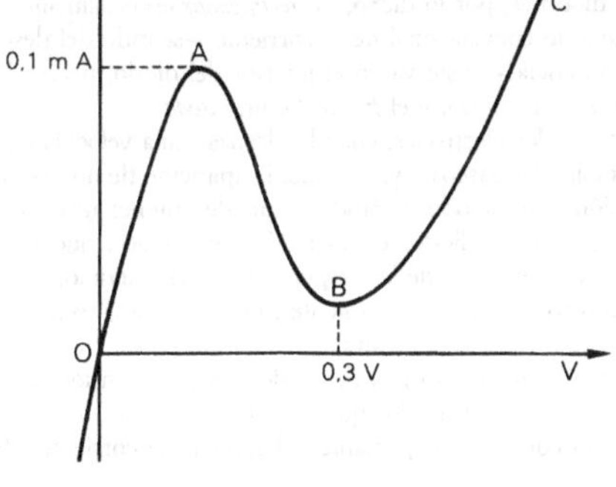

▶ *Diodo Zener.*—Diodo de unión con fuerte concentración de elementos dopantes. Presenta la propiedad de dar bruscamente una corriente importante cada vez que la tensión aplicada en sentido inverso alcanza un cierto valor V_Z. Se atribuye esta corriente a la producción brusca de numerosos pares de portadores de carga libres suplementarios por causa de los choques de electrones de conducción, suficientemente acelerados, con electrones de la banda de valencia. La *tensión de Zener* V_Z depende del diodo y va desde algunos voltios a varios centenares de voltios. Se utiliza como tensión de referencia con el mismo carácter que la tensión de un elemento Weston o, en montajes apropiados, para asegurar la protección de los circuitos electrónicos contra la sobretensión.

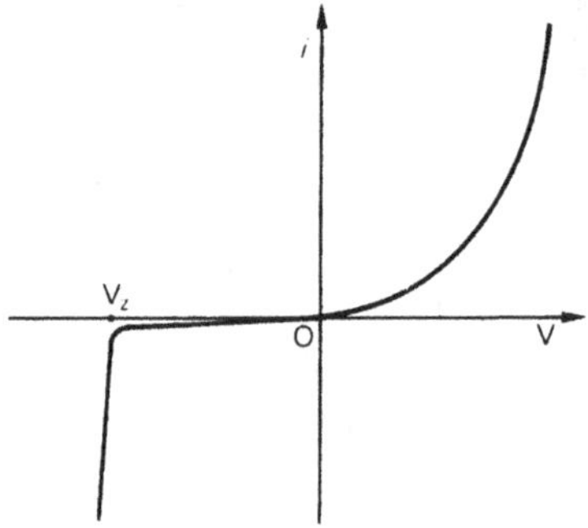

Diodos

▶ *Diodos de gas o de vacío.*—Son los más antiguos y los más sencillos entre los *tubos electrónicos*. El primer diodo fue realizado por Edison en 1860. Como indica su nombre, un diodo contiene solamente dos electrodos: un *filamento* llevado a alta temperatura (entre 800 y 3.000 °C, según los modelos) por medio de un calentamiento directo o indirecto, y una *placa* metálica, rodeando al filamento la mayor parte de las veces.

Su funcionamiento es consecuencia de la emisión de electrones por parte del filamento a causa de un efecto termoeléctrico. Éstos son atraídos por la placa si ésta es llevada a un potencial más alto que el del filamento, y rechazados por ella si su potencial es inferior. Cuando se coloca un diodo en un circuito que comprende un generador de corriente alterna, la circulación de los electrones en el seno del circuito y, por tanto, el paso de corriente, sólo es posible en un sentido. Un diodo es, por lo dicho, un *rectificador* esencialmente.

Si elegimos el sentido convencional de la corriente —sentido del desplazamiento de las cargas *positivas,* reales o ficticias—, éste va en el interior del diodo, necesariamente, de la placa al filamento. La *placa* es un *ánodo,* y el *filamento,* un *cátodo.*

En los diodos de gas los electrones, cuando alcanzan una velocidad suficiente, provocan la ionización de las moléculas gaseosas y, con ello, la aparición de nuevos portadores de carga. Para una misma tensión entre ánodo y cátodo se puede obtener una intensidad varios centenares de veces mayor que en los diodos de vacío. La intensidad *i* que atraviesa un diodo depende de la tensión placa-filamento y de la temperatura de este último. El gráfico que da esta variación, y que se construye experimentalmente punto a punto, recibe el nombre de *característica* del diodo (V. EFECTO TERMOELÉCTRICO).

Hay en el comercio numerosos tipos de diodo, cuyas dimensiones, formas y materiales constituyentes se adaptan a los usos a los que son destinados: rectificación de corrientes industriales que transportan corrientes importantes, detección de corrientes de alta frecuencia y débil potencia media... Hoy, sin embargo, los diodos precedentes han sido sustituidos por *diodos semiconductores,* que no exigen corriente de calentamiento y cuyas dimensiones son más reducidas.

▶ *Diodos semiconductores.*—Su funcionamiento se basa en la *disimetría* de las propiedades eléctricas de los contactos entre dos semiconductores (diodos de unión) o entre un metal y un semiconductor (diodos de puntas, principalmente).

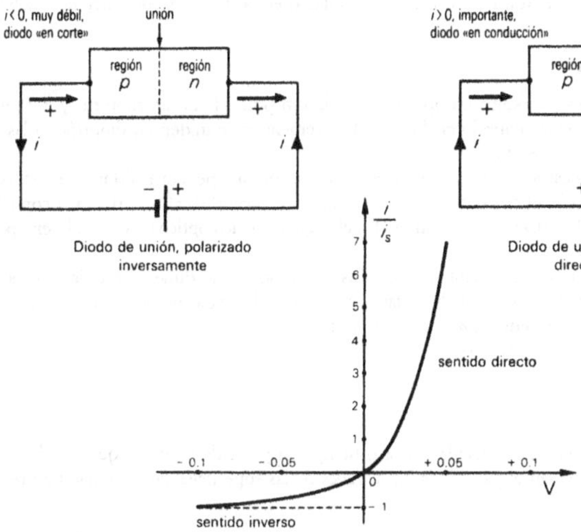

Un *diodo de unión* es un cristal semiconductor, una de cuyas mitades ha sido dopada por un elemento aceptor y transformada en semiconductor de tipo *p*, y la otra, dopada por un elemento donador, se ha convertido en un semiconductor *n*; un cristal de germanio, por ejemplo, impurificado con galio en una de sus mitades y con arsénico en la otra.

En un *diodo de punta* un hilo metálico, de tungsteno por ejemplo, se apoya por un extremo muy fino en una pastilla semiconductora.

Como muestran las características *i*/V, la corriente atraviesa un diodo mucho más fácilmente (1.000 veces más, por ejemplo) cuando está polarizado por una tensión eléctrica exterior en «sentido directo» —sentido *p-n* en un diodo de unión, sentido metal-semiconductor en un diodo de punta— que cuando está polarizado en sentido opuesto, llamado «inverso». Es la causa de su función rectificadora sobre las tensiones alternas.

La física estadística explica estas circunstancias. En un diodo de unión, no polarizado, los portadores mayoritarios que se difunden a través de la unión hacen aparecer, en la región *n*, un exceso de iones positivos fijos, y en la región *p* un exceso de iones negativos fijos. Un campo eléctrico aparece por ello en el espesor de la unión, que se opone fuertemente a esta doble migración, pero no a la doble migración concomitante de los portadores minoritarios. Las dos corrientes eléctricas, mayoritaria y minoritaria, se compensan (V. ZONA DE DEPLECIÓN).

Cuando el diodo está polarizado, en un sentido u otro, por una tensión exterior V (valor absoluto), se rompe el estado estacionario precedente. Puede calcularse entonces la intensidad de la corriente *i* resultante, obteniéndose así la ecuación de las características experimentales: $i = i_s[\exp(eV/kT) - 1]$. *e* es la carga elemental, *k* la constante de Boltzmann, T la temperatura

absoluta del diodo (a temperatura ambiente, t = 20 °C, $e/kT \approx 40$ volt^{-1}). i_s es una intensidad llamada «de saturación inversa» ($i = -i_s$ si V = $-\infty$). Los diodos de unión sirven corrientemente como rectificadores de corrientes eléctricas industriales de gran intensidad. Actuando sobre las tasas de impurificación se pueden modificar sus características, haciéndolas aptas para determinados usos particulares (V. DIODO AVALANCHA, DIODO ESAKI, DIODO ZENER).
Los diodos de punta, cuya teoría es menos avanzada, entraban ya en la constitución de los viejos aparatos *de galena*. Se utilizan de nuevo en ciertos aparatos de radar por su ausencia casi total de ruido de fondo, y con más generalidad en la detección de corrientes débiles.

Dioptría (símbolo δ)

Unidad con la que se evalúa en óptica la *vergencia* o potencia de un dioptrio y, más generalmente, de un sistema centrado cualquiera. Las vergencias se miden en dioptrías si las distancias focales se miden en metros.
Ejemplo: Se demuestra que el cristal corrector de un ojo miope, cuya distancia máxima de visión nítida vale D = 50 cm, debe tener como distancia focal $f' = -D = -0{,}5$ m y, con ello, una potencia de $v = 1/(-0{,}5) = -2$ dioptrías. En el lenguaje de los ópticos ese cristal tiene por «número» −2.
Conviene tener presente, sin embargo, que las magnitudes cuya dimensión es la inversa de una longitud no se miden todas en dioptrías. Un número de onda, por ejemplo, inverso de una longitud de onda, se mide en m^{-1} y no en dioptrías.
V. AMPLITUD DE VISIÓN NÍTIDA.

Dióptrica

Nombre bajo el que era conocida, en otro tiempo, la parte de la óptica que estudia los fenómenos que acompañan el paso de la luz a través de las superficies de separación entre medios transparentes.
V. CATÓPTRICA.

▶ *Sistema dióptrico.*—Instrumento formado por una sucesión de *dióptricos* y que, por tanto, un rayo luminoso puede atravesar de parte a parte. Un objetivo fotográfico es, por ejemplo, un sistema dióptrico.
V. SISTEMA CATADIÓPTRICO, SISTEMA CATÓPTRICO.

Dioptrio

Superficie de separación de dos medios transparentes.
La superficie libre de una capa de agua es un dioptrio. Un prisma es una sucesión de dos dioptrios *planos* no paralelos. Una lente es una sucesión de dos dioptrios, en general planos o *esféricos* —los más sencillos de realizar—, aunque a veces sean *cilíndricos* o *tóricos* (caso de los cristales correctores del astigmatismo). De modo general todo instrumento óptico, por complejo que sea, es una combinación de dioptrios, raramente de espejos. Se comprende así la importancia del estudio de las propiedades ópticas de los dioptrios.
Se demuestra en particular que, salvo algunos casos excepcionales, un dioptrio plano o esférico no es nunca rigurosamente estigmático (V. PUNTOS ESTIGMÁTICOS DEL DIOPTRIO ESFÉRICO). Es, sin embargo, aproximadamente estigmático para todo punto del espacio si los rayos luminosos inciden casi normalmente al dioptrio (aproximación de Gauss). En ese caso el dioptrio hace corresponder a un pequeño objeto una imagen parecida, cuya posición y cuyo tamaño son calculables.
Fuera de la aproximación de Gauss las imágenes comportan defectos, llamados *aberraciones*.

Los constructores de instrumentos ópticos se esfuerzan precisamente en concebir y realizar instrumentos que den imágenes satisfactorias, teniendo en cuenta las imperfecciones de las imágenes sucesivas dadas por los dioptrios que componen el instrumento.

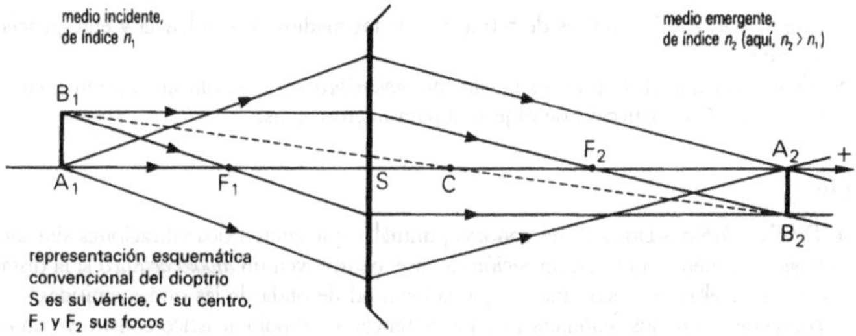

Dioptrio esférico en la aproximación de Gauss, o de los «rayos paraxiales». (La figura se supone considerablemente dilatada en el sentido transversal.) Construcción de la imagen A_2 B_2 de un objeto A_1 B_1. Marcha del haz salido de A_1.

Sus distancias (o longitudes) focales son:

$$f_1 = \overline{SF_1} = \overline{SC}\frac{n_1}{n_1 - n_2} \quad \text{y} \quad f_2 = \overline{SF_2} = \overline{SC}\frac{n_2}{n_2 - n_1}$$

Su vergencia vale:

$$v = \frac{n_2}{f_2} = \frac{n_2 - n_1}{\overline{SC}}$$

Aquí v es positiva (el centro se encuentra en el medio más refringente), el dioptrio es «convergente».
La posición y el tamaño de la imagen pueden igualmente ser obtenidos por el cálculo, utilizando diversas «fórmulas del dioptrio», como por ejemplo:

$$\frac{n_2}{\overline{SA_2}} = \frac{n_1}{\overline{SA_1}} + v \quad \text{y} \quad \frac{\overline{A_2B_2}}{\overline{A_1B_1}} = \frac{n_1}{n_2}\frac{\overline{SA_2}}{\overline{SA_1}}$$

V. FÓRMULAS DE LOS SISTEMAS CENTRADOS

▶ *Puntos estigmáticos del dioptrio esférico.*—Un dioptrio esférico, utilizado con un haz ancho, es estigmático para su centro C (objeto e imagen se confunden entonces) y para un par de pun-

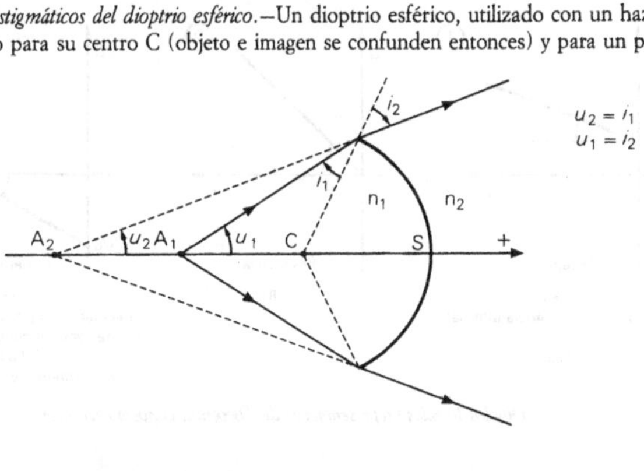

tos (A_1 objeto, A_2 imagen) denominados *puntos de Young* o *puntos de Weierstrass*, que tienen por abscisa –sobre el eje orientado CS (S es el vértice del dioptrio)–:

$$CA_1 = -CS \cdot n_2/n_1 \qquad CA_2 = -CS \cdot n_1/n_2$$

donde n_1 y n_2 son los índices de refracción de los medios de incidencia y emergencia, respectivamente.
Se demuestra que el dioptrio es igualmente *aplanático* para esos mismos puntos, circunstancia utilizada en la construcción de objetivos para microscopios.

Dipolo

▶ *Dipolo acústico.*–Dos fuentes sonoras puntuales que emiten dos vibraciones sinusoidales, de la misma frecuencia pero en oposición de fase, constituyen un *dipolo acústico* si la distancia que media entre ellas es mucho menor que la longitud de onda de las ondas emitidas.
A consecuencia de los fenómenos de interferencia, un dipolo acústico constituye un *emisor* sonoro *direccional*.

▶ *Dipolo eléctrico*
1. En electrocinética.–Conjunto de componentes colocado en un circuito entre dos puntos, bornes o polos. Este conjunto puede contener generadores o receptores eléctricos. Se dice entonces que se trata de un dipolo *activo*. En el caso contrario se trata de un dipolo *pasivo*.
Desde el punto de vista eléctrico el funcionamiento global de un dipolo caracterizado por la relación creada entre la intensidad i de la corriente total que le atraviesa y la tensión eléctrica $u = V_A - V_B$ entre sus polos A y B, relación que se determina frecuentemente punto a punto, por medidas directas, y que se representa por una curva $u(i)$ (representación llamada de *Thévenin*) o por una curva $i(u)$ (representación llamada de Norton). Cuando esas curvas son rectas hablamos de dipolo *lineal*.

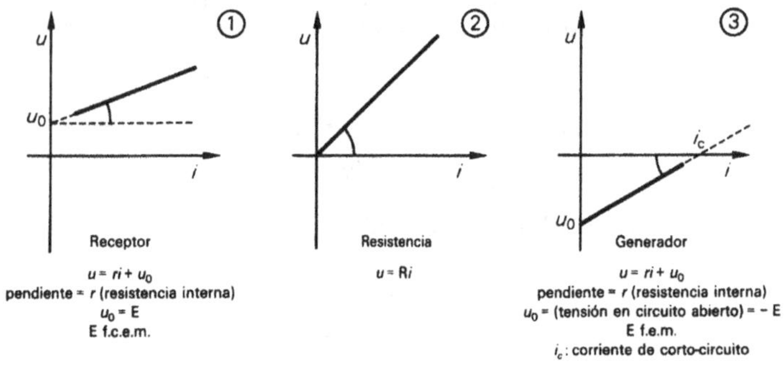

Dipolos lineales (representación de Thévenin, convenio receptor)

Para mayor generalidad se conviene que los valores de i y de u pueden ser positivos o negativos. Dos convenciones son entonces posibles (V. figura). A título de ejemplo damos aquí las (curvas) características en algunos casos sencillos. Se encontrarán otros ejemplos en el estudio de los diodos.

2. En electrostática.—Un dipolo, o doblete, eléctrico es un conjunto de dos cargas eléctricas puntuales, iguales y de signo opuesto, muy próximas una a otra. Si la carga $-q$ está en el punto A y la carga $+q$ en el punto B, la recta orientada AB es el eje del dipolo y AB = d su longitud. La magnitud vectorial $\mathbf{p} = q\mathbf{AB} = q\mathbf{d}$ es su *momento (dipolar)*. p se mide en culombio · metro (C · m) o en debye (D). 1 C · m = $3 \cdot 10^{29}$ D.

En un punto P (r, θ), muy lejano $(r \gg d)$, el dipolo crea un potencial y un campo electrostático (V, **E**) (V. figura).

Colocado en un campo eléctrico exterior uniforme $\mathbf{E}_{ex}$, el dipolo se halla sometido a un par, de momento $\mathbf{M} = \mathbf{p} \wedge \mathbf{E}_{ex}$. Se ve que en estas dos circunstancias, al menos, un dipolo queda caracterizado cuantitativamente por su momento $\mathbf{p}$.

El interés de la noción de dipolo radica en los dos hechos siguientes:

Algunas moléculas eléctricamente neutras, pero en las cuales el centro de las cargas positivas no coincide con el de las cargas negativas, son asimilables a dipolos; son las moléculas *polares* (V. MULTIPOLOS ELÉCTRICOS).

Un cuerpo cuyo momento dipolar $\mathbf{p}$ varía en el curso del tiempo $(d\mathbf{p}/dt \neq 0)$ crea en torno suyo un campo eléctrico **E** y un campo magnético **B**, ambos variables. Este *dipolo eléctrico* se convierte entonces en fuente de radiación electromagnética. Es el caso del *dipolo de Hertz.*

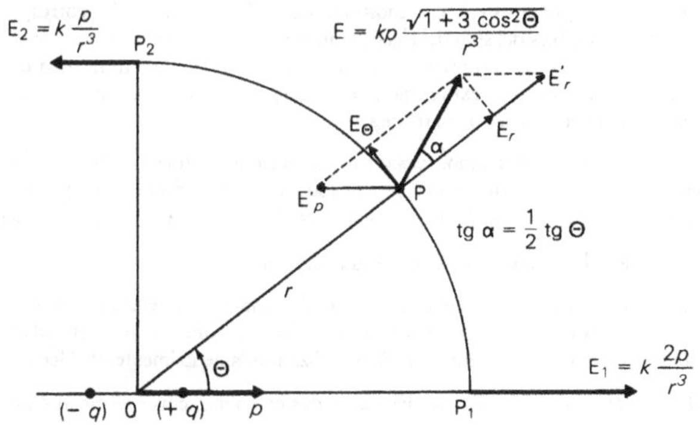

En el punto $\mathbf{P}(r, \theta)$ el dipolo de momento $\mathbf{p}$, colocado en O, crea un potencial: $V = kp \cos\theta / r^2$ y, por tanto, un campo $\mathbf{E} = -\,\text{grad}\, V$, de componentes:

$$\begin{cases} E_r = E\cos\alpha \\ E_\theta = E\,\text{sen}\,\alpha \end{cases} \quad \text{o} \quad \begin{cases} E'_r = E\,\text{sen}\,(\theta + \alpha)/\text{sen}\,\theta \\ E'_p = E\,\text{sen}\,\alpha/\text{sen}\,\theta \end{cases} \quad \text{o} \quad \begin{cases} E''_x = E\cos(\theta + \alpha) \\ E''_y = E\,\text{sen}\,(\theta + \alpha) \end{cases}$$

▶ *Dipolo magnético.*—En la concepción culombiana del magnetismo, hoy abandonada, la definición de *dipolo magnético* estaba calcada de la de *dipolo eléctrico,* siendo reemplazadas las cargas eléctricas $-q$ y $+q$ por las masas magnéticas $-m$ y $+m$, y el vector momento dipolar eléctrico $\mathbf{p} = q\mathbf{d}$ por el vector *momento magnético* $\mathbf{M} = m\mathbf{d}$. En el concepto amperiano actual un dipolo magnético está representado por un *bucle de corriente* (eléctrica). Su momento magnético es el vector $\mathbf{M} = i\mathbf{S}$, siendo i la intensidad de corriente y **S** el vector superficie del bucle. Se mide en $A \cdot m^2$.

Dirac Paul Adrien Maurice (1902-1984)

Premio Nobel 1933 (con Schrödinger)

▶ *Ecuación de Dirac.*—La ecuación de onda de Schrödinger, establecida por éste en 1926, no era relativista (no permanece invariante por una transformación de Lorentz). Dos años más tarde, Dirac pudo encontrar la ecuación de onda relativista para los electrones y, de modo general, para cualquier fermión. Damos aquí una de las expresiones posibles, relativa al caso simple de un electrón desplazándose en una región desprovista de campo magnético:

$$\left[i\hbar\frac{\partial}{\partial t}+i\hbar\left(\alpha_x\frac{\partial}{\partial x}+\alpha_y\frac{\partial}{\partial y}+\alpha_z\frac{\partial}{\partial z}\right)+\beta cm\right]\psi(x, y, z, t)=0$$

donde $i^2 = -1$, $\hbar$ es la constante reducida de Planck, c la constante relativista, m la masa del electrón, α_x, α_y, α_z, β las *matrices de Dirac* y $\psi(x, y, z, t)$ la función de onda desconocida. Términos suplementarios tienen en cuenta la eventual existencia de un campo electromagnético (V. HAMILTONIANO, OPERADOR HAMILTONIANO).

Se notará que esta ecuación tiene la forma general de la ecuación de Schrödinger: $i\hbar\frac{\partial\psi}{\partial t}=\hat{H}\psi$.

Para establecerla, Dirac dio aquí para el operador hamiltoniano una forma lineal: $\hat{H} = \alpha\hat{p} + \beta\hat{m}$. Utilizada para el estudio del electrón en el átomo de hidrógeno, permitió reencontrar de un modo lógico la existencia de su spin, con una expresión correcta de su relación giromagnética. La presencia de las matrices α y β implica que la función de onda posee cuatro componentes. Dirac supo interpretar este hecho mostrando que dos de entre ellas corresponden a las dos orientaciones posibles del spin del electrón, mientras que las otras dos corresponden a las orientaciones del spin de un corpúsculo con la misma masa que el electrón, pero de carga opuesta. Esta hipótesis acerca de la existencia de un «antielectrón» fue confirmada experimentalmente, y luego extendida a todas las partículas.

▶ *Función de Dirac.*—Sinónimo. *Función* δ.—«Función» de una variable x definida por las dos propiedades siguientes: $\delta(x - a) = 0$ para todo valor de x distinto de a; $\delta(x - a)$ se hace infinita cuando x tiende a a. Se puede demostrar, tomando algunas precauciones matemáticas, que la integral $\int_{-\infty}^{+\infty}\delta(x - a)\cdot dx$ posee un valor finito.

Ejemplo: La curva que representa, en función del tiempo, la intensidad i de una corriente eléctrica, nula antes del instante $t = 0$ y constante después admite como derivada la función $\delta(t)$. Aquí, $a = 0$. De hecho, la «función» δ se utiliza fundamentalmente en Mecánica cuántica.

▶ *Matrices de Dirac.*—Matrices de dos filas y dos columnas, cuyos elementos son las *matrices de Pauli*, σ_i. Se escriben: $\alpha_i = \begin{pmatrix}\sigma_i & 0\\ 0 & -\sigma_i\end{pmatrix}$, $(i = 1, 2, 3)$, $\alpha_4 = \beta = \begin{pmatrix}0 & 1\\ 1 & 0\end{pmatrix}$.

Se demuestra, por ejemplo, que son hermíticas, unitarias ($\alpha_i^2 = 1$) y que anticonmutan dos a dos: ($\alpha_i\,\alpha_j + \alpha_j\,\alpha_i = 0$, si $i = j$).
Estas matrices se utilizan en la *ecuación de Dirac* y en el estudio de sus propiedades.

▶ *Notación de Dirac.*—El producto escalar de dos vectores **X** e **Y** se representa a menudo $\langle \mathbf{X} \mid \mathbf{Y} \rangle$ (el corchete $\langle\ \rangle$ se llama *braket* en inglés). Esto llevó a Dirac a proponer la representación simbólica de todo *vector de estado* de un corpúsculo en movimiento por una letra o un signo cualquiera (+ o −, por ejemplo), colocado en el interior de un «ket» $\mid\ \rangle$. El vector de estado de un corpúsculo de spin 0, sometido a la ecuación de Schrödinger, tiene, por ejemplo, la notación $\psi\rangle$.
El vector adjunto de este vector de estado se representa por una letra o signo adecuado colo-

cada en el interior de un «bra» < I. El producto escalar de dos vectores se designa entonces como < φ I ψ >. La notación < X I A I Y >, utilizada hoy frecuentemente en Mecánica cuántica, designa simbólicamente el producto escalar de un vector < **X** I por el vector A I Y >, transformado del vector I Y > por el *operador* A.

Disco

▶ *Disco ocular.*—V. CÍRCULO OCULAR.

Discromatopsia

De tres raíces griegas que significan mala visión de los colores.

Nombre culto dado a las anomalías de la visión conocidas comúnmente como *daltonismo* (fue Dalton el primero que las estudió, y él mismo estaba afectado de esta anomalía).
Desde el punto de vista científico, se traducen por curvas de *eficacia luminosa relativa* más o menos distintas de las curvas de un observatorio ideal. Concretamente, un observador afectado de daltonismo está imposibilitado para distinguir algunos colores de otros.
Más raramente, la sensación misma de color está ausente totalmente. Para tal observador, afectado de acromatopsia, el universo tiene la misma apariencia que sobre la pantalla de un televisor en blanco y negro.
Se han diseñado varios test para descubrir estas anomalías, que parecen hereditarias. No se sabe a ciencia cierta a qué son debidas. ¿Carencias en la composición química retiniana? ¿Funcionamiento defectuoso en la unión cerebro-retina?...

Disipativo

▶ *Medio disipativo.*—Cuando se produce, o se propaga, una perturbación en un medio material, sucede en general que una parte al menos de la energía asociada al fenómeno se «disipa», es decir, se transforma en energía de agitación térmica (el medio se calienta). Se dice que ese medio es disipativo.
El fenómeno se atribuye, según los casos, al rozamiento, a la viscosidad, a choques inelásticos de corpúsculos, etc.
V. EFECTO JOULE, ESTRUCTURA DISIPATIVA, OSCILACIONES AMORTIGUADAS.

Disolución

Mezcla homogénea, líquida o sólida, entre un cuerpo presente en abundancia, el *disolvente,* y uno o varios cuerpos relativamente menos abundantes, los cuerpos disueltos o *solutos.* Una disolución líquida puede resultar de una simple dispersión de moléculas del soluto entre las del disolvente, dispersión facilitada a menudo por la estructura electrónica de ambas especies de moléculas; puede resultar también de una verdadera reacción química. *Ejemplo:* pertenecen al primer grupo las disoluciones en el agua del oxígeno gaseoso, del alcohol, del azúcar o del cloruro de sodio (V. ELECTRÓLISIS), y al segundo tipo, la disolución en agua del cloruro de hidrógeno (HCl) (V. DISOLUCIÓN NORMAL).
La riqueza de una disolución en soluto viene limitada por el fenómeno de *saturación.* Las disoluciones diluidas presentan propiedades precisadas por las *leyes de Raoult.*
V. CONCENTRACIÓN, DISOLUCIÓN COLOIDAL, DISOLUCIÓN IDEAL, DISOLUCIÓN SÓLIDA, TANTO POR UNO EN PESO.

▶ *Disolución coloidal. Sinónimo:* Sol.—Hace una cincuentena de años se admitía la existencia de dos especies de cuerpos «solubles» en agua: aquellos que pueden atravesar una membrana *se-*

mipermeable (en el curso de una diálisis), y los que son detenidos por una membrana de esas características. Los primeros, entre los cuales se encuentran cuerpos cristalizables (sales minerales, azúcar), fueron llamados *cristaloides*. Los segundos, entre los que se encuentra la cola, fueron llamados *coloides*, y sus *disoluciones* fueron llamadas *coloidales*, o *soles*.
Hoy se sabe que existen dos clases distintas de «disoluciones» coloidales. Algunas son, efectivamente, verdaderas disoluciones de cuerpos cuyas moléculas son todas iguales, aunque de tamaño importante. *Ejemplo:* la ovoalbúmina, que se encuentra en la clara del huevo, es cristalizable y soluble en agua. Se encuentra que la menor dimensión de su molécula (alrededor de 35 Å) le impide atravesar los poros de las membranas semipermeables (cuyo diámetro se encuentra próximo a los 20 Å). Cuerpos tales son los *coloides moleculares*.
Otras disoluciones coloidales son, de hecho, *suspensiones*, mezclas heterogéneas de diversos aglomerados dispersos en una fase líquida. Esos aglomerados (o *micelas*), cuyos tamaños, desiguales, son demasiado grandes para dializar, pero demasiado pequeños a nuestra escala (una fracción de micra), poseen una velocidad limitada de caída, tan débil que la agitación térmica se basta para retrasar indefinidamente su sedimentación. Esas suspensiones, de *«coloides micelares»*, adquieren así el aspecto de disoluciones.

▶ *Disolución ideal.*—V. MEZCLA IDEAL.

▶ *Disolución normal.*—Expresión utilizada principalmente en química. Disolución que hace intervenir, por litro de disolución, un mol de iones hidrógeno para las disoluciones ácido-base, o un mol de electrones para las disoluciones óxido-reductoras. *Ejemplos:* Una disolución normal de ácido clorhídrico se consigue disolviendo un mol de cloruro de hidrógeno por litro. Contiene, en consecuencia, un mol de iones hidrógeno dispersos en el agua (solvatados):

$$HCl + H_2O \rightarrow Cl^- + (H, H_2O)^+$$

Una disolución oxidante de permanganato potásico es normal si contiene 1/5 de mol por litro, como expresa la semirreacción siguiente:

$$(MnO_4)^- + 8H^+ \rightarrow Mn^{++} + 4H_2O + 5e^-$$

▶ *Disolución sólida.*—Dos sólidos dan generalmente una mezcla heterogénea, por yuxtaposición de sus cristales: a escala macroscópica (como el granito) o a escala microscópica (como las mezclas eutécticas). Excepcionalmente forman una mezcla *homogénea*, que contenga cristales mixtos. Se dice entonces que sincristalizan (los alumbres de aluminio y hierro, por ejemplo).
Las aleaciones metálicas pueden pertenecer a uno u otro de ambos tipos de mezclas. Los aceros son mezclas complejas que contienen cristales mixtos de hierro y de carbono, yuxtapuestos a cristales diferentes, cristales de cementita, por ejemplo (compuesto definido por la fórmula F_3C)...
En un cristal mixto, los centros cristalinos (átomos, iones o moléculas) de uno de los cuerpos pueden reemplazar a los centros cristalinos del otro cuerpo (se dice que ambos están colocados en sustitución) o insertarse en ciertos lugares favorables entre los centros cristalinos del otro cuerpo (mezcla por inserción).

Disolvente

V. LEYES DE RAOULT, DISOLUCIÓN.

Dispersión

Un haz de luz solar que llega a un prisma de cristal da a su salida haces de luz coloreados (experiencia de Newton). La luz solar ha sufrido un fenómeno de *dispersión por refracción*. Se dice que el cristal es un medio dispersivo.

Este fenómeno se atribuye al hecho de que las diferentes luces monocromáticas se propagan en el cristal con velocidades v que dependen de sus frecuencias. El índice de refracción del cristal $n = c/v$ (c = velocidad de la luz en el vacío, independiente de la frecuencia) no es el mismo para todos los colores (se dice que hay *dispersión de índices*). A un mismo ángulo de incidencia sobre el prisma corresponden ángulos de desviación, de refracción, diferentes. Todos los medios materiales son más o menos dispersivos (V. FÓRMULA DE SELLMEIER, PODER DISPERSIVO). El funcionamiento del *espectrógrafo de prismas* se basa en la dispersión por refracción. Los fenómenos de difracción pueden provocar igualmente la separación de ondas monocromáticas de un mismo haz incidente. Los *espectrógrafos de retículo*, por ejemplo, se fundan en el fenómeno de *dispersión por difracción*.
Al igual que las ondas luminosas, y de un modo más general las ondas electromagnéticas, las ondas elásticas pueden igualmente dar lugar a un fenómeno de dispersión (V. VARILLAS VIBRANTES).

▶ *Dispersión rotatoria.*—Un estrecho haz de luz blanca, polarizada rectilíneamente, al llegar sobre una sustancia ópticamente activa, puede originar a su salida haces luminosos monocromáticos, todos ellos polarizados rectilíneamente, pero cuyos planos de vibración han girado de modo diferente con respecto al plano de vibración del haz incidente. Por analogía con el fenómeno de *dispersión por refracción*, decimos que se trata de una dispersión rotatoria. Este fenómeno es consecuencia de la variación del poder rotatorio a_0 de la sustancia con la longitud de onda λ de cada una de las radiaciones monocromáticas que componen la luz blanca. Una ley experimental aproximada, establecida por Biot, muestra que se trata de una variación importante: $a_0 = A/\lambda^2$. La rotación se multiplica por cuatro al pasar del extremo rojo al violeta del espectro visible.
V. POLARIZACIÓN ROTATORIA.

Distorsión

1 / *Informática:* Deformación de una señal debida a modificaciones, ligeramente diferentes, de sus parámetros, provocadas por el dispositivo transmisor (debilitamiento, por ejemplo, desigual de sus diferentes componentes sinusoidales). La distorsión de las señales acústicas puede hacer ininteligibles las palabras.
2 / *Óptica:* Aberración de las imágenes en ciertos instrumentos ópticos. Hace corresponder a líneas rectas, situadas en un plano perpendicular al eje del instrumento, líneas curvas (V. figura). Este defecto se debe a ligeras variaciones del aumento transversal relativo a distintos puntos de un mismo plano objeto, desigualmente alejados del eje. Un instrumento corregido de este defecto recibe el nombre de *ortoscópico*, o *rectilíneo*.

(la línea de puntos es la imagen ideal sin distorsión)

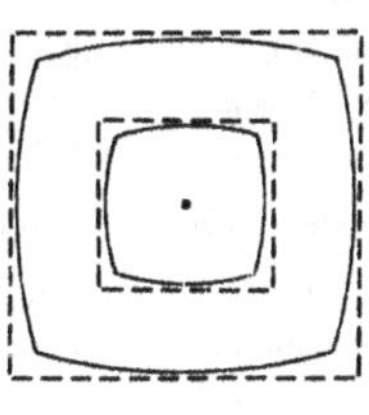

Distorsión en «barrilete»

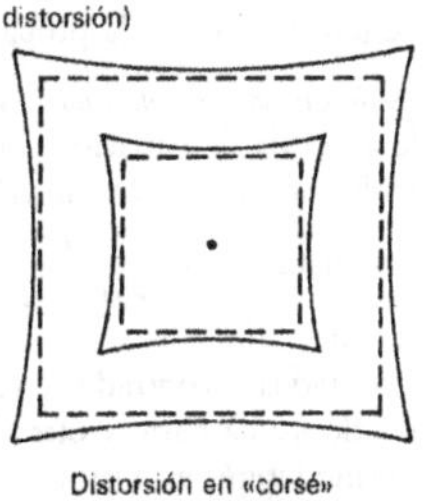

Distorsión en «corsé»

Distribución

▶ *Ley de distribución binomial.*—Ley de distribución de una variable aleatoria Y, suma de una gran cantidad n de *variables de Bernouilli*, con la misma ley de probabilidad y mutuamente independiente. Y puede, por tanto, tomar de manera aleatoria uno de los $(n + 1)$ valores v $(v = 0, 1, 2, n)$. Si llamamos p a la probabilidad común a cada una de las variables X de alcanzar el valor 1, y $q = (1 - p)$ a la probabilidad de alcanzar el valor 0, se demuestra que la probabilidad para Y de alcanzar uno de los valores v viene dada por la expresión $P_v = C_n^v p^v q^{n-v}$, donde $C_n^v = \frac{n!}{v!\,(n-v)!}$. Las diferentes expresiones de P_v son los términos sucesivos del desarrollo del «binomio de Newton» $(q + p)^n$, de ahí el nombre de la ley.
Esta ley aparece en física en el estudio de la desintegración de una sustancia radiactiva. La explicación de los resultados experimentales nos ha conducido, en efecto, a formular las siguientes hipótesis sobre las desintegraciones radiactivas, que justifican el uso de dicha ley:
1. La desintegración de cada núcleo durante un intervalo de tiempo dt es un fenómeno aleatorio, que puede asimilarse a una variable de Bernouilli con una probabilidad proporcional a dt: $p = dt/\tau$.
2. La magnitud τ, *vida media* del núcleo estudiado, es la misma siempre (hipótesis de no envejecimiento de los núcleos).
3. Los núcleos de una misma muestra existen en gran número n, tienen la misma vida media y sus desintegraciones son mutuamente independientes.
Notemos que si dt es muy pequeño frente a la vida media τ la ley de distribución binomial se convierte en la *ley de Poisson*.

▶ *Ley de distribución de Poisson.*—La probabilidad de cada uno de los posibles valores de una variable X viene dada por la relación:

$$\text{Prob}\ (X = x) = \frac{a^x}{x!} \exp(-a),$$

donde a, parámetro característico de la distribución, es igual simultáneamente al valor medio $\bar{x}$ y a la varianza de X, σ (desviación típica $\sigma = \sqrt{\bar{x}}$).
Ejemplo: Una muestra de sustancia radiactiva emite electrones. Éstos son recogidos en un detector apropiado, que cuenta el número de electrones n emitidos durante lapsos iguales sucesivos t (t es supuesto mucho menor que la vida media de cada núcleo del elemento estudiado). Se constata que el número n (siempre muy pequeño) varía de modo aleatorio alrededor de un valor medio $\bar{n}$ con una desviación típica igual a $\sqrt{\bar{n}}$.
Se trata de una distribución de Poisson.
Este tipo de problemas aparece en el estudio de las leyes de la radiactividad y en las medidas de radiación.

▶ *Ley de distribución* de una variable aleatoria X.—Ley que a cada uno de los valores x que puede tomar X asocia la probabilidad del «suceso» $X = x$.

▶ *Ley de distribución normal,* o ley de Laplace.—Es una de las leyes de distribución de una variable aleatoria de variación continua. Da los valores $f(x)$ de la *densidad de probabilidad*, para la variable X, de alcanzar un valor perteneciente a un estrecho intervalo $(x, x + dx)$. Se escribe de esta manera $f(x) = \frac{1}{\sigma\sqrt{2\pi}} \exp\left[-\frac{1}{2}\frac{(x-\bar{x})^2}{\sigma^2}\right]$, donde $\bar{x}$ es la *media* aritmética (o esperanza matemática) de X, y σ su *desviación típica* (V. MOMENTOS DE UNA VARIABLE ALEATORIA).
Los resultados encontrados en las medidas sucesivas de una misma magnitud se reparten muy a menudo a una parte y otra de su valor medio, según la ley de distribución normal: de ahí su enorme interés en Física.

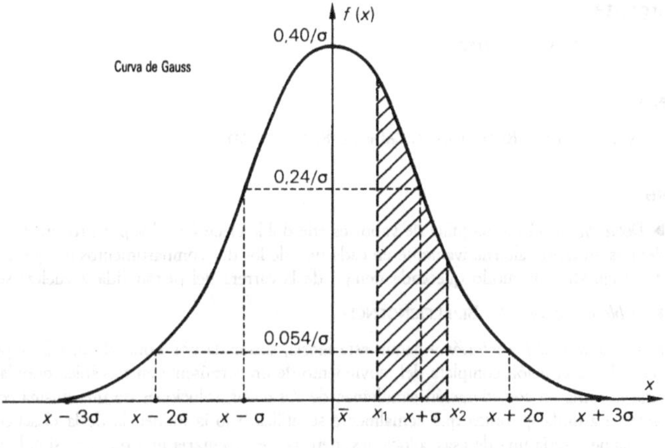

La curva que representa esta ley es llamada *curva* (o campana) *de Gauss* (V. figura). La probabilidad, para el valor x, de estar comprendido entre dos límites x_1 y x_2 vale:

$\mathrm{Prob}(x_1 \leqslant x \leqslant x_2) = \int_{x_1}^{x_2} f(x)\,dx$. Viene representada por el área de la superficie rayada.

V. INCERTIDUMBRE DE LAS MEDIDAS.

Disyuntor

V. CORTOCIRCUITO.

Ditermo o ditérmico

Un sistema material sufre una transformación ditérmica si, en el curso de dicha transformación, cambia calor con dos «fuentes», y sólo con dos fuentes.

Ejemplo: El ciclo de Carnot es un ciclo ditermo reversible.

V. CICLO TERMODINÁMICO, SEGUNDO PRINCIPIO DE LA TERMODINÁMICA.

Divergencia

La divergencia de un campo vectorial **X**(M) es una magnitud escalar, cuyo símbolo es div **X** (o $\nabla \cdot \mathbf{X}$, utilizando el operador nabla ∇), que vale por definición:

$$\mathrm{div}\,\mathbf{X} = \nabla \cdot \mathbf{X} = \frac{\partial X_1}{\partial x_1} + \frac{\partial X_2}{\partial x_2} + \frac{\partial X_3}{\partial x_3}$$

x_1, x_2, x_3 son las coordenadas del punto M en un referencial cartesiano $(0, x_1, x_2, x_3)$; X_1, X_2, X_3 son las componentes del vector **X** sobre los ejes de ese referencial, y las cantidades $\partial X_i/\partial x_i$ sus derivadas parciales. Se demuestra que la magnitud div **X** posee una significación intrínseca, independiente del referencial de definición.

V. ECUACIÓN DE CONTINUIDAD, FLUJO CONSERVATIVO, TEOREMA DE GAUSS, TEOREMA DE OSTROGRADSKI.

▶ *Teorema de la divergencia.–Sinónimo:* Teorema de Ostrogradski.

Divergente

V. VERGENCIA DE UN HAZ.

Diverger

V. MASA CRÍTICA, REACCIÓN EN CADENA, REACTIVIDAD.

Doble

▶ *Doble efecto.*—Una máquina de vapor es «de doble efecto» si el vapor proveniente de la caldera es admitido alternativamente en cada uno de los dos compartimentos en que está dividido el cilindro, de modo que cada tiempo de la carrera del pistón (ida y vuelta) sea motor.

▶ *Doble refracción.*—V. BIRREFRINGENCIA.

▶ *Teoría de la doble solución.*—Según esta teoría, sostenida por Louis de Broglie y por su Escuela, la descripción completa del movimiento de un corpúsculo en mecánica ondulatoria exigiría la toma en consideración simultánea de *dos ondas*, soluciones de una misma *ecuación de ondas*. La onda ψ, única que actualmente se utiliza bajo la influencia de la «Escuela de Copenhague», sería una de esas soluciones, pero no representaría más que una simple expresión matemática de probabilidades. La segunda, u, representaría por contra un campo físico objetivo de naturaleza aún desconocida, que se propagaría por ondas a la manera del campo electromagnético y que sería responsable de los fenómenos de interferencia y de difracción de los corpúsculos materiales.
En cuanto al corpúsculo, éste sería una *singularidad* local de la onda u. El corpúsculo sería arrastrado, guiado por la propagación de la onda, con una *velocidad de conducción* cuyas expresiones matemáticas son conocidas.
A este movimiento guiado del corpúsculo se superpondrían, según la teoría, los movimientos debidos a los choques incesantes entre el corpúsculo y un medio subyacente hipotético, el *«medio subcuántico»*. El movimiento global resultaría consecuencia de estos dos tipos de movimientos, el segundo de los cuales es aleatorio, y esto explicaría que no se pudiera finalmente obtener, sobre el estado del corpúsculo a cada instante, más que informaciones probabilísticas.
Se han hecho esfuerzos para establecer una formulación matemática completa y coherente, adaptada al conjunto de la teoría.

Doblete

▶ *Doblete eléctrico.*—*Sinónimo:* Dipolo electrostático.

▶ *Doblete magnético.*—*Sinónimo:* Dipolo magnético.

▶ *Doblete óptico.*— Conjunto de dos lentes del mismo eje de las que se ha calculado las características y la distancia mutua con el fin de hacer desaparecer —en la medida de lo posible— algunos defectos que presentan individualmente cada una de ellas (aberraciones cromáticas o geométricas...), o de mejorar otras cualidades como campo, claridad... Cada lente puede ser reemplazada por un grupo de lentes unidas. Los objetivos fotográficos, los oculares de microscopios y anteojos son a menudo dobletes ópticos.

▶ *Símbolo de un doblete óptico.*—Conjunto de tres cifras que expresan los valores relativos de tres parámetros importantes de un doblete, utilizado como ocular: distancia focal f_1 de la primera lente encontrada por la luz, distancia e entre ambas lentes —es el «espesor» del doblete— y distancia focal f_2 de la segunda lente. *Dos dobletes del mismo símbolo poseen las mismas cualidades. Ejemplo:* Algunos oculares, llamados «de Huygens», son dobletes de símbolo 3, 2, 1, lo

que significa que para todos esos oculares $f_1/3 = e/2 = f_2/1 = a$, siendo a una longitud que puede variar de un doblete a otro. Pero cualquiera que sea ese valor, todos esos oculares tienen propiedades comunes. Todos están dotados, por ejemplo, de un «acromatismo aparente», que es el caso de todos los dobletes que satisfacen la condición $f_1 + f_2 = 2e$.
V. OCULAR.

Donador

V. SEMICONDUCTORES.

Dopado

V. SEMICONDUCTORES.

Doppler Christian (1803-1853)

▶ *Efecto Doppler-Fizeau.*—Descubierto por Doppler (1842) en lo que concierne a las fuentes sonoras y extendido por Fizeau a las fuentes luminosas en 1848, el efecto Doppler-Fizeau consiste en una modificación aparente de la frecuencia, también por tanto de la longitud de onda, de una onda monocromática, cuando la fuente que la emite o el receptor que la recibe se encuentran en movimiento.
1 / En *acústica* es posible definir independientemente el movimiento de la fuente S y el del receptor R, en un referencial ligado al medio de propagación. Se demuestra, utilizando la transformación de Galileo, que la frecuencia de la onda en la recepción (N_R) y la frecuencia de la onda en la emisión (N_S) están relacionadas por la fórmula: $N_R/N_S = (c - v_R)/(c - v_S)$, donde v_R y v_S son las componentes de las velocidades respectivas de receptor y fuente en la dirección del segmento orientado SR (velocidades longitudinales) y c es la velocidad del sonido.

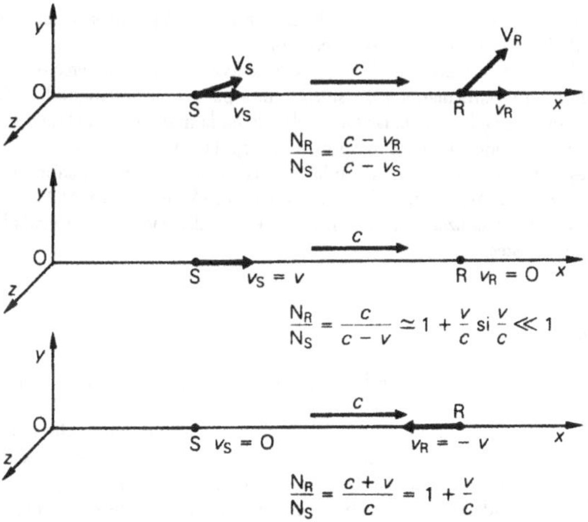

$$\frac{N_R}{N_S} = \frac{c - v_R}{c - v_S}$$

$$\frac{N_R}{N_S} = \frac{c}{c - v} \simeq 1 + \frac{v}{c} \text{ si } \frac{v}{c} \ll 1$$

$$\frac{N_R}{N_S} = \frac{c + v}{c} = 1 + \frac{v}{c}$$

Se notará que el movimiento de la fuente y el del receptor no producen cuantitativamente el mismo efecto, salvo si las velocidades v_R y v_S son muy pequeñas comparadas con c.
Ejemplo: Fuente y receptor se aproximan uno al otro. Si el foco es el único que se desplaza con una velocidad v: $N_R/N_S = c/(c - v)$. Si es el receptor el único en movimiento con velocidad v: $N_R/N_S = (c + v)/c$. Imaginando que ambos pudieran adquirir una velocidad $v = c/2$, en el primer caso el sonido debe subir una octava, mientras que en el segundo solamente una quinta.
2 / En *óptica*, en el actual cuadro de la relatividad restringida, las ondas electromagnéticas y, en particular, las ondas luminosas, se propagan en el vacío con una velocidad, independiente de cualquier sistema de referencia, c y no existe el referencial «absoluto».

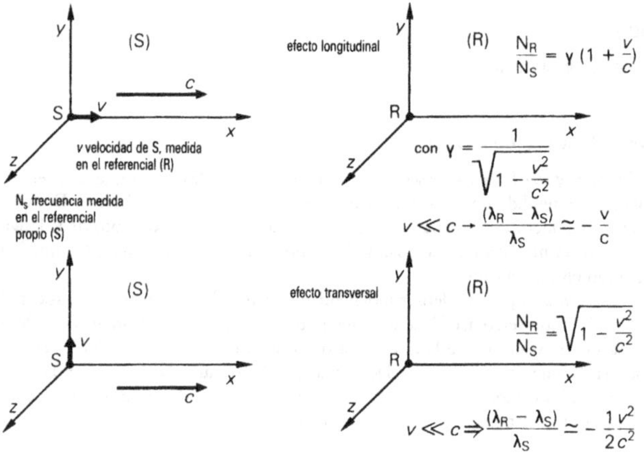

De ello resulta que el efecto Doppler-Fizeau en óptica depende solamente de la velocidad relativa v de la fuente con respecto al receptor.
Utilizando la transformación de Lorentz se establece que existe un efecto *longitudinal* y un efecto *transversal*. En particular, si $v \ll c$ se encuentra para el efecto longitudinal $(\lambda_R - \lambda_S)/\lambda_S \simeq v/c$. La radiación se desplaza hacia las longitudes de onda más cortas si el foco se aproxima ($v > 0$) y hacia las longitudes de onda mayores si se aleja ($v < 0$).
Todos estos resultados son hoy de aplicación corriente en la escala atómica (V. LONGITUD DE LAS RAYAS ESPECTRALES), en la escala macroscópica (V. RADAR-DOPPLER) y en la escala astronómica, donde se utilizan para determinar velocidades radiales y velocidades de rotación en los objetos celestes.

Dosimetría

Determinación experimental de las *magnitudes radiológicas* relativas a una radiación determinada.
Es posible determinar directamente el *equivalente de dosis* de una radiación utilizando uno de sus efectos biológicos, por ejemplo su tasa horaria de destrucción de leucocitos en una muestra de sangre. Pero lo más frecuente es hacer uso de un efecto físico o químico. *Ejemplo:* el *dosímetro de Fricke* mide las *dosis absorbidas* por la acción oxidante de las radiaciones estudiadas

sobre una solución de sulfato ferroso en agua. Para una misma radiación una dosis absorbida en medio acuoso difiere poco de la dosis aborbida por un tejido vivo; de ahí procede su interés. V. CÁMARA DE CHISPAS, CÁMARAS DE IONIZACIÓN, MICROCALORÍMETRO.

Dosis

Término genérico usado en *radiometría*.

▶ *Dosis absorbida (D).*–Magnitud medida por la relación D = E/*m*, donde *m* designa la masa de una muestra de sustancia atravesada por una *radiación ionizante*, y E la energía comunicada por la radiación a esa muestra.
Siendo medidas E en julios y *m* en kilogramos, la dosis absorbida D se evalúa en J/kg o *gray* (Gy). Aún se utiliza, sin embargo, una antigua unidad, el «rad» (1 rad = 0,01 Gy).
V. DOSIMETRÍA, EQUIVALENTE DE DOSIS, KERMA.

▶ *Dosis de exposición.*–V. EXPOSICIÓN.

▶ *Equivalente de dosis* (ED).–El efecto biológico de una radiación ionizante sobre un organismo vivo depende, para una misma dosis absorbida, de la naturaleza de la radiación. Por el contrario, el efecto es sensiblemente el mismo, cualquiera que sea la radiación, para el mismo valor de una nueva magnitud llamada *equivalente de dosis*.
Se obtiene el equivalente de dosis (ED) haciendo o hallando el producto de la dosis absorbida (D) por factores numéricos que dependen de la radiación absorbida. El más importante de estos factores es el *factor de calidad* f_Q: ED = D · f_Q (V. cuadro).
Los equivalentes de dosis se han medido en *rems* cuando las dosis absorbidas se medían en *rads*. Desde 1975 las dosis absorbidas se miden en *grays* (Gy) y los equivalentes de dosis en *sieverts* (Sv). 1 rad = 0,01 Gy; 1 rem = 0,01 Sv.

Órdenes de magnitud de la transferencia lineal de energía (TLE)
y del factor de calidad (f_Q) para algunas radiaciones tipo

	Rayos X y γ	*Neutrones lentos*	*Neutrones rápidos*	*Rayos ∝*
TLE (en keV/μm) (en medio acuoso)	5	15	40	100
f_Q	1	3	8	20

Drude Paul (1863-1906)

▶ *Teoría de Drude y Lorentz.*–Teoría según la cual las *conductividades*, eléctrica y térmica, de un metal se deberían a la presencia de electrones, que aseguran la cohesión entre los iones positivos que forman el esqueleto del metal, pero *deslocalizados* y, por tanto, libres para moverse. V. GAS ELECTRÓNICO.

Dualidad onda-corpúsculo

Un primer aspecto de esta dualidad se impuso, a comienzos de siglo, en el campo del electromagnetismo. Fue necesario admitir que el conjunto de fenómenos conocido no admitía explicación si ésta se buscaba exclusivamente en el dominio de la teoría ondulatoria (ideada por Huygens, Fresnel y luego completada por Maxwell) o en el dominio de la teoría corpuscular ideada por Newton otrora y reactualizada en la teoría del fotón de Planck y Einstein. Si la primera da cuenta de los fenómenos ligados a la propagación (interferencias, difracción...), se muestra impotente para los que están ligados a la interacción entre materia y radiación (emisión, efecto fotoeléctrico, efecto Compton...). Puede afirmarse exactamente lo contrario de la teoría corpuscular.

Se sabe hoy que esas circunstancias no son exclusivas de la óptica. Experiencias de interferencia y difracción llevadas a cabo con haces de corpúsculos materiales (electrones, protones...) muestran que la *dualidad fotón-onda electromagnética* entra en el marco más general de la *dualidad corpúsculo-onda asociada*. El *principio de complementariedad* de Bohr expresa la necesidad de tener en cuenta los dos aspectos, el ondulatorio y el corpuscular.

La dualidad onda-corpúsculo es la idea fundamental sobre la que se ha creado la *Mecánica ondulatoria*. Las previsiones que se pueden extraer sobre el movimiento de un corpúsculo se obtienen aquí de la propagación de su onda asociada.

Esta onda, ¿no es más que un intermediario matemático sin significación física intrínseca, o bien representa la propagación de una perturbación física, análoga a la que representa un campo gravitatorio o un campo eléctrico? El corpúsculo, ¿es un fragmento de materia, una concentración de energía independiente de la onda o tan sólo un punto singular de esa onda? ¿En qué consiste exactamente esa «asociación»? Todas esas cuestiones son por ahora objeto de controversia.

V. MECÁNICA CUÁNTICA, MECÁNICA ONDULATORIA, TEORÍA DE LA DOBLE SOLUCIÓN.

Ductilidad

Propiedad, que presentan un metal o una aleación, de dejarse estirar bajo la forma de hilos al pasar por una hilera. Un material es tanto más dúctil cuanto más fino es el diámetro de sus hilos. El plomo, fácil de deformar pero poco tenaz (débil resistencia a la ruptura), es el metal menos dúctil. El cobre, el hierro, el aluminio, los metales preciosos son, en ese orden, cada vez más dúctiles.

V. MALEABILIDAD, TENACIDAD.

Dulong Pierre Louis (1785-1838)

▶ *Ley de Dulong y Petit.*—«Los *calores atómicos* a presión constante, $A \cdot c_p$, de los cuerpos sólidos simples (simples desde el punto de vista químico), medidos a temperatura ambiente, tienen un valor común: 6,4 calorías por átomo gramo y por grado Celsius (cal/at. °C), o sea, alrededor de 26,8 $J \cdot mol^{-1} \cdot K^{-1}$.»

(El valor común aproximado de los calores atómicos a volumen constante se deduce de ahí: $A \cdot c_v \simeq 6$ cal/at °C $\simeq 25$ $J \cdot mol^{-1} \cdot K^{-1}$.)

Esta ley, enunciada por Dulong y Petit en 1802, era de origen puramente empírico. Fue la causa de numerosos estudios con un doble objetivo: por una parte, confirmarla por medio de medidas más numerosas y precisas que las de la época de sus inventores y, por otra parte, hallar una explicación teórica para ella.

Se obtuvieron tres importantes resultados experimentales:

1 / Bajo su forma primitiva, la ley es una grosera aproximación a la realidad y presenta numerosas excepciones. El diamante, por ejemplo, presenta un calor atómico del orden de 2 cal/at °C.

2 / Las variaciones del producto Ac_v en función de la temperatura tienen el mismo aspecto para todos los cuerpos simples en estado cristalino. En particular Ac_v tiende a cero cuando la temperatura absoluta tiende a cero, y se aproxima al valor de Dulong y Petit a temperaturas elevadas.

3 / Es posible elegir para cada cuerpo una temperatura característica θ, de suerte que las variaciones de los calores atómicos en función de las temperaturas «reducidas» T/θ sean casi idénticas (V. figura).

Desde el punto de vista teórico, el calor absorbido por un sólido cristalino sirve para aumentar su energía interna U, es decir, la energía de agitación de sus átomos (energía cinética y energía potencial). $Ac_v = dU/dT$ es directamente calculable si es calculable U.

Ahora bien, las estadísticas clásicas, utilizando el teorema de ***equipartición de la energía***, prevén que la energía de un mol de átomos vale U = 3RT (R = constante de los gases perfectos). El calor atómico debería tener, por tanto, un valor universal $Ac_v = 3R$ (≈ 25 J · mol^{-1} · K^{-1}). Es el valor de Dulong y Petit. Debería, sin embargo, ser independiente de la temperatura, lo que resulta contrario a la experiencia.

Se debe a Einstein una propuesta más satisfactoria (en 1907), en la que reencuentra el ritmo de variación con la temperatura haciendo uso de las leyes cuánticas de reparto de la energía (V. MODELO DE EINSTEIN); Debye aportó, algunos años más tarde, una notable mejora a esta teoría (V. TEMPERATURA DE DEBYE), completada por algunos trabajos teóricos posteriores.

Ejemplos de resultados

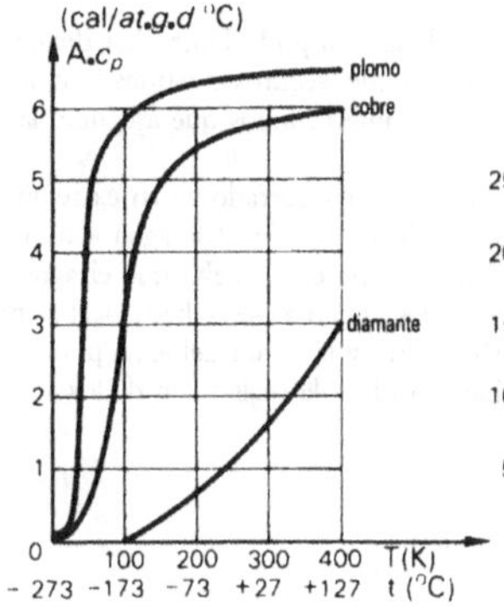

Variaciones de los calores atómicos
en función de la temperatura

Plomo Θ = 88 (K)
Cobre Θ = 315 (K)
Diamante Θ = 1.860 (K)

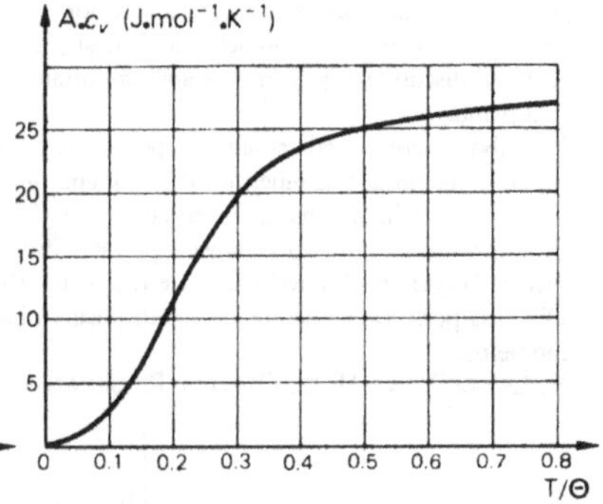

Variaciones de los calores atómicos
en función de las temperaturas reducidas T/Θ
(los puntos representativos de los tres cuerpos estudiados están repartidos en una misma curva).

Duperray

▶ *Fórmula de Duperray.*—Relación de origen empírico que da aproximadamente la presión de vapor saturante del agua en función de la temperatura. Se escribe $P = (t/100)^4$, donde P está en atmósferas y t en grados C.

Ejemplo: $t = 120$ °C $\Rightarrow$ $P \approx 2$ atm.

Dupré

▶ *Fórmula de Dupré.*—Relación matemática entre la presión de vapor saturante de un líquido puro P y su temperatura termodinámica T. Se escribe: $\ln P = a - b/T - c \ln T$.

ln designa logaritmo neperiano; a, b, c son tres constantes positivas que dependen del cuerpo estudiado. Esta relación es una base teórica que se utiliza para medir temperaturas muy bajas.

Dureza

Propiedad de los sólidos que se traduce por una resistencia mayor o menor a dejarse penetrar por otro sólido. Diferentes test permiten clasificar a los materiales por orden creciente de dureza.
Uno de los convenios más simples consiste en admitir que si un material puede rayar a otro material es porque es más duro que este último. La experiencia muestra que este criterio permite establecer una escala coherente de referencia (escala de Mohs). Al material menos duro (el talco) se le atribuye dureza 0, y al más duro (el diamante), dureza 10.
En resistencia de materiales se prefieren pruebas que se traducen por una magnitud concreta, por ejemplo las pruebas de bolas de Brinell.

Dushman Saül (1883-1954)

▶ *Fórmula de Dushman.*—V. EFECTO TERMOELÉCTRICO.

Dutrochet Henri (1776-1847)

▶ *Experiencia de Dutrochet.*—Experiencia por medio de la cual pudo Dutrochet demostrar (en 1828) la existencia del fenómeno de ósmosis, fenómeno que, según sus teorías (entonces fuertemente discutidas), juegan un papel importante en los intercambios que aseguran la vida de una planta.
Un tubo de cristal vertical, abierto por su extremo superior y cerrado en su extremo inferior por una membrana semipermeable, contiene una disolución diluida (de agua azucarada, por ejemplo) y se halla sumergido en agua pura (V. figura). Se comprueba que el agua penetra progresivamente en el tubo, cuya superficie libre se eleva poco a poco, hasta acabar por establecerse un cierto desnivel fijo entre dicha superficie libre y la altura del agua pura.
Diversos perfeccionamientos de ese dispositivo han llevado a la realización de los actuales osmómetros.
V. LEY DE VAN'T HOFF, ÓSMOSIS, PRESIÓN OSMÓTICA.

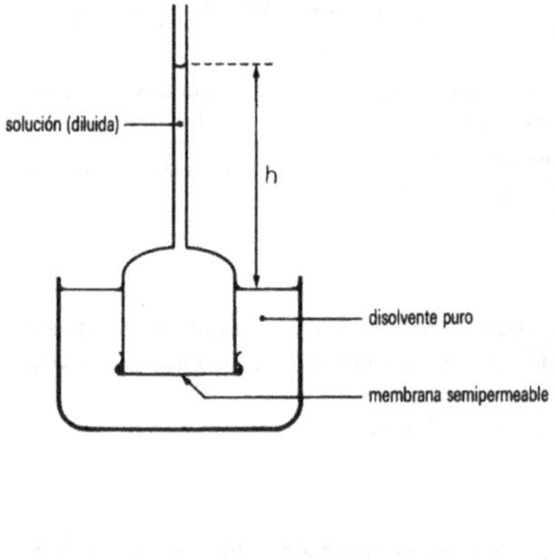

E

e

Carga eléctrica elemental:

$$e \simeq 1{,}6 \cdot 10^{-19} \text{ culombios} \simeq 1{,}6 \cdot 10^{-20} \text{ unidades c.g.e.s.m.}$$

$$\simeq 4{,}8 \cdot 10^{-10} \text{ u.c.g.s.e.s. (franklins)}$$

V. CUADRO DE CONSTANTES FÍSICAS.

e^- (o e)

Símbolo del electrón (o negatón).

e^+ (o $\bar{e}$)

Símbolo del electrón positivo (o positrón, o positón, o antielectrón).

Earenshaw Samuel (1805-1888)

▶ *Teorema de Earenshaw.*—Si un conjunto de cargas eléctricas puntuales, negativas y positivas, sometidas exclusivamente a sus interacciones culombianas, permanecen inmóviles y en equilibrio, este equilibrio es inestable.
Este resultado, simple corolario del teorema de Gauss, comporta diversas consecuencias. Por ejemplo, un núcleo positivo con sus electrones negativos no pueden constituir un sistema en equilibrio estable.

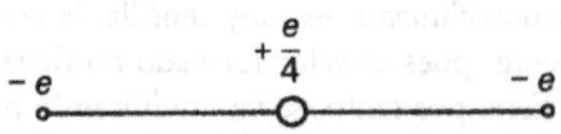

Este sistema de cargas está en equilibrio.
Se puede verificar que es un equilibrio inestable.

Ebullición

Es una de las formas de vaporización. Un líquido que hierve se evapora formando burbujas. Las burbujas crecen, se elevan desde el fondo y al llegar al aire libre estallan, liberando el vapor que encerraban y que se expande en la atmósfera.

▶ *Ebullición de los cuerpos puros.*—Primera ley: Cuando un cuerpo líquido puro se calienta progresivamente, bajo una presión constante P, su ebullición *comienza* siempre a la *misma temperatura t,* y esta temperatura permanece *constante* a lo largo del fenómeno. *t* es su «temperatura

de ebullición a presión P». El calor que el líquido recibe en el transcurso lo utiliza para provocar su paso a vapor. Segunda ley: la temperatura de ebullición de un líquido puro a una presión P es igual a la temperatura a la que su *tensión de vapor* es igual a P.
Se obtienen dos consecuencias de estas leyes:
1. Es posible hacer hervir un líquido a diferentes temperaturas. A la presión atmosférica normal, el agua hierve a 100 °C, pero a una presión próxima a las 100 atmósferas su temperatura de ebullición es del orden de 310 °C (datos que se utilizan en algunas calderas industriales). Inversamente, algunos líquidos orgánicos que, a la presión atmosférica, se descomponen antes de llegar a su temperatura de ebullición, pueden hervir a temperatura reducida sin descomponerse: basta con disminuir adecuadamente la presión.
2. La ebullición de un líquido puede ser iniciada no sólo por calentamiento *isóbaro,* sino también por disminución de presión *isotermo.* El agua mantenida a 20 °C entra en ebullición si la presión que soporta no rebasa las 0,02 atmósferas.
V. AUTOCLAVE, CÁMARA DE BURBUJAS, EXPERIENCIA DE CARRÉ, CALOR DE CAMBIO DE ESTADO.

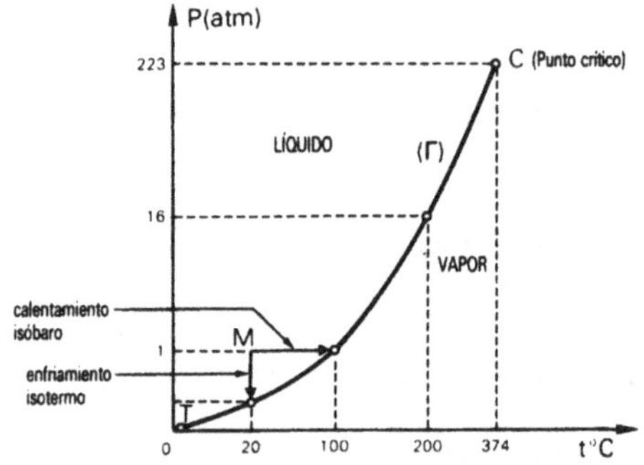

T Punto triple (t = 0,01 °C P ≃ 6,1 mbar)
(Γ) Curva de tensión de vapor del agua (escalas no respetadas).
La ebullición comienza cuando el punto representativo de la fase líquida llega a un punto cualquiera de (Γ) (entre T y C)

▶ *Ebullición de una mezcla.*—Contrariamente a lo que sucede en la ebullición de un cuerpo puro, la temperatura de una mezcla que hierve a presión constante se eleva progresivamente en el curso de la operación.
La explicación de este acontecimiento es muy sencilla: la composición del líquido que hierve se modifica progresivamente, pues el valor formado no tiene la misma composición que el líquido del que proviene. Éste, por tanto, se va modificando progresivamente y, con él, su temperatura de ebullición.
Esta última circunstancia se utiliza, tanto en el laboratorio como en la industria, para obtener la separación de los diversos componentes de algunas mezclas. *Ejemplos:* Los distintos componentes del aire (nitrógeno, oxígeno, argón, neón...) se preparan, en grandes cantidades, en la industria, por medio de una ebullición convenientemente dirigida de aire previamente licuado. Las operaciones de refino del petróleo se basan en el mismo principio...
Lo que precede nos lleva a comprender que la permanencia de la temperatura en el curso de una ebullición sea considerada como un criterio de pureza química.

▶ *Temperatura de ebullición normal.*—Temperatura de ebullición de un cuerpo puro bajo una presión constante igual a la presión atmosférica normal. *Ejemplo:* la temperatura de ebullición normal del agua vale 100 °C.

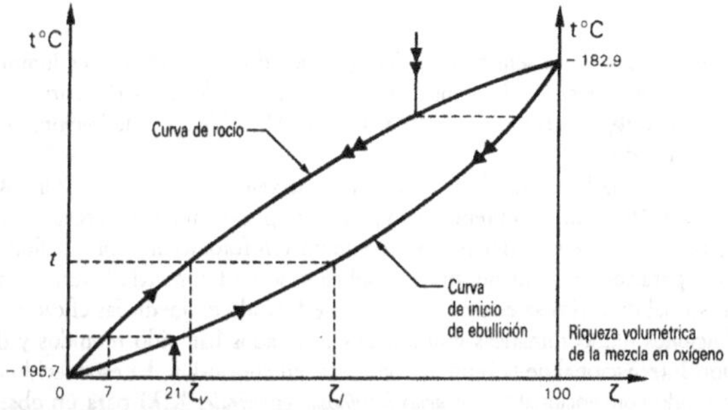

Curva de ebullición del aire líquido.
A una temperatura t la riqueza en oxígeno vale τ_l en la fase líquida y τ_v en la fase vapor; $\tau_v < \tau_l$.
En el curso de la ebullición la fase líquida se enriquece, por tanto, en oxígeno. Inversamente, durante una licuefacción progresiva la fase vapor se enriquece en nitrógeno.
La separación industrial del oxígeno y el nitrógeno se hace por una combinación de ebulliciones y licuefacciones en una «columna de rectificado».
(Los gases nobles son arrastrados, unos por el oxígeno, otros por el nitrógeno).

Estas temperaturas características constituyen uno de los medios de identificación para los cuerpos químicamente puros.
Además un cierto número de entre esos «puntos fijos», reproducibles con precisión, han sido elegidos para jalonar la «Escala internacional práctica» de temperaturas.

Ebullometría

V. LEYES DE RAOULT.

Ecolocación (palabra inglesa)

Localización de un blanco por un eco radar.

Ecuación

▶ *Ecuación de dimensiones.*—V. DIMENSIONES DE UNA MAGNITUD.

▶ *Ecuación de estado.*—V. la voz cerrada ESTADO.

Edison Thomas Alva (1847-1931)

▶ *Efecto Edison.*—Efecto termoeléctrico.

Efecto

Fenómeno físico que se produce en circunstancias determinadas, en cuya denominación interviene muchas veces un calificativo —efecto fotoeléctrico, efecto termoeléctrico...
Pero el uso hace que algunos efectos lleven el nombre de su descubridor —efecto Compton, Dopler-Fizeau, Hall; Josephson, Joule, Mössbauer, etc.

Eficacia

▶ *Eficacia luminosa.*—La sensibilidad del ojo a las diversas radiaciones luminosas es bastante desigual: al *flujo energético* Φ_e transportado por un haz de radiación corresponde un *flujo lumínico* variable Φ_v. La razón Φ_v/Φ_e = K (en lm/W) mide, por definición, la *eficacia luminosa* del haz estudiado.

Ejemplo: la eficacia luminosa de la radiación solar vale alrededor de 250 lm/W (lumen/vatio). Mientras que Φ_e puede ser obtenido con precisión, por medio de un receptor térmico por ejemplo, Φ_v debe medirse en principio por comparación fotométrica con un flujo lumínico de referencia, operación escasamente precisa, sobre todo en fotometría heterocromática.

Numerosos laboratorios se esfuerzan y se han esforzado en medir las eficacias K(λ) para todas las radiaciones monocromáticas visibles. Sus resultados han sido reunidos y discutidos por la Comisión Internacional de la Iluminación. Ésta, en conclusión, ha establecido dos cuadros que dan de modo convencional las *eficacias luminosas espectrales* K(λ) para un observador ideal. El primer cuadro supone adaptado a la visión diurna el ojo del observador y el segundo lo supone adaptado a la nocturna.

En ambos casos, K(λ) es nula hacia los extremos del espectro «visible», y pasa por un máximo, K_m en visión diurna y K'_m en visión nocturna: $K_m \simeq 683$ lm/W para λ = 555 nm; $K'_m \simeq 1.700$ lm/W para λ = 507 nm. De otro lado, K'(555 nm) $\simeq K_m$.

La figura da los valores de las *eficacias luminosas relativas espectrales* $V(\lambda) = K(\lambda)/K_m$ y $V'(\lambda) = K'(\lambda)/K'_m$.

En 1977 la Comisión Internacional de Pesos y Medidas decidió fijar convencionalmente el valor de K_m en 683 lm/W.

Esta elección presenta la ventaja de hacer posible el cálculo del flujo luminoso transportado por un haz policromático cualquiera, después de que se hayan medido, por operaciones radiométricas precisas, sus flujos energéticos espectrales $(d\Phi_e/d\lambda) \cdot d\lambda$ (flujos energéticos transportados por sus bandas de radiación, de longitudes de onda comprendidas entre λ y λ + *d*λ). Se obtiene así, sin operaciones de fotometría y para visión diurna:

$$\Phi_v = K_m \int_{\lambda_1}^{\lambda_2} V(\lambda) \cdot (d\Phi_e/d\lambda) \cdot d\lambda$$

y una fórmula análoga en visión nocturna.

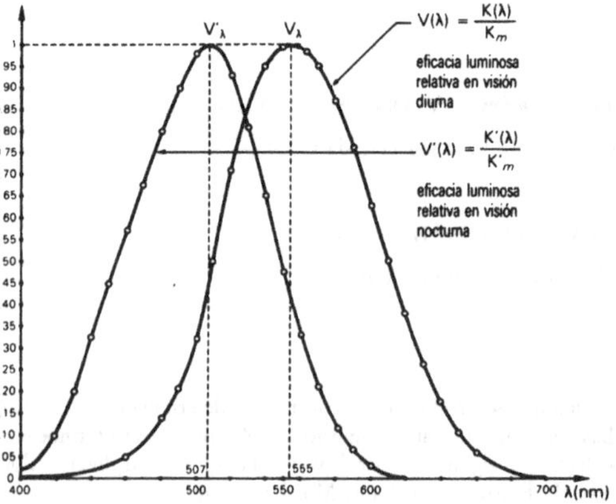

Los valores de las eficacias relativas son actualmente mal conocidos en lo referente a la visión mesópica o crepuscular.
V. CANDELA, EFECTO PURKINJE, EQUIVALENTE ENERGÉTICO DEL LUMEN.

Eficaz

▶ *Intensidad eficaz.*—V. VALORES EFICACES, POTENCIA ELÉCTRICA (CORRIENTE ALTERNA).

▶ *Sección eficaz.*—Parámetro que se utiliza en física de las partículas. Supongamos que un haz de partículas-proyectil idénticas atraviesa, en una longitud L, un medio que contiene partículas-blanco, y que de ello resulta un cierto efecto, tal como difusión, captura... Entre las N partículas incidentes se comprueba que sólo n producen el efecto pretendido. El cociente n/N mide la *eficacia del haz* para el efecto estudiado, en las condiciones de la experiencia. Para cada una de las partículas proyectil del haz incidente, ese mismo cociente mide la *probabilidad* de ser eficaz.
La experiencia muestra que esta corriente es, en primera aproximación, proporcional a la longitud atravesada L y al contenido de la preparación en partículas-blanco (ρ partículas por unidad de volumen), lo que se escribe así: $n/N = \sigma \cdot L \cdot \rho$. El parámetro σ, homogéneo a una superficie, se llama *sección eficaz* relativa al fenómeno estudiado. Se mide en *barn* (1 barn = 10^{-28} m^2).
La denominación «sección eficaz» puede justificarse de modo intuitivo. Se demuestra, haciendo numerosas hipótesis simplificadoras, que es igual al área de una superficie ficticia, asociada a cada partícula-blanco, que debe atravesar un proyectil para conseguir el efecto estudiado.
En realidad, las cosas están lejos de ser tan sencillas. La sección eficaz es un parámetro empírico. Presenta la ventaja, por ejemplo, de hacer más cómodo el estudio de la probabilidad de una reacción en función de la energía de las partículas incidentes.

▶ *Tensión eficaz.*—V. VALORES EFICACES, POTENCIA ELÉCTRICA (CORRIENTE ALTERNA).

▶ *Valores eficaces.*—El valor eficaz de un magnitud periódica $g(t)$ en el tiempo, es por definición la cantidad G_e, cuyo cuadrado es igual a la media, a lo largo de un periodo, del cuadrado del valor instantáneo de $g(t)$:

$$G_e^2 = \frac{1}{T}\int_t^{t+T} g^2(t) \cdot dt$$

Ejemplo: La intensidad eficaz de una corriente eléctrica periódica $i(t)$ se define por $I_e^2 = (1/T)\int_t^{t+T} i^2(t) \cdot dt$. En particular, si la corriente es sinusoidal de valor máximo I_m, $i = I_m$ sen $2\pi t/T$, el cálculo proporciona $I_e = I_m/\sqrt{2}$. Si solamente es periódica $I_e^2 = I_1^2 + I_2^2 + \ldots, I_n^2$, siendo $I_1, \ldots, I_n$ las intensidades eficaces de las corrientes sinusoidales.
Se demuestra que una corriente periódica que atraviesa una resistencia eléctrica produce el mismo efecto térmico que una corriente continua en la que la intensidad constante fuera I_e. De ahí proviene el nombre de intensidad *«eficaz»*, generalizado más tarde para otras magnitudes.

Efusión

Paso espontáneo de un gas a través de una pared porosa. Impropiamente se denomina a veces a este fenómeno *difusión gaseosa*.

Según la teoría cinética de los gases, la *efusión* es una consecuencia de la agitación térmica de las moléculas. Las moléculas de un tipo dado atraviesan tanto más fácilmente las finas aberturas que existen en la pared porosa cuanto mayor es su velocidad de agitación media. La influencia del tipo de molécula está regida por una ley llamada *ley de Graham:* «La velocidad de efusión de un gas (cantidad de gas que atraviesa la barrera por unidad de tiempo), a temperatura y presión dadas, es inversamente proporcional a la raíz cuadrada de la masa molecular» (1846).
De ello se deduce que si el gas sometido a la efusión contiene dos especies de moléculas, aquellas que tienen menor masa molecular se funden más rápidamente. El proceso de enriquecimiento del uranio, llamado comúnmente «procedimiento de difusión gaseosa», se funda en este hecho.
V. ENRIQUECIMIENTO DEL URANIO.

Ehrenfest Paul (1880-1933)

▶ *Relación de Ehrenfest.—Los cambios de estado de segunda especie,* como los de primera especie, son isóbaros e isotermos. Por el contrario, ni su volumen másico v ni su entropía másica s sufren saltos bruscos en el curso de la transformación ($\Delta v = \Delta s = 0$). La relación de Clapeyron no es aplicable aquí (confirma solamente que L = 0, ya que $v = v_1 - v_2 = 0$). Se reemplaza por una relación establecida por Ehrenfest (en 1933) que adquiere dos formas matemáticas equivalentes:

$$d\mathrm{P}/d\mathrm{T} = (\mathrm{T}v)^{-1}\,\Delta c_p/\Delta\alpha \quad ; \quad d\mathrm{P}/d\mathrm{T} = \Delta\alpha/\Delta\chi$$

Δc_p es el incremento de la capacidad calorífica másica del cuerpo estudiado en el momento del paso de la fase 1 a la fase 2, igual que $\Delta\alpha$ mide la discontinuidad correspondiente de su coeficiente de dilatación isóbara y $\Delta\chi$ de su coeficiente de compresibilidad isoterma.
Estas relaciones han sido confirmadas experimentalmente.
Ehrenfest remarcó que las magnitudes que intervienen en la relación de Clapeyron, v y s, son las derivadas parciales de primer orden de la función entalpía libre másica g del cuerpo, función característica adaptada a las variables utilizadas P y T. Las que intervienen en las transiciones de segunda especie c, α y χ son las derivadas parciales de segundo orden de la misma función. Se ha propuesto, por tanto, llamar a los cambios de estado de primera especie *transiciones de primer orden* y a los cambios de estado de segunda especie *transiciones de segundo orden.* Esas son hoy las denominaciones consagradas.

▶ *Teorema de Ehrenfest.*—Importante teorema de la mecánica cuántica. Un corpúsculo se halla en movimiento, en un referencial de origen 0, bajo la acción de una fuerza derivada de un potencial escalar A. Asociado a este corpúsculo existe un paquete de ondas cuyo centro, en un instante t, es el punto $\mathrm{M}_0(\mathbf{OM}_0 = \boldsymbol{r}_0)$. Es un punto del que cada una de las coordenadas es la media, en ese instante, de las coordenadas de todos los puntos del paquete de ondas. El teorema de Ehrenfest da la ecuación que rige el movimiento de ese punto. Se escribe: $m \cdot d^2\mathbf{r}_0/dt^2 = -\langle \text{grad V} \rangle$, donde m es la masa del corpúsculo y $\langle \text{grad V} \rangle$ la media de los valores del grad V en todos los puntos del paquete de ondas.
Se ve que esta ecuación puede ser identificada con la ecuación de la mecánica newtoniana $m \cdot d^2\mathbf{r}_0/dt^2 = -(\text{grad V})_0$ que rige el movimiento del corpúsculo mismo, supuesto confundido con el centro M_0, en la medida, sin embargo, en la que puede confundirse la fuerza $\boldsymbol{f}_0 = -(\text{grad V})_0$ que se ejercería sobre el corpúsculo con la fuerza media $\boldsymbol{f} = -\langle \text{grad V} \rangle$. Es el caso, en particular, de los corpúsculos a escala nuestra. Se demuestra en ese caso que el paquete de ondas asociado ocupa un espacio infinitamente reducido. En cualquier punto de ese espacio grad V mantiene para nosotros un valor sensiblemente constante. Su valor medio es, naturalmente, igual a ese valor constante.

El teorema de Ehrenfest tiene el mérito, por tanto, de mostrar cómo, a nuestra escala, las previsiones de la mecánica cuántica y las de la mecánica newtoniana coinciden.
V. PRINCIPIO DE CORRESPONDENCIA.

Einstein Albert (1879-1955)

Premio Nobel en 1921

▶ *Argumento Einstein-Poldosky-Rosen.*—Es uno de los numerosos argumentos adelantados en las numerosas discusiones sobre los méritos de la mecánica cuántica. Presentado (en 1935) por Einstein y sus dos colaboradores, ligeramente readaptado por Bohm en 1951, este argumento, conocido como *paradoja EPR*, intenta mostrar, por medio de un experimento mental, que la mecánica cuántica, al menos en su interpretación actual, es sin duda correcta pero *incompleta,* en el sentido de que ignora una parte de la realidad física. Los autores imaginaron una experiencia sobre la evolución de dos partículas, en principio en correlación y que se alejan a continuación una de otra permaneciendo totalmente aisladas del exterior. Midiendo, en dos experiencias distintas idénticas, dos parámetros concernientes a una de las partículas, los autores demostraron que se puede conocer, por esas medidas, los valores de dos parámetros análogos de la otra partícula sin haber perturbado jamás su evolución. Ahora bien, si esos dos parámetros son dos *observables conjugadas,* se tiene así el ejemplo de la existencia de dos magnitudes que traducen, cada una, una realidad física. Y la mecánica cuántica actual declara que no se puede conocer con toda la precisión deseable esos dos observables *simultáneamente.* He aquí, dicen los autores, una prueba de que la teoría es incompleta.
Para los partidarios de la interpretación ortodoxa, para Bohr en particular, el argumento no es válido. Todo aparato de medida forma necesariamente parte del sistema que evoluciona. Son necesarios dos aparatos de medida diferentes para las dos medidas citadas. Se han definido así dos sistemas diferentes, independientes...
La discusión sigue abierta.
V. TEOREMA DE BELL, VARIABLES OCULTAS.

▶ *Condensación de Einstein.*—Las partículas de spin nulo o entero, los *bosones,* pueden, en el espacio de las fases, ocupar un mismo estado cuántico y, por tanto, un mismo estado energético sin limitaciones de número. Contrariamente a los fermiones, ellos no obedecen al principio de exclusión de Pauli. Cuando un conjunto de bosones idénticos está encerrado en un recinto y aislado del exterior, la energía global se reparte entre todas estas partículas según las leyes estadísticas de Bose-Einstein, que tienen presente lo dicho anteriormente.
Einstein demostró que si la temperatura de ese conjunto es suficientemente baja, la mayor parte de las partículas *se agrupan en el nivel energético más bajo.* El número y la distribución de las que permanecen en los niveles superiores dependen entonces de la temperatura y no del número total de partículas del conjunto. Se puede comparar este fenómeno a la condensación, en el espacio ordinario, de las moléculas de vapor llevado a saturación. Por esta razón se conoce este fenómeno como *condensación de Einstein,* o de *Bose-Einstein.*
El nivel energético más bajo puede calcularse al menos en los casos más sencillos. Si esas partículas son moléculas de un gas perfecto monoatómico de masa m, encerradas en un recinto cúbico de volumen V, se obtiene: $E_{min} = 3h^2/8mV^{2/3}$ (h = constante de Planck), y la condensación empieza cuando la temperatura alcanza un valor $T = \frac{h^2}{2\pi mk}\left(2{,}61\frac{V}{N}\right)^{-2/3}$. N es el número de moléculas del conjunto, k la constante de Boltzmann. Estos diferentes resultados se tienen en cuenta, por ejemplo, en el estudio del comportamiento del helio-4 a bajas temperaturas.

▶ *Efecto Einstein.*—Se les da ese nombre, a veces, a dos fenómenos previstos por la relatividad general:

1. *Curvatura de los rayos de luz.*—Un fotón debe describir una geodésica del espacio-tiempo relativista, que es una recta en el espacio euclídeo, lejos de cualquier fuente de gravitación. Si su trayectoria atraviesa una región de intensa gravedad, debe curvarse para seguir la geodésica local. Así, el rayo luminoso que proviene de una estrella y pasa muy cerca del Sol, se encuentra finalmente desviado un ángulo α que puede calcularse: $\alpha = 4GM/Rc^2$ (G constante de gravitación universal, M y R masa y radio solares y c constante relativista). Numéricamente, $\alpha \simeq 1{,}75''$. El control experimental de este resultado no puede efectuarse más que en el momento de un eclipse de Sol, de modo que la luz solar no enmascare la luz, más débil, proveniente de la estrella observada. La primera experiencia histórica realizada en estas condiciones fue llevada a cabo en 1919. Después, en 1952 fue vuelta a realizar. A pesar de que la incertidumbre experimental es del orden del 20 %, todas las medidas han confirmado las previsiones.

2. *Dilatación gravitacional del tiempo.*—Un suceso periódico de periodo T se produce en un punto P. Observado desde otro punto P′ tiene otro periodo T′. La diferencia, o «dilatación del tiempo» T′ − T puede deberse a dos circunstancias:
Si los dos puntos están en movimiento cada uno con respecto al otro, interviene el *efecto Doppler-Fizeau.* Si ambos puntos, inmóviles, se hallan ubicados en campos de gravitación diferentes, interviene un nuevo efecto, previsto por la Teoría de la relatividad general y que la mecánica clásica ignoraba: la dilatación gravitacional del tiempo. Ambos efectos pueden, naturalmente, superponerse.
Siendo U y U′ los potenciales gravitatorios en P y P′ el efecto Einstein puede medirse por la razón $T/T' = \sqrt{(1 - 2U/c^2)}/\sqrt{(1 - 2U''/c^2)}$, donde c es la constante relativista.
Este efecto ha podido recibir un control experimental. Una radiación luminosa bien conocida, emitida en las proximidades de la superficie solar, es observada desde el suelo de la Tierra. El potencial gravitatorio en las proximidades de la Tierra es despreciable comparado con el mismo potencial en las cercanías del Sol. Se encuentra entonces que la longitud de onda de la radiación sufre un corrimiento hacia el rojo de valor $\frac{\lambda' - \lambda}{\lambda} \simeq GM/Rc^2 \simeq 1/10^6$, que se superpone aquí al efecto Doppler.
Verificaciones del mismo tipo se han llevado a cabo comparando la frecuencia de la radiación emitida por un láser de hidrógeno, colocado a 10.000 kilómetros de altura a bordo de un cohete, observada desde el suelo terrestre. El desplazamiento aquí se produce hacia el azul. Ninguna experiencia ha venido a contradecir las previsiones de la Relatividad general.

▶ *Experiencia de Einstein-De Haas.*—V. EFECTOS GIROMAGNÉTICOS.

▶ *Fórmula de Einstein:* $E = mc^2$.—Esta fórmula, hoy conocida universalmente, es una relación entre la masa m de un corpúsculo y su energía E. El coeficiente c^2 es el cuadrado de la constante relativista c (aproximadamente $9 \cdot 10^{16}$ si se miden la energía en julio y la masa en kilos).
Se han dado, de hecho, dos interpretaciones diferentes:
Para algunos físicos el corpúsculo posee una masa independiente de su velocidad v. $E = mc^2$ expresa su *energía de masa,* mientras que su energía cinética más su energía de masa dan su energía total: $E_t = \gamma mc^2$, donde $\gamma = (1 - v^2/c^2)^{-1/2}$ (V. ENERGÍA TOTAL).
Otros físicos notan la energía de masa del corpúsculo como $E_0 = m_0c^2$, donde m_0 designa la «masa en reposo» de éste; y es su energía total, γm_0c^2, la que se escribe como $E = mc^2$. Esto equivale a admitir que la masa $m = \gamma m_0$ es función de la velocidad. Igual a m_0 en reposo, adquiere un valor infinito cuando v se aproxima a c.
Notar que la energía total, cualquiera que sea el lenguaje utilizado, aumenta indefinidamente cuando v/c tiende a 1.
V. BALANCE ENERGÉTICO, ENERGÍA DE MASA, ENERGÍA NUCLEAR.

▶ *Modelo de Einstein.*—Para explicar la disminución del calor atómico de los sólidos a bajas temperaturas, disminución constatada pero no prevista en las teorías clásicas (V. LEY DE DULONG Y PETIT), Einstein tuvo la idea (en 1907) de utilizar la hipótesis de los cuantos de Planck. Supuso entonces que cada átomo de la red cristalina oscila alrededor de su posición media, *no pudiendo aumentar su energía, más que por saltos sucesivos.* Cada cuanto de energía suplementario vale $h\nu$, siendo h la constante de Planck y ν la frecuencia del oscilador. Imaginó, por otra parte, que esa frecuencia, característica del sólido estudiado, es común a todos sus átomos, y que el reparto de todos los osciladores, a una temperatura dada T, entre los diferentes niveles posibles de energía, viene dado por la ley de distribución de Boltzmann. A partir de este modelo el cálculo de la energía interna U del sólido (suma de las energías de oscilación de todos sus átomos) y con ella el calor atómico a volumen constante Ac_v. Se encuentra $Ac_v = U/t = 3 \cdot R \cdot E(x)$, donde R es la constante de los gases perfectos. La función $E(x) = x^2 \cdot \exp x/(\exp x - 1)^2$ es conocida como *función de Einstein.* La variable numérica x representa la razón entre energías $x = h\nu/kT = \theta/T$; k es la constante de Boltzmann y $\theta = h\nu/k$ es la temperatura de Einstein del sólido estudiado.
El estudio matemático de $E(x)$ muestra que las variaciones que comporta para el calor atómico Ac_v son en conjunto las que revela la experiencia. En particular, Ac_v tiende a cero cuando la temperatura T tiende a cero y, hacia el valor previsto por la ley de Dulong y Petit, $Ac_v = 3R$ cuando las temperaturas son más altas. Estos resultados abrieron el camino a teorías más elaboradas.
V. TEMPERATURA DE DEBYE.

Eje

▶ *Eje magnético.*—El *eje magnético* de un imán, o de un circuito eléctrico, es la recta de acción de su momento magnético. (En el lenguaje de la teoría culombiana, es la recta que pasa por los polos sur y norte del imán.)
Tan sólo importa, la mayoría de las veces, la dirección del momento magnético, y no su posición. Puede ésta determinarse experimentalmente sometiendo el imán o el circuito a un campo magnético de dirección constante y conocida. En el equilibrio, el eje magnético tiene la misma dirección que el campo.
El observador que se fía de las indicaciones de una brújula comete un error sistemático acerca de la dirección del norte magnético, si el constructor del instrumento no ha tenido cuidado de hacer coincidir el eje magnético del aparato con su eje de simetría. (V. figura.)
En las medidas precisas se corrige este error recomenzando la operación tras haber dado vuelta a la aguja cara por cara.

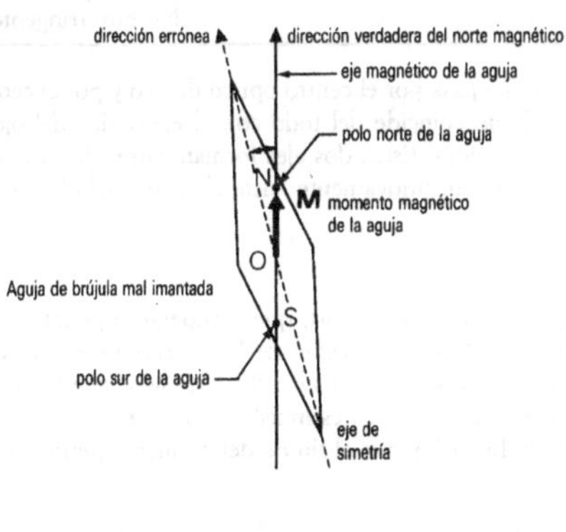

▶ *Eje óptico en un medio cristalino.*—*Dirección* a la que se vincula una propiedad óptica notable: todo plano de onda perpendicular a un eje óptico puede transportar una vibración luminosa monocromática cualquiera *sin alteración de su estado de polarización,* y con una velocidad de propagación normal, independiente de este estado de polarización.
Se demuestra que los ejes ópticos son los normales a las direcciones de sección cíclica del *elipsoide de índices* del medio observado.
Basándose en el número de ejes ópticos que poseen, se clasifican los medios cristalinos en tres familias (V. SIMETRÍA CRISTALINA).
Una primera familia está formada por los medios cuyos elementos de simetría cristalina son insuficientes (ningún eje de orden superior a 2). El elipsoide de índices posee tres semiejes distintos y por tanto dos direcciones de sección cíclica. Estos medios tienen dos ejes ópticos y se llaman *biáxicos.*
En una segunda familia se encuentran los medios cuyos elementos de simetría comprenden un eje, y sólo uno, de simetría de orden mayor o igual a tres. El elipsoide de índices es aquí una superficie de revolución en torno a este eje, que es, por tanto, el eje óptico único. Son cristales *uniáxicos.*
Los medios que tienen varios ejes de simetría cristalina de orden igual o superior a tres constituyen la tercera familia. El elipsoide de los índices se convierte en una esfera. Todas las direcciones son ejes ópticos. Esta noción pierde aquí su interés.
Los medios uniáxicos son *ópticamente anisótropos* y por ello birrefringentes. Los de la tercera familia son *isótropos* (V. cuadro).

Clasificación de los medios cristalinos desde el punto de vista óptico

Sistema cristalino	*Ejes de simetría cristalina de orden más alto*	*Clasificación óptica*	*Ejemplos*
Triclínico	Sin ejes de simetría	Cristales biáxicos	
Monoclínico	1 eje de orden 2		Mica
Ortorrómbico	3 ejes de orden 2		Topacio
Romboédrico	1 eje de orden 3	Cristales uniáxicos	Espato de Island
Tetragonal	1 eje de orden 4		Rutilo
Hexagonal	1 eje de orden 6		Cuarzo
Regular o cúbico	4 ejes de orden 3	Ópticamente isótropo No birrefringente	Sal gema

▶ *Eje visual.*—Recta que pasa por el centro óptico del ojo y por el centro de la mancha amarilla de la retina. Este eje no coincide del todo con el eje óptico del ojo, recta que pasa por los centros ópticos del cristalino. Estos dos ejes forman entre ellos un ángulo próximo a 6°. Es el eje visual el que se dirige instintivamente hacia el centro del objeto que se desea observar.

Elasticidad

Propiedad de algunas sustancias sólidas, que recuperan espontáneamente su forma y sus dimensiones iniciales cuando cesa la acción de las fuerzas exteriores causantes de su deformación. Es bien conocida la elasticidad del caucho. Se olvida con frecuencia que muchos metales son elásticos; piénsese en los diferentes muelles metálicos...
Dada su aplicación industrial, y con el fin de determinar experimentalmente sus características

en ese dominio, los diversos materiales elásticos son sometidos sistemáticamente a variadas deformaciones: flexión, tracción, torsión, etc.
De todos esos ensayos se desprende una ley, la *ley de Hooke,* válida al menos para pequeñas deformaciones. Si éstas aumentan, la experiencia muestra la aparición de fenómenos más complejos: las deformaciones pueden no desaparecer completamente (histéresis), o desaparecer solamente tras un tiempo más o menos largo (histéresis de arrastre).
Desde el punto de vista teórico se hacen esfuerzos para explicar estos resultados a partir de hipótesis sobre la estructura de los cuerpos a escala de sus corpúsculos constitutivos y sobre la naturaleza de las correspondientes fuerzas de enlace. Ese es uno de los objetivos de la física del estado sólido.
V. HISTÉRESIS MECÁNICA, MÓDULOS DE ELASTICIDAD, PLASTICIDAD, REOLOGÍA.

▶ *Elasticidad disimétrica.*—Un cuerpo se dice que posee «elasticidad disimétrica» cuando la «fuerza recuperadora», que le lleva a su forma inicial, depende no solamente de la amplitud sino también del sentido de la deformación.
Por ejemplo, si la fuerza recuperadora tiene como expresión $f = -ax - bx^2$ (siendo x un parámetro que caracteriza la deformación; a y b, dos constantes positivas) se ve que $x' = -x$ no implica $f' = -f$.
Bajo la acción de una excitación sinusoidal de frecuencia n, las vibraciones forzadas de un cuerpo con elasticidad disimétrica no son sinusoidales. Su análisis armónico muestra la existencia de vibraciones componentes de frecuencias n, $2n$, $3n$...

▶ *Módulos de elasticidad.*—Toda acción exterior de pequeña intensidad que se ejerce sobre un material elástico le deforma y provoca, por lo mismo, una reacción del material igual y opuesta a la acción aplicada. En todo punto interior aparecen entonces *deformaciones* y *tensiones* locales, de las que podemos afirmar, en virtud de la ley de Hooke, que mantienen entre ellas relaciones de proporcionalidad. Ello permite definir *módulos de elasticidad,* relaciones entre tensiones y deformaciones, característicos del material estudiado.
He aquí los principales de entre ellos (V. figura en la voz TENSIONES):
1. *Compresibilidad.*—Una presión ejercida sobre todas las caras de un elemento de volumen v y dirigida hacia su interior viene acompañada de una contracción relativa $-dv/v$.
Se escribe: $-dv/v = p/\mathrm{K}$. K es el *módulo de compresibilidad* (cf. Coeficiente de compresibilidad $\chi = 1/\mathrm{K}$).
2. *Tracción.*—Una fuerza f_n normal a una de las caras de un elemento de volumen de profundidad z viene acompañada: a) De un alargamiento (o acortamiento) dz. Se escribe $dz/z = f_n/\mathrm{E}$. E es el módulo de elasticidad longitudinal o *módulo de Young.* b) De una disminución (o aumento) de las dimensiones transversales. Se escribe: $-dx/x = -dy/y = \sigma \cdot dz/z$. σ es el módulo de elasticidad transversal o *coeficiente de Poisson.*
3. *Cizalladura.*—Bajo la acción de una presión de cizalladura o presión constante f_t, tangente a una de sus caras, la delgada capa adyacente a esta cara se *desliza* respecto a la vecina. La línea de sus centros se desvía un ángulo da. Se escribe: $da = f_t/\mathrm{G}$. G es el módulo de *cizalladura* o de *rigidez* del cuerpo.
Las cuatro magnitudes así definidas no son independientes entre sí. Se han establecido dos relaciones: $\mathrm{E} = 2\mathrm{G}(1 + \sigma)$; $\mathrm{E} = 3\mathrm{K}(1 - 2\sigma)$. Asimismo pueden calcularse a partir de estos módulos los de flexión y torsión. Con ensayos apropiados se obtienen experimentalmente los módulos E y G, y los otros cuatro se deducen por cálculo.
E, G y K son homogéneos a una presión. Tienen, numéricamente, el mismo orden de magnitud. *Ejemplo:* Acero $\mathrm{E} = 2 \cdot 10^{11}$, $\mathrm{K} = 1{,}4 \cdot 10^{11}$, $\mathrm{G} = 8 \cdot 10^{10}$ pascales. σ es un coeficiente numérico. Se demuestra que su valor está comprendido necesariamente entre 0 y 1. *Ejemplo:* Acero $\sigma = 0{,}25$.
V. TENACIDAD, TORSIÓN.

Electrete o electreto

Dieléctrico que conserva una *polarización eléctrica permanente* después de la desaparición del campo exterior, y que juega en Electrostática el mismo papel que los imanes permanentes en magnetostática. Algunas ceras sólidas son electretos.
Descubiertos a principio de siglo, los electretos se utilizan hoy en muchos campos, por ejemplo en algunos micrófonos.

Electricidad

En la Antigüedad, tan sólo algunas observaciones sobre la electrización por frotamiento del ámbar amarillo (*electrón,* en griego) aparecen: las primeras, en el siglo VI a. C. Hay que esperar hasta el siglo XVI de nuestra era para que Gilbert muestre la posibilidad de comunicar, por frotamiento, el «poder del ámbar» a muchas otras sustancias –capaces ahora de ejercer una atracción sobre cuerpos ligeros–; a este poder lo bautizará con el nombre de «electricidad».
La existencia de cuerpos malos conductores –nuestros dieléctricos actuales– en los que la electricidad permanece confinada en las regiones frotadas; la de los cuerpos buenos conductores, en los cuales la electricidad se expande rápidamente a todas las regiones; la existencia de dos especies de electricidad, denominadas entonces vítrea y resinosa por referencia a los cuerpos que provocaban sus apariciones respectivas (hoy preferimos, para mayor comodidad en el cálculo, llamarlas electricidad positiva y negativa); su acumulación en las «botellas de Leyden», antepasados de nuestros condensadores; el fenómeno de influencia eléctrica; las máquinas electrostáticas, etc., fueron objeto de descubrimientos y perfeccionamientos sucesivos en el transcurso de los siglos XVII y XVIII.
Los primeros resultados cuantitativos serios se reúnen en la «ley de Coulomb» (1785). Se abrió entonces un camino para fecundas investigaciones en *electrostática,* ciencia que se ocupa del reparto de cargas y de campos en un sistema de conductores en equilibrio eléctrico.
El arranque de la *electrocinética* (o electrodinámica) –ciencia de los fenómenos que acompañan a las corrientes eléctricas– data solamente de 1800, año del descubrimiento de la pila de Volta; hasta mucho más tarde no quedará establecido experimentalmente que una corriente eléctrica es un movimiento de «portadores de carga» (experiencia de Rowland, 1876; experiencia de Tolman, 1916).
En 1820 se produjo un descubrimiento fundamental. La experiencia de Oersted, brillantemente explotada por Ampère, muestra que una corriente eléctrica ejerce un acción a distancia sobre una aguja imantada, tal como lo haría un imán. Es el punto de arranque del *electromagnetismo,* que puede definirse, según los criterios actuales, como la ciencia de las interacciones entre cargas eléctricas en movimiento.
A partir de ese momento las tres ramas, electrostática, electrocinética y electromagnetismo se desarrollan simultáneamente. Faraday demostró el importante papel de los *campos eléctrico y magnético* en la transmisión de acciones a distancia, y descubrió el fenómeno de la *inducción electromagnética.* Maxwell y Hertz probaron, teórica y experimentalmente, la existencia de *ondas electromagnéticas,* mientras que los numerosos trabajos sobre la descarga en gases rarificados y sobre los rayos catódicos llevaron al descubrimiento de la estructura granular de la electricidad, primer hito en el desarrollo de una nueva rama: la *electrónica* –ciencia de los fenómenos que acompañan a los movimientos de los electrones en el vacío, en conductores y en semiconductores–, de la que es conocido el prodigioso desarrollo adquirido en la actualidad.
Conviene señalar igualmente el descubrimiento, relativamente reciente, de diversos «efectos», *fotoeléctrico, piezoeléctrico, termoeléctrico...,* que son procesos de conversión recíproca de energías.
Todos estos hallazgos han estado acompañados, paso a paso, de realizaciones técnicas que se pueden clasificar en dos grupos:

El *transporte de energía* a grandes distancias se convirtió en algo sencillo y económico gracias a la construcción de distintos generadores, transformadores y motores eléctricos, y permiten o facilitan las nuevas técnicas de iluminación, almacenamiento y otros usos industriales o domésticos.

Además, las técnicas de la *información,* bajo la forma de señales eléctricas con hilo y sin hilo, utilizan la existencia de oscilaciones eléctricas, su modulación, su propagación casi instantánea a grandes distancias: fue así como aparecieron el telégrafo, el teléfono, la radio, la televisión, el radar.

Es bueno, sin embargo, no olvidar que, pese a la abundancia de descubrimientos relacionados con aspectos diversos de la electricidad, aún no sabemos nada sobre la naturaleza de este «fluido misterioso» (según el lenguaje de los primeros descubridores), o de esta «característica intrínseca de algunas partículas elementales», en el lenguaje de hoy.

Electrización

Electrizar un cuerpo, cuyas dimensiones tengan nuestra escala, es hacer aparecer en algunas regiones de su volumen o de su superficie un exceso o defecto de electrones. El cuerpo adquiere entonces densidades locales de carga, volúmica o superficial, negativas en las regiones en las que hay exceso de electrones y positivas en aquellas en las que faltan.

Los *métodos de electrización* conocidos de antiguo —frotamiento, contacto, influencia eléctrica— no vienen acompañados de otras posibilidades, que sí tienen los efectos piezoeléctrico, termoeléctrico, etc.

En cuanto a las «partículas» a escala subatómica, parece, salvo prueba en contrario, que cada una de ellas posee una carga eléctrica —positiva, negativa o nula— que conserva en cualquier circunstancia; el fenómeno de electrización no parece tener significado alguno en este dominio.

▶ *Electrización por frotamiento.*—Es el procedimiento de electrización más antiguamente conocido (V. ELECTRICIDAD).

Hoy se sabe que el frotamiento de dos sustancias, una contra la otra, tiene como efecto no *crear* cargas eléctricas, como se pensó en un principio, sino solamente facilitar, por el contacto establecido entre ambas sustancias, el paso de electrones de una hacia la otra. La primera «se carga» positivamente, por carencia de electrones, y la segunda negativamente por exceso de ellos. Una misma sustancia se carga de modo diferente según la naturaleza química de la sustancia con la que se frota. La lana se carga positivamente cuando se emplea para frotar una barra de ebonita y negativamente si la barra es de vidrio. Estos fenómenos no son incomprensibles. La clasificación de las sustancias que se deduce de los mismos es coherente con la clasificación química de los cuerpos según su afinidad por los electrones (electronegatividad, poder oxidante...).

Electrobiogenesia o electrobiogénesis

Producción, en el curso de un proceso biológico, de una tensión eléctrica (diferencia de potencial) local.

Se ha establecido que en toda célula *viva* existe de modo permanente, entre la parte interna y la parte externa de su membrana, una diferencia de potencial eléctrica del orden de una decena de milivoltios, que aumenta sensiblemente en periodos de actividad («potencial de acción»). Inversamente, la aplicación de una tensión local puede estimular la actividad de la célula. De ello se obtiene una propagación progresiva, al menos como posibilidad, del potencial de acción, lo que hace entrever una relación entre esta propagación del estímulo nervioso a lo largo de la fibra nerviosa y la del «influjo nervioso» psicológico.

Las variaciones del potencial de acción de las células cervicales, corneanas, cardíacas... son fuentes de información acerca del buen o mal funcionamiento de los órganos correspondientes. Pueden recogerse estas variaciones gracias a voltímetros electrónicos, altamente sensibles, amplificarlas y visualizarlas luego en la pantalla de un osciloscopio, o bien registrarlas en papel o banda magnética. Así se obtienen los electroencefalogramas, los retinogramas, los cardiogramas... El origen de la electrobiogénesis se atribuye a fenómenos electroquímicos que se producen en el nivel de las membranas celulares: migraciones de iones por ósmosis a través de las membranas, polarización dieléctrica seguida de despolarización de las moléculas celulares. El conocimiento en profundidad de estos fenómenos, importante desde el punto de vista de las investigaciones biológicas, orientaría con mayor seguridad las aplicaciones terapéuticas de las corrientes eléctricas.

Electrocinética

Rama de la física que tiene por objeto el estudio de las corrientes eléctricas, de las cargas eléctricas en movimiento por tanto (producción, propiedades, aplicaciones). En principio es el complemento de la *electrostática*, estudio de las propiedades de las cargas eléctricas inmóviles. De hecho, con el desarrollo del electromagnetismo, el dominio de la electrocinética se ha restringido convencionalmente. Se estudia la producción de corrientes por medios químicos o térmicos, así como sus propiedades químicas y caloríficas. Pero el estudio de su producción y de sus propiedades magnéticas corresponde al dominio del *electromagnetismo*.

Electrodébil

▶ *Teoría electrodébil*.—Teoría que unifica las *interacciones* electromagnética y débil. Propuesta por Weinberg, Salam y Glashow (Nobel en 1972), esta teoría conduce a suponer la existencia, además del fotón (de masa y carga nulas), de otras tres *partículas mediadoras* o intermediarias, cuyas masas son calculables y que son llamadas W^+, W^- y Z^0. Las ecuaciones que traducen esta teoría hacen intervenir expresiones análogas a las que caracterizan a la corriente electrónica en electrodinámica cuántica. Estas ecuaciones han incitado a definir «corrientes» electrodébiles, corrientes cargadas cuando intervienen W^+ o W^-, corriente neutra cuando la intermediaria es Z^0 (V. figura).

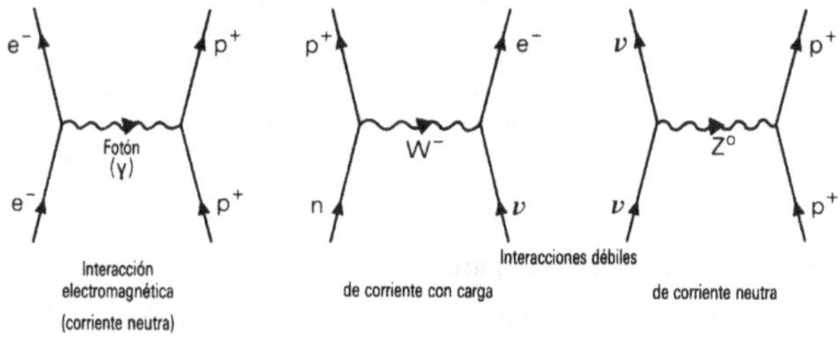

Diversas experiencias, llevadas a cabo en el CERN en 1983, han demostrado la existencia de esas tres partículas intermedias, confirmado los órdenes de magnitud previstos para sus masas y otorgado credibilidad así a la teoría electrodébil.

Electrodinamómetros

Aparatos que sirven para medir una intensidad de corriente eléctrica. Están formados por arrollamientos recorridos por la misma corriente desconocida, fijos los unos y móviles los otros.

Equilibrando con una fuerza o con un par conocidos la acción mecánica sufrida por los arrollamientos móviles se determina la intensidad que se quiere medir.
Algunos electrodinamómetros utilizados en laboratorios especializados se prestan a medidas *absolutas*. Otros, más manejables, son graduados por medio de una intensidad dada y sirven para verificar las graduaciones de los amperímetros.
Los amperímetros y voltímetros *electrodinámicos* usuales son electrodinamómetros robustos de lectura directa.
V. AMPERIO-PATRÓN.

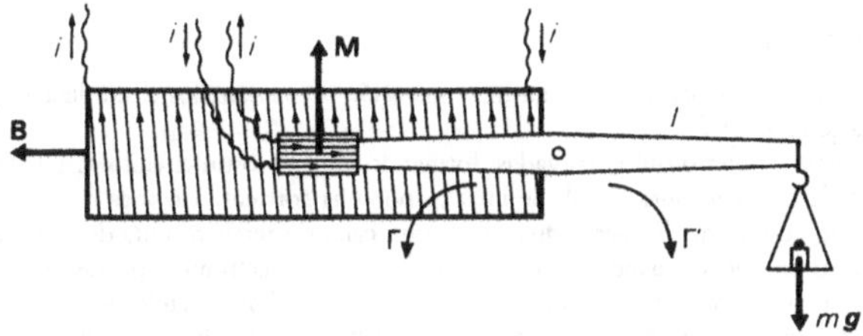

Esquema de principio de un electrodinamómetro-balanza, que sirve para medidas absolutas (Electrodinamómetro de Pellat).

Campo magnético (prácticamente uniforme) en la región central de una larga bobina fija $B = \mu_0 \frac{N}{L} i$

(N espiras en una longitud L).
Momento magnético de una bobina solidaria del ástil de la balanza: $M = nsi$ (*n* espiras de superficie común *s*).
Equilibrio de la balanza: $\Gamma = BM = \Gamma' = mgl$.
Entre la intensidad *i* y la masa *m* existe, por tanto, la relación: $i^2 = Cm$.

La constante $C = \frac{1}{\mu_0} \frac{L}{Nns} gl$ es calculable (μ_0 permeabilidad del vacío).

Electrodo

De dos raíces griegas que significan camino para la electricidad.

Palabra creada por Faraday en 1843.
Pieza de material conductor que sirve para relacionar eléctricamente el interior de un recinto con el exterior (un circuito). El recinto estudiado puede ser una pila, un acumulador, una cuba electrolítica, una válvula electrónica...
Según los casos, los electrodos son de carbón, de grafito artificial por ejemplo, o de metales diferentes: cinc, cobre, hierro, níquel... incluso de hidrógeno (hidrógeno absorbido por una lámina de platino).
El electrodo por el que penetra la corriente en el recinto se denomina *ánodo*, y aquel por el e sale, *cátodo*.
V. DINODO.

Electroforesis

Foresis viene de una raíz griega que significa transporte.

Movimiento de emigración del conjunto de micelas de una solución coloidal cuando se establece un campo eléctrico entre dos electrodos sumergidos en la solución. Este movimiento de

conjunto puede observarse al microscopio. Se superpone a la agitación desordenada del movimiento browniano.
El sentido de desplazamiento de las micelas depende del signo de sus cargas eléctricas; la velocidad media depende del valor de su carga y de otros factores diversos (grosor de las micelas, viscosidad del medio...).
La electroforesis permite, por tanto, separar micelas de cargas y tamaños diferentes. Es utilizada en biología, por ejemplo, para determinar las proporciones de globulinas distintas presentes en un suero sanguíneo.

Electroimanes

Mientras que los imanes conservan una imanación *permanente,* los electroimanes presentan una imanación *temporal.*
Son piezas de hierro dulce, curvadas, formando a menudo un circuito magnético cerrado por medio de una armadura móvil. Se imanan por una corriente eléctrica que pasa por un arrollamiento conductor. El hierro dulce posee un campo coercitivo muy débil, y pierde prácticamente su imanación cuando se corta la corriente. Un electroimán puede, por tanto, a voluntad, atraer o soltar a su armadura. Se encuentran electroimanes en los aparatos elevadores destinados a transportar objetos pesados a corta distancia. Los electroimanes excitan también las oscilaciones de las armaduras vibrantes en los timbres eléctricos, en los auriculares telefónicos, etc. Se les utiliza también para realizar, en su entrehierro, grandes campos magnéticos, sumándose el campo creado por el hierro imantado al de la bobina excitatriz.
V. IMANACIÓN. IMANES, HISTÉRESIS, MAGNETISMO.

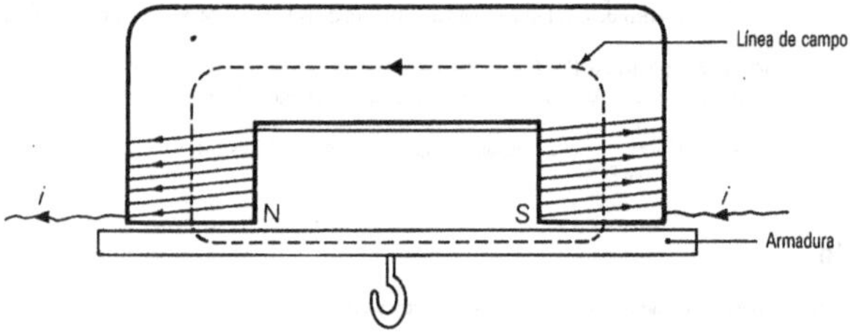

Esquema del electroimán de un elevador

Fuerza de tracción: $F = \frac{B^2S}{2\mu_0}$. S superficie total de los polos.

Ejemplo: Con un campo B = 1 tesla, y piezas polares de 20 cm de diámetro, pueden levantarse 2,5 t.

Electrólisis

Descomposición de una sustancia (análisis) por una corriente eléctrica. Las leyes esenciales del fenómeno fueron establecidas por Faraday experimentalmente, en 1834. Su mecanismo es hoy bastante mejor conocido. Sólo son electrolizables las sustancias de estructura iónica cuando se encuentran en estado líquido o disueltas en un líquido, es decir, cuando sus iones están en libertad para moverse separadamente. Estas sustancias son los *electrólitos.* El agua pura no es un electrólito. Una sal metálica en solución acuosa es electrolizable.
1. Desde el punto de vista cualitativo, la *conducción* de corriente en un electrólito está asegurada por la migración de sus iones (catión y anión) bajo el influjo del campo eléctrico. Éste dirige los primeros hacia el cátodo y los segundos hacia el ánodo. Se producen *transformaciones*

químicas, frecuentemente complejas, en las interfases (electrodo, electrólito). Los aniones, reunidos en el ánodo, ceden a éste sus electrones y sufren lo que en lenguaje químico se llama una *oxidación*. Inversamente, los cationes toman electrones del cátodo y sufren una *reducción*. Los productos que alrededor de los electrodos aparecen, emanaciones gaseosas o depósitos sólidos, son los resultados, directos o indirectos, de estos procesos de oxidación-reducción.
2. Desde el punto de vista cuantitativo, al paso por el circuito exterior de cada mol de electrones corresponde la aparición sobre cada electrodo de una masa de un cuerpo capaz de captar o ceder un mol de electrones, es decir, una masa M/n, donde M es la masa molar y n su carga electrónica. Esto es lo que expresa la ley de Faraday, que da la masa m del cuerpo aparecida en función de la intensidad de la corriente, supuesta constante, y del tiempo de paso t: $m = M \cdot i \cdot t/n \cdot F$. El producto $q = i \cdot t$ mide la cantidad de electricidad que ha atravesado el electrólito. F designa el faraday, carga eléctrica de un mol de electrones (aproximadamente F = 96.500 C).
La masa $m = M/n \cdot F$ de un catión, liberada por el paso de una cantidad de electricidad igual a 1 C ($i \cdot t = 1$) es llamada *equivalente electroquímico* del catión.
La electrólisis se utiliza hoy corrientemente en la industria, para preparar o purificar, por ejemplo, un gran número de productos: hidrógeno, aluminio, cobre, agua de Javel...
V. GALVANOPLASTIA, MOVILIDAD, PORTADOR DE CARGA.

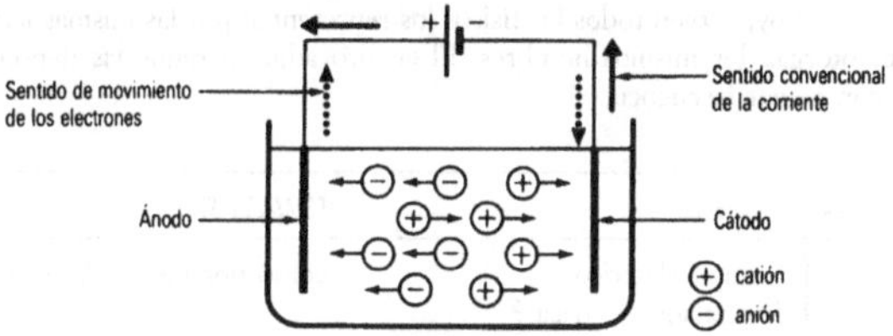

Electrólito

Sinónimo: Sustancia electrolizable.

V. ELECTRÓLISIS.

▶ *Actividad de un electrólito*.—V. LEY DE OSTWALD.

▶ *Electrólito débil*.—V. LEY DE OSTWALD.

▶ *Electrólito fuerte*.—V. LEY DE OSTWALD.

Electroluminescencia

Emisión de luz por parte de ciertas sustancias, sólidas o gaseosas, provocada por una excitación eléctrica. Exponiendo, por ejemplo, a un campo eléctrico alterno granos semiconductores envueltos en un aislante, se comprueba que hay una emisión de luz, cuyo espectro depende del material semiconductor (Efecto Destriau, 1935).

1. Electroluminescencia *por efecto Destriau*

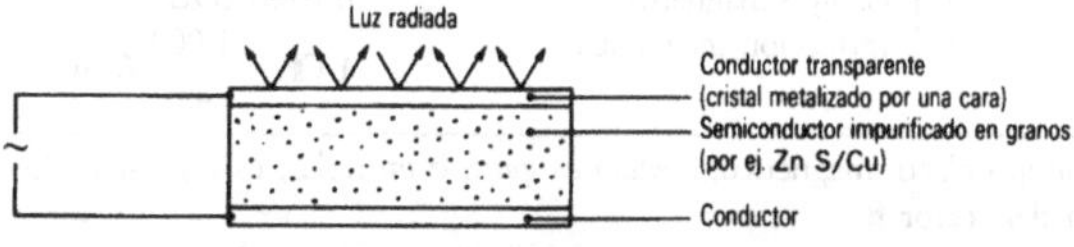

2. Electroluminiscencia *por Inyección*
(inyección aquí de electrones por una
punta metálica en un semiconductor p
(Germanio impurificado con indio)

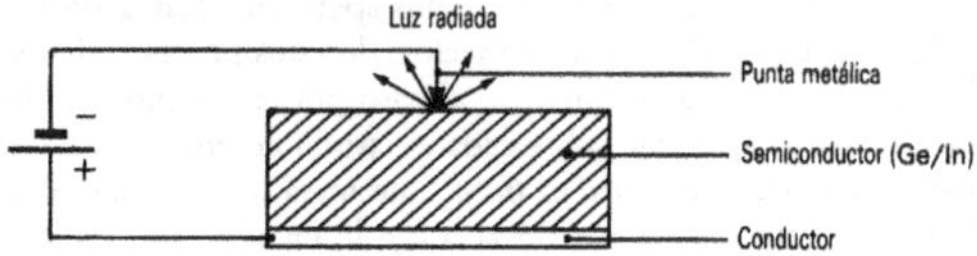

Electromagnéticos

▶ *Vectores electromagnéticos.*–Magnitudes vectoriales que representan las propiedades eléctricas y magnéticas de un medio cualquiera en cada uno de sus puntos. Son ocho: cuatro vectores eléctricos, **E**, $\mathbf{M}_e$, $\mathbf{P}_e$, **D**, y cuatro vectores magnéticos, **B**, $\mathbf{M}_m$, $\mathbf{P}_m$, **H**.
Sus denominaciones sucesivas han variado al compás de las sucesivas teorías del electromagnetismo. Aún hoy, si bien todos los físicos los representan por las mismas letras simbólicas, no todos les otorgan los mismos nombres. El cuadro adjunto reúne las denominaciones que se utilizan con mayor frecuencia.

Símbolos		*Denominaciones*	*Unidades SI*
E	 o	Campo eléctrico Excitación eléctrica ?	voltio por metro (V/m o Vm^{-1})
$\mathbf{M}_e$		Momento eléctrico	culombio · metro (C · m)
$\mathbf{P}_e$		Polarización eléctrica	culombio · metro cuadrado (C · m $^{-2}$)
D	 o	Desplazamiento eléctrico Inducción eléctrica ?	(C · m^{-2})
B	 o o	Campo magnético Inducción magnética Campo de inducción magnética	tesla (T) (unidad c.g.s.e.m.: gauss (G) 1 G = 10^{-4} T)
$\mathbf{M}_m$		Momento magnético	amperio · metro cuadrado (A · m^2)
$\mathbf{P}_m$ o **J**	 o	Polarización magnética Intensidad de imanación (volúmica)	amperio por metro (A/m)
H	 o o o	Desplazamiento magnético Excitación magnética ? Campo magnético ? Inducción magnética ?	A/m (unidad c.g.s.e.m.: œrsted (OE) $1\ Œ = \frac{1.000}{4\pi}$ A/m

El campo electromagnético, *medido en gauss* o en teslas, es representado a veces como **H**. Se trata del vector **B**.

Cualquiera que sea el medio observado, la fuerza que se ejerce sobre una carga puntual q, que está situada en un cierto instante en un punto M y animada de una velocidad $\mathbf{v}$ (en el sistema de referencia del laboratorio) viene dada por la fórmula de Lorentz:

$$f = q[\mathbf{E}(M) + \mathbf{v} \wedge \mathbf{B}(M)]$$

Parece, por consiguiente, coherente que los vectores **E** y **B** reciban los nombres de campo eléctrico y campo magnético (en la teoría relativista son las dos componentes del campo electromagnético).
En un medio material, caracterizado en cada punto por un polarización eléctrica $\mathbf{P}_e$ y una polarización magnética $\mathbf{P}_m$, las expresiones de diversas relaciones del electromagnetismo adquieren una forma más sencilla si se reemplazan **E** y **B** por las dos magnitudes auxiliares **D** y **H**, definidas por las relaciones: $\mathbf{D} = \varepsilon_0\mathbf{E} + \mathbf{P}_e$; $\mathbf{H} = \mathbf{B}/\mu_0 - \mathbf{P}_m$ (ε_0 permisividad del vacío; μ_0 permeabilidad del vacío).
Maxwell, a quien se debe la definición del vector **D**, lo llamó desplazamiento eléctrico. Muchos autores proponen conservar esta denominación y llamar, por analogía, vector desplazamiento magnético al vector **H**.
V. GAUGE ELECTROMAGNÉTICA, RELACIÓN DE MAXWELL-AMPÈRE, RELACIÓN DE MAXWELL-FARADAY.

Electromagnetismo

Rama de la física que estudia las interacciones entre cargas eléctricas en movimiento.
El electromagnetismo nació cuando la experiencia de Oersted (1820) demostró de manera concluyente e inesperada que una corriente eléctrica crea en torno suyo un campo magnético, capaz de orientar una aguja magnética como podría hacerlo un imán. En los años que siguieron, diversas experiencias, entre ellas las de Ampère, estudiaron la estructura de los campos magnéticos creados por corrientes eléctricas, lo que condujo a la hipótesis de que los campos magnéticos en las proximidades de los imanes es debida a corrientes eléctricas particulares localizadas en la materia imantada. Las interacciones entre corrientes, entre corrientes e imanes y entre imanes, resultan, por tanto, interacciones entre cargas eléctricas en movimiento en definitiva.
Además, en 1831, Faraday descubrió el fenómeno de la inducción, en el que podemos ver cómo campos magnéticos variables crean en torno suyo campos eléctricos, y, en torno a 1850, Maxwell demostró inversamente la aparición de campos magnéticos variables por influjo de campos eléctricos asimismo variables.
Las ecuaciones de Maxwell reúnen todos estos resultados bajo una forma matemática concisa; sirvieron, además, para abrir el camino a un nuevo capítulo del electromagnetismo: el estudio de las *ondas electromagnéticas*.
V. CAMPO ELECTROMAGNÉTICO, ELECTROMAGNÉTICOS, FUERZA DE LAPLACE, FUERZA DE LORENTZ, INTERACCIONES FUNDAMENTALES, LEY DE BIOT Y SAVART, LEY DE FARADAY, RELACIÓN DE MAXWELL-AMPÈRE, RELACIÓN DE MAXWELL-FARADAY, TEOREMA DE AMPÈRE.

Electrómetros

Aparatos destinados a medir la *diferencia de potencial*, continua o alterna. Al contrario que los voltímetros, los electrómetros no utilizan las leyes de la corriente eléctrica. Son, en efecto, condensadores planos o cilíndricos, una de cuyas armaduras es móvil. Equilibrando la fuerza —o el par— que se ejerce sobre ella con una fuerza —o un par— conocidas, se deduce el valor de la tensión desconocida establecida entre las armaduras. Según su estructura, estos aparatos permiten medir tensiones elevadas (varios millares de voltios) o pequeñas (una fracción de voltio). Los electrómetros de condensadores calculables se prestan para realizar medidas absolutas.

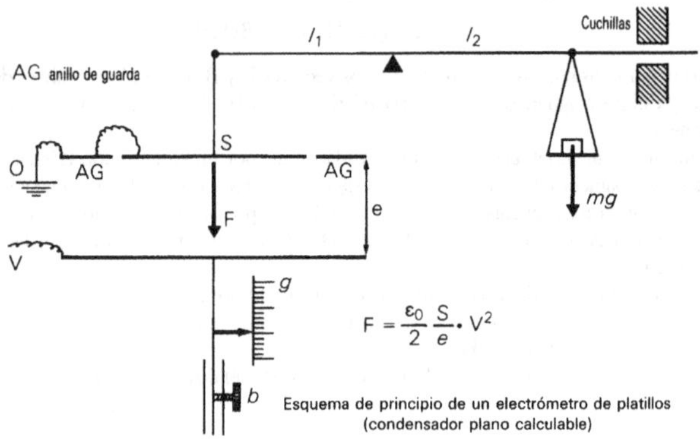

Esquema de principio de un electrómetro de platillos (condensador plano calculable)

El equilibrio de este dispositivo es inestable.
Habiendo puesto la masa *m* sobre la balanza, la armadura inferior se alza lentamente. En el equilibrio, el ástil abandona la cuchilla. Se lee el valor de *e* sobre la graduación *g*.
Con este instrumento se pueden medir tensiones continuas del orden del kilovoltio.

Electrón (símbolo e, o e−)

Sinónimo: Negatón.

Partícula elemental que forma parte de la familia de los leptones (V. cuadro de partículas subnucleares).
Su masa propia, 9,911 · 10^{-31} kg (o 0,511 MeV/c^2), hace de ella la más ligera entre las partículas conocidas, dejando aparte aquellas cuya masa propia parece ser prácticamente nula (fotones, neutrinos).
También su carga eléctrica, 1,602 10^{-19} C (ver experiencia de Millikan), es la más pequeña de las cargas conocidas, y parece representar la carga elemental, en el sentido de que la carga de todos los corpúsculos aislables (núcleos, iones, partículas...) es múltiplo de esa cantidad. Se utiliza corrientemente como unidad. Prescindiendo del signo, es igual a la del protón. Convencionalmente la carga del protón se considera positiva y la del electrón negativa. Su spin, $s = \frac{1}{2}$, hace del electrón un fermión. A ese spin está asociado un momento magnético que vale aproximadamente un magnetón de Bohr.
Partículas que entran en la constitución de todos los átomos, los electrones forman alrededor de los núcleos «enjambres» o «nubes» electrónicas, cuyo comportamiento está regido por la Mecánica cuántica. Se sabe que estas nubes electrónicas son responsables de los distintos enlaces entre átomos.
Los electrones pueden ser extraídos de la materia, bien espontáneamente (radiactividad beta), bien por un efecto artificial (efectos termoeléctrico, fotoeléctrico...). Los electrones lanzados en el vacío (V. CAÑÓN DE ELECTRONES) o desplazándose en el seno de los cuerpos materiales originan las «corrientes eléctricas». El estudio de sus movimientos constituye una parte importante de la física: la electrónica.
Prevista por la teoría de Dirac, la existencia de antielectrones es ahora un hecho establecido

experimentalmente. El electrón es llamado a veces *negatón*, mientras que el antielectrón (símbolo ē, o e^+) es llamado positrón o *positón*.
Ninguna desintegración, de negatón o de positón, ha sido constatada jamás. Pero este último tiene una existencia efímera. Encuentra rápidamente un negatón y se aniquilan mutuamente, originando una desmaterialización. Inversamente, el negatón tendría una vida efímera en un universo antimaterial.

▶ *Electrón Auger.*—V. EFECTO AUGER.

▶ *Electrón desapareado.*—V. CONFIGURACIÓN ELECTRÓNICA.

▶ *Electrón óptico.*—Electrón que pertenece a la capa periférica de la nube electrónica de un átomo, débilmente ligado al núcleo por consiguiente. Sus transiciones dan rayas de emisión o de absorción situadas en el *espectro luminoso* (infrarrojo, visible o ultravioleta); de ahí su nombre.

▶ *Electrón de valencia.*—V. ELECTRÓN ÓPTICO.

Electrones

▶ *Electrones apareados.*—V. CONFIGURACIONES ELECTRÓNICAS.

Electronvoltio (símbolo eV)

Unidad de energía utilizada principalmente a escala atómica o subatómica. Es la energía cinética adquirida por un corpúsculo cuya carga eléctrica es igual a la de un electrón sometido a una diferencia de potencial eléctrica de un voltio. 1 eV ≃ 1,60219 10^{-19} J.
Se utilizan muy frecuentemente los múltiplos del electronvoltio: 1 keV = 10^3 eV; 1 MeV = 10^6 eV; 1 GeV = 10^9 eV (el gigaelectronvoltio [GeV] es llamado billonelectronvoltio [BeV] en los Estados Unidos).
El electronvoltio sirve igualmente como unidad de masa, en virtud de la relación de Einstein $E = mc^2$. *Ejemplo:* La masa m_e del electrón vale aproximadamente 0,5 MeV; es más correcto escribir $m_e \simeq 0,5$ MeV/c^2. Se utiliza también como unidad de temperatura. 1 eV representa en ese caso una temperatura próxima a 8.000 K.

Electro-ópticos

▶ *Efectos electro-ópticos.*—Fenómenos que son consecuencia de la acción de un campo eléctrico sobre la estructura de un medio a escala atómica, y que a nuestra escala se manifiestan por una modificación de las propiedades ópticas de ese medio.
Es el caso, en particular, del efecto *Kerr* —birrefringencia eléctrica— y del efecto *Stark* —modificación del espectro de emisión de una sustancia cuando está sometida a un campo eléctrico.

Electroscopio

Aparato destinado a descubrir y medir cargas o tensiones eléctricas. Tiene dos hojas conductoras muy delgadas, de oro o de aluminio, fijas al extremo inferior de un vástago metálico, formando el conjunto un conductor encerrado en el interior de una ampolla de vidrio, eléctricamente aislada por tanto. El extremo superior del vástago es exterior a la botella. Cuando aparece una carga sobre las láminas, éstas se separan una de otra bajo el efecto de las fuerzas de repulsión. En el equilibrio forman entre ellas un ángulo tanto mayor cuanto mayor es la carga —o, correlativamente, cuanto mayor es la tensión conductor-botella—. Es indispensable graduarlo previamente.

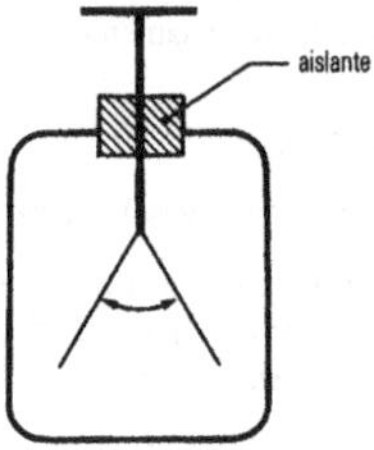

Electrostática

Rama de la Física que tiene como objeto el estudio de los fenómenos que se siguen de la presencia, en una región del espacio determinada, de *cargas eléctricas inmóviles*.
En todo punto de esa región existe un campo eléctrico independiente del tiempo. Es un *campo electrostático*.
V. ELECTRICIDAD.

Electrostricción

Un dieléctrico, mantenido a una temperatura constante y bajo una presión exterior, se *contrae* cuando se le somete a un campo electrostático, por ejemplo si se le coloca entre las armaduras de un condensador cargado. El análisis del fenómeno muestra que su origen está en la polarización del dieléctrico.
Si éste es un fluido cuya permisividad vale ε y cuyo coeficiente de compresibilidad isotermo es χ_T, se demuestra que, al establecerse un campo eléctrico **E**, se produce una contracción y, por tanto, un aumento de la densidad ρ: $\Delta\rho/\rho = \frac{1}{2}\chi_T(\varepsilon - \varepsilon_0)\cdot E^2$; ε_0 permitividad del vacío.
Puede decirse también que en todo punto del dieléctrico aparece una sobrepresión de origen eléctrico:

$$\Delta P = \Delta\rho/\rho \cdot 1/\chi_T = \frac{1}{2}(\varepsilon - \varepsilon_0)\, E^2.$$

La contracción es, en realidad, muy pequeña. Ha sido estudiada experimentalmente (por Pauthenier) por medio de procedimientos interferométricos. Es necesario un campo del orden de 10^7 V/m para obtener una variación relativa del orden del centenar de pascales (2 mbar).

Electroterapia

Se han empleado y se emplean actualmente distintos tipos de corrientes eléctricas para obtener efectos terapéuticos.
Los tratamientos por corrientes *alternas de alta frecuencia* fueron los primeros en utilizarse, bajo el nombre de darsonvalización (1895). Su energía puede ser absorbida para producir un calentamiento local. Se han utilizado igualmente corrientes *alternas de baja frecuencia* (corrientes farádicas). Hoy se emplean con frecuencia las corrientes continuas. Los estimuladores cardíacos son fuentes de corriente continua convenientemente ritmados. Algunas alteraciones de la

piel son tratadas por medio de la absorción local del ión yoduro (I^-), lo que se hace por *electrólisis* de una disolución adecuada, sirviendo la piel como ánodo...
La radiografía, la ecografía ultrasónica... son técnicas de exploración y no de tratamiento.
V. ELECTROBIOGÉNESIS.

Elementos correspondientes

Cuando dos cuerpos conductores están en *equilibrio electrostático*, cada *tubo de campo* que parte de uno de los conductores para acabar en el otro conductor delimita sobre ambos cuerpos dos elementos de superficie s y s'. Son dos *elementos correspondientes*. Un teorema establece que sus cargas q y q' son iguales y de signos opuestos: $q + q' = 0$. (Siempre a un potencial mayor el conductor sobre el que está la carga positiva.)

Elongación

Designa en Mecánica la abscisa (lineal, angular...) en un instante dado de un móvil animado de movimiento periódico.
Ejemplo: Si el movimiento es sinusoidal, de expresión $x = a$ sen ωt, x es la elongación en el instante t. Su valor máximo es a, amplitud del movimiento.
Por analogía, cuando se trata de variaciones periódicas de una magnitud y perteneciente a otro dominio de la física (electricidad, óptica...), la magnitud variable y es llamada elongación.

Emanación

Antigua denominación del *radón*, elemento de número atómico 86: $_{86}Rn$. Pertenece a la familia química de los gases nobles, es un cuerpo gaseoso que fue observado por primera vez en los productos de desintegración radiactiva del radio: de ahí su nombre primitivo.

Emisión

▶ *Emisión estimulada*.—Emisión de una onda electromagnética bajo el influjo de una onda de la misma frecuencia que atraviesa la sustancia emisora.
En un recinto en el que se encuentran presentes una sustancia material y una radiación electromagnética (la sustancia puede ser la pared del recinto simplemente) se establece un equilibrio termodinámico gracias a intercambios mutuos de energía, estadísticamente compensados, entre materia y radiación. El reparto energético espectral de la radiación se rige en ese caso por la ley de Planck (V. RADIACIÓN NEGRA).
Un análisis del balance de esos cambios (Einstein, 1917) demostró que no basta, para justificar la ley de Planck, hacer uso del fenómeno de *absorción*, por una parte, ni del fenómeno, por otra, de *emisión espontánea*, durante el cual un átomo de la sustancia que se encontrara en el nivel E_2 pasaría espontáneamente al nivel E_1 emitiendo un fotón de frecuencia $\nu = (E_2 - E_1)/h$ (h = constante de Planck). Es necesario admitir la existencia de un tercer fenómeno, la *emisión inducida*, *estimulada* por un fotón incidente si la frecuencia de éste vale precisamente $(E_2 - E_1)/h$. Si se admite que la intensidad de esta emisión inducida (número de fotones emitidos por segundo) es proporcional a la población N_2 del nivel energético superior y a la densidad espectral del flujo energético inductor u_ν: $(-dN_2/dt = kN_2\, u_\nu)$, el balance de los cambios, debidos por una parte a la absorción, por otra a la emisión espontánea y por otra a la estimulada, conduce efectivamente a la ley de Planck.
La importancia relativa de las emisiones espontánea e inducida depende del dominio de frecuencias observado. La emisión estimulada es preponderante en el reino hertziano, y la emi-

sión espontánea, en los dominios luminoso, X y γ, a menos que se modifique la relación entre las poblaciones de los diferentes niveles por un medio apropiado.

Estos fenómenos fueron estudiados con posterioridad, tanto experimental como teóricamente, y reencontrados en mecánica cuántica. Se ha establecido, en particular, que, contrariamente a las ondas emitidas espontáneamente (cuyas características –dirección de propagación, fase inicial– varían de modo aleatorio), una onda estimulada posee exactamente las características de la onda inductora: la misma frecuencia, la misma fase, la misma dirección y sentido idéntico, el mismo estado de polarización, etc.

Estos últimos resultados explican la importancia del fenómeno de emisión estimulada en la producción de radiación coherente: *máser* y *láser*.

V. INVERSIÓN DE POBLACIÓN, BOMBEO ÓPTICO.

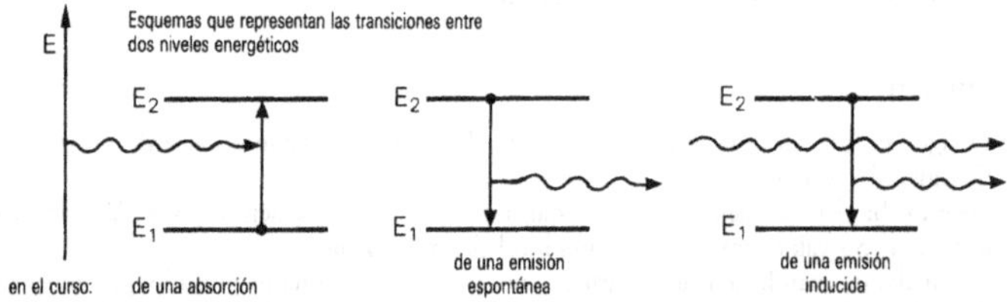

▶ *Factor de emisión (o Emisión direccional espectral).*—Relación ε_λ entre la *luminancia espectral energética* l_λ de una fuente de radiaciones en un punto dado de su superficie, y la luminancia espectral energética l^0_λ de un cuerpo negro, tomadas ambas a una misma temperatura T: $\varepsilon_\lambda = l_\lambda / l^0_\lambda$. Este factor depende, naturalmente, de λ y de T, pero puede igualmente depender de la dirección de emisión (de donde viene su nombre completo).

Si la fuente emite por radiación puramente térmica, su factor de emisión ε_λ es igual a su factor de absorción α_λ (ley de Kirchhoff).

Emisividad

V. FACTOR DE EMISIÓN.

Emitancia

V. RADIANCIA.

Empuje

▶ *Empuje de Arquímedes.*—V. LEY DE ARQUÍMEDES.

▶ *Empuje de un motor a reacción.*—Fuerza que se ejerce sobre un vehículo (avión, cohete, satélite...) y cuyo origen es la reacción sobre el vehículo de los gases expulsados por sus motores. Se demuestra que es proporcional al caudal másico del gas, dm/dt, y a su velocidad de eyección u (velocidad con respecto al cohete): $F = u \cdot \frac{dm}{dt}$.

Ejemplo: La salida del cohete Ariane está asegurada por los cuatro motores de su primera etapa, alimentados por una mezcla líquida de hidracina y de dióxido de nitrógeno, y que desarrollan (durante 142,4 s.) un empuje total de $248 \cdot 10^4$ N (aproximadamente 248 toneladas peso) (el caudal másico es cercano a 1.000 kg/s, y la velocidad de salida de los gases próxima a 2,5 km/s).

Se podrá, sin duda, en un futuro aún imprevisible, obtener empujes equivalentes con un caudal gaseoso menos importante, cuando sepamos obtener velocidades de eyección mayores; quizá reemplazando los gases resultantes de reacciones químicas por partículas electrizadas, obtenidas por ionización y aceleradas mediante un campo eléctrico.
V. COHETE, PROPULSIÓN POR REACCIÓN.

▶ *Centro de empuje*.—V. LEY DE ARQUÍMEDES.

Enantiomorfos

De dos raíces griegas que significan de formas opuestas.

Califica a dos fragmentos cristalinos de una misma sustancia, ópticamente activa, que son *inversos ópticos* uno con respecto al otro. Tales muestras presentan habitualmente particularidades en sus formas cristalinas exteriores, que hacen que éstas sean simétricas entre sí con respecto a un plano (no superponibles por tanto): de ahí su nombre.
V. POLARIZACIÓN ROTATORIA.

Encanto

Nombre asignado a uno de los números cuánticos de los distintos *quarks*. Un quark «encantado» tiene un número cuántico de encanto +1, y su antipartícula −1.

Endo-

Prefijo griego que significa dentro.

▶ *Endoenergético*.—V. BALANCE ENERGÉTICO.

▶ *Endotérmico*.—V. CALOR DE TRANSFORMACIÓN.

Energética

Nombre propuesto varias veces para la termodinámica, ciencia de los cambios y de las conversiones mutuas entre todas las formas de energía (y no solamente de las energías térmica y mecánica, tal como la palabra termodinámica puede hacer crecer). Se ha objetado que la termodinámica se basa en dos pilares tan importantes el uno como el otro: la energía y la entropía.

Energía

Raíces griegas que significan (fuerza) en acción.

Utilizada, parece ser, en el lenguaje científico por J. Bernouilli por vez primera (en 1717) y reintroducida por Th. Young en 1807, esta palabra ha reemplazado progresivamente a las antiguas expresiones fuerza viva y fuerza motriz. Una definición clara fue dada por Maxwell (1891): «La energía es la capacidad de un sistema para realizar un trabajo mecánico.»
En el lenguaje actual de la física, la palabra energía viene acompañada casi siempre de un calificativo, que precisa la naturaleza del proceso en cuyo curso puede hacerse efectivo ese trabajo. *Ejemplo:* Una mezcla de gasolina y aire contiene energía química. Eso quiere decir que, como consecuencia de una eventual reacción química —combustión de la gasolina en el oxígeno del aire—, podríamos obtener un trabajo. Cualquiera que sea el proceso por el cual se manifiesta, una energía se mide siempre en las mismas unidades que el trabajo, julios, kilovatios-hora, electronvoltios... (V. también tep). El estudio de las transformaciones de la energía tér-

mica en trabajo es el origen de la termodinámica, que se ocupa hoy, de un modo más general, de todos los modos de conversión entre sí de las diferentes formas de energía.

Señalemos que este concepto de energía, una vez formulado, ha dado lugar a polémicas, hoy desfasadas. Citemos, por ejemplo, a Ostwald (1910), quien entonces veía la energía como el fundamento de toda doctrina científica, y la oponía al atomismo que él rechazaba. La actual ley sobre equivalencia entre materia y energía establece que la materia no es más que una concreción de energía.

Desde el punto de vista económico, se sabe la importancia que se reconoce hoy a la energía. El trabajo mecánico, que se obtenía en las sociedades primitivas de los esclavos y de las bestias domésticas esencialmente, se obtiene hoy de un cierto número de fuentes de energía, activamente buscadas y explotadas; fuentes de energías fósiles (carbones, petróleos, gases naturales), de energías renovables (hidráulica, solar directa, eólica...) o, por fin, energías nucleares (geotérmica, fisión, tal vez mañana fusión).

V. CONSERVACIÓN DE LA ENERGÍA.

▶ *Conservación de la energía.*—«La energía total de un sistema aislado mantiene un valor constante, cualesquiera que sean las pequeñas o grandes transformaciones que se produzcan dentro del mismo.»

Esta ley apareció en principio como una consecuencia de una proposición conocida en mecánica con el nombre de «teorema de las fuerzas vivas»: «La variación entre dos instantes de la mitad de la fuerza viva T de un sólido en movimiento es igual al trabajo efectuado entre esos dos instantes por las fuerzas exteriores que se ejercen sobre el sólido.» Si el sólido está aislado ese trabajo es nulo, y se encuentra una *ley de conservación* de T, que Young propuso llamar *energía cinética* del móvil.

Pero la observación cotidiana muestra que en la realidad la energía cinética de un cuerpo en movimiento disminuye siempre, aunque el trabajo de las fuerzas exteriores sea aparentemente nulo. Una rueda simétrica que gira «en el aire» alrededor de un eje fijo termina siempre por pararse. Pero el eje se calienta. El mérito de la termodinámica es haber sugerido que esos calentamientos traducen la creación de una *energía térmica* que compensa con exactitud la «pérdida» de energía mecánica.

Más generalmente se fueron adquiriendo y delimitando nuevos conceptos y nuevos tipos de energía, que pueden convertirse unos en otros: energías cinética, potencial, térmica, química, eléctrica, electromagnética, de masa... En cada uno de los casos, la ley de conservación de la energía, aparentemente amenazada —a veces algunos se han encontrado muy próximos abandonarla—, ha sido, contrariamente, confirmada en cada caso.

Esta ley parece, por tanto, regir todas las transformaciones físico-químicas. Ningún hecho ha venido a invalidarla, ni a nuestra escala ni a las escalas de lo infinitamente grande o lo infinitamente pequeño.

V. CONSERVACIÓN DE LA MASA, NEUTRINO, TEOREMA DE NOETHER.

▶ *Degradación de la energía.*—La experiencia demuestra que es posible transformar *íntegramente* cualquier otra forma de energía en energía (de agitación) térmica desordenada, en calor para ser más concisos. Actuando sobre los frenos de un vehículo puede transformarse totalmente en calor su energía cinética. En un radiador eléctrico, la energía eléctrica se transforma en energía térmica. *La inversa es imposible.* Ciertamente se puede, en una máquina térmica, convertir el calor en trabajo, pero con un rendimiento siempre inferior a la unidad. Es igualmente conocido, por fin, que en toda evolución real —y por tanto irreversible— de un sistema cualquiera, una parte de la energía puesta en juego se «disipa» en forma de calor, a consecuencia sobre todo de rozamientos indeseables e inevitables. El calentamiento de los motores eléctricos es un ejemplo de ello.

Por todas estas razones fue costumbre, en una cierta época, afirmar que si el primer principio de la termodinámica proclama la equivalencia cuantitativa de calor y trabajo, el segundo establece que el calor es una forma de energía jerárquicamente inferior cualitativamente, «degradada»; y que toda transformación real es, por consiguiente, un proceso de degradación de la energía. Era, evidentemente, una traducción intuitiva muy reducida de lo que nos enseña el segundo principio de la termodinámica.

▶ *Energía de activación.*—Energía mínimo que debe poseer un corpúsculo para producir una transformación físico-química.
Ejemplo: En un recinto se encuentran dos tipos de moléculas, en agitación térmica y pudiendo interactuar químicamente. La experiencia muestra que su velocidad de reacción a escala macroscópica es casi siempre una función creciente de la temperatura T impuesta al conjunto, pero que crece menos rápidamente que la energía media de los choques individuales. Arrhenius pudo demostrar (en 1889) que los resultados experimentales pueden ser explicados si se admite que sólo son eficaces los choques entre las moléculas cuyos niveles energéticos son superiores a un valor mínimo E. De ello se deduce la fórmula, llamada de Arrhenius, que da la ley de variación de una velocidad de reacción en función de la temperatura: $v = v_\infty \cdot \exp(-E/RT)$, donde v_∞ es el límite al que tiende v cuando T aumenta, R la constante de los gases perfectos y E la energía de activación, propia de las moléculas estudiadas.

▶ *Energía atómica.*—V. ENERGÍA DE MASA, ENERGÍA NUCLEAR.

▶ *Energía cinética.*—Energía que posee un cuerpo en movimiento por el hecho mismo de moverse (es la antigua fuerza viva).
Se demuestra que un punto material de masa m animado de una velocidad v en un instante determinado, en un sistema de referencia R, posee en ese instante y en ese referencial una energía cinética $E_c = \frac{1}{2} mv^2$ en mecánica newtoniana, y $E_c = mc^2(\gamma - 1)$, con $\gamma = (1 - v^2/c^2)^{-\frac{1}{2}}$ en mecánica relativista, con c igual a la velocidad de la luz.
En la aproximación newtoniana ($v \ll c$), este último resultado equivale a $E_c \simeq \frac{1}{2} mv^2$.
La de un cuerpo no puntual se obtiene sumando las energías cinéticas de los elementos casi puntuales que lo constituyen.
Ejemplos: 1 / El cálculo demuestra que la energía cinética newtoniana de un cuerpo cualquiera, de masa global M, animado de una velocidad de traslación v tiene por valor $\frac{1}{2} Mv^2$. Así la energía cinética de un vehículo de 1.000 kg de masa, animado de una velocidad de 72 km/h (20 m/s), vale 200 kJ. Es la energía que podría adquirir si cayera sin velocidad inicial desde una altura de 20 m (6 pisos).
2 / La energía cinética newtoniana de un móvil que gira alrededor de un eje fijo, rotor de un alternador por ejemplo, tiene como expresión $E_c = \frac{1}{2} I\omega^2$, siendo I su momento de inercia con respecto al eje de rotación y ω su velocidad angular de rotación.
3 / La de un sólido en rotación en torno a un punto fijo 0 (giróscopo, por ejemplo), vale $E_c = \mathbf{H} \cdot \omega$, siendo **H** su momento cinético en 0 y ω su vector velocidad angular instantánea en el instante considerado.
V. ENERGÍA INTERNA, TEOREMA DE LA ENERGÍA CINÉTICA, TEOREMA DE KOENIG.

▶ *Energía electrocinética.*—Cuando un corpúsculo que lleva una carga eléctrica q se desplaza entre dos puntos A y A' bajo la acción de un campo eléctrico **E**, la fuerza responsable del movimiento $\boldsymbol{f} = q\mathbf{E}$ produce el trabajo eléctrico $W = \int_A^{A'} q\mathbf{E}\mathbf{d} \cdot \boldsymbol{dl}$. Si el campo deriva de un potencial V, $W = q(V - V')$, siendo V y V' los valores del potencial en A y A'. Se observa que ese trabajo es igual a la disminución de la cantidad qV, que aquí se desempeña como una energía potencial eléctrica. Se dice a veces que $q(V - V')$ mide la energía eléctrica «disponible» entre A y A′.

Si el corpúsculo se desplaza en el vacío, resulta de ello un aumento de su energía cinética (V. CAÑÓN DE ELECTRONES, ELECTRONVOLTIO). En un conductor pasivo de resistencia r esa energía se *disipa* en forma de energía térmica por efecto Joule. En un receptor reaparece bajo otra forma de energía (mecánica, química...). Se observará que en un circuito que comprende generadores y receptores la energía electrocinética es solamente un intermediario. La suma de las energías eléctricas *suministradas* por los generadores, tras su conversión desde alguna otra forma de energía, es igual a la suma de las energías eléctricas *consumidas* por los receptores, para su conversión en otras formas de energía, y de la energía *disipada* en el conjunto del circuito.

V. f.e.m., f.c.e.m.

▶ *Energía electromagnética.*—Energía repartida en todo medio en el que se propaga una onda electromagnética, por tanto, un campo electromagnético (**E**, **B**). En torno a un punto M de ese medio se encuentra localizada en un instante dado una energía cuya densidad volúmica local tiene por expresión general: $e_{em} = \frac{1}{2}(\mathbf{E}\cdot\mathbf{D} + \mathbf{B}\cdot\mathbf{H})$, donde **E** y **B** son los vectores componentes del campo electromagnético, **D** y **H** los vectores desplazamiento (o excitación) eléctrica y magnética en el punto M y en el instante.

Si en este medio son válidas las relaciones lineales $\mathbf{D} = \varepsilon\mathbf{E}$ y $\mathbf{H} = \mu^{-1}\mathbf{B}$ —es el caso del vacío, por ejemplo—, la densidad volúmica de energía electromagnética local se escribe:

$$e_{em} = \frac{1}{2}(\varepsilon E^2 + B^2/\mu),$$ donde ε es la permisividad y μ la permeabilidad del medio.

V. LOCALIZACIÓN DE LA ENERGÍA, ONDA ELECTROMAGNÉTICA, VECTOR DE POYNTING.

▶ *Energía electrostática.*—Energía de un conjunto de cargas en equilibrio. Es igual, por definición, al trabajo que podría recuperarse si se alejaran infinitamente las cargas unas de otras por medio de una transformación isoterma reversible. Se trata, por tanto, de una «energía libre», desde criterios termodinámicos.

El cálculo da para ella la expresión general: $E_{es} = \frac{1}{2}\int V \cdot dQ$; V es el potencial electrostático creado en un punto cualquiera M por el conjunto de las cargas, dQ la carga libre contenida en un elemento de volumen (o de superficie) que rodee M; la suma se extiende a todo el volumen y a toda la superficie que contiene cargas libres.

Ejemplo: Sobre conductores inmóviles llevados, respectivamente, a potenciales V_i, se reparten cargas en equilibrio Q_i ($i = 1, 2, 3, ..., n$; n número de conductores). Su energía electrostática vale: $E_{es} = \frac{1}{2}\Sigma Q_i \cdot V_i$.

V. LOCALIZACIÓN DE LA ENERGÍA.

▶ *Energía de enlace.*—En microfísica, la energía interna de un sistema estable formado por la asociación de varios corpúsculos es siempre inferior a la energía conjunta de esos corpúsculos cuando se hallan separados unos de otros. La misma existencia de un edificio común implica, en efecto, que esos corpúsculos se ejercen entre sí fuerzas atractivas, y que hay que suministrar, por tanto, un *trabajo para alejarlos unos de otros*. Este trabajo mide exactamente el exceso entre la energía de los corpúsculos separados $\Sigma m_i \cdot c^2$ y la energía mc^2 de su edificio común. Mide convencionalmente la *energía de enlace* del sistema: $E_E = \Sigma m_i \cdot c^2 - mc^2$ (V. EQUIVALENCIA MASA-ENERGÍA).

Es importante, por ejemplo, conocer la energía de enlace en el interior de los núcleos atómicos, si se quiere prever el valor de la energía que se puede esperar tras una reacción de fisión o fusión nuclear. Con este fin se ha determinado para cada núclido, conteniendo A nucleones, *la energía de enlace media por nucleón* E_E/A. Los resultados vienen representados en la *curva de Aston* (fig. 1). Si se conviene en representar en ordenadas la energía de enlace por nucleón E_E/A, de cada núclido, tomando como origen la energía de los corpúsculos completamente separados (V. ENERGÍA MUTUA), se obtiene la misma curva, pero invertida (fig. 2). *Ejemplo de aplicación:* la reacción de fusión del deuterio y del tritio se escribe así: $^2D + ^3T \rightarrow ^4He + ^1n$. Para calcular la energía ΔE que hay que *dar* al sistema, puede imaginarse un proceso simple (fig. 3) (ΔE no depende, en efecto, del proceso de evolución, primer principio de la termodinámica). Se obtiene: $\Delta E \simeq 2 \cdot 1{,}1 + 3 \cdot 2{,}7 - 4 \cdot 7 = -17{,}7$. La reacción que estudiamos es, por tanto, exoenergética y *libera* alrededor de 17,7 MeV por núcleo de helio formado.

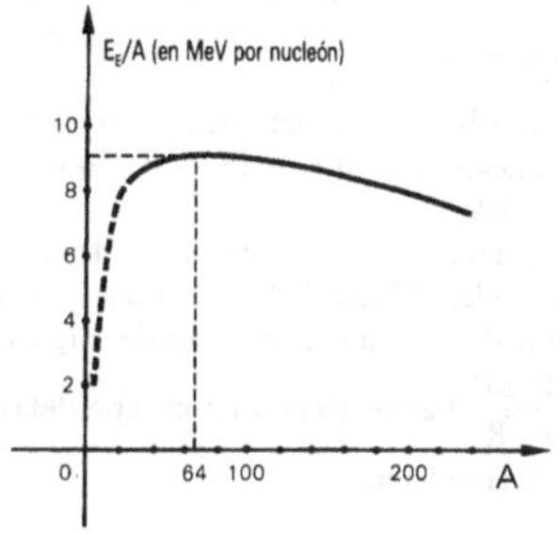

Curva de Aston (aspecto general)

FIG. 1

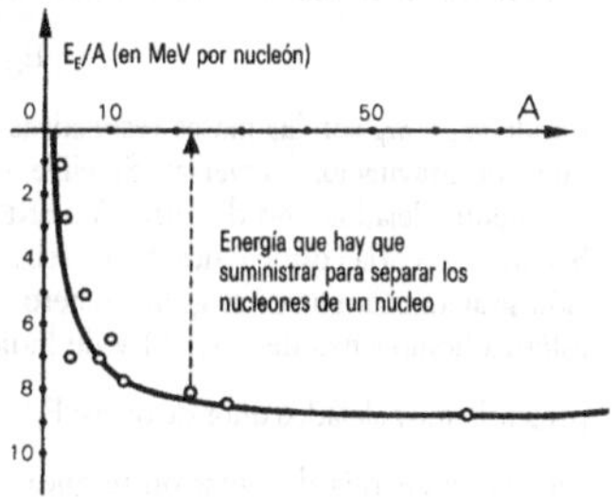

FIG. 2

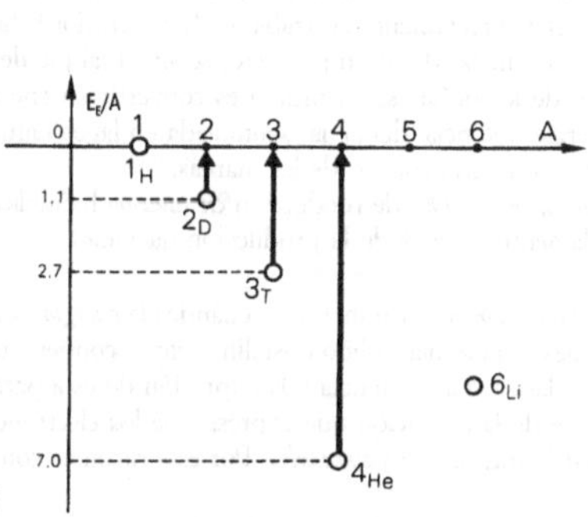

FIG. 3

▶ *Energía geotérmica*.—Energía térmica de ciertas rocas situadas más o menos profundamente en la corteza terrestre (entre algunos centenares y algunos millares de metros). Las fuentes termales y los géiseres son pruebas de su existencia.

Su origen se atribuye al calentamiento de las rocas a consecuencia de la desintegración de los elementos radiactivos que la constituyen parcialmente (K 40, Th 232, U 235).

Se extrae por medio de una circulación de agua o de vapor de agua, y es utilizada directamente, para el caldeo de las habitaciones, o indirectamente, tras su conversión en energía eléctrica. Su interés económico depende de circunstancias locales, temperaturas y profundidad de las rocas de un modo especial. La búsqueda de emplazamientos favorables acompaña frecuentemente a las prospecciones petrolíferas.

▶ *Energía gravitacional (o gravitatoria).*—Energía potencial de un cuerpo material A ubicado en un campo gravitatorio.
Ejemplos: 1 / Se llama a veces «energía gravífica» a la energía potencial de un cuerpo sometido al campo gravitatorio terrestre. En una región de dimensiones suficientemente reducidas como para que pueda considerarse uniforme g, la energía gravífica de un cuerpo de masa m, situado a una altura h por encima de un origen arbitrariamente elegido vale, simplemente, $E_p = mgh$. Es igual al trabajo que efectuaría el peso del cuerpo si éste cayera desde la altura h hasta la altura cero. Este trabajo puede ser aprovechado si el movimiento de caída arrastra una máquina adecuada. Tal es el origen de la energía hidraúlica que se obtiene al pie de los saltos de agua.
2 / Si el campo lo crea un cierto cuerpo B, y si A y B son ambas dos esferas homogéneas, se demuestra en el marco de la mecánica newtoniana que la energía gravitacional de A vale:

$$E_G = -Gm_A\, m_B/r$$

donde m_A y m_B son las masas respectivas de A y B, r la distancia entre sus centros y G la constante de gravitación universal. Se elige arbitrariamente $E_G = 0$ cuando los cuerpos están infinitamente alejados uno del otro (V. ENERGÍA MUTUA).
Según una teoría cosmológica, las estrellas se habrían formado a consecuencia de la mutua atracción gravitatoria entre un gran número de corpúsculos. El cálculo da, para una aglomeración esférica homogénea de masa M y de radio R formado por un gran número de corpúsculos, en principio muy alejados unos de otros: $E_G = -G\frac{3}{5}\cdot\frac{M^2}{R}$. La energía gravitatoria «perdida» se convertiría en energía de agitación térmica y en energía radiante.

▶ *Energía hidraúlica.*—Los molinos de agua, en los que la energía cinética o potencial de los ríos se convertía directamente en trabajo (de trituración), hoy son tan sólo un recuerdo. Las fábricas actuales, instaladas o en proyecto, se sitúan al pie de presas de contención, en la orilla de los ríos o de los océanos. Su misión es convertir en energía eléctrica, fácilmente transportable, la energía potencial del agua, acumulada en lagos naturales o artificiales, o la energía cinética del curso de las aguas, o de las mareas.
Las previsiones, para 1990, de producción de energía hidráulica en España fueron de 14,79 Mtec (aproximadamente el 26 % de la producción nacional).

▶ *Energía de intercambio.*—En mecánica cuántica la *energía total* de un edificio que contiene muchos electrones —molécula, sólido cristalino, etc.— contiene un término aditivo sin equivalente en mecánica clásica. La existencia y la expresión de esta parte de la energía total resultan matemáticamente de la condición que expresa que los electrones son partículas indiscernibles en el conjunto del edificio, *intercambiables*. Por esta razón es conocida como *energía de intercambio*.

▶ *Energía interna.*—Función de estado, representada en general por U, asociada a todo sistema material, y cuya existencia se postula en el *primer principio de la termodinámica*.
La teoría cinética de los gases, completada por la mecánica relativista, da una interpretación. U es la suma:
1 / De las energías cinéticas que corresponden a los movimientos desordenados del conjunto de corpúsculos que constituyen el sistema; 2 / de las energías mutuas, si existen, de todos los corpúsculos; 3 / de sus energías de masa.
El caso más simple es el de los gases perfectos, en los cuales sólo se tienen en cuenta las energías cinéticas de agitación de moléculas puntuales, idénticas e independientes. Se demuestra que U depende en ese caso exclusivamente de la temperatura (primera ley de Joule).
De hecho, en las transformaciones estudiadas en termodinámica, sólo importan las variaciones

de energía interna. En física macroscópica las energías de masa de los corpúsculos se suponen constantes y no representan ningún papel. No sucede lo mismo en física microscópica.
V. BALANCE ENERGÉTICO, ENERGÍA LIBRE.

▶ *Energía de ionización.*—Energía mínima necesaria para *ionizar* un átomo, o un grupo de átomos, que se encuentran primitivamente en su estado fundamental; es decir, para arrancarle un electrón (primera energía de ionización), un segundo electrón (segunda energía de ionización), etcétera, (W_1, W_2...).
Se determinan estas energías o bien por interpretación de un espectro de emisión o de absorción, o bien a través de una experiencia directa (V. EXPERIENCIA DE FRANCK Y HERTZ). El cuadro adjunto da algunos ejemplos de valores numéricos de diversas energías de ionización. Entre las primeras energías de ionización, señalemos que las más pequeñas corresponden a los metales alcalinos (3,7 eV para el francio) y las más grandes corresponden a los gases nobles (24,6 eV para el helio).

Cuadro

		Configuración electrónica (estado fundamental)	W_1	W_2	W_3	W_4	W_5	W_6
Hidrógeno	$_1H$	$1s^1$	13,5					
Helio	$_2He$	$1s^2$	24,6	54,2				
Litio	$_3Li$	$1s^2\ 2s^1$	5,4	72	122			
.....								
Carbono	$_6C$	$1s^2\ 2s^2\ 2p^2$	11,2	24,3	46	64	400	500
.....								

W_1: Energía primera de ionización, medida en electronvoltios.
W_2: Energía segunda de ionización, etc.

▶ *Energía libre o función de Helmholtz.*—Función de estado, representada por F, asociada a todo sistema material y definida por la relación $F = U - TS$, donde U es la energía interna del sistema, S su entropía y T la temperatura (absoluta).
Se demuestra que el trabajo máximo dW que un sistema puede suministrar al medio externo en el curso de una evolución reversible e isoterma es precisamente igual a la disminución correspondiente de la función F, de ahí el nombre de esta función: $dW = -dF$.
Por oposición, se llama a veces al complemento, $U - F$, energía ligada.
V. POTENCIALES TERMODINÁMICOS.

▶ *Energía magnetostática.*—Energía de un conjunto de corrientes eléctricas continuas que circulan en conductores inmóviles (los eventuales imanes pueden sustituirse por corrientes amperianas equivalentes).
Como la energía electrostática, la energía magnetostática es una energía libre. Es igual al trabajo que podemos obtener si todas las intensidades caen al valor cero en el curso de una transformación isoterma y reversible (trabajo hipotético).
Ejemplo: La energía de una corriente de intensidad I que circula en un circuito *filiforme* y solitario cuyo *coeficiente de autoinducción* es L vale:

$$E_{ms} = \frac{1}{2} LI^2 = \frac{1}{2} \Phi^2/L = \frac{1}{2} \Phi \cdot I ;$$

$\Phi = LI$ es el flujo magnetostático que atraviesa el circuito. Para un conjunto de circuitos parecidos, en presencia unos de otros $E_{ms} = \frac{1}{2} \sum_i \Phi_i \cdot I_i$; Φ_i es aquí el flujo a través del circuito C_i debido al campo magnético creado por todas las corrientes.

Con más generalidad si en un medio *continuo* de volumen τ puede definirse en cada punto un vector densidad de corriente **J**, la energía magnetostática en ese medio vale $E_{ms} = \frac{1}{2} \iiint_\tau \mathbf{A} \cdot \mathbf{J}\, d\tau$, siendo **A** el potencial vector del que deriva el campo magnético **B**, en un punto tomado en el elemento de volumen $d\tau$.

V. LOCALIZACIÓN DE LA ENERGÍA.

▶ *Energía de masa.*—La relatividad restringida atribuye a todo corpúsculo, y más generalmente a todo sistema material, cuya masa (en reposo) vale m, una energía que depende solamente de esa masa y que es llamada «energía de masa». Su valor viene dado por la *fórmula de Einstein*: $E = mc^2$ (c = constante relativista $\simeq 3 \cdot 10^8$ m/s) (V. ENERGÍA TOTAL).

En microfísica, este hecho justifica que podamos dar la masa de un corpúsculo dando su energía equivalente. Se dice, por ejemplo, que la masa de un protón vale 938 MeV.

Cuando un sistema pierde energía dE, por radiación por ejemplo, su masa disminuye en $dm = dE/c^2$. El cálculo demuestra que si pudiéramos liberar íntegramente la energía de masa, podríamos obtener alrededor de 25 millones de kilovatios-hora por gramo de materia (el equivalente de 2.000 toneladas de petróleo).

V. BALANCE ENERGÉTICO, CONSERVACIÓN DE LA MASA, DEFECTO DE MASA, ENERGÍA NUCLEAR.

▶ *Energía mecánica.*—Suma de las energías cinética y potencial de un móvil en un sistema de referencia dado: $E_m = E_c + E_p$.

V. ENERGÍA TOTAL, TEOREMA DE LA ENERGÍA CINÉTICA.

▶ *Energía mutua.*—Cuando existe entre dos cuerpos una interacción a distancia de cualquier naturaleza, la energía potencial de A en el campo creado por B es igual a la energía potencial de B en el campo creado por A. Este valor común es llamado *energía mutua* del par A, B.

Ejemplo: A y B son dos cargas eléctricas puntuales de valores q_A y q_B, situadas en el vacío a una distancia r una de otra. Su energía mutua, teniendo en cuenta la interacción culombiana,

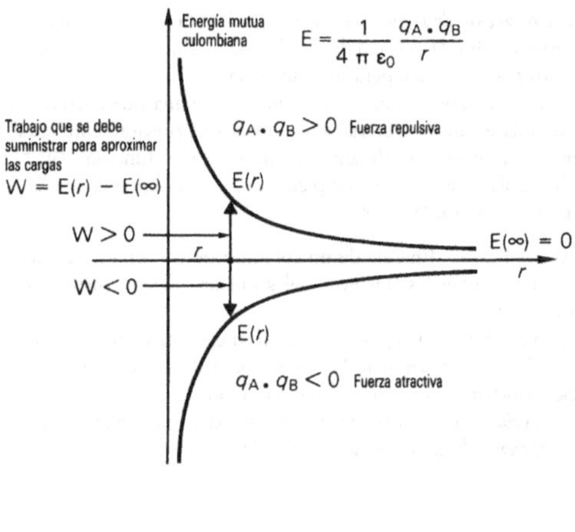

vale $E = (1/4\pi\varepsilon_0)\ (q_A \cdot q_B/r) + C$. La constante arbitraria C es nula si se elige E = 0 para *r* infinito (ε_0 permitividad del vacío). E es positiva o negativa según que las cargas sean del mismo signo ($q_A \cdot q_B > 0$) o de signo contrario ($q_A \cdot q_B < 0$). Con la condición de contar como positivo el trabajo realmente suministrado al sistema, podemos decir, en ambos casos, que la energía mutua es el trabajo suministrado cuando las dos cargas, en principio muy alejadas entre sí, son llevadas a sus posiciones actuales. El movimiento debe ser suficientemente lento para no otorgar a las cargas energía cinética. Ese trabajo se recupera si las cargas se alejan de nuevo.

▶ *Energía nuclear.*—Energía que se libera en el curso de una reacción nuclear exoenergética, principalmente en las reacciones de fisión o fusión. Es el equivalente energético de la pérdida de masa del sistema reaccionante (V. BALANCE ENERGÉTICO). *Ejemplo:* la energía liberada en la fisión de un núcleo de uranio 235 vale alrededor de 200 MeV. No confudir con la energía de masa de un núcleo. La energía de masa del núcleo ^{235}U es del orden de $2{,}2 \cdot 10^5$ MeV (1.100 veces superior).
V. BALANCE ENERGÉTICO, ENERGÍA DE ENLACE, FISIÓN, FUSIÓN.

▶ *Energía potencial.*—Paralelamente a la expresión *fuerza viva* que anteriormente designaba a la energía cinética, la energía potencial se denominaba *fuerza muerta*. Se trata realmente de una parte de la energía mecánica de un sistema que no depende de su movimiento, sino de su estado actual (posición, forma, dimensiones...), y que el sistema puede conservar, en reserva, mientras que permanece en el mismo estado. Esta energía es igual al trabajo que ha sido invertido para llevar el sistema a su estado actual a partir de un estado de referencia elegido previa y arbitrariamente. Este mismo trabajo puede ser recuperado cuando el sistema es libre de regresar a su estado de referencia.
Ejemplo: Un cuerpo de peso mg se encuentra a una altura *h* sobre un cierto nivel de referencia 0. Tiene en reserva una energía potencial $E_p = mgh$. Es el valor del trabajo realizado para elevar el cuerpo y del trabajo que puede realizar el cuerpo si vuelve al nivel 0, cualquiera que sea además el camino seguido.
Estas definiciones no tienen interés más que si es posible, después de haber elegido un estado de referencia, atribuir a la energía potencial un valor preciso y unívoco, independiente de los estados intermedios, pudiendo estos estados variar de una experiencia a otra. El estudio matemático de la cuestión demuestra que esto sucede así cuando el sistema está bajo la acción de un campo que deriva de un *potencial escalar*.
V. PRIMER PRINCIPIO DE LA TERMODINÁMICA.

▶ *Energía radiante.*—Energía transportada por una radiación electromagnética. V. ENERGÍA ELECTROMAGNÉTICA.

▶ *Energía solar.*—La industria explota corrientemente la energía fósil acumulada en el curso de milenios bajo la forma de carbones o hidrocarburos, y la energía de los cursos de agua. Son de hecho productos indirectos de la radiación solar. Pero la expresión *energía solar* designa con más precisión hoy la energía proveniente del sol que se desearía transformar directamente en energía explotable.
La Tierra recibe, *como media*, 1,4 kW/m^2 fuera de la atmósfera y alrededor de 1 kW/m^2 a nivel del suelo, teniendo en cuenta la absorción atmosférica. Este último resultado es conocido bajo el nombre de «constante solar».
Para utilizar directamente esta energía son posibles diversos procesos:
1 / Utilizando el *efecto invernadero* puede obtenerse fácilmente agua medianamente caliente, adecuada para diversos usos.
2 / Por medio de espejos dispuestos convenientemente se puede *concentrar* la radiación solar, sea en una *caldera* en la que el agua se vaporiza para dar a continuación, en un turbo-alterna-

dor, energía eléctrica, sea en un *horno* en el que una elevada temperatura permite realizaciones metalúrgicas de interés.
3 / Puede, por fin, obtenerse energía eléctrica directamente por conversión de la radiación solar en las *fotopilas* o pilas fotovoltaicas.
Todos estos procedimientos son utilizados de hecho. El último, en particular, que es el más prometedor, se usa en los satélites artificiales. El rendimiento energético de las fotopilas que actualmente sabemos construir (alrededor del 10 %) es considerado insuficiente, sin embargo, para realizaciones a gran escala. V. CICLOS TERMONUCLEARES.

▶ *Energía superficial.*—Energía localizada en el conjunto de moléculas de un líquido situadas en su superficie libre, o en la superficie de separación con otro cuerpo distinto del aire.
Se ha establecido que para un líquido dado en contacto con otro cuerpo, en condiciones de temperatura y presión dadas, la energía superficial E es proporcional al área S de la superficie en contacto: $E = A \cdot S$. La magnitud A es la *constante de energía superficial* del líquido en las condiciones especificadas. A se mide en Julios por metro cuadrado (J/m^2) (V. TENSIÓN SUPERFICIAL).
Ejemplo: Una burbuja de jabón en el extremo de un tubo hueco exige para crecer que se le sople desde el tubo, y que se realice trabajo sobre ella por consiguiente. Éste es el trabajo que se almacena bajo el aspecto de energía superficial en la doble membrana líquida de la pompa, que se comporta como una pequeña membrana elástica. Una pompa de 2 cm de radio contiene una energía superficial que vale alrededor de $2 \cdot 10^{-4}$ J, equivalente al trabajo necesario para elevar un gramo a 2 cm. solamente.
En termodinámica, si un líquido, sometido a una presión p y que recibe una cantidad de calor δQ sufre una transformación elemental que se traduce por una variación dV de su volumen y dS de su superficie, se escribe: $dU = -p\,dV + A\,dS + \delta Q$.
V. CAPILARIDAD, LEY DE LAPLACE.

▶ *Energía térmica.*—Suma de las energías de agitación desordenada de los corpúsculos constituyentes de un sistema, medidos en su referencial baricéntrico. Es una de las componentes de su energía interna.
Esta energía es función creciente de la temperatura del sistema, lo que explica que reciba el nombre, casi siempre, de energía *térmica*.
V. EQUIPARTICIÓN DE LA ENERGÍA.

▶ *Energía termonuclear.*—V. FUSIÓN NUCLEAR CONTROLADA.

▶ *Energía total.*—1 / En mecánica relativista un corpúsculo de masa en reposo m, animado de una velocidad v en un referencial determinado, posee una energía cinética $E_c = mc^2(\gamma - 1) = \gamma mc^2 - mc^2$, con $\gamma = (1 - v^2/c^2)^{-1/2}$. Ello incita a escribir: $E_t = mc^2 + E_c = \gamma mc^2$.
E_t es la *energía total* del corpúsculo, lo que se justifica como sigue:
Si la velocidad del corpúsculo v es muy inferior a la velocidad de la luz $c (v \ll c)$, entonces $E_t \simeq mc^2 + \frac{1}{2}mv^2$, y, en el límite, si $v = 0$, desaparece la energía cinética $\frac{1}{2}mv^2$, pero el corpúsculo posee aún una energía no nula $E_0 = mc^2$. Es su *energía de masa*.
Más generalmente, la energía total de un sistema de corpúsculos es igual a la suma de sus energías de masa, de sus energías cinéticas y, eventualmente, de sus energías potenciales (V. Anexo 2).
2 / En termodinámica, la energía total de un sistema es la suma de su energía interna y de su energía cinética: $E_t = U + E_c$.
V. CONSERVACIÓN DE LA ENERGÍA, PRIMER PRINCIPIO DE LA TERMODINÁMICA.

▶ *Energía utilizable.*—V. ENERGÍA LIBRE.

▶ *Equipartición de la energía.*—En un sistema material constituido por un conjunto de corpúsculos, la energía de agitación térmica del sistema se reparte por igual: cada corpúsculo posee, por cada uno de sus grados de libertad, la misma energía media en el tiempo: $e_1 = \frac{1}{2} kT$ (k = constante de Boltzmann, T = temperatura termodinámica del sistema).
Ejemplo: En un gas perfecto de moléculas poliatómicas, la energía de cada molécula es la suma de sus energías cinéticas de traslación, de rotación y de las energías —cinética y potencial— de vibración de sus átomos. El principio de equipartición le asigna en consecuencia la energía media: $e = (3 + r + 2v) \cdot \frac{1}{2} kT$. 3 es el número de grados de libertad de traslación, r el de rotación (variable con la estructura de la molécula), v el de vibraciones atómicas.
Se demuestra que esta ley, inspirada en los resultados experimentales acerca de los *calores molares de los gases*, se obtiene matemáticamente, en el marco de la estadística clásica, de la forma cuadrática de la expresión que da la energía de un conjunto de corpúsculos en función de sus coordenadas en el espacio de las fases.
V. LEY DE DULONG Y PETIT.

▶ *Localización de la energía.*—Las energías electrostática y magnetostática pueden calcularse en función de las cargas Q, o de las corrientes I. Se obtiene, por ejemplo, para un conductor solitario que lleva la carga Q y posee una capacidad C: $E_e = \frac{1}{2} Q^2/C$, y para una corriente de intensidad I circulando en un circuito filiforme y aislado de autoinducción L: $E_m = \frac{1}{2} LI^2$.
Pero estas mismas energías pueden expresarse igualmente en función de los campos electrostático **E** o magnético **B**, creados por cargas y corrientes en todos los puntos del medio que las rodea. Se encuentra entonces que todo elemento de volumen dv de ese medio contendría una energía elemental $dE = e \cdot dv$, designando por e la densidad volúmica local de energía.
Así, en electrostática, si el medio que rodea las cargas eléctricas es un dieléctrico isótropo perfecto, de permitividad ε: $e_e = \frac{1}{2} \varepsilon E^2$, y en magnetostática, si el medio es para (o dia) magnético, isótropo y perfecto, de permeabilidad μ: $e_m = \frac{1}{2} B^2/\mu$.
Sumando todas estas energías elementales contenidas en cada uno de los elementos de volumen del medio observado se encuentra, cada vez, las ya conocidas expresiones de la energía en función de las cargas o las corrientes. Esa es una notable equivalencia matemática.
Mientras se trate de cargas o corrientes constantes, no se puede elegir entre los dos puntos de vista: energía ligada a las cargas y a las corrientes que desaparece con ellas, o ligada a los campos eléctrico o magnético y repartida en el espacio circundante. El estudio de la energía electromagnética, creada por campos variables, demuestra que esta energía se transmite con una velocidad finita, y que continúa existiendo y propagándose incluso cuando las cargas y corrientes originarias se han anulado. Esto conduce a pensar que el segundo punto de vista es el único que responde a los hechos experimentales. Hay que admitir, por tanto, que las energías estudiadas se localizan en los medios que rodean a cargas y corrientes, y corresponden a *perturbaciones* de esos medios, perturbaciones representadas localmente por los campos **E** y **B** (incluso cuando el medio o uno de los medios es el «vacío»).

▶ *Teorema de la energía cinética.*—«El trabajo efectuado entre dos instantes t_1 y t_2 por el conjunto de fuerzas que actúan sobre un sistema material, en movimiento en un referencial inercial, es igual al incremento de la energía cinética del sistema entre esos dos instantes: $W_e + W_i = (E_c)_2 - (E_c)_1$.»

W_e designa el trabajo de las fuerzas exteriores, W_i el de las fuerzas interiores. Este teorema es una consecuencia directa de los principios de la mecánica (newtoniana o relativista).
En un sistema deformable, sucede con frecuencia que las fuerzas interiores derivan de un potencial escalar E_p. En este caso, el trabajo W_i es igual a la disminución del escalar E_p: $W_i = (E_p)_1 = (E_p)_2$, y la expresión del teorema puede escribirse:

$$W_e = (E_c + E_p)_2 - (E_c + E_p)_1.$$

Si se conviene en llamar energía *potencial* a la magnitud E_p y «energía mecánica» a la suma de $E_c + E_p$, el teorema expresa que el trabajo suministrado por el exterior vuelve a encontrarse como incremento de la energía mecánica del sistema.
En el caso particular de un sistema *aislado* ($W_e = 0$), la energía mecánica se conserva en el curso del movimiento. Decimos que se trata de un sistema *conservativo*. Pero la experiencia enseña que la energía mecánica de un sistema real aislado disminuye progresivamente en el curso del tiempo, mientras que el sistema se calienta. Un sistema real es siempre *disipativo*.
Ejemplo: La energía mecánica de un péndulo de gravedad oscilando en el campo gravitatorio terrestre —péndulo y Tierra constituyen un sistema deformable, aislado en primera aproximación— se conserva durante mucho tiempo si los rozamientos (rozamientos con el eje, resistencia del aire) son inexistentes. Pero su movimiento se amortigua rápidamente si esos rozamientos son importantes.
V. CONSERVACIÓN DE LA ENERGÍA, EQUIVALENCIA CALOR-TRABAJO.

▶ *Transporte de energía.*—Las fuentes importantes de energía (centrales hidráulicas, nucleares, tal vez mañana solares...) se encuentran generalmente alejadas de las zonas urbanas de gran consumo. La energía eléctrica, bajo la forma de corriente alterna, se presta a un transporte cómodo y económico, incluso a grandes o muy grandes distancias (centenares, a veces millares de kilómetros). Las pérdidas en la línea por efecto Joule, hoy por hoy inevitables (¿en espera de los cables superconductores?), pueden, en efecto, ser llevadas a valores aceptables. Siendo $P(= UI)$ la potencia que se quiere transportar (I es la intensidad eficaz en la línea de resistencia r, U la tensión eficaz entre los dos cables a la salida de la línea), la pérdida por efecto Joule vale $p = rP^2/U^2$. Se ve que p es inversamente proporcional al cuadrado de U. Se puede fácilmente modificar U por medio de *transformadores*, y recordemos que éstos son aparatos que no conllevan ningún órgano móvil y que no necesitan mantenimiento y vigilancia continuos. La red nacional está acoplada con la del resto de los países europeos, y todos sus alternadores están sincronizados. El conjunto está formado por líneas de muy alta tensión (400 kV) para los *cambios* de energía interregionales, por líneas de media o alta tensión (63, 90, 225 kV) que aseguran el *reparto* de energía en el interior de una misma región, y de líneas por fin de baja tensión (220 V) encargadas de la distribución de la energía en los domicilios. Los transformadores de alta y de baja son los encargados de la conexión entre las diferentes líneas.

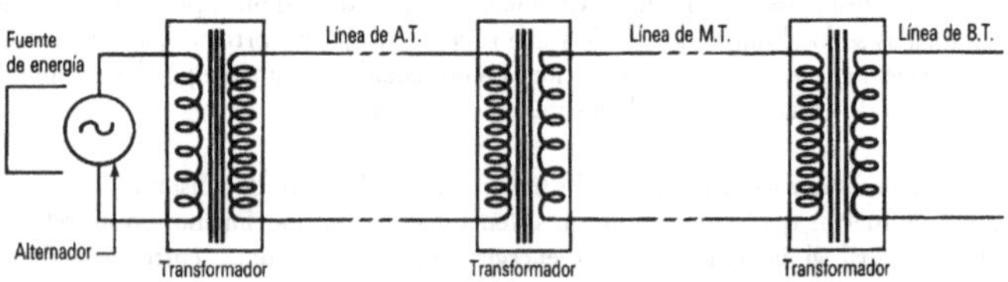

Energías

▶ *Física de altas energías.*—Para arrancar un electrón de un átomo basta una energía del orden de algunos electronvoltios (eV) (V. ENERGÍA DE IONIZACIÓN). Es el reino energético de las reacciones químicas. Se pueden realizar transmutaciones nucleares utilizando como proyectiles corpúsculos cuya energía es del orden de los megaelectronvoltios (MeV) (V. EXPERIENCIA DE RUTHERFORD). Es el dominio energético de la química nuclear. Romper una partícula subnuclear exige una energía del orden del gigaelectronvoltio (GeV): en este nivel comienza la física de altas energías, o física de partículas.

Enriquecimiento

▶ *Enriquecimiento de uranio.*—Los reactores nucleares de distintos tipos utilizan uranio, ya sea natural o más o menos enriquecido en el isótopo 235, el único fisible. Para los del tipo de agua ligera es suficiente con una abundancia en este isótopo del 3 %; los reactores superregeneradores exigen abundancias del orden del 20 %, y hay que llegar más allá del 90 % para cubrir las necesidades militares.

Se han estudiado y se estudian diversos mecanismos de enriquecimiento, utilizando todos los fenómenos químicos y físicos del problema general de la «separación de isótopos». El procedimiento «calutrón», basado en el principio de funcionamiento del «espectrógrafo de masas», se utilizó para la obtención de decenas de kilogramos de uranio 235 al 99 % de las primeras bombas A. Su coste era prohibitivo, y fue abandonado. Se han utilizado otros procedimientos. En Francia, por ejemplo, se utiliza con exclusividad la «efusión gaseosa» (V. figura), aunque está en estudio un proceso puramente químico: la efusión es un procedimiento industrial largo y costoso y hay una sola fábrica (Pierrelatte) equipada para ello. En Alemania se utiliza el procedimiento de enriquecimiento por ultracentrifugación, etc.

V. EFUSIÓN GASEOSA.

Paso a través de una pared porosa de una mezcla de fluoruros gaseosos
(Esquema de principio)

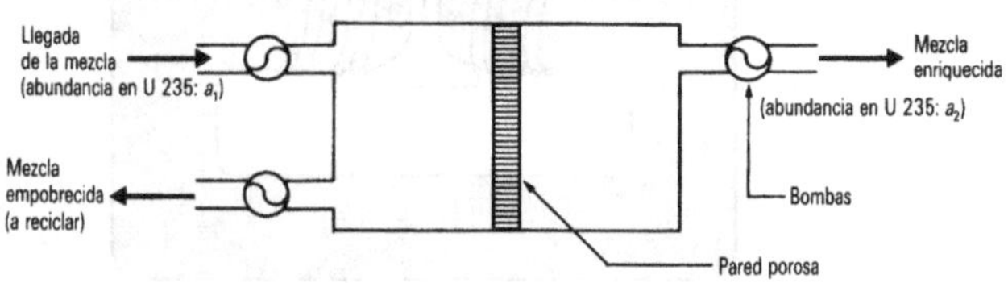

El cociente o razón de enriquecimiento por paso a través de una celdilla, $\alpha = a_2/a_1$, es pequeño (la ley de Graham da, aproximadamente, 1,004). Son precisas millares de celdillas para obtener los enriquecimientos deseados.

Entalpía

Raíces griegas que significan calor recibido.

La *entalpía* H de un sistema (llamada a veces también calor total, siendo H la inicial del inglés *Heat*) se define, a partir de la energía interna U, por la relación: H = U + PV, donde P y V son la presión y el volumen del sistema.

Es una magnitud extensiva y se mide en julios.

Su propiedad esencial, y la que le ha valido el nombre, es que su aumento ΔH_p en el curso de una transformación isóbara e isoterma es igual al calor recibido por el sistema, a condición,

sin embargo, de que el trabajo que éste intercambia con el exterior se reduzca a un trabajo de compresión. $\Delta H_p = (H_2 - H_1)_p = Q_p$.
V. CALOR DE TRANSFORMACIÓN, DIAGRAMA DE MOLLIER, ENTALPÍA LIBRE.

▶ *Entalpía libre.–Sinónimo:* Energía libre de Gibbs o Función de Gibbs: Función de estado, representada por G, y definida a partir de las funciones entalpía H y entropía S por la relación G = H − TS, siendo T la temperatura del sistema en la escala termodinámica. Es una magnitud extensiva y se mide en julios.
G juega el papel de *potencial termodinámico* para las transformaciones que se producen a *temperatura* y *presión constantes*. Es el caso de un gran número de transformaciones físicas, químicas y biológicas.
V. EQUILIBRIO TERMODINÁMICO, LEY DE ACCIÓN DE MASAS, POTENCIAL QUÍMICO.

Entrehierro

Región situada en el aire entre los dos polos de un imán o de un electroimán. El entrehierro introduce en el *circuito magnético* del imán o del electroimán una reluctancia importante. Para obtener en el entrehierro del electroimán un campo magnético intenso es necesaria, por tanto, una corriente de excitación muy fuerte. Se cita el caso del electroimán de Bellevue, que exige una corriente de 400 A para la obtención de un campo que vale alrededor de 5 T en un entrehierro de una veintena de centímetros cúbicos.
La *estructura de campo* en un entrehierro depende de la forma de las superficies polares enfrentadas. El campo es prácticamente uniforme si esas superficies son planas, paralelas y están próximas una a la otra. Algunas experiencias, por ejemplo la experiencia de Stern y Gerlach, exigen campos magnéticos no uniformes (inhomogéneos). Para obtener estos campos hay que dar a las piezas polares formas adecuadas.

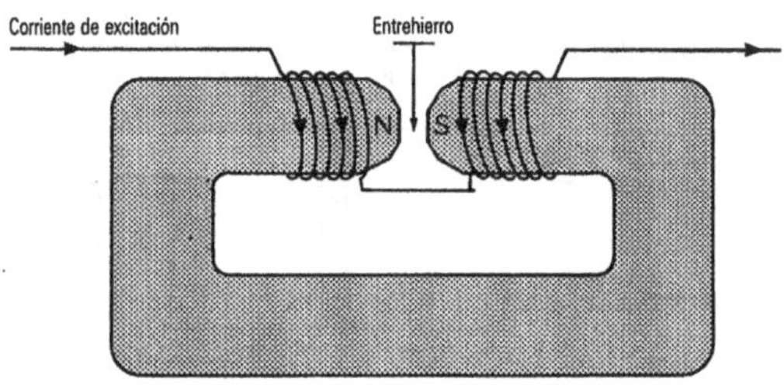

Entropía

Función de estado utilizada en Termodinámica, representada universalmente por la letra S y de la cual uno de los mayores focos de interés radica en la siguiente propiedad. Contrariamente a la energía, la entropía no es conservativa; toda evolución, en el curso del tiempo, espontánea y real de un sistema aislado cualquiera se produce necesariamente en el sentido que conlleva un *aumento* de su entropía.
Se ha podido decir que la entropía representa objetivamente la «flecha del tiempo».
1 / *Definición histórica:* La existencia de la función entropía apareció en principio como consecuencia matemática de la igualdad de Clausius. Se deduce de ella, efectivamente, que cuando un sistema puede evolucionar *reversiblemente* de diferentes maneras entre dos estados de equilibrio, A y B, si llamamos δQ a la cantidad de calor elemental que recibe cuando está en con-

tacto con una fuente de calor de temperatura T, la cantidad $\int_A^B \frac{\delta Q}{T}$ depende exclusivamente de sus extremos A y B. Se puede escribir en consecuencia $\int_A^B \frac{\delta Q}{T} = S_B - S_A$ y esto *define* la función de estado S, bautizada *entropía* por su «inventor» Clausius (1865) (entropía viene de una palabra griega que significa evolución). Nótese que sólo queda definida así sin ambigüedad una diferencia de entropías (V. TERCER PRINCIPIO DE LA TERMODINÁMICA). Se mide en julios por kelvin ($J \cdot K^{-1}$).

Se demuestra por otra parte, a partir de la «desigualdad de Clausius», que si el sistema sufre una transformación *irreversible* entre los mismos dos estados A y B, hay que escribir: $\int_A^B \frac{\delta Q}{T} < S_B - S_A$. Si se trata, en fin, de una evolución espontánea, real (irreversible, por tanto) de un sistema aislado ($\delta Q = 0$), se obtiene el resultado anunciado: $S_B - S_A > 0$. *Su entropía aumenta*. Se produce en su seno una *creación de entropía* (V. CALOR NO COMPENSADO).

En una transformación elemental $\frac{\delta Q}{T} \leqslant dS$, correspondiendo la igualdad a una transformación elemental reversible.

2 / *Definición axiomática actual:* La existencia de la entropía puede ser postulada de diferentes maneras; en particular, de la forma (¡resumida!) que sigue:

a) A toda evolución elemental de un sistema cualquiera está asociada la variación dS de una función de estado, ligada al sistema, que se escribe: $dS = d_eS + d_iS$.

b) El primer término d_eS se obtiene de aportaciones eventuales de energía y de materia provenientes del exterior. En particular, en el caso de un sistema cerrado (sin intercambio de materia), se escribe: $d_eS = \frac{\delta Q}{T}$ (V. la «fórmula de Gibbs» para un caso más general).

c) El segundo término d_iS es debido a procesos internos. $d_iS = 0$ si estos procesos son todos reversibles, $d_iS > 0$ en procesos irreversibles. Los procesos internos irreversibles actúan como «*fuentes de entropía*».

Se deduce en particular de estas premisas que en el curso de una evolución *reversible* de un sistema cerrado ($d_i = 0$), $dS = d_eS = \delta Q/T$, mientras que en el curso de una evolución *real* de un sistema *aislado* ($d_eS = 0$), $dS = d_iS > 0$.

Se reencuentran así las propiedades esenciales de la entropía definida por Clausius. El interés de esta aproximación estriba en los siguientes resultados:

1 / La condición $d_iS \geqslant 0$ puede ser considerada como una *expresión axiomática* del *segundo principio*, que aparece así liberado de su origen utilitario ligado a las investigaciones de Carnot sobre el rendimiento de las máquinas de vapor.

2 / La termodinámica antigua estudiaba principalmente los sistemas cerrados en evolución reversible, e ignoraba prácticamente los sistemas *reales*, que a menudo son sistemas *abiertos* (un horno industrial, un organismo vivo, cambian permanentemente energía *y* materia con el entorno), con evoluciones *irreversibles*.

3 / La importancia otorgada al término d_iS, no explotada hasta aquí, ha incitado al cálculo explícito de la creación de entropía, en términos de magnitudes experimentales mensurables, y abierto, por tanto, el camino a la edificación progresiva de una termodinámica de los procesos irreversibles.

V. ENTROPÍA DE MEZCLA, ENTROPÍA MICROSCÓPICA, NEGUENTROPÍA, RELACIÓN DE BOLTZMANN, TERMODINÁMICA GENERALIZADA.

▶ *Entropía de mezcla.*—La entropía es una magnitud extensiva y, por tanto, aditiva. Sin embargo, la termodinámica estadística clásica (de Boltzmann) prevé que la entropía de un gas perfecto monoatómico no es proporcional al número de moléculas presentes. Si se dobla su número, por ejemplo, la entropía que valía S se transforma en $S' = 2S + \Delta S$. El término suplementario ΔS recibe el nombre de *entropía de mezcla*. Proviene del hecho, propio de esta estadística, de la no indiscernibilidad de las partículas. Esta dificultad desaparece en las estadísticas cuánticas.

▶ *Entropía microscópica*.—Entropía de un sistema definida a la escala de sus corpúsculos constitutivos. La habitual entropía macroscópica S sería una consecuencia matemática de ella.
Pero la entropía macroscópica de un sistema real, *aislado*, es una función creciente en el curso del tiempo $dS/dT > 0$. Y es difícil, por aplicación de las leyes de la mecánica a los movimientos de corpúsculos sustraídos a la acción exterior, encontrar una expresión matemática que sea continuamente creciente en el curso del tiempo.
La primera tentativa histórica con este objeto fue debida a Boltzmann (V. RELACIÓN DE BOLTZMANN, PROBABILIDAD TERMODINÁMICA).
Recientes investigaciones matemáticas han retomado el problema y parecen demostrar (?) que el estudio matemático de la distribución de los corpúsculos de un sistema *disipativo*, cuando los corpúsculos existen *en muy gran número*, debe necesariamente hacer intervenir leyes probabilísticas, lo que justificaría las hipótesis intuitivas de Boltzmann.

▶ *Producción de entropía*.—En el interior de todo sistema que evoluciona de modo irreversible hay creación de entropía. Es posible actualmente, conociendo la naturaleza de los fenómenos que se producen en el interior del sistema, calcular la tasa horaria, o velocidad de creación de entropía, $P = dS/dt$. Esta magnitud P es llamada con frecuencia, por abuso de lenguaje, *producción de entropía*.
La contribución a la producción de entropía de cada uno de los fenómenos irreversibles viene representada por una cantidad de la forma $J \cdot X$, donde J es generalmente un flujo característico del fenómeno y X una magnitud intensiva responsable del fenómeno y llamada *fuerza termodinámica*.
Ejemplo: Un sistema contiene dos regiones, R y R', mantenidas a dos temperaturas diferentes T y T' ($T > T'$). Durante un tiempo dt hay intercambio entre R y R', de R hacia R', de una cantidad de calor δQ. La entropía global del sistema sufre un aumento $dS_i = (-\delta Q/T) + (+\delta Q/T')$ y, por tanto, $P = \delta Q/dt(1/T' - 1/T)$. Se vuelve a encontrar la forma $P = J \cdot X$, donde $J = \delta/dt$ es el flujo de calor intercambiado, y $X = (1/T' - 1/T)$ la fuerza termodinámica responsable de esa transferencia.
Cuando la irreversibilidad es debida a varios fenómenos simultáneos, la producción de entropía $P = dS/dt$ es una forma bilineal de productos análogos:

$$P = \sum_k J_k \cdot X_k$$

V. RELACIONES DE ONSAGER, ESTRUCTURAS DISIPATIVAS.

Eötvös Lorand (1848-1919)

▶ *Balanza de Eötvös*.—Balanza de torsión ideada por Eötvös en 1895 y que ha sido utilizada durante mucho tiempo con el fin de estudiar experimentalmente las pequeñas variaciones (en intensidad y dirección) del campo de gravedad $\boldsymbol{g}$ en las proximidades de un punto. Dos cuerpos A y B, de la misma masa, se fijan en los extremos de un vástago, suspendido en su punto medio M por un hilo de torsión OM. Los campos gravitatorios en A y B, no siendo estrictamente paralelos al eje OM, poseen componentes no nulas en el plano horizontal que pasa por M. Se equilibra la acción de dichas componentes sobre el vástago, para distintas posiciones de éste, por medio de pares de torsión adecuados. Del valor de esos pares se pueden deducir por medio del cálculo las tasas de variación local $\delta g/\delta x$, $\delta g/\delta y$ (la cantidad $\delta g/\delta z$ se determina a través de la experiencia de Von Jolly).

Los gravímetros de muelle son preferidos hoy a la balanza de Eötvös.

V. GRAVÍMETROS.

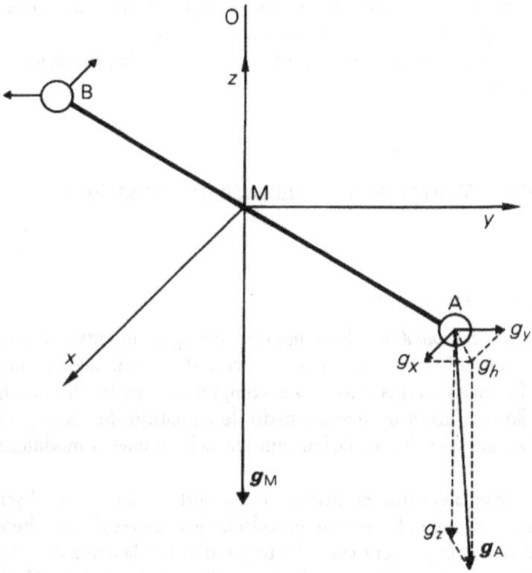

▶ *Experiencias de Eötvös.*—Experiencias basadas en la observación de posiciones de equilibrio de diversos péndulos colocados sucesivamente en un mismo punto, y que tienen como objeto descubrir las variaciones eventuales de la *vertical* del punto, definida por distintos cuerpos pesados (V. CAMPO DE GRAVEDAD). Un cuerpo pesado de masa inercial m_i y de masa gravitatoria m_g define una vertical MV. Un cuerpo pesado P' de masas m_i' y m_g' define una vertical MV'. Se demuestra que las dos verticales coinciden si, y sólo si, los cocientes m_i/m_g y m_i'/m_g' son iguales. Del conjunto de sus experiencias, Eötvös pudo concluir que las verticales coinciden con una aproximación de $1/10^9$ al menos. Recientes experiencias análogas, considerando no sólo la atracción terrestre sino también la solar (Dicke, 1964; Braguinsky, 1971), han confirmado los resultados de Eötvös con una precisión superior, medida en ¡$1/10^{21}$!

Puede, por tanto, afirmarse, con ese grado de precisión, que el cociente entre la masa inercial de un cuerpo y su masa gravitatoria es independiente de ese cuerpo.

V. EQUIVALENCIA MASA GRAVITATORIA-MASA INERTE, PÉNDULO HORIZONTAL.

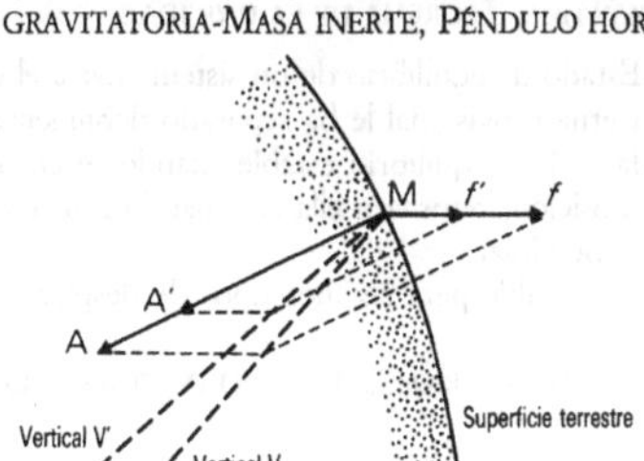

f y *f'* son fuerzas de inercia (de arrastre). Su intensidad es proporcional a la masa inercial.
A y A' son fuerzas de atracción. Su intensidad es proporcional a la masa gravitatoria.

Episcopio

De dos palabras griegas que significan ver por encima.

Aparato de proyección para objetos planos sobre soportes opacos, la página de un libro por ejemplo. La superficie del objeto se ilumina fuertemente y cada uno de sus puntos difunde la luz, que un espejo dirige hacia el objetivo de proyección.
Si el objeto se encuentra sobre un soporte transparente, la proyección se lleva a cabo por medio de un *diascopio*.

EPR

▶ *Paradoja EPR.*—V. ARGUMENTO DE EINSTEIN-POLDOSKY-ROSEN.

Equilibrio

V. ESTADO DE NO EVOLUCIÓN.

▶ *Desplazamiento del equilibrio.*—Si se impone una ligera modificación a uno de los parámetros del equilibrio termodinámico de un sistema cerrado, puede ocurrir que el sistema evolucione débilmente. Las masas respectivas de sus componentes en las diversas fases se modifican ligeramente, y ello conduce a un nuevo estado de equilibrio. Se dice que ha habido un *«desplazamiento del equilibrio»*. Una variación opuesta del parámetro modificado restablece el equilibrio inicial.
Un primer problema consiste en prever de un modo cualitativo cuál será el sentido de evolución del sistema. El segundo consiste en calcular los valores de los diferentes parámetros en el nuevo equilibrio. A la primera cuestión responden fundamentalmente dos leyes: *la ley de Le Chatelier* relativa a una modificación de la presión, y la *ley de Vant Hoff* relativa a una modificación de la temperatura. Son dos aspectos de la misma ley general: la *ley de la moderación*. Al segundo punto le da respuesta la aplicación de la *ley de acción de masas*.
El número y la naturaleza de los parámetros del sistema cuya variación puede acarrear un desplazamiento del equilibrio se obtienen del estudio de su *varianza*.

▶ *Equilibrio electrostático.*—Cuando los cuerpos conductores, mantenidos aislados unos de otros y en reposo, reciben cargas eléctricas, la experiencia demuestra que esas cargas se reparten rápidamente en las proximidades inmediatas de las superficies externas de esos conductores, según leyes precisas de distribución, y quedan en seguida *inmóviles*. Se ha producido un *equilibrio electrostático*. Se demuestra que la condición necesaria y suficiente para que un conjunto de conductores inmóviles cargados esté en equilibrio electrostático es que la distribución de cargas sea tal que el campo eléctrico en el interior de cualquiera de los conductores sea nulo.
V. PRESIÓN ELECTROSTÁTICA, TEOREMA DE LA UNICIDAD.

▶ *Equilibrio estable.*—Estado de equilibrio de un sistema hacia el que regresa espontáneamente cuando una acción externa provisional le ha separado débilmente de él.
Ejemplo: Una plomada está en equilibrio estable cuando se encuentra vertical. Separada provisionalmente de esa posición, retorna a ella efectuando a una y otra parte de la vertical una oscilación amortiguada pendular.
Un equilibrio puede ser estable para algunos tipos de desplazamientos e inestable para otros desplazamientos.
V. DESPLAZAMIENTO DE EQUILIBRIO, EQUILIBRIO INESTABLE, EQUILIBRIO METAESTABLE, VARIANZA.

▶ *Equilibrio indiferente.*—Un sistema material está en equilibrio indiferente si su estado y todos los estados vecinos son de equilibrio.

Ejemplo: Un cuerpo esférico pesado posee sobre un plano horizontal (una bola de billar en la mesa de juego) un estado de equilibrio indiferente. Todas sus posiciones son posiciones de equilibrio.
V. SISTEMA ASTÁTICO, VARIANZA.

▶ *Equilibrio inestable.*—Estado de equilibrio de un sistema del que éste se aleja cuando una acción exterior, por débil y breve que sea, tiende a apartarlo del mismo.
Un equilibrio tal es un concepto teórico. Físicamente es irrealizable.
V. EQUILIBRIO METAESTABLE, EQUILIBRIO ESTABLE.

▶ *Equilibrio mecánico.*—Un sistema material se encuentra en equilibrio mecánico en un referencial dado cuando las diferentes partes que componen el sistema permanecen *inmóviles*, en el curso del tiempo, en ese sistema de referencia.
Para ello son necesarias y suficientes dos condiciones:
1. El conjunto de fuerzas que actúan sobre las diferentes partes del sistema forman un torsor nulo (fuerzas exteriores, fuerzas interiores y las eventuales fuerzas de inercia).
2. Las velocidades de todos los puntos del sistema son nulas en un instante dado. Se trata de un estado de equilibrio macroscópico, que no excluye los movimientos de agitación térmica de los corpúsculos constitutivos del sistema.
V. PRINCIPIO DE INERCIA, TEOREMA DE LEJEUNE-DIRICHLET.

▶ *Equilibrio metaestable.*—Insensible a las pequeñas acciones exteriores, al contrario que los equilibrios *inestables,* un equilibrio *metaestable* deja de existir si las acciones exteriores alcanzan una intensidad suficiente. El sistema en equilibrio se aleja entonces definitivamente de su estado inicial, y esto lo distingue de un sistema de equilibrio *estable*. Los *rozamientos,* en mecánica, o tensiones equivalentes en otros dominios, están en el origen de los equilibrios metaestables.
Ejemplo: Colocado en un plano inclinado y en ausencia de todo rozamiento, un sólido desliza o rueda hacia su posición de equilibrio estable (el punto más bajo). Si existe rozamiento el sólido puede quedar inmóvil sobre la pendiente, pese a la acción de la fuerza peso. Está en un equilibrio metaestable. Una fuerza suplementaria suficiente puede ponerle en movimiento y, en la mayoría de los casos, el cuerpo sigue hasta su posición de equilibrio estable.
Tales fenómenos se producen corrientemente no sólo en el campo de la simple mecánica, sino también en el de la termodinámica. Una solución sobresaturada o un líquido en sobrefusión constituyen dos ejemplos. Son también característicos de la química. Una mezcla gaseosa de oxígeno y de hidrógeno en equilibrio metaestable se transforma en una mezcla explosiva en presencia de un catalizador. Quizás existen también en biología.

▶ *Equilibrio secular.*—Equilibrio entre los núclidos miembros de una misma familia radiactiva en presencia simultánea. Es observable un equilibrio tal, por ejemplo, en ciertas rocas uraníferas. Se trata en realidad de un estado estacionario. Cada miembro de la familia permanece en una cantidad constante, por compensación entre la cantidad que se forma y la que desaparece durante el mismo periodo de tiempo. El miembro originario de la familia constituye, naturalmente, una excepción, así como el último y estable miembro de la misma, que se va acumulando poco a poco. Este último punto es la base de un procedimiento de *datación* de las rocas.

▶ *Equilibrio térmico.*—Cuando dos cuerpos, uno de los cuales parece más caliente que el otro, están aislados del exterior y puestos en presencia mutua por intermedio de una pared rígida pero diatérmana, se producen modificaciones en sus propiedades, atribuidas a un intercambio de calor entre ellos. Este proceso cesa siempre al final de un tiempo más o menos largo. Esto es un hecho experimental.
Se dice que los cuerpos están entonces en *equilibrio térmico.*
V. CALOR, PRINCIPIO CERO DE LA TERMODINÁMICA.

▶ *Equilibrio termodinámico.*—Un sistema que pueda eventualmente intercambiar materia y energía con el exterior está en *equilibrio termodinámico* cuando todos los parámetros macroscópicos que caracterizan el estado del sistema permanecen invariables en el curso del tiempo. Se demuestra que un sistema se encuentra en un estado de equilibrio termodinámico cuando su *potencial termodinámico,* cuya expresión depende de las condiciones impuestas a las eventuales evoluciones del sistema, posee un valor mínimo. Se reconoce aquí una extensión a la termodinámica del teorema de Lejeune-Dirichlet sobre el equilibrio mecánico.

Equipotencial

Conjunto de puntos, en un espacio de dos o tres dimensiones, en los que una función *potencial escalar* V(M) posee un mismo valor numérico.
Ejemplo: En una región poco extensa, en las proximidades de la Tierra, el campo gravitatorio deriva de un potencial escalar $V = gh$ (siendo g la intensidad del campo gravitatorio terrestre y h la altura del punto). Todo plano horizontal es ahora una *superficie equipotencial* (conjunto de puntos situados a una misma altura, a un mismo *nivel* por encima del suelo). La traza de cada uno de estos planos sobre la ladera de una colina es una *curva equipotencial,* o curva de nivel. De ahí la denominación, dada a veces, de curva y superficie de nivel para las curvas y superficies equipotenciales, cualquiera que sea la naturaleza del campo —el eléctrico, por ejemplo— estudiado.

Equivalencia

▶ *Equivalencia calor-trabajo.*—Ley que Carnot había, al parecer, entrevisto, pero que no fue claramente enunciada hasta la mitad del siglo XIX (R. Mayer, 1842; Joule, 1845): «Cuando un sistema material sufre un ciclo de transformaciones (estado inicial igual a estado final), intercambiando con el medio exterior calor y trabajo, puede afirmarse que si globalmente ha recibido trabajo ha cedido calor, y *viceversa.* De otro lado, el cociente entre las cantidades de calor (Q) y de trabajo (W) cambiadas, W/Q, es una constante universal que no depende ni del sistema observado ni de sus transformaciones, sino solamente de las unidades utilizadas.»
Convenientemente generalizada, esta ley ha dado origen al *primer principio de la termodinámica.*
V. ENERGÍA INTERNA, EQUIVALENTE MECÁNICO DE LA CALORÍA, PRINCIPIO DEL ESTADO INICIAL Y DEL ESTADO FINAL.

▶ *Equivalencia masa inerte-masa gravitatoria.*—Las definiciones de estas dos magnitudes son distintas, e independientes una de otra. Su equivalencia, sin embargo, fue ya admitida por Newton en sus cálculos, y retomada más tarde en relatividad restringida. Este verdadero postulado ha sido confirmado siempre por la experiencia; en primer lugar, por el acuerdo entre las observaciones sobre movimientos planetarios y previsiones teóricas; en segundo, por los resultados concordantes de diversas experiencias de verificación directa realizadas sobre la Tierra (V. EXPERIENCIAS DE EÖTVÖS). Estas experiencias han demostrado, con una precisión que es hoy del orden de $1/10^{12}$, que la relación m_i/m_g entre las masas inerte y gravitatoria de un objeto es independiente de ese objeto. Es una constante universal, además igual a la unidad, habiéndose elegido las unidades para medir ambas masas como las de un mismo cuerpo, el «kilogramo patrón».
La equivalencia entre ambas masas presenta gran importancia en *relatividad general.*

▶ *Equivalencia triángulo-estrella:*
Propiedad relativa a las *redes eléctricas,* establecida como teorema por Kenelly: «En una red cualquiera, una malla triangular A_1 A_2 A_3, que incluye tres resistencias óhmicas R_1 R_2 R_3 (V. figura), puede ser reemplazada por tres resistencias óhmicas r_1 r_2 r_3, instaladas en estrella entre los

puntos A_1 A_2 A_3, sin que se modifique nada en las corrientes y tensiones del resto de la red, a condición de que las nuevas resistencias tengan por valores respectivos:

$$r_1 = R_3 \cdot R_2/R;\ r_2 = R_3 \cdot R_1/R;\ r_3 = R_1 \cdot R_2/R;\ R = R_1 + R_2 + R_3.»$$

Las resistencias R son calculables a partir de las resistencias r. Se obtiene: $R_1 = (r_1 r_2 + r_2 r_3 + r_3 r_1)/r_1$, R_2 y R_3 por permutación circular.
Este teorema contribuye a simplificar el cálculo de ciertas redes.

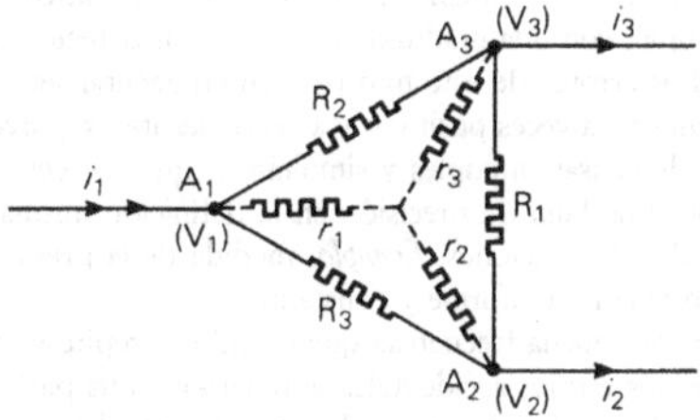

Equivalente

▶ *Equivalente en agua*.—Antigua expresión utilizada aún con profusión en calorimetría. Designa la «capacidad calorífica» μ de un cuerpo o de un conjunto de cuerpos de masas y calores específicos respectivos m_i, c_i: $\mu = \sum_i m_i \cdot c_i$.
Admitiendo que el calor específico del agua es constante e igual a 1 cal/g °C, μ es igual a la masa de agua que tendría la misma capacidad calorífica que el conjunto de cuerpos estudiado. De ahí su nombre.

▶ *Equivalente electroquímico*.—Masa de un anión, o de un catión, liberada en el curso de una electrólisis por el paso de una cantidad de electricidad igual a un culombio. Su determinación experimental no puede hacerse con precisión más que en un pequeño número de casos, ya que una electrólisis viene acompañada en la mayoría de los casos por reacciones secundarias complejas, y frecuentemente mal conocidas. La electrólisis del nitrato de plata con electrodos de plata es una excepción. Medidas concordantes (hasta $1/10^4$) dan el valor 1,1180 mg/C. Este resultado numérico era utilizado en la definición antigua de *amperio*.
V. ELECTRÓLISIS, FARADAY.

Equivalentes

▶ *Representaciones equivalentes*.—Representaciones convencionales de dipolos electrocinéticos reales por una asociación adecuada de dipolos ideales.
Esta esquematización presenta la ventaja de hacer aparecer separadamente las principales características de los dipolos reales: resistencia interna, fuerza electromotriz, a veces autoinducción o capacidad.
Se basa en la ley de adición de las intensidades en los circuitos asociados en paralelo (representación llamada de *Norton*) o en la ley de suma de tensiones en dipolos asociados en serie (representación de *Thévenin*).
Convenios parecidos se utilizan en electrónica para representar esquemáticamente los cuadripolos reales (válvulas o transistores, amplificadores, por ejemplo).

Errores

▶ *Errores en las medidas.*—El error cometido en la medida de una magnitud física es igual, por definición, a la desviación $a' - a$ entre el valor encontrado a' y el valor verdadero a. Si el error es positivo ($a' > a$), a' es conocido como error *por exceso*, y si $a' - a$ es negativo decimos que a' es el error *por defecto*. El análisis de los diversos tipos de errores muestra que pueden ser *sistemáticos* o *accidentales*.
Los primeros falsean una medida, repetida varias veces, siempre en el mismo sentido. Son debidos principalmente al procedimiento de medida, o a un patrón de medida o graduación incorrectos. Por ejemplo, con una graduación errónea por defecto todos los resultados son erróneos por exceso. Los errores de este tipo pueden en general ser evitados o corregidos.
Los errores accidentales, a veces positivos y a veces negativos, parecen depender del azar. Provienen, de hecho, de causas múltiples y simultáneas que a veces es difícil descubrir. Citemos entre las principales una falta de precisión en la definición misma de la magnitud que medimos, o sus eventuales fluctuaciones. *Ejemplo:* medida de la presión de un fluido cuya temperatura no es rigurosamente uniforme y constante.
Felizmente sucede con mucha frecuencia que cuando se repite varias veces una medida en las mismas condiciones los errores accidentales se reparten a una parte y otra del valor medio, que es evidentemente nulo, según una ley de distribución asimilable a una conocida, la ley de distribución normal (o ley de Gauss). Esto permite, gracias al cálculo de probabilidades, deducir una estimación del valor más probable para la magnitud estudiada, y el margen de error o incertidumbre correspondiente.

▶ *Propagación de los errores.*—Expresión consagrada por el uso, que designa la ley de repercusión de las incertidumbres de los valores estimados para las magnitudes $A_i (i = 1, 2, 3 ..., l)$ sobre el valor calculado de una magnitud B, función de las magnitudes A_i: $B = f(A_1, A_2, ...)$.
El cálculo de probabilidades demuestra que el valor medio $\bar{b}$ de B, y su varianza estimada s_B pueden calcularse en función de parámetros análogos $\bar{a}_i$ y s_i relativos a las magnitudes A_i:

$$\bar{b} = f(\bar{a}_1, \bar{a}_2, ..., \bar{a}_l) \quad \text{y} \quad s_B^2 = \sum_i (f'_i s_i)^2 + \sum_{jk} f'_i f'_j s_{jk} \quad (j \neq k)$$

f'_i es el valor de la derivada parcial $\partial f / \partial A_i$ en $A_i = \bar{a}_i$; s_i la varianza estimada de A_i, y s_{jk}, la contravarianza estimada de todo par $A_j A_k$ (covarianza nula si los valores de A_j y A_k son mutuamente independientes).
Se dispone así de dos parámetros que permiten medir la incertidumbre acerca de B.
La relación que da s_B se simplifica en algunos casos frecuentes. *Ejemplo:* B depende de dos variables mutuamente independientes A_1 y A_2, y los resultados a son variables aleatorias normales. Las incertidumbres correspondientes a un mismo nivel de fiabilidad son dadas entonces por:

$$\varepsilon_B = \varepsilon_A \sqrt{\alpha_1^2 + \alpha_2^2} \qquad \text{si } B = \alpha_1 A_1 + \alpha_2 A_2 \text{ y si } \varepsilon_1 = \varepsilon_2$$

$$\varepsilon_B / \bar{b} = \varepsilon_A / \bar{a} \sqrt{\alpha_1^2 + \alpha_2^2} \qquad \text{si } B = k A_1^{\alpha_1} \cdot A_2^{\alpha_2} \text{ y si } \varepsilon_1 / \bar{a}_1 = \varepsilon_2 / \bar{a}_2$$

Escalar

▶ *Magnitud escalar.*—Magnitud completamente definida, desde el punto de vista cuantitativo, por el dato de un solo número real, más o menos grande (de ahí la palabra escalar, de escala). Ese número, según los casos, puede ser positivo, negativo o nulo.
Ejemplos: Una masa, la dureza de un material... son magnitudes escalares siempre positivas. Una carga eléctrica es un escalar que puede ser positivo, negativo o nulo.
El valor numérico de una magnitud escalar puede ser modificado por un cambio de unidad

(para las magnitudes *medibles*), de escala convencional (para las magnitudes *comparables*), pero permanece generalmente insensible a un cambio de referencial R → R′ (R′ inmóvil con respecto a R). Sin embargo, los valores de ciertas magnitudes aparentemente escalares cambian de signo cuando R′ no tiene la misma orientación que R. Son las magnitudes *pseudo-escalares*. *Ejemplo:* El flujo $d\Phi = \mathbf{E} \cdot d\mathbf{S}$ de un campo eléctrico **E** a través de un bucle de vector superficie $d\mathbf{S}$ es una magnitud pseudo-escalar. En el cambio R → R′ con inversión de la orientación, las componentes de **E** (vector polar) cambian de signo, mientras que las de $d\mathbf{S}$, vector axial, conservan su signo.
V. DIMENSIONES DE UNA MAGNITUD, NATURALEZA TENSORIAL DE UNA MAGNITUD.

Escalas

Conjunto de notas musicales comprendidas en una sola octava.
Las escalas *diatónicas* comprenden siete notas separadas por intervalos, formados por tonos y semitonos, cuya ley de sucesión es diferente en las escalas llamadas *mayores* y en las *menores*. Hay muchas otras escalas que comprenden un número de notas diferente de siete. Tales son, por ejemplo, las escalas *pentatónicas*, las escalas *dodecafónicas* (cinco y doce notas, respectivamente), etc. Para justificar la existencia de estos distintos tipos de escalas se han hecho intervenir diferentes criterios de estética musical.
Para construir una escala, uno de los métodos consiste en elegir *intervalos musicales*, considerados estéticamente válidos, llevándose a continuación las diferentes frecuencias obtenidas en una misma octava por medio de reducciones apropiadas de octavas. Así, eligiendo las frecuencias escalonadas en quintas ascendentes sucesivas se obtiene, tras la reducción correspondiente, la *escala* llamada *pitagórica*. Si se eligen las frecuencias formando acordes perfectos sucesivos (tercera y quinta) se obtiene la escala de *Aristóxenes-Zarlin*. La escala llamada *natural* se obtiene introduciendo en el interior de una escala los *armónicos* convenientes de una misma nota inicial, etc. Las frecuencias de las notas de un mismo nombre obtenidas por estos procedimientos no coinciden completamente, salvo, naturalmente, en los dos extremos de la octava.

Cuadro de notas y valores de algunos intervalos
de la escala cromática de Bach, llamada escala temperada

			Intervalo entre cada nota y la primera (la tónica)		
Notas			*Denominación*	*Valor numérico*	*Valor en savarts*
	do				
re (bemol)		do (sostenido)		$2^{1/12} = 1,06$	25
	re		Segunda	1,12	50
mi (b)		re (s)		1,18	75
fa (s)	mi		Tercera	1,26	100
	fa	mi (s)	Cuarta	1,33	125
sol (b)		fa (s)		1,41	150
	sol		Quinta	1,50	175
la (b)		sol (s)		1,59	200
	la		Sexta	1,68	225
si (b)		la (s)		1,78	250
do (b)	si		Séptima	1,89	275
	do	si (s)	Octava	2	300

Otra técnica es igualmente utilizada: consiste en dividir el intervalo de octava en un número, arbitrariamente elegido, de intervalos iguales (12, 22, 41, 53...). La escala *cromática* de Bach contiene doce intervalos iguales, llamados semitonos temperados o templados, valiendo cada uno $2^{1/12}$ (alrededor de 25 savarts).
Es la escala más utilizada en la actualidad, al menos en Occidente, en gracia a la comodidad anexa a dos de sus cualidades: hace más sencilla la construcción de instrumentos de sonidos fijos y más fáciles las trasposiciones musicales. Los compositores se imponen utilizar todas, o solamente una parte de sus doce notas, según reglas de las diversas escuelas.
Señalemos, por fin, que los compositores contemporáneos, ayudándose de instrumentos electrónicos de música, utilizan *sonidos evolutivos*, es decir, sonidos en los que se puede variar de forma continua no sólo la intensidad, sino igualmente la frecuencia y el timbre.

Escobilla

Es uno de los órganos de las máquinas que giran: generadores o motores eléctricos. Se trata de un vástago conductor, uno de cuyos extremos está eléctricamente conectado de modo permanente con uno de los bornes del aparato, mientras el otro está en contacto por rozamiento con el colector que gira ante él; dicho colector está en contacto eléctrico con las espiras del rotor. Gracias a las escobillas la conexión eléctrica está permanentemente asegurada entre el circuito del rotor y el circuito exterior.
Cada escobilla está terminada casi siempre por una pieza de carbono conductor, suficientemente tierno como para evitar la erosión por rozamiento del colector. Son los «carbones» del aparato, fáciles de reemplazar cuando se desgastan.

Escotópica

V. FOTÓPICA.

Esméctico

Nombre de una de las familias de *cristales líquidos* (V. esa voz).
La denominación proviene de una palabra griega que significa jabón. Los primeros cuerpos de la familia de los esmécticos eran jabones, precisamente.

Espacio

▶ *Espacio de las configuraciones.*—Espacio ficticio utilizado principalmente en mecánica, en termodinámica y en física matemática.
El *estado*, en un instante dado, de un sistema que evoluciona puede ser caracterizado por parámetros, convenientemente elegidos, asociados al sistema, sus coordenadas y velocidades generalizadas, por ejemplo, o sus coordenadas generalizadas y sus momentos conjugados. Se conviene en decir que el conjunto de valores instantáneos de n parámetros de *posición* definen una *configuración* del sistema, mientras que el conjunto de $2n$ valores instantáneos (n parámetros de posición y n parámetros de velocidades generalizadas o de momentos conjugados) definen una *fase* del sistema (n es su número de grados de libertad).
Estudiar la evolución de un sistema en el curso del tiempo se convierte ahora en el estudio del movimiento de un punto en un espacio ficticio de n dimensiones, denominado según los casos *espacio de las configuraciones* o espacio de los momentos, o el de un punto en un espacio de $2n$ dimensiones, el *espacio de las fases.* Se ha hecho uso también de un espacio de $2n + 1$ dimensiones: las $2n$ precedentes más el tiempo. Es el espacio *de evolución* del sistema.

La utilización de estos espacios ficticios presenta algunas ventajas. Hace más fácil, por ejemplo, la presentación de ciertos resultados, y sugiere a menudo fecundas analogías.
V. GRADOS DE LIBERTAD, PRINCIPIO DE ACCIÓN ESTACIONARIA, TEORÍA CINÉTICA DE LOS GASES.

▶ *Espacio de evolución.*—V. ESPACIO DE LAS CONFIGURACIONES.

▶ *Espacio de las fases.*—V. ESPACIO DE LAS CONFIGURACIONES.

▶ *Espacio de momentos.*—V. ESPACIO DE LAS CONFIGURACIONES.

▶ *Orientación del espacio.*—Orientar nuestro espacio tridimensional es convenir las posiciones respectivas de tres vectores unitarios (***i***, ***j***, ***k***), base de un referencial cartesiano, o, bajo una forma equivalente pero distinta, es asociar convencionalmente un sentido positivo de rotación en un plano con un sentido positivo de traslación perpendicularmente a ese plano.
Dos convenios son posibles. Un observador se supone acostado en el sentido positivo de uno de los ejes, llevando uno de los vectores, ***i*** por ejemplo. Mira en el sentido indicado por el segundo vector (***j***). Si el tercer vector (***k***) se encuentra a su derecha decimos que el espacio está «orientado hacia la derecha» (dextrorsum). Si ***k*** está hacia su izquierda, decimos que el espacio está «orientado a la izquierda» (o sinestrorsum).
Es fácil ver que un desplazamiento cualquiera del triedro no afecta a su orientación. Por el contrario, ésta se invierte en sentido positivo en uno de los ejes, o en los tres simultáneamente. Aquel de entre los dos convenios que se elige recibe generalmente el nombre, en lo que sigue, de «orientación *directa*», y el otro «orientación *inversa*», o retrógrada, o negativa.
Es de señalar que en el lenguaje de los obreros mecánicos, la orientación «a izquierdas», precedentemente definida, se representa por el funcionamiento de un tornillo roscado «a derechas».
Los físicos utilizan, sin precisarlo siempre, la orientación «a izquierdas». (Puede demostrarse que la otra elección sería igualmente válida.) Las reglas del observador de Ampère, del sacacorchos de Maxwell y otras reglas equivalentes, son otros tantos medios prácticos para reencontrar esta orientación. (V., por ejemplo, LEY DE BIOT Y SAVART; MOMENTO DE UNA FUERZA CON RESPECTO A UN PUNTO, MOMENTO MAGNÉTICO, VECTOR AXIAL...)
En un espacio de más de tres dimensiones la noción familiar de derecha e izquierda pierde su sentido. Una base ($\mathbf{e}_1$, $\mathbf{e}_2$, ..., $\mathbf{e}_n$) elegida arbitrariamente, y un criterio matemático (signo del determinante de la matriz de paso) permiten clasificar todas las bases del mismo espacio en bases directas (determinante positivo) y bases inversas (determinante negativo).
V. OPERADOR PARIDAD.

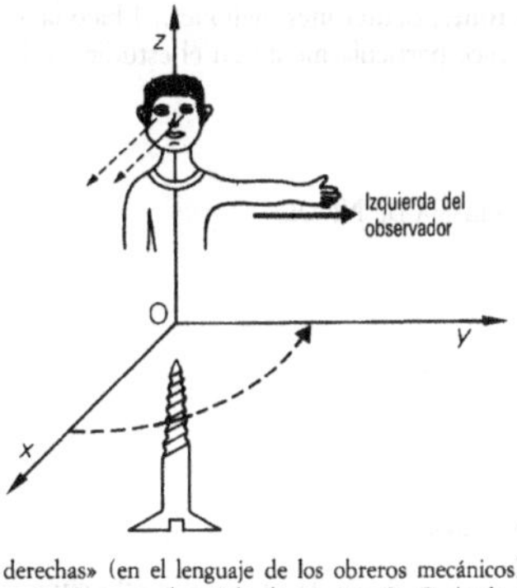

El tornillo «roscado a derechas» (en el lenguaje de los obreros mecánicos) avanza en el sentido O_z cuando se hace girar su cabeza en el sentido de rotación O_x O_y (es la regla del sacacorchos). El triedro $O_{x,y,z}$ es un triedro «a izquierdas» o «sinestrorsum».

Espacio-tiempo

En mecánica relativista el espacio y el tiempo no son parámetros independientes como en la mecánica de Newton. Espacio y tiempo están íntimamente relacionados, y constituyen juntos un marco de espacio-tiempo en el que se sitúan los «sucesos».
V. TRANSFORMACIÓN DE LORENTZ.

▶ *Coordenadas de espacio-tiempo.*—En un referencial de espacio-tiempo $(0, x_1, x_2, x_3, x_4)$ todo suceso está localizado y fechado por un conjunto de cuatro parámetros: tres coordenadas espaciales x_1, x_2, x_3, equivalentes a las coordenadas utilizadas en mecánica newtoniana, y una coordenada temporal x_4. Se escribe a veces, simplemente, $x_4 = t$; más corrientemente, $x_4 = ct$ (la constante relativista c es homogénea a una velocidad y, en consecuencia, x_4 lo es a una longitud y por tanto a una coordenada espacial). Si se utiliza la notación de Minkowski se escribe $x_4 = ict (i^2 = 1)$.
V. UNIVERSO DE MINKOWSKI, SUCESO.

▶ *Intervalo de espacio-tiempo.*—En mecánica relativista, si dos sucesos se producen, uno en un punto M_1 en el instante t_1 y el otro en un punto M_2 y en el instante t_2, estando medidas las diferentes magnitudes en el mismo referencial R, se llama *intervalo* entre ambos sucesos a la cantidad s, definidida por $s^2 = l^2 - c^2t^2$ (o $s^2 = c^2t^2 - l^2$ según algunos autores, siendo l la distancia $M_1 M_2$; $t = t_2 - t_1$ el tiempo que transcurre entre ambos sucesos, y c la *constante relativista*, igual a la velocidad de la luz.
El intervalo así definido presenta el gran interés de ser *invariante*, es decir, de conservar el mismo valor numérico en cualquier otro referencial inercial R′, contrariamente a l y a t, que separadamente cambian de valor al cambiar de sistema de referencia.
Si $l^2 - c^2t^2$ es positivo, el intervalo es llamado del *género espacio.*
Si $l^2 - c^2t^2$ es negativo, el intervalo es llamado del *género tiempo.*
En el primer caso, l es superior a la distancia $c \cdot t$, lo que quiere decir que en todo referencial, los dos sucesos están demasiado alejados uno del otro para que una señal luminosa pueda viajar entre ellos en un tiempo t. Ambos sucesos son *independientes* el uno del otro.
En el segundo caso l es menor que $c \cdot t$. Uno de los sucesos puede ser el *origen* del otro.

Espalación

Estallido de ciertos núcleos atómicos; éstos desaparecen, transformándose en numerosas partículas (protones, neutrones, deuterones, heliones...) bajo la acción de partículas proyectiles de muy alta energía. Aparece particularmente en el estudio de la radiación cósmica.

Espato de Islandia

V. BIRREFRINGENCIA, PRISMA DE NICOL.

Específica

V. MAGNITUDES ESPECÍFICAS.

Espectral

▶ *Análisis espectral.*—V. ANÁLISIS.

▶ *Anchura de una raya espectral.*—Toda raya espectral ocupa en realidad un dominio estrecho pero finito de la escala de longitudes de onda. El *perfil* de una raya es una gráfica que da la

intensidad de la radiación en las inmediaciones de la longitud de onda media que caracteriza la raya. Ese perfil se determina, bien por el uso de un *espectrómetro interferencial*, bien midiendo directamente la intensidad, utilizando, por ejemplo, un *microfotómetro*.
Según una convención casi general, la anchura de una raya espectral se mide por la banda, en el dominio de las frecuencias o en el de las longitudes de onda, en el interior de la cual la intensidad de la raya es al menos igual a la mitad de su intensidad máxima.
Se han utilizado distintos fenómenos para explicar la existencia y la forma del perfil de una raya –*efectos Doppler* ligados a los movimientos incesantes de los centros emisores, *efectos Stark* debidos al campo eléctrico creado en el interior de la fuente por los iones que la constituyen...– y, si se llegara a hacer desaparecer estas perturbaciones, quedaría aún un «*pérfil natural*», que la mecánica cuántica atribuye al hecho de que cada nivel energético del centro emisor se extiende realmente sobre un dominio de energía, cuya extensión ΔE está ligada a la duración de vida media Δt del centro en ese nivel, tal como indica la *desigualdad de Heisenberg*: $\Delta E \cdot \Delta t \geqslant h/2\pi$. Eligiendo adecuadamente los cuerpos emisores y las condiciones de emisión (temperatura, presión, etc.), se han conseguido obtener rayas de anchura suficientemente pequeña como para que su longitud de onda haya sido elegida como *patrón de longitud*. Este es el caso, hasta 1960, de la raya roja del cadmio (6.438 Å), cuya anchura vale 0,013 Å, y, desde 1983, de la raya anaranjada de kriptón 86 (≃ 6.058 Å), cuya anchura puede ser llevada a tan sólo 0,005 Å.

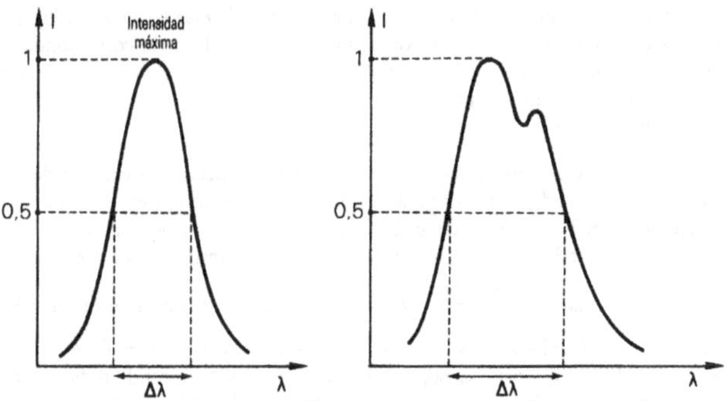

1. Raya simple

2. Raya compleja, yuxtaposición de dos rayas simples de dos isótopos

La anchura de la raya se mide convencionalmente por Δλ.

▶ *Principio de descomposición espectral*.–Es uno de los postulados de la *mecánica cuántica*. Afirma que la *función de onda* de un sistema en movimiento –corpúsculo o conjunto de corpúsculos–, supuesta conocida en un instante dado, no sirve, sin embargo, para deducir de ella el resultado de la medida que se efectuara en ese instante sobre una cualquiera de las magnitudes mecánicas del sistema (posición, velocidad, energía...). Puede solamente afirmarse que se encontrará, *de manera aleatoria*, *uno* de los valores de un conjunto de valores posibles de y para la magnitud dada. El principio precisa, aparte de lo resumido arriba, cómo se calcula este conjunto posible de valores, y la probabilidad de encontrar uno u otro de entre ellos.
A cada magnitud mecánica G del sistema, la mecánica ondulatoria asocia un *operador* (hermítico) A. Por ejemplo, a su energía E está asociado el operador hamiltoniano H. Ahora bien, a cada uno de esos operadores corresponde un conjunto de *valores propios* λ_n y de *funciones*

propias ψ_n. El conjunto de valores propios λ_n constituye el *espectro* de A. Puede ser continuo o discreto (V. ESPECTRO DE UN OPERADOR).

Se establece que toda función de onda ψ del sistema puede ser *matemáticamente* descompuesta en una suma de funciones propias del operador A: $\psi = \sum_n c_n \psi_n$, un poco al modo en que una onda luminosa puede ser descompuesta *experimentalmente* en un espectro de ondas monocromáticas. De ahí el nombre de *descomposición espectral* que se da a esta operación matemática. Los coeficientes c_n son frecuentemente llamados *coeficientes de Fourier* de la descomposición.

El principio de la descomposición espectral precisa entonces que si se recomienza varias veces una misma experiencia con el mismo sistema, midiéndose cada vez en el mismo instante la misma magnitud G, se obtendrá tanto uno como otro de los valores reales λ_n, con una probabilidad P_n igual al cuadrado del módulo de su coeficiente de Fourier: $P_n = |c_n|^2$.

Si el espectro de valores propios de A es *discreto*, la magnitud G no puede adquirir más que valores discretos. Está *cuantificada*. Es la explicación que da la mecánica cuántica de la cuantificación de ciertas magnitudes, como, por ejemplo, la energía de un átomo en un estado estacionario, que la antigua «hipótesis de los cuantos» había injertado sobre la mecánica clásica.

▶ *Raya espectral.*—Imagen fina, brillante y coloreada, de la rendija de entrada de un *espectroscopio*, iluminada con luz monocromática.

Si se ilumina la rendija con luz compleja, se forman tantas rayas paralelas como radiaciones monocromáticas contiene la luz incidente. El conjunto de esas rayas es una traducción visual del *espectro* de la luz incidente, de ahí la denominación de *raya espectral*. El lugar ocupado por cada raya en el espectro permite medir la longitud de onda de la correspondiente radiación. Si la luz incidente contiene todas las radiaciones menos una, el lugar que le correspondería está ocultado por una raya negra.

V. ESPECTRO ÓPTICO.

▶ *Serie espectral.*—Conjunto de rayas pertenecientes al espectro de emisión de un cuerpo determinado, y que pueden ser atribuidas a transiciones que conducen a un mismo estado final. Si designamos por E_f la energía del cuerpo en el estado final, y por E_1, E_2, E_3, ..., sus energías en los distintos estados iniciales, las rayas de la serie correspondiente a este estado final tendrán por frecuencias: $\nu_1 = \dfrac{E_1 - E_f}{h}$, $\nu_2 = \dfrac{E_2 - E_f}{h}$, etc. ($h$ = constante de Planck). Utilizando los *números de onda* y los *términos espectrales*: $\sigma_1 = T_f - T_1$, $\sigma_2 = T_f - T_2$, etc.

Ejemplo: En el espectro del hidrógeno, la *serie de Lyman* comprende todas las rayas emitidas cuando el átomo de hidrógeno salta de un estado excitado cualquiera a su estado fundamental, de número cuántico $n = 1$. $\sigma_i = T_1 - T_i$, $i = 2, 3, ...$ (V. ÁTOMO DE BOHR).

El *límite de una serie* es la raya para la cual, en el estado inicial, el electrón óptico se encuentra fuera del campo del resto del átomo, sin energía cinética. Su energía inicial es, por consiguiente, nula, y la raya límie posee un número de ondas $\sigma_i = T_f$.

Un trabajo importante en espetroscopía es el de *clasificar* las rayas de un espectro *en series*, ya que el conjunto de rayas es, con frecuencia, enrevesado y muy denso. Para ello se dispone de ciertas guías: existencia de fórmulas del tipo de la *fórmula de Balmer*, parecido entre las rayas de una misma serie —ciertas rayas emitidas por el sodio, por ejemplo, son todas borrosas, y pertenecen efectivamente a una misma serie conocida justamente como «*serie difusa*»—, comportamento parecido de las rayas de una misma serie en el *efecto Zeeman*, etc. Este considerable trabajo no está finalizado actualmente para todos los espectros conocidos.

▶ *Término espectral.*—Tras los trabajos de Niels Bohr se sabe que cada radiación emitida o absorbida por un corpúsculo está ligada a una transición del mismo corpúsculo entre dos niveles energéticos. Siendo N la frecuencia de la radiación, $\lambda = c/N$ su longitud de onda (c velocidad de la luz), y $\sigma = 1/\lambda = N/c$ su *número de ondas*, la relación de Bohr $N = (E_m - E_n)/h$ se trans-

forma en: $\sigma = \frac{E_m - E_n}{hc} = T_n - T_m$, si escribimos $T = -E/hc$ (h = constante de Planck). T es el *término espectral* correspondiente al nivel energético E. El número de ondas de la radiación es, en consecuencia, igual a la diferencia entre dos términos espectrales.
Ejemplos: Los término espectrales del hidrógeno tienen por expresión $T_n = -E_1/hcn^2 = R_H/c^2$ (R_H constante de Rydberg) (V. ÁTOMO DE BOHR). Los de un metal alcalino de número atómico Z: $T_n = R_Z/(n - c)^2$, siendo c el defecto cuántico (V. ELECTRÓN *s*). Pero en general los espectroscopistas designan los términos espectrales por símbolos convencionales (V. MODELO VECTORIAL DEL ÁTOMO).
Uno de los objetivos actuales de la espectroscopía consiste en determinar experimentalmente los términos espectrales por aplicación del *principio de combinación de Ritz*, comparando después los resultados a los de la mecánica cuántica, previstos a partir de hipótesis atómicas o moleculares. Esa es una de las verificaciones posibles de las hipótesis de partida.

Espectro

La palabra latina *spectrum*, que significa «objeto de apariencia insólita», fue utilizada en física por primera vez por Newton (hacia 1680), para designar las manchas coloreadas –inesperadas– producidas en una pantalla por el impacto de un haz de luz solar tras haber atravesado un prisma de vidrio. Hoy sabemos que el fenómeno así descrito es debido a la *dispersión*, por parte del prisma, de las luces coloreadas que componen la luz solar. Esto nos ha llevado a llamar espectro de una luz al conjunto de radiaciones monocromáticas que la componen, estando cada una de ellas caracterizada por su frecuencia N o por su longitud de onda $\lambda = c/N$ (siendo c la velocidad de propagación en el vacío, común a todas las radiaciones) y por su intensidad I. La gráfica $I = f(N)$, que representa el espectro de una luz, puede ser obtenida con la ayuda del *espectrofotómetro*.
En un *espectro continuo* se hallan presentes todas las radiaciones cuyas frecuencias se encuentran comprendidas en el intervalo de definición de la onda estudiada. En un *espectro discontinuo* sólo están presentes ciertas radiaciones, teniendo las demás una intensidad nula.
Las difiniciones precedentes fueron extendidas, en principio, a todas las ondas electromagnéticas –hablamos, por ejemplo, del espectro X de un núclido–, y más tarde a otras numerosas magnitudes físicas, periódicas y no periódicas. Por ejemplo, el espectro β^- de un radionúclido viene representado por la gráfica que da el número de electrones, emitidos por una muestra de ese núclido en un tiempo dado, en función de las energías con las que son emitidos (V. también: ESPECTRO DE UN OPERADOR, ESPECTRO ELÉCTRICO...).
Señalemos, por fin, que la palabra espectro es utilizada también, con significados parecidos, en otros dominios de la Ciencia (matemáticas, química, biología...). Los biólogos, por ejemplo, definen el «espectro» de un antibiótico...

▶ *Espectro acústico.*–V. SONIDO COMPLEJO, TIMBRE DE LOS SONIDOS.

▶ *Espectro acanalado.*–Espectro luminoso que contiene bandas oscuras estrechas denominadas acanaladuras. Esos espectros, que no hay que confundir con los espectros de absorción, se obtienen por análisis, al espectroscopio, de la luz proveniente de un fenómeno de interferencia, o de birrefringencia, con luz compuesta.
Ejemplo: En un experiencia de interferencia luminosa realizada con luz blanca, un espectroscopio cuya rendija de entrada esté situada en el plano de observación, paralelamente a las rendijas fuentes, lejos de la franja central, da un espectro acanalado. La iluminación en cada punto del plano de observación está originada, en efecto, por una luz en la que están ausentes las radiaciones para las cuales la diferencia de marcha en ese punto es un múltiplo impar de su

semilongitud de onda. Cada radiación ausente da, en su correspondiente lugar en el espectro, una acanaladura oscura.
La determinación experimental del número de estrías entre dos longitudes de onda permite con frecuencia calcular ciertas características del dispositivo utilizado.

▸ *Espectro corpuscular.*—Una sustancia material atravesada por un haz de rayos X puede expulsar electrones por efecto fotoeléctrico (V. RAYOS X). Maurice de Broglie ideó y realizó (en 1922) un procedimiento experimental para la determinación de las características del haz de electrones expulsados. Este procedimiento consiste en someter esos electrones a la acción de un campo magnético, que incurva sus trayectorias y «focaliza» en un mismo punto de una placa fotográfica a los electrones dotados de una misma velocidad inicial. Con una fuente filiforme se obtienen sobre la placa una serie de segmentos paralelos, que recuerdan las rayas de un espectro óptico, razón por la que se denomina a este fenómeno espectro corpuscular. La posición de cada raya informa acerca de la velocidad de eyección. (De ella deducimos cantidad de movimiento y energía). La intensidad de cada raya informa, por otro lado, acerca del número de electrones de la misma velocidad expulsados por unidad de tiempo.
Esta técnica se ha adaptado para el estudio de ciertos corpúsculos electrizados, emitidos por radiactividad o por el efecto de una excitación provocada.

▸ *Espectro eléctrico o magnético.*—Tanto en electrostática como en magnetostática se llama *espectro* a la figura formada por un conjunto de *líneas de campo.*
Puede visibilizarse dicho espectro materializando las líneas de campo por medio de finas partículas, de un aislante polarizable en el caso eléctrico o de limaduras de hierro si se trata de un campo magnético. Extendidas sobre una superficie plana, esas partículas se electrizan o se imanan. Entonces se orientan espontáneamente en la dirección de campo local, y, atrayéndose mutuamente, forman pequeñas ristras que dibujan las líneas de campo.
V. SOLENOIDE.

▸ *Espectro de un operador.*—V. OPERADOR.

▸ *Espectro óptico.*—Espectro de una radiación electromagnética compuesta por radiaciones infrarrojas, visibles o ultravioletas.
Un cuerpo sólido o líquido, que pueda ser llevado hasta altas temperaturas, emite un espectro continuo que contiene radiaciones ópticas (V. RADIACIÓN TÉRMICA). Para obligar a emitir radiación a un cuerpo gaseoso pueden utilizarse distintas técnicas: vaporizar un sólido en una llama (la de un mechero Bunsen o un arco eléctrico), o encerrar el gas ya preparado en un tubo estrecho de paredes transparentes (vidrio o cuarzo) y someterlo luego a la acción de un campo eléctrico intenso (tubo de Plücker). Contrariamente al caso de sólidos y líquidos, la radiación de un gas es emitida, según el modo de exitación elegido, por moléculas o por átomos, neutros o ionizados, prácticamente independientes unos de otros. Ese mismo gas, colocado en la trayectoria de un haz de luz blanca, puede absorber ciertas radiaciones entre las que puede emitir. Se obtiene en ese caso un espectro de absorción (V. RAYAS DE FRAUNHOFER).
En todos esos casos, la emisión o absorción de un fotón, de frecuencia N, es consecuencia de una brusca «transición» de un corpúsculo (molécula o átomo) entre dos niveles energéticos, como precisa la relación de Bohr: $N = |E_i - E_f|/h$ (h = constante de Planck). Si la energía inicial E_i es superior a la energía final E_f, se produce una emisión; en caso contrario, una absorción. Esos espectros revelan, por tanto, la distribución de niveles energéticos en un corpúsculo, y pueden caracterizarlo (V. ANÁLISIS ESPECTRAL).
En un *átomo*, las transiciones que dan lugar a la emisión o absorción de un espectro óptico afectan a los electrones periféricos, denominados por ello electrones ópticos. El espectro está formado por rayas distintas, que se clasifican en series (V. RAYA ESPECTRAL, SERIE ESPECTRAL TÉRMINO ESPECTRAL).

En una molécula, la energía global E proviene de tres fuentes: los movimientos internos de los electrones, las vibraciones mutuas de los átomos constituyentes y las rotaciones de la molécula alrededor de diferentes ejes. Todas esas energías están cuantificadas: $E = E_e + E_v + E_r$ con $E_e \gg E_v \gg E_r$.

Una excitación pequeña puede dejar inalteradas E_e y E_v. Se obtiene entonces un *espectro de rotación*, formado por una serie de rayas situadas con mucha frecuencia en el infrarrojo lejano. Si, por el contrario, la excitación puede provocar transiciones entre niveles energéticos de vibraciones, afecta igualmente a los niveles energéticos de rotación, y se obtiene, en general en el infrarrojo próximo, un *espectro de vibración-rotación*, formado por bandas espectrales. Si, por fin, la excitación es suficiente para desatar transiciones electrónicas, éstas están acompañadas por transiciones de vibración y de rotación. El *espectro electrónico* que se origina está situado en el visible o en el ultravioleta, y lo forman una serie de bandas. Se han elaborado leyes detalladas acerca de este tipo de espectros moleculares, y su profundización es una fuente de conocimientos acerca de la estructura de las moléculas (forma, dimensiones, estructura electrónica). Por ejemplo, el estudio de los espectros de rotación de dos moléculas, CO_2 y H_2O, (dióxido de carbono y agua), aparentemente parecidas, muestran, al analizar sus diferentes momentos de inercia, que la primera de ellas es rectilínea y simétrica, O-C-O, mientras que la segunda es acodada, 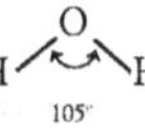

. Esto explica que sólo la segunda sea una molécula polar.

▶ *Espectro X.*—Espectro de radiación X (o radiación Roentgen) que puede emitir o absorber una sustancia.

Los primeros estudios sobre el tema se deben a Barkla, que supo demostrar, midiendo el poder de penetración de la radiación proveniente de distintos anticátodos, que cada elemento químico puede emitir rayos X característicos, más o menos penetrantes (se dice más o menos *duros*), y pertenecientes en general a series que bautizó como serie K, serie L..., denominaciones que fueron retenidas más tarde para designar los niveles energéticos de los átomos.

Hoy el estudio de un espectro X se lleva a cabo con un espectrógrafo de rayos X, que contiene como órgano dispersivo un cristal o una red sobre vidrio, y como órgano receptor una cámara de ionización o una placa fotográfica.

1 / Los *espectros de emisión* están formados por un fondo continuo sobre el que destacan rayas más intensas, de las que podemos medir las longitudes de onda. El fondo continuo, independiente del emisor, es atribuido a la *radiación de frenado*. El espectro discontinuo, característico del átomo emisor, contiene un pequeño número de rayas, agrupadas en series, tal como había descubierto Barkla. La emisión de una radiación K resulta posible cuando un electrón perteneciente a ese nivel energético es expulsado por el impacto de un electrón o de una fotón excitador. Otro electrón del mismo átomo, perteneciente a un nivel menos profundo, el nivel L por ejemplo, puede venir entonces a ocupar el sitio vacante. Esta transición L → K es la que origina la emisión de un fotón X, cuya frecuencia vale $\nu = (E_L - E_K)/h$ (E_K, E_L, son las energías de los dos niveles afectados y h la constante de Planck).

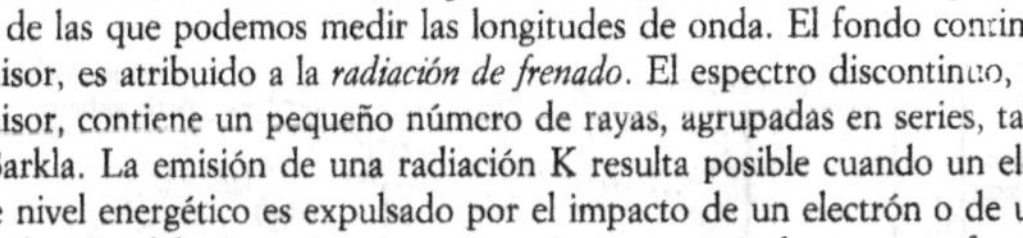

2 / Un *espectro X de absorción* está formado por bandas sucesivas, limitadas cada una bruscamente del lado de las longitudes de onda mayores. Este espectro puede representarse por una gráfica que da las variaciones del coeficiente de absorción α de la sustancia en función de la longitud de onda λ de la radiación incidente. Se explica la ausencia de rayas de absorción por el hecho de que transiciones del tipo K → L son imposibles, al estar el nivel de llegada ya *saturado*. Para ser absorbido, un fotón incidente debe poseer una energía mínima (una frecuencia mínima, por tanto) suficiente para provocar la eyección completa de un electrón del átomo, lo que justifica el aspecto de la curva de absorción...
V. EFECTO AUGER, ESPECTROS CORPUSCULARES, LEY DE MOSELEY.

Espectrofotometría

Técnica de estudio de *magnitudes fotométricas* relativa a una luz compleja, por tratamientos separados de las diversas radiaciones monocromáticas que la componen. Un espectrómetro comporta, por tanto, un *fotómetro* precedido de un *monocromador*.
V. FOTOMETRÍA, ESPECTROSCOPÍA.

Espectrógrafo

▶ *Espectrógrafo de masas.*—Aparato ideado por Aston (en 1919) con el fin de determinar la relación carga/masa (q/m) de un átomo ionizado.
Ya J. J. Thomson había demostrado (hacia 1912) que corpúsculos eléctricamente cargados, lanzados en un recinto vacío y sobre los que se hace actuar simultáneamente un campo eléctrico y un campo magnético, están constreñidos a describir sobre una pantalla una serie de arcos parabólicos. Cada uno de esos arcos es el lugar de los puntos de impacto de corpúsculos que poseen la misma carga másica, pero velocidades iniciales levemente diferentes.
En el aparato de Aston, y en los que le han ido reemplazando, provistos de multitud de perfeccionamientos aportados por distintos experimentadores, los arcos parabólicos de Thomson son sustituidos por una serie de pequeñas rectas paralelas muy finas, análogas a las rayas espectrales. Esas rayas constituyen el *espectro de masa* de la mezcla de átomos estudiados. Basándose en los lugares respectivos de cada raya es posible calcular, en valores relativos, las masas de los diferentes tipos de átomos de la mezcla, suponiéndose conocidas sus cargas.

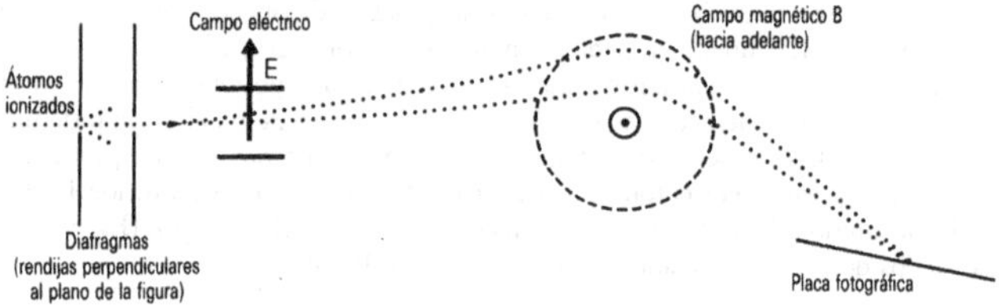

Eligiendo convenientemente los distintos parámetros del montaje, se puede conseguir que los corpúsculos con la misma relación q/m (la misma carga másica), incluso aunque sus velocidades iniciales sean algo distintas en módulo y dirección, sean «focalizados» en una misma región de la placa fotográfica, en la que dibujan una «raya» paralela a la rendija de entrada.

Este aparato ha jugado un papel histórico muy importante, confirmando la existencia de las *mezclas isotópicas*. Hoy se utiliza corrientemente, sea para determinar con precisión *masas isotópicas*, por comparación con la de un patrón convencional, el átomo de carbono 12 —la precisión alcanza $1/10^6$ para los elementos mononuclídicos—, sea para determinar la intensidad relativa de las diferentes rayas, con el fin de deducir la composición isotópica de un elemento polinuclídico.

Epectrómetros de masas industriales, derivadas del espectrógrafo de masas, permiten identificar rápidamente, por sus espectros de masas conocidos ya previamente, los átomos o grupos de átomos ionizados que componen una mezcla gaseosa.

V. ESPECTROSCOPÍA.

Espectroscopía

Nombre genérico que designa el conjunto de técnicas que permiten la separación y el estudio de las radiaciones monocromáticas componentes de una onda electromagnética.

Los instrumentos que sirven para una operación de espectroscopía se denominan *espectroscopios, espectrógrafo, espectrómetros* o *espectrofotómetros*. Todos ellos contienen dos órganos esenciales: un órgano separador, cuya misión es separar, unas de otras, las distintas radiaciones monocromáticas, y un órgano receptor destinado a estudiar cada una de esas radiaciones o a utilizarlas. En general, se reserva la denominación de espectroscopio para los instrumentos en los que el ojo del observador, ayudado por un anteojo, sirve directamente de observador, reservándose el de espectrógrafo para aquellos cuyo órgano receptor es una placa fotográfica. Los espectrómetros y los espectrofotómetros poseen, casi siempre, una célula fotoeléctrica como elemento receptor, y están preparados para dar, por lectura directa –tras una previa graduación–, las frecuencias o las intensidades de las radiaciones estudiadas.

Incluso los principios de funcionamiento, así como los materiales constitutivos de los órganos separadores, son diferentes según los dominios de longitudes de onda que se estudien. En los aparatos destinados a la región luminosa visible, la separación se obtiene bien por refracción (espectroscopio de prismas), bien por difracción (espectroscopio de retículo), bien, por fin, por interferencias (espectrómetro interferencial). La exploración del infrarrojo, del ultravioleta, de las regiones X o γ, exige precauciones especiales. Sucede lo mismo en el dominio de las ondas hertzianas, que son recogidas por una antena y dirigidas luego hacia un conjunto de filtros separadores y por fin hacia un órgano registrador, con amplificadores intercalados eventualmente. Este tipo de aparatos son fundamentales en radioastronomía.

Una de las cualidades esenciales de un espectroscopio es su *poder de resolución*. Si es capaz de separar eficazmente dos radiaciones de longitudes de onda próximas λ y $\lambda + d\lambda$, se conviene en medir su poder de resolución por el cociente $R = \lambda/d\lambda$. Así, para separar las dos rayas amarillas del sodio (λ_1 = 689,0 nm; λ_2 = 689,6 nm), es necesario un poder de resolución superior a 6.893/6. Se han podido construir espectrómetros interferenciales con poderes de resolución del orden de 10^7.

Las investigaciones en espectroscopía han dado lugar a trabajos notables de paciencia y precisión. Los resultados obtenidos han sido origen de importantes progresos en numerosos dominios de la Ciencia. Han permitido a los químicos, por ejemplo, descubrir por sus espectros elementos aún desconocidos. La existencia de uno de ellos fue incluso detectada primero en la corona solar, lo que le valió el nombre: el helio. Gracias a la extremada precisión de las medidas espectroscópicas se han podido establecer convenciones internacionales sobre la definición de los patrones de longitud y tiempo.

Pero, sobre todo, los trabajos de los espectroscopistas han sido el origen de nuestros conocimientos acerca de la estructura de lo infinitamente pequeño: núcleos, átomos, moléculas. La mecánica cuántica fue creada, en gran parte, para explicar los resultados de esos trabajos. Por el lado de lo infinitamente grande, la situación es aún más clara. El análisis espectroscópico de las radiaciones que nos envían es la *única* fuente de información que poseemos –y que poseeremos en mucho tiempo, sin duda– acerca de la composición y la vida de estrellas y galaxias lejanas.

Espejismo

Fenómeno que se produce cuando un pincel luminoso que proviene de un objeto alejado atraviesa capas de aire próximas a un suelo relativamente caliente antes de llegar al ojo del observador. Éste tiene la sensación de que la luz le llega tras reflejarse en una capa de agua que existe en el suelo. Es conocida la importancia de este fenómeno en regiones desérticas. Es igualmente visible, sin embargo, en nuestras regiones, por aquellos que circulan, por ejemplo, una mañana de estío por una recta de carretera con escaso tráfico.

En las proximidades del suelo el aire se calienta y su densidad disminuye, disminuyendo asimismo su índice de refracción (V. LEY DE GLADSTONE). Se demuestra que la trayectoria de un rayo luminoso en un medio así, no homogéneo, de índice continuamente variable, no es una línea recta. Es una curva cuya forma obedece a ciertas condiciones. Si, por ejemplo, se trata de una región terrestre plana, con el aire en calma, y si el comienzo del recorrido del rayo luminoso se encuentra en un plano vertical, ese rayo permanece continuamente en el mismo plano vertical. La concavidad de su trayectoria se vuelve del lado de la región con índice mayor, aquí hacia arriba; si el índice aumenta en dn por cada aumento de altitud dz, el radio de curvatura de la trayectoria R viene dado en cada punto por la expresión: $1/R = dn/n \cdot dz$.

La figura muestra que el fenómeno puede ser interpretado como resultdo de una *reflexión total*, sufrida por el rayo en las proximidades del suelo.

S encuentra este mismo tipo de fenómeno en otras circunstancias. Por ejemplo, es tenido en cuenta a la hora de fabricar *fibras ópticas*. Su índice de refracción disminuye en las proximidades de la periferia, gracias a que la señal luminosa que deben transmitir permanece confinada en el interior de la fibra a lo largo del trayecto, por una serie de «reflexiones totales» sucesivas.

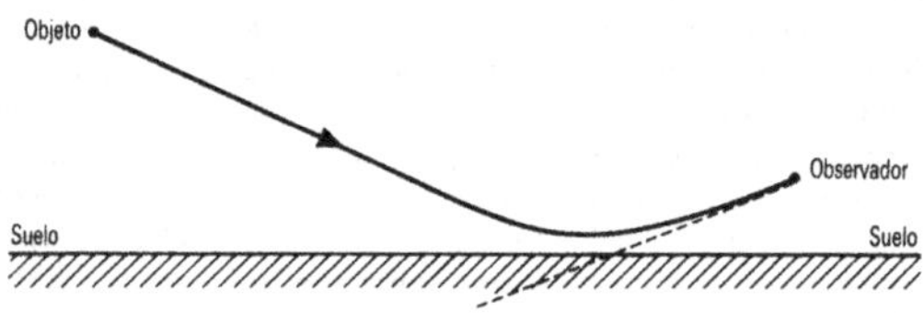

Espejo

▶ *Espejo esférico*.—Casquete esférico reflectante. Se le llama cóncavo o convexo según la posición de la cara reflectante. Para haces anchos un espejo esférico es estigmático, rigurosamente para su centro C de curvatura y para su vértice S, y aproximadamente para los puntos vecinos de C y S (V. MÉTODO DE POGGENDORFF).

Con haces paraxiales (aproximación de Gauss) un espejo esférico es, como todos los sistemas centrados, aproximadamente estigmático para todo punto objeto situado en su eje o en las proximidades de éste. Sus dos puntos principales se confunden en el vértice, sus dos puntos nodales se confunden en el centro y sus dos focos principales se confunden en F, a la mitad del segmento SC. La posición y las dimensiones de la imagen de un pequeño objeto pueden ser calculadas por medio de fórmulas, comunes al espejo esférico y a todo sistema catadióptrico, aunque no son comunes, como es natural, a las de las lentes y el resto de los sistemas centrados dióptricos (V. FIGURA). Es ciertamente posible adoptar, para los sistemas catadióptricos, fórmulas idénticas a las de los sistemas dióptricos, si se acepta invertir la orientación del eje del sistema según que se mida la abscisa de un punto objeto o la de un punto imagen. Parece que no sea éste, desde el punto de vista pedagógico, el procedimiento más eficaz.

Nótese que la imagen virtual, dada por un espejo cóncavo, de un objeto situado entre su vértice y su plano focal, es recta y mayor. Un espejo esférico cóncavo es, según esto, equivalente a una lupa reflectante.

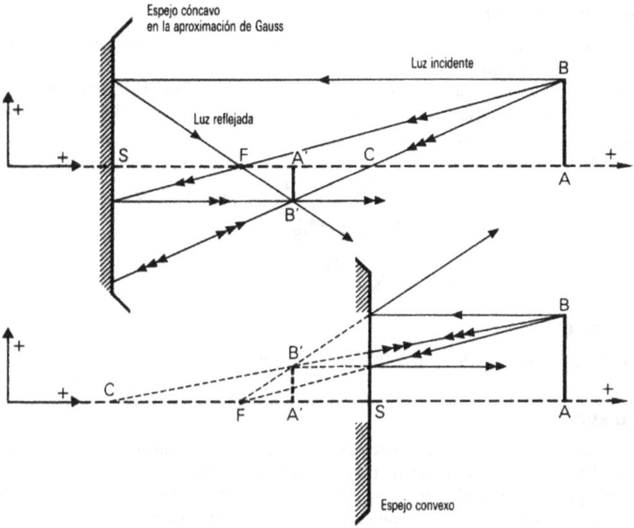

Fórmulas de Newton : $\overline{FA}\,.\,\overline{FA'} = \overline{SF}^2 = f^2, \quad \frac{\overline{A'B'}}{\overline{AB}} = \frac{\overline{FA'}}{\overline{FS}} = \frac{\overline{FS}}{\overline{FA}}.$

Fórmulas de Descartes : $\frac{1}{\overline{SA}} + \frac{1}{\overline{SA'}} = \frac{1}{\overline{SF}}, \quad \frac{\overline{A'B'}}{\overline{AB}} = -\frac{\overline{SA'}}{\overline{SA'}}.$

▶ *Espejo giratorio.*—El rayo reflejado por un espejo gira 2*a* si el espejo gira un ángulo *a* alrededor de un eje perpendicular al plano de incidencia. Este resultado fue utilizado por Foucault, por ejemplo, para determinar el valor numérico de *c*, la *velocidad de la luz*. Un pincel luminoso reflejado por un espejo plano *m* cae sobre un espejo cóncavo que lo remite de nuevo en la dirección incidente. Cuando llega de nuevo a *m*, éste, animado de un movimiento de rotación rápida, ha girado levemente. De la desviación del rayo emergente se deduce *c*.

▶ *Espejo parabólico.*—Superficie reflectante cóncava, cuya forma es un paraboloide de revolución. Este tipo de espejo, más difícil de realizar que un espejo esférico, presenta sobre éste la ventaja de ser rigurosamente estigmático para un punto situado en el infinito en la dirección de su eje (una estrella, por ejemplo, cuya imagen se forma en el foco). No es, desdichadamente, aplanático. La imagen de una estrella que no esté plenamente en la dirección del eje no está desprovista de aberraciones, lo que puede ser molesto en las observaciones astronómicas. Su campo en anchura está limitado por esos defectos, y no sobrepasa algunas decenas de minutos (V. LÁMINAS DE SCHMIDT, TELESCOPIO).

▶ *Espejo plano.*—Único dispositivo óptico reflectante que es rigurosamente estigmático para todos los puntos del espacio. A todo objeto real, cualesquiera que sean sus dimensiones y su posición, corresponde una imagen virtual nítida, simétrica del objeto con respecto al plano especular. Nótese que, inversamente, a un objeto virtual le hace corresponder una imagen real.

Espira de corriente

Contorno cerrado orientado de muy pequeñas dimensiones, prácticamente plano, recorrido por una corriente eléctrica.
Desde el punto de vista geométrico, una espira se caracteriza por su *vector superficie* $d\mathbf{S}$. Desde el punto de vista físico, una espira de corriente se caracteriza por su *momento magnético* $d\mathbf{M} = i \cdot d\mathbf{S}$, siendo i la intensidad de corriente.
V. DIPOLO MAGNÉTICO.

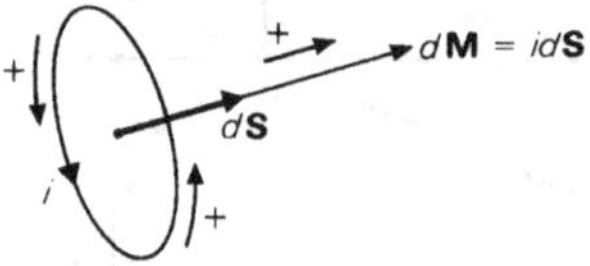

Estadística

▶ *Estadística clásica.*—V. TERMODINÁMICA ESTADÍSTICA.

Estadísticas

▶ *Estadísticas cuánticas.*—La termodinámica estadística de Boltzmann, que presenta algunos puntos débiles, ha sido reemplazada por las estadísticas cuánticas. Sus previsiones están más conformes con los resultados de la experiencia. Las modificaciones que han introducido en las hipótesis de Boltzmann están inspiradas por resultados obtenidos en mecánica cuántica, y esa es la razón de su nombre.
En primer lugar, las energías de los «dominios» de Boltzmann son los niveles energéticos discretos impuestos por la estructura misma de los corpúsculos. Un dominio del espacio de las fases que corresponde a un nivel «degenerado», de orden g, está dividido en g celdillas; cada una de ellas representa, por consiguiente, un estado cuántico. En segundo lugar, los corpúsculos son *indiscernibles.* Una permutación de dos corpúsculos entre dos dominios da una sola configuración.
Junto a esos puntos comunes, las dos estadísticas cuánticas se distinguen una de otra por el hecho de que en una, la estadística *de Bose-Einstein,* varios corpúsculos pueden poseer un mismo estado cuántico y «ocupar», por tanto, una misma celdilla. En la segunda, la estadística *de Fermi-Dirac,* se postula, siguiendo el principio de exclusión de Pauli, que toda célula puede estar, únicamente, vacía o bien ocupada por un solo corpúsculo.
De esas diversas hipótesis resulta que los valores de las probabilidades termodinámicas de los diversos estados de un mismo sistema son diferentes y, admitiendo con Boltzmann que el equilibrio estable es el estado de máxima probabilidad, se obtienen las expresinoes que dan el número de corpúsculos que ocupan cada dominio:

$$\mathrm{N}_i = \frac{g_i}{\mathrm{B}\exp(u_i/k\mathrm{T}) - 1} \quad \text{en la estadística de Bose-Einstein}$$

$$N_i = \frac{g_i}{\mathrm{B}\exp(u_i/k\mathrm{T}) + 1} \quad \text{en la estadística de Fermi-Dirac}$$

Señalemos que esta última fórmula es presentada a menudo bajo la forma equivalente: $n_i = \mathrm{N}_i/g_i = 1/(1 + \exp[u_i - u_\mathrm{F}]/k\mathrm{T})$, donde u_F es el *nivel* energético *de Fermi.*
El coeficiente B, o u_F, son calculables escribiendo que el número total de corpúsculos, N, suma de todos los N_i, es conocido.
Las consecuencias que se derivan de esas fórmulas, aparentemente tan parecidas, son de hecho muy diferentes. La experiencia demuestra que la estadística de Bose-Einstein es verificada por una clase de corpúsculos, que han sido llamados precisamente por eso *bosones.* Son los cor-

púsculos de spin nulo o entero: moléculas de la mayor parte de los gases, entre ellas la de helio-4 (V. CONDENSACIÓN DE EINSTEIN), así como los fotones (V. BOSE).
Los corpúsculos que se ajustan a la estadística de Fermi-Dirac, los *fermiones*, son aquéllos cuyo spin es semientero, los electrones por ejemplo (V. TEORÍA DE BANDAS ENERGÉTICAS), y algunas moléculas gaseosas, como el helio-3.

Estado

▶ *Cambio de estado.–Sinónimo:* transición de fase:
1. *Cambio de estado de primera especie* (o de orden).–Paso, para un cuerpo puro, de uno a otro de sus estados físicos. La fusión, la vaporización, la sublimación y sus transformaciones inversas, el paso de un estado cristalino a otro estado cristalino, en los cuerpos que poseen varias formas alotrópicas, son cambios de estado de primera especie.

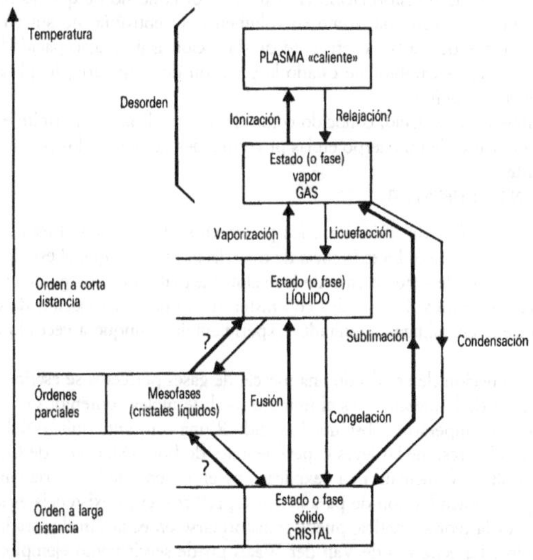

Una transformación de este tipo se puede hacer de manera reversible; por ejemplo, por medio de un aporte lento de calor a presión constante la experiencia demuestra que se produce a temperatura constante. Es, pues, un fenómeno isóbaro ($dP = 0$) e isotermo ($dT = 0$), y su función de estado entalpía libre G permanece invariable a lo largo de la transformación ($dG = v\,dP - S\,dT$). Por el contrario, otras funciones de estado (en particular su volumen másico v, su entropía másica s, etc.), sufren cambios bruscos.
Es, además, un fenómeno endotérmico o exotérmico según el sentido de la transformación. V. CALOR DE CAMBIO DE ESTADO, CONTINUIDAD DE LOS ESTADOS LÍQUIDO Y GASEOSO, RELACIÓN DE CLAPEYRON.
2. *Cambio de estado de segunda especie.*–Estudiando el comportamiento del helio a muy bajas temperaturas fue como se comprobó históricamente la existencia de este tipo de cambios de estado. (V. PUNTO LAMBDA.) Con posterioridad se reconoció que un fenómeno análogo puede tener lugar en otras circunstancias. Por ejemplo, en el paso del punto de Curie por un cuerpo ferromagnético, del punto de Néel por uno antiferromagnético, del punto de transición por parte de un cuerpo superconductor, etc. Este tipo de cambios de estado (se llaman también

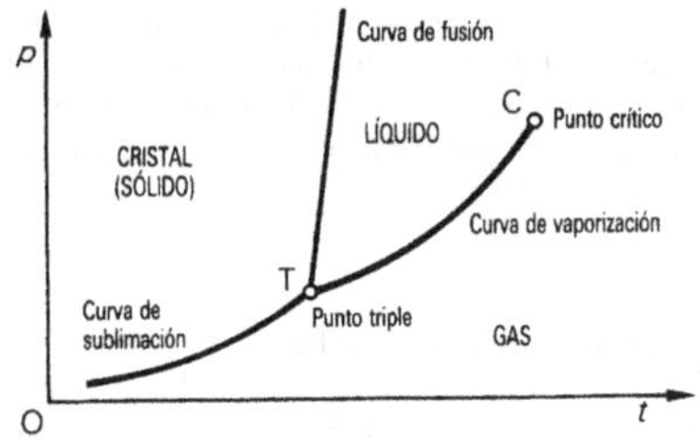

transiciones de fase) se distinguen de un cambio de estado de primera especie: 1) Por la ausencia de un calor de transformación (L = 0). 2) Por el hecho de que las funciones de estado del cuerpo que se transforma, como su volumen o su entropía, no sufren discontinuidades. Sólo sus funciones derivadas, coeficiente de dilatación isoterma, capacidad térmica, son discontinuos. Para estos cambios de estado la ecuación de Clapeyron, inaplicable aquí, es sustituida por la de Ehrenfest.
Un procedimiento de cálculo, conocido como de renormalización, permite el estudio detallado del comportamiento de un cuerpo en las proximidades de uno de los puntos críticos señalados anteriormente.
V. RELACIÓN DE EHRENFEST.

▶ *Ecuación de estado.*—Relación entre los parámetros que definen el estado de un cuerpo en equilibrio termodinámico. La existencia de esa relación supone que el estado presente del cuerpo estudiado depende enteramente de los valores actuales de esos parámetros, y no de eventuales valores anteriores. Los sólidos con histéresis no poseen ecuación de estado. Estas relaciones traducen generalmente resultados experimentales, aunque a veces lo hacen con resultados teóricos.
Ejemplos: La ecuación de estado de una mezcla de gases perfectos se escribe: $pv = n\mathrm{R}\mathrm{T}$, donde v es el volumen de la mezcla, n es el número total de moles contenidos en ese volumen v a la presión p, y a la temperatura absoluta T, siendo R una constante universal llamada de los gases perfectos. Esta ley resume las leyes experimentales de Boyle-Mariotte, de Gay-Lussac, de Avogadro y de Dalton, y encuentra su «explicación» en el seno de la Teoría cinética de los gases. Corregida por la introducción de parámetros específicos, cuya existencia es sugerida por la experiencia o por la teoría cinética, puede transformarse en ecuación de estado de un fluido real (gas o líquido). La ecuación de Van der Waals puede servir como ejemplo.
V. FUNCIÓN DE ESTADO, VARIANZA.

▶ *Ecuación reducida de estado.*—Forma que adquiere la ecuación de Van der Waals relativa a un fluido cualquiera cuando las variables P, T, V (presión, temperatura, volumen) son sustituidas por las *variables reducidas* $\omega = \mathrm{P}/\mathrm{P}_c$, $\theta = \mathrm{T}/\mathrm{T}_c$, $\varphi = v/v_c$, siendo P_c, T_c, v_c las variables críticas del fluido estudiado. La ecuación de Van der Waals $(\mathrm{P} + a/v^2)(v - b) = r\mathrm{T}$ se transforma en $(\omega + 3/\varphi^2)(3\varphi - 1) = 8\theta$. Ahora no contiene ningún parámetro específico del fluido estudiado. Esta *«ecuación reducida»* es, por tanto, universal, válida para todos los fluidos. El interés que este resultado presenta radica en el hecho de que cada una de las magnitudes que pueden calcularse a partir de la ecuación de estado (por ejemplo, los diferentes coeficientes termoelásticos) tienen el mismo «valor reducido» para todos los fluidos.
Se demuestra que pueden obtenerse resultados análogos a partir de cualquier otra ecuación de estado que contenga tres parámetros específicos.
V. ESTADOS CORRESPONDIENTES.

▶ *Estado excitado.*—V. ESTADO FUNDAMENTAL.

▶ *Estado fundamental.*– Se demuestra en mecánica cuántica que todo corpúsculo o sistema material que se encuentra en un estado estacionario posee una energía cuyo valor pertenece necesariamente a una serie, continua o discreta. A cada uno de esos valores corresponde un estado estacionario *posible* (o *accesible* o *permitido*). Si la serie es discreta, los estados energéticos intermedios se llaman *prohibidos*. En todos los casos, el estado permitido de energía mínima es el estado *fundamental*, llamándose estados *excitados* al resto de los estados permitidos.
Ejemplo: La energía del átomo de hidrógeno puede tomar, en primera aproximación, uno de los valores de la serie siguiente: $E_n = E_1/n^2$ (n = número entero positivo). E_1 (negativo) es la energía del estado fundamental ($n = 1$). A cualquier otro valor de n le corresponde un estado excitado ($E_n > E_1$) (V. ÁTOMO DE BOHR).
El salto de un estado a otro es una *transición* (energética).

▶ *Estado macroscópico (o macroestado).*–Estado de un sistema material definido por los valores experimentales, en el instante estudiado, de parámetros independientes –presión, temperatura, composición química– en cada una de sus regiones.
La física estadística atribuye la evolución del estado macroscópico de un sistema a los fenómenos que se producen a escala de sus corpúsculos constitutivos (moléculas de una muestra gaseosa, por ejemplo).
V. ESTADO MICROSCÓPICO, PROBABILIDAD TERMODINÁMICA.

▶ *Estado microscópico (o microestado).*–Estado de un sistema material definido, en el instante observado, por la naturaleza de sus corpúsculos constitutivos (moléculas, átomos, iones o partículas subatómicas), y por sus parámetros mecánicos:
– posiciones, cantidades de movimiento, energías en mecánica estadística clásica;
– números cuánticos correspondientes, en las mecánicas estadísticas cuánticas.
En todos los casos se puede caracterizar uno de los estados microscópicos de un sistema de corpúsculos idénticos por la ley de reparto de estos corpúsculos entre los diferentes niveles accesibles de energía.
Es de destacar que el adjetivo *microscópico* se usa aquí impropiamente, aunque haya sido consagrado por el uso. ¡Estos estados no son «*visibles* al microscopio»!
V. ESTADO MACROSCÓPICO, PROBABILIDAD TERMODINÁMICA.

▶ *Estado de no evolución.*–Estado de un sistema en el cual todos los parámetros macroscópicos característicos permanecen constantes a lo largo del tiempo.
Existen diferentes tipos de estados de no evolución: equilibrio estable, equilibrio metaestable (o falso equilibrio), estado estacionario, estado de régimen permanente.
V. EQUILIBRIO ESTADÍSTICO, ESTRUCTURA DISIPATIVA, RADIACIÓN NEGRA .

▶ *Función de estado.*–Magnitud que puede expresarse en función de variables macroscópicas independientes que caracterizan los diversos estados de equilibrio termodinámico de un sistema dado.
Ejemplo: Se pueden elegir, para caracterizar los estados de equilibrio de un gas perfecto, su presión P y su temperatura (absoluta) T. Su volumen molar V viene dado entonces por la ecuación de estado: $V = R \cdot P/T$. V es, por tanto, una función de estado.
Se deduce de las leyes de la Termodinámica que la *energía interna* U de un sistema cualquiera, su *entalpía* H, su *entropía* S, así como las funciones combinadas *energía libre* $F = U - TS$ y *entalpía libre* $G = H - TS$ son igualmente funciones de estado.

▶ *Principio del estado inicial y del estado final.*–*Sinónimo:* Principio de Hess: «El *calor de transformación* de un sistema material cerrado que evoluciona entre dos estados de equilibrio depende exclusivamente del estado inicial y del estado final del sistema, a condición de que la evolución se produzca a presión constante o a volumen constante.»
Esta ley le fue inspirada a Hess (1840) por los resultados de distintas medidas de calores

químicos de reacción. Traduce de hecho un aspecto particular del primer principio de la termodinámica (enunciado algunos años más tarde), y afecta, por tanto, a todas las transformaciones físico-químicas.

▶ *Vector de estado.*—Expresión utilizada en mecánica cuántica.
Las informaciones acerca del estado, en un instante dado, de un corpúsculo en movimiento se hallan contenidas en su función de onda ψ. Ahora bien, se demuestra que el conjunto de funciones de onda del corpúsculo, teniendo en cuenta las condiciones matemáticas a las que se hallan sometidas, posee la estructura de un espacio vectorial F. A este conjunto F está asociado el *conjunto de estados* permitidos del corpúsculo, que constituye un espacio vectorial isomorfo E. Cada elemento de E recibe el nombre de *vector de estado*.
Este concepto matemático se revela como ventajoso, ya que permite una importante generalización. Las propiedades de los vectores de estado permanecen válidas cualquiera que sea el sistema estudiado —corpúsculo único, relativista o no relativista, o sistema de corpúsculos, con spin o sin spin...—. A un vector de estado corresponde entonces con frecuencia no una función de onda, sino varias, componentes de un ente matemático más complejo.

Estados

▶ *Estados correspondientes.*—Dos fluidos se encuentran, por definición, en estados correspondientes, cuando sus *variables reducidas* son iguales.
La existencia de una *ecuación de estado reducida* universal demuestra que «basta que dos fluidos posean dos variables reducidas iguales para que estén en estados correspondientes». Por ejemplo, si dos gases están a temperaturas y bajo presiones reducidas iguales, sus volúmenes másicos reducidos tienen el mismo valor. Si se conoce uno de ellos, se deduce el otro.
Más generalmente, podemos servirnos de esta ley para determinar por medio del cálculo los distintos puntos de las isotermas de un fluido *más allá* de su isoterma crítica, cuando sus constantes críticas, demasiado débiles o demasiado fuertes, impiden todo estudio experimental directo.
Desgraciadamente, la experiencia demuestra que la ley de los estados correspondientes es tan sólo aproximada.

Estator

De los dos órganos esenciales de una máquina rotatoria (dinamo, alternador, etc.), el inducido y el inductor, uno es móvil (el rotor) y el otro inmóvil: el estator.

Esteno o steno (sn)

De una palabra griega que significa fuerza.

Unidad de fuerza del antiguo sistema m.t.s., hoy abandonado. 1 sn = 1.000 newtons.

Estéreo

De una palabra griega que significa sólido.

Unidad de volumen utilizada en el comercio de maderas.

Estereorradián

Unidad de ángulo sólido (símbolo: sr). «Ángulo sólido que, teniendo su vértice en el centro de una esfera, corta sobre la superficie de la misma un área igual a la de un cuadrado cuyo lado tuviera la misma longitud que el radio de la esfera.»
Esta definición, al igual que la del radián, es independiente de las unidades de longitud y superficie elegidas. En consecuencia, el estereorradián es la unidad de ángulo sólido común a todos los sistemas de unidades coherentes.
El ángulo sólido total o entero (el que, desde el centro de la esfera, se abre al espacio) vale 4π estereorradianes.

Estigmatismo

De una palabra griega utilizada para designar un punto.

Un sistema óptico es *estigmático* para un punto P del espacio si puede dar, de un objeto luminoso puntual ubicado en P, una imagen igualmente puntual. A un haz luminoso incidente que tenga al «punto *objeto*» P como vértice, el sistema hace corresponder un haz emergente homocéntrico, cuyo vértice P′ es la *imagen* de P. Se dice también que P y P′ son dos *puntos conjugados* con respecto al sistema.
Sólo el espejo plano es estigmático para todos los puntos del espacio. No es imprescindible, sin embargo, un estigmatismo *riguroso*. Basta en la práctica que el haz emergente dé sobre una pantalla, en lugar de un punto, una mancha luminosa de dimensiones inferiores al límite de resolución del receptor utilizado. El ojo, o la placa fotográfica, se acomodan estupendamente a este estigmatismo *aproximado*.
Se demuestra que los *sistemas* ópticos *centrados* –caso de la mayoría de los instrumentos ópticos– son aproximadamente estigmáticos para todo punto objeto si los rayos luminosos utilizados están próximos al eje del sistema. A esto se denomina *aproximación de Gauss*, o bien *óptica paraxial*.
Cuando nos alejamos de la aproximación de Gauss, lo que es indispensable a veces –cuando es necesaria una gran intensidad luminosa, por ejemplo– aparecen diferentes defectos, diferentes *aberraciones*. Según el uso al que se destine un instrumento óptico pueden considerarse tolerables algunos defectos, mientras que otros deben ser absolutamente evitados. El valor del instrumento depende de las soluciones aportadas por el constructor a esas necesidades, a menudo contradictorias.
V. ABERRACIONES GEOMÉTRICAS, PUNTOS ESTIGMÁTICOS DE UN DIOPTRIO.

Estocástico

De una palabra griega que significa adivino.

Una magnitud estocástica es una magnitud que depende de *variables aleatorias*.

Estrioscopia

1. Mecánica de fluidos.–Técnica de observación fotográfica de la circulación de un fluido en torno a un sólido.
2. Óptica.–Técnica de observación de las débiles variaciones locales que se producen en el índice de refracción, o de espesor, en un objeto aparentemente homogéneo y de espesor constante.
Así se demuestra que cuando dicho objeto, denominado *objeto de fase*, es atravesado por una onda luminosa, cada defecto local emite una onda difractada de escasa intensidad, que se su-

perpone a la onda principal. Deteniendo ésta por medio de un pequeño obturador de apropiadas dimensiones, las ondas difractadas llegarán a formar sobre una pantalla posterior las imágenes correspondientes a los defectos locales. Éstas serán muy poco luminosas, pero aun así se verán, sobre un fondo obscuro, con suficiente claridad.

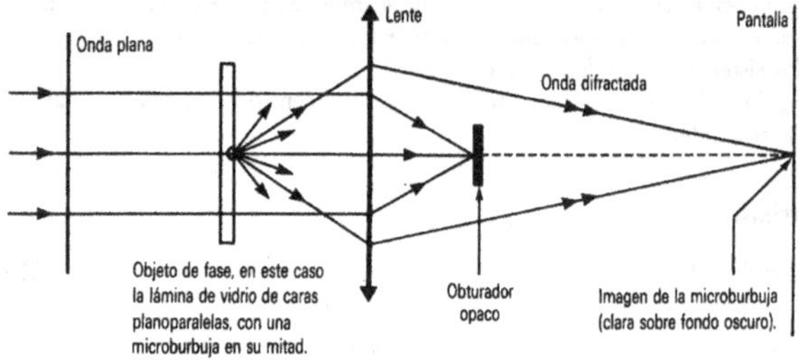

Estroboscopia

Procedimiento de estudio experimental de los movimientos rápidos, que consiste en iluminar el objeto que se mueve por medio de breves ráfagas de luz, que se suceden a intervalos regulares. Los aparatos que permiten realizar esta iluminación periódica son los *estroboscopios*. Uno de los más sencillos está constituido por un disco arrastrado por un motor de velocidad regulable. En su periferia, y espaciadamente repartidos, se practican una serie de orificios. Cada vez que un orificio pasa por la trayectoria de un haz luminoso se ilumina el objeto estudiado. Existen, asimismo, estroboscopios electrónicos, en los cuales un tubo luminescente se ilumina periódicamente gracias a las bruscas descargas sucesivas de un condensador.
Si la frecuencia N de iluminación es rigurosamente igual a la del movimiento estudiado, el móvil parece quieto. Si se aumenta o disminuye N ligeramente, el móvil parece animado por un movimiento muy lento, en el sentido real del movimiento o en el opuesto. (Esa es la explicación del movimiento, a veces inesperado, de las ruedas de los vehículos en el cine.)
La estroboscopia se utiliza con frecuencia en la industria, bien para medir y reglar frecuencias, bien para estudiar el comportamiento de piezas en movimiento rápido (sus eventuales deformaciones, por ejemplo).

Estructura

▶ *Constante de estructura fina.*—Parámetro adimensional introducido por Sommerfeld en la teoría de la estructura fina de las rayas espectrales del hidrógeno. Es el cociente entre v, la velocidad del electrón en la primera órbita de Bohr, y c, la velocidad de la luz: $\alpha = v/c$. En función de las constantes fundamentales, se encuentra para alfa: $\alpha = \frac{e^2}{4\pi\varepsilon_0 \hbar c}$, con e = carga elemental, $\hbar$, constante reducida de Planck, ε_0, permitividad del vacío. Numéricamente, $\alpha \approx 1/137$.
V. CONSTANTES DE ACOPLAMIENTO, TABLA DE CONSTANTES (Anexo 6).

▶ *Estructura disipativa.*—Concepto introducido en termodinámica por Prigogine y su escuela. Es un estado estacionario, alejado de su estado de equilibrio termodinámico, en el que puede mantenerse un sistema, abierto a los intercambios de materia y energía con su entorno.
Todos los parámetros característicos del sistema permanecen entonces invariables. Su entropía, en particular, conserva un valor constante, a pesar de la existencia en su interior de transfor-

maciones *«irreversibles»*. La *producción de entropía* que se sigue de esas transformaciones se compensa gracias a los intercambios del sistema con el exterior (de ahí la expresión: estructura «disipativa»).
La evolución de un sistema hacia una estructura disipativa es atribuida a la existencia de *fluctuaciones*. Si la amplitud de una fluctuación sobrepasa un valor crítico el sistema es arrastrado, ayudado por el exterior, lejos del equilibrio y hacia una estructura disipativa.
El valor de la entropía en ese nuevo estado puede ser *menor* que en el equilibrio.
Es posible que este concepto ayude a encontrar, en el marco de la termodinámica, una explicación a las transformaciones biológicas en el curso de las cuales la evolución de los organismos vivos (hacia estructuras disipativas) y la estabilidad aparente de esas estructuras parecían contradictorias con las previsiones del segundo principio.
V. PRODUCCIÓN DE ENTROPÍA, TERMODINÁMICA GENERALIZADA.

▶ *Estructuras fina e hiperfina*.—Observadas con un espectroscopio suficientemente dispersivo, las rayas espectrales del hidrógeno se revelan constituidas por varias rayas muy próximas, cuyas longitudes de onda difieren entre sí en algunas décimas de nm (estructura fina), en algunas centésimas de nm (estructura hiperfina). Esas observaciones llevaron al descubrimiento del *spin*. Cada nivel energético se halla descompuesto en varios subniveles próximos, por acoplamiento entre el momento cinético orbital y el spin electrónico (estructura fina), o entre el momento orbital y el spin nuclear (estructura hiperfina). La raya de longitud de onda 21 cm observada en radioastronomía, y realizada en los máseres de hidrógeno, es atribuida a una transición entre subniveles hiperfinos vecinos.
Aparecen circunstancias análogas en otros espectros, en particular en el espectro de las partículas alfa emitidas por los radionúclidos.

Éter

Al comienzo del siglo XIX, y con el fin de explicar la propagación de las ondas luminosas en el espacio vacío, se admitió la existencia de un medio invisible, imponderable y que llenaba todo el espacio de sustancia material, penetrando sin dificultad todas las sustancias transparentes. Recibió el nombre de *éter*. La propagación progresiva de las vibraciones transversales de esta sustancia se consideraba que producía una onda luminosa, como la propagación de las vibraciones mecánicas de un medio material produce una onda sonora.
Sin embargo, no pudo descubrirse ninguna otra manifestación de la existencia de este medio hipotético. Sus propiedades esenciales aparecieron a los ojos de la ciencia, por lo demás, como incompatibles entre sí casi desde el comienzo. La mecánica demuestra, en efecto, que una sustancia cuyas vibraciones transversales se desplazan a gran velocidad debe poseer una enorme rigidez. Ahora bien, esta sustancia debería ser al mismo tiempo suficientemente ligera y sutil como para infiltrarse en todo cuerpo transparente.
Actualmente, las dos teorías complementarias de la luz, la teoría electromagnética ondulatoria y la teoría corpuscular del fotón, ignoran ambas la existencia de cualquier tipo de éter.

Euler Leonhard (1707-1783)

▶ *Ángulos de Euler*.—Conjunto de tres ángulos que sirven para estudiar cómodamente el movimiento de un sólido alrededor de un punto O en un referencial ortonormal R (O, x, y, z). Un triedro trirrectángulo (O, X, Y, Z), solidario con el cuerpo sólido, nos va a servir: siendo la semirrecta OD la intersección de los planos xOy y XOY, los ángulos de Euler son: el ángulo de *precesión* $\psi = \widehat{Ox, OD}$, el ángulo de *nutación* $\theta = \widehat{Oz, OZ}$ y el ángulo de *rotación propia* $\varphi = \widehat{OD, OX}$.
Las velocidades angulares correspondientes son llevadas: la velocidad de precesión $\dot{\psi}$ (repre-

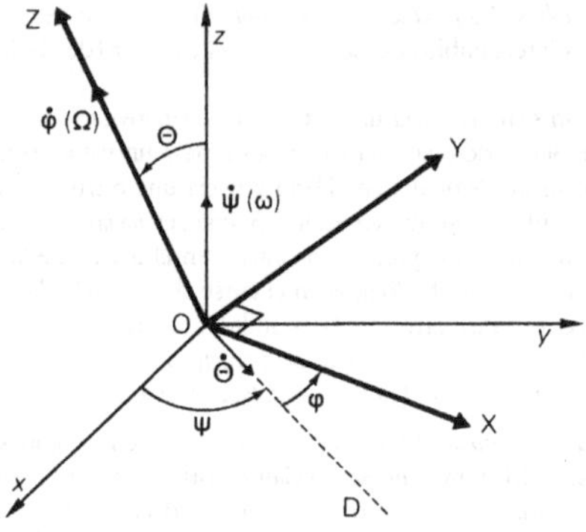

sentada en general por ω) por Oz, la velocidad de nutación $\dot{\theta}$ por OD, y la velocidad de rotación propia $\dot{\varphi}$ (representada a menudo como Ω) por OZ.
V. GIRÓSCOPO, PRECESIÓN DE LARMOOR.

▸ *Ecuaciones de Euler.*—V. MECÁNICA DE FLUIDOS.

Evaporación

Es una de las maneras de pasar de líquido a vapor, uno de los modos de *vaporización*. La evaporación de un líquido se produce a cualquier temperatura, por el paso hacia la fase gaseosa de las moléculas de líquido que se encuentran en la superficie de separación de ambas fases. La *velocidad de evaporación*, proporcional al área de esta superficie, es igualmente función creciente de la diferencia $(F - f)$ entre la presión de vapor saturante del líquido a la temperatura de la experiencia, F, y la presión parcial actual de su vapor en la fase vapor f: $v = kS(F - f)$.
La evaporación prosigue hasta que la diferencia $F - f$ se anula, es decir, hasta que el vapor se hace *saturante*, a menos que el líquido se haya evaporado totalmente antes de ese límite.
Cuando $F = f$ se establece un equilibrio entre las dos fases. Es un equilibrio estadístico, lo que quiere decir que la evaporación no cesa. Es simplemente compensada estadísticamente por el fenómeno inverso, la condensación del vapor.
V. ESTADO HIGROMÉTRICO.

Exa (E)

V. CUADRO DE PREFIJOS DEL SI (Anexo 1).

Excitación

▸ *Autoexcitación.*—Es uno de los modos de excitación de las dinamos.
En las dinamos de *«excitación independiente»* la corriente eléctrica que excita a los electroimanes inductores es suministrada por un generador auxiliar. En las dinamos *«autoexcitadas»* es sacada de la corriente producida por la misma dinamo.
Hay diferentes montajes posibles de autoexcitación (V. dibujos). Cada uno de ellos confiere a la dinamo características técnicas diferentes. Se elige el montaje según el uso al que la dinamo esté destinada.

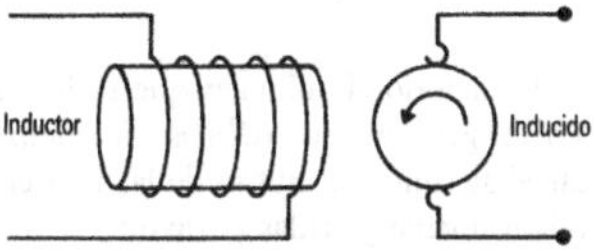

Excitación independiente

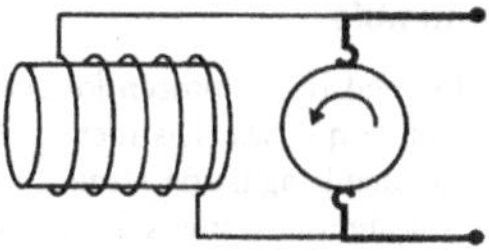
Autoexcitación en paralelo
(dinamo shunt)

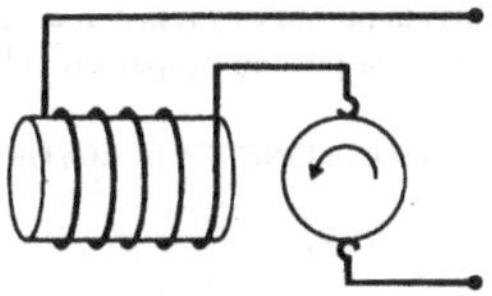
Autoexcitación en serie
(dinamo serie)

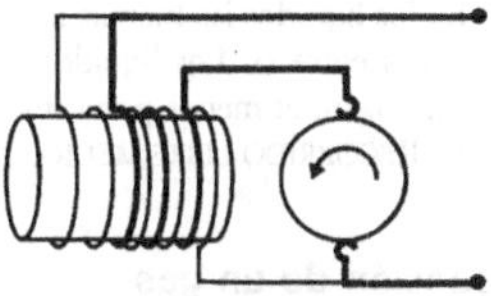
Autoexcitación mixta
(dinamo compound)

▶ *Corriente de excitación.*—Corriente eléctrica que se envía a los arrollamientos conductores que rodean las carcasas de hierro de los *electroimanes* o de los inductores de *generadores* y *motores* eléctricos, y cuyo efecto es provocar la imanación de esas carcasas, y la aparición del campo magnético deseado.
V. AUTOEXCITACIÓN, CIRCUITO MAGNÉTICO.

▶ *Excitación de una sensación.*—V. LEY DE BOUGUER-WEBER.

▶ *Vectores excitación.*—Algunos autores, basándose en la analogía de dos relaciones entre los vectores eléctricos **D**, **E**, $\mathbf{P}_e$ de una parte, y entre los vectores magnéticos **B**, **H**, $\mathbf{P}_m$ por otra, que ellos escriben:

$$\mathbf{D} = \varepsilon_0\mathbf{E} + \mathbf{P}_e, \quad \mathbf{B} = \mu_0(\mathbf{H} + \mathbf{P}_m),$$

llaman a **H** vector *excitación magnética* y a **E** vector *excitación eléctrica*, mientras que **B** es el vector campo (o inducción) magnético y **D** el vector inducción eléctrica, siendo $\mathbf{P}_e$ y $\mathbf{P}_m$ los vectores *polarización* eléctrica y magnética respectivamente.
V. VECTORES ELECTROMAGNÉTICOS.

Excitador

V. OSCILACIONES FORZADAS, RESONANCIA.

Excitón

Cuando en un semiconductor un electrón libre se acerca a un hueco, el conjunto electrón-hueco es equivalente a dos cargas eléctricas de signo opuesto, atraídas una hacia la otra, como el protón y el electrón en un átomo de hidrógeno. Su duración de vida es suficiente como para que se pueda descubrir su existencia, gracias a su espectro de absorción óptico. Este conjunto recibe el nombre de «excitón».

Exo

Raíz griega (luego latina) que significa fuera.

▶ *Exoenergético.*—V. BALANCE ENERGÉTICO (DE LAS REACCIONES NUCLEARES).

▶ *Exotérmica.*—V. CALOR DE TRANSFORMACIÓN.

Expansible

Propiedad que poseen los cuerpos gaseosos de llenar todo el volumen que se les ofrece, por grande que sea. Las fuerzas intermoleculares en un gas son muy débiles. Se comprende por ello que la agitación térmica baste para provocar el alejamiento mutuo de las moléculas. En la atmósfera terrestre, sólo las moléculas de gas relativamente pesadas permanecen en las proximidades de la Tierra, retenidas por fuerzas gravitatorias. Las de los gases ligeros escapan a los espacios siderales (hidrógeno, helio).
En los líquidos las fuerzas intermoleculares son más importantes y retienen a las moléculas próximas entre sí. Los líquidos tienen volumen propio. Si pueden ocupar un volumen mayor se vaporizan, al menos parcialmente.
V. RECORRIDO LIBRE MEDIO, TENSIÓN DE VAPOR, TEORÍA CINÉTICA DE LOS GASES.

Expansión de un gas

Expandir un gas es disminuir la presión que soporta. La transformación inversa es una *compresión.* Si el gas que «se expande» (que soporta una presión menor) puede cambiar calor con el exterior, su temperatura puede evolucionar en uno u otro sentido. Una expansión *adiabática* de un gas real implica un enfriamiento del mismo, enfriamiento tanto más importante cuanto más se aproxime la expansión a la reversibilidad (a una expansión isoentrópica).
Las masas de aire que se elevan por las laderas de las montañas hacia zonas de menor presión se expanden y se enfrían. Ese es el origen de las bajas temperaturas en altitud en la troposfera.
En la industria existen técnicas variadas que permiten realizar expansiones de gases, sea para obtener las bajas temperaturas necesarias para su licuefacción, sea para obtener trabajo (sobre todo en los motores térmicos).
V. EXPANSIÓN DE JOULE-GAY LUSSAC, EXPANSIÓN DE JOULE-THOMSON, LEY DE LAPLACE.

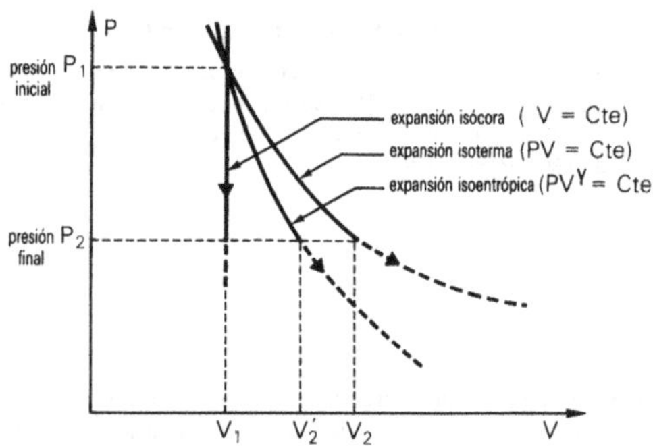

Ejemplos de expansiones reversibles de un gas perfecto
(Representación de Clapeyron)

Exponencial

▶ *Decrecimiento exponencial.*—En diversos dominios de la Física la evolución de los fenómenos en el curso del tiempo se manifiesta por un *decrecimiento exponencial* de uno de sus parámetros. Ese parámetro x representa, por ejemplo, la amplitud de un movimiento pendular amortiguado por rozamientos con fluidos, la intensidad eléctrica máxima en un circuito oscilante, la intensidad de radiación de un cuerpo luminiscente en su fase declinante, el número de átomos de una muestra radiactiva, etc.

Desde el punto de vista físico, todos esos fenómenos tienen una propiedad común: son transformaciones de primer orden, lo que significa que la velocidad de disminución en el instante t del parámetro característico ($-dx/dt$) es *proporcional* al valor que detenta en ese instante: $-dx/dt = kx$. Se demuestra matemáticamente que esa condición se traduce precisamente por un decrecimiento exponencial de ese parámetro:

$$x = x_0 \exp(-kt) = x_0 \exp(-t/T)$$

Los valores numéricos de la constante k, o de su inversa $1/k = T$, son características del sistema que evoluciona. Sus denominaciones dependen del tipo de sistema estudiado. Por ejemplo, en las desintegraciones de un elemento radiactivo k es su *constante radiactiva* y T su *periodo* (V. CONSTANTE DE AMORTIGUACIÓN, CONSTANTE DE TIEMPO, SEMIVIDA, VIDA MEDIA).

El gráfico adjunto tiene la pretensión de hacer más visible el aspecto de una ley exponencial.

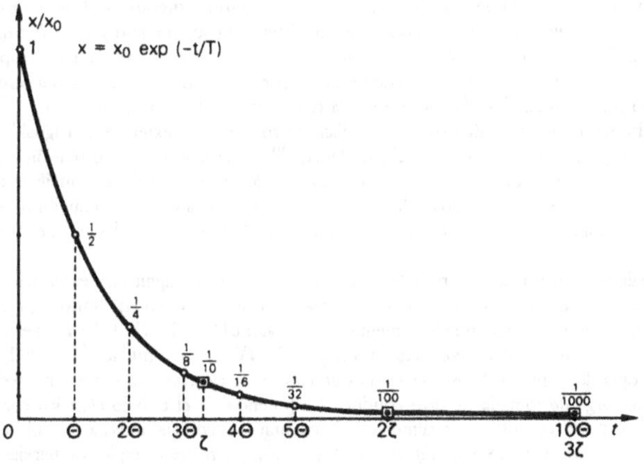

Cuando a partir de un instante arbitrario transcurre un tiempo θ = T Log 2 = 0,69 T, el parámetro x queda dividido regularmente por 2.
De la misma manera, si transcurre un tiempo τ = T Log 10 = 2,3 T, x queda dividido cada vez por 10.

Exposición

Antiguamente dosis de exposición.

Magnitud utilizada en *radiología* para caracterizar el poder ionizante de distintas radiaciones, en particular el de los rayos X y γ.

El valor de una exposición es igual, por convenio, al cociente: $Ex = Q/m$, donde Q designa la suma de las cargas eléctricas y los iones producidos por el haz ionizante en un volumen de aire dado, y m la masa de ese volumen de aire.

Una exposición se mide en las cámaras de ionización, y se evalúa en culombios por kilogramo (C/kg) o en roëntgens (R).

1 R (= 1 franklin por cm^3 de aire en condiciones normales) = $2{,}48 \cdot 10^{-4}$ C/kg.

▶ *Exposición luminosa.*—Producto de la iluminación e de una pantalla por la duración Δt de esa iluminación: $Ex = e \cdot \Delta t$.
Se mide en lux · segundo (lx · s).
Esta magnitud, utilizada en fotografía (V. OPACIDAD), es llamada igualmente «cantidad de iluminación» o incluso «iluminación).

Extensión

▶ *Extensión en configuración, en fases.*—V. ESPACIO DE LAS CONFIGURACIONES.

▶ *Extensión de un haz de radiación.*—V. TUBO DE RADIACIÓN.

Extensiva

▶ *Magnitud extensiva.*—Las magnitudes (o variables, o parámetros) que definen el estado de un sistema, se dividen en dos clases: las magnitudes *extensivas* (o de cantidad, o de capacidad...) y las magnitudes *intensivas* (o de tensión). Varios criterios justifican esta división:
1. Las magnitudes extensivas conciernen al sistema en su conjunto y son *aditivas. Ejemplos:* la masa de un sistema, su volumen, su carga eléctrica, su energía interna, su entropía...
2. Las magnitudes intensivas pueden tomar valores diferentes de un punto a otro del sistema, y no son aditivas. *Ejemplos:* la presión, la temperatura, el potencial eléctrico...
3. El equilibrio entre dos sistemas implica, salvo tensiones exteriores, la igualdad de sus parámetros intensivos respectivos. Fuera del equilibrio, el sentido de la evolución viene impuesto por el signo de la diferencia entre dos de esos parámetros. *Ejemplo:* El equilibrio térmico entre dos sistemas exige la igualdad de sus temperaturas. Cuando no hay equilibrio, el sentido del intercambio de calor que conduce al equilibrio está dirigido por el signo de su diferencia de temperaturas.
Señalemos, en fin, que es posible asociar por parejas las magnitudes extensivas e intensivas: *Ejemplo:* La energía interna U de un sistema, de volumen V, en equilibrio bajo una presión P y a una temperatura T, puede aumentar en un valor $dU = -P \cdot dV + T \cdot dS$ si el sistema recibe un trabajo mecánico de compresión $dW_m = -P \cdot dV$ y una cantidad de calor $T \cdot dS$ (S es la entropía del sistema). Si este sistema es un conductor eléctrico a potencial φ y recibe un aporte de carga dq tomada de otro conductor a potencial 0, el trabajo eléctrico correspondiente $dW_e + \varphi \cdot dq$ contribuye igualmente a aumentar su energía interna. Se obtiene entonces $dU = -P \cdot dV + T \cdot dS + \varphi \cdot dq$. P y V, T y S, φ y q son tres ejemplos de parejas de variables conjugadas. En los tres casos, una es intensiva y la otra extensiva.

Extinción

▶ *Índice de extinción.*—V. ÍNDICE COMPLEJO.

Extracorrientes

Cuando se *establece* una corriente eléctrica en un circuito, se establece el régimen permanente tan sólo después de un tiempo, tanto más largo cuanto mayor es la constante de tiempo del circuito. En el curso de ese lapso de tiempo el circuito es sede de una *corriente transitoria*. El estudio matemático del fenómeno muestra que esa corriente transitoria es la suma algebraica, la superposición, de la corriente de régimen permanente y de una corriente de breve duración, la *extra-corriente de cierre* (V. figura).
Un fenómeno análogo se produce en la *supresión* de una corriente, lo que se lleva a cabo en general con un interruptor. La intensidad no cae instantáneamente a cero. Se establece una

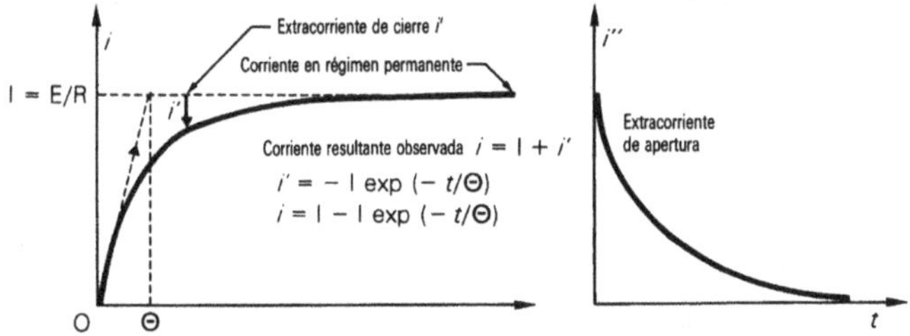

Establecimiento de una corriente continua.
La intensidad alcanza su valor de régimen permanente con una proximidad de 1/1.000e
en un tiempo igual a 6,9, θ, siendo, θ la *constante de tiempo del circuito*.

extracorriente de apertura o *de ruptura*, de breve duración asimismo, que franquea el corte del interruptor gracias a una chispa, o a un arco eléctrico, que salta fugitivamente entre los labios del corte.

Estas extracorrientes tienen su origen en los fenómenos de autoinducción, y son, por consiguiente, tanto más importantes cuanto mayor es el coeficiente de autoinducción del circuito.

Extrañeza

Número cuántico entero, designado universalmente con la letra S (inicial de la palabra inglesa *Strangeness*). Las partículas extrañas son aquellas cuya extrañeza es no nula (V. CUADRO DE PARTÍCULAS, Anexo 4).

Este calificativo les fue atribuido en la época de su descubrimiento (1947, ..., 1952), al haber parecido contradictorias sus propiedades. Producidas en el curso de interacciones fuertes (nucleón + nucleón, por ejemplo), su vida media parecía anormalmente «larga» (10^{-10} en lugar de 10^{-22} s). Hoy se sabe que las partículas extrañas se desintegran por interacción débil, de donde proviene su mayor duración. La extrañeza se conserva en la interacción fuerte, pero puede ser violada en la interacción débil.

V. FÓRMULA DE GELL-MANN Y NISHIJIMA.

F

f

Símbolo del prefijo femto (10^{-15}).
V. CUADRO DE PREFIJOS DEL SI (Anexo 1.2).

▶ *Electrón f.*—V. ELECTRÓN S.

Fabry Charles (1867-1945)

▶ *Interferómetro de Fabry y Pérot.*—Interferómetro de ondas múltiples formado, por ejemplo, por una lámina de aire de índice n y de espesor e fija o variable, limitada por dos láminas de vidrio de caras plano-paralelas y cuyas caras enfrentadas se han convertido en *semirreflectantes* gracias al depósito de una finísima capa metálica, de plata por ejemplo.
Un rayo de luz monocromática que llega a la lámina de aire origina una infinidad de rayos reflejados sucesivos, y otros tantos rayos transmitidos, paralelos entre sí (V. figura). Cada rayo emergente transporta una vibración que presenta, sobre el rayo emergente que le precede, una diferencia de marcha constante $\delta = 2ne \cos i$ (i es el ángulo primitivo de incidencia) y una intensidad luminosa debilitada por dos reflexiones sucesivas ($I_{n+1} = I_n \cdot \rho^2$; ρ es el factor de reflexión de cada cara semirreflectante). En el punto en el que todos los rayos emergentes se encuentran, las vibraciones transportadas interfieren. Ese punto está infinitamente alejado, pero el fenómeno es visible en una pantalla colocada en el plano focal de una lente.
Si el haz incidente es monocromático y convergente, se observa en la pantalla un conjunto de anillos concéntricos, brillantes sobre fondo oscuro por transmisión, negros sobre fondo claro

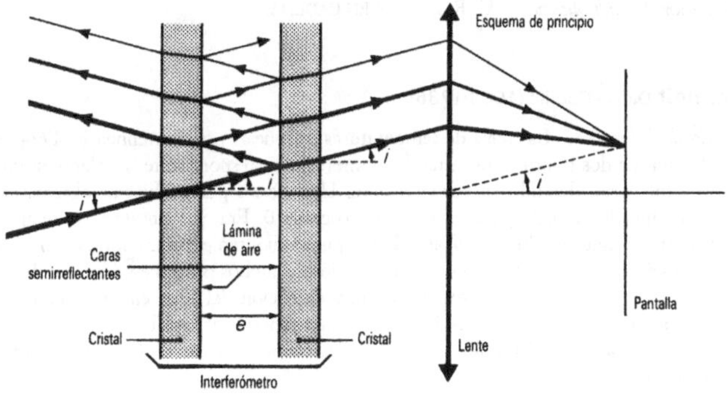

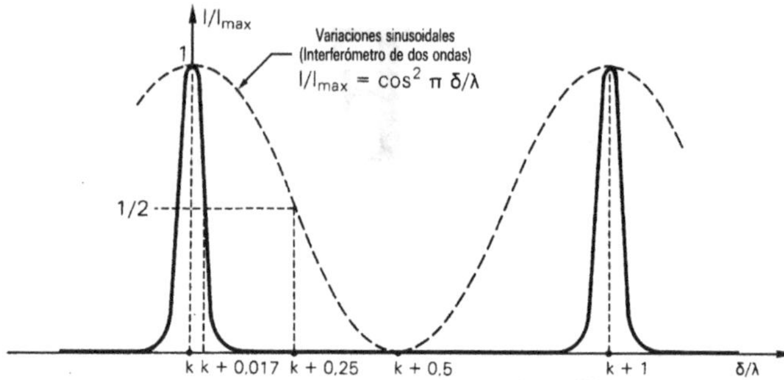

Variaciones de la intensidad I de una radiación transmitida
en función de la diferencia de marcha δ

$I/I_{max} = 1/(1 + a \, sen^2 \pi\delta/\lambda)$ con $a = 4\rho/(1 - \rho)^2$

Ejemplo: $\rho = 0{,}9 \Rightarrow a = 360$; $I/I_{max} = 1/2 \Rightarrow \delta/\lambda = k + 0{,}017$ (k nulo o entero)

por reflexión. La finura de cada anillo y el contraste son mucho más favorables para determinaciones precisas que en un interferómetro de doble onda. Si el aparato recibe normalmente a su cara de entrada un haz cilíndrico de luz blanca, transmite un haz monocromático; más exactamente, una banda estrecha de radiaciones cuya longitud de onda media depende del espesor de la lámina central: $\lambda = 2ne/k$; k = entero positivo. El aparato en ese caso es un *filtro interferencial*.

El interferómetro Fabry-Pérot, provisto de perfeccionamientos recientes que afectan a la técnica de obtención de láminas semitransparentes de gran factor de reflexión y pequeño coeficiente de absorción, es el instrumento preferido para las medidas precisas de longitudes de onda, y para las aplicaciones que de ello se derivan.

Factor

V. la voz del fenómeno estudiado. *Ejemplo:* factor de calidad. V. CALIDAD.

▶ *Factor de multiplicación*.—V. REACCIÓN EN CADENA.

Fahrenheit Daniel Gabriel (1686-1736)

▶ *Escala Fahrenheit*.—La escala de temperaturas propuesta por Fahrenheit en 1724 descansa en la elección de dos puntos fijos, estando el intervalo correspondiente, señalado en un termómetro de mercurio, dividido en partes iguales. Uno de los puntos fijos se obtenía en principio con una mezcla de hielo y sal: es el señalado como 0. Era, por entonces, la temperatura más baja entre las que se sabían realizar. El otro punto fijo, temperatura normal del cuerpo humano, fue señalado como 100. Pronto se descubrió que ambos puntos estaban mal definidos. Fueron reemplazados por los puntos de fusión y ebullición del agua en condiciones normales, a los que se atribuyeron los valores 32 y 212, para no modificar sensiblemente la escala primitiva. Actualmente la escala Fahrenheit sólo se utiliza corrientemente en Gran Bretaña y en los Estados Unidos.

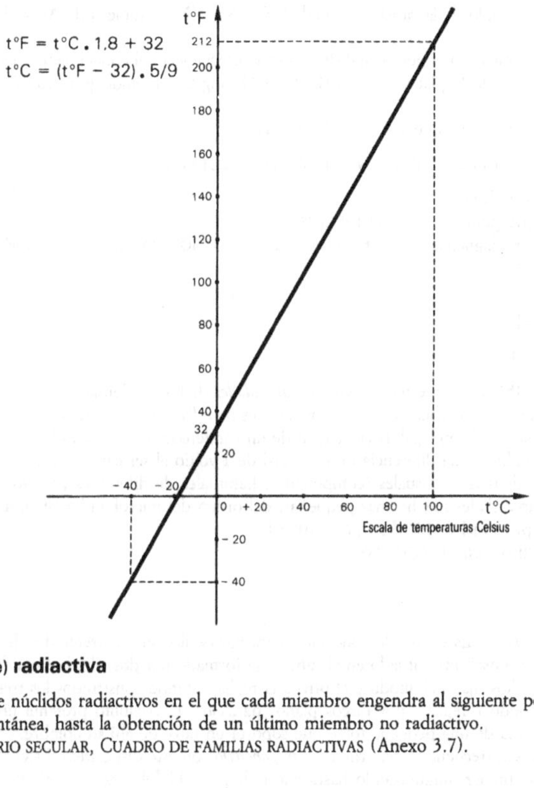

Familia (o serie) **radiactiva**

Conjunto de núclidos radiactivos en el que cada miembro engendra al siguiente por transmutación espontánea, hasta la obtención de un último miembro no radiactivo.
V. EQUILIBRIO SECULAR, CUADRO DE FAMILIAS RADIACTIVAS (Anexo 3.7).

Fanotrón

Contracción de la palabra electrón con una palabra griega que significa luminoso.

Diodo que contiene una *atmósfera gaseosa* —argón, neón o vapor de mercurio— bajo una presión de algunas centésimas de milibar. Si la tensión entre los electrodos alcanza un determinado umbral, cuyo valor depende de las dimensiones del tubo y de su llenado, los choques de los electrones con las moléculas del gas producen la excitación e ionización de muchas de ellas. El tubo se llena de un plasma conductor y se transforma en luminoso; de ahí proviene su nombre. La intensidad de la corriente se eleva bruscamente, y puede alcanzar varias decenas de amperios, cosa imposible de conseguir con diodos de vacío.
Los fanotrones presentan el inconveniente de no «apagarse» instantáneamente cuando desaparece la tensión. No sirven para rectificar corrientes de alta frecuencia.

Faraday Michaël (1791-1867)

▶ *Efecto Faraday.*—V. POLARIZACIÓN ROTATORIA MAGNÉTICA.

▶ *faraday* ($\mathscr{F}$).—Unidad auxiliar usada en electroquímica para medir la *cantidad de electricidad*.

Es un múltiplo de la carga elemental: $1\mathcal{F} = N \cdot e$ (N = Número de Avogadro) (V. ELECTRÓLISIS).
Su determinación experimental directa es consecuencia del conocimiento del equivalente electroquímico de la plata: $(1/\mathcal{F})\,(M/n) = 1{,}118$ mg/C, obtenido por electrólisis del nitrato de plata.
Se deduce de ello que $1\mathcal{F} = 96.485\ C \cdot mol^{-1}$.

▶ *Jaula de Faraday.*—V. APANTALLAMIENTO ELÉCTRICO.

▶ *Leyes de Faraday:*
1. Electroquímica.—V. ELECTRÓLISIS.
2. Electromagnetismo.—V. FENÓMENO DE INDUCCIÓN MAGNÉTICA, RELACIÓN DE MAXWELL-FARADAY.

Faradio (F)

En homenaje a Faraday

Unidad (SI) que sirve para medir las *capacidades* de los condensadores eléctricos y, con mayor generalidad, las capacidades y los coeficientes de *influencia mutua* de los conductores eléctricos.
Según la definición legal, la capacidad de un condensador vale 1 faradio cuando aparece entre sus armaduras una diferencia de potencial de 1 voltio al ser cargado con 1 culombio.
Los condensadores usuales (componentes habituales de diferentes circuitos electrónicos) poseen capacidades mucho más pequeñas, del orden del microfaradio (μF), a veces del picofaradio (pF) ($1\ \mu F = 10^{-6}\ F$; $1\ pF = 10^{-12}\ F$).
V. OSCILACIONES ELÉCTRICAS.

Faro

▶ *Tubo faro.*—Es un triodo concebido para dar oscilaciones entretenidas de altas frecuencias. El circuito oscilante, situado en el tubo, está formado por dos cilindros conductores coaxiales, uno de ellos fijado al ánodo y el otro a la rejilla, estando construidos los tres electrodos —cátodo, ánodo y rejilla— por discos planos paralelos. El conjunto presenta una silueta que recuerda a la de una pequeña torre que soporta un faro: de ahí su nombre.
Se alcanzan frecuencias del orden del *megahertzio* con este dispositivo. Es el máximo que se ha podido obtener, minimizando hasta hacer despreciable el *tiempo de tránsito* de los electrones entre los electrodos.
V. KLYSTRÓN, MAGNETRÓN.

Fase

De una palabra griega que significa aspecto (los aspectos sucesivos de la Luna son denominados fases de la Luna).

Designa a menudo en física magnitudes que caracterizan los distintos aspectos de un sistema material (V. FASES DE UNA MEZCLA) o los diferentes estados de su evolución (V. FASE DE UNA OSCILACIÓN, FASE EN MECÁNICA ANALÍTICA).

▶ *Ángulo de fase.*—V. FASE DE UNA OSCILACIÓN.

▶ *Contraste de fase.*—Procedimiento de observación de un *objeto de fase* inventado por Zernike (en 1934). Es una variante de la observación *estrioscópica*. La pequeña diferencia de fase φ producida por la presencia de un defecto en un objeto de fase se traduce aquí en la imagen final de ese objeto por un *contraste* local de *iluminación* que el ojo puede percibir, mientras que es insensible a una diferencia de fase. Para obtener este resultado, la pequeña pantalla opaca del procedimiento estrioscópico, que detiene totalmente la onda principal, es reemplazada por una lámina transparente, una lámina de fase, cuyo espesor es tal que introduce un avance (o un retraso) de $\pi/2$ en la onda principal. Las ondas, principal y difractada, llegan en fase (o en oposición de fase) a un punto de la pantalla de observación. Sus amplitudes se suman algebraicamente, por consiguiente. El cálculo demuestra que ello provoca un contraste de $c = \pm 2\varphi$ entre las iluminaciones de ese punto y de los puntos de su entorno. Se consigue, por tanto, un contraste luminoso a partir de una diferencia de fase, de ahí el nombre del procedimiento. El ojo puede ser sensible a un contraste luminoso del orden de 1/100. Basta para obtenerlo una variación local de espesor cercana a 10 Å en un «objeto de fase». Es el orden de magnitud de las dimensiones moleculares.

Investigadores actuales (Escuela de Françon) han resuelto las dificultades que presentaba la realización de una lámina de fase y su inserción en un microscopio, y han hecho por fin utilizable a escala corriente el procedimiento. Esto ha hecho posible observar, por ejemplo, microorganismos transparentes sin el peligro de su destrucción, que se presentaba en las antiguas técnicas de visualización por colorantes.

▶ *Diferencia de fase.*—Entre dos oscilaciones sinusoidales, de la misma pulsación ω y de ecuaciones respectivas

$$s = a \text{ sen } (\omega t + \varphi) \qquad s' = a' \text{ sen } (\omega t + \varphi')$$

existe una *diferencia de fase* $\Delta\Phi = (\omega t + \varphi) - (\omega t + \varphi') = \varphi - \varphi'$. $\Delta\Phi$ mide (algebraicamente) el *avance* de fase de s sobre s' (o el *retraso* de fase de s' sobre s) ($0 \leqslant \Delta\Phi \leqslant 2\pi$).

Casos particulares: $\Delta\Phi = 0$, las dos oscilaciones están en concordancia de fase o *en fase*.

$\Delta\Phi = \pi$, las oscilaciones están *en oposición* (de fase).

$\Delta\Phi = \pi/2$; s está adelantada *en cuadratura* sobre s'.

V. Coherencia, Diferencia de marcha, Pulsaciones, Representación de Fresnel, Síncronos.

▶ *Fase de una oscilación.*—La evolución de una magnitud física s función sinusoidal de una variable t (el tiempo, por ejemplo) viene dada por una ecuación de la forma: $s = a$ sen $(\omega t + \varphi)$ donde a es la amplitud y la pulsación. El ángulo $\Phi = (\omega t + \varphi)$ es el *ángulo de fase* (o simplemente *la fase*) de la oscilación; φ es la *fase inicial*.

Ejemplo: una onda *progresiva* sinusoidal, a lo largo de un eje Ox, tiene por ecuación $s = a$ sen $\Phi(x, t)$. Su fase $\Phi(x, t)$ depende del punto observado y del tiempo t (V. Velocidad de fase).

La ecuación de una onda *estacionaria* se escribe, por el contrario: $s = a(x)$ sen $\Phi(t)$. La fase $\Phi(t)$ es independiente de x (en cada instante es la misma para todos los puntos).

V. Diferencia de fase, Modulación.

▶ *Fase en mecánica analítica.*—El estado de un sistema que evoluciona está caracterizado en un instante dado por los valores de sus $2n$ variables conjugadas (n coordenadas generalizadas y sus n momentos conjugados correspondientes). Se dice que el conjunto de valores q_i (coordenadas), p_i (momentos) ($i = 1, 2, 3, \ldots, n$) define una *«fase»* del sistema. Si se representa este conjunto por un punto en un espacio ficticio de $2n$ dimensiones (las q_i y los p_i), este espacio recibe el nombre de *espacio de las fases*.

▶ *Lámina de fase.*—V. Contraste de fase.

▶ *Objeto de fase.*—Lámina plana, aparentemente transparente, que comporta, sin embargo, irregularidades locales muy finas (irregularidades de grosor o de índice de refracción).

Cuando un objeto de fase es atravesado por una onda luminosa, cada una de sus irregularidades introduce localmente en la onda principal una ligera diferencia de camino óptico, y por tanto una *pequeña diferencia de fase* φ (origen de la expresión *objeto de fase*).

Se demuestra que la onda A′ transmitida por una irregularidad es la superposición de la onda principal A y de una *onda difractada* B de pequeña amplitud, en cuadratura con la precedente (V. figura). Gracias a esta circunstancia, las irregularidades de un objeto de fase pueden hacerse visibles por uno de estos dos procedimientos: *estrioscopía* o *contraste de fase*.

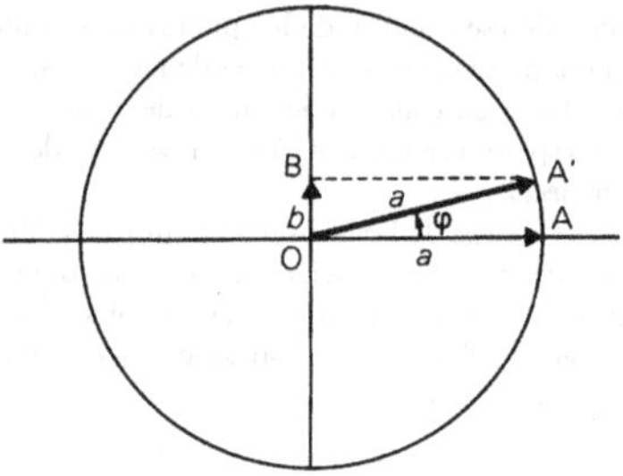

Fases

▶ *Espacio de las fases.*—V. ESPACIO DE LAS CONFIGURACIONES.

▶ *Extensión en fases.*—V. ESPACIO DE LAS CONFIGURACIONES.

▶ *Fases de una mezcla.*—Cada *parte homogénea* de una mezcla heterogénea es una de las fases de esa mezcla.

▶ *Ley (o regla) de las fases.*—Establecida por Gibbs, permite calcular rápidamente la *variancia* v de un sistema fisicoquímico en equilibrio termodinámico, en función del número de *fases* que comporta. Se escribe: $v = c + 2 - \varphi$. c es el número de «constituyentes independientes» del sistema ($c = n - r$, si n es el número total de constituyentes químicos y r el número de reacciones químicas reversibles entre esos constituyentes). El número 2 representa los dos factores intensivos: temperatura y presión.
Ejemplo: Una disolución acuosa diluida de un cuerpo, sin reacción química con el agua, está en equilibrio con el vapor de agua a una presión p y a una temperatura t. El sistema comporta dos constituyentes independientes (soluto y disolvente, independientes aquí) y dos fases (disolución y vapor de agua), $v = 2$. En un sistema *bivariante*, lo que quiere decir que la presión de vapor es aquí función de la temperatura «y» de la concentración de la disolución.

▶ *Transición de fases.*—V. CAMBIO DE ESTADO.

Fasímetro

Instrumento que sirve para medir directamente la *diferencia de fase* φ entre las intensidades de dos corrientes sinusoidales de la misma frecuencia.
Está constituido por dos cuadros —que recuerdan al cuadro de un galvanómetro— idénticos, mecánicamente solidarios y perpendiculares entre sí; este conjunto puede girar en torno al eje común de ambos cuadros. Una aguja, solidaria con el equipo móvil, se desplaza delante de una escala graduada. Se hacen pasar las corrientes objetos de estudio por los dos cuadros, una por cada uno de ellos y en sentidos opuestos. Un campo magnético uniforme, producido por una bobina, recorrida a su vez por una de las corrientes, ejerce sobre los cuadros dos pares de sentidos opuestos: el equipo gira y encuentra una nueva posición de equilibrio.
Se demuestra por cálculo que el ángulo de rotación observado es, precisamente, igual al ángulo

de desfase buscado φ, que puede obtenerse así por lectura directa en la escala del aparato, si ésta está graduada en radianes o grados.
Un fasímetro puede servir de igual modo para determinar el *desfase* entre la *intensidad* y la *tensión*, en una instalación alimentada por corriente industrial. La escala se gradúa en este caso de modo que permita conocer por lectura directa el cos φ o *factor de potencia* de la instalación. Por estas razones los fasímetros son llamados a veces *φ-metros* o *cos φ-metros*.

f.c.e.m.

Siglas que designan a la «fuerza contraelectromotriz».

Fechner Gustav Théodore (1801-1887)

▶ *Ley de Fechner.*—Expresión matemática de la *ley de Bouguer-Weber:* «Cuando el valor magnético de una excitación se multiplica por un factor *n*, la intensidad de la sensación correspondiente aumenta en una cantidad ΔS, proporcional al logaritmo de *n*.»
Escribimos $\Delta S = 10 \log n$, y convenimos en evaluar ΔS en decibelios (dB). *Ejemplo:* varios instrumentos de música idénticos pueden emitir la misma nota con la misma intensidad sonora. Si después de haber hecho sonar un número de instrumentos *i* se hacen sonar $i + 1$, el aumento absoluto de la energía sonora es siempre el mismo, cualquiera que sea el valor de *i*, y el aumento relativo es igual a $1/i$. La sensación auditiva aumenta como el logaritmo del cociente entre las excitaciones $(i + 1)/i$.
Por ejemplo:

$$\Delta S = 10 \log (2/1) = 3 \text{ dB si } i = 1; \text{ y si } i = 4,\ \Delta S = 10 \log (5/4) = 1 \text{ dB}\ldots$$

Es, naturalmente, una ley difícil de verificar con seguridad, ya que la intensidad de una sensación no es objetivamente verificable. Se establece un acuerdo aproximado, sin embargo, entre numerosos experimentadores, al menos en óptica y en acústica, para los niveles medios de las sensaciones.

Feeder

Palabra inglesa que significa canal de alimentación.

Conductor de diferentes estructuras (línea bifilar, cable coaxial, guía de onda...) cuyo papel es asegurar el transporte de una energía o de una señal eléctrica, en principio sin pérdidas o deformaciones inaceptables, desde el órgano de producción al de utilización (transformador, antena...).

f.e.m.

Siglas que designan a la *«fuerza electromotriz»*.

femto (f)

V. CUADROS DE PREFIJOS DEL SI (Anexo 1.2).

Fermat Pierre de (1601-1665)

▶ *Principio de Fermat.*—El principio de propagación rectilínea de la luz viene a decir que para ir de un punto A a un punto B, situados ambos en un mismo medio homogéneo, la luz sigue

el trayecto de *mínima longitud*. El principio de Fermat es una generalización de este enunciado al caso en el que los puntos A y B se hallan situados en un medio no homogéneo o en medios diferentes. El trayecto puede en ese caso conllevar reflexiones y refracciones. Enunciado hacia 1658, este principio afirma que: «Entre los caminos que puedan imaginarse entre dos puntos A y B, la luz sigue realmente el de "longitud óptica" (suele llamársele *"camino óptico"*) estacionaria, casi siempre *mínima*.»
Se demuestra que el principio de Fermat, por un lado, y las leyes de propagación rectilínea más las leyes de Snell, por otro, son equivalentes. La leyes de la óptica geométrica se obtienen indiferentemente de uno u otro de los dos puntos de partida, que solamente son más o menos cómodos de usar según los casos. El estudio de las propiedades de conjunto, por ejemplo, de un haz luminoso salido del punto objeto, después de atravesar un instrumento óptico, se hace más sencillamente usando el principio de Fermat y sus consecuencias directas (V. TEOREMA DE MALUS).
El procedimiento matemático del que se sirvió Fermat para enunciar una ley física fue más tarde utilizado en otros campos. La mecánica analítica, por ejemplo, está basada en un enunciado análogo (V. PRINCIPIO DE ACCIÓN ESTACIONARIA).

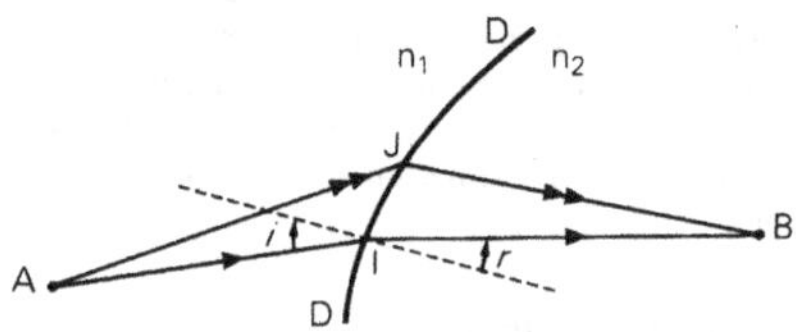

Dos medios homogéneos, de índices respectivos n_1 y n_2, están en contacto a lo largo de una superficie refractante D.
El «camino óptico» del trayecto AIB tiene el valor L = (AIB) = n_1 AI + n_2 IB. El principio de Fermat afirma que AIB es el camino realmente seguido por la luz si, y solamente si, L es estacionario. Esto quiere decir que, para todo punto J de la superficie D en las proximidades de I, la diferencia de caminos ópticos (AJB) − (AIB) es infinitamente pequeña comparada con la distancia IJ.
Las leyes de Descartes se deducen de esta afirmación, y recíprocamente.

Fermi Enrico (1901-1954)

Premio Nobel en 1938.

▶ *Energía de Fermi.*—Cuando un conjunto de corpúsculos se encuentra en su estado fundamental, su energía total es mínima. Si se trata de un conjunto de *fermiones* idénticos, el principio de exclusión de Pauli, al que se encuentran sometidas dichas partículas, implica que cada uno de los niveles permitidos esté vacío u ocupado, como máximo, por dos corpúsculos de spines opuestos. De ello resulta que en un conjunto de fermiones muy numeroso —el conjunto de electrones de conducción de un sólido, por ejemplo— están ocupados un gran número de niveles energéticos permitidos, a partir del nivel más bajo. Se llama *energía de Fermi* de este conjunto a la energía más alta que uno, al menos, de esos corpúsculos ocupa efectivamente. El cálculo, basado naturalmente en los principios de la estadística de Fermi-Dirac, muestra que la energía de Fermi E_F de un conjunto de fermiones sin interacción depende, no del número total de ellos, N, sino de su número por unidad de volumen n = N/V. Se obtiene, en efecto: $E_F = a\frac{h^2}{m}n^{2/3}$, donde h es la constante de Planck, m la masa de cada corpúsculo y a una constante numérica.
V. ESTADÍSTICAS CUÁNTICAS, TEORÍA DE BANDAS (DE ENERGÍA).

▶ *Estadística de Fermi-Dirac.*—V. ESTADÍSTICAS CUÁNTICAS.

▶ *fermi.*—Unidad auxiliar de longitud, utilizada en física de partículas. 1 fermi = 1 femtómetro (1 fm) = 10^{-15} m.

Fermiones

Corpúsculos que obedecen a la estadística de Fermi-Dirac. Son los corpúsculos de spin semientero (s = 1/2, 3/2, ...).
Entre las partículas elementales se encuentran en este grupo todos los *leptones*, en particular los electrones (s = 1/2), y todos los bariones, en particular los *nucleones* (s = 1/2). Todas estas partículas son fuentes de campos, campos de interacciones fuertes, débiles o electromagnéticas.
Entre los núcleos atómicos son fermiones los que contienen un número impar de nucleones: ^{3}He, ^{15}N, ^{17}O...
V. BOSONES, ESTADÍSTICAS CUÁNTICAS, CUADRO DE PARTÍCULAS SUBNUCLEARES (Anexo 4).

Ferrimagnetismo

Grupo al que pertenecen algunos sólidos con propiedades magnéticas características, principalmente las *ferritas*, de las que proviene el nombre. Estas propiedades son análogas a las de los sólidos ferromagnéticos (existencia de un ciclo de histéresis...), pero se distinguen por una susceptibilidad menor.
El estudio de los medios ferrimagnéticos (Neel, 1947) ha demostrado que los momentos magnéticos elementales, responsables de la imanación espontánea, forman dos subconjuntos orientados en dos direcciones opuestas y de valores distintos, lo que explica que la susceptibilidad del material sea menor en general que la de un cuerpo ferromagnético.
V. ANTIFERROMAGNESTISMO, IMANACIÓN ESPONTÁNEA.

Ferritas

Sólidos cristalinos, de fórmula general MO, Fe_2O_3. Son, por consiguiente, óxidos mixtos de hierro III y un metal bivalente, representado simbólicamente por M (cobre, magnesio, manganeso, hierro...). Los cationes M^{2+} y Fe^{3+} se disponen, según ciertas leyes de simetría, en lugares diferentes entre el conjunto de iones oxígeno O^{2-}. Las ferritas poseen propiedades magnéticas. Son en general ferrimagnéticas, pero a veces son antiferro o ferromagnéticas. Se utilizan a menudo con preferencia sobre los cuerpos ferromagnéticos: su elevada resistencia eléctrica hace más barato su uso en alta frecuencia (menor disipación de la energía por corriente de Foucault). Algunas ferritas cuyo ciclo de histéresis es casi rectangular son utilizadas en las memorias de los ordenadores.

Ferroeléctrico

Califica a algunos dieléctricos que presentan polarización eléctrica espontánea a escala macroscópica. Cuando se les somete a un campo eléctrico de intensidad creciente, su polarización evoluciona como la intensidad de imanación de un cuerpo ferromagnético (curva de primera polarización, polarización de saturación, ciclo de histéresis), y de ahí proviene la denominación de ferroeléctrico. Como la permeabilidad de los ferromagnéticos, la permitividad de los ferroeléctricos puede alcanzar valores elevados. Se cita el caso del titanato de bario, para el cual ε_r = ¡1.800!

La explicación teórica del fenómeno es análoga a la del ferromagnetismo, siendo aquí sustituidos los portadores de momento magnético elementales por mallas cristalinas polares.
Más allá de una cierta temperatura estas sustancias se hacen parecidas a los cuerpos paramagnéticos. Se dice que se han transformado en paraeléctricas (V. PUNTO DE CURIE).

Ferromagnetismo

Se reconoce prácticamente una sustancia ferromagnética por el hecho de que puede quedar fuertemente imanada cuando se ha suprimido todo campo magnetizante externo. Son ferromagnéticos algunos sólidos: el níquel, el cobalto, la magnetita ($Fe_3\,O_4$)..., y sobre todo el hierro y sus aleaciones, origen del nombre ferromagnetismo.
Los principales resultados del estudio experimental de un material ferromagnético pueden reunirse bajo la forma de dos gráficas: la *«curva de primera imanación»*, variación de la intensidad de imanación J cuando se hace crecer el campo magnetizante B_0, habiendo sido previamente desimanado el material –por calentamiento, por ejemplo–, y el *«ciclo de histéresis»*: variaciones cíclicas de J cuando el campo magnetizante oscila entre dos valores iguales y opuestos (V. figura).
De la primera curva se deduce que para cada material existe una *imanación de saturación* J_s. La segunda demuestra la existencia de una *imanación remanente* J_r, intensidad de imanación que persiste cuando se anula el campo, y de un *campo coercitivo* B_c, campo exterior necesario para anular la imanación del material. Señalemos, en fin, que la imanación de saturación disminuye cuando se eleva la temperatura, anulándose en el *punto de Curie* del material. Todas las propiedades citadas son interpretadas por vía teórica admitiendo que cada cuerpo ferromagnético está dotado de portadores de momento magnético elementales que le confieren una *imanación espontánea*.
Los cuerpos ferromagnéticos son utilizados diariamente en la industria y en la vida corriente, tanto bajo la forma de imanes permanentes como bajo el aspecto de imanes temporales o *electroimanes*.
V. SUSCEPTIBILIDAD MAGNÉTICA.

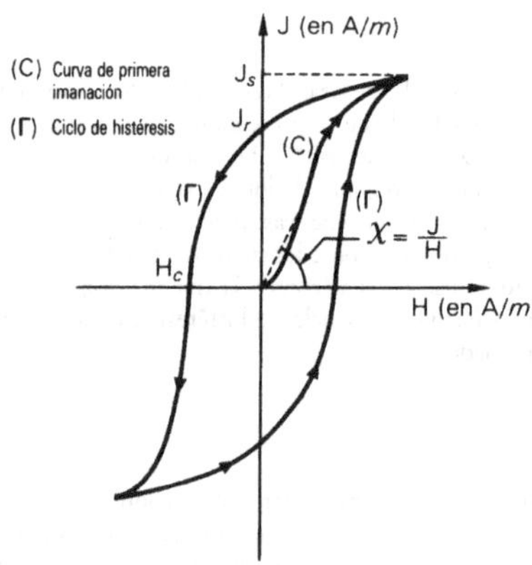

La costumbre quiere que se lleve en abscisas no el campo exterior B, sino $H = B/\mu_0$ (μ_0 = permeabilidad del vacío).
En ordenadas se llevan, bien J, bien $B = \mu_0(H + J)$.
Se toman precauciones en el curso de la experiencia para que el campo desmagnetizante sea despreciable.

Órdenes de magnitud de algunas características de varios cuerpos ferromagnéticos

	J_s (en A/m)	J_r	H_c (en A/m)	μ_{max} (μ_r = 1 + χ)	*Usos*
Hierro dulce	1,7 10^6	1,2 10^6	100	15 10^3	Electroimanes
Acero	1,4 10^6	0,7 10^6	4.000	1 10^3	Imanes permanentes
Níquel	0,5 10^6				Utilizados principalmente en las aleaciones
Cobalto	1,4 10^6				
μ metal (hierro + níquel)		0,7 10^6	2,5	30 10^3	Carcasas de transformadores
Permalloy (hierro + níquel)		0,9 10^6	3	90 10^3	
Alnico (Fe + Ni + Co + Al + Cu)		1 10^6	45.000		Imanes permanentes

▶ *Antiferromagnetismo.*—Propiedad magnética de ciertos óxidos metálicos, el óxido ferroso FeO, por ejemplo. Cuando se les somete a un campo magnético creciente, su susceptibilidad magnética, en principio positiva y muy pequeña (del mismo orden de magnitud que la de los paramagnéticos), comienza a crecer, pasa por un máximo y luego decrece según una ley de Curie-Weiss. Su estudio teórico, debido a Neel (1932), corroborado más tarde por los resultados de estudios experimentales usando distintas técnicas (en particular la difracción de haces de neutrones), atribuye sus propiedades al hecho de que los momentos magnéticos elementales forman dos subconjuntos, de valores iguales, orientados en dos direcciones opuestas.
V. Imanación espontánea, Ferrimagnetismo, Punto de Neel.

Fértil

Un núclido es llamado fértil si es posible provocar su transformación en núclido fisible. Dos núclidos, abundantes en la naturaleza, son utilizados como fértiles: el uranio 238 y el torio 232. Por bombardeo neutrónico el primero se transforma sucesivamente en uranio 239, después en neptunio 239, ambos radiactivos, para dar por fin el elemento fisible plutonio 239:

$$^{238}\text{U} + n \longrightarrow {}^{239}\text{U} \xrightarrow[23\ \text{mn}]{\beta^-} {}^{239}\text{Np} \xrightarrow[2{,}3\ \text{d}]{\beta^-} {}^{239}\text{Pu}\ \text{(fisible)}$$

Por un mecanismo análogo, el torio, por bombardeo neutrónico, se transforma en uranio 233, fisible:

$$^{232}\text{Th} + n \longrightarrow {}^{233}\text{Th} \xrightarrow[23\ \text{mn}]{\beta^-} {}^{233}\text{Pa} \xrightarrow[27\ \text{d}]{\beta^-} {}^{233}\text{U}\ \text{(fisible)}$$

V. Superregenerador.

Feynmann Richard (1918)

Premio Nobel en 1965

▶ *Grafos de Feynmann.*—Representaciones convencionales utilizadas en teoría cuántica de campos para *visualizar* los posibles mecanismos de interacción entre partículas, mecanismos sugeridos por las fórmulas que dan las amplitudes de probabilidad del paso, entre un estado inicial y uno final dados, del sistema de partículas estudiado.
Se encontrarán ejemplos, con intervención de las partículas intermediarias, en la «teoría electrodébil». Los grafos reproducidos aquí se refieren a dos mecanismos probables del *efecto Compton* (difusión fotón + electrón). Según el primer mecanismo, el electrón absorbe el fotón incidente, pasa por un estado intermedio y luego expulsa el fotón. Según el segundo mecanismo, el electrón expulsa al fotón observado en el estado final, pasa por otro estado intermedio y después absorbe el fotón incidente. Son probables otros mecanismos, con intervención de un positrón mediador...
Señalemos que si entre el estado inicial y el estado final observados hay conservación de la energía y del impulso globales del sistema, no sucede necesariamente lo mismo en cada una de las ramas. Pero esto puede ser admitido porque se demuestra, haciendo uso de las *desigualdades de Heisenberg*, que es imposible discriminar experimentalmente cada uno de los procesos elementales representados por cada una de las ramas, ni descubrir las eventuales partículas mediadoras o el estado intermedio del sistema entre dos procesos elementales. Se traduce esta imposibilidad innata diciendo qué procesos elementales, partículas intermediarias o estados intermedios son *virtuales* (V. POTENCIAL DE YUKAWA).

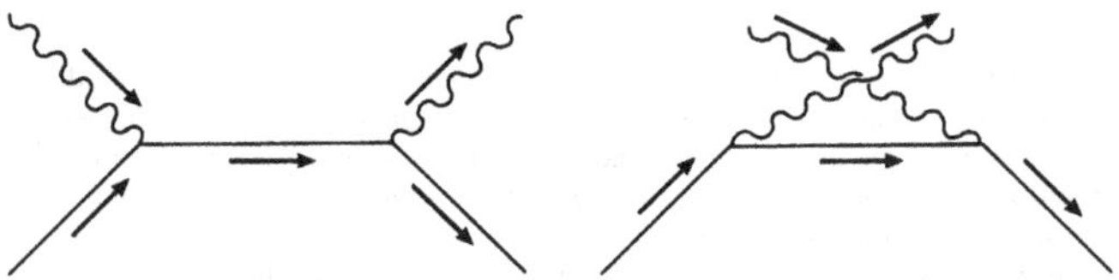

▶ *Postulados de Feynmann.*—Enunciados de axiomas de la mecánica cuántica, relativos a la evolución en el tiempo de un sistema material, con una forma que recuerda el *principio de acción estacionaria* de la mecánica precuántica.
En el caso sencillo en que el sistema se reduce a una única partícula, sin spin, los postulados de Feynmann pueden ser presentados así:
1 / Entre dos puntos M_1 y M_2 en un referencial de espacio-tiempo existen para la partícula una infinidad de trayectos imaginables, de «caminos de espacio-tiempo». La amplitud de probabilidad de cada uno de ellos vale: $p = k \exp(iA/h)$. A es la acción de Hamilton de la partícula, calculada a lo largo del camino observado, h es el cuanto de acción, k es una constante de normalización e $i = (-1)^{1/2}$.
2 / La suma $P = \Sigma p$ mide la amplitud de probabilidad de que la partícula que salió de M_1 llegue a M_2 efectivamente.
Hay que hacer notar que, a partir de estos dos postulados, pueden recogerse resultados idénticos a los que se obtienen de la ecuación de Schrödinger de la partícula.
Puede demostrarse, de otro lado, que si las acciones A relativas a los diversos trayectos son todas muy superiores al cuanto h, y si entre esos trayectos existe uno, T, para el cual A es *estacionaria*, sólo ese trayecto y sus vecinos intervienen en el cálculo de la suma P, destruyéndose por interferencia mutuamente las amplitudes de probabilidad relativas a los otros caminos. Para calcular P puede entonces ignorarse cualquier trayecto que no sea T (y sus vecinos),

como si la partícula siguiera el «camino de espacio-tiempo» precisamente previsto por la mecánica hamiltoniana clásica. Aquí se ve cómo se produce el acuerdo entre las dos mecánicas.

fg

Símbolo de la frigoría.

Fiabilidad

Medida de la probabilidad de funcionamiento normal de un dispositivo durante un tiempo convenido. *Ejemplo:* La fiabilidad de una bombilla de un tipo dado para quinientas horas de funcionamiento ininterrumpido es del 90 %. Eso quiere decir que, sobre un gran número de bombillas del mismo tipo investigadas según normas convenidas, el 90 % de ellas no han sufrido desfallecimiento alguno.

Fibra óptica

Largo hilo de sílice, fundida primero y más tarde estirada, de pequeño grosor (el diámetro es del orden de la décima de milímetro), que sirve para transmitir a grandes distancias informaciones codificadas en forma de breves señales luminosas sucesivas.
Las ondas luminosas moduladas que llevan esas señales se inyectan en uno de los extremos de la fibra, sufren reflexiones totales cuando se separan del eje de la misma y son así canalizadas hasta el otro extremo. Van a lo largo de la fibra como las ondas hertzianas en el interior de una *guía de ondas.* Las fibras ópticas poseen sobre los conductores de cobre múltiples ventajas: coste más barato, ninguna necesidad de aislamiento entre fibras adyacentes (dimensiones más reducidas, por tanto)... y, sobre todo, la posibilidad de transportar mayor información por unidad de tiempo. El caudal de información aumenta, en efecto, con la frecuencia de la *onda portadora,* y la frecuencia de las ondas ópticas utilizadas (del orden de 10^{14} Hz) es netamente más elevada que la de las ondas hertzianas, incluidas las de muy corta longitud de onda (10^{10} Hz. más o menos para las ondas centimétricas).
Se han hecho progresos considerables en la *fabricación* de fibras, con el fin de hacerlas aptas para el transporte de señales a distancias muy grandes sin debilitamiento inaceptable, y en las técnicas de *empalme* de cada fibra con los órganos óptico-electrónicos, de modulación e inyección en uno de los extremos, de recepción y demodulación en el otro.
Pese a ser muy recientes, ya se utilizan. Son fibras ópticas, por ejemplo, las que sirven en medicina para iluminar y observar órganos profundos (esófago, estómago...). Su utilización a gran escala en las telecomunicaciones tropieza aún con algunas dificultades técnicas, fundamentalmente a la hora de realizar muchas derivaciones de un único punto.
V. MODULACIÓN.

Fick Adolphe (1829-1901)

▶ *Experiencia de Fick.*—Experiencia sobre las difusiones mutuas en medio líquido. La concentración de uno de los cuerpos que se difunde es mantenida constante en los dos extremos de un tubo cilíndrico. Con el régimen permanente establecido, se puede calcular la *difusividad* D de ese cuerpo en las condiciones de la experiencia, por aplicación de la ley de Fick.

▶ *Ley de Fick.*—Ley lineal que rige cuantitativamente la difusión en un medio fluido (V. DIFUSIÓN DE LA MATERIA).
Supongamos que la concentración c (número de moles por unidad de volumen) del cuerpo A del que se sigue la difusión sea función de una sola variable x. Si dn es el número de moles

de A que atraviesan, en un tiempo dt, un elemento de superficie ds, perpendicular al eje que lleva a la variable x, la ley de Fick afirma que el caudal del cuerpo A, dn/dt, es proporcional a ds y a la tasa lineal local de disminución de la concentración $(-dc/dx)$: $\frac{1}{ds}\cdot\frac{dn}{dt} = D\cdot\frac{dc}{dx}$.
D es el coeficiente de difusión, o *difusividad* del cuerpo A en el medio estudiado.
Ejemplo: En el agua mantenida a presión y temperatura constantes (1 atm., 18 °C) la difusividad del azúcar es del orden de $4\cdot 10^{-10}$ (SI).
En el caso general, la ley de Fick puede enunciarse de manera concisa si se tiene cuidado de definir en todo punto del medio un vector *densidad de corriente de difusión* (o, por abuso de lenguaje, un vector *flujo de materia*) **J**. Se escribe entonces: $\mathbf{J} = -D\,\mathrm{grad}\,c$.
V. DIFUSIVIDAD.

Fidelidad

Aptitud de un instrumento de medida para dar resultados concordantes en medidas sucesivas de una misma magnitud.
Ningún aparato real es rigurosamente fiel. Todos presentan un «defecto de fidelidad», consecuencia de diversas circunstancias aleatorias que se suceden en el curso de las medidas —por ejemplo, en una balanza de precisión las variaciones locales de la temperatura pueden modificar de modo diferente la longitud de cada uno de los brazos del ástil.
Se caracteriza el «límite de fidelidad» de un instrumento por el valor, absoluto o relativo, bien sea de la dispersión de los resultados de una serie de medidas, bien por la desviación típica de esta serie (desviación cuadrática media).
Este defecto de fidelidad es el que limita el grado de precisión que cabe esperar de un instrumento de medida bien utilizado.
V. PRECISIÓN, SENSIBILIDAD.

Filtros

▶ *Filtros eléctricos.*—Cuadripolos que, recibiendo a la entrada varias corrientes eléctricas de distintas frecuencias —las componentes de Fourier de una corriente periódica, por ejemplo—, sólo transmiten a la salida algunas de entre ellas, amortiguándose grandemente las otras hasta prácticamente desaparecer. Las corrientes que se encuentran a la salida constituyen la *banda pasante*, y las otras la *banda atenuada*.
Estas notables propiedades se deben al hecho de que las impedancias de bobinas y condensadores depende de la frecuencia de la corriente.
Los filtros cuya banda pasante comprende todas las frecuencias a partir de un límite son llamados filtros de *alta*. Los filtros de *baja* son aquellos cuya banda pasante está acotada supe-

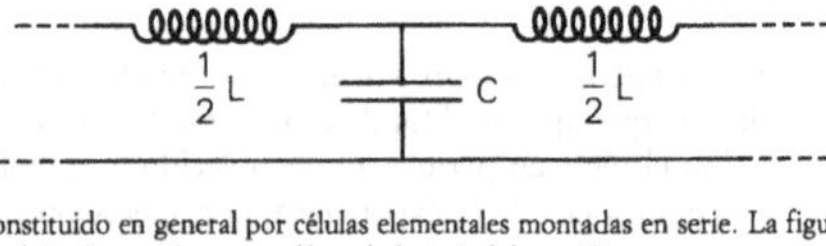

Un filtro está constituido en general por células elementales montadas en serie. La figura representa un ejemplo de célula elemental para un filtro de baja (célula en T).
Se demuestra que la banda pasante viene aquí definida por $\omega < 2/\sqrt{LC}$; $\omega_c = 2/\sqrt{LC}$ es la «pulsación de corte».
Nótese que un filtro de baja introduce entre la corriente saliente y la entrante un retraso de fase b dado por sen $b/2 = \omega/\omega_c$. Esto se utiliza en las *líneas de retardo*.

riormente. Los filtros, por fin, que dejan pasar todas las frecuencias comprendidas entre dos límites reciben el nombre de filtros *pasa-banda*.
V. CIRCUITO TAPÓN, CONSTANTE DE TRANSFERENCIA.

▶ *Filtros ópticos*.—V. MONOCROMADORES.

Fisible (o fisionable)

Califica a los núclidos que pueden sufrir una *fisión*. La fisión *espontánea* es una propiedad de algunos núcleos pesados. Un cálculo, basado en hipótesis relativas a la estructura de los núcleos atómicos, demuestra que la probabilidad de que sean espontáneamente fisibles depende del cociente Z^2/A, denominado *factor de estabilidad* del núcleo (Z es su número atómico y A su número másico, el número total de nucleones). Esta probabilidad es no nula desde que el cociente supera el valor 35. La fisión *provocada* por bombardeo neutrónico es el origen del funcionamiento de los reactores nucleares.
V. FÉRTIL, FISIÓN, REACCIÓN EN CADENA.

Física

Tal como sugiere la etimología –física deriva de una palabra que significa «nacimiento»–, los primeros «físicos» se proponían investigar el «origen» de las cosas. En nuestros días la física se define, más modestamente, como una ciencia experimental que describe los fenómenos naturales e investiga las leyes que los rigen.
Se admiten, por tanto, dos *postulados* por parte de los físicos, de un modo más o menos consciente:
1 / Los fenómenos naturales se rigen por leyes; 2 / El ser humano es capaz de descubrirlas, comprenderlas y utilizarlas para su supervivencia. La justificación de estos postulados, objetos de discusiones siempre renovadas, puede considerarse como impuesta por los innumerables resultados que han permitido obtener.
En principio se *dividió* la física en algunas grandes ramas, englobándose en ellas los fenómenos que percibimos por cada uno de nuestros sentidos. Así, la *óptica* y la *acústica* se ocupan, respctivamente, de los fenómenos luminosos y sonoros. La *mecánica*, ciencia de los movimientos y de las energías asociadas a los mismos, encontró una prolongación lógica en la *termodinámica*, que estudia la interconversión de formas de energía entre sí –incluida la energía térmica, fuente de nuestras sensaciones de frío y calor...–. Tras sucesivos descubrimientos se han abierto dominios nuevos, tales como el *electromagnetismo*... Nuestros sentidos, sin embargo, no son más que receptores parciales. Los infrasonidos y los ultrasonidos dejan insensibles nuestros oídos. La luz visible ocupa apenas una octava en el inmenso teclado de las oscilaciones electromagnéticas. La existencia, por añadidura, de ciertos fenómenos, como el efecto termoeléctrico, demuestra que los fenómenos naturales pueden interesar simultáneamente varios dominios. Así, la tendencia actual consiste más bien en clasificar los fenómenos fundándose en criterios de escala. Se habla así de *física de las partículas*, o física de «altas energías», de física *nuclear*, de física de *medios condensados* (sólidos y líquidos), de la física de *gases* y de *plasmas*, de *astrofísica*. La química puede ser considerada, en cierto modo, como la rama de la física cuyo objeto es el estudio de las sustancias naturales o sintéticas, de sus transformaciones y de su fabricación. Esos distintos aspectos de la física no son independientes entre sí. Las grandes construcciones cosmológicas y astrofísicas, por ejemplo, utilizan ampliamente los resultados de la física de partículas.
Son bien conocidas las innumerables aplicaciones de la física. Recordemos igualmente que otras ciencias experimentales, que tienen cada una su propio dominio y sus propios métodos –ciencias de la Tierra, biología...–, deben una parte de sus progresos a los descubrimientos de la

física, y a los instrumentos de observación y medida que ésta les ofrece: sismógrafos, microscopios, telescopios, espectroscopios...
V. DETERMINISMO EN FÍSICA.

▶ *El determinismo en física.*—El postulado de determinismo ha guiado siempre, de manera más o menos consciente, las investigaciones en física, y se ha visto confirmado en el transcurso del tiempo por los innumerables descubrimientos que ha suscitado. Se le puede dar el enunciado controlable, «operacional», que sigue: «Si se pueden medir las magnitudes que definen en un instante dado el estado de un sistema, y si se tiene cabal conocimiento de las tensiones, debidas a su propia estructura o a la acción de su entorno en el curso de su evolución, es posible prever y calcular, con las incertidumbres emanadas de toda medida, el resultado de cualquiera de esas medidas que se hagan o puedan hacerse en un instante posterior». *Ejemplo:* Cuando se lanza un cohete desde un punto del globo en un instante dado, con una velocidad inicial conocida, resulta posible, teniendo en cuenta diversas leyes físicas (sobre la presión de los gases eyectados, la resistencia del aire, la atracción gravitatoria, etc.), prever el punto del espacio que alcanzará en cualquier instante posterior y la velocidad de la que estará animado en ese instante. La experiencia, como se sabe, confirma esta afirmación. Todo esto, sin embargo, no es tan simple incluso en el campo de la física precuática (V. TURBULENCIA).
La física cuántica, en su actual interpretación, lleva igualmente a matizar el alcance de ese poder de previsión. Aquí, los elementos relativos al conocimiento del estado de un corpúsculo en un instante dado se encuentran incluidos en su función de onda asociada. La evolución de esta función de onda en el tiempo está regida por leyes estrictamente deterministas, sin ningún ingrediente aleatorio. El acuerdo es unánime sobre esto. La novedad aparece en los dos hechos siguientes. Las previsiones que se pueden sacar del conocimiento de la función de estado, y que pueden hacerse acerca del estado de un sistema en un cierto instante, son simplemente probabilísticas (V. PRINCIPIO DE DESCOMPOSICIÓN ESPECTRAL, PROBABILIDAD DE PRESENCIA). Las relaciones de Heisenberg, por otra parte, implican la imposibilidad de conocer simultáneamente con precisión los valores de las magnitudes que forman pares de *variables conjugadas*. ¿Hay que suponer que los principios de la actual física cuántica no tienen en cuenta la realidad completa, como sugiere la paradoja EPR? ¿Hay que, más sencillamente, suponer y concluir que la hipótesis que asimila los corpúsculos de la microfísica a cuerpos puntuales localizados en el espacio y en el tiempo —como los de la física macroscópica— aboca a un *modelo* inadecuado? Esas diversas cuestiones alimentan numerosos debates, y numerosas investigaciones, teóricas y experimentales...

▶ *Física estadística.*—Aspecto que toman las diversas teorías físicas cuando se proponen relacionar las propiedades macroscópicas de la materia con las propiedades y los movimientos individuales de sus partículas constituyentes: átomos, moléculas, electrones...
Se sabe que estas partículas se encuentran en gran número, incluso en pequeñas muestras materiales. Está fuera de cuestión seguir paso a paso los movimientos de cada partícula y sus transformaciones, incluso aunque se utilicen los más potentes ordenadores. Felizmente, las *leyes de la estadística* permiten utilizar, precisamente, ese número muy grande partículas para prever sus propiedades macroscópicas observables, a partir de un *modelo* hipotético de partícula. El estudio de las propiedades termoelásticas de un gas se acomoda a un modelo rudimentario de molécula, el de las propiedades ópticas exige un modelo más refinado. El estudio experimental de las propiedades macroscópicas observables constituye entonces un control *a posteriori* de los modelos, de las leyes estadísticas y de las leyes mecánicas utilizadas. Se ha ideado, sin embargo, una técnica, la de los *chorros atómicos*, para controlar directamente ciertos resultados acerca de las características de un conjunto de corpúsculos.
La física estadística comenzó históricamente con la *teoría cinética de los gases*, iniciada por Bernoulli (1730) y que pudo desarrollarse en el curso del siglo XIX, utilizando resultados de la

teoría atómica, más tarde, la *mecánica estadística clásica* de Boltzmann (1872), basada en las leyes de la mecánica newtoniana, las *(mecánicas) estadísticas cuánticas* de Bose (1924) y de Fermi (1926), basadas en las leyes de la mecánica cuántica, han establecido resulados generales, útiles en distintos dominios: termodinámica, magnetismo, óptica, etc.

▶ *Física matemática.*–Ciencia, autónoma en gran parte, que tiene como fin estudiar la estructura matemática común de diversas teorías físicas, y las particularidades introducidas en esa estructura por el esquema propio de cada teoría.
Un estudio así fue sugerido, desde el comienzo del pasado siglo, por Poisson, y se ha desarrollado ampliamente tras la aparición de nuevas teorías físicas: mecánica cuántica, relatividad restringida, relatividad general, etc.
Sus adeptos piensan que sus trabajos pueden servir para ayudar en la eventual formulación matemática de las futuras teorías, que nacerán a partir de nuevas ideas físicas.

Fisión

La *fisión* de un núcleo atómico consiste en su ruptura en dos núcleos nuevos de masas casi iguales entre sí. Son los núcleos que contienen mayor número de nucleones, los más pesados, por tanto, los que originan este fenómeno. Tales son el torio, el uranio, el plutonio...
El cuerpo capaz de sufrir una fisión es llamado *fisible*. Los núclidos que de ella se obtienen son los «productos de fisión».
Las fisiones espontáneas son raras. Las fisiones provocadas se producen cuando un núcleo fisible recibe un suplemento de energía, que le comunica un neutrón que llega a velocidad adecuada. (La sección eficaz –o probabilidad– de la fisión depende de esta velocidad y, por tanto, de la energía del neutrón.) Se piensa que, tras la captura del neutrón, el nuevo núcleo obtenido es inestable, y se escinde casi instantáneamente en dos núcleos más ligeros, con emisión de neutrones, ahora superfluos, llamados «neutrones instantáneos». Los productos de fisión son frecuentemente radiactivos, y emiten, con un retraso que puede alcanzar el minuto, diversas partículas, entre ellas fotones y neutrones, llamados ahora «neutrones retardados». Neutrones instantáneos y neutrones retardados juegan un papel importante en las reacciones nucleares.
La emisión de energía que acompaña a una fisión es considerable. Aparece sobre todo en la forma de energía cinética de los productos de fisión, y finalmente como energía de agitación térmica.
Ejemplo: La fisión del uranio-235 se produce sobre todo (sección eficaz de 600 barns) bajo la acción de neutrones térmicos (energías del orden de 0,025 eV), pero también se produce con neutrones rápidos. Los productos de fisión son muy numerosos, produciéndose cada pareja de productos con una probabilidad determinada. El número de neutrones instantáneos emitidos, con una energía media de 2 MeV, varía de 0 a 6 con un valor medio igual a 2,5. Por ejemplo:

$$^{235}\mathrm{U} + n \rightarrow {}^{141}\mathrm{Cs} + {}^{94}\mathrm{Rb} + n$$

La energía liberada vale alrededor de 200 MeV por núcleo fisionado, lo que da 60.000 millones de julios por gramo de uranio, aproximadamente lo mismo que 2 toneladas de carbón. Se comprende el interés de las centrales nucleares.
V. CENTRAL NUCLEAR, ENERGÍA DE ENLACE, FUSIÓN NUCLEAR, REACCIÓN EN CADENA, REACCIÓN NUCLEAR, TIPOS.

Fitzgerald Georges Francis (1851-1901)

▶ *Contracción de Lorentz-Fitzgerald.*–Fenómeno hipotético, ideado para justificar el resultado negativo de la *experiencia de Michelson y Morley* en 1887.

Primero Fitzgerald y luego Lorentz demostraron (en 1892) que este resultado negativo podía explicarse admitiendo que todo objeto en movimiento se contrae en la dirección del movimiento y a causa de él. Mientras el brazo del interferómetro de Michelson perpendicular al vector velocidad de la Tierra conserva una longitud invariable, la longitud l_0 del brazo paralelo a esta velocidad tomaría un valor más pequeño l. El cálculo demuestra que admitiendo para la nueva longitud $l = l_0 \sqrt{1 - v^2/c^2}$ (v = velocidad de la Tierra con respecto al «éter», c = velocidad de la luz) se reencuentra, por simple aplicación de las leyes newtonianas de composición de velocidades, el resultado negativo observado.
Esta hipótesis *ad hoc* no pudo resistir el peso de diversas experiencias, diseñadas para verificarla, y fue abandonada finalmente.
V. CONTRACCIÓN RELATIVISTA DE LONGITUDES.

Fizeau Hippolyte (1819-1896)

▶ *Experiencias de Fizeau:*
1 / Medida de la velocidad de la luz en el aire por el método de la *rueda dentada*. Concebida y realizada por Fizeau en 1849, este procedimiento fue cronológicamente el primero en medir la velocidad de la luz a través de una experiencia de laboratorio. Consiste en hacer recorrer a un haz luminoso el trayecto de ida y vuelta entre una rueda dentada y un espejo. Si la velocidad de rotación de la rueda es suficiente, el haz, que a la ida pasa por un hueco de la periferia de la rueda, es detenido a la vuelta por un diente, el que sigue al hueco. Valiendo d el número de dientes de la rueda, todos idénticos y equidistantes, y siendo n el número de vueltas por segundo que da la rueda y D la distancia rueda-espejo, se establece la relación: $v = 4n\, d\, D$, donde v es la velocidad que se quiere determinar. La experiencia es factible con distancias D del orden de la decena de kilómetros.
V. VELOCIDAD DE LA LUZ.
2 / *Influencia del movimiento de un medio* material (agua líquida) sobre la velocidad de la luz que se propaga en ese medio.
En el agua la luz se propaga con una velocidad

$$c' = c/n \approx 225.000 \text{ km/s}$$

(donde c es la velocidad en el vacío, c' en el agua, n el *índice de refracción* del agua). Cuando el agua corre por un tubo inmóvil, la velocidad de la luz medida en el referencial del laboratorio —llamémosla v_a, velocidad absoluta— no es igual a c'. La ley de transformación de velocidades de la mecánica newtoniana prevé que v_a viene dada por la expresión: $v_a = v_r + v_A$, donde v_r (= c') es la velocidad «relativa» de la luz en un referencial ligado al agua que se traslada, y v_A (velocidad de arrastre) no es otra cosa que la velocidad a la que corre el agua.
Previsiones de este tipo habían sido ya convenientemente verificadas por la experiencia en el caso de ondas sonoras propagándose en el aire en movimiento. Pero aquí v_A (del orden de la docena de metros por segundo) es mucho más pequeña que v_r y v_a. Fizeau tuvo el mérito de demostrar que se puede obviar esa dificultad utilizando un procedimiento interferencial (V. figura).
El resultado de sus medidas $v_a = v_r \pm v_A(1 - v_r^2/c^2) = v_r \pm v_A(1 - 1/n^2)$ no fue, sin embargo, de ninguna manera el esperado. Su «explicación» teórica se estableció más tarde, en particular haciendo uso de la mecánica relativista. La fórmula de transformación de velocidades $v_a = (v_r + v_A)/\left(1 + \frac{v_r v_A}{c^2}\right)$ da lugar, en efecto, cuando $v_a/v_r = \varepsilon \ll 1$, y despreciando los términos en ε^2, $v_r + v_A\ (1 - v_r^2/c^2)$.
Las investigaciones experimentales de Michelson (emprendidas a partir de 1881) fueron la continuación y consecuencia lógica de las de Fizeau. En su caso, el medio material de propaga-

ción, el agua, fue sustituido por un medio aparentemente inmaterial, el éter hipotético. Es conocido por todos que su resultado negativo, inesperado, fue uno de los orígenes históricos de la teoría de la relatividad.

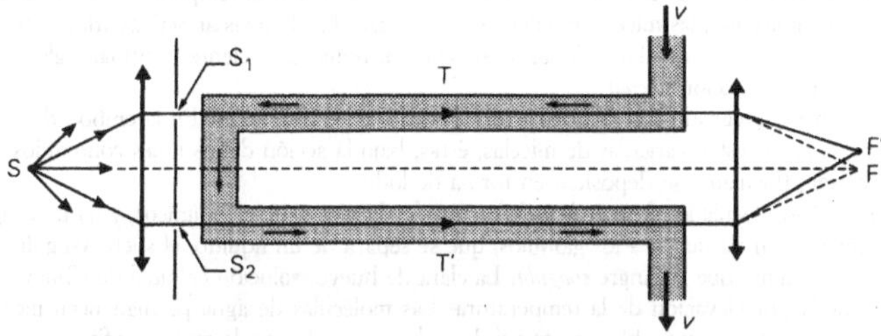

Dos haces de luz monocromática, provenientes de dos rendijas-foco síncronas S_1 y S_2, atraviesan cada uno de los dos tubos cilíndricos T_1 y T_2 y vienen a dar en el plano focal de una lente de franjas de interferencia (franjas de Young). Cuando el agua está inmóvil, la franja central aparece en F. Cuando el agua corre, la franja central aparece en F'. Del desplazamiento FF' (una fracción de interfranja) se deducen las relaciones entre las velocidades v_a, v_r y v_A.

Fleming Sir John Ambrose (1849-1945)

▶ *Regla de Fleming*.—Es la regla «de los tres dedos» (¡de la mano derecha!). El triedro «trirrectángulo», pulgar, índice, medio (en ese orden) permite encontrar con facilidad el convenio de orientación (sinestrorsum) directo.
V. OBSERVADOR DE AMPÈRE, ORIENTACIÓN EN EL ESPACIO, SACACORCHOS DE MAXWELL.

▶ *Válvula de Fleming*.—Diodo termoiónico de vacío, utilizado para rectificar una corriente alterna. Desde el punto de vista histórico, es el primero, cronológicamente, de los «implementos electrónicos» (patentado en 1905).

Flexibilidad

▶ *Flexibilidad de un muelle*.—Es la inversa de su rigidez (V. ese concepto).

Flexión

▶ *Esfuerzo de flexión*.—V. TENSIONES

Flint

Nombre dado a un tipo de vidrio óptico. El nombre recuerda que ese género de vidrio llevaba un fusil como marca (*flint* = pedernal, piedra de fusil de chispa, en inglés).
Los flints, silicatos de potasio y plomo, son densos. Presentan un *índice* medio y un *poder dispersivo* mayor que en los crowns. $n_D \cong 1{,}6$; $\nu = 1/40$.

Floculación

Transformación que sufren las sustancias coloidales, en el curso de la cual sus micelas, previamente dispersas, se reúnen en una masa compacta.
En la mayor parte de las disoluciones coloidales las partículas en suspensión, las micelas, llevan

cargas eléctricas, a consecuencia de la ionización de sus moléculas constituyentes. Se repelen, por tanto, lo bastante para que las fuerzas de Van der Waals, que son pequeñas, no puedan intervenir de modo sensible. Pero si las cargas micélicas pueden ser neutralizadas por un aporte exterior de cargas adecuadas, o si aumenta, al aumentar la temperatura, la agitación térmica de las moléculas, las micelas pueden reencontrarse. Las fuerzas atractivas adquieren ahora una primera importancia. Las micelas se sueldan en número creciente y forman aglomerados visibles. La disolución *flocula*.

Según las circunstancias, la floculación toma aspectos diferentes. En la embocadura de un río, cuyas aguas están cargadas de micelas, éstas, bajo la acción de los iones contenidos en el agua marina, floculan y se depositan en forma de lodo.

La sangre flocula igualmente bajo la acción de algunos agentes químicos, y da un coágulo, conteniendo en particular a los glóbulos, que se separa de un líquido, el suero sanguíneo. Se dice normalmente que la sangre *coagula*. La clara de huevo, solución coloidal de albúmina en agua, coagula por elevación de la temperatura. Las moléculas de agua permanencen incluidas aquí en una masa elástica y blanda, un *gel*. La gelatina, tan conocida en las confiterías, es igualmente un gel coloidal.

Fluctuaciones

Evoluciones incesantes, aleatorias, espontáneas de los sistemas físicos en las proximidades de su estado de equilibrio. El cero errático de un galvanómetro sensible, el movimiento browniano, el ruido de fondo de los montajes electrónicos son manifestaciones perceptibles debidas a fluctuaciones.

Según las leyes de la termodinámica, las evoluciones espontáneas de un sistema aislado se realizan necesariamente en el sentido que entraña un aumento de entropía. Se producen, por tanto, aparentes violaciones del segundo principio en el curso de las fluctuaciones. La mecánica estadística da de ello una explicación. El equilibrio es, en efecto, un estado de máxima *probabilidad termodinámica*. Los estados próximos tienen o presentan probabilidades menores, pero suficientemente grandes para que puedan ser detectadas. Los estados alejados del equilibrio tienen probabilidades muy pequeñas, y no pueden ser observados experimentalmente. Así se comprende que la agitación térmica, que modifica sin cesar los estados microscópicos de los sistemas, pueda acarrear las fluctuaciones que nosotros comprobamos. La mecánica estadística permite calcular la probabilidad matemática.

Fluencia

Utilizada principalmente en el estudio del movimiento de partículas. Si dN es el número de partículas que, durante el tiempo dt, atraviesan normalmente una pequeña superficie de área dS que rodea al punto P, la *fluencia* de las partículas en P durante dt es la cantidad $dF = dN/dS$. $D = dF/dt$ es el *caudal de fluencia* o *luminosidad*. La fluencia se evalúa en m^{-2} y la luminosidad en $m^{-2} \cdot s^{-1}$. *Ejemplo:* La luminosidad prevista en el L.E.P. (futuro anillo de colisiones e^- e^+) es del orden de 10^{35} $m^{-2} \cdot s^{-1}$ (10^{35} partículas por metro cuadrado y por segundo).

Si v es el módulo del vector velocidad media de las partículas en las proximidades de P y n su número por unidad de volumen, se demuestran las relaciones:

$$dF = nv \cdot dt \qquad \text{y} \qquad D = dF/\,dt = nv.$$

Se notará la equivalencia entre caudal de fluencia y densidad (superficial) de flujo, $d\Phi/dS$:

$$\frac{dF}{dt} = \frac{1}{dt} \cdot \frac{dN}{dS} = \frac{1}{dS} \cdot \frac{dN}{dt} = \frac{d\Phi}{dS}.$$

Fluidez

V. SUPERFLUIDEZ, VISCOSIDAD.

Fluido

Cuerpo material caracterizado por la facilidad con la que puede cambiar de forma, sin gasto de energía. En esto se opone a los sólidos. Son fluidos los líquidos y los gases.
V. COMPRESIBILIDAD, CONTINUIDAD ENTRE LOS ESTADOS LÍQUIDO Y GASEOSO, VISCOSIDAD.

▶ *Acción mecánica de un fluido.*—Acción mecánica ejercida por un fluido sobre un sólido, cuando sólido y fluido se encuentran en movimiento uno con respecto al otro (acción del viento sobre una construcción inmóvil, del aire supuestamente en calma sobre un avión en vuelo, del agua del mar, por un lado, y del viento por otro, sobre un velero navegando...).
Su estudio teórico pertenece a la dinámica de fluidos. Los resultados del estudio son controlados por vía experimental en diversos tipos de túneles aerodinámicos y estanques de ensayo. Son de gran importancia estos estudios para numerosas aplicaciones: estudio de la erosión fluvial, de la erosión eólica, estudio de las formas óptimas para los vehículos rápidos, etc.
Esta acción, frecuentemente compleja, tiene diversos orígenes, cuya importancia relativa depende en buena medida del régimen de movimiento del fluido en torno al sólido y, por tanto, del orden de magnitud de su velocidad relativa. Principalmente: sobrepresión delante del sólido, depresión atrás, rozamiento de los hilillos fluidos en las paredes laterales.
Se demuestra que sus efectos son equivalentes a los que producirían simultáneamente una *fuerza* y un *par*.
Es este par, que puede modificarse con el manejo de timones apropiados, el que hace posibles los cambios de dirección de un barco o un avión.
La fuerza es, en sí, equivalente a varias componentes. En el caso de un avión, por ejemplo, es cómodo estudiar separadamente su componente vertical o *fuerza de sustentación*, y la fuerza horizontal o *arrastre*. Mientras que la fuerza de sustentación, cuando su intensidad es suficiente, implica el ascenso del avión y su sostenimiento en vuelo, el arrastre es una fuerza retardadora, una resistencia al movimiento, origen de una disipación de la energía. En el caso de un velero, la fuerza es consecuencia de diferencias de presión sobre cada cara de las velas. Sólo es motriz su componente según el eje del velero...
En cuanto a la intensidad de esas diversas fuerzas y pares, no se sabe expresarlas matemáticamente más que en el marco de hipótesis simplificadoras.
Ejemplo: El sólido posee un eje de simetría de revolución y se desplaza en el aire, supuestamente en calma, con una velocidad con respecto al mismo **v**, constante, en la dirección del eje de simetría. La acción del aire se reduce entonces a una fuerza retardadora **F**, llamada a menudo *resistencia del aire*, colineal con **v** y de sentido opuesto. Su ley de variación depende de v.
1 / Velocidades más pequeñas ($v < 1$ m/s, ó 3,6 km/h). El aire forma alrededor del sólido hilos regulares (*régimen laminar*). F es debida esencialmente a la viscosidad del aire (V. PARADOJA DE D'ALEMBERT) y su intensidad es proporcional a la de v: $F = k \cdot \eta \cdot v$; k, homogénea a una longitud, depende del móvil, y η es el coeficiente de viscosidad del aire. (V. FÓRMULA DE STOKES).
Más allá de 1 m/s comienza el *régimen turbulento* (V. NÚMERO DE REYNOLDS). F resulta entonces de las diferencias de presión delante y detrás, siendo despreciable la influencia del rozamiento viscoso.
2 / Para velocidades medias (1 ms/s $< v <$ 1.000 km/h), F es proporcional al cuadrado de la velocidad: $F = C_x \cdot S \cdot \rho \cdot v^2/2$, siendo C_x el «*coeficiente de forma*» del móvil (este coeficiente posee por ejemplo un valor mínimo de 0,04 para una forma particular, llamada aerodinámica, que es la forma aproximada de los fuselajes de avión), S es la superficie de «*cuaderna maestra*»

(contorno aproximado aparente del móvil sobre un plano de proyección perpendicular a la velocidad) y ρ es la densidad local del aire.
3 / Altas velocidades (v >1.000 km/h). El móvil provoca en el aire perturbaciones que se propagan a la velocidad local del sonido c, de ahí el interés del número de Mach ($M = v/c$). Las variaciones de F no son las mismas para velocidades transónicas ($0{,}8 < v < 1{,}2$), ultrasónicas ($1{,}2 < v < 5$) e hipersónicas ($M < 5$). Puede continuarse utilizando la fórmula en v^2, pero el coeficiente C_x es ahora función de v.
V. LEY DE ARQUÍMEDES, PRINCIPIO DE PASCAL.

▶ *Fluido en dos dimensiones*.—Depósito de espesor muy pequeño, que se obtiene poniendo sobre la superficie del agua pequeñas cantidades de ciertos cuerpos orgánicos (grasas, ácidos grasos...). Las moléculas de estos cuerpos se dispersan sobre la superficie acuosa como las moléculas de un gas en un espacio tridimensional.
La fuerza por unidad de longitud, ejercida por esas moléculas dispersadas sobre las paredes filiformes que limitan su dominio es llamada *presión superficial*. Varía con la superficie ocupable como varía la presión de un gas con el volumen que puede ocupar. Estrechando al máximo la superficie de ese dominio, se conduce a las moléculas a estar unidas entre sí. Se obtiene así una capa *monomolecular*. De este fenómeno se pudo deducir un método de medida para las dimensiones moleculares.

Flujo

En un fluido en régimen de movimiento laminar (un curso de agua, por ejemplo) el conjunto de vectores velocidad de sus elementos en un instante dado constituye un campo de velocidades. Se demuestra que el *caudal volúmico* a través de una pequeña superficie plana de área dS que rodea un punto M (volumen de fluido que atraviesa dS en la unidad de tiempo) viene medido por el producto $v_n\, dS$ (v_n es la componente de la velocidad en la dirección normal a la superficie observada). Este producto recibe por ello el nombre de *«flujo»* del vector velocidad $\boldsymbol{v}$ a través de dS: $d\Phi = v \cdot \cos\theta \cdot dS = \boldsymbol{v} \cdot \boldsymbol{dS}$ ($\boldsymbol{dS}$ es el vector que representa a la pequeña superficie) (V. figura). El *caudal másico* (masa de fluido que atraviesa dS en la unidad de tiempo) está medido por el flujo del vector $\boldsymbol{j} = \rho \cdot \boldsymbol{v}$, donde ρ designa la densidad o masa volúmica del fluido. De manera análoga, el flujo de un campo vectorial $\boldsymbol{j} = \rho \cdot \boldsymbol{v}$ mide el caudal a través de dS de cualquier magnitud física, de la que ρ sería la densidad volúmica local y $\boldsymbol{v}$ la velocidad en el punto M (cargas eléctricas, energía radiante...).

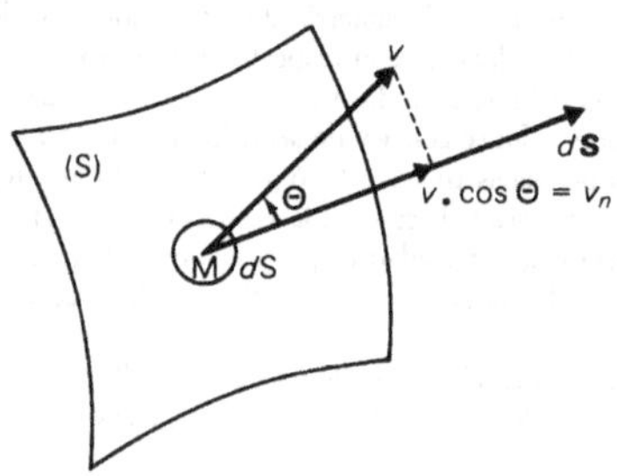

Con más generalidad, siendo $\mathbf{X}$ un campo de vectores, convenimos en llamar flujo de $\mathbf{X}$ a través de una superficie elemental $\boldsymbol{dS}$ al producto escalar $d\Phi = \mathbf{X} \cdot \boldsymbol{dS}$, cualquiera que sea la magnitud física representada por $\mathbf{X}$, incluso aunque el flujo $d\Phi$ no corresponda a ningún movimiento real (V. el ejemplo del flujo electrostático). El flujo de **X** a través de una superficie cualquiera S es la suma de todos los flujos a través de las superficies elementales cuyo conjunto constituye S: $\Phi = \iint_S \mathbf{X} \cdot d\mathbf{S}$.

V. DENSIDAD DE CORRIENTE, FLUENCIA, TEOREMA DE GAUSS, VECTOR FLUJO.

▶ *Densidad (superficial) de flujo*.—V. FLUENCIA, VECTOR FLUJO.

▶ *Flujo a través de un contorno*.—V. FLUJO CONSERVATIVO.

▶ *Flujo conservativo*.—Un campo vectorial **X**(M) es conocido como «de flujo conservativo» si su flujo a través de la sección de un tubo de campo conserva un valor constante, cualquiera que sea esta sección (fig. 1).

Ejemplo: El campo de velocidades es un fluido incompresible en régimen laminar (un curso de agua canalizado, por ejemplo) es de flujo conservativo. Esto expresa simplemente que su caudal en volumen a través de cualquier sección de la canalización tiene el mismo valor.

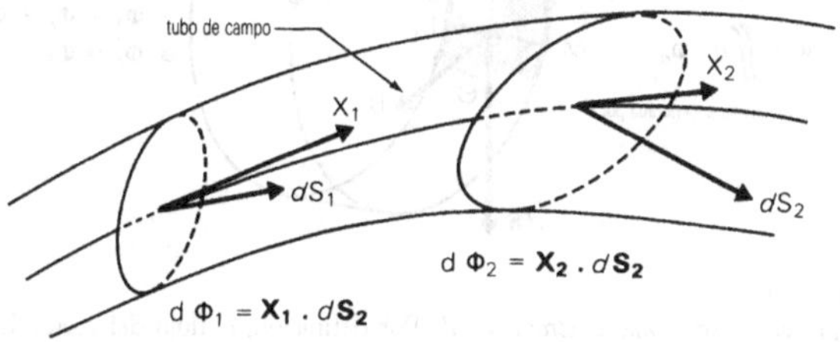

FIG. 1

Se demuestra que esto equivale a decir que el *flujo saliente* del campo **X**(M) a través de una superficie cerrada cualquiera debe ser nulo, o también que el flujo a través de superficies no cerradas y orientadas debe tener el mismo valor si todas esas superficies están limitadas por el mismo contorno. Este último valor común es conocido a veces, por abuso de lenguaje, como flujo del campo **X** «a través del contorno» (fig. 2).

Desde el punto de vista matemático, se establece que un campo vectorial de flujo conservativo deriva de un *potencial vector*, y *viceversa*. Es el caso del campo magnético **B**.

V. DIVERGENCIA, ECUACIÓN DE CONTINUIDAD, FLUJO, TEOREMAS DE GAUSS, DE OSTROGRADSKI.

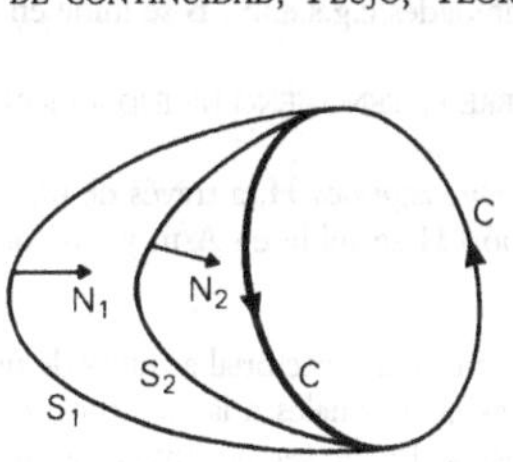

FIG. 2

▶ *Flujo cortado:*

1. Por un elemento rectilíneo orientado ***dl***.—Flujo de un campo vectorial a través de la superficie engendrada por el desplazamiento del elemento ***dl***. En un desplazamiento elemental, ***dl***

engendra un elemento de superficie representado por el vector superficie $\boldsymbol{dS}$, y el flujo cortado en ese desplazamiento vale $d^2\Phi_c = \mathbf{B} \cdot \boldsymbol{dS}$, siendo **B**(M) el campo de vectores estudiado. Si el desplazamiento es una traslación $\boldsymbol{dM}$, entonces $\boldsymbol{dS} = \boldsymbol{dl} \wedge \boldsymbol{dM}$ y $d^2\Phi_c = (\mathbf{B}, \boldsymbol{dl}, \boldsymbol{dM})$.
V. FENÓMENO DE INDUCCIÓN ELECTROMAGNÉTICA.
2. Por un contorno orientado Γ.—Suma de los flujos cortados por la suma de los elementos del contorno.
Si el campo de vectores **B**(M) es de «flujo conservativo», el flujo cortado es igual, con la posible salvedad del signo, a la variación del flujo que atraviesa el contorno: $\Phi_c = \Phi_1 - \Phi_2 = \Delta\Phi$ (V. figura).

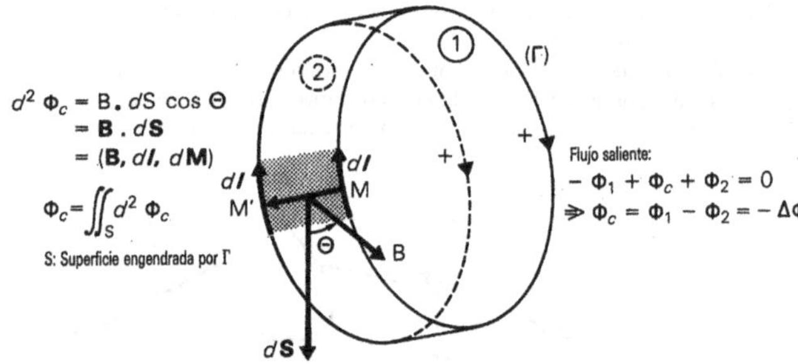

▶ *Flujo eléctrico:*
1. Flujo del vector *campo electrostático* **E.** Por definición, el flujo del vector **E** a través de un elemento de superficie orientado $\boldsymbol{dS}$ es igual al producto escalar $d\Phi = \mathbf{E} \cdot \boldsymbol{dS}$. Viniendo medido **E** en V/M, su flujo se mide en voltios · metro (V · m) (V. TEOREMA DE GAUSS).
2. Flujo del vector *desplazamiento eléctrico* **D**, a través de un elemento de superficie orientado $\boldsymbol{dS}$. Es, por definición, igual al producto escalar $d\Phi' = \mathbf{D} \cdot \boldsymbol{dS}$. El teorema de Gauss muestra que este flujo es homogéneo a una carga eléctrica; se mide, por tanto, en culombios (C) (y D en C/m²).

▶ *Flujo magnético:*
1. Flujo del vector *campo magnético* **B**, a través de un elemento de superficie orientada $\boldsymbol{dS}$. Es, por definición, el producto escalar $d\Phi = \mathbf{B} \cdot \boldsymbol{dS}$. **B** se mide en teslas, y su flujo, en «weber» (Wb). En el sistema de unidades c.g.s.e.m., **B** se mide en gauss, y su flujo, en maxwell (Mx). 1 Mx = 10^{-8} Wb.
V. LEY DE FARADAY (SOBRE EL FENÓMENO DE INDUCCIÓN ELECTROMAGNÉTICA, TEOREMA DE GAUSS.
2. Flujo del vector *excitación magnética* **H**, a través de un elemento de superficie orientada $\boldsymbol{dS}$: $d\Phi' = \mathbf{H} \cdot \boldsymbol{dS}$. La excitación **H** se mide en A/m y, en consecuencia, su flujo se mide en amperio · metro (A · m).

▶ *Flujo saliente.*—Flujo de un campo vectorial a través de una superficie cerrada, calculado bajo la suposición de que todas las normales a la superficie en todos sus puntos están orientadas hacia el exterior de la misma. Puede ser positivo o negativo. Si las normales se dirigen hacia el interior, el flujo se llama entrante.
Estas expresiones gráficas, que son evidentes cuando se trata de un fluido en movimiento, se utilizan convencionalmente aunque no traduzca el «flujo» movimiento alguno, como en el caso del campo electrostático.
V. FLUJO CONSERVATIVO, TEOREMA DE GAUSS.

▶ *Regla del flujo máximo.*—Cuando un circuito rígido recorrido por una corriente eléctrica continua de intensidad I se sumerge en un campo magnético constante **B**, es atravesado por un flujo magnético Φ (contado positivamente si el campo B atraviesa el circuito en el sentido positivo ligado al sentido de circulación de la corriente) y se encuentra sometido a un torsor de fuerzas electromagnéticas. Si ese circuito se desplaza, el flujo sufre una variación $\Delta\Phi$, mientras que las fuerzas producen un trabajo W. Se establece la relación $W = I \cdot \Delta\Phi$, llamada a veces *teorema de Maxwell*. De él se deduce, si el circuito se encuentra bajo la sola acción de esas fuerzas,
1) que todo desplazamiento se hace necesariamente en el sentido que implica un aumento de flujo (el trabajo W es necesariamente motor);
2) que el circuito está en *equilibrio estable* si Φ es *máximo;*
3) que en una posición cualquiera del circuito es posible calcular la resultante general y el momento resultante del torsor de fuerzas imaginando un desplazamiento elemental «virtual» (traslación o rotación) del circuito y calculando la variación de flujo correspondiente.

▶ *Vector flujo.*—El flujo de un campo de vectores $\mathbf{X}(M)$ a través de una superficie elemental $d\mathbf{S}$ es una magnitud *escalar:* $d\Phi = \mathbf{X}(M) \cdot d\mathbf{S}$. Es de uso común llamar a veces al *vector* $\mathbf{X}(M)$, responsable del flujo escalar $d\Phi$, *vector flujo*, cuya norma es igual a la densidad superficial de flujo a través de $d\mathbf{S}$.

Fluorescencia

Un mineral utilizado en ciertas operaciones metalúrgicas como «fundente» —facilita con su presencia el *desagüe* de la escoria— ha sido llamado por esta razón *fluorina*. La propiedad de la fluorina de emitir luz de modo aparentemente espontáneo y en frío ha sido denominada *fluorescencia*.
La fluorescencia es una forma de *fotoluminiscencia*, de duración media muy breve, y prácticamente independiente de la temperatura. La fluoresceína, por ejemplo, que debe su nombre a la fluorescencia (verde) de su sal sódica en solución acuosa, posee una duración media del orden de $1/10^8$ segundos.
V. FOTOLUMINISCENCIA.

▶ *Rendimiento de fluorescencia.*—V. RENDIMIENTO AUGER.

Fluxímetro (o flujómetro)

Galvanómetro de cuadro móvil adaptado a la determinación por lectura directa de cualquier variación del *flujo magnético*, que atraviesa el circuito de una pequeña bobina *b* en conexión eléctrica con el cuadro del aparato.
Si el flujo que atraviesa *b* varía de 0 a Φ, resulta de ello una corriente inducida. El cuadro del fluxímetro se desvía un ángulo $\Delta\theta$. El par recuperador mecánico del cuadro es prácticamente nulo, por designio del constructor, y por ello el cuadro está en equilibrio en cualquier posición. Se demuestra que el ángulo, $\Delta\theta$, que separa dos posiciones de equilibrio, es proporcional a Φ. Un fluxímetro puede, por tanto, llevar incorporada una escala graduada directamente en unidades de flujo (maxwell o weber).

Del conocimiento de Φ se puede deducir el valor del *campo magnético* B que crea ese flujo. Puede demostrarse asimismo que un fluxímetro puede servir para medir, con mayor comodidad que con un galvanómetro balístico, la *cantidad de electricidad* transportada por una corriente de breve duración, y eventualmente para medir la «duración» de esa corriente si existen razones para admitir que su intensidad permaneció constante.

Focal

1. Lenguaje comercial.—Abreviación corriente que designa la *distancia focal* de un instrumento óptico. Se dice, por ejemplo: un zoom es un objetivo fotográfico cuya focal es continuamente variable.
2. Lenguaje científico.—Abreviación por *recta focal*, sección para una pantalla plana de una de las dos áreas de reducción de un pincel luminoso, salido de un objeto puntual, y que atraviesa un sistema óptico sin satisfacer las condiciones de estigmatismo. (V. ASTIGMATISMO.)

Focales

▶ *Planos focales.*—Todo sistema centrado, utilizado en la aproximación paraxial, posee dos planos focales: un plano focal objeto y un plano focal imagen. Ambos son perpendiculares al eje del sistema. Los puntos de esos planos situados sobre este eje son los *focos* principales del sistema; sus otros puntos son los focos secundarios.
Todo foco objeto posee un conjugado imagen infinitamente alejado. Inversamente, el conjugado de un foco imagen es un punto objeto infinitamente alejado (V. figura).

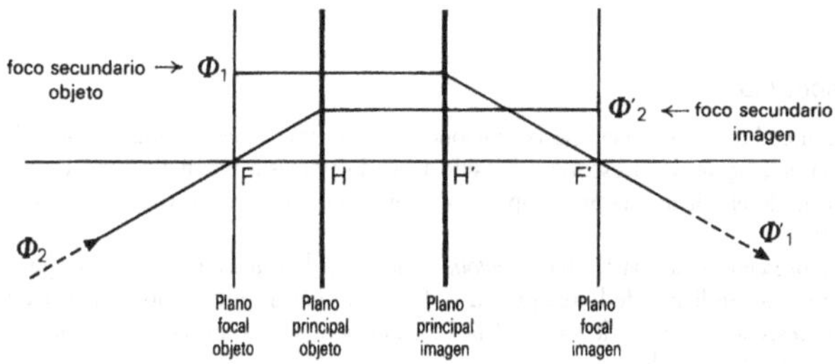

Existen sistemas que, excepcionalmente, poseen planos focales infinitamente alejados.
V. ELEMENTOS CARDINALES DE UN SISTEMA CENTRADO, SISTEMA AFOCAL.

Focalización

Focalizar una radiación es conducirla a concentrarse en un punto.
Un haz de luz solar recibida sobre una lente convergente, una lupa por ejemplo, viene a reunirse en una zona prácticamente puntual. La energía así concentrada puede ser suficientemente importante como para provocar la incandescencia de una hoja de papel. De ahí la palabra *foco* (de focus, palabra latina para fogón, hogar) para designar ese punto y, por generalización, el verbo *focalizar*.
La focalización de un haz de partículas materiales electrizadas puede obtenerse por medio de campos eléctricos o magnéticos. Los órganos que producen esos campos apropiados se denominan, por analogía, *lentes eléctricas* o *magnéticas*.
V. CAÑÓN DE ELECTRONES, OSCILOSCOPIO.

Focos

V. PLANOS FOCALES.

Fon

Magnitud que sirve para caracterizar el nivel de intensidad acústica de un sonido cualquiera. Para determinar ese nivel se compara el sonido objeto de estudio con el sonido de referencia, del cual se va elevando progresivamente el nivel sonoro. Cuando ambos sonidos dan la impresión de tener la misma intensidad, si el sonido de referencia se encuentra a *n* decibelios por encima del nivel de audibilidad, decimos que ambos sonidos se encuentran en el «nivel de isosonía» *n* fones.

Fonación

Producción de sonidos por parte de los seres vivos, especialmente por parte de los seres humanos.

La fonación humana exige la intervención de una serie de órganos cuyo funcionamiento presenta ciertas analogías con el de los instrumentos «de viento» de los músicos. Las cuerdas vocales y, accesoriamente, la lengua y los labios, constituyen *fuentes sonoras* que recuerdan a las lengüetas, siendo suministrada la excitación necesaria para su funcionamiento por el aire expulsado a presión por los pulmones. Las cavidades, de formas y volúmenes variables, de boca, faringe y fosas nasales, sirven como *cajas de resonancia*, como tubos sonoros. El *sistema nervioso*, dependiente de ciertas células cerebrales, dirige, sincroniza y controla, por fin, el funcionamiento del conjunto, lo que nos permite emitir los sonidos necesarios en el lenguaje hablado y en el canto.

Cada uno de los sonidos del lenguaje hablado es un *«fonema»*.

El estudio de los distintos fonemas, de sus características físicas, de las condiciones en las que son emitidos y percibidos, constituye la *«fonética»*, que puede ser considerada una prolongación especializada de la acústica.

Por el contrario, el estudio de la utilización de los fonemas en las diferentes lenguas habladas constituye la *«fonología»*, que es una parte de la lingüística.

Fonema, fonética, fonología

V. FONACIÓN.

Fonones

El estudio teórico de la energía de agitación de los osciladores acoplados que constituyen los distintos centros de un cristal demuestra que su estado puede describirse como el resultado de la superposición de un conjunto de *ondas elásticas estacionarias*. Este resultado es análogo al del estudio del estado de un equilibrio térmico en un recinto vacío, estado que puede describirse como resultado de la superposición de un conjunto de *ondas estacionarias electromagnéticas*. De esta analogía viene la idea de asociar una partícula, el fonón, a cualquier onda elástica en un cristal, de la misma manera que se asocia el *fotón* a toda onda electromagnética.

El fonón es, por tanto, una cuasi-partícula, caracterizada por una energía $\omega = h\nu$ y una cantidad de movimiento $\boldsymbol{p} = \frac{h}{\lambda}\boldsymbol{u}$, siendo h la constante de Planck; ν y λ la frecuencia y la longitud de onda de la onda asociada, que aquí es una onda elástica; $\boldsymbol{u}$ el vector unitario en la dirección en la que se propaga la onda. Su masa en reposo es nula, igual que la del fotón, así como su spin.

El estudio de la difusión de rayos luminosos o rayos X por un cristal puede ser tratado como un problema de choques entre los fotones incidentes y los fonones presentes en el cristal.

Fosforescencia

Es una de las formas de *fotoluminescencia.*
La fosforescencia se distingue experimentalmente de la otra forma de fotoluminescencia, la *fluorescencia*, por dos características. Su *duración media* es más larga en general (raramente inferior a un milisegundo, puede llegar a valer varias horas e incluso varios días). Por otro lado, el fenómeno es sensible a la *variación de la temperatura*. La duración media se hace mayor y la intensidad de la luz radiada más débil cuando desciende la temperatura. La emisión puede ser bloqueada si la temperatura es demasiado baja (V. TERMOLUMINESCENCIA). Los cuerpos fosforescentes son sólidos cristalizados; por ejemplo, cristales de sulfuro de cinc en los cuales se han introducido trazas de otro metal (plata, manganeso...). Esos metales extranjeros son *activadores* o *luminógenos*, recibiendo la sustancia base el nombre de *diluyente*. El espectro de la luz emitida está formado por diferentes bandas. Depende, simultáneamente, del activador y del diluyente.

Fósforo

Sinónimo: Luminóforo (portador de luz).

Cuerpo, natural o sintético, que posee la propiedad de emitir luz a temperatura ambiente. Actualmente se conocen millares de fósforos. Son los cuerpos *luminescentes*. La energía que radian proviene de la conversión de otra forma de energía.
Ejemplos: el fósforo de los químicos debe su nombre a esta propiedad; es un cuerpo *quimio*luminescente. El sulfuro de cinc es *foto*luminescente...
V. LUMINESCENCIA, PERSISTENCIA DE UN FÓSFORO.

Fot

Prefijo proveniente de una palabra griega que significa luz.

Unidad c.g.s. de iluminación. V. LUX.

Fotoelasticimetría

V. BIRREFRINGENCIA ARTIFICIAL.

Fotoeléctricas

▶ *Células fotoeléctricas.*—Recintos utilizados para el estudio de las leyes concernientes a los efectos fotoeléctricos, o para el desarrollo de sus aplicaciones.
Una célula *fotoemisiva* contiene dos electrodos: un cátodo fotosensible (o *fotocátodo*) que emite electrones cuando es irradiado, y un ánodo, llevado a un potencial positivo con respecto al cátodo, y cuyo papel es captar los electrones emitidos (los *fotoelectrones*) (fig. 1).
En una célula vacía la corriente de saturación (fig. 2) es proporcional a la iluminación del cátodo y, en consecuencia, al flujo lumínico que recibe. No obstante, existe siempre una «corriente de oscuridad» que proviene del efecto termoeléctrico del cátodo; se hacen esfuerzos para reducir su efecto hasta hacerlo despreciable, eligiendo adecuadamente el material fotosensible que recubre el cátodo. En las aplicaciones, la corriente exterior —en general amplificada— es utilizada para provocar un flujo de luz, para producir distintos efectos mecánicos (poner en marcha o detener un determinado mecanismo, por ejemplo), etc. Los *multiplicadores de electrones* son células fotoemisivas autoamplificadoras. Su inercia es muy pequeña, lo que, uni-

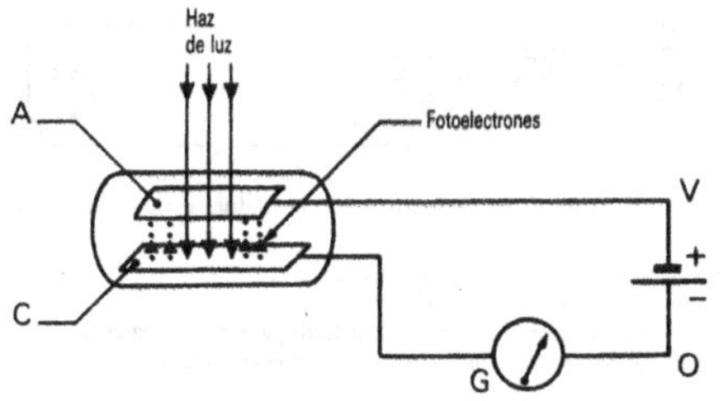

FIG. 1.—*Esquema básico de una célula fotoemisiva.*

C: cátodo, A: ánodo, V: tensión continua, G: microamperímetro.

do a su gran sensibilidad, los hace útiles, por ejemplo, para la «lectura» de las bandas sonoras de los films.

En las células *fotoconductoras* (o, indiferentemente, *fotorresistentes*) es también una tensión externa la que produce la corriente que atraviesa la célula, cuya intensidad es función creciente del flujo luminoso absorbido. Las cámaras de televisión contienen células fotoemisivas en unos casos y otros tipos de células fotoconductoras en otros.

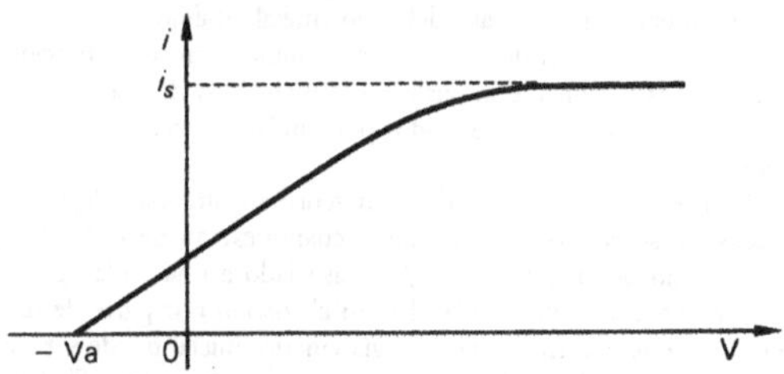

FIG. 2.—*Ejemplo de característica de una célula fotoemisiva de vacío.*

V : tensión impuesta desde el exterior entre ánodo y cátodo.
i : intensidad de la corriente para un valor fijo del flujo luminoso.
i_s : corriente de saturación.
V_a : Tensión de corte. Si $V \leqslant -V_a$, $i = 0$. Todos los electrones son rechazados por el ánodo hacia el cátodo. El conocimiento de la tensión de corte permite determinar la energía cinética inicial de los electrones emitidos por el cátodo.

Un tercer tipo de células crean por sí mismas una corriente eléctrica bajo el efecto de una irradiación. Unas son las *células de capa de parada* (o de corte), en las que la zona fotosensible es una interfase metal-semiconductor (fig. 3); otras son diodos semiconductores, o transistores, en los que la superficie fotosensible es una unión *p-n*. Estos dos tipos de células son llamados fotopilas, o células *fotovoltaicas*. Los fluxímetros, o las pilas destinadas a recoger energía solar, son fotopilas, por ejemplo.

▶ *Efectos fotoeléctricos.*—Fenómenos que acompañan la conversión de energía luminosa en energía eléctrica, por la interacción entre un haz de luz y una sustancia material. Según el material y la luz que se utilicen, el fenómeno toma aspectos y nombres diferentes.

En el *efecto fotoemisivo*, un haz de luz monocromática que llega a una placa metálica provoca la emisión hacia el exterior, por parte de esa placa, de un haz de electrones. La experiencia

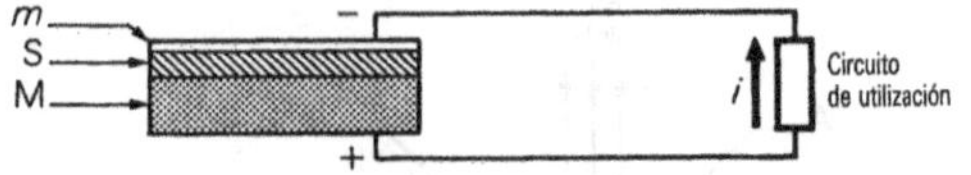

FIG. 3.—*Esquema básico de una* célula de capa de parada.

M : disco metálico soporte (hierro, por ejemplo).
S : semiconductor (generalmente selenio).
m : capa metálica auxiliar, suficientemente delgada para ser transparente (pan de oro, por ejemplo).
Sensibilidad del orden de 0,5 μA/1*x* (= 0,5 mA/lumen, si la sección del haz incidente útil mide 10 cm^2).
Sensibilidad espectral comparable a la del ojo.

de Hertz ya había demostrado (1887) la existencia de este efecto. Las leyes del fenómeno, establecidas poco más tarde (V. CÉLULAS FOTOELÉCTRICAS), pueden ser resumidas del siguiente modo:

1.° Para un material dado, la emisión electrónica es casi instantánea, pero no se produce, cualquiera que sea la intensidad del haz luminoso, más que si la longitud de onda de la luz es inferior a un valor λ_0, característico del material, lo que implica que su frecuencia debe ser superior a un valor umbral ν_0. Este umbral está situado en el ultravioleta para la mayor parte de los metales, con algunas excepciones. Vale, por ejemplo, 260 nm para el tungsteno, 350 nm para el cinc, pero 660 nm en el caso del cesio (metal alcalino).

2.° La energía cinética inicial de los electrones emitidos crece en función de la frecuencia de la luz incidente, y es igualmente insensible a la intensidad de esa luz.

3.° Sólo el número de electrones emitidos por unidad de tiempo es una función creciente de la intensidad.

Alrededor de quince años después de su descubrimiento, estas leyes inesperadas recibieron una explicación, gracias a la hipótesis de la cuantificación de la energía luminosa (Einstein, 1905). Cada «grano de energía», cada *fotón* asociado a una onda de frecuencia ν posee una energía $\omega = h\nu$ (h = constante de Planck). Su absorción por parte de un material puede provocar la emisión de *un* electrón, cuya energía cinética inicial puede ser calculada a partir de la relación que traduce el balance de esta conversión energética: $h\nu = W + E_c$, donde W es el trabajo mínimo necesario para arrancar un electrón del material. (V. TRABAJO DE EXTRACCIÓN.)

Se deduce de esa expresión:

1.° Que existe un umbral de frecuencia: $E_c > 0 \Rightarrow \nu \geqslant \nu_0$.

2.° Que la energía cinética crece con la frecuencia: $E_c = h(\nu - \nu_0)$.

3.° Que con una mayor intensidad luminosa, el número de fotones transportados por el haz en un tiempo dado es más grande, y se hace mayor, por tanto, el número de fotones emitidos.

La experiencia demuestra, de hecho, que la razón entre el número de electrones emitidos y el de fotones incidentes, razón que recibe el nombre de *rendimiento cuántico* de la experiencia, es siempre pequeño (0,01 en el caso del cesio, 0,20 en el de un compuesto de cesio y antimonio). Los fotones incidentes que no participan en la conversión energética son reflejados o difundidos.

El resto de tipos de efecto fotoeléctrico se explican, en lo esencial, en base a la teoría de Einstein convenientemente adaptada. Pero todos ellos son efectos *internos*, en oposición al efecto fotoemisivo, que es un efecto *externo*, lo que significa que los electrones (u otros portadores de cargas liberados) permanecen en el interior de la sustancia irradiada.

Hay *fotoionización* —o solamente *fotoexcitación*— cuando, tras absorber la energía de un fotón, una molécula se ioniza —o pasa de un estado energético E_m a otro superior E_n, por un reordenamiento de su nube electrónica—. Señalemos que, excepcionalmente, se han podido observar excitaciones «multifotónicas», resultado de la absorción, por parte de una misma molécula, de un número *p* de fotones mayor que uno, lo que no se produce más que si la intensidad del haz incidente es excepcionalmente grande (haz láser).

Los *efectos fotoquímicos* pueden ser incorporados a este tipo de transformaciones. La energía de un fotón puede aportar a una de las moléculas de una mezcla la *energía de activación* necesaria para iniciar una reacción, o al menos la fase inicial de una *reacción en cadena*. Análogamente, en una emulsión fotográfica (microcristales de bromuro argéntico, $Ag^+ Br^-$, revestidos de gelatina) la llegada de un fotón puede provocar la pérdida de un electrón por un ión bromuro, perteneciente a uno de esos microcristales (se dice que ha sido oxidado); ese electrón, tras una serie de procesos complejos, se fija sobre el ión plata, que es llevado así al estado de átomo neutro (se dice que ha sido reducido). La existencia de esos átomos de plata, en los puntos que han sido iluminados, ceba la ulterior acción reductora del «revelador» sobre los microcristales que contienen esos gérmenes de plata metálica. Se ve entonces aparecer la imagen que estaba latente. Señalemos que, antes de exponer a la luz el film en ese estado, es indispensable hacer desaparecer el bromuro de plata de las zonas que no han sido iluminadas. Se las disuelve en un baño «fijador».

Sobre los semiconductores, la llegada de un haz luminoso origina efectos fotoeléctricos algo diferentes. Por ejemplo, la absorción, por un semiconductor intrínseco, de un fotón cuya energía es superior al ancho de la banda prohibida (que es la que define aquí el umbral) puede provocar la aparición de un par electrón-hueco: un electrón puede pasar de la banda de valencia a la de conducción, dejando un hueco en la banda de valencia. La conductividad del semiconductor aumenta. Es el fenómeno de la *fotoconductividad*.

Si, por fin, el material irradiado conlleva una superficie de contacto metal-semiconductor, o la unión de un diodo semiconductor, los portadores de carga liberados se difunden en la zona de contacto, o en la zona de deplexión del diodo, y modifican allí la carga espacial. Esto tiene como consecuencia, como demuestra la teoría de semiconductores, la creación en un circuito abierto de una tensión eléctrica V entre los bornes del material. Así se ha conseguido, gracias al *efecto fotovoltaico*, un verdadero generador eléctrico, en el que V es la fuerza electromotriz.

Fotografía

V. EFECTOS FOTOELÉCTRICOS, OBJETIVOS, XEROGRAFÍA.

Fotoluminescencia

Modo de luminescencia en el que la excitación es producida por absorción de fotones. *Ejemplo:* Una pantalla de platinocianuro de bario emite luz verde cuando es iluminada con luz ultravioleta o con radiación X.

Entre todas las formas de luminescencia, la fotoluminescencia es una de las mejor conocidas. Pueden, en efecto, medirse aquí las frecuencias e intensidades de la luz absorbida y de la luz radiada, y controlar con eficacia, de este modo, tanto las hipótesis como los resultados de los cálculos teóricos. Como había propuesto Lenard (en 1909), se admite que cada fotón absorbido, de frecuencia N, comunica a una molécula o a un cristal luminescente la energía $\Delta E = hN$ (h, constante de Planck), haciéndola pasar así de un nivel energético E_0 a un nivel superior $E_2 = E_0 + \Delta E$. En la fase de emisión, los distintos centros excitados regresan a niveles más bajos por transiciones radiactivas, características del cuerpo estudiado, a menos que sean atrapados en niveles intermedios. Se establece un equilibrio estadístico entre excitaciones y desexcitaciones.

Cuando cesa la excitación, la intensidad de la luz radiada no cae instantáneamente a cero. En general decrece de modo exponencial:

$$I = I_0 \exp(-t/\theta)$$

donde I_0 es la intensidad en el instante en el que desaparece la excitación. La «duración media» del decrecimiento está caracterizada por la constante de tiempo θ (o por la «vida media» de los centros excitados). Esta duración media puede ser muy breve, algunas millonésimas de segundo, o durar varios días... Puede, o no, depender de la temperatura... Esto conduce a designar dos tipos de fotoluminescencia: la *fluorescencia* y la *fosforescencia* (V. figura).
Los tubos fluorescentes son un ejemplo del uso de la fotoluminescencia.
V. LEY DE STOKES.

Fluorescencia

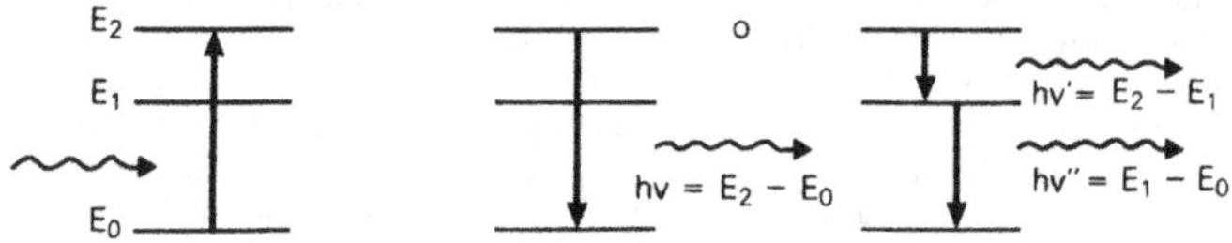

1. Fase de excitación — 2. Fase de emisión

Cada molécula, o centro cristalino

absorbe una energía ΔE y sufre una transición $E_0 \rightarrow E_2$, si $E_2 = E_0 + \Delta E$.

sufre una o varias transiciones radiactivas, siendo emitida en forma de fotones la energía perdida.

Cada raya horizontal representa *simbólicamente* uno de los niveles energéticos cuantificados de una molécula o de un centro cristalino, y cada flecha vertical, una transición entre dos niveles.

Fosforescencia

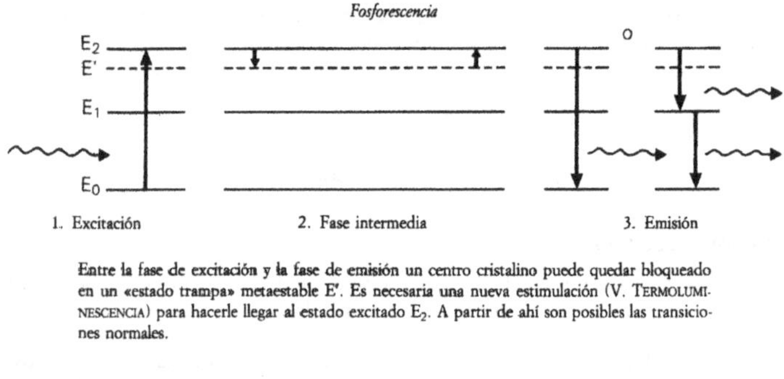

1. Excitación — 2. Fase intermedia — 3. Emisión

Entre la fase de excitación y la fase de emisión un centro cristalino puede quedar bloqueado en un «estado trampa» metaestable E'. Es necesaria una nueva estimulación (V. TERMOLUMINESCENCIA) para hacerle llegar al estado excitado E_2. A partir de ahí son posibles las transiciones normales.

Fotometría

Estudio experimental cuantitativo de diversas magnitudes relativas a la *radiación luminosa* —radiación electromagnética a la que es sensible el ojo.
Las *magnitudes fotométricas*, homólogas de las «magnitudes energéticas» de definiciones análogas, afectan a la radiación misma (flujo), a las fuentes de la radiación (intensidad, luminancia) o a los materiales receptores (iluminación, coeficientes de difusión, reflexión, transmisión o absorción).
El receptor, en cualquier operación fotométrica, es el ojo humano por definición. Desgraciadamente, el ojo no puede apreciar más que la *igualdad*, o desigualdad, de las impresiones producidas por la visión simultánea de dos campos idénticos, yuxtapuestos, reemitiendo luces del mismo color, pero *no el cociente* de dos impresiones distintas. La igualdad de las impresiones

implica la igualdad de las iluminaciones retinianas, la de los flujos emitidos por ambas regiones en consecuencia y, en definitiva, la igualdad de los flujos luminosos que reciben. Los flujos luminosos se convierten, no obstante, en magnitudes «medibles», como los flujos energéticos, si se admite la proporcionalidad entre el flujo luminoso Φ' y el flujo energético Φ transportados por una misma radiación monocromática (por un mismo haz): $\Phi' = v_\lambda \Phi$, donde v_λ es la «eficacia luminosa» correspondiente a la longitud de onda λ.

Este *principio*, verificado por sus consecuencias, es la base de toda operación fotométrica.

Prácticamente, se determina el cociente entre dos flujos luminosos reduciendo artificialmente, en una relación variable, pero común, el flujo que llega sobre uno de los dos campos visuales (o regiones), hasta obtener la igualdad. El resto de las magnitudes fotométricas se deducen de esta determinación.

Los diversos *fotómetros* en uso difieren por las soluciones aportadas para cada uno de estos dos problemas: elección de las dos regiones (papel satinado, vidrio pulido...) y elección del sistema reducción de uno de los dos flujos (cuña absorbente de espesor variable, disco giratorio provisto de aberturas, conjunto [polarizador + analizador] poniendo en práctica la ley de Malus, etc...).

El ojo es a menudo reemplazado por un receptor físico sensible al flujo energético (placa fotográfica, célula fotoeléctrica, etc.). Pero ello supone el conocimiento previo de la eficacia luminosa de las radiaciones utilizadas.

La fotometría *heterócroma* –comparación de flujos luminosos transportados por haces de diferentes colores– se hace generalmente utilizando receptores físicos.

V. ESPECTROMETRÍA, RADIOMETRÍA, UNIDADES FOTOMÉTRICAS (Anexos 1).

Fotomultiplicador

V. MULTIPLICADOR DE ELECTRONES.

Fotón

Introducido por Einstein (en 1905) para explicar el efecto fotoemisivo, el *cuanto de energía luminosa* fue bautizado como *fotón* algunos años más tarde. Esta asociación de una onda luminosa con un grano de energía fue el primer ejemplo histórico de una *dualidad onda-corpúsculo*.

La energía E que transporta cada fotón está relacionada con la frecuencia ν de su onda por la relación de Planck-Einstein $E = h\nu$ (h, constante de Planck), y la relatividad restringida le atribuye un momento lineal $p = h/\lambda$, donde λ es la longitud de onda de la onda asociada al fotón. Su masa propia es nula y su velocidad en el vacío es la velocidad c de las ondas electromagnéticas.

En la teoría cuántica de campos el fotón es la *partícula de intercambio* de la interacción electromagnética. Es un bosón, de spin 1.

V. EFECTO COMPTON, HELICIDAD, LUXONES, MATERIALIZACIÓN, CUADRO DE PARTÍCULAS SUBNUCLEARES (Anexo 4).

	Ondas asociadas		
Energía de los fotones (en eV)	*Frecuencia* ν *(en Hz)*	*Longitud de onda* λ *(en m)*	
10^{-6} (1 μeV)	$3\ 10^{8}$	1	Onda hertziana
1 (1 eV)	$3\ 10^{14}$	10^{-6} (1 μm)	Luz
10^{3} (1 keV)	$3\ 10^{17}$	10^{-9} (1 nm)	Rayos X
10^{6} (1 meV)	$3\ 10^{20}$	10^{-12} (1 pm)	Rayos

Fotópico

▶ *Magnitud fotópica* (raíces griegas que significan lugar luminoso).—Magnitud fotométrica (flujo, intensidad, etc.) medida por medio de un receptor con la sensibilidad espectral de un ojo humano adaptado a la visión de objetos fuertemente iluminados (luminancia media superior a 10 cd/m^2).
Si el receptor tiene la sensibilidad espectral de un ojo adaptado a la visión de objetos muy poco luminosos (luminancia inferior a 0,1 cd/m^2), las magnitudes que se miden son magnitudes *escotoscópicas* (→ lugar oscuro).
Con la sensibilidad de un ojo adaptado a luminancias intermedias, las magnitudes medidas son llamadas *mesópicas* (meso → medio).
V. EFICACIA LUMINOSA, EQUIVALENTE ENERGÉTICO DEL LUMEN, VISIÓN.

Fotopila

V. PILA FOTOELÉCTRICA.

Fotovoltaico

V. PILA FOTOELÉCTRICA.

Foucault Léon (1819-1868)

▶ *Corrientes de Foucault*.—Corrientes eléctricas que nacen en el espesor de una pieza metálica a consecuencia del fenómeno de *inducción electromagnética*. Aparecen en los órganos que se desplazan en un campo magnético, los inducidos de las dinamos, por ejemplo, o en piezas inmóviles, pero sometidas a un campo magnético variable, como las carcasas de los transformadores. Con gran frecuencia son corrientes indeseables. Contribuyen, en efecto, a disipar la energía, por calentamiento de sus soportes (efecto Joule), así como por los pares deceleradores que originan (ley de Lenz). Se hacen esfuerzos, por consiguiente, para evitarlos, estorbando la formación de circuitos cerrados en el espesor de las piezas metálicas. Con este fin, éstas se construyen con láminas planas, paralelas al campo magnético y separadas entre sí por hojas aislantes. Las corrientes de Foucault son, sin embargo, aprovechadas a veces, por su efecto de frenado (por ejemplo, en ciertos contadores de energía eléctrica) o de calentamiento (por ejemplo, en los hornos de inducción).

▶ *Experiencia de Foucault*.—V. VELOCIDAD DE LA LUZ.

▶ *Péndulo de Foucault*.— Péndulo gravitatorio concebido y realizado por Foucault (en 1851) con el fin de hacer visible el movimiento de rotación de la Tierra en torno a su eje.
Es una esfera pesada (alrededor de 28 kg en la experiencia histórica de Foucault), fijada al extremo de un largo hilo metálico (alrededor de 67 m), de suerte que sus oscilaciones, de muy pequeña amplitud angular, poco amortiguadas por consiguiente, impliquen, sin embargo, importantes desplazamientos del punto prolongación de la masa en el suelo. Se comprueba entonces que su plano de oscilación gira lentamente alrededor de la vertical del lugar (1 vuelta en 31 h 47 m en París).
Foucault, admitiendo que este plano de oscilación permanece fijo en el «espacio absoluto», dedujo que el movimiento de rotación observado se debe al hecho de que el observador está siendo arrastrado —en sentido inverso— por la rotación de la Tierra sobre sí misma. Es fácil comprender este razonamiento si imaginamos que la experiencia se realiza en el polo (V. figura). Con más precisión, las leyes de la mecánica demuestran que, en el referencial terrestre, el movimiento del péndulo resulta de la acción de su peso y de la fuerza de inercia de Coriolis,

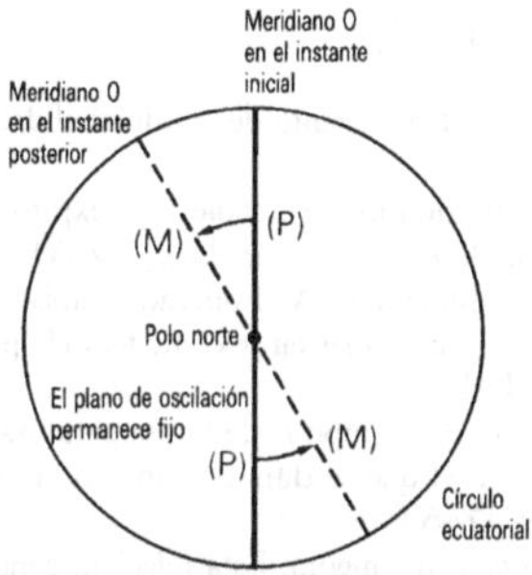

1. Referencial de Copérnico
(Rotación de la Tierra)

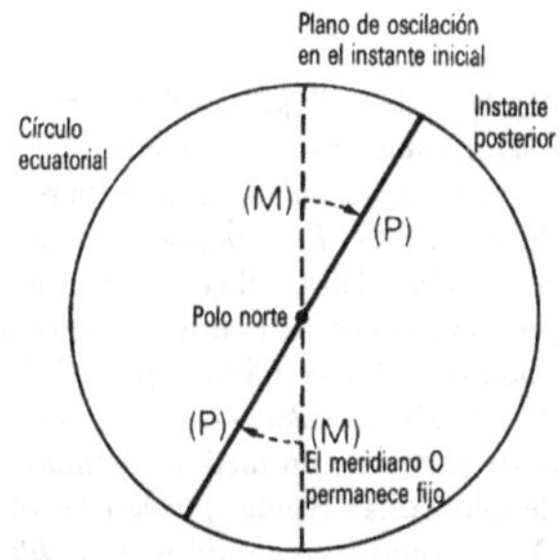

2. Referencial terrestre
(Rotación del plano de oscilación)

Para un observador de pie en el Polo Norte, el plano de oscilación del péndulo gira aparentemente una vuelta completa en veinticuatro horas (T_0).
En un punto del globo, de latitud λ, se produce una vuelta completa en un tiempo $T = T_0/\text{sen}\ \lambda$.
En París –la experiencia histórica de Foucault tuvo lugar bajo la cúpula del Panteón– $\lambda \approx 49°$;
$T = 24/\text{sen}\ 49° = 31$ h 47 m.

perpendicular constantemente a su vector velocidad relativa. Su trayectoria está constituida entonces por una sucesión de elipses muy alargadas, cuyo eje mayor gira lentamente en torno a la vertical. Éste es el movimiento de rotación observado.
V. GIRÓSCOPO, PRINCIPIO DE MACH.

Fourier Jean Baptiste Joseph, barón de (1768-1830)

▶ *Espectro de Fourier.*—V. TEOREMA DE FOURIER.

▶ *Integrales de Fourier.*—La técnica de descomposición en *serie de Fourier* de una función periódica puede ser extendida al caso de una función no periódica $f(t)$. Puede, en efecto, considerarse que $f(t)$ es una función periódica cuyo periodo T es infinitamente grande. La pulsación ω de sus componentes, en número infinito, varía continuamente.
Se obtiene, por tanto, la *integral de Fourier* como límite de una serie de Fourier:

$$f(t) = \frac{1}{\sqrt{2\pi}} \int_{-\infty}^{+\infty} g(\omega)\, d\omega \exp(+i\omega t) \qquad i = \sqrt{1}$$

$g(\omega)$ es la amplitud común de las componentes de pulsaciones comprendidas entre ω y $\omega + d\omega$,
con $g(\omega) = \frac{1}{\sqrt{2\pi}} \int_{-\infty}^{+\infty} f(t)\, dt \exp(-i\omega t)$.

Conviene señalar que $f(t)$ y $g(\omega)$ son *transformadas de Fourier*, cada una de la otra.

▶ *Leyes de Fourier:*
1. *Propagación del calor por conducción.*—En un conductor cilíndrico, aislado lateralmente y cuyos extremos son mantenidos a temperaturas diferentes T_1 y T_2 ($T_1 > T_2$), el calor fluye espontáneamente de la zona más caliente a la menos caliente. El calor δQ, que atraviesa, durante un intervalo de tiempo δt, una sección del conductor es proporcional al área s de esa sección, al tiempo t y a la tasa de disminución de la temperatura según el eje del conductor, $(T_1 - T_2)/d$ (d longitud del conductor).

$$\delta Q/\delta t = \lambda \frac{s}{d}(T_1 - T_2)$$

$\delta Q/\delta t$ mide el flujo de calor a través de s, y λ es el coeficiente de conductibilidad térmica, o *conductividad térmica* del medio.

Con más generalidad, en todo punto de un medio de forma cualquiera, la expresión de la ley de Fourier es: $j_Q = -\lambda$ grad T, relación que puede escribirse así: div $j_Q + \lambda\, \Delta T = 0$. j_Q es el vector densidad de flujo térmico en el punto considerable, Δ el operador laplaciano. La expresión de la ley de Fourier, establecida hacia 1810, sirvió más tarde como modelo para el enunciado de la ley de Ohm, y para el de la ley de Fick.

2. *Difusión del calor.*—Las variaciones, en función del tiempo t, de la temperatura T en cualquier punto de un medio, continuo e isótropo, en el que se difunde con conducción un flujo de calor, están regidas por la relación: $\partial T/\partial t = D \cdot \Delta T$.

D es el coeficiente de difusión, o *difusividad térmica*, del medio. Esta relación, conocida con el nombre de *ecuación de calor*, o de ecuación *de Fourier*, fue establecida por éste en 1826. Es una consecuencia de la ley, establecida por él mismo, sobre la conducción del calor, y en la hipótesis de que no existen en el medio estudiado ni fuentes ni pérdidas de calor (V. ECUACIÓN DE CONTINUIDAD). Fue para resolver esta ecuación, es decir, para deducir de ella la ley de variación de la temperatura en todo punto del medio, para lo que Fourier imaginó la posibilidad matemática de descomponer una función periódica en componentes sinusoidales, tal como precisa el *teorema de Fourier*. Señalemos solamente, a título de ejemplo, que de esta ecuación puede deducirse la ley de variación de la temperatura en un subterráneo si se conocen las variaciones, diurna o estacionales, de la temperatura exterior. En régimen permanente ($\partial T/\partial t = 0$), la ecuación de Fourier implica una ley de distribución de la temperatura, invariable en el tiempo, y que obedece a la condición matemática $\Delta T = 0$, distribución que puede asimilarse, por tanto, a la ley de distribución de potencial eléctrico encerrada en la *ley de Laplace:* $\Delta V = 0$.

▶ *Serie de Fourier.*—V. TEOREMA DE FOURIER.

▶ *Teorema de Fourier.*—Toda función periódica $f(t)$, de periodo T y de frecuencia $N = 1/T$, de pulsación por tanto $\omega = 2\pi N$, si es integrable y acotada, es igual, para todo valor de t, a la suma de una serie, llamada *serie de Fourier*, en la que cada término (salvo eventualmente el primero) es una función sinusoidal de t, de pulsación igual a un múltiplo entero de ω: $\omega_n = n\omega$, con n = número entero positivo.

Diferentes formas, matemáticamente equivalentes, traducen este teorema:

$$f(t) = a_0 + \sum_1^{\infty} \alpha_n \cos(n\omega t + \varphi_n)$$

o

$$f(t) = a_0 + \sum_1^{\infty} [a_n \cos n\omega t + b_n \operatorname{sen} n\omega t],$$

o, en fin, en notación compleja

$$f(t) = \sum_{-\infty}^{+\infty} c_n \exp(in\omega t)$$

c_n es entonces una amplitud compleja. La variable t puede representar al tiempo o a cualquier otro parámetro.

El conjunto de componentes sinusoidales constituye el *espectro de Fourier* de la función $f(t)$. Determinar esas componentes es realizar la descomposición espectral, o el *análisis armónico* de esa función.

La constante a_0 es igual al valor medio de $f(t)$ a lo largo de un período T: $a_0 = \frac{1}{T}\int_0^T f(t)\, dt$.

Es calculable, por tanto. Sucede lo mismo al resto de las características. Se encuentra:

$$a_n = \frac{2}{T}\int_0^T f(t)\cos(n\omega t)\,dt \quad ; \quad b_n = \frac{2}{T}\int_0^T f(t)\,\text{sen}\,(n\omega t)\,dt$$

$$\alpha_n^2 = a_n^2 + b_n^2 \quad ; \quad \text{tg}\,\varphi_n = -b_n/a_n$$

y, en fin, $c_n = \frac{1}{T}\int_0^T f(t)\exp(-in\omega t)\,dt \quad ; \quad (c_0 = a_0)$

Utilizada por primera vez por Fourier en el estudio de la propagación del calor (1822), esta técnica es hoy de uso corriente en numerosos dominios de la física, por ejemplo en las técnicas de transmisión de señales eléctricas u ópticas.

▶ *Transformada de Fourier.*—La transformada de Fourier de una función $f(x)$ es, por definición, la función

$$g(u) = \frac{1}{\sqrt{2\pi}}\int_{-\infty}^{+\infty} f(x)\exp(-iux)\,dx \qquad i = \sqrt{-1}$$

Esta función existe si $f(x)$ satisface ciertas condiciones matemáticas. Operando para encontrar la transformación inversa se llega a la función inicial:

$$\frac{1}{\sqrt{2\pi}}\int_{-\infty}^{+\infty} g(u)\exp(+iux)\,du = f(t)$$

Estos resultados se extienden a funciones de diferentes variables, que pueden representar, por ejemplo, las coordenadas de un punto en un plano o en el espacio. Son utilizadas en distintos dominios, por ejemplo en el estudio de la formación de imágenes a través de un instrumento óptico, cuando es necesario tener en cuenta los fenómenos de difracción.

Fracción molar

V. CONCENTRACIÓN, DOSIFICACIÓN.

Fragilidad

V. RESILIENCIA.

Franck James (1882-1964)

Premio Nobel 1925 (con G. Hertz).

▶ *Experiencia de Franck y Hertz.*—Experiencia destinada a las determinaciones experimentales directas de las *energías de ionización* de las sustancias gaseosas. Fue realizada por Franck y Hertz (hacia 1914) y luego repetida y mejorada.

Un recinto equipado como triodo, vaciado de aire y luego lleno de la sustancia objeto de estudio a muy baja presión (menor de 1 torr). Los electrones que provienen del cátodo son acelerados por una diferencia de potencial regulable V, establecida entre el cátodo y la rejilla G. Los que han atravesado G son frenados, detenidos y relanzados hacia G de nuevo antes de poder alcanzar el ánodo A, gracias a una diferencia de potencial V′ de sentido opuesto a V. Elevando progresivamente el valor de V, se nota bruscamente, para un valor V_1, la llegada de iones positivos al ánodo, unido con este fin a un electrómetro. $W_1 = eV_1$ (e = carga elemental), es la *energía de ionización* buscada. En efecto, los electrones acelerados por V_1 han adquirido entonces una energía cinética suficiente para ionizar la sustancia, en las proximidades de

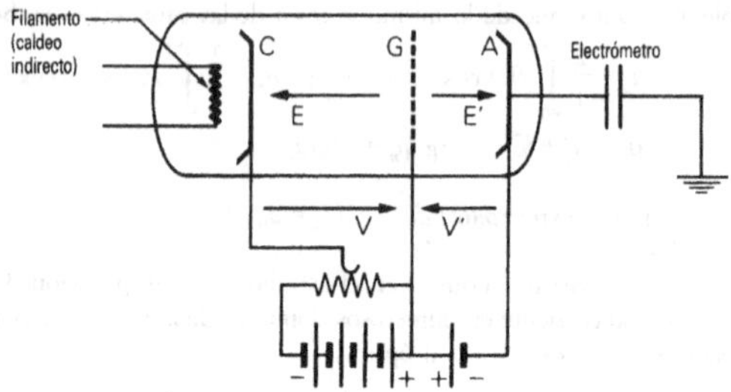

la rejilla. Los iones positivos que se obtienen son acelerados entonces por V′ y así llegan al ánodo.

Se notará que W_1, medida en electrovoltios, tiene el mismo valor numérico que V_1, medida en voltios. V_1 es el *potencial de ionización* de la sustancia.

Cuando V es aún inferior a V_1, pero suficiente, el choque, inelástico, de los electrones con las moléculas presentes en el recinto, puede hacer pasar a algunas de ellas desde el estado fundamental a un estado excitado. La experiencia se presta igualmente a la medida de esas *energías de excitación*.

Franjas

▶ *Franjas de interferencia*.—Las experiencias sobre *interferencias* en óptica se manifiestan a menudo para nosotros por la observación en una pantalla adecuada de una serie de estrechos rectángulos, yuxtapuestos, alternativamente brillantes y oscuros. Son las «franjas de interferencia». De hecho, la iluminación de la pantalla a lo largo de un eje perpendicular a las franjas varía de manera continua y periódica entre un valor máximo y un valor mínimo. El aspecto

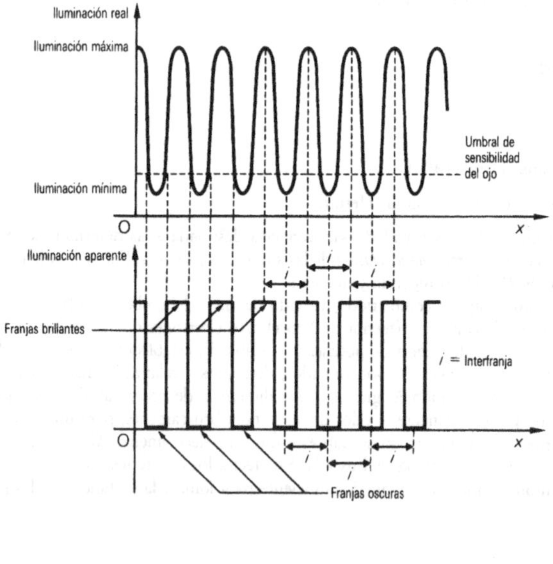

observado proviene de la imposibilidad del ojo para apreciar esas variaciones continuas (V. figura). Con luz blanca, sólo una de esas franjas observadas aparece como blanca. Es la «franja central». A una parte y otra las franjas aparecen diversamente irisadas.
V. FACTOR DE VISIBILIDAD.

Frank Ilya Mikhaïlovitch (1908)

Premio Nobel 1958

V. EFECTO ČERENKOV.

Franklin Benjamin (1706-1790)

▶ *franklin.*—Unidad de carga eléctrica del sistema c.g.s.e.s.

$$1 \text{ franklin} \simeq \frac{1}{3 \cdot 10^9} \text{ culombios}$$

V. CUADRO DE UNIDADES (Anexo 1).

▶ *Experiencia del agua hirviente de Franklin.*—Consiste en provocar la ebullición del agua, en equilibrio con su vapor, encerrada en un balón herméticamente cerrado, vertiendo agua fría sobre la parte superior del balón. Este aparente misterio se explica con facilidad. El agua fría provoca la condensación parcial del vapor de agua dentro del recipiente y, por tanto, una disminución de la presión soportada por el líquido. Ésta se hace inferior a la presión saturante que corresponde a la temperatura del agua encerrada, la cual entra en ebullición (V. LEYES DE LA EBULLICIÓN).

▶ *Pararrayos de Franklin.*—Pararrayos que utiliza el «poder de las puntas».

Fraunhofer Joseph von (1787-1826)

▶ *Franjas de Fraunhofer.*—Franjas de difracción luminosa «en el infinito».
V. DIFRACCIÓN.

▶ *Rayas de Fraunhofer.*—Rayas oscuras que se observan en el espectro de la luz solar sobre un fondo luminoso continuo.
La existencia de estas rayas, ya descubiertas algunos años antes por Wollaston, fue confirmada en 1805 por Fraunhofer, el cual, gracias a la utilización de un espectroscopio de prisma suficientemente dispersivo, que él acertó a construir, descubrió más de quinientas tan sólo en el espectro visible. Cada una de esas rayas, caracterizada por su posición en el espectro (más tarde se dirá que están caracterizadas por su longitud de onda), recibió un nombre simbólico en el que se utilizaron letras y cifras, utilizado aún en nuestros días (V. ejemplos de abajo).
La explicación de esas observaciones apareció más tarde (hacia 1860) cuando se conocieron los espectros de absorción característicos de cada elemento químico. Se atribuyeron las rayas a la absorción de las radiaciones correspondientes por elementos presentes en el trayecto de la luz, bien en las proximidades del Sol —rayas *cromosféricas*—, bien en las cercanías de la Tierra —rayas *telúricas*—. Así la presencia del hidrógeno fue descubierta en la cromosfera solar por su espectro de absorción, que en la parte visible consta de las rayas C (roja), F (azul), *f* (índigo), *h* (violeta), mientras que el ozono presente en la atmósfera terrestre da *bandas de absorción* (una banda está formada por una serie de rayas finas muy próximas) que limitan hacia el ultravioleta el espectro de la luz que recibimos en la Tierra.
Estos diversos resultados han sido los primeros obtenidos por *análisis espectral*, técnica de identificación de un elemento químico por el conjunto de sus rayas espectrales. A esta técnica se

debe el descubrimiento de numerosos elementos, como el helio, localizado por primera vez en la cromosfera (Janssen y Lockyer, 1868) y más tarde en la Tierra (Crooks, 1895). En este proceso hubo ciertos errores (V. CORONIO). A esta técnica se le deben la mayor parte de nuestros conocimientos sobre la composición química de los «objetos celestes», planetas, soles, estrellas, nebulosas y galaxias lejanas...
V. ASTROFÍSICA.

Frecuencia

Número de ciclos o de variaciones por unidad de tiempo de una oscilación periódica cualquiera. Se mide en hertzios (Hz). 1 Hz = 1 ciclo por segundo.
Ejemplos: La frecuencia de la corriente eléctrica europea vale 50 Hz. La de la nota musical la_3 es 440 Hz. La de una onda electromagnética en el dominio visible es del orden de $5 \cdot 10^{14}$ Hz...
La frecuencia de una oscilación es igual a la inversa de su periodo: $f = 1/T$. En los cálculos teóricos se reemplaza la frecuencia, denotada a menudo como ν, por la pulsación correspondiente $\omega = 2\pi\nu$. (Es frecuente que ω sea llamada frecuencia, por abuso de lenguaje.) *Ejemplo:* La relación de Planck se escribe tanto $E = h\nu$ como $E = \hbar\omega$. (h = constante de Planck; $\hbar = h/2\pi$).
V. BANDA DE FRECUENCIAS, ESCALA DE ONDAS ELECTROMAGNÉTICAS, SONIDO, TEOREMA DE FOURIER.

▶ *Frecuencia propia.*—V. OSCILACIONES LIBRES, RESONANCIA.

Frenado

▶ *Radiación de frenado.*—Equivalente alemán: *Bremsstrahlung*. Radiación electromagnética X o Υ emitida por toda partícula eléctricamente cargada cuando sufre una deceleración. *Ejemplo:* En un tubo de rayos X, los electrones del haz catódico son frenados brutalmente al penetrar en el anticátodo. En un espesor variable, pero que no rebasa unas pocas micras, cada electrón, al hilo de los choques que sufre, pierde una parte de su energía cinética E ($E = eV$, si e es la carga elemental y V la tensión de excitación del tubo). Es esta energía «perdida» la que se emite en forma de *radiación de frenado*. Aquí está el origen del fondo continuo de los espectros de emisión X. Se comprende así que este espectro esté siempre nítidamente limitado del lado de las grandes frecuencias: $h\nu \leqslant E$, lo que entraña para las longitudes de onda la relación $\lambda \geqslant 12.390/V$ (λ en angstroms, V en voltios).

Fresnel Augustin (1788-1827)

▶ *Construcción de Fresnel.*—Procedimiento gráfico utilizado para determinar la suma de varias funciones sinusoidales de la misma pulsación y de la misma variable. Se demuestra que el vector de Fresnel representativo de la suma es la suma de los vectores que representan a cada una de las funciones (V. REPRESENTACIÓN DE FRESNEL):

si	$s_1 = S_1 \cos(\omega t + \varphi_1)$	es representado por $\mathbf{V}_1$
y	$s_2 = S_2 \cos(\omega t + \varphi_2)$	es representado por $\mathbf{V}_2$
entonces	$s = s_1 + s_2$	es representado por $\mathbf{V} = \mathbf{V}_1 + \mathbf{V}_2$

Se encuentran fácilmente, gracias a esta construcción, las características de la función suma (pulsación, amplitud y fase inicial), que podrían encontrarse más laboriosamente por cálculo algebraico directo (V. figura).
Este tipo de construcción es de uso corriente, cada vez que se estudian fenómenos físicos que satisfacen al *principio de interferencia*, ya sean de naturaleza mecánica, óptica, eléctrica, etc.

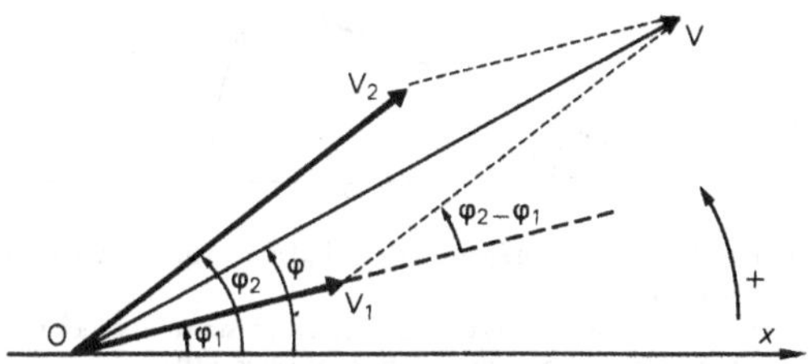

Desde el punto de vista energético, si se puede atribuir a estos fenómenos una energía proporcional al cuadrado de la amplitud, la construcción de Fresnel da inmediatamente la energía del fenómeno resultante:

$$E = E_1 + E_2 + 2\sqrt{E_1 \cdot E_2} \cdot \cos(\varphi_2 - \varphi_1)$$

que es máxima cuando los fenómenos componentes están «en fase», $\varphi_2 - \varphi_1 = 0$, y mínima cuando están en «oposición de fase», $\varphi_2 - \varphi_1 = \pi$. V. NOTACIÓN COMPLEJA.

▶ *Fórmulas de Fresnel.*—Relaciones que dan la amplitud de la vibración reflejada y la de la vibración transmitida, que se obtienen a la llegada de una vibración luminosa sobre la superficie de separación de dos medios transparentes e isótropos.

Si llamamos a y b a las componentes del campo elécrico incidente (vector de Fresnel de onda) en el plano incidente y el plano perpendicular respectivamente, y si, de modo similar, a_R, b_R y a_T, b_T designan a las amplitudes componentes de las vibraciones reflejada y transmitida, las fórmulas de Fresnel se escriben:

$$a_R = -a\,\frac{\mathrm{tg}(i-r)}{\mathrm{tg}(i+r)} \qquad b_R = -b\,\frac{\mathrm{sen}(i-r)}{\mathrm{sen}(i+r)}$$

$$a_T = a\,\frac{2\cos i\ \mathrm{sen}\ r}{\mathrm{sen}(i+r)\cos(i-r)} \qquad b_T = \frac{2\cos i\ \mathrm{sen}\ r}{\mathrm{sen}(i+r)}.$$

En las fórmulas, i es el ángulo de incidencia y r el ángulo de refracción.

Establecidas por Fresnel a partir de hipótesis mecánicas hoy abandonadas, estas fórmulas se deducen lógicamente en la teoría electromagnética actual, sin necesidad de hipótesis suplementarias, de las condiciones de continuidad de los campos eléctrico y magnético de la onda incidente al atravesar la superficie de separación. Sus consecuencias acerca del estado de polarización de los rayos reflejado y transmitido han sido verificadas por la experiencia. Se aprecia fácilmente, a título de ejemplo, que se puede deducir de ellas la *ley de Brewster*:

$$a_R = 0 \Leftrightarrow i + r = \pi/2 \Leftrightarrow \mathrm{tg}\ i = n.$$

▶ *Franjas de Fresnel.*—Franjas de difracción luminosa observadas sobre una pantalla a distancia finita.

V. DIFRACCIÓN.

▶ *Representación de Fresnel.*—Representación convencional de toda función sinusoidal $s = S\cos(\omega t + \varphi)$ de una variable cualquiera t, por un vector geométrico **V**, cuya longitud es proporcional a la amplitud S de la función y que forma, con un eje arbitrario Ox, un ángulo igual a la fase inicial φ de la función (V. figura).

Esta representación se emparenta con el procedimiento de cálculo en el cual la función es reemplazada por una función compleja $\underline{s} = S\exp j(\omega t + \varphi)$, con $j = \sqrt{-1}$. El vector **V** visualiza

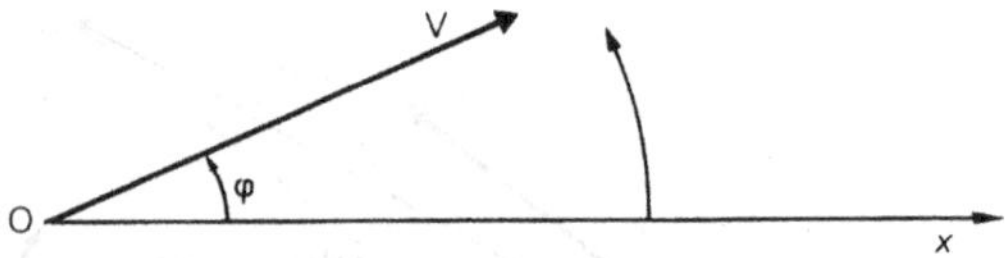

la posición inicial del vector imagen de s en el plano complejo, vector que gira en torno a 0 con una velocidad angular igual a ω.
La representación de Fresnel posee la ventaja de prestarse a soluciones geométricas simples para los problemas de composición de funciones sinusoidales.
V. CONSTRUCCIÓN DE FRESNEL, NOTACIÓN COMPLEJA.

▶ *Vector de Fresnel.*—Desde los trabajos de Fresnel (en torno a 1820), toda vibración luminosa monocromática se representa en cada punto por las variaciones sinusoidales, en función del tiempo, de un vector geométrico transversal (perpendicular a la dirección de propagación), que se llama generalmente *vector de Fresnel.*
En el marco de la teoría electromagnética actual, la respuesta de los receptores más utilizados en óptica (ojo, placa fotográfica, célula fotoeléctrica) depende directamente de las variaciones en el tiempo del campo eléctrico local E. El vector de Fresnel es, por consiguiente, este *vector campo eléctrico* **E**.
Señalemos, sin embargo, que en la teoría de los medios birrefringentes, es el vector **D** el que se utiliza como vector de Fresnel.
V. RAYO LUMINOSO.

Frigoría (fg)

En la industria frigorífica, el calor que hay que restar de un cuerpo para enfriarlo se evalúa en «frigorías». Dar una frigoría a una sustancia es quitarle una kilocaloría. 1 fg = −1 kcal ≃ − 4,18 kilojulios.

Frontal

▶ *Distancia frontal* de un instrumento óptico.—Distancia entre el objeto observado y la cara frontal del instrumento, una vez hecha la puesta a punto. En los microscopios las distancias frontales son de algunos milímetros, de algunos decímetros en los visores y varía entre una decena de metros y el infinito en los anteojos.

▶ *Cara frontal* de un instrumento óptico.—Cara de entrada de su primera lente. Es la cara que primeramente alcanza la luz proveniente del objeto observado.

Fuente

▶ *Fuente de calor.*—Dispositivo capaz de suministrar, o de recibir, una cantidad cualquiera de calor, conservando una *temperatura constante.* Si se solicita de la fuente suministrar calor, recibe el nombre de *fuente caliente* (o foco caliente), y el de *fuente fría* (o foco frío) en caso contrario. Una mezcla de hielo y agua a 0 °C puede representar válidamente una fuente de calor (V. SEGUNDO PRINCIPIO DE LA TERMODINÁMICA).

▶ *Fuente de corriente.*—V. GENERADOR ELÉCTRICO.

▶ *Fuente de tensión.*—V. GENERADOR ELÉCTRICO.

Fuerza

Magnitud vectorial utilizada en física para esquematizar la acción que un cuerpo puede sufrir, o ejercer sobre otro cuerpo. Se representa en general por un vector deslizante, aunque a veces, cuando su punto de aplicación tiene importancia, su representación es un vector fijo.

Una fuerza puede tener distintos orígenes: la elasticidad de un soporte, la presión de un fluido, la atracción gravitatoria, la repulsión culombiana, etc. Sus efectos mecánicos pueden ser los mismos. De ahí el interés de una esquematización común. El efecto mecánico de una fuerza puede traducirse en la deformación del cuerpo que la sufre (V. TENSIONES). Puede tener una influencia sobre su movimiento, tal como indica la ley fundamental de la Dinámica: $f = d\mathbf{p}/dt$. Algunos autores ven en esta última expresión la definición de fuerza, lo que es válido al menos en dinámica, newtoniana o relativista.

La intensidad de una fuerza se mide en newton (N). Otras unidades: la dina (d), unidad c.g.s. (1 d = 10^{-5} N); el steno (sn), unidad m.t.s. (1 sn = 10^3 N); el kilogramo-peso o kilopondio (1 kp ≃ 9,8 N).

V. COMPOSICIÓN DE FUERZAS, INTERACCIONES, TORSOR DE FUERZAS, TRANSFORMACIÓN DE FUERZAS.

► *Fuerza aplicada.*—Toda fuerza que se ejerce sobre un cuerpo y que proviene de la acción de otro cuerpo es una fuerza aplicada. Las *fuerzas de inercia* no son «fuerzas aplicadas».

Se clasifican generalmente las fuerzas aplicadas en fuerzas de contacto y fuerzas de campo, según que el cuerpo que crea la fuerza esté en contacto o no con aquel que la sufre. *Ejemplos:* una fuerza de rozamiento es una fuerza de contacto. Una fuerza gravitatoria es una fuerza de campo.

En física de partículas sólo existen fuerzas de campo.

► *Fuerza ascensional.*—V. PESO APARENTE.

► *Fuerza central.*—Fuerza cuya línea de acción pasa por un punto fijo. Si la fuerza se dirige hacia ese punto recibe el nombre de *centrípeta*. En el caso contrario se llama *centrífuga*.

Ejemplo: En el extremo de una honda el proyectil gira con un movimiento circular uniforme bajo la acción de una fuerza centrípeta f que sobre él ejercen las tiras de cuero de la honda ($f = mv^2/r$, donde m es la masa del proyectil, v su velocidad tangencial, r la longitud de las tiras; v^2/r es el valor de su aceleración centrípeta). Recíprocamente, el proyectil ejerce sobre el fondo de la honda una fuerza centrífuga de reacción.

► *Fuerza centrífuga.*—V. FUERZA CENTRAL, FUERZA DE INERCIA DE ARRASTRE.

► *Fuerza centrípeta.*—V. FUERZA CENTRAL.

► *Fuerza contraelectromotriz.*—V. RECEPTOR ELÉCTRICO.

► *Fuerza electromotriz* (símbolo f.e.m.).—Es uno de los parámetros propios de todo *generador eléctrico*.

1. Punto de vista experimental.—El gráfico que representa la *característica* U(i) de un generador de corriente es a menudo una recta de ecuación $U = e - ri$, donde U es la tensión en los bornes, i la intensidad de corriente y r la resistencia interna. La magnitud e es la fuerza electromotriz del generador; es homogénea a una tensión eléctrica y no a una fuerza, como su nombre, impuesto por el uso, podría hacer creer. Se mide en voltios. Los valores de la fuerza electromotriz se escalonan entre algunos microvoltios y varios millares de voltios.

2. Punto de vista energético.—La *energía eléctrica* producida por el generador durante un lapso de tiempo t es proporcional a la cantidad de electricidad $q = it$, que lo atraviesa en ese tiempo t: $W = eit$. e es la fuerza electromotriz del generador.

3. Punto de vista matemático.—La fuerza electromotriz e es igual a la circulación del *campo electromotor* **E**, cuya existencia está ligada al funcionamiento del generador: $e = \int_l \mathbf{E} \cdot dl$, donde dl es un elemento de longitud del recorrido a lo largo del cual está definido **E**.
Estas tres definiciones de la f.e.m. son equivalentes. Se demuestra, en efecto, que cada una de ellas implica a las otras dos.
Sucede que la existencia misma de la corriente creada por un generador entraña una modificación de sus características químicas o mecánicas (polarización de los electrodos de una pila, variación de la velocidad de rotación de una dinamo, etc.). El valor de su fuerza electromotriz queda naturalmente afectado.

▶ *Fuerza magnetomotriz*.—V. CIRCUITOS MAGNÉTICOS (f.m.m.).

▶ *Fuerza termodinámica*.—V. PRODUCCIÓN DE ENTROPÍA, RELACIONES DE ONSAGER.

▶ *Fuerza viva*.—Expresión atribuida a Leibniz (1646-1716), hoy en desuso, según la cual un móvil puntual de masa m y velocidad instantánea $\mathbf{v}$ posee por definición una *fuerza viva* $m \cdot v^2$. No se trata propiamente de una *fuerza*, sino de una magnitud homogénea con una *energía*. La energía cinética del móvil, $m \cdot v^2/2$, es igual a la mitad de la fuerza viva.
V. ENERGÍA CINÉTICA.

▶ *Línea de fuerza*.—V. LÍNEA DE CAMPO.

Fuerzas

▶ *Fuerzas exteriores*.—V. FUERZAS INTERIORES.

▶ *Fuerzas de inercia*.—La ley newtoniana que rige el movimiento de un punto material en un sistema de referencia *inercial* R puede escribirse: $\boldsymbol{f} = m\gamma$, donde $\boldsymbol{f}$ representa la resultante de las fuerzas aplicadas que actúan sobre el móvil, m su masa y γ su aceleración. Si decidimos estudiar este mismo movimiento referido a otro referencial cualquiera R′, en movimiento con respecto a R, la ley del movimiento toma la forma $\boldsymbol{f} = m(\gamma_r + \gamma_a + \gamma_c)$, en virtud de la ley de transformación de aceleraciones, suponiendo invariantes tanto la masa m con la fuerza f. γ_r es la aceleración del móvil en R′ —es su movimiento *relativo*—, γ_a la aceleración en R del punto coincidente, y γ_c una aceleración complementaria, llamada de Coriolis. Es de señalar que la ley del movimiento relativo en un referencial cualquiera R′ puede tomar una forma idéntica a la ley del movimiento en el referencial inercial R si se escribe $\mathbf{F} = m\gamma_r$, donde incluimos en la nueva resultante **F**, de una parte, la resultante de las fuerzas aplicadas $\boldsymbol{f}$, y de otra, dos fuerzas suplementarias: $\boldsymbol{f}_a = -m\gamma_a$, llamada *fuerza de inercia de arrastre*, y $\boldsymbol{f}_c = -m\gamma_c$, llamada *fuerza de inercia de Coriolis*. En el referencial R′ esas fuerzas de inercia tienen los mismos efectos que las fuerzas aplicadas, desde el punto de vista de la estática y desde el punto de vista de la dinámica. Ambas son nulas si el sistema R′ es a su vez inercial.
La relatividad general asimila las fuerzas de gravitación a fuerzas de inercia.
V. PRINCIPIO DE D'ALEMBERT.
1. *Fuerza de inercia de arrastre*.—El movimiento de un referencial R′ con respecto a un referencial R viene definido, en un instante dado, por el vector lineal $\mathbf{v}_O$, del punto O′, origen de R′, y por el vector ω, velocidad angular de rotación instantánea de R′ (V. MOVIMIENTO HELICOIDAL). Se demuestra que la aceleración en R de un punto P, fijo en R′ (punto coincidente), tiene como expresión: $\gamma_a = \gamma_{O'} - \omega^2\,\mathbf{HP} + \dot{\omega} \wedge \mathbf{O'P}$ ($\gamma_{O'}$ es la aceleración de O′, H la proyección de P sobre la dirección de ω, y $\dot{\omega} = d\omega/dt$). La fuerza de inercia de arrastre de un punto M, móvil en R′, que en el instante t coincide con P, se deduce de la expresión anterior: $\boldsymbol{f}_a = -m\gamma_a$.

Ejemplo simple: un tren se desplaza, a velocidad constante v, sobre un tramo curvo de radio R. Su velocidad angular es $\omega = v/R$. En el interior, un viajero de pie se siente llevado hacia el exterior del viraje. Para mantenerse en equilibrio el viajero debe apoyarse en la pared exterior. Esto puede interpretarse de dos maneras:
a) El movimiento del viajero está referido a tierra. El viajero describe una curva de radio $(R + r)$ (r semianchura del vagón). Se encuentra, por tanto, sometido ciertamente a una fuerza aplicada *centrípeta:* $f = -m\omega^2(R + r)$. Esta fuerza es, por consiguiente, la que la pared del vagón ejerce sobre el viajero cuando se apoya.
b) Utilizamos ahora un sistema de referencia ligado al vagón. El viajero está inmóvil y en equilibrio. La fuerza aplicada precedente f es compensada por la fuerza de inercia de arrastre (condición de equilibrio) f_a. Aquí, efectivamente, la fórmula dada más arriba da $\gamma_a = \gamma_{O'} - \omega^2 r = -\omega^2(R + r)$, (HP = r). Se obtiene finalmente $f_a = +m\omega^2(R + r) = -f$.
El peso del viajero ha sido siempre supuesto compensado por la reacción vertical que proviene del suelo del vagón (suponemos también que la vía es horizontal, sin peralte).
2. *Fuerza de inercia de Coriolis.*—La aceleración de Coriolis tiene por expresión: $\gamma_c = 2\omega \wedge \mathbf{v}_r$ (V. FUERZAS DE INERCIA, TRANSFORMACIÓN DE ACELERACIONES), y la fuerza de inercia de Coriolis: $f_c = -m2\omega \wedge \mathbf{v}_r$, si m es la masa del móvil, supuesta puntual. Se ve que $\mathbf{f}_c$ es nula en tres casos: $\omega = 0$ (el referencial R′ está trasladándose con respecto a R), $\mathbf{v}_r = 0$ (el móvil M está en reposo en R′), ω y $\mathbf{v}_r$ son paralelos (el módulo del vector γ_c vale en efecto $\gamma_c = 2\omega v \operatorname{sen} \lambda$, siendo λ el ángulo entre los dos vectores).
Ejemplo: Las altas presiones tropicales, acompañadas de bajas presiones ecuatoriales, provocan flujos de aire que las fuerzas de Coriolis desvían hacia el Oeste en cada uno de los hemisferios.

▶ *Fuerzas interiores.*—Fuerzas que se ejercen entre las diversas partes de un sistema material. Son iguales y opuestas dos a dos, según el principio de acción y reacción. Por oposición, las fuerzas que se ejercen sobre cada parte del sistema pero provenientes de la acción de un cuerpo exterior al sistema, son llamadas fuerzas *exteriores.*
Una fuerza interior puede transformarse en exterior, o inversamente, si se modifican las fronteras convencionales que delimitan el sistema en estudio.

▶ *Fuerzas intermoleculares. Sinónimo:* Fuerzas de Van der Waals.—Fuerzas atractivas que se ejercen a distancia entre las moléculas, y de valor muy pequeño. Prácticamente sin efecto significativo en los gases a débil presión, próximos, por tanto, al estado de gas perfecto (la distancia media entre moléculas es grande), su intervención en los gases reales explica las diferencias en las propiedades entre gases perfectos y reales. En líquidos y cristales moleculares son las responsables de la cohesión de estas sustancias. Cuando dos sólidos están en contacto, las fuerzas intermoleculares se transforman en fuerzas de *adherencia.* Cuando contribuyen a fijar un gas a un sólido son fuerzas de *absorción.*
Las fuerzas intermoleculares son fuerzas de origen eléctrico, que se ejercen no entre cargas puntuales, como las fuerzas de Coulomb, sino entre dipolos eléctricos sometidos a la agitación térmica, dipolos permanentes si se trata de moléculas polares (fuerzas de *Keesom*), dipolos inducidos cuando se trata de moléculas no polares, aunque polarizables (fuerzas de *Debye*) o, por fin, dipolos instantáneos debidos a fluctuaciones en las nubes electrónicas de cada molécula (fuerzas de *London*). Esas diversas circunstancias se encuentran además reunidas muchas veces. El cálculo demuestra que esas fuerzas varían en razón inversa a la séptima potencia de la distancia entre las moléculas.
Esas fuerzas pueden transformarse en repulsivas cuando las moléculas se aproximan mucho entre sí, como demuestra, por ejemplo, una expresión empírica llamada de *Lennard-Jones:* $F = B/r^7 - A/r^{13}$, donde A y B son dos constantes positivas, y r la distancia entre las moléculas. Se ve que F es nula para un valor particular $r = r_0$. Para $r < r_0$ el primer término manda $(F > 0)$ y hay repulsión; para $r > r_0$ manda el segundo término y hay atracción.

Fugacidad

Magnitud definida en termodinámica. Reemplaza al parámetro presión en las expresiones de funciones termodinámicas, cuando éstas se refieren a gases que no pueden considerarse perfectos.
Se encuentra, por ejemplo, que la variación de la función *entalpía libre* G de un gas perfecto, cuando su presión pasa de un valor P_0 a un valor P a temperatura T constante tiene como expresión $\Delta G = RT \ln(P/P_0)$. Esta relación no es válida si el gas está lejos del estado perfecto. Se sustituye entonces por $\Delta G = RT \ln f/f_0$, y se acaba de definir la *fugacidad* f imponiendo que f_0 tienda a P_0 cuando el gas tienda al estado perfecto, es decir, cuando P_0 tienda a cero. Se demuestra que es entonces posible la determinación efectiva de la función $f(P, T)$. De manera análoga, las molaridades de los gases que forman una mezcla no ideal (mezcla que no obedece a la ley de Dalton de las presiones parciales) deben ser reemplazadas en las expresiones de las funciones termodinámicas por nuevas magnitudes: las actividades. V. LEY DE ACCIÓN DE MASAS.

Fusión

Paso del estado sólido al estado líquido (el fenómeno inverso es la solidificación o congelación). La fusión franca de los cuerpos puros cristalizados tiene lugar a temperatura y presión constantes. Cuando la presión impuesta es mayor, la temperatura T aumenta para la mayor parte de las sustancias, salvo para algunas, como el agua. Para unas y otras el cociente de esas variaciones dT/dP es muy pequeño, del orden de 0,01 grados por atmósfera.
La temperatura de «fusión normal» es aquella que corresponde a la presión de una atmósfera. Algunos cuerpos se reblandecen progresivamente por calentamiento hasta hacerse líquidos. Son los cuerpos vítreos. Se dice a veces que hay una «fusión pastosa».
V. AMORFO, CALORES LATENTES, CAMBIOS DE ESTADO, SOBREFUSIÓN.

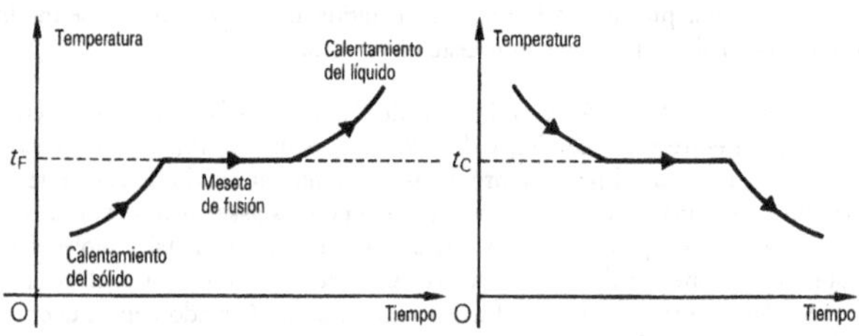

▶ *Fusión nuclear.*—Reacción que tiene como efecto la reunión de varios núcleos atómicos en uno solo, con eventual expulsión de algunas partículas subnucleares (protones, neutrones, neutrinos...). Estas reacciones presentan un gran interés al ser fuertemente *exoenergéticas*.
Es a este tipo de reacciones al que se atribuye en nuestros días la energía radiada por las estrellas, y por el Sol en particular, lo que, teniendo en cuenta nuestros conocimientos actuales, conduce a pensar que este último puede vivir aún unos diez mil millones de años... (V. CICLOS TERMONUCLEARES).
En nuestros laboratorios, la realización de una fusión choca con mayores dificultades. Mientras que un neutrón, eléctricamente neutro, puede penetrar sin dificultad en el interior de un núcleo atómico y provocar su *fisión*, es necesario, para provocar la *fusión* de dos núcleos, ambos cargados positivamente, aproximarlos entre sí —pese a la oposición de la repulsión culombiana que se ejerce entre ellos, y que crece de modo considerable— a una distancia suficientemente

pequeña como para que sea operante la interacción fuerte entre nucleones, atractiva, pero de muy corto alcance.

Se intenta encauzar actualmente la agitación térmica para provocar esos encuentros. Desgraciadamente, la «sección eficaz» de fusión, que mide la probabilidad de los choques que originan la fusión, no toma valores interesantes más que a muy altas temperaturas (¡algunas decenas de millones de grados!).

Las primeras realizaciones respondieron a necesidades militares. Las «bombas H» utilizan reacciones de fusión entre isótopos de hidrógeno, obteniéndose las altas temperaturas necesarias por medio de una reacción auxiliar de fisión, que hace el papel de detonante. Para usos civiles prosiguen las investigaciones enfocadas a domesticar estas reacciones de fusión, fuentes esperadas de energía «termonuclear».

La más esperanzadora de las líneas de investigación —y las más conocida, sin duda— es la llamada «fusión fría», proceso realizado por primera vez en dos Universidades de Utah (1988), aunque discutido y aún sin confirmar.

V. ENERGÍA DE ENLACE, FUSIÓN NUCLEAR CONTROLADA.

▶ *Fusión nuclear controlada.*—Las reacciones de fusión nuclear que se espera gobernar un día para hacer de ellas fuentes de energía industrial usan principalmente isótopos del hidrógeno (deuterio D y tritio T): $^2_1D + ^3_1T \rightarrow ^4_2He + ^1_0n$ (+17,5 MeV). Son, entre las reacciones de fusión, las que liberan mayor energía. La mezcla reaccionante debe ser llevada a altísimas temperaturas (de ahí la expresión energía *termonuclear* que designa la energía liberada en este tipo de reacciones). A esas temperaturas la mezcla se encuentra en el estado de *plasma*, felizmente buen conductor, lo que permite su calentamiento por efecto Joule; la corriente pulsante necesaria alcanza intensidades de varios millones de amperios.

Es necesario, por otra parte, que, a pesar de las inevitables pérdidas, la reacción alcance un balance energético positivo —¡ese es el fin de la operación!—. Por ello deben cumplirse otras condiciones. Una de ellas, conocida como «*criterio de Lawson*», impone que el producto $n\tau$, de la densidad n de partículas reaccionantes (número de partículas por unidad de volumen) por el tiempo τ de presencia, debe ser superior a un valor mínimo función de la temperatura. Por ejemplo, para T = 50 millones de Kelvin, $n\tau$ debe sobrepasar el valor 10^{20} (partículas segundo por metro cúbico).

A partir de estos datos las investigaciones actuales exploran dos caminos distintos. El primero, *vía* lenta o *magnética*, consiste en contentarse con una densidad «pequeña» (n cercana a 10^{20}, lo que da, sin embargo, un recorrido libre medio del orden del metro). Pero hay que asegurar en ese caso el *confinamiento* del plasma durante un tiempo del orden del segundo, lo que se intenta realizar por medio de campos magnéticos adecuados —de ahí el nombre de este camino—. La segunda, *vía rápida* o *inercial* , consiste en hacer llegar bruscamente, sobre pequeñas burbujas que contienen los núcleos reaccionantes, una potencia considerable, bajo la forma de haces convergentes de electrones rápidos o de rayo láser. El tiempo de reacción τ se reduce aquí a algunos nanosegundos, y el confinamiento resulta espontáneamente de la inercia de la materia.

Nadie sabe aún cuál de estos caminos puede llevar al éxito, ni cuándo sucederá eso. Quedarán aún por resolver los problemas de extracción de la energía liberada, y el de su conversión en energía utilizable industrialmente.

Cuando todos esos problemas de Física fundamental y de Física técnica se hayan resuelto, la energía termonuclear podrá sin duda alguna reemplazar a la energía de las centrales de fisión actuales. La energía de fusión presentará sobre la de fisión dos ventajas considerables:

1 / No produce desechos radiactivos de largo período;

2 / Su «combustible» esencial, el deuterio, está repartido en todos los ríos y mares del globo.

V. CONFINAMIENTO.

▶ *Fusión visual.*—V. VISIÓN BINOCULAR.

G

G

1 / Símbolo de la función *entalpía libre* (de Gibbs).
2 / Símbolo del prefijo *giga* (10^9).
3 / Símbolo de la constante de *gravitación*.

$\vec{g}$

Vector campo gravitatorio terrestre.

g

1 / Símbolo del *gramo*, milésima parte del kilogramo.
2 / Símbolo del factor de *Landé*.

Gabor Dennis (1900-1979)

Premio Nobel 1971

V. HOLOGRAFÍA.

Gaede Wolfgang (1878-1945)

▶ *Bomba de Gaede*.—Bomba de vacío molecular, basada en las propiedades de los gases rarificados.
En el interior de una cavidad de forma perfectamente estudiada, un cilindro circular gira rápidamente en torno a su eje. A toda molécula que rebota en las paredes de este cilindro, éste le comunica una velocidad tangencial dirigida en el sentido de la rotación. Las moléculas del recinto que se quiere vaciar se acumulan hacia el orificio de salida, y son cazadas y proyectadas al exterior. Este mecanismo es eficaz si el gas ha sido previamente rarificado de modo suficiente para que su recorrido libre medio sea superior a la distancia entre pared fija y pared móvil en el interior de la bomba.
En un recinto en el que se ha establecido un vacío previo del orden de 1 Pa (por medio de una bomba auxiliar), una bomba de Gaede permite alcanzar vacíos del orden de 10^{-4} Pa.
V. TEORÍA CINÉTICA DE LOS GASES, CUADRO DE VACÍO Y ULTRAVACÍO (Anexos 2, 3).

gal

Símbolo: Gal.
Unidad de aceleración del sistema c.g.s. Llamada así en homenaje a Galileo.
Utilizada en *gravimetría*.
1 Gal = 1 cm/s^2 = 10^{-2} m/s^2.

Galileano

▶ *Referencial galileano.–Sinónimo:* Sistema de referencia inercial.

Galileo Galileo Galilei, llamado (1564-1642)

▶ *Anteojo de Galileo.*–V. ANTEOJOS TERRESTRES.

▶ *Grupo de Galileo.*–V. GRUPO DE POINCARÉ, TRANSFORMACIÓN DE GALILEO.

▶ *Principio de Galileo.*–V. PRINCIPIO DE INERCIA.

Galton Sir Francis (1822-1911)

▶ *Silbato de Galton.*–Cavidad resonante de pequeñas dimensiones, de profundidad regulable, que contiene aire. Se excitan las vibraciones insuflando aire a presión a la entrada de la cavidad, a menudo tallada a bisel. Con algunos perfeccionamientos, se han podido obtener con tales aparatos vibraciones ultrasónicas, cuyas frecuencias sobrepasan los 100.000 hertzios (utilizadas, por ejemplo, para dirigir perros policía).

Galvani Luigi (1737-1798)

V. CORRIENTES GALVÁNICAS.

▶ *Galvanización.*–Técnica que permite recubrir una pieza cualquiera con un depósito metálico, ya sea por *galvanoplastia*, por inmersión momentánea en un metal de la pieza, o aleación metálica mediante una fusión.

Galvanómetro

Instrumento que sirve para detectar el paso de una corriente eléctrica y para medir su intensidad.
Ideados por Ampère hacia 1820, poco después de ser conocida la experiencia de Oersted (y por tanto la existencia de interacciones entre imanes y corrientes), los galvanómetros han sufrido desde entonces innumerables perfeccionamientos, figurando hoy entre los instrumentos esenciales de la metrología eléctrica.
En un primer tipo de galvanómetros se aprovecha el par ejercido sobre un pequeño imán por la corriente eléctrica estudiada. Son los *«galvanómetros de imán móvil»*.
En un segundo tipo se utiliza, a la inversa, la acción de un imán fijo sobre un cuadro recorrido por una corriente desconocida, de donde viene el nombre de *«galvanómetros de cuadro móvil»* dado a estos instrumentos.
Los galvanómetros son instrumentos de gran sensibilidad, lo que es muy valioso en los «métodos de cero». Se prestan mejor a lecturas relativas precisas que a lecturas absolutas, para las que se prefiere utilizar *electrodinamómetros*, instrumentos que se basan en la acción de una corriente sobre otra.
En medidas industriales los galvanómetros, instrumentos delicados, son reemplazados por los *amperímetros*, basados en los mismos principios de funcionamiento, pero en los que la sensibilidad ha sido sacrificada en aras de la robustez.

▶ *Galvanómetro balístico.*–Galvanómetro de cuadro móvil, apto para medir *cantidades de electricidad* transportadas por corrientes de *escasa duración*, como las corrientes de descarga de un condensador, por ejemplo.
El paso de una corriente así imprime al cuadro del galvanómetro un breve impulso. Éste se

aleja entonces de su posición de equilibrio un ángulo máximo θ, y luego regresa lentamente. Se demuestra que la cantidad total de electricidad q es proporcional a la elongación máxima θ, la cual, desgraciadamente, hay que tomar «al vuelo»: $q = C\theta$. Habiendo sido graduado el galvanómetro balístico, a cada valor θ corresponde el valor de q buscado. En un buen galvanómetro balístico la «sensibilidad en culombios» es del orden de 10^{-8} C/rad.

▶ *Galvanómetro diferencial.*—Galvanómetro de cuadro móvil adaptado a la medida de intensidades mucho más intensas que las que se miden habitualmente con este tipo de instrumentos. El aparato consta de dos cuadros idénticos solidarios, paralelos, pero recorridos por dos corrientes distintas, I e I_0, en sentidos opuestos. La condición de equilibrio del conjunto de ambos cuadros se transforma en:

$$Ca = NSBI - NSBI_0 = NSBi \quad \text{si se escribe} \quad i = I - I_0$$

(Para la notación, ver galvanómetro de cuadro móvil.)
Siendo I la intensidad desconocida, que puede ser, por ejemplo, del orden del amperio (aquí radica el interés del aparato), basta asociarle una intensidad I_0 conocida y del mismo orden de magnitud. La diferencia i es pequeña en ese caso, y se deduce del uso del galvanómetro; conocida i, es inmediato el valor de la intensidad buscada I.

▶ *Galvanómetro de cuadro móvil.*—Es el tipo de galvanómetro de uso más frecuente.
Un cuadro plano rectangular, formado por el arrollamiento de un hilo conductor rígido, es sostenido por una delgada cinta metálica, y puede girar en torno a un eje vertical, materializado por la misma cinta. Sus brazos verticales se desplazan entonces en el campo magnético radial creado por un imán. Un espejo cóncavo de pequeñas dimensiones está fijo sobre la cinta, y permite seguir con precisión la rotación del cuadro (método de Poggendorff).
Cuando el cuadro es recorrido por una corriente eléctrica de intensidad desconocida i, gira bajo la acción de un par de origen electromagnético, cuyo momento es $M = NSBi$; N representa el número de espiras del cuadro, S la superficie de cada espira, B la intensidad del campo magnético. Tras algunas oscilaciones, el cuadro, solicitado hacia su posición de equilibrio por el par de torsión de la cinta que lo sostiene, se detiene en una nueva posición de equilibrio impuesta por la igualdad de ambos pares: $NSBi = Ca$. Se ve cómo es posible determinar el valor de i si se mide a, ángulo de rotación del cuadro (C es la constante de torsión de la cinta). La *sensibilidad* del instrumento $s = da/di = NSB/C$ puede hacerse muy grande si se eligen con-

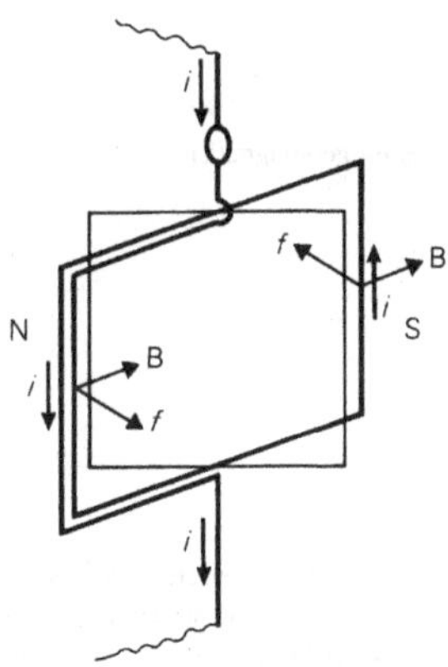

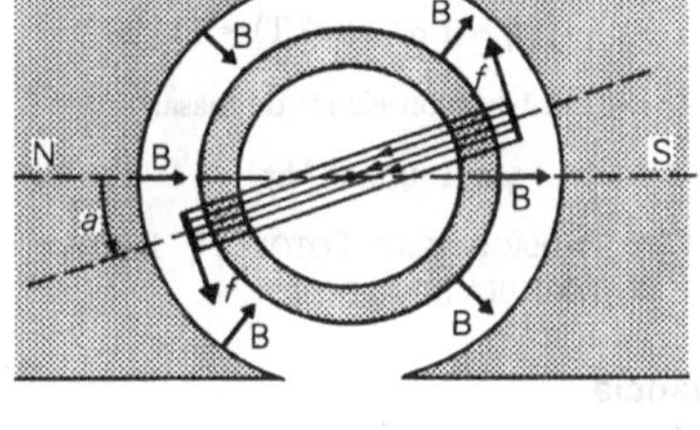

venientemente las características N, S, B y C. Es corriente obtener un desplazamiento significativo desde que la intensidad alcanza 10^{-8} A (o varía en 10^{-8} A).
El galvanómetro de cuadro móvil es, por tanto, un excelente aparato de cero. Permite igualmente comparar con precisión dos intensidades. Se adapta mal, por el contrario, a las medidas absolutas y precisas, por falta de fidelidad, ya que las cantidades B y C pueden variar en el curso del tiempo.

▶ *Galvanómetro de imán móvil.*—Aparato que sirve hoy principalmente para detectar el paso de una corriente eléctrica continua.
El más antiguo de los modelos conocido es el llamado *brújula de tangentes*. Los actuales modelos, denominados con frecuencia «galvanómetros de Lord Kelvin», son brújulas de tangentes provistas de múltiples perfeccionamientos: imán compensador, equipo astático, etc.
Son aparatos de muy alta *sensibilidad*. Algunos de ellos permiten detectar una corriente desde que su intensidad alcanza 10^{-12} A. Su utilización es, desgraciadamente, muy laboriosa, ya que el movimiento del imán no está prácticamente amortiguado. Por ello se prefieren los galvanómetros de cuadro móvil.

▶ *Galvanómetro de resonancia.*—Galvanómetro de cuadro móvil utilizado para detectar y medir corrientes *alternas* muy débiles.
Habiendo elegido las características del aparato de manera que confieran a su cuadro un periodo de oscilación igual al de la corriente estudiada, el galvanómetro entra en resonancia con la corriente y ello se traduce, para el observador, en un *ensanchamiento del spot*. Se demuestra que la anchura de la banda luminosa observada es proporcional a la intensidad eficaz de la corriente, al menos en el caso de una corriente sinusoidal. Se dispone así de un medio para detectar esta intensidad en los métodos de cero, y de medirla en el caso normal.

Galvanoplastia

Técnica que utiliza el fenómeno de la electrólisis provocada por una corriente continua (corriente «galvánica») para recubrir una pieza conductora, que servirá de cátodo, con un depósito metálico de espesor pequeñísimo (V. GALVANIZACIÓN).
Ejemplo: El hierro se protege de la corrosión atmosférica recubriéndolo, por galvanoplastia, de una delgada capa regular de otro metal adecuado: cinc, estaño, cromo, cadmio... Se utiliza igualmente la galvanoplastia para la reproducción de medallas.
V. ELECTRÓLISIS.

Gamma (γ)

1. Unidad de campo magnético, utilizada aún a veces en geomagnetismo:

$$1\ \gamma = 1\ \text{nT}\ (10^{-9}\ \text{T}) = 10^{-5}\ \text{G}$$

2. Unidad (desaconsejada) de masa:

$$1\ \gamma = 1\ \mu\text{g}\ (10^{-9}\ \text{kg})$$

3. V. RADIACTIVIDAD, FOTONES γ, RAYOS γ.
4. V. FÓRMULA DE REECH.

Ganancia

Cuando una señal eléctrica pasa por un amplificador, la potencia eléctrica a la salida, P_s, es superior a la potencia de entrada P_e, siendo suministrada la potencia suplementaria por el generador incorporado al amplificador. El *coeficiente de debilitamiento* de este cuadripolo:

$a = (1/2) \cdot \ln (P_e/P_s)$, resulta negativo. Es preferible caracterizar la eficacia del amplificador por la magnitud positiva $g = -a = (1/2) \cdot \ln (P_s/P_e)$. Es su constante de ganancia, o brevemente, su ganancia. Ejemplo: si $P_s/P_e = 100$, se encuentra: $g = 2{,}3$ Np = 20 dB.
V. BEL, CONSTANTE DE TRANSFERENCIA.

Gap

Palabra inglesa que significa brecha.

Utilizada en física del estado sólido para designar la anchura de una banda prohibida (V. TEORÍA DE BANDAS DE ENERGÍA). El gap mide, por tanto, la energía necesaria para hacer pasar un electrón de la banda de valencia a la de conducción o, inversamente, la energía emitida –a menudo en forma de un fotón luminoso– cuando el electrón vuelve a la banda de valencia. En un semiconductor, el gap es del orden del electronvoltio, y unas diez veces mayor en un aislante.
V. SEMICONDUCTOR.

Gas

Fluido expansible y compresible, sin forma ni volumen propios, que la teoría cinética supone formado por moléculas eléctricamente neutras que se agitan permanentemente.
La experiencia demuestra que si una masa *m* de un gas se encuentra en equilibrio termodinámico, el volumen V que ocupa, su presión P y su temperatura T están relacionados entre sí por medio de una «ecuación de estado» $f(P, V, T) = 0$. Equilibrios de ese tipo son, por tanto, bivariantes. Cada una de las funciones de estado de un gas en equilibrio se expresa, en consecuencia, en función de dos variables. Si se elige, por ejemplo, la pareja (P, T), el volumen del gas puede escribirse $V = V(P, T)$, su energía interna $U = U(P, T)$, su entropía $S = S(P, T)$, etcétera. Estas diferentes ecuaciones y funciones de estado, así como las propiedades que a ellas se vinculan, no son las mismas para todos los gases.
V. ECUACIÓN DE ESTADO, GAS PERFECTO, GAS REAL, TEORÍA CINÉTICA DE LOS GASES.

▶ *Coeficientes termoelásticos de los gases.*–Un gas en equilibrio bajo una presión P y a una temperatura (absoluta) T, ocupa un volumen V. Se puede hacer pasar su temperatura a un valor próximo, $T + dT$, calentando el gas, bien a presión constante (su volumen se hace $V + dV$), bien a volumen constante (su presión se hace $P + dP$). Definimos:
– en el primer caso un coeficiente de *dilatación térmica isóbara en T:*

$$\alpha_T = \frac{1}{V}\left(\frac{dV}{dT}\right)_P = \frac{1}{V}\frac{\partial V}{\partial T}$$

– en el segundo caso un coeficiente de *compresión térmica isócora en T:*

$$\beta_T = \frac{1}{P}\left(\frac{dP}{dT}\right)_V = \frac{1}{P}\frac{\partial P}{\partial T}$$

Coeficientes análogos, definidos entre dos temperaturas cualesquiera T_0 y T, fueron el objeto de las leyes de Gay-Lussac y Charles. Los coeficientes α_T y β_T, utilizados más comúnmente en los cálculos termodinámicos, pueden calcularse conociendo la ecuación de estado del gas.
En el caso de un gas perfecto, cuya ecuación de estado referida a un mol se escribe $PV = RT$ (R = constante de los gases perfectos), se obtienen dos resultados notables:
1. $\alpha_T = \beta_T = 1/T$.
2. Si T_0 es la temperatura absoluta del hielo fundente (0 °C), el valor común $\alpha_{T_0} = \beta_{T_0} = 1/T_0$ es igual al límite β_0 al que tienden simultáneamente los coeficientes α_0^{100} y β_0^{100} de las leyes de

Gay-Lussac y de Charles, es decir, 1/273,15. Es el origen del valor atribuido a la temperatura absoluta del hielo fundente: $T_0 = 1/\beta_0 = 273,15$ K.

▶ *Constantes de los gases perfectos.*—Magnitud, designada universalmente R, definida por la expresión de la ecuación de estado de los *gases perfectos:* PV = *n*RT. V es el volumen que ocupa el gas a la presión P y a la temperatura T, siendo *n* el número de moles. R se evalúa en julios por kelvin y por mol ($J \cdot K^{-1} \cdot mol^{-1}$) (el producto PV es, efectivamente, homogéneo a un trabajo).

Se determina el valor numérico de R utilizando la *ley límite de Avogadro-Ampère*, es decir, determinando el valor límite de la cantidad, cuando P tiende a cero, PV/*n* (a temperatura constante). Si T = 273,15 K (0 °C), se encuentra que el lim PV/*n* = $2,27108 \cdot 10^3$ $J \cdot mol^{-1}$, lo que da:

$R \simeq 8,3144\ J \cdot K^{-1} \cdot mol^{-1}$ (unidades SI)

$R \simeq 8,3144\ erg \cdot K^{-1} \cdot mol^{-1}$ (unidades c.g.s.)

$R \simeq 8,2057\ atm \cdot litro \cdot mol^{-1} \cdot K^{-1}$ (0,082) } unidades incoherentes

$R \simeq 1,986\ cal \cdot K^{-1} \cdot mol^{-1}$ } que aún se utilizan.

▶ *Gas electrónico.*—Modelo ideado por Drude y Lorentz, hacia 1900, con la esperanza de deducir una «explicación» para los resultados entonces conocidos acerca de las conductividades eléctrica y térmica de los metales. Este modelo se apoya sobre dos puntos: 1. El volumen de un electrón —en la medida en que pueda hablarse de volumen— es completamente despreciable comparado con el de la malla elemental de una red cristalina (¡alrededor de 10^{14} veces más pequeño!). 2. Los electrones periféricos de un átomo metálico están débilmente ligados a los núcleos. Se admite, por consiguiente, que en el interior de los metales existen electrones libres, animados de movimientos de agitación térmica desordenados, como las moléculas de un gas perfecto encerradas en un recinto. Es el *«gas de electrones»*.

La conducción térmica se atribuye entonces a la transmisión progresiva de toda perturbación local que afecte a la agitación térmica de ese gas. La conducción *eléctrica* se debe a un movimiento de deriva del conjunto de electrones, provocado por la acción de un campo eléctrico externo que se superpone a sus movimientos desordenados.

Estas ideas simples, sometidas a los cálculos clásicos de la teoría cinética de los gases, permitieron encontrar de nuevo las leyes conocidas de las conductividades metálicas (leyes de Ohm, de Fourier...), así como una relación entre ellas, conocida como «ley de Wiedemann y Frantz». Sin embargo, la utilización de este modelo en un intento de explicación de las leyes concernientes a los calores másicos de los metales condujo a un fracaso.

En una aproximación más reciente a estos problemas, se tiene en cuenta que los electrones se mueven en realidad en un campo eléctrico periódico permanente, creado en el interior del sólido por sus iones positivos, casi inmóviles. Se admite, de otro lado, que sus movimientos se rigen por las leyes de la mecánica cuántica. Todo ello conduce a la «teoría de bandas» (de energía), la cual se revela más fecunda en el estudio de las propiedades eléctricas y térmicas, no sólo de los metales, sino también de semiconductores y aislantes.

▶ *Gas perfecto.*—Fluido ideal que obedecería a las leyes a las cuales los gases reales obedecen sólo de manera aproximada. Estas leyes, establecidas experimentalmente, tratan de propiedades termoelásticas (leyes de Boyle-Mariotte, de Gay-Lussac, de Charles, de Avogadro-Ampère) y de propiedades energéticas (leyes de Joule).

Puede demostrarse que es equivalente la definición anterior de gas perfecto a dar su ecuación de estado: PV = *n*RT, donde V es el volumen ocupado, a presión P y temperatura T, por

n moles de un gas ($n = m/M$, si *m* es la masa del gas y M su masa molecular); R es la constante de los gases perfectos.
V. GASES REALES, TEORÍA CINÉTICA DE LOS GASES.

▶ *Gases reales.*—Por oposición a los gases «perfectos», fluidos ideales que podemos definir, pero que no existen, los gases sobre los que podemos realizar experiencias son los gases «reales». Cada uno de ellos está caracterizado por su estructura molecular. Sus propiedades macroscópicas dependen de ella y no pueden, por tanto, ser idénticas.
Este es el resumen de una serie de experiencias, cada vez más precisas, que han sido realizadas para estudiar la manera en la que cada uno de los gases reales obedece a las leyes de los gases perfectos, termoelásticas o energéticas (experiencias de Amagat, de Regnault, de Hirn, etc.). En ellas se fue haciendo evidente que cada gas se desvía, más o menos, y en sentidos distintos, de los comportamientos ideales que habían anunciado los primeros experimentadores.
La teoría cinética de los gases, completada con algunas hipótesis sobre la estructura de las moléculas y sus interacciones, permite en cierta medida dar una explicación para esas desviaciones. Prevé, de otra parte, que esas desviaciones se atenúan y desaparecen cuando la presión del gas disminuye, lo que es conforme con la experiencia. La distancia media entre las moléculas, en efecto, se hace cada vez mayor. La importancia relativa de sus dimensiones propias, y con ellas las de sus interacciones mutuas, se van haciendo despreciables: cada gas real tiende hacia el *estado perfecto* cuando su presión tiende a cero.
V. ECUACIÓN DE VAN DER WAALS, GAS DE KNUDSEN.

▶ *Teoría cinética de los gases.*—Teoría cuya primera idea se atribuye a D. Bernoulli (1730), y que aspira a explicar las propiedades observables de los gases (compresibilidad, presión sobre las paredes, viscosidad...) a través de los *movimientos de sus moléculas* constitutivas.
He aquí las principales hipótesis sobre las que se apoya:
1. Un gas encerrado en un recinto consta de un considerable número de moléculas permanentemente agitadas. Su equilibrio macroscópico observable es una apariencia, resultado de un *equilibrio estadístico* a escala molecular, que comporta los tres aspectos siguientes: cada elemento de volumen de ese recinto contiene un número de moléculas estadísticamente constante en el curso del tiempo; las velocidades de todas las moléculas en un instante dado se reparten uniformemente en todas las direcciones del espacio; la ley de distribución de esas velocidades (en módulo) permanece invariable en el tiempo.
2. Los choques de las moléculas contra las paredes son el origen de las fuerzas de presión.
3. La energía interna del gas es la suma de las energías (cinéticas y potenciales) de sus moléculas.
A partir de estas hipótesis es posible, aplicando las leyes de la mecánica newtoniana y las de la estadística, reencontrar la mayor parte de las propiedades de los gases.
Imaginando, por ejemplo, que cada molécula es asimilable a un punto material y que no existe entre las moléculas ninguna interacción (salvo en los momentos de los choques, supuestos elásticos), se encuentran las propiedades termoelásticas o energéticas de los «gases perfectos» monoatómicos, las que son objeto de las leyes de Boyle, Gay-Lussac, Joule...
Atribuyendo a las moléculas unas dimensiones individuales, una estructura (bastante más simple, además, que la requerida en la explicación de las propiedades magnéticas u ópticas) y una interacción a distancia, se han podido encontrar explicaciones moleculares a las propiedades de los «gases reales» y, en cierta medida, a las de líquidos y sólidos.
Aparecieron, sin embargo, ciertas dificultades. En particular, los resultados experimentales acerca de los calores másicos de los gases a bajas temperaturas han llevado a admitir que la energía de las moléculas puede estar cuantificada, lo que la mecánica clásica no prevé.
Pese a estas insuficiencias hay que reconocer a la teoría cinética de los gases el enorme mérito de haber abierto el camino a la termodinámica estadística.

V. CAOS MOLECULAR, COVOLUMEN, ECUACIÓN DE VAN DER WAALS, LEY DE DISTRIBUCIÓN DE BOLTZMANN, LEY DE REPARTO DE VELOCIDADES DE MAXWELL, MOVIMIENTO BROWNIANO, RECORRIDO LIBRE MEDIO, TEOREMA DEL VIRIAL.

Gauge

1 / En electromagnetismo

▶ *Gauge de Coulomb* (o de Maxwell, según otros autores).–Gauge electromagnética (V, **A**) a la que se impone la condición div **A** = 0.

▶ *Gauge de Lorentz*.–Gauge electromagnética (V, **A**) a la que se ha impuesto la condición div **A** + εμ ∂V/∂*t* = 0.
ε y μ son, respectivamente, la permitividad y permeabilidad del medio de propagación del campo electromagnético, medio que se supone asimilable a un dieléctrico lineal.
La gauge de Lorentz se presta más cómodamente que la de Maxwell a la resolución de las *ecuaciones de Maxwell* con utilización de los *potenciales retardados*.

▶ *Gauge electromagnética*.–En todo punto M del dominio de existencia de un *campo electromagnético* (**E**, **B**) se demuestra que existen un potencial escalar V(M) y un potencial vector **A**(M). El conjunto [V(M), **A**(M)] define una *gauge electromagnética*.
Las componentes eléctrica y magnética, **E** y **B**, del campo electromagnético «derivan» de la gauge según las relaciones: $E = -\operatorname{grad} V - \dfrac{\partial \mathbf{A}}{\partial t}$ $\quad \mathbf{B} = \operatorname{rot} \mathbf{A}$.
A un mismo campo electromagnético pueden estar asociadas de hecho infinidad de gauges, llamadas «equivalentes». Se dice que el campo (**E**, **B**) es *invariante de gauge*.
Dos gauges equivalentes (V, **A**) y (V′, **A**′) están relacionadas entre sí por: $\mathbf{A}' = \mathbf{A} + \operatorname{grad} f$, $V' = V - \dfrac{\partial f}{\partial t}$, donde *f*(M, *t*) es una función arbitraria de las coordenadas de espacio-tiempo del punto M. Es, por tanto, posible elegir entre todas las gauges equivalentes la que se preste a cálculos más cómodos, imponiendo la «condición de gauge» suplementaria que se desee.
V. GAUGE DE COULOMB, GAUGE DE LORENTZ, INVARIANCIA DE GAUGE (en mecánica cuántica).

2 / En mecánica cuántica

▶ *Invariancia de gauge*.–Las ecuaciones de la mecánica cuántica que conducen a determinar el vector de estado ψ(*x*) de un corpúsculo en movimiento son de tal naturaleza que, si ψ(*x*) es una solución, ψ(*x*) · exp(*i*θ) es igualmente una solución, cualquiera que sea la *constante* θ, denominada fase de ψ(*x*) ($i = \sqrt{-1}$). Se conviene en decir que las ecuaciones iniciales son *invariantes* bajo la transformación:

$$\psi(x) \rightarrow \psi(x) \cdot \exp(i\theta),$$

o que las ecuaciones satisfacen una *simetría global*.
No sucede lo mismo si θ es una función θ(*x*). Sin embargo, las ecuaciones vuelven a ser invariantes, y satisfacen entonces un *simetría local*, si se admite que el corpúsculo está sometido a un campo, en parte arbitrario, A(*x*) + 1/*e* · grad θ(*x*).
Por analogía con una teoría análoga en electromagnetismo (V. GAUGE ELECTROMAGNÉTICA), se dice que ese campo es una gauge, o un *campo de gauge*, y que las ecuaciones, teniendo en cuenta la existencia de ese campo, se transforman en *invariantes de gauge*.
Esta teoría se ha revelado fecunda. Se utiliza en las tentativas de unificación de las interacciones fundamentales.

Gauss Karl Friedrich (1777-1855)

▶ *Aproximación de Gauss.*—Se llama también *óptica de Gauss*. Es la parte de la óptica geométrica que trata de la formación de imágenes cuando sólo se utilizan, entre todos los rayos luminosos que provienen del objeto, aquellos que permanecen aproximadamente normales a los sucesivos dioptrios del aparato. Si éste comporta un eje de simetría de revolución, que es el caso más frecuente, los rayos permanecen próximos a este eje durante todo su recorrido. Son los rayos *paraxiales*. Para que esto puede ser así es necesario que el objeto sea pequeño, esté próximo al eje, y que el aparato esté convenientemente diafragmado. Éstas son las condiciones de la aproximación de Gauss.
El estigmatismo que se obtiene es solamente aproximado, pero gracias a la tolerancia de los receptores (ojo, placa fotográfica...), es suficiente, y se utiliza con gran frecuencia.
V. ABERRACIONES GEOMÉTRICAS, SISTEMA CENTRADO.

▶ *Curva de Gauss.*—V. DISTRIBUCIÓN NORMAL.

▶ *gauss.*—Unidad de campo magnético del sistema c.g.s. electromagnético. 1 G = 10^{-4} T.

▶ *Identidad de Gauss.*—Relación entre los potenciales y las cargas que llevan los conductores, en dos equilibrios electrostáticos distintos: primer equilibrio —cargas Q_i, potenciales V_i (i = 1, 2, ..., n; n = número de conductores)—; segundo equilibrio —cargas Q'_i, potenciales V'_i—. La identidad de Gauss se escribe: $\sum_i Q_i \cdot V'_i = \sum_i Q'_i \cdot V_i$. Se deduce en particular la igualdad de los coeficientes de influencia: $C_{ij} = C_{ji}$.
V. CAPACIDADES Y COEFICIENTES DE INFLUENCIA.

▶ *Posiciones de Gauss.*—Para determinar el momento magnético de un pequeño imán recto es cómodo medir el campo magnético que crea en un punto exterior situado en una de las dos *posiciones principales* de Gauss. Se demuestra, en efecto, que las relaciones entre el campo **B** y el momento magnético **M** son en ellas particularmente simples (V. figura).

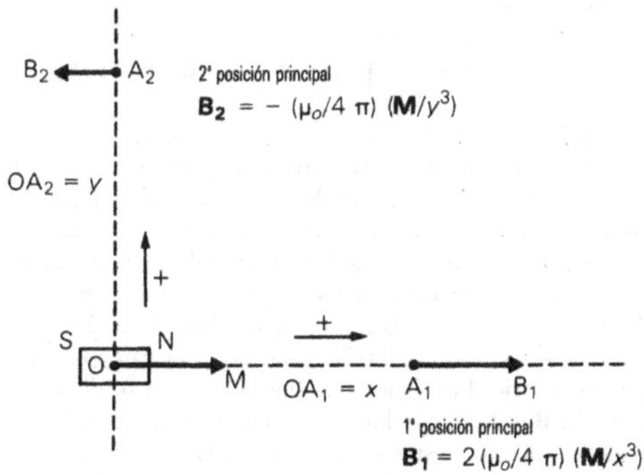

▶ *Sistema de Gauss.*—Sistema de unidades propuesto por Gauss, y todavía utilizado a veces. Sus unidades mecánicas son las del sistema c.g.s. Las magnitudes eléctricas (carga, campo eléctrico, intensidad de corriente eléctrica, resistencia, etc.) se miden en el sistema c.g.s. electrostático. Las magnitudes magnéticas (campo, inducción, flujo, momento magnético, etc.) son evaluadas en unidades del sistema c.g.s. electromagnético.
De todo ello resulta que la permitividad del vacío (ε_0) y su permeabilidad (μ_0) desaparecen en todas las fórmulas, ya que $\varepsilon_0 = \mu_0 = 1$. Por contra, las fórmulas que hacen intervenir de modo simultáneo magnitudes eléctricas y magnéticas contienen una constante c homogénea a

una velocidad (o a una de sus potencias enteras). *Ejemplo:* la fuerza de Lorentz que actúa sobre una carga eléctrica puntual sumergida en un campo electromagnético (**E**, **B**) tiene como expresión: $\boldsymbol{f} = q\left(\mathbf{E} + \frac{1}{c}\mathbf{v} \wedge \mathbf{B}\right)$. Nótese que las dos componentes del campo, **E** y **B**, tienen las mismas dimensiones.

La expresión que define el amperio se transforma en: $f = \frac{2}{c^2} I^2 \frac{2}{a}$.

La velocidad de propagación de una onda electromagnética v en un medio material de permitividad (relativa) ε_r y de permeabilidad (relativa) μ_r, que se deduce de la teoría de Maxwell, vale: $v = c/\sqrt{\varepsilon_r \cdot \mu_r}$. En el vacío, por consiguiente, $v = c$. Los defensores del sistema de Gauss hacen valer, entre otros argumentos:

1. Que los campos **E** y **B** son las componentes indisociables de un mismo campo (electromagnético), y que es normal, por tanto, que tengan las mismas dimensiones.
2. Que sólo la combinación $1/\sqrt{\varepsilon_0 \cdot \mu_0} = c$ posee una significación física. Hacer intervenir separadamente a ε_0 y μ_0 es, por tanto, artificial e ilusorio.

V. CUADRO DE SISTEMAS DE UNIDADES (Anexos 1).

▶ *Teorema de Gauss* (1867).—«El *flujo saliente* de un campo electrostático **E**, a través de una superficie cerrada S, depende de la suma algebraica de las cargas eléctricas q_i que se encuentran en el interior de la superficie, pero no de las que se encuentran en el exterior. También intervienen las cargas que, eventualmente, estén sobre la superficie, q_s, según indica la siguiente relación:

$$\Phi_s = \iint_{(S)} \mathbf{E} \cdot d\mathbf{S} = \frac{1}{\varepsilon_0}\left[\Sigma q_i + \frac{1}{2}\Sigma q_s\right].»$$

Si las cargas se encuentran repartidas de modo continuo en el espacio, con una densidad volúmica ρ, el teorema puede escribirse en su forma integral o en su forma local, por aplicación del teorema de la divergencia:

$$\Phi_s = \frac{1}{\varepsilon_0}\iiint_{(v)} \rho_i \cdot dv \quad \text{o} \quad \text{div}\, \mathbf{E} = \rho_i/\varepsilon_0$$

v es el volumen limitado por S, ε_0 la permitividad del vacío.

Cuando en el interior de S aparecen dieléctricos, su polarización, bajo el efecto del campo **E**, origina cargas de polarización (cargas ligadas), de densidad volúmica $\rho_p = -\text{div}\, \mathbf{P}_e$, donde $\mathbf{P}_e$ es el vector polarización local. Estas cargas deben estar comprendidas en la suma q_i. Es posible en este caso expresar el teorema de Gauss no utilizando explícitamente más que las cargas libres; basta con reemplazar el vector campo **E** por el vector *desplazamiento* **D**, definido como $\mathbf{D} = \varepsilon_0\mathbf{E} + \mathbf{P}_e$. Se obtiene entonces la expresión simplificada div $\mathbf{D} = \rho_{i\,(\text{libres})}$. La demostración del teorema de Gauss es válido de hecho para todos los campos newtonianos, en particular para el campo gravitatorio. En cuanto al campo magnético **B**, de su propia definición se obtiene la relación div $\mathbf{B} = 0$. Se concluye, comparando esta relación con la correspondiente al campo electrostático, que no existen cargas magnéticas o que, si existen, son tales que su densidad volúmica en todo punto es nula (V. MONOPOLO MAGNÉTICO).

Gay-Lussac Louis-Joseph (1778-1850)

▶ *Ley de Gay-Lussac.*—Ley relativa a la dilatación térmica de los gases. «Cuando se calienta un gas, mantenido a *presión constante* P_0, a partir de 0 °C, su volumen, inicialmente igual a V_0, se transforma en $V_t = V_0(1 + \alpha_0^t \cdot t)$. Su coeficiente de *dilatación térmica isóbara* $\alpha_0^t = (V - V_0)/V_0 \cdot t$ —que mide por consiguiente su dilatación relativa por grado de calenta-

miento— posee un valor constante, independiente de V_0 y de t, y el mismo para todos los gases.»
Conviene enunciar juntas esta ley y la de *Charles:*
«La ley de aumento de la presión de un gas, calentado a *volumen constante*, se escribe: $P_t = P_0(1 + \beta_0^t \cdot t)$, y su coeficiente de *compresión* térmica isócora ($\beta_0^t = (P - P_0)/P_0 \cdot t$) —que mide el aumento relativo de su presión por grado de caldeo— posee un valor constante, independiente de t y de P_0, el mismo para todos los gases.»
Se comprueba que ambos coeficientes son iguales:

$$\alpha_0^t = \beta_0^t \simeq 3{,}66 \cdot 10^{-3} (\simeq 1/273) \text{ por grado.}$$

Se sabe hoy que esas leyes, descubiertas experimentalmente a comienzos del siglo XIX, son aproximadas solamente (V. cuadro). Por contra, cuando la presión inicial tiende a cero (el gas tiende hacia el estado perfecto) se constata que los dos coeficientes α_0^{100} y β_0^{100} tienden rigurosamente hacia un mismo valor β_0, común a todos los gases:

$$\beta_0 = \lim_{(P=0)} \alpha_0^{100} = \lim_{(P=0)} \beta_0^{100} = 1/273{,}15$$

(V. COEFICIENTES TERMOELÁSTICOS DE LOS GASES).
La simplicidad de las leyes de Gay-Lussac y de Charles ha inspirado en parte la hipótesis de Avogadro. Su influencia en el renacimiento de la teoría atómica no fue despreciable.

	P_0	$\alpha_0^{100} \cdot 10^3$	$\beta_0^{100} \cdot 10^3$	$1/\alpha_0^{100}$	$1/\beta_0^{100}$
Helio					
He	1 mm de mercurio	3,685	3,661	273,4	273,15
Hidrógeno					
H_2	1 mm de mercurio	3,660	3,663	273,2	273,0
Metano					
CH_4	1 atmósfera	3,677	3,680	272,0	271,7
Dióxido de carbono					
CO_2	1 atmósfera	3,722	3,711	268,7	269,5
Dióxido de azufre					
SO_2	1 atmósfera	3,900	3,840	256,4	260,4

Geiger Hans (1882-1945)

▶ *Experiencia de Geiger-Marsden.*—V. EXPERIENCIA DE RUTHERFORD.

▶ *Tubo de Geiger-Muller.*—Conocido desde 1928, el tubo contador de Geiger-Muller es un detector que sirve para enumerar las partículas electrizadas de una radiación, utilizando directamente su poder ionizante. Es un cilindro metálico que contiene un gas rarificado, mezcla de argón y de alcohol generalmente, cuya pared es la armadura de un condensador, siendo la otra armadura un hilo tendido a lo largo del eje del cilindro (V. figura).
Cada partícula cargada que atraviesa el aparato entra en colisión con una de las moléculas de la mezcla, provoca su ionización y origina así dos iones que un campo eléctrico, mantenido permanentemente entre las armaduras, dirige hacia una u otra de estas armaduras, según su signo. La elección de la tensión entre armaduras, de la forma de las mismas y de la mezcla de llenado se hace de tal manera que se obtenga un breve impulso eléctrico, independientemente de la naturaleza de la partícula y de su energía. Dirigiendo este impulso hacia un galvanómetro, un altavoz o un dispositivo registrador, se hace posible contar las partículas que han atravesado la mezcla gaseosa. El aparato es portátil y sirve, por ejemplo, en la prospección sobre el terreno de minerales radiactivos.

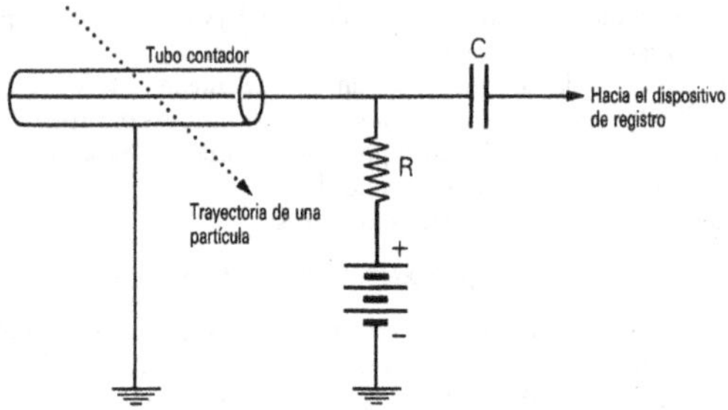

Se utilizan a menudo contadores Geiger-Muller montados por parejas *en coincidencia*, es decir, acoplados a un circuito electrónico que libera una señal eléctrica si, y sólo si, los dos contadores son atravesados casi simultáneamente por una partícula electrizada. Esta señal sirve para disparar el funcionamiento de otro aparato, por ejemplo de una cámara de Wilson. Así es posible determinar el número y naturaleza de las partículas provenientes de una dirección dada.
V. CÁMARAS DE IONIZACIÓN.

Gel

V. FLOCULACIÓN.

Gell-Mann Murray (1929)

▶ *Fórmula de Gell-Mann y Nishijima.*—Fórmula que relaciona la carga eléctrica Q de una partícula elemental con sus otras características: I_3, tercera componente de su isospín, su carga bariónica B y su carga de extrañeza S. Se escribe: $Q = I_3 + (B + S)/2$. $B + S = Y$ recibe el nombre de *hipercarga*. Q se mide tomando como unidad la carga elemental.
Esta fórmula no es válida para los hadrones. Es de origen empírico.
V. ISOSPÍN.

Gemelos

▶ *Paradoja de los gemelos.*—Experiencia mental imaginada por Langevin con el fin de dar una visión intuitiva de la relatividad de las duraciones en relatividad restringida.
Dos gemelos G y G′, primitivamente inmóviles en un mismo referencial R, se separan. Mientras G se queda quieto, G′ efectúa un viaje de ida y vuelta en un cohete apropiado. Un cálculo permite pensar que el viajero G′ ha envejecido, en estas condiciones, menos que su gemelo G; y ha envejecido tanto menos cuanto más próxima a la velocidad de la luz es la velocidad de su cohete. Por ejemplo, con $v/c = 0{,}8$, se encuentra que si G ha envejecido 5 años, G′ ha envejecido tres tan sólo.
El cálculo se ha hecho en el marco de la relatividad restringida por aplicación de la transformada de Lorentz, admitiendo por tanto que R es inercial y que, durante la ida y el retorno, el referencial R′ ligado al cohete se encuentra en *traslación uniforme* con velocidad v (a la ida; $-v$ a la vuelta) con respecto a R. Sus aceleraciones (con respecto a R necesariamente) a la salida, a la llegada y en el momento de la media vuelta, son dejadas de lado en los cálculos, aunque se citan para justificar la disimetría de ambos referenciales. ¡Jamás se hace alusión a las aceleraciones de R con respecto a R′...!

El resultado anunciado es doblemente paradójico. Ha sido y es discutido. Choca, evidentemente, con nuestros hábitos mentales, lo que no es esencial –sucede así a menudo con una teoría nueva–. Parece probar, por otra parte, que la comparación de la edad (el grado de envejecimiento) de ambos gemelos permite afirmar cuál de ambos referenciales es el que ha permanecido «inmóvil» (¿con respecto a qué?). Ahora bien, esto queda rigurosamente prohibido por la relatividad restringida, que postula precisamente que todos los sistemas de referencia en traslación uniforme unos con respecto a otros son equivalentes. No existe entre ellos ningún referencial privilegiado, ningún referencial «absoluto».
V. DILATACIÓN DEL TIEMPO, EFECTOS EINSTEIN.

Generador eléctrico

Aparato capaz de producir corriente eléctrica en un circuito conectado a sus bornes. Se dice que el aparato suministra corriente eléctrica. *Ejemplos:* las pilas, los acumuladores, las dinamos, son generadores de corriente *continua*. Los alternadores y los circuitos oscilantes son generadores de corriente *alterna*.
Desde el punto de vista energético, los generadores transforman en energía eléctrica otras formas de energía. Las dinamos y los alternadores convierten energía mecánica; las pilas hidroeléctricas, la energía química; las pilas fotoeléctricas se alimentan de energía lumínica. Algunos generadores son alimentados de energía eléctrica: modifican solamente los parámetros de utilización. Un rectificador, por ejemplo, recibe corriente alterna y proporciona corriente conti-

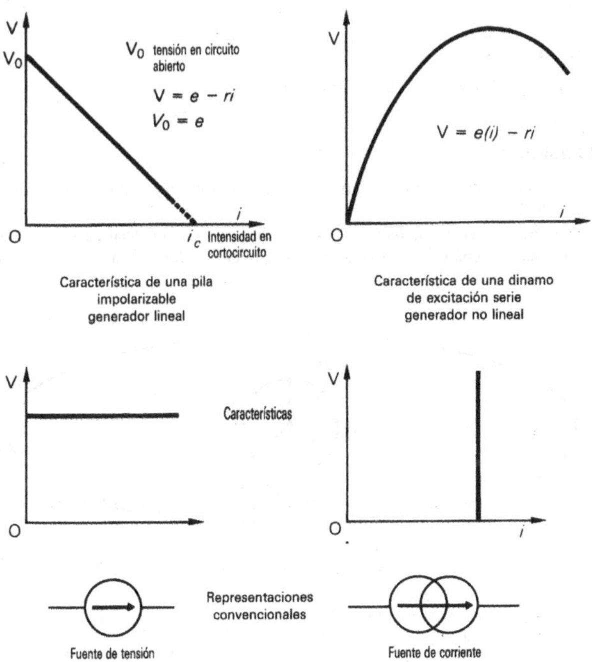

nua. Un acumulador se alimenta de energía eléctrica, que él reserva en forma de energía química, para restituirla bajo la forma de energía eléctrica posteriormente...
V. CAMPO ELECTROMOTOR, FUERZA ELECTROMOTRIZ, RENDIMIENTO DE UN GENERADOR ELÉCTRICO.

▶ *Características de un generador.*—Curva que da las variaciones de la tensión $V = V_P + V_N$ entre los bornes, positivo P y negativo N, de un generador eléctrico en función de la intensidad i que suministra. Es útil conocer esta gráfica para conocer mejor las condiciones técnicas de su funcionamiento. Se definen a veces generadores ideales que poseen características particularmente sencillas: un generador *fuente de tensión* mantiene entre sus bornes una tensión constante cualquiera que sea la intensidad que suministra; un generador *fuente de corriente* proporciona una intensidad constante cualquiera que sea la tensión impuesta entre sus bornes. Un acumulador de plomo representa aproximadamente una fuente de tensión; una célula fotoeléctrica, una fuente de corriente.
V. DIPOLO ELECTROCINÉTICO, ESQUEMAS EQUIVALENTES DE NORTON, DE THEVENIN.

▶ *Rendimiento de un generador eléctrico.*—Cada vez que un generador eléctrico, en funcionamiento normal, suministra una cantidad de electricidad dQ, la energía que ha convertido en energía eléctrica vale $dW = e \cdot dQ$. Una parte de ese energía (donde e es la f.e.m. del generador) se disipa en el interior mismo del aparato, en general en forma de calor por efecto Joule. Tan sólo queda disponible entre sus bornes la energía $d'W = u \cdot dQ$, donde u es la tensión eléctrica entre bornes. El rendimiento energético del generador se mide por el cociente $\rho = dW'/dW = u/e$. Este rendimiento puede alcanzar valores elevados (el 95 %, por ejemplo).

Geocéntrico

▶ *Referencial geocêntrico.*—V. REFERENCIAL INERCIAL.

Geoestacionario

▶ *Satélite geoestacionario.*—Satélite artificial aparentemente inmóvil en la vertical de un mismo punto de la Tierra.
Se demuestra que el movimiento de este satélite, en el referencial geocéntrico, es necesariamente circular, en una órbita situada en el plano del ecuador terrestre y a una altura de 35.788

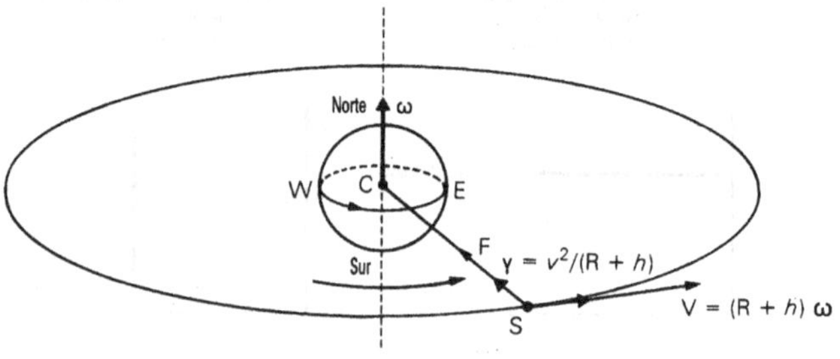

Ecuación simplificada del movimiento en el *referencial geocéntrico.*

$F = GMm/(R + h)^2 = m\omega^2(R + h)$,
$GM/R^2 \simeq g \simeq 9{,}8$ (intensidad gravitatoria terrestre a altitud cero)
$R \simeq 6.378$ km (radio ecuatorial terrestre)
$\Rightarrow R + h \simeq 42.166$ km $\Rightarrow h \simeq 35.788$ km.

kilómetros, descrita de oeste a este. Su velocidad angular alrededor del eje de la Tierra es entonces igual a la velocidad angular de rotación de la Tierra.
Los satélites geoestacionarios pueden servir de estación permanente y cómoda para asegurar la transmisión, entre dos estaciones terrestres, de diversas señales de telecomunicación (comunicaciones telefónicas, programas de televisión, etc.). La energía necesaria para la retransmisión es captada por receptores de energía solar alojados en el satélite.

Geofísica

Sinónimo: Física de la Tierra.

Rama de la física que tiene como objeto el estudio del globo terrestre, de sus alrededores y de su evolución en el curso del tiempo.
La atmósfera, sus características físicas (presión, densidad, temperatura), su composición química, los campos eléctricos y magnéticos que en ella imperan, las partículas que la atraviesan sin cesar, son estudiados gracias a diferentes instrumentos (barómetros, termómetros, magnetómetros, espectrómetros, contadores Geiger...) utilizados a nivel del suelo, o llevados a distintas alturas por medio de globos-sonda y, más recientemente, por satélites artificiales. La atmósfera es, por consiguiente, accesible hoy en todos sus puntos: así hemos conocido que el manto de vapor de agua que protege a la Tierra contra las temperaturas excesivas no supera los cuatro o cinco kilómetros de espesor, que la influencia del campo magnético terrestre es aún perceptible a millares de kilómetros de altura o que la densidad del plasma atmosférico a esas alturas (algunos centenares de corpúsculos por centímetro cúbico) alcanza el valor mismo que en el «vacío» interplanetario...
La superficie del globo, sus capas superficiales (formas y estructuras) nos son conocidas en parte por experiencias directas (la perforación más profunda alcanza alrededor de seis kilómetros). La prospección minera, la prospección petrolífera, aprovechan esas experiencias, a veces suscitadas y organizadas en torno a esos intereses (trabajos de Ch. Schlumberger).
Nuestros conocimientos sobre las capas profundas son de origen indirecto, y descansan de modo casi íntegro sobre la sismografía. Las sacudidas que siguen a los temblores de tierra, las que se provocan artificialmente por medio de explosivos, etc., se propagan a lo largo de la corteza terrestre, pero se dirigen también hacia las profundidades antes de reflejarse sobre ciertas estructuras locales para emerger de nuevo a la superficie. El estudio de la propagación de estas ondas sísimicas, los trabajos teóricos que suscitan constituyen, junto a las aportaciones de la vulcanología, las fuentes esenciales de nuestros conocimientos, aún bastante inseguros, sobre el interior del globo terráqueo.
V. CAMPO MAGNÉTICO TERRESTRE, CINTURÓN DE VAN ALLEN, GRAVIMETRÍA, RAYOS CÓSMICOS.

Gerlach Walther (1889-1979)

V. EXPERIENCIA DE STERN Y GERLACH

Germer Clinton Lester Halbert (1896)

V. EXPERIENCIA DE DAVISSON Y GERMER.

Gibbs Willard 1830-1903

▶ *Energía libre de Gibbs.–Sinónimo:* Entalpía libre (G).

▶ *Fórmula de Gibbs.*–V. POTENCIAL QUÍMICO.

▸ *Regla de Gibbs.—Sinónimo:* Regla de las fases.

▸ *Relación de Gibbs-Dunhem.*—Un sistema macroscópico en equilibrio termodinámico y formado por c constituyentes comporta $c + 2$ variables intensivas: la temperatura T, la presión P y los c potenciales químicos $\mu_1, \mu_2, ..., \mu_c$. Se demuestra que entre las variaciones infinitesimales de esas $c + 2$ variables, o sea, dT, dP, $d\mu_1$, $d\mu_2, ..., d\mu_c$, existe una relación. Es la relación de Gibbs-Dunhem, que se escribe:

$$-S\,dT + V\,dP - \sum_{i=1}^{c} n_i\,d\mu_i = 0$$

S es la entropía del sistema, V su volumen, y $n_1, n_2, ..., n_c$ representan el número de moles de cada uno de los c constituyentes presentes en el sistema.

▸ *Relación de Gibbs-Helmholtz.*—V. RELACIÓN DE HELMHOLTZ.

▸ *Teorema de Gibbs* (1875).—Cuando un sistema macroscópico, formado por varios constituyentes repartidos en distintas fases, está en equilibrio termodinámico, el potencial químico μ de cada uno de ellos tiene el mismo valor en cada una de las fases.
Dos semiconductores en contacto pueden intercambiar electrones y huecos. El equilibrio entre ambos exige la igualdad de su nivel de Fermi, que representa aquí el papel de potencial químico.
V. REGLA DE LAS FASES, VARIANZA.

Giga (G)

V. CUADRO DE PREFIJOS DEL SI (Anexo 1.2).

Gilbert William (1544-1603)

▸ *gilbert.*—Antigua unidad del c.g.s.e.m. que servía para medir las fuerzas magnetomotrices. 1 gilbert = $10/4\pi$ amperiovuelta.

Giorgi Giovanni (1871-1950)

▸ *Sistema de Giorgi.*—Sistema coherente de unidades preconizado por Giorgi hacia 1901. Estaba construido a partir de tres unidades básicas: el metro, el kilogramo y el segundo, a las cuales se adjuntó una cuarta unidad básica de naturaleza eléctrica: el amperio. Este sistema presentaba la ventaja de que sus unidades de energía, de potencia, de tensión eléctrica (el julio, el vatio, el voltio) ya eran utilizadas corrientemente en la industria. Tras largas discusiones esta proposición fue adoptada finalmente, y el sistema m.k.s.a. (metro, kilogramo, segundo, amperio) fue creado en 1948, y más tarde completado en 1960 para dar origen al *Sistema Internacional*, el SI.

Giro

▸ *Radio de giro.*—Si el *momento de inercia* con respecto a un eje D de un cuerpo sólido S tiene como valor I, se obtiene el *radio de giro* r de S con respecto a D escribiendo $I = Mr^2$, siendo M la masa de S. *Ejemplo:* S es una esfera maciza homogénea de radio R y masa M; D es uno de sus diámetros. El cálculo da: $I = \frac{2}{5}MR^2$. Se deduce: $r = R\sqrt{\frac{2}{5}}$.

Giromagnética

▶ *Relación giromagnética.*—Razón entre el momento magnético de un corpúsculo y su momento cinético **L**: $\mathbf{M} = \gamma \mathbf{L}$.
Se demuestra, por ejemplo, que al movimiento orbital de un electrón en un átomo le corresponde un momento cinético $l = h/2\pi = \hbar$, un momento magnético $\mu = \frac{-e}{2m_e}\hbar = \frac{e}{2m_e} \cdot \frac{h}{2\pi} = \mu_B$ (h = constante de Planck, e = carga elemental, m_e = masa del electrón, μ_B = magnetón de Bohr) y, por tanto, una relación giromagnética $\gamma_0 = -e/2m_e$. El signo − indica que el electrón, de carga negativa, tiene sus momentos cinético y magnético colineales, pero de sentidos opuestos. Nótese que al «movimiento de rotación propia» de un electrón (a su spin) corresponde un momento cinético $s = \hbar/2$, y en consecuencia una relación giromagnética doble $\gamma_s = e/m_e$. Numéricamente: $\gamma_0 \simeq -0{,}85 \cdot 10^{11}$ C/kg; $\gamma_s \simeq -1{,}76 \cdot 10^{11}$ C/kg.
V. FACTOR DE LANDÉ.

Giromagnéticos

▶ *Efectos giromagnéticos.*—Fenómenos observados en el curso de dos experiencias diferentes, realizadas una y otra por primera vez en 1915. La primera (experiencia de *Barnett*) demuestra que una barra de hierro cilíndrica se imana si se la hace girar alrededor de su eje.
La segunda (experiencia de *Einstein-de Haas*) consiste en todo lo contrario: provocar la rotación de una barra de hierro sometiéndola a un campo magnético dirigido según su eje.
En el primer caso se impone a la barra un momento cinético y ésta adquiere un momento magnético. En el segundo caso sucede todo de manera inversa. En ambos casos el cálculo establece que la relación entre los momentos magnético y cinético de cada uno de los átomos de la barra —su relación *giromagnética*— es igual, no a $-e/2m$, como suponía la teoría de la época, sino a un valor doble $-e/m$ (e carga elemental, m masa del electrón). Bien interpretadas hoy, esas experiencias demuestran que los momentos elementales responsables de las propiedades de los cuerpos ferromagnéticos o paramagnéticos son los movimientos de spin de los electrones, y no los movimientos que corresponden a sus movimientos orbitales (V. IMANACIÓN ESPONTÁNEA). De hecho, la existencia del spin electrónico no fue descubierta hasta diez años más tarde, y por otra vía.
V. CAMPO MOLECULAR.

Giróscopo

Sólido de revolución, que gira con gran rapidez en torno a su eje, siendo éste libre de orientarse en el espacio gracias a una *articulación esférica* que le impone un punto fijo, confundido generalmente con su centro de inercia (giróscopo con dos grados de libertad).
Las leyes de la mecánica (teorema del momento cinético) demuestran que si un dispositivo así se sustrae a toda acción exterior, su eje conserva invariablemente su dirección inicial con respecto a las estrellas (referencial inercial de Copérnico). En el sistema de referencia del laboratorio, arrastrado por el movimiento de rotación de la Tierra sobre sí misma, el eje está animado, en torno a una línea recta paralela a la línea de los polos, de un *movimiento relativo* de rotación, de sentido inverso al de la Tierra. Se puede «ver» así la existencia de este movimiento diurno. Ese era el objetivo del inventor del giróscopo (Foucault, 1851).
Hoy se utilizan corrientemente giróscopos industriales, cuyo movimiento de rotación propia es mantenido por vía eléctrica. Bajo el nombre, por ejemplo, de *compás giroscópico,* sirven, en ciertos vehículos (navíos, aviones, satélites...), para señalar permanentemente la dirección del norte geográfico, con mucha mayor fidelidad que la que puedan alcanzar las brújulas (o *compases magnéticos*), perturbadas a menudo por masas de hierro en las proximidades.

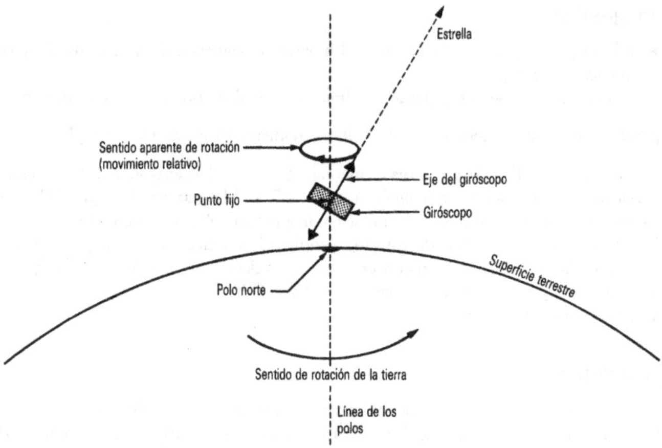

Giróscopo supuesto colocado en el Polo Norte geográfico

▶ *Efecto giroscópico.*—Si se ejercen sobre el eje de un giróscopo en rotación dos fuerzas que forman un par, fuerzas que supondremos verticales por facilitar la comunicación, la experiencia demuestra, contrariamente a las previsiones del «sentido común», que el eje del aparato se inclina, no en el plano vertical de las fuerzas, sino perpendicularmente a ese plano. Por ejemplo, si un ciclista no está detenido, no cae con su máquina si se inclina ligeramente de un lado. El eje de su rueda delantera, en efecto, solicitado por dos fuerzas verticales (el peso del ciclista y la reacción vertical del suelo) gira ligeramente en el plano horizontal por «efecto giroscópico». Este efecto inesperado es, sin embargo, una consecuencia lógica de las leyes de la mecánica. Siendo **Ω** el vector velocidad angular de rotación propia del aparato (alrededor de su eje) y **C** el vector momento del par aplicado, se demuestra (teorema del momento cinético) que el eje del giróscopo se inclina hacia el vector **C** y, si éste se aplica de manera continuada, gira

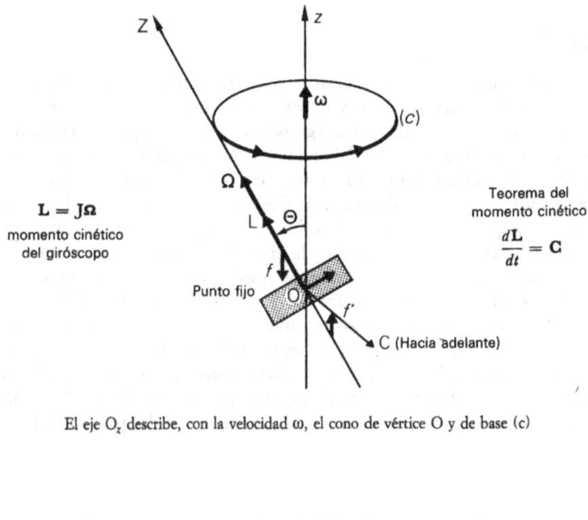

El eje O_z describe, con la velocidad ω, el cono de vértice O y de base (c)

alrededor de la vertical (movimiento llamado de «precesión») con una velocidad angular $\omega = C/J\Omega$, donde J es el momento de inercia del aparato con respecto a su eje. Se ve que ω es tanto más pequeña cuanto mayores son J y Ω. El eje de un dispositivo pesado y que gira muy deprisa se desvía difícimente. El efecto giroscópico es estabilizador. Se utiliza de modo efectivo, por ejemplo, para estabilizar un proyectil en la trayectoria prevista, pese a las perturbaciones atmosféricas; para luchar contra los balanceos en los navíos, etc. Se utiliza igualmente en los girómetros, para medir velocidades de rotación por determinación del par de reacción (−C).
V. GIRÓSCOPO, ÁNGULOS DE EULER.

Gladstone John (1827-1902)

▶ *Relación de Gladstone*.—Traduce una ley empírica descubierta por Gladstone (en 1858). Siendo n el índice de refracción de una sustancia para una radiación visible determinada y ρ su densidad, la relación se escribe:

$$(n - 1)/\rho = \text{Constante.}$$

Hoy se sabe que ésta es la forma simple que toma la relación de Lorentz-Lorenz cuando el índice de refracción n es muy próximo a la unidad, que es el caso de la mayor parte de los gases. La relación de Gladstone se utiliza a veces para prever, al menos en primera aproximación, las variaciones de n con la temperatura del gas.
V. REFRACCIÓN MOLAR.

Gluones

Partículas de intercambio intermediarias de la interacción «fuerte» entre dos quarks. Su nombre recuerda el hecho experimental siguiente: los quarks, cuando tratamos de separarlos, parecen *pegados* los unos a los otros. Como todas las partículas de intercambio, son bosones (spin 1).
Según algunas teorías actuales, existirían ocho clases de gluones. Seis de entre ellas son «bicolores», y, por su mediación, dos quarks «coloreados» pueden intercambiar su color (V. figura). Los otros dos, de los que decimos que son «blancos», no inducen cambios de color.
Parece, pero no es seguro, que los sucesos observados recientemente en las proximidades de anillos de colisión pueden ser interpretados como una prueba experimental indirecta de la existencia de los gluones.

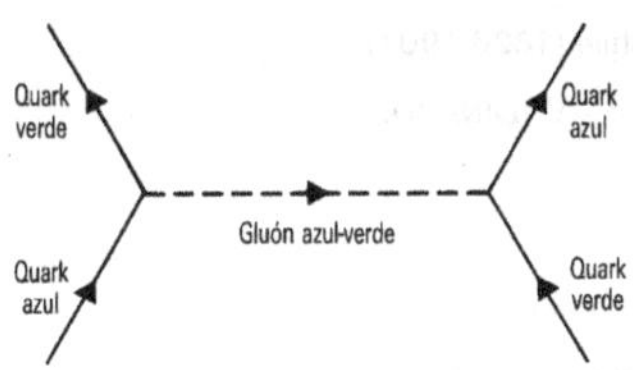

Goldstein Eugen (1850-1930)

V. RAYOS POSITIVOS.

Goniómetros

Aparatos destinados a medir con precisión el ángulo que forman dos rectas o dos planos. Se utilizan en óptica, en cristalografía, en topografía, en geodesia. Según el uso al que son destinados, los goniómetros tienen estructuras diferentes, pero constan en general de un visor, móvil alrededor de un eje adecuado, cuyas posiciones son registradas en un círculo graduado (V. COLIMADOR). La precisión puede alcanzar algunas centésimas de minuto sexagesimal.

Göppert-Mayer Maria (1906-1972)

Premio Nobel (con Jensen) en 1963.

V. MODELOS NUCLEARES.

Gradiente

La misma raíz latina que en la palabra grada.

Campo vectorial que se asocia a toda magnitud escalar función de punto f(M) —altitud, concentración, potencial eléctrico, temperatura, etc.—, y que informa sobre la *tasa de variación espacial* de esta magnitud.
Desde el punto de vista matemático, estando el punto M definido por sus coordenadas x_1, x_2, x_3, en un referencial ortonormal (0, x_1, x_2, x_3), las componentes del gradiente **G** de una función f(M), si posee ésta las propiedades matemáticas requeridas, valen por definición:

$$G_1 = \partial f/\partial x_1, \qquad G_2 = \partial f/\partial x_2, \qquad G_3 = \partial f/\partial x_3,$$

donde $\partial G/\partial x_i$ es la derivada parcial de la función f con respecto a x_i. Se demuestra que el vector **G** es independiente del referencial de definición. Se representa como **G** = grad f o **G** = ∇f, si se utiliza el operador ∇ (nabla).
Ejemplo: En un punto M, situado en la ladera de una colina, el gradiente de la altitud, grad z(M), es un vector geométrico dirigido hacia lo alto, siguiendo la línea de mayor pendiente, y cuya longitud es igual a la pendiente local.
V. LEY DE FICK, LEY DE FOURIER, POTENCIAL ESCALAR.

Graham Thomas (1805-1869)

▶ *Ley de Graham.*—V. EFUSIÓN.

Gramme Zenobe Théophile (1826-1901)

▶ *Máquina de Gramme.*—V. DINAMO.

Gramo (g)

Unidad de peso entre los antiguos griegos.

Unidad de masa del sistema c.g.s.
Los primeros fundadores del sistema c.g.s. (1795) definía el gramo como la masa de 1 cm^3 de agua pura a 4 °C, temperatura de máxima densidad del agua. Hoy el gramo es legalmente un submúltiplo de kilogramo, unidad de masa del SI.

$$1 \text{ g} = 10^{-3} \text{ kg}.$$

Grassmann Hermann Gunther (1809-1877)

▶ *Leyes de Grassmann.*—Leyes experimentales acerca de haces luminosos «cromáticamente equivalentes»:
1 / Dos haces luminosos cromáticamente equivalentes a un tercero son cromáticamente equivalentes entre sí.
2 / Cuando varios haces luminosos actúan simultáneamente sobre el ojo, se puede sustituir uno de ellos por un haz que le sea cromáticamente equivalente, sin modificar la sensación luminosa global que se recibe.
3 / La equivalencia entre dos haces no se modifica si se multiplica por un mismo número de luminancia global de cada uno de ellos.
Unidas a la «ley» de aditividad de luminancias visuales, incluso heterocromáticas, estas leyes constituyen, de hecho, los principios fundamentales de la *colorimetría*.

Gravedad

En las cercanías de la Tierra existe un campo atractivo al que son sensibles todos los cuerpos materiales. Es el *campo de gravedad* (terrestre), llamado brevemente *gravedad* en el lenguaje común. La experiencia demuestra, en efecto, que un cuerpo inmóvil cercano a la Tierra es solicitado verticalmente hacia el suelo por una fuerza **P**, denominada *peso* del cuerpo. Esta fuerza es, por ejemplo, la que tira hacia abajo de la plomada, siendo equilibrada por la tensión del hilo **T** (**P** + **T** = 0). La intensidad del peso de un cuerpo depende de ese cuerpo y de su posición respecto a la Tierra. El conjunto de las observaciones conduce a escribir: **P** = $m\boldsymbol{g}$, donde m es una magnitud escalar característica del cuerpo estudiado —es su masa pesante, o gravitatoria—, mientras que $\boldsymbol{g}$ es la intensidad del campo gravitacional, y depende del lugar en el que se realiza la experiencia.
P se mide generalmente en newtons (N), m en kilogramos (kg) y $\boldsymbol{g}$ en N/kg.

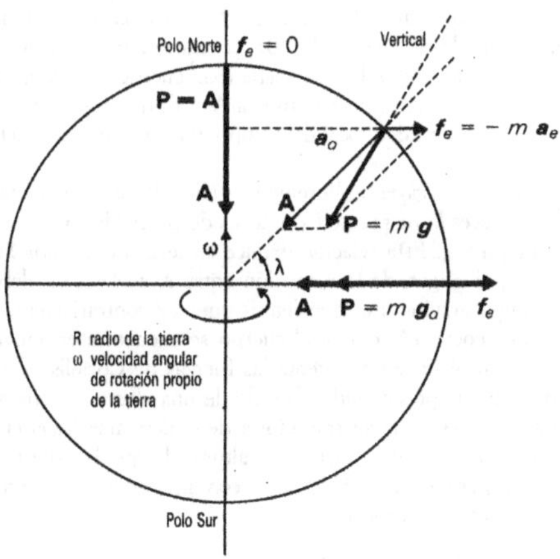

Si la Tierra fuera perfectamente esférica, **A** tendría la misma intensidad en todos los puntos de su superficie; f_e sería nula en los Polos, alcanzaría su máximo valor $\omega^2 R$ en el Ecuador, y en un punto de latitud λ valdría $f_e = m\omega^2 R \cos \lambda$, lo que implica para el campo gravitatorio una ley de variación $g(\lambda)$. Esta ley no ha sido completamente confirmada por la experiencia. La Tierra no es perfectamente esférica.

De hecho, **P** es la resultante de dos fuerzas de diferentes orígenes: **P** = **A** + $\boldsymbol{f}_e$. La fuerza **A** = $m_g \cdot$ **G** es la fuerza de atracción newtoniana de la Tierra sobre el cuerpo (m_g es su masa gravitatoria y **G** el campo gravitatorio local), mientras que la fuerza $\boldsymbol{f}_e = -m_i \cdot \boldsymbol{a}_e$ es la fuerza de inercia centrífuga, consecuencia del movimiento de rotación de la Tierra sobre sí misma (m_i es la masa inerte del cuerpo y $\boldsymbol{a}_e$ la aceleración local de arrastre). Gracias a la igualdad entre ambas masas, m_i y m_g, podemos escribir **P** = $m\boldsymbol{g}$: $m = m_i = m_g$, mientras que $\boldsymbol{g} = \mathbf{G} - \boldsymbol{a}_e$ (V. figura). Las consideraciones precedentes contribuyen a explicar las variaciones de $\boldsymbol{g}$ con la altitud y con la latitud del lugar.
Ejemplos de valores numéricos:
en *altura*, si se desprecia f_e, $g_{R+z} = g_R \cdot R^2/(R+z)^2 \simeq g_R \left(1 - \frac{2z}{R}\right)$ si $z \ll R$ (z, altitud del lugar; R, radio de la Tierra);
en *latitud:* $g_{Ecuador} \simeq 9{,}780$ N/kg; $g_{Polo} \simeq 9{,}832$ N/kg.
g_0 (valor teórico calculado en un punto, situado a 0 m de altura y 45° de latitud) = 9,80665 N/kg (m/s^2).
La razón f_e/A, nula en los polos, es máxima en el Ecuador, y vale alrededor de 5/1.000. El ángulo α entre A y P, nulo en los Polos y en el Ecuador, alcanza su máximo valor (sensiblemente 10′) en una latitud muy próxima a los 45°.
V. ACELERACIÓN DEBIDA A LA GRAVEDAD, EQUIVALENCIA MASA INERTE-MASA GRAVITATORIA, EXPERIENCIA DE VAN JOLY, GRAVÍMETRO.

▶ *Aceleración debida a la gravedad* (o, por abuso de lenguaje, aceleración *de* la gravedad).—Un cuerpo material puntual, sometido a la acción de la atracción terrestre **A** y a una fuerza aplicada **F**, toma en el referencial del laboratorio (referencial no inercial) un movimiento cuya aceleración $\boldsymbol{a}$ viene dada por la ley de la dinámica newtoniana, la cual, admitiendo la identidad de las masas inercial y gravitatoria ($m_i = m_g = m$), se escribe: $m\boldsymbol{a} = \mathbf{F} + \mathbf{A} + \boldsymbol{f}_e + \boldsymbol{f}_c$; **A** = m**G** es la fuerza de atracción terrestre (**G** es la intensidad del campo newtoniano local), mientras que $\boldsymbol{f}_e = -m\boldsymbol{a}_e$ es la fuerza de inercia de arrastre, y $\boldsymbol{f}_c = -m\boldsymbol{a}_c$ la fuerza de inercia de Coriolis. Si el cuerpo se halla en equilibrio ($\boldsymbol{a} = 0$; $\boldsymbol{f}_c = 0$), la relación se transforma en $\mathbf{F} + \mathbf{A} + \boldsymbol{f}_e = 0$. La fuerza aplicada **F** (tensión del hilo que sostiene el cuerpo, reacción del soporte sobre el que reposa, etc.) equilibra exactamente a la fuerza $\mathbf{A} + \boldsymbol{f}_e$, que no es otra que el peso del cuerpo: $\mathbf{A} + \boldsymbol{f}_e = \mathbf{P} = m\boldsymbol{g}$ ($\boldsymbol{g}$ = intensidad local del campo gravitatorio o, inexactamente, aceleración debida a la gravedad).
Si el cuerpo se encuentra «cayendo libremente» (**F** = 0), se obtiene $m\boldsymbol{a} = \mathbf{P} + \boldsymbol{f}_c = m\boldsymbol{g} + \boldsymbol{f}_c$. La mayor parte de las veces la fuerza de Coriolis es despreciable comparada con el peso, y se obtiene, simplemente, $\boldsymbol{a} = \boldsymbol{g}$. Esta relación explica las leyes de la caída libre (V. TUBO DE NEWTON). Es, también, el origen de la confusión entre $\boldsymbol{a}$, aceleración debida a la gravedad, y $\boldsymbol{g}$, intensidad del campo gravitatorio. Señalemos que: 1 / contrariamente al campo $\boldsymbol{g}$, la aceleración $\boldsymbol{a}$ no tiene existencia más que si el cuerpo se encuentra en movimiento; 2 / la igualdad $\boldsymbol{a} = \boldsymbol{g}$ es defectuosa si se tienen en cuenta las fuerzas de Coriolis ($\boldsymbol{a} = \boldsymbol{g} - \boldsymbol{a}_c$). Se demuestra, por ejemplo, que un cuerpo en caída libre desde una altura considerable no sigue completamente la vertical. Se prevé que su trayectoria debe desviarse hacia el Este (unos pocos milímetros para una caída desde cien metros de altura), lo que la experiencia ha confirmado.
La determinación experimental de los valores comunes de a y g en diferentes lugares es el objeto de las operaciones de *gravimetría*.

▶ *Centro de gravedad*.—Cuando un sólido se halla sumergido en el campo gravitatorio terrestre $\boldsymbol{g}$, sobre cada una de sus partes de masa dm se ejerce una fuerza $d\boldsymbol{p} = dm \cdot \boldsymbol{g}$. Suponiendo el campo $\boldsymbol{g}$ prácticamente uniforme en toda la región ocupada por el sólido, el momento resultante de todas esas fuerzas $d\boldsymbol{p}$, calculado con respecto al *centro de masas* C del sólido, es nulo. Sus elementos de reducción en C se reducen a una fuerza única: su resultante general

P = Σ *dp*. Puede afirmarse, por tanto, que el sólido parece sometido en su conjunto a la fuerza **P** = ***mg*** actuando en su centro de masas C; $m = \Sigma\, dm$ es la masa del sólido, **P** es su peso, y su centro de masas C recibe entonces el nombre de *centro de gravedad*.
V. ELEMENTOS DE REDUCCIÓN DE UN TORSOR.

Gravimetría

Determinación experimental del *campo gravitatorio* terrestre ***g***, o, lo que viene a ser lo mismo, de la aceleración de la gravedad ***a*** (***a*** = ***g*** en todo lugar).
Se han efectuado *medidas absolutas* muy cuidadosas, por medio del *péndulo de Borda* primero y después usando *péndulos reversibles*, en particular en Potsdam (1906); mientras que numerosísimas *medidas relativas* –más exactamente medidas de diferencias entre valores de *g* entre dos posiciones– se han hecho en todas partes, usando en general gravímetros transportables.
Más recientemente, un equipo basado en la observación directa de la caída libre vertical de un cuerpo pesado ha sido puesto a punto en la Oficina Internacional de Pesas y Medidas de París. Un cuerpo de forma apropiada se lanza verticalmente hacia arriba y atraviesa sucesivamente dos planos, P_1 y P_2 en dos instantes t_1 y t_2. Vuelve a caer y vuelve a atravesar los planos en sentido inverso y en orden inverso asimismo: primero P_2 y luego P_1, en los instantes t'_2 y t'_1.
Se demuestra que la intensidad del campo gravitatorio local viene dada por la expresión: $g = 8\, h/(T_1^2 - T_2^2)$, donde h es la distancia P_1P_2; $T_1 = t'_1 - t_1$; $T_2 = t'_2 - t_2$.
La distancia h, así como los intervalos de tiempo T, se miden por referencia directa a los patrones de definición de las unidades de longitud y tiempo. Este dispositivo ha hecho posibles nuevas medidas absolutas muy precisas (la incertidumbre sobre el resultado puede, en las mejores condiciones, ser del orden del microgal; *g* es próximo a 1.000 gal). Los valores medidos en el «retículo de Potsdam» se han revelado demasiado grandes en más de una decena de miligals.
La gravimetría ha contribuido a conocer mejor la forma exacta de la superficie del globo. Es indispensable en la prospección minera y en la petrolífera. Sus resultados han servido de base en la determinación de valores de *g* a gran altura, valores necesarios, por ejemplo, en los cálculos acerca del vuelo de los satélites artificiales.

Gravitación

▶ *Constante de gravitación*.–Constante G de la expresión, bien conocida, de la ley newtoniana de la gravitación universal: $f = G \cdot \frac{M \cdot m}{r^2}$.
En el sistema internacional de unidades (SI), G se evalúa en $N \cdot m^2 \cdot kg^{-2}$.
Las medidas de G en el laboratorio se hicieron con la ayuda de una balanza de torsión. Una barra con dos pequeñas masas iguales *m* en los extremos está suspendida por un hilo de torsión vertical. Dos grandes masas esféricas homogéneas iguales M se colocan cuidadosamente de manera que cada una de ellas atrae simétricamente a una de las masas *m*. Habiendo tomado las debidas precauciones, se pueden medir tanto el desplazamiento angular, desde su posición de equilibrio, de ese péndulo de torsión, como las modificaciones de su periodo de oscilación, consecuencias de la presencia de las dos grandes esferas.
Los primeros resultados (sir Henry Cavendish, 1798) dieron para G el valor $6{,}734 \cdot 10^{-11}$ (SI). Experimentadores contemporáneos (Luther y Rowler, 1982) han determinado: $G = 6{,}6726 \cdot 10^{-11}$ (SI) con una precisión del 0,01 %.
El conocimiento preciso de G es de la mayor importancia en Astrofísica. En efecto: el conocimiento simultáneo de G, del radio de la Tierra R y de la aceleración de la gravedad g ($g = G \cdot M/R^2$) permite determinar la masa M de la Tierra y, progresivamente, la de la Luna, la del Sol y todos los planetas...

▶ *Gravitación newtoniana*.—Fuerza atractiva entre cuerpos materiales. En el año 1687 Newton demostró que es matemáticamente posible, teniendo en cuenta las leyes de la mecánica, que fueron además completadas y precisadas para y en esta ocasión, explicar el movimiento de caída de un cuerpo en las cercanías del suelo y asimismo el movimiento de la Luna en torno a la Tierra o el de los planetas alrededor del Sol. Basta para ello admitir la existencia de *fuerzas atractivas* que obedecen a una misma ley universal (hoy llamada *ley newtoniana de la gravitación*): «Todo punto material A_1 ejerce, en toda circunstancia, sobre cualquier otro punto material A_2 una fuerza atractiva $\boldsymbol{f}_2$, mientras que A_2 ejerce recíprocamente sobre A_1 una fuerza atractiva $\boldsymbol{f}_1$, igual y opuesta a $\boldsymbol{f}_2$. Ambas fuerzas tienen una dirección común, la recta A_1A_2, y una intensidad común inversamente proporcional al cuadrado de su distancia mutua, y directamente proporcional a dos magnitudes que caracterizan respectivamente a cada uno de los puntos, sus *masas gravitatorias* m_1 y m_2.» (V. figura). Esta teoría recibió una confirmación espectacular al llevar al descubrimiento de un planeta desconocido por entonces (Neptuno), cuya existencia había sido ideada para explicar ciertas perturbaciones observadas en el movimiento de Urano.

$$\boldsymbol{f}_1 = G\frac{m_1 m_2}{r^2}\boldsymbol{u} = G\, m_1 m_2 \frac{\boldsymbol{r}}{r^3} \qquad \boldsymbol{f}_2 = -\boldsymbol{f}_1$$

r distancia $A_1 A_2$; $\boldsymbol{u}$ vector unitario del segmento orientado $A_1 A_2$; $\boldsymbol{r} = r\boldsymbol{u}$

G constante de gravitación universal: $G \approx 6{,}67 \cdot 10^{-11}\ N \cdot m^2 \cdot kg^{-2}$

La teoría newtoniana presenta, sin embargo, algunos puntos débiles que han ido apareciendo progresivamente.

Nada explica del origen de las fuerzas gravitatorias. Admite que pueden existir entre dos cuerpos, alejados uno del otro, acciones que se propagan instantáneamente, lo que es contrario a las ideas actuales (V. ACCIÓN A DISTANCIA).

Asimismo da cuenta incompleta de una particularidad en el movimiento de un planeta próximo al Sol (avance secular del perihelio de Mercurio).

Se admite en sus cálculos la identidad entre las masas inerte y gravitatoria, sin justificación alguna...

La relatividad general actual responde a esas objeciones. La teoría newtoniana, sin embargo, permanece perfectamente válida en primera aproximación, y se utiliza constantemente hoy, no sólo en astronomía, sino también en cálculos que afectan al movimiento de satélites, sondas y otros ingenios espaciales artificiales...

V. ACCIÓN Y REACCIÓN, CAMPO GRAVITATORIO, CONSTANTE DE GRAVITACIÓN, INTERACCIONES, LEYES DE KEPLER, MECÁNICA NEWTONIANA.

Gravitón

Partícula de intercambio hipotética, intermediaria en la interacción gravitacional. Sería, naturalmente, un bosón, y su spin valdría 2.

Gray Stephen (1670-1736)

▶ *gray (Gy)*.—Unidad del SI de *dosis absorbida*. «El gray es la dosis absorbida por un elemento de materia de masa 1 kg al que las radiaciones ionizantes comunican de forma continua una energía de un julio.»

Antigua unidad, reconvertida en unidad fuera del sistema: el rad; 1 rad = 0,01 Gy.

Nótese que si 1 Gy de rayos X puede provocar graves efectos biológicos, sus efectos térmicos son muy pequeños. La temperatura de un litro de agua tras haber absorbido un gray se eleva en 0,24 milésimas de grado. La medida calorimétrica de una dosis absorbida, a menudo de una decena de Gy, exige, evidentemente, un dispositivo altamente sensible: microcalorímetro, termistancia...

Gris

▶ *Cuerpo gris:*
1 / Colorimetría: Cuerpo que emite una luz *cromáticamente equivalente* a una luz blanca, pero de escasa intensidad. Cuando esta intensidad es nula (de hecho inferior a un mínimo sensible para el ojo) el cuerpo parece negro. El gris es, por tanto, intermedio entre el blanco y el negro: no es, en sentido estricto, un color.
Los diferentes puntos de una reproducción cualquiera en «blanco negro», una fotografía por ejemplo, son puntos grises de intensidad variable.
2 / Termodinámica: Cuerpo que a cualquier temperatura emite una radiación térmica de la misma composición espectral que la de un cuerpo negro a la misma temperatura, siendo la intensidad de cada radiación componente una fracción igual de la intensidad de la radiación homóloga del cuerpo negro.
V. EMISIVIDAD ESPECTRAL, LEY DE KIRCHHOFF.

Guía

▶ *Teoría de la guía.*—V. TEORÍA DE LA DOBLE SOLUCIÓN.

Guldberg Cato Maximilian (1836-1902)

▶ *Ley de Guldberg y Waage.*—V. LEY DE ACCIÓN DE MASAS.

Gullstrand Allvar (1862-1930)

▶ *Fórmula de Gullstrand.*—Da la *vergencia* de una asociación de sistemas centrados del mismo eje: $v = v_1 + v_2 - \frac{e}{n} v_1 \cdot v_2$, donde v_1 y v_2 son las vergencias respectivas de cada uno de los sistemas, e es la distancia entre sus puntos principales $P_1'P_2$, imagen del primero, objeto del segundo, y n el índice de refracción del medio intermediario. Si son dos lentes planas delgadas en aire e es simplemente su distancia mutua. Se ve, por ejemplo, que si un hipermétrope aleja de sus ojos el cristal corrector disminuye la convergencia del conjunto, como si el cristal se hiciera menos convergente. Sucede a la inversa para un ojo miope.
La fórmula de Gullstrand se simplifica si se trata de lentes delgadas pegadas. La vergencia del conjunto es entonces la suma (algebraica) de las vergencias de las lentes componentes. ($v = v_1 + v_2$). Este último resultado se conoce como «teorema de las vergencias».

H

h

Constante de Planck $h \simeq 6{,}6\ 10^{-34}$ J · s.
V. CUANTO DE ACCIÓN, RELACIÓN DE PLANCK-EINSTEIN-DE BROGLIE, CUADRO DE CONSTANTES (Anexo 6).

ħ

Pronúnciese *h* tilde o *h* barra

Constante reducida de Planck $\hbar = h/2\pi \simeq 1{,}05\ 10^{-34}$ J · s.
V. CUADRO DE CONSTANTES (Anexo 6).

H

Símbolo del henrio, unidad de autoinducción.

H

En todo punto de un medio donde existe un campo magnético **B** y una polarización magnética, o intensidad de imanación, $\mathbf{P}_m$, se define un vector auxiliar $\mathbf{H} = \mathbf{B}/\mu_0 - \mathbf{P}_m$ (μ_0 = permeabilidad del vacío) (V. TEOREMA DE AMPÈRE). Es el antiguo vector campo magnético de la teoría culombiana del magnetismo. Hoy se le denomina aún *campo magnético* algunas veces, pero en general es conocido por *excitación magnética* o *desplazamiento magnético* (por analogía con el vector auxiliar **D**, desplazamiento eléctrico). **H** se mide en amperios por metro ($A \cdot m^{-1}$). La utilización del vector **H** simplifica la expresión de algunas leyes que conciernen a las propiedades magnéticas de los medios materiales.
V. RELACIÓN DE MAXWELL-AMPÈRE, TEOREMA DE AMPÈRE, VECTORES ELECTROMAGNÉTICOS.

Haas Wander de (1878-1960)

▶ *Experiencia de Einstein-De Haas*.—V. EFECTOS GIROMAGNÉTICOS.

Hadrones

De una palabra griega que significa fuerte.

Partículas subnucleares que participan sólo en las *interacciones fuertes*. Se dividen en bariones y mesones.
V. INTERACCIONES FUNDAMENTALES, CUADRO DE PARTÍCULAS SUBNUCLEARES (Anexo 4).

Halo

Anillo o cerco blanco, a veces irisado, que se observa en tiempo frío alrededor del Sol o de la Luna. Se atribuye este fenómeno a la refracción de la luz por cristales de hielo, en suspensión en la atmósfera terrestre.

Hall Edwin Herbert (1855-1938)

▶ *Efecto Hall.*—Producción de una tensión eléctrica entre los ribetes laterales de una cinta conductora o semiconductora cuando ésta, recorrida en sentido logitudinal por una corriente eléctrica continua, se ve sometida a un campo magnético. Si el campo magnético es uniforme y perpendicular a las dos caras de la cinta, se comprueba que la tensión creada vale $V = C \cdot iB/a$, donde i es la intensidad de la corriente, B es la intensidad del campo magnético, a es el espesor de la cinta y C la *constante de Hall* del material que constituye la cinta (V. figura).

Este fenómeno se atribuye a la acción de las fuerzas de Lorentz sobre los portadores de carga que aseguran el paso de la corriente. Supongamos que se trata de electrones. Éstos vienen a acumularse en una de las orillas de la cinta, mientras que en la orilla opuesta aparece, por carencia de electrones, una densidad superficial de cargas positivas. Estas dos capas crean en la cinta el campo eléctrico $E' = V/b$ (b es la anchura de la cinta), que acaba por compensar, por su acción sobre los portadores de carga en movimiento, las acciones de las fuerzas de Lorentz. Partiendo de estas hipótesis, el cálculo reencuentra la relación empírica de Hall, y la expresión de la constante C en función de las características de los portadores de carga (signo de la carga que transportan, densidad numérica, movilidad) (V. figura).

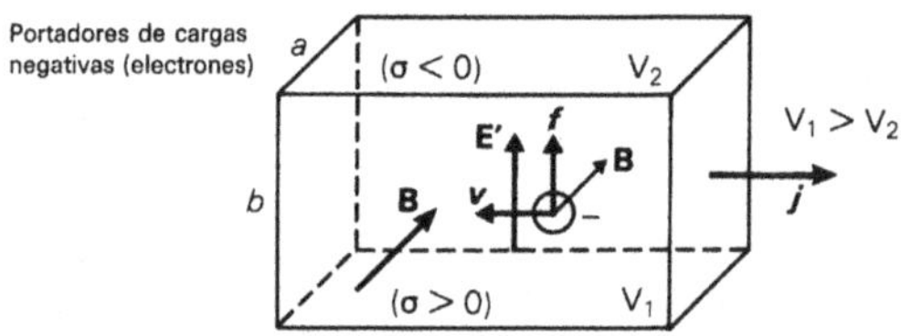

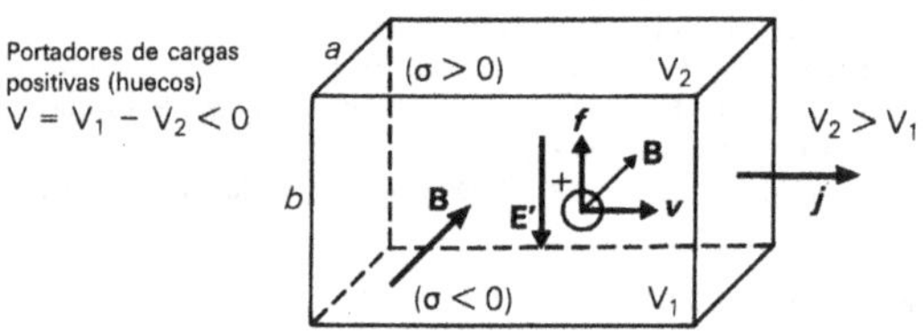

Teoría simplificada. En régimen permanente, hay compensación entre la fuerza de Lorentz: $f = qvB$ y la fuerza de Hall: $f' = qE'$, con $E' = V/b$.

De ello resulta $V = V_1 - V_2 = \frac{1}{nq}\frac{1}{a} iB$ de donde $C = 1/nq$.

Una teoría más completa tiene en cuenta la existencia posible de dos tipos de portadores de carga, de densidades volúmicas respectivas n^- y n^+ y movilidades k^- y k^+. Se obtiene:

$$C = \frac{3}{8}\frac{1}{q}\frac{(n^+k^+ - n^-k^-)}{(n^+k^+ + n^-k^-)}.$$

El efecto Hall se utiliza para estudiar precisamente la naturaleza y la concentración de los portadores de carga en los diferentes materiales. «Sondas de Hall» son utilizadas para determinar la intensidad de un campo magnético a partir de la medición de la *tensión de Hall* V...

▶ *Efecto Hall cuantificado.*—La relación $R = V/i$ entre la tensión de Hall V y la intensidad de corriente en la cinta i recibe el nombre de *resistencia de Hall*. Se constata (von Klitzing, 1980) que R posee valores cuantificados independientes de las circunstancias experimentales (naturaleza del conductor, valor del campo magnético, etc.). Es preciso, sin embargo, que se den ciertas condiciones: operar, en particular, a muy bajas temperaturas, con un campo muy intenso y una cinta de espesor muy pequeño. Se encuentra:

$$R = \frac{1}{n} \cdot 2{,}58128 \cdot 10^4 \text{ ohmios,}$$

pudiendo ser n entero o fraccionario.
La explicación teórica demuestra que el valor numérico está ligado a las constantes fundamentales, la constante de Planck h y la carga elemental e: $R = \frac{1}{n}\frac{h}{e^2}$.
Es posible que esos resultados sean utilizados en el futuro para definir un «patrón de resistencia» invariable.

Hamilton Sir William Rowan (1805-1865)

▶ *Acción de Hamilton.*—El estado de movimiento de un sistema material en un tiempo dado t, puede caracterizarse por los valores de sus coordenadas generalizadas q_i y de sus velocidades generalizadas $\dot{q}_i$, o incluso por los valores de las q_i y de sus momentos conjugados p_i. Sus funciones de Lagrange $L(q_i, \dot{q}_i, t)$ y de Hamilton $H(q_i, p_i, t)$ dependen de coordenadas, velocidades y momentos. ($i = 1, 2, 3, ..., n$, si n es el número de grados de libertad del sistema).
La acción de Hamilton del sistema, entre dos instantes t_1 y t_2, se define por una u otra de estas integrales equivalentes:

$$S = \int_{t_1}^{t_2} L(q_i, \dot{q}_i, t) \cdot dt \qquad \text{o} \qquad S = \int_{t_1}^{t_2} [\sum_i \dot{q}_i p_i - H(q_i, p_i, t)]\, dt.$$

Es una magnitud escalar homogénea al producto de una energía por un tiempo. Se mide en julios · segundo (J · s).
La integral de acción hamiltoniana juega un papel relevante en el formalismo analítico de las mecánicas newtoniana, relativista y cuántica.
V. CUANTO DE ACCIÓN, PRINCIPIO DE ACCIÓN ESTACIONARIA.

▶ *Ecuaciones de Hamilton-Jacobi.*—Ecuaciones que rigen el movimiento de un sistema material cualquiera a partir del conocimiento de su *función de Hamilton* $H(q_i, p_i, t)$, donde t representa el tiempo y donde los pares q_i y p_i, coordenadas generalizadas y momentos conjugados respectivamente, son llamados *variables canónicas* del sistema.
Esas ecuaciones se escriben:

$$\frac{dq_i}{dt} = \frac{\partial H}{\partial p_i} \qquad \frac{dp_i}{dt} = \frac{\partial H}{\partial q_i}$$

tomando el índice i todos los valores enteros $i = 1, 2, ..., n$, siendo n el número de grados de libertad del sistema.
Forman, por tanto, un sistema de $2n$ ecuaciones diferenciales, y permiten obtener por integración las ecuaciones del movimiento: $q_i = q_i(t)$. Pueden considerarse estas ecuaciones como una consecuencia del principio de mínima acción, o principio de Hamilton.

Equivalentes a las ecuaciones del formalismo newtoniano y a las del formalismo lagrangiano, presentan la ventaja de ser solamente de primer orden en t, gracias a lo cual son a veces más cómodas de utilizar. Demuestran, en particular, que si H no depende explícitamente de una variable se produce la conservación, en el curso del tiempo, de su variable conjugada.
V. ECUACIONES DE LAGRANGE, MECÁNICA NEWTONIANA.

▶ *Función de Hamilton (o hamiltoniano).*—El *hamiltoniano* (o *función de Hamilton*) de un sistema material en movimiento es, por definición, la cantidad:

$$\mathrm{H}(q_i, p_i, t) = \sum_i p_i\, \dot{q}_i - \mathrm{L}(q_i, \dot{q}_i, t)$$

$\mathrm{L}(\dot{q}_i, q_i, t)$ es la función de Lagrange (o lagrangiana) del sistema, en la que q_i y $\dot{q}_i = dq_i/dt$ son, respectivamente, las coordenadas y las velocidades generalizadas, y los $p_i = \partial \mathrm{L}/\partial \dot{q}_i$ sus momentos conjugados ($i = 1, 2, ..., n$; siendo n el número de grados de libertad del sistema).
Ejemplo: Un punto material M, de masa m, está moviéndose en un referencial de Galileo $(0, x, y, z)$. En un instante t su velocidad vale $\boldsymbol{v}(\dot{x}, \dot{y}, \dot{z})$. Si posee una energía potencial $\mathrm{V}(\boldsymbol{r}, t)$, con $\boldsymbol{r} = \mathbf{OM}$, su lagrangiana, en el marco de la *mecánica newtoniana,* se escribe: $\mathrm{L} = \frac{1}{2} mv^2 - \mathrm{V}(\boldsymbol{r}, t) = p^2/2m - \mathrm{V}(\boldsymbol{r}, t)$, con $\boldsymbol{p} = m\boldsymbol{v}$. El cálculo da $\mathrm{H}(\boldsymbol{r}, \boldsymbol{p}, t) = p^2/2m + \mathrm{V}(\boldsymbol{r}, t)$.
En relatividad restringida, su lagrangiana se transforma en $\mathrm{L} = -mc^2 \sqrt{1 - v^2/c^2} - \mathrm{V}(\boldsymbol{r}, t)$ y su hamiltoniano $\mathrm{H} = (mc^2/\sqrt{1 - v^2/c^2}) + \mathrm{V}(\boldsymbol{r}, t)$.
Si el mismo móvil puntual posee una carga eléctrica q y se encuentra sumergido en un campo electromagnético $(\mathbf{E}, \mathbf{B})$, en un potencial escalar U y un potencial vector $\mathbf{A}$ por consiguiente, está sometido a la fuerza de Lorentz $\boldsymbol{f}$, función de su velocidad: $\boldsymbol{f} = q(\mathbf{E} + \boldsymbol{v} \wedge \mathbf{B})$. Si $v \ll c$, a su lagrangiana:

$$\mathrm{L} = \frac{1}{2} mv^2 - q\,[\mathrm{U}(r, t) - \boldsymbol{v} \cdot \mathbf{A}(r, t)]^2$$

se une la función de Hamilton:

$$\mathrm{H} = \frac{1}{2m} [\boldsymbol{p} - q \cdot \mathbf{A}(r, t)]^2 + q\mathrm{U}(r, t)$$
$$= \frac{1}{2} \cdot mv^2 + q\mathrm{U}(r, t)$$

$\boldsymbol{p} = m\boldsymbol{v} + q\mathbf{A}$ es aquí, en efecto, el vector impulso del móvil.
En todos esos casos el hamiltoniano H es igual a la energía total E del móvil. Se demuestra que esto sucede con frecuencia, pero no siempre.
V. ECUACIONES DE HAMILTON-JACOBI, OPERADOR HAMILTONIANO, PRINCIPIO DE ACCIÓN ESTACIONARIA.

▶ *Principio de Hamilton.*—*Sinónimo:* Principio de acción estacionaria.

Hamiltoniano

V. FUNCIÓN DE HAMILTON.

▶ *Operador hamiltoniano.*—Operador utilizado en mecánica cuántica. Se obtiene a partir de la *función de Hamilton* (o hamiltoniano) $\mathrm{H}(q_i, p_i, t)$, utilizando las siguientes convenciones: cada una de las coordenadas generalizadas es sustituida por el operador q_i (multiplicación por q_i); cada uno de los momentos conjugados p_i, por el operador $-j\,\hbar \frac{\partial}{\partial q_i}$ ($\hbar$ es la constante reducida de Planck, $j = \sqrt{-1}$). A la cantidad p_i^2 corresponde, por tanto, el operador $-\hbar^2 \frac{\partial^2}{\partial q_i^2}$.

Ejemplo: Un punto material de masa m en movimiento rectilíneo a lo largo del eje Ox bajo la acción de una fuerza recuperadora $f = -kx (k > 0)$ (oscilador armónico monodimensional, de pulsación $\omega = \sqrt{k/m}$). Su hamiltoniano vale:

$$H(x, p) = \frac{p^2}{2m} + \frac{1}{2} m\omega^2 x^2 \qquad (p = mv = m\dot{x}).$$

Su operador hamiltoniano se escribe, por tanto: $H_{op} = -\frac{\hbar^2}{2m}\frac{\partial^2}{\partial x^2} + \frac{1}{2} m\omega^2 x^2.$

Si el mismo móvil oscila en el espacio tridimensional (referencial cartesiano [O, x, y, z]) bajo la acción de la fuerza $\mathbf{f} = -k\mathbf{r}$, su operador hamiltoniano se hace:

$$H_{op}(r, p) = -\frac{\hbar^2}{2m}\Delta + \frac{1}{2} m\omega^2 r^2.$$

V. ECUACIÓN DE SCHRÖDINGER, OBSERVABLES, OPERADORES.

Haz

▶ *Haz electrónico.*—V. RAYOS CATÓDICOS, CAÑÓN DE ELECTRONES.

▶ *Haz hertziano (o, de modo imaginario, cable hertziano).*—Haz de ondas electromagnéticas de alta frecuencia (de corta longitud de onda por consiguiente) utilizado en telecomunicaciones. Son en general ondas decamétricas, de frecuencias del orden del gigahertzio.
Con este tipo de onda una antena emisora parabólica puede asegurar la direccionalidad de la transmisión, en línea recta, hasta un puesto receptor privilegiado, como si se tratara de un haz luminoso.
Modulando una onda portadora se puede transmitir por haz hertziano la información, bajo la forma de señales eléctricas (conversaciones telefónicas, señales de vídeo para la televisión, etc.).
Un cable hertziano presenta algunas ventajas sobre los cables coaxiales; en particular, las señales transmitidas son poco absorbidas por la atmósfera atravesada. Con antenas emisoras y receptoras colocadas en puntos elevados la distancia eficaz es del orden del centenar de kilómetros.

▶ *Haz luminoso.*—En el lenguaje de la óptica geométrica un haz luminoso es un conjunto de *rayos* luminosos. Si las rectas soportes de esos rayos tienen un punto común A, este punto es llamado *vértice* del haz, y el haz recibe el nombre de *homocéntrico* o *isogénico.* Un haz de ese tipo es *convergente* si la luz se dirige hacia ese punto y *divergente* si la luz parte de él. Un haz cilíndrico, también llamado haz «*paralelo*», es un haz homocéntrico cuyo vértice se encuentra infinitamente alejado.
La abertura de un haz homocéntrico se caracteriza numéricamente por el valor del *ángulo sólido* del cono que limita el haz. Un *pincel* luminoso es un haz de pequeña abertura.
El haz emitido por un foco luminoso real, de dimensiones finitas, no es homocéntrico. Se le puede considerar formado por una infinidad de haces homocéntricos, proveniente cada uno de ellos de una región del foco suficientemente pequeña como para ser asimilada a una fuente puntual.
V. TUBO DE RADIACIÓN, VERGENCIA.

Heaviside Oliver (1850-1925)

▶ *Ecuaciones de Heaviside.*—Ecuaciones que rigen la transmisión de una corriente eléctrica a lo largo de una línea bifilar. Son dos ecuaciones diferenciales acopladas relativas a las dos funciones: $i(x, t)$, intensidad de la corriente en el instante t en un punto de abscisa x de la línea, y $v(x, t)$, tensión eléctrica en el mismo instante t entre dos puntos de la misma abscisa x situados cada uno sobre uno de los dos conductores que componen la línea. Se escriben:

$$-\partial i/\partial x = C_1\ \partial v/\partial t + G_1\ v; \qquad -\partial v/\partial x = L_1\ \partial i/\partial t + R_1\ i$$

C_1, L_1, R_1, L_1 son las *características lineicas* de la conducción bifilar: *capacidad*, *inductancia*, *resistencia* y *conductancia de fuga* (o *perditancia* entre los dos conductores). Señalar que estas características dependen de los conductores «y» de los aislantes que los separan.
A partir de estas ecuaciones es posible, por eliminación, obtener dos ecuaciones idénticas, concernientes cada una de ellas a una sola de las magnitudes, v o i. La ecuación en i se escribe, por ejemplo: $\partial^2 i/\partial x^2 = a\partial^2 i/\partial t^2 + b\partial i/\partial t + ci$, donde $a = C_1 \cdot L_1$; $b = C_1 \cdot R_1 + L_1 \cdot G_1$; $c = R_1 \cdot G_1$.
Estas dos últimas ecuaciones, llamadas *ecuaciones de los telegrafistas*, son utilizadas, con las convenientes adaptaciones, al estudio del funcionamiento de las líneas telegráficas, telefónicas, de los cables coaxiales, así como de las líneas cortas de los puestos de radiotransmisión.
V. IMPEDANCIA ELÉCTRICA ESPECÍFICA.

▶ *Capa de Kenelly-Heaviside.*—V. IONOSFERA.

Hecto (h)

V. CUADRO DE PREFIJOS DEL SI (Anexo 1).

Heisenberg Werner (1901-1976)

Premio Nobel 1932

▶ *Desigualdades de Heisenberg.*—Siendo x y p_x la abscisa y la componente, respectivamente, sobre el eje Ox de la cantidad de movimiento de un corpúsculo, se demuestra en mecánica cuántica que el producto $\Delta x \cdot \Delta p_x$ está acotado inferiormente: $\Delta x \cdot \Delta p_x \geqslant \hbar/2$ ($\hbar$ es la constante reducida de Planck). Con mayor generalidad, para cualquier otra pareja de *observables conjugadas* A y B, referidas al mismo corpúsculo, se establecen expresiones análogas: $\Delta A \cdot \Delta B \geqslant \hbar/2$. Estas desigualdades, denominadas a menudo *relaciones de incertidumbre*, o de *indeterminación*, fueron señaladas por primera vez por Heisenberg (en 1927), y completadas poco después por Einstein para la pareja conjugada energía-tiempo. En estas expresiones una cantidad como ΔA designa una magnitud (desviación típica) que caracteriza la *dispersión* de los valores numéricos que pueden encontrarse si se mide A en un instante determinado. Esta dispersión puede ser calculada de antemano (V. PRINCIPIO DE DESCOMPOSICIÓN ESPECTRAL). Sobre la existencia de una dispersión y sobre su expresión matemática es unánime el acuerdo: pero no sucede lo mismo en cuanto a su significación física. Sobre este punto se han sostenido y se sostienen distintas interpretaciones, entre las que citaremos las siguientes:
1 / La dispersión de los valores de A sería la consecuencia de perturbaciones aleatorias, producidas sobre A, resultados del procedimiento operativo empleado para medir su variable conjugada B. Las perturbaciones sobre A serían tanto más fuertes cuanto mayor es la precisión obtenida en la medida de B. Es, por consiguiente, imposible medir con precisión ambas magnitudes simultáneamente.
2 / Las dispersiones provendrían de la existencia de microfenómenos cuya naturaleza exacta está por descubrir (las «variables ocultas»), que perturbarían de manera aleatoria el movimiento del corpúsculo.
3 / Es el concepto mismo de «corpúsculo puntual localizado», de la mecánica macroscópica, el que no es adecuado en el dominio subatómico. Los Δx, Δp, ΔE,... medirían las extensiones

bajo sus diferentes aspectos (espacial, mecánico, energético...) del nuevo modelo cuántico de un «corpúsculo».
Cualquiera que sea el futuro de esas diferentes hipótesis, lo cierto es que el uso de las desigualdades de Heisenberg se ha revelado fecundo. A título de ejemplo, entre muchos otros, señalemos que es posible, explotando la relación $\Delta t \cdot \Delta E \geqslant \hbar/2$, deducir una relación entre la masa m de una partícula de intercambio y el alcance a de la interacción correspondiente: $a \sim \hbar/mc$.
V. GRUPOS DE ONDAS, MECÁNICA CUÁNTICA, OBSERVABLES CONJUGADAS, POTENCIAL DE YUKAWA, VARIABLES OCULTAS.

Helicidad

Es una característica de las partículas subnucleares utilizada en mecánica cuántica. Nos podemos hacer una idea admitiendo que es la proyección cuantificada del spin de la partícula sobre la dirección del vector momento lineal. Por ejemplo, el neutrino y el antineutrino poseen helicidades opuestas.

antineutrino (helicidad positiva) neutrino (helicidad negativa)

Helimagnetismo

Estructura magnética de algunos cristales, una aleación de oro-manganeso, por ejemplo, que no son ni completamente ferromagnéticos ni completamente antiferromagnéticos. Se ha descubierto, en principio por vía teórica (Yoshimori, Villain, 1958), que sus momentos magnéticos elementales situados en un plano reticular son paralelos entre sí, pero que esta dirección común gira regularmente un ángulo determinado cuando se pasa al plano reticular vecino.
Se atribuye esta estructura a la interación entre momentos magnéticos no inmediatamente próximos, mientras que en los ferromagnéticos –y antiferromagnéticos– son preponderantes las interacciones entre momentos magnéticos inmediatos.

Helio 3

Isótopo del helio 4. El helio natural no contiene más que pequeñas cantidades (10^{-4} %), pero es fácil fabricarlo en cantidades suficientes para estudiar sus propiedades, gracias a la reacción nuclear: $^2D + n \rightarrow {}^3T \rightarrow {}^3He + e^-$.

Es un fermión $s = \frac{1}{2}$. También sus propiedades son distintas de las de su isótopo. El helio 3, en particular, no posee punto lambda ni las propiedades a él asociadas (superfluidez, por ejemplo). Por contra, como su isótopo, no presenta punto triple (sólido líquido gas) (fig. 1). De otro lado su curva de equilibrio a bajas temperaturas pasa por un mínimo en las cercanías de 0,32 K (fig. 2). Por debajo de esta temperatura la pendiente dP/dT se hace negativa y, sin embargo, el líquido conserva un volumen másico superior al del sólido. El calor de fusión del helio 3 es, por tanto, excepcionalmente negativo (V. FÓRMULA DE CLAPEYRON). Contrariamente a lo que sucede en todos los otros cuerpos, hay que suministrar calor si se quiere solidificar el helio líquido. De ello resulta que una compresión adiabática, que entraña su solidificación, provoca un enfriamiento. Es el *efecto Pomranchuck*. Se han podido alcanzar, gracias a este fenómeno, temperaturas del orden de una decena de mK.

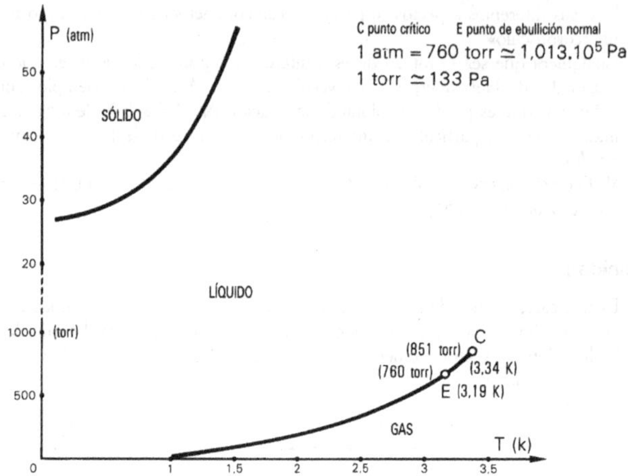

FIG. 1

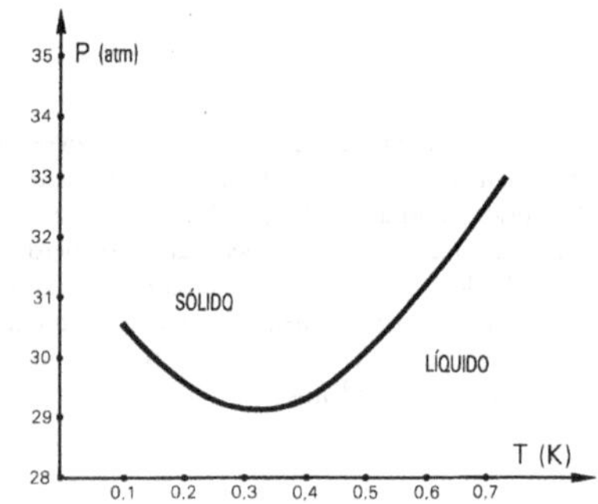

FIG. 2

Helio 4

Es, tras el hidrógeno, el núcleo más sencillo (V. HELIÓN). Su existencia fue señalada por primera vez (en 1866) en la cromosfera del Sol (de ahí su nombre), gracias al estudio espectroscópico de la luz solar. Parece ser que proviene esencialmente de la desintegración de núcleos radiactivos. Sobre la Tierra fue encontrado por primera vez (en 1895) en los minerales uraníferos.

Es el gas cuya licuefacción es más dificultosa. Kamerlingh Onnes la consiguió por primera vez en 1908. Su temperatura crítica es, en efecto, la más baja (alrededor de −268 °C ~ 5 K). A la presión normal hierve a 4,2 K. Es, además, un gas muy poco denso (d ~ 0,2) y químicamente inerte, como se deduce de su estructura electrónica (su nube electrónica contiene dos electrones 1 s apareados, que forman, por tanto, una capa electrónica «saturada»).

Las tres circunstancias precedentes explican la mayor parte de sus aplicaciones (globos aerostáticos, obtención de temperaturas muy bajas...).

El estudio físico del helio líquido ha llevado a interesantes descubrimientos. Es el único cuerpo que puede llegar líquido a las proximidades inmediatas del cero absoluto sin solidificarse previamente. El helio sólido puede obtenerse, pero solamente con presiones superiores a 25 atm, y no existe para este elemento punto triple (sólido, líquido, gas) (fig. 2). El helio posee, por otro lado, una notable propiedad, conocida bajo la expresión de «punto lambda». A una misma temperatura, bien definida (T = 2,19 K), algunas de sus constantes físicas sufren una neta discontinuidad (su calor másico, por ejemplo) (fig. 1). Su curva de variación recuerda un poco la letra griega λ, lo que ha sugerido la denominación punto lambda.

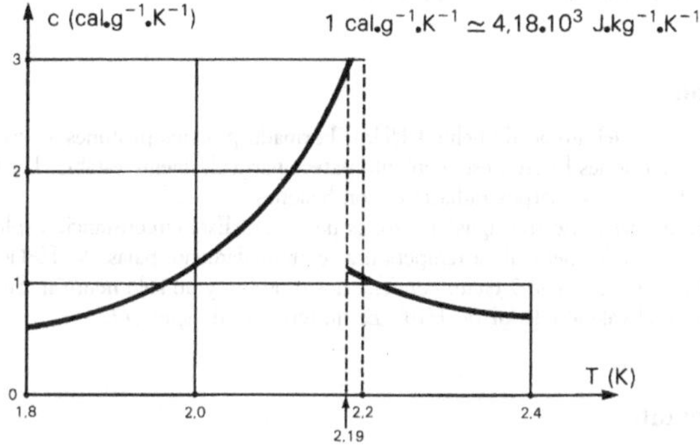

FIG. 1

El estudio completo de su diagrama (T, P) muestra (fig. 2):
1 / Que sobre este diagrama el punto lambda es de hecho un punto triple que traduce el equilibrio simultáneo de tres fases: el gas en presencia de dos líquidos cuyas propiedades no

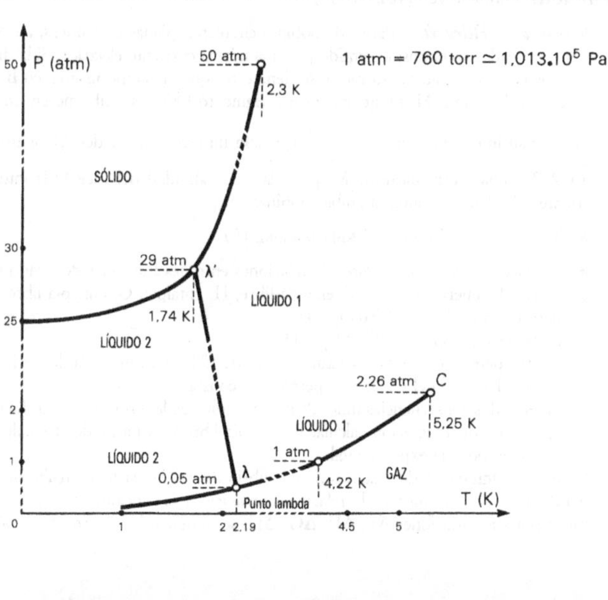

FIG. 2

son completamente iguales, y que han sido bautizados como líquido I y líquido II (V. SUPERFLUIDEZ).

2 / Que existe un segundo punto triple análogo (líquido I, líquido II, sólido).

3 / Que la curva que une esos dos puntos, llamada «curva lambda», es un lugar geométrico de puntos de equilibrio entre dos fases (líquidos I y II). La transformación mutua entre esas dos fases es un *cambio de estado de segunda especie*.

Señalemos, en fin, que el helio natural contiene dos isótopos:

El más abundante es el helio 4 (^4_2He), que impone sus propiedades al conjunto, mientras que el *helio 3* no aparece más que en forma de trazas (^3_2He).

Helión

Núcleo del átomo de helio 4 (^4_2He). Formado por dos protones y dos neutrones, unidos por interacciones fuertes, este conjunto parece particularmente estable. Las partículas alfa (α) emitidas por los cuerpos radiactivos son heliones.

Este núcleo, de spin igual a cero, es un bosón. Esta circunstancia explica las muy particulares propiedades del helio a temperaturas extremadamente bajas (V. HELIO 4).

El núcleo de helio 3 (^3_2He) contiene dos protones y un solo neutrón. Su abundancia en el helio natural vale alrededor de $1/10^6$. Es un fermión, de spin 1/2.

Helióstato

V. CELOSTATO.

Helmholtz Hermann von (1821-1894)

▶ *Bobinas de Helmholtz*.—Pareja de bobinas circulares, planas e idénticas, cuyos ejes se confunden, recorridas en el mismo sentido por una misma corriente eléctrica. Si la distancia entre sus centros O y O′ es igual a su radio, se demuestra que el campo magnético **B** que crean en las cercanías del punto M, punto medio del segmento OO′, es uniforme en un volumen importante, y su intensidad vale: $B = \frac{8\sqrt{5}}{25}\mu_0\frac{i}{R}$ con un error menor del 0,1 % en una distancia de $\pm$ 0,2 R a una y otra parte de M. μ_0 es la permeabilidad del vacío, i la intensidad de la corriente y R el radio común a ambas bobinas.

▶ *Función de Helmholtz*.—V. ENERGÍA LIBRE (F)

▶ *Relaciones de Helmholtz*.—Pares de relaciones entre las funciones de estado de un sistema en equilibrio: U, energía interna; F, energía libre; H, entalpía; G, entalpía libre.

Primera relación: $F - T(\partial F/\partial T)_v = U$.

Segunda relación: $G - T(\partial G/\partial T)_p = H$.

T es la temperatura del sistema estudiado, y $(\partial F/\partial T)_v$ representa la derivada parcial de F con respecto a T cuando el volumen v permanece constante.

Ambas son dos consecuencias útiles de los principios de la termodinámica. La última, por ejemplo, permite por integración calcular la entalpía libre G a partir de la entalpía H, que puede ser conocida por vía experimental.

Si se hacen intervenir dos estados de equilibrio del mismo sistema, realizado a la misma temperatura, se obtiene un par de relaciones análogas. Las funciones F, U, G y H son reemplazadas por sus variaciones ΔF, ΔU, ΔG, ΔH; se obtienen las *relaciones de Gibbs-Helmholtz*.

▶ *Resonador de Helmholtz.*—Es el más sencillo de los *resonadores acústicos*. Está constituido por una *cavidad* esférica de materia rígida, que comunica con la atmósfera a través de un *cuello* cilíndrico. Sirve en el *análisis de sonidos complejos*.
La teoría simplificada del resonador supone que el aire contenido en el cuello oscila en bloque a lo largo del mismo, mientras que el aire de la cavidad, gracias a su elasticidad, funciona como un resorte. Pueden, por consiguiente, establecerse oscilaciones periódicas, cuya *frecuencia propia* es:

$$N = \frac{1}{2\pi}\sqrt{\frac{1}{\chi \cdot V \cdot \rho \cdot l/s}}$$

En esta fórmula V representa el volumen de aire en la cavidad, χ su coeficiente de compresibilidad adiabática, L y S la longitud y sección de la columna de aire del cuello y ρ su densidad o masa volúmica.
Un tubo de pequeñas dimensiones, diametralmente opuesto al cuello y que se coloca en la oreja, ayuda a seguir las variaciones de la intensidad de la vibración del aire encerrado.
Cuando una onda sonora compleja llega ante el cuello excita las oscilaciones del aire interior y se produce un fenómeno de *resonancia*, haciéndose máxima la energía de las oscilaciones cuando una de las frecuencias excitadoras es igual a la frecuencia propia. Se comprende que una batería de resonadores de distintos tamaños y, por tanto, de frecuencias propias diferentes, permite *analizar un sonido complejo* determinando los sonidos simples componentes.
A cada resonador de Helmholtz se le puede asociar un *dipolo eléctrico equivalente* (V. figura).

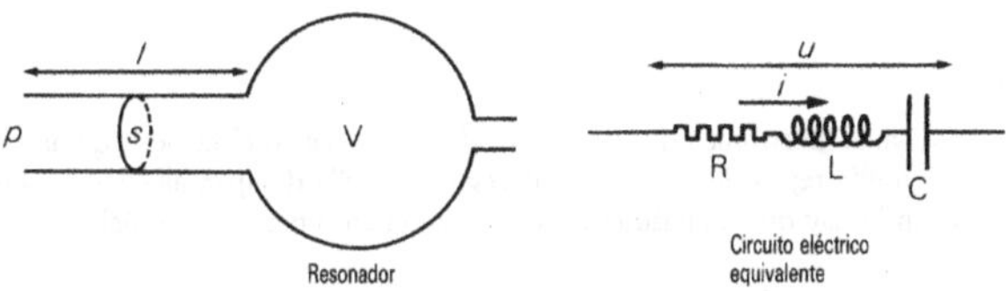

Magnitudes y relaciones homólogas

Acústicas	*Eléctricas*
δ (caudal volúmico en el cuello)	i (intensidad)
p (presión acústica)	u (tensión)
Excitación → $p = P \cos \omega t$	$u = U \cos \omega t$
Respuesta → $\delta = \Delta \cos (\omega t - \varphi)$	$i = I \cos (\omega t - \varphi)$
$Z_a = P/\Delta$ (impedancia acústica)	$Z_e = U/I$ (impedancia eléctrica)
$\omega = \sqrt{1/(\rho l/s)\,(\chi^V)}$	$\omega = \sqrt{1/LC}$
$Z_a = \sqrt{\lambda^2 + \left(\rho \frac{l}{s}\omega - \frac{1}{\chi V \omega}\right)^2}$	$Z_e = \sqrt{R^2 + (L\omega - 1/C\omega)^2}$
λ (coeficiente de amortiguamiento)	R (resistencia)
$\rho l/s$ (inertancia)	L (autoinducción)
χ^V	C (capacidad)

Henry Joseph (1797-1878)

▶ *Henrio* (H).—Unidad SI para medir el coeficiente de autoinducción. «El coeficiente de autoinducción de un circuito sin hierro vale un henrio si es atravesado por un flujo magnético de 1 wéber cuando la corriente que circula por él vale 1 amperio» (Cf. la fórmula de la definición de L: $\Phi = Li$).

La unidad para esta misma magnitud del sistema c.g.s. electromagnético no ha recibido un nombre especial. 1 unidad c.g.s.e.m. = 10^{-9} H.

Henry William (1775-1836)

▶ *Ley de Henry.*—«Cuando un gas, a una temperatura y bajo una presión dadas, está en equilibrio con un líquido en el que es soluble (sin reacción química entre ellos), la masa de gas disuelto en un volumen dado del líquido es proporcional a la presión» (Henry, 1803).
Otro aspecto de esta ley: «El cociente $c_s = v/V$, llamado *coeficiente de solubilidad* del gas en el líquido, es independiente de la presión.» V es el volumen del líquido, v el volumen de gas disuelto, supuesto medido en las mismas condiciones de presión y temperatura de la experiencia.
Ejemplo: Un litro de agua a 15 °C disuelve alrededor de 46 mg de oxígeno y 21 mg de nitrógeno. Los coeficientes de solubilidad valen respectivamente 0,034 y 0,018.
La ley de Henry ha sido extendida al caso en el que el disolvente está en equilibrio con una mezcla gaseosa. «La masa disuelta de cada uno de los gases de la mezcla es proporcional a su presión parcial en la fase gaseosa» (Dalton, 1807).
Más generalmente, la solubilidad de un gas en un líquido disminuye al elevarse la temperatura. Los gases disueltos regresan, por tanto, al estado gaseoso cuando se eleva la temperatura de la disolución o cuando disminuye la presión total de la mezcla.
El estudio termodinámico de estos equilibrios da una justificación a estas leyes, y precisa que no son rigurosamente válidas más que para disoluciones ideales de gases perfectos.

Heptodo

Tubo (o válvula) electrónico de siete electrodos. A los cinco electrodos de un pentodo se añaden una segunda rejilla de control y una segunda rejilla de apantallamiento. Los heptodos se utilizan cuando hay que amplificar y mezclar simultáneamente dos señales.

Herschell Sir William (1738-1822)

▶ *Condición de seno Herschell.*—Condición necesaria y suficiente que debe satisfacer un instrumento óptico, que suponemos estigmático para una pareja de puntos conjugados objeto A e imagen A′ situados en el eje, para ser estigmático igualmente, en haces anchos, para dos puntos BB′ próximos a A y A′ e igualmente en el eje. Esta condición se escribe: $\frac{\text{sen } u/2}{\text{sen } u'/2}$ = constante, cualquiera que sea el valor de u; u y u' son los ángulos formados con el eje por un rayo incidente que pasa por A y por el correspondiente rayo emergente (V. APLANATISMO).
El aumento longitudinal del aparato para el punto A es entonces independiente de la longitud del objeto AB y vale: $a_L = \frac{n}{n'}\left(\frac{\text{sen } u/2}{\text{sen } u'/2}\right)^2$.
Se demuestra que esta condición es incompatible con la condición de seno *Abbe*, lo que implica que es imposible la construcción del instrumento perfecto.

Hertz Gustav (1882-1960)

Premio Nobel 1925 (con Franck)

V. EXPERIENCIA DE FRANCK Y HERTZ.

Hertz Heinrich (1857-1894)

▶ *Dipolo (u oscilador) de Hertz.–Dipolo eléctrico* de momento $\boldsymbol{p}$ variable. Es el dispositivo eléctrico más simple entre los que pueden radiar ondas electromagnéticas. La antena de un puesto emisor recorrida por una corriente de alta frecuencia puede asimilarse a una infinidad de dipolos de Hertz, coherentes, de ahí el interés de estos últimos.
Puede calcularse en particular la potencia media radiada (P) por un dipolo durante un periodo. En el caso en el que las variaciones del momento sean sinusoidales: $\boldsymbol{p} = \boldsymbol{p}_0$ sen ωt, se encuentra $P = \frac{1}{12\pi\varepsilon_0} \cdot \frac{\omega^4 p_0^2}{c^3}$ (ε_0, permitividad del vacío, c velocidad de las ondas electromagnéticas).
Se ve cómo crece P con la cuarta potencia de la frecuencia $N = \omega/2\pi$, de ahí el interés de las emisoras de onda corta (V. RESISTENCIA DE RADIACIÓN).
Puede igualmente demostrarse, suponiendo que uno de los polos de un dipolo permanece inmóvil por ser muy pesado mientras que el otro oscila solo, que la potencia que radia es nula si lo es su aceleración, lo que quiere decir que una carga eléctrica en movimiento emite una radiación si, y sólo si, posee una aceleración.
V. RADIACIÓN DE FRENADO, RADIACIÓN SINCROTRÓN.

▶ *Experiencias de Hertz:*
1 / Efecto fotoeléctrico (1887).–Una placa de cinc en comunicación eléctrica con un electroscopio, previamente cargado negativamente, es iluminada por luz que proviene directamente de un arco eléctrico. Se comprueba que el electroscopio se descarga. Si, por el contrario, éste se carga positivamente, la iluminación de la placa no tiene efectos. Hertz concluyó que bajo el efecto de la luz la placa de cinc pierde electrones. Esta fue la primera experiencia histórica que demostró la existencia del *efecto fotoeléctrico*.
2 / Ondas electromagnéticas (1888).–Estas experiencias consistieron en la producción de ondas electromagnéticas y en el estudio de sus propiedades. El emisor utilizado por Hertz era un circuito oscilante abierto muy sencillo (V. figura). Las ondas amortiguadas por él producidas eran, en particular, reflejadas por una placa metálica actuando a la manera de un espejo plano. Del conjunto se obtenían ondas estacionarias. Un resonador, simple aro interrumpido de cobre cuyo corte era regulable, se colocaba en diversas posiciones.
Los campos eléctrico y magnético de la onda excitaban las oscilaciones eléctricas del resonador, lo que se detectaba gracias a minúsculas chispas en el corte. Hertz pudo así señalar los nodos y los vientres de la onda estacionaria y deducir la longitud de onda (del orden del me-

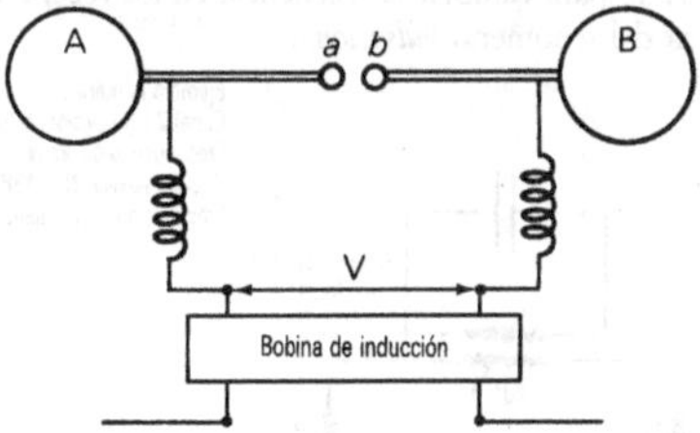

Los dos conductores A y B (bolas o placas de cobre) forman, con los vástagos *Aa* y *Bb* un circuito oscilante abierto (T), en el que capacidad (C) y autoinducción (L) son muy pequeñas. Su frecuencia propia $N = 1/2\pi\sqrt{LC}$ es, por tanto, muy grande. Una bobina de inducción establece entre ambos conductores una tensión creciente V. Cuando ésta es suficiente el corte *ab* se vuelve conductor por una descarga de chispas; (T) entra en oscilación libre y radia una onda electromagnética amortiguada de frecuencia N. La tensión V cae. La chispa se apaga y el proceso recomienza.

tro). Estas experiencias se repiten hoy en mejores condiciones. Las oscilaciones eléctricas, fuentes de la radiación, son «oscilaciones entretenidas» de frecuencia calculable, de modo que midiendo la longitud de onda λ de las ondas radiadas y conociendo su frecuencia N, podemos determinar la velocidad de propagación: $c = \lambda \cdot N$.
Las investigaciones de Hertz tienen el mérito grande de establecer la existencia de esas ondas y mostrar cómo es posible estudiar experimentalmente las propiedades de las mismas. Las ecuaciones de Maxwell, formuladas veinte años antes, pero aún discutidas en esa época, habían mostrado la posibilidad lógica de su existencia, habían precisado sus propiedades eventuales y dado el valor de su velocidad: todo ello confirmado por la experiencia.
V. ONDAS HERTZIANAS.

▶ *hertz* (Hz) *o hertzio*.—Unidad empleada hoy universalmente para medir las frecuencias de las oscilaciones periódicas, cualquiera que sea su naturaleza.
1 hertzio = 1 ciclo por segundo (1 ciclo/s).
Ejemplos: La frecuencia de la corriente alterna industrial en Europa ha sido fijada en 50 Hz. La frecuencia de la nota musical la_3 vale por convenio 440 Hz. La onda portadora de una señal de televisión (uno de sus canales) vale 185,25 MHz...

Hertzianas

▶ *Ondas hertzianas*.—Como homenaje a H. Hertz, quien supo, a través de experiencias apropiadas, establecer su existencia y estudiar sus propiedades, se convino en llamar «*ondas hertzianas*» a las ondas electromagnéticas radiadas por oscilaciones eléctricas. En nuestros días se utilizan en las telecomunicaciones. Sus frecuencias van desde 10 kHz hasta 300 GHz (sus longitudes de onda, desde 30 km hasta 1 mm).
La conexión de las ondas milimétricas con las luminosas fue establecida en 1922 por las experiencias de Nichols y Tear.
V. HAZ HERTZIANO, EXPERIENCIAS DE HERTZ, CUADRO DE ONDAS ELECTROMAGNÉTICAS (Anexo 5).

Hess Henry (1802-1850)

V. PRINCIPIO DEL ESTADO INICIAL Y DEL ESTADO FINAL (Ley de HESS).

Heterodino

Procedimiento utilizado para cambiar la frecuencia en los receptores de telecomunicación, basado en la existencia del fenómeno *pulsaciones*.

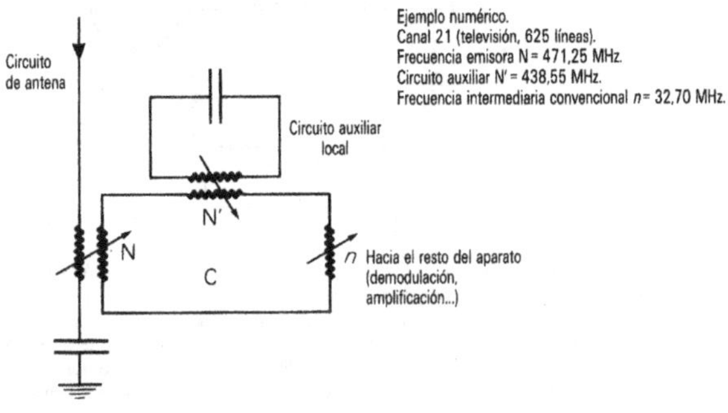

Un circuito oscilante C colocado en el receptor es puesto en vibración, simultáneamente, por las oscilaciones de alta frecuencia N que provienen de la antena y por oscilaciones de frecuencia N′, ligeramente diferente, que provienen de un oscilador auxiliar colocado igualmente en el receptor. N′ es regulable. En el circuito C se establecen pulsaciones (oscilaciones de frecuencia $n = N' - N$, si N′ > N, reglaje supradino, o $n = N - N'$ si N > N′, reglaje infradino). Para recibir una emisora que emite con frecuencia N se regula N′ hasta obtener la frecuencia de pulsación *n*, llamada «frecuencia intermediaria», frecuencia requerida en el interior del receptor.

Hidrogenoideo

Átomo, o ion, constituido por un núcleo y un electrón planetario único, a ejemplo del hidrógeno. Es el caso de los isótopos del hidrógeno, del helio ionizado He^+, del litio doblemente ionizado Li^{++}, etc.
Esta analogía estructural tiene como consecuencia que los espectros de emisión (y de absorción) de todos esos cuerpos sean análogos. El *número de ondas* σ de sus rayas espectrales puede ser representado de una forma y con una fórmula única:

$$\sigma = Z^2 R\left(\frac{1}{n^2} + \frac{1}{m^2}\right)$$

donde R es la «constante de Rydberg», cuyos valores numéricos son ligeramente distintos de uno a otro; *n* y *m* son números enteros positivos, valiendo el *número atómico* Z uno en el caso del hidrógeno, dos en el del helio, tres en el del litio, etc.

Hidrostática

Rama de la física que tiene como objeto el estudio del equilibrio de líquidos.
V. MECÁNICA DE FLUIDOS.

Higrómetro

Aparato que sirve para medir el estado higrométrico de una atmósfera. Los más extendidos, aunque no los más precisos, utilizan el alargamiento de ciertas fibras, los cabellos por ejemplo, provocado por la humedad. Los higrómetros de pelo son graduados por medio de dispositivos más precisos, por ejemplo psicrómetros.

Higrométrico

▶ *Estado higrométrico.*—Número que mide el grado de humedad de una atmósfera. Ésta está saturada de humedad si la presión parcial del vapor de agua que contiene es igual a un valor máximo, función de su temperatura (P) (V. TENSIÓN DE VAPOR). Si la presión parcial del vapor de agua tiene por valor *p*, el cociente $e = p/P$ mide el estado (o grado) higrométrico en el instante. La atmósfera se encuentra perfectamente seca si $e = 0$ y saturada de agua si $e = 1$.
V. EVAPORACIÓN.

Hiper

▶ *Hipercarga.*—V. FÓRMULA DE GELL-MANN Y NISHIJIMA.

▶ *Hipercrítico.*—Califica el estado de un gas cuya temperatura es superior a su temperatura crítica. No puede ser licuado por una simple compresión isoterma.

▶ *Hiperestático*.—V. ISOSTÁTICO.

▶ *Hiperfina*.—V. ESTRUCTURA FINA.

▶ *Hiperfocal*.—La distancia hiperfocal de un objetivo fotográfico es la distancia más allá de la cual todos los puntos objeto situados en el eje del aparato dan imágenes nítidas en la placa, para una abertura dada del diafragma y habiendo puesto a punto el aparato para el infinito. Se demuestra que esta distancia vale $D = f^2/nr$, donde f es la distancia focal del aparato, n su número de abertura y r el radio de la mancha que define el límite de nitidez aceptable.

▶ *Hipermetropía*.—V. AMETROPÍA.

▶ *Hiperones*.—Partículas subnucleares que forman parte de los bariones, y cuyas masas son superiores a las de los nucleones, de ahí su nombre. Todas son partículas extrañas.
V. CUADROS DE PARTÍCULAS.

▶ *Hipersonidos*.—Vibraciones acústicas de altísimas frecuencias (más allá del gigahertzio) y que se propagan por «ondas hipersónicas» en el interior de los cristales. Sus altas frecuencias les confieren longitudes de onda muy cortas, que pueden acercarse a las dimensiones atómicas; de ahí su interés.
V. ULTRASONIDOS, FONONES.

▶ *Hipertónico*.—V. ISOTÓNICO.

Hipotónico

V. ISOTÓNICO.

Hirn Gustave Adolphe (1815-1890)

▶ *Ciclo de Hirn*.—Ciclo de funcionamiento de una máquina de vapor con «sobrecalentamiento».

▶ *Experiencias de Hirn*.—Experiencias, realizadas hacia 1860, con el fin de determinar el *equivalente mecánico de la caloría*.
Unas consistían en la transformación del trabajo mecánico en calor (calentamiento de un bloque de plomo aplastado por la caída de un cilindro de acero, calentamiento de placas metálicas por rozamiento mutuo...). Las otras consistieron en hacer funcionar, en diversas condiciones, una máquina de vapor que transformaba calor en trabajo, y hacer balance de su funcionamiento, calculando, por una parte, el calor suministrado, y midiendo, por otra, el trabajo extraído... En ellas dedujo Hirn un valor medio para J: 425 kgm/kcal (~4,17 J/cal), con desviaciones del orden del 1 %.—La concordancia de los resultados obtenidos contribuyó a la aceptación por parte de todos de la equivalencia cuantitativa entre calor y trabajo.—Desde este punto de vista histórico el interés de estas experiencias es muy grande.

Histéresis

La experiencia muestra que el estado de ciertos materiales depende no solamente de los valores actuales de las tensiones a que son sometidos, sino también de valores anteriores de esas mismas tensiones y, en general, de la historia anterior de la muestra que se observa. En particular, el material puede guardar huellas de las modificaciones que ha ido sufriendo bajo la acción de ciertas acciones, incluso aunque éstas hayan desaparecido. Se dice que estos materiales presentan histéresis (de una raíz griega que significa retraso).
Ejemplos:
En *mecánica*, el ángulo de torsión de un hilo de cobre no es el mismo, para un mismo par aplicado, según que éste haya sido obtenido desde y por valores crecientes o decrecientes.

En *magnetostática*, la intensidad de imanación de una barra de hierro depende simultáneamente del campo magnetizante actual y de la historia magnética anterior de la barra. En particular, si, tras haber sido imanada por medio de un campo exterior suficientemente intenso éste se lleva a cero, la barra conserva una imanación no nula, denominada «imanación remanente». Para desimanarla es necesario aplicar un campo exterior suficiente, de sentido opuesto al anterior. Es el «campo coercitivo» (V. FERROMAGNETISMO).
En *electrostática* tienen lugar fenómenos análogos en los materiales ferroeléctricos.
El origen de la histéresis se atribuye a la estructura cristalina de las sustancias que la sufren. La histéresis magnética ha sido estudiada a fondo desde este punto de vista. El efecto de un campo magnetizante intenso sobre una muestra ferromagnética –cristal único o aglomerado de microcristales– consiste simplemente en aproximar a las propias dirección y sentido de ese campo las de los momentos magnéticos preexistentes de los numerosísimos dominios de la sustancia, y esto sucede según diversos procesos, algunos de los cuales –inversiones bruscas del sentido de ciertos momentos– son irreversibles (en el sentido de la termodinámica). Se comprende que la imanación aparente que resulta de la aplicación de un mismo campo exterior dependa del estado inicial de la muestra. En particular, si se disminuye progresivamente el campo magnetizante hasta anularlo, las inversiones bruscas no se producen, instaurándose un nuevo estado de equilibrio con una imanación remanente no nula.
La histéresis es un fenómeno frecuentemente molesto. Hace, por ejemplo, azarosas las medidas de tensiones a partir de deformaciones de materiales con histéresis. A veces, sin embargo, es útil: los imanes permanentes, por ejemplo, no existirían sin este fenómeno.
V. CICLOS DE HISTÉRESIS, IMANACIÓN, IMANES, REACTIVIDAD.

▶ *Ciclo de histéresis.*–Cuando la acción exterior a la que se somete un material histerético oscila continuamente entre dos valores, el material pasa por una serie de estados sucesivos, que son distintos a la ida y a la vuelta. Se dice que el material describe un *ciclo de histéresis.* (V. FERROMAGNETISMO.)
Se demuestra que este fenómeno entraña siempre una «pérdida» de energía, transformándose realmente la energía «perdida» en calor en la masa del material. La potencia, convertida así en potencia de agitación térmica, es proporcional al área de la gráfica que representa el ciclo de histéresis.
Este fenómeno posee una importancia singular en la construcción de ciertas máquinas eléctricas. Sucede, en efecto, que en estas máquinas hay piezas de materiales ferromagnéticas, histeréticos por tanto, que están sometidas a un campo magnético alterno (carcasa de un transformador, inducido de un alternador...). Para reducir las pérdidas por histéresis que se producen en dichas piezas (para las cuales hay que prever un sistema de enfriamiento) se elige para su construcción un material cuyo ciclo de histéresis posea un área lo más pequeña posible.
A la inversa, se comienza a saber utilizar los ciclos para obtener un calentamiento rápido en un dieléctrico histerético cuando se le somete a un campo eléctrico alterno.

Hoja magnética

Imán ficticio de pequeño espesor e que lleva sobre cada cara una capa superficial de magnetismo, sur por un lado y norte por el otro, con una densidad superficial constante $\pm\sigma$. Cada elemento de la doble capa posee, por tanto, un momento magnético $d\mathbf{M} = e \cdot \sigma\, d\mathbf{S} = \mathrm{P} \cdot d\mathbf{S}$ (V. figura). $\mathrm{P} = \sigma e$ es la «potencia» de la hoja. Un imán real puede considerarse como formado por un empaquetamiento de hojas.
Este ente de razón fue imaginado en una época en la que aún estaba en curso la teoría culombiana del magnetismo, con el fin de relacionar las propiedades de las corrientes eléctricas a las de los imanes. Puede demostrarse, en efecto, que una corriente eléctrica circulando por

un conductor que abraza el contorno de la hoja, y cuya intensidad es igual a la potencia de ésta, posee las mismas propiedades magnéticas.
Desde la sustitución de la teoría culombiana por la amperiana, la teoría de las hojas magnéticas cayó en desuso.

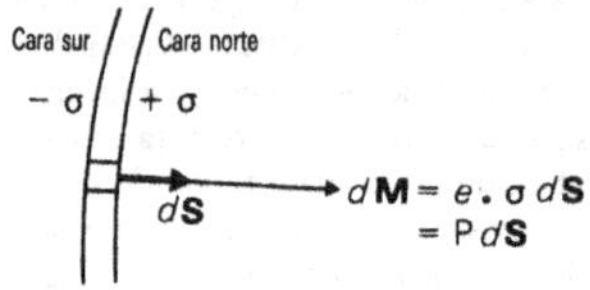

Holografía

Los ennegrecimientos locales más o menos acusados de los diferentes puntos de un cliché fotográfico reproducen las *intensidades* relativas de las ondas luminosas provenientes de puntos homólogos del objeto fotografiado. No se conserva, por el contrario, ninguna indicación acerca de sus *fases* respectivas, las cuales contienen, sin embargo, una parte de la «información» transportada por cada una de las ondas, ya que sus valores a la llegada a la placa dependen de las distancias a las que se encuentran sus puntos fuente. De ello resulta que el *relieve* del objeto fotografiado no es reproducido.
La *holografía* es una técnica que tiene como objetivo recoger más completamente la información transportada –holografía viene de dos palabras griegas y significa reproducción íntegra– y asegurar así la reproducción fiel del objeto, en tres dimensiones.
Su principio consiste en iluminar el objeto por medio de un foco S bien definido, recibiendo luego en toda la superficie de la emulsión fotográfica los haces divergentes difundidos por cada uno de los puntos del objeto y, *simultáneamente*, un haz proveniente de la fuente S. Es el «haz de referencia» (fig. 1). Cada uno de los haces difundidos interfiere con el haz de referencia y, teniendo en cuenta sus intensidades y sus diferencias de fase, se obtiene un sistema de franjas repartidas sobre toda la superficie de la emulsión. Finalmente, la superposición de las franjas correspondientes a cada uno de los puntos objeto se inscribe en la emulsión bajo la forma de ennegrecimientos locales formando un sistema complejo de retículos enmarañados. Tras su desarrollo y fijado, la placa obtenida se llama *holograma*.
Está claro que esta operación exige que la fase de cada haz, a la llegada a la emulsión, guarde un valor constante durante la toma, lo que es tanto como pedir que la fuente S sea suficientemente *«coherente»*.

1. Toma de un cliché holográfico

La observación de un holograma se hace iluminando de nuevo por medio de una fuente coherente. En estudio teórico demuestra, en efecto, que en ese caso la luz, tras atravesar el retículo complejo de franjas, parece provenir de una imagen virtual en todo parecida al objeto. Efectivamente (fig. 2), contemplando por transparencia el holograma, ¡o incluso un trozo del mismo!, se «ve» el objeto en relieve. Se pueden, incluso, percibir aspectos diferentes desplazando el ojo lateralmente, como si se observara directamente el objeto.
Ideado hacia 1949 por Gabor, este procedimiento ha originado realizaciones satisfactorias tan sólo a partir de 1960, gracias a la utilización de láseres, fuentes luminosas de gran coherencia. Recientemente se ha podido adaptar a la fotografía en colores. Hoy se estudian diversas aplicaciones de la holografía. Por ejemplo, se demuestra que eligiendo para la toma del holograma una fuente de rayos X (longitud de onda del orden de 10^{-10} m = λ), y para la observación una fuente de rayos luminosos ($\lambda' \approx 10^{-6}$ m), sería posible «ver», en relieve y aumentada 10.000 veces (el cociente λ'/λ), una estructura cristalina molecular. Para llevarlo a cabo sería necesario disponer de una fuente coherente de rayos X.
Señalemos, en fin, la utilización del procedimiento de la holografía con ondas de ultrasonidos.

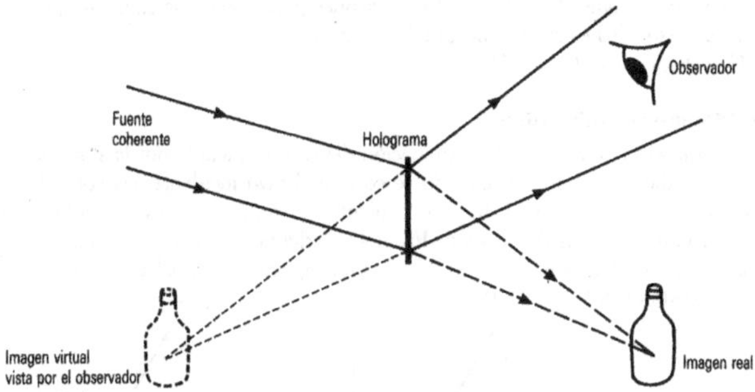

2. Observación del holograma

Homogéneas

▶ *Magnitudes homogéneas.*—V. DIMENSIONES DE UNA MAGNITUD.

Homogéneo

▶ *Medio homogéneo.*—Medio material cuyas propiedades (composición química + propiedades físicas) son las mismas en todas las regiones. Un medio no homogéneo es *heterogéneo*.
Ejemplos: dos gases, por difusión mutua, dan siempre en el equilibrio una mezcla homogénea. Una mezcla de agua y de alcohol etílico es homogénea igualmente (se dice que el agua y el alcohol son miscibles). Por el contrario, una mezcla de agua y aceite, tras viva agitación, *parece* homogénea. En el equilibrio, la emulsión obtenida se separa en dos capas superpuestas de composiciones químicas distintas. El agua y el aceite no son miscibles. Su mezcla, al llegar al equilibrio, es heterogénea... Nótese:
1. Que el carácter de homogeneidad depende de la sensibilidad del instrumento con el que se observa. Un sólido puede parecer homogéneo a simple vista y revelarse como heterogéneo en una inspección microscópica.
2. Que en la escala de átomos y moléculas, todos los cuerpos son heterogéneos, ya que están constituidos por corpúsculos diseminados en espacios vacíos. Este aspecto, sin embargo, no nos es sensible.

Hooke Robert (1635-1703)

▶ *Ley de Hooke.*—Ley de proporcionalidad entre la deformación de un cuerpo elástico y la fuerza correspondiente. Es una ley aproximada, válida solamente para pequeñas deformaciones. V. ELASTICIDAD, MÓDULOS DE ELASTICIDAD, RIGIDEZ.

Hopkinson John (1849-1898)

▶ *Fórmula de Hopkinson.*—V. CIRCUITO MAGNÉTICO.

Hund Friedrich (1896)

▶ *Regla de Hund.*—En un átomo, tomado en su estado fundamental, un «orbital» no puede contener dos electrones apareados hasta que los otros orbitales de la misma subcapa están ya ocupados por un electrón desapareado cada uno de ellos.

Esta regla, que puede enunciarse de varias formas diferentes, está justificada por el hecho de que la configuración de un átomo en su estado fundamental corresponde, por definición, a un mínimo de energía.

Ejemplo: en el átomo de carbono, dos electrones pertenecen a la capa $2p$, que comprende tres orbitales. Esos dos electrones no pueden estar apareados.

V. CONFIGURACIÓN ELECTRÓNICA.

Huygens Christian (1629-1695)

▶ *Construcción de Huygens.*—Determinación del rayo refractado por la superficie de separación de dos medios transparentes cuando se conoce el rayo incidente, así como los índices de refracción de ambos medios. Este procedimiento de construcción está basado en el principio de la envolvente de ondas de Huygens-Fresnel (V. figura). Si el segundo medio es anisótropo, la construcción de Huygens no da el rayo luminoso, sino la normal a la superficie de onda.

V. CONSTRUCCIÓN DE REUSCH.

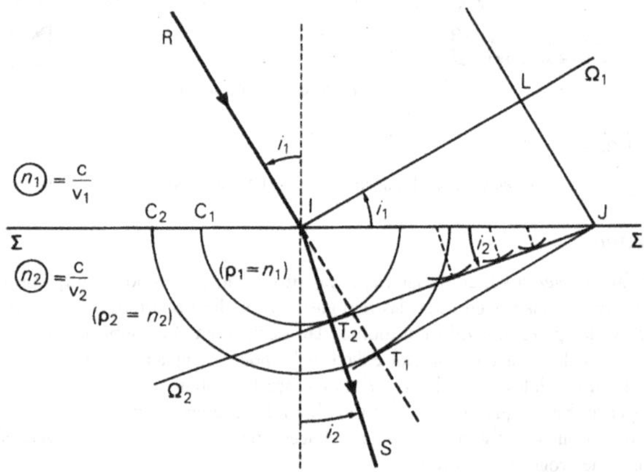

Para encontrar el rayo refractado correspondiente al incidente RI se trazan los dos semicírculos C_1 (radio n_1) y C_2 (radio n_2). Desde el punto T_1, intersección de la prolongación de RI con C_2, se traza la tangente a C_2, que corta a la superficie de separación Σ en J. Desde J se lleva la tangente a C_1; el rayo refractado es IT_2S. $JT_2\Omega_2$ es, en efecto, la traza del plano de onda en el segundo medio (envolvente de las pequeñas ondas salidas de los diversos puntos de Σ, en particular de I y de J ($LJ/v_1 = IT_2/v_2$).

Puede deducirse de esta construcción la ley de los senos.

▶ *Oculares de Huygens.*–Agrupación de lentes que sirve como ocular, utilizada en diversos instrumentos de óptica (microscopio, anteojos...). Son dobletes, de símbolos 4, 3, 2 ó 3, 2, 1. Presentan la ventaja de ser acromáticos y de dar un campo lateral importante, pero el inconveniente de ser negativos, por lo que queda excluido el uso de un retículo sobre el cual cada observador pueda hacer una puesta a punto personal.
V. OCULAR, SÍMBOLO DE UN DOBLETE.

▶ *Principio de Huygens-Fresnel.*–Procedimiento de cálculo, enunciado por Huygens (hacia 1680), y precisado después por Fresnel, cerca de ciento cuarenta años más tarde: «Cuando los diferentes puntos de una superficie son alcanzados por una onda luminosa, se comportan como nuevas fuentes (secundarias) de luz, emitiendo cada uno de ellos una pequeña onda. La superficie de onda de la luz en un instante posterior es la envolvente de todas esas ondas elementales.»
Fresnel precisó que «cada fuente secundaria posee la misma frecuencia, la misma amplitud y la misma fase que la onda que ha recibido».
Esta hipótesis le permitió, en particular, calcular la intensidad luminosa difractada –por una pequeña abertura en una pantalla opaca o, contrariamente, por el contorno de un pequeño obstáculo (hilo, disco, etc.)–. El cálculo de la intensidad en un punto se hace por composición de vibraciones que llegan a ese punto en el mismo instante, a las que suponemos provenientes de distintas fuentes secundarias no ocultas de una misma superficie de onda. Se sabe que, espoleado por una consecuencia de apariencia paradójica prevista por Poisson –el punto central de la sombra de un pequeño disco debería parecer iluminado–, Fresnel intentó la experiencia, la cual confirmó el cálculo de Poisson y, de rebote, el principio de partida.
Estudios experimentales posteriores, en particular el estudio de la difracción lejana (EXPERIENCIA DE GOUY), han demostrado, sin embargo, que los cálculos basados en la hipótesis de Fresnel dan resultados sólo aproximados, válidos en tanto que el punto en el que se calcula la vi-

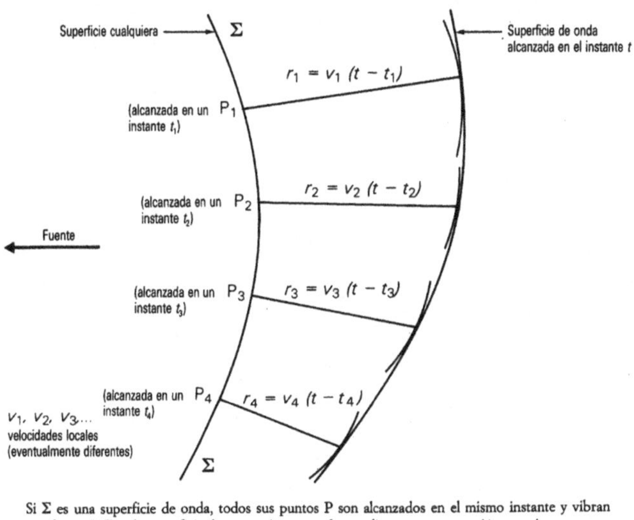

Si Σ es una superficie de onda, todos sus puntos P son alcanzados en el mismo instante y vibran «en fase». Si Σ es la superficie de separación entre dos medios, esta construcción permite encontrar la onda refractada (V. CONSTRUCCIÓN DE HUYGENS).

bración resultante no esté demasiado alejado del trayecto previsto por el principio de propagación rectilínea de la luz, y en tanto que no se preste atención ni a la fase ni al estado de polarización de la luz resultante. Una teoría matemática más completa se ha elaborado, aunque sin duda no es aún definitiva.
V. DIFRACCIÓN, PROPAGACIÓN RECTILÍNEA.

▶ *Teorema de Huygens.*—El momento de inercia de un sistema material I_D, cuya masa es m, con respecto a una recta cualquiera D, vale $I_D = I_G + m \cdot a^2$, donde I_G es el momento de inercia del sistema con respecto a una recta G, paralela a D, que pasa por el centro de masas C del sólido, siendo a la distancia entre ambas rectas.
Este teorema es mucho más conocido en España como Teorema de Steiner.
V. ELIPSOIDE DE INERCIA, MOMENTO DE INERCIA CON RESPECTO A UNA RECTA.

I

Iconoscopio

De dos palabras griegas que significan, respectivamente, imagen y observar.

Tubo analizador de imágenes para cámara de televisión, basado en el efecto fotoemisivo de un mosaico de elementos con cesio repartidos por una superficie. Puesto a punto en 1934 por Zworykine, este tubo permitió las primeras realizaciones comerciales de televisión.
Hoy en día se utilizan tubos analizadores derivados del iconoscopio, dotados de ventajosas novedades.
V. ANALIZADOR DE IMAGEN.

Ideal

▶ *Mezcla ideal.*—Mezcla homogénea de varios constituyentes en la que cada uno de ellos se comporta como si estuviera solo.
En una *mezcla gaseosa ideal* la presión de cada gas sobre las paredes del recinto es la misma que si estuviera solo en el recinto a la temperatura de la experiencia. Se reconoce en lo dicho la ley de Dalton: una mezcla de gases perfectos es una mezcla ideal.
Dos líquidos, cuyas estructuras moleculares están emparentadas (hexano *n*, por ejemplo, y heptano *n*) pueden formar una *solución ideal*. Entonces son miscibles en todas proporciones. Por otro lado, la presión de vapor p_i de cada constituyente, a temperatura dada T, es proporcional a su fracción molar x_i en la solución, y la tensión de vapor total se expresa en función de sus constituyentes puros (de sus presiones de vapor p_1^0 y p_2^0) por la relación: $p = x_1 \cdot p_1^0 + x_2 \cdot p_2^0$, con $x_1 + x_2 = 1$. Esta relación traduce una ley descubierta por *Raoult* (en 1888) por vía experimental (V. figura).
Desde el punto de vista de la termodinámica, el *potencial químico* μ_i de cada constituyente de una mezcla ideal es independiente de las fracciones molares x_j de los otros constituyentes: $\mu_i = \mathrm{RT} \ln x_i + f(p, \mathrm{T})$.

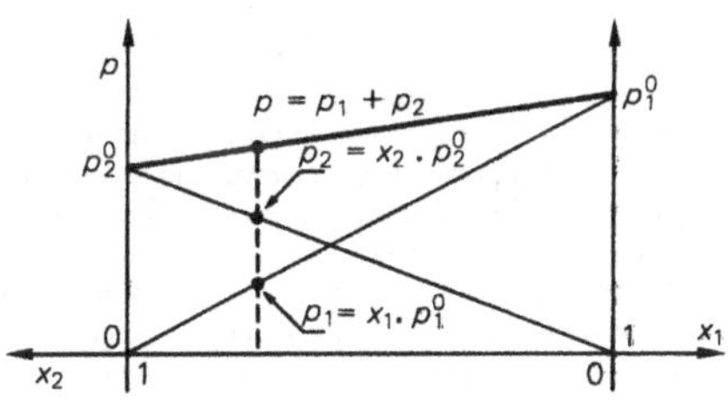

▶ *Solución ideal.*—V. MEZCLA IDEAL.

Iluminación

▸ *Cantidad de iluminación.*—V. EXPOSICIÓN LUMINOSA.

▸ *Iluminación energética.*—La iluminación energética de una pantalla en un punto M se mide por la razón $E_e = d\Phi/dt$, donde $d\Phi$ es el flujo energético que llega a una pequeña superficie dS que rodea M. Se mide en vatios por metro cuadrado ($W \cdot m^2$).

▸ *Iluminación (luminosa).*—La iluminación, o iluminación visual, en un punto de una pantalla es igual a la razón $E_v = d\Phi_v/dt$, donde $d\Phi_v$ es el flujo luminoso que llega a una pequeña superficie de área dS, que encierra al punto. La unidad del SI de iluminación es el *lux* (lx).

Imagen

▸ *Imagen eléctrica.*—Puede demostrarse que el campo electrostático creado por uno o varios conductores en equilibrio, en cualquier punto exterior a esos conductores, puede ser calculado reemplazando uno de los conductores, pongamos A, por cargas puntuales, o lineales, de valores y posiciones adecuadas. Esas cargas son las *imágenes eléctricas* con respecto a A, de todos los otros conductores, o, según otros autores, las imágenes de A en presencia del resto de los conductores.
Ejemplo: Un conductor esférico A, primitivamente neutro, mantenido a potencial cero, está en presencia de otro conductor B, prácticamente puntual, colocado en P y que lleva una carga $+q$. A se carga por *influencia*, y toma la carga $-q'$ ($q' < q$). El potencial y el campo en un punto M cualquiera, exterior a A y a B, pueden ser calculados reemplazando las cargas repartidas sobre la superficie de A por una carga puntual q' colocada en la recta OP en un punto P' (O = centro de A; $OP \cdot OP' = R^2$; R = radio de A; $q'/q = R/OP$). La carga colocada en P' es la imagen eléctrica de B con respecto a A (o la imagen de A en presencia de B).

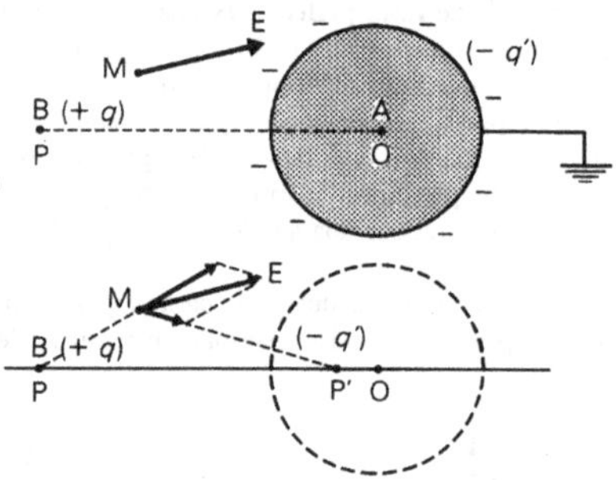

▸ *Imagen óptica.*—Cuando un haz divergente de rayos luminosos proveniente de un punto luminoso A atraviesa un sistema óptico y luego emerge bajo la forma de un haz convergente de vértice A' se dice que, para el sistema estudiado, A es un *objeto* (puntual) *real*, y A' una *imagen real* (puede ser recogida sobre una pantalla).
Un objeto es llamado virtual si es el vértice de un haz incidente que converge. Una imagen es virtual si es el vértice de un haz emergente que diverge (V. figura). Siendo un objeto extenso el conjunto de pequeñas regiones asimilables a puntos, su imagen es el conjunto de imágenes de esos objetos puntuales.
V. ABERRACIONES, ESTIGMATISMO, SISTEMA CENTRADO.

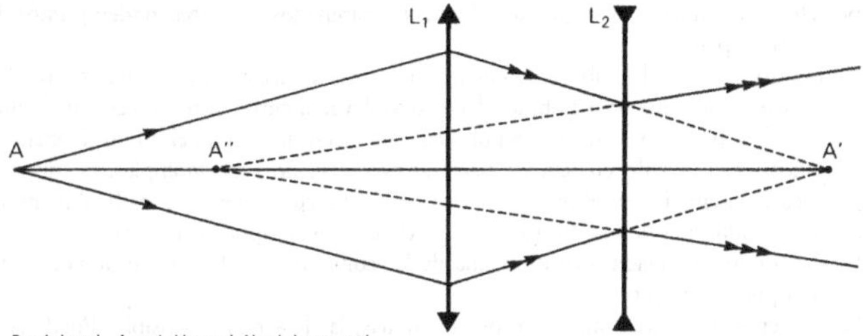

Para la lente L_1, A es el objeto real, A' es la imagen real.
Para la lente L_2, A' es el objeto virtual, A'' la imagen virtual.
Para el sistema $L_1 + L_2$, A es el objeto real, A'' la imagen virtual.

Las teorías actuales proporcionan un medio matemático para calcular el reparto de luz sobre una imagen de un objeto extenso, reparto que depende simultáneamente de la distribución correspondiente sobre el objeto, pero también de fenómenos de difracción y, eventualmente, de un defecto de estigmatismo del sistema óptico para los diferentes puntos del objeto. El resultado es distinto según que el objeto sea iluminado con luz coherente o incoherente.

En el primer caso, se demuestra que el reparto de amplitudes A' en los diferentes puntos de la imagen se obtiene haciendo el «producto de convolución» del reparto de amplitudes A sobre el objeto por A'_0, reparto de amplitudes sobre el plano imagen entero dado por el haz luminoso salido del centro O del objeto: $A' = A \otimes A'_0$. Este último factor es el que hace intervenir el efecto de la difracción y los posibles defectos de estigmatismo.

Si el objeto está iluminado con luz incoherente se obtiene una relación análoga, pero en la que el reparto en amplitudes es sustituido por el reparto en iluminación para la imagen y en luminancia para el objeto: $E' = L \otimes E'_0$. V. ESTIGMATISMO.

▶ *Imagen Orticón* (Contracción de Imagen-Orto-Iconoscopio).–Es uno de los *analizadores de imagen* para cámara de televisión que se utilizan actualmente. Presenta sobre el iconoscopio, del que deriva, algunos progresos.

Es un tubo vacío de aire que lleva sobre su cara delantera un depósito *fotoemisivo* transparente. La imagen óptica de la escena que se quiere televisar se forma en ese depósito y provoca en cada punto una emisión de electrones, en número tanto mayor cuanto más grande es la iluminación. Estos electrones son conducidos por una *lente magnética* hacia un blanco situado en el interior del tubo. En este blanco se forma una *imagen electrónica*, réplica punto por punto de la imagen óptica, ya que cada electrón que llega al blanco expulsa algunos otros (5 ó 6)

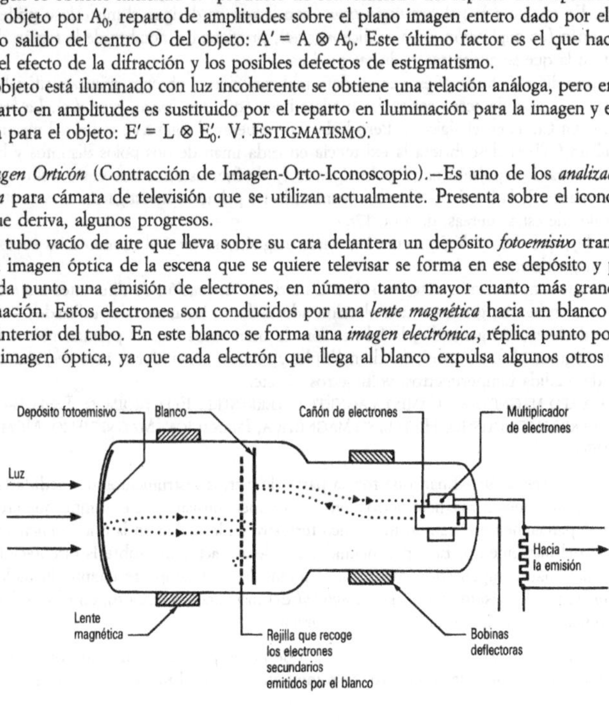

por efecto secundario. A los puntos altamente iluminados les corresponden puntos dotados de fuerte carga positiva.
En el otro extremo del tubo se encuentra un *cañón de electrones* que envía sobre el blanco un haz de electrones, que unas bobinas deflectoras llevan a barrer sistemáticamente la imagen electrónica. Este haz, más o menos empobrecido en electrones según el punto de incidencia sobre el blanco, es reenviado en seguida hacia atrás y enviado a un multiplicador de electrones, y después a un circuito en el que causa una corriente, cuya intensidad es finalmente proporcional a la iluminación de los diversos puntos de la imagen óptica primitiva.
Esta corriente modulada constituye una de las componentes de la señal de vídeo, transmitida hasta el puesto receptor.
La imagen-orticón presenta, entre otras ventajas, la de ser muy sensible. Puede ser utilizada incluso con iluminaciones muy débiles.

Imán

Cuerpo sólido que posee, entre otras propiedades, la de poder atraer los objetos de hierro (clavos, limaduras...).
Gracias a esta propiedad fueron descubiertas, en el siglo VI antes de Cristo, las *piedras-imán*, mineral que contienen fundamentalmente un óxido de hierro (Fe_3O_4) y que se utilizaban entonces para la fabricación de acero. Parece comprobado que la palabra imán es una deformación de la palabra latina para diamante, y simultáneamente para acero, de durezas comparables. En cuanto a la palabra *magnetismo*, con la que se designa el misterioso poder de la piedra-imán (en anglosajón imán se dice *magnet*), proviene del nombre de la región de Asia Menor en la que se encontraron dichas piedras.
Se aprendió más tarde, y éste es un dato mal conocido, a obtener imanes artificiales, frotando barras o agujas de acero contra las piedras imán (que son *imanes naturales*). La *brújula* se utilizaba en China en el siglo XI. Pero hubo que esperar al siglo XVI, al fin del mismo, para que William Gilbert descubriera la existencia en cada imán de dos polos distintos y la existencia de fuerzas de repulsión entre polos iguales (y de fuerzas atractivas entre polos opuestos) de dos imanes. Y la ley de Coulomb, resumiendo las primeras investigaciones cuantitativas sobre el valor de estas fuerzas, data de 1785.
Esta ley, que definía lógicamente las masas magnéticas, abrió el camino a las sucesivas teorías del magnetismo.
Nuestros conocimientos actuales sobre el modo de imanación de diferentes materiales permiten a la industria, gracias a una elección adecuada de los materiales utilizados –aleaciones a base de hierro en general–, la fabricación de numerosos imanes permanentes o temporales, que aseguran el funcionamiento de múltiples aparatos: generadores, motores, altavoces, aparatos de medida (amperímetros, voltímetros...), etc.
V. CAMPO MAGNÉTICO, CAMPO MAGNÉTICO TERRESTRE, ELECTROIMÁN, ESPECTRO MAGNÉTICO, FERROMAGNETISMO, HISTÉRESIS MAGNÉTICA, IMANACIÓN, MAGNETISMO, MOMENTO MAGNÉTICO.

▶ *Imán compensador*.—Imán que forma parte de ciertos instrumentos de medida (galvanómetros de imán móvil, magnetómetros, etc.). Su papel consiste, por el campo que crea, en compensar parcialmente el campo magnético terrestre en la región en la que se encuentra la parte móvil del instrumento. El experimentador puede así, actuando sobre la orientación y la posición del imán compensador, modificar la intensidad del campo resultante, llamado *campo director*, y, por lo mismo, alterar la *sensibilidad* del instrumento. Ésta es, en efecto, inversamente proporcional a la intensidad del campo director.

▶ *Rotura de un imán*.—Un aguja imanada, que posee por tanto un polo norte en uno de sus extremos y un polo sur en el otro, se rompe en dos por el medio. La experiencia demuestra que las dos nuevas agujitas que resultan no contienen, como podría esperarse, magnetismo norte en un caso y magnetismo sur en el otro. Cada una de ellas es un nuevo imán completo con un polo norte y un polo sur. Vueltas a poner extremo con extremo, las pequeñas agujas reconstruyen el imán primitivo.

Los resultados concordantes de este tipo de experiencias han contribuido a rechazar la teoría culombiana del magnetismo, basada en la existencia separada e hipotética de dos masas magnéticas distintas (norte y sur), de la misma manera que existen dos cargas eléctricas distintas (positiva y negativa).

V. MAGNETISMO, MONOPOLO MAGNÉTICO.

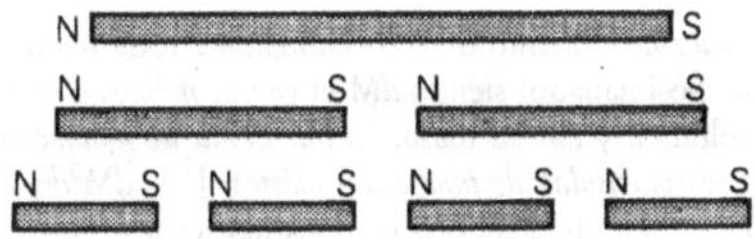

Imanación

▶ *Coeficiente de imanación.*—Denominación antigua de la «susceptibilidad magnética másica».

▶ *Imanación específica.*—*Sinónimo:* Intensidad de imanación.

▶ *Imanación espontánea.*—Algunos sólidos cristalinos, incluso sustraídos a cualquier campo magnético externo, están imanados. Poseen espontáneamente, en cada uno de sus puntos interiores, una *intensidad de imanación* no nula.

Ésta proviene de la existencia, en su estructura, de portadores de momento magnético, y se ha podido establecer que estos momentos magnéticos elementales son los *momentos magnéticos de spin* de electrones atómicos. Bajo la influencia de una *interacción* que se ejerce fundamentalmente entre vecinos, estos momentos magnéticos elementales tienen la tendencia a tomar una orientación común, en la medida que lo permiten la agitación térmica de una parte y ciertas coerciones emanadas de la estructura cristalina de otra parte. Teniendo en cuenta estas diversas circunstancias se establece un estado de equilibrio, correspondiente a un valor mínimo de la energía global de los electrones.

Pero en un cristal existen diversas orientaciones que responden a esta condición. A una temperatura dada, se forman por tanto diferentes dominios, llamados *dominios de Weiss,* conteniendo cada uno de ellos momentos magnéticos elementales de la misma orientación.

El momento magnético de la muestra estudiada es igual a la suma vectorial de los momentos magnéticos de cada uno de sus dominios. Puede ser nulo por compensación, de manera excepcional. Aumenta a saltos si la muestra es sumergida en un campo magnético exterior creciente. Disminuye y se anula si la muestra es llevada a temperaturas suficientemente elevadas.

Estas nociones cualitativas, convenientemente explotadas, permiten explicar las propiedades de las sustancias paramagnéticas así como las de las sustancias ferromagnéticas (entendiendo la palabra en sentido lato).

V. CAMPO MOLECULAR, ELECTROMAGNETISMO, IMANACIÓN INDUCIDA, LEYES DE CURIE, PAREDES DE BLOCH, TEORÍA DE LANGEVIN.

▶ *Imanación inducida.*—Imanar un cuerpo es hacer un imán, es decir, hacer que adquiera un *momento magnético.* Se imana un cuerpo sometiéndolo a un campo magnético creado por otro imán o, más frecuentemente hoy, por una corriente eléctrica.

Todos los cuerpos, ya sean sólidos, líquidos o gases, pueden adquirir así una *imanación* llamada *«inducida».* Sin embargo, las leyes de variación de dicha imanación en función del valor del campo aplicado y de su temperatura no son las mismas para todas las sustancias. En particu-

lar, cuando se anula el campo magnético aplicado, la imanación inducida desaparece completamente en ciertas sustancias y persiste, al menos parcialmente, en otras. Las sustancias del primer tipo sirven para fabricar los imanes temporales (los *electroimanes*); las del segundo tipo, los *imanes permanentes*.
Estas diferencias de comportamiento son atribuidas al hecho de que la imanación de una sustancia es tributaria de su estructura.
V. DIAMAGNETISMO, FERROMAGNETISMO, HISTÉRESIS MAGNÉTICA, IMANACIÓN ESPONTÁNEA, INTENSIDAD DE IMANACIÓN, LEYES DE CURIE, PARAMAGNETISMO.

▶ *Imanación remanente*.—V. FERROMAGNETISMO, HISTÉRESIS.

▶ *Intensidad de imanación*.—Magnitud vectorial ligada a toda región pequeña (pequeña a nuestra escala) de un medio imanado: siendo $d\mathbf{M}$ el vector *momento magnético* de la pequeña región observada, dv su volumen y dm su masa, su *intensidad de imanación volúmica* vale, por definición: $\mathbf{J}_v = d\mathbf{M}/dv$, y su *intensidad de imanación másica,* $\mathbf{J}_m = d\mathbf{M}/dm$. Entre los dos módulos J_v y J_m existe la relación $J_v = J_v \cdot \rho$, siendo ρ la densidad local.
Midiéndose el momento magnético dM en A · m², J_v se mide en A/m y J_m en $A \cdot m^2 \cdot kg^{-1}$.
Algunos físicos prefieren utilizar $\mathbf{J} = \mu_0 \cdot d\mathbf{M}/dv$; entonces $\mathbf{B} = \mu_0 \cdot \mathbf{H} + \mathbf{J}$. **J** se mide en ese caso en teslas.
Si todos los vectores intensidad de imanación local de una barra imanada son equipolentes, se dice que la barra posee una imanación *uniforme*. Su momento magnético vale entonces $\mathbf{M} = \Sigma\, d\mathbf{M} = \mathbf{J}_v \cdot v$ (v = volumen de barra).
Por analogía con el vector *polarización eléctrica* (volúmica) de un medio dieléctrico, el vector $\mathbf{J}_v$ se denomina a veces vector *polarización magnética* del medio imanado, y se representa por $\mathbf{P}_m$.
V. CORRIENTES AMPERIANAS, SUSCEPTIBILIDAD MAGNÉTICA.

Impacto

▶ *Parámetro de impacto*.—Cuando se produce una «colisión» entre una partícula-proyectil P_1 y una partícula-blanco P_2 se llama parámetro de impacto a la distancia más corta que separaría las dos partículas si no se produjeran las desviaciones fruto de la colisión. Evidentemente, en una colisión «frontal» el parámetro de impacto es nulo.
V. EXPERIENCIA DE RUTHERFORD.

Impedancia

▶ *Impedencia acústica*.—Característica de un resonador acústico, definida por analogía con la impedancia eléctrica de un circuito eléctrico equivalente.
V. RESONADOR DE HELMHOLTZ.

▶ *Impedancia acústica específica*.—Cuando un medio homogéneo e isótropo es recorrido por una onda sonora plana sinusoidal, existe una relación constante entre los valores complejos instantáneos, en un mismo punto, de la presión acústica p y de la velocidad de vibración v. Esta relación $z = p/v$ es la *impedancia acústica específica* (o intrínseca) del medio.
Si el medio no es disipativo, se demuestra que su impedancia específica es real —recibe el nombre de *resistencia específica*, en ese caso— y que equivale al producto de su densidad por la velocidad local del sonido, c: $R_s = \rho \cdot c$.
Se evalúa en rayls (en homenaje a lord Rayleigh) (V. INTENSIDAD ACÚSTICA).
Ejemplos: la resistencia acústica específica del aire vale sensiblemente 400 rayls; la del agua, 1,4 millones de rayls.

▶ *Impedancia característica*.—V. CUADRIPOLO ADAPTADO.

▶ *Impedancia eléctrica.*—Magnitud que caracteriza a un dipolo eléctrico pasivo recorrido por una corriente alterna. Si entre los bornes del dipolo se establece una diferencia de potencial alterna sinusoidal $v = V_m \cos \omega t$, la intensidad que circula por él en régimen permanente vale $i = I_m \cos(\omega t - \varphi)$, y se demuestra que los valores máximos V_m e I_e están relacionados entre sí por la expresión: $V_m = ZI_m$. La magnitud $Z = V_m/I_m = V_{ef}/I_{ef}$, independientemente de V_m y de I_m, pero no de la pulsación ω, recibe el nombre de *impedancia* del dipolo. Se mide en ohmios. Su valor depende de la estructura del circuito. Si éste consta, por ejemplo, de una resistencia inductiva (R, L) en serie con un condensador C su impedancia vale $Z = \sqrt{R^2 + (L\omega - 1/C\omega)^2}$. Si la tensión aplicada es periódica sin ser sinusoidal, puede ser descompuesta en una suma de tensiones sinusoidales de valores eficaces respectivos $V_1, V_2, ..., V_p, ...$, aplicando el *teorema de Fourier*. A cada uno le corresponde una intensidad eficaz $I_1, I_2, ..., I_p, ...$, y la impedancia del dipolo viene entonces dado por la expresión $Z = \sqrt{\Sigma V_p^2/\Sigma I_p^2}$.
La inversa de Z: $Y = 1/Z$, es la *admitancia* del dipolo, medida en ohms^{-1} o en siemens.

▶ *Impedancia eléctrica compleja.*—El estudio en notación compleja de un dipolo eléctrico recorrido por una corriente sinusoidal demuestra que existe, entre los valores instantáneos de tensión en bornes: $\underline{v} = V_m \exp j\omega t$ y de la intensidad $\underline{i} = I_m \exp j(\omega t - \varphi)$ la relación simple $\underline{v} = \underline{z}\,\underline{i}$, que recuerda la expresión de la ley de Ohm en corriente continua (ω es la pulsación, t el tiempo, φ el retardo de fase de i sobre v y $j^2 = -1$).
El cociente $\underline{z} = \underline{v}/\underline{i}$ es la *impedancia compleja del dipolo,* y su cantidad inversa $\underline{y} = 1/\underline{z}$ es su *admitancia compleja.*
Escribiendo la impedancia compleja de la forma $\underline{z} = R + jX$ se pone de manifiesto su parte real, que no es otra que la *resistencia* del circuito R, y su parte imaginaria X, denominada *reactancia* del dipolo. La forma exponencial $\underline{z} = Z \exp j\varphi$ hace aparecer el módulo $Z = \sqrt{R^2 + X^2}$, *impedancia* del circuito en notación real, y el argumento φ, ángulo de desfase entre tensión e intensidad: $\operatorname{tg} \varphi = X/R$.
De la misma manera, con la admitancia compleja escrita de la forma $\underline{y} = G + jB$, se definen la *conductancia* del dipolo, representada por la parte real G, y la *susceptancia*, representada por su parte imaginaria B: $Y = \sqrt{G^2 + B^2} = 1/Z$.
El cuadro adjunto da algunos ejemplos simples:

	$\underline{z} = R + jX$	R	X	φ	$\underline{y} = G + jB$	G	B
Resistencia pura (no inductiva) 	R	R	0	0	1/R	1/R	0
Autoinducción pura 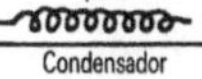	$jL\omega$	0	$L\omega$	$+\pi/2$	$1/jL\omega$	0	$-1/L\omega$
Condensador perfecto 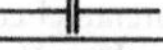	$1/jC\omega$	0	$-1/C\omega$	$-\pi/2$	$jC\omega$	0	$C\omega$
Circuito RLC serie 	$R + j(L\omega - 1/C\omega)$	R	$L\omega - 1/C\omega$	$\operatorname{tg} \varphi = X/R$			
Circuito RLC paralelo 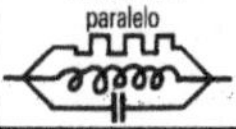				$\operatorname{tg} \varphi = -B/G$	$1/R + j(C\omega - 1/L\omega)$	1/R	$C\omega - 1/L\omega$

El interés de estas magnitudes complejas radica en que con ellas es más sencillo el estudio de las *asociaciones* de dipolos. Así, la impedancia compleja de un conjunto de dipolos en serie vale simplemente la suma de sus impedancias, lo que no sucede en notación real. De la misma ma-

nera la admitancia compleja de un conjunto de dipolos montados en derivación es igual a la suma de sus admitancias complejas, lo que no es cierto en notación real.
Todo esto, sin embargo, es válido solamente en corriente sinusoidal, ya que esas diversas magnitudes, para un mismo dipolo, dependen de la pulsación de la corriente.

▶ *Impedancia eléctrica específica* (o *intrínseca*).—Magnitud concerniente a toda línea eléctrica de dos conductores paralelos (línea telefónica, cable coaxial...). Una línea así posee, por *unidad de longitud*, una resistencia R_1, una conductancia de fuga G_1, una autoinducción L_1 y una capacidad C_1. Su *impedancia específica* es igual, por definición, al cociente $\underline{z} = \underline{u}/\underline{i}$, siendo $\underline{u}$ (notación compleja) la tensión eléctrica instantánea entre los conductores entre dos puntos vecinos, e $\underline{i}$ la intensidad instantánea de la corriente en esos puntos. Si la corriente es sinusoidal de pulsación ω, $\underline{z}$ adquiere el valor:

$$z = \sqrt{\frac{R_1 + jL_1\,\omega}{G_1 + jC_1\,\omega}} \quad (j = \sqrt{-1})$$

La disipación de energía entraña un debilitamiento de la energía transmitida, y la tasa de debilitamiento depende, por desgracia, de la pulsación ω. Toda señal transmitida por una línea de estas características se deforma, ya que sus diferentes componentes se debilitan desigualmente. Si la línea fuera no disipativa (R_1 y G_1 serían nulos), $\underline{z} = (L_1/C_1)^{1/2}$ sería independiente de ω y la señal no se vería ni debilitada ni deformada. Se demuestra que este resultado se alcanzaría aproximadamente en una línea real, forzosamente disipativa, si la condición $R_1/G_1 = L_1/C_1$ se cumple. R_1/G_1 es generalmente grande, por lo que para aproximarse a la condición precedente hay que aumentar artificialmente L_1/C_1, y por ello L_1. Con este fin se han diseñado dos procedimientos. El primero, preconizado por Pupin y llamado *pupinación*, consiste en intercalar, en la línea y a distancias regulares, bobinas de autoinducción con coeficientes calculados. El otro, ideado por Krarup, consiste en aumentar la permeabilidad magnética de los conductores de cobre, revistiéndoles con una aleación magnética, lo que aumenta su coeficiente específico L. Es la *krarupización*.

▶ *Impedancia mecánica*.—Por analogía con la impedancia mecánica de un circuito ($Z_{el} = V_M/I_M$), la *impedancia mecánica* de un oscilador, vibrando en régimen forzado bajo la acción de una fuerza exterior sinusoidal $f = F_M \cos \omega t$, es el cociente entre el valor máximo F_M de la fuerza y el valor máximo V_M de la velocidad de oscilación que se obtiene: $Z_{mec} = F_M/v_M$.
Se puede calcular esta impedancia Z_{mec} en función de las características mecánicas del oscilador, del mismo modo que se calcula la impedancia eléctrica del dipolo en función de sus características eléctricas.
V. CIRCUITO ELÉCTRICO EQUIVALENTE.

Impulso

▶ *Impulso de una fuerza*.—Calculado en un breve intervalo de tiempo dt, durante el cual una fuerza que actúa sobre un móvil puede considerarse constante en intensidad y dirección, el *impulso* de $\boldsymbol{f}$ es, por definición, la magnitud vectorial $d\mathbf{I} = \boldsymbol{f} \cdot dt$. Calculado en un intervalo de tiempo cualquiera (de t_1 a t_2), el impulso de una fuerza variable viene dado por la integral

$$\mathbf{I} = \int_{t_1}^{t_2} \boldsymbol{f} \cdot dt.$$

Un impulso se mide en newton · segundo (N · s).
El interés del vector impulso de una fuerza aparece en el enunciado del teorema de la *cantidad de movimientos*.
En el curso de un choque entre dos cuerpos, la fuerza que actúa sobre cada uno de ellos puede ser de enorme intensidad, y su duración, suficientemente breve como para que, durante su

acción, el desplazamiento del cuerpo que sufre la acción sea prácticamente despreciable. Su vector impulso recibe en ese caso, a veces, el nombre de vector *percusión*.

▶ *Impulso de un móvil:*
1. Mecánica newtoniana.—Es, por definición, la magnitud vectorial $\boldsymbol{p}$, cuyas componentes p_x, p_y, p_z son, respectivamente, los momentos conjugados de las coordenadas del móvil, supuesto *puntual*, en movimiento en un referencial $(0, x, y, z)$.
Si el móvil no está sometido a fuerza alguna, o si se desplaza bajo la acción de una fuerza que deriva de un potencial escalar, se demuestra que su impulso es igual a su *cantidad de movimiento:* $\boldsymbol{p} = m\boldsymbol{v}$. Si lleva una carga eléctrica q y se desplaza en un campo electromagnético, su impulso vale $\boldsymbol{p} = m\boldsymbol{v} + q\mathbf{A}$ ($\mathbf{A}$ = potencial vector del campo).
El estado de un *sistema material* cualquiera en movimiento, si posee n grados de libertad, viene caracterizado en un instante dado por los valores que toman en ese instante sus n coordenadas generalizadas q_i y sus n momentos conjugados p_i ($i = 1, 2, ..., n$). Esos n momentos conjugados son las componentes de una magnitud llamada *impulso generalizado* del sistema.
2. Mecánica relativista.—En ausencia de campo electromagnético el impulso de un corpúsculo de masa (en reposo) m_0 y de velocidad $\boldsymbol{v}$ tiene como expresión: $\boldsymbol{p} = m_0\, \boldsymbol{v}/\sqrt{1 - v^2/c^2}$, siendo c la velocidad de la luz. (Se escribe simplemente: $\boldsymbol{p} = m\boldsymbol{v}$, si se ha convenido en llamar masa del corpúsculo en movimiento a la magnitud $m = m_0/\sqrt{1 - v^2/c^2}$.)
Entre el impulso de un corpúsculo y su energía total E existe la relación: $E^2 = E_0^2 + p^2c^2$, donde E_0 es su energía de masa. En el caso particular de un corpúsculo de masa (en reposo) nula (fotón o neutrino), esta relación se transforma en: $|p| = E/c = h\nu/c$, donde h es la constante de Planck, y ν la frecuencia de la onda asociada al movimiento de la partícula.
V. ENERGÍA TOTAL, CUADRIVECTORES.

▶ *Operador impulso*.—Cuando un punto material está en movimiento en un referencial ortonormal $(0, x, y, z)$, a sus coordenadas x, y, z corresponden respectivamente los momentos conjugados p_x, p_y, p_z. A cada uno de éstos la mecánica cuántica asocia un operador impulso.
A p_x se asocia $(p_x)_{op} = -i\hbar\, \partial/\partial x$; idénticamente, $(p_y)_{op} = -i\hbar\, \partial/\partial y$, y $(p_z)_{op} = -i\hbar\, \partial/\partial z$.
Al observable impulso $\boldsymbol{p}(p_x, p_y, p_z)$ está asociado, por consiguiente, el operador $p_{op} = -i\hbar$ grad ($i = \sqrt{-1}$, $\hbar$ constante reducida de Planck).
V. OBSERVABLES CONJUGADAS.

Incandescencia

▶ *Radiación por incandescencia. Sinónimo: Radiación térmica*.—La emisión de una radiación bajo el efecto de una excitación distinta de la puramente térmica es una *luminiscencia*.

Incertidumbre

La inevitable existencia de errores experimentales (V. ERRORES EN LAS MEDIDAS) explica que el valor numérico exacto a de una magnitud física cualquiera A no pueda ser conocido con certidumbre. El resultado final de sus mediciones sucesivas suele darse en la forma $A = \bar{a} \pm \varepsilon$, donde $\bar{a}$ es el valor más probable de A y ε la *incertidumbre* correspondiente, lo que quiere decir que el valor exacto a está comprendido en el intervalo, llamado *intervalo de confianza* $(\bar{a} - \varepsilon, \bar{a} + \varepsilon)$, con una probabilidad calculada, como se resume a continuación.
Los resultados a_i ($i = 1, 2, ..., k$) de un número total de medidas de una misma magnitud, hechas en las mismas condiciones, son otras tantas informaciones sobre su valor, informaciones que pueden ser presentadas, desde luego, en forma de cuadro o, mejor aún, de *histograma*. Pero la mayor parte de las veces los resultados a_i se reparten, de manera aleatoria, según la ley

de *distribución normal*, lo que además es posible verificar, gracias a diferentes criterios matemáticos. Basta entonces con dos parámetros para representar válidamente el conjunto de informaciones reunidas: su media $\bar{a}$ y su desviación típica σ. Se demuestra, en efecto, que $\bar{a}$ es la *estimación* más probable del valor exacto a, y que σ permite calcular el intervalo de confianza correspondiente a una incertidumbre ε.

Caso 1.°: El número n de resultados es muy grande (un centenar, por ejemplo). De la ley de distribución normal se obtiene la relación entre incertidumbre e intervalo de confianza (V. cuadro 1). Por ejemplo, al intervalo $(a - 2\sigma, a + 2\sigma)$ corresponde una probabilidad, se dice un *nivel de confianza*, de alrededor del 95 % (todavía queda un riesgo aceptado del 5 % de que a sea exterior a ese intervalo).

CUADRO 1.—n en principio infinito, en la práctica del orden de un centenar

Nivel de confianza Prob $\{\lvert a - \bar{a}\rvert \leqslant \varepsilon\}$	50 %	68 %	95 %	95,5 %	99 %	99,7 %	. . .	$1\text{-}10^{-7}$ %
Riesgo aceptado Prob $\{\lvert a - \bar{a}\rvert > \varepsilon\}$	50 %	32 %	5 %	4,5 %	1 %	0,3 %	. . .	10^{-5} %
Valores de ε/σ	0,674	1	1,960	2	2,576	3	. . .	6

$$\sigma^2 = \frac{1}{n}\sum_{i=1}^{n} n_i(a_i - \bar{a})^2$$

Caso 2.°: n es pequeño, una decena por ejemplo. Esos n resultados son en ese caso asimilables a una muestra, que podría en principio volver a repetirse. De ello resulta que su media $\bar{a}_n$ es, por sí misma, una variable aleatoria. Una teoría, debida a Student, muestra que su desviación típica debe tomarse igual a s_n, dado por $s_n^2 = \frac{1}{n-1}\sum_i (a_i - \bar{a}_n)^2$. Un cuadro numérico (V. cuadro 2) da la probabilidad ligada a cada valor de la incertidumbre $\varepsilon = t\frac{s_n}{\sqrt{n}}$

CUADRO 2.—n pequeño, del orden de una decena

Nivel de confianza Prob $\{\lvert a - \bar{a}\rvert \leqslant \varepsilon\}$	50 %	95 %	99 %
Riesgo aceptado Prob $\{\lvert a - \bar{a}\rvert > \varepsilon\}$	50 %	5 %	1 %
Valores de t (coeficiente de Student) para			
$n = 2$	1,00	12,7	63,7
$n = 5$	0,74	2,78	4,60
$n = 10$	0,70	2,26	3,25
$n = 20$	0,68	2,09	2,86
$n = 30$	0,68	2,04	2,76

$$\varepsilon = ts_n/\sqrt{n}, \quad s_n^2(=\sigma_{n-1}^2) = \frac{1}{n-1}\sum_{i=1}^{n} n_i(a_i - \bar{a})^2$$

Caso 3.°: Se ha efectuado una medida única, leyendo, por ejemplo, un aparato de medida graduado. En ese caso es necesario analizar directamente las diversas fuentes de error y la importancia de cada una de ellas. Puede suceder que el error provenga esencialmente de la precisión limitada con la que se ha graduado el aparato. La incertidumbre de la medida está ligada entonces a la *clase* del instrumento. Desgraciadamente, los constructores dan muy raramente la probabilidad ligada a esta fuente de errores.

Señalemos, en fin, que para comparar las precisiones en el conocimiento de diversas magnitudes lo racional no es trabajar con la incertidumbre absoluta ε sino con la incertidumbre relativa $\varepsilon/a \simeq \varepsilon/\bar{a}$.

V. PROPAGACIÓN DE ERRORES.

▶ *Relaciones de incertidumbre* (o de indeterminación).

V. DESIGUALDADES DE HEISENBERG.

Independencia de carga

«Las interacciones fuertes entre partículas son independientes del valor de sus cargas eléctricas.» *Ejemplo:* la energía de enlace entre protón y protón, entre neutrón y neutrón, entre protón y neutrón, es rigurosamente la misma (alrededor de 2,2 MeV), una vez deducida la energía de enlace eléctrica, que solamente interviene en el primer caso. Se dedujo de ello que ambos, protón y neutrón, son dos estados diferentes de una misma partícula, el nucleón.

V. ISOSPÍN.

Indeterminación

▶ *Relaciones de indeterminación.*

V. DESIGUALDADES DE HEISENBERG.

Índice

▶ *Índice de extinción.*—V. ÍNDICE DE REFRACCIÓN COMPLEJO.

▶ *Índice extraordinario.*—V. BIRREFRINGENCIA.

▶ *Índice ordinario.*—V. BIRREFRINGENCIA.

▶ *Índice de refracción:*

1. Óptica geométrica.—Número característico de cada medio transparente (V. CAMINO ÓPTICO, PRINCIPIO DE FERMAT).

La utilización de las leyes de Shell conduce a definir el índice relativo del medio de refracción con respecto al medio de incidencia: n_{12} = sen i/sen r, donde i y r son los ángulos de incidencia y refracción. Habiéndose elegido convencionalmente el índice de refracción del vacío igual a 1, el índice de refracción de un medio con respecto al vacío es su ***índice absoluto n***. El índice relativo n_{12} es entonces el cociente entre los índices absolutos de ambos medios: $n_{12} = n_2/n_1$.

La experiencia demuestra que todos los índices absolutos de los medios materiales son superiores a la unidad. El del aire, para la luz amarilla ($\lambda \simeq 589$ nm) y en condiciones normales, es muy próximo a 1: $n \simeq 1{,}00029$. Se infiere de ello que el índice de refracción de un medio con respecto al aire es prácticamente igual a su índice absoluto.

Para los medios anisótropos, V. BIRREFRINGENCIA.

2. Óptica física.—Se demuestra que el índice absoluto de un medio, definido en óptica geométrica, es igual al cociente entre la velocidad de la luz en el vacío c y su velocidad en el medio estudiado v: $n = c/v$, al menos en la hipótesis ondulatoria (V. CONSTRUCCIÓN DE HUYGENS).

Desde el punto de vista histórico puede notarse que la teoría usada por Descartes para obtener la ley de los senos era una teoría corpuscular, y él encontró $n = v/c$. El resultado experimental $n > 1$ implicaba, por tanto, $v > c$. La experiencia de Fizeau comparando la velocidad de la luz en el aire y en el agua (1851) dio $v < c$. Este resultado contribuyó al descarte de la teoría corpuscular.
En un medio anisótropo, v es la velocidad de propagación en la dirección normal a la onda (V. RAYOS LUMINOSOS).

▶ *Índice de refracción complejo.*—El estudio teórico de la propagación de una onda electromagnética en un medio absorbente (dieléctrico o conductor) se hace cómodamente utilizando el *índice de refracción complejo* $n = n - jk (j = \sqrt{1})$.
El número n es el *índice* de refracción habitual del medio, cociente entre las velocidades de propagación de la radiación objeto de estudio en el vacío, c, y en la sustancia, v. $n = c/v$.
El segundo número k es su *índice de extinción*. Depende de su coeficiente de absorción α referido al flujo energético transportado por la radiación y de la frecuencia de ésta (o lo que es lo mismo, de su pulsación ω: $\omega = 2\pi\nu$, donde ν es la frecuencia):

$$k = \frac{\alpha}{2}\frac{c}{\omega}.$$

Ejemplo: El campo eléctrico alterno de una onda sinusoidal que se propaga en un medio no absorbente tiene por expresión $E = E_0 \cos \omega \left(t - \frac{nx}{c}\right)$ o, en notación compleja $\underline{E} = E_0 \exp\left[j\omega\left(t - \frac{nx}{c}\right)\right]$. Éste toma en un medio absorbente, utilizando el índice complejo, una forma completamente análoga. La expresión que tiene en cuenta la absorción: $\underline{E} = E_0 \exp\left(\frac{-\alpha}{2}\right) \exp\left[j\omega\left(t - \frac{nx}{c}\right)\right]$ se transforma, en efecto, en $\underline{E} = E_0 \exp\left[j\omega\left(t - \frac{\underline{n}x}{c}\right)\right]$.

Índices

▶ *Elipsoide de índices.*—Superficie característica de los medios ópticamente anisótropos, a partir de la cual se pueden reencontrar todos los resultados experimentales que afectan a las propiedades de birrefringencia de los medios en cuestión. Su existencia fue postulada por Fresnel en su teoría mecánica de la luz. En la actual teoría electromagnética su existencia y sus propiedades son consecuencias lógicas de las propiedades eléctricas de esos medios anisotrópicos.
Se comienza por demostrar, a partir de las ecuaciones de Maxwell, que toda vibración luminosa rectilínea representada por un vector **OV** (O es un punto cualquiera del medio) puede propagarse sin alteración en una dirección apropiada con una velocidad de propagación normal $v = c/n$. Llevando sobre la dirección de **OV** una longitud OM proporcional al índice de refracción del medio, n, y dando a **OV** todas las direcciones posibles, se establece que el punto M describe una superficie que es, precisamente, el *elipsoide de índices* del medio.
Una de sus propiedades esenciales es la siguiente. Un plano de onda P que pase por O y corte al elipsoide siguiendo una elipse (E), cuyos semiejes principales sean proporcionales a n_1 y n_2 ($OA_1 \rightarrow n_1$; $OA_2 \rightarrow n_2$), puede transportar sin alteración una u otra solamente de las dos vibraciones rectilíneas rectangulares $\mathbf{OV}_1$ y $\mathbf{OV}_2$, en las direcciones, respectivamente, de OA_1 y OA_2 y cuyas velocidades de propagación son, respectivamente, $v_1 = c/n_1$ y $v_2 = c/n_2$ (V. figura).
Cualquier otra vibración rectilínea es transformada, en el curso de su propagación, en vibración elíptica si está situada en el plano de onda P.
Si sobre la normal al plano de onda P se llevan dos longitudes $ON_1 = n_1$; $ON_2 = n_2$, los puntos N_1 y N_2, cuando la normal gira en torno a O, describen una superficie. Es la *superficie de ín-*

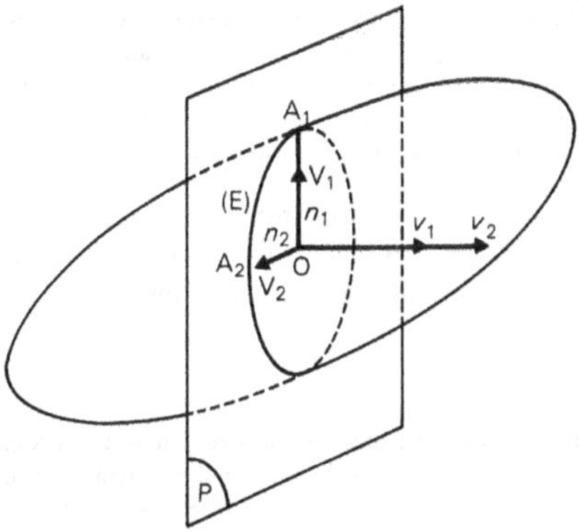

dices del medio en O. En un medio isótropo y homogéneo cualquier superficie de índices es una esfera (V. CONSTRUCCIÓN DE REUSCH).

▶ *Superficie de índices*.—V. ELIPSOIDE DE ÍNDICES.

Inducción

▶ *Inducción electromagnética*.—Producción de una corriente eléctrica bajo la influencia de un campo magnético **B** (de ahí proviene el nombre de *vector inducción*, a menudo dado al vector **B**).

Los elementos como el circuito en el que aparece la corriente, o la corriente misma, reciben el nombre de *inducidos*; el campo **B**, el imán o la corriente eléctrica que lo generan o su flujo a través de una superficie cualquiera reciben el nombre de *inductores*.

Este fenómeno, descubierto experimentalmente por Faraday (1831), se produce en diferentes circunstancias, que pueden ser esquematizadas en dos posibilidades:

– un circuito, inmóvil en el referencial del laboratorio, y sometido a la acción de un campo magnético **B** variable;

– el campo magnético es permanente, pero el circuito se desplaza (o se deforma: sólo se desplazan algunos elementos) *cortando las líneas de campo*. En todos los casos aparece una corriente inducida, cuyo sentido viene dado por la ley de Lenz, y que cesa cuando cesa la variación de campo o el desplazamiento que la ha originado.

La ley cuantitativa de este fenómeno se expresa fácilmente si se toma en consideración el flujo inductor Φ a través del circuito inducido, o el flujo Φ_c cortado por el circuito: «La cantidad de electricidad transportada por la corriente inducida es proporcional a la variación del flujo inductor, o al flujo cortado.» De forma más detallada:

– si durante un corto lapso de tiempo dt el flujo a través del circuito inducido sufre una variación $d\Phi$, la corriente inducida parece producida por una fuerza electromotriz $e = -d\Phi/dt$;

– si durante el mismo lapso de tiempo, el flujo cortado por un elemento $\mathbf{dl}$ del circuito vale $d\Phi_c$, aparece una fuerza electromotriz inducida en ese elemento que vale $de = d\Phi_c/dt = (\mathbf{B}, \mathbf{dl}, \mathbf{v})$. $\mathbf{v}$ es la velocidad de desplazamiento del elemento $\mathbf{dl}$. Se puede demostrar en ese caso que para el conjunto del circuito la suma de las fuerzas electromotrices de todos sus elementos móviles vale, como en el caso primero, $e = -d\Phi/dt$.

Esta última relación es conocida con el nombre de *ley de Faraday* de la inducción.

La inducción electromagnética, aparte de su interés científico, ha suscitado importantes apli-

caciones. Es la base del funcionamiento de numerosos generadores eléctricos (dinamos, alternadores...). También ha hecho posible, gracias a los transformadores, el transporte de energía eléctrica a larga distancia sin pérdidas prohibitivas. Es también una de las piezas maestras de la teoría de las ondas electromagnéticas de Maxwell y, por consiguiente, de su uso en telecomunicaciones... Se ve hasta qué punto ha sido grande la influencia de este descubrimiento de Faraday en y para nuestra civilización.
V. AUTOINDUCCIÓN, CAMPO ELECTROMOTOR, CORRIENTES DE FOUCAULT, FLUJO CORTADO, f.e.m., RELACIÓN DE MAXWELL-FARADAY, ECUACIONES DE MAXWELL.

▶ *Vector inducción magnética* (**B**).—V. CAMPO MAGNÉTICO (**B**), VECTORES ELECTROMAGNÉTICOS.

Inductancia

▶ *Inductancia mutua.*—Dos corrientes eléctricas de intensidades respectivas i_1 e i_2 recorren los circuitos C_1 y C_2 respectivamente (se suponen ambos orientados). El campo magnético **B** que se forma produce a través de C_1 y C_2 flujos magnéticos Φ_1 y Φ_2. Si no se encuentra ninguna sustancia ferromagnética en las proximidades, se demuestran que esos flujos dependen linealmente de las intensidades, tal como indican las relaciones:

$$\Phi_1 = L_1 i_1 + Mi_2 \quad ; \quad \Phi_2 = L_2 i_2 + Mi_1,$$

en las que las magnitudes L y M son independientes de las intensidades.
M es la *inductancia mutua*, o coeficiente de inducción mutua entre ambos circuitos. Su valor puede determinarse por vía experimental, o calcularse mediante una expresión conocida como *fórmula de Newmann*. L_1 y L_2 son los coeficientes de autoinducción de cada uno de los circuitos C_1 y C_2 (también llamados *inductancias propias* y, con mayor frecuencia cada vez, selfs).
Todas esas magnitudes se evalúan en *henrios* (H).
Con más generalidad, si n circuitos filiformes se encuentran en presencia entre sí, las relaciones entre flujos e intensidades se escriben, de forma concisa: $\Phi_j = \sum_k L_{jk} i_k$, o, en forma matricial: $(\Phi) = (L) \cdot (i)$. (Φ) e (i) son dos matrices columna, y (L) una matriz cuadrada (n, n), de término general L_{jk}. Éste designa un coeficiente de autoinducción si $j = k$, y una inductancia mutua en caso contrario.
En presencia de un medio ferromagnético, esos diferentes coeficientes son función de las intensidades. Se definen en ese caso las inductancias «dinámicas» por relaciones del tipo: $d\Phi_1 = L_1(i_1, i_2) \cdot di_1 + M(i_1, i_2) \cdot di_2$.

▶ *Inductancia propia. Sinónimo: Coeficiente de autoinducción.*—Un circuito orientado C recorrido por una corriente eléctrica de intensidad i crea en sus proximidades un campo magnético **B**, y se encuentra, por tanto, atravesado por un flujo (propio) Φ. Ese flujo depende linealmente de i (V. INDUCTANCIA MUTUA): $\Phi = Li$. La magnitud L, *coeficiente de autoinducción* del circuito, es independiente de i, en ausencia de sustancias magnéticas en la vecindad. Es siempre positiva, cualquiera que sea la orientación de C, y calculable a veces. Por ejemplo, el coeficiente de autoinducción de una longitud D de una bobina muy larga, tomada lejos de los extremos, vale: $L = \mu_0 n^2 S/D$, donde μ_0 es la permeabilidad del vacío, n el número de espiras de la bobina en la longitud D, y S la sección media de una espira. (Aquí se ve por qué se mide μ_0 en henrios por metro [H/m].)
V. AUTOINDUCCIÓN, IMPEDANCIA, IMPEDANCIA COMPLEJA.

Inductiva

▶ *Resistencia inductiva.*—Elemento eléctrico caracterizado por una *resistencia* R y un *coeficiente de autoinducción* L. Un hilo conductor arrollado en hélice es una resistencia inductiva (V. BOBINA, SOLENOIDE).

Recorrida por una corriente sinusoidal de frecuencia $\nu = \omega/2\pi$ una resistencia inductiva posee una impedancia real $Z = \sqrt{R^2 + L^2\omega^2}$ y una impedancia compleja $Z = R + jL\omega$ ($L\omega$ es la reactancia del dipolo). Si se toman ciertas precauciones en el momento del arrollamiento, el coeficiente de autoinducción de la bobina puede hacerse muy pequeño, y su reactancia $L\omega$ despreciable ante la resistencia R. Se obtiene entonces $Z \simeq R$, y decimos entonces que se trata de una *«resistencia no inductiva»*, *«resistencia óhmica»* o *«resistencia pura»*. Se obtiene, por el contrario, una *«autoinducción pura»* cuando R es despreciable frente a $L\omega$. Su impedancia vale entonces sensiblemente: $Z \simeq L\omega$, y su impedancia compleja, $Z \simeq jL\omega$.
V. IMPEDANCIA ELÉCTRICA COMPLEJA.

Inductor

V. ALTERNADOR, DINAMO, INDUCCIÓN ELECTROMAGNÉTICA.

Inercia

Capacidad de un cuerpo material para moderar las modificaciones de su velocidad que le sean impuestas por acciones mecánicas.
V. MASA DE INERCIA, MOMENTO DE INERCIA, PRINCIPIO DE INERCIA.

▶ *Centro de inercia*.—V. CENTRO DE MASAS.

▶ *Elipsoide de inercia de un sólido*.—Si sobre una recta orientada D, de vector unitario $\boldsymbol{u}$ y que pasa por el origen O de un referencial ortonormal ligado al sólido, se marca un punto E definido por $\mathbf{OE} = \frac{1}{\sqrt{I_D}}\boldsymbol{u}$, donde I_D es el *momento de inercia* del sólido con respecto a D, y se dan después a D todas las direcciones posibles alrededor de O, el punto E describe un elipsoide centrado en O. Es el *elipsoide de inercia* del sólido en ese punto.
El elipsoide relativo al punto C, centro de inercia del sólido, es su elipsoide *central* de inercia.
V. TENSOR DE INERCIA.

▶ *Masa inercial* (o *masa de inercia*).—V. MASA.

▶ *Momento de inercia:*
1. *El momento de inercia de un punto material* M con respecto a un punto O, a un plano P o a un eje A es igual, por definición, al producto de la masa inercial m de ese punto material por el cuadrado de su distancia d al punto O, al plano P o al eje A. $I = m \cdot d^2$.
Todos esos momentos de inercia son magnitudes escalares, y se evalúan en el SI en $kg \cdot m^2$.
2. Si un conjunto de puntos materiales M_i, de masas respectivas m_i ($i = 1, 2, ..., n$), constituye un sistema material, móvil en un referencial ortonormal (O, x, y, z), se definen sus momentos de inercia tomando la suma de los momentos de inercia de todos sus puntos, lo que da: con respecto al punto O: $I_0 = \sum_i m_i \cdot r_i^2 = \sum_i m_i \cdot (x_i^2 + y_i^2 + z_i^2)$, escribiendo que $\mathbf{OM}_i = \boldsymbol{r}(x_i, y_i, z_i)$; con respecto a los ejes: $I_{Ox} = \sum_i m_i \cdot (y_i^2 + z_i^2)$, etc.; con respecto a los planos: $I_{Ox,\,Oy} = \sum_i m_i \cdot z_i^2$, etcétera.
3. Si se trata de un medio material continuo, las sumas son reemplazadas por integrales, extendidas al volumen v del medio (ρ = densidad local):

$$I_0 = \iiint_v \rho(x^2 + y^2 + z^2)\,dv \quad ; \quad I_{Ox} = \iiint_v \rho(y^2 + z^2)\,dv...,$$

$$I_{Ox,\,Oz} = \iiint_v \rho y^2\,dv...$$

Así como la *masa inercial* mide la capacidad de un móvil para moderar las variaciones de su velocidad de traslación, su *momento de inercia* mide su capacidad para moderar las variaciones en su velocidad de *rotación* que le sean impuestas.

▶ *Principio de inercia.*—«Todo punto material que no esté sometido a ninguna fuerza, o que esté sometido a un conjunto de fuerzas de resultante nula, permanece inmóvil, o animado de una velocidad rectilínea y constante. Su aceleración es nula.»
Esta ley general, inspirada a Galileo por el conjunto de sus experiencias (1602), está incluida entre los principios de la mecánica newtoniana.
V. REFERENCIAL INERCIAL.

▶ *Producto de inercia de un sistema material:*
1. El sistema se reduce a un punto material M, de masa inercial m y de coordenadas x, y, z, en un referencial ortonormal (O, x, y, z). Su producto de inercia con respecto a un par de planos rectangulares (Ox, Oy) y (Ox, Oz) se representa como P_x y a veces, por abuso de lenguaje, se denomina producto de inercia respecto a Ox. Vale, por definición: $P_x = m \cdot y \cdot z$. Los productos de inercia respecto al par de parejas de planos restantes se obtienen por permutación circular.
2. El sistema es un conjunto de puntos materiales M_i de masas respectivas m_i (i = 1, 2, ..., n). Cada uno de sus productos de inercia es la suma de los productos correspondientes de todos sus puntos. Por ejemplo: $P_x = \sum_i m_i \cdot y_i \cdot z_i$. Puede verificarse que el sistema es simétrico con respecto a cada uno de los ejes del referencial; sus productos de inercia son todos nulos.
V. MOMENTO DE INERCIA, TENSOR DE INERCIA.

▶ *Tensor de inercia.*—Es un tensor de orden dos, simétrico, asociado a cada punto de un sólido material. En un referencial ortonormal (O, x, y, z), ligado al sólido, las componentes independientes del tensor de inercia en O son seis, y en general aparecen reunidas bajo la forma de una matriz simétrica (3, 3), llamada *matriz de inercia* en O:

$$(M_0) = \begin{pmatrix} I_x & -P_z & -P_y \\ -P_z & I_y & -P_x \\ -P_y & -P_x & I_z \end{pmatrix}$$

I_x, I_y, I_z, son los momentos de inercia del sólido con respecto a los ejes Ox, Oy, Oz, respectivamente.
P_x, P_y, P_z, son sus productos de inercia respecto a los mismos ejes.
Se utiliza cómodamente el tensor de inercia y su matriz si se elige un referencial (O, X, Y, Z) en el cual los productos de inercia son todos nulos (se demuestra que siempre es posible). La matriz

$$(M_0)_p = \begin{pmatrix} I_X & 0 & 0 \\ 0 & I_Y & 0 \\ 0 & 0 & I_Z \end{pmatrix}$$

es llamada matriz *principal* de inercia; los ejes OX, OY, OZ son los *ejes principales de inercia;* I_X, I_Y, I_Z, los *momentos principales de inercia* en el punto O. Si el punto O es el centro de inercia del sólido, tensor, matriz, ejes y momentos de inercia reciben el nombre de *centrales*.
El interés de estas magnitudes radica en los dos siguientes resultados:
1. Cuando un sólido, en un instante dado, está animado por un movimiento de rotación, de velocidad angular ω, en torno a un punto O, su *momento cinético* $\mathbf{L}_0$ en ese punto se calcula fácilmente si se conoce la matriz de inercia en ese punto: $\mathbf{L}_0 = (M_0) \cdot \omega$. En particular, si el

sólido gira en torno a uno de sus ejes principales de inercia, $\mathbf{L}_0$ y ω son colineales. Por ejemplo, si ω está en la dirección de Oz: $\mathbf{L}_0 = I_z \cdot \omega$.
2. El *momento de inercia* de un sólido con respecto a una recta orientada Δ (que pasa por el punto O) de vector unitario $\boldsymbol{u}(a, b, c)$ tiene como valor:

$$I_\Delta = \boldsymbol{u} \cdot (M_0)_p \cdot \boldsymbol{u} = a^2 I_X + b^2 I_Y + c^2 I_Z.$$

V. ELIPSOIDE DE INERCIA.

Inercial

▶ *Referencial inercial. Sinónimo:* referencial de Galileo.—Sistema de referencia en el que se verifica el principio de inercia y, más generalmente, la ley fundamental de la mecánica newtoniana: $\boldsymbol{f} = m\boldsymbol{a}$. (En un referencial no inercial esta ley fundamental sólo es válida cuando, además de las fuerzas aplicadas, se toman en consideración las fuerzas suplementarias llamadas *fuerzas de inercia.*)
Se demuestra que todo referencial en movimiento de traslación rectilíneo y uniforme con respecto a un sistema de referencia inercial es, a su vez, inercial él mismo (V. RELATIVIDAD DE GALILEO).
El referencial de *Copérnico* es un referencial inercial. Es el sistema de referencia utilizado por Newton para establecer la ley de atracción universal. Se utiliza en astronomía. El referencial *geocéntrico* puede ser considerado como inercial, en la medida que puede asimilarse el movimiento del centro de la Tierra en el referencial copernicano a un movimiento de traslación rectilíneo y uniforme, lo que exige que la duración de la experiencia sea muy corta comparada con un año (V. REFERENCIAL BARICÉNTRICO). Es el sistema de referencia utilizado, por ejemplo, para estudiar el movimiento de los satélites artificiales.
Por el contrario, un referencial terrestre, ligado a un punto de la superficie de la Tierra —el referencial del laboratorio es uno de ellos— no es inercial a causa del movimiento de rotación (propia) de la Tierra en torno de su eje. Sin embargo, en el peso de un cuerpo está incluida la fuerza de inercia de arrastre, debida precisamente a ese movimiento. En tanto que puedan despreciarse los efectos de la fuerza de Coriolis pueden, por tanto, estudiarse los movimientos de un grave en un referencial terrestre como si éste se tratara de un referencial inercial.

Influencia

▶ *Coeficientes de influencia eléctrica.*—Cuando un conjunto de n conductores eléctricos A_i ($i = 1, 2, ..., n$) está en *equilibrio electrostático*, se demuestra que la carga Q_i que cada uno de ellos lleva depende linealmente de los potenciales V_i de todos los conductores presentes, hecho que expresan las n relaciones del tipo:

$$Q_1 = C_{11} V_1 + C_{12} V_2 + ... + C_{1n} V_n \quad (V = 0 \text{ en el infinito})$$

relaciones que pueden formularse, de manera simbólica, así: $Q_i = \sum_j C_{ij} V_j$, o, en notación matricial

$$\begin{pmatrix} Q_1 \\ Q_2 \\ \vdots \\ Q_n \end{pmatrix} = \begin{pmatrix} C_{11} & C_{12} & \dots & C_{1n} \\ C_{21} & C_{22} & \dots & C_{2n} \\ \vdots & \vdots & & \vdots \\ C_{n1} & C_{n2} & \dots & C_{nn} \end{pmatrix} \begin{pmatrix} V_1 \\ V_2 \\ \vdots \\ V_n \end{pmatrix}$$

El parámetro C_{ij} ($i \neq j$) es el *coeficiente de influencia* del conductor A_j sobre el conductor A_i; el parámetro C_{ii} es la *capacidad* del conductor A_i *en presencia de otros conductores*. Igualmente se demuestran las dos proposiciones siguientes:
1. $C_{ij} = C_{ji}$; 2. Todos los coeficientes de influencia son negativos, mientras que las capacidades son positivas.
Capacidades y coeficientes de influencia se miden en faradios (F).
En particular, si un conductor está aislado y solo en una región, las relaciones precedentes se reducen a una única: Q = CV.
La *capacidad de un conductor aislado* es por consiguiente igual al cociente entre su carga eléctrica y su potencial: C = Q/V. Esta capacidad C no depende sino de la forma externa del conductor y de sus dimensiones. *Ejemplo:* la capacidad de un conductor esférico de radio R vale $C = 4\pi\varepsilon_0 R$ (ε_0 permitividad del vacío). Si R = 1 cm ⇒ C ≃ 1 pF.
V. CONDENSADOR.

▶ *Influencia electrostática.*—Cuando un cuerpo conductor C, en equilibrio electrostático, se coloca en un campo eléctrico **B**, los electrones libres que contiene se ponen en movimiento y se alcanza un nuevo equilibrio. C, aun teniendo la misma carga global (si está aislado), lleva sobre la superficie densidades superficiales de carga diferentes a las del equilibrio primitivo. En efecto, el campo que esas densidades nuevas producen debe ahora oponerse a **E** en todo punto interior del conductor para poder dar un campo total nulo (en el equilibrio primitivo la distribución era tal que el campo en todo punto interior del conductor era nulo). Decimos que C ha sufrido la influencia del campo **E**, o del cuerpo A que engendra **E**.
En realidad, A sufre también la influencia de C: hay una *influencia recíproca*.
Excepcionalmente, si A está totalmente rodeado por C se dice que C se encuentra bajo la *influencia total* de A. No solamente A es inmune a la influencia de C, sino que se sustrae a la influencia de cualquier cuerpo cargado situado en el exterior de C. C actúa como una *pantalla* para A.
En el caso en que ambos cuerpos sean exteriores uno al otro, se dice que la influencia es *parcial*.

Infrarrojo

▶ *Radiación infrarroja.*—Radiación electromagnética cuya frecuencia es más pequeña que las de las radiaciones rojas (su longitud de onda, por tanto, es mayor) y a la que el ojo humano es insensible. El dominio de las radiaciones infrarrojas se extiende, hacia las pequeñas longitudes de onda, hasta su unión con las radiaciones rojas visibles (en las cercanías de 780 µm), y en la dirección de las longitudes de onda crecientes, hasta su unión con las radiaciones hertzianas milimétricas (las microondas) (V. EXPERIENCIA DE NICHOLS Y TEAR).
Las radiaciones infrarrojas son emitidas por radiación térmica de los sólidos incluso a temperaturas relativamente bajas. Calientan los cuerpos capaces de absorberlas, el depósito ennegrecido de un termómetro por ejemplo. Así se descubrió su existencia (W. Herschell, 1801). El cuanto de energía de un fotón infrarrojo (una fracción de electronvoltio) es generalmente insuficiente para provocar excitaciones, ionizaciones, efecto fotoemisivo... Existen hoy, sin embargo, placas fotográficas y células fotoeléctricas especialmente sensibles a la radiación infrarroja. El infrarrojo lejano es detectado por radiometría.
V. RADIACIÓN LUMINOSA, RADIACIÓN TÉRMICA, CUADRO DE RADIACIONES (Anexo 5).

Infrasonidos

Ondas acústicas cuyas frecuencias son inferiores a la frecuencia audible más débil (alrededor de 16 Hz). Son utilizados a veces en terapéutica, por su acción de calentamiento sobre los músculos.

Ingravidez

Sinónimo: Agravidez.

Se han podido ver estos últimos años, gracias a las imágenes de la televisión, a los cosmonautas y a los objetos de su entorno flotar libremente en el interior de satélites artificiales, como si para ellos la gravedad terrestre hubiera dejado de existir. En el interior de un recinto tal reina, decimos, un estado de «ingravidez».

Sería un error pensar que los cuerpos en el interior de un satélite artificial se han sustraído realmente a la acción de la gravedad terrestre. A mil kilómetros de la Tierra, el campo gravitatorio apenas ha perdido la cuarta parte de su valor a nivel de suelo, y está muy lejos de ser nulo. Los cosmonautas están realmente en un estado de ingravidez *aparente*.

El satélite y todos los cuerpos que contiene están, con todos los motores apagados, sometidos al mismo campo gravitatorio y, en ausencia de cualquier otra fuerza, toman por tanto *movimientos idénticos*. Parecen entonces flotar los unos con respecto a los otros.

En un lenguaje más científico, todo objeto en el interior de un satélite está en *equilibrio relativo* con respecto al recinto bajo el efecto de dos fuerzas que se compensan: la fuerza de gravitación (centrípeta) y la fuerza de inercia de arrastre (centrífuga) que es consecuencia del movimiento del satélite en torno a la Tierra.

El cálculo muestra que el estado de ingravidez no existe rigurosamente más que en un punto: el centro de masas del satélite. Así, la compensación entre ambas fuerzas no es perfecta en todos los lugares del satélite: queda un peso residual, una «microgravedad» casi imperceptible, utilizada, sin embargo, en un procedimiento de estabilización de satélites en sus órbitas (procedimiento llamado «por gradiente gravitatorio»). Naturalmente el estado de ingravidez aparente se rompe si se ejercen nuevas fuerzas sobre el satélite, el empujón de los motores en un cambio de órbita, por ejemplo, o la resistencia del aire tras la entrada en la atmósfera terrestre.

El estado de ingravidez, que existe igualmente en el interior del organismo de un cosmonauta para todas las sustancias que encierra, entraña importantes consecuencias biológicas que apenas comienzan a ser conocidas.

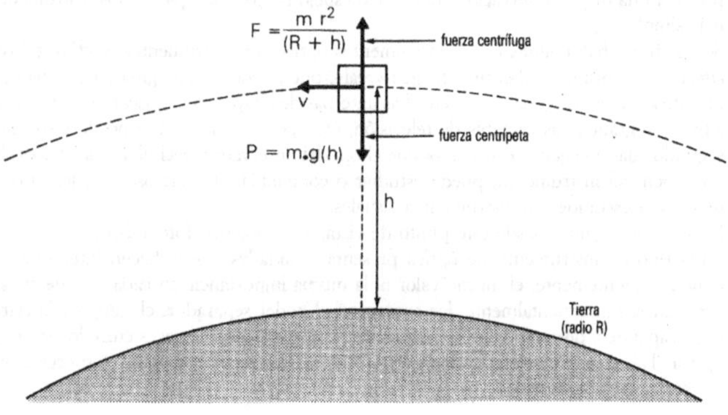

Instrumentos

▶ *Instrumentos de música.*–Desde el punto de vista del físico, son «fuentes sonoras» que responden a ciertas condiciones de estética musical. He aquí una posible clasificación, con algunos ejemplos típicos:

1. Los *instrumentos «de cuerda»* contienen, como focos sonoros, *cuerdas vibrantes*, en los que la parte vibrante puede tener una longitud fija (arpa) o variable al gusto del ejecutante (violín). La vibración de las cuerdas se consigue con el choque de un pequeño mazo (piano), por pinzamiento (arpa, clavecín, guitarra) o por el rozamiento de un arco (violín). En los primeros casos se consiguen ondas libres amortiguadas; en el último, oscilaciones de relajación entretenidas. Una caja armónica contribuye a crear el timbre del instrumento y asegura la radiación de la energía sonora.
2. En los *instrumentos «de viento»*, las fuentes son *tubos sonoros*. En realidad esos tubos sirven como resonadores, siendo los excitadores sus embocaduras, sobre las que llega el aire insuflado. En las embocaduras *de lengüeta*, lengüeta simple (clarinete) o lengüeta doble (oboe), se produce un sonido de vibración; en las *boquillas de flauta*, en las que el aire choca con un bisel fijo, se produce un sonido de circulación de aire (flauta traversera). Las *embocaduras de corno* (corno inglés, trompeta) son asimilables a las boquillas de doble lengüeta, cuya función la desarrollan aquí los labios del ejecutante. Los dos primeros tipos constituyen «las maderas» de una orquesta; el último tipo, «los metales».
Señalemos que en el armonio se encuentran lengüetas libres, sin tubo, y que el órgano comprende un juego de tubos de lengüeta y un juego de tubos de bisel.
3. Los *instrumentos «de percusión»* contienen, como fuentes sonoras, o bien *membranas vibrantes*, tensas o rígidas (tambor, campanas) o bien *varillas vibrantes* (xilófono), en las que se excita la vibración percutiendo. También pueden ser excitadas, sin embargo, las vibraciones de este tipo de instrumentos por medio de un arco (sierra musical, diapasón).
4. En los *instrumentos electrónicos* el sonido es emitido por las *oscilaciones forzadas* de la membrana de un altavoz, dirigidas por oscilaciones eléctricas. Éstas son obtenidas gracias a circuitos eléctricos, en los que el músico puede regular a su gusto las características (bobinas y condensadores) de tono y timbre que desea alcanzar. Son los instrumentos que mejor se prestan a la producción de *sonidos evolutivos*, investigados por algunos músicos contemporáneos.

▶ *Instrumentos ópticos*.—Aparatos formados por una sucesión de superficies reflectantes o refractantes y destinados a dar, de un objeto luminoso, una imagen, una reproducción que se preste a una mejor observación. El sencillo espejo plano o la lupa son los instrumentos ópticos más simples.
Se clasifican, habitualmente, los instrumentos ópticos en instrumentos *objetivos* e instrumentos *visuales*. Los primeros dan una imagen «real», que puede ser recogida en una pantalla difusora, fotosensible, fotoelectrónica, etc. Las linternas de proyección, episcopios y diascopios, el objetivo fotográfico, las cámaras de televisión, etc., pertenecen a este tipo de instrumentos. Los segundos dan imágenes «virtuales» que el ojo del observador, recibiendo los haces divergentes que salen del instrumento, puede estudiar o contemplar. El microscopio, los visores, los anteojos y telescopios son instrumentos visuales.
El ojo es semejante, desde este punto de vista, a un objetivo fotográfico.
Cada tipo de instrumento de óptica presenta cualidades que le hacen interesante, y que no tienen, evidentemente, el mismo valor ni la misma importancia en cada uno de ellos. Son esas cualidades, fundamentalmente, los aumentos, el poder separador, el campo y la claridad.
Otros aparatos, destinados a usos especiales, son clasificados a veces entre los instrumentos de óptica. Tales son, por ejemplo, los interferómetros, los espectroscopios y espectrógrafos, los fotómetros, los polarímetros...

Intensidad

▶ *Intensidad acústica* (o *sonora*).—La intensidad en un punto de una onda acústica se mide por el cociente $I_a = d\Phi_a/dS$, donde $d\Phi_a$ es el flujo energético que atraviesa una pequeña superficie, de área dS, que rodea el punto observado y es perpendicular a la dirección local de propagación de la onda.

Siendo un flujo acústico y una potencia homogéneos entre sí, la intensidad acústica se mide en vatios por metro cuadrado (W/m^2). Por esta razón es denominada a veces *potencia superficial acústica*.

Ejemplo: El valor mínimo de la intensidad acústica a la que es sensible el oído es del orden de 10^{-12} W/m^2 para el sonido de frecuencia 1.000 Hz (frecuencia de referencia).

Se demuestra que la intensidad acústica transportada por una onda plana sinusoidal que se propaga en un medio homogéneo *no disipativo* es proporcional al cuadrado de su pulsación ω (y por tanto al cuadrado de su frecuencia) y al cuadrado de la amplitud de su vibración, A: $I_a = \frac{1}{2} R_s\ \omega^2 \cdot a^2$. R_s es la resistencia acústica específica del medio de propagación (V. IMPEDANCIA ACÚSTICA ESPECÍFICA).

▶ *Intensidad de corriente eléctrica activa, reactiva, watada, dewatada.*—Un circuito eléctrico, entre cuyos extremos se impone una tensión eléctrica sinusoidal de pulsación ω: $u = U_m \cos \omega t$, es recorrido por una corriente de intensidad:

$$i = I_m \cos(\omega t - \varphi) = I_m \cos\varphi \cos\omega t + I_m \operatorname{sen}\varphi \cos(\omega t - \pi/2) = i_a + i_r.$$

Se demuestra que la potencia activa disponible entre los bornes del circuito depende sólo de la componente de la intensidad en fase con la tensión, $i_a \cdot -i_a$ recibe por eso el nombre de intensidad *activa* (antiguamente intensidad *watada*). La otra componente, i_r, está en cuadratura con la tensión. Su contribución a la potencia media disponible es nula. De ahí su nombre de intensidad reactiva (antiguamente *dewatada*).

V. POTENCIA ACTIVA, POTENCIA REACTIVA.

▶ *Intensidad eléctrica.*—La intensidad de una corriente eléctrica en un punto M de un conductor filiforme es la magnitud $i = dQ/dt$, donde dQ representa la cantidad de electricidad transportada por todos los portadores de carga, a través de una sección del hilo que contiene a M, entre dos instantes próximos t y $t + dt$. La intensidad i mide, por tanto, el caudal de carga eléctrica en M en el instante t. Se mide en *amperios*.

Si la corriente es continua, i es la misma en cualquier instante y en todos los puntos del circuito (supuesto sin derivaciones). Si la corriente es lentamente variable i varía con el tiempo, pero, en un mismo instante, posee el mismo valor en todos los puntos. En el caso de una corriente que varíe rápidamente, de una oscilación eléctrica, i varía simultáneamente con el tiempo y con el lugar. En una antena de radio existen nodos y vientres de intensidad, como existen nodos y vientres de oscilación en una cuerda vibrante.

V. DENSIDAD DE CORRIENTE ELÉCTRICA.

▶ *Intensidad eléctrica compleja.*—V. NOTACIÓN COMPLEJA.

Intensiva

V. MAGNITUD EXTENSIVA.

Interacciones

A escala macroscópica una *interacción* entre dos sistemas se representa generalmente —se dice también *se esquematiza*— por un conjunto de *fuerzas*. En física de partículas los cálculos de la mecánica cuántica llevan a utilizar otras esquematizaciones. A cada tipo de interacción le corresponde, por ejemplo, un operador hamiltoniano particular.

Las interacciones actualmente conocidas parecen pertenecer a cuatro clases: interacciones *gravitacional* o *gravitatoria*, *electromagnética*, *fuerte* y *débil*.
Las dos primeras son bien conocidas en mecánica macroscópica. Se sabe, por ejemplo, que pueden manifestarse a gran distancia (se dice de ellas que son de alcance infinito). La primera afecta a todos los cuerpos, tanto a escala cósmica como a nuestra escala o a la de lo infinitamente pequeño. La segunda no afecta más que a los cuerpos eléctricamente cargados, pero su papel es esencial en las transformaciones físico-químicas de átomos y moléculas. Señalemos que la intensidad de la interacción gravitatoria entre dos partículas cargadas es despreciable comparada con la de su interacción electromagnética. Entre dos protones, por ejemplo, la razón entre sus intensidades de atracción gravitacional (ley de Newton) y de repulsión electrostática (ley de Coulomb) vale alrededor de ¡$1/10^{36}$!
Pero, además, la coexistencia demostrada de varios protones en un mismo núcleo atómico no puede concebirse sin que entre ellos haya una interacción atractiva aún más intensa que su repulsión culombiana. Se la conoce como *interacción fuerte*, y se admite que actúa indistintamente entre dos nucleones cualesquiera, protones o neutrones. Es, por consiguiente, la responsable de la existencia de los núcleos. Pero su alcance es del orden de las dimensiones nucleares tan sólo (unos 10^{-15} m). Más recientemente, por fin, el estudio teórico de la radiactividad β (1936) indujo a Fermi a postular la existencia de un cuarto tipo de interacción. Su alcance es aún menor que el de la interacción fuerte, y su intensidad más pequeña que la de interacción electromagnética. Ha sido bautizada como interacción *débil*. Los neutrinos, por ejemplo, son sensibles únicamente a esta interacción.
Según las teorías actuales ninguna acción a distancia es instantánea. Todas las interacciones son transmitidas, a velocidad finita, por intermediación de un campo, y ese campo está cuantificado, es decir, equivalente a una partícula mediadora, llamada *partícula de intercambio*.

	Fuerte	*Electromagnética*	*Débil*	*Gravitatoria*
Partículas a las que afecta	Hadrones quarks	Partículas eléctricamente cargadas	Todas	Todas
Partículas de intercambio	Mesones Gluones	Fotón	Bosones intermediarios W^+ W^- Z^0	Gravitón
Alcance	10^{-15} m	Infinito	10^{-18} m	Infinito
Intensidades comparadas (evaluadas a partir de constantes numéricas llamadas «constantes de acoplamiento»)	15	$1/137 \simeq 7 \cdot 10^{-3}$	10^{-5}	$6 \cdot 10^{-39}$

Señalemos, por fin, que, según una idea ya antigua, actualmente se hacen esfuerzos por demostrar que todas esas interacciones, aparentemente diferentes, son de hecho manifestaciones, en circunstancias distintas, de un modo único de interacción.
V. Grafos de Feynmann, Teoría electrodébil, Potencial de Yukawa.

Intercambiador

▶ *Intercambiador de temperaturas.*—Dispositivo utilizado en particular en instalaciones criogénicas. Está formado por dos tubos coaxiales que atraviesan dos flujos gaseosos circulando en sentidos opuestos, uno por el tubo central y el otro por el espacio anular entre tubos. Durante la travesía el gas caliente cede calor al gas frío y, si los regímenes están correctamente regulados, la temperatura de salida de cada gas es igual a la temperatura de entrada del otro gas.

Intercambio

▶ *Partícula de intercambio.*—En electrodinámica cuántica (teoría cuántica del electromagnetismo), la interacción entre dos corpúsculos cargados es atribuida al *intercambio* entre ellos de un fotón, emitido por uno y capturado por el otro. Estos fotones, partículas «asociadas» a la onda electromagnética en el sentido de la Mecánica ondulatoria, son llamados aquí partículas *de intercambio,* o partículas *intermediarias* de la interacción electromagnética.
Yukawa, en 1935, propuso la extensión de esta idea a las interacciones fuertes entre nucleones. Teniendo en cuenta el tamaño limitado de estos últimos (alrededor de 10^{-15} m), demostró que su partícula intermediaria debe tener una masa comprendida entre la del electrón y la del protón, lo que condujo de un modo efectivo al descubrimiento de los «mesones» (V. POTENCIAL DE YUKAWA). Hoy se piensa que las interacciones fuertes se producen realmente entre los quarks que componen los nucleones. Sus partículas intermediarias son los *gluones.*
Las partículas de intercambio que median en las interacciones débiles han sido bautizadas W (de la palabra inglesa weak, débil) o *bosones intermedios.* Existen tres: W^+, W^- y Z^0, detectadas en el CERN en 1984. El cuarto tipo de interacción, la interacción gravitatoria, posee también en las actuales teorías su partícula de intercambio: el *gravitón,* aún hipotético.
Todas las partículas de intercambio son *bosones,* mientras que las partículas origen de la interacción son *fermiones.*
V. GRAFOS DE FEYNMANN, INTERACCIÓN ELECTRODÉBIL, CUADRO DE PARTÍCULAS SUBNUCLEARES (Anexo 4).

▶ *Energía de intercambio.*—V. la voz llave ENERGÍA.

Interferencias

Fenómeno que se produce cuando dos ondas periódicas, de la misma naturaleza y la misma frecuencia, solicitan en una misma dirección a un punto P. El estado vibratorio del punto P resulta ser periódico, de la misma frecuencia; su amplitud A depende de las amplitudes componentes a_1 y a_2, pero también de la *diferencia de fase* entre las dos vibraciones componentes cuando llegan a P. A está comprendida entre su suma y su diferencia, alcanzándose el límite superior cuando ambas ondas están en *concordancia de fase* y el límite inferior cuando están en *oposición de fase*. Se ve que A puede ser nula si $a_1 = a_2$, con lo cual el punto permanece inmóvil en todo momento. El fenómeno es llamado por algunos autores *constructivo* o *destructivo,* según que A sea mayor que el mayor o inferior al menor de los dos valores a_1 y a_2.
Parece claro que el fenómeno sólo es observable si la diferencia de fase en el punto P permanece constante durante el tiempo de observación, lo que exige que las dos ondas sean *coherentes*.
En mecánica, haciendo vibrar un diapasón, una de cuyas ramas está provista de dos puntas que chocan periódicamente, en *concordancia de fase*, con la superficie de un líquido en dos puntos próximos, S_1 y S_2, se observan en esta superficie líneas en las que la amplitud es máxima y otras en las que es prácticamente nula. Llamamos a las primeras *líneas ventrales*, y *líneas nodales* a las segundas.
En óptica, recibiendo sobre una pantalla los dos haces de luz provenientes de las *imágenes* S_1 y S_2, dadas por un sistema óptico (la doble lente de Billet, por ejemplo) de *una misma fuente*

monocromática rectilínea S, se observan sobre la pantalla bandas paralelas equidistantes, alternativamente brillantes y oscuras. Son *franjas de interferencia*. Se puede calcular la *interfranja* i, es decir, la distancia entre las líneas medias de dos bandas igualmente iluminadas consecutivas, en función de la distancia a de las fuentes entre sí, de su distancia común a la pantalla D y de la longitud de onda de la luz utilizada: $i = \lambda\frac{D}{a}$, lo que permite medir la longitud de onda λ. (Con λ próximo a 0,5 μm, luz amarilla; a = 1 mm y D = 1 m, se comprueba que i es del orden de 0,5 mm, lo que resulta perfectamente medible con un visor provisto de un micrómetro.)

En la experiencia precedente, el fenómeno aparece visible sobre la pantalla, cualquiera que sea la posición de ésta, al menos en la zona en la que los dos haces se superponen. Es un fenómeno de *interferencia no localizada*. En otros casos, en láminas delgadas por ejemplo, en las que las interferencias se producen entre las ondas reflejadas por cada una de las dos caras, muy próximas, de la lámina, el fenómeno no se produce más que en un plano, prácticamente confundido con el plano de la lámina. Es un fenómeno de *interferencia localizada*. Estas interferencias localizadas explican las irisaciones de las láminas delgadas, cuando son iluminadas con luz blanca.

Los fenómenos de interferencia se prestan a numerosas aplicaciones: medición precisa de espesores muy pequeños, de deformaciones muy pequeñas, de pequeñísimas variaciones del índice de refracción... Contribuyen a explicar los fenómenos de difracción o las ondas estacionarias... Su existencia, por fin, es un criterio muy seguro acerca de la naturaleza ondulatoria de una radiación (V. RENDIJAS DE YOUNG).

▶ *Orden de interferencia en un punto.*—Es, por definición, el número $p = \frac{\delta}{\lambda}$, cociente entre la *diferencia de marcha* δ entre dos ondas que llegan a ese punto y su longitud de onda común, λ. La *diferencia de fase* de dos ondas en P vale, por tanto, $\Delta\varphi = 2\pi \cdot p$.

Se escribe con frecuencia $p = k + \varepsilon$, siendo k un número entero o nulo, y ε, comprendido entre 0 y 1, es denominado *excedente fraccionario*.

La determinación experimental directa del excedente fraccionario permite algunas veces deducir el valor del orden de interferencia.

▶ *Principio de interferencia.*—Cuando un mismo punto M es solicitado por dos excitaciones de la misma naturaleza (mecánica, acústica, óptica...) que supondremos sinusoidales, escalares y de la misma pulsación ω: $s_1 = a_1 \cos(\omega t + \varphi_1)$, $s_2 = a_2 \cos(\omega t + \varphi_2)$, el principio que explica el fenómeno de interferencia consiste en admitir que el efecto sobre el punto M es el mismo que si éste estuviera solicitado por una excitación única: $s = s_1 + s_2 = A \cos(\omega t + \varphi)$. En castellano se usa, con preferencia, el nombre de principio de superposición.

Del principio se infiere (V. CONSTRUCCIÓN DE FRESNEL): $A^2 = a_1^2 + a_2^2 + 2a_1 \cdot a_2 \cdot \cos(\varphi_2 - \varphi_1)$. En particular, en los puntos en los que $\varphi_2 - \varphi_1 = 0$ (ambas oscilaciones parciales llegan «en fase»), A es máxima, y vale $a_1 + a_2$. En los puntos en los que las ondas llegan «en oposición de fase», $\varphi_2 - \varphi_1 = \pi$, A es mínima, y vale $A = |a_1 - a_2|$, siendo nulo ese mínimo si $a_1 = a_2$. El primer tipo de puntos constituye un vientre, o una línea o superficie ventral; el segundo es un nodo, o una línea o superficie nodal. Entre esos puntos, líneas o superficies, la amplitud varía entre sus valores extremos, y la potencia local, proporcional al cuadrado de la amplitud A, varía entre un máximo proporcional a $(a_1 + a_2)^2$ y un mínimo proporcional a $(a_1 - a_2)^2$. Esto supone que la diferencia de fase permanece constante a lo largo del tiempo. En este caso las dos excitaciones reciben el nombre de *coherentes*. En caso contrario, si $\varphi_2 - \varphi_1$ toma rápidamente y de manera aleatoria valores sucesivos cualesquiera, no se podrá percibir en cualquier punto más que un valor medio común $\langle A^2 \rangle = a_1^2 + a_2^2$. Son en este caso las energías las que se suman, y no las elongaciones s_1 y s_2. Si las excitaciones parciales son magnitudes vectoriales, el principio de superposición se aplica a sus componentes sobre el mismo eje.

Interferómetro

Dispositivo que permite, gracias a la utilización del fenómeno de *interferencia*, medir diversas magnitudes físicas: *longitudes de onda, índices de refracción*, etc.
Existen interferómetros «*de dos ondas*» e interferómetros «*de onda múltiple*».
En el primer caso una onda incidente es *desdoblada* al atravesar el aparato; las dos ondas resultantes recorren trayectos distintos para luego *interferir* en un mismo punto. El estado vibratorio en ese punto P depende de la «*diferencia de fase*» φ que presentan entre ellas las dos ondas en P: $\varphi = \frac{n' l' - n'' l''}{\lambda}$, donde l' y l'' son las longitudes geométricas de sus recorridos; n' y n'' los índices de refracción de los medios atravesados (pueden ser diferentes), y λ la longitud de onda de la luz utilizada. La medida del estado vibratorio en P (y con ella el conocimiento de φ) permite calcular uno de esos parámetros si se conocen los demás. Las «*rendijas de Young*», los «*espejos de Jamin*» o el «*interferómetro de Michelson*» son interferómetros de dos ondas.
Cuando no es imprescindible que los trayectos de las ondas que deben interferir estén nítidamente separados, se obtienen resultados más precisos con «interferómetros de onda múltiple». En éstos *un rayo* primitivo da lugar en la travesía del aparato a *una infinidad de rayos* diferentes. El interferómetro de «*Fabry-Perot*» es el mejor ejemplo.

Interfranja

V. FRANJAS, INTERFERENCIAS.

Intervalo

▶ *Intervalo entre dos sonidos.*—Para los físicos, el intervalo entre dos sonidos de frecuencias respectivas N_1 y N_2 ($N_1 > N_2$) vale, por definición: $I = N_1/N_2$, lo que lleva a componer los intervalos sucesivos haciendo los productos $N_1/N_3 = N_1/N_2 \cdot N_2/N_3$.
Los músicos prefieren adicionar los intervalos entre las notas musicales que utilizan. La correspondencia entre ambas concepciones se establece con facilidad si se conviene en definir un *intervalo musical* i a partir del logaritmo de I. Se escribe, por convenio: $i = 1.000 \lg I$, y se obtiene, tal como se deseaba, $i_{1/3} = i_{1/2} + i_{2/3}$. i se evalúa en *savarts*.
V. ESCALA, OCTAVA.

▶ *Intervalo fundamental.*—V. TEMPERATURA CENTESIMAL.

Invar

Aleación de hierro y níquel (alrededor de un 36 % de níquel) cuyo coeficiente de dilatación térmica es notablemente pequeño, del orden de 10^{-6} K^{-1}, mientras que la mayoría de los metales tienen un coeficiente diez veces más alto.

Invariante

V. INVARIANTE ADIABÁTICA, SIMETRÍA DE LAS LEYES FÍSICAS.

Inversión

▶ *Inversión de poblaciones.*—En un medio material en equilibrio termodinámico, los átomos no se encuentran de manera total en su estado *fundamental*, de energía mínima E_0. Algunos de ellos se encuentran en un estado *excitado* de energía E (pueden existir, además, varios estados excitados diferentes). Los números de átomos (N_0 y N) en cada uno de los estados en un instante dado permanecen estadísticamente constantes en el curso del tiempo. La *ley de reparto de Boltzmann* da la razón $N/N_0 = \exp\left(-\frac{E - E_0}{kT}\right)$, siendo k la *constante de Boltzmann,* y T la temperatura absoluta del medio. En el equilibrio, por tanto:

$$E > E_0 \Leftrightarrow N < N_0.$$

Invertir la población consiste en modificar, por un medio cualquiera, la razón precedente a temperatura constante, empobreciendo el nivel fundamental en favor del estado excitado. El nuevo estado no es de equilibrio.
V. BOMBEO ÓPTICO, LÁSER.

Inversos

▶ *Inversos ópticos.*—V. POLARIZACIÓN ROTATORIA.

Ión

De un verbo griego que significa desplazarse.

Átomo o grupo de átomos cuya carga eléctrica total se ha hecho positiva (o negativa) a consecuencia de la pérdida (o captura) de uno o varios electrones (V. IONIZACIÓN).
Se representa en general un ión por su símbolo químico, acompañado de una indicación que especifica su carga eléctrica (medida en cargas elementales) o, lo que es lo mismo, el número de electrones que ha cedido (o ganado). Los iones cargados *positivamente* son los cationes (ejemplo: ion ferroso Fe^{+2}, ion férrico Fe^{+3}...). Los que están cargados *negativamente* son los *aniones* (ejemplos: ion cloruro Cl^-, ion sulfato SO_4^{-2}...).
Los iones se encuentran:
– En los sólidos: los cristales iónicos contienen aniones y cationes repartidos regularmente (ejemplo: cristal de cloruro sódico $Na^+ Cl^-$);
– En líquidos: líquido puro como el cloruro de sodio fundido, o disolución (disolución de ácido clorhídrico, por ejemplo, que contiene iones Cl^- e iones H^+, más o menos solvatados, es decir, más o menos rodeados de moléculas de agua retenidas por atracción eléctrica).
– En los plasmas.
Ni las propiedades de los iones ni sus dimensiones son las de los átomos correspondientes. El sodio metálico ataca al agua con gran vivacidad, lo que no ocurre con el ión Na^+. El cobre metálico es ocre; el ión cúprico Cu^{+2} en solución acuosa es azul. El ión Na^+ posee (en los cristales iónicos) un radio que se calcula en 0,98 Å, más pequeño que el del átomo de sodio (alrededor de 1,57 Å en el cristal atómico del sodio cristalino). Sucede lo contrario con el cloro (1,81 Å en lugar de 0,99 Å)...
V. ELECTRÓLISIS.

Ionización

▶ *Grado de ionización.*—V. PLASMA.

▶ *Modos de ionización.*—Procesos de creación de iones, entre los cuales vamos a citar los siguientes:
1 / Choque entre una molécula «ionizable» y una partícula que tenga la energía suficiente: fotones, rayos X o gamma, electrón suficientemente acelerado o cualquier otra partícula «ionizante» (partícula alfa, por ejemplo).

2 / Choque debido a la agitación térmica entre dos moléculas de gas llevadas a elevada temperatura.
3 / Separación de una molécula neutra en dos iones. *Ejemplo:* La molécula de cloruro de hidrógeno HCl, al disolverse en agua, se separa en dos iones (Cl^- y H^+ hidratado).
4 / Combinación química entre dos átomos, cuyas estructuras electrónicas respondan a ciertas condiciones; uno de ellos perderá uno o varios electrones, en beneficio del otro, a consecuencia de lo cual los dos iones formados permanecerán unidos uno al otro por atracción eléctrica. El cloruro de sodio, por ejemplo, puede ser considerado como obtenido por la acción de un átomo de cloro Cl sobre un átomo de sodio Na, al que arranca un electrón: $Na + Cl \rightarrow Na^+ Cl^-$. Se dice que el cloro es más «electronegativo» que el sodio...
V. CÁMARAS DE IONIZACIÓN, EFECTO FOTOELÉCTRICO, ENERGÍA DE IONIZACIÓN, EXPOSICIÓN, PLASMA, POTENCIAL DE IONIZACIÓN.

▶ *Potencial de ionización.*—Diferencia de potencial mínima que puede comunicar a un electrón la energía necesaria para ionizar un átomo o molécula.
V. ENERGÍA DE IONIZACIÓN, EXPERIENCIA DE FRANCK Y HERTZ.

Ionosfera

Región de la atmósfera terrestre constituida por un plasma en el que las moléculas de los diferentes gases atmosféricos se mezclan con los electrones y con los iones positivos procedentes de su ionización. La existencia de la ionosfera fue postulada por Kenelly y Heaviside (en 1902) para explicar el éxito de la experiencia de Marconi, quien recibió en Terranova señales de radio emitidas desde Inglaterra.
Hoy se conoce mejor la ionosfera, gracias, de una parte, a numerosos estudios experimentales —detección por sondas de radar, medida directa de las densidades electrónicas con instrumentos embarcados a bordo de satélites artificiales...—, y gracias, por otra parte, al progreso de las teorías sobre la propagación de ondas hertzianas en medios ionizados. Así se sabe que la ionosfera comienza a 60 km de altitud, aproximadamente (donde la densidad electrónica n —número de electrones libres por unidad de volumen— es del orden de 10^2 por centímetro cúbico), y se extiende hasta unos 700 km; su parte más rica en electrones ($n \approx 10^6$ cm^{-3}) se encuentra hacia los 200 km.
La ionización de las moléculas atmosféricas se debe a los choques de fotones ultravioletas y X, y a los choques también de electrones rápidos procedentes de las radiaciones solar y cósmica. Los iones formados desaparecen por recombinación, de suerte que se produce un equilibrio estadístico, fluctuante por añadidura, ya que se encuentra bajo la influencia de la actividad solar y del campo magnético terrestre. Las ondas hertzianas que penetran en ese medio son reflejadas cuando alcanzan una altura en la que la densidad electrónica tenga un valor aproximado de $10^4 \cdot f^2 = n$, donde f es la frecuencia de las ondas reflejadas, medida en MHz, y n se mide en cm^{-3}. Sólo las ondas cuya frecuencia sea superior a 10 MHz ($\lambda \leqslant 30$ m) son capaces de atravesar la ionosfera.

Irreversible

▶ *Transformación irreversible.*—V. TRANSFORMACIÓN REVERSIBLE.

Isóbara

Raíces griegas que significan mismo peso.

▶ *Curva isóbara.*—Curva trazada sobre un diagrama que representa una transformación isóbara (reversible).
V. REPRESENTACIÓN DE CLAPEYRON.

▶ *Línea isóbara.*—Línea continua trazada sobre un mapa geográfico que une los puntos en los que reina, en una fecha dada, la misma presión atmosférica.

▶ *Transformación isóbara.*—Evolución de un sistema a *presión constante*. El agua que hierve en un recipiente abierto al aire sufre una transformación isóbara.

Isóbaros

V. NÚCLEOS ISÓBAROS.

Isócora

Raíces griegas que significan el mismo volumen.

▶ *Transformación isócora.*—Evolución de un sistema que se produce a volumen constante.
Ejemplo: La transformación brusca e irreversible que se produce en el interior de una bomba calorimétrica puede ser considerada como isócora, en la medida en la que puede considerarse despreciable la dilatación del recipiente.
V. COEFICIENTES TERMOELÁSTICOS DE LOS GASES.

Isócronas (la misma duración)

Dos oscilaciones son isócronas si sus períodos son iguales.
V. COHERENCIA, PÉNDULO FÍSICO, SÍNCRONAS.

Isoentálpico

▶ *Transformación isoentálpica.*—Evolución de un sistema a *entalpía constante*. *Ejemplo:* Se demuestra que un gas que descomprime a través de una válvula, sin intercambio de calor con el exterior, sufre una transformación isoentálpica.
V. LEYES DE JOULE (2.ª).

Isoentrópica

▶ *Transformación isoentrópica.*—Evolución de un sistema en el curso de la cual la entropía permanece constante.
Una evolución es isoentrópica si, y sólo si, es *adiabática* y *reversible*.
Una evolución adiabática *irreversible* implica una *creación* de entropía en el sistema que evoluciona. No es isoentrópica.
V. CALOR NO COMPENSADO, ENTROPÍA.

Isofónicos

▶ *Sonidos isofónicos (o isófonos).*—Sonidos que producen, para un oyente normal medio, sensaciones acústicas de *igual intensidad*.
Se señala experimentalmente el *nivel de isofonía* de un sonido cualquiera comparándolo con el sonido de referencia (sonido sinusoidal de frecuencia 1.000 Hz), en el que se hace variar el nivel sonoro hasta que sus sonoridades sean iguales.
V. FON.

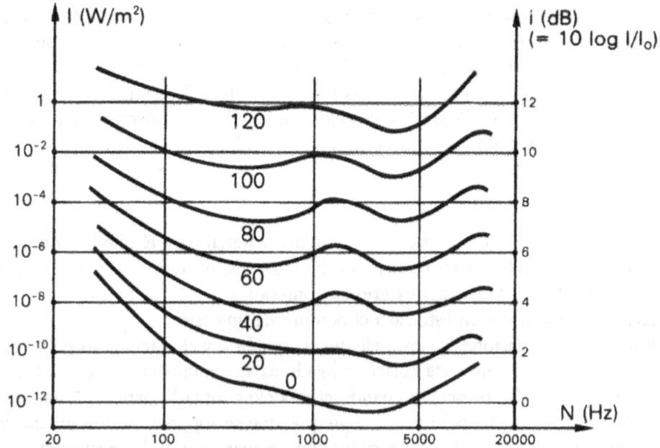

Estas curvas, conocidas como «curvas de Fletcher y Munson», y de las que damos sólo su aspecto general, son los lugares geométricos de los puntos representativos de *sonidos isófonos*, para un «oyente normal medio». Están graduadas en *fones*.

Escalas: en abscisas, frecuencias en Hz (escala logarítmica)
en ordenadas, intensidad I en W/m^2 (escala logarítmica); equivalencia en decibelios $i = \log I/I_0$, siendo I_0 la intensidad del umbral de audibilidad para el sonido de referencia (1 kZ).

Para un sonido del que se conocen la frecuencia y la intensidad I en la escala física, el número escrito sobre la curva que pasa por su punto representativo indica su intensidad en la escala psicofisiológica, a la que convendremos en llamar su *sonoridad*. *Ejemplo:* La sonoridad del sonido de frecuencia 100 Hz, cuando su intensidad física vale 10^{-8} W/m^2, es sensiblemente igual a 20 fones. Nótese que la sonoridad de cada uno de los sonidos puros es aproximadamente proporcional al logaritmo de su intensidad física (ley de Fechner).

Isómeros

V. NÚCLIDOS ISÓMEROS.

Isospin

Sinónimos: Spin isotópico o spin isobárico.

Magnitud vectorial cuantificada que se atribuye a cada uno de los multipletes de «partículas elementales».

Esta noción, introducida en mecánica cuántica por Heisenberg en 1932, tiene su origen en la constatación del estrecho parecido entre los nucleones, el protón y el neutrón. Heisenberg propuso entonces considerarlos como dos estados de una sola partícula, «el nucleón» –un poco como dos isótopos del mismo elemento químico–, estados que difieren entre sí, en este caso, por sus *cargas eléctricas*.

Un formalismo, calcado sobre el del spin, definió más generalmente para toda partícula una característica suplementaria, su *spin isotópico*, aunque hoy se prefiere decir su *spin isobárico* o su *isospin*, cuyo módulo T es nulo, entero o semientero.

Esquematizando y simplificando los resultados de esta teoría, se puede decir que la multiplicidad n de cada partícula –el número de sus posibles estados de carga– vale $n = 2T + 1$; que la componente T_3 o I_z del isospin posee un valor por estado, que puede igualmente ser nulo, entero o semientero, difiriendo sus valores de uno a otro en una unidad (1 unidad vale, como en el caso del spin, $\hbar/2$).

Así, el nucleón es un doblete ($n = 2$). Sus dos estados posibles son el protón, para el que T_3 vale 1/2, y el neutrón, para el que $T_3 = -1/2$. La carga de cada estado depende de este valor, como indica la *fórmula de Gellmann y Nishijima*, que aquí adopta la forma $Q = T_3 + 1/2$. Se encuentra correctamente para las cargas respectivas de ambos nucleones +1 y 0.
Se encuentra que estos cálculos y convenios dan resultados coherentes para los otros dobletes y tripletes conocidos, no aplicándose más que a los hadrones.

Isostático

▶ *Equilibrio isostático.*—Equilibrio de un sistema material para el que las condiciones generales de equilibrio se traducen en ecuaciones matemáticas, en número suficiente para permitir el cálculo completo de las fuerzas exteriores e interiores.
El *sistema* mismo recibe en este caso el nombre de *isostático*.
Si el número de ecuaciones es insuficiente, el equilibrio y el sistema mismo son llamados *hiperestáticos*. Esto último comporta enlaces y ligaduras aparentemente *sobreabundantes*. Circunstancias de este género se presentan cuando el modelo adoptado para representar el sistema real es inadecuado por demasiado simple (cuerpos que se suponen perfectamente indeformables, enlaces sin rozamiento...). La indeterminación desaparece cuando se encuentra un modelo más cercano a la realidad física.
Ejemplo: Un taburete que reposa sobre un suelo horizontal apoyado en tres patas verticales es un sistema isostático (tres reacciones normales desconocidas, tres ecuaciones). Una mesa horizontal con cuatro patas y cargada de manera asimétrica es un sistema hiperestático (cuatro incógnitas, tres ecuaciones independientes).

Isoterma

▶ *Transformación isoterma.*—Evolución *reversible* de un sistema en el curso de la cual su *temperatura* permanece *uniforme* (la misma en todos sus puntos) y *constante*. *Ejemplo:* La compresión lenta de un gas en contacto permanente con un termostato es una transformación isoterma.
V. TRANSFORMACIÓN MONOTERMA.

▶ *Curva isoterma.*—Línea que sobre un diagrama representa los valores sucesivos de diversos parámetros de un sistema en el curso de una *evolución isoterma*.
Ejemplo: Las isotermas de un gas perfecto en el diagrama de Clapeyron forman una red de hipérbolas equiláteras, cuya ecuación es $pv =$ constante. En el diagrama entrópico (S, T), son rectas paralelas al eje de entropías.
V. CICLO DE CARNOT, DIAGRAMA DE ANDREWS, DIAGRAMA DE AMAGAT, LEY DE BOYLE-MARIOTTE.

Isotónicas

▶ *Disoluciones isotónicas.*—Se dice que dos soluciones son *isotónicas* cuando sus presiones osmóticas son iguales.
La condición de isotonicidad es de la mayor importancia en biología y en medicina, por consiguiente. Si dos soluciones no isotónicas son puestas en presencia una de otra a través de una membrana semipermeable, aquella que posee una menor presión osmótica pierde agua en beneficio de la otra.
V. EXPERIENCIA DE DUTROCHET, LEY DE VAN'T HOFF.

Isótonos

V. NÚCLIDOS ISÓTONOS.

Isótopos

V. ABUNDANCIA ISOTÓPICA, NÚCLIDOS ISÓTOPOS, ESPECTRÓGRAFO DE MASAS.

Isótropo

Se dice de un cuerpo cuyas propiedades direccionales (dilatación térmica, resistencia mecánica, velocidad de la luz, etc.) son las mismas en todas las direcciones a partir de un punto. En caso contrario el cuerpo es *anisótropo*.
Ejemplo: En un bloque de vidrio homogéneo la luz se propaga con la misma velocidad en todas las direcciones. El vidrio es *ópticamente isótropo*.
Un tronco de árbol puede ser partido con más facilidad en sentido longitudinal que en sentido transversal. La madera es *mecánicamente anisótropa*.

J

Jamin Jules (1818-1886)

▶ *Espejos de Jamin.*—Dispositivo utilizado como *interferómetro de doble onda*. Están constituidos por dos láminas de vidrio idénticas, anchas y plateadas por sus caras posteriores.
Hoy se prefiere el interferómetro de Michelson.

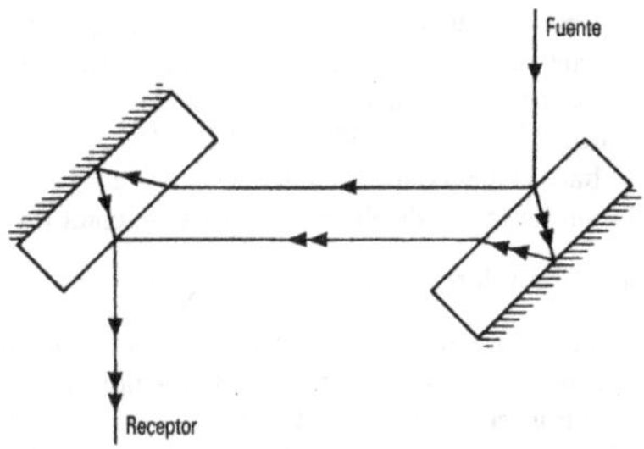

Jaula

▶ *Jaula de ardilla.*—Expresión que sirve para denominar el *rotor* de algunos *motores eléctricos* (motores asíncronos de campo variable). Este rotor está hecho con varillas de cobre paralelas que forman las generatrices de un cilindro circular y reunidas en sus extremos por anillos de cobre. Varillas y anillas reproducen aproximadamente una jaula de ardilla.
Los motores de este tipo presentan algunas ventajas técnicas (par constante...), pero requieren una alimentación con corrientes polifásicas, lo que impide su utilización en algunas circunstancias (pequeños motores de escasa potencia, tracción de trenes eléctricos...).

▶ *Jaula de Faraday.*—Recinto metálico, de paredes no necesariamente continuas, que constituye una *pantalla electrostática*.

Jensen J. Hans D. (1907)

Premio Nobel 1963 (con Göppert-Mayer)

V. MODELOS NUCLEARES

Joliot Fréderic (1900-1958)

Premio Nobel de Química en 1935 (con Irene Joliot-Curie).

V. RADIACTIVIDAD ARTIFICIAL.

Joliot-Curie Irène (1897-1956)

Premio Nobel de Química en 1935 (con F. Joliot).

V. RADIACTIVIDAD ARTIFICIAL.

Josephson Brian David (1940)

Premio Nobel en 1973.

▸ *Efecto Josephson.*—Fenómeno que se manifiesta cuando dos muestras superconductoras (plomo, por ejemplo), mantenidas a temperaturas muy bajas (algunos kelvins), se separan por medio de un aislante (óxido de plomo, o de aluminio, por ejemplo) de muy pequeño espesor (algunos nanómetros). Los electrones que forman los «pares de Cooper» en los superconductores pueden en esas condiciones franquear el aislante por *efecto túnel*, y se pueden comprobar diferentes aspectos del fenómeno, que Josephson había previsto por vía teórica (1962). En particular, si se hace pasar a través de una «unión Josephson» una corriente continua cuya intensidad I es superior a un valor crítico, característico de la unión, se constata la existencia de una tensión U en los bornes de la unión, mientras que a la corriente I se superpone una corriente alterna de frecuencia ν. La teoría establece que entre la frecuencia y la tensión existe la relación: $\nu/U = 2e/h$, donde h es la constante de Planck y e la carga elemental. La «frecuencia Josephson» es calculable, y vale $4{,}83594 \cdot 10^{14}$ Hz/V.
Por añadidura, si se hace crecer continuamente la intensidad I mientras se irradia la unión por medio de una radiación hertziana de alta frecuencia ν' se comprueba que la tensión U aumenta por saltos sucesivos, de valores idénticos: $U = n\dfrac{h}{2e}\nu'$ (n entero positivo; n = 1, 2, 3, ...); y este valor común es independiente de las circunstancias experimentales (temperatura, naturaleza química de los conductores, del aislante, etc.). Ejemplo numérico: si ν' es próximo a 10 GHz, cada salto tiene por valor alrededor de 20 μV.
Estos distintos resultados se utilizan en los laboratorios metrológicos para controlar, por ejemplo, el valor de la f.e.m. de las pilas patrón.

Joule James Prescott (1818-1889)

▸ *Ciclo de Joule.*—Ciclo termodinámico que comprende dos transformaciones isoentrópicas y dos transformaciones isóbaras alternadas (V. figura).
Es el ciclo que se utiliza en los motores a reacción. El ciclo de los motores Diesel es un ciclo de Joule truncado.

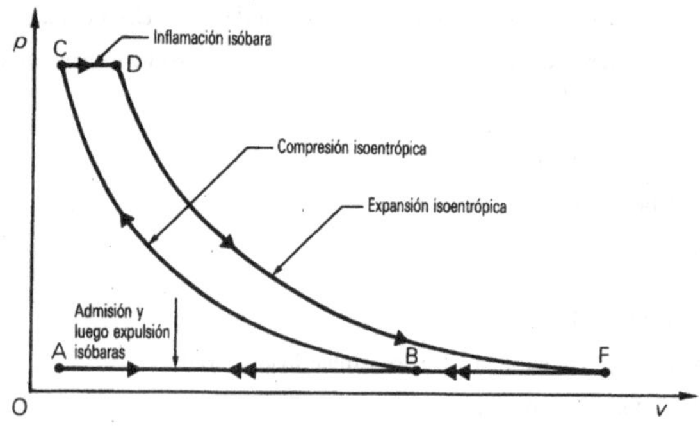

▶ *Efecto Joule.*—Calentamiento de un material cualquiera cuando se ve recorrido por una corriente eléctrica. Se atribuye este fenómeno a los choques inelásticos de los portadores de carga que aseguran el paso de la corriente, con los corpúsculos cargados y en agitación térmica que constituyen el esqueleto del material. En un material microcristalino, los defectos cobran una gran importancia.
Es, por consiguiente, el trabajo de las fuerzas eléctricas al arrastrar a los portadores de carga el que contribuye así, de manera irreversible, al aumento de la energía de agitación desordenada de los corpúsculos no arrastrados.
En un conductor filiforme, de resistencia R, la potencia eléctrica disipada por efecto Joule tiene como expresión: $P = RI^2 \left(= \frac{V^2}{R}, \text{ si se trata de un conductor óhmico} \right)$. I es la intensidad de la corriente, supuesta constante (V, la tensión eléctrica entre los bornes del conductor). Estas expresiones traducen la *ley experimental de Joule* (1841).
En un material no filiforme cualquiera, la potencia eléctrica disipada localmente en el elemento de volumen dv tiene por expresión: $dP = \mathbf{j} \cdot \mathbf{E} \cdot dv$, donde $\mathbf{j}$ es el *vector corriente* local y **E** el campo eléctrico local; se transforma en $dP = \rho j^2 \, dv$ si se verifica la ley de Ohm local $\mathbf{j} = \mathbf{E}/\rho$ (ρ resistividad local).
Utilizamos comúnmente el efecto Joule en todos los instrumentos de calefacción eléctrica, o de iluminación por incandescencia. Pero las pérdidas de energía que entraña, particularmente en las líneas de transporte de energía a gran distancia, son importantes, desafortunadamente.
V. CORRIENTES DE FOUCAULT, INTENSIDAD EFICAZ, SUPERCONDUCTIVIDAD.

▶ *Experiencia de Joule.*—Estudio experimental del calentamiento de un cuerpo, obtenido a través de un trabajo mecánico. Una cantidad conocida de agua es encerrada en un calorímetro, y es agitada vivamente por un juego de palas obligadas a girar por la caída de un cuerpo desde una altura conocida. Se mide la elevación de la temperatura del agua. Estas experiencias, comenzadas hacia 1842, fueron proseguidas durante varios años. La concordancia de los resultados obtenidos estableció claramente la equivalencia cuantitativa entre energía mecánica y energía térmica.
V. EQUIVALENTE MECÁNICO DE LA CALORÍA.

▶ *joule* (J).—Unidad de trabajo y de energía del SI. Se castellanizó como *julio*, nombre que se utiliza indistintamente en la literatura física en nuestro idioma. «El julio es el trabajo producido por una fuerza constante de 1 newton cuando su punto de aplicación se desplaza un metro en su propia dirección».
Se tendrá una idea aproximada del valor de un julio a través del ejemplo siguiente: elevando lentamente un «peso de un kilo» (cuerpo cuya masa vale un kilogramo) a una altura de 10 cm, se produce un trabajo que vale sensiblemente un julio.
Otras unidades de trabajo y energía:
1 ergio (unidad c.g.s.) = 10^{-7} J.
1 steno (unidad del antiguo sistema m.t.s.) = 1.000 J.
1 kilográmetro (unidad del sistema técnico) = 9,8 J.
1 caloría = 4,1855 J.
En la industria se utiliza corrientemente el vatio/hora. 1 W/h = 3.600 J.
En microfísica se utiliza el electronvoltio. 1 eV = $1{,}6 \cdot 10^{-9}$ J.

▶ *Experiencia* (o expansión) *de Joule y Gay-Lussac* (1845).—Joule retomó, mejorándola, una experiencia que había sido realizada cuarenta años antes por Gay-Lussac. Aún, veinte años después, sería mejorada por Hirn. Se trata de la expansión de un gas previamente comprimido en un recipiente metálico rígido, cuando se pone bruscamente en comunicación con otro recipiente igualmente rígido, pero vacío. Es una transformación espontánea, brusca, irreversible de un gas aislado del exterior, por tanto, una transformación de entropía creciente y de (a) *energía interna constante*. El objetivo de la operación es medir la eventual variación de la temperatura del gas. La experiencia enseña que todos los gases reales se enfrían ligeramente, con tanto más vigor cuanto mayor es la distancia entre las presiones inicial y final (algunos grados si la presión pasa de 10 a 1 atm.). Pero ese enfriamiento es tanto menor cuanto más se aproxima el gas al estado perfecto (V. PRIMERA LEY DE JOULE, DIABLILLO DE MAXWELL).

▶ *Experiencia* (o expansión) *de Joule-Thompson*.—Realizada por primera vez en colaboración por Joule y Thompson (en 1852), consiste en el estudio del eventual enfriamiento de un gas que se expande, no bruscamente en el vacío, sino lentamente, pasando a través de una pared porosa que modera su movimiento, desde un recinto en el que reina una presión p_1 hasta otro a presión p_2, manteniéndose ambas constantes. Se demuestra que esta expansión se produce a *entalpía constante*, y la experiencia revela que puede implicar tanto un enfriamiento como un calentamiento. Para una expansión de 2 a 1 atm., el aire tomado a la temperatura ambiente se enfría alrededor de 0,3 °C, mientras que el hidrógeno en las mismas condiciones se calienta algo menos. El estudio en profundidad del fenómeno demuestra que: 1 / Para un gas perfecto la expansión de Joule-Thompson no modifica su temperatura (V. SEGUNDA LEY DE JOULE); 2 / Para cada gas real existe, en un diagrama (T, P), una *curva de inversión*. Para todo punto interior, la razón dT/dP a entalpía constante es positiva ($dP < 0 \Rightarrow dT < 0$), y el gas se enfría. Para todo punto exterior las cosas suceden al contrario.
V. LICUEFACCIÓN DEL AIRE.

▶ *Leyes de Joule:*
1 / Electricidad (V. EFECTO JOULE).
2 / Termodinámica.—Primera ley: La *energía interna* U de un gas no depende ni de su volumen ni de su presión, sino exclusivamente de su temperatura.
Segunda ley: La *entalpía* H de un gas no depende ni de su volumen ni de su presión: depende exclusivamente de su temperatura.
Pudiendo estar cada estado de equilibrio de un gas caracterizado por los valores de dos parámetros independientes, es cómodo elegir, para expresar la primera de las leyes, los parámetros T (temperatura) y V (volumen del gas), y para la segunda, los parámetros T y P (presión del gas). La primera ley se traduce entonces por la relación $\partial H/\partial P = 0$, y la segunda, por $\partial H/\partial P = 0$.
En realidad, sólo los gases *perfectos* satisfacen plenamente ambas leyes. Los gases *reales* presentan desviaciones con respecto a ambas, desviaciones que pueden deducirse precisamente de los valores no nulos de las derivadas parciales precedentes.
Esas derivadas se calculan, por ejemplo, a partir de las variaciones de la temperatura de un gas en el curso de una expansión irreversible, realizada bien a energía interna constante (V. EXPERIENCIA DE JOULE - GAY-LUSSAC) (y entonces $\frac{\partial U}{\partial V} = - c_v \left[\frac{\partial T}{\partial V}\right]_U$), bien a entalpía constante (V. EXPERIENCIA DE JOULE-THOMPSON) (y entonces $\frac{\partial H}{\partial P} = - c_p \left[\frac{\partial T}{\partial P}\right]_H$).
c_v y c_p son las capacidades térmicas de la cantidad de gas utilizado, a volumen y a presión constante respectivamente.

Jurin James (1684-1750)

▶ *Ley de Jurin*.—Contrariamente a las previsiones del «principio de los vasos comunicantes», la experiencia muestra que si uno de los dos «vasos» es un tubo muy fino, un tubo *capilar*, la superficie libre del líquido en el tubo se eleva levemente por encima del nivel alcanzado en el otro vaso, que suponemos ancho.

La ley de Jurin (1718) atribuye este fenómeno a la existencia de fuerzas superficiales que la pared ejerce sobre el líquido a lo largo de su línea de contacto, y da la altura del ascenso:

$$h = \frac{2A \cos \theta}{\rho g} \cdot \frac{1}{r}$$

A es la tensión superficial del par (líquido, pared), θ el ángulo de conexión de la superficie libre con la pared, ρ la densidad del líquido y *g* la aceleración de la gravedad.
Ejemplo: Si el líquido es agua pura, en un tubo de vidrio, el ángulo de conexión es nulo, y la tensión superficial A vale sensiblemente $75 \cdot 10^{-3}$ N/m. Se obtiene en conclusión que, en un tubo cuyo radio interior sea del orden de un milímetro, la altura a la que sube el agua es ¡15 cm!, cosa que la experiencia confirma.
Este fenómeno explica diversas observaciones bien conocidas: el ascenso del agua en una esponja, el de la savia en las fibras vegetales, etc.
El mercurio, desde este punto de vista, es un líquido aparentemente excepcional. Su ángulo de empalme es obtuso. La columna de mercurio es atraída hacia abajo. La *depresión* que se obtiene de esa atracción también se rige por la ley de Jurin.
V. Capilaridad, Mojabilidad, Sobrepresión capilar, Tensión superficial.

K

K

1 / Símbolo del *kelvin*, unidad de temperatura.
2 / Símbolo del *kilobit*, múltiplo del bit, unidad de información.

▶ *Capa K.*—V. CAPAS ELECTRÓNICAS, CAPTURA K, ESPECTRO DE RAYOS X.

▶ *Electrón K.*—Electrón que pertenece a una capa K.

▶ *Nivel K.*—*Sinónimo:* Capa K.

▶ *Rayas K.*—Rayas de emisión X.
V. LEY DE MOSELEY, ESPECTROS X.

K^+, K^-, K^0

Símbolos de los kaones o mesones K.

k

Símbolo de la constante de *Boltzmann*: $k = R/N$, donde R es la constante de los gases perfectos y N el número de Avogadro. $k \simeq 1{,}38 \cdot 10^{-23}\ J \cdot K^{-1}$.
V. CUADRO DE CONSTANTES FÍSICAS (Anexo 6).

Kaones

Sinónimo: Mesones K.

Partículas subnucleares que forman parte de los mesones extraños.
Se conocen dos kaones: K^+ y K^0, así como sus antipartículas: K^- y $\bar{K}^0$.
V. CUADRO DE PARTÍCULAS (Anexos 4).

Kastler Alfred Henri Fréderic (1902-1984)

Premio Nobel 1966.

V. BOMBEO ÓPTICO.

Kayser Johannes (1853-1940)

Unidad c.g.s. de *número de ondas*.
1 kayser = 1 $cm^{-1} = 10^2\ m^{-1}$.

Keesom Willem Hendrick (1876-1956)

▶ *Fuerza de Keesom.*—V. FUERZAS INTERMOLECULARES.

Kelvin lord

V. THOMPSON WILLIAM.

▶ *Galvanómetro Kelvin.*—V. GALVANÓMETRO DE CUADRO MÓVIL.

▶ *kelvin (K).*—Unidad de temperatura. Es una de las siete unidades básicas del SI. «El kelvin es la fracción 1/273,16 de la temperatura termodinámica del punto triple del agua.»
Es una consecuencia del hecho de que se ha decidido atribuir a la temperatura termodinámica del «punto triple» del agua el valor 273,16 K.
Gracias a esa elección, la diferencia entre las temperaturas termodinámicas de los puntos de fusión y ebullición del agua pura, a la presión atmosférica normal, sigue siendo de 100 unidades, como en el caso de la escala centesimal antigua, o escala Celsius actual. Esas temperaturas valen 273,15 (0 °C) y 373,15 (100 °C) K.

▶ *Temperatura Kelvin.*—V. TEMPERATURA TERMODINÁMICA.

Kenelly Arthur Edwin (1861-1939)

▶ *Capa de Kenelly-Heaviside.*—V. IONOSFERA.

▶ *Teorema de Kenelly.*—V. ECUACIONES TRIÁNGULO-ESTRELLA.

Kenotrón

Contracción de una palabra griega que significa vacío y de la palabra electrón.

Diodo de vacío que puede soportar elevadas tensiones entre ánodo y cátodo —varias decenas de *k*V.
Utilizado, por ejemplo, con rectificador, acoplado a un transformador de alta, esta válvula puede reemplazar con ventaja a una máquina electrostática, o a una bobina de inducción, para obtener grandes tensiones de sentido invariable.

Kepler Johannes (1571-1630)

▶ *Leyes de Kepler:*
1 / Mecánica.—Leyes que tratan del movimiento de los planetas del Sistema solar, deducidas por Kepler a partir de numerosas observaciones acumuladas por Tycho-Brahé (1546-1601) y por él mismo.
Primera ley: Cada planeta P describe periódicamente una elipse, ocupando el Sol uno de sus focos.
Segunda ley: El movimiento obedece a la «ley de las áreas»: el área barrida por la recta SP aumenta proporcionalmente al tiempo empleado en barrerla.
Tercera ley: El cuadrado (T^2) del tiempo de revolución es proporcional al cubo (a^3) del semieje mayor, para todas y cada una de las órbitas. El cociente a^3/T^2 tiene el mismo valor para todos los planetas.
Estas leyes, enunciadas entre 1605 y 1618, fueron «explicadas» setenta años más tarde por Newton, quien con este propósito descubrió la existencia de la atracción universal y definió las leyes fundamentales de la mecánica clásica (o newtoniana).

2 / Óptica.—Ley que trata de la refracción de un rayo luminoso en la superficie de separación de dos medios transparentes. Según Kepler, «el cociente entre los ángulos de incidencia y de refracción, i/r, permanece constante para todo valor de i». Esta ley, enunciada en 1604, no es válida (y de un modo aproximado) más que en el caso de que los ángulos sean pequeños. Fue sustituida por la ley de los senos de Snell-Descartes.

Kerma

Siglas de la expresión inglesa *Kinetic Energy Released in Material* (Energía cinética liberada en una sustancia).

Es una magnitud física usada en *radiología* para caracterizar, desde el punto de vista cuantitativo, a las radiaciones indirectamente ionizantes (una radiación de neutrones, por ejemplo) (compárese su definición con la de *dosis absorbida*). El kerma de una radiación en una sustancia es igual, por definición, al cociente $K = E/m$, donde E designa la suma de las energías cinéticas iniciales de todas las partículas cargadas, ionizantes por consiguiente, que libera la radiación al atravesar un elemento de volumen de la sustancia, y m la masa de ese elemento. El kerma se evalúa en julios/kilogramo, o gray (a veces en erg/g).

Kerr John (1824-1907)

▶ *Célula de Kerr.*—V. EFECTO KERR.

▶ *Constante de Kerr.*—V. EFECTO KERR.

▶ *Efecto Kerr.*—*Sinónimo:* Birrefringencia eléctrica: Un dieléctrico, sólido, líquido o gaseoso, transparente y ópticamente isótropo, se vuelve birrefringente al estar sometido a un campo eléctrico. Este fenómeno de birrefringencia provocada, descubierto por Kerr (en 1875), es conocido como *efecto Kerr.*
El dieléctico sometido al campo **E** se vuelve ópticamente equivalente a un cristal birrefringente uniáxico, cuyo eje sería paralelo a **E**. La diferencia entre sus índices principales, extraordinario n_e y ordinario n_o es proporcional al cuadrado del campo: $n_e - n_o = K\lambda E^2$, donde λ es la longitud de onda de la luz utilizada y K la *constante de Kerr* del cuerpo estudiado para esa luz. *Ejemplo:* La constante K del nitrobenceno líquido para la luz amarilla del sodio vale alrededor de $+3 \cdot 10^{-12}$ (λ en metros, E en V/m).
Puede demostrarse que el efecto Kerr se debe a un efecto de orientación de las moléculas del cuerpo por parte del campo eléctrico.
Este fenómeno presenta una particularidad notable. Se establece y desaparece en un tiempo muy corto (del orden de 10^{-10} s). Si una célula de Kerr recibe un haz de intensidad constante,

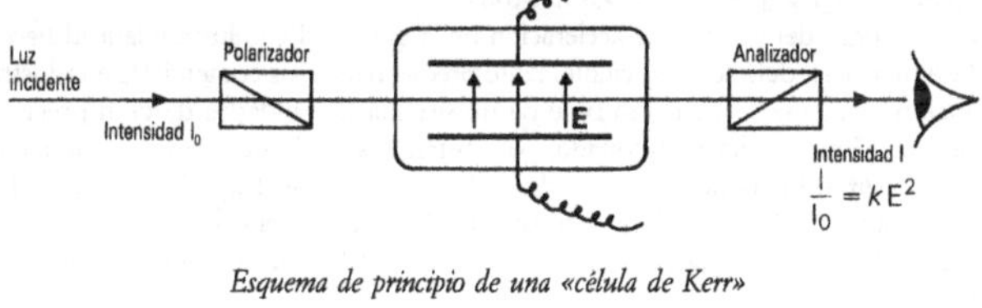

Esquema de principio de una «célula de Kerr»

El polarizador y el analizador están cruzados, estando sus ejes inclinados 45° a una y otra parte de la dirección del campo **E**.
El observador ve reaparecer bruscamente la luz cuando el condensador es conectado a una tensión.

la intensidad de la luz emergente sigue fielmente las modulaciones del campo eléctrico, incluso aunque esas modulaciones sean muy rápidas. Este hecho se aprovecha, por ejemplo, para grabar el sonido de las películas sonoras.

kilo

▶ *kilobit*.—Designa por convenio un número de *bits* igual a 2^{10} = 1.024, número cercano a 1.000, de ahí el prefijo kilo. La capacidad de una memoria ordinaria se evalúa en kilobits.

▶ *Kilográmetro* (kgm).—Antigua unidad de trabajo del sistema técnico o m.kp.s. (o terrestre), también llamada kilopondímetro.
V. KILOGRAMO-PESO.

▶ *kilogramo* (kg).—Adoptado como unidad de masa (en 1791), en el momento de la creación del «sistema métrico» decimal —era, por definición, la masa de un decímetro cúbico a la temperatura de su máxima densidad, y se llamaba entonces «el grave»—; recibió su actual nombre en 1795, tras la definición del «gramo», unidad de masa del sistema c.g.s. (masa de un centímetro cúbico de agua). 1 grave = 1.000 g = 1 kg.
El kilogramo es hoy una de las unidades básicas del SI, y en su definición ha desaparecido totalmente la referencia al agua: «El kilogramo es la masa del prototipo internacional en platino e iridio sancionado por la Conferencia General de Pesas y Medidas, y depositado en la Oficina Internacional de Pesas y Medidas, en Sèvres».
Este prototipo es un cilindro cuya altura es igual al diámetro (alrededor de 39 cm) —lo que hace mínima su superficie exterior—, del que existen varias copias nacionales en platino iridiado o en acero inoxidable. La comparación periódica de todos esos objetos, por medio de balanzas de alta precisión, ha llevado a la conclusión de que la definición de la unidad de masa a través de un prototipo material, conservado y manipulado con las debidas precauciones, está asegurada con una precisión relativa del orden $1/10^9$. Es poco probable que pueda, en un futuro próximo, alcanzarse este grado de precisión por medio de una definición nueva, referida a un objeto natural, tal como un átomo o una partícula elemental.
Por las razones históricas a las que se ha hecho alusión, los múltiplos y submúltiplos del kilogramo llevan nombres que recuerdan su filiación con el gramo. Así, se habla de 1 mg, y no de 1 μkg.
El quintal (q) y la tonelada (t) valen por convenio: 1 q = 100 kg; 1 t = 1.000 kg.

▶ *Kilogramo-masa*.—Utilizado en la época en la que estaba en curso el sistema técnico o terrestre, esta expresión permitía distinguir la masa del cilindro patrón de su peso. Esta precaución es inútil en el SI: la masa del cilindro patrón vale 1 kg, y su peso 9,8 N (V. KILOGRAMO PESO).

▶ *Kilogramo-peso*.—Unidad de *fuerza* de un antiguo sistema de unidades mecánicas, el técnico, basado en tres unidades: el metro, el kilogramo-peso y el segundo.
«El kilogramo-peso es el peso de un objeto cuya masa vale 1 kilogramo (masa de un "kilogramo patrón").» 1 kgp = 1 kp = 9,8 newtons.
Las variaciones del valor de la aceleración de la gravedad en altura y latitud hacen que la unidad de fuerza así definida, suficientemente precisa para usos comerciales e industriales, no pueda manifiestamente servir como base de un sistema de unidades de gran precisión.
El sistema técnico se ha abandonado. No obstante, se utilizan a veces sus unidades de trabajo, el *kilográmetro* o kilopondímetro —trabajo de una fuerza de 1 kp al desplazarse 1 m en su propia dirección— (1 kgm = 9,8 J), y su unidad de potencia, el *kilográmetro por segundo* (kgm/s) (1 kgm/s = 9,8 W). El *caballo de vapor* (C.V. o H.P.) es un múltiplo del kilográmetro por segundo:

$$1 \text{ C.V.} = 75 \text{ kgm/s} \simeq 735 \text{ W}.$$

▶ *Prefijo*, de símbolo k. V. CUADRO DE PREFIJOS DEL SI.

Kirchhoff Gustav Robert (1824-1887)

▶ *Fórmulas de Kirchhoff.*—V. CALORES DE TRANSFORMACIÓN.

▶ *Leyes de Kirchhoff:*
1 / Corrientes eléctricas.—Conjunto de leyes que permiten calcular las intensidades en las diferentes ramas de una red eléctrica, en régimen permanente. Son también conocidas como «lemas de Kirchhoff».
a) Ley de los nudos. En régimen permanente no puede producirse, en ningún punto en el que se crucen varias ramas de una red eléctrica, ni acumulación ni desaparición de cargas eléctricas. La suma de las intensidades que llegan a un nudo de la red es, por consiguiente, igual a la suma de las intensidades que salen del mismo: $\Sigma i = \Sigma i'$.
b) Ley de las mallas: Si se recorre una malla cualquiera de la red, volviendo al punto de partida, se debe encontrar en él el mismo valor de potencial eléctrico. En consecuencia, la suma de las caídas de potencial en los bornes de las ramas sucesivas que constituyen una malla queda exactamente compensada por la suma algebraica de las f.e.m. y de las f.c.e.m. de generadores y motores que se encuentren a lo largo del recorrido. $\Sigma Ri = \Sigma e - \Sigma e'$, donde R es la intensidad de la rama recorrida por la intensidad i (V. LEY DE POUILLET GENERALIZADA). En corriente alterna las leyes de Kirchhoff son válidas a condición de utilizar notación compleja. Se demuestra que así se obtiene un sistema que contiene tantas ecuaciones como incógnitas. Es un sistema de *ecuaciones lineales* (a condición de que la red esté formada por dipolos lineales) y eso justifica algunas consecuencias, por ejemplo el teorema de superposición de los regímenes permanentes. A veces se utilizan redes eléctricas en cálculos analógicos, para resolver por vía experimental problemas técnicos que puedan traducirse por un sistema de ecuaciones lineales análogas.
2 / Radiación térmica.—Primer enunciado: Si L_λ es la luminancia espectral energética de un cuerpo A que emite radiación puramente térmica, y si L_λ^0 es la luminancia espectral energética de un cuerpo negro a la misma temperatura y para una misma longitud de onda λ, existe entre esas dos magnitudes la relación: $L_\lambda = L_\lambda^0 \cdot \alpha_\lambda$, donde α_λ, es el coeficiente de absorción del cuerpo A a esta misma temperatura y para esta misma radiación.
Se deduce en particular que un cuerpo real no puede emitir a una temperatura dada una radiación más que si el cuerpo negro puede emitir a esa misma temperatura ($\alpha_\lambda = 0$, o $L_\lambda^0 = 0$ implican $L_\lambda = 0$). Segundo enunciado: la razón L_λ/α_λ entre la luminancia espectral energética y el coeficiente de absorción de un cuerpo material cualquiera, para una misma radiación λ y a una misma temperatura T es un función universal de λ y de T: $L_\lambda/\alpha_\lambda = f(\lambda, T) = L_\lambda^0$.
V. EMISIVIDAD ESPECTRAL DIRECCIONAL, TEMPERATURA APARENTE.

Klein Oskar Benjamin (1894)

▶ *Ecuación de Klein y Gordon* (llamada igualmente ecuación de Klein y Fock).—Primera generalización histórica de la ecuación de *Schrödinger*. Concierne al movimiento de un corpúsculo libre *relativista*, y fue encontrada a partir de la expresión relativista de la energía E de un corpúsculo, de masa en reposo m, en función de su momento $\boldsymbol{p}$, o sea: $E^2 = (mc^2)^2 + p^2 c^2$. Sustituyendo respectivamente las tres magnitudes E, $\boldsymbol{p}$ y m por sus operadores $-i\hbar\, \partial/\partial t$, $-i\hbar$ grad y m se obtiene:

$$\left(\Delta - \frac{1}{c^2}\frac{\partial^2}{\partial t^2} - \frac{m^2 c^2}{\hbar^2}\right)\psi = 0.$$

Esta ecuación fue la inspiradora de los cálculos de *Yukawa*. Fue más tarde transformada, por linealización de la relación de partida, y adaptada a los corpúsculos de spin semientero por *Dirac*.

Klystrón

Tubo electrónico de *modulación de velocidad* que permite amplificar, o entretener, oscilaciones eléctricas de muy alta frecuencia (del orden del gigahertzio). En los tubos normales (los triodos, por ejemplo) el tiempo de tránsito entre el ánodo y el cátodo resulta demasiado importante. Un klystrón es un tubo de vacío en el que un haz electrónico atraviesa sucesivamente dos rejillas GG′ ligadas a un oscilador (una cavidad resonante, de hecho), un espacio desprovisto de campo eléctrico y por fin un segundo par de rejillas HH′, ligadas a una segunda cavidad. Atravesando el corto espacio GG′, cada electrón recibe del campo eléctrico alterno que reina en la zona un breve impulso, acelerador o retardador según el sentido del campo en el momento del paso del electrón. En la zona de deslizamiento los electrones acelerados alcanzan a los electrones ralentizados que les precedían. El flujo electrónico queda así modulado en densidad. Ondas sucesivas de electrones atraviesan así HH′ y, si se han cuidado las condiciones de sincronización, aportan la energía necesaria para *amplificar* las oscilaciones de la segunda cavidad resonante. Si una parte de la energía de oscilación de esta segunda cavidad se deduce y se remite a la primera cavidad, se dan las condiciones para obtener *oscilaciones entretenidas*, cuya frecuencia está impuesta por la segunda cavidad (cf. triodo oscilador).
En los *klystrones reflejos* una sola cavidad resonante representa los dos roles gracias a la presencia de un electrodo auxiliar, llevado a potencial negativo y llamado *electrodo espejo*, que reenvía a los electrones y los obliga a atravesar dos veces la misma cavidad. Nótese que la energía de amplificación o mantenimiento es siempre extraída del generador del cañón de electrones.
Los klystrones fueron puestos a punto en 1939, e hicieron posible la utilización de los primeros radares. Hoy equipan los postes emisores de *ondas centimétricas*, utilizadas en distintas técnicas de telecomunicación, radar, cables hertzianos, televisión...

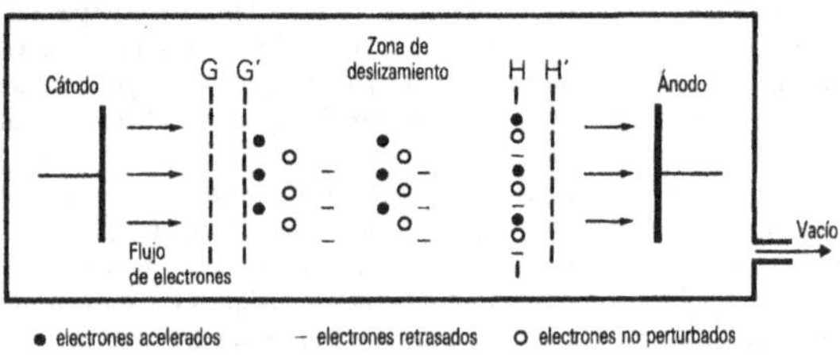

Knudsen Martin Hans Christian (1871-1949)

▶ *Gas de Knudsen.*—Nombre dado, en memoria de quien los estudió particularmente, a los gases bajo presiones muy pequeñas (una fracción de pascal).
En un gas muy rarificado, el recorrido libre medio de sus moléculas se hace superior a las dimensiones del recinto en el que está encerrado. Los choques entre moléculas son entonces mucho más escasos que los choques contra las paredes. Las propiedades macroscópicas que, según la teoría cinética, resultan de los cambios de cantidad de movimiento y de energía en el curso de los choques moleculares (viscosidad, conductividad térmica...) son profundamente modificadas.

Koenig Karl Rodolphe (1831-1901)

▶ *Tubo* (o *trombón*) *de Koenig.*—Tubo formado por dos tubos en U que deslizan uno en otro. Una fuente sonora colocada lateralmente introduce una onda sonora en cada uno de los tubos.

Tras haber recorrido longitudes distintas, las ondas interfieren a la salida del trombón opuesta a la fuente. Haciendo deslizar la parte móvil se puede actuar sobre la diferencia de marcha, para obtener a la salida lo que se quiera: un nodo, un vientre... Si se conoce la frecuencia del foco vibratorio, puede calcularse la velocidad de las ondas en el interior del tubo.

Koenig Samuel (1712-1757)

▶ *Teoremas de Koenig*.—Un sistema material cualquiera se encuentra en movimiento en un sistema de referencia (R), cuyo origen es O. Posee un centro de masas C, y se le asocia un referencial baricéntrico (B), de origen C.
Primer teorema: el *momento cinético* $\mathbf{H}_O$, con respecto a O, del sistema en movimiento en (R) es igual a su momento cinético $\boldsymbol{h}_c$ con respecto a C, en su movimiento relativo en (B) más el momento cinético del punto C con respecto a O, suponiendo que en C se concentra toda la masa del sistema: $\mathbf{H}_O = \boldsymbol{h}_c + \mathbf{OC} \wedge m\mathbf{V}_c$.
Segundo teorema: la *energía cinética* T de un sistema en movimiento en (R) es igual a la energía cinética t correspondiente a su movimiento relativo en (B) más la energía cinética de su centro de masas en (R), suponiendo que en C se encuentra toda la masa del sistema: $T = t + \frac{1}{2} m V_C^2$.

Kohlrausch Friedrich (1840-1910)

▶ *Ley de Kohlrausch*.—«Las conductividades equivalentes de los iones en disolución son aditivas.» Se demuestra que la conductividad equivalente λ^- de un anión es de la forma $\lambda^- = \mathscr{F} \cdot u^-$ y la de un catión $\lambda^+ = \mathscr{F} \cdot u^+$, de suerte que la conductividad equivalente de la disolución que contiene ambos iones vale: $\Lambda = \mathscr{F}(u^- + u^+)$; $\mathscr{F} = 1$ faraday; u^- y u^+ son las *movilidades* respectivas del anión y del catión.
La ley se verifica muy aceptablemente, principalmente para concentraciones débiles (conductividades límites).
Se ha establecido un cuadro de conductividad equivalente de todos los iones, lo que permite calcular la conductividad equivalente límite de los electrólitos débiles, cosa que no puede hacerse por extrapolación al no ser lineales sus curvas de variación $\Lambda(c)$, como las de los electrólitos fuertes.
V. LEY DE OSTWALD.

▶ *Puente de Kohlrausch*.—Puente de Wheatstone adaptado a la medida de la conductividad de las disoluciones electrolíticas. Se alimenta con corriente alterna, a fin de evitar las perturbaciones debidas a la polarización de la célula de medida, sustituyéndose el galvanómetro por un auricular de teléfono, por ejemplo.

Kondo Jun

▶ *Efecto Kondo*.—Anomalía aparente de las propiedades magnéticas, en función de la temperatura, de ciertas sustancias paramagnéticas —y de sus variaciones, fundamentalmente— cuando dichas sustancias se encuentran repartidas en pequeñas cantidades entre los átomos de un metal diamagnético, el cobre por ejemplo. A temperaturas muy bajas se observa que la susceptibilidad magnética del conjunto crece como 1/T antes de alcanzar la saturación. Una teoría reciente postula que en el magnetismo observado intervienen simultáneamente el del cuerpo disperso y el de los electrones de conducción del metal soporte.

Krarup Carl Emil (1872-1909)

▸ *Krarupización.*—V. IMPEDANCIA ELÉCTRICA ESPECÍFICA.

Ksi (Ξ)

Grupo de partículas subnucleares que forman un doblete (Ξ^0, Ξ^-).
V. CUADRO DE PARTÍCULAS.

Kundt August (1839-1894)

▸ *Tubo de Kundt.*—Tubo cilíndrico de vidrio utilizado para medir la velocidad del sonido en los gases.
En una de las extremidades del tubo se coloca una fuente sonora de frecuencia conocida n. El otro extremo se cierra por medio de un disco que puede deslizar para modificar a voluntad la longitud interior del tubo. Cuando esta longitud es adecuada el gas entra en resonancia. Se instala en el seno del gas una onda estacionaria de gran amplitud: partículas de corcho, previamente repartidas por el tubo, saltan vivamente y forman pequeños montones en los nodos de vibración. Es fácil deducir de ello la longitud de onda λ y, en consecuencia, calcular la velocidad buscada: $c = \lambda \cdot n$.
El tubo de Kundt es un ejemplo sencillo de *interferómetro acústico*.

L

L

▶ *Capa L.*—V. CAPAS ELECTRÓNICAS.

▶ *Electrón L.*—Electrón que pertenece a una capa L ($n = 2$).

Lagrange Joseph Louis, conde de (1736-1813)

▶ *Ecuaciones de Lagrange.*—Ecuaciones del movimiento de un sistema material en un referencial R cualquiera, deducidas del conocimiento de la función de Lagrange —o lagrangiana— del sistema, formulada en este referencial.
Siendo $L(q_i, \dot{q}_i, t)$ la expresión de esta lagrangiana, donde las q_i son las coordenadas generalizadas del sistema, las $\dot{q}_i$ sus velocidades generalizadas, $\dot{q}_i = dq_i/dt$ y t es parámetro tiempo, las ecuaciones de Lagrange se escriben: $\frac{d}{dt}\left(\frac{\partial L}{\partial \dot{q}_i}\right) = \frac{\partial L}{\partial q_i}$; $i = 1, 2, ..., n$, siendo n el número de grados de libertad del sistema.
Esta escritura supone que se cumplan ciertas condiciones matemáticas, lo que sucede generalmente en mecánica.
Se puede demostrar que esas ecuaciones se obtienen del principio de acción estacionaria, y que son equivalentes a las ecuaciones de los formalismos newtoniano o relativista, siendo a menudo más cómodo utilizar las ecuaciones de Lagrange que las de otros formalismos en el caso de sistemas complejos.
V. ECUACIONES DE HAMILTON-JACOBI.

▶ *Función de Lagrange* (o *lagrangiana*).—Magnitud escalar, notada universalmente como L, punto de partida esencial en los formalismos de la mecánica analítica y de la mecánica cuántica. Para que estos formalismos resulten válidos en todos los casos, la expresión del lagrangiano debe estar adaptada a cada tipo de problemas, tal como indican los siguientes ejemplos:
a) *Móvil puntual:*
1 / *Un punto material de masa m*, en movimiento en un referencial inercial $R(O, x, y, z)$, se encuentra en el instante t en un punto $M(x, y, z)$ llevando una velocidad $\mathbf{v}(v^2 = \dot{x}^2 + \dot{y}^2 + \dot{z}^2$, si $\dot{x} = dx/dt$, etc.). Su lagrangiana vale por definición $L = T - V$, donde $T = \frac{1}{2}mv^2$ es su energía cinética, y $V(x, y, z, t)$ su eventual energía potencial.
2 / Hay que tomar, si v está muy próxima a la velocidad de la luz c (relatividad que tomar, si v está muy próxima a la velocidad de la luz c (relatividad restringida), $L = -mc^2\sqrt{(1 - v^2/c^2)} - V$.
3 / Si el móvil es un corpúsculo que lleva una carga eléctrica Q y se encuentra dentro de un campo electromagnético que depende de un potencial escalar φ y de un potencial vector $\mathbf{A}$, la expresión de su lagrangiana es:

$$L = \frac{1}{2} mv^2 - Q(\varphi - \mathbf{v} \cdot \mathbf{A}) \qquad \text{si } v \ll c,$$

y

$$L = -mc^2 \sqrt{(1 - v^2/c^2)} - Q(\varphi - \mathbf{v} \cdot \mathbf{A}) \qquad \text{si } v \simeq c.$$

4 / Si, para finalizar, el movimiento está referido a un sistema R′ no inercial, la transformación de coordenadas y de componentes de la velocidad al pasar del referencial inercial R al actual R′ introduce en la expresión de su lagrangiana términos suplementarios. Esos términos dependen de las velocidades de traslación y rotación que definen en un instante dado el movimiento de R′ con respecto a R, y son el origen de las fuerzas de inercia que aparecen a continuación en las ecuaciones del movimiento.

b) *Sistema material:*

En este caso es cómodo reemplazar las coordenadas cartesianas x, y, z por coordenadas generalizadas q_i, adaptadas al sistema estudiado ($i = 1, 2, ..., n$, si n es el grado de libertad del sistema). Las cantidades $\dot{q}_i$ son entonces sus velocidades generalizadas. La lagrangiana adopta la forma general:

$$L = T(q_i, \dot{q}_i) - V(q_i, \dot{q}_i)$$

donde T es la energía cinética global del sistema (referencial inercial) y V su energía potencial, en un instante t.

Si el sistema estudiado es un conjunto de corpúsculos idénticos muy numeroso que ocupan un volumen τ, se define en cada punto M una «densidad de lagrangiana» $\mathcal{L}$ (M), tal que $L = \int_\tau \mathcal{L}(M) \cdot d\tau$.

▶ *Invariante de Lagrange-Helmholtz.*—Expresión que permanece invariante al atravesar un *dioptrio esférico* utilizado en la aproximación de Gauss. Se trata del producto $n\ y\ u$, donde n es el índice de refracción del medio, y la longitud de un pequeño objeto rectilíneo AB perpendicular al eje del dioptrio, y u el semiángulo de abertura del haz luminoso que, partiendo de A, atraviesa el dioptrio.

Si éste forma parte de un sistema centrado, la expresión de Lagrange-Helmholtz guarda el mismo valor en cada paso, con lo que se obtiene una relación que relaciona los dos medios extremos: $n\ y\ u = n'\ y'\ u'$ es la longitud de la imagen final A′B′ (V. figura).

(Esta expresión traduce la condición de seno Abbe en rayos paraxiales, que aquí se encuentra verificada para todos los puntos A del eje del sistema.)

V. SISTEMA CENTRADO.

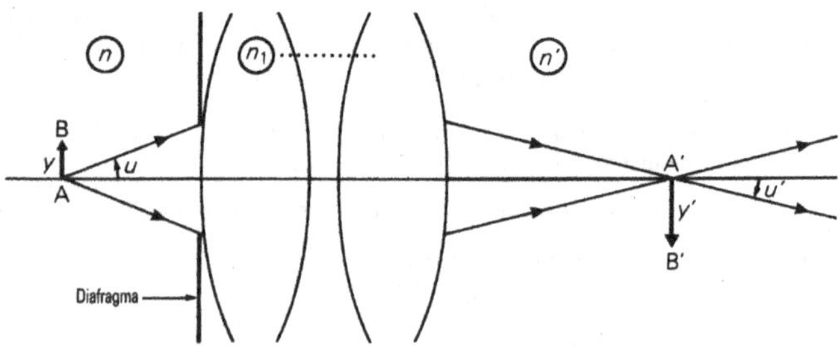

Lagrangiana

Sinónimo: Función de Lagrange.

Lamb Willis Eugene (1913)

Premio Nobel 1955.

▶ *Desplazamiento de Lamb* (*en inglés:* Lamb Shift).—Se trata de un pequeño desfase entre los dos niveles energéticos, del átomo de hidrógeno excitado, designados como $2S_{1/2}$ y $2P_{1/2}$ en espectroscopia, niveles que se suponían confundidos en la teoría de Dirac de la estructura fina del espectro de hidrógeno (V. figura).

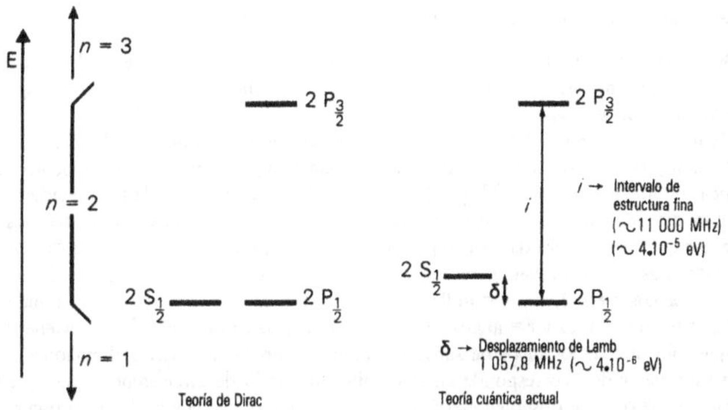

La existencia y la amplitud de este desplazamiento fueron establecidas experimentalmente por Lamb en 1947, estudiando el comportamiento de los átomos de hidrógeno de un chorro atómico. Estos átomos, bombardeados por electrones suficientemente rápidos para llevar cada uno de ellos al nivel exictado $2S_{1/2}$, son sometidos a un campo eléctrico alterno de frecuencia conocida y variable, lo que produce el efecto de inducir, por resonancia, la transición $2S_{1/2} \rightarrow 2P_{1/2}$ para un determinado valor de la frecuencia, lo que permite calcular la diferencia entre ambos niveles.

Este desplazamiento aleatorio se atribuye a la influencia, en los niveles energéticos del hidrógeno, de la «energía electromagnética del vacío» —de sus fluctuaciones alrededor de su valor medio nulo—, fluctuaciones que la mecánica clásica ignoraba completamente. Estas ideas han jugado un relevante papel en el desarrollo de la electrodinámica cuántica.

Lambda

1 / Partícula subnuclear. Se conocen actualmente dos partículas lambda: un hiperón Λ^0 de extrañeza −1, no encantado, y un hiperón Λ_c^+ no extraño pero encantado (V. CUADRO DE PARTÍCULAS SUBNUCLEARES, Anexo 4).

2 / Punto lambda: V. HELIO 4.

3 / Unidad auxiliar de volumen (desaconsejada):

$$1\lambda = 10^{-9}\ \text{m}^3 = 1\ \mu\text{l}.$$

Lambert Jean Henry (1728-1777)

▶ *Ley de Lambert*.—Un cuerpo que radia obedece a la *ley de Lambert* si su luminancia espectral energética L_λ es la misma para un elemento cualquiera de su superficie, y no depende de la dirección de emisión. Un cuerpo que obedece a la ley de Lambert recibe el nombre de *ortó-*

tropo. Es el caso del cuerpo negro, o de los *difusores perfectos*. Se demuestra que en todo punto de un cuerpo ortótropo su emitancia M está ligada a su luminancia energética por la relación: $M = \pi \cdot L$.

Cuando un cuerpo ortótropo se encuentra a una distancia muy grande del ojo (con respecto a sus dimensiones transversales), aparece uniformemente luminoso y plano. Es el caso del Sol.

Lámina

▶ *Lámina de cuarto de onda*.—V. LÁMINA DE MEDIA ONDA.

▶ *Lámina delgada*.—Lámina transparente, isótropa, de pequeño espesor. Una laminilla cubreobjeto para microscopio, una película de aceite extendida sobre un charco de agua son ejemplos de láminas delgadas.

Al recibir una lámina delgada los rayos luminosos, origina fenómenos de interferencia, por reflexión y por transmisión. Si la lámina tiene una anchura constante e y recibe luz monocromática (de longitud de onda λ) que llega en todas las direcciones, cada rayo incidente origina, en el medio de incidencia por ejemplo, varios rayos emergentes, entre los que sólo los dos primeros transportan intensidades comparables, por lo demás (V. INTERFERÓMETRO DE FABRY-PEROT). Las correspondientes vibraciones presentan entre sí una diferencia de camino óptico $\delta = 2ne \cos r + \lambda/2$, con n = índice de refracción de la lámina con respecto al medio incidente (generalmente aire) y r = ángulo de refracción interior. El término $\lambda/2$ proviene del hecho de que sólo uno de los rayos ha sufrido la reflexión aire-lámina. Estas vibraciones interfieren, y a cada valor de i corresponde en el infinito un estado de interferencia que depende del cociente $p = \delta/\lambda$. Se observan efectivamente en el anteojo anillos brillantes y oscuros, alternativamente. Son las franjas de «igual inclinación». El centro ($i = r = 0$) es oscuro si $p_0 = k + \frac{1}{2}$

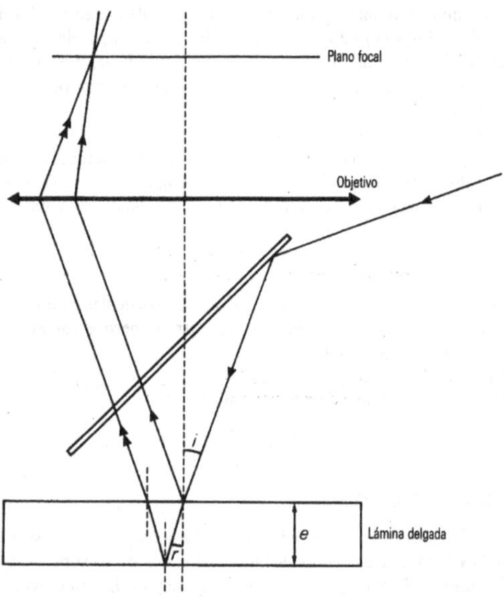

(k entero positivo), es decir, si $e = k \cdot \lambda/2n$, y si el ángulo i permanece pequeño, se encuentra que el k-ésimo anillo oscuro tendrá por radio, en el plano focal del objetivo: $R_k = F \cdot \sqrt{\frac{n\lambda}{e}} \cdot \sqrt{k}$ del objetivo).

Se puede notar que p_0 es bastante grande en general (para n = 1,5; e = 1 mm; λ = 600 nm $\Rightarrow p_0$ = 5.000). De ello se infiere que en luz blanca, compuesta por numerosas radiaciones, éstas darán un máximo de iluminación en un mismo punto. No podrá observarse más que «blanco de orden superior». Por el contrario, si la lámina conlleva regiones de espesores particularmente pequeños (del orden del μm), cada una de ellas aparecerá coloreada de modo distinto. Se demuestra que es posible entonces, comparando esos colores a una lista de colores complejos llamados «(escala de) tintes de Newton», deducir, al menos aproximadamente, los correspondientes espesores.

V. CUÑA DE AIRE, INTERFERÓMETRO DE MICHELSON.

▶ *Lámina de media onda.*—Lámina de caras planas y paralelas, talladas paralelamente a sus ejes ópticos en un material *birrefringente*, cuarzo, espato o mica la mayor parte de las veces.

Una lámina así, recibiendo normalmente a sus caras un haz luminoso cilíndrico monocromático, y polarizado rectilíneamente, introduce entre las componentes de la vibración incidente según sus dos líneas neutras una diferencia de marcha d, y en consecuencia un desfase $\varphi = 2\pi\ d/\lambda$, donde λ es la longitud de onda de la luz o radiación utilizada. La diferencia de marcha d depende del espesor de la lámina.

Si este espesor es tal que d vale un número entero de longitudes de onda ($d = k\lambda$, k entero positivo), la lámina es llamada *lámina de onda*. El desfase contiene un número entero de veces 2π. La luz emergente posee el *mismo estado* de polarización que la luz incidente.

Si d vale un número impar de semilongitudes de onda $\left(d = k\lambda + \frac{1}{2}\lambda \Rightarrow \varphi = 2k\pi + \pi\right)$ la lámina es llamada *de media onda*. La luz emergente está polarizada todavía, pero su dirección de vibración es *simétrica* de la vibración incidente con respecto a las líneas neutras de la lámina.

Si, por fin, $d = k\lambda + \frac{1}{4}\lambda$ ($\Rightarrow \varphi = 2k\pi + \pi/2$) se trata de una lámina *de cuarto de onda*, que transforma la vibración rectilínea incidente en una vibración *elíptica*, o *circular*.

Las láminas de media onda se utilizan corrientemente en los *analizadores de penumbra*. Una lámina de media onda, para la luz amarilla del sodio, debe tener una anchura que sea múltiplo impar de $32 \cdot 10^{-6}$ m (para una lámina de cuarzo), y de $59 \cdot 10^{-6}$ m para una lámina de mica. Las láminas de cuarto de onda sirven, fundamentalmente, para la obtención relativamente sencilla de luz circular.

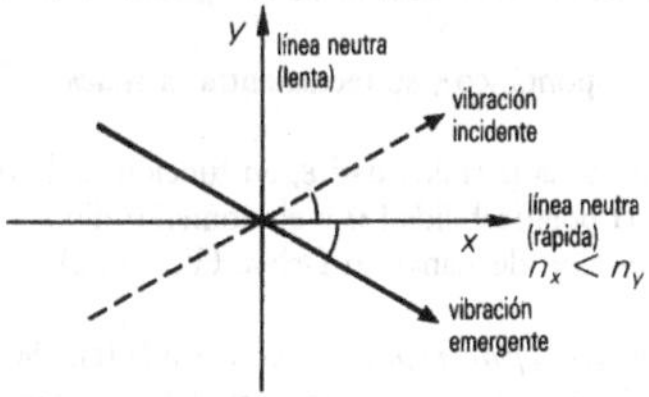

Efecto de una lámina de *media onda*

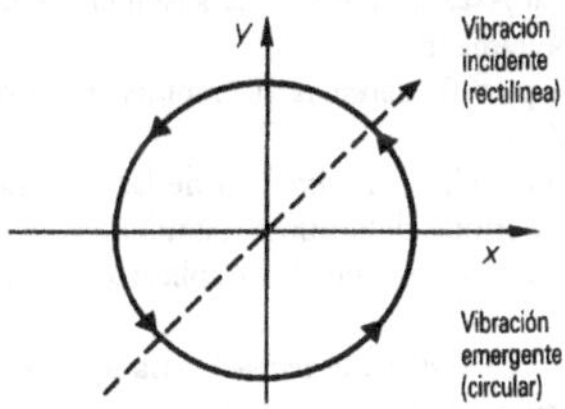

Efecto de una lámina de *cuarto de onda*, cuando la vibración incidente está en el plano bisector de las líneas neutras

Landé Alfred (1888-1975)

▶ *Factor de Landé.*—Factor numérico g utilizado en el cálculo de la *relación giromagnética* de un corpúsculo. *Ejemplos:* Al movimiento de un electrón en un átomo corresponde una relación giromagnética $\gamma_0 = \mu_B/\hbar$, si sólo se tiene en cuenta su movimiento *orbital*, y $\gamma_s = 2\mu_B/\hbar$ si se considera tan sólo su movimiento de rotación propia (su *spin*): μ_B es el magnetón de Bohr; $\hbar$ la constante reducida de Planck. Ambos movimientos están acoplados en realidad. La relación giromagnética del electrón posee un valor intermedio $\gamma = g\mu_B/\hbar$. g es su *factor de Landé*. Aquí está comprendido entre 1 y 2. Si se trata de un electrón libre, sólo existe su momento cinético de spin, lo que implica, al parecer, $g = 2$. La experiencia, en cambio, da un valor ligeramente superior: $g = (1 + a)$, con $a \simeq 1{,}159.652 \cdot 10^{-3}$. La explicación de esta anomalía aparente se da en electrodinámica cuántica.
Si L es la suma de todos los momentos cinéticos orbitales de todos los electrones de un átomo y S la de sus momentos cinéticos de spin, la suma J = L + S es el momento cinético total del átomo (se supone aquí el de su núcleo despreciable) (V. MODELO VECTORIAL DEL ÁTOMO). Al momento cinético J le corresponde un momento magnético total y una relación giromagnética $\gamma = g\mu_B/\hbar$. El valor del factor de Landé es aquí calculable, y vale:

$$g = 1 + \frac{J(J+1) + S(S+1) - L(L+1)}{2J(J+1)}.$$

Langevin Paul (1872-1946)

▶ *Relación de Langevin-Debye.*—Relación entre la permitividad relativa ε_r de un dieléctrico gaseoso, que posea a escala molecular un momento dipolar eléctrico permanente $\boldsymbol{p}_0$, y su temperatura.
La acción de un campo eléctrico exterior **E** induce en ese dieléctrico una polarización macroscópica por dos causas simultáneas: orientación de sus dipolos permanentes y deformación de sus moléculas. Mientras que ese segundo efecto es independiente del movimiento de las moléculas, el primero, la polarización por orientación, se opone a la tendencia al desorden provocada por la agitación térmica, y depende en consecuencia de la temperatura.
Debye tuvo la idea de aplicar a este fenómeno las leyes estadísticas de Boltzmann, que Langevin había utilizado con éxito para explicar la conducta de los medios paramagnéticos. De ello resultó la *relación* llamada generalmente *de Langevin-Debye*, válida en primera aproximación cuando el campo eléctrico **E** es uniforme, constante y de pequeña intensidad:

$$\varepsilon_0 \frac{(\varepsilon_r - 1)}{(\varepsilon_r + 2)} \cdot \frac{M}{\mu} = \frac{N_a}{3}\left(\alpha + \frac{p_0^2}{3kT}\right).$$

ε_0 es la permitividad del vacío, M, μ, α, son respectivamente la masa molecular, la densidad y la *polarizabilidad* de la sustancia estudiada, N_a es el número de Avogadro y k la constante de Boltzmann.
Si $\boldsymbol{p}_0 = 0$ (carencia de momento dipolar espontáneo), se reencuentra la *relación de Clausius-Mossotti*.
El estudio experimental de las variaciones de la permitividad ε_r en función de la temperatura T permite determinar, simultáneamente, la polarizabilidad α y el momento dipolar permanente $\boldsymbol{p}_0$, por medio de la aplicación de la relación de Langevin-Debye (V. figura).

▶ *Teoría de Langevin.*—Teoría sobre el origen del *paramagnetismo*, construida (en 1905) por Langevin. Postula la existencia, en todo medio paramagnético, de portadores de momento magnético elementales, idénticos entre sí, libres de moverse y orientarse, independientes los unos de los otros, salvo en el momento de los choques: como las moléculas de un gas perfecto. Bajo

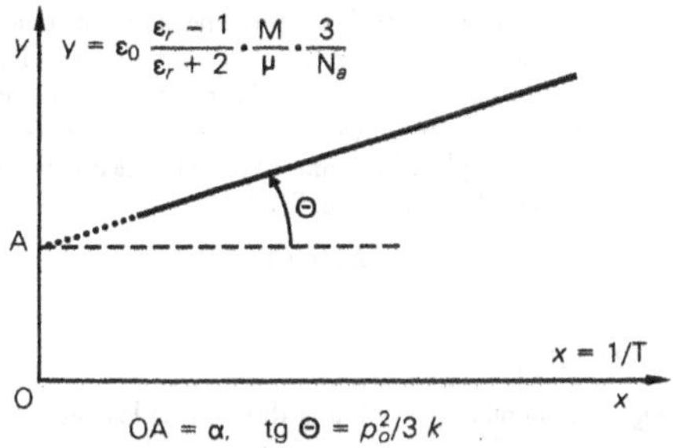

el efecto de la agitación térmica sus orientaciones se reparten uniformemente en todas direcciones. Cuando el material es ubicado en un campo magnético **B**, todos los momentos magnéticos elementales se orientarían paralelamente a **B** si no existiera la agitación térmica. A consecuencia de esas dos tendencias contradictorias, una hacia el orden y otra hacia el desorden, se llega a un estado de equilibrio estadístico, diferente para cada par de valores (B, T) de campo y temperatura.

A partir de estas ideas cualitativas y utilizando las leyes de la estadística clásica de Boltzmann, Langevin estableció que la intensidad de imanación en cada uno de estos estados de equilibrio vale $J = n\mu \cdot L(x)$, siendo μ el valor de cada momento magnético, n el número de portadores de momento por unidad de volumen y $L(x)$ la *función de Langevin*: $L(x) = \text{cth}\, x - (1/x)$. La variable x depende de la razón B/T: $x = \mu B/kT$, donde k es la constante de Boltzmann. (Recordemos que cth x se lee cotangente hiperbólica de x, que vale $\text{cth}\, x = \frac{\exp(x) + \exp(-x)}{\exp(x) - \exp(-x)}$, y que tiende a 1 si x tiende a infinito.)

La *curva de Langevin* es una representación gráfica de las variaciones de J en función de x (V. figura). Se observa, en particular, que si la razón B/T pudiera tomar valores muy grandes, la intensidad de imanación alcanzaría su valor límite J_∞ (todos los momentos magnéticos elementales estarían alineados con **B**). En la mayoría de las experiencias realizadas ese cociente es pe-

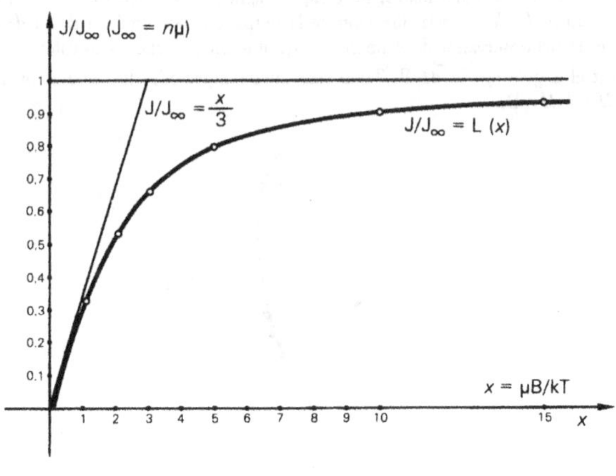

queño. Sólo la parte de la curva casi rectilínea próxima al origen resulta accesible y observable. Se demuestra que su ecuación es entonces $J = n\mu x/3 = n\mu^2 B/3kT$. La teoría de Langevin explica así la ley experimental de Curie, y da el valor de la constante de Curie: $C = n\mu^2/3k$.
Esta misma teoría se ha revelado como válida para explicar los fenómenos asociados a los medios *paraeléctricos*, siendo reemplazado el momento magnético μ por el momento eléctrico $\boldsymbol{p}$.
V. IMANACIÓN ESPONTÁNEA, LEY DE CURIE-WEISS.

▶ *Viajero de Langevin.*—V. PARADOJA DE LOS GEMELOS.

Langmuir Irving (1881-1957)

▶ *Bomba de Langmuir.*—Bomba que utiliza la difusión de los gases para hacer el vacío en un recinto.
En un tubo, en comunicación con el recinto que se quiere vaciar, circula mercurio vaporizado. El gas contenido en el recinto se difunde en el vapor de mercurio y es así arrastrado progresivamente. Más allá, el mercurio es enfriado y se condensa, abandonando el gas arrastrado, que es recogido por una bomba auxiliar. Después, el mercurio es vaporizado nuevamente, y el ciclo recomienza.
En modelos más recientes, el mercurio es reemplazado a menudo por cuerpos orgánicos de síntesis.
Se han alcanzado, con este método, vacíos del orden de 10^{-6} Pa.

Laplace Pierre Simon, marqués de (1749-1827)

▶ *Ecuación de Laplace.*—V. ECUACIÓN DE POISSON.

▶ *Fuerza de Laplace.*—La experiencia demuestra que sobre todo conductor recorrido por una corriente eléctrica y colocado en un campo magnético se ejercen fuerzas. El funcionamiento de los motores eléctricos es una aplicación de esta ley general.
La acción mecánica sufrida por un circuito cualquiera puede calcularse a partir de una ley elemental establecida por Laplace (hacia 1820). Un elemento conductor filiforme, prácticamente rectilíneo, orientado y de longitud dl, viene expresado por el vector $\boldsymbol{dl}$. Cuando está recorrido por una corriente de intensidad i, un campo magnético $\mathbf{B}$ ejerce sobre él una fuerza $\boldsymbol{df}$, llamada *fuerza de Laplace*, en la dirección de la perpendicular común a $\mathbf{B}$ y a $\boldsymbol{dl}$, dirigida hacia la izquierda del observador de Ampère, y cuya intensidad tiene como valor $df = i\, dl\, B \operatorname{sen} \alpha$, siendo α el ángulo agudo $\widehat{\boldsymbol{dl}, \mathbf{B}}$. Todo esto queda expresado de manera concisa por la relación: $\boldsymbol{df} = i\, \boldsymbol{dl} \wedge \mathbf{B}$.

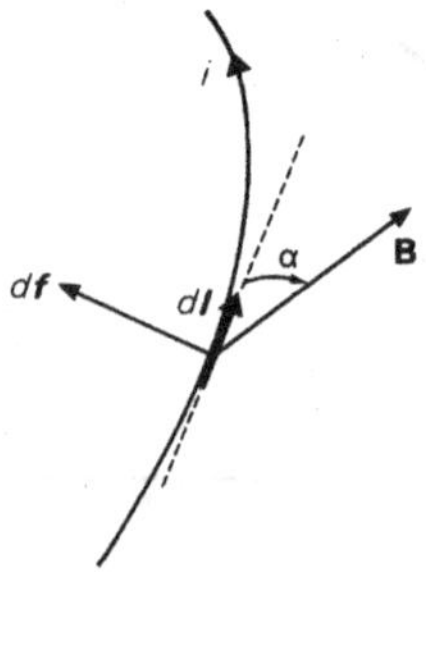

Esta expresión permanece siendo válida si la corriente i es una corriente variable, por ejemplo si es la corriente alterna doméstica de 50 Hz.
En la teoría actual del electromagnetismo se demuestra que la fuerza de Laplace $\boldsymbol{df}$ es la resultante de las *fuerzas de Lorentz* que se ejercen sobre todos los corpúsculos eléctricamente cargados que contiene el elemento $\boldsymbol{dl}$.

▶ *Leyes de Laplace.*—1 / Capilaridad: El estudio de los fenómenos capilares demuestra que existe una diferencia de presión entre dos puntos próximos, situados a una y otra parte de la superficie de separación de dos fluidos en equilibrio, cuando esta superficie no es plana. La presión p es siempre mayor del lado cóncavo que la presión p' del lado convexo. La diferencia $(p - p')$, llamada *sobrepresión capilar*, viene dada por la *ley de Laplace*. Si la superficie es esférica: $p - p' = 2A/R$, donde A es la constante de tensión superficial de la pareja de líquidos en contacto. En el caso general: $p - p' = A(1/R_1 + 1/R_2)$. La cantidad entre paréntesis es una característica geométrica de la superficie. Es su «curvatura total» en el punto considerado ($R_1 = R_2 = R$ para una esfera, y $1/R_1 = 1/R_2 = 0$ para una superficie plana).
Ejemplo: En el interior de una «pompa de jabón» (lámina líquida de pequeño grosor, limitada por dos superficies esféricas cuyos radios son prácticamente iguales), la sobrepresión vale $p - p' = 4A/R$. Se comprende por qué cuando dos pompas, una pequeña y una grande, se encuentran, no se obtienen dos pompas medianas, contrariamente a lo que podría preverse. La pompa pequeña, en la que la presión es mucho mayor, desaparece, vaciándose en la burbuja grande, en la que la presión es menor.
V. CAPILARIDAD, ENERGÍA SUPERFICIAL, LEY DE JURIN, TENSIÓN SUPERFICIAL.
2 / Termodinámica: Relaciones que dan las variaciones de volumen y temperatura de un gas ideal en el curso de una expansión, o de una compresión adiabática y reversible (y por tanto isoentrópica): $p \cdot v^{\gamma} = p_0 \cdot v_0^{\gamma}$; $T^{\gamma}/p^{\gamma-1} = T_0^{\gamma}/p_0^{\gamma-1}$. p_0, v_0, T_0 son los valores iniciales, y p, v, T, los valores finales de presión, volumen y temperatura (absoluta) del gas; $\gamma = c_p/c_v$, razón de los calores específicos a presión y a volumen constante, es una característica del gas (V. FÓRMULA DE REECH).
Estas dos fórmulas, consecuencias de las propiedades termodinámicas de los gases perfectos, no son válidas más que en los dominios en los que γ es prácticamente constante. Se utilizan, por ejemplo, para calcular, al menos en orden de magnitud, el enfriamiento de un gas cualquiera en el curso de una expansión casi isoentrópica. Así, el aire, tomado a una temperatura inicial de 0 °C (γ, para el aire, vale alrededor de 7/5), si sufriera una expansión adiabática reversible desde 40 atm hasta 8 atm, se enfriaría, si fuera perfecto, hasta una temperatura:

$$T = 273 \cdot (1/5^{2/7}) \approx 172\ K = (¡-\ 101\ °C!).$$

V. EXPANSIÓN DE LOS GASES, LICUEFACCIÓN DE LOS GASES.

▶ *Transformación de Laplace.*—Sean $f(t)$ una función de valores reales o complejos, t y u dos variables reales o complejas. La función $h(u)$, cuando existe, definida por $h(u) = \int_{-\infty}^{+\infty} f(t) \cdot \exp(-ut) \cdot dt$ es la *transformada de Laplace* de $f(t)$. Se escribe $h(u) = Lf(t)$. L es un operador (lineal) que define la aplicación denominada *transformación de Laplace*. $f(t)$ es la función original, $h(u)$ es su imagen.
La transformación de Laplace contribuye a dar una justificación teórica al cálculo operacional o simbólico, propuesto por Heaviside (1899) y destinado a simplificar cálculos diversos en electromagnetismo. Funciones discontinuas de complicado manejo, la función en diente de sierra, por ejemplo, representante de la tensión en una base de tiempos, pueden ser ventajosamente sustituidas por sus imágenes. Un cuadro de correspondencias ha sido construido para este uso entre las diversas funciones que se pueden encontrar y sus imágenes. Citemos solamente un ejemplo. La «función escalón unidad» [$f(t) = 0$ para $t < 0$; $f(t) = 1$ para $t \geqslant 0$] tiene como imagen $h(u) = 1/u$.

Laplaciana

Operador diferencial de segundo orden, representado por Δ (delta) o ∇^2 (V. OPERADOR NABLA). Este operador fue utilizado por Laplace por primera vez, de ahí su nombre.
1 / La laplaciana de una función *escalar* f(M) es la magnitud escalar:

$$\Delta f = \frac{\partial^2 f}{\partial x_1^2} + \frac{\partial^2 f}{\partial x_2^2} + \frac{\partial^2 f}{\partial x_3^2}$$

x_1, x_2, x_3 son las coordenadas del punto M en un referencial ortonormal (O, x_1, x_2, x_3); las cantidades $\frac{\partial^2 f}{\partial x_i^2}$ son las derivadas parciales de segundo orden de la función f en relación a la variable x_i. Una identidad remarcable: $\Delta f = \text{div} \cdot \text{grad}\, f$.
2 / La laplaciana de una función *vectorial* **X**(M), de componentes X_1(M), X_2(M), X_3(M) es una magnitud vectorial, representada **ΔX** o **∇X**, cuyas componentes L_1, L_2, L_3 son las laplacianas respectivas de las componentes X_1, X_2, X_3, considerándolas como funciones escalares del punto M.

$$L_i = \Delta X_i = \frac{\partial^2 X_i}{\partial x_1^2} + \frac{\partial^2 X_i}{\partial x_2^2} + \frac{\partial^2 X_i}{\partial x_3^2} \quad i = 1, 2, 3.$$

Se demuestra que las magnitudes Δf y **ΔX** son independientes del referencial de definición.
V. ECUACIÓN DE POISSON, ECUACIÓN DE PROPAGACIÓN DE UNA ONDA ELECTROMAGNÉTICA.

Larmor Sir Joseph (1857-1942)

▶ *Frecuencia de Larmor.*—Frecuencia del movimiento de precesión de Larmor (V. debajo). *Ejemplo:* La frecuencia de Larmor, para un electrón colocado en un campo magnético de 10^{-3} T, vale sensiblemente 28 MHz (dominio VHF de las frecuencias hertzianas).
V. R.P.E., R.M.N.

▶ *Precesión de Larmor.*—Cuando un corpúsculo se encuentra sumergido en un campo magnético uniforme **B**, el vector momento magnético **M** asociado a su momento cinético, gira alrededor de la dirección de **B**, permaneciendo constante el ángulo (de nutación) θ entre **M** y **B**. Este movimiento de precesión es conocido como *precesión de Larmor*. Su velocidad, constante, vale $\omega = -\gamma \mathbf{B}$, donde γ es la relación giromagnética del corpúsculo, y su frecuencia es $f = \gamma \cdot B/2\pi$.
El resultado precedente, previsto por la mecánica newtoniana, ha sido confirmado por la mecánica cuántica, precisando que el ángulo θ no puede adquirir sino ciertos valores discretos.
V. ÁNGULOS DE EULER, EFECTO ZEEMAN, EXPERIENCIA DE STERN Y GERLACH.

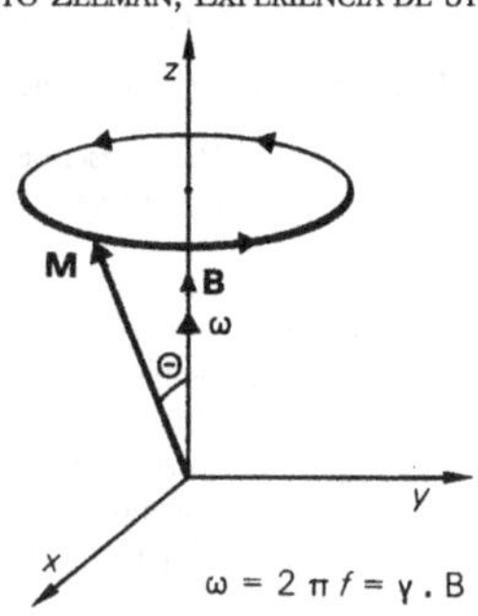

Larsen Soren Absalon (1871-1957)

▶ *Efecto Larsen.*—Fenómeno acústico que se observa cuando un micrófono, unido a un altavoz con un amplificador incorporado, recibe el sonido emitido por el altavoz. Basta entonces que un sonido, incluso muy breve, se produzca ante el micrófono para que se oiga por el altavoz un sonido continuo.

La explicación es sencilla. El altavoz, excitado por la señal eléctrica que le envía el micrófono, emite una onda sonora, la cual hace vibrar el micrófono, y el fenómeno se repite persiguiéndose los dos elementos del bucle indefinidamente. La energía que se precisa proviene del generador que alimenta el altavoz.

El efecto Larsen, conocido como «acoplamiento», explica el silbido de los altavoces en ciertas salas.

Láser

Siglas de una expresión inglesa que puede traducirse por amplificación de ondas luminosas por emisión estimulada.

Los primeros láseres fueron realizados en 1960 (por Maiman), algunos años después de los primeros máseres. Son fuentes de luz cuyo principio de funcionamiento, el mismo que el de los máseres, descansa en la existencia del fenómeno de amplificación por *emisión estimulada* (reléase ese artículo), y, con mayor generalidad, sobre lo que hoy se denomina *efecto láser*.

Se han construido láseres a los que únicamente se les solicita *amplificar* una onda progresiva. Pero los láseres son interesantes principalmente en tanto que son *generadores* de ondas luminosas.

El medio amplificador se coloca entonces entre dos espejos ligeramente metalizados (cfr. INTERFERÓMETRO DE FABRY-PEROT) en el interior de una cavidad resonante, diseñada de acuerdo con la frecuencia amplificable. Una vez que se instala en la cavidad una onda estacionaria (suma de dos ondas progresivas que se propagan en sentidos contrarios), aunque sea de pequeña intensidad, los fotones que recorren el eje de la cavidad provocan, por emisión estimulada, la aparición de otros fotones, cada vez más numerosos. Cuando la ganancia resulta superior a las pérdidas (por relajación o por fugas al exterior) el sistema tiene interés, y decimos que se ha producido el «enganche»: el aparato funciona como generador. Se demuestra que para ello es necesario que la población de un nivel energético superior en el medio activo sea mantenida más numerosa que la de un nivel inferior, de ahí la necesidad de la *inversión de población* o, como se dice a menudo, de un *bombeo*. Desde el punto de vista energético, la energía dispensada para producir esta inversión de población es la que se vuelve a encontrar, con un rendimiento mediocre, por otra parte, en la energía radiada.

Gracias a las cualidades que le confiere el efecto láser, un emisor láser es una fuente de luz *coherente*.

Además, una modificación de las dimensiones de la cavidad resonante es un medio para modificar eventualmente la frecuencia de la radiación emitida, dentro de la anchura espectral de la emisión espontánea permitida por la estructura atómica o molecular del medio amplificador, naturalmente. Inversamente, ajustando las dimensiones de la cavidad a la frecuencia de la radiación emitida puede conseguirse que ésta permanezca *constante*, firme y estable. El interés de las fuentes láser radica en dos circunstancias: luz coherente, de frecuencia constante (ambas cosas no son, de otro lado, independientes la una de la otra). Citemos como ejemplo de un primer grupo de aplicaciones la determinación indirecta reciente de un valor preciso de la velocidad de la luz en el vacío, c. Después de haber medido, por comparación con la longitud de onda de la radiación del kripton (patrón de longitudes), la de la radiación emitida por un láser de gas estabilizado, λ, se ha medido la frecuencia ν de esta misma radiación por comparación con la de la radiación de cesio que define la unidad de tiempo. Se ha deducido la velocidad $c = \lambda \cdot \nu = 299.792.458\ (\pm 1{,}2)$ m/s, valor que se ha tomado para la nueva definición de *metro*.

La *coherencia espacial* de un emisor láser explica que el haz que emite pueda permanecer prácticamente cilíndrico a gran distancia (V. DIFRACCIÓN). Se ha podido utilizar este carácter del láser para medir así grandes distancias, la distancia Tierra-Luna, por ejemplo (V. LIDAR), o simplemente para verificar con precisión el alineamiento de algunos objetos. Modulando la frecuencia de la radiación transmitida por un haz láser, podemos servirnos de él para transmitir información. Esta misma coherencia espacial explica que la energía transportada por un haz láser pueda concentrarse sobre una pequeña superficie en tiempos muy cortos, particularmente con los láser de emisión por impulsos. La potencia concentrada en un mismo punto puede ser entonces considerable, varios millones de kilowatios incluso. Se comprende así que los láseres se utilicen en microcirugía, tal vez un día en la producción de energía por fusión termonuclear (V. CONFINAMIENTO).

Existen numerosos tipos de láser. Son habitualmente clasificados por referencia a las propiedades del medio amplificador, que puede ser sólido (es el caso del primer láser, de rubí), gaseoso, líquido, semiconductor, etc. *Ejemplo:* en el láser de dióxido de carbono son encerradas moléculas de CO_2 junto a moléculas de nitrógeno. El bombeo, por medio de descargas eléctricas, excita las moléculas de nitrógeno, quienes la comunican a las del gas carbónico por medio de choques no radiactivos. Éstas regresan rápidamente a su nivel inicial por transiciones de vibración-rotación, emitiendo un cierto número de radiaciones láser, cuyas longitudes de onda son cercanas a 10 μm. En régimen continuo este instrumento puede liberar potencias de varias decenas de kilovatios, con un rendimiento en torno al 25 %.

Otros parámetros de su constitución, y del estado físico de la misma, son tenidos a veces en cuenta para clasificar los láseres: modo de funcionamiento —continuo o a impulsos—, frecuencia estabilizada o ajustable, orden de magnitud de la potencia emitida, procedimiento de bombeo —eléctrico, químico, luminoso...—, etc.

▶ *Efecto láser.*—Producción de una onda electromagnética por *emisión estimulada*, en un medio en el que se ha llevado a cabo una *inversión de población*. Esta producción tiene lugar cuando el medio activo es atravesado por una onda de frecuencia apropiada. Además, la onda inducida posee características idénticas a las de la onda excitadora: la misma dirección, el mismo sentido de propagación, la misma frecuencia, la misma fase, el mismo estado de polarización. Estas últimas circunstancias confieren a los emisores láser o máser una *coherencia* espacial y temporal que no tienen las fuentes habituales, y que explican en gran parte su interés científico e industrial.

Laue Max von (1879-1960)

Premio Nobel 1914.

▶ *Diagrama de Laue.*—V. EXPERIENCIA DE VON LAUE.

▶ *Experiencia de von Laue.*—Experiencia de considerable importancia histórica, realizada en 1912. Estableció, en efecto, la *naturaleza ondulatoria de los rayos X* por primera vez y de modo incontrovertible.

En esta época, las tentativas para realizar la difracción de los rayos X por medio de retículos utilizados en óptica, todas aparentemente infructuosas, habían mostrado, sin embargo, que si los rayos X fueran de naturaleza ondulatoria, sus longitudes de onda deberían ser netamente inferiores al paso más pequeño de los retículos realizables (algunas micras). Von Laue tuvo el mérito de pensar en sustituir estas redes artificiales por cristales naturales, los cuales, según hipótesis avanzadas por los cristalógrafos, *podían* estar constituidos por un reparto espacial periódico de sus moléculas, como una distancia media de algunas milésimas de micra. La experiencia tuvo éxito. Se obtuvo por primera vez, sobre una placa fotográfica, una serie de manchas regularmente repartidas, resultado de la difracción de los rayos X por un cristal, formando lo que después ha sido conocido como *diagrama de Laue* (V. Figura).

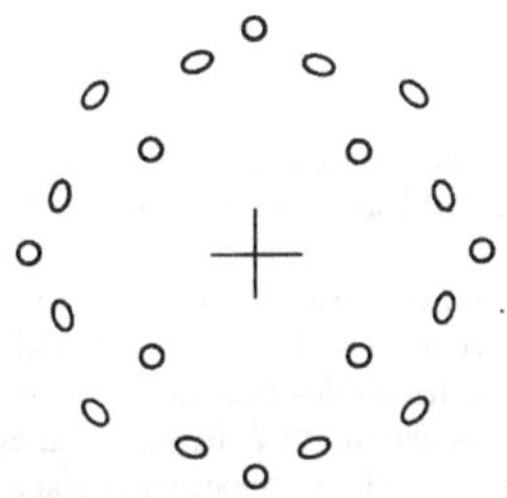

Esquema simplificado mostrando un reparto simétrico de las manchas de difracción, recogidas sobre una placa fotográfica.

Una teoría, debida particularmente a Bragg (1914), demuestra que esos diagramas confirman ambas cosas: no solamente la hipótesis sobre la naturaleza ondulatoria de los rayos X, dando un medio para medir sus longitudes de onda, sino también las hipótesis cristalográficas, proporcionando un método para el estudio de los medios cristalinos, método utilizado aún en nuestros días.

V. LEY DE BRAGG.

Lavoisier Antoine-Laurent de (1743-1794)

▶ *Ley de Lavoisier.*—V. CONSERVACIÓN DE LA MASA.

Lawrence Ernest Orlando (1901-1958)

Premio Nobel 1939

V. ACELERADOR LINEAL, CICLOTRÓN.

Lawson James L. (1915-1982)

▶ *Criterio de Lawson.*—V. FUSIÓN NUCLEAR CONTROLADA.

Le Chatelier Henry (1850-1936)

▶ *Ley de Le Chatelier.*—«Un sistema físico-químico cerrado está en equilibrio. Si, a temperatura constante, recibe un pequeño aumento de la presión total, se produce un *desplazamiento del equilibrio* en el sentido de la evolución que, a temperatura y presión constantes, entraña una contracción del sistema (en particular, una disminución del número de moléculas gaseosas, si existen en el sistema). Inversamente, una disminución de la presión desplazaría en sentido opuesto al equilibrio.»

Ejemplo: Se realiza un equilibrio (bivariante), a temperaturas y presión total impuestas, entre una fase gaseosa (oxígeno + vapor de agua) y una fase líquida (agua + oxígeno disuelto). Elevamos ligeramente la presión a temperatura constante. El equilibrio se desplaza en el sentido

en el que disminuye el volumen total. (Se concluye que la solubilidad del oxígeno en agua es, a temperatura constante, una función creciente de la presión.)
V. LEY DE MODERACIÓN, LEY DE VAN'T HOFF.

Lecher Ernst (1856-1926)

▶ *Experiencia de los hilos de Lecher.*—Experiencia realizada por Lecher (en 1890) y que reveló por vez primera que una perturbación eléctrica provocada en un conductor se propaga en éste a velocidad finita.
Un generador de oscilaciones eléctricas de frecuencia regulable origina una intensidad alterna en la región central de un conductor. Éste (y en esto radica la idea original de Lecher) se repliega en dos, formando de hecho dos tiras de cobre idénticas, paralelas, reunidas eléctricamente entre sí en uno de sus extremos (V. figura). Una espira conductora, cerrada sobre una pequeña lámpara de incandescencia, se coloca en el plano de las tiras de cobre, y puede deslizar longitudinalmente. Si la frecuencia del oscilador está bien ajustada, se comprueba, desplazando la espira exploradora, que la lámpara brilla vivamente en posiciones regularmente espaciadas.
Para interpretar estos resultados se admitió que una onda eléctrica se propaga simétricamente, a partir del oscilador, en cada una de las dos tiras de cobre, que se refleja en sus extremos libres y da lugar así a una *onda estacionaria*, con vientres y nodos de intensidad, valiendo la distancia entre dos vientres consecutivos una semilongitud de onda, $\lambda/2$. La espira que se desplaza marca las posiciones en las que el flujo magnético variable que la atraviesa es más intenso (los vientres de intensidad, por consiguiente).
Conociendo la frecuencia N del oscilador —y, por tanto, de la perturbación— y la longitud de onda de esta última, se calcula fácilmente su velocidad de propagación: $v = \lambda \cdot N$.
El resultado, confirmado por numerosas experiencias, parece asombroso a primera vista. Esta velocidad es igual a la velocidad de propagación de una onda electromagnética en el espacio que rodea los cables conductores, velocidad que se deduce de las ecuaciones de Maxwell: $v = c/\sqrt{\varepsilon_r \cdot \mu_r}$ (c representa la velocidad de la luz en el vacío; ε_r y μ_r son, respectivamente, la permitividad relativa y la permeabilidad relativa del medio).
En la actualidad, un estudio sistemático demuestra que no es inaceptable pensar que, en todos los casos, tanto en corriente continua como en corriente alterna, la energía eléctrica en un circuito cualquiera se propaga en el dieléctrico en el que está sumergido, no en sus órganos conductores.
V. LOCALIZACIÓN DE LA ENERGÍA.

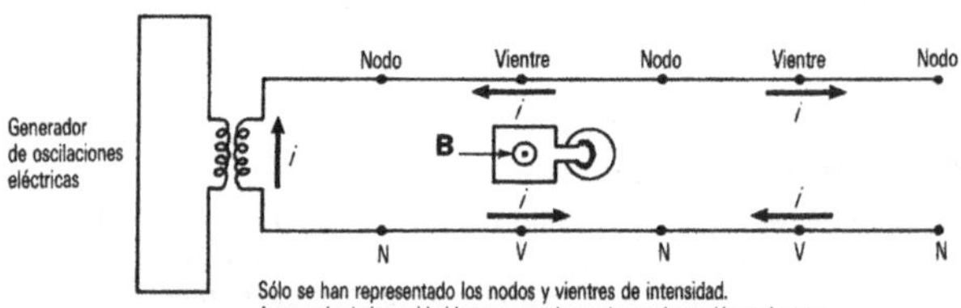

Sólo se han representado los nodos y vientres de intensidad.
A un nodo de intensidad le corresponde un vientre de tensión, y viceversa.

Leclanché Georges (1839-1882)

▶ *Pila Leclanché.*—Inventada por Leclanché hacia 1876, es aún en nuestros días uno de los modelos de pila más utilizados, bajo la forma de «pila seca». Conlleva la cadena: carbono (polo

positivo), cloruro de amonio en solución acuosa, zinc (polo negativo). El electrolito es inmovilizado por medio de diversos procedimientos, utilizando gelosa (agar-agar) por ejemplo.
Alrededor del polo positivo se aglomera un *despolarizante* sólido, de bióxido de manganeso. Su función es oxidar el hidrógeno liberado por electrólisis al contacto con el carbón; sin el despolarizante, el hidrógeno se fijaría progresivamente sobre el carbón, lo que modificaría los contactos.
Se han hecho numerosos estudios para evitar la corrosión del zinc o limitarla, en el curso del almacenamiento de la pila.
La fuerza electromotriz de un elemento Leclanché es del orden de 1,5 voltios.
V. POLARIZACIÓN DE LOS ELECTRODOS.

Lee Tsung Dao (1926)

Premio Nobel 1957 (con C. N. Yang)

V. VIOLACIÓN DE LA PARIDAD.

Legendre Adrien Marie (1752-1833)

▶ *Transformación de Legendre.*—Sea $y = f(x)$ una función de variable real que admite una derivada $f'(x)$. Su transformada de Legendre es, por definición, la función $Y = y - xf'(x)$. Esta noción es utilizada en ciertas exposiciones axiomáticas de la termodinámica. Se demuestra, por ejemplo, que la función energía libre, $F = U - TS$, es la transformada de Legendre de la función energía interna, U, siendo la variable la entropía S...

Lejeune-Dirichlet Peter Gustav (1805-1859)

▶ *Teorema de Lejeune-Dirichlet.*—Es una observación común que un cuerpo material pesado, colocado en el campo gravitatorio terrestre, está en equilibrio estable cuando su centro de gravedad G ocupa el punto más bajo compatible con las ligaduras. La energía potencial gravitatoria de G, función de la altura Z, es mínima, y su derivada con respecto a Z es nula. Este resultado traduce en un caso particular el teorema de Lejeune-Dirichlet: «Un sólido, cuya energía potencial W es función de varias variables, está en equilibrio cuando las derivadas primeras de W con respecto a cada una de las variables son todas nulas...»
V. POTENCIALES TERMODINÁMICOS.

Lénard Philipp Eduard Anton von (1862-1947)

Premio Nobel 1905

▶ *Rayos de Lénard.*—Practicando en la pared de cristal de un tubo catódico una pequeña abertura cerrada por una delgada lámina de aluminio, Lénard constató, en 1894, lo que sería confirmado ulteriormente por otros experimentadores: que los electrones atraviesan la lámina metálica. Se ponen de manifiesto al otro lado de la lámina produciendo sobre las moléculas que encuentran una ionización considerable, acompañada de diversas reacciones químicas. Esos *rayos de Lénard* tienen a continuación un trayecto irregular, cuya longitud total, que va de algunos milímetros a varios decímetros, depende de la presión local.
Pero el mayor interés de este tipo de experiencias parece residir en la observación de que los electrones pueden atravesar un espesor material, extraordinariamente grande a escala atómica. Esta observación preparó los espíritus para el modelo atómico de Rutherford-Bohr, que iba a imponerse una docena de años más tarde.

Lengüeta

Pequeña membrana elástica asociada generalmente a un tubo sonoro en los «instrumentos de viento». Las hay de diferentes tipos.
Desde el punto de vista mecánico una lengüeta, del tipo que sea, es un oscilador con una frecuencia propia de vibración y cuyas oscilaciones son mantenidas por una corriente de aire. Cuando el aire fluye, las fuerzas de presión que se ejercen sobre cada una de las caras de la lengüeta son distintas. Como muestran las leyes del movimiento de fluidos, hacia adentro, donde la sección del tubo es mayor, la velocidad es más débil y la presión más fuerte (V. LEY DE VENTURI). La lengüeta es entonces solicitada hacia afuera. El caudal de aire se encuentra detenido, completamente si se trata de una «lengüeta batiente», sensiblemente si es una «lengüeta libre»; la sobrepresión precedente desaparece. La elasticidad de la membrana la hace retornar hacia adentro, y el proceso recomienza.

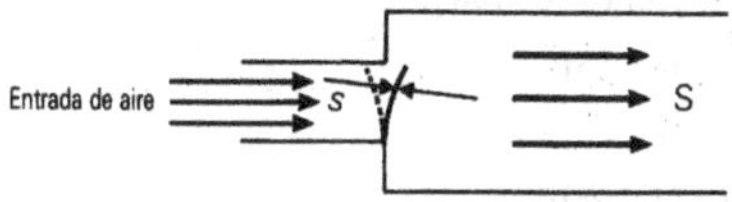

Se ve que es el trabajo de la fuerza de sobrepresión interior el que compensa la energía perdida en los diversos rozamientos y el que mantienen las oscilaciones.
Es el mismo mecanismo de funcionamiento que el de las cuerdas vocales.

Lennard-Jones Sir John Edward (1894)

▶ *Potencial de Lennard-Jones.*—V. FUERZAS INTERMOLECULARES.

Lente

Masa de vidrio limitada por dos caras, que pueden ser planas, esféricas o cilíndricas. Los «vidrios» de las gafas correctores de las ametropías son lentes delgadas bañadas por el aire. Los objetivos y oculares de los instrumentos ópticos son asociaciones de lentes. La mayoría de las lentes son *sistemas centrados* relativamente simples, en los que se puede definir, al menos cuando se utilizan en la aproximación de Gauss, los diferentes elementos cardinales que siguen: focos, puntos principales (confundidos con el vértice de la lente si ésta es delgada), distancias focales en consecuencia ($f = \overline{SF}$; $f' = \overline{SF'}$) y una *vergencia* o potencia: $v = 1/f$.
Las lentes de bordes delgados son convergentes ($v > 0$); las lentes de bordes gruesos son divergentes ($v < 0$).
V. CAÑÓN DE ELECTRONES, FOCALIZACIÓN.

Lenz Frédéric Emile (1804-1868)

▶ *Ley de Lenz.*—Ley enunciada por Lenz (en 1834) que prevé el sentido de la corriente eléctrica resultante de un fenómeno de *inducción electromagnética:* «El sentido de la corriente es tal que por los efectos que produce —flujo inducido o fuerzas electromagnéticas— se opone a la causa que la origina —variación del flujo inductor o desplazamiento de un circuito.»
V. LEY DE FARADAY.

LEP

Siglas de la expresión inglesa *Large Electron Positron* [se sobreentiende *Ring* (anillo)].

Gran *anillo de colisión* electrón contra positrón (e, $\bar{e}$) construido en el CERN.
Se aloja en un canal circular subterráneo de cerca de 10 km de diámetro. Este considerable diámetro es necesario para evitar las pérdidas de energía por *radiación sincrotrón*.
El LEP está diseñado y previsto para recibir paquetes de electrones y antielectrones que giren en sentidos opuestos, guiados por los mismos electroimanes. Son simultáneamente acelerados, almacenados, y entran en el momento deseado para colisionar frontalmente. La energía disponible en cada colisión para la pareja (e, $\bar{e}$) es del orden de 100 GeV (50 GeV por partícula). Se espera poder observar la creación en cantidades suficientes del *bosón intermediario* Z_0 (noticias de prensa confirmaban, en agosto de 1989, que esa experiencia se había desarrollado con éxito [N. del T.]), y tal vez otros «sucesos» aún desconocidos.

Leptones

Raíz griega para ligero.

Partículas subnucleares. Los primeros leptones conocidos tenían masas relativamente débiles, comparadas a la del protón, de ahí su nombre. Se conocen actualmente tres tipos de leptones. El electrón e^-, su antipartícula e^+ y sus neutrinos asociados ν_e y $\bar{\nu}_e$ forman el grupo de leptones electrónicos; los muones $\mu^\pm$ y sus neutrinos ν_μ y $\bar{\nu}_\mu$ constituyen el grupo de los leptones muónicos, y los leptones tau $\tau^\pm$, descubiertos en la década de los setenta, con sus neutrinos –aún no bien conocidos– ν_τ y $\bar{\nu}_\tau$ forman el tercer grupo (tau viene de la palabra helénica que designa tercero). Sus masas se encuentran francamente escalonadas: en MeV/c^2 valen, respectivamente, $m_e = 0{,}511$; $m_\mu = 105{,}7$, y $m_\tau = 1.784$. Recordamos que la masa del protón vale $m_p = 938$ (V. CUADRO DE PARTÍCULAS).
Todos los leptones son fermiones de spin $s = 1/2$. No participan en las interacciones fuertes. No son hadrones.
A destacar que el electrón e^- es el único leptón que entra en la composición de la materia. No se conoce cuál pueda ser el rol de los otros leptones en la estructura del Universo.

▶ *Números leptónicos*.–Números cuánticos atribuidos a cada uno de los tres grupos de leptones: $l_e = +1$ para el electrón y su neutrino, $l_\mu = +1$ para el muón y su neutrino, e idénticamente para el leptón tau. Cada uno de estos números vale −1 para las antipartículas. Sólo se han observado las reacciones que dejan invariante la suma del número leptónico. *Ejemplos:* se ha observado $\mu^- \rightarrow e^- + \bar{\nu}_e + \nu_\mu$, pero no $\mu^- \rightarrow e^- + \nu_e + \bar{\nu}_\mu$.

Levógiro

V. POLARIZACIÓN ROTATORIA.

L F T

▶ *Sistemas de unidades L F T*.–Sistemas de unidades construidos a partir de las unidades de las tres magnitudes siguientes: Longitud, Fuerza y Tiempo. El antiguo sistema m.kp.s. (sistema técnico o terrestre) era un sistema L F T (V. KILOGRAMO PESO).

Libertad

▶ *Grados de libertad*.–Número máximo de parámetros escalares que caracterizan el estado de un sistema en un tiempo dado y que son independientes. *Ejemplos:* en mecánica, la posición

de un «punto» material, libre para moverse en nuestro espacio de tres dimensiones, viene especificada en cada instante por sus tres coordenadas en un referencial dado. Posee, por consiguiente, tres grados de libertad. Nótese que esto no basta para conocer su estado de movimiento. Sería necesario además conocer las componentes (tres) de su cantidad de movimiento. El número de grados de libertad de un sólido indeformable es igual a seis (las tres coordenadas, por ejemplo, de su centro de masas y los tres ángulos de Euler que caracterizan su posición en el referencial baricéntrico). Este número disminuye si el sólido está sometido a ligaduras (V. ARTICULACIONES), y aumenta si el sólido es deformable (V. COORDENADAS GENERALIZADAS).
En termodinámica, V. EQUIPARTICIÓN DE LA ENERGÍA, VARIANCIA.

Licuefacción

Cambio de estado en cuyo transcurso un cuerpo pasa del estado gaseoso al estado líquido. Desde el descubrimiento de la existencia de las temperaturas críticas (V. DIAGRAMA DE ANDREWS) se sabe que no existen «gases permanentes», como se había creído hasta entonces. Todos los gases son licuables. Basta comprimirlos suficientemente cuando su temperatura crítica es superior a la temperatura ambiente (amoníaco, por ejemplo). En caso contrario es necesario enfriarlos. El enfriamiento de un gas se logra por dos caminos: bien haciendo pasar el gas por un *intercambiador de temperatura*, en el que circula en sentido inverso el vapor de un gas ya licuado y al que se hace hervir a baja presión —a baja temperatura, por consiguiente— (V. LEYES DE LA EBULLICIÓN), bien utilizando el fenómeno de la *expansión* adiabática; a veces se utilizan combinaciones de ambos procedimientos. Llevando a cabo de esta manera una cadena de enfriamientos sucesivos se han podido licuar todos los gases, incluidos el hidrógeno y más tarde el helio, cuerpos que poseen las temperaturas críticas más bajas (Kamerlingh Onnes, 1908).
Los gases licuados se utilizan cotidianamente. En el laboratorio se utilizan el nitrógeno o el helio líquidos para estudiar las propiedades de los cuerpos a temperaturas bajas y muy bajas. En la industria se parte de la destilación del aire líquido para la fabricación del oxígeno utilizado en metalurgia, de una parte, y para la obtención de nitrógeno y de diversos «gases raros» (argón, neón...), que se emplean, por ejemplo, en los tubos fluorescentes. Los barcos «meta-

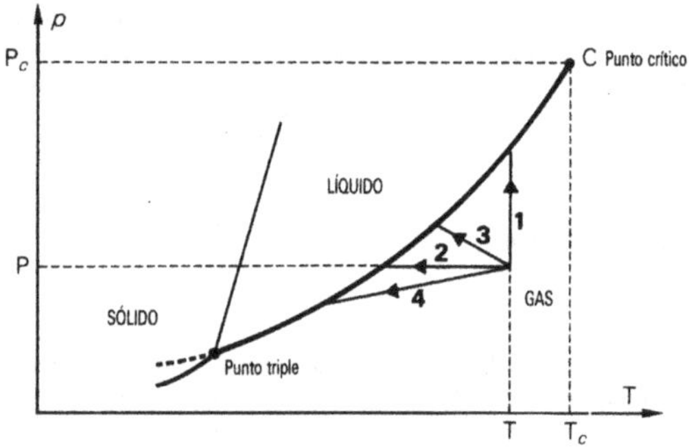

1. Compresión isoterma.
2. Enfriamiento isóbaro.
3. Combinación de una compresión y un enfriamiento.
4. Enfriamiento espontáneo por expansión adiabática reversible (representación simplificada, V. LEY DE LAPLACE.

neros» transportan hidrocarburos previamente licuados y mantenidos a baja temperatura (alrededor de 160° bajo cero)...

▶ *Licuefacción industrial del aire.*—El aire, previamente purificado y luego comprimido, se enfría al pasar por un *intercambiador de temperaturas*. A continuación es licuado *«por expansión»* a través de una válvula.
En el procedimiento *Linde* la expansión se produce entre 200 y 40 atmósferas aproximadamente. Una parte del aire, aún en estado gaseoso, retorna hacia los compresores a través de un intercambiador de temperaturas, contribuyendo a enfriar el aire que llega. En el procedimiento *Claude* una parte del aire proveniente de los compresores es enérgicamente enfriada por expansión adiabática cuasi reversible en un motor adecuado, produciendo trabajo. Esa parte contribuye a continuación a enfriar a la otra parte del aire, y que se licúa por expansión entre 40 y 8 atmósferas más o menos. La eficacia energética —cantidad de aire líquido obtenido por kWh suministrado— es más alta en el segundo procedimiento.

Lidar

Palabra formada sobre el modelo de radar. Li(ght) (luz) ha reemplazado a rad(io). Un lidar es, por tanto, un radar óptico: dispositivo emisor láser asociado a un dispositivo receptor de ondas lumínicas (visibles e infrarrojas).
Se utiliza el lidar, por ejemplo, para iluminar zonas terrestres que deseamos estudiar por teledetección aeroespacial. El lidar permite un análisis más fino del terreno, siendo además su poder de resolución mejor que el de los radares de microondas. Las ondas luminosas, desdichadamente, son absorbidas con más facilidad por las nubes que las microondas.

Límite

▶ *Límite elástico.*—V. TENACIDAD.

▶ *Límite de percepción.*—Excitación mínima que provoca la percepción de un objeto o un fenómeno por parte de un receptor apropiado. Es, por tanto, uno de los aspectos de la *sensibilidad* del receptor para este tipo de excitación.
Ejemplo: la percepción de una fuente sonora para un auditor medio exige una intensidad acústica mínima del orden de 10^{-12} W/m^2, si es transportada por una onda sinusoidal plana de frecuencia 1.000 Hz. Esta excitación límite se hace más alta para el mismo oyente con sonidos de frecuencias distintas, mayores o menores (V. AUDIOGRAMA).
El límite de percepción puede ser modificado por la presencia de un «fondo» de excitación de la misma naturaleza (efecto de enmascaramiento en acústica, efecto de contraste en óptica...).
V. SENSIBILIDAD DE UN INSTRUMENTO DE MEDIDA.

▶ *Límite de resolución.*—El límite de resolución de un receptor óptico (ojo, placa fotográfica...), ayudado o no por un instrumento (lupa, telescopio...), es medido convencionalmente por la distancia, lineal o angular, entre los dos objetos más próximos entre sí que permite separar.
Ejemplo: el límite de resolución de un ojo normal, desnudo, observando dos objetos puntuales que emiten luz blanca es ligeramente superior a un minuto sexagesimal, lo que proporciona una distancia lineal en torno a 0,1 mm si ambos puntos se encuentran a 25 cm del ojo. Esta distancia es del orden de la micra si se mira a través de un microscopio.
Intervienen diversos parámetros para fijar este límite. La estructura misma del receptor en primer lugar. *Ejemplo:* dos imágenes puntuales sobre una placa fotográfica pueden dar, tras su revelado, un punto aparentemente único si se encuentran demasiado próximos. Ambas impresionan, en efecto, el mismo grano de bromuro de plata en estas condiciones.

Por añadidura, la imagen de un foco puntual no es jamás rigurosamente puntual, cualquiera que sea el receptor. Las diversas aberraciones, los fenómenos de difracción inherentes a la naturaleza misma de la luz, etc., hacen que la imagen de un punto sea en realidad una pequeña mancha luminosa. Cuando dos manchas se encuentran muy próximas pueden recubrirse, de modo que no puedan ser percibidas separadamente. *Ejemplo:* para un ojo ayudado por un microscopio perfecto, es decir, perfectamente corregido de todas sus aberraciones, y que posea su potencia óptima, el límite de resolución viene impuesto por los fenómenos de difracción, y vale alrededor de $y = 0{,}6 \cdot \lambda/O_n$, donde λ es la longitud de onda utilizada y O_n la apertura numérica del microscopio (λ = 550 nm; $O_n = 0{,}8 \Rightarrow y \simeq 400$ nm).
La experiencia confirma aproximadamente estos resultados, pero demuestra que el límite de resolución depende en realidad de muchos otros factores. No es indiferente, por ejemplo, que los objetos observados sean filiformes o puntuales, que forman parte o no de un conjunto periódico, que sean o no iluminados con luz coherente, con luz blanca o monocromática, que sean aparentemente claros sobre fondo oscuro u oscuros sobre fondo claro... Los estudios teóricos no dan más que valores indicativos del orden de magnitud. Las precedentes consideraciones permanecen válidas si hablamos de la observación de los objetos celestes, tanto en astronomía visual como en radioastronomía.
V. LÍMITE DE PERCEPCIÓN, MANCHA DE AIRY, PODER SEPARADOR.

Línea

▶ *Línea neutra.*—Cuando se hace llegar sobre una lámina birrefringente una onda luminosa plana, paralela a la cara de entrada de la lámina, y polarizada rectilíneamente, se obtiene generalmente a la salida luz elíptica, salvo para dos direcciones particulares de la vibración incidente, ortogonales entre sí. Para cada una de esas direcciones la vibración se propaga en la lámina sin alterarse. Son las *direcciones principales* o *líneas neutras* de la lámina.
Esas direcciones son las de los ejes principales de la elipse, sección del *elipsoide de índices* de la lámina por su cara de entrada.
Las dos líneas neutras no son en absoluto equivalentes. A cada una de ellas corresponde en la lámina una velocidad de propagación diferente. Aquella a la que corresponde la mayor velocidad es llamada usualmente *línea rápida*, y *línea lenta* la otra.

▶ *Línea de universo.*—V. UNIVERSO DE MINKOWSKI.

Lineac (o linac)

V. ACELERADOR LINEAL.

Lineal

▶ *Magnitud lineal.*—Cuando una magnitud extensiva G es proporcional a la longitud L de un objeto filiforme, se define g_L = G/L, magnitud lineal característica del objeto.
Ejemplo: masa lineal (o densidad lineal) de una cuerda (V. CUERDA VIBRANTE).

Liouville Joseph (1809-1882)

▶ *Ecuación de Liouville.*—Ecuación utilizada en mecánica estadística clásica. Cada uno de los microestados de un sistema correspondientes a un mismo macroestado está representado en el *espacio de las fases* de ese sistema por un punto. Un elemento de «volumen» $d\tau$, rodeando un punto medio M y de volumen $\tau = dq_1 \ldots dq_n \cdot dp_1 \ldots dp_n$, puede contener un número dN de esos puntos representativos (las q_i y p_i son las variables canónicas del sistema, y n su número de grados de libertad). Siendo N el número total de microestados posibles en el instante t, puede admitirse que la razón $dN/N = dP$ es igual a la probabilidad de presencia en el elemento de volumen $d\tau$ del punto que representa un estado macroscópico dado del sistema (V. DENSIDAD DE PROBABILIDAD). La ecuación de Liouville da, bajo la forma de una ecuación diferencial, la ley de variación en función del tiempo de la probabilidad de presencia $P(q, p, t)$, donde q y p representan simbólicamente a todas las variables canónicas del sistema. Se escribe:

$$\frac{dP}{dt} = \frac{\partial P}{\partial t} + \sum_i \left[\frac{\partial P}{\partial q_i} \cdot \frac{\partial H}{\partial p_i} - \frac{\partial P}{\partial p_i} \cdot \frac{\partial H}{\partial q_i} \right]$$

donde H es la función de Hamilton del sistema.
V. TEOREMA DE LIOUVILLE.

▶ *Teorema de Liouville:*
Importante teorema de la mecánica estadística. Establece que, cuando un sistema evolucione en el curso del tiempo, todo elemento de su espacio de las fases puede deformarse, pero conserva un «volumen» constante, lo que quiere decir que todos los puntos representativos de los microestados de un sistema que, en un cierto instante, se encuentran en el interior de ese elemento, se encuentran todavía dentro de él en todo instante posterior, y tan solo ellos. Este teorema confiere interés a la *ecuación de Liouville*.

Líquido

Las características macroscópicas del estado líquido son intermedias entre las del estado gaseoso y el estado sólido. Como los gases, los líquidos adquieren la forma del recipiente que los contiene, pero no son expansibles y ocupan un volumen limitado por una superficie libre. No tienen, por tanto, forma propia, aunque posean volumen propio. Como los sólidos, son poco compresibles, pero al igual que en los gases, no se pueden detectar en los líquidos esfuerzos de cizalladura, ni de torsión, ni de flexión. Es posible, por fin, realizar de modo continuo el paso de un cuerpo del estado líquido al estado gaseoso, pero el paso al estado de sólido cristalino es siempre discontinuo (V. CAMBIOS DE ESTADO, CONTINUIDAD DE LOS ESTADOS LÍQUIDO Y GASEOSO, PUNTO CRÍTICO).
Esas diversas observaciones hallan su explicación en la estructura líquida a escala molecular, estructura en parte hipotética aún. Mientras que en el estado gaseoso las moléculas son prácticamente independientes unas de otras (salvo en los momentos de los choques mutuos), en el estado líquido permanecen próximas entre sí bajo el influjo de fuerzas de cohesión intermoleculares (fuerzas de Van der Waals en la mayoría de los casos; fuerzas electrostáticas en los líquidos iónicos, como el cloruro de sodio fundido, por ejemplo). Los líquidos tienen, por tanto, una estructura compacta. Sus moléculas, sin embargo, no constituyen redes regulares como las de los sólidos cristalinos. Bajo el efecto de la agitación térmica las moléculas de un líquido pueden emigrar o difundirse con mucha mayor facilidad que en el caso de los sólidos.
V. CAPILARIDAD, HELIO, ORDEN ESTRUCTURAL, REOLOGÍA, SÓLIDO AMORFO.

Lissajous Jules Antoine (1822-1880)

▶ *Curvas de Lissajous.*—Curvas planas que dan las posiciones sucesivas de un punto sometido a dos oscilaciones sinusoidales de direcciones rectangulares, cuyas amplitudes, pulsaciones y fases iniciales pueden ser cualesquiera: $x = a \cos(\omega t + \varphi)$; $y = b \cos(\omega' t + \varphi')$.
Estas curvas se encuentran inscritas siempre en el interior de un rectángulo, cuyos lados, paralelos a los ejes Ox y Oy, tienen por longitudes $2a$ y $2b$ respectivamente. Son curvas cerradas si las pulsaciones ω y ω' son conmensurables, es decir, si existen dos números enteros p y p' tales que $\omega/p = \omega'/p' = \omega_0$. La curva se describe entonces con un movimiento periódico, de

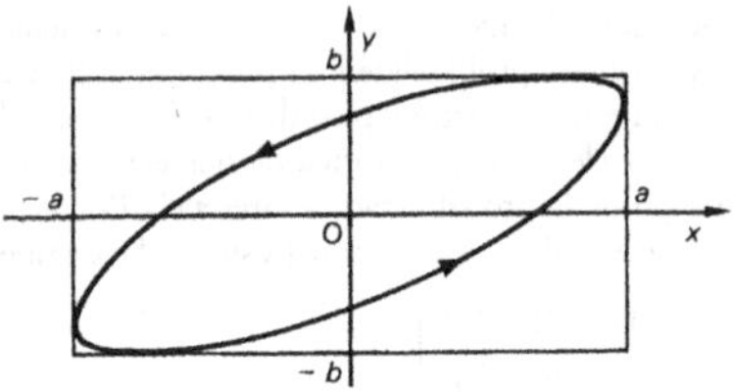

$x = a \cos \omega t$
$y = b \cos (\omega t - \pi/4)$
La curva es una elipse descrita en sentido directo.

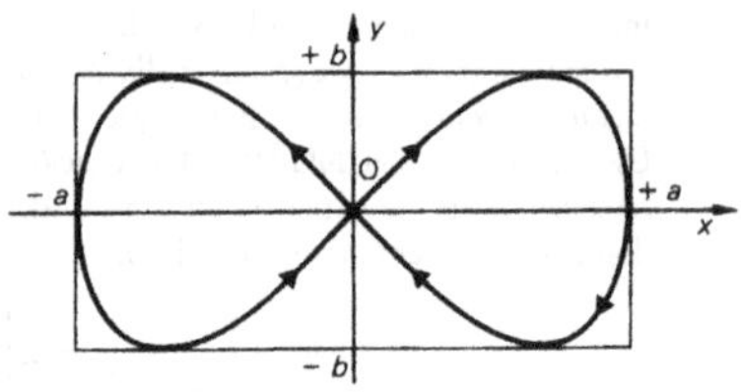

$x = a \cos \omega t$
$y = b \cos (2\omega t + \pi/2)$
Curva cerrada descrita en sentido inverso.

periodo $T_0 = 2\pi/\omega_0$, en un sentido u otro según los valores comparados de las fases iniciales φ y φ'. En particular, si $\omega = \omega'$, la curva es una elipse; una circunferencia si $a = b$, y un segmento de recta si $\varphi - \varphi' = k\pi$, k nulo o entero.
Si las pulsaciones no son conmensurables, las curvas no se cierran jamás. El interés de estas curvas radica, en particular, en el hecho de que es posible, a menudo, obtenerlas por inscripción automática (por ejemplo, en la pantalla de un osciloscopio). Si una de las oscilaciones fuera regulable, se podrían obtener con facilidad las características de la otra.

Litro (l)

Unidad de volumen. Por definición, un litro = 1 dm^3 (y por tanto, 1 ml = 1 cm^3, etc...). Una cantidad de agua pura, de masa 1 kg, ocupa, a la temperatura de su máximo de densidad (4 °C), no exactamente un litro, sino 1,000028 l.

L M T

▶ *Sistemas L M T.*—Sistemas de unidades cuyas magnitudes fundamentales son la longitud (L), la masa (M) y el tiempo (T).
Ejemplo: el sistema c.g.s. (centímetro, gramo, segundo), el antiguo sistema m.t.s. (metro, tonelada, segundo), el actual SI (metro, kilogramo, segundo) fueron y son sistemas L M T. Son tres sistemas de la misma estructura: sólo los valores de sus unidades básicas son diferentes. El sistema técnico (metro, kilogramo peso, segundo) era un sistema L F T (longitud, fuerza, tiempo).

Localización

▶ *Principio de localización.*—Es uno de los dos principios introducidos en la mecánica cuántica por la Escuela de Copenhague para interpretar la información contenida en la función de onda asociada a todo corpúsculo en movimiento. Postula que la probabilidad dP de señalar experimentalmente la presencia de un corpúsculo, en un instante dado t, en un volumen elemental dV que rodea un punto M viene dada por $dP = \rho(M, t)\, dv$, donde la magnitud $\rho(M, t)$ —densidad volúmica de *probabilidad de presencia* del corpúsculo en M y en el instante t— es calculable a partir de su función de onda (V. FLUIDO DE PROBABILIDAD). En el caso sencillo de un corpúsculo, no relativista, su función de onda —solución de una ecuación de Schrödinger— comporta una componente única ψ. Se encuentra que $\rho = \psi \cdot \psi^* = |\psi|^2$ (ψ^* es la función compleja conjugada de ψ).

Nótese:
1. Que la probabilidad de presencia del corpúsculo, calculada sobre todo el dominio macroscópico D en el que su presencia es segura, debe ser igual a la unidad: $P = \int_D \rho \, dv = 1$ (V. NORMALIZACIÓN).
2. Que ρ puede tener valores no nulos, en un mismo instante, en todos los puntos del dominio D.

¿Qué puede deducirse de todo ello? ¿Que los principios de la actual mecánica cuántica, que dan solamente la probabilidad de encontrar el corpúsculo en tal o cual punto, son «incompletos»? ¿Que antes de la experiencia que sirve para señalarlo el corpúsculo es omnipresente en todo punto de D en un mismo instante? ¿Que la noción misma de corpúsculo de dimensiones finitas es un «modelo» inadecuado a escala microscópica? La discusión permanece abierta... V. DOBLE SOLUCIÓN, PARADOJA EPR.

Logómetros

Nombre genérico dado a diversos instrumentos que sirven para medir el *cociente de dos intensidades* eléctricas.

Un logómetro comporta dos cuadros de galvanómetro, idénticos, mecánicamente solidarios entre sí y cuyos planos forman un ángulo que vale generalmente 90°. Pueden girar alrededor de su recta común. Recorridos cada uno de ellos por una corriente diferente se ven sometidos, gracias a la acción de un mismo campo magnético, a dos pares de momentos opuestos (los sentidos de los arrollamientos han sido elegidos con ese fin). El cálculo demuestra que la abscisa angular de la posición de equilibrio que se obtiene es función del cociente de ambas intensidades. Del conocimiento de dicha razón pueden obtenerse distintos resultados. Los *fasómetros*, algunos *frecuenciómetros* y algunos *ohmiómetros* son ejemplos de logómetros.

London Fritz (1900-1954)

▶ *Fuerzas de London.*—V. FUERZAS INTERMOLECULARES.

Lorentz Hendrik Antoon (1853-1928)

Premio Nobel en 1902 (con Zeeman).

▶ *Contracción de Lorentz.*—V. CONTRACCIÓN DE FITZGERALD Y LORENTZ.

▶ *Fórmula de Lorentz-Lorenz.*—El establecimiento de la *fórmula de Sellmeier* supone que, en un dieléctrico atravesado por una onda electromagnética, cada oscilador es puesto en vibración forzada por el campo eléctrico de la onda. En realidad, en todo punto interior de un dieléctrico, no muy diluido, a ese campo eléctrico se superpone un campo eléctrico complementario creado en ese punto por todos los osciladores restantes del dieléctrico. H. A. Lorentz había obtenido éxito (en 1878) en su intento de obtener una expresión para este fenómeno (V. POLARIZABILIDAD). Teniendo en cuenta ese resultado, y utilizando la relación de Maxwell $\varepsilon_r = n^2$ entre la permitividad relativa ε_r y el índice de refracción n, L. Lorenz estableció (en 1880) una *fórmula*, llamada *de Lorentz-Lorenz*, escrita frecuentemente bajo la forma:

$$\frac{n^2 - 1}{n^2 - 2} \cdot \frac{M}{\mu} = \frac{N_0}{3\varepsilon_0} \sum \frac{f_i q_i^2 / m_i}{\omega^2 - \omega_i^2}$$

Es la misma notación usada en la fórmula de Sellmeier: ω es la pulsación de la onda incidente ($\omega = 2\pi c/\lambda$); ω_i es la pulsación propia del oscilador *i:* $\omega_i = 2\pi c/\lambda_i$.
V. REFRACTIVIDAD MOLAR.

▶ *Fuerza de Lorentz.*—Fuerza que se ejerce sobre un corpúsculo que lleva una carga eléctrica y se encuentra sumergido en un campo electromagnético.
Si q es la carga del corpúsculo, $\boldsymbol{v}$ su velocidad en un referencial R, **E** y **B** las componentes del campo electromagnético en ese referencial, la fuerza de Lorentz viene dada por la expresión: $\boldsymbol{f} = q(\mathbf{E} + \boldsymbol{v} \wedge \mathbf{B})$.
Tras un cambio de referencial R → R′, ambos inerciales, las componentes de campos, fuerza y velocidad cambian, pero la expresión de la fuerza de Lorentz permanece invariante.
Si el campo es creado por cargas eléctricas inmóviles en R, entonces $\mathbf{B} = 0$ y la fuerza de Lorentz se reduce a su componente eléctrica $\boldsymbol{f} = q\mathbf{E}$; pero en R′ el mismo campo posee dos componentes no nulas, y volvemos a encontrar una fuerza de Lorentz de dos componentes $\boldsymbol{f}' = q(\mathbf{E}' + \boldsymbol{v}' \wedge \mathbf{B}')$.
V. FUERZA DE LAPLACE, TRANSFORMACIÓN DEL CAMPO ELECTROMAGNÉTICO.

▶ *Transformación de Lorentz.*—V. la entrada cerrada TRANSFORMACIÓN.

Lorenz Ludwig (1829-1891)

V. FÓRMULA DE LORENTZ-LORENZ.

Loschmidt Joseph (1821-1895)

▶ *Número de Loschmidt.*—Número de moléculas contenidas en la unidad de volumen (1 m^3) de un gas perfecto, en condiciones normales de presión y temperatura. $L \simeq 2{,}7 \cdot 10^{25}$.
V. CONSTANTE DE AVOGADRO, CUADRO DE CONSTANTES FÍSICAS.

▶ *Paradoja de Loschmidt.*—Célebre objeción argüida por Loschmidt a las ideas de Boltzmann encaminadas a relacionar las leyes de la evolución de un sistema macroscópico, impuestas por la termodinámica, con los movimientos de sus partículas constitutivas. Las leyes de la mecánica, pone de relieve Loschmidt, son tales, para un conjunto de corpúsculos supuestos aislados del exterior, que si en un instante dado cualquiera las velocidades de cada corpúsculo se invierten, el sistema vuelve a pasar en ordenn inverso por todos sus estados. Es paradójico, por consiguiente, querer explicar a través de procesos mecánicos *reversibles* la ley de evolución *irreversible* de la termodinámica, según la cual un sistema aislado no puede evolucionar más que en un sentido: aquel que comporta un *aumento* de su *entropía*.
Estas objeciones han originado y continúan originando numerosas discusiones. Contra la paradoja de Loschmidt se ha argumentado, en particular, lo siguiente:
1. Que la teoría de Boltzmann hace intervenir no la *posibilidad* matemática, sino la *probabilidad* de realización de los diferentes estados de un conjunto de corpúsculos, siempre en número considerable.
2. Que la termodinámica no prohíbe las evoluciones reversibles a los sistemas ideales. Son los sistemas reales y sus evoluciones, siempre *disipativas*, quienes crean entropía.
V. ENTROPÍA MICROSCÓPICA, ESTRUCTURAS DISIPATIVAS.

Lumen (lm)

▶ *Equivalente energético del lumen.*—Valor del flujo energético Φ_e transportado por un haz luminoso cuando el flujo visual correspondiente vale un lumen. Es también, por tanto, el valor del cociente Φ_e/Φ_v, medido en watios por lumen (W/lm). Esta definición recuerda la del equi-

valente mecánico de la caloría. Analogía superficial, puesto que el equivalente energético del lumen no es una constante. Depende de la sensibilidad del ojo a las distintas radiaciones, sensibilidad a su vez variable con las condiciones de observación.
Se hace uso más generalmente de la razón inversa Φ_v/Φ_e = K, *eficacia luminosa* del haz observado. *Ejemplo:* en visión fotópica K es máxima para la radiación de longitud de onda λ = 555 nm, y vale K_m = 683 lm/W. El equivalente energético del lumen vale, por tanto, en esas condiciones, 1/683 W/lm (≃1,5 mW/lm).
V. CANDELA.

▶ Unidad SI de *flujo luminoso* (o visual).
«El lumen es el valor del flujo luminoso emitido en un ángulo sólido de un estereorradián por una fuente puntual situada en el vértice de ese ángulo y cuya intensidad luminosa vale una candela en todas las direcciones.»
El lumen es, por consiguiente, una unidad derivada, siendo la candela unidad fundamental. Es posible que la relación se invierta en un futuro no lejano.
Para dar una idea del orden de magnitud del lumen, notemos que el flujo luminoso total emitido por una bombilla normal de 100 W, de filamento de tungsteno y atmósfera gaseosa, vale alrededor de 1.500 lm.
V. EFICACIA LUMINOSA, EQUIVALENTE ENERGÉTICO DEL LUMEN.

Luminación

V. EXPOSICIÓN LUMINOSA, OPACIDAD.

Luminancia

Antiguamente poder emisivo, brillo, brillancia.

▶ *Factor de luminancia.*—Para toda fuente de radiaciones secundaria que emite, por reflexión difusa, todo o una parte del flujo que recibe, se define, en cada uno de sus puntos y para cada dirección de emisión, un *factor de luminancia*. Es la razón $\beta = L/L_p$ entre la luminancia L y la luminancia L_p de un *difusor perfecto* de la misma iluminación local E ($L_p = E/\pi$). Naturalmente, para un difusor perfecto β = 1. El conocimiento de β, cuyo valor puede depender del reparto espectral del flujo recibido, permite calcular la luminancia de la fuente objeto de estudio si se ha medido su iluminación: $L = \beta \cdot E/\pi$.
Si se trata de un difusor *ortótropo*, β conserva el mismo valor en y para todas las direcciones de emisión. Se conoce entonces a esa magnitud como *factor de reflexión difusa* o *albedo*. *Ejemplo:* el factor de reflexión difusa de una capa de nieve reciente iluminada por la luz solar es del orden de 0,9.

▶ *Luminancia energética* (de una fuente de radiación en un punto O de su superficie y para una dirección O*x*).—Es la magnitud L_e definida por la relación: $d\Phi_e = L_e \cdot dS \cos\theta \cdot d\Omega$, donde $d\Phi_e$ designa el flujo energético radiado en todas las direcciones que rodean O*x* y contenidas en el ángulo sólido $d\Omega$, por parte de una superficie elemental de área dS que rodea el punto O. θ es el ángulo de O*x* con la normal a la superficie en el punto O ($dS \cos\theta$ es el área de la proyección de dS sobre el plano normal a O*x*).
L_e se mide en watios por metro cuadrado y por estereorradián ($W \cdot m^{-2} \cdot sr^{-1}$).
V. INTENSIDAD ENERGÉTICA, LEY DE LAMBERT.

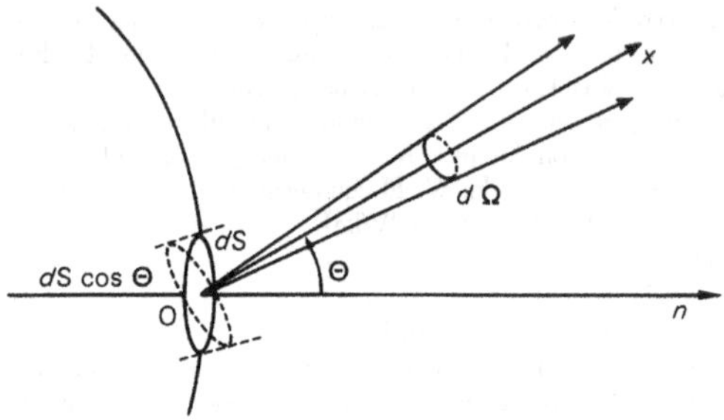

▶ *Luminancia espectral.*—Luminancia energética (o visual), calculada a partir del flujo transportado $d\Phi$ por las radiaciones cuyas longitudes de onda están comprendidas en un estrecho intervalo $(\lambda, \lambda + d\lambda)$: $d\Phi_\lambda = L_\lambda \cdot dS \cos\theta \cdot d\Omega$; L_λ se evalúa en $W \cdot m^{-3} \cdot sr^{-1}$ (o en $cd \cdot m^{-3}$). La luminancia total L es la suma de las luminancias espectrales: $L = \int_{\lambda_1} L_\lambda \cdot d\lambda$, siendo λ_1 y λ_2 las longitudes de onda extremas que presenta la radiación estudiada.

▶ *Luminancia de un haz* (de radiaciones).—Es la magnitud L definida por la relación: $d\Phi = L \cdot dG$, donde $d\Phi$ es el flujo energético (o visual) transportado por el haz cuya *amplitud geomérica* es dG.

▶ *Luminancia visual* (o *luminosa*).—Definición análoga a la de luminancia energética, siendo sustituido el flujo energético $d\Phi_e$ por el flujo lumínico $d\Phi_v$. Una luminancia visual se evalúa en candelas por metro cuadrado ($cd \cdot m^{-2}$).
V. EFICACIA LUMINOSA.

Luminescencia

Emisión de luz (ultravioleta, visible o infrarroja) por parte de ciertas sustancias bajo la acción de diversas excitaciones.
Las sustancias luminescentes, que reciben el nombre de *fósforos* o, a veces, *luminóforos*, pueden ser sólidas, líquidas o gaseosas. La naturaleza de la excitación suele acompañar al nombre como un prefijo: bio, quimio, electro, foto, termo, tribo... luminescencia. *Ejemplo:* sobre las pantallas de los receptores de televisión se depositan luminóforos que emiten luces coloreadas en los puntos en los que impactan los electrones rápidos que constituyen los *rayos catódicos*. Este tipo de luminescencia es una catodoluminescencia.
Las explicaciones teóricas que conciernen a los diversos tipos de luminescencia están desigualmente avanzadas. (V. FOTOLUMINESCENCIA.) Son diferentes de las que afectan a la radiación térmica: emisión luminosa que depende solamente de la temperatura del cuerpo emisor (el filamento, por ejemplo, de una lámpara de *incandescencia*).

Luminóforo

V. FÓSFOROS.

Luminógeno

V. ACTIVADOR, FOSFORESCENCIA.

Luminosidad

V. FLUENCIA.

Lupa

Es el más simple de los *instrumentos ópticos*. Está formada por una lente de vidrio, o más frecuentemente por un sistema de lentes pegadas entre sí y calculadas para obtener un conjunto sin *aberraciones* demasiado importantes.

Colocada entre el objeto que se desea examinar y el ojo, una lupa da una imagen virtual del objeto y aumentada, si la puesta a punto es adecuada, y el ojo puede captar así detalles que la visión directa no permite distinguir. Para observar sin fatiga se aconseja colocar la imagen en el *punctum remotum* del ojo, y alejar, por tanto, en la medida de lo posible, el objeto de la lupa. Presenta además ventajas aproximar el ojo a la lupa si se quiere aumentar la *anchura de campo*.

Se demuestra que la *potencia* de una lupa es sensiblemente igual a su convergencia (inversa de su distancia focal): $P = 1/f$, mientras que su *aumento* es, sensiblemente, un cuarto de su potencia expresada en dioptrías. El *límite de resolución* depende de la agudeza visual α y de la potencia del instrumento: $y = \alpha/P$. Interesa, por tanto, elegir una lupa de fuerte convergencia. Las de las lupas usuales tienen valores comprendidos entre la decena y la cincuentena de dioptrías. En las mejores condiciones de iluminación pueden distinguirse, por tanto, dos puntos separados por una decena de micras.

Lux (lx)

Unidad SI de iluminación.

«El lux es la iluminación de una pantalla que recibe, de una manera uniformemente repartida, un flujo luminoso de un lumen por metro cuadrado de superficie». 1 lux = 1 lumen/m^2.

Se han establecido reglas empíricas que definen en valor óptimo de las iluminaciones requeridas para diversos usos. Por ejemplo, la iluminación de una mesa de trabajo de oficina debe ser del orden de los 500 lx.

La unidad c.g.s. de iluminación es el *phot* (ph). 1 ph = 1 lumen/cm^2 = 10^4 lux.

Luxón

Partícula cuya velocidad es *c*, la velocidad de la luz.

La relación de Einstein $m = \frac{E}{c^2}\sqrt{1 - \frac{v^2}{c^2}}$, que da la masa en reposo *m* de una partícula cuya energía es E y cuya velocidad es *v*, muestra que cuando *v* tiende a *c*, *m* tiende a cero. Los luxones son, en consecuencia, partículas cuya masa en reposo es nula. Se admite que tal es, precisamente, el caso de los fotones, quizá el de los neutrinos y tal vez el de algunas partículas aún por descubrir, como el gravitón.

Las partículas habituales, que se desplazan con velocidades siempre inferiores a *c*, son los *«tardones»*. Podemos imaginar la existencia de partículas más rápidas que la luz, y cuya masa en reposo tendría un valor imaginario puro. Se les ha adjudicado un nombre: el de *«taquiones»* (de una palabra griega que significa rápido). Ninguna experiencia actualmente conocida ha podido detectar su existencia.

Luz

▶ *Luz blanca*.—Existen diferentes luces blancas. Todas ellas dan al ojo de un observador impresiones muy cercanas, pero su estudio al espectrofotómetro demuestra que cada una posee

una distribución energética espectral característica. La luz solar, luz blanca natural, contiene todas las radiaciones visibles con una distribución energética comparable a la de un *cuerpo negro* cuya temperatura fuera sensiblemente igual a 6.000 K.
En los laboratorios se utilizan *luces blancas patrón* convencionales. Por ejemplo, la luz *patrón A* es emitida por una bombilla de filamento de tungsteno y atmósfera gaseosa funcionando en ciertas condiciones bien precisadas. Su *temperatura de color* es muy próxima a 2.850 K. Se utiliza también con frecuencia, sobre todo en colorimetría, la *«luz blanca W»* (inicial de la palabra inglesa white). Es, por definición, una luz cuya distribución espectral energética es uniforme en todo el espectro visible (cfr. ruido blanco). Realizada haciendo pasar luz A a través de filtros adecuados, esta luz blanca deja en el ojo, en realidad, una impresión ligeramente púrpura.
V. BLANCO.

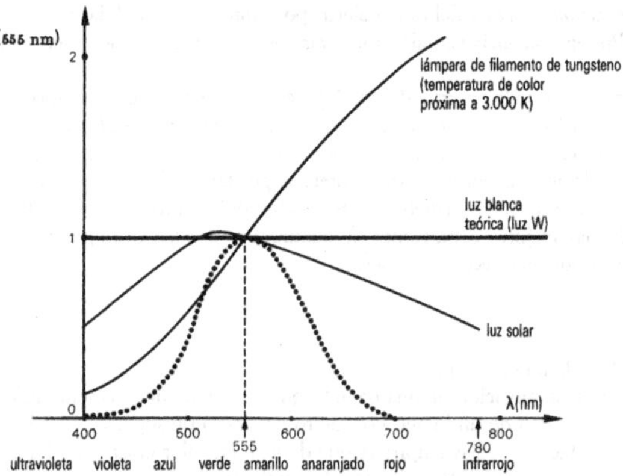

Valores relativos de las intensidades energéticas espectrales de algunas «luces blancas». La *línea de puntos* corresponde a la sensibilidad del ojo para los diversos colores (V. EFICACIA LUMINOSA).

▶ *Luz circular, elíptica, rectilínea.*—Expresiones abreviadas que significan, respectivamente, luz *polarizada* circularmente, elípticamente o rectilíneamente.
V. LUZ POLARIZADA.

▶ *Luz fría.*—Luz emitida por un cuerpo *luminiscente* mantenido a la temperatura ambiente, por oposición a la luz emitida por *incandescencia*, en la que el emisor es un cuerpo llevado a altas temperaturas.

▶ *Luz natural.*—Por oposición al concepto de *luz polarizada*, se llama convencionalmente *luz natural* a la que proviene directamente de una fuente luminosa, bien sea natural, el Sol, por ejemplo, o artificial, el filamento de una bombilla eléctrica, por ejemplo.
Las propiedades de la luz natural poseen una *simetría* de *revolución* alrededor de la dirección de propagación, de manera que puede ser vista a través de un analizador. Sin embargo, el estudio de los fenómenos de polarización hizo pensar, antes incluso de la teoría electromagnética, que la luz es un fenómeno *transversal* (vibratorio, se entiende). Para conciliar estas dos series de resultados fue necesario admitir que las fuentes luminosas emiten haces de luces polarizadas, por tanto transversales, pero que se suceden muy rápidamente y de modo incoherente, a intervalos de tiempo demasiado breves para nuestros tiempos de observación. No podemos detectar, por tanto, más que los valores medios de las amplitudes de vibración en las di-

versas direcciones alrededor de la dirección de propagación. Esos valores estadísticos son iguales, y eso explica la simetría de revolución constatada.

▶ *Luz negra. Sinónimo:* Luz de Wood.–Luz formada por radiaciones ultravioletas, a las que el ojo es insensible: de ahí su nombre.
Se obtiene la luz negra, generalmente, filtrando la luz que sale de una lámpara de vapor de mercurio con paredes de cuarzo a través de un vidrio especial de óxido de níquel, llamado *vidrio de Wood.* Este vidrio presenta, en efecto, la propiedad de detener las radiaciones visibles y dejar pasar las radiaciones ultravioletas.
Se utiliza la luz negra en ciertos laboratorios de análisis, para distinguir, por ejemplo, sustancias muy parecidas en principio (aceites de distintos orígenes, *verbi gratia)* por sus diferentes fluorescencias. También es utilizada en teatro, en publicidad, y para producir ciertos efectos especiales espectaculares por fluorescencia.

▶ *Luz polarizada.*–Luz cuyas propiedades, contrariamente a las de la *luz natural*, no poseen una simetría de revolución alrededor de la dirección de propagación.
Si, por ejemplo, se hace llegar sobre un espejo plano un haz de luz y, sin alterar el ángulo de incidencia, se hace girar el espejo en torno a la dirección del haz, pueden suceder dos cosas. Si la intensidad del haz reflejado permanece constante, el haz incidente transportaba luz natural. Si, por el contrario, el haz incidente llevara una cierta luz polarizada (luz rectilínea), veríamos la intensidad reflejada pasar alternativamente por máximos y mínimos (que pueden ser nulos) a lo largo de una vuelta del espejo.
La *polarización* de la luz –transformación de la luz natural en luz polarizada– puede obtenerse por refracción (este fenómeno fue observado por Huygens por primera vez, en 1690, en un haz luminoso que atravesaba un cristal de espato de Islandia) o por reflexión (descubierta por Malus en 1810).
El calificativo *polarizada* fue introducido en óptica por Malus, quien pensaba poder atribuir las propiedades de la luz polarizada a la existencia de «moléculas de luz» dotadas de dos polos, a la manera de los imanes. En la teoría ondulatoria, finalmente prevalente, el hecho de que resulte posible la extinción completa por reflexión de un haz de luz polarizada (V. ÁNGULO DE BREWSTER) es considerado como una prueba experimental que demuestra la naturaleza *transversal* de la vibración luminosa, que puede ser representada por un vector perpendicular a la dirección de propagación. Es el *«vector de Fresnel»*, que la actual teoría electromagnética identifica con el vector campo eléctrico.
La dirección de propagación y el vector de Fresnel definen un plano denominado *plano de vibración*. El plano que contiene a la dirección de propagación y es normal al plano precedente recibe convencionalmente el nombre de plano de polarización.
Si el vector de Fresnel, conservando una dirección fija, sufriera variaciones periódicas de longitud, hablaríamos de luz *polarizada rectilíneamente*. Cuando el extremo de ese vector describa periódicamente una elipse o una circunferencia en un plano de polarización, la luz recibirá los nombres de luz polarizada *elípticamente* o *circularmente*. En un lenguaje más condensado decimos a veces que se trata de luz rectilínea, elíptica o circular.
Estas dos últimas son llamadas *derechas* o *izquierdas* según que un observador, que recibe el haz, «vea» al vector de Fresnel girar en el sentido de las agujas de un reloj o en sentido contrario.
V. ANALIZADOR, FÓRMULAS DE FRESNEL, LÁMINA DE MEDIA ONDA, POLARIMETRÍA, POLARIZACIÓN ROTATORIA, POLARIZADOR.

▶ *Naturaleza de la luz.*–Se atribuyen a los filósofos del siglo VI antes de Cristo las primeras hipótesis conocidas sobre la naturaleza de la luz. Suponían a ésta formada por *granos lumínicos*, por analogía sin duda con las hipótesis acerca de la estructura de la materia, desprovistas tanto la una como la otra de cualquier justificación experimental. Dichos granos ¿eran lanzados por el cuerpo luminoso del que provenían o por el ojo del observador, que se serviría de ellos para

tantear su alrededor «como un ciego con su bastón»? Se discutió mucho acerca de ambas posibilidades.
Hubo que esperar hasta el final del siglo XVII para que se enfrentaran dos teorías coherentes, basadas una y otra sobre resultados experimentales. Huygens (1690) sostuvo que la luz era debida a las vibraciones de un medio omnipresente, el éter, y que se propagaba por *ondas*. Esta teoría fue refutada por Newton, considerándola inhábil para explicar la propagación rectilínea de la luz. Éste retomó la teoría de los granos lanzados por los cuerpos luminosos, atribuyéndoles, sin embargo, una propiedad periódica suplementaria, necesaria para explicar los curiosos anillos, alternativamente claros y oscuros, dados por las láminas delgadas, que él mismo acababa de descubrir.
Su alta autoridad impuso esta teoría durante ciento cincuenta años. Más tarde, el descubrimiento de nuevos fenómenos (interferencia, difracción, polarización...) condujo a Fresnel (1850) a relanzar la teoría ondulatoria. Demostró que con ella se justificaban todos los fenómenos conocidos, comprendida la propagación rectilínea, e incluso un fenómeno inesperado que aparecía como una predicción de la teoría ondulatoria y que confirmó la experiencia (presencia de luz en medio de la sombra arrastada por un disco opaco). Una experiencia que se suponía crucial, realizada por Foucault, sobre las velocidades comparadas de la luz en el aire y en el agua, contribuyó a rechazar, se creyó que definitivamente, la hipótesis corpuscular de Newton.
En 1869, Maxwell aportó una importante precisión complementaria. La luz era originada por la propagación de una *onda electromagnética* transversal. La hipótesis ondulatoria era así confirmada plenamente, desapareciendo la necesidad del éter.
Sobrevino, sin embargo, una revolución en torno a 1905, cuando se dieron a conocer las leyes de efecto fotoeléctrico, recientemente descubierto. Tan sólo una hipótesis, avanzada por Einstein, se reveló capaz de explicarlas: este efecto se debería a los choques de los *cuantos de luz* y los átomos de la materia. Planck había ya utilizado el concepto y acuñado el término para explicar la radiación térmica. Estos mismos cuantos, a los que se llamará con posterioridad *fotones*, se revelaron capaces de explicar otros fenómenos, el efecto Compton en particular. Fue necesario rendirse a la evidencia. La luz es a la vez onda y corpúsculo, dualidad indispensable si se quieren explicar de una parte los fenómenos que acompañan a la propagación y de otra los que se producen en la interacción materia-luz.
Hoy se sabe, tras los trabajos de L. de Broglie, que esta dualidad no se limita solamente a los fenómenos luminosos. Toda partícula material posee igualmente un doble aspecto, corpuscular y ondulatorio. El sentido profundo de esta dualidad está por descubrir todavía.

▶ *Velocidad de la luz.*—Si se exceptúa una tentativa de Galileo —infructuosa: aún no se sabían medir tiempos demasiado cortos—, las primeras determinaciones de la velocidad de la luz corresponden a los astrónomos. Römer (en 1676) utilizó las variaciones, en el curso de un año, de la duración que separa dos ocultaciones sucesivas de un satélite de Júpiter. Bradley (en 1728) se sirvió del fenómeno de la *aberración estelar*, que él mismo acababa de descubrir.
Las medidas de laboratorio se hicieron posibles cuando la Ciencia supo imaginar procedimientos de medida para tiempos muy cortos. Fizeau utilizó con este propósito el método de la rueda dentada (1849). Foucault (en 1862), el del espejo giratorio. Ambos procedimientos fueron con el tiempo retomados y perfeccionados. La modulación, por ejemplo, de un haz luminoso, realizada mecánicamente por la rueda dentada, hasido reemplazada ventajosamente por una modulación eléctrica, utilizando una célula de Kerr (Anderson, 1937; Bergstrand, 1950).
La discusión del conjunto de resultados conocidos en esa época condujo a aceptar como valor probable: c = 299.770 km/s.
Un método reciente consiste en calcular la velocidad c a partir de la determinación experimental, por interferometría, de la longitud de onda λ de una radiación emitida por un láser helio-neón, dominada por una raya de absorción del metano, y la determinación, igualmente

experimental, de la frecuencia ν de esta misma radiación, estando ambas medidas hechas por referencia directa a las definiciones de metro y de segundo. El resultado, $c = \lambda \cdot \nu$ = 299.792,458 km/s, viene expresado con notable precisión: ±1,2 m/s, confirmado por el acuerdo de varios laboratorios de metrología. Esta precisión estaba limitada por la incertidumbre en la definición del metro.

Desde octubre de 1983, el valor precedente de *c* ha sido retenido como punto de partida para la nueva definición de metro (distancia recorrida por una onda luminosa, en el vacío, en un tiempo igual a 1/299.792.458 segundos).

Precisemos que la velocidad de la luz en el vacío es independiente de su frecuencia, siendo la misma, por tanto, para todas las ondas electromagnéticas. Es igualmente independiente del eventual movimiento de la fuente con respecto al observador.

Recientemente (1950, 1964) se ha podido verificar con gran precisión este último punto, que constituye uno de los postulados de Einstein. Se ha medido con este objetivo la velocidad, en el referencial del laboratorio, de fotones emitidos por fuentes salidas de un acelerador de partículas, y dotadas, por tanto, de grandes velocidades (en particular, de mesones π^0 que se desintegran en vuelo dando origen cada uno de ellos a dos fotones. Su velocidad tiene el mismo valor que la de los fotones emitidos por una fuente inmóvil en el sistema de referencia del laboratorio.

En un medio material transparente, la velocidad de la luz depende del índice de refracción *n* del medio: $v = c/n$. En ese caso varía ligeramente con la frecuencia (origen del fenómeno de dispersión).

V. EXPERIENCIAS DE FIZEAU, EXPERIENCIA DE MICHELSON-MORLEY, NATURALEZA DE LA LUZ.

Lyman

▶ *Espectro de Lyman*.—Serie de rayas ultravioletas en el espectro del átomo de hidrógeno. Sus longitudes de onda λ vienen dadas por la fórmula :

$$1/\lambda = R(1 - 1/m^2),$$

donde R es la constante de Rydberg, y *m* un número entero positivo, mayor que la unidad, obviamente. La raya de Lyman α corresponde a $m = 2$, $\lambda = 121{,}57$ nm.

V. FÓRMULA DE BALMER, ÁTOMO DE BOHR, PRINCIPIO DE RITZ.

▶ *Región de Lyman*.—Región espectral situada en el ultravioleta lejano, entre las longitudes de onda 50 y 200 nm, aproximadamente. Este dominio fue explorado en primer lugar por Lyman (hacia 1906), utilizando en vacío retículos cóncavos especialmente diseñados para este fin.

V. CUADRO DE RADIACIÓN ULTRAVIOLETA.

M

M

Símbolo del prefijo mega (10^6).
V. CUADRO DE PREFIJOS DEL SI (Anexo 1.2).
▸ *Capa M.*—V. CAPAS ELECTRÓNICAS.

m

1 / Símbolo del *metro*.
2 / Símbolo del prefijo mili (10^{-3}). V. CUADRO DE PREFIJOS DEL SI.

Mac Leod John James (1876-1935)

V. GAUGE DE MAC LEOD.

Mach Ernst (1838-1916)

▸ *Número de Mach.*—Cociente entre la velocidad v de un móvil que se desplaza en un fluido, y c, la velocidad local del sonido en ese fluido. $M = c/v$.
Las leyes que rigen la resistencia que un fluido opone al movimiento de un sólido dependen del valor de ese cociente (V. ROZAMIENTO FLUIDO): de ahí el interés del número de Mach.
Ejemplo: Un avión atraviesa la «barrera del sonido» y vuela en régimen *supersónico* cuando su número de Mach alcanza y sobrepasa el valor 1, es decir, cuando su velocidad alcanza y sobrepasa la velocidad del sonido a la *altitud de vuelo*.
El número de Mach es igualmente de gran utilidad en el estudio de la circulación rápida de un fluido (gas escapándose por la tubería de un reactor, por ejemplo).

▸ *Principio de Mach.*—«La masa inercial no es una característica intrínseca de un móvil, sino una medida de su acoplamiento con el resto del universo.» Las fuerzas de inercia en los sistemas de referencia no galileanos serían una consecuencia de ese acoplamiento.
Este principio es una consecuencia de diversas reflexiones críticas acerca de los fundamentos de la mecánica newtoniana. Ha inspirado, se cree, al menos en parte, los postulados de la teoría de la relatividad general.

Magenta

Del nombre de una ciudad italiana.

Color rojo profundo. V. COLORES COMPLEMENTARIOS.

Magnetismo

Conjunto de propiedades de los *imanes*.
Como consecuencia de las experiencias cuantitativas de Coulomb sobre las atracciones y repulsiones entre imanes, las propiedades de éstos fueron atribuidas a la presencia en ellos de fluidos de dos especies, que fueron llamados *masas magnéticas*, y que se encuentran concentradas cada una de ellas hacia los extremos, hacia los polos, se dijo, de toda barra imantada. La ley de Coulomb acerca de las interacciones a distancia entre esos dos fluidos, fue durante mucho tiempo el punto de partida de una *teoría* del magnetismo, llamada *culombiana*, edificada sobre el modelo de la electrostática.
Diferentes descubrimientos experimentales, sin embargo (la existencia, en particular, de interacciones entre imanes y corrientes eléctricas, y la imposibilidad de obtener cuerpos en posesión de una sóla masa magnética), fueron incitando progresivamente al abandono del paralelismo entre carga eléctrica y masa magnética, e imponiendo una nueva concepción sobre el origen del magnetismo.
En esta *teoría*, llamada *amperiana*, el magnetismo es atribuido a la existencia en toda sustancia material de *corrientes particulares*, corrientes eléctricas creadas por los movimientos orbitales y de rotación propia (spin) de las distintas partículas que componen la sustancia. Cada corriente particular es el equivalente de un *bucle elemental*, y posee, por consiguiente, un *momento magnético*. A escala microscópica, en un medio material cualquiera, esos momentos magnéticos son muy numerosos. Cuando las circunstancias son tales que la resultante total de todos ellos no es nula, el medio aparece imanado.
V. IMANACIÓN, IMANACIÓN ESPONTÁNEA, CAMPO MAGNÉTICO, CORRIENTES AMPERIANAS, ELECTROMAGNETISMO, MAGNETOSTÁTICA, MASA MAGNÉTICA.

Magneto

Generador eléctrico
V. DINAMO.

Magnetodinámica

▶ *Magnetodinámica de fluidos* (o, por abuso de lenguaje, magnetohidrodinámica) (MHD).—Estudio del movimiento de un fluido, gas con mayor frecuencia, que contiene iones positivos y negativos y es conductor por tanto, cuando se encuentra bajo la acción de un campo magnético. Se trata frecuentemente de un plasma caliente, o de un gas a temperatura moderada sembrado de átomos alcalinos, fácilmente ionizables por choque.
Según la ley de Lorentz, todo portador de carga en movimiento sufre una fuerza perpendicular a su velocidad $\boldsymbol{v}$ y al campo magnético $\mathbf{B}$: $\boldsymbol{f} = q\boldsymbol{v} \wedge \mathbf{B}$. $\mathbf{B}$ es aquí generalmente perpendicular a la velocidad media $\boldsymbol{v}$ del fluido. Se deduce que sobre dos flancos opuestos de la tubería en la que circula el fluido deben aparecer cargas eléctricas, positivas en uno de ellos y negativas en el otro. La diferencia de potencial que causa esa distribución, si los flancos son metálicos, puede provocar y mantener una corriente eléctrica en un circuito exterior.
Esta teoría —muy simplificada— muestra, por consiguiente, que, si el movimiento del fluido se debe a una diferencia de temperaturas entre los dos extremos del tubo, mantenida por medio de fuentes de calor adecuadas, este dispositivo es capaz de *«convertir directamente energía térmica en energía eléctrica»*.
El fenómeno es reversible. Creando simultáneamente el campo $\mathbf{B}$ y la diferencia de potencial ΔV con medios apropiados, puede mantenerse la circulación del fluido.
Existen algunas realizaciones industriales que usan este fenómeno, pero las múltiples dificultades que limitan el rendimiento esperable no han sido aún vencidas.

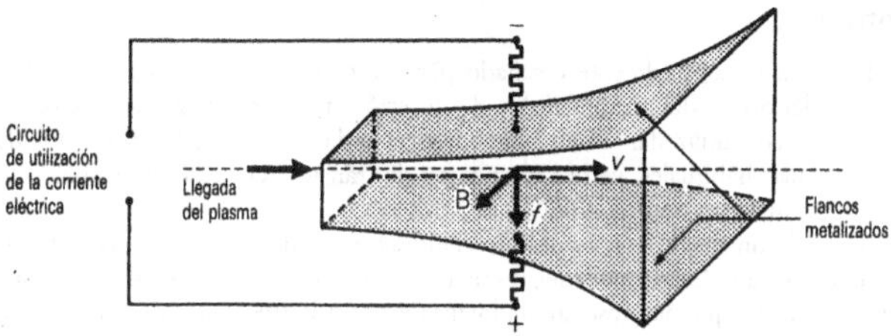

Magnetohidrodinámica (MHD)

V. MAGNETODINÁMICA DE FLUIDOS.

Magnetones

Unidades auxiliares de momento magnético, utilizadas en microfísica. El *magnetón de Bohr* sirve para medir los momentos magnéticos de electrones y muones. Vale, por definición, $\mu_B = \frac{e}{2m_e}\hbar(\sim 9{,}3 \cdot 10^{-24}\ \mathrm{A \cdot m^2})$, siendo e la carga elemental y $\hbar$ la constante reducida de Planck, con m_e = masa del electrón.

En el lenguaje semiclásico de la teoría de Bohr, el momento magnético orbital del electrón planetario del átomo de hidrógeno en su estado fundamental vale, precisamente, μ_B.

El *magnetón nuclear* se utiliza para evaluar los momentos magnéticos de los núcleos atómicos. Por analogía con la definición del magnetón de Bohr, se escribe $\mu_N = \frac{e\hbar}{2m_p}$, donde m_p es la masa del protón. Numéricamente $\mu_N \sim 5 \cdot 10^{-27}\ \mathrm{A \cdot m^2}$ ($\approx 1/1\,836\ \mu_B$).

Hay que señalar, sin embargo, que el momento magnético del núcleo de hidrógeno y, por tanto, del protón, no vale μ_N sino $2{,}8\mu_N$.

V. FACTOR DE LANDÉ, RELACIÓN GIROMAGNÉTICA, CUADRO DE CONSTANTES (Anexos 6).

Magneto-ópticos

▶ *Efectos magneto-ópticos*.—Fenómenos que resultan de la acción de un campo magnético sobre la estructura de una sustancia a escala atómica, y que se ponen de manifiesto a nuestra escala por una modificación de las propiedades ópticas de la sustancia.

Citamos entre estos fenómenos el efecto *Cotton y Mouton* —fenómeno de birrefringencia magnética—, el efecto *Faraday* —polarización rotatoria magnética— y el efecto *Zeemann* —modificación del espectro de emisión de una sustancia cuando se coloca en un campo magnético.

V. EFECTOS ELECTRO-ÓPTICOS.

Magnetostática

Rama de la Física que tiene por objeto el estudio de los fenómenos ligados a la existencia de campos magnéticos *independientes del tiempo*. Esos campos pueden ser producidos por imanes inmóviles o por circuitos inmóviles recorridos por corrientes eléctricas constantes.

V. ELECTROSTÁTICA, ELECTROMAGNETISMO, MAGNETISMO.

Magnetrón

Diodo de vacío especialmente diseñado para obtener oscilaciones eléctricas de muy alta frecuencia (del orden del gigahertzio) y de duración muy corta (algunos microsegundos). Estas oscilaciones son utilizadas en algunos emisores radar, y no pueden ser obtenidas por medio de las válvulas habituales, ya que el «tiempo de tránsito» entre ánodo y cátodo toma entonces una importancia no despreciable (V. KLYSTRON).

El cátodo de un magnetrón es un hilo cilíndrico rectilíneo, el ánodo una camisa coaxial en la que han sido horadadas cavidades resonantes. Sus dimensiones y su distribución han sido calculadas para que puedan resonar simultáneamente a la frecuencia deseada (V. figura).

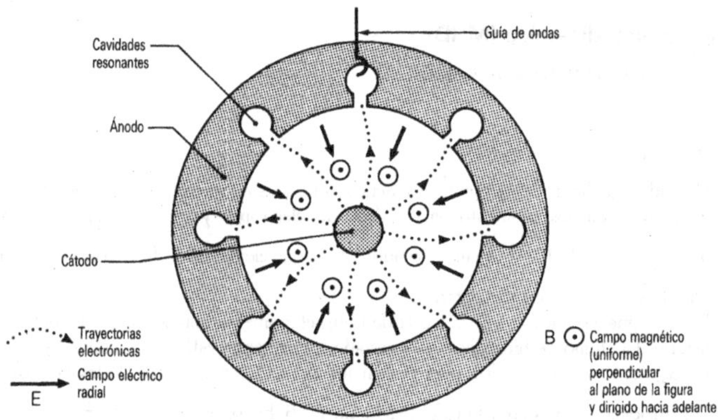

Por medio de breves impulsos sucesivos se impone entre ánodo y cátodo una tensión muy elevada (varias decenas de kilovoltios). Acelerados por el *campo eléctrico* radial que se obtiene, los electrones emitidos por el cátodo son también sometidos a la acción de un *campo magnético* uniforme, paralelo al eje común de los electrodos. Sus trayectorias se curvan. Los valores de estos campos se eligen para que los electrones lleguen a la entrada de cada cavidad en el instante adecuado, y con la energía cinética necesaria para provocar en cada una de ellas oscilaciones eléctricas mantenidas. Éstas se encaminan hacia la antena por medio de una guía de ondas.

La energía radiada por la antena, por trenes de ondas sucesivos, proviene fundamentalmente del generador que crea el campo eléctrico entre ánodo y cátodo.

Magnitud

Todo concepto utilizado para describir un objeto o un fenómeno físico, susceptible de tomar distintos valores, es una magnitud.

Las dimensiones de un objeto material, su posición en el espacio, su masa, su velocidad, su viscosidad, su temperatura, su carga eléctrica..., una fuerza, un campo, la intensidad de una corriente eléctrica, una longitud de onda..., un intervalo de tiempo..., la altura de un sonido, el color de un objeto..., la energía, la entropía..., he aquí algunos ejemplos de magnitudes físicas. A cada una de ellas se hace un esfuerzo para asociar el concepto matemático que posea una

«estructura análoga» (mismas leyes de composición, mismas leyes de transformación tras un cambio de sistema de referencia...).
V. DIMENSIONES DE UNA MAGNITUD, NATURALEZA TENSORIAL DE UNA MAGNITUD.

▶ *Dimensiones de una magnitud.*—En el marco de un conjunto de sistemas de unidades construidos a partir de las mismas magnitudes fundamentales y dotados de los mismos convenios de coherencia, cualquier magnitud posee una *ecuación de dimensiones*. Es una relación, escrita casi siempre en una forma simbólica convencional, que indica en qué relación se encuentra modificada la unidad ligada a esa magnitud cuando se modifican las unidades de las magnitudes fundamentales, llamadas «unidades de base».
Ejemplo: En los sistemas L.M.T. utilizados actualmente, la unidad de velocidad está ligada a las unidades de longitud y tiempo por la relación, escrita sin coeficiente numérico: $v = e/t$, siendo e la distancia recorrida en un tiempo t por un móvil animado de movimiento rectilíneao y uniforme. De ella se deduce la ecuación de dimensiones de la velocidad: $[V] = [L] \cdot [T]^{-1}$, lo cual significa que si las unidades de longitud y tiempo se multiplican, respectivamente, por a y b, la unidad de velocidad se verá multiplicada por $a \cdot b^{-1}$.
De modo general, siendo X_1, X_2, ..., las magnitudes fundamentales y G una magnitud derivada, se demuestra que la ecuación de dimensiones de G adquiere la forma: $[G] = [X_1]^{p_1} \cdot [x_2]^{p_2}...$
Los exponentes p_1, p_2, ..., números enteros o fraccionarios, positivos, negativos o nulos, son las *dimensiones* de G en el conjunto de sistemas que estudiamos. La ecuación de dimensiones del producto (o del cociente) de dos magnitudes se obtiene haciendo el producto (o el cociente) de sus ecuaciones de dimensiones. No se puede escribir de un modo válido la suma o la igualdad de dos magnitudes si no tienen las mismas dimensiones. En el caso de que las tengan, se dice que ambas magnitudes son *homogéneas* (la una a la otra). Escribir la igualdad de dos magnitudes no homogéneas es ilusorio. Un cambio de unidades volvería caduca la igualdad.
V. NATURALEZA TENSORIAL DE UNA MAGNITUD.

▶ *Magnitud comparable.*—La experiencia demuestra que existen magnitudes en las que pueden clasificarse todas las muestras por orden creciente de valores, sin que sea posible atribuir una significación intrínseca a la razón entre dos de sus valores. Estas magnitudes no son *medibles*, sino solamente *comparables*.
Ejemplo: La dureza de un material puede ser medida adoptando diferentes criterios (escala de Mohs, escala de la bola de Brinell...). Se puede definir así un orden en el conjunto de las durezas conocidas, con una escala arbitraria. El valor del cociente entre dos durezas no tiene, sin embargo, ningún sentido objetivo, depende del criterio utilizado. La dureza es, por tanto, una magnitud *comparable*, no medible.
V. TEMPERATURA.

▶ *Magnitud cuantificada.*—Magnitud física que no puede variar de modo continuo. Sus valores posibles —decimos también valores *permitidos* o *accesibles*— forman una serie discontinua o *discreta*. Ejemplo en mecánica newtoniana: están cuantificadas las frecuencias de las ondas estacionarias que pueden establecerse a lo largo de una *cuerda vibrante* y, en consecuencia, las de los sonidos que la cuerda puede emitir para una longitud y una tensión dadas. En efecto, sólo son realizables las frecuencias dadas por la fórmula $N_p = p \cdot N_1$, donde N_1 es la frecuencia del sonido fundamental (el más grave de los sonidos que puede emitir) y p un *número entero* positivo.
Para ejemplos en mecánica cuántica, V. ÁTOMO DE BOHR, CAPAS ELECTRÓNICAS, ESPECTRO DE UN OPERADOR.
Una magnitud vectorial cuya orientación en el espacio varía de manera discontinua se dice que está *cuantificada en el espacio* (V. EXPERIENCIA DE STERN Y GERLACH).

▶ *Magnitud específica.*—Toda magnitud *extensiva* relativa a una misma sustancia, supuesta homogénea, tiene un valor numérico G proporcional a la cantidad de sustancia observada, cantidad que podemos definir bien por su masa m, bien por su volumen v (medido en condiciones especificadas de presión y temperatura). De ello resulta que las magnitudes definidas por $g = G/m$ y $g' = G/v$ son características de la sustancia. Son magnitudes *específicas*.
Con el fin de evitar toda confusión se llama a g magnitud (específica) *másica* y a g' magnitud (específica) *volúmica*.
Ejemplo: El cociente q/m, donde q es la carga eléctrica que lleva una partícula de masa m es su *carga másica*, medida en C/kg; siendo la masa misma una magnitud extensiva, el cociente $\rho = m/v$ mide la *masa volúmica* de la sustancia, a la que preferimos designar por su acreditado nombre de «densidad» (medida en kg/m^3). De la misma manera, $u = v/m$ es su *volumen másico* (medido en m^3/kg).

▶ *Magnitud medible* (o mensurable).—La experiencia demuestra que es posible, en ciertos casos, determinar el valor del cociente entre dos valores-muestra cualesquiera, G_1 y G_2, de una misma magnitud G: $G_1/G_2 = n$. Si ese cociente no depende ni del instrumento utilizado ni del observador, si en consecuencia posee un valor intrínseco, se dice que la magnitud estudiada G es *medible* y, si tomamos a G_2 como unidad, n es la *medida* de la muestra G_1.
Utilizando una balanza de dos platos se puede, por ejemplo, comprobar en primer lugar que una misma tara colocada sobre uno de los platillos equilibra indiferentemente diversos objetos a, a', a'', ..., colocados uno después de otro en el segundo platillo. Decimos en ese caso que esos objetos poseen masas *iguales* entre sí: $m_a = m_{a'} = m_{a''} = \ldots$ En segundo lugar, si una tara puede equilibrar, de entrada, un número n de esos mismos objetos, colocados simultáneamente sobre ese segundo plato y luego un cuerpo A que reemplaza a todos los demás, se puede afirmar que la masa m_A de este último es igual a la *suma* de las masas de esos n objetos, lo que se escribe: $m_A = n \cdot m_a$. Hemos obtenido así el cociente $m_A/m_a = n$. Ahora bien, la experiencia demuestra que n tiene el mismo valor, cualquiera que sea el tipo de balanza que utilicemos, el sistema de pesas, el observador o el lugar de la experiencia. Concluimos que la masa es una magnitud medible.
La aproximación experimental, esquematizada así como un ejemplo, es típica de los físicos. Se puede traducir todo esto en un lenguaje matemático más elaborado.
V. MAGNITUD COMPARABLE.

▶ *Naturaleza tensorial de una magnitud.*—Toda magnitud física medible es susceptible de ser representada por un tensor, a condición de que éste tenga características homólogas a las de la magnitud: las mismas leyes de composición, la misma cantidad de componentes, las mismas leyes de transformación en un cambio de sistema de referencia. Definimos así la naturaleza tensorial de la magnitud. *Ejemplo:* La masa de un corpúsculo queda enteramente definida por su valor numérico. Es un *escalar* (tensor de orden 0). Una velocidad lineal puede representarse, en nuestro espacio tridimensional ordinario, por un vector polar (tensor de orden 1). Se dice que la velocidad lineal es una magnitud *vectorial*. Una velocidad angular es representable por un vector axial (tensor de orden 2, antisimétrico) y es una magnitud *pseudovectorial* (de orden 2, 3 componentes). El conjunto de tensiones en un punto interior de un material es una magnitud *tensorial de segundo orden* (nueve componentes)...
Dos magnitudes de la misma naturaleza tensorial reciben el nombre de *covariantes*.
El conocimiento de la naturaleza tensorial de las magnitudes es de capital importancia en el enunciado de las leyes físicas. No tiene ningún sentido escribir la igualdad o la suma de dos magnitudes que no sean covariantes..., aunque sean homogéneas entre sí: por ejemplo, un trabajo (magnitud escalar que se mide en J), y el momento de una fuerza con respecto a un punto (magnitud pseudovectorial, evaluable en N · m). Un simple cambio de referencial convierte en obsoleta la expresión.
V. DIMENSIONES DE UNA MAGNITUD.

Magnitud (2)

Cantidad, objetivamente medible, que se utiliza en la clasificación de las estrellas.
Por diversas razones históricas los astrónomos fueron llevados a definir la magnitud (aparente) de una estrella por la relación:

$$m = -13{,}98 - 2{,}5 \log E \qquad \text{o} \qquad m_2 - m_1 = -2{,}5 \log (E_2/E_1).$$

Con el viejo criterio de Ptolomeo, la magnitud es tanto mayor cuanto más débil es el brillo estelar E.
En esta escala, la magnitud del Sol vale − 27, y los grandes telescopios modernos permiten detectar estrellas cuya magnitud alcance + 23, lo que proporciona un cociente de brillos estelares del orden de 10^{20}!
Pero el brillo de una estrella depende de su lejanía (V. LEY DE BOUGUER). Se han definido por tanto las *magnitudes absolutas* que tendrían las estrellas si estuvieran a una misma distancia D_0 de la Tierra (D_0 = 10 parsecs). El cálculo, para una estrella que se encuentre realmente a una distancia D (parsecs): $M - m = 5(1 - \log D)$. La magnitud absoluta del sol vale, por ejemplo, 4,7. Comparando las magnitudes absolutas y aparentes de estrellas de distintas clases, los astrónomos saben deducir, entre otras informaciones, las distintas D.
V. CLARIDAD DE LOS INSTRUMENTOS ÓPTICOS.

Magnon

Cuasi-partícula que la física cuántica asocia a las *ondas de spin* que se propagan en un material ferromagnético.

Magnus Gustav (1802-1870)

▶ *Ley de Magnus.*—V. EFECTO THOMPSON.

Máquinas simples

Aparatos por medio de los cuales se pueden modificar los parámetros de un trabajo mecánico: dirección o intensidad de una fuerza, de un par, recorridos del punto de aplicación, etc. La palanca, el plano inclinado, la polea, el torno de mano, el tornillo, los diversos tipos de engranajes, la prensa hidráulica... son ejemplos de máquinas simples.
En una máquina simple ideal (funcionando sin rozamientos) el trabajo cedido y el recibido son iguales. Se produce, por ejemplo, una compensación exacta entre lo que se gana en intensidad de la fuerza y lo que se pierde en desplazamiento del punto de aplicación. En la práctica no se pueden evitar los rozamientos y, con ellos, el calentamiento de los cuerpos en contacto. El rendimiento de la máquina: r = trabajo transmitido/trabajo recibido, prácticamente igual a la unidad si el rozamiento es despreciable, puede disminuir fuertemente si los rozamientos se hacen importantes, siendo equivalente el calor que aparece al trabajo «perdido».

Maleabilidad

Se conviene en decir que un metal, o una aleación, es tanto *más maleable* cuanto más apto es para ser reducido a *láminas delgadas*, siendo la delgadez de las mismas el criterio final. El hierro es moderadamente maleable: las chapas delgadas no tienen nunca menos de un décima de milímetro de espesor. Se pueden fabricar, por el contrario, panes de oro cuyo espesor no sobrepase los 0,0001 mm.

Malus Etienne Louis (1775-1812)

▶ *Ley de Malus*.—Ley concerniente a la *luz polarizada*, descubierta experimentalmente por Malus (en 1810). Puede enunciarse así: «La intensidad I de un haz luminoso que ha atravesado sucesivamente un polarizador y un analizador, varía con el cuadrado del coseno del ángulo α formado por los planos de sección principal de ambos aparatos: $I = I_m \cos^2 \alpha$».
Se ve que la intensidad I alcanza su valor máximo cada vez que el ángulo alcanza uno de los valores 0, π, 2π, etc. Se dice entonces, convencionalmente, que polarizador y analizador son *paralelos*. Se anula, por el contrario, para $\alpha = \pi/2, 3\pi/2$, etc. Se dice, en ese caso, que polarizador y analizador están *cruzados*.
Esos resultados han contribuido, históricamente, a que fuera admisible la *transversalidad* de las ondas luminosas, que proporciona una explicación muy simple de la ley, como muestra la figura.
La ley de Malus es, actualmente, utilizada con frecuencia cuando es preciso hacer variar, continuamente, la intensidad de un haz luminoso siguiendo una ley conocida; por ejemplo, cuando se quiere estudiar la ley de respuesta de una célula fotoeléctrica para una excitación de intensidad variable.
V. NATURALEZA DE LA LUZ.

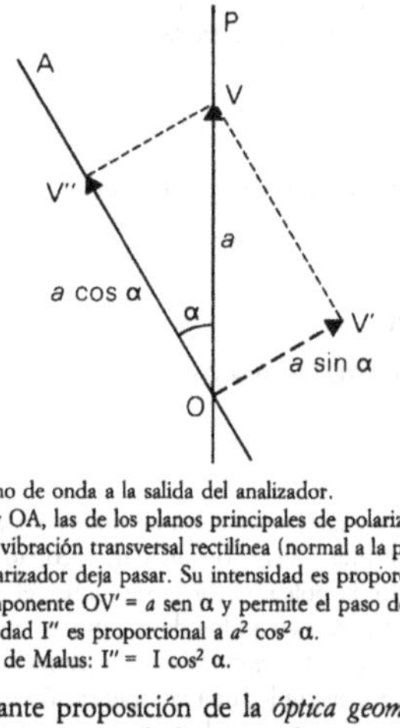

La figura representa un plano de onda a la salida del analizador.
O es la traza del rayo; OP y OA, las de los planos principales de polarizador y analizador.
OV = *a* es la amplitud de la vibración transversal rectilínea (normal a la propagación, perpendicular al dibujo por O) que el polarizador deja pasar. Su intensidad es proporcional a a^2.
El analizador detiene la componente OV' = *a* sen α y permite el paso de la componente OV'' = *a* cos α, cuya intensidad I'' es proporcional a $a^2 \cos^2 \alpha$.
Volvemos a encontrar la ley de Malus: $I'' = I \cos^2 \alpha$.

▶ *Teorema de Malus*.—Importante proposición de la *óptica geométrica*: «Los rayos de un haz luminoso isógeno (es decir, provenientes de la misma fuente puntual), tras haber atravesado un sistema óptico formado por un número cualquiera de medios transparentes e isótropos, son todos *normales* a una familia de superficies, denominadas superficies de ondas». Esta proposición es independiente de cualquier hipótesis sobre la naturaleza de la luz. Es una consecuencia matemática del principio de Fermat, y de una definición para superficie de onda que no desborda los límites de la óptica geométrica: conjunto de puntos M, situados cada uno de ellos sobre uno de los rayos de luz de un haz isógeno que nace en un foco S, y tales que la longitud óptica (SM), calculada sobre cada uno de esos rayos, tenga un valor independiente del rayo observado: $(SM_1) = (SM_2) = \ldots = L$. Para cada valor común L hay una superficie de onda.
El teorema de Malus facilita el estudio de las condiciones de estigmatismo, y el de las aberraciones resultantes de un defecto de estigmatismo. Establece, por añadidura, un puente entre la *óptica geométrica* y la *óptica física*, en la que las mismas superficies de onda poseen una significación ondulatoria.

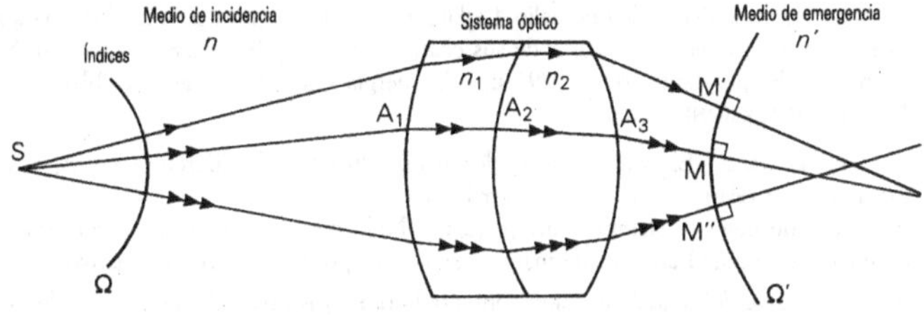

$$(SM) = n\,SA_1 + n_1\,A_1A_2 + n_2\,A_2A_3 + n'\,A_3M = L$$

Los rayos provenientes del foco S son todos normales a todas las superficies de onda.
En el medio de incidencia las superficies son esferas (ejemplo: Ω).
En el medio de energencia no son esferas, por lo general (ejemplo Ω'). El haz no es homocéntrico.

Mariotte Edme, abad o presbítero (1620-1684)

▶ *Ley de Mariotte.*–V. LEY DE BOYLE-MARIOTTE.

Masa

▶ *Centro de masas. Sinónimo:* Centro de inercia.– *Baricentro* de un sistema de n puntos materiales M_i, estando afectado cada uno de ellos por un coeficiente igual a su masa de inercia m_i. Este punto C está definido, consecuentemente, por la relación: $\mathbf{OC} = \Sigma m_i \cdot \mathbf{OM}_i/m$, siendo $m = \Sigma m_i$ la masa total del sistema. Este punto verifica igualmente la relación $\Sigma \mathbf{CM}_i = 0$.
Si el sistema estudiado es continuo, y si llamamos ρ a la densidad en un punto M, las sumas precedentes son reemplazadas por integrales, en las que ρ dv es la masa de un elemento de volumen dv, y v el volumen total del sistema:

$$\mathbf{OC} = \iiint_v \rho\, dv \cdot \mathbf{OM}/m, \text{ con } m = \iiint_v \rho\, dv; \iiint_v \rho\, dv \cdot \mathbf{CM} = 0.$$

V. CENTRO DE GRAVEDAD, REFERENCIAL BARICÉNTRICO.

▶ *Conservación de la masa.*–«La masa total de un sistema cerrado permanece constante, cualesquiera que sean las transformaciones físico-químicas a las que pueda ser sometido.»
Esta ley experimental, enunciada por Lavoisier en 1785, reveló el interés que presentaba el uso de la balanza en el estudio de un sistema que evoluciona. Tuvo una considerable influencia en el desarrollo de la química e, indirectamente, sobre el nacimiento de la teoría atómica.
Hoy sabemos que la masa es una forma de energía. Toda transformación exoenergética que se produzca en un sistema cerrado entraña, por consiguiente, una disminución de la masa. Sin embargo, en el dominio de las transformaciones químicas (moleculares o atómicas), esas variaciones de masa son tan débiles que la ley de Lavoisier permanece prácticamente válida. No sucede lo mismo en los dominios nuclear y subnuclear.
V. BALANCE ENERGÉTICO, CONSERVACIÓN DE LA ENERGÍA, DEFECTO DE MASA, ENERGÍA DE MASA.

▶ *Defecto de masa.*–La masa de un núclido se revela siempre inferior a la suma de las masas de sus nucleones constituyentes. Si designamos por m_p a la masa de un protón, por m_n a la de un neutrón y por m a la del núcleo $^A_Z X$, se encuentra: $m = Zm_p + (A - Z)\, m_n - \delta$, con $\delta > 0$; δ es el «*defecto de masa*» del núclido X. La energía $E = \delta c^2$ mide la *energía de enlace* del núcleo X.

Ejemplo: La masa del núcleo de helio 4 ($^4_2$He, m = 4,0026 u (u es la unidad de masa atómica), es inferior a la suma de las masas de sus cuatro nucleones, $2m_p + 2m_n$ = 4,0319 u. Su defecto de masa vale, por tanto, δ = 0,0293 u, y la energía equivalente vale sensiblemente 27 MeV (V. CICLOS TERMONUCLEARES).

▶ *Exceso de masa.*—El *exceso de masa* de un núclido ^A_ZX es la diferencia $\varepsilon = A_r - A$ entre su masa atómica relativa A_r y su número másico A.
El exceso de masa es siempre muy pequeño. Nulo para la especie $^{12}_6$C —consecuencia de la definición de unidad atómica de masa—, es a veces positivo y a veces negativo.

▶ *Ley de acción de masas* (expresión consagrada por el uso para designar la ley de Guldberg y Waage).—Ley relativa a los *equilibrios físico-químicos*. Fue establecida (en 1867) a partir de dos hipótesis. La una, válida todavía: el equilibrio es consecuencia de una compensación estadística entre dos procesos opuestos. La otra fue rechazada posteriormente, y postulaba una expresión, errónea en multitud de casos, para las velocidades de cada proceso.
Hoy se contempla una consecuencia de la condición general de equilibrio de un sistema cerrado, constreñido a evolucionar a temperatura y presión constantes: su potencial termodinámico (aquí la función entalpía libre G) debe ser mínimo. La ley de acción de masas es la traducción de esa condición: $dG = 0$.
Puede representarse simbólicamente la transformación reversible, responsable del equilibrio, por la fórmula: $aA + bB \Leftrightarrow cC + dD$; A y B son los reactivos, C y D los productos (en la transformación directa): a, b, c y d son los coeficientes de la transformación. En el equilibrio, $dG = 0$ se traduce entonces por: $(c\,\mu_C + d\,\mu_D) - (a\,\mu_A + b\,\mu_B) = 0$, siendo los μ los potenciales químicos de los diversos constituyentes del (y en el) equilibrio.
En un medio homogéneo (gaseoso o líquido), y admitiendo que trabajamos con una *mezcla ideal*, esa relación se transforma en:

con las presiones parciales: $p_C^c \cdot p_D^d / p_A^a \cdot p_B^b = K_p(T)$,

con las fracciones molares: $x_C^c \cdot x_D^d / x_A^a \cdot x_B^b = K_x(T, P)$,

con las molaridades: $c_C^c \cdot c_D^d / c_A^a \cdot c_B^b = K_c(T)$.

Señalemos que si las constantes K_p y K_c dependen sólo de la temperatura T, la constante K_x(T, P) depende de la temperatura y de la presión total P; $K_c = K_p \cdot (RT)^\gamma$, $K_x = K_p . P^\gamma$, escribiendo $\gamma = (a + b) - (c - d)$.
Si la mezcla, en el equilibrio, no puede ser considerada como ideal, las presiones parciales deben ser reemplazadas por las *fugacidades,* y las concentraciones, por las *actividades*. Si el equilibrio, en fin, tiene lugar en un medio heterogéneo, se demuestra que, siendo los potenciales químicos de los cuerpos sólidos puros independientes de la temperatura y de la presión, la ley de Guldberg y Waage hace intervenir solamente a los gases (en los equilibrios gas-sólido) y a los iones (en los equilibrios disolución-sólido).
V. ISÓBARA DE VAN'T HOFF, LEY DE OSTWALD, POTENCIAL QUÍMICO.

▶ *Masa atómica.*—Masa de cada uno de los átomos de un núclido.
Se ha convenido en tomar como *unidad de masa atómica*(símbolo u) 1/12 de la masa atómica del núclido ^{12}C. El espectrógrafo de masas permite, en efecto, determinar con precisión el cociente entre la masa atómica m_X de un núclido cualquiera y la del ^{12}C, m_C.
Se tiene, por definición, $m_C = 12u$, y de manera análoga, $m_X = m'_X \cdot u$.
La magnitud $m'_X = m_X/u = 12 \cdot m_X/m_C$ es la masa atómica (relativa) del núclido X. Se constata que la precisión con que se determina m'_X no viene afectada por la incertidumbre acerca de u (acerca del número de Avogadro, por consiguiente). No sucede lo mismo con la masa atómica (absoluta) $m_X = m'_X \cdot u$.
Los cuadros de masas atómicas dan, de hecho, las masas atómicas relativas m'.
V. PESOS ATÓMICOS.

▶ *Masa efectiva.*—Un corpúsculo libre, de masa m, que lleva una carga eléctrica e y está sometido a la acción de un campo eléctrico **E**, adquiere un movimiento cuya aceleración $d\mathbf{v}/dt$ viene dada por la ley newtoniana $m\, d\mathbf{v}/dt = e\mathbf{E}$. Si ese corpúsculo es un electrón o un hueco que pertenecen a un semiconductor, la mecánica cuántica demuestra que, teniendo en cuenta la presencia de iones positivos repartidos en el semiconductor, las ecuaciones de movimiento del corpúsculo hacen intervenir un campo eléctrico local distinto de E. Sin embargo, para los electrones de la banda de conducción y los huecos de la banda de valencia que aseguran, unos y otros, la conducción eléctrica en la sustancia, puede en primera aproximación utilizarse la expresión $m^*\, d\mathbf{v}/dt = e\mathbf{E}$, donde **E** es el campo eléctrico impuesto desde el exterior, y m^* la masa efectiva del corpúsculo. El cálculo suministra en cada caso el valor del cociente m^*/m. En el caso del germanio, por ejemplo, ese cociente vale sensiblemente 0,3 para un electrón y 0,04 para un hueco.

▶ *Masa gravitatoria.*—En la expresión de la ley de gravitación universal $f_B = -\,Gm_A \cdot m_B \cdot r/r^3$ (V. GRAVITACIÓN NEWTONIANA), cada punto material está caracterizado por una magnitud escalar positiva m. Es la masa gravitatoria. Nótese que esta masa caracteriza a un punto material, tanto en su papel activo como fuente del campo como en su papel pasivo cuando es colocado en el campo gravitatorio creado por otro cuerpo.
V. EQUIVALENCIA MASA GRAVITATORIA, MASA INERTE.

▶ *Masa inerte.*—*Sinónimo:* masa de inercia o masa inercial.
1 / Mecánica newtoniana.—La ley fundamental que se expresa a través de las relaciones equivalentes: $\boldsymbol{f} = \dfrac{d}{dt}(m\boldsymbol{v}) = m\, d\boldsymbol{v}/dt = m\boldsymbol{a}$, en las que $\boldsymbol{f}$ es la fuerza que se ejerce sobre un punto material, $\boldsymbol{v}$ su velocidad y $\boldsymbol{a}$ su aceleración, define la magnitud escalar positiva m, asociada al punto material observado. Es su masa inerte. Es una magnitud constante, aditiva, invariante en todo cambio de referencia. (V. RELATIVIDAD DE GALILEO).
2 / Relatividad restringida.—La ley fundamental del movimiento de un corpúsculo se escribe aquí: $\boldsymbol{f} = \dfrac{d}{dt}(m_0\, \boldsymbol{v}/\sqrt{1 - v^2/c^2})$, donde c es la velocidad de la luz. Al igual que la ley newtoniana, define la masa inercial m_0 del corpúsculo. Es una magnitud escalar positiva y aditiva; es invariante, y posee una significación energética (V. FÓRMULA DE EINSTEIN).
Algunos autores prefieren escribir la ley fundamental bajo una forma idéntica a la de la mecánica newtoniana ($\boldsymbol{f} = d(mv)/dt$, y llaman masa del corpúsculo a la magnigud $m = (m_0/\sqrt{1 - v^2/c^2})$. Resulta entonces variable con la velocidad y, en particular, aumenta indefinidamente cuando v tiende a c. La magnitud m_0, valor de m cuando v vale 0, recibe entonces el nombre de *masa en reposo*, o *masa propia*, del corpúsculo.
V. ENERGÍA TOTAL.

▶ *Masa magnética.*—Se atribuyeron hace tiempo las propiedades de los imanes a la existencia de masas magnéticas: Por analogía con la definición cuantitativa de masa gravitatoria y de carga eléctrica, dos masas magnéticas m y m' venían definidas por la expresión de la fuerza que cada una de ellas ejercía sobre la otra: $f = km \cdot m'/r^2$, siendo r la distancia entre ambas y k un coeficiente dependiente de las unidades escogidas.
Las masas magnéticas «culombianas» que se suponían repartidas en la región del polo norte de un imán recibían el nombre de *masas magnéticas norte* (o positivas), siendo las *masas magnéticas sur* (o negativas) las ocupantes del polo meridional.
Aparecieron, empero, diferencias fundamentales entre las cargas eléctricas y las masas magnéticas (V. EXPERIENCIA DEL IMÁN ROTO, EXPERIENCIA DE OERSTED). Desde que todos los hechos conocidos actualmente son compatibles con la hipótesis de la existencia de partículas portadoras de una carga eléctrica, positiva *o* negativa, invariante en cualquier circunstancia, ningún experimentador ha tenido éxito en el intento de demostrar la existencia de una masa mag-

nética aislada (un *monopolo magnético*), o de una *corriente magnética* que fuera homóloga de las corrientes eléctricas. Por el contrario, se puede demostrar que los campos magnéticos y las acciones a distancia entre imanes pueden ser atribuidos a corrientes eléctricas, sin necesidad de recurrir a la existencia de masas magnéticas en absoluto. Se piensa hoy, por consiguiente, que éstas no existen.
Este concepto ha desaparecido de la literatura científica, salvo el uso que se hace a veces de las *masas magnéticas ficticias* como auxiliares de cálculo.
V. MAGNETISMO, TEOREMA DE GAUSS.

▶ *Masa molecular*.—V. MOL.

▶ *Masa pesante*.—V. CAMPO GRAVITATORIO TERRESTRE.

▶ *Masa reducida*.—Siendo m_1 y m_2 las masas respectivas de dos corpúsculos A_1 y A_2, que interactúan gravitatoriamente, se llama masa reducida a la magnitud μ definida por $1/\mu = 1/m_1 + 1/m_2$.
Si la acción sobre estos corpúsculos del resto del universo puede considerarse despreciable, se demuestra que es posible estudiar el movimiento relativo de A_2 con respecto a A_1 como si éste permaneciera fijo, a condición de atribuir a A_1 una masa igual a la masa reducida μ; de ahí el interés de esta última.

▶ *Masas magnéticas ficticias*.—Masas magnéticas a partir de las cuales es posible calcular la acción sufrida por un imán sumergido en un campo magnético, así como el campo magnético que él mismo crea.
Siendo **J** el vector intensidad de imanación volúmica en un punto del imán, se demuestra que esas masas magnéticas ficticias están definidas, en todo punto interior, por su densidad volúmica $\rho = -\operatorname{div} \mathbf{J}$, y en todo punto de la superficie del imán por una densidad superficial $\sigma = \mathbf{J} \cdot \boldsymbol{n}$, donde $\boldsymbol{n}$ es el vector unitario normal a la superficie en el punto (más correctamente, en el elemento de superficie considerado), dirigido hacia el exterior.
Se entiende que una masa magnética ficticia dm, colocada en un punto **O**, crea en un punto M ($\mathbf{OM} = r\boldsymbol{u}$) un campo magnético radial $d\mathbf{B} = \mu_0 \cdot dm\ \mu/4\pi r^2$, y que sufre, al ser sumergida en un campo magnético **B**, una fuerza $df = dm \cdot \mathbf{B}$. Nótese que dm es una magnitud pseudoescalar, que puede medirse en $N \cdot T^{-1}$.
V. CORRIENTES AMPERIANAS.

▶ *Número de masa. Sinónimo más usual:* Número másico.—Designa simultáneamente el número de nucleones que constituyen el núcleo de un átomo y, aproximadamente, la masa de ese átomo tomando como unidad de masa la de un nucléon.
La masa de un átomo, de símbolo ${}^{X}_{Z}A$, es en efecto sensiblemente igual a la masa de sus A nucleones (Z protones y N = [A − Z] neutrones). La masa de los electrones planetarios es muy pequeña comparada con la de los nucleones, y lo mismo sucede con los defectos de masa que originan las energías de enlace. Como además la masa de un neutrón es muy próxima a la de un protón, se puede ver que tomando m_p como unidad, el *número entero* A representa sensiblemente la masa del átomo. De ahí su nombre.

▶ *Pérdida de masa*.—V. BALANCE ENERGÉTICO Q.

▶ *Teorema del centro de masas*.—«El movimiento en un referencial inercial del centro de masas de un sistema material es el mismo que el de un punto material que poseyera una masa m igual a la masa total del sistema y sobre el que actuara una fuerza igual a la resultante de las fuerzas que actúan sobre el sistema.»
V. PUNTO MATERIAL, REFERENCIAL BARICÉNTRICO.

▶ *Unidad de masa atómica* (Símbolo u, o u.m.a..—Su definición fue el objeto de un acuerdo entre físicos y químicos (en 1961). «La unidad de masa atómica es igual a la doceava parte (1/12) de la masa de un átomo de carbono 12.»
La masa de un átomo de carbono 12 vale, por tanto, 12 u. Además, por definición de mol, la masa de un mol de átomos de esa misma especie química vale 12 g (0,012 kg). Se deduce en consecuencia el valor de la unidad de masa atómica en otros sistemas de medida:

$$1 \text{ u} = 10^{-3}/N_A \simeq 1{,}66055 \cdot 10^{-27} \text{ kg} \simeq 931{,}5 \text{ MeV}/c^2.$$

N_A: Número de Avogadro.

Máscara

▶ *Efecto de máscara* (o *de enmascaramiento*).—Es sobradamente conocido que la audición de un sonido, al que prestamos nuestra atención, puede ser entorpecida por la presencia simultánea de un sonido indeseable. Decimos, convencionalmente, que estamos ante un *efecto de máscara*. El sonido escuchado es el *sonido enmascarado*; el indeseable, el *sonido enmascarante*.
El sonido enmascarado es completamente *inaudible* si su nivel sonoro no es lo bastante alto comparado con el del sonido enmascarante. Se mide el *efecto de máscara* por el aumento aparente del *umbral de audibilidad* del sonido enmascarado. El efecto depende igualmente de la altura de ambos sonidos. Un sonido enmascarante tiene escaso efecto sobre sonidos más graves que él mismo, mientras que perturba mucho más aquellos cuya altura es vecina de la suya o mayor.
Por otra parte, un sonido puede hacerse *ininteligible* aunque sea audible, si algunas de sus componentes agudas se hacen inaudibles y el oído puede percibir, además de los sonidos enmascarante y enmascarado, alguno de sus *sonidos resultantes*. Al final, lo que percibe el oído puede diferir grandemente del sonido primitivo.
El origen del fenómeno está, naturalmente, en la estructura de nuestro sistema auditivo, aunque la explicación fina está aún pendiente.
La cuestión es igualmente importante en todos los problemas de transmisión de una señal de información cualquiera. La «señal» transmitida aparece más o menos enmascarada por el inevitable *ruido de fondo*. Se admite en general que si la razón de intensidades señal/ruido es inferior a 40 *d*B, la transmisión es mala.

Maser

Siglas americanas que pueden traducirse por amplificador de radiación de hiperfrecuencia (microondas) por emisión estimulada (Microwave Amplification by Stimulated Emission of Radiation).

Fuente de radiación *hertziana*, de muy corta longitud de onda, por utilización del fenómeno de *emisión estimulada*. Los primeros máseres fueron realizados por Townes (en 1954). La transición necesaria se obtuvo a partir de dos niveles energéticos de la molécula de amoniaco. Su frecuencia, muy estable (del orden de 24 GHz, lo que corresponde a una longitud de onda próxima a 1,25 cm), permitió la utilización de estos máseres en la construcción de «relojes atómicos».
V. LÁSER.

Másicas

▶ *Magnitudes másicas*.—V. MAGNITUDES ESPECÍFICAS.

Massieu François (1832-1896)

▶ *Funciones de Massieu.*—Funciones de estado que se utilizan a veces en termodinámica. Se definen a partir de las funciones U (energía interna), S (entropía), H (entalpía), F (energía libre) y G (entalpía libre) a través de las relaciones: $J_1 = -F/T = S - U/T$, y $J_2 = -G/T = S - H/T$ (siendo T la temperatura termodinámica del sistema estudiado); J_2 es llamada también función de Planck.

▶ *Fórmulas de Massieu.*—Relaciones que se obtienen de las expresiones diferenciales respectivas de la energía libre H y de la entalpía libre G:

$$p = -(\partial F/\partial v)_T, \quad v = (\partial G/\partial p)_T; \quad S = -(\partial F/\partial T)_v; \quad S = -(\partial G/\partial T)_p$$

(p, v, T) = presión, volumen, temperatura termodinámica del sistema estudiado, supuestos en equilibrio termodinámico).

Materialización

La mecánica relativista, admitiendo la equivalente entre masa y energía, deja entrever la posibilidad de transformaciones, en el curso de las cuales la energía se concretaría para dar lugar a partículas materiales, es decir, a partículas de masa propia no nula, del mismo modo que deja abierta la posibilidad de transformaciones inversas. Los primeros serían procesos de *materialización* de la energía; los segundos, procesos de *desmaterizalización* de corpúsculos. El término «*aniquilación*» —por desmaterialización—, bien que profusamente utilizado, es impropio, ya que la desaparición de los corpúsculos es compensada siempre por la aparición de una energía radiada cuantitativamente equivalente.
La experiencia ha confirmado la existencia efectiva de tales transformaciones. En los chorros dados por los rayos cósmicos, o en los de la cámara de burbujas, se ha observado, por ejemplo, la «*creación de pares*» (negatón, positón) compensando la desparición de un fotón que pasaba por las proximidades de un átomo. Inversamente, cuando una partícula y antipartícula se encuentran (un protón y un antiprotón, por ejemplo), ambas desaparecen originando fotones y neutrinos, ya directamente, ya tras la formación intermedia de mesones.
En todas esas transformaciones se verifican siempre las leyes de conservación de la energía, de la cantidad de movimiento, del momento cinético, de la carga... Por ejemplo, un fotón no puede materializarse en el par negatón-positón más que si su energía ($E = hf$) es, al menos igual a la energía equivalente a la masa de dos electrones (dos veces 0,51 MeV), apareciendo el exceso (E − 1,02) bajo la forma de energía cinética de ambas partículas.

Maupertuis Pierre Louis Moreau de (1698-1759)

▶ *Acción de Maupertuis.*—Afecta a los sistemas conservativos (sistemas materiales cuya energía mecánica permanece constante en el curso de su movimiento). El estado de un sistema en movimiento está caracterizado, en un instante t, por el valor de sus coordenadas generalizadas $q_i(t)$ y de sus momentos conjugados $p_i = \partial L/\partial \dot{q}_i$, siendo $L = L(q_i, \dot{q}_i, t)$ la función de Lagrange del sistema, y $\dot{q}_i = dq_i/dt$.
La *acción elemental* de Maupertuis, para un intervalo muy breve de tiempo, vale, por definición, $dS' = \Sigma p_i \cdot dq_i$ (tomando i todos los valores enteros 1, 2,..., n, siendo n el númeo de grados de libertad del sistema).
Entre dos estados A_1 y A_2 del sistema, la acción de Maupertuis es igual a la integral:
$$S' = \int_{A_1}^{A_2} dS'.$$
Ejemplo: El sistema es un electrón, de masa m, que describe una trayectoria circular de radio r alrededor de un protón, al que suponemos inmóvil. Suponemos asimismo que la energía del

electrón es constante, y lo es por tanto su velocidad. Basta en este caso tomar $q = l$ (abscisa curvilínea del electrón); entonces $L = \frac{1}{2} mv^2 - v(r)$, y el cálculo integral da para la acción, entre dos pasos consecutivos del electrón por el mismo punto, $S' = mv \cdot 2\pi r$.
V. ÁTOMO DE BOHR, CUANTO DE ACCIÓN, PRINCIPIO DE ACCIÓN ESTACIONARIA.

▶ *Principio de Maupertuis*.—V. PRINCIPIO DE ACCIÓN ESTACIONARIA.

Maxwell John Clerk (1831-1879)

▶ *Diablillo de Maxwell*.—Un recinto de paredes rígidas y atérmanas está dividido en dos compartimentos por una pared provista de una pequeña abertura. Un gas, encerrado en ese recinto, se encuentra en equilibrio en condiciones de presión y temperatura próximas a las normales. La experiencia demuestra que entre ambos compartimentos no se crea espontáneamente ni una diferencia de temperatura ni una diferencia de presión perceptibles. El segundo principio de la Termodinámica precisa que tales transformaciones son imposibles sin una aportación exterior de energía, ya que entrañarían en un sistema aislado como el que estamos estudiando una disminución global de la entropía (V. EXPERIENCIA DE JOULE-GAY LUSSAC).
Ahora bien, Maxwell hizo notar que esas dos transformaciones podrían realizarse sin gasto de energía si imaginamos un ser suficientemente pequeño y ágil, un pequeño demonio colocado ante la abertura que relaciona ambos compartimentos. Podría ver individualmente cada molécula de gas, y estimar rápidamente el sentido y el valor de su velocidad. Actuando sobre un portón deslizante podría, sin consumo de energía, dejar pasar las moléculas que la agitación térmica dirige hacia uno de los compartimentos y detener aquellas que pudieran salir. O bien podría dejar entrar en un compartimento solamente las moléculas cuya velocidad fuera superior a la velocidad media inicial. De esta manera se originaría entre los compartimentos una diferencia de presión en el primer caso y una diferencia de temperatura en el segundo; y esas diferencias podrían aumentar y hacerse importantes pregresivamente.
Esta paradoja, que aparentemente contradice el segundo principio de la termodinámica, ha sido objeto de numerosas discusiones. Se ha evocado, por ejemplo, que el demonio, para *ver* las moléculas, tiene la obligación de utilizar una fuente de luz exterior, con lo cual el sistema no puede ser considerado como aislado.
Se ha hecho intervenir, igualmente, una teoría de la información creada, al menos parcialmente, con ese fin (Szilard, Brillouin, 1929), y que afirma que un cambio de información entre dos sistemas implica una variación de entropía para cada uno de ellos. Se esperaba entonces poder deducir que, como consecuencia del intercambio de información entre el diablillo y el sistema, la entropía de éste sufriría un aumento, conforme a las previsiones del segundo principio...
Tal vez sea suficiente decir que, dado el considerable número de moléculas presentes en el recinto —el dominio de aplicación del segundo principio está limitado a poblaciones con muchos corpúsculos—, el diablillo de Maxwell, o cualquier otro mecanismo equivalente, que no ha sido realizado jamás, es de hecho irrealizable. Y éste sería un enunciado alternativo posible del segundo principio de la termodinámica.
V. FLUCTUACIONES.

▶ *Ecuaciones de Maxwell*.—Conjunto de relaciones reunidas por Maxwell (1864) que expresan, de forma matemática concisa, las leyes fundamentales del electromagnetismo.
Maxwell, como Faraday, estaba persuadido de que las interacciones entre dos cuerpos alejados entre sí tienen lugar, no por medio de una acción instantánea a distancia, tal como sugieren las leyes de Newton y Coulomb, sino por medio de perturbaciones locales que se propagan, incluso en el vacío, a velocidad finita. Las ecuaciones que retuvo son aquellas que traducen los

lazos, con sus fuentes repectivas, de los campos eléctrico **E** y magnético **B**, y que permiten prever el movimiento de propagación de una perturbación electromagnética, representada por esos dos campos. Bajo sus formas locales, las ecuaciones de Maxwell relativas a un medio homogéneo, isótropo y lineal se escriben:

$$\varepsilon_0 \operatorname{div} \mathbf{E} = \rho + \rho' \qquad \text{o} \qquad \operatorname{div} \mathbf{D} = \rho$$

$$\operatorname{rot} \mathbf{E} = -\,\partial \mathbf{B}/\partial t$$

$$\frac{1}{\mu_0} \operatorname{rot} \mathbf{B} = j + j' + \varepsilon_0\, \partial \mathbf{E}/\partial t \qquad \text{o} \qquad \operatorname{rot} \mathbf{H} = j + \frac{\partial \mathbf{D}}{\partial t}$$

$$\operatorname{div} \mathbf{B} = 0$$

donde ε_0 y μ_0 son, respectivamente, la permitividad y la permeabilidad del vacío; ρ y ρ', las densidades volúmicas locales de cargas eléctricas libres (ρ) y ligadas (ρ); j y j', las densidades locales de corrientes de conducción (j) y de polarizaciones eléctrica y magnética (j'); **D** y **H**, los vectores desplazamiento eléctrico (**D**) y magnético (**H**). Las dos primeras expresan la relación entre el campo eléctrico **E** y sus posibles fuentes: cargas eléctricas (V. TEOREMA DE GAUSS) y campo magnético variable (V. RELACIÓN DE MAXWELL-FARADAY). Paralelamente, la tercera ecuación precisa la relación entre el campo magnético **B** y sus eventuales fuentes: corrientes eléctricas y campos eléctricos variables (V. RELACIÓN DE MAXWELL-AMPÈRE). La última, en fin, que es consecuencia de la misma definición de **B**, recuerda, comparándola con la primera ecuación, que no existen cargas magnéticas. Se comprobará que la escritura de dos de las ecuaciones se simplifica si se utilizan los vectores auxiliares **D** y **H**.

El interés de las ecuaciones de Maxwell radica, entre otros, en los hechos siguientes:

1 / Cuando ni **E** ni **B** varían en el curso del tiempo, las ecuaciones demuestran que ambos campos son independientes entre sí, lo que explica que electrostática y magnetostática sean dos ciencias aparentemente distintas. Por el contrario, en régimen variable, no se pueden disociar ambos campos. Su conjunto constituye una entidad única con dos componentes: un *campo electromagnético* (**E**, **B**).

2 / Del conjunto de las ecuaciones se deduce que esas dos componentes satisfacen ecuaciones de propagación idénticas:

$$\Delta \mathbf{E} = \varepsilon\mu(\partial^2 \mathbf{E}/\partial t^2); \qquad \Delta \mathbf{B} = \varepsilon\mu(\partial^2 \mathbf{B}/\partial t^2)$$

De ello se infiere que su conjunto se propaga progresivamente con una velocidad constante, que en un medio material vale $v = 1/\sqrt{\varepsilon\mu}$, y en el vacío con una velocidad $c = 1/\sqrt{\varepsilon_0\, \mu_0}$. ε y μ se definen por las relaciones $\mathbf{D} = \varepsilon \mathbf{E}$ y $\mathbf{B} = \mu \mathbf{H}$.

A partir de las ecuaciones de Maxwell puede preverse así la existencia de *ondas electromagnéticas*, existencia que Hertz confirmaría experimentalmente veinticuatro años más tarde (V. EXPERIENCIA DE HERTZ). Por otra parte, el valor numérico de la constante $c = 1/\sqrt{\varepsilon_0\, \mu_0}$, igual al de la velocidad de la luz en el vacío, incitó a emitir la hipótesis, hoy confirmada, de la naturaleza electromagnética de las ondas luminosas (V. RELACIONES DE COORDINACIÓN).

3 / El principio de relatividad postula que las ecuaciones de Maxwell, como cualquier expresión matemática de una ley física, deben permanecer invariantes tras un cambio de referenciales incerciales. No sucede esto si se adoptan las fórmulas de transformación galileanas de la mecánica clásica. Por el contrario, las fórmulas de transformación de Lorentz de la relatividad restringida dejan invariantes todas las ecuaciones de Maxwell. Éstas, por consiguiente, han encontrado de un modo natural su lugar en la relatividad restringida.

V. GAUGE ELECTROMAGNÉTICA.

▶ *Ley de distribución de Maxwell.*—La teoría cinética de los gases admite que las moléculas de un gas perfecto monoatómico, encerrado en un recinto a temperatura constante (y, por tanto, con una energía cinética total constante), se reparten uniformemente en el recinto, conteniendo cualquier elemento de volumen, estadísticamente, un número constante de moléculas. Partiendo Maxwell de estas hipótesis estableció (en 1859) la ley de *distribución de velocidades* de esas moléculas.

Con el fin de estudiar esta distribución independientemente del reparto espacial de estas moléculas, imagina un espacio ficticio, el *espacio de las velocidades*, al que está asociado un referencial (O, x, y, z). En un instante dado, a la velocidad v de una molécula cualquiera, cuyas componentes en el espacio real serían v_x, v_y, v_z, le hace corresponder en el espacio de las velocidades un punto M, cuyas coordenadas valen precisamente las componentes de v, y estudia la ley de reparto de los puntos M en ese espacio.

Admitiendo que esa ley comporta una simetría esférica en torno a O, Maxwell establece que el número de puntos M situados en el interior de un elemento de volumen dw en un instante cualquiera tiene como valor:

$$dn = n\, f(v)\, dw, \qquad \text{donde } f(v) = (m/2\pi k\mathrm{T})^{3/2} \exp(-\frac{1}{2}\, mv^2/k\mathrm{T})$$

$f(v)$ es la función de distribución de Maxwell (m es la masa de cada molécula, T la temperatura del gas, k la constante de Boltzmann, n el número total de moléculas). Si el volumen elemental, dw, es el espacio comprendido entre dos esferas contiguas de radios respectivos v y $v + dv$: $dw = 4\,\pi\, v^2 \cdot dv$, $dn = n \cdot \mathrm{f}(v) \cdot 4\,\pi\, v^2 \cdot dv$. Siendo número n siempre muy grande, $dn/n = 4\pi v^2 \cdot f(v) \cdot dv = \mathrm{F}(v) \cdot dv$ mide las probabilidades con la cual el módulo de las velocidades moleculares está comprendido entre v y $v + dv$.

En particular, $\mathrm{F}(0) = \mathrm{F}(\infty) = 0$ y $\mathrm{F}(v)$ pasa por un máximo para valor v_m, que es, por tanto, la velocidad más probable (V. Figura).

La ley de distribución de Maxwell fue reencontrada más tarde por Boltzmann en mecánica estadística (1878), y verificada de modo experimental gracias a la técnica de los chorros moleculares.

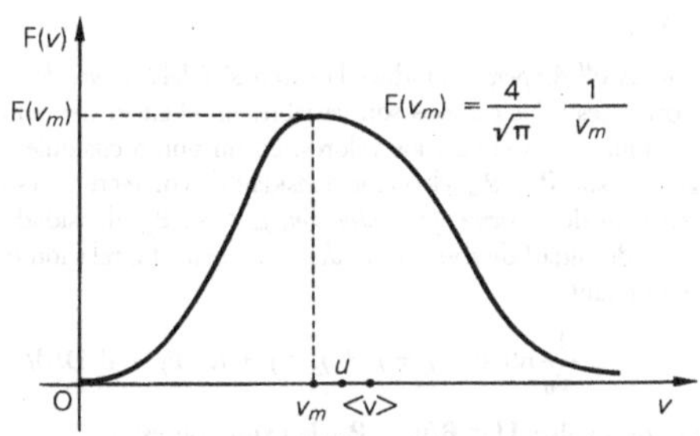

Velocidad más probable $v_m = \sqrt{\frac{2\,k\mathrm{T}}{m}}$

Velocidad media $\langle v \rangle = \sqrt{\frac{8\,k\mathrm{T}}{\pi m}} \simeq 1{,}13\, v_m$

Velocidad «cuadrada media» $u = \sqrt{\frac{3\,k\mathrm{T}}{m}} \simeq 1{,}22\, v_m \simeq 1{,}08 \langle v \rangle$

$u^2 = \langle v^2 \rangle$

▶ *maxwell (Mx).*—Unidad de flujo magnético del sistema cegesimal electromagnético (flujo del vector B). 1 Mx = 10^{-8} Wb.

▶ *Regla de Maxwell.*—V. REGLA DEL FLUJO MÁXIMO.

▶ *Relación de Maxwell-Faraday.*—Relación local entre un campo magnético función del tiempo $\mathbf{B}(t)$ y el campo eléctrico $\mathbf{E}$ que de él se obtiene por *inducción electromagnética*.
La ley de Faraday que rige el fenómeno de la inducción ($e = -\partial\Phi/\partial t$) supone que el circuito en el que nace la fuerza electromotriz inducida e cuando varía el flujo magnético Φ es un circuito cerrado. Para tomar en consideración las eventuales *corrientes de desplazamiento*, Maxwell demostró que todo circuito eléctrico, incluso estando interrumpido por un dieléctrico, es equivalente a un circuito cerrado, lo que permite, en virtud de la definición de fuerza electromotriz, escribir la relación de Faraday bajo la forma: $e = \oint_c \mathbf{E} \cdot dl = -\partial/\partial t \cdot \iint_s \mathbf{B} \cdot d\,\mathbf{S}$.
La primera integral representa la circulación, a lo largo del circuito C, del campo electromotor inducido $\mathbf{E}$; la segunda, el flujo del vector magnético inductor $\mathbf{B}$ a través de una superficie orientada, limitada por el circuito C. Como consecuencia de la aplicación del teorema del rotacional, se obtiene la relación local: rot $\mathbf{E} = -\partial\mathbf{B}/\partial t$.
Es la *relación de Maxwell-Faraday*, una de las «ecuaciones de Maxwell». Da la estructura local, en torno a un punto, del campo eléctrico inducido, en función de las variaciones horarias del campo magnético inductor en ese punto.

▶ *Relaciones de Maxwell:*
1 / En óptica.—Relación $\varepsilon_r = n^2$, entre la permitividad relativa ε_r y el índice de refracción n de un medio transparente. Es una consecuencia de la expresión de la velocidad luminosa dada por la resolución de las ecuaciones de Maxwell, y de la relación $n = c/v$. $\mu_r \simeq 1$ (para un medio supuesto no magnético).
2 / En termodinámica.—Se trata de un grupo de cuatro relaciones entre las derivadas parciales de las funciones P, V, T, S de un mismo fluido (presión, volumen, temperatura, entropía). Son consecuencia de los principios de la termodinámica.
Ejemplo: La existencia de la función energía interna U implica que la cantidad $d\mathrm{U} = -\mathrm{P}\,d\mathrm{V} + \mathrm{T}\,d\mathrm{S}$ es una diferencial exacta. De ello se deduce una de las relaciones de Maxwell: $\partial\mathrm{P}/\partial\mathrm{S} = \partial\mathrm{T}/\partial\mathrm{V}$...

▶ *Relaciones de Maxwell-Ampère.*—Traduce la extensión del *teorema de Ampère* al caso en el que las cargas, las corrientes y los campos son variables en el curso del tiempo.
En un medio cualquiera, en el cual los valores, en un punto cualquiera, de las polarizaciones eléctrica y magnética son $\mathbf{P}_e$ y $\mathbf{P}_m$, el vector densidad de corriente en ese punto tiene tres componentes: j_c, densidad de *corriente de conducción*; j_m = rot $\mathbf{P}_m$, densidad de corrientes amperianas, y $j_d = \partial\mathrm{D}/\partial t$, densidad de *corriente de desplazamiento*. La relación de Ampère en su forma local se escribe, por tanto:

$$\frac{1}{\mu_0}\,\mathrm{rot}\,\mathbf{B} = j_c + j_m + j_d = j_c + \mathrm{rot}\,\mathbf{P}_m + \partial\,\mathbf{D}/\partial t.$$

Utilizando el vector auxiliar $\mathbf{H} = \mathbf{B}/\mu_0 - \mathbf{P}_m$, la expresión es:

$$\mathrm{rot}\,\mathbf{H} = j_c + \partial\mathbf{D}/\partial t$$

Es la *relación de Maxwell-Ampère*, una de las «ecuaciones de Maxwell».

▶ *Teorema de Maxwell.*—Las ecuaciones de estado de un fluido (V. ECUACIONES DE VAN DER WAALS) representan matemáticamente el conjunto de isotermas del fluido bajo sus dos estados, líquido y gaseoso. Pero la experiencia demuestra que, en el dominio del equilibrio líquido-vapor, la curva prevista por la ecuación de estado debe ser reemplazada por un segmento de recta, denominado «recta, o rellano, de licuefacción». El teorema de Maxwell permite situar exactamente ese rellano, demostrando que «las áreas comprendidas entre ese segmento rectilíneo y cada uno de los bucles de la curva teórica son iguales».

Mayer Julius Robert von (1814-1878)

▶ *Relación de R. Mayer.*—Relación entre las capacidades térmicas molares de un gas perfecto, a presión constante C_p, y a volumen C_v: $C_p - C_v = R$, donde R es la constante de los gases perfectos. Esta relación, establecida por R. Mayer en 1842, le sirvió para ser uno de los pioneros en el cálculo del *equivalente mecánico de la caloría.*

▶ *Relación de R. Mayer generalizada.*—Las leyes de la Termodinámica, actualmente mejor conocidas, demuestran que la relación de Mayer, convenientemente adaptada, es aplicable a todos los cuerpos, y no solamente a los gases perfectos. Se escribe: $C_p - C_v = T \cdot \frac{M}{\rho}\frac{\alpha^2}{\chi} \cdot$ M es la masa molecular del cuerpo estudiado, α su coeficiente de dilatación isóbaro, χ su coeficiente de compresibilidad isoterma y ρ su densidad a la temperatura T. Todas esas magnitudes son medibles. Se puede entonces, a partir de esa relación, calcular C_v conociendo C_p, por ejemplo. Es una posibilidad interesante cuando, como en el caso de los sólidos, C_v no es directamente mensurable.

Mecánica

Es ya un tópico dividir la mecánica, ciencia de los movimientos, en cuatro grandes capítulos: cinemática, cinética, dinámica y estática.

La *cinemática* estudia las propiedades espacio-temporales de los movimientos: trayectorias, velocidades, aceleraciones, cambios de sistema de referencia... sin cuestionarse ni las propiedades inerciales de los móviles ni las acciones que sufren.

La *Cinética* tiene por objeto el estudio de los caracteres generales de un sistema material en movimiento, teniendo en cuenta sus características y propiedades inerciales: cantidades de movimiento, cantidades de aceleración, momentos cinéticos, energías mecánicas..., pero sin hacer intervenir a las fuerzas que actúan sobre el sistema.

La *dinámica* establece el lazo entre los movimientos de los sistemas materiales y las acciones mecánicas que se ejercen sobre ellos, acciones representadas por torsores de fuerza o por energías potenciales.

La *estática,* en fin, caso particular de la Dinámica, estudia los sistemas materiales no en movimiento, sino en equilibrio.

Leyes generales, «principios», postulan la forma de las relaciones entre movimientos y acciones mecánicas. La historia muestra que esas «leyes primeras» han sido modificadas a lo largo del tiempo. Las leyes de Galileo y de Newton han sido las primeras claramente expresadas, y se mostraron eficaces tanto en el estudio del movimiento de los planetas como en el de los movimientos terrestres: caída de los cuerpos, movimientos pendulares, movimientos de los vehículos sobre la Tierra, en el agua o por los aires, circulación de fluidos, deformaciones diversas de objetos elásticos o plásticos... hasta el punto de que durante mucho tiempo se creyó que tenían validez universal. El único trabajo de los sabios se resumía en revestirlas de formas matemáticas distintas, y en él se esforzaron con éxito grandes matemáticos: Lagrange, Laplace, Hamilton, Maupertuis...

Dos revoluciones vinieron, sin embargo, a perturbar este punto de vista axiomático y puramente deductivo, poniendo en cuestión los principios mismos de la mecánica newtoniana. La revolución *relativista* (1905-1919), es fundamentalmente el resultado de la constatación de que las leyes de la mecánica newtoniana no permanecen invariantes en un cambio de referencial regido por la transformación de Lorentz, tal como hoy se piensa que debe suceder con el enunciado de todas las leyes físicas.

La revolución *cuántica* (1923-1926) es el resultado de la inadecuación de la mecánica newtoniana a los movimientos de los corpúsculos en las escalas atómica y subatómica. Hay que precisar, no obstante, que no debe hablarse propiamente de oposición, sino de complementariedad entre las diferentes mecánicas. Se demuestra, en particular, que la mecánica newtoniana sirve como primera aproximación de las mecánicas relativista y cuántica simultáneamente, y que conserva intactas, por consiguiente, sus cualidades de previsión en todos los fenómenos que se producen a escala humana.

▶ *Mecánica analítica.*—Mecánica que utiliza una formulación escalar frecuentemente más sencilla que la derivada del formalismo vectorial newtoniano.
Los principios de Newton implican relaciones entre los vectores fuerza y los vectores cantidad de movimiento; aquí son sustituidos por un principio variacional —el *principio de acción estacionaria*— que recuerda al principio de Fermat de la óptica geométrica.
El formalismo analítico se utiliza igualmente en la mecánica cuántica (V. POSTULADOS DE FEYNMANN).

▶ *Mecánica «clásica».*—Esta expresión designaba, en un principio, a la mecánica newtoniana, en oposición a la «nueva» mecánica relativista.
Hoy, la mayoría de los autores la utilizan para designar a las «viejas mecánicas», newtoniana y relativista, en oposición a la mecánica cuántica.

▶ *Mecánica cuántica.*—Nueva mecánica, basada en un conjunto de postulados y de procedimientos de cálculo, que ha sido necesario crear para el estudio de los movimientos en los dominios atómico y subatómico. Estos movimientos presentan, en efecto, particularidades que la antigua mecánica newtoniana es incapaz de justificar.
En el año 1923, Luis de Broglie fundó la *mecánica ondulatoria* emitiendo la hipótesis que sigue: toda partícula material en movimiento posee no sólo su aspecto corpuscular habitual, sino también un aspecto ondulatorio (a la manera de la *dualidad* onda-fotón, que tan eficaz se había revelado en electromagnetismo). Propuso adoptar, entre los caracteres dinámicos de un corpúsculo material libre, la energía E y el momento p, y entre sus características ondulatorias, la frecuencia ν y la longitud de onda λ, para establecer entre esas magnitudes relaciones análogas a las de Planck-Einstein, ya utilizadas en electromagnetismo: $E = h\nu$, $p = h\lambda$ (h = constante de Planck).
En 1926, Erwin Schrödinger, animado de ideas semejantes, estableció la ecuación en derivadas parciales, llamada hoy universalmente «*ecuación de Schrödinger*», a la que debía obedecer la onda, o el paquete de ondas, asociada al corpúsculo; a cualquier corpúsculo en principio.
Por su lado, Werner Heisenberg, considerando que sólo deben intervenir en los cálculos las magnitudes directamente observables, sin que presente utilidad imaginar modelo alguno que haga intervenir corpúsculos y trayectorias inobservables, estableció las bases de una nueva mecánica del átomo, en la que magnitudes y reglas de operación provenían exclusivamente de los datos experimentales de la espectrometría —niveles cuantificados de energía, frecuencias de las radiaciones emitidas ν_{mn} $(E_m - E_n)/h$... Se la llamó *mecánica matricial,* ya que magnitudes y cálculos aparecen en ella bajo la forma de cuadros matriciales y de operaciones con matrices.
Muy pronto se pudo demostrar que esos diferentes caminos, a pesar de las apariencias, conducían a un mismo punto: la construcción de una nueva mecánica, la *mecánica cuántica*, a la que los sucesivos trabajos de otros teóricos —Bor, Jordan, Dirac, Fermi, Feynmann...— han dotado de formalismos matemáticos cada vez mejor adaptados.
Contrariamente a lo que pueda pensarse a primera vista, no existe oposición entre la antigua mecánica y la nueva mécanica. Ésta conserva el marco espacio-temporal de la antigua, así como las definiciones de las principales magnitudes físicas: impulso, momento angular, energía, lagrangiano, hamiltoniano..., cuyas expresiones matemáticas constituyen un punto de partida indispensable (V. OPERADOR HAMILTONIANO). Se invocó en ciertos cálculos un «*principio de correspondencia*», propuesto por Bohr, y que algunos autores prefieren llamar «principio de co-

herencia»: con el fin de obtener que, en el límite macroscópico, las previsiones de ambas mecánicas fuesen coincidentes. Se pudo demostrar, de manera general, que la antigua mecánica es una primera aproximación de la nueva, del mismo modo que la óptica geométrica es una primera aproximación de la óptica ondulatoria; aproximaciones válidas cuando el obstáculo encontrado (rendijas que se van a atravesar, por ejemplo) es de dimensiones muy superiores a las longitudes de onda (óptica o asociada).

Los *éxitos* de la nueva mecánica fueron considerables, tanto en dominio del átomo como en el reino del núcleo. Gracias a ella existen menos misterios acerca de la estabilidad de los átomos, las razones de ser de las «condiciones de cuantificación, los detalles de estructura fina de los distintos espectros, luminosos o X... Gracias a ella, también, se han descubierto nuevos fenómenos, por ejemplo la *difracción* de las *partículas materiales* (V. EXPERIENCIA DE DAVISSON Y GERMER), el *efecto túnel*... fenómenos puramente cuánticos que la mecánica newtoniana ignoraba.

Quedan, sin embargo, grandes dificultades por resolver. La *significación misma de la onda asociada*, que aparece bien como un simple intermediario matemático, bien como una verdadera perturbación física que se propaga en nuestro espacio y cuya naturaleza es desconocida; igual que el significado de las *relaciones de Heisenberg*, envuelto en discusiones interminables, que ponen en cuestión no solamente la influencia perturbadora que una observación pueda tener en el desarrollo de un fenómeno natural, sino también la naturaleza misma de lo que llamamos corpúsculo en la escala de lo microfísico.

▶ *Mecánica física*.–Expresión utilizada preferentemente en la enseñanza, en la que aún se distingue a veces entre dos aspectos de la mecánica de Newton: la mecánica llamada *racional*, cuyo objeto es el estudio matemático de todas las consecuencias lógicas emanadas de los principios fundamentales, y la mecánica *física*, que tiene como objeto el estudio teórico y experimental de los movimientos que existen de modo efectivo en la Naturaleza, más aquellos que pueden realizarse en el laboratorio y en la industria.

Esta dicotomía parece hoy obsoleta.

▶ *Mecánica de fluidos*.–Un fluido no tiene forma propia. Para estudiar el movimiento de un fluido en un referencial ligado al sólido con respecto al que se está moviendo, se estudian las variaciones, en el transcurso del tiempo, del campo de velocidades $\boldsymbol{u}$ y, simultáneamente, las del campo de presión p, en los distintos puntos de ese referencial. Se obtiene una primera ecuación diferencial al traducir la ecuación fundamental de la mecánica newtoniana, que se transforma aquí, para un fluido perfecto, en:

$$\rho\left[\partial \boldsymbol{u}/\partial t + \frac{1}{2}\text{grad } \boldsymbol{u}^2 + (\text{rot } \boldsymbol{u}) \wedge \boldsymbol{u}\right] = -\text{ grad } p + \boldsymbol{f},$$

donde $\boldsymbol{f}$ es la fuerza externa que eventualmente se ejerce sobre la parcela de fluido de densidad ρ que pasa en el instante t con una velocidad $\boldsymbol{u}$ por un punto en el que la presión vale p. La segunda ecuación es la *ecuación de continuidad*, adaptada a las condiciones experimentales presentes: $\frac{\partial \rho}{\partial t} + \text{div } \rho\mu = 0$. Son las *ecuaciones de Euler*. Si pueden resolverse se obtienen, en función del tiempo, las tres componentes de la velocidad, u_x, u_y, u_z, y la magnitud escalar p en cada punto.

En el caso de un fluido no perfecto, de un fluido viscoso, la primera ecuación lleva añadido un término suplementario que da cuenta de la existencia de una fuerza debida a la viscosidad, transformándose en:

$$\rho\left[\frac{\partial \boldsymbol{u}}{\partial t} + \frac{1}{2}\text{grad } \boldsymbol{u}^2 + (\text{rot } \boldsymbol{u}) \wedge \boldsymbol{u}\right] = -\text{ grad } p + \boldsymbol{f} + \eta\, \Delta \boldsymbol{u}$$

Es la *ecuación de Navier-Stokes*. η es el coeficiente de viscosidad dinámica del fluido.
Puede notarse que de estas ecuaciones se deducen igualmente las que rigen la estática de fluidos. Basta imponer $\boldsymbol{u} = 0$. *Ejemplo:* Cuando un líquido incompresible se encuentra en equilibrio en un campo gravitatorio g, se obtiene fácilmente, a partir de la ecuación de Euler, la conocida relación $p' - p = \rho g(z - z')$, que expresa lo que en general se conoce como «principio fundamental de la estática de fluidos».

▶ *Mecánica matricial*.—V. MECÁNICA CUÁNTICA.

▶ *Mecánica newtoniana*.—Mecánica fundada en algunos postulados formulados por Galileo (1602) y más adelante por Newton (1687). Un cuerpo, que puede ser asimilado a un *punto material*, está en movimiento bajo la acción de una fuerza aplicada $\boldsymbol{f}$. Podemos afirmar que:
1 / Existe al menos un referencial, el de Copérnico, en el cual hay proporcionalidad entre la fuerza $\boldsymbol{f}$ y el vector aceleración $\boldsymbol{a}$ del móvil, lo que expresa la *ecuación fundamental*: $\boldsymbol{f} = m\boldsymbol{a}$ (equivalente a $\boldsymbol{f} = \dfrac{d}{dt}(m\boldsymbol{v})$, donde $\boldsymbol{v}$ es el vector velocidad del móvil).
2 / El parámetro tiempo t posee una significación universal, independiente del sistema de referencia. Es el «*tiempo absoluto*».
3 / La magnitud escalar m es característica del móvil. No depende ni de su estado de reposo o movimiento ni del sistema de referencia. Es la «*masa inercial*». Se hace necesario un enunciado más general cuando el cuerpo no es asimilable a un punto material. Un *sistema* tal está en este caso sometido a un conjunto de fuerzas que constituye un «torsor de fuerzas» (F). Cada uno de los elementos del sistema, de masa inercial m_i, posee una velocidad $\boldsymbol{v}_i$ y una aceleración $\boldsymbol{a}_i$; el conjunto de vectores $m_i\ \boldsymbol{v}_i$ constituye el torsor de las cantidades del movimiento o *torsor cinético* (P), y el conjunto de los vectores $m_i\boldsymbol{a}_i$ constituye el *torsor dinámico* (D). El postulado newtoniano se traduce entonces por la relación (F) = (D) o por la relación (F) = d (P)/dt.
Cada una de esas relaciones, que expresan la igualdad entre dos torsores, es de hecho equivalente a dos relaciones vectoriales, que afirman respectivamente la igualdad entre los dos elementos de reducción de ambos torsores. Esas dos relaciones se escriben así: $d\mathbf{P}/dt = \mathbf{R}$, $d\mathbf{L}/dt = \mathbf{M}$, donde $\mathbf{R}$ es la resultante general de las fuerzas y $\mathbf{M}$ el momento resultante [son los elementos de reducción de (F)]; $\mathbf{P}$, vector cantidad de movimiento, y $\mathbf{L}$, vector momento cinético, son los elementos de reducción de (P). Ambas expresiones son conocidas como la traducción del *teorema de la cantidad de movimiento*, la primera de ellas, y del *teorema de momento cinético* la segunda.
Existen otros enunciados generales, todos equivalentes al enunciado que precede (V. MECÁNICA ANALÍTICA).
Hay que señalar que las consecuencias de los principios newtonianos se desmostraron válidas tanto a escala astronómica (permitieron, entre otras cosas, explicar a Newton las leyes de Kepler) como a escala terrestre (se utilizan cotidianamente en la industria). Son, sin embargo, refutadas por la experiencia cuando las velocidades de los móviles se aproximan a la velocidad de la luz, o cuando esos móviles pertenecen al mundo atómico y subatómico. Para resolver estos dos órdenes de dificultades nacieron tanto la mecánica relativista como la mecánica cuántica.
V. PRINCIPIO DE ACCIÓN Y REACCIÓN, REFERENCIALES INERCIALES.

▶ *Mecánica ondulatoria*.—V. MECÁNICA CUÁNTICA.

▶ *Postulados de la mecánica cuántica*.—Pueden resumirse como sigue, bajo su aspecto más simple, los postulados esenciales utilizados en la interpretación actual más extendida de la Mecánica ondulatoria (*interpretación* llamada *ortodoxa* o de la «escuela de Copenhague») (V. igualmente TEORÍA DE LA DOBLE SOLUCIÓN).

1 / Todas las informaciones que afectan a *estado*, en un instante dado, de un corpúsculo o de un sistema de corpúsculos en movimiento se encuentran contenidas en su *función de onda* (o *vector de estado*).
2 / La expresión matemática de esta función de onda está determinada por la resolución de una ecuación —o de un sistema de ecuaciones— en derivadas parciales, en la que dicha función es la incógnita y que llamamos *ecuación de onda* (ver, a título de ejemplo, la ecuacíon de onda de Schrödinger).
En un formalismo diferente pero equivalente, debido a Feynmann, y que se denomina «*formulación lagrangiana* de la mecánica cuántica», la ecuación de onda se obtiene a partir de un principio variacional, análogo al principio de mínima acción.
3 / Las *informaciones* que pueden deducirse del conocimiento de la ecuación de onda en un instante dado son solamente *probabilísticas*. Eso quiere decir que no se puede prever con seguridad el resultado de una experiencia destinada a conocer la posición o las características dinámicas del corpúsculo en un instante dado. Es posible tan sólo prever la probabilidad de econtrarle en tal o cual posición (V. PRINCIPIO DE LOCALIZACIÓN), o de encontrar tal o cual valor de cada una de sus características dinámicas (V. PRINCIPIO DE DESCOMPOSICIÓN ESPECTRAL).
4 / Es imposible determinar con precisión, en un instante dado, ciertos pares de magnitudes de modo simultáneo (posición y velocidad de un corpúsculo, por ejemplo) (V. RELACIONES DE HEISENBERG).
5 / Toda observación hecha en un instante dado supone una renovación de la función de onda para los instantes ulteriores (V. REDUCCIÓN DEL PAQUETE DE ONDAS).
6 / Entre dos experiencias consecutivas, la ley de evolución de la función de ondas está *determinada* sin ambigüedad.

Medible

V. MAGNITUD MEDIBLE.

Medición

Acción de medir. Salvo riesgo de ambigüedad, esta palabra se sustituye por medida, que, en el lenguaje de la física, puede indicar tanto una medición como el resultado de la misma.

Mega

V. CUADRO DE PREFIJOS del SI (Anexo 6).

Megawatio o megavatio (MW)

Unidad de potencia. 1 MW = 10^6 W.

▶ *MWe (megawatio eléctrico).*—Unidad de potencia. Sirve para medir la potencia liberada, en forma eléctrica, por una central térmica o nuclear.
V. MWt.

▶ *MWh (megawatio-hora).*—Unidad de energía. 1 MHh = 3.600 MJ.
V. TEP.

▶ *MWt (megawatio térmico).*—Unidad de potencia que sirve para evaluar la potencia liberada, en forma térmica, en una central térmica convencional o nuclear. Esta potencia, en general, es convertida en la misma central en potencia eléctrica. Para hacer posible la comparación entre

las diversas centrales, sin peligro de confusión, conviene utilizar las expresiones megawatio térmico o megawatio eléctrico para designar una u otra forma de potencia, liberada en formas distintas.
v. MWe.

Melde Franz (1832-1901)

▶ *Experiencia de Melde.*—Experiencias que facilitaron el estudio de los «modos de vibración» de las *cuerdas vibrantes*.
Un vibrador, diapasón entretenido por ejemplo, actuando sobre uno de los extremos de una cuerda provoca la aparición en ésta de una *onda estacionaria* estable, cuya amplitud es máxima cuando una de las frecuencias propias de la cuerda es igual a la frecuencia n del vibrador, si éste ataca a la cuerda transversalmente, o igual a la mitad de n si la cuerda es solicitada longitudinalmente. Se observa cómo la cuerda toma la forma de uno o varios husos. El estudio con el estroboscopio demuestra que se trata de una onda estacionaria, porque todos los puntos de la cuerda vibran en concordancia de fase.
La teoría atribuye estas ondas a la *superposición* de *ondas progresivas*, que provienen del vibrador y de ondas que son sucesivamente *reflejadas* en los dos extremos de la cuerda. También se puede decir que asistimos a un fenómeno de *resonancia*, en el que la cuerda actúa como *resonador* y el diapasón como *excitador*.
Las pérdidas de energía, debidas a la rigidez de la cuerda y a la radiación, son compensadas por la fuente energética que entretiene las oscilaciones del vibrador.

Mercurio normal

Mercurio químicamente puro, supuesto mantenido a 0 °C y colocado en un lugar ideal (0 m de altitud y 35° de latitud), lugar en el que la intensidad del campo gravitatorio terrestre adquiere un valor medio, calculado, de 9,80665 $N \cdot kg^{-1} = g_0$.
Para comparar de modo útil los valores de la presión atmosférica en dos lugares diferentes, en instantes diferentes también, está indicado corregir las lecturas normales para traducirlas en alturas de *mercurio normal*.
Un mm de mercurio normal = 1 torr ≃ 1,33 mbar ≃ 133 Pa; 1 atm = 760 mm de mercurio normal.

Meso

Prefijo griego que significa medio.

▶ *Mesofase:*

Sinónimo: estado mesomorfo.

V. CRISTALES LÍQUIDOS.

▶ *Mesomorfo.*—Califica a un estado de la materia, intermedio entre el estado sólido y el estado líquido.
V. CRISTALES LÍQUIDOS.

▶ *Mesones.*—Partículas subnucleares que deben su nombre genérico al hecho de que sus masas son intermedias entre las de las partículas «ligeras», los leptones, y las partículas «pesadas», los bariones. Son *bosones*, partículas de intercambio en las interacciones fuertes entre nucleones. Su existencia fue prevista por Yukawa (en 1934), antes del descubrimiento del primer mesón (el mesón π, descubierto por Powel en 1947).

Contrariamente a bariones y leptones, los mesones pueden aparecer o desaparecer de modo unitario, y no por pares. *Ejemplo:*

$$\pi^- \text{ (mesón)} \rightarrow \mu^- \text{ (leptón)} + \bar{\nu}_\mu \text{ (antileptón)}$$

No existe un «número mesónico».
V. CUADRO DE PARTÍCULAS (Anexo 4).

▶ *Mesópico.*—V. EFICACIA LUMINOSA, FOTÓPICO, VISIÓN.

Metalización

▶ *Teorema de metalización.*—«Cuando un conjunto de conductores se encuentra en equilibrio electrostático se puede, sin modificar ni el reparto de cargas en los conductores, ni el potencial, ni el campo electrostático en todo punto, metalizar una superficie equipotencial cualquiera S, es decir, imaginar dicha superficie reemplazada por una lámina metálica, sin espesor perceptible, que adopta su forma con exactitud. Esta hoja adquiere espontáneamente el potencial de la superficie S.»
Este resultado se utiliza a veces para estudiar con mayor comodidad algunas configuraciones de conductores en equilibrio.

Métrico

▶ *Sistema métrico.*—Sistema de unidades, cuyo inicio se sitúa en Francia en 1791, creado con el fin de acabar con el caos que reinaba en el dominio de las unidades de medida en las diversas provincias. Definido legalmente en 1795, fue convertido en obligatorio en 1840.
Presentaba dos cualidades esenciales, que le llevaron a ser adoptado progresivamente por todos los países.
1. Es un sistema coherente, basado en una unidad fundamental cuya definición es de *valor universal.* Se trata, en efecto, del *metro*, definido entonces a partir del meridiano de la Tierra. Sus unidades de superficie y volumen eran el metro cuadrado y el metro cúbico, mientras que su unidad de masa (se hablaba entonces de unidad de peso) era el kilogramo, masa de un decímetro cúbico de agua en condiciones determinadas.
2. Es un sistema *decimal:* todos los múltiplos y submúltiplos de una misma unidad tienen como valor el de esa misma unidad multiplicada o dividida por una potencia de diez; su denominación es la de la unidad, acompañada de un prefijo que recuerda el valor del coeficiente multiplicador (o divisor).
El sistema métrico ha sido, con el tiempo, reemplazado por sistemas igualmente coherentes y decimales, pero más completos (sistemas c.g.s., m.k.s., m.t.s. ...), y en la actualidad, finalmente, por el sistema internacional de unidades (el SI), utilizado casi unánimemente por todas las naciones; por lo menos en el dominio científico.

Metro

Unidad de longitud. En principio unidad fundamental del *sistema métrico*, es hoy una de las siete unidades de base del *sistema internacional* de unidades (el SI).
No se cuentan menos de cinco definiciones sucesivas del metro. La primera de ellas, pionera en el uso histórico de un patrón de longitud natural —el meridiano terrestre—, respondió a un deseo universalista, propio de los tiempos. Las siguientes son consecuencia de la voluntad de conservar para las necesidades corrientes la unidad así elegida, pero adoptando la definición más precisa posible, teniendo en cuenta los últimos adelantos científicos y técnicos. He aquí

un breve resumen de esa evolución, capaz, tal vez, de hacer comprender mejor el interés de la actual definición.

1. Para reemplazar las múltiples unidades de longitud utilizadas entonces de un modo anárquico, el principio de una definición con vocación de universalidad fue adoptado por la Asamblea constituyente francesa en 1791. La nueva unidad, que recibió el nombre de metro (de una palabra griega que significa medida), debía, por razones de comodidad, valer alrededor de media toesa, y ser igual, *por definición*, a la diezmillonésima parte de la distancia que media entre el Polo y el Ecuador (cuadrante del meridiano terrestre). Tras las medidas por triangulación sobre el terreno, hechas con la máxima precisión por Delambre y Méchain entre Dunkerke y Barcelona, esta definición adquirió carácter de legal, en todo el territorio francés, por ley de 1795 (la ley que creó el sistema métrico). Se construyó una regla plana de platino para *representar* concretamente al metro.

2. Como eran probables los progresos en las medidas geodésicas, cuya consecuencia natural sería la aparición de diferencias progresivas entre el metro teórico y su representación, se decidió, en 1799, abandonar la referencia al meridiano terrestre y *definir* el metro como la distancia entre los dos extremos de la regla precedente, la cual fue depositada en los Archivos (al mismo tiempo que el kilogramo patrón). Se supo más tarde que, efectivamente, el «metro de los Archivos» era alrededor de 0,2 mm más corto que el metro teórico de 1791.

3. En 1875 se firmó la *Convención del metro*, y se emprendieron trabajos en seguida para perfeccionar los patrones de los Archivos. En 1899, la regla «con extremos» fue reemplazada por una barra de platino iridiado, cuya sección en X fue especialmente estudiada para minimizar los peligros de deformación por flexión. El metro se definió entonces como la distancia que separa, a 0 °C y a la presión atmosférica normal, dos trazos muy finos de los extremos de dicha barra. Este prototipo, denominado *metro internacional*, fue depositado en el Pabellón de Breteuil, remitiéndose copias a los países signatarios de la Convención.

4. Pero un patrón material puede desaparecer o, al menos, alterarse espontáneamente en el curso del tiempo. Pareció preferible, por tanto, relacionar la definición de metro con una magnitud física inalterable y reproducible con precisión: la longitud de onda de una radiación luminosa. Los trabajos realizados en el Pabellón de Breteuil, por Michelson primero y por Perot y Fabry a continuación, habían demostrado la posibilidad de comparar con precisión, por interferometría, la longitud de un patrón material con diversas longitudes de onda ópticas. Se eligió, por consiguiente, la radiación cuya longitud espectral era menor, y se definió el metro (XI Conferencia General de Pesas y Medidas) como «la longitud igual a 1.650.763,73 veces la longitud de onda, en el vacío, de la radiación correspondiente a la transición entre los niveles $2p_{10}$ y $5d_5$ del átomo de kriptón 86». Se trata de una radiación anaranjada, de longitud de onda cercana a 0,0006 mm, emitida en ciertas condiciones experimentales por el kriptón encerrado en un tubo, en el que se produce una descarga eléctrica.

5. Rápidamente, las fuentes láser se revelaron capaces de producir radiaciones cuya longitud de onda fuera aún más pequeña. Para no vernos obligados a modificar con demasiada frecuencia el patrón de longitud al hilo de los descubrimientos sobre radiaciones, se eligió como referente una constante universal, la velocidad de la luz en el vacío. Su valor, c = 299.792.458 (±1,2) m/s, era conocido, a partir de 1972, con una incertidumbre limitada exclusivamente por la precisión de definición de la unidad de longitud. La XVII Convención General de Pesas y Medidas adoptó, en consecuencia, la definición más reciente de metro, en 1983: «Distancia recorrida en el vacío por la luz durante un tiempo igual a 1/299.792.458 s», lo que viene a decir que se admite, de ahora en adelante, que *la velocidad de la luz en el vacío vale exactamente 299.792.458 m/s, en virtud de la definición de metro.* Señalemos que los investigadores continúan utilizando, como patrones secundarios, radiaciones luminosas, cuyas longitudes de onda son determinadas, teniendo en cuenta la última definición de metro, por los desvelos de la Oficina Internacional de Pesas y Medidas.

Como ya se ha dicho, esas definiciones sucesivas son iguales para la vida corriente. Se apreciarán los progresos que aportan en medidas de alta precisión, técnicas y científicas, en los ejemplos que siguen: La igualdad de los diferentes ejemplares del «metro internacional» comportaba una incertidumbre del orden $1/10^7$ (ya 100 veces mejor que la del patrón de extremos). La concordancia entre los resultados dados por varios patrones de kriptón estaba asegurada en $1/10^9$, más o menos. La velocidad de la luz, y por tanto la nueva definición de metro, es conocida con una precisión únicamente limitada por la definición de segundo, $1/10^{13}$.

Señalemos, por fin, que esta última definición de metro es explotable de modo más directo en astronomía y en las cuestiones de navegación espacial, y que es la más directamente accesible a todos aquellos, los jóvenes en particular, para los cuales el sentido de la expresión «longitud de onda» no está claro.

▶ *Convención del metro.*—Tratado firmado en París por los miembros de una «Conferencia diplomática del metro» (1875), delegados de una veintena de países, debidamente acreditados a este efecto por los jefes de Estado respectivos. Hoy están adheridos a ella una cincuentena de Estados.

Este Tratado creó una «Conferencia General de Pesas y Medidas», subvencionada por todos los firmantes, que reuniría periódicamente a representantes de los países signatarios con el fin de asegurar el perfeccionamiento del «sistema métrico» (hoy convertido en el «sistema internacional de unidades»: el SI).

Con este fin, dicho organismo elige un conjunto de personalidades, seleccionada en el mundo entero por su competencia, conjunto que constituye el «Comité Internacional de Pesas y Medidas» (CIPM), al que se le han adjuntado progresivamente diversos «Comités consultivos especializados» (Electricidad, Fotometría, etc.).

El organismo ejecutivo permanente del CIPM es la «Oficina Internacional de Pesas y Medidas». Es el que se encarga de velar por la buena conservación de los patrones internacionales, de controlar periódicamente los patrones nacionales y, en general, de efectuar todos los trabajos propios para mantener un nivel de precisión lo más alto posible en la definición y realización de los diversos patrones de medida. Sus laboratoros se encuentran en el «Pabellón de Breteuil», en Sèvres (territorio de estatuto internacional), aunque puede sugerir y coordinar trabajos en los laboratorios de metrología de todos los países.

M H D

Siglas para MagnetoHidroDinámica.

mho

Es la palabra ohm invertida.

Unidad de conductividad eléctrica.
V. SIEMENS.

Micela

De una palabra latina para designar una pequeña parte.

Conjunto de átomos o moléculas, aglomerados unos a otros.
Las micelas constituyen la fase dispersa de una *disolución coloidal*.
Ejemplo: en un agua jabonosa diluida, las moléculas de jabón (oleato de sodio, por ejemplo) se aglomeran entre sí por sus extremos en número variable: se enlazan por sus extremos «hidrófobos» (cadenas hidrocarbonadas), mientras que sus extremos «hidrófilos» (extremos que

llevan la función ácido), ionizados en su mayor parte negativamente tras haber perdido un ión sodio positivo, se repelen entre sí, formando el caparazón de la micela, arrastrada en todos los sentidos por la agitación térmica.

Micro

V. CUADRO DE PREFIJOS DEL SI (Anexo 1.2).

Microcalorímetro

Calorímetro, ideado por Tian y Calvet (1931), adaptado a las medidas de calor muy pequeñas, que provienen de transformaciones lentas, ya sean radiactivas, químicas, biológicas u otras.
El aporte de calor de la transformación es recibido en un tubo de laboratorio, en el cual es *compensado*, en parte por efecto Peltier, en parte por las fugas de calor hacia un recinto metálico, fugas que se facilitan, de modo contrario a como se procede en un calorímetro adiabático clásico.
Establecido el *régimen permanente*, una graduación previa permite conocer en cada instante el valor del ritmo de calor dQ/dt adeudado a la transformación estudiada, y deducir de él el calor que interviene en un lapso finito de tiempo: $Q = \int_t^{t+T} (dQ/dt) \cdot dt$.

Microscopio

Instrumento óptico destinado a la observación de objetos cuyas dimensiones son demasiado reducidas para que su observación sea satisfactoria con la ayuda de una *lupa*.
Un microscopio consta de un *objetivo* y un *ocular*, fijos en los extremos del mismo tubo. El objetivo, asociación de varias lentes (más raramente de espejos), da del objeto una imagen real, la *imagen objetiva*, que se contempla con la ayuda del ocular como se observaría un objeto con ayuda de una lupa: de ahí el nombre de *«lupa compuesta»* que recibe a veces el microscopio.
La presencia del objetivo se traduce por una *potencia* y un *aumento* importantes, valiendo para el microscopio cada una de estas características el producto de las del ocular por el *aumento* del objetivo; éste puede alcanzar una centena de unidades.
Pero la cualidad esencial del microscopio reside en su *límite de resolución*. Son conocidos los descubrimientos que ese límite ha permitido realizar, en Biología por ejemplo. Esta difícil cuestión ha sido sometida a un estudio sistemático, basado en la experiencia y en una teoría general acerca de la formación de imágenes. Se demuestra que, si el diámetro del *cerco ocular* del instrumento posee un valor próximo a 0,5 mm –el aumento para éste debe tener un valor llamado *«óptimo»*–, el límite de resolución del conjunto ojo-instrumento, supuestos ambos perfectos desde el punto de vista de la óptica geométrica, viene en ese caso impuesto por los fenómenos de *difracción*, y vale sensiblemente $y = 0{,}6 \cdot \lambda/O_n$, siendo λ la longitud de onda de la luz utilizada y O_n la abertura numérica del objetivo. El principal esfuerzo en los objetivos visuales, para los cuales la longitud de onda ronda los 500 nm, recae sobre el mejoramiento de la abertura numérica $O_n = n$ sen u. Se aumenta n, índice de refracción del medio incidente, colocando entre el objeto y el objetivo un líquido de elevado índice –se realiza así un *«objetivo de inmersión»*–, y se aumenta la abertura angular u del haz incidente calculando el objetivo de modo que se pueda utilizar con haces muy abiertos sin aberraciones sensibles. Se han podido construir aberturas numéricas próximas a 1,5, lo que confiere a los microscopios visuales un límite de resolución del orden de algunas décimas de micra. Se han estudiado los microscopios con luz ultravioleta, cuya longitud de onda es más pequeña. Pero el mejoramiento más importante en el poder de resolución se ha obtenido con los *microscopios electrónicos*.

La travesía de las numerosas lentes del microscopio debilita mucho el flujo luminoso que proviene del objeto. Su iluminación debe estudiarse de modo particular; en general, un *condensador* concentra en sí la luz proveniente de una fuente de gran luminancia.
V. CONTRASTE DE FASE, OBSERVACIÓN ULTRAMICROSCÓPICA.

▶ *Microscopio de efecto túnel* (en inglés: *Scanning Tunneling Microscope*).–Instrumento debido a Gerd Binning y Heinrich Rohrer (premios Nobel en 1986). Es un instrumento sin objetivo ni ocular, como el microscopio iónico, pero que presenta sobre este último la ventaja de suministrar información acerca de la estructura cristalina de una superficie extensa, no sólo de una punta.
Su funcionamiento se basa en el hecho de que si una punta metálica es colocada a distancia muy pequeña *d* (del orden del nanómetro) de una superficie, ya sea de un cuerpo conductor o semiconductor, y si se mantiene entre superficie y punta una tensión eléctrica, incluso muy pequeña (son suficientes algunas decenas de milivoltios), los electrones pueden pasar de la superficie a la punta a través del pequeño espesor vacío que separa ambas por *efecto túnel*. Se establece, por tanto, una corriente eléctrica cuya intensidad *i* disminuye exponencialmente cuando aumenta *d*. De ahí la posibilidad de levantar un mapa en relieve de la superficie que se estudia. Con este fin la fina aguja metálica se fija sobre un cuerpo piezoeléctrico en el que las variaciones de espesor, excitadas por una tensión auxiliar ajustable V, dirigen los desplazamientos de la aguja perpendiculares a la superficie, mientras que otros dos órganos la desplazan transversalmente, de manera que barra la superficie punto a punto. Un servosistema ajusta en cada instante la tensión V de manera que la corriente *i* permanezca constante, lo que equivale a decir que la punta de la aguja debe permanecer durante el barrido a distancia constante de la superficie. Las variaciones de la tensión V que producen este resultado suministran información sobre las líneas de nivel de la superficie, lo que permite, por ejemplo, detectar los emplazamientos de los átomos superficiales.
Una vez superadas algunas dificultades técnicas, radicadas fundamentalmente en las vibraciones de sus diferentes órganos, se ha podido conseguir que la sensibilidad de este instrumento sea de algunos angstroms en sentido transversal y de una fracción de angstrom solamente en el sentido longitudinal (1 Å = 0,1 nm). Es el orden de magnitud del «diámetro» de un átomo. Su utilización permite ahora mismo controlar la estructura superficial de los materiales utilizados en la fabricación de componentes electrónicos miniaturizados, detectar la presencia y la naturaleza de los átomos absorbidos responsables de las propiedades catalíticas de algunos metales, etc.
Es posible que su uso en biología lleve a descubrimientos que prolonguen notablemente los debidos a la invención de los microscopios, visual o electrónico...

▶ *Microscopio electrónico*.–La mecánica ondulatoria, que asocia una onda a toda partícula en movimiento, sugiere la posibilidad de la existencia de instrumentos, análogos a los ópticos, en los que los fotones de los aparatos visuales serían reemplazados por partículas materiales. Esos aparatos son, efectivamente, realizables; desde 1932 conocemos los microscopios de electrones, o *microscopios electrónicos* (Ruska, Premio Nobel 1986).
La fuente luminosa es sustituida por un cañón de electrones, que envía haces electrónicos a través del objeto, seleccionado y preparado de modo ultrapequeño (algunas centésimas de micra). Unas *lentes eléctricas* o *magnéticas* curvan estos rayos, que volvemos a encontrar dando una imagen agrandada del objeto en una placa fotográfica, convenientemente situada. Se alcanzan corrientemente aumentos de 100.000 unidades.
El mayor interés de estos aparatos reside en la mejoría del *límite de resolución* que proporcionan. La longitud de onda de la onda asociada puede ser 10^5 veces más pequeña que la de la luz visible (0,04 Å, en lugar de 0,4 micras). Las lentes electrónicas actuales no pueden, desgraciadamente, ser utilizadas más que en haces estrechos: aún no sabemos corregir las aberra-

ciones en haces anchos. Su *abertura numérica* es, por consiguiente, menos ventajosa que la de los microscopios visuales. En total, pueden alcanzarse límites de resolución de algunas decenas de angstroms, que es el orden de magnitud de las dimensiones moleculares.
Se han hecho igualmente tentativas y ensayos para la construcción de microscopios protónicos.

▶ *Microscopio iónico* (o *de efecto de campo*, o *de campo ionizante*) (en inglés: *Field Ion Microscope*).—No es, propiamente dicho, un microscopio con su objetivo y su ocular, sino un instrumento que da directamente una imagen agrandada de la superficie de una punta metálica. Fue inventado (en 1950) por Erwin Müller. En una ampolla que contiene gas noble, helio por ejemplo, a débil presión, se coloca una punta metálica (diámetro del orden de 10 nm) de cara a una pantalla fluorescente. Se establece una tensión eléctrica entre la punta (positiva) y la pantalla (negativa). Se crea así un campo eléctrico en las proximidades de la punta. Su intensidad, que puede alcanzar 10^{10} V/m, es mayor en la vecindad de las regiones en las que la superficie está deformada por la presencia de átomos del metal (V. PODER DE LAS PUNTAS). Los átomos gaseosos vecinos se polarizan, atraídos hacia cada una de las regiones, y se ionizan. Los electrones que desprenden se fijan en el metal, mientras que los iones positivos son cazados, a lo largo de líneas de campo divergentes, por la pantalla, que queda impresionada así por ellos. Las manchas sobre la pantalla reproducen de este modo, considerablemente aumentado, el reparto de átomos en la superficie de la punta metálica. Se pueden conseguir aumentos del orden de diez millones, y reconocer, por ejemplo, la estructura cristalina superficial de una punta de tungsteno, de oro o de platino; marcar uno a uno los átomos extraños depositados sobre la punta, e incluso, en ciertos casos, observar desplazamientos de esos mismos átomos comparando clichés sucesivos. Un microscopio de efecto de campo se utiliza a veces para controlar la calidad de la punta metálica que debe servir a continuación para que funcione un *microscopio de efecto túnel*.

Michelson Albert (1852-1931)

▶ *Experiencia de Michelson y Morley*.—Célebre experiencia, llevada a cabo por primera vez en 1878. Su objetivo era medir, por medio del interferómetro de Michelson, la velocidad de la luz en el sistema de referencia «absoluto», materializado (se pensaba) por el *éter*, hipotético medio de propagación de las ondas luminosas. Supuesto el éter homogéneo e isótropo, la velocidad «absoluta» de la luz, c, es constante en todo lugar y en cualquier dirección. Pero su velocidad «relativa», c', en un sistema terrestre de referencia, depende de la velocidad v de la Tierra con respecto al éter, tal como impone la ley galileana de composición de velocidades: $c = c' + v$. Admitidas estas premisas, el estudio del funcionamiento del interferómetro de Michelson, regulado por la observación de la cuña de aire, muestra, una vez hecho los cálculos, que la diferencia de marcha en el centro del campo depende del cociente $(v/c)^2$, y de la orientación de cada uno de los brazos del interferómetro con respecto a la dirección de la velocidad v. No se conocía con exactitud esta orientación, pero puede hacerse variar dotando a todo el aparato de un movimiento adecuado de rotación, demostrándose que esto debe implicar finalmente un desplazamiento de las franjas. Se calcula que, aunque la velocidad absoluta de la Tierra v se redujera a su velocidad orbital —en torno a 30 km/s, lo que da para $(v/c)^2$ un valor aproximado de 10^{-8}—, el eventual desplazamiento de las franjas de interferencia que ello originaría sería detectable.
No obstante, la experiencia se reveló negativa: no se observó ningún desplazamiento significativo. Otros experimentadores han retomado la experiencia en condiciones diferentes. Recientemente (1978), Brillet y Hall han sustituido el interferómetro de Michelson por uno de Fabry-Perot excitado por un haz de rayos láser. Orientando el aparato en diferentes direcciones, se podía esperar un cambio en la frecuencia del haz emitido, traduciendo una variación

de la velocidad de la luz. La precisión alcanzada era del orden de $1/10^4$, y no fue observado ningún efecto positivo.

Se emitieron numerosas hipótesis para justificar este «fracaso»: variación de la velocidad de la luz con la de la fuente, arrastre del éter por el movimiento de la Tierra, contracción de los objetos en la dirección paralela al movimiento absoluto de la Tierra... Tentativas, todas ellas, que se revelaron inadecuadas en su confrontación con la experiencia.

En el estado actual de la física sólo aparece como válida la explicación suministrada por la mecánica relativista. Ésta rechaza la ley galileana de composición de velocidades, sustituyendo su transformación de referenciales por la de Lorentz, que implica precisamente que la velocidad de propagación de una señal luminosa no depende del referencial. El resultado de la experiencia de Michelson, en un principio considerado negativo, es considerado hoy como una verificación entre otras –la primera, cronológicamente– de la relatividad restringida.

V. CONTRACCIÓN DE FITZGERALD Y LORENTZ, LEYES DE TRANSFORMACIÓN DE VELOCIDADES.

▶ *Interferómetro de Michelson.*–Interferómetro de dos ondas, nítidamente separadas, prestándose por esta misma razón a múltiples aplicaciones.

Como muestra esquemáticamente la figura, cada uno de los haces incidentes cae sobre un lámina de vidrio de caras paralelas, inclinadas 45°, y originan, por reflexión y por refracción, dos haces distintos que se propagan en dos direcciones perpendiculares entre sí. Cada uno de ellos se refleja en un espejo plano y regresa a la lámina de vidrio. Los dos haces concurren inmediatamente, y sus vibraciones interfieren. Su diferencia de marcha, y con ella las características de la vibración resultante, depende de la posición e inclinación respectiva de los espejos. *Uno y otro pueden regularse a voluntad.*

Con este aparato se pueden, por tanto, realizar fenómenos de interferencia: sea con una *lámina de aire de espesor constante*, pudiendo tomar este espesor, a gusto del experimentador, un valor nulo o cualquier otro valor compatible con la coherencia de la luz utilizada, sean con una cuña de aire, en la que se puede elegir el *ángulo de abertura* a voluntad.

Estas numerosas posibilidades explican que este dispositivo haya sido y sea aún utilizado a menudo. Se le debe, por ejemplo, la primera comparación precisa entre la longitud del metro patrón y la longitud de las rayas espectrales, los primeros estudios acerca de las rayas espectrales complejas, los primeros estudios experimentles sobre la «velocidad absoluta» de la luz (V. EXPERIENCIA DE MICHELSON Y MORLEY). Aún hoy es frecuentemente utilizado. Sin embargo, se prefiere el dispositivo de Fabry-Perot, siempre que la separación espacial entre ambas ondas no resulte indispensable.

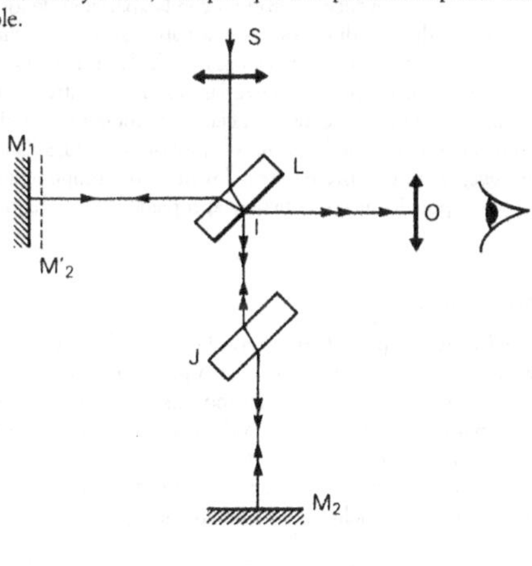

Mili (m)

V. Cuadros de prefijos SI (Anexo 1.2).

Milibar (mbar)

Unidad de presión, submúltiplo del bar, utilizada corrientemente en Meteorología y en técnicas de vacío. 1 mbar = 10^{-3} bar = 10^2 Pa (pascales) ≃ 0,75 torr (o 0,75 mm de mercurio). 1 atm ≃ 1.013,25 mbar.

Millikan Robert Andrews (1868-1953)

▶ *Experiencia de Millikan.*—Experiencia que Millikan realizó por primera vez en 1910, con el fin de medir las cargas eléctricas de los corpúsculos.

Minúsculas gotas de aceite pulverizado caen lentamente en el aire, por la acción de su peso (V. Velocidad límite) entre las armaduras horizontales de un condensador plano y, por tanto, en un espacio en el que puede producirse un campo eléctrico vertical. Se ioniza el aire, por medio de un haz de rayos X, y el condensador se conecta a tensión. Cada vez que una partícula cargada se fija sobre una gotita, la velocidad límite de esta última se modifica bruscamente. La observación al microscopio de sus movimientos sucesivos permite calcular el valor de la carga adherida a la gota.

Esta experiencia de medida directa demostró que todas las cargas incorporadas por las gotas de aceite eran múltiples enteros de un mismo valor, próximo a $1{,}6 \cdot 10^{-19}$ C. Contribuyó a imponer la idea de que todos los corpúsculos cargados llevan un número entero de *«cargas elementales»* $e = 1{,}6 \cdot 10^{-19}$ C.

Miniaturización

Técnica de fabricación y ensamblaje de componentes electrónicos —resistencias, capacidades, diodos...— que permite obtener, para un conjunto dado de ellas, unas dimensiones cada vez más reducidas.

Los tubos electrónicos de los antiguos y enormes receptores «de válvulas» han sido sustituidos por tubos miniaturizados, cuyas dimensiones eran del orden del centímetro, y que permitieron un primer avance. Un nuevo avance se produjo con la aparición de los *transistores* y los *circuitos impresos*. Pero las reducidísimas dimensiones y la fiabilidad que se exige a los aparatos colocados en cohetes, satélites artificiales, ordenadores y calculadoras han exigido nuevos progresos. Precisemos que la miniaturización disminuye las distancias entre los componentes, el tiempo de tránsito de la información y, en consecuencia, aumenta la rapidez de funcionamiento de los ordenadores. Actualmente, una de las técnicas empleadas, técnica llamada de *microminiaturización* por *circuitos integrados*, consiste en crear los diversos componentes en la masa misma del cristal semiconductor, por dopajes sucesivos y apropiados: así se ha podido llegar a los microprocesadores.

Minkowski Hermann (1864-1909)

▶ *Universo de Minkowski.*—Espacio ficticio tetradimensional utilizado en relatividad restringida. Un punto M en este espacio, conjunto de cuatro parámetros x_1, x_2, x_3, x_4, representa un «suceso» que se produce en un referencial galileano (Ox, y, z) de nuestro espacio tridimensional. Los tres primeros parámetros, llamados coordenadas *espaciales*, son respectivamente iguales a las coordenadas del lugar en el que se produce el suceso: $x_1 = x$, $x_2 = y$, $x_3 = z$. El cuarto parámetro, coordenada de *tiempo*, vale $x_4 = ict$ (t es el instante en el que se produce el suceso, c la constante relativista, i el símbolo de los números imaginarios ($i^2 = -1$).

Otra notación utilizada: x^α ($\alpha = 0, 1, 2, 3$), con $\alpha = 0$, coordenada temporal, y $\alpha = 1, 2, 3$, coordenadas espaciales.
El universo de Minkowski se presta a desarrollos matemáticos más sencillos, a menudo, que el espacio-tiempo habitual.
El *intervalo de espacio-tiempo ds*, que se calcula, con la notación habitual, por la fórmula disimétrica: $ds^2 = dx^2 + dy^2 + dz^2 - c^2\,dt^2$, se obtiene con la notación de Minkowski, a través de una fórmula perfectamente simétrica:

$$ds^2 = dx_1^2 + dx_2^2 + dx_3^2 + dx_4^2 = \sum_i dx_i^2 \qquad (i = 1, 2, 3, 4)$$

Nótese cómo dx_4^2 es perfectamente homogénea al cuadrado de una longitud.
Cuando un fenómeno físico se produce durante un lapso de tiempo finito, su punto representativo en el universo de Minkowski describe una curva. Es la *línea de universo* del fenómeno.
V. CUADRIVECTORES.

Miopía

Defecto óptico del ojo.
V. AMETROPÍA, AMPLITUDES DE VISIÓN NÍTIDA.

Miria

Prefijo multiplicador de unidades, actualmente en desuso.
1 miriámetro = 10^4 metros.
V. CUADRO DE PREFIJOS DEL SI (Anexo 1.2).

MKSA

V. SISTEMA GIORGI.

Modelo

Representación ideal de un objeto o de un proceso, no directamente accesibles, la mayor parte de las veces por pertenecer al mundo de lo infinitamente pequeño o de lo infinitamente grande.
Citemos brevemente algunos ejemplos. Los «átomos enganchados» de los filósofos griegos constituyeron el primer modelo representativo de los enlaces atómicos. Más próxima a nosotros, la teoría cinética asimilaba las moléculas de un gas a pequeñas bolas rígidas, permanentemente agitadas. Ese «modelo» es casi aceptable si nos conformamos con deducir las propiedades termoelásticas de un gas, pero resulta insuficientemente grosero si queremos dar cuenta de sus propiedades ópticas. Ha sido necesario afinar considerablemente con ese objeto. Una de las dificultades de la microfísica actual proviene en particular del hecho de que resulta acaso imposible concebir modelos, utilizando objetos y procesos macroscópicos conocidos, para representar de un modo válido la estructura y las propiedades de las «partículas» subnucleares.
Se han utilizando con frecuencia modelos distintos y sucesivos para representar un mismo fenómeno. Son ejemplo de ello los modelos que se han sucedido para los medios imantados o para la naturaleza de la luz. Incluso a veces se han invocado simultáneamente modelos diferentes (V. DUALIDAD ONDA-CORPÚSCULO).
Cuando el modelo de un fenómeno es suficientemente simple para que pueda sometérsele a cálculos, se dice que se ha encontrado un «modelo matemático» del fenómeno.
De hecho esta búsqueda de un modelo ha sido un rasgo natural del hombre. La antigua y hermosa leyenda del carro de Apolo, arrastrado por rápidos corceles y «explicando» la marcha

del Sol, es una ilustración poética de esa búsqueda. El desarrollo de la física ha hecho aparecer la necesidad de adaptar constantemente los modelos a los progresos del conocimiento. Y ésta es, sin duda, una de las deudas que la Humanidad tiene con la física y, tal vez, con el espíritu científico en general.

Moderación

▶ *Ley de moderación.*—Más conocida como Principio de Le Chatelier general. Fue enunciada por éste, y da el sentido de *desplazamiento de los equilibrios* de los sistemas físico-químicos.
«Si a un sistema material, que se encuentra en equilibrio estable, se le impone una pequeña modificación en uno cualquiera de sus parámetros, reacciona, por medio de una evolución limitada, en el sentido que se opone a la modificación impuesta desde el exterior.»
Podemos darnos cuenta fácilmente de que sucede así en los equilibrios mecánicos (estúdiese, desde este punto de vista, el equilibrio de un simple dinamómetro de resorte). En los diversos dominios físico-químicos, esta ley tiene una traducción directamente utilizable (V. LEY DE LE CHATELIER, LEY DE LENZ, LEY DE VAN'T HOFF...).
Nótese que, tal como precisa la ley, la modificación no debe afectar más que a uno de los parámetros. Si existen otros parámetros independientes, deben mantenerse invariables. Se eleva, por ejemplo, la presión, manteniendo constante la temperatura (V. VARIANZA).

Moderador

Sustancia utilizada en los reactores nucleares del tipo de neutrones lentos. Su papel consiste en decelerar y ralentizar, gracias a numerosos choques sucesivos, los neutrones rápidos producidos en la fisión, y transformarlos en neutrones lentos que puedan mantener la reacción en cadena. Los moderadores deben contener núcleos poco masivos, lo más próximos posible en lo tocante a su masa a la neutrónica (se demuestra que la eficacia tras cada choque es máxima en ese caso), y no absorber demasiado a los neutrones (secciones eficaces de captura poco importantes).
El agua ligera (por su hidrógeno), el agua pesada (por su deuterio), el berilio, el grafito, etc., son los moderadores por excelencia.

Modulación

Procedimiento técnico que consiste en incorporar una señal, gracias a un montaje electrónico apropiado, a una onda estacionaria radiada por una emisora, en la forma de una variación, en función del tiempo, de alguna de las características de esta onda, fundamentalmente amplitud o frecuencia. La señal será «leída» por el destinatario, previa *demodulación*.
Este procedimiento es el que permite, en radiodifusión, la existencia de varias emisoras en un misma región. A cada una de ellas se le adjudica una frecuencia de emisión: es la frecuencia de su onda *portadora*. Cada oyente puede sintonizar su receptor con una de esas frecuencias, y recibir así, una vez demodulada, la «información» difundida por la emisora elegida.
Se utiliza una técnica análoga en las telecomunicaciones por hilos. En una misma línea se lanzan, simultáneamente, varias *corrientes portadoras*. Son corrientes alternas de distintas frecuencias, moduladas. En la recepción se separan las corrientes (que luego son dirigidas a sus respectivos destinos) por medio de filtros apropiados. Gracias a un procedimiento como éste, un mismo cable coaxial, por ejemplo, puede transportar simultáneamente varios centeneras de comunicaciones privadas.
La misma técnica es utilizada en comunicaciones por cables hertzianos, o por fibra óptica.

▶ *Modulación de amplitud.*—Una señal eléctrica sinusoidal, proveniente, por ejemplo, de un micrófono, y cuya ecuación es $s = a \cos 2\pi ft$, puede ser incorporada en una onda sinusoidal portadora de ecuación $S = S \cos(\pi Ft + \varphi_0)$, si $f \ll F$. La amplitud A de la portadora se transforma, gracias a un montaje electrónico adecuado, en $A' = A + a \cos 2\pi ft = A(1 + m \cos 2\pi ft)$. La *tasa de modulación* $m = a/A$, comprendida teóricamente entre 0 y 1, puede variar efectivamente, según los valores de a, entre 1 y 0,01. Más abajo, la señal de amplitud $a = mA$ sería enmascarada por los ruidos. Esto tiene como efecto limitar a alrededor de 40 dB el cociente de intensidades extremas de las señales que pueden ser transportadas por este procedimiento (V. DINÁMICA ACÚSTICA).

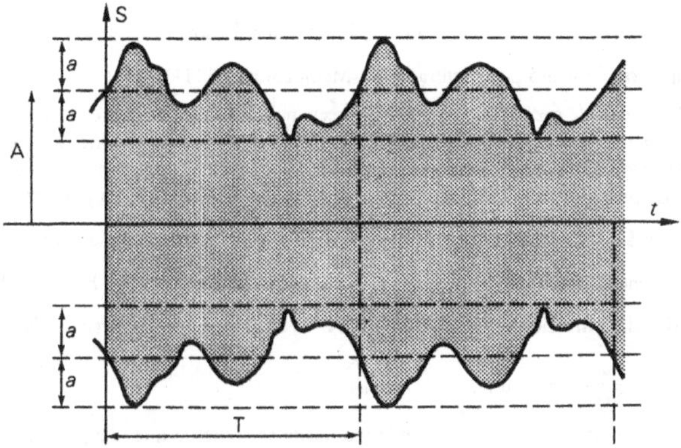

Onda portadora sinusoidal $S(t)$ (amplitud A, frecuencia F, periodo $T = 1/F$) modulada por una señal periódica (amplitud a, periodo $\theta = 1/f$).
Los detalles de la variación de la señal son tanto más finamente registrados cuanto más pequeños sea T frente a θ, y por tanto, cuanto mayor sea F frente a f.
En la escala del esquema sólo son visibles las variaciones de la amplitud de S. La tasa de modulación aquí es próxima a 0,33.

Se demuestra además que la onda modulada $S' = A' \cos(2\pi Ft + \varphi_0)$ es equivalente a la suma de tres ondas sinusoidales: la onda portadora, y dos ondas satélites que la flanquean simétricamente, de frecuencias respectivas $F + f$ y $F - f$, y cuya amplitud común es $a/2$. Si la señal que se quiere transmitir no es sinusoidal, sus componentes de Fourier son señales sinusoidales cuyas frecuencias pueden ocupar una banda que vaya desde f_1 a f_2 (supondremos que f_2 es mayor que f_1). El espectro de la onda modulada se escalona entonces entre $F - f_2$ y $F + f_1$ (V. figura). A cada emisora, por tanto, debe atribuírsele una banda de frecuencias que, por

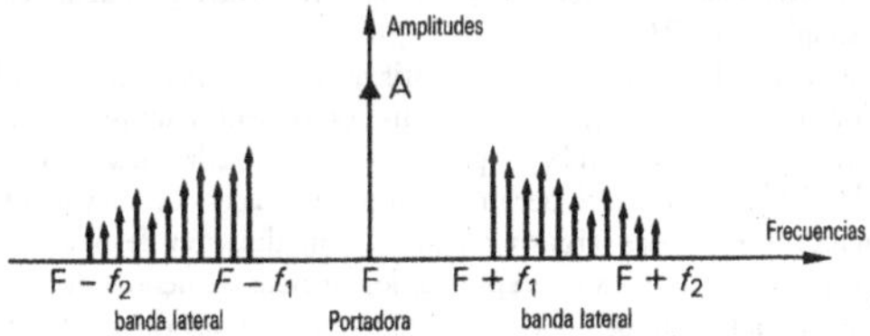

Espectro de una portadora, modulada por una señal periódica (descomponible en series de Fourier). De hecho, basta una sola banda lateral para registrar la información que se quiere transmitir. Técnicas apropiadas suprimen, o debilitan, una de las bandas laterales, lo que proporciona una economía energética y disminuye el tamaño de la emisión en la escala de frecuencias.

razones de dimensión de las frecuencias disponibles, ha sido fijada en 9 kHz cuando la frecuencia de la portadora es de algunos centenares de kHz (ondas largas y medias), y de 150 kHz cuando la frecuencia de la portadora se mide en centenares de MHz (portadoras de sonido de las emisoras de televisión), lo que tiene como consecuencia una mejoría en la musicalidad de la transmisión.

▶ *Modulación de fase.*—Para transmitir una señal $s(t)$ por modulación de fase de una onda portadora sinusoidal: $S = A\cos(\omega t + \Phi_0)$, se imponen a la fase de esta onda $\Phi = \omega t + \Phi_0$ variaciones, comandadas por la señal variable, en función del tiempo. La nueva expresión de la fase se escribe: $\Phi' = \Phi + ks(t)$, y la nueva pulsación:

$$\omega' = d\Phi'/dt = \omega + k\, ds/dt.$$

Es un procedimiento poco utilizado. V. MODULACIÓN DE FRECUENCIA.

▶ *Modulación de frecuencia.*—Modular la frecuencia F (o, lo que viene a ser igual, la pulsación $\Omega = 2\pi F$) de una portadora sinusoidal $S = A\cos(\Omega t + \Phi_0)$ es imponer a ésta variaciones dirigidas por una señal que se quiere transmitir; supondremos esta última sinusoidal, de frecuencia f, de pulsación $\omega = 2\pi f$ y, por tanto, de ecuación $s = a\cos\omega t$. La pulsación modulada vale entonces $\Omega' = \Omega + ka\cos\omega t$, y la frecuencia $F' = F + \frac{ka}{2\pi}\cos\omega t$. La onda modulada no es, en consecuencia, sinusoidal. Su frecuencia F′ varía continuamente entre $F - \Delta F$ y $F + \Delta F$. El intervalo de variación, $2\,\Delta F = 2\frac{ka}{2\pi}$ es la *excursión* de la frecuencia, y el número $n = \frac{\Delta F}{f} = \frac{ka}{2\pi f} = \frac{ka}{\omega}$ es su *índice de modulación*.

Para encontrar la ecuación de la onda modulada se recuerda que una pulsación es la derivada de una fase con respecto al tiempo y, por consiguiente, una fase es una primitiva de una pulsación: $\Omega = d\Phi/dt \Leftrightarrow \Phi - \Phi_0 = \int_0^t \Omega(t)\,dt$ (se verifica fácilmente que esto es así en el caso de una onda sinudoidal). La fase de la onda modulada es, por tanto, $\Phi' = \Phi_0 + \int_0^t (\Omega + ka\cos\omega t)\,dt$, y su ecuación se escribe: $S' = A\cos(\Omega t + n\,\mathrm{sen}\,\omega t + \Phi_0)$.

Un cálculo matemático permite deducir de esta ecuación que el espectro de S′ comprende la oscilación primitiva, acompañada de una doble infinidad de componentes, cuyas frecuencias respectivas valen $F \pm pf$, donde p puede tomar todos los valores enteros positivos (1, 2, 3...), y cuyas amplitudes, todas menores que A, dependen de n. Prácticamente, la anchura significativa del espectro se extiende sobre un intervalo que vale $2\left(f + \frac{ka}{2\pi}\right)$, que depende, por tanto, de dos características de la señal: a y f (el intervalo correspondiente en modulación de amplitud vale simplemente $2f$).

Generalmente la señal que se quiere transmitir no es sinusoidal. Las consideraciones precedentes son válidas entonces para cada una de sus componentes sinusoidales. Utilizando portadoras de alta frecuencia (F 100 MHz) es posible atribuir a cada emisora una banda de frecuencia del orden de 150 kHz, lo que le permite transmitir señales con mayor fidelidad que la modulación de amplitud en ondas largas y medias. La modulación de frecuencia presenta, de otro lado, la ventaja de evitar, en los receptores, los bruscos aumentos de amplitud, gracias a dispositivos que limitan continua y sistemáticamente las crestas de amplitud de las ondas recibidas, evitando así los parásitos atmosféricos o industriales.

▶ *Modulación de impulsos.*—Procedimiento que consiste en transmitir, a intervalos regulares, breves impulsos eléctricos, que reproducen los valores instantáneos sucesivos de una señal, bien por sus amplitudes, bien por sus duraciones respectivas. Aquí no hay onda portadora, y se economiza energía. Existe la posibilidad técnica de imbricar en una única transmisión varios mensajes. Desgraciadamente, el material necesario para este método transmisor es muy costoso. Sólo se utiliza en transmisiones de radio muy profesionales.

▶ *Modulación de velocidad.*—V. KLYSTRON.

Mohs Friedrich (1773-1839)

▶ *Escala de Mohs.*—V. DUREZA.

Mojabilidad

Se dice que un líquido moja un cuerpo sólido cuando es susceptible de extenderse sobre el mismo y dejar sobre él una traza. Una gota de mercurio rueda sobre una pared de cristal sin dejar una traza sobre ella: el mercurio no moja el vidrio. Por el contrario, una gota de agua pura se extiende de modo espontáneo sobre el vidrio, que permanece humedecido en todos sus puntos: el agua moja el vidrio. No lo hace, sin embargo, con una placa de vidrio recubierta por una fina película grasienta...
Una mojabilidad más o menos grande se traduce por valores medibles del ángulo que forman, en el contacto, el líquido y la pared que lo contiene. El ángulo es tanto más pequeño cuanto la mojabilidad (se dice también *poder mojante*) del líquido con respecto al cuerpo es mayor. Este fenómeno depende de los valores comparados de las atraccinoes que sufren las moléculas superficiales del líquido: por parte de las moléculas de las paredes, de un lado, y por parte de las propias moléculas del líquido, de otro.
Diversos productos disueltos en agua pueden alterar su tensión superficial y, con ella, la mojabilidad.
V. LEY DE JURIN.

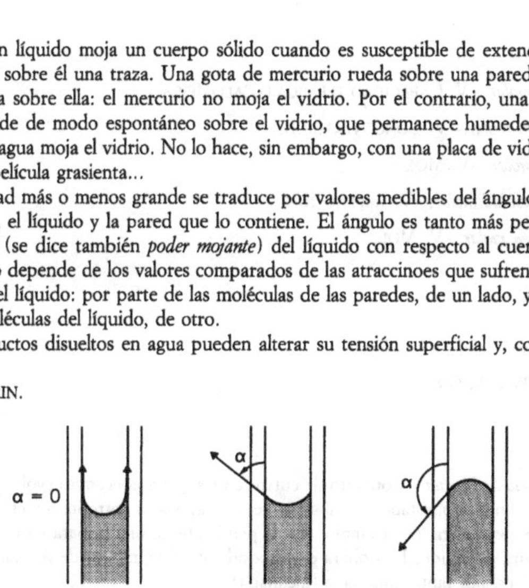

Agua perfecta en un tubo de vidrio perfectamente propio (tubo capilar): Mojabilidad perfecta $\alpha = 0$

Mojabilidad imperfecta $0 < \alpha < 90°$

Mercurio en un tubo capilar de vidrio. Mojabilidad nula $\alpha > 90°$

Mol

Es una de las unidades básicas del SI.
«El mol, unidad de cantidad de materia, designa todo conjunto de partículas idénticas que contenga tantas partículas como átomos hay en 12 g del isótopo 12 del carbono. Las partículas de conjunto pueden ser moléculas, átomos, iones, electrones u otras partículas o agrupamientos especificados de ellas.» El número de átomos contenidos en 12 g de carbono 12 es el «número de Avogadro», N. Puede ser medido de varias maneras diferentes y su valor es, sensiblemente, $6{,}02 \cdot 10^{23}$. Llamaremos, por ejemplo, mol de electrones, como consecuencia de la

definición, a $6{,}02 \cdot 10^{23}$ electrones. En los problemas de fotoquímica un mol de fotones es llamado a veces un *einstein*.
La masa de un mol de partículas y el volumen que ocupan en determinadas condiciones son, respectivamente, la *masa molar* y el *volumen molar*. *Ejemplo:* La masa molecular del carbono 12 vale, por definición, 12 g. El volumen molar de un gas perfecto en condiciones normales vale $V_m = 22{,}4$ litros.

Molalidad

Sinónimo: Concentración molar másica.

V. CONCENTRACIÓN.

Molar

▶ *Calor molar.*—V. CAPACIDAD TÉRMICA O CALORÍFICA.

▶ *Fracción molar.*—V. CONCENTRACIÓN.

▶ *Masa molar.*—V. MOL.

▶ *Refractividad molar.*—V. REFRACCIÓN.

▶ *Volumen molar.*—V. MOL.

Molaridad

Sinónimo: Concentración molar volúmica.

V. CONCENTRACIÓN.

Mollier

▶ *Diagrama de Mollier.*—Conjunto de curvas en las que aparecen las evoluciones isóbaras e isotermas de un fluido, estando en abscisas representadas su entropía S y en ordenadas su entalpía H. Se demuestra, por ejemplo, que la pendiente de una isóbara en un punto es igual a la temperatura del fluido. La isóbara correspondiente al equilibrio de dos fases (líquido y vapor saturante) es, por tanto, una recta (inclinada)...
Este tipo de representación se utiliza en particular para prever el calentamiento o el enfriamiento de un gas (o de una mezcla líquido-vapor) en el curso de una compresión o de una expansión.

Momento

De una palabra latina que significa cantidad.

▶ *Momento angular.*—V. MOMENTO CINÉTICO.

▶ *Momento angular intrínseco.*—V. MOMENTO CINÉTICO DE SPIN.

▶ *Momento cinético.*—*Sinónimo:* Momento angular. Un móvil M está en movimiento en un referencial dado.
En mecánica clásica, su momento cinético $\boldsymbol{l}$ con respecto a un punto 0 de su referencial es, por definición, el momento con respecto a 0 de su vector impulso $\boldsymbol{p}$: $\boldsymbol{l} = \boldsymbol{r} \wedge \boldsymbol{p}$ ($\boldsymbol{r}$ es el vector

OM). En el caso en el que el impulso $\boldsymbol{p}$ se reduzca a la cantidad de movimiento $m\boldsymbol{v}$ ($\boldsymbol{v}$ = velocidad del móvil), $\boldsymbol{l} = \boldsymbol{r} \wedge m\boldsymbol{v}$.

El momento cinético l_Δ con respecto a un eje Δ que pasa por 0 es la proyección de $\boldsymbol{l}$ sobre Δ (V. TENSOR DE INERCIA).

Para un sistema material cualquiera, el momento cinético, suma vectorial de todas sus partículas, es uno de los componentes de su *torsor cinético*.

En mecánica cuántica, el momento cinético de una partícula sin spin se define de modo análogo: $\widehat{L} = \widehat{R} \wedge \widehat{P}$, siendo $\widehat{L}$, $\widehat{R}$ y $\widehat{P}$ los operadores asociados a los observables $\boldsymbol{l}$, $\boldsymbol{r}$ y $\boldsymbol{p}$. Se demuestra entonces que las componentes L_x, L_y, L_z satisfacen la relación de conmutación $L_x \cdot L_y = i\hbar L_z$ y otras dos relaciones semejantes obtenidas por permutación, con $i^2 = -1$ y $\hbar$ = constante reducida de Planck. El momento cinético de un corpúsculo se define entonces por generalización. Es un observable J cuyas componentes J_x, J_y, J_z satisfacen reglas análogas de conmutación: tales que $J_x \cdot J_y = i\hbar J_z$. Se establece que J conmute con una de sus componentes, J_z por ejemplo. Es, por tanto, posible conocer ambas con precisión simultáneamente. El cálculo demuestra que los valores propios de J (únicos valores posibles) son $\sqrt{j(j+1)} \cdot \hbar$, pudiendo el número cuántico j ser nulo, entero o semientero positivo.

Si el corpúsculo está sumergido en un campo magnético **B**, la proyección de J sobre un eje paralelo a **B** está cuantificada (V. EXPERIENCIA DE STERN Y GERLACH). Lo indicado en ese caso es tomar el eje z paralelo a esa dirección. Los valores propios de J_z valen $m\hbar$. m es el número cuántico magnético del corpúsculo. Puede valer uno de los $(2j+1)$ valores $(-j, -j+1, ..., j-1, j)$.

V. MODELO VECTORIAL DEL ÁTOMO, CAPAS ELECTRÓNICAS, SPIN, EFECTO ZEEMAN.

▶ *Momento conjugado.*—Sea $L(q_i, \dot{q}_i, t)$ $(i = 1, 2, ..., n)$ la *lagrangiana* de un móvil cualquiera (las q_i son las coordenadas generalizadas, las $\dot{q}_i$ las velocidades generalizadas: $\dot{q}_i = dq_i/dt$, n es el número de grados de libertad y t el parámetro tiempo). El *momento conjugado* de la coordenada q_i es, por definición, la magnitud $p_i = \partial L/\partial \dot{q}_i$. Las p_i son las componentes del *impulso general* del móvil.

Ejemplos: 1 / El móvil es un corpúsculo, en movimiento en un referencial galileo ortonormal (O, x, y, z). Si m es su masa y $V(x, y, z)$ su energía potencial, su función de Lagrange se escribe: $L = \frac{1}{2} m(\dot{x}^2 + \dot{y}^2 + \dot{z}^2) - V(x, y, z)$. De ella se deducen los momentos conjugados: $p_x = m\dot{x}$; $p_y = m\dot{y}$, $p_z = m\dot{z}$. El vector impulso $\boldsymbol{p}(p_x, p_y, p_z)$ se confunde aquí con la cantidad de movimiento $m\boldsymbol{v}$.

2 / Si el corpúsculo lleva una carga eléctrica q y se encuentra en el seno de un campo electromagnético, su función de Lagrange depende de los potenciales U (escalar) y A (vector) del campo (V. GAUGE ELECTROMAGNÉTICA):

$$L = \frac{1}{2} m\dot{r}^2 - q(U - \dot{\boldsymbol{r}} \cdot \mathbf{A})$$

$$= \frac{1}{2} m(\dot{x}^2 + \dot{y}^2 + \dot{z}^2) - q[U(x, ,y, z) - (\dot{x}A_x + \dot{y}A_y + \dot{z}A_z)]$$

(r = OM, siendo M la posición del móvil en el instante de observación). El momento conjugado de la abscisa x vale aquí: $p_x = m\dot{x} + qA_x$, y el impulso del móvil $\boldsymbol{p} = m\boldsymbol{v} + q\mathbf{A}$ (su cantidad de movimiento es siempre $m\boldsymbol{v}$).

V. FUNCIÓN DE HAMILTON.

▶ *Momento dinámico.*—El momento dinámico de un punto material M en o con respecto a un punto O del referencial en el que observamos el movimiento es el vector $\boldsymbol{d}_0$, momento con respecto a O del vector *cantidad de aceleración* $m\boldsymbol{a}$ del móvil M (m es su masa inercial, $\boldsymbol{a}$ su aceleración):

V. TORSOR DINÁMICO.

▶ *Momento eléctrico.*—V. DIPOLO ELÉCTRICO (1), MOMENTO MULTIPOLAR ELÉCTRICO.

▶ *Momento de inercia.*—V. la palabra *inercia.*

▶ *Momento lineal.*—V. CANTIDAD DE MOVIMIENTO.

▶ *Momento magnético.*—V. BUCLE DE CORRIENTE, DIPOLO MAGNÉTICO, IMANACIÓN ESPONTÁNEA, SPIN.

▶ *Momento multipolar eléctrico.*—Característica de un multipolo eléctrico, conjunto de cargas puntuales colocadas en puntos vecinos. El potencial electrostático V creado por el conjunto en un punto alejado P obedece a la expresión: $V = \frac{1}{4\pi\varepsilon_0} \cdot \Sigma \frac{q_i}{r_i}$, si llamamos q_i a la carga situada en A_i y r_i a la distancia A_iP. Tomando como origen O el *centro de carga* del multipolo, puede demostrarse que V es igual a la suma de una serie de términos decrecientes:

$$V = \frac{1}{4\pi\varepsilon_0}\left(\frac{\Sigma q_i}{r} + \frac{\Sigma q_i\, a_i \cos \alpha_i}{r^2} + \frac{\Sigma q_i\, a_i (3\cos^2 \alpha_i - 1)}{r^3} + \ldots\right).$$

con r = OP, $a_i = OA_i$, α_i el ángulo $\widehat{OA_iOP}$.
Si la suma algebraica de las cargas $\Sigma q_i = Q$ no es nula, el primer término es preponderante. El multipolo es equivalente a una carga única situada en O, que puede ser llamada su «momento unipolar». Es el caso de un corpúsculo cargado (un ión, por ejemplo). La carga total Q puede ser nula (caso, por ejemplo, de una molécula no ionizada). La suma de las cargas positivas y de las cargas negativas tiene en ambos casos el mismo valor absoluto q. El punto O está en la mitad del segmento AB; A es el centro de las cargas negativas, B el de las positivas. Si A y B no coinciden se hace preponderante el segundo término, y tiene como valor $p \cos \theta / r^2$, donde θ es el ángulo $\widehat{OB \cdot OP}$, mientras que $\boldsymbol{p} = q \cdot \mathbf{AB}$ es su «momento dipolar». Es el caso de una molécula polar o polarizada. Si, por el contrario, A y B coinciden, es el tercer término el que se hace preponderante. Se demuestra que el sistema es equivalente a cuatro cargas eléctricas, iguales dos a dos, que forman dos dipolos antiparalelos vecinos. Posee un «momento cuadripolar», etc.

▶ *Momento resultante.*—V. ELEMENTOS DE REDUCCIÓN DE UN TORSOR.

▶ *Momento de un par.*—Se demuestra que el *momento resultante* del conjunto de dos fuerzas de un par con respecto a un punto O es independiente de la elección de ese punto. Esta magnitud invariante recibe el nombre de *momento del par de fuerzas.*
Se representa por un vector (libre) perpendicular al plano del par, cuyo módulo es igual al producto de la intensidad común de las fuerzas f por la distancia d entre sus rectas soporte, y cuyo sentido está ligado al sentido de rotación del par por el convenio de orientación espacial (generalmente, en física, por la «regla del sacacorchos») (V. figura).
V. PAR DE FUERZAS, ELEMENTOS DE REDUCCIÓN DE UN TORSOR.

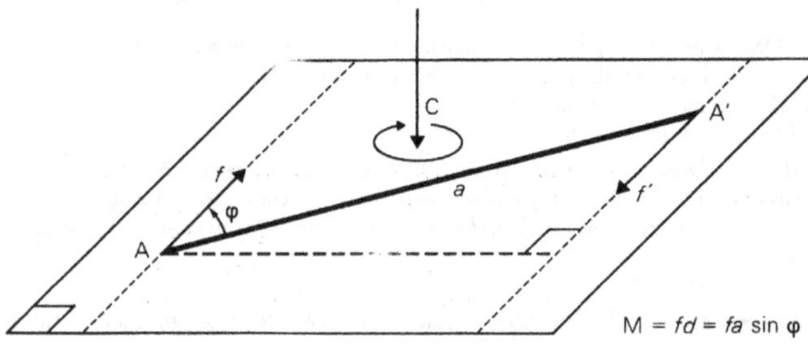

▶ *Momento de un vector (deslizante)* **X**:
1 / Con respecto a un punto O.—Magnitud representada por un vector (deslizante) $\mathbf{M}_0$, en la dirección de un eje que pasa por O y es perpendicular al plano (O, **X**). Su sentido es tal que el triedro (**OP**, **X**, $\mathbf{M}_0$) es de sentido directo (P es un punto cualquiera de la recta que soporta **X**). Su módulo (su norma) es igual al producto del módulo de **X** por la distancia *d* entre O y la recta soporte de **X**. En lenguaje matemático, $\mathbf{M}_0 = \mathbf{OP} \wedge \mathbf{X}$ (se demuestra que el valor del momento es independiente de la elección del punto P).

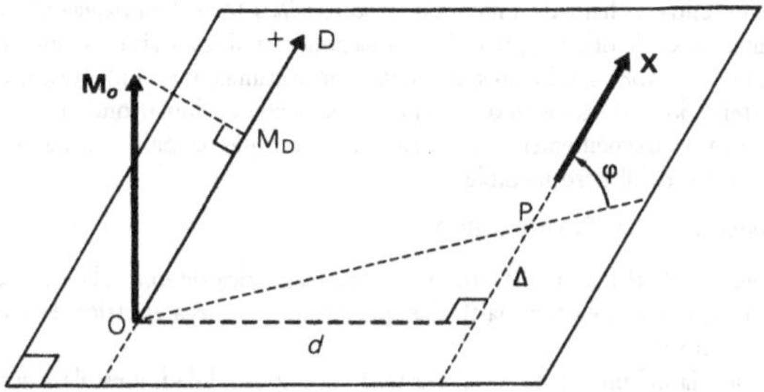

Si **X** es un vector polar (una fuerza, por ejemplo —M_0 se mide en newton/metro en ese caso, N/m—), $\mathbf{M}_0$ es un vector axial, un pseudovector. Inversamente, si **X** es un vector axial (un campo magnético B, por ejemplo: M_0 se evalúa entonces en tesla/metro, T/m), $\mathbf{M}_0$ es un vector polar.
2 / Con respecto a un eje orientado D.—Valor algebraico de la proyección sobre D del momento $\mathbf{M}_0$ de **X** con respecto a un punto O, tomado en D (se demuesta que M_d es independiente de la elección de O).

▶ *Momento de una fuerza*.—V. MOMENTO DE UN VECTOR.

▶ *Momento de una variable aleatoria*.—V. la voz cerrada ALEATORIO.

▶ *Teorema del momento cinético*.—Consecuencia del principio fundamental de la *Mecánica newtoniana*. La derivada con respecto al tiempo del momento cinético de un móvil, con respecto a un punto 0 —$\mathbf{L}_0$— o con respecto a un eje —$\mathbf{L}_\Delta$—, es igual al momento resultante, $\mathbf{M}_0$ o $\mathbf{M}_\Delta$, de las fuerzas que se ejercen sobre el móvil: $d\mathbf{L}_0/dt = \mathbf{M}_0$ o $d\mathbf{L}_\Delta/dt = \mathbf{M}_\Delta$.
Una de las consecuencias de este teorema es evidente. En un sistema aislado, siendo nulo el momento resultante **M**, el momento cinético global permanece constante en el transcurso del tiempo. *Ejemplo:* En un helicóptero el momento cinético global con respecto al eje de rotación del rotor vale $\mathbf{L} = \mathbf{L}_1 + \mathbf{L}_2$; $\mathbf{L}_1$ es el momento cinético del rotor (palas sustentadoras) y $\mathbf{L}_2$ el del fuselaje. Cuando el rotor se pone en movimiento, $\mathbf{L}_1 > 0 \Leftrightarrow \mathbf{L}_2 < 0$, y el fuselaje entraría en rotación en opuesto sentido alrededor del eje común si el conjunto estuviera aislado. Una hélice, convenientemente situada, hace intervenir una fuerza exterior que evita esta desagradable eventualidad.

Mono

Prefijo griego que significa uno, único.

▶ *Monocromador*.—Dispositivo que permite aislar una radiación monocromática a partir de una radiación electromagnética compleja. Las más sencillas son las láminas de vidrio coloreadas (cris-

tal rojo, por ejemplo) que absorben todas las radiaciones salvo una. Otros utilizan los fenómenos de dispersión (prismas, redes) o de interferencia (filtros interferenciales)...
En sentido estricto, la radiación transmitida por un monocromador no es nunca realmente monocromática. La calidad de un monocromador se mide por la *anchura espectral* de la radiación transmitida. Un monocromador es, por tanto, el equivalente en óptica a los filtros de pasabanda que se utilizan en electricidad.

▶ *Monocromático.*—Una onda —o una radiación— sinusoidal, poseyendo por tanto una frecuencia bien definida, es llamada a menudo *monocromática* (*etimológicamente*, de un solo color). Esta denominación es de origen óptico. Las radiaciones luminosas visibles dan, en efecto, diferentes sensaciones de *color* cuando sus frecuencias son distintas, y esta identificación color-frecuencia se ha extendido a todos los tipos de ondas. De hecho cualquier onda real, aparentemente monocromática, es frecuentemente un *paquete de ondas* que ocupa una zona de frecuencias, su *anchura espectral*, débil pero medible.

▶ *Mononucleico.*— V. POLINUCLEICO.

▶ *Monopolo.*—Partícula que llevaría una carga magnética de una sola especie (norte o sur), de la misma manera que existen partículas que llevan una carga eléctrica de una sola especie (positiva o negativa).
La experiencia del imán roto ha demostrado la imposibilidad, a escala macroscópica, de separar las cargas (o masas) magnéticas de un imán. Con la hipótesis de Ampère sobre el origen electrico del magnetismo se pensó que, incluso en la escala particular, no pueden existir cargas magnéticas, ni asociadas ni separadas. Son los bucles eléctricos los que juegan el papel de los dipolos magnéticos. Por añadidura, la teoría de la relatividad ignora completamente las cargas magnéticas.
Una teoría debida a Dirac, sin embargo, basada en la analogía de los formalismos electrostático y magnetostático principalmente, postula la existencia de *monopolos* magnéticos. Se han diseñado experiencias diversas para su detección. Por ahora, ninguna de ellas ha tenido éxito de modo plenamente convincente. Si alguna de esas experiencias se viera coronada por el éxito un día, parece claro que nuestras ideas actuales sobre electromagnetismo deberían ser revisadas. Esto, para la física, es una de las leyes del progreso...

▶ *Monoterma.*—Califica a una transformación en el curso de la cual el sistema que evoluciona intercambia calor con una sola fuente de calor.
V. SEGUNDO PRINCIPIO DE LA TERMODINÁMICA, TRANSFORMACIÓN ISOTERMA.

Morley Edward William (1838-1923)

V. EXPERIENCIA DE MICHELSON Y MORLEY.

Moseley Henry Gwyn-Jeffreys (1887-1915)

▶ *Ley de Moseley.*—Ley empírica aproximada, descubierta por Moseley (1914) comparando los *espectros de rayas* X característicos de los diferentes átomos. Puede enunciarse como sigue: «La frecuencia ν de una raya X de un espectro de emisión crece con el cuadrado del número atómico Z del átomo emisor.» Una aproximación menor nos la da la expresión: $\nu = A(Z - a)^2$, donde ν es la frecuencia de una discontinuidad de absorción, A y *a* dos constantes que dependen del tipo de raya observado. Por ejemplo, para las discontinuidades K_α, *a* vale sensiblemente 1, y A muy cerca de $2 \cdot 10^{15}$ Hz.
La ley de Moseley contribuyó a demostrar que la emisión de radiación X característica es consecuencia, como en el caso de la emisión óptica, de *transiciones* energéticas del átomo entre dos

niveles cuantificados. Puede, en efecto, reencontrarse la ley de Moseley a partir de una *fórmula de Balmer generalizada*, del tipo:

$$\nu = cR(Z - a)^2\left(\frac{1}{n^2} - \frac{1}{m^2}\right)$$

(donde a es una constante de pantalla). Por ejemplo, cuando un electrón salta desde un nivel L, de número cuántico principal $m = 2$, hasta un nivel K, de número cuántico $n = 1$, esta misma transición, que para el hidrógeno se traduce en una emisión de radiación ultravioleta (una raya de Lyman) ($Z = 1$; $a = 0$), para los átomos «pesados» da rayas X, con más precisión las rayas K_α previstas por la ley de Moseley: $\nu = cR\frac{3}{4}(Z - a)^2$ (c velocidad de la luz, R constante de Rydberg, $Z > 1$). $\frac{3}{4}cR \simeq 2 \cdot 10^{15}$ Hz.

La ley de Moseley se utilizó para la determinación de algunos números atómicos Z.

Mössbauer Rudolph (1924)

Premio Nobel 1961

▶ *Efecto Mössbauer*.—Fenómeno relativo a la radiación γ, emitida o absorbida por átomos radiactivos, cuando éstos forman parte de un sólido cristalino; de un conjunto, por tanto, de átomos a los que están ligados por fuerzas de cohesión. Cuando esas fuerzas cohesivas son débiles, la emisión de un fotón γ produce el efecto de hacer recular al átomo emisor. Éste absorbe, por consiguiente, una parte ΔE de la energía E liberada en la transición nuclear responsable de la emisión. El fotón, en lugar de llevar la energía E, lleva ahora la energía $E - \Delta E$ solamente, y su frecuencia no es ya $\nu = E/h$, sino algo menor: $\nu' = (E - \Delta E)/h$ (h constante de Planck). Sucede además que en el momento de la emisión los núcleos no están quietos, ya que oscilan a un lado y otro de su posición media. El efecto de retroceso no va a ser el mismo para todos los núcleos emisores en el mismo instante. Interviene también el *efecto Doppler*. Como resultado de todo ello, las frecuencias emitidas ocupan una banda de frecuencias mucho más ancha que el intervalo de frecuencias que define la anchura natural de la emisión. En la absorción se produce un efecto simétrico.
Cuando, por el contrario, son importantes las fuerzas de cohesión, es todo el cristal el que sufre el retroceso. Por ello resulta insignificante. Si, de otro lado, se opera a bajas temperaturas, se elimina el efecto Doppler debido a la agitación térmica. La experiencia muestra que en estos casos favorables, la finura de las rayas emitidas o absorbidas es muy notable ($\lambda/d\lambda$ próximo a 10^{12} para el hierro 57). La existencia de estas *emisiones y absorciones sin retroceso* constituye el *efecto Mössbauer*, descubierto en 1958.

Motor

Aparato cuyo destino es convertir en energía mecánica cualquier otra forma de energía. Los más utilizados son los motores eléctricos y los térmicos.
V. RENDIMIENTO.

▶ *Motor eléctrico*.—Máquina giratoria que absorbe energía eléctrica y restituye energía mecánica. Todos los motores eléctricos se basan en la acción que ejerce un campo magnético sobre un conductor recorrido por una corriente eléctrica (fuerza de Laplace).
Un órgano fijo, el *estator*, excitado por una corriente eléctrica, crea el campo magnético B. Otro órgano, el *rotor*, cuya forma es cilíndrica y que puede girar en el interior de estator, lleva sobre su superficie lateral conductores recorridos por una intensidad I. Esos conductores, mecánica-

mente solidarios del rotor, sufren la acción del campo magnético; el rotor gira por la acción de un par motor, proporcional a BI.
Existen motores alimentados por *corriente continua*. Son, salvo pequeñas diferencias de reglaje, dinamos cuyo funcionamiento ha sido invertido.
Los motores alimentados con *corriente alterna* son de tipos más variados. Si bien el estator siempre está alimentado por una corriente alterna, el rotor puede recibir corriente alterna, o continua, o estar en corto-circuito, sin alimentación externa.
En los *motores serie* y en los *motores shunt*, la misma corriente alterna pasa por el estator y el rotor, que son unidos entre sí, bien en serie, bien en paralelo. Estos motores, además, pueden ser alimentados en principio con cualquiera de las dos corrientes, ya que los cambios de signo simultáneos de B y de I no modifican el sentido del par motor. Algunos diseños de motores se prestan a ello, por lo que reciben el nombre de *motores universales.*
En los *motores síncronos* el rotor está recorrido por una corriente continua —aquí es necesaria una dinamo auxiliar— y recuerda al rotor de un alternador. Puede girar —bajo la acción del «*campo alterno*» del estator— con una velocidad angular constante igual a la pulsación de la intensidad de corriente que circula por el estator. Pero hay que dotarle previamente de esa velocidad.
El rotor de los *motores asíncronos* está cortocircuitado, y está recorrido por una corriente inducida creada por el campo alternante. Esta corriente es de sentido tal que las fuerzas de Laplace arrastran el rotor en una rotación del mismo sentido que el campo alternante. Su velocidad varía aquí en un margen considerable, pero no es necesario lanzar el motor para que adquiera inicialmente velocidad.
Todos esos motores tienen características de funcionamiento variadas, valores extremos de *velocidades* obtenibles, *pares resistentes* aceptables, *potencia*, *rendimientos*... Se comprende que según el uso al que son destinados, desde el arrastre de pequeños aparatitos hasta el de trenes, se esté obligado a elegir tal o cual tipo de motor; elección que puede ser cuestionada de nuevo a causa de los avances de la técnica.

▶ *Motor térmico.*—Aparato en el que se convierte en energía mecánica la energía térmica que proviene de una reacción química (combustión de un carbón o un hidrocarburo) o de una reacción nuclear. Según el órgano en el que tenga lugar la reacción se clasifica a los motores en dos tipos: aquellos en los cuales la combustión se produce fuera del motor propiamente dicho —máquina de vapor, turbina de vapor— se llaman motores de *combustión externa*; aquellos otros en los que la combustión es interior al motor reciben el nombre de máquinas de *combustión interna* —motores de explosión, motores diésel, motores a reacción—. El calor que se va a convertir es cedido a un fluido (aire o gas de combustión) que describe ciclos de transformaciones, durante las cuales produce el trabajo mecánico utilizable (V. CICLO DE RANKINE, CICLO DE BEAU DE ROCHAS, CICLO DE JOULE).
El *rendimiento* de un motor térmico es siempre pequeño (del 20 al 30 % en el mejor de los casos). Se sabe que la obsesión por mejorar el rendimiento de las máquinas de vapor es el origen histórico de la termodinámica. (V. PRINCIPIO DE CARNOT.)

Mottelson Benjamin (1925)

Premio Nobel en 1975 (con A. Bohr y Rainwatter).
V. MODELOS NUCLEARES.

Movilidad

Es una de las características de los «portadores de carga», cuyo movimiento de deriva asegura el paso de corriente eléctrica en un medio conductor. Se demuestra que la velocidad **v** de ese movimiento es proporcional al campo **E** que lo produce: $\mathbf{v} = u\mathbf{E}$. u es la *movilidad* de las cargas en observación.

La movilidad se mide, bien directamente, cuando puede seguirse el desplazamiento del conjunto de portadores de carga —iones coloreados en un electrolito, por ejemplo—, bien indirectamente, midiendo la conductividad. Su valor puede ilustrarnos sobre las dimensiones de los portadores de carga.

Órdenes de magnitud: midiéndose E en V/m y v en m/s, u es del orden de 10^{-8} en un electrólito, de 10^{-4} en un gas, de 10^{-3} en un conductor metálico y de 10^{-1} ($m^2/V \cdot s$) en un semiconductor.

Movimiento

V. Mecánica, Cantidad de movimiento, Referencial.

▶ *Movimiento browniano.*—V. Brown.

▶ *Movimiento helicoidal de un sólido.*—Movimiento de un sólido que está animado simultáneamente de un movimiento de rotación en torno de un eje orientado D (velocidad angular ω) y de un movimiento de traslación a lo largo del mismo eje D.

Los puntos del sólido situados en el eje poseen todos, en el mismo instante, una velocidad común $\mathbf{v}_g$. $\mathbf{v}_g$ es la *velocidad* de traslación o de *deslizamiento* del sólido. Un punto M situado fuera del eje D tiene en ese mismo instante una velocidad $\mathbf{v} = \mathbf{v}_g + \omega \wedge \mathbf{OM}$, donde O es un punto cualquiera del eje D.

En este tipo de movimiento D permanece fijo, y las dos velocidades v_g y ω permanecen constantes; $p = 2\pi v_g/\omega$ es el *paso* común de las hélices descritas por cada punto del sólido. El mayor interés del estudio del movimiento helicoidal de un sólido radica en el siguiente hecho. Se demuestra que el movimiento general de un sólido coincide en todo instante con un movimiento helicoidal, llamado *movimiento helicoidal tangencial*, cuyas características, D, v_g y ω, pueden variar de un instante a otro. D es su *«eje instantáneo de rotación-deslizamiento»*.

▶ *Movimiento perpetuo.*—La imposibilidad del movimiento perpetuo es una expresión consagrada por el uso. De hecho se trata de la imposibilidad de realizar un dispositivo al cual se le suministre, por cada ciclo de funcionamiento, una energía E inferior a la energía E' que se pueda obtener. Si esto fuera posible se obtendría una energía *gratuita* E' − E por ciclo, y esto podría repetirse indefinidamente: de ahí la expresión movimiento (o móvil) *perpetuo* (de primera especie).

Otra eventualidad es la conocida como movimiento perpetuo *de segunda especie*. Consistiría en hacer funcionar una máquina térmica que transformara en energía mecánica el calor suministrado por una *única fuente de calor* —la atmósfera, o el agua del océano, como ejemplo de fuentes prácticamente inagotables.

El fracaso de múltiples tentativas realizadas en busca del móvil perpetuo de primera especie contribuyó a que se admitiera el *primer principio de la termodinámica*, que afirma que el balance de un dispositivo ideado con ese fin es necesariamente nulo (E' = E). Del mismo modo, la imposibilidad de llevar a cabo un móvil perpetuo de segunda especie condujo al *segundo principio*, o principio de Carnot.

m.t.s.

Siglas que designan un sistema de unidades coherente fundado en tres unidades básicas, el metro, la tonelada y el segundo. El sistema m.t.s. fue el sistema legal en Francia desde 1919 hasta 1961 (año en el que fue sustituido por el «sistema internacional» SI).

Multipletes

1. En espectroscopia un *multiplete* es un conjunto de rayas espectrales emitidas (o absorbidas) por un átomo determinado, y que presentan características comunes. *Ejemplo:* la raya amarilla del sodio (raya D), observada con un espectroscopio suficientemente dispersivo, se revela como formada por dos rayas vecinas: D_1 (5.890 Å) y D_2 (5.896). Es un *«doblete»*. Los átomos con dos electrones de valencia, el calcio por ejemplo, dan dos tipos de rayas: unas son *singletes* y otras son *«tripletes»*...
Es cómodo clasificar los espectros de rayas de un átomo, para su estudio, en *multipletes:* clasificación aún inacabada en el caso de alguno de los elementos de espectro más rico en rayas, como el hierro, por ejemplo.
Según la mecánica cuántica, la existencia de multipletes de rayas es una consecuencia de la *multiplicidad* de niveles energéticos de un átomo cuando éste se encuentra en un estado caracterizado por valores determinados de los números cuánticos principal y secundario, n y L. Esta multiplicidad es consecuencia de los diferentes valores que puede adquirir entonces su número cuántico interno J ($\mathbf{J} = \mathbf{L} + \mathbf{S}$), que traduce el acoplamiento entre sus momentos magnéticos orbitales **L** y de los de spin **S**. Así, el nivel energético del átomo de sodio excitado, caracterizado por los números $n = 3$, L = 1, es doble, ya que su número cuántico J puede tomar los valores J = 3/2 o J = 1/2, según que sus momentos magnéticos orbitales y de spin —que se reducen aquí a los de su único electrón de valencia— sean paralelos o antiparalelos entre sí. Los términos espectrales correspondientes son notados, respectivamente como $3P_{3/2}$ y $3P_{1/2}$ (o, con más propiedad, $3^2P_{3/2}$ y $3^2P_{1/2}$: el exponente 2 indica la multiplicidad, equivalente en general a [2S + 1]). Por el contrario, en el estado fundamental $n = 3$, L = 0, el nivel energético del átomo de sodio es único, y su término espectral se escribe $3S_{1/2}$. A las dos transiciones posibles $3P_{3/2} \rightarrow 3S_{1/2}$ y $3P_{1/2} \rightarrow 3S_{1/2}$ corresponde la emisión del doblete D.
V. Capas electrónicas, Efecto Zeemann, Modelo vectorial del átomo.
2. En física corpuscular un *multiplete de carga* es una familia de partículas —de hadrones— que tienen el mismo número bariónico, la misma extrañeza, sensiblemente la misma masa, pero cargas eléctricas diferentes. Según que la familia tenga una, dos, tres o cuatro partículas decimos que se trata de un singlete, un doblete, un triplete... de carga. Los dos nucleones —protón y neutrón— constituyen un doblete de carga.

Multiplicador

▶ *Multiplicador de electrones* (Zworykine, 1936).—Célula vacía cuyo papel es amplificar un haz de electrones por una serie de emisiones de electrones secundarios, que se producen en cascada en electrodos intermedios, los *«dinodos»*, habiendo sido llevados éstos a potenciales escalonados, cada vez más elevados. (V. figura.)
La ganancia, o *factor de multiplicación*, de un multiplicador de electrones, cociente entre los números de electrones de los haces de salida y entrada, es igual al producto de las sucesivas ganancias de los dinodos. Basta, por ejemplo, que ésta sea próxima a cuatro, cosa harto realizable, para que diez dinodos bien dispuestos permitan una ganancia de consideración: más de un millón (4^{10}).
A la salida los electrones pueden ser dirigidos hacia un circuito eléctrico, hacia una placa fotográfica o incluso hacia una pantalla fluorescente.
Si los electrones primarios son emitidos por un fotocátodo, la célula es un fotomultiplicador. Los fotomultiplicadores se utilizan para el estudio de flujos luminosos muy pequeños (del orden de algunos fotones por segundo, a veces). Son, por ejemplo, los órganos esenciales de los «contadores de centelleo», que permiten detectar y numerar los breves chispazos producidos por los impactos sobre un blanco fluorescente de las partículas que emite un radioelemento. Cuando la señal de entrada es transportada por un flujo luminoso y la señal de salida es tam-

bién luminosa finalmente, se dice que el aparato es un *multiplicador de luminancia*. Recibiendo un haz pequeño de luz infrarroja, invisible, es posible obtener a la salida luz más intensa y visible, haciendo una elección adecuada de la pantalla fluorescente.

▶ *Multiplicador de luminancia*.—V. MULTIPLICADOR DE ELECTRONES.

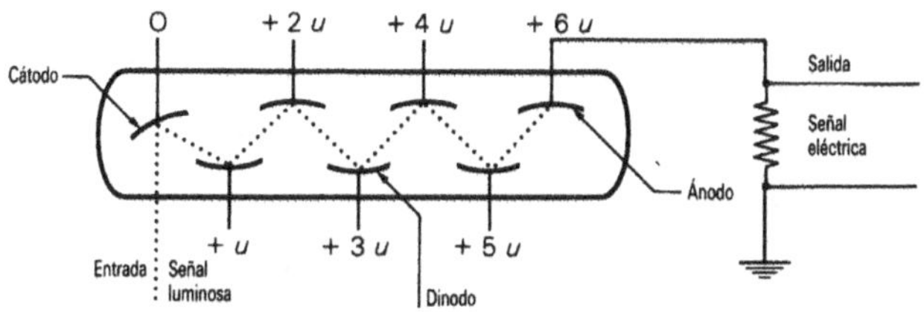

Esquema básico de un fotomultiplicador.
Deflectores, no representados en el esquema, aseguran la conducción precisa de los electrones de uno a otro dinodo, hasta el final.

Multiplicidad

V. MULTIPLETES.

Multipolo eléctrico

Conjunto de cargas eléctricas próximas. Un núcleo atómico, un átomo, un ión, una molécula son ejemplos de multipolos eléctricos.
Si se estudian el campo eléctrico que un multipolo puede crear en un punto o, inversamente, las acciones que puede sufrir cuando está sumergido en el seno de un campo eléctrico, se comprueba que está caracterizado por magnitudes llamadas «*momentos multipolares*» eléctricos.

Muón (μ)

Partícula descubierta en la radiación cósmica (C. Anderson, 1938). Considerada en principio como el mesón predicho por Yukawa, se sabe hoy que es un *leptón* que se obtiene de la desintegración del mesón pi: $\pi^{\pm} \rightarrow \mu^{\pm} + \nu_{\mu}$ (ν_{μ} neutrino muónico). El muón es, en suma, un electrón grande, muy grande (su masa es unas 206 veces mayor que la del electrón). Contrariamente al electrón, no obstante, el muón es inestable. Su vida media es del orden de $2 \cdot 10^{-6}$ s. En su desintegración aparece un electrón acompañado de neutrinos: $\mu^{\pm} \rightarrow e^{\pm} + \nu_e + \nu_{\mu}$ (ν_e neutrino electrónico).
V. NÚMEROS LEPTÓNICOS, CUADRO DE PARTÍCULAS (Anexo 4).

N

N

▶ *Capa N.*—V. CAPAS ELECTRÓNICAS.

▶ *Reglas N.*—V. REGLAS DE DENOMINACIÓN DE LOS GRANDES NÚMEROS.

Nabla

▶ *Operador nabla* (∇).—La palabra nabla designaba a un antiguo instrumento musical cuya forma recordaba la de la letra delta mayúscula (Δ) invertida: de ahí también la denominación atled, hoy abandonada.
Mientras que la definición de cada uno de los operadores diferenciales (gradiente, divergencia, rotacional, laplaciana... (V. esas diferentes voces) hace referencia explícita al tipo de función (escalar o vectorial) al que se aplica, el operador nabla se define de modo universal. En el espacio de tres dimensiones es el operador vectorial: $\nabla = \sum_i \boldsymbol{e}_i \frac{\partial}{\partial x_i}$ (i = 1, 2, 3), donde $\boldsymbol{e}_1$, $\boldsymbol{e}_2$, $\boldsymbol{e}_3$ son los vectores básicos ortonormales de un sistema de referencia (O, x_1, x_2, x_3).
Aplicado a una función escalar, el operador nabla da: $\nabla f = \sum_i \mathbf{e}_i \frac{\partial f}{\partial x_i}$, vector en el que se reconoce al vector gradiente de la función $f(x_1, x_2, x_3)$. Es, por consiguiente, equivalente escribir **grad** f o ∇f.
Aplicado a un campo vectorial $\mathbf{X}$(M), da: o bien $\nabla \cdot \mathbf{X} = \sum_i \frac{\partial X_i}{\partial x_i}$, equivalente a div X, o bien $\nabla \wedge \mathbf{X} = \sum \boldsymbol{e}_i \left(\frac{\partial X_2}{\partial x_3} - \frac{\partial X_3}{\partial x_2}\right)$, equivalente a **rot X.** El operador de segundo orden $\nabla^2 = \nabla \cdot \nabla = \sum_i \frac{\partial^2}{\partial x_i^2}$ es equivalente en ambos casos al operador laplaciano, que se aplica indistintamente a una función escalar: $\nabla^2 f = \sum_i \frac{\partial^2 f}{\partial x_i^2} = \Delta f$ o a una función vectorial: $\nabla^2\mathbf{X} = \sum_i \boldsymbol{e}_i \, \Delta X_i = \Delta\mathbf{X}$.

nano

V. CUADRO DE PREFIJOS DEL SISTEMA INTERNACIONAL (SI) (Anexo 1.2).

Natterer Konrad (1860-1901)

▶ *Tubos de Natterer.*—Serie de tubos de vidrio con los cuales se pueden medir temperaturas críticas.

Cada tubo, cerrado por ambos extremos, contiene en diferentes proporciones una mezcla de líquido y vapor del cuerpo estudiado. Cuando esos tubos se calientan, se observa que la superficie de separación de ambas fases desaparece a temperaturas que dependen de las proporciones originales; en el enfriamiento reaparece la superficie entre líquido y vapor. La temperatura más elevada compatible con la existencia simultánea de las dos fases es la *temperatura crítica* del cuerpo estudiado (V. DIAGRAMA DE ANDREWS).
Gracias a un fenómeno de opalescencia crítica, el resultado puede aproximarse hasta cerca de la centésima de grado.

Navier Henri (1785-1836)

▶ *Ecuación de Navier-Stokes.*—V. DINÁMICA DE FLUIDOS.

Néel Louis Eugène Félix (1904)

Premio Nobel en 1970 (con Alfvèn).

▶ *Punto de Néel.*—Temperatura de transición entre el estado antiferromagnético y el estado paramagnético. *Ejemplo:* el óxido de manganeso MnO es antiferromagnético por debajo de 122 K y paramagnético por encima de esa temperatura.
V. PUNTO DE CURIE.

Negatón (e^-)

Otra denominación del electrón (negativo).

Negro

V. CUERPO NEGRO, RADIACIÓN NEGRA.

Neguentropía

Neologismo, propuesto por Brillouin, para designar una función de estado S′, igual por definición a la función entropía cambiada de signo: $S' = -S$.
V. POTENCIAL TERMODINÁMICO.

Nemático

Nombre de una familia de *cristales líquidos*.
Nemático viene de una palabra griega que significa hilo. Cuando se observan este tipo de cristales al microscopio, se ven a menudo líneas muy finas, semejantes a hilos, de donde proviene el nombre que les ha sido dado.
Hoy se piensa que esos hilos son alineamientos de defectos locales de estructura.
V. CRISTALES LÍQUIDOS.

Neper (o Napier) John (1550-1617)

▶ *neper (Np).*—Unidad que sirve para medir las constantes de debilitamiento (o las ganancias) de los cuadripolos electrocinéticos (V. CONSTANTE DE TRANSFERENCIA). Siendo V_e y P_e respectivamente la tensión y la potencia eléctricas a la entrada del cuadripolo, y V_s y P_s sus valo-

res a la salida, la constante de debilitamiento (magnitud sin dimensiones) vale $a = \ln (V_e/V_s) = \ln (P_e/P_s)/2$. Se evalúa convencionalmente en *népers*.
Un néper mide, por tanto, un debilitamiento de tensión igual al número *e*: $V_e/V_s = e \simeq 2{,}7$, o un debilitamiento de la potencia: $P_e/P_s = e^2 \simeq 7{,}4$.
Cómodo en ciertos cálculos teóricos, el néper es sustituido con frecuencia en los cálculos por el decibelio. Se escribe entonces, por analogía con lo que se hace en acústica: $a' = 10 \lg (P_e/P_s) = 20 \lg (V_e/V_s)$.
V. BEL.

▶ *Número de Néper (número e).*—Es el número de base de los logaritmos «neperianos». ($\lg_e e = \ln e = 1$). $e \simeq 2{,}718...$ $1/e \simeq 0{,}367...$ La notación exp (x) es equivalente a e^x.
V. DECRECIMIENTO EXPONENCIAL.

Nernst Walther (1864-1941)

▶ *Efecto Nernst.*—Producción de una tensión eléctrica en un conductor sometido a un campo magnético y atravesado simultáneamente por un flujo de calor (cfr. EFECTO HALL, MAGNETODINÁMICA DE FLUIDOS).

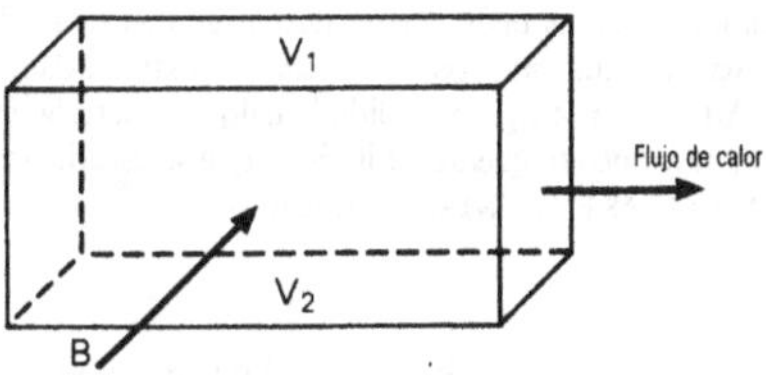

▶ *Principio de Nernst* (1905).—V. TERCER PRINCIPIO DE LA TERMODINÁMICA.

Neumann Franz Ernst (1798-1895)

▶ *Fórmula de Neumann.*—Fórmula que da el valor de la *inductancia mutua* M de dos circuitos filiformes (C_1) y (C_2), recorridos por dos corrientes eléctricas de intensidades respectivas i_1 e i_2: $M = \frac{\mu_0}{4\pi} \oint_{C_1} \oint_{C_2} \frac{\boldsymbol{dl}_1 \wedge \boldsymbol{dl}_2}{r}$.
$\boldsymbol{dl}_1$ y $\boldsymbol{dl}_2$ son dos elementos tomados respectivamente sobre (C_1) y sobre (C_2) y situados a una distancia r uno del otro: μ_0 es la permeabilidad del vacío.
V. INDUCTANCIA.

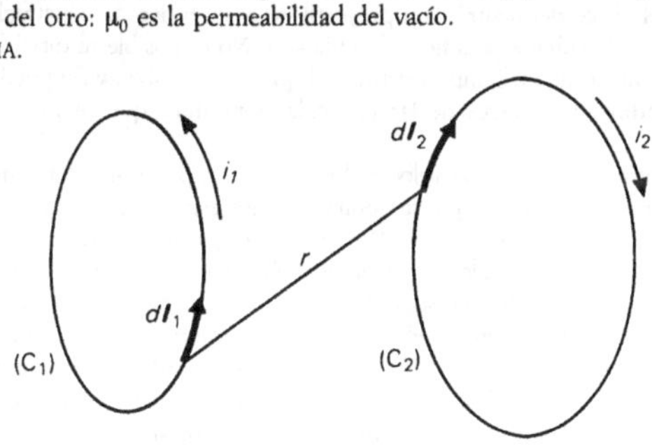

Neutrino (Símbolo ν)

Diminutivo italiano del neutrón. Esta denominación fue propuesta en 1933 por Fermi para designar una nueva partícula, cuya existencia había sido sugerida algunos años antes por Pauli. En ausencia de esta partícula, leyes de conservación establecidas con toda firmeza anteriormente, conservación de la energía, de la cantidad de movimiento y del momento cinético, aparecían (las tres) violadas en el curso de la *radiactividad beta*. Veinte años más tarde, Cowan y Reines pudieron demostrar experimentalmente la existencia del neutrino provocando su reacción con los protones del agua: $\bar{\nu}_e + p + \rightarrow n + e^+$, y detectando los neutrones resultantes.
Actualmente se han podido detectar y caracterizar dos neutrinos diferentes, el neutrino electrónico ν_e y el neutrino muónico ν_μ, así como sus antineutrinos correspondientes, $\bar{\nu}_e$ y $\bar{\nu}_\mu$, difiriendo neutrinos y antineutrinos por su *helicidad*. Existen razones para creer en la existencia de un tercer neutrino ν_τ y de su antineutrino $\bar{\nu}_\tau$, asociados a un tercer leptón, el tau (τ).
Se producen neutrinos continuamente: no sólo en la radiactividad beta: $n \rightarrow p + \bar{e} + \bar{\nu}_e$, sino igualmente en la desintegración de partículas tales como piones y muones (ejemplo: $\mu^+ \rightarrow e^+ + \nu_e + \bar{\nu}_\mu$). No sólo se producen en nuestros aparatos: se producen también en las estrellas, en la atmósfera y en los espacios interplanetarios. El estudio de los neutrinos emitidos por el Sol y que llegan a la Tierra (V. CICLOS TERMONUCLEARES) permitirá tal vez controlar los modelos que se han diseñado acerca de la constitución del Sol.
Según los actuales modelos, los neutrinos se desplazan con una velocidad igual (o muy cercana) a la de la luz, ya que su masa es nula (o extremadamente pequeña, menor que $2 \cdot 10^{-4}$ MeV/c^2). Atraviesan con gran facilidad cualquier materia, ya que sus interacciones con otras partículas son muy poco frecuentes. Ello hace que su estudio experimental sea harto difícil. V. CUADRO DE PARTÍCULAS ELEMENTALES (Anexo 4).

Neutrón

Es, junto al protón, uno de los constituyentes del núcleo atómico. Su masa (939,6 MeV/c^2) es ligeramente superior a la del protón (938,3 MeV/c^2). El resto de sus características —número bariónico, spin, isospin, paridad— son las mismas que las del protón, con dos excepciones: su carga eléctrica es nula —de ahí su nombre, y su símbolo ${}^1_0n$— y, contrariamente al protón, es medianamente estable, al menos cuando se encuentra en libertad. Se desintegra dando un protón: ${}^1_0n \rightarrow {}^1_1p + e^- + \bar{\nu}_e$, y su vida media vale sensiblemente 925 s. Aunque es eléctricamente neutro, el neutrón posee un momento magnético $\mu \simeq -1{,}9\ \mu_N$, donde μ_N es el magnetón nuclear; aún no se ha encontrado explicación para este hecho.
El neutrón fue detectado por primera vez en 1930, por Chadwick, en la radiación penetrante que se sabía obtener desde hacía unos años, bombardeando berilio con partículas α (radiación de Bothe y Becker): ${}^9_4\text{Ne} + {}^4_2\text{He} \rightarrow {}^{12}_6\text{C} + {}^1_0n$.
Su carga nula hace del neutrón un proyectil de gran poder de penetración. Pero es también una fuente de dificultades a la hora de utilizarlo. No es posible ni dirigirlo ni modificar su velocidad por medio de un campo eléctrico, al que es insensible, y no puede detectarse más que de modo indirecto, a través de las partículas ionizantes que se producen en sus distintos choques.
Su onda asociada, si tiene una velocidad conveniente, posee una longitud de onda del orden del angstrom, y ello explica que sea utilizado para estudiar por difracción la estructura, por ejemplo, de los medios magnéticos. Pero donde juega un rol esencial el neutrón es en las *fisiones* nucleares, fundamentalmente. Con este objetivo se utilizan tanto *neutrones rápidos* —neutrones cuya energía cinética es superior a 0,1 MeV— como *neutrones lentos* —neutrones cuya energía cinética es del orden del eV— o neutrones *intermedios*. Los neutrones cuya energía cinética es del orden de 0,025 (1/40) eV son llamados *neutrones térmicos* −1/40 eV es, aproximadamente, la energía cinética media de las moléculas de un gas a la temperatura ambiente. V. TIPOS DE CENTRALES NUCLEARES, REACCIÓN EN CADENA.

Newton Isaac (1643-1727)

▶ *Anillos de Newton.*—Franjas de interferencia luminosa obtenidas iluminando normalmente una lámina de aire, limitada por una parte por la cara plana de una lámina de vidrio, y por otra, por la parte esférica de una lente de vidrio. Si todo está bien reglado se observa, con luz monocromática, una serie de anillos concéntricos, alternativamente brillantes y oscuros. Los radios de los dos tipos de anillos crecen como la raíz cuadrada de los números enteros sucesivos. Son las franjas de igual espesor localizadas sobre la lámina (V. CUÑA DE AIRE).
Este fenómeno fue descubierto por Newton (hacia 1675), lo que le indujo a completar su teoría corpuscular de la luz, en la que atribuía a cada grano de luz una propiedad periódica.

▶ *Fórmulas de Newton.*—V. FÓRMULAS DE LOS SISTEMAS CENTRADOS.

▶ *Leyes de Newton:*
1. Mecánica.—V. MECÁNICA NEWTONIANA.
2. Termodinámica.—Los intercambios de calor entre dos medios separados por un tabique no completamente atérmano son muy lentos si la diferencia de temperaturas θ entre los medios es muy débil. La ley de Newton, que se utiliza en particular en calorimetría, admite que el flujo de calor Q/t a través de una pared es proporcional a la diferencia térmica: $Q/t = k\theta$.
El coeficiente k depende de las dimensiones de la superficie de contacto y de las cualidades del tabique.

▶ *neuton (N).*—Unidad de fuerza del SI. Es la «fuerza que comunica una aceleración de un metro por segundo cuadrado a un cuerpo cuya masa es un kilogramo». Otras unidades: 1 dina (sistema c.g.s.) = 10^{-5} N. 1 kg peso = 1 kp $\approx$ 9,8 N.

▶ *Tubo de Newton.*—Tubo transparente y cilíndrico, bastante largo, en el que son encerrados distintos objetos de formas y pesos diferentes. Cuando el tubo se invierte bruscamente, se ve a los objetos caer con diferentes velocidades. Pero si en los tubos se ha hecho el vacío previamente, todos esos objetos caen, «en caída libre», con el mismo movimiento.
V. ACELERACIÓN DE LA GRAVEDAD, VELOCIDAD LÍMITE.

Nicol William (1768-1851)

▶ *Prisma de Nicol.*—Prisma de material birrefringente, utilizado como polarizador y como analizador.
Una lámina de espato, de dimensiones apropiadas, se divide en dos y luego se reconstruye interponiendo, entre ambas mitades, un líquido denominado «bálsamo de Canadá», cuyo índice de refracción posee un valor intermedio entre los índices de refracción ordinario y extraordinario del espato. Los dos rayos interiores resultantes de un mismo rayo luminoso incidente sufren entonces una suerte diferente al llegar a la interfase, el dióptrico plano espato-líquido. El rayo ordinario sufre una reflexión total y luego es absorbido por la cara lateral ennegrecida con ese objeto. Sólo el rayo extraordinario atraviesa la segunda mitad del prisma (V. figura).
La travesía de un prisma de Nicol transforma, por tanto, un rayo de luz incidente en un rayo emergente polarizado rectilíneamente, cuya vibración se encuentra contenida en el plano de sección del prisma. Éste se comporta entonces como un órgano *polarizador*. Si recibe un haz ya polarizado, sólo transmite la *componente* de la vibración situada en el plano de la sección principal. El prisma juega en ese caso el papel de *analizador*.
Durante mucho tiempo utilizado tras su invención por Nicol (en 1828), hoy es sustituido a menudo por otros prismas, basados en el mismo principio, pero en posesión de mejores especificaciones. La mejora afecta sobre todo a la abertura máxima del haz utilizable. Pero incluso aunque se trate de polarizadores y analizadores diferentes, el uso ha establecido que se les siga llamando *nícols*.

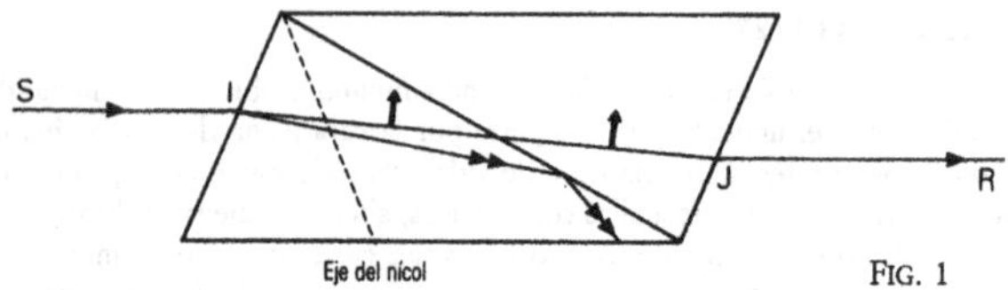

FIG. 1

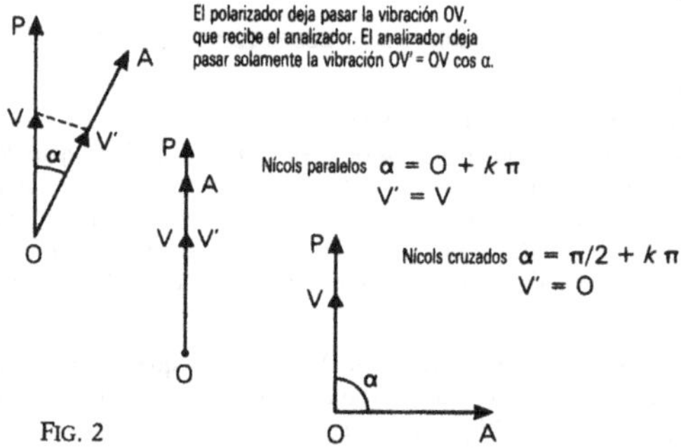

FIG. 2

1. La figura representa el plano de sección principal de un nícol.
Un rayo de luz natural SI propagándose en ese plano da, a la salida, el rayo de luz polarizada rectilíneamente JR.
2. Representaciones convencionales de dos nícoles atravesados sucesivamente por el mismo rayo. El plano de la figura es un plano normal a la dirección general de propagación de un rayo. La figura es vista por un observador que recibe el rayo. OP y OA son las trazas sobre ese plano de los planos de sección principal del nícol polarizador y del nícol analizador.

Nichols Ernest (1869-1924)

▶ *Experiencias de Nichols y Tear.*—Llevadas a cabo en los años 1920 por vez primera, esas experiencias establecieron la conexión entre las ondas luminosas y las ondas hertzianas. Se demostró en ellas, en efecto:
1 / que se pueden obtener, a través de la técnica de las oscilaciones eléctricas, ondas hertzianas cuyas longitudes de onda descienden hasta 200 μm aproximadamente, mientras que las infrarrojas de arco de mercurio pueden alcanzar hasta 400 μm. (Hoy se saben estudiar ondas infrarrojas cuyas longitudes de onda se acercan a 1.000 μm);
2 / que en el intervalo común, esos dos tipos de ondas pueden ser detectadas por un mismo radiómetro, y sus longitudes de onda medidas con el mismo inteferómetro.
V. CUADRO DE RADIACIONES ELECTROMAGNÉTICAS (Anexo 5).

Nipkow Paul (1860-1940)

▶ *Disco de Nipkow.*—Analizador de imágenes. Fue el dispositivo que hizo posibles las primeras transmisiones de imágenes televisadas. Ha sido utilizado, por lo menos para el telecine, hasta alrededor de 1940. Consiste en un disco plano circular sembrado de finos agujeros repartidos regularmente en un mismo círculo. Se le coloca en la trayectoria de un haz luminoso, que atraviesa el film que se quiere transmitir, antes de llegar a una célula fotoeléctrica. Combinando

juiciosamente las velocidades de traslación de la película y de rotación del disco, se obtiene que el haz ilumina metódicamente, punto a punto, línea tras línea, la superficie de la imagen. Las corrientes obtenidas, cuya intensidad es proporcional a la transparencia de la imagen en sus distintos puntos, son transmitidas hacia el receptor.
Los actuales *tubos analizadores*, en los que la exploración de la imagen se efectúa por medio de un haz de electrones, presentan mucha menos inercia que un disco material y han sustituido con ventaja al disco de Nipkow.

Nivel

▶ *Curva de nivel, superficie de nivel.*—V. EQUIPOTENCIAL.

▶ *Nivel energético.*—V. ÁTOMO DE BOHR, CAPAS ELECTRÓNICAS.

Nivelación

▶ *Fórmula de nivelación barométrica.*—1 / Geofísica.—Expresión matemática que da la ley de variación de la presión atmosférica P en función de la altura z del lugar, y que permite, por tanto, la nivelación (es decir, la determinación de esta altitud por medio de la medida de su presión atmosférica).
La ley fundamental de la estática de fluidos permite prever la ley:

$$P = P_0 \exp[-\rho_0\, g(z - z_0)/P_0],$$

siendo P_0 y ρ_0, respectivamente, la presión y la densidad del aire a una altura de referencia z_0. En realidad, ese resultado, obtenido asimilando el aire atmosférico a una masa de gas perfecto, a temperatura constante y en un campo gravitatorio constante, no es más que una aproximación. Fórmulas más completas tienen en cuenta las variaciones con la altitud de la temperatura media y del campo gravitatorio. Los *altímetros* (barómetros metálicos graduados directamente en unidades de altura z) están corregidos por el constructor, de modo que son tenidas en cuenta todas estas circunstancias.

▶ *Termodinámica.*—Se llama, por analogía, fórmula de nivelación barométrica, a una expresión matemática que da la ley de reparto en altura de las moléculas de un fluido puro, o de los gránulos en suspensión en un fluido, en equilibrio dentro de un recipiente de pequeñas dimensiones. Aquí la expresión adquiere la forma:

$$n = n_0 \exp[-mg(z - z_0)/kT],$$

donde n y n_0 son las densidades medias, en el tiempo, de las moléculas o gránulos en los niveles z y z_0, m la masa de cada molécula o gránulo, k la constante de Boltzmann y T la temperatura del fluido. Esta fórmula fue utilizada, por ejemplo, por Perrin en su estudio del movimiento browniano.

Nodales

▶ *Puntos nodales.*—Pares de puntos conjugados, N N′, situados en el eje de un sistema centrado utilizado en rayos paraxiales (aproximación de Gauss) y para los cuales la razón de convergencia vale + 1, lo que quiere decir que a todo rayo incidente que pasa por el punto nodal objeto N corresponde un rayo emergente *paralelo* que pasa por N′ (punto nodal imagen). Los puntos conjugados para los cuales la razón de convergencia vale − 1 son los puntos *antinodales*. Se demuestra que todo sistema centrado, salvo si es afocal, posee un par, y sólo uno, de puntos antinodales y un par, y uno sólo, de puntos nodales.
V. SISTEMA CENTRADO (ELEMENTOS CARDINALES).

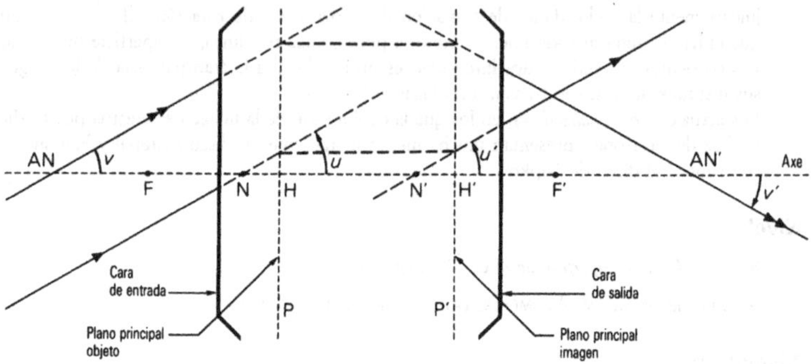

Distancias focales **HF = f H'F' = f'**

N, N' → Puntos nodales: razón de convergencia $u'/u = +1$ **HN = H'N' = f + f'**

AN, AN' → Puntos antinodales $v'/v = -1$ **HAN = − H'AN' = f − f'**

Noether Emmy (1882-1935)

▶ *Teorema de Noether.*—Toda ley física invariante en un transformación dada implica la existencia de una magnitud conservativa.

Ejemplo: De las ecuaciones de Lagrange que rigen el movimiento de un corpúsculo sumergido en un potencial escalar V se deduce que, si una traslación cualquiera en el espacio deja invariante V (espacio homogéneo), se conserva el momento lineal (o cantidad de movimiento) del corpúsculo, y recíprocamente. De análogo modo, la hipótesis de la isotropía del espacio (invariancia de V en una rotación cualquiera) está relacionada con la conservación del momento angular (o momento cinético) del móvil, y la permanencia de V (invariancia en el tiempo) está relacionada con la conservación de su energía.

V. Simetría de las leyes físicas, Ecuación de Hamilton-Jacobi.

Normalización

Desde el punto de vista matemático, una función $f(x)$, definida en todo punto de un dominio D, es llamada *normalizable* (a la unidad) si la suma $\int_D f^2(x)\,dv$, extendida a todos los dominios elementales dv, existe y es igual a una constante a^2: $\int_D f^2(x) \cdot dv = a^2$. Es posible en ese caso reemplazar $f(x)$ por una nueva función $F(x) = af(x)$, de modo que obtengamos: $\int_D F^2(x) \cdot dv = 1$. Se dice entonces que $F(x)$ es una función *normalizada*. Reemplazar f por F es una *normalización*.

Este concepto se utiliza, por ejemplo, en mecánica cuántica. La función de onda asociada al movimiento de un corpúsculo es ψ; la probabilidad de presencia del mismo en un elemento de volumen dv viene medida por $dP = \psi^2 \cdot dv$. Si se sabe, por otra parte, que ese corpúsculo se encuentra en alguna parte en D, la suma $P = \Sigma\, dP = \int_D \psi^2 \cdot dv$ es necesariamente igual a la unidad. Sólo son aceptables, por tanto, como funciones de onda las funciones normalizables, que pueden ser normalizadas eligiendo un coeficiente multiplicador apropiado.

Por extensión se dice que se normaliza una función cuando se le impone un valor unidad en condiciones especificadas.

Ejemplo: Las variaciones en amplitud (A) de la respuesta de un resonador a los distintos valores de la frecuencia N del excitador varían de modo diferente, según los casos, entre anchos límites. Es cómodo, para facilitar las comparaciones, «normalizar» dichas variaciones, tomando cada vez como unidad sus valores máximos respectivos. Reemplazar A(N) por $A(N)/A_m$ es una «normalización».

Queda claro con este ejemplo que normalizar una magnitud viene a ser una modificación en la escala elegida para su estudio.

V. RENORMALIZACIÓN.

Norton

▶ *Representación de Norton.*–V. DIPOLO ELECTROCINÉTICO.

▶ *Representación equivalente de Norton.*–Representación de un dipolo, o un cuadripolo, electrocinético real, por asociación, *en paralelo*, de dipolos ideales.

Ejemplo: Un dipolo real activo (D), de fuerza electromotriz e, sometido a una tensión continua $u = V_A - V_B$, es recorrida por una intensidad constante i. Un dipolo pasivo lineal (d) representa su conductancia interna G, mientras que su papel receptor o generador está representado por una «fuente de intensidad» (S), de intensidad característica $i_2 = Ge$ (V. figura).

V. REPRESENTACIÓN EQUIVALENTE DE THÉVENIN.

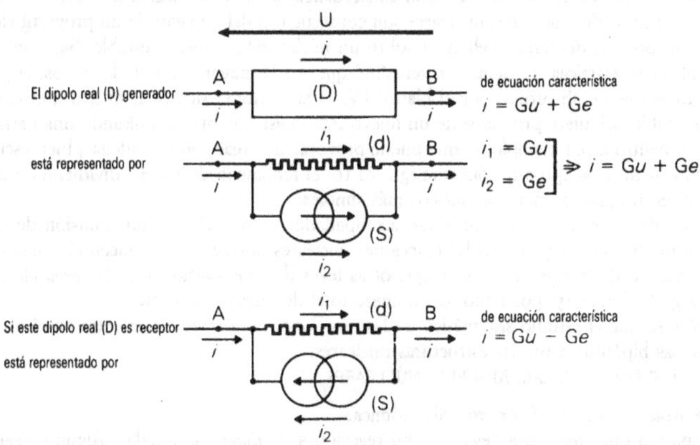

Nube electrónica

Expresión que designa en el lenguaje de la mecánica cuántica al conjunto de electrones de un átomo.

V. CAPAS ELECTRÓNICAS.

Nuclear

▶ *Modelos nucleares.*–Se han avanzado sucesivamente diferentes hipótesis con el fin de representar los núcleos atómicos, de suerte que sus propiedades pudieran extraerse como conse-

cuencia de cálculos. Tres de ellas, por el momento, han sobrevivido a las confrontaciones experimentales.
El *modelo de la gota*, propuesto por Bohr (en 1936), supone a los nucleones unidos entre sí como las moléculas en una gota líquida. Esto explica en particular que el volumen másico de la «materia nuclear» sea el mismo, aproximadamente, para todos los núcleos (V. FÓRMULA DE WEIZSÄCKER).
El *modelo de capas* (Göpper-Mayer y Jensen, 1950) abandona el aspecto colectivo de la gota. Los nucleones se suponen repartidos individualmente en capas sucesivas, un poco a la manera del modelo planetario de los electrones atómicos. Este modelo da cuenta, en particular, de la existencia de núcleos estables para ciertos valores de protones y neutrones (V. NÚMEROS MÁGICOS). La explicación presenta analogías con las capas de electrones saturadas de los gases nobles.
El *modelo unificado*, por fin (A Bohr, Mottelson y Rainwatter, 1952), retoma parcialmente el modelo colectivo de la gota, pero supone que algunos neutrones son exteriores a ella, permaneciendo acoplados con mayor o menor intensidad. El cálculo demuestra que así pueden ser explicadas diversas particularidades de los núcleos dotados de gran número de nucleones ($A \geqslant 66$).

▶ *Reacción nuclear*.—Las reacciones químicas consisten esencialmente en modificaciones de los enlaces entre los átomos, permaneciendo intactos los núcleos de los mismos. Las reacciones *nucleares* son transformaciones, espontáneas o provadas, de los núcleos atómicos.
Las diversas radiactividades, las fisiones espontáneas, etc..., afectan cada vez a un solo núcleo. Son reacciones mononucleares. Son consecuencia de la inestabilidad de ciertos núcleos.
Otros tipos de reacciones nucleares son consecuencia del impacto de un proyectil (fotón, neutrón, protón, deuterón, helión...) sobre un núcleo relativamente estable. Salvo en el caso de colisiones elásticas, se tiene por verosímil que, en la mayor parte de los casos, el proyectil es primeramente absorbido por el blanco (V. FUSIÓN NUCLEAR). Si el núcleo que se obtiene es inestable, adquiere prontamente un nuevo estado estable, bien expulsando una partícula ligera (un neutrón, por ejemplo, lo que puede provocar una reacción en cadena), bien escindiéndose en dos núcleos aproximadamente iguales (es el fenómeno de *fisión*), dividiéndose a veces, en fin, en un gran número de núcleos más simples.
Esos diversos reagrupamientos van acompañados, a menudo, de una emisión de energía, en forma de fotones γ. Todas las reacciones nucleares observadas satisfacen el principio de conservación de la energía, al igual que otras leyes de conservación —de la carga eléctrica, de la carga bariónica (y, por tanto, del número total de nucleones)—, etc.
Nótese que el estudio sistemático de las reacciones nucleares se encuentra en el origen de diversas hipótesis sobre las estructuras nucleares.
V. ENERGÍA NUCLEAR, MODELOS NUCLEARES.

▶ *Reactor nuclear*.—*Sinónimo:* Pila atómica.
Aparato que sirve para llevar a cabo reacciones de *fisión* controladas. Algunos reactores han sido concebidos para producir energía eléctrica, cuyo destino es propulsar un vehículo o alimentar una red de distribución: son los «reactores electrógenos». Otros permiten producir, por bombardeo neutrónico, radionucleidos para usos científicos, industriales o clínicos.
Un reactor nuclear tiene siempre:
a / Un «*corazón*», parte central en la que se encuentran los materiales fisibles, generalmente en forma de barritas cilíndricas rodeadas por una camisa metálica, y el moderador (si lo lleva el reactor), las barras de control y de seguridad (sustancias que absorben grandemente los neutrones y a las que se hunde más o menos en el corazón del reactor para intervenir así sobre su *reactividad*).
b / Un *reflector*, sustancia que puede reenviar los neutrones hacia el corazón, con el fin de disminuir en la medida de lo posible las fugas hacia el exterior.

c / Un *fluido portador* de calor, cuyo papel es evacuar hacia el exterior el calor que aparece en el corazón, con el fin de mantener en un valor aceptable la temperatura de los materiales que lo constituyen. (En los reactores electrógenos es este calor el que se transforma en energía eléctrica, por medio de un conjunto turbo-alternador apropiado o en un sistema termoeléctrico.)
d / *Pantallas de protección* contra las radiaciones peligrosas.
En las bombas atómicas (o bombas A) no se desea el control de la reacción en cadena. Al contrario, la reactividad debe ser la mayor posible. Toda sustancia absorbente es indeseable en este fenómeno: no hay ni moderador, ni barras de control ni fluido refrigerador. Los neutrones no son frenados y eso exige una sustancia fisible casi pura (uranio 235, o plutonio 239, al 99 %).
V. CENTRAL NUCLEAR, MASA CRÍTICA, REACCIÓN EN CADENA, TIPOS DE REACTORES.

Núcleo

Región del átomo en la que se encuentran concentradas su carga eléctrica (positiva, igual en valor absoluto a la de sus electrones) y, prácticamente, toda su masa, ya que la de los electrones es muy pequeña. Las dimensiones del núcleo son mucho menores que las del átomo —el cociente entre sus radios, suponiendo que ambos son esféricos, es del orden de 10^5. De todo ello se infiere que la densidad nuclear es elevadísima (alrededor de 10^5 t/mm^3).
Un núcleo es un conjunto de nucleones (protones y neutrones: los electrones están excluidos) en número variable, ligados entre sí por interacción fuerte. Z es el número de protones, y A, el número de nucleones.
Un núcleo atómico posee un *momento cinético*, suma de los momentos cinéticos orbitales y de spin de sus nucleones. La mecánica cuántica le atribuye un valor $I\hbar$: $\hbar$ es la constante reducida de Planck e I es llamado spin nuclear. Los núcleos cuyo A es par son bosones (I nulo o entero positivo); aquellos en los que A es impar son fermiones (I semientero).
En fin: salvo aquellos núcleos cuyos Z y N son pares simultáneamente pares, los núcleos poseen un momento magnético $M = gI\mu_n$; g = factor de Landé, μ_n = magnetón nuclear. Algunos poseen igualmente un momento eléctrico cuadripolar.
Las propiedades químicas de un «elemento químico» depende esencialmente de la estructura de la nube electrónica, común a todos sus átomos. Sus propiedades físicas, por el contrario (velocidad de efusión, radiactividad, etc.), dependen de la estructura del núcleo de sus átomos (que pueden no ser idénticos, si el elemento observado es una mezcla de isótopos). Los electrones siguen estando ahí, pero el papel que juegan es insignificante. De ahí el interés de la definición de *núclido*.
V. MODELOS NUCLEARES.

Nucleón

Tras el descubrimiento del neutrón (1930) parece establecido que un núcleo atómico está formado por la asociación de dos tipos de partículas —en número variable—: los *protones*, cargados eléctricamente, y los *neutrones*, eléctricamente neutros, unidos entre sí por *interacciones* fuertes.
Protón y neutrón son dos estados diferentes de la misma partícula: el *nucleón*. Sus diferentes estados eléctricos estarían relacionados con su leve diferencia de masa, sin que se sepa muy bien la razón:

$$\text{masa del protón/masa del neutrón} \simeq 1{,}001.$$

V. ISOSPIN, CUADRO DE CONSTANTES.

Núclido (o nucleido)

Conjunto de átomos que tienen núcleos idénticos: el mismo número Z de protones, el mismo número N de neutrones, el mismo estado energético. Un elemento químico es un conjunto de núclidos isótopos.
Cada núclido se representa convencionalmente por el símbolo X del correspondiente elemento químico, acompañado del número A de sus nucleones y, aunque esto no sea indispensable, de su número de protones, igual al número atómico Z del elemento: ${}^{A}_{Z}X$. *Ejemplo:* ${}^{35}_{17}Cl$ (o, más sencillamente, ${}^{35}Cl$) representa al «cloro 35», núclido para el cual el número de protones (y el de electrones planetarios) vale 17 (= Z) (es el mismo para todos los isótopos del cloro) y el número de neutrones vale 18 (= N) (18 = 35 − 17).
La masa del núcleo de un núclido es la suma de tres términos:

$$m_0 = Zm_p + Nm_n - \delta$$

donde m_p es la masa de un protón, m_n la de un neutrón y δ el defecto de masa del núcleo (equivalente a la energía de enlace de sus nucleones). La masa del núclido es igualmente la suma de tres términos: $m = m_0 + Zm_e - \delta'$, donde m_e es la masa de un electrón y δ' la energía de enlace núcleo-electrones.
V. FÉRTIL, FISIBLE, NÚCLEO, NÚMERO DE MASA, NÚMERO ATÓMICO.

▶ *Núclido par, impar....*—Un núclido de símbolo ${}^{A}_{Z}X$ es llamado par-par, par-impar, impar-par o impar-impar según la paridad del número Z de protones y la del número N (A − Z = N) de neutrones de su núcleo.
Ejemplo: El cloro 35 (${}^{35}_{17}Cl$: Z = 17, N = 18) es un núclido impar-par.

Núclidos

▶ *Núclidos espejos.*—Par de núclidos isóbaros, tales que uno contiene en su núcleo tantos protones como neutrones el otro (y viceversa). $Z_1 + N_1 = Z_2 + N_2$; $Z_1 = N_2$ y $Z_2 = N_1$.
Ejemplo: El tritio y el helio 3 son dos núclidos espejos.

▶ *Núclidos isóbaros* (la misma masa).—Núclidos que poseen el mismo número másico A pero números atómicos diferentes.
Ejemplos: ${}^{40}_{18}A$ (argón) y ${}^{40}_{20}Ca$ (calcio).

▶ *Núclidos isómeros* (los mismos componentes).—Núclidos cuyos núcleos tienen el mismo número de protones y el mismo número de neutrones, pero cuyos estados energéticos son distintos.

▶ *Núclidos isótonos* (las mismas tensiones).—Núclidos cuyos núcleos tienen el mismo número de neutrones pero distinto número de protones.
Ejemplos: ${}^{3}_{1}H$ (tritio; Z = 1, N = 2) y ${}^{4}_{2}He$ (helio 4; Z = 2, N = 2).

▶ *Núclidos isótopos* (la misma casilla).—Núclidos que poseen el mismo número atómico. En la tabla periódica de los elementos dos núclidos isótopos se encuentran, por tanto, en el mismo lugar, ocupando la misma casilla (de ahí la palabra isótopo, propuesta por Soddy en 1913). Los núclidos de los núcleos isótopos contienen el mismo número de protones, pero números diferentes de neutrones. Están rodeados por nubes electrónicas idénticas, y presentan, por tanto, propiedades químicas prácticamente idénticas. Son apreciables ligeras diferencias en sus propiedades físicas, cuando éstas dependen de las masas atómicas (por ejemplo, la velocidad de difusión de sus compuestos a través de una pared porosa). Sus propiedades nucleares pueden, por el contrario, ser netamente distintas. *Ejemplo:* El uranio natural contiene esencialmente dos isótopos: el uranio 235 (${}^{235}_{92}U$) y el uranio 238 (${}^{238}_{92}U$). El primero es fisible, el segundo no lo es.

Gracias al *espectrógrafo de masas* se ha descubierto que la mayor parte de los cuerpos simples de la química son, de hecho, mezclas de núclidos isótopos. Eso explica que las masas atómicas de muchos de ellos estén tan alejadas de los números enteros. El cloro, por ejemplo, de masa atómica 35, 47, es una mezcla de dos isótopos: ${}^{35}_{17}Cl$ y ${}^{37}_{17}Cl$.
V. ABUNDANCIA ISOTÓPICA.

Numerización

Representación de una imagen o un sonido por una serie de números.
Para numerizar un sonido se le recibe con un micrófono; la tensión eléctrica obtenida es desglosada y recortada en muestras sucesivas, a las que un órgano apropiado va atribuyendo valores numéricos en una escala convenida. Del mismo modo puede numerizarse una imagen, barriéndola metódicamente por medio de un haz luminoso, que más tarde es recibido por una célula fotoeléctrica (V. TELEVISIÓN). Estas series de números (en numeración binaria) pueden ser transmitidos, o almacenados, en forma codificada, en un disco, una banda magnética, etc. Un proceso de traducción inversa reproduce, en la pantalla de un osciloscopio o en un altavoz, la imagen o el sonido primitivos.
La transmisión de señales numerizadas es más fiel que la transmisión con traducción analógica. Es además posible almacenar en la memoria de un ordenador listas de números, establecidas según diferentes criterios estéticos y técnicos, para después convertirlos en *imágenes* y *sonidos* de *síntesis*.

Número

Designa en principio, aunque no siempre, una *magnitud* física *sin dimensiones*. Algunas de esas magnitudes son utilizadas en numerosos dominios, otras en campos más limitados. V., a título de ejemplo, NÚMERO DE AVOGADRO, NÚMERO DE ONDAS, NÚMERO DE REYNOLDS.

▶ *Número cuántico:*
1 / En mecánica cuántica, número entero, o semientero, positivo, negativo o nulo, asociado a toda *magnitud cuantificada*.
V. ÁTOMO DE BOHR, CAPAS ELECTRÓNICAS, ESPECTRO DE UN OPERADOR.
2 / En física de partículas, números análogos a los de la mecánica cuántica que se atribuyen, en parte arbitrariamente, a las diversas partículas. Poseen propiedades de invariancia en el curso de diversas tranformaciones. Son utilizados igualmente para clasificar partículas. Son los números *bariónicos*, *leptónicos*, de *extrañeza*, de *encanto*, de *color*.

▶ *Número cuántico magnético.*—V. MOMENTO CINÉTICO, SPIN, EFECTO ZEEMANN.

▶ *Número de carga (Z).*—V. NÚMERO ATÓMICO.

▶ *Número de masa (A).*—V. MASA.

Números

▶ *Números mágicos.*—La experiencia demuestra que los núcleos atómicos cuyo número de protones Z, o de neutrones N, posee ciertos valores notables (2, 8, 20, 50, 82, 126) son particularmente estables. Esos números han recibido el nombre de «números mágicos».
Ejemplo: La partícula alfa (o ${}^{4}_{2}He$) (Z = 2; N = 2) pertenece doblemente a la clase de los núcleos estables.
El modelo de los núcleos atómicos llamado «de capas» da, de la existencia de los números mágicos y de sus valores, una explicación análoga *en parte* a la explicación de la inercia química, bien conocida, de los gases inertes (helios, neón, etc.) (saturación de las «capas» externas, de electrones en un caso, de nucleones en el otro).

O

Objetivo

El objetivo de un instrumento óptico es el órgano que recibe directamente el flujo (luminoso, electrónico...) que proviene del objeto (de ahí su nombre).
Es un sistema convergente, un grupo de lentes en general. En los telescopios, sin embargo, así como en ciertos microscopios, es un espejo cóncavo.
El papel del objetivo es dar una imagen real del objeto, la *«imagen objetiva»*. Ésta se forma directamente sobre una pantalla adecuada en ciertos aparatos (objetivo fotográfico, cámara...) así como en los aparatos de proyección, mientras que debe ser examinada con la ayuda de un ocular en los instrumentos visuales.
La imagen objetiva debe, en principio, reproducir el objeto con todo lujo de detalles. Los constructores se esfuerzan para conseguirlo, multiplicando los parámetros sobre los que puede actuar (número, características, posiciones relativas de las distintas lentes...), lo cual le permite corregir al máximo las diversas *aberraciones* previsibles. Las dificultades para conseguirlo son enormes: generalmente interesa trabajar con haces de gran abertura, y ello hace que mejoren la luminosidad y el poder separador del objetivo, a costa, precisamente, de las posibilidades del mismo en la corrección de aberraciones. Se comprende, en cualquier caso, que las cualidades del objetivo determinen las del aparato en gran medida.
V. ABERTURA NUMÉRICA, OCULAR, PODER SEPARADOR.

Objeto

V. OBJETO DE FASE, IMAGEN ÓPTICA.

Observable

En mecánica cuántica, toda magnitud que se presta a ser medida es *un observable*. Todo observable lleva asociado un operador y, por abuso de lenguaje bastante frecuente, este operador recibe a su vez el nombre de observable. *Ejemplo:* La energía total E de un corpúsculo está asociada a su operador hamiltoniano H. Se habla indistintyamente del observable E y del observable H.
Esta asociación presenta un gran interés, como consecuencia del siguiente postulado: «Toda determinación experimental de un observable no puede dar como resultado más que uno de los valores propios de su operador asociado.»
En particular, si esos valores propios forman un conjunto discreto, la magnitud observada está cuantificada. Esta es la explicación que aporta la mecánica cuántica para la cuantificación de la energía que Bohr introdujo —de modo arbitrario— en su teoría del átomo de hidrógeno.

Curiosamente, en la actual mecánica cuántica la magnitud tiempo (o duración) no es un observable. Es un simple parámetro al que no está asociado ningún operador.
V. OBSERVABLES COMPATIBLES, OBSERVABLES CONJUGADAS, PRINCIPIO DE DESCOMPOSICIÓN ESPECTRAL.

Observables

▶ *Observables compatibles.*—Dos observables son llamadas compatibles si los resultados de medidas casi simultáneas, hechas en un instante dado para determinar los valores de esos observables, son independientes del orden en el que se han hecho esas medidas. Ambos observables pueden ser conocidos, con total independencia uno del otro, con toda la precisión inherente al aparato y al modo de medida utilizado. En caso contrario, los observables son llamados *incompatibles*.
Un teorema de la mecánica cuántica da la condición de compatibilidad: «La condición necesaria y suficiente para que dos observables sean compatibles es que sus operadores asociados *conmuten*». (El conmutador de sus operadores debe ser nulo).
V. CONMUTAR, OBSERVABLES CONJUGADAS.

▶ *Observables conjugadas.*—Dos observables son llamadas conjugadas si el *conmutador* de sus operadores asociados tiene como valor el producto $i\hbar$ ($i = \sqrt{-1}$, $\hbar$ constante reducida de Planck).
Ejemplo: La abscisa x de una partícula en movimiento y la componente p_x de su cantidad de movimiento son dos observables conjugadas. El conmutador de sus operadores respectivos, $X = x$, $P_x = -i\hbar\, \partial/\partial_x$ vale en efecto: $[X, P_x] = i\hbar$. Por el contrario, los operadores X, P_y conmutan. x y p_y son observables compatibles. Todo par de observables conjugadas, incompatibles por consiguiente, satisface una de las *desigualdades de Heisenberg*.

Octava

Intervalo entre dos sonidos musicales, de los cuales uno, el más agudo, posee una frecuencia doble de la del otro, más grave.
Este intervalo vale, por tanto —desde el punto de vista físico—: $I = N_1/N_2 = 2$, y en el idioma de los músicos: $i = 1.000 \log 2 \simeq 301$ savarts.
La división del intervalo de octava se hace de maneras distintas según el tipo de escala utilizado.
V. ALTURAS DE LOS SONIDOS, ESCALA, INTERVALO ENTRE DOS SONIDOS.

Octeto

En informática, *palabra* de ocho *bits*.
Un octeto puede codificar $2^8 = 256$ informaciones distintas: por ejemplo, cada uno de los elementos de la serie alfanumérica (letras del alfabeto + cifras numéricas decimales), diversos signos convencionales de control y un cierto número de instrucciones.
Desde el punto de vista material, un octeto está realizado frecuentemente por una de las configuraciones de un «registro» de ocho básculas electrónicas.

Ocular

En un instrumento óptico, el ocular es el grupo de lentes situadas en el extremo del instrumento en el que se coloca el ojo: de ahí su nombre.
Se compara habitualmente el papel del ocular al de una lupa, ya que sirve para examinar la imagen dada por el objetivo, como se examina un objeto por medio de una lupa.

A veces el ocular consta de una simple lente divergente (ocular del anteojo de Galileo) o de una lente convergente (ocular de Kepler); en el caso general lleva al menos dos lentes no pegadas, formando un «*doblete*». La primera es llamada vidrio o «cristal de campo», ya que constituye el diafragma de campo del aparato, y la segunda, aquella sobre la que se aplica el ojo, es llamada precisamente «vidrio del ojo».
Un ocular puede ser *positivo* o *negativo*. Es positivo si su plano focal objeto está delante del vidrio de campo y negativo si se encuentra detrás. Los oculares negativos son los más utilizados. Son más interesantes desde diversos puntos de vista (acromatismo, campo...). Los oculares positivos son preferibles en instrumentos destinados a enfoques de precisión, ya que son aptos para una utilización más sencilla de un retículo o de un micrómetro: el observador puede hacer una puesta a punto precisa y adaptada a su vista, modificando la posición del ocular.

▶ *Cerco o disco ocular*.—V. CERCO.

Oersted Hans Christian (1777-1851)

▶ *Experiencia de Oersted*.—En las proximidades de un hilo conductor, que une los dos polos de una pila eléctrica, se encuentra una aguja imantada. Cuando se cierra el circuito se ve cómo la aguja se desvía de la posición que le impone el campo magnético terrestre. Cuando se abre el circuito la aguja regresa a su posición anterior.
Esta experiencia, realizada por Oersted en 1820 por vez primera, y estudiada después en profundidad por Ampère, fue origen, directo o indirecto, de algunos resultados esenciales.
Se vio en ella, en primer lugar, la prueba experimental de la existencia en el hilo conductor de una corriente eléctrica, no de una simple distribución de cargas: el sentido de esa corriente se invertía al invertir las conexiones a los polos de la pila. (La expresión *corriente eléctrica* fue utilizada por primera vez con este propósito por Ampère.) En segundo lugar, el hecho de que una corriente eléctrica cree un campo magnético en nada diferente al que pueda crear un imán fue el punto de partida de la *teoría amperiana* de los medios imantados y, más generalmente, del *electromagnetismo*. Desde el punto de vista industrial, por fin, esta experiencia y sus prolongaciones es el origen de los generadores eléctricos (dinamos, alternadores) y de sus innumerables aplicaciones.
V. LEY DE BIOT Y SAVART.

▶ *oersted*.—Unidad, perteneciente el sistema c.g.s. electromagnético, que sirve para medir la intensidad de la magnitud representada por el vector H, denominado —según épocas y autores— campo, desplazamiento, excitación o incluso inducción magnética.
La unidad del sistema internacional correspondiente es el amperio por metro (A/m). 1 oersted = $10^3/4\pi$ A/m.

Oficina Internacional de Pesas y Medidas (OIPM)

V. CONVENCIÓN DEL METRO.

Ohm Georg Simon (1787-1854)

▶ *Ley de Ohm generalizada*.—Expresión que da la tensión U entre los bornes de un dipolo activo, conteniendo uno o varios generadores y receptores eléctricos: $U = i\Sigma r - \Sigma e\varepsilon$; i es la intensidad de la corriente, Σr la resistencia total del dipolo, teniendo en cuenta las resistencias internas de generadores y receptores, $\Sigma\varepsilon e$ la suma algebraica de las fuerzas electromotrices y contralectromotrices, suma que se calcula siguiendo ciertas convenciones de signos (V. Figura).
V. LEYES DE KIRCHHOFF, LEY DE POUILLET GENERALIZADA.

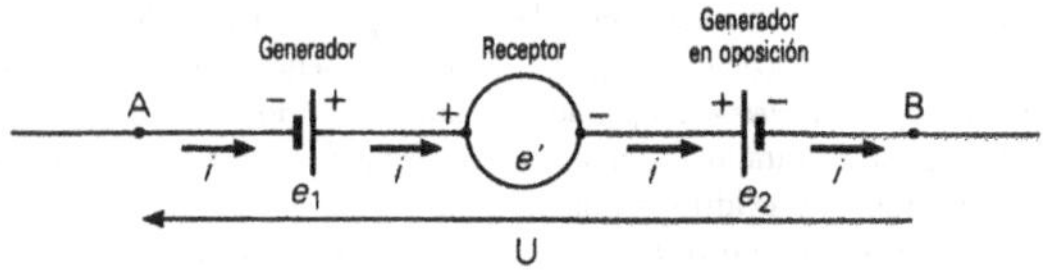

$$U = V_A - V_B = i\Sigma r - e_1 + e' + e_2 \Rightarrow U = i\Sigma r - \Sigma \varepsilon e$$

$\varepsilon = \pm 1$, signo del polo de salida de la corriente, (la misma convención que en la expresión de la ley de Pouillet generalizada)

▶ *Ley de Ohm local (Sinónimo:* postulado de Ohm).—El vector *densidad de corriente* eléctrica **J** en todo punto de un conductor es proporcional al campo eléctrico local **E**: $\mathbf{J} = \sigma \cdot \mathbf{E}$. Las líneas de corriente y las líneas de campo en el conductor se confunden, por tanto. La magnitud σ es la *conductividad* local del conductor. En ausencia de campo electromotor local, el campo **E** deriva de un potencial V: $\mathbf{E} = -\text{grad } V$. La ley de Ohm local toma en ese caso la forma $\mathbf{J} = -\sigma \text{ grad } V$, que recuerda la de la *ley de Fourier*.

▶ *Leyes de Ohm:*
Primera ley de Ohm.—«Existe proporcionalidad entre la intensidad I de corriente eléctrica (continua) que recorre un conductor (un dipolo pasivo) y la tensión eléctrica U en los bornes de ese dipolo.» $I/U = G$. O bien, de manera más conocida, $U/I = R$. Las magnitudes G y $R = 1/G$ son respectivamente la *conductancia* y la *resistencia* del dipolo. Si medimos U en voltios e I en amperios, R se mide en ohmios y G en siemens.
Segunda ley de Ohm.—«La resistencia R de un conductor de forma cilíndrica es proporcional a su longitud L e inversamente proporcional a su sección S: $R = \rho L/S$.» Una expresión equivalente es: $G = \sigma S/L$. La magnitud ρ es la *resistividad* del material del que está hecho el conductor objeto de estudio, y $\sigma = 1/\rho$ su *conductividad* (V. esa voz).
Ambas leyes fueron enunciadas por Ohm (en 1827) como consecuencia de razonamientos teóricos acerca de la corriente eléctrica, razonamientos inspirados en las leyes de Fourier relativas a la propagación del calor por conducción. Sus consecuencias, de otra parte, eran conformes con los resultados experimentales, al menos en lo tocante a las corrientes continuas o lentamente variables. De todo ello se infiere que la ley local tenga valor de principio, y por ello es igualmente conocida como principio, o postulado, de Ohm.
V. LEY DE POUILLET, LEYES DE KIRCHHOFF, y, en lo que concierne a la ley de Ohm en corriente alterna, las voces IMPEDANCIA, IMPEDANCIA COMPLEJA.

▶ *Ohmímetro.*—Aparato de lectura directa que sirve para medir resistencias eléctricas. Es un instrumento rápido y cómodo, aunque no muy preciso (con una incertidumbre raramente inferior al 5 %). Uno de los modelos consiste en un circuito que contiene un miliamperímetro, una pila, una resistencia regulable R y dos bornes, entre los que se ubica la resistencia X que se quiere medir. La intensidad $i = E/(R + X)$ es tanto menor cuanto mayor es X. El aparato se gradúa en ohmios, con varios calibres, y se suele encontrar incluido en los polímetros. Otro tipo de ohmímetros son los *logómetros*, en los que el cociente entre dos intensidades es igual al cociente entre dos resistencias, una de las cuales es conocida, por supuesto.

▶ *ohmio* (símbolo **Ω**).—Unidad SI de resistencia eléctrica.
«El ohmio es la resistencia eléctrica de un conductor si éste, mantenido a temperatura constante, es recorrido por una corriente de un amperio cuando entre sus bornes se aplica una diferencia de potencial constante de valor un voltio.» Esta definición es una consecuencia inmediata de la ley de Ohm: $U = RI$. La resistencia R se mide en ohmios si la tensión se mide en voltios y la intensidad I en amperios.
En electrotecnia se utiliza corrientemente el *megaohmio:* $1 \text{ M}\Omega = 10^6 \ \Omega$, y en otros campos de la física el *microhmio:* $1 \ \mu\Omega = 10^{-6} \ \Omega$.

Otras unidades de resistencia: 1 u c.g.s. electrostática = $9 \cdot 10^{11}$ Ω. 1 u c.g.s. electromagnética = 10^{-9} Ω.

▶ *ohmio internacional*.—Antes de la adopción del SI el ohmio era una *unidad práctica*, igual por definición a 10^9 unidades de resistencia eléctrica del sistema c.g.s. electromagnético. La Convención Internacional de Chicago de 1893 dijo que el ohmio sería representado válidamente por el «ohmio internacional», igual a la «resistencia de una columna de mercurio, de 106,300 cm de longitud, sección constante (alrededor de 1 mm^2) y masa 4,4521 g a 0 °C». Hoy se sabe que el ohmio internacional tiene una resistencia de 1,00049 ohmios.

▶ *ohmio-metro* (Ω · m).—Unidad SI de resistividad eléctrica.
V. CONDUCTIVIDAD ELÉCTRICA, LEYES DE OHM.

Óhmico

▶ *Conductor óhmico*.—Conductor eléctrico que satisface la ley de Ohm, es decir, aquel cuya resistencia eléctrica, definida por la razón R = U/I —donde U es la tensión entre los bornes del conductor e I la intensidad de la corriente que lo recorre—, es una constante independiente de U y de I, a temperatura constante. Esto se cumple, en general, en los conductores metálicos y en los electrólitos, pero no en los semiconductores, que son casi siempre conductores «no óhmicos» (o «no lineales»).
V. RESISTOR, VARISTANCIA.

Ojo

▶ *Ojo reducido de Listing*.—V. VISIÓN.

Omega (Ω^-)

Partícula subnuclear, descubierta experimentalmente en 1964, después de que la teoría hubiera previsto su existencia y propiedades.
Es un barión, un hiperón de masa próxima a 1.672 MeV/c^2, que posee una vida media del orden de 10^{-10} s, una extrañeza de −3 y un spin (es uno de los raros fermiones que tienen este valor, en lugar de 1/2) 3/2.
V. CUADRO DE PARTÍCULAS.

Onda

Perturbación de naturaleza acústica, electromagnética, etc., que se propaga en un medio progresivamente, en una, dos o tres dimensiones, al modo de una *onda* en la superficie del agua.
Las magnitudes que caracterizan localmente la perturbación pueden ser de distintas naturalezas tensoriales (escalares, vectoriales, etc.). La sobrepresión local, por ejemplo, en una onda sonora, es una magnitud escalar; el desplazamiento de un elemento de volumen del medio respecto de su posición de equilibrio en una cuerda vibrante, o el campo eléctrico en una onda electromagnética, son magnitudes vectoriales...
Casi siempre una onda que se propaga transporta energía. La potencia transportada es proporcional, en general, al cuadrado de la amplitud de la magnitud característica (V. ONDA ELECTROMAGNÉTICA). En el curso de su propagación una onda puede amortiguarse, siendo difundida o absorbida una parte de la energía que transporta (V. COEFICIENTE DE AMORTIGUAMIENTO).
Las leyes de propagación dependen del medio de propagación, de la naturaleza de la perturbación y, a veces, de la amplitud.

▶ *Ecuación de onda.*—Una *ecuación de ondas* es una relación en derivadas parciales a la que debe satisfacer una magnitud física, distinta según el problema que se aborde: elongación, presión, campo eléctrico... La resolución matemática de la ecuación da precisamente las leyes de variación de esa magnitud en función del tiempo, que se interpretan como *leyes de propagación de una onda*, mecánica, acústica, eléctrica, etc.
A partir de las ecuaciones de Maxwell, por ejemplo, que expresan de manera condensada las propiedades electromagnéticas de un medio, se establece una ecuación de onda: $\Delta \mathbf{E} = \frac{1}{v^2}\frac{\partial^2 \mathbf{E}}{\partial t^2}$ a la que debe satisfacer el campo eléctrico. Esta ecuación es de forma idéntica a la *ecuación de las cuerdas vibrantes*, con la salvedad de haber sustituido la magnitud escalar s por la magnitud vectorial **E**. Una solución simple para esta ecuación de onda puede escribirse así: $E_z = E_0 \cos 2\pi \left(t - \frac{x}{v}\right)$ y representa una onda transversal propagándose a lo largo del eje Ox con la *velocidad de fase* v.
En *mecánica ondulatoria* las ecuaciones de onda, establecidas en un principio de modo intuitivo (por analogía con las de la óptica), son hoy consideradas como verdaderos postulados, justificados *a posteriori* por sus consecuencias. Aquí la incógnita no es una magnitud física, sino una *función de onda*, de coeficientes generalmente complejos —es decir, una relación matemática entre las coordenadas de espacio y de tiempo del sistema que evoluciona, en la que intervienen naturalmente sus características como masa, spin, ...— cuya interpretación es uno de los problemas de la mecánica ondulatoria. Según el género de corpúsculo que se mueve, la ecuación de onda adopta formas diferentes. Por ejemplo: para un corpúsculo no relativista basta utilizar la *ecuación de Schrödinger*, cuyas soluciones son funciones de onda de una sola componente escalar ψ; para un corpúsculo relativista de spin 1/2 es necesaria la ecuación de Dirac, cuyas soluciones son funciones de onda de cuatro componentes ψ_k (donde k = 1, 2, 3, 4).

▶ *Función de onda.*—V. ECUACIÓN DE ONDA, POSTULADOS DE LA MECÁNICA CUÁNTICA.

▶ *Guía de onda.*—Tubo vacío de paredes conductoras que contiene una sustancia aislante, aire generalmente.
Se demuestra que al penetrar una onda electromagnética por uno de los extremos de un tubo así, con una incidencia conveniente, reaparece en el otro extremo tras un gran número de reflexiones en las paredes. En realidad se producen interferencias en todo punto del interior entre ondas que se cruzan, pero el resultado final hace aparecer el fenómeno global como equivalente a la propagación de una onda a lo largo del eje del tubo, incluso aunque ésta no sea rectilínea. De ahí viene la denominación de *«guía de ondas»*.
La estructura de esta onda progresiva no es la misma que la de una onda electromagnética plana propagándose en un medio ilimitado. Según las condiciones a la entrada, uno tan sólo de los dos vectores, el eléctrico **E** o el magnético **B**, es transversal. En el primer caso decimos que la onda es *transversal eléctrica* (TE), y en el segundo, que es *transversal magnética* (TB). Por añadidura, su velocidad de fase v' es superior a la velocidad v en el exterior del tubo: $v' = v/\text{sen } i$ (i es el ángulo de incidencia de la onda sobre la cara de entrada), y lo mismo sucede con la longitud de onda ($\lambda' = \lambda/\text{sen } i$). Se demuestra, en fin, que sólo son transmitidas las frecuencias superiores a una frecuencia mínima, llamada *frecuencia de corte*, cuyo valor depende de la forma y dimensiones de la guía.
Se han construido guías de microondas, cuyas frecuencias de corte son del orden del GHz, variando las potencias transmitidas entre unos pocos watios y varias decenas de millares de watios. Una guía de ondas puede, por tanto, transmitir frecuencias muy altas, cosa que se busca, por ejemplo, en los radares, para enlazar el oscilador con la antena, con menores pérdidas que a través de una línea bifilar tradicional.
Utilizando el incremento en la velocidad de fase que se produce en la travesía de la guía de

ondas se han construido *lentes para microondas*. Con tubos de sección elíptica se obtienen estructuras birrefringentes, equivalentes a las láminas de *cuarto de onda* y de *semionda* que se utilizan en óptica.

Señalemos que existen guías de onda formadas por simples vástagos dieléctricos, siendo la velocidad de fase muy superior a la que se alcanza en el aire ambiente. Las *fibras ópticas* son guías de onda adaptadas a las longitudes de onda de la radiación visible.

De modo general, toda estructura artificial o natural –existen en la atmósfera y en los océanos– en la que la velocidad de fase es mayor que en el entorno inmediato juega el papel de una guía de ondas.

▶ *Lámina de onda, de semi-onda, de cuarto de onda.*–V. LÁMINA.

▶ *Longitud de onda.*–Distancia recorrida por una onda progresiva sinusoidal en un tiempo igual a su periodo T. Si c es la velocidad de la onda y N (= 1/T) su frecuencia, la longitud de onda vale, por definición: $\lambda = c \cdot T = c/N$. Se ve que λ depende de la velocidad y, por consiguiente, de las características del medio de propagación. *Ejemplos:* en óptica –y más generalmente en electromagnetismo– las diferentes radiaciones monocromáticas poseen en el vacío una velocidad común ($c \sim 3 \cdot 10^8$ m/s). Es, por tanto, equivalente caracterizar a cada una de ellas por su frecuencia o por su longitud de onda en el vacío. (V. CUADRO DE ONDAS ELECTROMAGNÉTICAS.) En un medio material transparente, dispersivo a menudo, la velocidad c' de una radiación monocromática es $c' = c/n$, donde n es el índice de refracción del medio estudiado. Su longitud de onda vale, por tanto, $\lambda' = \lambda/n$.

En una onda estacionaria, la distancia entre dos nodos, o entre dos vientres, consecutivos, vale media longitud de onda λ/2. Esto permite conocer experimentalmente el valor de λ y deducir de éste el valor de c si la frecuencia es conocida, o, inversamente, deducir el valor de N si se conoce c.

V. TUBO DE KUNDT.

▶ *Longitud de onda de Compton.*–V. EFECTO COMPTON.

▶ *Longitud de onda dominante.*–V. TRIVARIANCIA VISUAL.

▶ *Número de ondas.*–El número de ondas de una radiación de longitud de onda λ es la cantidad $\sigma = 1/\lambda$. Se mide generalmente en cm^{-1}. Puede decirse que σ es la *frecuencia espacial* de la radiación (número de longitudes de onda contenidas en la unidad de longitud), del mismo modo que su frecuencia (temporal) es el número de periodos T (= 1/N) contenidos en la unidad de tiempo.

En el estudio comparativo de las ondas electromagnéticas de diferentes frecuencias, cuyas velocidades en el vacío presentan un valor común c, resulta cómodo utilizar sus números de ondas: $N/c = 1/\lambda = \sigma$.

V. FÓRMULAS DE BALMER, VECTOR DE ONDA.

▶ *Onda acústica.*–*Sinónimo:* Onda sonora.

V. ONDA ELÁSTICA, SONIDO.

▶ *Onda asociada.*–V. DUALIDAD ONDA-CORPÚSCULO, MECÁNICA ONDULATORIA.

▶ *Onda elástica.*–Perturbación cuya propagación en un medio, ya sea sólido, líquido o gaseoso, es debida a la elasticidad del mismo.

V. CUERDA VIBRANTE, MEMBRANA VIBRANTE, VARILLA VIBRANTE, VELOCIDAD DEL SONIDO, TUBO SONORO.

▶ *Onda electromagnética.*–Proceso de propagación de un campo electromagnético. La existencia de este tipo de ondas fue establecida experimentalmente por Hertz (1888), utilizando como fuente de campo un circuito oscilante abierto (V. EXPERIENCIA DE HERTZ).

Desde el punto de vista cualitativo, dado que un campo eléctrico variable crea un campo magnético variable (V. RELACIÓN DE MAXWELL-AMPÈRE) y *viceversa* (V. RELACIÓN DE MAXWELL-FARADAY), es concebible que ello implique la propagación progresiva del conjunto de ambos campos. Desde el punto de vista cuantitativo, de las ecuaciones de Maxwell se pueden deducir las ecuaciones diferenciales que rigen la propagación de cada uno de esos campos. Si el medio de propagación es un medio dieléctrico perfecto, esas relaciones se escriben: $\Delta \mathbf{E} = \frac{1}{c^2}\frac{\partial^2 \mathbf{E}}{\partial t^2}$ y $\Delta \mathbf{B} = \frac{1}{c^2}\frac{\partial^2 \mathbf{B}}{\partial t^2}$ (Δ es el símbolo del operador laplaciano, y la magnitud c, velocidad de propagación de esta perturbación electromagnética, vale $c = 1/\sqrt{\varepsilon\mu}$, siendo ε y μ la permitividad y la permeabilidad del medio respectivamente. En particular, si este medio es el vacío, $c = 1/\sqrt{\varepsilon_0 \mu_0} \simeq 3 \cdot 10^8$ m/s (V. RELACIÓN DE COORDINACIÓN).

Esta velocidad es común, por tanto, a todas las ondas electromagnéticas en el vacío; no sucede así en un medio dispersivo.

Entre las soluciones de las ecuaciones precedentes se encuentra, en particular, la ecuación de una onda plana sinusoidal, que es en lo que se transforma prácticamente una onda esférica, salida de un foco puntual, a distancia muy grande del mismo. Se demuestra que esa onda plana es transversal, y los vectores **E** y **B** forman con el vector **P**, en la dirección de propagación de la onda, un triedro trirrectángulo directo (V. VECTOR DE POYNTING). Ambos campos están en fase, y sus intensidades verifican en todo instante la relación: $\varepsilon E^2 = B^2/\mu$ o $E = B \cdot c$.

V. CUADRO DE ONDAS ELECTROMAGNÉTICAS (Anexo 5), ENERGÍA ELECTROMAGNÉTICA, RAYOS LUMINOSOS.

▶ *Onda estacionaria.*—Oscilaciones provocadas por una excitación entretenida, que pueden producirse en un medio de dimensiones finitas. Son una consecuencia de las interferencias entre perturbaciones que provienen del foco y las que son reflejadas en las fronteras del medio.

La ecuación de una onda estacionaria es de la forma $s = a(r)\ F(t)$. Su amplitud $a(r)$ varía de un punto a otro, y es independiente del tiempo. Los puntos en los cuales $a(r)$ es máxima son los *vientres* de la oscilación; aquellos para los cuales $a(r)$ es mínima son los *nodos* de la oscilación. La fase $F(t)$ es, por el contrario, variable con el tiempo. Pero tiene el mismo valor en todo punto en un instante dado. Aquí no existe la velocidad de fase.

V. CAVIDAD RESONANTE, CUERDA VIBRANTE, EXPERIENCIAS DE HERTZ, HILOS DE LECHER, PLACA VIBRANTE, TUBO SONORO.

▶ *Onda evanescente.*—La teoría ondulatoria de la luz prevé (aplicación de las fórmulas de Fresnel) que incluso en el caso de la reflexión total en un dioptrio, una onda transmitida penetra

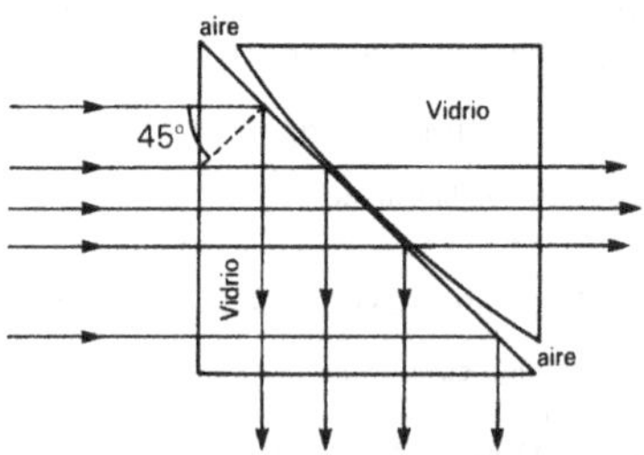

Ondas evanescentes en luz visible ($\lambda \simeq 0{,}5$ μm). (El ángulo de reflexión total vidrio-aire es del orden de 42°.)

Alrededor de la zona de contacto entre dos prismas de vidrio, ondas evanescentes franquean el delgado espesor de aire antes de ser completamente amortiguadas. Penetran entonces en el vidrio, propagándose en él como ondas normales y saliendo luego al aire.

en el segundo medio. Pero se amortigua rápidamente, y deja de existir tras un recorrido de apenas unas pocas longitudes de onda. Esta onda prestamente desaparecida es la que llamamos *onda evanescente*.

Se han imaginado –y realizado– experiencias que demuestran la existencia efectiva de esas ondas, tanto en el dominio de las ondas visibles como en el de las ondas hertzianas.

Se vuelve a encontrar este mismo tipo de ondas en mecánica cuántica (V. EFECTO TÚNEL).

▶ *Onda de gravedad.*–Onda transversal que se propaga en la superficie de una capa de agua, siendo las fuerzas que actúan sobre cada elemento de superficie su peso y la tensión superficial local. Las características de estas ondas (frecuencia, velocidad...) dependen, entre otras cosas, de la profundidad del estanque. El oleaje marino se debe a ondas de gravedad.

▶ *Onda gravitatoria.*–Contrariamente a la mecánica de Newton, según la cual la gravitación se traduce por acciones a distancia, *instantáneas*, la mecánica relativista de Einstein prevé que esas acciones son consecuencia de la propagación de una *onda gravitacional*, que se desplaza con una velocidad igual a la de la luz. Un cuerpo material acelerado emite una onda gravitatoria, del mismo modo que una partícula electrizada acelerada emite una onda electromagnética.

Sin embargo, si una veintena de años solamente, tras los trabajos de Maxwell, las experiencias de Hertz demostraron de manera indubitable la existencia de ondas electromagnéticas, hoy, sesenta años después de las previsiones de Einstein, sigue sin haberse establecido de modo experimental la existencia de las ondas de gravitación. Se han hecho numerosas tentativas, utilizando en particular las ondas de gran energía que puedan haber emitido algunos «sucesos cósmicos», tales como los enfriamientos de ciertas estrellas. La dificultad consiste en obtener receptores materiales suficientemente sensibles.

▶ *Onda progresiva.*–V. FASE DE UNA OSCILACIÓN, VELOCIDAD DE FASE.

▶ *Ondas de materia.*–Expresión a veces utilizada, por abuso de lenguaje, para designar las ondas ψ de la mecánica cuántica. Esta denominación recuerda que esas ondas ψ están asociadas al movimiento de los corpúsculos *materiales* (corpúsculos que poseen, cada uno de ellos, una cierta «masa propia» o «masa en reposo»), en oposición a las ondas electromagnéticas, asociadas a fotones, corpúsculos sin masa (¿inmateriales?).

▶ *Ondas de probabilidad.*–Nombre dado por algunos autores a las ondas ψ que la mecánica ondulatoria asocia a los corpúsculos materiales en movimiento.

En efecto: se admite, en la interpretación actual de la mecánica cuántica, que la función de onda ψ permite obtener, en todo instante, informaciones de naturaleza probabilística sobre la posición del corpúsculo, o del sistema de corpúsculos estudiado, así como de su estado dinámico (velocidad, energía...). Los correspondientes procedimientos de cálculo son precisados en los principios de «localización» y de «descomposición espectral» (V. FLUIDO DE PROBABILIDAD).

▶ *Superficie de onda.*–Conjunto de puntos alcanzados en el mismo instante por una onda progresiva que se propaga en el espacio tridimensional.

Ejemplo: Si la onda que se propaga en un espacio homogéneo e isótropo proviene de un foco puntual O, las superficies de onda son esferas con centro común en O.

V. TEOREMA DE MALUS.

▶ *Vector de onda.*–El vector de onda en un punto, relativo a una radiación de longitud de onda λ, es un vector $\boldsymbol{k}$, cuya dirección y sentido son los de propagación de la onda, y cuyo módulo es el producto de 2π por el número de onda $\sigma = 1/\lambda$. Si $\boldsymbol{u}$ designa al vector unitario en la dirección de propagación de la onda, la definición precedente equivale a: $\boldsymbol{k} = 2\pi\sigma \cdot \boldsymbol{u} = \frac{2\pi}{\lambda}\boldsymbol{u} = \frac{\omega}{c}\boldsymbol{u}$ (ω, c, pulsación y velocidad de la onda).

El vector de onda se utiliza corrientemente en física teórica. La relación de Broglie, por ejemplo, $p = h/\lambda$, entre el momento lineal p de una partícula y la longitud de onda λ de su onda asociada se escribe, de forma más completa: $\mathbf{p} = \hbar\mathbf{k}$ ($\hbar$, constante reducida de Planck).

Ondas

▶ *Grupo de ondas (Sinónimo:* paquete de ondas).—Superposición de ondas simples (sinusoidales), emitidas por una misma fuente, en un tiempo muy breve, cuyas frecuencias se distribuyen continuamente en un intervalo espectral estrecho alrededor de una frecuencia media, y cuyas direcciones de propagación están muy próximas a una dirección media de propagación.
La transmisión de una señal acústica, eléctrica o luminosa es, de hecho, un proceso de emisión, de propagación y de recepción de un grupo de ondas. En mecánica ondulatoria, la «onda asociada» a un corpúsculo material en movimiento es en realidad un grupo de ondas.
V. COHERENCIA, ANCHURA DE UNA RAYA ESPECTRAL, TREN DE ONDAS, VELOCIDAD DE GRUPO.

▶ *Tren de ondas.*—Un grupo de ondas propagándose constituye un *tren* de ondas.
En un instante dado éste se despliega, sobre el eje medio de propagación, entre dos puntos extremos cuya distancia Δx mide la *longitud* del tren de ondas. En alguna parte entre esos dos puntos se encuentra, como consecuencia de fenómenos de interferencia entre las radiaciones que componen el grupo de ondas, una zona en la cual la densidad volúmica de energía transportada es máxima, y que se propaga con una velocidad llamada *velocidad de grupo*.
Se demuestra que la longitud de un tren de ondas es tanto más corta cuanto más importante es su anchura espectral. Esto es lo que expresa con una mayor precisión la relación $\Delta x \cdot \Delta\sigma = 1$, donde $\Delta\sigma$ es la anchura espectral del grupo de ondas en la escala de los números de onda. En mecánica ondulatoria esta última relación, junto a la relación de de Broglie $p = h\sigma$ entre la cantidad de movimiento p de un corpúsculo, el número de onda medio de su onda asociada y la constante h de Planck se transforma en $\Delta x \cdot \Delta p = h$. Se reconoce la forma de las relaciones de Heisenberg de la mecánica cuántica.
En las telecomunicaciones, la velocidad de propagación de los trenes de ondas, sus deformaciones eventuales en el curso de su propagación, tienen consecuencias que es importante prever cuando deben ser utilizadas en la transmisión de señales eléctricas o luminosas.
V. GRUPO DE ONDAS, VELOCIDAD DE GRUPO.

Ondímetro

Instrumento destinado a medir, por lectura directa, la longitud de onda λ de una onda hertziana, o la frecuencia de una oscilación eléctrica.
Los más simples de los ondímetros conllevan esencialmente un circuito oscilante R, L, C, en el que podemos modificar la frecuencia propia N_0 modificando, por ejemplo, su capacidad. Acoplado por inducción al circuito emisor (acoplamiento débil), entra en resonancia cuando su frecuencia propia N_0 se hace igual a la frecuencia N del emisor. Un amperímetro colocado en el circuito alcanza entonces un máximo. Para las ondas de muy alta frecuencia, el circuito oscilante es reemplazado por una cavidad resonante regulable.

Onsager Lars (1903)

Premio Nobel en 1968

▶ *Relaciones de reciprocidad de Onsager.*—Cuando un sistema aislado, en evolución irreversible, es sede de dos fenómenos acoplados, la velocidad de *producción de su entropía* (dS/dt) es la suma de dos productos: $dS/dt = \mathbf{J}_1\mathbf{X}_1 + \mathbf{J}_2\mathbf{X}_2$, donde $\mathbf{J}_1$ y $\mathbf{J}_2$ son los vectores flujo relativos, respectivamente, a cada uno de los dos fenómenos; X_1 y X_2, las «fuerzas termodinámicas» que están habitualmente ligadas a cada uno de ellos. Si el sistema está en un estado próximo a su estado de equilibrio, existen generalmente entre los vectores flujo y las fuerzas termodinámicas las relaciones lineales (relaciones fenomenológicas):

$$J_1 = L_{11}X_1 + L_{12}X_2$$

$$J_2 = L_{21}X_1 + L_{22}X_2$$

La *relación de reciprocidad de Onsager* (1931) expresa la *igualdad de los dos coeficientes «de acoplamiento»* o de «influencia recíproca» de los dos fenómenos: $L_{12} = L_{21}$.

Queda claro que si, experimentalmente, es posible conocer L_{21} (estudiando la influencia del primer fenómeno sobre el segundo), se puede fácilmente, gracias a la relación de Onsager, prever la influencia inversa del segundo fenómeno sobre el primero.

Ejemplo: la experiencia demuestra que los flujos de calor y materia que se producen en un medio fluido están acoplados (V. TERMODIFUSIÓN). En las relaciones fenomenológicas correspondientes, J_1 designa el vector flujo de calor, J_2 el vector flujo de materia, mientras que X_1 designa un gradiente local de temperatura y X_2 un gradiente de concentración. ($J_1 = L_{11}X_1$ traduce la ley de Fourier; $J_2 = L_{22}X_2$, la ley de Flick). La relación de Onsager demuestra entonces que la influencia de un gradiente de concentración sobre el flujo de calor (coeficiente L_{12}) es la misma que la influencia de un gradiente de temperatura sobre el flujo de materia (coeficiente L_{21}).

Otros fenómenos acoplados –fenómenos fisicoquímicos o biológicos– están sometidos a las relaciones de Onsager.

Opacidad

La opacidad en un punto de una placa fotográfica, tras exposición y revelado, es consecuencia del *ennegrecimiento* local producido por un depósito más o menos abundante de granos de plata metálica. Cuantitativamente, la opacidad local O se define como la inversa del «factor de transmisión local»: $O = 1/\tau$. Se utiliza más cómodamente la *densidad óptica* $D = \log O$.

La experiencia demuestra que D es función de la «exposición luminosa» –producto de la iluminación local e durante la toma y del tiempo t de exposición: $D = f(e, t)$. Para una emulsión, un tiempo de toma y un revelado dados, las variaciones de D son representadas por una gráfica, conocida con el nombre de *curva de Hurter y Drieffield*. Sobre esta gráfica (V. figura), la pendiente en cada punto, $p = d(\log O)/d(\log e)$, mide el factor de contraste sobre la placa. Se ve que éste, insuficiente cuando la iluminación es muy débil (zona AB, llamada de *subexposición*), es igualmente insuficiente cuando la iluminación es muy grande (zona de *sobreexposición* CD). Es máxima, y prácticamente constante, entre las dos zonas precedentes. Permaneciendo el resto de las cosas igual, la pendiente de esa recta es tanto mayor cuando mayor es la sensi-

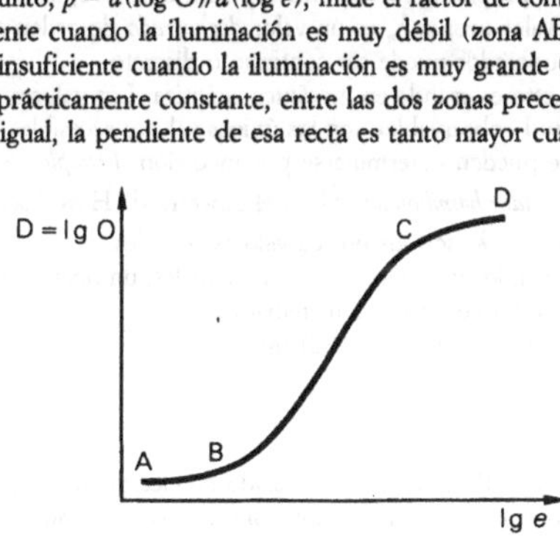

bilidad de la película. Esos resultados se aprovechan en fotografía, cinematografía y fotometría fotográfica.

Operador

Símbolo que designa una relación matemática entre dos elementos. Cuando se escribe $y = \cos x$, o $m = \ln p$, los símbolos cos (coseno) y ln (logaritmo neperiano) son operadores. El primero hace corresponder al ángulo plano x el número y, el segundo hace corresponder al número p el número m.
Se escribe, generalmente, $v = \widehat{A}u$ (o $v = A_{op}\, u$, o simplemente $v = Au$ si no pueden inducirse confusiones), para indicar que, bajo la acción del operador $\widehat{A}$, v es la transformada (o imagen) de u.
En informática, símbolos como $+$, $-$, $\times$, ..., conectores como o, y, ni, ..., que afectan simultáneamente a dos elementos (por ejemplo, $y = a + b$), son llamados a veces operadores binarios, en oposición a los operadores del tipo de los citados más arriba, que actúan sobre un único elemento, y que se llaman operadores monarios.
En física, además de los operadores matemáticos corrientemente utilizados, fundamentalmente los operadores diferenciales (gradiente, divergencia, rotacional, laplaciana, dalambertiano, nabla...), se definen un cierto número de operadores específicos: por ejemplo, los operadores *conjugación de carga, hamiltoniano*...
Si la aplicación $u \rightarrow v$, definida por $v = \widehat{A}u$, es lineal, el operador $\widehat{A}$ es llamado operador lineal. Es el caso, por ejemplo, del operador $\partial/\partial t$ (derivada parcial con respecto a la variable tiempo), que a la elongación $s(x, t)$ de un oscilador hace corresponder su velocidad $v(x, t) = \dfrac{\partial}{\partial t} s(x, t)$.
Existen reglas de operación para los operadores (adición, multiplicación, derivación, etc.). *Ejemplo:* El «producto» $\widehat{AB}$ de dos operadores $\widehat{A}$ y $\widehat{B}$ es un operador definido por $\widehat{AB}u = \widehat{A}(\widehat{B}u)$. Este producto no es siempre conmutativo: $\widehat{AB} \neq \widehat{BA}$.
V. Conmutador, Observable, Espectro de un operador.

▶ *Espectro de un operador.*—Conjunto de sus «valores propios». Siendo $\widehat{A}$ un operador actuando sobre un conjunto u, para encontrar sus valores propios hay que resolver la ecuación $\widehat{A}u_n = \lambda_n\, u_n$, donde λ_n es un «número» real o complejo. Los elementos u_n que satisfacen esta ecuación son las *funciones propias* de $\widehat{A}$; los números λ_n los *valores propios* cuyo conjunto constituye el espectro de $\widehat{A}$.
Si a un mismo valor propio λ_n corresponden p funciones propias u, linealmente independientes, se dice que el valor propio λ_n es un valor *degenerado* de orden p.
El espectro de un operador puede ser continuo o discreto.
El interés de todo esto es grande en mecánica cuántica. Los valores propios del operador asociado a una magnitud «observable» son los únicos valores accesibles de esta magnitud, los únicos, por tanto, que pueden determinarse por medición. *Ejemplo:* A la energía de un sistema está asociado su *operador hamiltoniano* $\widehat{H}$. Si el espectro de $\widehat{H}$ es discreto, la energía del sistema está «cuantificada». Los λ_n son los únicos valores posibles.
Señalemos que, debiendo sus valores propios ser reales, un operador asociado a un observable debe responder a ciertas condiciones matemáticas.
V. Principio de descomposición espectral.

Oposición

▶ *Método de oposición.*—Procedimiento utilizado en electricidad para medir con precisión una fuerza electromotriz (f.e.m.) o una tensión continua, comparándola con una f.e.m. patrón, en un montaje potenciométrico que permite oponerla por turno a una tensión regulable. La razón entre las fuerzas electromotrices, la conocida E_0 y la desconocida E, es entonces igual al cociente de dos resistencias R_0 y R, lo que permite deducir E.

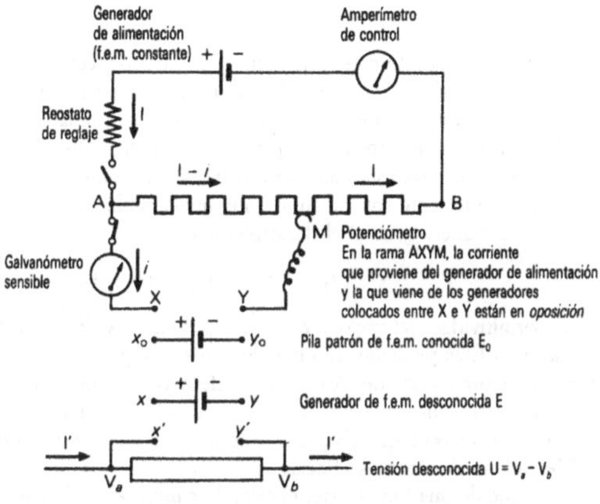

Se colocan sucesivamente en X e Y los polos x_0y_0 de la pila patrón, después los del generador desconocido, buscando cada una de las veces el valor de la resistencia, en la rama AM del potenciómetro, *que anula la intensidad i* a través del galvanómetro. Si R_0 y R son esas dos resistencias, $E = E_0 \cdot R/R_0$.
En el lugar del generador desconocido se pueden colocar los bornes $x'y'$. Si R' es el nuevo valor encontrado, la tensión desconocida vale $U = E_0 \cdot R'/R_0$.
Precisión del método, si se han tomado todas las precauciones (para evitar, en particular, las tensiones y f.e.m. termoeléctricas parásitas): $1/10^5$.

Óptica

Parte de la física que tiene como objeto el estudio de los fenómenos luminosos, es decir, los fenómenos que son percibidos a través de la vista, del mismo modo que la acústica estudia los fenómenos que son percibidos a través del oído.
Es tradicional separar la óptica *geométrica* de la óptica *física*.
En la primera se clasifican todos los fenómenos que pueden explicarse gracias a ideas relativamente sencillas, y que se expresan bajo la forma de dos grupos de leyes: 1 / la ley de *propagación rectilínea* de la luz; 2 / las *leyes de Snell-Descartes* acerca de la reflexión y refracción de la luz. Esos dos grupos de leyes pueden además ser expresados simultáneamente en una sola proposición, llamada «*principio de Fermat*». Es notable que, partiendo de aquí, y sin necesidad de hipótesis alguna acerca de la *naturaleza de la luz*, su *modo* o su *velocidad de propagación*, se hayan podido estudiar y perfeccionar diversos *instrumentos ópticos*.
En óptica física se estudian los fenómenos cuya explicación está relacionada necesariamente con las hipótesis sobre la naturaleza de la luz y sobre sus mecanismos de propagación. Son, particularmente, los fenómenos de *interferencia*, de *difracción*, de *polarización*, de *emisión*, de *absorción* y distintos *efectos*: fototérmico, fotoquímico, fotoeléctrico, etc.
Algunos de estos fenómenos se producen cuando la luz atraviesa un instrumento óptico. El estudio de esos instrumentos, que se deduce de las leyes de la óptica geométrica, no es, por consiguiente, más que una primera aproximación. Así se ha podido mejorar el *poder de resolución* de los microscopios: teniendo en cuenta los fenómenos de difracción.

Se ha comprobado, por fin, que el ojo no es el único receptor posible. Otros receptores, en particular las placas fotográficas y las células fotoeléctricas, han ayudado a extender el dominio de la óptica a las radiaciones no visibles, infrarrojas y ultravioletas, y a comprender mejor las relaciones entre la naturaleza física de la luz y sus efectos fisiológicos.
V. COLORIMETRÍA, FOTOMETRÍA.

▶ *Óptica no lineal.*—Designa diferentes fenómenos que se producen cuando la luz intensa atraviesa un dieléctrico. Por ejemplo, cuando la luz infrarroja que proviene de una fuente láser atraviesa un cristal de cuarzo, aparece a la salida, acompañando a la luz infrarroja transmitida, luz verde de frecuencia doble. En un dieléctrico, la onda luminosa incidente, por su campo eléctrico alterno, provoca variaciones alternativas de la polarización local P, y esas oscilaciones del dipolo eléctrico equivalente son fuente de una nueva onda electromagnética.
Se puede escribir de manera general el desarrollo matemático:

$$P = \varepsilon_0[\chi_1 E + \chi_2 E^2 + \chi_3 E^3 + ...]$$

donde ε_0 es la permitividad del vacío y χ las susceptibilidades eléctricas del medio.
Si el campo eléctrico E es pequeño, comparado con el campo debido a los núcleos atómicos, el primer término es predominante. A un campo eléctrico sinusoidal incidente de pulsación ω corresponde una polarización sinusoidal de la misma pulsación. Las ondas incidentes y transmitidas tienen la misma frecuencia. Es el caso habitual con una luz que proviene de una fuente ordinaria. El fenómeno es entonces «lineal».
Con luz que proviene de una fuente láser el campo es mucho más intenso, el segundo término del desarrollo adquiere importancia y el fenómeno se hace «no lineal». Se demuestra que las variaciones de la polarización poseen entonces la forma: $P = a \cos \omega t + b \cos 2\omega t$. Y eso explica la emisión de una luz cuya pulsación es doble de la de la luz incidente y, en consecuencia, cuya frecuencia es doble.
Otros fenómenos, explicados por la intervención de términos de orden 3 o más, han sido igualmente observados.

Optónica

Neologismo formado sobre el modelo de la palabra *electrónica*. Nombra al conjunto de técnicas de tratamiento y transmisión de información en las que se hace uso de las propiedades de las ondas ópticas —de los *fotones*, por tanto—: de la misma manera que la electrónica resuelve esos mismos problemas utilizando las propiedades de los *electrones*.
Los progresos alcanzados en los últimos años por la optónica deben mucho a la puesta a punto industrial de ciertos láseres como emisores, de las *fibras ópticas* como vehículos y de los *fotodiodos* semiconductores como receptores.

Orbital

▶ *Orbital atómico.*—En la antigua teoría de Bohr, los electrones pertenecen a un edificio atómico y están obligados a recorrer trayectorias cerradas que rodean el núcleo, al modo de los planetas describiendo sus *órbitas* alrededor del Sol. La mécanica cuántica actual ignora la noción de trayectoria. Sólo pueden deducirse informaciones probabilísticas, acerca de la posición y de la energía de un electrón, del conocimiento de su función de onda. Cuando se trata de un electrón ligado, perteneciente a un edificio estable, su función de onda $\psi(M, t)$ es el producto de una función Φ (M) dependiente de sus coordenadas espaciales (representadas aquí por M de modo simbólico), y de una función dependiente del tiempo. La función Φ (M), solución de una *ecuación de Schrödinger*, independiente del tiempo, es llamada convencionalmente función orbital o, más brevemente, *orbital* del electrón.

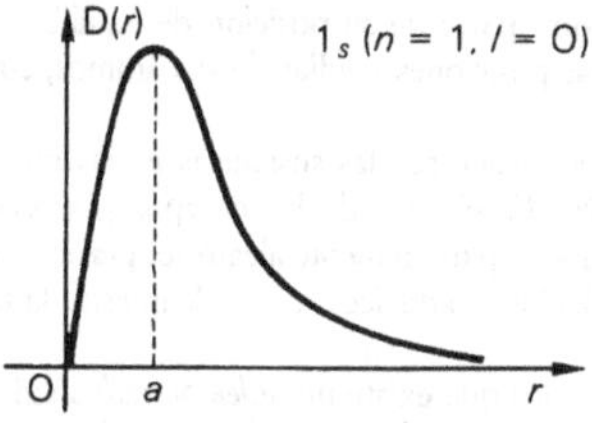

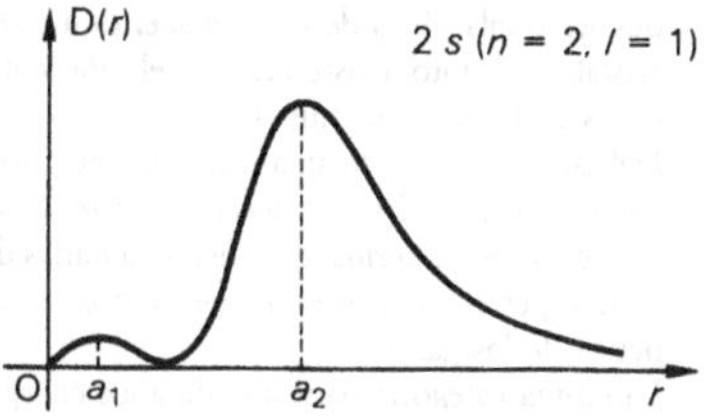

Cada orbital depende de tres números cuánticos *n*, *l*, *m*, y a cada orbital corresponde, para el electrón, un estado accesible (V. CONGIGURACIÓN ELECTRÓNICA, PRINCIPIO DE EXCLUSIÓN DE PAULI). Toda combinación lineal de orbitales es solución de la ecuación de ondas, y define un *orbital híbrido*.

Se puede representar directamente la forma de un orbital. Los orbitales *s*, por ejemplo ($l = 0$), son esferas que rodean el núcleo. Es más sugestivo a veces representar la probabilidad de presencia del electrón alrededor del núcleo, que depende Φ^2 (M). En el caso simple, por ejemplo, de un orbital *s*, la probabilidad de presencia en un volumen elemental que rodea al núcleo a distancia *r* tiene como valor: $dP = \Phi^2(r) \cdot 4\pi r^2\, dr$. La figura representa las variaciones, en función de *r*, de la densidad lineal de probabilidad de presencia: $D(r) = dP/dr = \Phi^2(r) \cdot 4\pi r^2$.
V. RADIO DE BOHR.

▶ *Orbital molecular.*—En una molécula cuyos átomos constitutivos están ligados de modo «covalente», el enlace entre ellos está asegurado por la existencia de electrones que les pertenecen «en común». La función orbital propia a cada uno de los electrones comunes es un *orbital molecular.* Antes de constituirse la molécula, esos electrones eran «electrones de valencia» (electrones periféricos) de los átomos estudiados. Un orbital molecular está construido matemáticamente, por tanto, por combinación de orbitales atómicos afectados. Procedimientos de cálculo, basados en diversas hipótesis simplificadoras, permiten esa construcción. Se admite, por ejemplo, que los orbitales atómicos deben recubrirse al máximo para dar un orbital molecular enlazante...

La forma de los orbitales moleculares contribuye a «explicar» algunas propiedades químicas, o estereoquímicas, observadas.

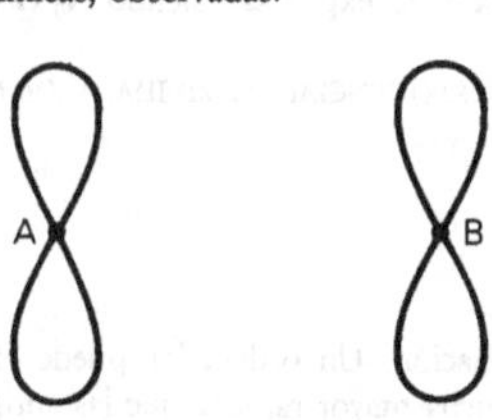

Orbitales atómicos $2p$ ($n = 2$, $l = 1$)
de dos átomos A y B

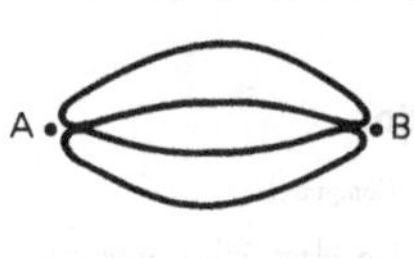

Orbital molecular enlazante π
de la molécula AB

Orden

▶ *Orden estructural.*—Desde el punto de vista de su estructura a escala atómica, las sustancias pueden ser clasificadas en tres categorías.

La primera comprende los cuerpos cristalizados cuyos elementos constituyentes, moléculas, átomos o iones, se reparten en el espacio en un *orden riguroso*, si se hace abstracción de las pe-

queñas oscilaciones de cada elemento a una y otra parte de su posición de equilibrio. En un cristal, por tanto, existe una correlación entre las posiciones medias de sus átomos, cualquiera que sea su distancia mutua.
Del lado opuesto, en una segunda categoría, se encuentran las sustancias en las que sus elementos constitutivos se hallan en *total desorden*. Es el caso de los cuerpos gaseosos, cuyas moléculas están permanentemente agitadas de modo aparentemente aleatorio: gracias a ese «desorden perfecto», precisamente, se prestan a cálculos estadísticos, como demuestra la teoría cinética de los gases.
La última categoría corresponde a los cuerpos en los que existe un *orden parcial*: sólidos amorfos, líquidos, cristales líquidos. En los líquidos, por ejemplo, ese orden parcial se traduce en el hecho de que la correlación entre las posiciones de dos moléculas es solamente aproximada en el caso de moléculas vecinas, y se hace poco a poco inexistente entre moléculas alejadas entre sí.
Señalemos, para finalizar, que: 1 / en un mismo cuerpo pueden coexistir regiones de orden y regiones de desorden. Es, por ejemplo, el caso de los cuerpos microcristalinos, en los cuales los «granos» cristalinos, minúsculos a escala nuestra, están enmarañados desordenadamente unos en otros; 2 / el estado de orden o desorden de una sustancia se altera al elevarse la temperatura (V. CAMBIO DE ESTADO).

▶ *Orden de magnitud*.—El valor numérico de una magnitud física viene dado a menudo de la forma: $g = a\ 10^p$, donde a es un número comprendido entre 1 y 10 y p un número entero positivo o negativo. Sin que haya un convenio explícito y universal, 10^p mide el orden de magnitud del resultado. La consecuencia es que dos resultados: $g = a\ 10^p$ y $g' = a'\ 10^p$ tienen «el mismo orden de magnitud». Si $g = a\ 10^p$ y $g' = a'\ 10^{p+n}$, decimos que g y g' difieren entre sí en n órdenes de magnitud.

▶ *Orden de transformación*.—La transformación físico-química de una sustancia es llamada de orden p si su velocidad de avance es, en todo instante, proporcional a la cantidad de sustancia reaccionante elevada a la p. La cantidad de sustancia reaccionante en un instante t está caracterizada por un número N (número de corpúsculos, o de moles, etc.), que se convierte en $N + dN$ ($dN < 0$) en un instante inmediatamente posterior $t + dt$. La velocidad de avance vale $- dN/dt = \lambda N^p$, pudiendo ser la constante λ positiva o negativa. Se demuestra que, en una transformación de primer orden ($p = 1$), N es función exponencial del tiempo, decreciente si λ es positiva y creciente en caso contrario: $N = N_0 \exp(-\lambda t)$, siendo N_0 el valor de N en el instante $t = 0$.
V. CONSTANTE DE TIEMPO, DECRECIMIENTO EXPONENCIAL, SEMIVIDA, VIDA MEDIA.

Ordenador

(inglés: Computer).

Máquina electrónica apta para tratar información. Un ordenador puede efectuar cualquier cálculo numérico, simple o complejo, con mucha mayor rapidez que las antiguas calculadoras mecánicas, que han sido totalmente reemplazadas. Puede, con la misma rapidez, resolver cualquier operación lógica: ayudar, por ejemplo, a elegir, entre todas las soluciones de un problema económico, la más ventajosa (menor costo, menor duración, etc.). Todo ello ha sido posible gracias a los progresos realizados, tanto en el dominio de la lógica como en el de la física.
Todo cálculo numérico puede ser efectuado por medio de una serie adecuada de operaciones aritméticas (sumas y multiplicaciones) con las cifras 0 y 1. Pero se ha podido demostrar también que la resolución de un problema lógico consiste en una serie de proposiciones simples, pudiendo cada una de ellas ser verdadera o falsa, y que están unidas unas a otras por «conectores» (o, y...), homólogos a los operadores matemáticos (+, x...). En teoría, por tanto, y gra-

cias en particular a la utiización de la numeración binaria, ambos tipos de problemas, aritmético y lógico, pueden ser tratados del mismo modo.
Hoy se sabe, por otro lado, construir los materiales necesarios para la realización concreta de cada una de esas operaciones. Los «circuitos lógicos», formados por transistores, diodos, etc., cumplen el papel de conectores u operadores. Son excitados por breves impulsos eléctricos, liberados regularmente por un reloj adecuado (un impulso cada nanosegundo, por ejemplo). Un programa de instrucciones codificadas, que da la serie de operaciones deseadas, así como los datos numéricos necesarios, se graba en memorias, provisionales o permanentes, por ejemplo en bandas o discos magnéticos.
Existe un evidente analogía entre los dos estados posibles de un circuito eléctrico (la corriente pasa o no pasa), los dos valores posibles de una cifra de la numeración binaria (0 ó 1) y los dos valores posibles de una proposición lógica elemental (cierta o falsa). Esto explica que un mismo tipo de aparato pueda ayudar a resolver, indiferentemente, uno u otro tipo de problemas.
Señalemos, para terminar, que el conjunto de circuitos lógicos de un ordenador, con sus correspondientes circuitos de control, constituye su «procesador». Desde hace una quincena de años, los progresos técnicos han permitido obtener que todos los componentes de un procesador estén instalados en un pequeño cristal de silicio que se ha llamado «microprocesador». Los órganos esenciales de un ordenador son uno o varios procesadores, una o varias memorias y los equipamientos de entrada y de salida.
V. Bit, Circuito lógico, Palabra.

Ortoscópico

Califica a un instrumento óptico desprovisto de «distorsión».

Ortótropo

Califica a un foco radiante o a una fuente de radiación que obedece a la *Ley de Lambert*.

Oscilaciones

Evolución efectuada a una y otra parte de una estructura de equilibrio estable. Se encuentran *osciladores* en cualquier dominio de la física: mecánica, acústica, electricidad, etc. Las oscilaciones mecánicas rápidas son llamadas a menudo vibraciones.
Las oscilaciones pueden ser *libres* o *forzadas*. Las más simples son las oscilaciones *sinusoidales*, llamadas oscilaciones *armónicas*.
Las oscilaciones reales son siempre *amortiguadas*, siendo diversas las causas que determinan la *disipación* progresiva de la energía del oscilador y su detención final; a menos que esa pérdida de energía sea compensada por un aporte regulado con un mecanismo apropiado y provinente de una fuente adecuada de energía. Las oscilaciones reciben en ese caso el nombre de *entretenidas*.

▶ *Oscilaciones amortiguadas*.—Oscilaciones cuya amplitud disminuye en el curso del tiempo a causa de una pérdida de energía, ya sea por disipación o por radiación. Si, en ausencia de amortiguación, el sistema objeto de estudio es un *oscilador armónico* (de período T_0 y de pulsación $\omega_0 = 2\pi/T_0$), y suponiendo que la amortiguación proviene de un rozamiento fluido, o de otro fenómeno equivalente (acción de un campo magnético sobre una corriente inducida, por ejemplo), las oscilaciones se convierten en pseudoperiódicas, como se explica más abajo.
Las variaciones del parámetro x que caracteriza la evolución de un sistema como el estudiado están regidas por una ecuación diferencial que puede escribirse de la forma: $\ddot{x} + 2\lambda x + \omega_0^2 \dot{x} = 0$,

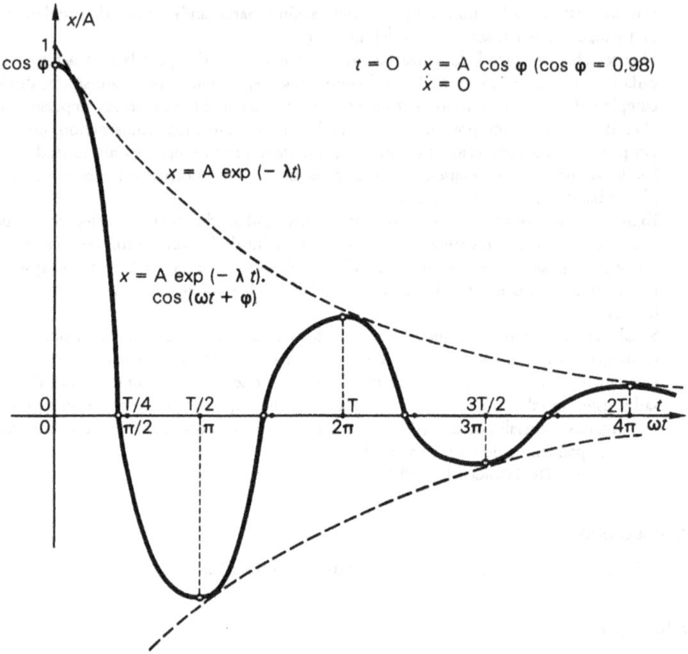

cuyas soluciones, si λ es positivo e inferior a ω_0, son de la forma $x = a \exp(-\lambda t) \cos(\omega t + \varphi)$. La magnitud λ es el *coeficiente de amortiguamiento*: es homogénea a la inversa de un tiempo y se mide en s^{-1}. Su inversa $\theta = 1/\lambda$ es el tiempo de relajación del sistema, ω es la pseudopulsación del sistema, y *a* y φ dependen de las condiciones iniciales. Al debilitarse el amortiguamiento (λ se hace netamente inferior al valor crítico $\lambda_c = \omega_0$), el pseudoperiodo de las oscilaciones se hace prácticamente igual al periodo propio T_0: $T = T_0/\sqrt{1 - \lambda^2/\lambda_c^2} \simeq T_0 \left(1 + \frac{1}{2}\lambda^2/\lambda_c^2\right)$. Cada vez que transcurre entonces un lapso de tiempo igual a T, *x* vuelve a adquirir su valor, multiplicado por un factor inferior a la unidad, $\exp(-\lambda t)$. Esto equivale a decir que su logaritmo neperiano disminuye en una cantidad constante: $\ln x' = \ln x - \delta$. El número $\delta = \lambda T$ es el *decrecimiento logarítmico* de las oscilaciones estudiadas. Si el amortiguamiento se aproxima a su valor crítico, T aumenta y puede hacerse infinitamente grande, lo que quiere decir que *x* disminuye entonces continuamente hasta anularse. Sus variaciones se hacen *aperiódicas*. Lo mismo sucede si $\lambda > \lambda_c$. Señalemos, para finalizar, que en algunos montajes λ es fuertemente negativa. Se instalan en ellos así oscilaciones que, al menos provisionalmente, son «desamortiguadas», y cuyas amplitudes van en aumento.

▶ *Oscilaciones eléctricas.–Sinónimo:* Corrientes eléctricas alternas de alta frecuencia. V. CIRCUITO OSCILANTE.

▶ *Oscilaciones entretenidas.*–Las *oscilaciones libres* reales son siempre, en mayor o menor medida, amortiguadas. Si compensamos exactamente la energía disipada con una aportación exte-

rior, los efectos de la amortiguación desaparecen. En concreto, la amplitud no disminuye, y la frecuencia, igualmente constante, es igual a la *frecuencia propia* del oscilador. Se dice entonces que las *oscilaciones* son *entretenidas*.
Reciben el nombre de *autoentretenidas* si la aportación energética es gobernada por el movimiento mismo del oscilador. Así las oscilaciones de la lenteja de un péndulo son autoentretenidas, gracias al mecanismo de la rueda catalina, habiéndose extraído la energía, dos veces por periodo, de la energía almacenada en el muelle comprimido o en la pila de los «péndulos eléctricos».

▶ *Oscilaciones forzadas.*—Oscilaciones impuestas a un oscilador por un mecanismo que puede actuar —siempre desde el exterior— bien por impulsos periódicos (el ejemplo más conocido es el del columpio), bien de modo continuo (es el caso, por ejemplo, de una onda electromagnética que llega al receptor, imponiendo oscilaciones eléctricas en el circuito de antena).
El mecanismo exterior recibe el nombre de *excitador*, y el sistema oscilante, el de *resonador*. En el caso simple en el que la excitación es sinusoidal y el amortiguamiento del resonador del género fluido (proporcional a la velocidad), puede simbolizarse la acción del excitador por una magnitud sinusoidal, $f = F \cos \omega t$, y se demuestra que, tras un *régimen transitorio*, de duración tanto más breve cuanto más grande es el amortiguamiento, se instala un *régimen permanente*. El resonador oscila con una frecuencia N igual a la del excitador y distinta, en general, a su frecuencia propia N_0. Estas oscilaciones pueden caracterizarse matemáticamente, bien dando la expresión de su elongación: $s = S \cos(\omega t - \psi)$, bien dando la de su velocidad: $s' = S \cos(\omega t - \varphi)$. La velocidad máxima S′ está ligada al valor máximo de la fuerza F: $S' = F/Z$, siendo Z la *impedancia* del sistema oscilante (impedancia mecánica, acústica, eléctrica... según los casos) y el *desfase* φ viene dado por $\text{tg}\ \varphi = X/R$, siendo X la *reactancia* del sistema y R su *resistencia* (V. CUADRO DE CORRESPONDENCIA).
V. CIRCUITO EQUIVALENTE, RESONANCIA.

▶ *Oscilaciones libres (o propias).*—Oscilaciones que se producen espontáneamente cuando ha cesado toda acción externa sobre el sistema oscilante (V. OSCILACIONES ENTRETENIDAS, OSCILACIONES FORZADAS). Por ejemplo, las ramas de un diapasón, alejadas de su posición de equilibrio y abandonadas luego a sí mismas, ejecutan oscilaciones libres.
Las oscilaciones libres reales son más o menos amortiguadas, según que los inevitables rozamientos, causas de la disipación de energía, sean más o menos importantes. Se designa por *frecuencias propias* los valores que toman las frecuencias de las oscilaciones libres periódicas, suponiendo nula toda disipación de energía.
Un oscilador con varios grados de libertad, el chasis de un vehículo, por ejemplo, sobre sus cuatro muelles (o, a escala atómica, los átomos de una molécula poliatómica), posee varios *modos de oscilación libre*, que pueden considerarse como combinaciones de un pequeño número de ellas, llamadas *modos fundamentales*, y que son vibraciones sinusoidales, poseyendo cada una de ellas su frecuencia propia. Los diversos modos de oscilación libre de un mismo oscilador están a menudo *acoplados*.

▶ *Oscilaciones pseudo-periódicas.*—V. OSCILACIONES AMORTIGUADAS.

Oscilador armónico

Uno de los ejemplos más simples de un oscilador armónico está constituido por un corpúsculo (de masa m) que oscila en el eje Ox atraído hacia el punto O por una fuerza cuya intensidad es proporcional a la abscisa x del corpúsculo: $f = -kx$. Se demuestra, en mecánica newtoniana, que ese corpúsculo debe oscilar indefinidamente de una parte a otra de O con un movimiento periódico sinusoidal de ecuación: $x = a \cos(\omega_0 t + \varphi)$. Dicha ecuación es solución de una ecuación diferencial lineal: $\ddot{x} + \omega_0^2 x = 0$ ($\ddot{x} = d^2 x/dt^2$ es la aceleración del móvil). Las magnitudes ω_0, $T_0 = 2\pi/\omega_0$ y $N_0 = 1/T_0$ reciben los nombres, respectivamente, de pulsación, periodo y frecuencia «propias» del móvil. Mientras que $\omega_0 = \sqrt{k/m}$ depende de la estructura misma del oscilador, la amplitud a la fase inicial φ depende de las condiciones iniciales de su movimiento. Su energía mecánica E, suma de su energía cinética $E_c = \frac{1}{2} m\dot{x}^2$ y de su energía potencial $E_p = \frac{1}{2} kx^2$, permanece constante en el curso de su movimiento, y vale $E = \frac{1}{2} m\omega_0^2 a^2$. Puede, por tanto, imponérsele un valor arbitrario, eligiendo convenientemente *a*.

De modo general, todo sistema físico cuya evolución en el curso del tiempo se caracteriza por las variaciones de un parámetro *x* regidas por la ecuación diferencial lineal $\ddot{x} + \omega_0^2 x = 0$ es, por definición, un oscilador armónico. Es el caso, en mecánica macroscópica, de cualquier sistema material débilmente apartado de su posición de equilibrio estable (diapasón, péndulo, etc.); en electricidad, de los circuitos oscilantes... En los dominios moleculares, atómicos o subatómicos, los centros cristalinos, los núcleos de las moléculas poliatómicas, los osciladores de Planck... son osciladores armónicos.

Los osciladores, en microfísica, son susceptibles de cálculos mecanocuánticos, cuyos resultados no son absolutamente iguales a los de la mecánica clásica. Por ejemplo, la energía de un oscilador armónico (valores propios de su operador hamiltoniano) está cuantificada. No puede adquirir más que los valores dados por la relación: $E = \left(v + \frac{1}{2}\right) hN_0$, donde *h* es la constante de Planck y *v* un número, nulo o *entero* positivo (número cuántico de vibración).

Señalemos, por fin, que: 1 / un mismo sistema puede tener varios grados de libertad, y tantos «modos» de oscilación armónica; 2 / las oscilaciones de un sistema real son siempre *amortiguadas*, por disipación o por radiación de energía. Se transforman en pseudoperiódicas y acaban por detenerse, a menos que sean *entretenidas*.

Oscilograma

Curva descrita por el spot luminoso sobre la pantalla de un *osciloscopio*.

Se puede ver, o fotografiar, un *oscilograma*, conjunto de posiciones sucesivas del spot, gracias a la remanencia del fenómeno del luminescencia de las sustancias químicas depositadas sobre la pantalla del aparato. Según el uso al que se destina, se elige para cada osciloscopio una sustancia luminescente, que da un tiempo de remanencia conocido. Generalmente del orden de la décima de segundo, puede excepcionalmente alcanzar algunos minutos, en el estudio de los fenómenos que varían lentamente.

Si se utiliza un *barrido* repetitivo, es indispensable, naturalmente, que los oscilogramas correspondientes a los periodos sucesivos de barrido se recubran exactamente, lo que se obtiene con un reglaje adecuado de la *base de tiempos*.

Osciloscopio

▶ *Osciloscopio electrónico*.—Instrumento destinado al estudio de las variaciones en función del tiempo de una tensión eléctrica, o de cualquier otra magnitud física, química o fisiológica, que pueda ser transformada en una tensión eléctrica por medio de un *traductor*.

En el interior de un tubo de vidrio vacío se encierran tres órganos esenciales. En uno de sus extremos, se encuentra un *cañón de electrones*; en el otro extremo, una *pantalla fluorescente*, y en la zona media, dos *condensadores* planos, de armaduras verticales en un caso y horizontales en el otro. El haz electrónico que sale del cañón atraviesa, por consiguiente, los dos pares de placas sucesivamente antes de llegar a la pantalla, sobre la que forma una mancha luminosa, un «spot».

La tensión V(t) que se quiere estudiar se aplica sobre las placas horizontales. El campo eléctrico que causa produce sobre el haz una deflexión vertical, y el spot sufre un desplazamiento $y(t)$ proporcional al valor instantáneo de la tensión: $y(t) = D\frac{l}{a}\frac{e}{m}\frac{1}{v^2}V(t)$. D, l, a son características geométricas (V. figura), e/m la relación carga-masa del electrón y v la velocidad del haz cuando aborda el condensador.

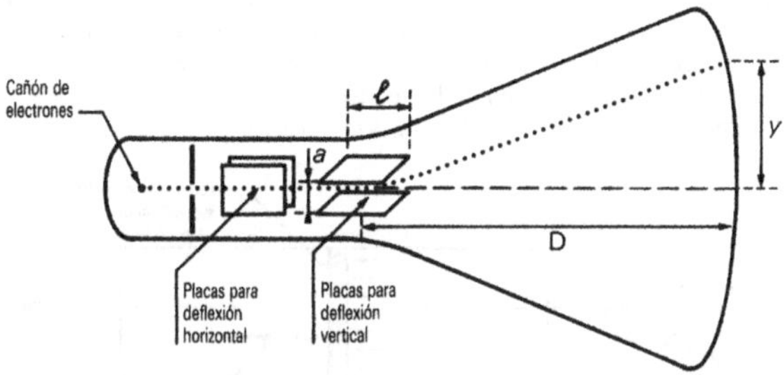

Simultáneamente el otro condensador es excitado por la tensión periódica $V_0(t)$ que suministra una base de tiempos regulable, incorporada al aparato. Como consecuencia de ello el spot es sometido a un *barrido* horizontal, proporcional al tiempo. Finalmente, el *oscilograma* que aparece en la pantalla, y que puede ser visto o fotografiado gracias a la *persistencia* de la iluminación en la pantalla, reproduce las variaciones de V(t). Si V(t) es periódica –de periodo T– el periodo de barrido se ajusta a un valor T_0, múltiplo entero de T. Si $T_0 = nT$ (n = 1, 2, 3...) se perciben sobre la pantalla n variaciones periódicas de la función V(t).
El osciloscopio va acompañado de otros pequeños implementos, que permiten, en concreto, reglar la intensidad de spot, su focalización, y amplificar si fuere necesario la tensión objeto de estudio.
Reemplazando la tensión $V_0(t)$ de la base de tiempos por una tensión $V_0(x)$, dependiente de otro parámetro x, es posible obtener en la pantalla oscilogramas que representan directamente diversas características, por ejemplo las de los componentes electrónicos: diodos, transistores...
La simplicidad de su manejo, la posibilidad de emplearlos en el estudio de parámetros que varían muy rápidamente en función del tiempo, gracias a la inercia prácticamente nula que presenta el haz electrónico, etc., hacen que los osciloscopios electrónicos hayan reemplazado completamente a los antiguos osciloscopios mecánicos.

▶ *Osciloscopio mecánico*.–V. OSCILOSCOPIO DE BLONDEL.

Ósmosis

De una palabra griega que significa empuje.

Paso de las moléculas de un disolvente a través de una pared semipermeable. Este fenómeno es muy importante en biología. Las membranas celulares pueden ser comparadas a paredes semipermeables.
V. PRESIÓN OSMÓTICA.

Osmótica

▶ *Presión osmótica*.–Presión parcial, en una disolución líquida, debida a la presencia del soluto, y que se manifiesta cuando la disolución se pone en contacto con un compartimento que contenga disolvente puro, *con interposición* de una *membrana semipermeable*. Mientras que las moléculas del disolvente circulan libremente en uno y otro sentido a través de la pared, las del soluto chocan contra la pared sin poder franquearla, y ejercen una presión, al modo que lo hacen las moléculas de un gas sobre las paredes del recipiente que las contiene. Es la *presión osmótica* de la disolución.

Si la pared semipermeable está colocada entre dos compartimentos que contienen muestras de la misma disolución, aunque con distintas concentraciones, la experiencia demuestra que el disolvente pasa progresivamente desde el compartimento de menor concentración al de mayor, hasta que ambas se igualan: a menos que una presión de origen distinto se ejerza sobre el disolvente y bloquee la emigración de las moléculas.

V. EXPERIENCIA DE DUTROCHET, LEY DE VAN'T HOFF.

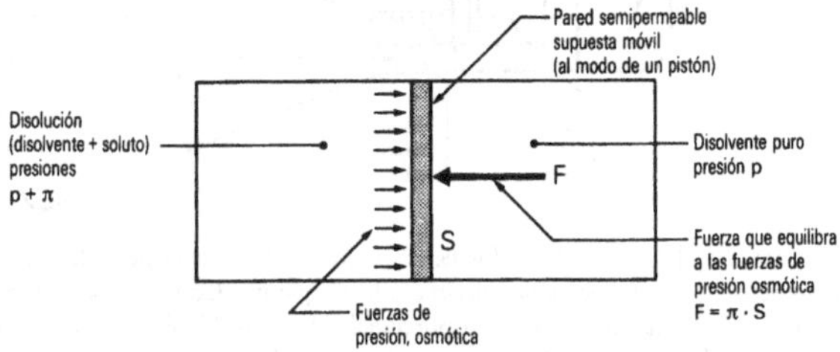

Aparato esquemático mostrando cómo se puede, en principio, medir una presión osmótica utilizando una fuerza exterior F = π · S.

Ostrogradski Michel Vassilievicht (1801-1861)

▶ *Teorema de Ostrogradski.–Sinónimo:* Teorema de la *divergencia*. Teorema del análisis vectorial utilizado en teoría de campos.

«El *flujo saliente* Φ_s de un campo vectorial $\mathbf{X}(M)$ a través de una superficie cerrada S $\left(\Phi_s = \iint_s \mathbf{X} \cdot d\mathbf{S}\right)$ es igual a la integral triple, extendida al volumen v interior a S, de la función escalar divergencia de **X** (div **X**):

$$\iint_s \mathbf{X} \cdot d\mathbf{S} = \iiint_v \operatorname{div} \mathbf{X} \cdot dv.»$$

Se deduce, en particular, que los campos de flujo conservativo (campos de rotacionales) son campos de divergencia nula, y *viceversa*. De ahí la cadena de proposiciones, en la que cada una implica a las otras tres: Campo de rotacionales ⇔ deriva de un potencial vector ⇔ campo de flujo conservativo ⇔ campo de divergencia nula.

Es el caso, por ejemplo, del campo magnético **B**.

El teorema de Ostragradski es denominado a menudo, parece ser que erróneamente, teorema de Green.

Ostwald Wilhelm (1853-1932)

Premio Nobel de Química en 1909

▶ *Ley de dilución de Ostwald.*–Es consecuencia de la aplicación de la ley de *acción de masas* al equilibrio en disolución de un electrólito con los iones liberados en su disociación, supuesta reversible (V. HIPÓTESIS DE ARRHÉNIUS). La ley de acción de masas asocia la relación

$K = \frac{[A^-] \cdot [M^+]}{[AM]}$ a una reacción de disociación simple del tipo AM ⇔ $A^- + M^+$ (el anión y el catión son monovalentes): [X] designa la molaridad del cuerpo X, y K es una constante, función de la temperatura, característica del cuerpo estudiado.

Llamando α al grado de disociación del electrólito AM, y *c* a su concentración molar volúmica en la disolución antes de la disociación, la precedente relación adquiere la forma que expresa la *ley de Ostwald*: $K = \frac{\alpha^2}{1-\alpha}\frac{1}{\delta}$; $\delta = 1/c$ es la *dilución de la solución*. α puede ser determinada por medio de una criometría o de una –más precisa– conductivimetría (V. LEY DE KOHLRAUSCH).

La experiencia demuestra que esta ley se verifica con pulcritud en el caso de ciertos electrólitos, llamados *débiles* (su disociación iónica es una función creciente de la dilución), pero que no sucede lo mismo en el caso de los electrólitos llamados *fuertes* (que se encuentran totalmente disociados para cualquier grado de dilución).

Otto Nikolaus (1832-1891)

▶ *Ciclo de Otto*.–V. CICLO DE BEAU DE ROCHAS.

Oyente normal medio

Oyente ficticio de referencia.

Las respuestas de este oyente ficticio a las diversas excitaciones sonoras se determinan tomando la media de las respuestas de un gran número de oyentes reales, de edades comprendidas entre 18 y 25 años, y cuyo aparato auditivo no presente ninguna anomalía. La experiencia enseña que sus respuestas son muy próximas unas a otras, lo que justifica la noción de oyente normal medio.

V. AUDIOGRAMA.

P

P

Símbolo del prefijo peta (10^{15}).
V. CUADRO DE PREFIJOS SI (Anexo 1.2).

p

Símbolo del prefijo pico (10^{-12}).
V. CUADRO DE PREFIJOS SI (Anexo 1.2).

Palabra

Serie de cifras binarias (de bits) que transporta una información codificada (dato numérico o instrucción). Las palabras de ocho bits, utilizadas en los ordenadores, reciben el nombre de *octetos.* La capacidad de almacenamiento de una memoria de gran *ordenador* puede alcanzar la cifra de varios millones de palabras, de 32 o, incluso, de 64 bits.

Pantalla

▶ *Constante de apantallamiento (o de pantalla):*

1. *En espectroscopia.*—Tal como se deduce de la *ley de Moseley,* la energía de un electrón, perteneciente a un átomo de número atómico Z y que se encuentra en un estado de número cuántico principal *n*, debe escribirse:

$$E_2 = Rch(Z - a_n)^2/n^2$$

donde R es la constante de Rydberg, *h* la constante de Planck, *c* la constante relativista. El término corrector a_n, cuyo valor, siempre inferior a Z, depende de *n*, es llamado *constante de apantallamiento* relativa al nivel energético *n*. *Ejemplos:* $a_1 \approx 1$ (nivel K); $a_2 \approx 7,4$ (nivel L).
Puede explicarse su existencia si se admite que la atracción culombiana del núcleo sobre el electrón estudiado es *compensada parcialmente* por la acción sobre éste del resto de los electrones de la nube. La carga Z del núcleo parece haber disminuido hasta convertirse en $(Z - a_n)$ cargas elementales. $Z' = Z - a_n$ recibe el nombre de *número de carga efectivo* del átomo.

2. En RMN.—La energía de un núcleo atómico que posee un momento magnético μ y que está sumergido en un campo magnético uniforme **B** (energía *Zeeman*) tiene por valor: $E = -\mu \cdot \mathbf{B}$. Si el mismo núcleo forma parte de un edificio atómico o molecular, se encuentra rodeado de una nube electrónica, con lo cual se modifica el campo magnético efectivo que actúa sobre el núcleo a causa del campo magnético secundario debido al movimiento de los electrones (decimos que el núcleo se encuentra *apantallado*). Su energía se hace ahora

$E' = -\mu \cdot \mathbf{B}(1 - \sigma)$. La magnitud numérica σ es la *constante de apantallamiento* del núcleo en el edificio objeto de estudio.
Se puede determinar su valor por un cálculo en el que intervienen los orbitales de los electrones.
Ejemplo: La constante de pantalla del protón en una molécula de fluoruro de hidrógeno gaseoso (HF) vale alrededor de $3 \cdot 10^{-5}$ (30 p.p.m.).

3. V. LONGITUD DE DEBYE.

▶ *Pantalla complementaria.*—V. TEOREMA DE BABINET.

▶ *Pantalla eléctrica (o electrostática). Sinónimo:* Jaula, o cilindro de Faraday.—Teniendo en cuenta los fenómenos de influencia eléctrica, se demuestra (teorema de las pantallas electrostáticas) que todo cuerpo conductor hueco, conectado a tierra, puede actuar como pantalla: los objetos que se encuentran en la cavidad son insensibles a un campo electrostático exterior y *viceversa.* Ni siquiera es indispensable que esta pantalla sea continua: puede, por ejemplo, tener forma de malla. Esta circunstancia explica que este tipo de pantalla protectora sea utilizada como pararrayos.

▶ *Pantalla electromagnética.*—Blindaje de material conductor, utilizado principalmente para proteger a los circuitos eléctricos que llevan señales de escasa potencia contra campos electromagnéticos variables exteriores.
La influencia de esos campos se traduce en la formación de corrientes de Foucault, variables en el espesor mismo del blindaje. Por el campo electromagnético que crean en sus inmediaciones, esas corrientes se oponen a las variaciones que las han originado (ley de Lenz). Su intensidad no es, además, apreciable más que en la periferia del blindaje (efecto de corteza o piel). De ello resulta que un blindaje de algunos milímetros de espesor puede constituir una excelente pantalla contra los campos de alta frecuencia. Cualquiera puede darse cuenta, constatando, por ejemplo, que para recibir una emisión de radio en el interior de un vehículo, cuya carrocería es totalmente metálica, hace falta una antena exterior.

▶ *Pantalla magnética.*—Cuando un cuerpo hueco de gran permeabilidad (un cilindro de hierro, por ejemplo) se encuentra sumergido en un campo magnético constante, las líneas de campo se «canalizan» por el espesor del cuerpo y son prácticamente inexistentes en la cavidad (V. CIRCUITO MAGNÉTICO). Los objetos que se encuentran en la cavidad no pueden sufrir de ninguna manera la influencia del campo magnético exterior. El cuerpo hueco es una *pantalla magnética.*
Ejemplo: En una dinamo con inducido de anillo, los conductores colocados en el interior del anillo son insensibles a la acción del campo creado por el inductor: son conductores pasivos.

Par

Conjunto de dos fuerzas cuyas intensidades son iguales, las direcciones paralelas (pero no confundidas) y los sentidos opuestos. Un par que actúa sobre un cuerpo indeformable provoca la rotación de ese cuerpo en torno a un eje perpendicular al plano común de ambas fuerzas. Es posible provocar una rotación semejante por una acción, mecánica o no, que no puede esquematizarse por dos fuerzas, como en el caso precedente. Se dice también que se trata de un par, por analogía. El movimiento de un «péndulo de torsión», por ejemplo, se produce bajo la acción de un par de este tipo.
Desde un punto de vista cuantitativo, un par se caracteriza por su *momento.* Dos pares actuando sobre un mismo sólido son equivalentes si poseen dos momentos iguales y del mismo sentido. Ambos se neutralizan si sus momentos son iguales, pero sus sentidos son opuestos.
V. TENSIONES, TORSOR DE FUERZAS.

▶ *Par termoeléctrico* (también llamado *termopar).*—Circuito constituido por dos metales o aleaciones metálicas diferentes, hierro y constantán (aleación de cobre y níquel) por ejemplo. Por experiencia sabemos que si los puntos de unión (las dos *soldaduras* del par) se mantienen a temperaturas diferentes (T_0 y T) se establece en el circuito una corriente eléctrica, fenómeno conocido como *efecto Seebeck.* La fuerza electromotriz E responsable de esta corriente, llamada f.e.m. termoeléctrica, depende de la diferencia de temperaturas $T - T_0 = \theta$. La razón entre las variaciones $dE/d\theta$ mide el *poder termoeléctrico* del par. En el ejemplo antes citado vale alrededor de 50 μV por grado. Los termopares se utilizan tanto en la industria como en el laboratorio, fundamentalmente por la comodidad de su empleo. En general, se mantiene una de las soldaduras a una temperatura fija y conocida: midiendo E se determina, tras el previo calibrado del termopar, la otra temperatura T. La precisión no es demasiado alta en ese caso, pero puede alcanzar valores interesantes (del orden de la millonésima de Kelvin) si se miden las variaciones eventuales de T.
V. EFECTO PELTIER, EFECTO THOMPSON, ESCALA INTERNACIONAL PRÁCTICA DE TEMPERATURAS .

▶ *Par de torsión.*—V. BALANZA DE TORSIÓN, PÉNDULO DE TORSIÓN, TENSIONES, TORSIÓN.

Paradoja

Consecuencia de una teoría que contradice aparentemente el «sentido común», la coherencia de una teoría, una teoría próxima o la experiencia.
Ejemplo: El movimiento de rotación de la Tierra, consecuencia de la teoría heliocéntrica sostenida por Galileo, fue percibida como una paradoja «insensata», inaceptable por consiguiente. De hecho, entraba en contradicción con la teoría geocéntrica, que entonces estaba en boga.
V. DIABLILLO DE MAXWELL, ENTROPÍA DE MEZCLA, PARADOJA DE D'ALEMBERT, DE LOSCHMIDT, DE LOS GEMELOS, DE PASCAL.

Paraeléctrico

Un medio aislante es llamado *paraeléctrico* si, sumergido en un campo eléctrico, se polariza, de modo que en cada uno de sus puntos el vector polarización eléctrica $\mathbf{P}_e$ es proporcional al vector campo eléctrico local **E**, lo que generalmente se escribe de la forma: $\mathbf{P}_e = \chi_e \cdot \varepsilon_0 \cdot \mathbf{E}$ (ε_0 es la permitividad del vacío), siendo la constante χ_e *susceptibilidad eléctrica* del medio, independiente del campo eléctrico **E**.
Esta propiedad recuerda a la de los medios paramagnéticos, y de ahí proviene el calificativo paraeléctrico.
La mayor parte de los aislantes isótropos son paraeléctricos. Se dice también que son dieléctricos *lineales*.
V. FERROELÉCTRICO, POLARIZACIÓN DE UN DIELÉCTRICO, SUSCEPTIBILIDAD ELÉCTRICA.

Paramagnética

Es paramagnética toda sustancia que, sumergida en el seno de un campo magnético, se imana, y adquiere en cada región una *intensidad de imanación* $\mathbf{J}_m$ (o polarización magnética $\mathbf{P}_m$) proporcional al campo magnético local y del mismo sentido que él. Por razones históricas se escribe: $\mathbf{J}_m = \mathbf{P}_m = \chi_m\ \mathbf{H}$ (**H** vector excitación magnética). La susceptibilidad magnética de un cuerpo paramagnético es positiva, independientemente de **H**. Es función decreciente de la temperatura.

Son entonces paramagnéticas las sustancias que poseen en su estructura uno o varios electrones desapareados.
V. DIAMAGNETISMO, IMANACIÓN ESPONTÁNEA, IMANACIÓN INDUCIDA, LEYES DE CURIE, SUSCEPTIBILIDAD MAGNÉTICA.

Paraxiales

▶ *Rayos paraxiales.*—Rayos luminosos que atraviesan un sistema óptico centrado permaneciendo próximos al eje del sistema a lo largo de su trayecto útil. Han salido, por consiguiente, de un foco próximo al eje, y su inclinación con respecto al mismo es pequeña.
V. ESTIGMATISMO, SISTEMA CENTRADO.

Parcial

1 / Un fenómeno vibratorio es casi siempre equivalente a la suma de varias vibraciones sinusoidales, bien porque se obtenga efectivamente por composición de esas vibraciones, bien sea por tratarse de una equivalencia matemática. Se dice, por convenio, que cada una de esas vibraciones sinusoidales es una de las componentes parciales o, simplemente, una de las *parciales* del fenómeno global. Si el fenómeno vibratorio es periódico, sus diferentes parciales constituyen una serie armónica, tal como demuestra el *teorema de Fourier*.
V. ANÁLISIS ARMÓNICO.
2 / En el estudio de las fuentes sonoras, se llama a veces parcial a cada uno de los sonidos propios que se puede hacer emitir a la fuente variando sus condiciones de excitación, «forzando el viento», por ejemplo, en el caso de un instrumento de viento.
V. CUERDA VIBRANTE, TUBO SONORO.

Pared fría

▶ *Principio de la pared fría.*—Si un recipiente cerrado contiene un líquido (o un sólido) y su vapor, y comprende dos regiones mantenidas a temperaturas constantes, pero distintas, el líquido (o el sólido) que se encuentra en la región cálida se vaporiza, y viene a condensarse en la región de la pared fría (V. figura).
La destilación de los líquidos está basada en este «principio», simple consecuencia, realmente, del hecho de que las presiones de vapor saturante son siempre funciones crecientes de la temperatura.

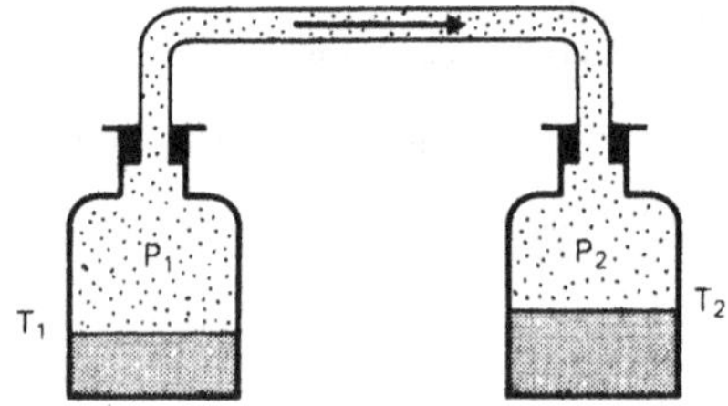

$T_1 > T_2 \Rightarrow P_1 > P_2$

Ilustración del principio de la pared fría

Pares

▶ *Creación de pares.*—V. MATERIALIZACIÓN.

Paridad

▶ *Paridad intrínseca.*—Una partícula se encuentra en movimiento en un espacio isótropo. Bajo la acción del operador paridad P, su vector de estado ψ se transforma en:
$P\psi(x, y, z, t) \rightarrow \psi(-x, -y, -z, t)$.
Ahora bien, la probabilidad de presencia del corpúsculo en el instante t y en un punto $M(x, y, z)$, proporcional al cuadrado ψ^2, es un elemento físico que no depende, naturalmente, de la elección —arbitraria— de la orientación de los ejes del referencial, si ψ es de valores reales. De ello se sigue que $\psi^2(-x, -y, -z, t) = \psi^2(x, y, z, t)$, o bien, $\psi(-r, t) = \pm\, \psi(r, t)$, con $\mathbf{r} = \mathbf{OM}$; lo que se escribe, generalmente, de la forma: $P\psi(\mathbf{r}, t) = p\psi(\mathbf{r}, t)$. El número $p = \pm 1$ es la *paridad intrínseca* de la partícula. Ésta es llamada par o impar según que $p = +1$ o $p = -1$. Se demuestra que este resultado es válido, cualquiera que sea la forma matemática del vector de estado; $p = \pm 1$ son todos los valores propios del operador paridad.
Las reglas permiten determinar la paridad global de un sistema de partículas. El interés de esta magnitud estriba en que, tal como revela la experiencia, la paridad global de un sistema se conserva si su evolución se produce bajo la acción de interacciones fuertes o electromagnéticas, mientras que esta ley de conservación puede ser violada bajo la acción de interacciones débiles.
V. VIOLACIÓN DE LA PARIDAD.

▶ *Operador paridad.*—Aplicado a un sistema físico S, cuya evolución estudiamos —en un referencial R(O, x, y, z)—, el *operador paridad* p tiene como efecto reemplazar S por un sistema S′, simétrico de S con respecto al origen O del referencial: P S → S′.
Aplicado al referencial R, el mismo operador tiene como efecto reemplazar R por el referencial R′, obtenido invirtiendo el sentido positivo de cada uno de los ejes (invirtiendo, por tanto, el sentido convencional de orientación del espacio): P R → R′.
En ambos casos, el sentido de evolución del parámetro tiempo t permanece intacto.
Se demuestra que las leyes de evolución en función del tiempo del sistema S′ en R son las mismas que las de S en R′.
V. PARIDAD INTRÍNSECA, SIMETRÍA DE LAS LEYES FÍSICAS, TEOREMA PCT.

Partición

▶ *Función de partición.*—*Sinónimo:* Suma de estados: Expresión utilizada en la termodinámica estadística de Boltzmann. Una sustancia formada por una población de corpúsculos idénticos, moléculas de un gas perfecto, por ejemplo, está en equilibrio termodinámico. Estos corpúsculos se reparten entonces en diferentes niveles energéticos. En el nivel u_i se encuentra un número n_i, estadísticamente constante. Boltzmann estableció la relación: $n_i/n = \exp(-u_i/kT)/Z$; n es el número total de corpúsculos, k la constante de Boltzmann y T la temperatura de la sustancia. La magnitud $Z = \sum_i \exp(-u_i/kT)$ es la *función de partición* de la sustancia. Su valor depende de la ley de reparto de los corpúsculos, de ahí su nombre. El interés de esta magnitud radica en el hecho de que es posible deducir de ella las distintas funciones termodinámicas macroscópicas de la sustancia. Se demuestra, por ejemplo, que la energía interna U viene dada por la expresión: $U = nkT^2\, d(\log Z)/dt$, y la entropía, por ejemplo, $S = nk[\log Z + T\, d(\log Z)/dT]$... Pueden conocerse así las propiedades termodinámicas de una sustancia a escala macroscópica, cuando se conoce el reparto de sus corpúsculos a escala molecular. Ese es el objetivo de la *termodinámica estadística*.

Partículas

▶ *Partículas elementales* (o *fundamentales*).—Una partícula es un corpúsculo del dominio *subnuclear*. Es llamada en principio fundamental o elemental si ninguna teoría y ninguna experiencia permiten afirmar que esté constituida a su vez por otras partículas. Es evidente que nuevas experiencias y nuevas teorías pueden conducir un día a considerar como no elemental a una partícula así considerada hasta entonces (tal como se produjo, sucesivamente, con la molécula, el átomo, el núcleo, los bariones...). Poco después de 1932, fecha del descubrimiento del neutrón, parecía incontrovertible que existían tres partículas elementales: el electrón, el protón y el neutrón, cuya asociación daba lugar y origen a todos los átomos conocidos. Hoy, gracias al estudio de los rayos cósmicos y a la ayuda de los grandes aceleradores, el número de partículas conocidas se aproxima a doscientos, y no parece que verdaderamente hayamos acabado nuestra búsqueda.

Parece, en la actualidad (1987), que existen dos grupos de partículas elementales: los seis *leptones* por una parte (electrón, muón y tau, con los neutrinos correspondientes), a los que hay que añadir los seis antileptones; de otra parte, los seis *quarks*, a los que hay que añadir los seis «antiquarks», siendo mesones y bariones asociaciones, cada uno de ellos, de dos o tres quarks o antiquarks.

Pero ya algunos teóricos tienen en cuenta una disociación posible de los quarks en partículas más finas.

Las partículas intermediarias de las distintas interacciones, gravitones, bosones intermediarios, fotones y gluones, son para algunos verdaderas partículas elementales, mientras que para otros son cuasi-partículas que esquematizan la cuantificación de los campos de interacción...

V. CUADRO DE PARTÍCULAS SUBNUCLARES (Anexo 4).

Pascal Blas (1623-1662)

▶ *Experiencia de Pascal.*—Experiencia realizada en 1648, en la cima del Puy de Dôme, y cuyos resultados confirmaron las hipótesis sobre el protagonismo de la presión atmosférica en la ascensión del mercurio por los tubos de Torricelli, conocidos más tarde como tubos «barométricos».

V. EXPERIENCIA DE TORRICELLI.

▶ *Paradoja de Pascal.*—Un tonel de madera, lleno de agua, coronado por un tubo hueco abierto por sus extremos, puede estallar si se vierte agua en el tubo a una altura suficiente, *cualquiera que sea la sección del tubo,* incluso aunque sea muy pequeña, hecho que parece contrario al buen sentido. Este resultado encuentra una explicación sencilla por aplicación del «principio de Pascal».

▶ *pascal (Pa).*—Unidad de presión del SI. «El pascal es la presión uniforme que, actuando sobre una superficie plana de 1 m^2, ejerce perpendicularmente a dicha superficie una fuerza total de 1 newton.»

Ejemplo: La presión atmosférica normal vale $1{,}01325 \cdot 10^{15}$ Pa (V. CUADRO DE UNIDADES DE PRESIÓN).

En el estudio de la resistencia de materiales, algunas *tensiones y ciertos módulos de elasticidad* se evalúan igualmente en pascales.

▶ *«Principio» de Pascal.*—Los líquidos en equilibrio transmiten en todas las direcciones las variaciones de presión a las que se les somete. Ésta es una de las consecuencias de la ley de equilibrio de los líquidos incompresibles: en un líquido incompresible en equilibrio, la diferencia de presión entre dos puntos depende de la diferencia de nivel h entre esos dos puntos, según la relación: $p' - p = \rho g h$, donde ρ es la densidad del líquido y g la aceleración de la gravedad local.

Paschen Fiedrich (1865-1947)

▶ *Efecto Paschen-Back.*—V. EFECTO ZEEMAN.

▶ *Ley de Paschen.*—El potencial explosivo entre dos electrodos planos, muy anchos, paralelos entre sí, es una función creciente del producto $p \cdot l$ de la presión p del gas que se encuentra entre los electrodos por la longitud l que les separa.

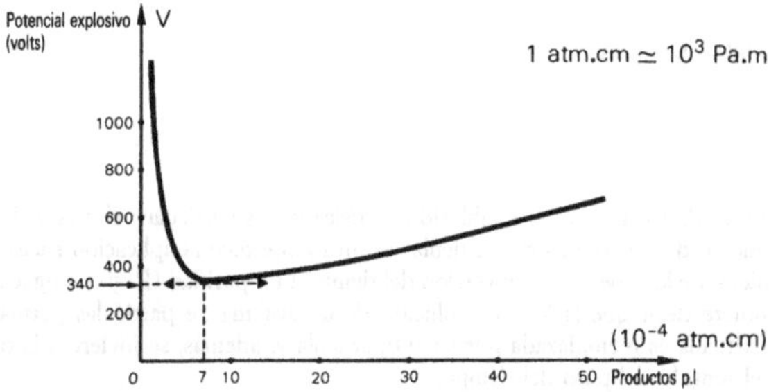

Esta ley, establecida experimentalmente por Paschen, recibió más tarde una explicación satisfactoria, gracias a una teoría debida a Townsed (1868-1957), relativa a las frecuencias de ionización producidas en un tubo de descarga por el choque de electrones e iones positivos sobre las moléculas del gas encerrado en el tubo.

▶ *Serie de Paschen.*—V. FÓRMULA DE BALMER.

Pauli Wolfgang (1900-1958)

Premio Nobel en 1945.

▶ *Matrices de Pauli.*—Matrices de dos filas y dos columnas que se utilizan en mecánica cuántica. Se escriben:

$$\sigma_x = \begin{pmatrix} 0 & 1 \\ 1 & 0 \end{pmatrix}, \quad \sigma_y = \begin{pmatrix} 0 & -i \\ i & 0 \end{pmatrix}, \quad \sigma_z = \begin{pmatrix} 1 & 0 \\ 0 & -1 \end{pmatrix} \quad (i^2 = -1).$$

Son matrices unitarias ($\sigma^2 = 1$), de valores propios comunes ± 1. Poseen además diversas propiedades; en particular, verifican tres relaciones del tipo: $\sigma_x \sigma_y = i\sigma_z$.
En la teoría de Pauli, las propiedades de las componentes S_x, S_y, S_z, del *momento cinético* de *spin* de un electrón conducen a escribir: $S_x = \frac{1}{2}\hbar\sigma_x$, $S_y = \frac{1}{2}\hbar\sigma_y$, $S_z = \frac{1}{2}\hbar\sigma_z$ ($\hbar$ constante reducida de Planck). Se ve que los valores propios de cada una de las componentes vale $\pm \hbar/2$.
V. EXPERIENCIA DE STERN Y GERLACH, MATRICES DE DIRAC, MOMENTO CINÉTICO.

▶ *Principio de exclusión de Pauli.*—Con el fin de justificar las particularidades observadas en los espectros de rayas de los átomos plurielectrónicos, se adoptó una ley empírica, formulada por Pauli (en 1925), y conocida como *principio de exclusión*. Puede enunciarse así: «En el interior de un átomo, en un mismo estado estacionario caracterizado por los valores de los cuatro números cuánticos *n, l, m, s*, no puede existir más que un electrón».
Eso quiere decir, por ejemplo, que si dos electrones se encuentran simultáneamente en estados caracterizados por los mismos valores de *n, l, m*, difieren con seguridad en su número de spin, que valdrá, por consiguiente, + 1/2 para uno de ellos y − 1/2 para el otro.
Esta proposición ha sido abundante y fructíferamente utilizada en el estudio de la configuración de la corteza electrónica de los distintos átomos.

El desarrollo de la mecánica cuántica ha demostrado que el principio de Pauli tiene su origen en la *indiscernibilidad* radical de las partículas idénticas que pertenecen al mismo edificio, y que su dominio de aplicación se extiende a todos los fermiones: partículas subnucleares de spin semientero (electrón, nucleones...) o núcleos atómicos que contengan un número impar de nucleones.

V. TEORÍA DE BANDAS.

PCT

▶ *Teorema PCT.*—Resultado establecido en física de las partículas: el vector de estado que rige la evolución de un sistema de partículas es invariante bajo la aplicación sucesiva, en un orden cualquiera, de los operadores inversión del tiempo (T), paridad (P) y conjugación de carga (C). Esto quiere decir que la ley de evolución de un sistema de partículas permanece idéntica si cada partícula es reemplazada por su antipartícula y, además, se invierten la orientación espacial y el sentido del paso del tiempo.

El sentido físico que hay que asociar a este teorema no ha quedado todavía aclarado de manera conveniente.

Peltier Jean Charles (1785-1845)

▶ *Efecto Peltier.*—Cuando una corriente eléctrica atraviesa la superficie de contacto de dos conductores diferentes, se produce localmente un calentamiento o un enfriamiento, según el sentido de la corriente. Este fenómeno, que se superpone al efecto Joule, es el efecto Peltier, descubierto en 1843. La potencia eléctrica que interviene, P, es proporcional a la intensidad i de la corriente. Escribiendo $P = e_p \cdot i$ queda definida la f.e.m. Peltier, e_p. Del orden del milivoltio, es, por tanto, netamente inferior a las diferencias de potencial «de contacto» del efecto Volta.

Ejemplo: En una soldadura hierro-cobre, mantenida a 0 °C, $e_p = +3$ mV en el sentido hierro-cobre, que, por tanto, funciona a esta temperatura en sentido generador. La f.e.m. Peltier depende de la temperatura de la soldadura.

Con algunos semiconductores, el efecto Peltier se ha revelado como suficientemente importante para justificar su empleo en refrigeradores.

V. EFECTOS TERMOELÉCTRICOS, MICROCALORIMETRÍA.

Penacho

Trazas luminosas finas y numerosas que aparecen en la vecindad del extremo de un conductor acabado en punta, cuando existe entre este conductor y otro próximo una tensión eléctrica suficiente. Un tensión más alta puede provocar una descarga de chispas o un arco eléctrico. (V. POTENCIAL DE RUPTURA O EXPLOSIVO).

El campo eléctrico intenso que reina en las proximidades de una punta acelera los iones y electrones libres del aire ambiente. Por el choque con estas partículas rápidas, las moléculas gaseosas se excitan y luego regresan rápidamente a su estado fundamental, emitiendo en forma luminosa la energía absorbida. Es el origen de los penachos.

El fuego de San Telmo, del que se dice que tanto espantaba a algunos marineros cuando aparecía en lo alto de los mástiles, es una descarga en forma de penacho entre la punta del mástil y las nubes de tormenta vecinas.

V. PODER DE LAS PUNTAS.

Péndulo

▶ *Péndulo balístico.*–Dispositivo que sirve para medir la velocidad de los proyectiles. Es un bloque, generalmente, de masa importante M, sostenido por cables de longitud conocida. El proyectil, de masa m, llega con una velocidad V y penetra en el péndulo sin rebotar. Éste último, bajo el efecto del impulso obtenido, se aparta de la vertical y se eleva una altura h antes de retornar a su posición de equilibrio. Del valor de h se deduce, utilizando las leyes del choque inelástico (conservación de la cantidad de movimiento), el valor de V; $V \approx \frac{M}{m}\sqrt{2gh}$, donde g es la intensidad local del campo gravitatorio terrestre.
V. GALVANÓMETRO BALÍSTICO.

▶ *Péndulo compuesto.*–V. PÉNDULO SIMPLE.

▶ *Péndulo elástico.*–Sólido que efectúa oscilaciones bajo la acción de una fuerza recuperadora (o un par) de origen elástico.
Ejemplo: Las oscilaciones del balancín de un cronómetro son debidas a la elasticidad de un resorte espiral, una de cuyas extremidades está unida al balancín, y la otra, solidaria con la caja. Se demuestra que si el par recuperador posee un momento $M = C \cdot a$, para un ángulo de rotación a, el período de oscilación vale $T = 2\pi \sqrt{I/C}$, donde I es el momento de inercia de toda la parte móvil con respecto al eje de oscilación.
En el caso del muelle espiral, C es su constante de flexión, o *rigidez*. Depende de su módulo de elasticidad E, de una magnitud j función de la forma de su sección recta (momento de inercia de superficie) y de su longitud l: $C = \frac{j}{l} E$. Se ve que podemos regular su periodo actuando sobre la longitud l del resorte. Si se disminuye ligeramente l, disminuye T y el cronómetro «adelanta»...

▶ *Péndulo de gravedad, o gravitatorio, o físico.*–Cuerpo sólido que puede oscilar alrededor de un eje fijo, generalmente horizontal, bajo la acción de su peso tan sólo.
La teoría, confirmada por la experiencia, demuestra que las oscilaciones de un péndulo físico son pseudoesféricas, y que se transforman en oscilaciones prácticamente sinusoidales, como las de un *péndulo simple*, cuando su amplitud es muy pequeña. El periodo de oscilación es independiente entonces del valor de la amplitud, y vale $T = 2\pi \sqrt{\frac{I}{m \cdot a \cdot g}}$, donde m es la masa del péndulo, a la distancia de su centro de gravedad al eje de oscilación, I su momento de inercia con respecto a ese eje y g la intensidad local del campo gravitatorio.
Esta ley de «isocronismo de las pequeñas oscilaciones» fue descubierta, según reza la leyenda, hacia 1580 por Galileo Galilei, observando las oscilaciones de las lámparas de la catedral de Pisa. El péndulo de gravedad comenzó a ser utilizado más tarde, para regularizar la marcha de los relojes, cuando Huygens (hacia 1673) descubrió la posibilidad de entretener las oscilaciones con el mecanismo de la rueda catalina. Nuestros viejos «relojes de péndulo» sustituyeron entonces a los de arena, antes de ser, a su vez, sustituidos por los de cuarzo, más precisos y más fieles.
V. GRAVIMETRÍA, PÉNDULO HORIZONTAL, PÉNDULO REVERSIBLE.

▶ *Péndulo «horizontal».*–Péndulo cuyo eje de oscilación está inclinado un ángulo i muy pequeño sobre la vertical del lugar.
Su movimiento depende de la componente del campo gravitatorio local normal al eje, o sea, g sen i. Su periodo de oscilación, que valdría T si el eje de oscilación fuera horizontal como en los péndulos habituales, se hace $T' = T/\sqrt{\text{sen } i}$. Es tanto más largo cuanto más pequeño es i, y puede, por tanto, ser medido con una incertidumbre relativa tanto menor.
Además, estando en equilibrio este mismo péndulo, se demuestra que si la vertical del lugar

OV, por cualquier razón, se inclina un ángulo muy pequeño α, el plano de equilibrio del péndulo gira alrededor del eje de oscilación un ángulo $\beta = \alpha/\text{sen } i$.
Este tipo de péndulo, ideado por Eötvos (1890), fue utilizado principalmente para estudiar las débiles variaciones locales del campo gravitatorio.
V. EQUIVALENCIA MASA INERTE-MASA GRAVITATORIA, GRAVÍMETRO.

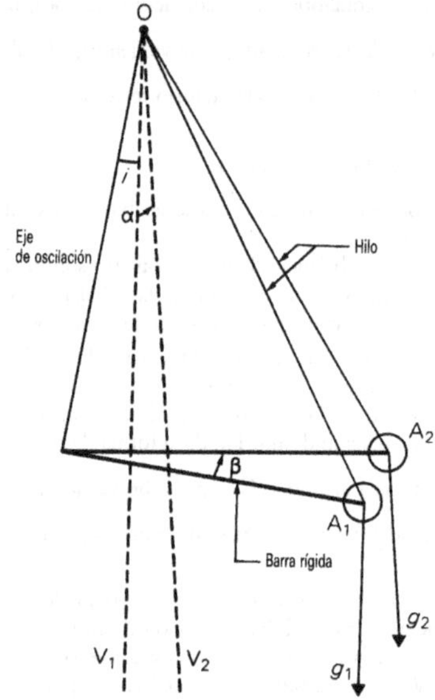

▶ *Péndulo reversible.*—Péndulo gravitatorio que presenta el mismo periodo de oscilación si se le hace oscilar sucesivamente alrededor de dos ejes paralelos situados a una y otra parte de su centro de gravedad, a distancias diferentes del mismo. El interés que presenta un péndulo como éste proviene de que la distancia d entre sus dos ejes de oscilación es igual a la longitud de su péndulo simple síncrono, lo que quiere decir que, para oscilaciones de muy pequeña amplitud, su periodo de oscilación tiene por expresión $T = 2\pi\sqrt{d/g}$. Se ve que el valor de g, intensidad local del campo gravitatorio, puede deducirse determinando experimentalmente d y T, lo que explica que diferentes modelos de péndulo reversible (de Katter, de Desforges...) hayan sido utilizados en gravimetría de precisión. Hoy han sido abandonados.
V. GRAVIMETRÍA.

▶ *Péndulo simple.*—Péndulo ideal de gravedad. Es un cuerpo material sin dimensiones apreciables (punto material) unido a un punto fijo por un hilo inextensible, sin masa y sin rigidez. Por oposición, todo péndulo real es llamado *péndulo compuesto*.
Se demuestra que un péndulo simple, separado de su posición de equilibrio un ángulo A y dejado luego en libertad sin velocidad inicial, efectúa oscilaciones periódicas a una y otra parte de la vertical, siendo el periodo T dependiente de la amplitud A. Si A es bastante pequeña (una decena de grados), el periodo puede calcularse por medio de una fórmula aproximada: $T = 2\pi\sqrt{l/g}\cdot(1 + A^2/16)$; l es la longitud del hilo («longitud del péndulo») y g la intensidad local del campo gravitatorio.

Se ve cómo, en primera aproximación, T es independiente de la amplitud A: $T = 2\pi \sqrt{l/g}$, lo que implica un movimiento de oscilación sinusoidal $\alpha = A \cos (2\pi t/T)$. De ahí viene la expresión *movimiento pendular* para designar a un *movimiento oscilatorio sinusoidal*.
Teniendo en cuenta el valor de g, puede verificarse que el periodo T (duración de una ida-y-vuelta) de un péndulo de longitud 1 m vale, sensiblemente, 2 s. Se dice que el péndulo «bate» segundos. Antes de la adopción del *sistema métrico* se propuso, como definición del metro, la longitud de un péndulo simple que bate segundos. Esta propuesta no fue retenida, dado que el valor de g depende del lugar de la experiencia.
V. PÉNDULO REVERSIBLE.

▶ *Péndulo de torsión.*—Barra delgada horizontal, sostenida por un hilo o una cinta, que efectúa oscilaciones bajo la acción de un par recuperador debido a la torsión del hilo suspensor. Se demuestra que esas oscilaciones, contrariamente a las de los péndulos físicos, son sinusoidales e isócronas cualquiera que sea su amplitud, si su amortiguamiento es despreciable. Su periodo T es dado por la expresión: $T = 2\pi \sqrt{I/C}$, donde I es el momento de inercia de la parte móvil con respecto al eje de oscilación, y C la constante de torsión del hilo (o de la cinta) de suspensión. La medición experimental de T puede, precisamente, permitir el cálculo de C. En la práctica cotidiana, los péndulos de torsión se utilizan para regularizar la marcha de ciertos «relojes de péndulo».
V. BALANZA DE COULOMB, BALANZA DE TORSIÓN.

Pentodo

Tubo electrónico de cinco electrodos: los tres del triodo, una rejilla pantalla como en el tetrodo y una nueva rejilla, llamada *rejilla de parada*. Ésta, colocada en las proximidades del ánodo y mantenida al potencial cero del cátodo, tiene como efecto crear en sus proximidades un campo que deja pasar el flujo electrónico rápido que proviene del cátodo y que se dirige hacia el ánodo, mientras que rechaza hacia éste los electrones secundarios lentos emitidos por él mismo. Sin la rejilla de parada, ese flujo secundario sería atraído por la rejilla pantalla, lo que perturbaría el funcionamiento normal del tubo.

Percusión

Acción mecánica de corta duración, y a menudo de gran intensidad, sufrida por un móvil, en el curso de un choque, por ejemplo.
V. GALVANÓMETRO BALÍSTICO, IMPULSO DE UNA FUERZA, PÉNDULO BALÍSTICO.

▶ *Vector percusión.*—V. IMPULSO DE UNA FUERZA.

Periódico

Desde el punto de vista matemático, una función $y = y(x)$ es llamada periódica si los valores que toma con valores crecientes de x se reproducen regularmente cada vez que x aumenta en una cantidad mínima X, lo que se expresa de forma resumida:

$$y(x + nX) = y(x), \quad n = 1, 2, 3, \ldots$$

X es el periodo de la función $y = y(x)$.
Un fenómeno físico es llamado periódico si la magnitud que caracteriza su evolución es una función periódica.
Ejemplo: Una vibración sinusoidal $y = y(x, t)$, que se propaga a lo largo de un eje Ox, está re-

presentada por la función $y = a \text{ sen } 2\pi \left(\frac{t}{T} - \frac{x}{\lambda}\right)$. Es un fenómeno doblemente periódico. En función del tiempo, con un periodo T —en un punto de abscisa x, la elongación toma el mismo valor cada T segundos—, y en función de la abscisa, con un periodo λ (longitud de onda de esta vibración) —en un mismo instante t, la elongación y posee un mismo valor en todos los puntos distantes λ metros.
Nótese que la función de valores complejos $y(t) = a \exp(i2\pi t/T)$, donde $i^2 = -1$, es una función periódica de periodo T.
V. FASE, TEOREMA DE FOURIER, VELOCIDAD DE FASE.

Periodo

- 1. *Fenómenos vibratorios.*—V. PERIÓDICO.
- 2. *Fenómenos de decrecimiento exponencial.*—V. SEMIVIDA.

Permeabilidad

Un medio material sumergido en un campo magnético **B** adquiere en cada uno de sus puntos una intensidad de imanación **J**. La definición de su *susceptibilidad magnética* χ conduce a escribir: $\mathbf{B} = \mu_0(1 + \chi)\mathbf{H} = \mu\mathbf{H}$; **H** es el antiguo vector campo magnético, considerado hoy como una magnitud vectorial auxiliar definida por $\mathbf{B} = \mu_0(\mathbf{J} + \mathbf{H})$. La magnitud $\mu = \mathbf{B}/\mathbf{H}$ es la *permeabilidad* magnética del medio. En el vacío ($\chi = 0$), $\mu = \mu_0$, que es la *permeabilidad del vacío.* La magnitud adimensional $\mu_r = \mu/\mu_0 = 1 + \chi$ es la permeabilidad *relativa* del medio.
La permeabilidad del vacío μ_0 aparece en un cierto número de expresiones en electromagnetismo, al menos en el marco del sistema internacional de unidades (el SI) (V., por ejemplo, LEY ELEMENTAL DE BIOT Y SAVART, RELACIÓN DE COORDINACIÓN).
Su valor numérico se obtiene de la definición de amperio: $\mu_0 = 4\pi \cdot 10^{-7}$, y el nombre de su unidad (henrio por metro: $H \cdot m^{-1}$), de la fórmula que da la autoinducción de una bobina. Los valores numéricos de las permeabilidades relativas resultan de las medidas experimentales de la susceptibilidad de los distintos medios, χ: $\mu_r = 1 + \chi$.
V. SISTEMA DE UNIDADES DE GAUSS, CUADRO DE CONSTANTES (Anexo 6).

Permitividad

Tal como indica su expresión matemática, la capacidad C ($C = \varepsilon S/e$) de un condensador plano depende de sus dimensiones (S es la superficie de las armaduras y e la distancia entre ellas) y de una magnitud, característica del aislante, del «dieléctrico», que media entre las armaduras del condensador, ε, que es su *permitividad*. Si el aislante es el vacío, la capacidad se escribe $C_0 = \varepsilon_0 S/d$, donde ε_0 es la *permitividad del vacío.* ε y ε_0 se evalúan en faradios por metro ($F \cdot m^{-1}$). La magnitud sin dimensiones $\varepsilon_r = \varepsilon/\varepsilon_0 = C/C_0$ es la *permitividad relativa*, o *constante dieléctrica*, del material aislante (antiguamente, *poder inductor específico*).
El origen de la constante ε_r es fácil de explicar. Si se reemplaza el vacío entre las armaduras por un medio material, éste es polarizado por el campo eléctrico; aparecen cargas de polarización entre las armaduras, cuyas cargas parecen así haber aumentado a tensión constante. Se demuestra efectivamente la relación: $Q/Q_0 = C/C_0 = \varepsilon_r$.
Para ε_r se encuentran valores siempre superiores a la unidad. *Ejemplos:* aire, 1,0006; vidrio, 5; agua líquida, 80, etc. (V. RELACIÓN DE CLAUSIUS-MOSSOTTI, RELACIÓN DE MAXWELL, VECTOR DESPLAZAMIENTO ELÉCTRICO).
El origen físico de la permitividad del vacío ε_0 no ha sido, por el contrario, claramente establecido. El sistema de unidades de Gauss, que tiene sus partidarios, enmascara completamente

su existencia, al escribir deliberadamente $\varepsilon_0 = 1(\varepsilon = \varepsilon_r)$. Por el contrario, en el SI, ε_0 aparece en un gran número de relaciones (V. LEY DE COULOMB, TEOREMA DE COULOMB, TEOREMA DE GAUSS...). Su valor numérico es hoy «perfectamente» conocido (V. RELACIÓN DE COORDINACIÓN): $\varepsilon_0 \simeq 8{,}85 \cdot 10^{-12}$ F · m^{-1}.

Perot Alfred (1863-1925)

V. INTERFERÓMETRO DE FABRY-PEROT.

Perrin Jean (1870-1942)

Premio Nobel en 1926.

▶ *Átomo de J. Perrin.*—V. ÁTOMO.

▶ *Experiencias de J. Perrin.*—V. RAYOS CATÓDICOS.

Persistencia

▶ *Persistencia de las impresiones visuales.*—La experiencia demuestra que la percepción de un objeto luminoso se establece y desaparece con un cierto retraso. En particular, si el objeto cesa bruscamente de emitir luz, la sensación luminosa persiste igual a sí misma durante un tiempo t, antes de disminuir para desaparecer prácticamente tras un nuevo lapso de tiempo t'.
t mide la *duración de persistencia*, t' la *duración de desvanecimiento*. Cada una de ellas depende de diversos parámetros: sensibilidad del ojo del observador, luminosidad del objeto examinado, etc. La duración de cada una de ellas es del orden de la décima de segundo. La existencia de este fenómeno, cuyos orígenes químicos y fisiológicos están aún mal elucidados, contribuye a explicar que las imágenes sucesivas sobre una pantalla cinematográfica den una impresión de continuidad en el movimiento, que se pueda iluminar con bombillas alimentadas con corriente alterna, etc. V. ESTROBOSCOPIO.

▶ *Persistencia de un fósforo.*—Se llama convencionalmente *persistencia* de un fósforo al tiempo, tras haber cesado la excitación, tras el cual su luminosidad —que decrece de manera exponencial— se reduce hasta 1/100 de su valor inicial, lo que equivale a decir que desaparece prácticamente.
Es un elemento importante a la hora de elegir el fósforo (o luminóforo). Así, aquel que se destina a una pantalla de televisión debe tener una persistencia suficiente para que el ojo tenga la impresión de ver luminosidad en todos sus puntos simultáneamente, aunque en realidad la iluminación se produzca punto a punto y sucesivamente, por medio de los barridos horizontal y vertical. Pero esta persistencia no debe ser muy larga, para que no se produzca el encabalgamiento de imágenes sucesivas.
V. FÓSFORO, OSCILOSCOPIO ELECTRÓNICO.

Peso

Fuerza que esquematiza la acción sufrida por todo cuerpo material en la vecindad de la Tierra, y en razón misma de esa proximidad. Esta fuerza **P** está en la dirección de la vertical que, pasando por el *centro de gravedad* del cuerpo, se dirige hacia el suelo (y en ese sentido), y posee una intensidad proporcional a la masa m del cuerpo: $\mathbf{P} = m\mathbf{g}$. $\mathbf{g}$ es el *campo gravitatorio local* o aceleración local de la gravedad.
Si el cuerpo está moviéndose, a su peso se añade eventualmente una fuerza llamada *fuerza de Coriolis*, cuyo efecto es, la mayoría de las veces, despreciable.
V. ACELERACIÓN (DEBIDA) A LA GRAVEDAD, CAMPO GRAVITATORIO.

▶ *Peso aparente.*—Un cuerpo sumergido en un fluido está simultáneamente sometido a su peso P, dirigido verticalmente y hacia abajo, y al *empuje de Arquímedes* A, dirigido verticalmente y hacia arriba. En el equilibrio, ambas fuerzas están en la misma dirección. La resultante P′ = P − A es el *peso aparente* del cuerpo.
Cuando un nadador sale del agua tiene la impresión de volverse bruscamente más pesado: sucede que el empuje del agua ha desaparecido del golpe. P′ es reemplazado por P. Permanece el nadador sometido al empuje del aire, pero éste es despreciable. Tan sólo es necesario tenerlo en cuenta en medidas de precisión. Cuando un cuerpo de masa *m* y de volumen V, de densidad o masa volúmica $\rho = m/V$ por tanto, es colocado en el platillo de una balanza, la fuerza que ejerce no es $\mathbf{P} = m\mathbf{g}$, sino $\mathbf{P}' = m\mathbf{g} - V\,a\mathbf{g} = m\left(1 - \frac{a}{\rho}\right)\mathbf{g}$, donde *a* es la densidad del aire. $m(1 - a/\rho)$ recibe el nombre, a veces, de *masa aparente* del cuerpo estudiado. Se demuestra, por ejemplo, que el kilogramo patrón posee en el aire una masa aparente inferior en 6 cg. a su masa en el vacío.
El peso aparente P′ se dirige hacia arriba si la densidad del cuerpo es menor que la del aire. La fuerza vertical dirigida hacia lo alto: $\mathbf{F} = -\mathbf{P}' = V(a - \rho)\,\mathbf{g}$ es la *fuerza ascensional* que eleva los globos llenos de un gas menos denso que el aire.

▶ *Peso atómico.*—Expresión utilizada por los químicos. Designa, por convenio, la *masa atómica relativa media* de un elemento *natural*, teniendo en cuenta su concentración isotópica.
Ejemplo: El peso atómico del elemento natural carbono (mezcla de tres isótopos: ${}^{12}_{6}C$, ${}^{13}_{6}C$, ${}^{14}_{6}C$) es 12,0011.
V. CUADRO DE MASAS ATÓMICAS (Anexo 3), UNIDAD DE MASA ATÓMICA.

▶ *Peso específico.*—El peso específico de un cuerpo es el peso de la unidad de volumen de ese cuerpo.
V. DENSIDAD (o MASA VOLÚMICA).

Peta

V. CUADRO DE PREFIJOS DEL SI (Anexo 1.2).

Petit Alexis Thérèse (1791-1820)

V. LEY DE DULONG Y PETIT.

Picnómetro

Raíces griegas que significan medida de la densidad.

Pequeña esfera de vidrio que lleva encima una varilla capilar con graduaciones. El picnómetro se utiliza para medir con precisión densidades de líquidos y sólidos.

Pico

V. CUADRO DE PREFIJOS DEL SI (Anexo 1).

Piel

▶ *Efecto de piel.*—Expresión que designa el fenómeno que se produce cuando un conductor es recorrido por una corriente de alta frecuencia. La experiencia demuestra que su resistencia eléctrica aumenta con la frecuencia de la corriente. *Ejemplo:* La resistencia de un conductor nor-

mal de cobre puede quedar multiplicada por un factor próximo a 30 cuando la frecuencia pasa de 50 Hz (corriente industrial) a 1 MHz.
Se explica este fenómeno estudiando la distribución de las líneas de corriente en el espesor del conductor. Mientras que en corriente continua se distribuyen uniformemente por todo el grosor del conductor, se aprietan y adensan hacia la periferia en corriente alterna: de ahí priviene la expresión «*efecto de piel*».
El cálculo da el valor de la densidad local de corriente j y demuestra que ésta decrece exponencialmente de la periferia al centro. A una profundidad z: $j_z = j_0 \exp(-z/d)$. d, llamado *espesor de penetración*, depende de la conductividad γ del conductor, de su permeabilidad μ y de la frecuencia f de la corriente: $d^2 = 1/\pi\gamma\mu f$.
En el caso del cobre, d, próximo a 9 mm a bajas frecuencias, se reduce a 0,006 mm para una frecuencia de 100 MHz.

Piezo (pz)

De un verbo griego que significa comprimir. Unidad de presión del antiguo sistema de unidades MTS. 1 pz = 10^3 Pa.

Piezoeléctrico

▶ *Efecto piezoeléctrico.*—Aparición de cargas eléctricas de signos opuestos en las caras enfrentadas de un cristal, cuando éste es sometido a una acción mecánica (compresión, por ejemplo, o tracción).
Únicamente son piezoeléctricos los cristales iónicos, desprovistos de centro de simetría. El cuarzo, la turmalina, el ácido tartárico o el titanato de bario son ejemplos de ello. Este fenómeno fue descubierto (en 1880) por P. Curie y su hermano Jacques Curie (1855-1941). Las desigualdades de las subredes de iones positivos y negativos son las que provocan su polarización y, consiguientemente, la aparición de cargas. Existe una relación lineal tensorial entre polarización y deformación. En un caso particular, cuarzo comprimido perpendicularmente a su eje óptico, la relación se simplifica. Entre la polarización P (igual a la densidad superficial de cargas aparecidas) y la presión p impuesta existe la relación $P = kp$, valiendo el coeficiente k sensiblemente $\simeq 2{,}3 \cdot 10^{-12}$ C/N.
Se produce un efecto piezoeléctrico inverso cuando se aplica una tensión eléctrica entre las caras de un cristal. Se obtiene como resultado una deformación. Si la tensión es periódica, de frecuencia igual a la frecuencia propia de vibración del cristal, se establece resonancia.
Todo esto acarrea un gran número de aplicaciones. Se utilizan cuarzos piezoeléctricos como generadores de ultrasonidos. Pero sirven igualmente como captores de presión en diferentes máquinas automáticas, en algunos micrófonos, por ejemplo. En los relojes de cuarzo, las oscilaciones propias, extraordinariamente regulares, de un cuarzo son entretenidas gracias a un circuito generador de oscilaciones eléctricas, alimentado por una pila...

Pila

▶ *Pila atómica.*—Fue el nombre dado a los primeros «*reactores nucleares*». El primero de ellos, construido en Chicago en 1942, bajo la dirección de Enrico Fermi, estaba formado por un *apilamiento* de bloques de grafito que contenían óxido de uranio.

▶ *Pila incubadora.—Sinónimo:* Reactor superregenerador.

▶ *Pila fotoeléctrica* (o pila fotovoltaica, o fotopila).—Dispositivo que permite la transformación directa de energía luminosa en energía eléctrica. Se trata de un semiconductor entre dos placas metálicas, de las cuales una, muy delgada, es transparente a los rayos luminosos —se consigue

así una *«célula de capa de corte»*—; o bien de un semiconductor dopado, con una o dos uniones —así se construye un diodo o transistor *fotovoltaico*.
Los fotones incidentes, si su energía es superior a la anchura de la banda prohibida —es tanto como decir que su longitud de onda es inferior a cierto valor umbral—, provocan la creación de electrones libres y de huecos, y la difusión, en suma, de una corriente eléctrica en un circuito cerrado determinado. El silicio, o el selenio, son sensibles a la acción de la luz visible. Se espera poder utilizar estas fotopilas, con un rendimiento suficiente, en la conversión directa de energía solar en energía eléctrica. Ya se utilizan con ese fin en los satélites artificiales.

▶ *Pila hidroeléctrica.*—Generador de corriente continua constituido por dos electrodos, de diferentes naturalezas químicas, sumergidos en una disolución eléctrica (V. el ejemplo de la *pila de volta*).
Desde el punto de vista eléctrico, una pila se caracteriza por su «fuerza electromotriz» (en general, del orden del voltio) y por su resistencia interna (del orden del ohmio). Desde el punto de vista energético, es un aparato conversor de energía química en energía eléctrica. La termodinámica permite establecer el balance de esta conversión. Se encuentra, en primera aproximación, que por cada culombio suministrado, la energía que aparece en forma eléctrica vale: $W = -\Delta U + T\frac{dE}{dT}$. $-\Delta U$ es la disminución de la energía interna de la pila, resultante de la reacción química que acompaña al paso de la corriente, E su fuerza electromotriz y T su temperatura, que supondremos mantenida constante. El término suplementario $T\frac{dE}{dT}$ es atribuido a los intercambios de calor, por efecto Peltier, entre la pila y el medio externo (en las interfases electrodo-disolución). Este término puede ser positivo o negativo, según el signo de las variaciones de la f.e.m. con la temperatura.
Son objeto de activo estudio, sobre todo para su uso en satélites artificiales, las pilas hidroeléctricas cuyos electrodos son renovados de manera continua. Son las «pilas a (o de) combustible».
La energía eléctrica que suministran las pilas es cara. Se utilizan, no obstante, en numerosos dispositivos, principalmente para aparatos pequeños, en los que se aprovechan sus reducidas dimensiones (linternas, aparatos transistorizados: receptores radiofónicos, prótesis auditivas, péndulos eléctricos). A menudo la corriente que se necesita es de muy pequeña intensidad y, en ese caso, las pilas pueden funcionar durante miles de horas.
En el curso del funcionamiento, la f.e.m. de una pila puede disminuir. Decimos que la pila se polariza (V. POLARIZACIÓN DE LOS ELECTRODOS). Las pilas que se utilizan corrientemente son pilas impolarizables (*pila Daniell*, *pila Weston*...) o pilas con despolarizante (*pila Leclanché*, por ejemplo).

▶ *Pilas piscina* (o reactor de piscina).—V. TIPOS DE REACTORES NUCLEARES.

▶ *Pila termoeléctrica. Sinónimo:* Termopila.—Conjunto de pares termoeléctricos asociados en serie, y destinado a la transformación de energía térmica en energía eléctrica, sin la intermediación de ningún otro tipo de energía, mecánica o de cualquier otra naturaleza.
La energía térmica, liberada por combustión (carbón, fuel...) o proveniente del sol o de una fuente radiactiva, es recibida por las soldaduras impares, en tanto que las pares (por ejemplo) se mantienen a una temperatura constante. Una de las dificultades prácticas se debe al hecho de que la energía térmica es en parte encaminada, por conducción, hacia las soldaduras, y luego absorbida inútilmente por el líquido refrigerador. Los semiconductores, cuya conductividad térmica puede ser débil, sin que lo sea, en la misma medida, su conductividad eléctrica, dan el mejor rendimiento. En algunos vehículos espaciales se han podido utilizar termopilas de semiconductores, recibiendo rayos α y β de sustancias radiactivas con un rendimiento del 5 %, aproximadamente.

Pincel luminoso

▶ *Haz luminoso* de pequeña *abertura*.

Piones

Sinónimo: Mesones π.

Partículas subnucleares que forman parte del grupo de los mesones.
La existencia de los mesones π, como partículas intermediarias en las interacciones fuertes, fue prevista en la teoría de Yukawa, con antelación a su descubrimiento experimental.
Los piones cargados (π^+ y π^-) fueron descubiertos en 1947 (Lattes, Ochiallini y Powell), en la interacción de los protones cósmicos con los nucleones atmosféricos; el mesón neutro (π^0) lo fue algunos años más tarde, en el sincrociclotrón de Berkeley. Los tres se desintegran rápidamente, dando principalmente muones o electrones los dos primeros, y fotones el último, con vidas medias del orden de $3\ 10^{-8}$ s en los casos de los piones cargados y de 10^{-16} en el caso del pión neutro. Masas: $m(\pi^{\pm}) = 139{,}5$; $m(\pi^0) = 135{,}0$ (en MeV/c^2).
V. CUADRO DE PARTÍCULAS (Anexos 4).

Piroeléctrico

▶ *Efecto piroeléctrico.*—Aparición de cargas eléctricas sobre las caras opuestas de algunos cristales cuando son calentados: la turmalina, por ejemplo. De hecho, estos cristales son espontáneamente polares, pero las cargas eléctricas superficiales que traducen esa polarización son neutralizadas por cargas eléctricas parásitas que provienen de la atmósfera. El calentamiento tiene como consecuencia que se produzca una modificación en la polarización, haciendo aparecer así cargas aún no neutralizadas. El efecto piroeléctrico inverso se manifiesta por una modificación de la temperatura del cristal al ser sometido a un campo eléctrico.
Los cristales piroeléctricos son todos piezoeléctricos; lo recíproco no es cierto.

Pirometría

Raíces griegas que significan medida del calor.

Los pirómetros son termómetros destinados a medir temperaturas elevadas, del orden de 1.000 °C o más.
La mayor parte de ellos se basan en el estudio de la radiación emitida por los cuerpos cuando son llevados a altas temperaturas (V. RADIACIÓN TÉRMICA).
Los más precisos son los *pirómetros monocromáticos*, que utilizan la ley que da la luminancia energética espectral de los cuerpos negros en función de la temperatura:
$L_\lambda = c_1 \lambda^{-5}/[\exp(c_2/\lambda T) - 1]$, con $c_1 = 2hc^2 (\simeq 1{,}2 \cdot 10^{-16}\ W \cdot m^2)$ y $c_2 = hc/k (\simeq 1{,}4 \cdot 10^{-2}\ m \cdot K)$; h es la constante de Planck, k la constante de Boltzmann, c la velocidad de la luz y λ la longitud de onda de la radiación utilizada. El flujo, proveniente del cuerpo del que queremos medir la temperatura T, es filtrado por un monocromador y comparado a continuación con el flujo que proviene de una lámpara de incandescencia regulable. En el momento en que las iluminaciones que dan sobre una misma zona son iguales, desaparece el contraste entre las dos imágenes superpuestas (este tipo de aparatos es llamado precisamente «pirómetro de filamento evanescente»). Una graduación previa de la lámpara de incandescencia permite deducir la temperatura buscada (V. ESCALA PRÁCTICA INTERNACIONAL DE TEMPERATURAS). La precisión en fotometría visual es del orden de la décima de grado hacia los 1.000 °C, y del orden del grado hacia los 3.000 °C. Es mejorable, utilizando un receptor fotoeléctrico en lugar del ojo.
En los *pirómetros de radiación total* se utiliza la ley de Stéfan. Se recibe el flujo global, sin filtrar,

en la soldadura de un par termoeléctrico. Un voltímetro colocado en el circuito del par se gradúa directamente en la escala de temperaturas. Es, por tanto, un instrumento cómodo, pero su precisión es pequeña, pagando tributo, en particular, al poder de absorción de la atmósfera. V. LEY DE PLANCK, RADIACIÓN DEL CUERPO NEGRO, LEY DE STÉFAN, TEMPERATURAS APARENTES.

Placa

Se llama a menudo «placa» al *ánodo* de un tubo electrónico. Con frecuencia, en efecto, los ánodos están constituidos por láminas metálicas, planas o cilíndricas, a las que llegan los electrones emitidos por los cátodos.
El *circuito de placa* no es otro que el circuito que, en el exterior del tubo, une cátodo y ánodo, y que se cierra en el interior con el flujo de electrones que se desplazan del cátodo al ánodo.
V. DIODO, TRIODO, TUBO O VÁLVULA ELECTRÓNICA.

▶ *Placa vibrante.*—V. MEMBRANA VIBRANTE.

Planck Max (1858-1947)

Premio Nobel en 1918.

▶ *Constante de Planck.*—Magnitud, simbolizada universalmente por la letra *h*, introducida por Planck con ocasión del estudio de la radiación del cuerpo negro, y convertida en una de las constantes universales de la física.
V. CUANTO DE ACCIÓN, RELACIÓN DE PLANCK-EINSTEIN-DE BROGLIE, CUADRO DE CONSTANTES.

▶ *Fórmula, hipótesis de Planck.*—V. LEY DE PLANCK.

▶ *Ley de Planck.*—Ley que gobierna el reparto de energía de la *radiación del cuerpo negro* por bandas de energía. Se traduce en la fórmula de Planck:

$$u_\nu = \frac{8\pi h}{c^3} \frac{\nu^3}{\exp(h\nu/kT) - 1}$$

donde u_ν designa la densidad volúmica de energía correspondiente a las radiaciones cuyas frecuencias están comprendidas en un estrecho intervalo $(\nu, \nu + d\nu)$; *c* es la velocidad común de las ondas electromagnéticas que componen la radiación; T es la temperatura del recinto, en cuyo interior esta radiación está en equilibrio; *k* es la constante de Boltzmann, y *h* la constante de Planck.
Para cada valor de T, la ley de Planck implica que la densidad energética u_ν tiende a cero para las frecuencias pequeñas, pasa por un máximo y vuelve a decaer hacia cero cuando la frecuencia aumenta indefinidamente.
Si se dan a T sucesivamente varios valores, la ley de Planck puede ser representada gráficamente por una serie de curvas en campana: las *isotermas de Planck*.
La experiencia verifica la ley de Planck y todas sus consecuencias, y permite la deducción, a partir de ella, de los valores numéricos aproximados de las magnitudes *h*, *k* y *c*. Es de uso corriente en *pirometría*.
De la fórmula de Planck se deducen fácilmente las que dan las variaciones de u_ν, densidad volúmica de energía entre dos longitudes de onda próximas, λ y $\lambda + d\lambda$, así como las que dan las luminancias L_ν y L_λ del cuerpo negro (V. RADIACIÓN DEL CUERPO NEGRO). Puede deducirse igualmente la expresión de la *emitancia* del cuerpo negro, comprendidas todas las frecuen-

cias, y se reencuentra en ese caso la ley de Stéfan, con un valor numérico correcto para la constante de Stéfan:

$$\sigma = \frac{2\pi^5}{15}\frac{k^4}{c^2 h^3} = \frac{\pi^2 k^4}{60\hbar^3 c^2} \simeq 5{,}6\ 10^{-8}\ \mathrm{W \cdot m^{-2} \cdot K^{-4}}.$$

En dominios de frecuencias limitadas la fórmula de Planck puede adoptar formas simplificadas. En la región de las bajas frecuencias ($h\nu \ll k\mathrm{T}$) reaparece la *ley* de *Rayleigh-Jeans* ($\mu_\nu = 8\pi k\ \nu^2\mathrm{T}/c^3$), mientras que en el dominio de las altas frecuencias ($h\nu \gg k\mathrm{T}$), la ley de Planck se transforma en:

$$u_\nu = (8\pi h/c^3)\ \nu^3 \cdot \exp(-h\nu/k\mathrm{T}).$$

que es la fórmula propuesta por Wien. Así se comprende por qué la primera de las leyes tan sólo se verificaba en el dominio infrarrojo, mientras que la otra sólo era aceptable en el otro extremo del espectro luminoso.

Esta cadena de éxitos hicieron creíble la fórmula de Planck, pese a la hipótesis, insólita para su época, de la *cuantificación de la energía*. En efecto; tras haber establecido su fórmula, de manera harto intuitiva, con la ambición de hacer concordantes las previsiones de las leyes de Rayleigh-Jeans y de Wien, Planck se esforzó por encontrar una justificación teórica para su ley. Por ello fue forzado a admitir que el intercambio de energía entre cada una de las radiaciones presentes en la radiación y los osciladores presentes en las paredes del recinto se producía por múltiplos enteros de una cantidad mínima de *energía*, un *cuanto*, de valor $\mathrm{E} = h\nu$, siendo ν la frecuencia de la radiación y h una constante universal.

El cálculo de Planck presenta hoy tan sólo un interés histórico. La actual mecánica cuántica asocia un fotón a cada una de las ondas monocromáticas estacionarias que nacen en el recinto; utiliza los resultados de la estadística cuántica de Bose-Einstein para determinar la distribución de fotones en los diversos niveles energéticos, y deduce de ahí, precisamente, la ley de Planck.

▶ *Relación de Planck* (-Einstein-De Broglie).–Relación matemática simple entre una energía E y una frecuencia ν (o una pulsación $\omega = 2\pi \cdot \nu$). Se escribe: $\mathrm{E} = h\nu$ (o, indiferentemente, $\mathrm{E} = \hbar\omega$); h es una constante universal, denominada *constante de Planck*, o constante de acción, $\hbar = h/2\pi$ (pronúnciese *h*-tilde o *h*-barra), la *constante reducida de Planck*. V. CUADRO DE CONSTANTES (Anexo 6).

Esta relación fue utilizada por primera vez por Max Planck, en 1900. En su teoría de la radiación térmica E designa el *cuanto de energía* emitido por un oscilador en la forma de onda electromagnética de frecuencia ν. En 1905, y para explicar el efecto fotoeléctrico, Einstein avanzó la hipótesis de que la energía transportada por una onda electromagnética de frecuencia ν posee una estructura granular en el curso de su propagación, no solamente en el momento de su emisión. $\mathrm{E} = h\nu$ designa entonces el valor de cada uno de esos *granos de energía*, que más adelante serían bautizados como *fotones*.

En 1924, en fin, la mecánica ondulatoria de Luis de Broglie postuló que a todo *corpúsculo material* en movimiento, y no solamente al fotón, está asociada una onda –que ya no es una onda electromagnética– cuya frecuencia está relacionada con la energía del corpúsculo por la misma relación: $\mathrm{E} = h\nu$.

Estas hipótesis complementarias se revelaron fecundas, y contribuyeron a la explicación de un gran número de fenómenos físicos: estructura espectral de la radiación térmica, efecto fotoeléctrico, efecto Compton, estructuras de los espectros ópticos, difracción de electrones, naturaleza de los calores másicos...

V. DUALIDAD ONDA-CORPÚSCULO, DESIGUALDADES DE HEISENBERG.

Planitud

V. CURVATURA DE CAMPO.

Plano

▶ *Plano de incidencia, de reflexión, de refracción.*—V. LEYES DE DESCARTES.

▶ *Plano de polarización.*—V. PLANO DE VIBRACIÓN.

▶ *Plano de vibración.*—El *plano de vibración*, referido a un rayo de luz *polarizada rectilíneamente*, es el plano que contiene ese rayo y el *vector de Fresnel*, que representa la vibración transmitida. El *plano de polarización* es el plano que contiene el rayo y es perpendicular al plano de vibración. Es el plano principal del analizador cuando el rayo está «apagado».
La vibración a lo largo de un rayo luminoso polarizado rectilíneamente se produce, por tanto, en el plano de vibración, y perpendicularmente al plano de polarización.

Planté Gaston (1830-1889)

V. ACUMULADOR

Plasma

Nombre dado a diversos medios que simultáneamente contienen partículas neutras (átomos o moléculas), iones positivos y electrones negativos.
Se puede realizar un plasma *artificialmente* llevando, por ejemplo, un gas a gran temperatura, o sometiéndolo a un intenso campo eléctrico. En las experiencias sobre la fusión termonuclear controlada se lleva a temperaturas del orden de varios millones de grados una mezcla de deuterio y tritio. Los choques violentes, consecuencia de la agitación térmica, transforman en plasma esta mezcla. En un tubo fluorescente, de los usados para iluminación, el campo eléctrico interior acelera los iones y los electrones, siempre presentes en pequeño número en un gas cualquiera, y los transforma en aptos para provocar la ionización de numerosas moléculas, lo que convierte el gas en plasma. La naturaleza nos ofrece otros ejemplos de plasmas. Existen razones para pensar que el interior de las estrellas es un plasma cálido. El centro del Sol, por ejemplo, está a una temperatura de 10^7 K, temperatura mantenida por reacciones de fusión nuclear, que compensan las «pérdidas» por radiación. La ionosfera terrestre es igualmente un plasma, siendo ionizado el aire aquí por la llegada de fotones solares y por partículas cósmicas rápidas. Este *cuarto estado de la materia* está muy extendido, por consiguiente.
En un volumen dado de plasma, si bien aparecen sin cesar nuevos electrones e iones por la sucesión de choques diversos, también las recombinaciones de signo inverso reconstituyen sin cesar nuevas moléculas neutras: se obtiene de ello un estado de *equilibrio estadístico*. No es, sin embargo, un estado de equilibrio termodinámico de modo necesario. Los tres tipos de partículas pueden coexistir a temperaturas diferentes. *Ejemplo:* En la columna positiva de un tubo de descarga, la temperatura de las moléculas y de los iones positivos puede permanecer próxima a los 100 °C, en tanto que la temperatura de los electrones, mucho más pequeños y capaces, por consiguiente, de adquirir grandes velocidades, puede llegar a valer varios decenas de millares de grados. Si, en un estado de equilibrio estadístico, se llama n^+ a la densidad volúmica de los iones positivos, n^- a la de los electrones y n^0 a la de las moléculas neutras, la neutralidad global del plasma exige $n^+ = n^-$. El cociente $\alpha = n^-/(n^- + n^0)$ mide el *grado de ionización* del plasma. El estudio general de los plasmas lleva a decir que un plasma está débil o fuertemente ionizado, según que su grado de ionización sea inferior o superior a $1/10^4$. En el primer caso, en efecto, su comportamiento no difiere en esencia del de un gas ordinario. Por

el contrario, en el segundo caso, y especialmente cuando α es igual a 1 (plasma completamente ionizado), el plasma presenta nuevas propiedades, consecuencias, fundamentalmente, de las correlaciones electromagnéticas entre sus partículas constitutivas. Así, cuando por una razón cualquiera se produce un desequilibrio local en la distribución de las partículas (por ejemplo, si n^- se hace localmente superior a n^+), aparecen *oscilaciones* de cargas, amortiguadas por los numerosos choques, un poco como las oscilaciones en un medio viscoso (esto es lo que recuerda la denominación *plasma*). Por añadidura, a causa de la presencia en su seno de numerosos portadores de cargas libres, un plasma es un buen conductor de la electricidad y del calor.
V. FUSIÓN TERMONUCLEAR CONTROLADA, MAGNETODINÁMICA DE FLUIDOS.

▶ *Plasma metálico.*—Los metales, y en particular los metales buenos conductores (metales alcalinos, plata, cobre, aluminio...), cuando se encuentran en estado sólido, tienen la estructura de cristales iónicos. En un trozo de sodio, por ejemplo, todos los átomos están ionizados. Todos los centros cristalinos son iones Na^+. Los electrones expulsados se desplazan libremente entre los centros cristalinos, prácticamente inmóviles. Este conjunto constituye, por tanto, un plasma sólido cuyo grado de ionización es igual a la unidad.
V. TEORÍA DE BANDAS.

Plasticidad

Contrariamente a los cuerpos elásticos, los cuerpos plásticos conservan indefinidamente la deformación que les ha sido impuesta por la acción de fuerzas exteriores, una vez que la acción de esas fuerzas ha desaparecido. La *plasticidad* es, en consecuencia, una tendencia o aptitud de los cuerpos a, o para, las deformaciones permanentes. La pasta de modelar constituye un ejemplo bien conocido.
La elasticidad y la plasticidad depende de la estructura molecular, así como de las fuerzas intermoleculares de los cuerpos observados. La mayoría de los cuerpos poseen simultáneamente ambos caracteres, siendo la preponderancia aparente de uno de ellos sobre el otro una función de las condiciones experimentales: temperatura, presión, etc. El hierro es elástico en frío y plástico en caliente.
La industria moderna fabrica, por síntesis, un gran número de «materias plásticas». Son sustancias macromoleculares. A las materias «*termoelásticas*» —a menudo formadas por macromoléculas lineales que pueden deslizar unas sobre otras— se las puede moldear en caliente y darles la forma deseada, que conservarán más tarde en frío. Por el contrario, los plásticos «*termoendurecibles*» —formados por moléculas tridimensionales— deben ser moldeados en frío y bajo presión en el curso mismo de su síntesis; se endurecen en caliente.
V. ELASTICIDAD, REOLOGÍA.

Pleocroísmo

Algunas sustancias birrefrigentes, receptoras de un haz luminoso natural (luz blanca), dan a la salida dos haces de luz polarizada diversamente coloreados. Son las sustancias *pleocroicas* (de dos palabras griegas que significan numerosos colores).
Llámanse *colores principales* de una sustancia pleocroica a los colores obtenidos con haces de luz blanca que inciden sobre cada una de las caras de una lámina cúbica tallada en esta sustancia perpendicularmente a cada uno de los ejes de su elipsoide de índices. La experiencia demuestra que toda sustancia uniáxica posee solamente *dos* colores principales. Se dice que es una sustancia *dicroica*. Las sustancias birrefringentes de simetría menor, las sustancias diáxicas, poseen cada una un máximo de *tres* colores principales. Son sustancias *tricoicas*. Se atribuyen estos fenómenos al hecho de que los *coeficientes de absorción* dependen aquí notablemente de dos cosas a la vez: de las direcciones de los planos de vibración de los rayos luminosos que

caminan por el interior de las sustancias y de la frecuencia de las radiaciones que transportan. Una haz de luz blanca natural que atraviesa una sustancia pleocroica de espesor suficiente puede, por tanto, originar a la salida un único haz, polarizado y coloreado. La turmalina, los polaroides, etc., son utilizados en estos casos como polarizadores y como analizadores.

Poblaciones

▶ *Inversión de poblaciones.*—En un medio material en equilibrio termodinámico, los átomos no se encuentran todos en su estado *fundamental* de energía mínimo E_0. Algunos de ellos se encuentran en un estado «excitado» de energía E (pueden, además, existir varios estados excitados diferentes). Los números de átomos (N_0 y N) en cada uno de esos estados, sus «*poblaciones*», permanecen estadísticamente constantes a lo largo del tiempo: esa es la definición misma de equilibrio termodinámico. La *ley de reparto de Boltzmann* da el cociente $N/N_0 = (= \exp - \frac{E - E_0}{kT}$, donde *k* es la *constante de Boltzmann* y T la temperatura absoluta del medio). En el equilibrio, por tanto, como $E > E_0 \Leftrightarrow N < N_0$.
Invertir las poblaciones consiste en modificar la razón N/N_0 a temperatura constante, empobreciendo el nivel fundamental en provecho del nivel excitado, hasta obtener $N > N_0$. Se consigue, por ejemplo, mediante la técnica de *bombeo óptico*. El nuevo estado no es, sin embargo, un estado de equilibrio. El sistema retorna espontáneamente a su estado de equilibrio estadístico, al final de un *tiempo* llamado *de relajación*.
V. LÁSER.

Poder

▶ *Poder absorbente.*—Expresión en desuso.
V. COEFICIENTE DE ABSORCIÓN, FACTOR DE ABSORCIÓN.

▶ *Poder calorífico.*—Cualidad de un combustible, medida por el calor que se desprende en la combustión de una masa dada del mismo, en circunstancias experimentales especificadas.
Ejemplo: El poder calorífico del carbono puro, en forma de grafito ardiente, en condiciones standard (25 °C, 1 bar), es de 94,8 kcal/mol (aproximadamente, 10 kWh/kg).
V. TEP.

▶ *Poder dispersivo.*—El *poder dispersivo* de una sustancia transparente se mide convencionalmente, al menos en el dominio de las radiaciones visibles, por el cociente $P = \frac{n_F - n_C}{n_D - 1}$, siendo n_D el *índice de refracción* de la sustancia en la región media del espectro (raya D del sodio), n_F y n_C sus índices en las regiones azul (raya F del hidrógeno) y roja (raya C del hidrógeno).
La razón inversa $\nu = \frac{n_D - 1}{n_F - n_C}$ es llamada *constringencia*. La constringencia de las diversas sustancias utilizadas, vidrios, cristales naturales o artificiales, líquidos... tiene valores comprendidos entre 20 (sulfuro de carbono) y 100 (fluorina).
Algunos autores denominan «*dispersión*» de una sustancia al cociente $dn/d\lambda$, derivada de la función que da el índice de refracción de una sustancia en función de la longitud de onda λ.
V. DISPERSIÓN.

▶ *Poder emisivo.*—Expresión en desuso.
V. RADIANCIA, LUMINANCIA.

▶ *Poder inductor específico.*—V. PERMITIVIDAD.

▶ *Poder ionizante.*—V. EXPOSICIÓN, IONIZACIÓN.

▶ *Poder de las puntas.*—Cuando un cuerpo conductor, terminado en punta, lleva una carga eléctrica, la densidad superficial de carga en el extremo de esa punta es muy grande. Ello trae como consecuencia un campo eléctrico muy intenso en el aislante inmediatamente próximo a la punta (V. TEOREMA DE COULOMB). Este campo entraña la ionización del aislante, que se vuelve localmente conductor, consiguiendo que fluya por la punta y escape la carga del conductor. Este poder de las puntas se utiliza, por ejemplo, en el pararrayos de Franklin.
V. PENACHO, MICROSCOPIO IÓNICO.

▶ *Poder rotatorio.*—V. POLARIZACIÓN ROTATORIA.

▶ *Poder separador.*—Cualidad de un instrumento óptico que se mide por la distancia mínima entre los dos objetos más próximos uno a otro cuyas imágenes a través del instrumento se ven distintamente, *separadas*. Distancia lineal en el caso de un microscopio, distancia angular en el caso de un telescopio... Un poder separador es, en consecuencia, *más ventajoso* si la distancia que le mide es más pequeña.
En la mayoría de los casos es el fenómeno de difracción de la luz al atravesar los diafragmas del instrumento el que limita el poder separador de éste (V. MANCHA DE AIRY). Es necesario, además, que las imágenes no sean alargadas o deformadas por aberraciones mal corregidas.
Ejemplo: Se establece que el poder separador de un anteojo astronómico, ε, bien corregido, prescindiendo de las perturbaciones, importantes a menudo, debidas a la agitación atmosférica, depende del diámetro 2R de su objetivo, y vale: $\varepsilon = 1/R$; ε se mide en minutos sexagesimales si R se mide en milímetros. Esto explica los esfuerzos realizados para construir anteojos y telescopios dotados de objetivos de diámetros muy grandes.
Un instrumento de óptica viene siempre acompañado conceptualmente de un receptor: el ojo o la placa fotográfica casi siempre. El poder separador de un instrumento es uno de los parámetros que determinan, finalmente, el *límite de resolución* del conjunto (instrumento + receptor).

Poggendorff Johan Christian (1796-1877)

▶ *Método de Poggendorff.*—Procedimiento de medida de pequeños ángulos de rotación del equipo móvil de algunos instrumentos, los galvanómetros, por ejemplo. Un espejo esférico cóncavo de pequeñas dimensiones se fija sobre la pieza móvil y da, de una rendija iluminada colocada en las proximidades de su centro de curvatura, una imagen neta, un spot, que es recogido por una regla graduada. Cuando el equipo móvil gira un ángulo α el rayo medio del haz gira un ángulo que vale exactamente el doble. Del desplazamiento del spot sobre la regla se deduce el valor de α.

Poincaré Henry (1854-1912)

▶ *Grupo de Poincaré.*—Conjunto T de transformaciones de coordenadas de espacio-tiempo de un suceso, que se obtienen componiendo una transformación de Euclides T_e (traslación y rotación en el espacio) con una transformación de Lorentz T_L (sustitución de un referencial inercial por otro referencial inercial, utilizando las fórmulas de transformación de Lorentz).
Se demuestra (Poincaré, 1905) que el conjunto de transformaciones $T = T_e \cdot T_L$ posee, desde el punto de vista matemático, una estructura de grupo. De ahí la denominación *grupo de Poincaré*.
Si se reemplaza la transformación de Lorentz por una de Galileo T_G, el conjunto de transformaciones $T' = T_e \cdot T_G$ constituye el *grupo de Galileo*.

poise (Po)

Unidad c.g.s. de viscosidad.
V. POISEUILLE.

Poiseuille Jean Léon (1799-1869)

▶ *Ley de Poiseuille.*—Ley que trata de la circulación lenta de un líquido en una canalización cilíndrica de pequeño radio. Puede enunciarse como sigue: «El caudal volúmico D del fluido es proporcional a la diferencia de presión $(p_1 - p_2)$ entre los extremos de la canalización, a la cuarta potencia de su radio interior r, inversamente proporcional a su longitud L y al coeficiente η de *viscosidad* del fluido:

$$D = \frac{\pi}{8} \cdot \frac{1}{\eta} \cdot \frac{r^4}{L} \cdot (p_1 - p_2).»$$

De origen teórico, esta Ley ha sido confirmada por la experiencia. Demuestra que, permaneciendo el resto de las cosas iguales, el flujo es tanto más lento (D más pequeño) cuanto más viscoso es el fluido (η mayor).
La ley de Poiseuille se aprovecha a menudo para medir la viscosidad de los fluidos (líquidos y gases), con la ayuda de «viscosímetros» de tubos capilares.

▶ *poiseuille (Pl).*—Unidad SI de viscosidad dinámica. Otra unidad: el poise (Po), unidad c.g.s. Un poise = 0,1 poiseuille.

Poisson Denis Siméon (1781-1840)

▶ *Coeficiente de Poisson.*—V. MÓDULOS DE ELASTICIDAD.

▶ *Ecuación de Poisson.*—En una región del espacio en la que existe un campo electrostático **E**, la combinación de la expresión local del teorema de Gauss, div **E** = ρ/ε_0, con la relación que traduce la propiedad del campo eléctrico de derivar de un potencial escalar, **E** = − grad V, permite obtener la *ecuación de Poisson*: $\Delta V + \frac{\rho}{\varepsilon_0} = 0$ (Δ es el operador laplaciano, ρ la densidad volúmica de carga eléctrica y ε_0 la permitividad del vacío).
En una región en la que la densidad de carga eléctrica es nula, la ecuación se simplifica, para dar lugar a la *ecuación de Laplace*: $\Delta V = 0$.
La solución de estas ecuaciones, cuando matemáticamente es posible solucionarlas, es única. Esa solución permite determinar el reparto del potencial, y en consecuencia del campo, en todo punto de la región, teniendo en cuenta las condiciones en los límites (condiciones de contorno).
La ecuación de Laplace es válida aun en un conductor que sea asiento de una corriente *continua*, y puede entonces ser utilizada para determinar el reparto de las *líneas de corriente* confundidas con las *líneas de campo* (ley de Ohm local).
Hacemos hincapié en el hecho de que las ecuaciones de Poisson y de Laplace son válidas en el caso de cualquier campo newtoniano, en el caso del campo gravitatorio en particular.

▶ *Ley de distribución de Poisson.*—V. la voz DISTRIBUCIÓN.

Polar

▶ *Molécula polar.*—Molécula que posee un *momento dipolar eléctrico* $\boldsymbol{p}$. El origen de ese momento eléctrico se atribuye a que la posición media en el tiempo del centro de carga positiva de la molécula, C^+, no coincide con el Centro C^- de las cargas negativas. Si llamamos q a la carga total de la molécula que tiene signo positivo (suma de las cargas de sus núcleos atómicos), la carga total de sus electrones vale $-q$, ya que la molécula es globalmente neutra. Su momento eléctrico vale, por tanto: $\boldsymbol{p} = q \cdot \mathbf{C^+ C^-}$. Se mide generalmente en *debyes* (D). Ejemplos de valores numéricos: CO (monóxido de carbono): 0,1 D; HCL: 1,03 D. La molécula de dióxido de carbono CO_2 (O = C = O), molécula lineal, posee centro de simetría. Es una mo-

lécula *no polar*: $p = 0$. H_2O, molécula acodada, $H{-}O{-}H$, no posee centro de simetría. Es una molécula *polar*: p = 1,84 D.
V. POLARIZABILIDAD, POLARIZACIÓN DE UN DIELÉCTRICO, RELACIÓN DE LANGEVIN-DEBYE.

Polarimetría

Operación que consiste en determinar experimentalmente el *estado de polarización* de un haz luminoso, o, con más frecuencia, las alteraciones que sufre su estado de polarización cuando atraviesa una muestra de una sustancia.
Un *polarímetro* consta, generalmente, de una fuente de luz, un analizador, un polarizador y las lentes y diafragmas necesarios para regular el haz. La sustancia que se quiere estudiar se coloca entre el analizador y el polarizador.
La polarimetría se encuentra en el arranque de numerosos progresos en el conocimiento científico; los físicos se han visto naturalmente invitados a buscar la explicación de la polarización de la luz, y de sus eventuales alteraciones, en la estructura molecular o cristalina de las sustancia atravesadas.
Su uso práctico no es menos interesante. Por ejemplo, la técnica de estudio de los materiales sólidos por *foto-elasticimetría* utiliza las birrefringencias locales creadas por las deformaciones del material, que pueden ser detectadas y seguidas colocando éste en un polarímetro. En otro dominio, las dosificaciones polarimétricas de las disoluciones, por aplicación de la ley de Biot que trata de la polarización rotatoria, se utilizan en la industria azucarera para seguir la evolución de los juegos azucarados en el proceso de fabricación. Aquí, la escala de lectura en el analizador, graduado a menudo en *grados sacarimétricos*, permite seguir por medio de lecturas directas las variaciones de la concentración (un grado sacarimétrico corresponde a una concentración de 1 g de sacarosa por cada 100 g de solución). El polarímetro lleva entonces el nombre de *sacarímetro*.
V. LUZ POLARIZADA.

Polarizabilidad

Bajo la acción de un campo eléctrico *local* $\mathbf{E}_L$, cualquier *molécula*, sea o no polar, adquiere por deformación una polarización inducida. Sus centros de carga positivo C^+ y negativo C^- se desplazan: C^+ en el sentido del campo y C^- en el opuesto, hasta que sus atracción mutua compense la acción del campo. En un cristal iónico cada *malla* elemental de la red cristalina puede adquirir, por las mismas razones, una polarización inducida. El *momento dipolar inducido* $\mathbf{p}$ es, naturalmente, tanto más importante cuanto mayor es el campo local. Se define la *polarizabilidad* α de una molécula (de simetría esférica), escribiendo: $\mathbf{p} = \alpha \mathbf{E}_L (\mathbf{p} = \alpha' \varepsilon_0 \mathbf{E}_L$, según otro convenio; ε_0, permitividad del vacío).
α se evalúa en faradios/metro cuadrado (F/m²); (α' en m³).
La relación entre el momento dipolar p, la polarizabilidad α y el campo $\mathbf{E}$ aplicado desde el exterior, adquiere formas diferentes según los casos. En un medio de moléculas *no polares* muy *diluido*, $\mathbf{E} \approx \mathbf{E}_L$. Aquí podemos escribir, por consiguiente, $\mathbf{p} = \alpha \mathbf{E}$. Es la hipótesis que lleva a las fórmulas de *Sellmeier*. Si el medio no está muy diluido, al campo aplicado $\mathbf{E}$ se le superpone el campo producido localmente por todas las moléculas polarizadas del medio. H. A. Lorentz estableció la relación: $\mathbf{E}_L = \mathbf{E} + \mathbf{P}/3\varepsilon_0$ ($\mathbf{P}$ es el vector polarización eléctrica del medio). Se deduce de ella: $\mathbf{p} = \alpha(\mathbf{E} + \mathbf{P}/3\varepsilon_0)$, y se llega a las relaciones de *Clausius-Mossotti* y de *Lorentz-Lorenz*.
En un medio *condensado* de *moléculas polares,* el campo local produce simultáneamente deformación y orientación de las moléculas. La relación precedente pasa a ser $p = (\alpha + p_0/3kT)(\mathbf{E} + \mathbf{P}/3\varepsilon_0)$, donde $\mathbf{p}_0$ es el momento dipolar permanente de cada molécula,

k la constante de Boltzmann y T la temperatura del medio. La relación de *Langevin-Debye* se obtiene de ahí, utilizada a menudo en la determinación de p_0 y de α.
Señalemos que si una molécula no posee la simetría esférica en su estructura, su polarizabilidad depende de la dirección del campo eléctrico (de su dirección). En rigor, debe ser representada por un tensor de nueve componentes. La cantidad α definida más arriba puede, en este caso, ser considerada como un valor medio de la polarizabilidad de la molécula.

Polarización

▶ *Polarización de un dieléctrico.*—Polarizar un dieléctrico consiste en hacer que adquiera un *momento dipolar eléctrico*. Es la operación homóloga de la imanación.
De hecho, algunos dieléctricos poseen de modo espontáneo una polarización natural. O bien son cuerpos gaseosos o líquidos con *moléculas polares*, o bien sólidos cristalinos en los que cada malla elemental está polarizada espontáneamente. En todos los casos, la acción de un campo eléctrico exterior hace adquirir al dieléctrico una *polarización inducida*, nueva o suplementaria.
V. CORRIENTE DE POLARIZACIÓN, POLARIZABILIDAD, POLARIZACIÓN ELÉCTRICA.

▶ *Polarización eléctrica.*—Un dieléctrico polarizado está caracterizado en cada uno de sus puntos por una magnitud vectorial: su *polarización eléctrica* $\mathbf{P}_e$.
Siendo $d\mathbf{p}$ el momento dipolar eléctrico de un volumen dv que rodea a un punto M, la polarización está definida por: $\mathbf{P} = d\mathbf{p}/dv$. $d\mathbf{p}$ se evalúa en culombios/metro (C/m); **P** en culombios por metro cuadrado (C/m^{-9}).
Se dice que un cuerpo posee una *polarización uniforme* si los vectores P de cada punto son todos equipolentes.
V. CARGA LIGADA, SUSCEPTIBILIDAD ELÉCTRICA.

▶ *Polarización de los electrodos.*—Fenómeno que se produce en el paso de una corriente en una solución electrolizable, con electrodos idénticos, y que se pone de manifiesto por una disminución progresiva de la intensidad inicial de la corriente.
Un estudio atento muestra que se debe a una alteración disimétrica de las interfases electrodo-solución, siendo esta modificación consecuencia, a su vez, de la disimetría de las acciones sobre los electrodos de los productos de descomposición del electrólito —acción oxidante sobre el ánodo, reductora sobre el cátodo. El hidrógeno, por ejemplo, que aparece en contacto con el cátodo en diversos casos, puede ser *absorbido* por éste, recubriendo progresivamente su superficie.
El voltámetro, primitivamente simétrico, se convierte en el equivalente a un generador montado en oposición en el seno del circuito, en posesión, por consiguiente, de dos polos (de ahí la palabra *polarización*).
Este fenómeno es el que está en el origen del funcionamiento de los *acumuladores*. Pero este mismo fenómeno se produce igualmente en las pilas hidroeléctricas en funcionamiento, y es indeseable en este caso. Por comodidad decimos que sus electrodos se polarizan, aunque éstos son disimétricos por naturaleza. Su «polarización» se traduce en una progresiva disminución de la fuerza electromotriz de la pila. Se saben construir, felizmente, pilas *impolarizables* (V. PILA DANIELL, PILA WESTON), así como pilas con *despolarizante* químico incorporado (V. PILA LECLANCHÉ).

▶ *Polarización de la luz.*—V. LUZ POLARIZADA, POLARIZADOR.

▶ *Polarización magnética.*—*Sinónimo:* Intensidad de imanación volúmica.

▶ *Polarización rotatoria.*—Fenómeno observado por primera vez por Aragó y por Biot (hacia 1815) y que consiste en una *rotación del plano de vibración* de un rayo de luz polarizada rectilíneamente, alrededor de la dirección de propagación del rayo. Este fenómeno se produce cuando un rayo luminoso atraviesa ciertas sustancias, de las que se dice que poseen *poder rotatorio*, o que son «*ópticamente activas*».

La experiencia demuestra que el ángulo a de rotación del plano de vibración es proporcional al espesor e de la sustancia atravesada: $a = a_0 \cdot e$. La magnitud a_0 mide el *poder rotatorio* de la sustancia estudiada: vale, por ejemplo, 22°/mm para una lámina de cuarzo, si se utiliza la luz amarilla de sodio.

Para un observador que recibe el haz luminoso emergente, el plano de vibración puede haber girado en el sentido de las agujas del reloj: la sustancia atravesada recibe en ese caso el nombre de *dextrógira*. En caso contrario la sustancia es llamada *levógira*.

La polarización rotatoria se utiliza comúnmente en los laboratorios y en la industria, para seguir, por ejemplo, la marcha de una transformación en la que interviene una sustancia ópticamente activa (V. POLARIMETRÍA). Se atribuye al fenómeno de *birrefringencia circular*.

V. DISPERSIÓN ROTATORIA, LEYES DE BIOT.

▶ *Polarización rotatoria magnética.—Sinónimo:* Efecto Faraday. Todo cuerpo sometido a un campo magnético se vuelve ópticamente activo (V. POLARIZACIÓN ROTATORIA), incluso aunque primitivamente fuera isótropo e inactivo desde el punto de vista óptico. Es el fenómeno de la *polarización rotatoria magnética*, descubierto por Faraday en 1845.

La actividad óptica magnética se establece y desaparece con el campo sin retraso apreciable. El ángulo de rotación a del plano de vibración de un haz luminoso polarizado rectilíneamente que ha atravesado una anchura e de una sustancia colocada en un campo magnético longitudinal B vale: $a = keB$. Esta expresión traduce la *ley de Verdet*, y la magnitud k, independiente de B, al menos para las sustancias no ferromagnéticas, es la constante de Verdet de la sustancia. El agua, por ejemplo, posee una *constante de Verdet* que vale alrededor de 20° por metro y tesla. En cuanto al sentido de la rotación, es el de la corriente eléctrica que crea el campo B.

La explicación del fenómeno hace uso de la aparición de una *birrefringencia circular*, aquí provocada por la acción de un campo magnético.

Polarizador

Dispositivo que permite transformar la luz natural en luz polarizada.

Un simple espejo plano puede, en principio, servir como *polarizador por reflexión*. La mayoría de las veces se utiliza la polarización *por refracción*, a través de un cristal birrefringente. El problema es entonces eliminar uno de los dos rayos emergentes, lo que se consigue bien por reflexión total selectiva dentro del cristal —el *prisma de Nicol* es el prototipo de este tipo de polarizador—, bien por absorción selectiva —es el principio de funcionamiento de los cristales *policroicos*, turmalinas y polaroides.

La luz obtenida tras la travesía de un polarizador es, en general, luz polarizada rectilíneamente. Si se quiere obtener luz circular, o elíptica, hay que asociar al polarizador una lámina de cuarto de onda, convenientemente dispuesta.

Un polarizador puede ser usado siempre como analizador.

V. POLARIMETRÍA.

Polimorfismo

Raíces griegas que significan muchas formas.

Propiedad de una sustancia, atómica o molecular, de formar asociaciones cristalinas diferentes. *Ejemplo:* El carbonato cálcico ($CaCO_3$) es dimorfo. Puede aparecer como calcita (romboédrica) o como aragonito (ortorrómbico). Se conocen también distintas variedades de agua líquida, de hielo, asociaciones cristalinas de un mismo compuesto: la molécula H_2O. En el diagrama plano (temperatura t, presión P) puede verse que cada una de estas variedades posee,

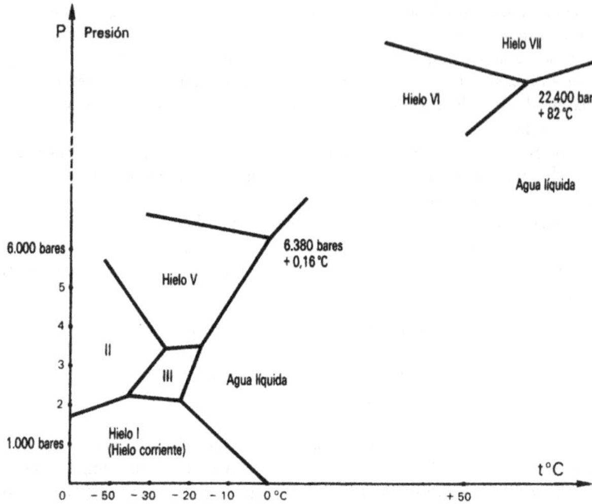

como el agua líquida o el vapor, una zona propia de estabilidad. El paso de una a otra es un verdadero cambio de estado, y además de las coordenadas del punto triple ordinario (hielo, agua, vapor de agua) (0,01 °C y 6,1 mbares), se conocen las coordenadas de otros seis puntos triples (equilibrio simultáneo de tres fases distintas). Nótese que el hielo VII funde solamente a + 190 °C bajo una presión de alrededor de 40.000 bares (experiencias de Tamman y Bridgman).
V. ALOTROPÍA.

Polinuclídico

Califica a un elemento químico del que son conocidos varios *núclidos isótopos* naturales. *Ejemplo:* El hidrógeno (2 isótopos), el plomo (4 isótopos) o el uranio (3 isótopos) son elementos polinuclídicos.
Entre el centenar de elementos hoy catalogados, tan sólo una veintena permanece actualmente sin isótopo conocido. Son elementos llamados *mononuclídicos*, monocucleidos o, a veces, *anisotópicos*. Es el caso del aluminio, del sodio, del oro, del iodo...
V. CUADRO DE ABUNDANCIAS ISOTÓPICAS.

Pomranchuk

▶ *Efecto Pomranchuk.*—V. HELIO 3.

Portador de calor

Fluido que asegura la transferencia de calor proveniente de una fuente inaccesible (núcleo de un reactor nuclear, subsuelo geotérmico...) hacia el órgano de utilización. *Ejemplo:* en una central nuclear electrógena circula un fluido portador de calor, en circuito cerrado, entre el núcleo

del reactor, donde se calienta, y un *intercambiador de temperaturas* en el que cede el calor, que acaba de tomar del reactor, al fluido motor de un turboalternador, sin que medie contacto directo entre ambos fluidos.
El agua corriente, a menudo bajo presión, es el fluido portador de calor más frecuentemente utilizado. En algunos *filtros nucleares* son necesarios otros fluidos portadores de calor (gas carbónico o sodio fundido, por ejemplo).

Positonio (o Positronio)

Asociación de un positón e^+ y de un electrón negativo e^-, atraídos uno hacia el otro y girando alrededor de su centro de masas. Este conjunto tiene una vida media muy corta (10^{-7} o 10^{-10} s, según que los spines de las dos partículas sean paralelos o antiparalelos) y desaparece por desmaterialización, originando fotones.

Potencia

La potencia de una máquina y, con mayor generalidad, de un sistema cualquiera, que puede ceder, radiar, convertir, transportar o absorber energía, es una magnitud caractrística del sistema, medida por la cantidad de energía que puede involucrar por unidad de tiempo.
Más precisamente: si un sistema produce, por ejemplo, una cantidad de energía $d\mathrm{E}$ (joules o julios) en un tiempo dt (segundos), su potencia se mide por el cociente: $\mathrm{P} = d\mathrm{E}/dt$, y se mide en *watios* (watt o vatios) (W).
Según la forma en la que aparece esa energía, se habla de potencia mecánica, química, eléctrica, etc.

▶ *Factor de potencia.*—La *potencia activa* absorbida por un dipolo eléctrico, cuando éste es recorrido por una corriente alterna, viene dada por la expresión $\mathrm{P} = k \cdot \mathrm{U} \cdot \mathrm{I}$, siendo U e I los valores eficaces de tensión y de intensidad de la corriente. El coeficiente k, menor que la unidad, es llamado *factor de potencia* del dipolo. Si la corriente es sinusoidal, $k = \cos\varphi$, siendo φ el ángulo de desfase entre intensidad y tensión.
Haciéndose la distribución de energía eléctrica a tensión eficaz constante, cuanto más pequeño es el factor de potencia de una instalación, mayor es la intensidad eficaz en la línea, y mayores son, en consecuencia, las pérdidas en esa misma línea para una determinada potencia consumida. Esto se tiene en cuenta en los contratos de suministro de energía eléctrica. Se «mejora» el factor de potencia de una instalación, generalmente inductiva, colocando en derivación un condensador, de capacidad convenientemente calculada.

▶ *Potencia activa.*—Se mantiene entre los bornes de un dipolo una tensión eléctrica sinusoidal $u = \mathrm{U}_m \cos \omega t$, cuyo valor máximo es U_m y cuyos periodo y pulsación son T y $\omega = 2\pi/\mathrm{T}$. El dipolo está recorrido entonces por una corriente de intensidad $i = \mathrm{I}_m \cos(\omega t - \varphi)$. φ, desfase entre la intensidad y la tensión, depende de la estructura del circuito. En ese circuito o dipolo disponemos ahora de una potencia eléctrica, cuyo valor instantáneo es:

$$p = u \cdot i = \frac{1}{2}\mathrm{U}_m \cdot \mathrm{I}_m \cos\varphi + \frac{1}{2}\mathrm{U}_m \cdot \mathrm{I}_m \cos(2\omega t - \varphi) = \mathrm{P}_a + p_f.$$

El segundo término, p_f, único variable en el tiempo, es la *potencia fluctuante* de la corriente. Su valor medio a lo largo de un periodo es 0. De ello se deduce que la energía W consumida en el dipolo durante un tiempo θ que contenga un número entero cualquiera de periodos depende solamente del primer término constante, P_a: $\mathrm{W} = \mathrm{P}_a \cdot \theta$. Por esta razón, $\mathrm{P}_a = \frac{1}{2}\mathrm{U}_m \mathrm{I}_m \cos\varphi = \mathrm{UI}\cos\varphi$ es conocida como *potencia activa* de la corriente. Se mide en watios. (Es positiva o negativa según que el dipolo sea generador o receptor.) U e I son la tensión *eficaz* y la intensidad *eficaz*, respectivamente.

Su valor máximo $P_{ap} = \frac{1}{2} U_m\, I_m$ es una *potencia aparente*. Se conviene en medirla en voltio-amperios (V.A).

El cociente $\cos \varphi = P_a/P_{ap}$ es el *factor de potencia* del dipolo.
V. POTENCIA ELÉCTRICA COMPLEJA, POTENCIA REACTIVA.

▶ *Potencia aparente*.—V. POTENCIA ACTIVA.

▶ *Potencia eléctrica:*
1 / Corriente continua.—La potencia eléctrica disponible en los bornes de un generador, y que puede ser utilizada diversamente en el circuito externo, tiene como valor P = VI, donde V es la tensión eléctrica entre los bornes e I la intensidad de la corriente que suministra.
V. RENDIMIENTO DE UN GENERADOR.
2 / Corriente alterna.—V. POTENCIA ACTIVA.

▶ *Potencia eléctrica compleja*.—En notación compleja, la potencia de la corriente sinusoidal de intensidad $i = I_m \cos(\omega t - \varphi)$, que circula en un dipolo entre cuyos bornes existe una tensión $u = U_m \cos \omega t$ está definida por la relación: $p = \frac{1}{2} u \cdot i^*$, donde $u = U_m \exp(j\omega t)$ es la tensión compleja, mientras que $i^* = I_m \exp[-j(\omega t - \varphi)]$ es la intensidad compleja conjugada. Se deduce: $p = \frac{1}{2} U_m\, I_m \exp(j\varphi)$; $j^2 = -1$.

Esta definición presenta interés porque en ella se encuentran, concentrados en la expresión de p, los valores de los diferentes aspectos de la potencia en corriente sinusoidal: el módulo de p es la potencia *aparente*, su parte real es la potencial *activa* y su parte imaginaria la potencia *reactiva*.

▶ *Potencia de un instrumento óptico*.—Cualidad de un instrumento visual destinado a la observación de objetos muy pequeños (lupas, visores, microscopios...). Si y es una dimensión del objeto perpendicular al eje del aparato, y α el ángulo con el cual su imagen es vista a través del mismo, la potencia del instrumento viene medida por el cociente $P = \frac{\operatorname{tg} \alpha}{y}$. Para un mismo valor dado y, el ángulo α es tanto mayor cuanto más grande es la potencia del instrumento. Evaluándose y en metros, la potencia se mide en dioptrías.
La potencia de un microscopio es del orden de varios millares de dioptrías.

▶ *Potencia motriz*.—Expresión utilizada por los físicos de los siglos XVIII y XIX. Es aproximadamente equivalente a la expresión: «facultad de suministrar la energía mecánica».

▶ *Potencia reactiva*.—Por analogía con la expresión que da la *potencia activa* de una corriente eléctrica sinusoidal, o sea, $P_a = UI \cos \varphi$, se define la *potencia reactiva* de la corriente: $P_r = UI \operatorname{sen} \varphi$ (φ retraso de fase de la intensidad, de valor eficaz I, sobre la tensión, de valor eficaz U). P_r no se mide en watios, sino en *voltio-amperios reactivos* (VAr).
Se demuestra la relación $P_r = 2\omega(E_m - E_s)$, donde ω es la pulsación de la corriente, y E_m y E_s son las energías medias, a lo largo de un periodo, almacenadas eventualmente en el circuito bajo las formas de energía magnética la primera de ellas y de energía electrostática la segunda.
V. INTENSIDAD ELÉCTRICA ACTIVA, REACTIVA, TEOREMA DE BOUCHEROT.

Potencial

▶ *Potencial eléctrico*.—Función escalar V(M) definida, con la salvedad de una constante aditiva, en todo punto de una región del espacio en la que existe un campo electrostático E(M), por la expresión matemática **E** = − grad V. La circulación de E entre dos puntos M_1 y M_2 de la región es igual a la disminución de la función V entre esos dos puntos:

$$\int_{M_1}^{M_2} \mathrm{E(M)} \cdot d\mathbf{M} = \mathrm{V}_1 - \mathrm{V}_2.$$

La *diferencia de potencial* (d.d.p.) U = $V_1 - V_2$ es llamada igualmente *caída de potencial* o *tensión eléctrica* o, por fin, *diferencia de nivel eléctrico*. Interviene en el cálculo de la energía transportada por una corriente eléctrica, así como en la expresión de la ley de Ohm. Se evalúa en *voltios* (V).
V. POTENCIAL ESCALAR.

▶ *Potencial escalar.*—Si un campo vectorial **X**(M) es de «circulación conservativa», su circulación C entre dos puntos M_1 y M_2 depende solamente de la posición de cada uno de esos puntos, y no del camino $\widehat{M_1M_2}$. Podemos escribir entonces: $C = \int_{\widehat{M_1M_2}} \mathbf{X}(M) \cdot d\mathbf{M} = V_1 - V_2$. La función V(M), cuando existe, es una función *potencial escalar*.
Se dice, en ese caso, que el campo de vectores **X**(M) *deriva* del potencial escalar V(M). Señalemos que si **X**(M) es un campo de *fuerzas*, V(M) es una *energía* potencial. En un recorrido elemental ***dM***, la relación de definición de V(M) toma la forma: $dC = \mathbf{X}(M) \cdot d\mathbf{M} = -dV$, equivalente a **X**(M) = − grad V(M). Los campos de circulación conservativa, o campos conservativos, son, por tanto, campos de gradientes, y *viceversa*.
La función V(M) es de gran interés si es de determinación única —a toda posición M le corresponde un valor único V(M)—. La circulación del campo X a lo largo de un circuito cerrado es nula en ese caso, cualquiera que sea el camino elegido. Es el caso de los campos newtonianos, por ejemplo, y del campo electrostático en particular. Sucede que V(M) es a veces de determinación múltiple —a un mismo punto M le corresponden varios valores de V(M)—. Su utilización es entonces menos simple. Es el caso del *potencial magnético* escalar.
V. TEOREMA DE AMPÈRE, TEOREMA DE STOKES.

▶ *Potencial explosivo.*—Tensión eléctrica mínima que hay que establecer entre dos electrodos para obtener entre ellos una descarga eléctrica por chispas (descarga disruptiva). El valor del potencial explosivo puede ir desde algunos voltios a varios millones de voltios. Es consecuencia de la ionización en cascada de las moléculas del medio intermedio, y depende en consecuencia de ese medio y del campo eléctrico acelerador que existe entre los electrodos.
V. RAYO, LEY DE PASCHEN.

▶ *Potencial magnético:*
1 / Potencial magnético *escalar.*—Un campo magnético **B** es creado en el entorno, supuesto vacío, de y por una corriente eléctrica continua, de intensidad I, que recorre un circuito filiforme (C). Se demuestra, calculando la circulación elemental de **B** en una corta distancia a partir de un punto M, que ese campo deriva de un potencial escalar: **B** = − grad V, con $V = \frac{\mu_0}{4\pi} I\Omega$, donde μ_0 es la permeabilidad del vacío y Ω el ángulo sólido definido por el cono de vértice M que se apoya en (C).
No obstante, a lo largo de un recorrido cerrado orientado (Γ), la circulación de B es nula solamente si (Γ) no abraza al circuito (C). En caso contrario, la circulación no es nula, valiendo $\pm \mu_0$ I según que (Γ) atraviese (C) en el sentido positivo o en el negativo (V. TEOREMA DE AMPÈRE).
2 / Potencial *vector* magnético.—Siendo el campo magnético **B** un campo de divergencia nula, debe ser matemáticamente un campo de rotacionales; lo que quiere decir que existe al menos

un campo vectorial **A** del que **B** es el rotacional: **B** = rot **A**. **A** es el potencial vector del campo magnético **B**. Puede calcularse, tal como indica la figura.
V. POTENCIAL VECTOR, GAUGE ELECTROMAGNÉTICA.

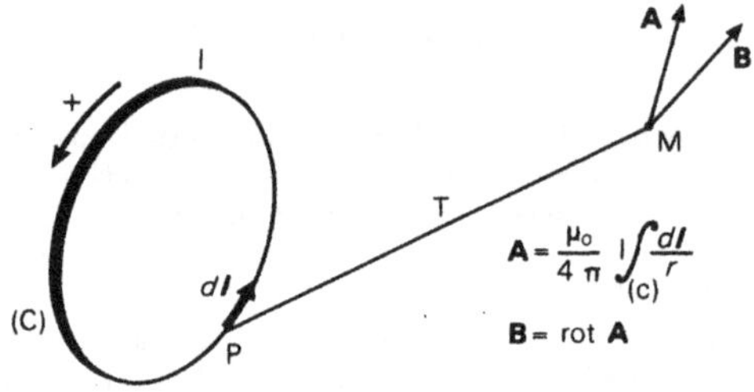

▶ *Potencial químico.*—La nergía interna U de un sistema físico-químico, formado por un conjunto de constituyentes, no sólamente es función de las variables físicas extensivas habituales (volumen V y entropía S), sino también de los números de moles de sus constituyentes $n_1, n_2, ..., n_k$. Toda variación de una de esas diversas variables entraña una variación de U: $dU = - P \cdot dV + T \cdot dS + \Sigma\, \mu_i \cdot dn_i$ ($i = 1, 2, ..., k$). Las variaciones dn_i pueden ser consecuencia, bien de una transformación interna (física o química), bien de un intercambio con el exterior, si el sistema es abierto. Las nuevas variables intensivas μ_i, que representan aquí un un papel análogo al de las variables intensivas físicas presión P y temperatura T, son los *potenciales químicos* de los constituyentes del sistema. Puede escribirse $\mu_i = \frac{\partial U}{\partial n_i}$, si V, S, n_j ($= \neq i$) permanecen constantes (V. TEOREMA DE GIBBS).
En un sistema cerrado, mantenido a la temperatura T, se produce una transformación físico-química que puede simbolizarse así: $\alpha_1\, A_1 + \alpha_2\, A_2 \Leftrightarrow \alpha_3\, A_3 + \alpha_4\, A_4$, indicando la doble flecha que la transformación puede producirse en ambos sentidos. Entre dos instantes próximos, t y $t + dt$, la evolución del sistema puede ser caracterizada por la variación dn_i del número de moles de una cualquiera de las especies A_i en presencia. $dx = dn_i/\alpha_i$ tiene el mismo valor, cualquiera que sea i, si convenimos en contar positivamente los coeficientes estequiométricos α de los cuerpos del segundo miembro, y negativamente los del primero. dx es el *grado de avance* de la reacción, y $v = dx/dt$ su velocidad global (diferencia entre las velocidades directa o inversa). Se demuestra entonces que la *producción de entropía* que se obtiene de la transformación tiene como expresión: $d_I\, S = \frac{A}{T}\, dx \geqslant 0$. $A = - \Sigma\alpha_i\, \mu_i$, *afinidad química* del sistema (de Donder, 1928), puede ser considerada como la causa macroscópica de la transformación. Su signo dirige el sentido de la transformación, y A = 0 implica que la transformación es reversible (V. LEY DE ACCIÓN DE MASAS).

▶ *Potencial retardado.*—Sea una carga eléctrica $q(t)$, variable con el tiempo, que se encuentra inmóvil en un punto O. Si se admite que el efecto producido por esta carga en los diversos puntos de su referencial propio se propaga con una velocidad finita C, el potencial escalar $V(t)$ que se produce a consecuencia de ello en un punto M, **OM** = $\mathbf{r}$, posee en un instante t un valor que depende del valor que tenía la carga en un instante $(t - r/c)$, siendo r/c la tardanza de la perturbación salida de O en recorrer la distancia r a velocidad c. El potencial $V(t) = k\frac{q(t - r/c)}{r}$ es llamado *potencial escalar retardado*. k depende del sistema de unidades utilizado.
Se define de modo análogo el *potencial vector retardado* $\mathbf{A}(t)$.

Estos dos potenciales retardados intervienen en la resolución de las ecuaciones de Maxwell. Fueron introducidos por Lorentz, y su significado físico es claro; los *potenciales instantáneos* utilizados por Maxwell, tales como $V(t) = k\frac{q(t)}{r}$, que suponen una propagación a velocidad infinita, son considerados actualmente como intermediarios de cálculo, sin significado físico, no más que los potenciales *avanzados* $V(t) = k\frac{q(t + r/c)}{r}$, utilizados en ciertos cálculos.
V. GAUGE ELECTROMAGNÉTICA.

▶ *Potencial termodinámico.*—Función de estado que posee la propiedad de tener un valor mínimo cuando el sistema al que se refiere está en equilibrio termodinámico. Toda evolución, por ejemplo de un sistema aislado, se produce necesariamente en el sentido que entraña un aumento de su entropía S (una disminución, en consecuencia, de su *neguentropía* − S). Un estado que corresponde a un mínimo de neguentropía es un estado de equilibrio estable.
Por analogía con circunstancias encontradas en mecánica (V. TEOREMA DE LEJEUNE-DIRICHLET), la función − S recibe el nombre de *potencial termodinámico* de un sistema aislado.
Se demuestra asimismo que para un sistema cerrado que fuera obligado a evolucionar a temperatura y presión constantes (caso frecuente en química), sería la función (entalpía libre) de Gibbs, G = H − TS, su potencial termodinámico. Si la evolución debe producirse a temperatura y volumen constantes, el potencial termodinámico sería la función energía libre de Helmholtz F = U − TS, etc.

▶ *Potencial vector.*—En el dominio de definición de un campo vectorial **X**(M) puede existir una función vectorial **A**(M) tal que el flujo Φ del vector **X** a través de una superficie orientada cualquiera S, limitada por un contorno orientado Γ, sea igual a la circulación del vector **A** a lo largo de Γ:

$$\Phi = \iint_S \mathbf{X} \cdot d\mathbf{S} = \oint_\Gamma \mathbf{A} \cdot d\mathbf{M}.$$

(Las orientaciones de S y de Γ se suponen relacionadas por el convenio de orientación espacial elegido).
La función **A**(M), cuando existe, es llamada *potencial vector* de **X**(M). Se dice también que **X** *deriva* del potencial vector **A**(M). Utilizando el teorema de Stokes, se establece que lo anterior equivale a decir y escribir: **X** = **rot A**.
De la existencia de **A** se deduce: 1 / que el flujo Φ es independiente de la forma de S; 2 / que el flujo saliente de **X** a través de cualquier superficie cerrada es nulo. Ese campo **X**(M) es, por tanto, un campo de «flujo conservativo». Los campos de rotacionales son campos de flujo conservativo, y *viceversa*.
V. GAUGE ELECTROMAGNÉTICA, POTENCIALES MAGNÉTICOS, TEOREMA DE OSTROGRADSKI.

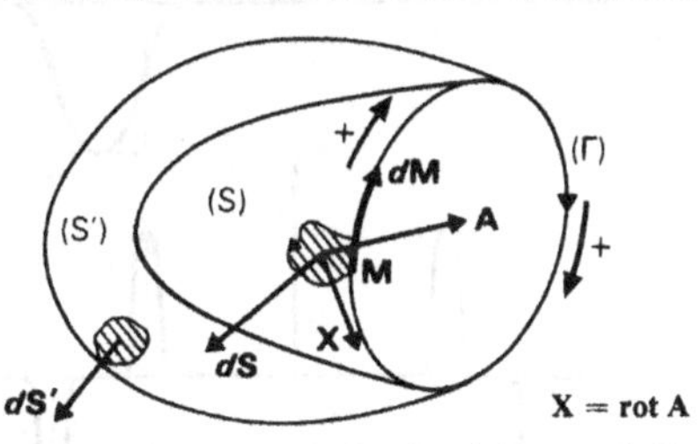

Circulación de **A** a lo largo de (Γ) = Flujo de **X** a través de (S)
= Flujo de **X** a través de (S')
Flujo saliente, a través de (S + S'), de **X** = 0.

▶ *Salto de potencial.*—Expresión que designa una región en la cual la *energía potencial* V de un corpúsculo varía de forma considerable en una distancia corta. En el curso de esta brusca variación de su energía potencial, el corpúsculo se halla sometido a la acción de una fuerza, aceleradora o retardadora, que puede ser muy intensa: $f = -\frac{dV}{dx}$.
Tales *saltos* de potencial se encuentran frecuentemente en *microfísica*. Aparecen tanto aislados como acoplados, formando *barreras* o *pozos* de potencial (V. figura).
Se reemplazan a menudo, de manera esquemática, estas variaciones de potencial reales, rápidas pero continuas, por variaciones ficticias, bruscas y discontinuas, que algunos autores llaman «*potenciales cuadrados*». Estos potenciales esquemáticos se prestan a cálculos más cómodos, que bastan para dar una primera aproximación de los fenómenos reales. Pueden utilizarse entonces las leyes de la mecánica newtoniana, o las de la mecánica cuántica. Tan sólo las previsiones de la mecánica cuántica están de acuerdo con los resultados experimentales.
V. EFECTO TÚNEL.

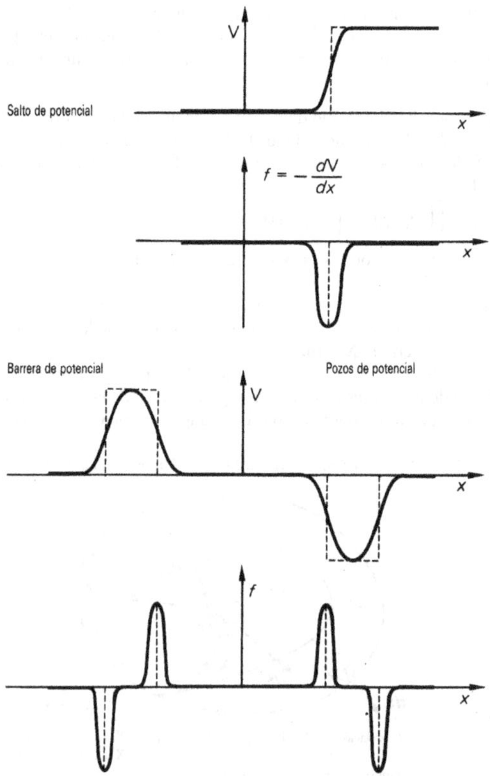

Potenciómetro

Dispositivo formado por dos resistencias en serie, variables pero de suma constante: $R_1 + R_2 = R$. si se establece entre los bornes del conjunto una tensión eléctrica U, la tensión entre los bornes de R_1 vale solamente *u*. Se ve que podemos, modificando R_1 (con $R_1 + R_2$ = cte), dar a *u* cualquier valor comprendido entre O y U. Este dispositivo se utiliza frecuentemente, en particular para medir diferencias de potencial; de ahí su nombre (V. MÉTODO DE OPOSICIÓN).

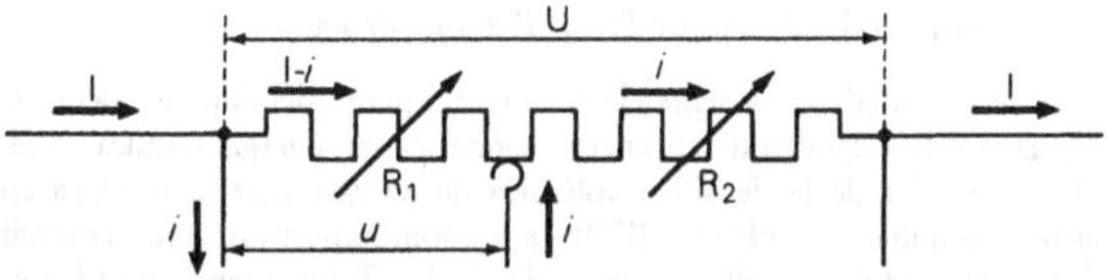

Pouillet Claude Servais (1790-1868)

▶ *Ley de Pouillet.*—«La intensidad *i* de la corriente eléctrica continua creada en un circuito filiforme por un generador es inversamente proporcional a la resistencia total del circuito (suma de la resistencia interna del generador y de la resistencia R exterior), y proporcional a una magnitud característica del generador, su fuerza electromotriz *e*.» En general se expresa de la forma: $e\ (R + r) \cdot i$. Esta ley fue establecida experimentalmente por Pouillet, por medio de generadores termoeléctricos.

V. FUERZA ELECTROMOTRIZ, LEY DE POUILLET GENERALIZADA.

▶ *Ley de Pouillet generalizada.*—Expresión que generaliza la ley establecida por Pouillet y enunciada arriba al caso en el que el circuito contiene varios generadores y receptores, caracterizados cada uno de ellos por una fuerza electromotriz *e* o una fuerza contraelectromotriz *e'*. Con los convenios especificados en la figura, puede escribirse de la forma simbólica siguiente:

$$\Sigma \varepsilon e = i(R + \Sigma r).$$

V. LEY DE OHM GENERALIZADA.

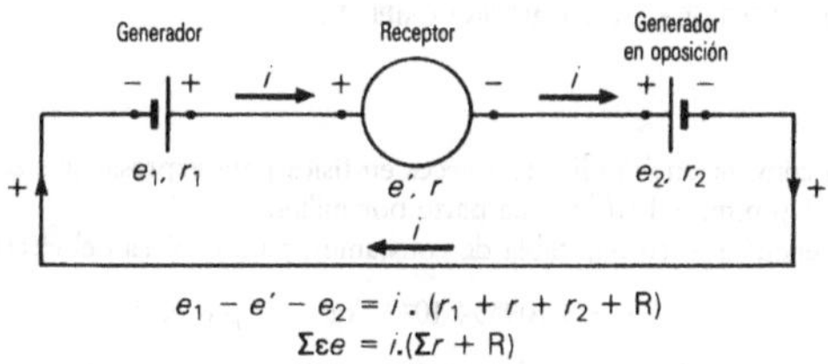

$$e_1 - e' - e_2 = i \,.\, (r_1 + r + r_2 + R)$$

$$\Sigma \varepsilon e = i.(\Sigma r + R)$$

$\varepsilon = \pm 1$, signo del polo de salida

$i > 0$ supone aquí $e_1 > e' + e_2$

Powel Cecil Frank (1903-1969)

Premio Nobel en 1950.

V. MESONES.

Poynting Johne Henry (1852-1914)

▶ *Teorema de Poynting.*—«El flujo samiente del *vector de Poynting* P a través de una superficie cerrada orientada S, durante un intervalo de tiempo dt, es igual a la disminución, durante ese mismo tiempo, de las energías eléctrica y electromagnética contenidas en el volumen τ, interior a S.» Esto se traduce matemáticamente por una u otra de las dos relaciones equivalentes:

$$\text{relación integral:} \quad \iint_S \mathbf{P} \cdot d\mathbf{S} = - \iiint_\tau j \cdot \mathbf{E}\, d\tau - \iiint_\tau (\partial\omega/\partial t)\, d\tau$$

$$\text{relación local} \quad : \quad \operatorname{div} \mathbf{P} + j \cdot \mathbf{E} + \partial\omega/\partial t = 0$$

j es el vector densidad de corriente eléctrica en un punto del dominio elemental $d\tau$. $j \cdot \mathbf{E}$ mide la potencia eléctrica convertida en energía cinética o en energía térmica en el interior de ese dominio, y el valor de la densidad volúmica de energía electromagnética en el interior de ese mismo dominio es $w = \varepsilon E^2/2 + B^2/2\mu$ (ε y μ son, respectivamente, la permitividad y la permeabilidad del medio, supuesto perfecto, siendo **E** y **B** los campos eléctrico y magnético).
Se reconocen en las expresiones del teorema de Poynting las *ecuaciones de continuidad*, que expresan la ley de conservación de la energía. El teorema es una consecuencia de las ecuaciones de Maxwell.
Este teorema autoriza a admitir que las líneas tangentes, en cada punto, al vector de Poynting local son las trayectorias de la energía electromagnética transportada por una onda.
V. RAYO LUMINOSO.

▶ *Vector de Poynting. Sinónimo:* Vector *radiante.*—Magnitud vectorial **P** definida en todo punto de un medio recorrido por una radiación electromagnética. Si **E** y **B** son los campos eléctrico y magnético en ese punto, el vector **P** es tal que el triedro (**E**, **B**, **P**) es un triedro trirrectángulo directo, mientras que su módulo P vale: $P = E \cdot B/\mu$, siendo μ la permeabilidad del medio, supuesto aquí homógeneo, isótropo y perfecto. En forma concisa:

$$\mathbf{P} = 1/\mu \cdot \mathbf{E} \wedge \mathbf{B} = \mathbf{E} \wedge \mathbf{H}$$

V. VECTOR **H**.

▶ *Vector de Poynting complejo.*—A una radiación electromagnética sinusoidal, de pulsación ω, se le puede asociar un *vector de Poynting* complejo, definido por la relación: $\underline{\mathbf{R}} = \underline{\mathbf{E}} \wedge \underline{\mathbf{B}}^*/2\mu$, donde $\underline{\mathbf{E}}$ y $\underline{\mathbf{B}}$ son, respectivamente, los campos eléctrico y magnético complejos en un mismo punto, y donde $\underline{\mathbf{B}}^*$ es el vector complejo conjugado de $\underline{\mathbf{B}}$.
V. POTENCIA ELÉCTRICA EN NOTACIÓN COMPLEJA.

p.p.m.

Abreviatura convencional, utilizada a veces en física para expresar una *concentración* o una *incertidumbre*. 1 p.p.m. = $1/10^6$ = una parte por millón.
Ejemplo: Se encuentra, en una tabla de constantes, para la masa del electrón:

$$m_e \simeq 9{,}109534\ 10^{-31}\ \text{kg}, \qquad \text{p.p.m.} = 5.$$

Eso quiere decir que la incertidumbre relativa sobre m_e es sensiblemente igual a $5/10^6$ (y su incertidumbre absoluta $\simeq 0{,}000046\ 10^{-31}$ kg).

Precisión

Un instrumento de medida es *preciso* si el valor dado por ese instrumento es igual al valor verdadero de la magnitud medida. Por ejemplo, una balanza es precisa si la masa de un objeto, obtenida por medio de una pesada simple, es igual a la masa verdadera.

El *error de precisión*, diferencia entre el valor leído y el valor verdadero, proviene de diversos errores *sistemáticos*, debidos a la construcción del aparato y a su reglaje, jamás perfecto. Los dos brazos del ástil de la balanza no son nunca rigurosamente iguales (tampoco es jamás perfecta la construcción); la graduación de un amperímetro no puede hacerse rigurosamente sin defectos...

La precisión de un instrumento sería en principio necesaria. Es posible, no obstante, zafarse de esta necesidad en ciertos casos, eligiendo métodos convenientes de operación. Este es el objeto de los métodos de «doble pesada», y de los métodos de medida «por sustitución». Estos métodos permiten encontrar los valores precisos, incluso con aparatos cuyo defecto de precisión es importante.

Presbicia

V. ACOMODACIÓN, AMPLITUDES DE VISIÓN.

Presión

El efecto deformante de una fuerza F que se ejerce perpendicularmente sobre la superficie de un objeto depende del valor del cociente P = F/S, donde S es el área de esa superficie. La magnitud P es la *presión* ejercida por la fuerza F. Mide, por tanto, la densidad superficial de la acción mecánica representada por F. La nieve se deforma tanto menos bajo los pies del esquiador cuanto mayor es la superficie de sus esquíes.

Una presión se mide en pascales (Pa). Pero a menudo se utilizan varias otras unidades auxiliares (V. CUADRO DE UNIDADES).

▶ *Presión acústica.*—La presión acústica p en un punto de un medio atravesado por una onda sonora es, por definición, la diferencia entre la presión local P′, variable en el tiempo, y la presión P que reinaba antes de llegar la onda: p = P′ − P. En el caso de una onda periódica, la presión acústica es a su vez periódica, y se definen para ella, como para toda magnitud periódica, los valores máximos, eficaz, instantáneo...

Algunos receptores acústicos son sensibles a las variaciones de la presión acústica. Es el caso del oído humano. La más pequeña presión acústica (eficaz) que el oído puede percibir es cercana a 10^{-5} Pa. La más fuerte que puede soportar está próxima a 100 Pa (10^7 veces mayor).
V. AUDIOGRAMA, ONDA ACÚSTICA, SONIDO DE REFERENCIA.

▶ *Presión atmosférica.*—V. BARÓMETRO, NIVELACIÓN BAROMÉTRICA.

▶ *Presión atmosférica normal.*—Unidad de presión.—*Sinónimo:* Atmósfera (atm).

▶ *Presión electrostática.*—Un conductor está en *equilibrio electrostático*. El campo electrostático en un punto M de su superficie, necesariamente normal a ésta, vale $E = \sigma/2\varepsilon_0$; σ es la densidad superficial de carga en M, ε_0 es la permitividad del vacío. De ello se sigue que sobre la carga $\sigma\, dS$, repartida sobre el elemento de superficie dS que rodea M, se ejerce una fuerza, dirigida naturalmente hacia el exterior, y cuya intensidad vale $dF = \sigma^2 \cdot dS/2\varepsilon_0$. Su densidad superficial $p = dF/dS = \sigma^2/2\varepsilon_0$ es la *presión electrostática* en M.
V. PODER DE LAS PUNTAS, TEOREMA DE COULOMB.

▶ *Presión de radiación.*—Presión ejercida sobre una pared por toda radiación electromagnética en contacto con ella.

En el lenguaje electromagnético esta presión es debida a las fuerzas repulsivas, ejercidas por el campo magnético variable de la radiación, sobre las corrientes eléctricas que nacen, por inducción, en el sólido. En lenguaje corpuscular, está relacionada con los choques de los fotones en las paredes.

Numéricamente es igual, con la salvedad de un coeficiente, a la densidad volúmica de energía radiante *u* en la vecindad inmediata de la pared. Por ejemplo, si se trata de una radiación en equilibrio térmico en un recinto, $P = \frac{u}{3}$.

Sobre el suelo, la presión de radiación, debida fundamentalmente a la radiación solar, es muy débil, del orden de 10^{-6} Pa; se ha podido estudiar, no obstante, gracias al uso de balanzas de torsión en el vacío. Se piensa que en las estrellas la presión de radiación representa un importantísimo papel.

▶ *Presión de referencia:*
1 / Acústica.—Presión acústica igual a $2 \cdot 10^{-5}$ pascales.
V. SONIDO DE REFERENCIA.
2 / Termodinámica.—Presión igual a un bar = 10^5 pascales.
V. ESTADO STANDARD.

Prigogine Ilya (1917)

Premio Nobel 1977.

▶ *Teorema de Prigogine.*—«Cuando un sistema abierto, próximo a su equilibrio termodinámico, está sometido a tensiones que le impiden alcanzar ese equilibrio, evoluciona irreversiblemente hacia el estado, próximo al equilibrio, al que corresponde un valor mínimo para la velocidad de producción de *entropía.*» La velocidad de disipación de la energía del sistema es entonces mínima, y el sistema permanece en ese estado estacionario, con un valor de la entropía que puede ser, según los casos, inferior o superior a su valor de equilibrio.
Este teorema representó uno de los primeros pasos en la edificación de la Termodinámica de los sistemas de no-equilibrio.
V. ESTRUCTURAS DISIPATIVAS, TRANSFORMACIONES IRREVERSIBLES.

Principales

▶ *Ejes principales de inercia.*—V. ELIPSOIDE DE INERCIA.

▶ *Planos principales.*—En todo sistema óptico centrado, utilizado en rayos paraxiales (aproximación de Gauss), existe, salvo si el sistema es afocal, un par de planos conjugados —y uno sólo— para el cual el aumento lateral tiene por valor + 1 (la imagen es derecha con respecto al objeto, y de las mismas dimensiones que éste). Se demuestra asimismo que existe un par de planos conjugados para el cual el aumento vale − 1 (imagen del mismo tamaño que el objeto, pero invertida). Son los planos *antiprincipales.*
V. PLANOS FOCALES, PUNTOS NODALES, SISTEMAS CENTRADOS (ELEMENTOS CARDINALES).

Prisma

Masa de vidrio, o de cualquier otra sustancia transparente, limitada por dos caras planas —dos dioptrios planos— no paralelos. La tercera cara recibe el nombre de base del prisma. La recta común a los dioptrios es la arista del prisma. El diedro que forman es el ángulo del prisma. Un rayo de luz monocromática que llega al prisma en un plano perpendicular a la arista (plano de sección principal) puede atravesar el prisma, pero sufre una desviación D que depende del índice del prisma, del ángulo del mismo y del ángulo de incidencia sobre la primera cara.
Pero el mayor interés de los prismas radica en que pueden separar un haz de luz blanca en sus diversas componentes monocromáticas, lo que procede del hecho, ya señalado, de que la

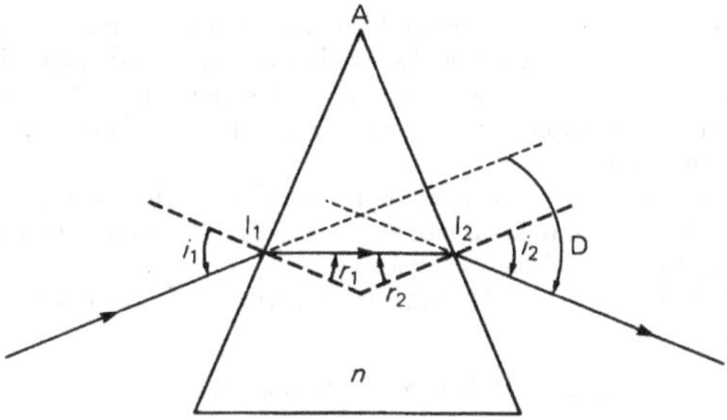

Rayo de luz monocromática que atraviesa el prisma con un *mínimo de desviación*

Las fórmulas del prisma — se transforman

$\text{sen}\ i_1 = n\ \text{sen}\ r_1$ — $r_1 = r_2 = A/2$

$\text{sen}\ i_2 = n\ \text{sen}\ r_2$ — $i_1 = i_2 = (A + D_m)/2$

$r_1 + r_2 = A$ — de donde

$D = i_1 + i_2 - A$ — $n = \dfrac{\text{sen}\ (A + D_m)/2}{\text{sen}\ A/2}$

desviación depende del índice del prisma, el cual varía con las frecuencias de las radiaciones luminosas. Los prismas se utilizan con este fin en los espectroscopios de prisma.
V. DISPERSIÓN, MÍNIMO DE DESVIACIÓN.

▶ *Prisma de reflexión total.*—Prisma cuyo ángulo en el vértice es tal que los rayos luminosos que en él penetran sufren necesariamente una reflexión total antes de salir. Es, en general, un prisma de vidrio en aire, cuya sección principal es un triángulo rectángulo isósceles. Un rayo luminoso que llega perpendicularmente a una de las caras sufre una reflexión total en la cara hipotenusa (la incidencia vale en ese caso 45°, y el *ángulo límite* aproximadamente 42°), emergiendo después perpendicularmente a su dirección de incidencia por la tercera cara. Un rayo que llegue al prisma perpendicularmente a su hipotenusa sufre dos reflexiones totales sucesivas, emergiendo después de ellas por la hipotenusa paralelamente a su dirección de incidencia. Esos prismas reemplazan con ventaja a los espejos planos en los gemelos de prisma (prismáticos), siendo su factor de reflexión netamente mejor que el de los espejos.

Prismáticos

V. ANTEOJOS TERRESTRES.

Probabilidad

En lenguaje corriente, un «suceso» es llamado más o menos probable cuando nos parece más o menos *previsible*, sin que estemos *seguros* de que el suceso se vaya a producir.

En el dominio científico, a un nivel elemental, definimos en principio la *frecuencia relativa* de un suceso por la razón n/N entre el número de casos n en los que el suceso se produce, llamados *casos favorables*, y el número total N de casos estudiados, de *pruebas* realizadas o casos posibles. La probabildad P(E) de un suceso E es entonces el límite de su frecuencia relativa cuando el número de pruebas aumenta indefinidamente: $P(E) = \lim n/N$, cuando N tiende a infinito.

Se ve que una probabilidad es un número comprendido entre 0 (imposibilidad) y 1 (certeza). La probabilidad de un suceso se deduce bien de observaciones suficientemente numerosas, ex-

plotadas por las leyes de la estadística, bien directamente de previsiones teóricas, basadas en leyes conocidas o en hipótesis. Cálculos estadísticos y cálculos de probabilidades han sido sugeridos en principio para los juegos de azar: dados, cartas, loterías... y más tarde para el estudio sistemático de sucesos naturales: nacimientos, decesos... Hoy constituyen dos disciplinas científicas autónomas.
Los físicos hacen uso de cálculos de este tipo en diversas circunstancias: evaluación de incertidumbre en los resultados de sus medidas, búsqueda de leyes que estudien el comportamiento de un número muy grande de partículas...
V. INCERTIDUMBRES EN LAS MEDIDAS, PROBABILIDAD TERMODINÁMICA, TEORÍA CINÉTICA DE LOS GASES.

▶ *Corriente de probabilidad.*—V. FLUIDO DE PROBABILIDAD.

▶ *Densidad de probabilidad:*
1 / Mecánica cuántica.—V. FLUIDO DE PROBABILIDAD.
2 / Mecánica estadística.—En el *espacio de las fases* correspondiente a la evolución de un sistema material cualquiera, el punto representativo del estado de un sistema en cada instante describe un dominio, de «volumen» τ. Si dP designa la probabilidad de presencia de ese punto en una pequeña región de volumen $d\tau$ que rodea un punto M, se llama densidad (volúmica) de probabilidad en M al cociente $dP/d\tau$.
V. ECUACIÓN DE LIOUVILLE.
3 / Cálculo de probabilidades.—V. MOMENTOS DE UNA VARIABLE ALEATORIA.

▶ *Fluido de probabilidad.*—Las ecuaciones de onda, que la mecánica cuántica asocia a todo corpúsculo en movimiento, tienen una propiedad común. Permiten definir en todo punto del espacio una densidad volúmica ρ de *probabilidad de presencia* del corpúsculo. Por ejemplo, para un corpúsculo cuya función de onda ψ sea solución de una ecuación de Schrödinger, $\rho = |\psi|^2$. Esta densidad volúmica ρ posee propiedades matemáticas que permiten compararla con la densidad (masa volúmica) de un fluido ficticio. La suma de las densidades de probabilidad, extendida al volumen del dominio espacial en el que, con seguridad, se encuentra el corpúsculo, es igual a la unidad. Se demuestra, de otro lado, asociando a la magnitud escalar ρ una magnitud vectorial $\mathbf{J} = \rho\boldsymbol{v}$ ($\boldsymbol{v}$, vector velocidad media del corpúsculo en M), la relación $\partial\rho/\partial t + \operatorname{div}\mathbf{J} = 0$. Presenta un notable parecido con la *relación de continuidad*, que traduce generalmente la ley de conservación de la masa de un fluido en movimiento.
Por todas estas razones, el fluido ficticio de densidad ρ es llamado *fluido de probabilidad*; el vector $\mathbf{J} = \rho\boldsymbol{v}$, vector *corriente de probabilidad*, y su flujo a través de una superficie, *flujo de probabilidad*.

▶ *Probabilidad de presencia.*—Designa, en mecánica cuántica, la probabilidad de que, en una experiencia destinada a localizar un corpúsculo en un instante dado, éste manifieste su presencia en un punto determinado —con más precisión, en un pequeño entorno de ese punto—. El valor de esta probabilidad de presencia en cada instante y en cada punto es calculable a partir de la función de onda asociada al movimiento del corpúsculo, tal como indica el «*principio de localización*».

▶ *Probabilidad termodinámica.*—Las mecánicas estadísticas, clásicas y cuánticas postulan que todo *estado macroscópico* de un sistema aislado es la traducción a nuestra escala de diferentes *estados microscópicos*.
Criterios propios de cada mecánica permiten determinar para todo sistema —definido por sus corpúsculos constituyentes y por su energía global— el número total Ω_0 de estados microscópicos accesibles distintos, supuestos todos equiprobables, y que se suceden muy rápidamente y de modo aleatorio. Cada estado macroscópico viene entonces caracterizado por el número Ω de estados microscópicos de los que es manifestación. El cociente Ω/Ω_0 ($\leqslant 1$) mide, en teo-

ría, la *probabilidad de existencia* de ese estado (Ω_0 es siempre un número muy alto). Pero, siendo Ω_0 un número constante para un sistema dado, llamamos finalmente a Ω por convenio «*probabilidad termodinámica*» del estado macroscópico estudiado.
Es este númedro, Ω, el que está relacionado con la entropía S del sistema en el instante de la experiencia, a través de la *relación de Boltzmann* $S = k \ln \Omega$, donde k es la constante de Boltzmann ($k \approx 1{,}38\ 10^{-23}$ J/K).
Todo sistema macroscópico contiene un número muy grande de corpúsculos (30 billones de millones en un cm^3 de gas en condiciones normales), y el cálculo demuestra que la probabilidad termodinámica de los diferentes estados macroscópicos de un mismo sistema pasa por un máximo muy agudo Ω_m. El estado macroscópico correspondiente a este valor máximo es el único que se observa, prácticamente, a lo largo de una experiencia. Es el estado de *equilibrio termodinámico* del sistema. Los otros estados macroscópicos tienen probabilidades termodinámicas tan pequeñas que resultan casi inobservables.
V. FLUCTUACIONES, TEORÍA CINÉTICA DE LOS GASES, TERMODINÁMICA ESTADÍSTICA.

Prony Marie Riche, barón de (1755-1839)

▶ *Freno de Prony.*—Freno dinamométrico que sirvió, en los ensayos de las máquinas térmicas, para medir la potencia disponible en el eje.

Propio

Califica diferentes magnitudes mecánicas:
1 / En mecánica newtoniana:
Frecuencia, periodo, pulsación propia/o.—V. OSCILACIONES LIBRES.
Rotación propia.—V. ÁNGULOS DE EULER.
2 / En relatividad:
Duración propia: V. DILATACIÓN DEL TIEMPO.
Energía propia: V. ENERGÍA DE MASA, ENERGÍA TOTAL.
Longitud propia.—V. CONTRACCIÓN DE LAS LONGITUDES.
Masa propia.—V. MASA INERCIAL O INERTE (2).
Referencial propio: V. CONTRACCIÓN DE LAS LONGITUDES, DILATACIÓN DEL TIEMPO.
3 / En mecánica cuántica:
Funciones y valores propios: V. ESPECTRO DE UN OPERADOR.

Protium o Protio

Nombre que se da a veces al átomo de hidrógeno ^1_1H, cuyo núcleo atómico está constituido por un único nucleón, el protón, cuando se le quiere distinguir de sus isótopos: el deuterio ^2_1H y el tritio ^3_1H.
El hidrógeno químico ordinario es una mezcla de protio (99,98 %) y de deuterio (0,02 %). El tritio se obtiene por transmutación artificial.

Protón (símbolo p o p^+)

Partícula subnuclear que lleva una carga eléctrica positiva igual, en valor absoluto, a la del electrón, mientras que su masa vale sensiblemente 1836 veces más que la de este último. En la hora presente ese hecho permanece inexplicado. Se atribuye al protón, supuesto esférico, un diámetro del orden de 10^{-5} Å; el del átomo de hidrógeno vale 10^4 veces más. Su spin, $s = 1/2$, le clasifica entre los fermiones. Presenta un momento magnético que vale 2,79 magnetones nucleares. Es un barión.

Aparece en todos los núcleos atómicos, de modo excepcional en solitario cuando se trata del hidrógeno (^1_1H), y ligado a otros protones y neutrones en el resto de los casos. Las teorías actuales admiten que protón y neutrón son dos estados diferentes de la misma partícula, el nucleón. Uno y otro son estados ligados de los mismos quarks (*duu* para el protón, *ddu* para el neutrón). En el interior de un mismo núcleo atómico pueden transformarse el uno en el otro (V. RADIACTIVIDAD BETA). En libertad el neutrón puede desintegrarse, mientras que el protón es estable. Sin embargo, según la teoría actual de la Gran Unificación, el protón posee una probabilidad no nula de desintegrarse, dando piones. No se ha establecido aún la prueba experimental.
Además, el protón es el componente más abundante de los rayos cósmicos (78 %). Su papel en los ciclos de reacciones de fusión, que son el origen de la energía estelar, es importante (V. CICLOS TERMONUCLEARES).
Es utilizado en los aceleradores de partículas, tanto sirviendo de proyectil como de blanco.
El antiprotón ($\bar{p}$) fue descubierto en 1955.
V. NUCLEÓN, QUARK, CUADRO DE PARTÍCULAS SUBNUCLEARES.

Proximidad

Se llama a veces proximidad entre dos puntos a la inversa de la distancia *d* que los separa: $p = 1/d$. Se utiliza esta noción en óptica. Si la distancia *d* se mide en metros, la proximidad *p* se evalúa en m^{-1}.

Pseudo

▶ *Pseudo escalar.*—V. MAGNITUD ESCALAR.

▶ *Pseudo frecuencia, pseudo periodo.*—V. OSCILACIONES AMORTIGUADAS.

▶ *Pseudo vector.*—*Sinónimo:* Vector axial.

Puente de medida

Red eléctrica que sirve para medir, de manera relativa pero a menudo con gran precisión, diversas magnitudes eléctricas: resistencia, capacidad, inductancia, etc. Ajustando convenientemente las características de las diferentes ramas de la red puede anularse la intensidad en una rama particular. Se dice entonces que el puente está equilibrado. De la ecuación matemática que traduce ese equilibrio podemos deducir el valor de la magnitud estudiada.
Existen distintos tipos de puentes. Damos el esquema, acompañado de algunas breves indicaciones, sobre el que se utiliza con mayor frecuencia: el *puente de Wheatstone* (V. figura)
g es un generador de corriente continua, o sinusoidal alterna; la intensidad de la corriente *i* en la «rama puente» CD es detectada y medida eventualmente por el detector *d*: galvanómetro sensible en corriente continua, auricular telefónico en corriente alterna (o voltímetro amplificador, o bien osciloscopio).
El puente está en equilibrio si, al cerrarse los interruptores J y J', la corriente permanece nula. La condición de equilibro se escribe en corriente continua: $R_1 \cdot R_4 = R_2 \cdot R_3$, lo que permite, por ejemplo, calcular R_1 si se conoce R_3 y el cociente R_2/R_4. En corriente alterna sinusoidal, la condición de equilibrio conserva la forma matemática $z_1 \cdot z_4 = z_2 \cdot z_3$, si se utilizan las impedancias complejas, pero esto equivale de hecho a dos igualdades: igualdades de las partes reales y de las partes imaginarias. Frecuentemente dos de las impedancias regulables son resistencias puras y la tercera es una asociación, en serie o en paralelo, de una resistencia y un condensador variable. Son posibles numerosas combinaciones, adaptables a la naturaleza de la

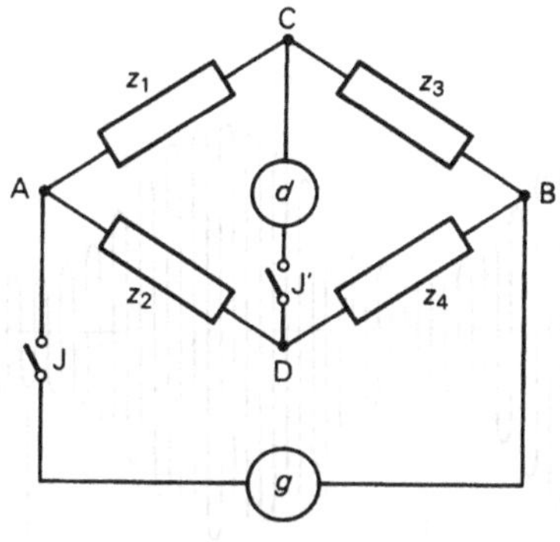

impedancia que se quiere medir, y los especialistas las designan con nombres propios: puente de Kohlrausch, de Nernst, de Sauty, etc.
Ejemplo: Si la impedancia desconocida z_1 es una *resistencia inductiva* $z_1 = R_1 + jL_1\,\omega$, se elegirá $z_2 = R_2$, $z_3 = R_3$ y en la rama 4 una resistencia en paralelo con un condensador, R_4 y C_4. Se obtiene, una vez hechos todos los cálculos: $R_1 = R_2\,R_3/R_4$, y $L_1 = R_2\,R_3\,C_4$. Equilibrando el puente en corriente continua, actuando sobre R_4, se calcula R_1; después, en corriente alterna, ajustando C_4, se deduce L_1.

Pulsación

La pulsación de una oscilación sinusoidal, cualquiera que sea, por otra parte, su naturaleza (mecánica, eléctrica, etc.) es el coeficiente ω de la ecuación matemática de la oscilación: $s = a \cos \omega t$. Se evalúa en radianes por segundo. «Pulsación» y «frecuencia» son iguales, con la salvedad del factor 2π: $\omega = \pi \cdot f$.
La pulsación recibe a veces el nombre de frecuencia, en un claro abuso de lenguaje.
V. MODULACIÓN, FASE DE UNA OSCILACIÓN.

Pulsaciones

Fenómeno que se produce cuando se quiere imponer a un mismo oscilador oscilaciones forzadas usando dos excitaciones sinusoidales de frecuencias ligeramente diferentes.
Desde el punto de vista matemático, la composición de dos funciones sinusoidales de frecuencias vecinas, N_1 y N_2, y de amplitudes respectivas a_1 y a_2 origina una función pseudoperiódica, cuya frecuencia N′ es intermedia entre N_1 y N_2 y cuya amplitud varía periódicamente entre la suma $(a_1 + a_2)$ y la diferencia $(a_1 - a_2)$ n veces por segundo, siendo $n = N_1 - N_2$ la llamada *frecuencia de las pulsaciones*.
Desde el punto de vista físico, el comportamiento del oscilador depende de su estructura. Por ejemplo, si las dos oscilaciones componentes son dos excitaciones sonoras audibles –el tímpano es aquí el oscilador– el oído percibe un sonido único de frecuencia N′ con una intensidad que se refuerza y se debilita periódicamente n veces por segundo. Estas pulsaciones fácilmente percibidas desaparecen cuando $N_1 = N_2$, al unísono, particularidad que se aprovecha para acordar los instrumentos musicales, o para determinar una de las frecuencias, si la otra es regulable y conocida (sonido de una sirena o de un emisor electrónico).
Si, por contra, el receptor es insensible a las frecuencias componentes, y por tanto también a

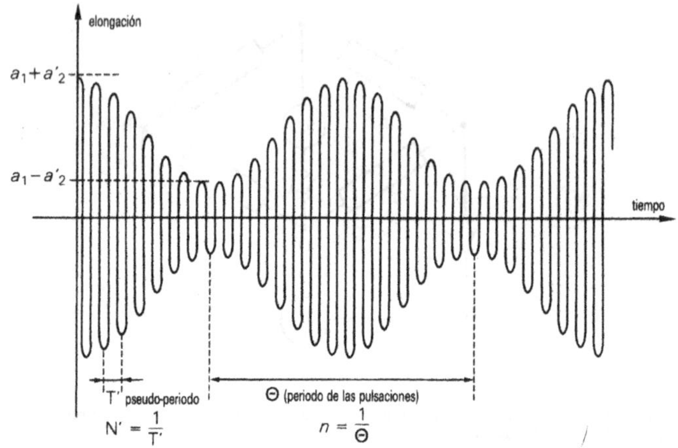

la frecuencia intermedia N', pero sensible a la frecuencia de las pulsaciones *n,* oscilará con esta frecuencia *n*. Este montaje se utiliza en telecomunicación para los montajes heterodinos.

Pulsar

Contracción de dos palabras inglesas, que se traduce en general como estrella pulsante.

Objeto celeste, descubierto por primera vez en 1968.
Son estrellas que emiten ondas hertzianas (métricas) de espectro continuo *por impulsos* sucesivos regulares, con un periodo constante característico de cada una de ellas, cuyo valor está comprendido generalmente entre un segundo y un milisegundo.
V. ASTROFÍSICA.

Punto

▶ *Punto coincidente.*—V. TRANSFORMACIÓN DE VELOCIDADES.

▶ *Punto crítico.*—Punto notable de los diagramas que representan el equilibrio simultáneo de dos fases —líquido y vapor— del mismo cuerpo puro.
El punto crítico es interesante por estas dos razones:
1 / En él, cuyas coordenadas en el diagrama (T, P) son la temperatura crítica T_c y la presión crítica P_c, los parámetros específicos del cuerpo en observación —volumen másico, capacidad térmica por unidad de masa, entropía másica, etc.— adquieren cada uno un valor v_c, s_c..., común para ambas fases. T_c, P_c y sus diferentes parámetros críticos constituyen las *constantes críticas* del cuerpo estudiado.
2 / En ese punto temperatura y presión tienen los valores máximos compatibles con la existencia del equilibrio entre dos fases, líquido y vapor. Si $T < T_c$ y $P < P_c$, el equilibrio de ambas fases, líquido y vapor, teniendo cada una parámetros másicos distintos ($v_L < v_V$) y ($s_L < s_V$), etc., es posible. Si $T > T_c$ o $P > P_c$, el cuerpo permanece homogéneo.
V. CALOR DE VAPORIZACIÓN, CONTINUIDAD DEL ESTADO LÍQUIDO Y DEL ESTADO GASEOSO, DIAGRAMA DE ANDREWS, DIAGRAMA DE MATHIAS, OPALESCENCIA CRÍTICA, TUBOS DE NATTERER.

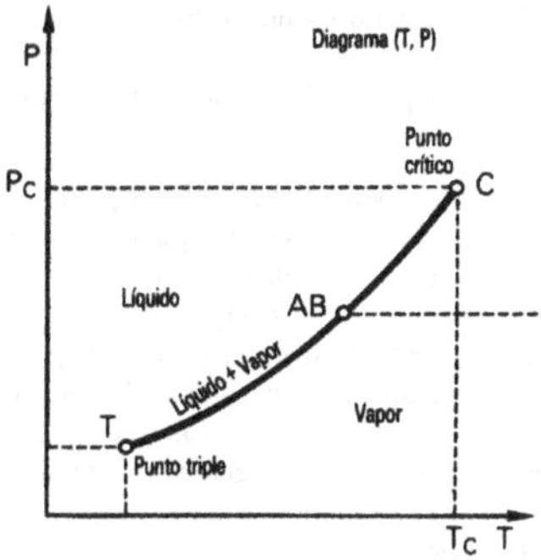

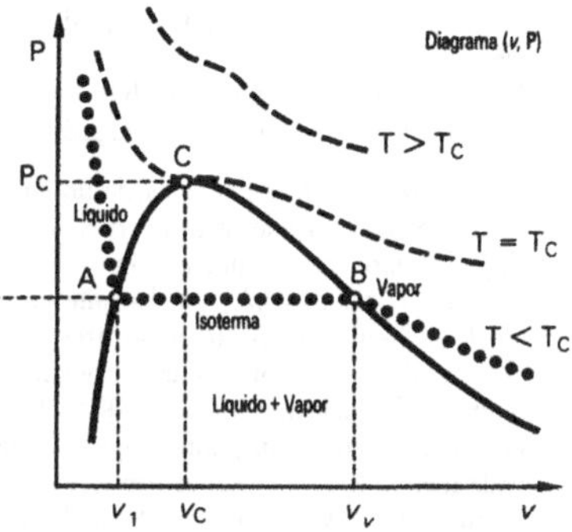

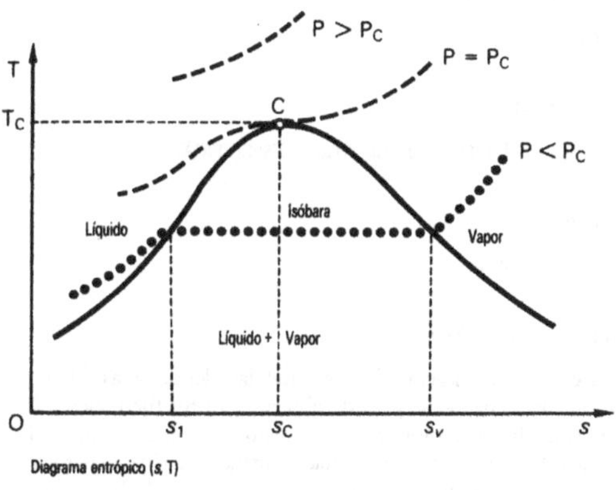

▶ *Punto lambda*.—V. HELIO 4.

▶ *Punto material*.—Cuerpo sin dimensiones, que en nuestro espacio posee, por tanto, tres grados de libertad, y al que se le atribuye una masa. Desde el punto de vista de la física, un cuerpo real ocupa necesariamente un volumen no nulo. Posee, por tanto, seis grados de libertad. Se puede, no obstante, asimilar ese cuerpo, con dimensiones, a un punto material en ciertas circunstancias.

Ejemplos: Un resultado de la mecánica lleva a estudiar el movimiento de un sólido material cualquiera en dos etapas: *a*) Movimiento de su centro de masas, afectado de una masa igual a la del móvil y sometido supuestamente a una fuerza igual a la resultante del torsor de fuerzas que se ejerce sobre el móvil: *b*) Movimiento de rotación del cuerpo alrededor de su centro de masas. Si este último movimiento es ya conocido o, por cualquier razón, estudiado aparte, es lógico reemplazar el cuerpo material en movimiento por un punto material, su centro de masas. Esto es lo que se hace, por ejemplo, al estudiar el movimiento de un planeta alrededor del Sol, suponiendo que su movimiento de rotación propia se estudia aparte.

▶ *Punto de transición.*—Temperatura de cambio de estado en un *cambio de estado de segunda especie.*
Ejemplo: El punto de Curie del hierro (678 °C) es el punto de transición de este metal desde el estado ferromagnético al paramagnético.

▶ *Punto triple.*—En el diagrama de un cuerpo puro (coordenadas T, P) el punto triple es el punto de encuentro de las tres curvas de equilibrio: de fusión (sólido-líquido), de vaporización (líquido-vapor) y de sublimación (sólido-vapor). En las condiciones de temperatura y de presión del punto triple, y solamente en esas condiciones, el cuerpo puede encontrarse en equilibrio simultáneamente en sus tres estados. *Ejemplo:* El hielo ordinario, el agua líquida y el vapor de agua no pueden estar conjuntamente en equilibrio más que en las condiciones del punto triple del agua: T = 273,16 K (0,01 °C) y P = 610 Pa. Si el cuerpo es polimorfo, su diagrama comporta varios puntos triples. El diagrama completo del agua comporta, por ejemplo, nada menos que siete puntos triples.
V. ALOTROPÍA, CAMBIO DE ESTADO, PUNTO LAMBDA.

Pupilas de un instrumento óptico

V. DIAFRAGMAS.

Pupin Michaël (1858-1935)

▶ *Pupinización.*—V. IMPEDANCIA ELÉCTRICA ESPECÍFICA.

Pureza cromática

V. TRIVARIANCIA VISUAL.

Purkinje Jan Evangelista (1787-1869)

▶ *Efecto Purkinje.*—Modificación de la sensibilidad del ojo a las diferentes radiaciones lumínicas monocromáticas cuando se pasa de observar objetos fuertemente iluminados (visión fotópica) a observar objetos escasamente iluminados (visión escotópica). El ojo se hace relativamente más sensible a las radiaciones azules y menos sensible a las rojas. Las curvas de *eficacia luminosa relativa* traducen numéricamente este fenómeno. Si la iluminación continúa disminuyendo, la sensación cromática se difumina hasta desaparecer.

Púrpura

Color azul violáceo. V. COLORIMETRÍA.

Q

Q-metro

Nombre de un montaje eléctrico destinado a medir el *factor de calidad* de un sistema oscilante (V. SOBRETENSIÓN).

Quarks

Partículas subnucleares. Según las teorías actuales, los hadrones (mesones y bariones) están formados cada uno de ellos por un pequeño número de partículas, ligadas entre sí, que son llamadas *quarks*, palabra extraída de un poema inglés en el que se designa, al parecer, un pequeño objeto de escasa importancia. Existen quarks de seis tipos diferentes, de seis «sabores» diferentes, así como los seis antiquarks correspondientes; y cada quark existe bajo tres formas diferentes, con tres «colores» distintos, en el lenguaje de los físicos (V. la voz GLUÓN). Desde la fecha de su descubrimiento teórico (Gell-Mann y Zweig, 1964) han variado sus nombres. Hoy se designan por las iniciales de nombres elegidos arbitrariamente: *d* (por *down*), *u* (por *up*), *s* (por *strange*), *c* (por *charme*), *b* (por *beauty*) y *t* (por *truth*).
Cada tipo de quark está caracterizado por sus números cuánticos. Todos ellos son, en particular, fermiones de spin 1/2. Todos poseen un número bariónico 1/3 y sus cargas eléctricas son fracciones de la carga elemental *e*: $-e/3$ para unos, $2e/3$ para otros (V. CUADRO DE PARTÍCULAS).
Cada barión sería una asociación de tres quarks, por ejemplo *duu* para el protón, *ddu* para el neutrón, mientras que cada mesón contendría un quark y un antiquark, $\overline{c}c$ por ejemplo para la partícula φ.
Las interacciones fuertes entre hadrones, según la teoría, son de hecho interacciones entre los quarks de los que están compuestos, un poco al modo de las fuerzas entre las moléculas, que de hecho son interacciones eléctricas (o, más precisamente, la traducción de esas interacciones) entre los corpúsculos de los que están hechas (electrones y núcleos). Las interacciones entre quarks están mediadas por bosones bautizados como *gluones*.
Señalemos, en fin, que la teoría prevé que los quarks no pueden existir aislados. Permanecen «confinados» en el interior de los hadrones.

Quasar

Contracción de dos palabras inglesas que significa objeto cuasi-estelar u objeto de aspecto de estrella.

Objetos celestes recientemente descubiertos (Hey, 1946) utilizando radiotelescopios. Son, por consiguiente, radiofuentes, que emiten ondas hertzianas decimétricas. Hoy se conocen alrededor de 1.500, catalogados cuidadosamente. Muchos de ellos emiten igualmente una radiación óptica muy brillante, conteniendo sobre un fondo continuo series de rayas, que han podido ser asimiladas a las series características de elementos conocidos (hidrógeno, por ejemplo). Pero esas rayas están fuertemente desplazadas hacia el rojo. La razón de ese desplazamiento, los alejamientos de los quásars (o cuásares) y sus estructuras son todavía objeto de discusión.

Quilate

El quilate métrico es una unidad auxiliar de masa usada en el comercio de piedras preciosas. 1 quilate = 200 mg.

Quimioluminescencia

Emisión de luz que acompaña a ciertas reacciones químicas que se producen a temperatura ambiente (la lenta putrefacción de ciertas sustancias orgánicas, por ejemplo).
La «fosforescencia» del fósforo blanco de los químicos es de hecho una *quimioluminescencia*. Por contra, en el curso de una combustión viva que le lleva a una elevada temperatura, el fósforo radia energía por *incandescencia*.
El mecanismo de las quimioluminescencias es aún mal conocido. Quizá proviene de la desexcitación de uno al menos de los cuerpos formados en la reacción, que habría nacido en un estado excitado. No está esto, sin embargo, perfectamente establecido.
V. BIOLUMINESCENCIA.

Quintez Aloïs (1774-1822)

V. BÁSCULA.

R

Rabi Isidore Isaac (1898)

Premio Nobel en 1944

▶ *Método cinético de Rabi.*—Técnica utilizada para estudiar experimentalmente los efectos de la resonancia magnética, electrónica o nuclear, sobre átomos con los que se pueden realizar *jets atómicos*. Los chorros, sometidos a campos magnéticos inhomogéneos, como en la *experiencia de Stern y Gerlach*, recorren una determinada trayectoria entre la salida del horno y un detector apropiado. Cuando se excita la resonancia magnética de los átomos en la zona media de la trayectoria, y ésta se alcanza, los átomos, cuyos vectores momento magnético se modifican, no siguen la trayectoria primitiva, y no llegan, por consiguiente, al receptor. Así puede conocerse con precisión la frecuencia de resonancia, y deducir de ella diversas características atómicas. El método de Rabi ha sido utilizado, por ejemplo, para determinar el spin de los nucleones: protón y neutrón.

rad

1. Símbolo del *radián*, unidad de ángulo plano.
2. Antigua unidad, utilizada en *radiología* para medir la *dosis absorbida*.

Por definición, 1 rad = 100 erg/g (= 0,01 gray).

Radar

Contracción de la palabra inglesa *Radio Detection and Ranging*, detección y localización por medio de ondas de radio.

La técnica del radar fue concebida en los comienzos de la Segunda Guerra Mundial para la defensa contra los aviones rápidos, al ser demasiado lenta la detección por ondas acústicas. Consiste en enviar señales eléctricas, en las diversas direcciones del espacio, sucesivamente, y recoger más tarde el eco, devuelto por un eventual obstáculo. El trayecto de la señal es casi instantáneo, teniendo en cuenta la velocidad de las ondas de radio ($3 \cdot 10^8$ m/s). Si el avión se encuentra a menos de 150 km, y se desplaza a una velocidad de 1.000 km/h, la duración del recorrido total de la señal (ida y vuelta) es menor de 1 ms, y el desplazamiento del avión durante ese lapso de tiempo es inferior a 1 m. Resulta así fácil de entender cómo se hace posible detectar y localizar, en dirección y en distancia, cualquier obstáculo que sea fuente de ecos. Para alcanzar un objetivo tan sencillo hubo que esperar los progresos necesarios en concepción y realización de emisoras y receptores apropiados. Utilizar ondas métricas y decimétricas con el fin de asegurar, entre otras cosas, la *directividad de la emisión*, emitir una *potencia considerable*, con el fin de que el eco sea perceptible a pesar de un inevitable debilitamiento, bajo la forma de *impulsos breves*, para que no pueden ser confundidos eco y señal: esas son algunas de las principales exigencias. Se encontró la solución utilizando nuevos componentes electrónicos —klystrons, magnetrones...—, cavidades resonantes, guías de onda, nuevas antenas direccio-

nales, etc., y muchos otros dispositivos que permiten, por ejemplo, el uso de la misma antena para emisión y recepción. Se puede conseguir que los impulsos tengan una duración próxima al microsegundo, transportando cada uno de ellos una potencia del orden de 10.000 kW, y que la señal de retorno sea captada incluso aunque la potencia caiga hasta la millonésima de microwatio. La determinación de una distancia de 2.000 km puede hacerse con un margen de error del orden del metro, y la de una dirección, con menos de una milésima de radián.
Un segundo procedimiento de radar, utilizado hoy, por ejemplo, en los *radares altimétricos*, consiste en emitir no impulsos breves y sucesivos, sino una onda continua *cuya frecuencia varíe con el tiempo siguiendo una ley continua*. En el instante de retorno la frecuencia del eco difiere de la frecuencia de emisión: de la comparación de ambas frecuencias se deduce la duración del trayecto de ida y vuelta, y a su través la distancia a la que se encuentra el objeto reflectante.
Los radares pueden hoy, igualmente, medir la velocidad relativa obstáculo-emisor, midiendo la ligera variación de frecuencia de la onda reflejada por *efecto Doppler*.
Los dominios de aplicación de la técnica radar no cesan de ensancharse y diversificarse. Sus posibilidades de utilización nocturna, o a través de la niebla, son una ayuda permanente para las *navegaciones* civiles, aéreas y marítimas: detección de obstáculos imprevistos, detección de posiciones por ecos sobre balizas fijas, maniobras de aterrizaje y de entrada a puertos... Los *alzados geodésicos* le deben una mayor precisión. Se utiliza igualmente en *meteorología*, para seguir la marcha de los globos sonda, e incluso para señalar a las masas nubosas, gracias a la utilización de ondas *polarizadas circularmente*, que las gotitas de agua, de simetría esférica, devuelven sin despolarizar, contrariamente a los obstáculos habituales...
V. LIDAR.

Radiación

Designa la palabra radiación a una onda luminosa, recordando la propagación rectilínea de los *rayos* luminosos.
Cada radiación monocromática está caracterizada por su frecuencia N.
En el *vacío*, todas las radiaciones se propagan a la misma velocidad c, independientemente del sistema de referencia utilizado. Cada una posee una longitud de onda $\lambda = c/N$. En un *medio material*, homogéneo e isótropo, cada radiación conserva la misma frecuencia, pero su velocidad de propagación se hace ahora $c' = c/n$, y su longitud de onda pasa a ser $\lambda' = c'/n = \lambda/n$, siendo n el índice de refracción del medio para la frecuencia N.
La utilización de la palabra radiación se ha extendido a todas las ondas electromagnéticas, y a veces se ha generalizado a los fenómenos de cualquier otra naturaleza que se propagan por medio de ondas.

▶ *Radiación cósmica.*—Descubierta en las proximidades de 1910, esta radiación es de origen extraterrestre. Está formada por partículas elementales de gran energía ($\geqslant$16 eV). Su llegada a las cercanías de la Tierra no parece depender de la hora, ni de la estación, ni de ningún otro parámetro.
La radiación primaria (protones ~ 85 %, heliones ~ 14 % y algunas pocas partículas más pesadas) que llega a las altas capas de la atmósfera origina numerosos fenómenos, a consecuencia de los choques con los átomos atmosféricos: haces, cascadas, chorros, estallidos, materializaciones, desmaterializaciones... Se comprende el interés que presenta el estudio de esta radiación a gran altitud.
Todas esas partículas, todos esos fenómenos, se estudian hoy y se provocan en los laboratorios de altas energías, gracias a los aceleradores de partículas. El estudio de los rayos cósmicos sigue siendo, no obstante, del mayor interés en geofísica y astrofísica.

▶ *Radiación del cuerpo negro.*—Nombre dado a la radiación electromagnética contenida en una cavidad vacía, cuyas paredes se mantienen a temperatura constante.

Los principios de la termodinámica permiten demostrar:

1 / Que la energía total U asociada a esa radiación se reparte uniformemente en el volumen de esa cavidad, V, con una densidad volúmica $u = U/V$ que no depende de la forma ni de las dimensiones de la cavidad, ni de la naturaleza de sus paredes: depende exclusivamente de la temperatura T.

2 / Que la densidad monocromática u_λ (o u_ν) que caracteriza el reparto espectral de esa energía es, igualmente, una función universal de la longitud de onda λ (o de la frecuencia ν) y de la temperatura T.

$$u = \int_0^\infty u_\lambda(\lambda, T)\, d\lambda = \int_0^\infty u_\nu(\nu, T)\, d\nu = u(T).$$

La *hipótesis de los cuantos* fue propuesta por Planck en 1900 para obtener una expresión matemática satisfactoria para $u_\lambda(\lambda, T)$. Las expresiones siguientes, consecuencias de la hipótesis, han sido confirmados plenamente por los resultados experimentales.

$$u_\lambda = C_\lambda \lambda^{-5}[\exp(hc/kT) - 1]^{-1} \quad \text{con } C_\lambda = 8\pi hc$$

$$u_\nu = C_\nu \nu^{+3}[\exp(h\nu/kT) - 1]^{-1} \quad \text{con } C_\nu = 8\pi h/c^3$$

$$u = aT^4 \quad \text{con } a = 8\pi^5 k^4/15c^3 h^3$$

siendo c la velocidad de la luz en el vacío, h la constante de Planck y k la de Boltzmann.

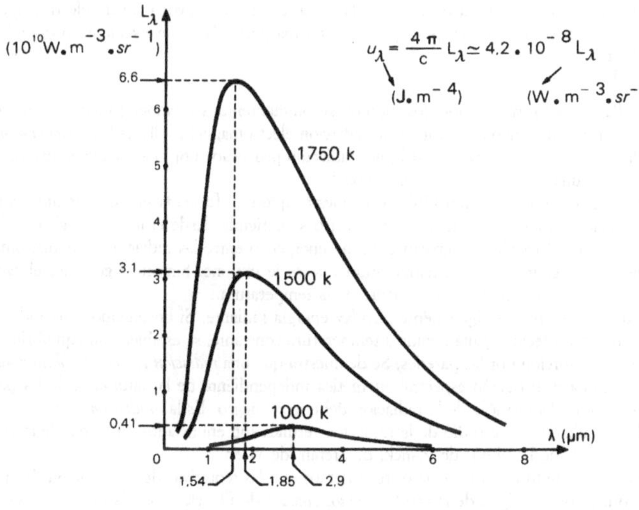

Si se practica una pequeña abertura en una de las paredes de la cavidad, ésta radia hacia el exterior por esa abertura, como si se tratara de un elemento de superficie de un cuerpo negro. Se deduce de ello que las luminancias, espectral L_λ y global L, del cuerpo negro es-

tán relacionadas con las densidades energéticas de la radiación negra a través de las expresiones: $L_\lambda = \frac{c}{4\pi} u_\lambda$ y $L = \frac{c}{4\pi} u$.
V. CUERPO NEGRO, RADIACIÓN TÉRMICA.

▶ *Radiación ionizante.*—V. RADIOLOGÍA.

▶ *Radiación sincrotrón.*—Radiación electromagnética emitida por una partícula eléctricamente cargada (electrón o protón la mayor parte de las veces) que describe una trayectoria circular bajo los efectos de un campo magnético normal al plano de la trayectoria, como en un sincrotrón. También recibe a veces el nombre de radiación ciclotrón.
Es una radiación de espectro continuo, que se extiende desde el dominio de los rayos X hasta el de los infrarrojos, polarizada rectilíneamente en el plano de la trayectoria. Se emite en un cono estrecho cuyo eje es tangente en cada punto a la trayectoria de la partícula emisora. Para un observador inmóvil la radiación parece producirse, por tanto, por pulsos sucesivos.
Considerada en principio indeseable, dada la pérdida de energía que conlleva, hoy se utiliza provechosamente en diversos dominios de la investigación. Suministra, por ejemplo, rayos X miles de veces más intensos que los que puedan conseguirse con los tubos de Coolidge más potentes. Hay, con todo, que tener en cuenta la energía así radiada en los proyectos de construcción de grandes aceleradores y de anillos de colisión. El cálculo demuestra que, por cada vuelta, la energía W radiada por una partícula de masa m y de carga e que describe una trayectoria de radio R obedece a la expresión: $W = \frac{e}{3\varepsilon_0 R} \cdot \left(\frac{E}{mc^2}\right)^4$, siendo ε_0 la permitividad del vacío, c la velocidad de la luz y E la energía total de la partícula, característica del acelerador. Se puede ver que, manteniendo el resto de las cosas iguales, esta pérdida, inversamente proporcional a la cuarta potencia de la masa, es mucho mayor para un electrón que para un protón (unas 10^{13} veces), pero para una misma partícula es inversamente proporcional al radio R.
V. LEP.

▶ *Radiación térmica.*—Todos los cuerpos, si son mantenidos a temperatura constante, *emiten* permanentemente energía en forma de radiación electromagnética, llamada *radiación térmica,* o radiación por *incandescencia.* (Cualquier radiación provocada por una excitación distinta de la térmica es una radiación por *luminescencia.*)
El estudio de la radiación térmica demuestra que está formada por un conjunto continuo de radiaciones monocromáticas, cuyo espectro se extiende desde el infrarrojo al ultravioleta, pasando por el visible. El reparto del flujo energético entre las radiaciones monocromáticas depende del cuerpo y de la temperatura que se le impone. Sin embargo, para el *cuerpo negro* este reparto depende exclusivamente de la temperatura...
Los cuerpos pueden igualmente *absorber* energía radiante. Si imaginamos una radiación encerrada en un recinto y mantenida a temperatura constante, se establece un equilibrio entre emisión y absorción por las paredes. Se demuestra que una *radiación* así, *en equilibrio isotermo*, presenta una distribución espectral energética independiente de la naturaleza de las paredes del recinto, e idéntica a la de la radiación del cuerpo negro. Es la «*radiación negra*».
Los resultados del estudio de la radiación térmica son enunciados en forma de leyes: leyes de Kirchhoff, de Lambert, de Planck, de Stéfan, de Wien.
Desde el punto de vista teórico, recordemos que las tentativas de justificación de la radiación térmica son el origen de la *hipótesis de los cuantos* de Planck, y que la radiación negra es contemplada en la actualidad como un *gas de fotones*, que obedece a la *estadística cuántica de Bose-Einstein*.
Las aplicaciones prácticas de las leyes de la radiación térmica son numerosas. Hay diferentes *pirómetros* que se basan en dichas leyes. Tanto neutros radiadores eléctricos como nuestros ra-

diadores de agua caliente despiden, en parte, la energía que *calienta* nuestras casas bajo la forma de radiación térmica: energía que pagamos como energía eléctrica o como energía química de combustión. La radiación térmica del hilo de tungsteno de las bombillas eléctricas es la que actualmente ilumina con mayor frecuencia nuestras ciudades, aunque su rendimiento energético sea claramente mejorable y mediocre.

▶ *Radiación universal.*—Ha sido detectada hace solamente veinte años, aproximadamente (Penzias y Wilson, 1964), bajo el aspecto de un ruido de fondo anormal en un receptor de radio, la existencia en el espacio de una radiación hertziana milimétrica que se se propaga uniformemente en todas las direcciones. Estudiada desde esa fecha por diversos experimentadores, usando variadas técnicas (radio e infrarrojos), esa radiación parece presentar una distribución espectral energética que recuerda la de la radiación negra a una temperatura próxima a los 3 K. Según algunas teorías cosmológicas, eso sería el residuo actual de la radiación emitida en la formación explosiva del universo (teoría del «big bang»).

Radiactividad

La experiencia ha demostrado que algunos elementos químicos, el uranio, por ejemplo, entre ellos, poseen la propiedad de emitir espontáneamente diversas radiaciones (conocidas por rayos alfa, beta, gamma). Se dice que son radiactivos. Este fenómeno fue descubierto por H. Becquerel en 1896, y se convirtió en una de las principales fuentes de nuestros conocimientos acerca de la estructura de los átomos y, con mayor precisión, de la estructura de sus núcleos, ya que es la inestabilidad de los núcleos y sus transformaciones espontáneas lo que origina la emisión. Este fenómeno se presta igualmente a numerosas aplicaciones prácticas: trazadores radiactivos, radioterapia, etc.

El cuerpo que se transforma es denominado *radioelemento*, o preferentemente *radioisótopo* o *radionúclido*. Si existe en la naturaleza, su actividad es conocida como *natural*. Si se obtiene por transmutación provocada, su actividad es conocida como *artificial* o *inducida*.

Cada núclido radiactivo, esté en forma de cuerpo simple o incluido en un compuesto, se transforma ineluctablemente, según leyes propias, y con independencia de cualquier agente físico (presión, temperatura, campor eléctrico, etc.).

El desarrollo del fenómeno en el tiempo tiene siempre el mismo ritmo: el número de átomos decrece de manera exponencial, con una semivida (o periodo) T, característico del radioisótopo estudiado. El valor de T varía, entre algunas milmillonésimas de segundo y muchos millones de años, de un cuerpo a otro.

Cuando un radioelemento presenta actividad α, cada uno de sus núcleos expulsa una partícula α según un proceso aleatorio (V. ALFA).

La actividad β se traduce por la expulsión de un electrón negativo (actividad β^-) o de un positrón (actividad β^+) (V. BETA).

En la radiactividad «por captura electrónica», uno de los protones pertenecientes al núcleo captura un electrón próximo al núcleo, transformándose en un neutrón que permanece en el núcleo. (V. CAPTURA K.)

En todos los casos el núclido inicial sufre una transformación (V. LEYES DE SODDY).

Bajo la forma de radiación electromagnética, de rayos γ o de rayos X, una emisión de energía acompaña a las transformaciones radiactivas, cuando el núcleo primitivo o el núcleo resultante, encontrándose al final de la transformación en un estado excitado, regresa a su estado fundamental.

V. ACTIVIDAD, EQUILIBRIO SECULAR, FAMILIAS RADIACTIVAS.

▶ *Radiactividad artificial.*—Radiactividad de los núcleos atómicos inestables obtenidos artificialmente a partir de núcleos estables. El fenómeno fue descubierto (en 1934) por Irene y Frederic Joliot-Curie, bombardeando por medio de partículas alfa diversos elementos

químicos (aluminio, boro, magnesio...). Con el aluminio, por ejemplo, se produjo la reacción: $^{27}_{13}Al + \alpha \rightarrow ^{30}_{15}P + ^{1}_{0}n$. El fósforo obtenido es radiactivo: $^{30}_{15}P \rightarrow ^{30}_{15}S + e^{+}$. (V. ACTIVACIÓN.)
No hay diferencias entre las leyes de la radiactividad natural y las de la radiactividad artificial, salvo el hecho de que sólo algunos radioelementos artificiales presentan actividad β^{+}, cuya existencia, por tanto, fue tardíamente descubierta.
Los radionúclidos artificiales, incluso obtenidos en muy pequeña cantidad, tienen numerosas aplicaciones, tanto industriales como en el área de las ciencias biológicas.
V. CUADRO DE RADIONÚCLIDOS (Anexo 3).

Radiador integral

Expresión propuesta para designar de un modo más racional al *cuerpo negro*.

Radián (rad)

Unidad de ángulo plano. «El radián es el ángulo plano que, teniendo su vértice en el centro de un círculo, intercepta sobre la circunferencia de ese círculo un arco cuya longitud es igual a la del radio.»
Nótese que esta definición es independiente de la unidad de longitud utilizada, lo que explica que el radián sea la unidad de ángulo común a todos los sistemas de unidades coherentes.
Otras unidades de ángulo plano:
1 vuelta = 1 revolución = 2π rad.
1 grado = $\pi/180$ rad $\simeq$ 17,4 mrad. 1 grado (°).
1 minuto = $\pi/10.800$ rad $\simeq$ 300 rad. 1 minuto (′).
1 segundo = $\pi/648.000$ rad $\simeq$ 5 rad. 1 segundo (″).

Radiancia

Sinónimo: Emitancia.

La *radiación energética* de una fuente en un punto P de su superficie se mide por el cociente $M_e = d\Phi_e/dS$, siendo dS el área de un elemento de superficie que rodea al punto P, y $d\Phi$ el flujo energético total emitido por este elemento de superficie en todas las direcciones del semiespacio libre exterior a la fuente.
La *radiancia* o emitancia *luminosa* (o visual) de una fuente se define de un modo análogo $M_v = d\Phi_v/dS$, siendo reemplazado el flujo energético por el flujo lumínico.
Una radiancia energética se mide en vatios por metro cuadrado ($W \cdot m^{-2}$) y una radiancia luminosa en lumen por metro cuadrado ($lm \cdot m^{-2}$).
V. LEY DE LAMBERT, LEY DE STÉFAN.

Radio

▶ *Radio clásico del electrón.*—Si imaginamos que el electrón es un corpúsculo de forma esférica que lleva una carga eléctrica conocida (igual a la carga elemental e), y si identificamos su energía de masa $E = mc^2$ con una energía electrostática, un sencillo cálculo permite determinar el valor de su radio: $r = a\dfrac{e^2}{mc^2}$, dependiendo el coeficiente numérico a de la hipótesis que se haga sobre el reparto de su carga (¿volúmica, superficial...?). Se llama habitualmente radio clásico del electrón al valor $r = e^2/mc^2 \simeq 2{,}8 \cdot 10^{-15}$ m.
Es importante recalcar que este modelo no puede explicar válidamente ni el valor del spin electrónico ni el de su momento magnético asociado.

Radioastronomía

Rama de la *astrofísica* que utiliza como instrumento de observación los radiotelescopios. Las ondas de origen cósmico que se dirigen hacia la Tierra son, en su mayor parte, reenviadas por reflexión sobre la ionosfera o absorbidas por el gas atmosférico (se comprende el interés que presentan las observaciones hechas desde satélites). Sólo llegan a la superficie terrestre las ondas luminosas, estudiadas con el *telescopio*, y ondas hertzianas, cuyas longitudes de onda están comprendidas entre 1 cm y 20 m aproximadamente, y que pueden ser estudiadas con el *radiotelescopio*. Este tipo de instrumentos, cuyas primeras realizaciones datan de unos cincuenta años atrás (Jodrell Bank, 1957; Nançay, 1965...), comprende una antena receptora parabólica, que representa el mismo papel que los objetivos de los telescopios, y que concentra las ondas captadas hacia los órganos de filtración, de amplificación y de registro. Su poder separador, como el de los telescopios, depende de la longitud de la onda captada λ y del diámetro D del objetivo: $\alpha \simeq \lambda/D$.

Ejemplo: Con D = 70 m y $\lambda = 21$ cm (raya del hidrógeno atómico, constituyente fundamental del gas interestelar), debemos conformarnos con un poder separador $\alpha \simeq 10'$.

Los objetivos de gran diámetro son reemplazados a menudo por objetivos más pequeños regularmente espaciados. Las radiofuentes son estudiadas en ese caso por interferometría. El flujo que nos llega de esas radiofuentes, muy lejanas, es débil ($\sim 10^{-26}\ W \cdot m^{-2} \cdot Hz^{-1}$) y a menudo difícilmente distinguible del ruido de fondo permanente. Pese a estas dificultades debemos a los radioastrónomos los descubrimientos de *quasars* y *pulsars*, y la mayor parte de nuestros conocimientos sobre las *galaxias* (V. ANEXOS).

Dos de entre ellos, M. Ryle y A. Hewish, han sido honrados con la concesión del Premio Nobel (en 1974).

Radiogénico

Se dice de un núclido que es el resultado de una transformación radiactiva. *Ejemplo:* entre los cuatro isótopos que constituyen el plomo natural, cuyos números másicos son 204, 206, 207, 208, tan sólo el plomo 204 no es radiogénico.

Radiología

Parte de la física cuyo objeto es el estudio de las radiaciones, y más concretamente las radiaciones directa o indirectamente *ionizantes:* estudio de su producción, de sus propiedades y aplicaciones.

Encuentra su prolongación en la *Radiobiología*, que estudia con más detenimiento las propiedades biológicas de las radiaciones, la *Radioterapia*, que utiliza sus propiedades terapéuticas, y la *Radioprotección*, que comprende el conjunto de recomendaciones destinadas a la protección de los individuos contra los efectos nocivos de las radiaciones, así como el conjunto de técnicas que permiten realizar de un modo efectivo esa protección.

V. DOSIS.

Radioluminescencia

Luminescencia obtenida por bombardeo de ciertas sustancias, utilizando la radiación emitida por cuerpos radiactivos: rayos α, β, γ. Puede citarse como ejemplo la luminescencia de las pantallas recubiertas de ioduro de sodio activado con talio, utilizadas para detectar los rayos γ. Las agujas y las cifras de los «relojes luminosos» están recubiertas de una pequeña cantidad de un cuerpo radiactivo, rodeado por una sustancia radioluminescente.

Más generalmente, este tipo de luminescencia es el que entra en juego tanto en la detección

de los rayos X como de numerosas partículas elementales. Las pantallas de sulfuro de cinc activadas con plata son sensibles, a la vez, a los rayos β y a los rayos X. Las pantallas radioscópicas, las de los contadores de centelleo, etc., están recubiertas por sustancias radioluminescentes.
Este fenómeno se asemeja a la fotoluminescencia, así como a la cátodoluminescencia, salvo en el hecho de que las partículas o fotones que provocan la excitación poseen mucha más energía aquí que en los otros fenómenos. Se admite que en la radioluminescencia la excitación se produce en dos tiempos: la radiación incidente provoca inicialmente la ionización del blanco, siendo más tarde los electrones rápidos provenientes de esa ionización los que excitan la luminosidad.

Radioprotección

V. RADIOLOGÍA.

Rainwatter James (1917)

Premio Nobel en 1975 (con A. Bohr y Mottelson).

V. MODELOS NUCLEARES.

Rama

En una red eléctrica, se llama *rama* a todo conductor o dipolo que une dos nudos consecutivos.
V. LEYES DE KIRCHHOFF.

Raman Sir Chandrasekhara (1888-1970)

Premio Nobel en 1930.

▶ *Efecto Raman.*—El espectro de la luz *difundida* por ciertas sustancias, el benceno por ejemplo, bajo el efecto de una radiación excitadora monocromática, contiene a la radiación excitadora (efecto Rayleigh) acompañada por un cierto número de radiaciones satélites, cuyas frecuencias se reparten simétricamente a uno y otro lado de la radiación excitadora N:

$$\ldots \; N_3 \; N_2 \; N_1 \; N \; N'_1 \; N'_2 \; N_3 \; \ldots$$

Este tipo de difusión es llamado *efecto Raman*, del nombre del físico que lo descubrió experimentalmente.
Las radiaciones cuyas frecuencias son inferiores a N, llamadas antiguamente radiaciones *negativas*, reciben hoy el nombre de *radiaciones Stokes* —porque obedecen a la ley de Stokes—, y las radiaciones con frecuencias superiores a N, las antiguas radiaciones *positivas*, se llaman hoy *radiaciones anti-Stokes*.
El efecto Raman obedece a una ley experimental simple y notable: las diferencias entre las frecuencias de cada una de las radiaciones satélites y la de la radiación excitadora dependen exclusivamente de la sustancia difusora, y en ningún modo de la radiación excitante. El conjunto de esas *diferencias de frecuencia* n_1, n_2, n_3...

$$n_1 = N - N_1 = N'_1 - N \; ; \qquad n_2 = N - N_2 = N'_2 - N, \text{ etc.}$$

es llamado *espectro Raman* de la sustancia estudiada.
La explicación del fenómeno fue buscada inicialmente en el electromagnetismo clásico. Pese a algunos éxitos, la tentativa condujo a un fracaso, ya que se demostró incapaz de explicar un

segundo resultado experimental, bien establecido: la intensidad de las radiaciones Stokes es siempre netamente superior a la de las radiaciones anti-Stokes. Hubo que hacer uso de la física cuántica para encontrar una explicación más completa. La idea fundamental aparece esquematizada en la figura adjunta. En ella se puede ver que cada *frecuencia Raman n* representa, a falta de la constante de Planck *h*, la diferencia de energía entre el estado fundamental de la molécula estudiada y cada uno de sus estados excitados.
Concurrentemente con el estudio de su espectro de absorción, el estudio del espectro Raman ofrece interesantes indicaciones acerca de la estructura de las moléculas.

Según la teoría cuántica, el fenómeno es consecuencia de los choques individuales entre los fotones excitadores y las moléculas.
1 / Emisión de una radiación Stokes. La molécula absorbe la energía perdida por el fotón.

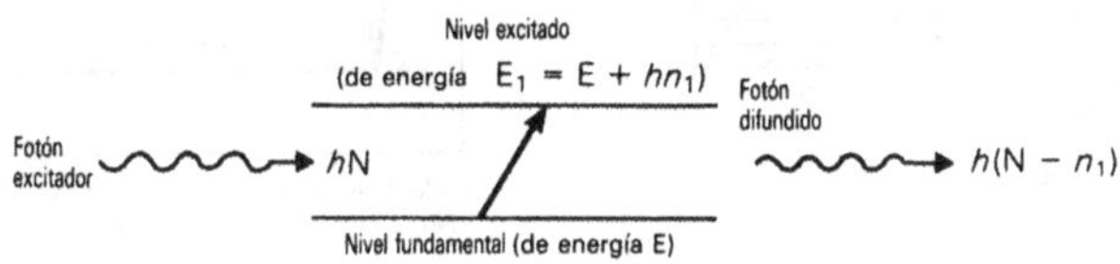

2 / Emisión de una radiación anti-Stokes. La molécula cede energía al fotón.

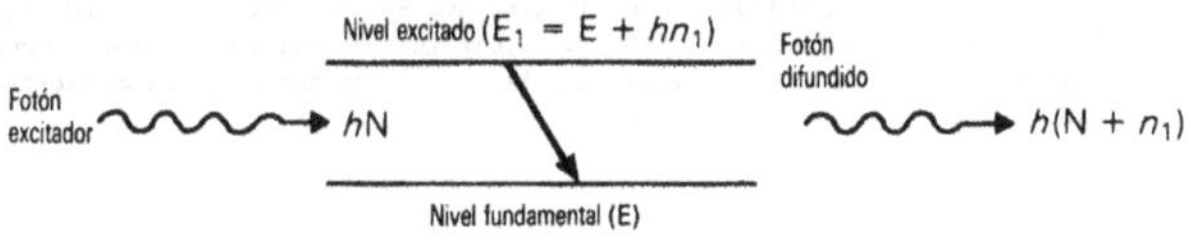

En las condiciones habituales, el nivel fundamental posee siempre una numerosa población, mientras que los niveles excitados están bastante despoblados. Así se comprende que la intensidad de la radiación Stokes (la intensidad es consecuencia del número de fotones difundidos con una misma frecuencia) sea más alta que la de la radiación anti-Stokes correspondiente.

Ramificación

▶ *Razón de ramificación.*—Cuando un núclido, o una partícula subnuclear, posee varias maneras de desintegrarse, se llama razón de ramificación de cada una de estas maneras la relación entre su frecuencia y la de todos los modos reunidos.
Ejemplo: El actinio 227 (la familia natural del actinio) se transforma por emisión beta en torio, y por emisión alfa en francio:

$$^{227}_{89}Ac \rightarrow {}^{227}_{90}Th + {}^{0}_{-1}e \quad ; \quad ^{227}_{89}Ac \rightarrow {}^{223}_{87}Fr + {}^{4}_{2}He$$

Estadísticamente, de cada mil átomos de actinio desintegrados, 988 se transforman en torio y sólo 12 en francio. Las razones o cocientes de ramificación son, respectivamente y según lo dicho, 98,8 % y 1,2 %.
V. FAMILIAS RADIACTIVAS.

Rankine William John Macquorn (1820-1872)

▶ *Ciclo de Rankine.*—Ciclo de una máquina de vapor.

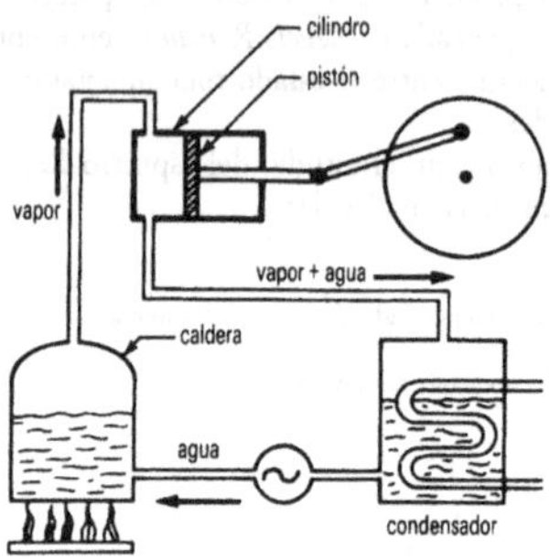

Esquema de una máquina de vapor

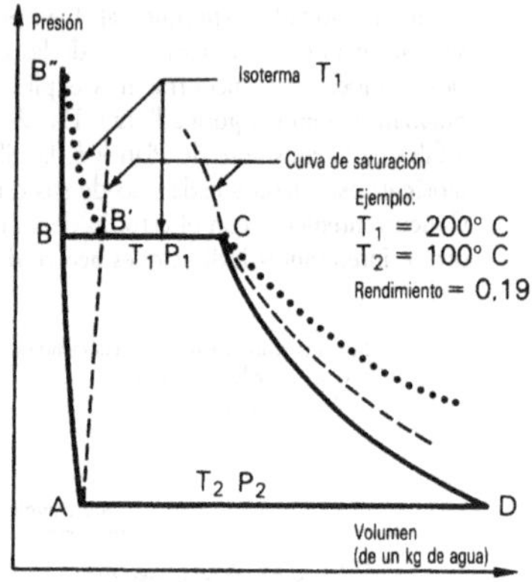

Ciclo de Rankine teórico (representación de Clapeyron)
(No se han respetado las escalas)

El agua describe sucesivamente un mismo ciclo de transformaciones.
Previamente licuada en el condensador (punto A), es comprimida adiabáticamente (AB), inyectada en la caldera, en la que se caliente (BB′) y después vaporizada (B′C). Es admitida entonces en el cilindro, en el que se expande adiabáticamente, condensándose parcialmente y empujando el pistón (fase motriz CD). El retorno del pistón la empuja hacia el condensador, donde termina de condensarse (DA). El ciclo de Carnot asociado, entre las mismas temperaturas extremas, es ABB″B′CDA (ciclo de rendimiento 0,21).

Raoult François-Marie (1830-1901)

▶ *Leyes de Raoult.*—Primera ley: La temperatura de congelación, a una presión dada, de una disolución diluida, sufre un descenso proporcional a la fracción molar x del cuerpo disuelto (del soluto): $\Delta t = -kx \simeq -\frac{k}{n_0} \cdot \frac{m}{M}$; $x = n/(n_0 + n)$, donde $n = m/M$ es el número de moles del soluto (m es su masa y M su masa molecular), y n_0, el número de moles del disolvente.
Segunda ley: La temperatura de ebullición, a presión dada, de una disolución diluida, sufre un incremento $\Delta' t = +k' \cdot x \simeq +k'/n_0 \cdot m/M$.
Tercera ley: La tensión de vapor F, a una temperatura dada, de una disolución diluida, sufre un descenso proporcional a la fracción molar del soluto: $\Delta F = -k'' x \simeq -(k''/n_0) \cdot (m/M)$.
Cada una de las tres constantes es propia del disolvente utilizado.
Estas leyes, establecidas experimentalmente hacia 1885, por Raoult y por otros investigadores (V. Ley de Bladgen), no son independientes entre sí. Las leyes de la termodinámica que tratan de los equilibrios entre fases las justifican, y precisan el valor de las constantes: $k = \frac{RT^2}{L_f}$, $k' = \frac{RT^2}{L_v}$, $k'' = F$ (R = constante de los gases perfectos, T = temperatura absoluta del equilibrio estudiado, L_f y L_v son los calores latentes molares del disolvente, y F la tensión de vapor del disolvente a la temperatura T).
Se han utilizado ampliamente estas leyes para la determinación de las masas moleculares de los cuerpos disueltos. Las técnicas experimentales correspondientes reciben los nombres de criometría, ebullometría y tonometría.
Las disoluciones electrolizables presentan desviaciones importantes a la ley de Raoult. Pero en esas disoluciones los cuerpos disueltos se encuentran, total o parcialmente, disociados en iones,

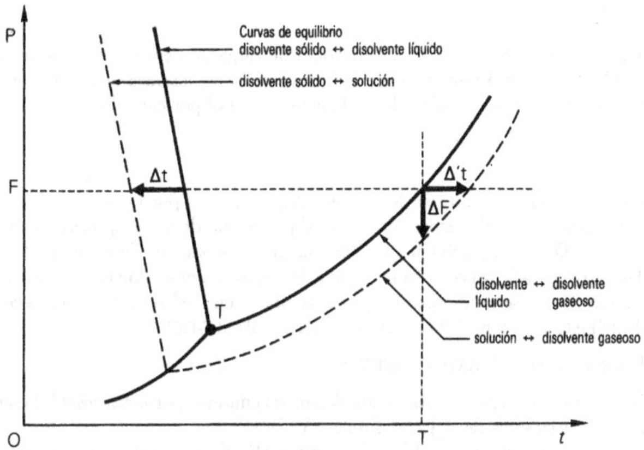

positivos y negativos (V. HIPÓTESIS DE ARRHÈNIUS). Si admitimos que los efectos de todos esos corpúsculos se suman, las desviaciones constatadas encuentran explicación, y puede deducirse del examen de las mismas el *grado de disociación* del soluto (razón entre el número de moléculas disociadas y el número de moléculas disueltas).

V. LEY DE OSTWALD.

ray

V. IMPEDANCIA ACÚSTICA ESPECÍFICA.

Rayleigh John Williams, Lord (1842-1919)

Premio Nobel 1904.

▶ *Ley de Rayleigh-Jeans.*—Destinada a dar una justificación teórica a la ley experimental acerca de la radiación térmica del cuerpo negro. Sus autores admiten que cada corpúsculo eléctricamente cargado de un cuerpo negro es un oscilador que emite una radiación electromagnética, cuya frecuencia es igual a la frecuencia propia del oscilador; que esos osciladores están repartidos en los diversos niveles energéticos según las leyes de la estadística clásica de Boltzmann, y demuestran a partir de ahí que la *luminancia energética espectral*, para la longitud de onda λ, de un cuerpo cualquiera viene dada por la expresión: $L_\lambda = 2kcT\lambda^{-4}$ (donde k es la constante de Boltzmann, c la velocidad de las ondas electromagnéticas y T la temperatura termodinámica del emisor). Se encuentra que ese resultado está de acuerdo con los datos experimentales que conciernen a la parte de la radiación que comprende las ondas largas (infrarrojo y comienzo del espectro visible), pero en franco desacuerdo con los datos de la zona corta (violeta y ultravioleta). La densidad espectral de energía que implica esa expresión $\left(u_\lambda = \frac{4\pi}{c} L_\lambda\right)$ aumentaría indefinidamente a medida que λ se fuera haciendo más pequeña, y la densidad total de energía radiada sería infinita a cualquier temperatura, lo que resulta manifiestamente contrario a la experiencia. Con este motivo se pudo hablar de la «catástrofe del ultravioleta». Este fracaso condujo a la hipótesis de los cuantos (V. LEY DE PLANCK).

Rayo

Descarga eléctrica entre dos concentraciones de carga de signos contrarios, transportadas por dos nubes, o por una nube y el suelo. En este caso, en ausencia de pararrayos, el rayo es canalizado por un obstáculo elevado cualquiera, un árbol por ejemplo.

Rayos

▶ *Rayos alfa* (α).—Trayectoria de las *partículas* α emitidas por radiactividad (V. ALFA).
Esas trayectorias son desviadas con facilidad por medio de un campo eléctrico o de un campo magnético. De ahí la posibilidad de determinar, midiendo sus desviaciones, las características de las partículas alfa, así como la de separar los rayos alfa de cualquier radiación compleja. Gracias a esa técnica se sabe que cada partícula alfa es un núcleo de helio (un *helión*).
V. EXPERIENCIAS DE RUTHERFORD, RADIACTIVIDAD ARTIFICIAL.

▶ *Rayos anódicos*.—V. RAYOS POSITIVOS.

▶ *Rayos beta* (β).—Trayectorias de los electrones emitidos por *radiactividad*. Los rayos β transportan negatones; los rayos β^+, positones (V. BETA).
Los rayos β son también sensibles a los campos eléctricos y magnéticos. Gracias a ello, se pueden determinar las cargas másicas e/m de las partículas de las que son trayectorias, midiendo sus desviaciones. Así han podido ser asimiladas esas partículas a negatones o positones.
V. ELECTRÓN, EXPERIENCIA DE MILLIKAN, RAYOS CATÓDICOS.

▶ *Rayos canales*.—V. RAYOS POSITIVOS.

▶ *Rayos catódicos*.—Trayectorias de los electrones emitidos por el cátodo de una válvula electrónica.
Su existencia se impuso progresivamente a los físicos de finales del siglo XIX que estudiaban los distintos aspectos de la descarga eléctrica en un gas rarificado (Geissler, Plucker, Hittorf, Goldstein, J.J. Thompson, Crookes...). Cuando la presión del gas es muy débil (inferior a una centésima de milibar), la pared de la válvula se ilumina en la región que está frente al cátodo; suceso que fue atribuido a un flujo proveniente del cátodo, a los «rayos catódicos».
La naturaleza ondulatoria o corpuscular de esa radiación fue sujeto de discusiones. En 1895, la experiencia de J. Perrin, que consiste en recibir esos rayos en un cilindro de Faraday ligado a un electroscopio, estableció que esos rayos transportan partículas cargadas de electricidad negativa. Otras experiencias demostraron que esas partículas impresionan las placas fotográficas, que se propagan en línea recta, incluso en el vacío más profundo, y que pueden ser desviadas por un campo eléctrico o magnético.
Ello permitió la determinación de su velocidad ($\approx 10^8$ m/s) y su relación carga-masa ($e/m \approx 1{,}8 \cdot 10^{11}$ C/kg). Esta característica esencial se reveló como constante, cualquiera que fuera el material del que estuviera construido el cátodo. De ahí provino la idea de que estas partículas entraban en la composición de todos los átomos. Fueron denominadas «*electrones*».
Actualmente los rayos catódicos se utilizan corrientemente. Sus impactos sobre los anticátodos originan los rayos X, por ejemplo; ellos son los que iluminan las pantallas de nuestros televisores, etc.
V. CAÑÓN DE ELECTRONES, OSCILÓGRAFO ELECTRÓNICO, TELEVISIÓN, TUBO DE COOLIDGE, TUBO DE CROOKES.

▶ *Rayos gamma* (γ).—Emitidos en el curso de los fenómenos radiactivos, los rayos gamma son de naturaleza electromagnética, contrariamente a los rayos α y β, que son trayectorias de partículas materiales. No obstante, y al igual que cualquier otra radiación electromagnética, los rayos γ poseen los dos caracteres, onda y corpúsculo. Según el tipo de experiencias que se emprenden, se habla de *rayos* γ, de *ondas* γ o de *fotones* γ.

Un fotón γ es *emitido* cuando el núcleo de un radioelemento sufre una transición que le hace pasar de un estado de energía E_1 a otro estado de energía inferior E_2. La diferencia $E = E_1 - E_2$ es llevada por el fotón, que se encuentra, por tanto, asociado a una onda de frecuencia $\gamma = E/h$, siendo h la constante de Planck. Los fotones γ pueden ser *absorbidos* igualmente. En ese caso el núcleo salta de un nivel inferior de energía a otro superior (V. EFECTO MÖSBAUER).

Estos procesos de emisión y de absorción γ son análogos a los que originan emisiones y absorciones de rayos luminosos y de rayos X. Pero en el caso γ se tratan de variaciones energéticas de enlaces intranucleares, no de enlaces núcleo-electrón. Las energías que intervienen son mayores; de ello se sigue que las frecuencias de los rayos γ son mayores que las de los rayos luminosos y las de los rayos X y, naturalmente, sus longitudes de onda son más cotas.

El estudio sistemático de los diferentes *espectros* γ es una de las más importantes fuentes de nuestros conocimientos sobre la estructura nuclear. Además, los rayos γ presentan numerosas aplicaciones. Su gran *poder de penetración* en los medios opacos, relacionada con su elevada frecuencia, es superior al de los rayos X, por lo que son preferidos a éstos en determinadas aplicaciones metalúrgicas y biológicas. La *gammagrafía* consiste en recoger sobre una pantalla apropiada los rayos γ emitidos por una sustancia radiactiva (iodo-130, por ejemplo) previamente introducida en el organismo, y que se fija de modo selectivo sobre tal o cual órgano, pudiéndose seguir así el funcionamiento de éste. Los rayos γ poseen, por otro lado, *efectos destructivos* sobre algunas células vivas. La «bomba de cobalto» (^{60}Co) se utiliza en el tratamiento de algunos tumores.

V. CUADRO DE RADIACIONES ELECTROMAGNÉTICAS.

▶ *Rayos luminosos:*

1 / *Óptica geométrica.*—El «principio de propagación rectilínea» de la luz implica que la luz se propague, en un medio homogéneo, siguiendo líneas rectas. Cada una de esas líneas rectas es un *rayo luminoso* (V. ESPEJISMO).

Un haz luminoso, limitado por dos diafragmas, es el conjunto de rayos luminosos (en número infinito) que pasan por el interior de los dos diafragmas.

2 / *Óptica física.*—En la teoría electromagnética se encuentra de nuevo el concepto de rayo luminoso, definido como *trayectoria teórica* de la *energía luminosa*. Es la dirección del vector radiante (o vector de Poynting). Se confunde con la normal al plano de onda en los medios isótropos, pero no en los medios ópticamente anisótropos (V. figuras).

Propagación de una onda plana polarizada rectilíneamente

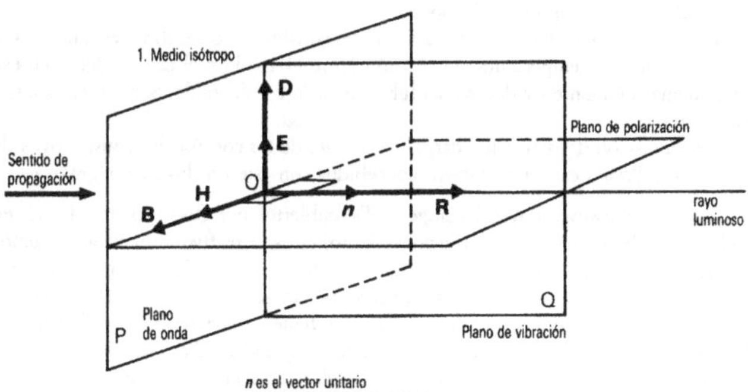

n es el vector unitario de la normal al plano de onda P
E y **D** son los vectores eléctricos
B y **H** los vectores magnéticos
R es el vector radiante

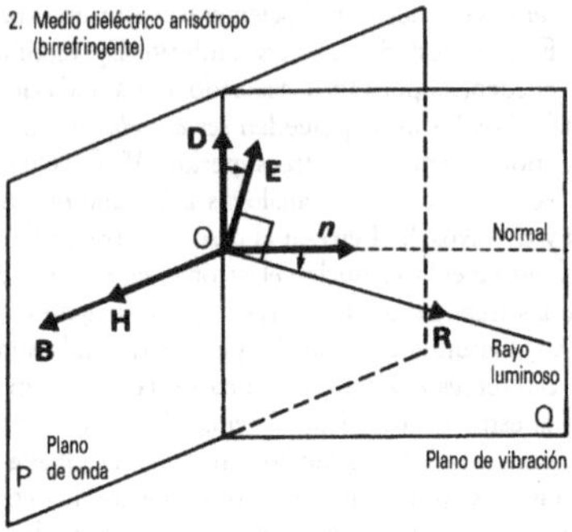

La vibración luminosa está representada por el vector D, situado en el plano de onda. D, E, *n* y R están en el mismo plano Q. Es el «plano de vibración»

Hablando en propiedad, la noción de rayo luminoso así definida es un simple modelo, al que podemos acomodarnos en tanto que las aberturas de los diafragmas sean lo bastante grandes (comparadas con las longitudes de onda luminosas), cosa que sucede con frecuencia. Si las dimensiones de esas aberturas se hacen del orden de algunas décimas de milímetro, la difracción alcanza una importancia relativa que resulta imposible despreciar, y la noción de rayo luminoso pierde todo significado, al menos al atravesar el diafragma.

Se encuentran las mismas circunstancias en la teoría corpuscular. Los rayos luminosos son, en principio, las *trayectorias* de los *fotones*. Pero la noción misma de trayectoria pierde su significación en mecánica cuántica y, en particular, en la travesía de un diafragma estecho.

▶ *Rayos positivos.*—Según un procedimiento utilizado por Goldstein por primera vez (en 1886), se obtienen *rayos positivos* en un tubo de descarga cuyo cátodo ha sido perforado previamente. Tras el cátodo aparecen «canales» débilmente iluminados, que pueden provocar la fluorescencia del vidrio o impresionar una placa fotográfica. La acción de los campos eléctricos y magnéticos sobre sus trayectorias demuestra que se tratan de corpúsculos que transportan cargas positivas: de ahí su nombre.

Provienen en general de *moléculas* gaseosas, encerradas a presiones muy pequeñas entre el ánodo y el cátodo, y que han sido ionizadas por choques y precipitadas luego hacia el cátodo por la acción del campo eléctrico local.

Pueden provenir igualmente de los *átomos* que constituyen o recubren el cánodo, si éste se encuentra a elevada temperatura. La tensión entre el ánodo y el cátodo debe, en ese caso, ser alta, además de mantener dentro del tubo un vacío considerable. Son, en ese supuesto, los *rayos anódicos*.

La determinación de la relación carga/masa, q/m, de los corpúsculos constitutivos de los rayos positivos se lleva a cabo en aparatos concebidos con este fin: los *espectrógrafos de masas*.

▶ *Rayos X.—Sinónimo:* Rayos Roentgen.—Descubiertos por Roentgen (en 1895), en la vecindad de un tubo de Crookes en funcionamiento, estos rayos fueron bautizados como X, ya que su naturaleza permaneció desconocida durante largo tiempo. Hoy está plenamente establecido que los rayos X son emitidos por cualquier sustancia, sólida, líquida o gaseosa, cuando es bombardeada por electrones, o por fotones, suficientemente energéticos. Igualmente se sabe, tras las *experiencias de Von Laüe* (y otras más recientes), que son radiaciones electromagnéticas transversales, en todo semejantes a las radiaciones electromagnéticas luminosas.

Sin embargo, sus longitudes de onda λ, millares de veces más pequeñas que las correspondientes a la luz, alcanzan los órdenes de magnitud de los diámetros atómicos. Simultáneamente, sus altas frecuencias, $\nu = c/\nu$, confieren a cada *fotón* X una energía $E = h\nu$, millares de veces superior a la de un fotón de luz. Esta doble característica explica sus originales propiedades. Los rayos X pueden atravesar las sustancias opacas a los rayos luminosos. Son tanto más penetrantes —decimos a veces tanto más *duros*— cuanto más pequeña es su longitud de onda. Medidas sistemáticas han demostrado que los coeficientes de *extinción* —o de *absorción total* α— dependen, en el caso de los rayos X, a la vez de su longitud de onda y del número atómico Z del elemento absorbente: $\alpha = CZ^4 \lambda^3$. La *radioscopia* se basa en esos resultados. Los huesos del esqueleto, que contienen calcio ($Z = 20$), son más absorbentes que los músculos que los rodean, constituidos fundamentalmente por elementos de números atómicos menores (carbono, hidrógeno...). El radiólogo se protege con materiales que contienen átomos de plomo ($Z = 82$).

La energía transportada por los rayos X al atravesar una sustancia es difundida o absorbida. Una parte es reenviada simplemente en todas las direcciones, sin cambio de longitud de onda. Una teoría, debida a J. J. Thompson, atribuye esta difusión a los electrones contenidos en los átomos de la sustancia. Pero cuando los átomos difusores se disponen regularmente en el espacio, como sucede en los cristales, las ondas difundidas son coherentes y dan, por un fenómeno de interferencia, una *interferencia selectiva* en ciertas direcciones privilegiadas, lo que traduce la ley de Bragg. La mayor parte de los usos actuales de los rayos X en los dominios científico y técnico —estudios sobre la naturaleza de los cristales, la de los metales, sus defectos, estudios acerca de la estructura molecular de los cuerpos orgánicos de larga cadena...— se fundan en estos fenómenos.

Con rayos X muy duros se produce una difusión que modifica su longitud de onda. Es el *efecto Compton*.

Otra parte de la energía desaparecida es efectivamente *absorbida*. Los fotones X desaparecen entonces completamente, provocando la «ionización de los átomos que encuentran». Es un verdadero efecto fotoeléctrico, que afecta a las capas profundas del átomo (V. ESPECTROS X). A ese importante *poder ionizante* le son atribuidas algunas de sus propiedades: acción sobre las sustancias *luminescentes,* que se utiliza precisamente para detectarlos, concurrentemente con las *cámaras de ionización* o las *emulsiones fotográficas*, en las que la reducción de las sales de plata es provocada por los electrones expulsados; acción, igualmente, sobre las células vivas, que pueden ser destruidas si la *dosis* absorbida es muy fuerte...

Los electrones expulsados pueden, por otra parte, ser recogidos y, convenientemente dirigidos, dar lugar a los *espectros corpusculares*. En lo tocante a los átomos ionizados, la experiencia demuestra que pueden, a su vez, emitir rayos X llamados secundarios, atribuidos a las transiciones que acompañan al reordenamiento de su nube electrónica. Esta *emisión secundaria* por *fluorescencia*, se aprovecha para obtener cómodamente rayos X de longitudes de onda variadas, colocando convenientemente sustancias emisoras en las cercanías de un tubo que da una misma *radiación primaria*.

Las actuales teorías cuánticas explican de manera coherente estos distintos fenómenos: emisiones, difusiones, absorciones. Son posibles, además, descubrimientos nuevos puramente experimentales: ese fue el caso del *efecto Auger*.

Señalemos, para finalizar, que los rayos X han sido detectados fuera de la atmósfera terrestre. Parecen provenir de fuentes cósmicas no bien conocidas todavía.

V. SCANNER X.

Reacción

V. ACCIÓN Y REACCIÓN.

▶ *Reacción en cadena.*—Tranformación autoentretenida, pudiendo, por tanto, desarrollarse espontáneamente y resultar incluso explosiva. Es el caso de la fisión en los reactores nucleares (es el caso, asimismo, de algunas reacciones químicas).

En un primer estadio, «centros activos», los neutrones son producidos espontáneamente en el medio reaccionante, o inyectados desde el exterior. Algunos de ellos encuentran núcleos fisibles en condiciones adecuadas, provocando su fisión. Son los neutrones «eficaces». Cada fisión da origen a uno o varios nuevos neutrones. En el caso del uranio, por ejemplo, ese número es en promedio igual a 2,5. Algunos entre los neutrones de esta segunda generación provocan otras fisiones, con formación de una tercera generación, y así sucesivamente. No obstante, en cada generación existen neutrones que son aborbidos por las diversas sustancias presentes, otros son absorbidos por las paredes, otros, en fin, se pierden a través de estas últimas. Son neutrones perdidos para la reacción. Se comprende, por tanto, que de una generación a la siguiente el número de neutrones activos pueda aumentar o disminuir. Se dice, en el primer caso, que la reacción «diverge». En el segundo «converge», y se detiene al cabo de algunas generaciones.

Llámase «factor de multiplicación» al cociente $k = \frac{n_i}{n_{i-1}}$, siendo n_i el número de neutrones eficaces de la i-ésima generación y n_{i-1} el de la generación precedente. La reacción diverge si k es mayor o igual a 1.

Si se quiere «controlar» la reacción es necesario mantener k tan próximo como sea posible a la unidad, utilizando, por ejemplo, sustancias absorbentes adecuadas (barras de control). En realidad, la existencia de neutrones retardados juega un papel esencial en esta posibilidad del control.

V. Reactor nuclear, Reactividad, Masa crítica.

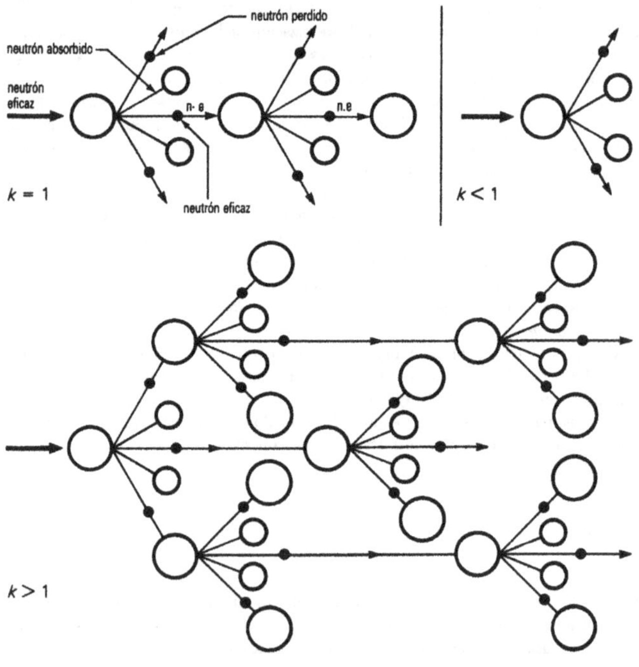

▶ *Propulsión por reacción.*—Si se entiende por ello todo procedimiento motriz de un vehículo por utilización de la *fuerza de reacción*, puede decirse en ese caso que están afectados multitud de vehículos terrestres, marítimos o aéreos, incluidos los simples caminantes o nadadores. Un nadador, para avanzar, se apoya sobre el agua. Es la reacción del agua, fuerza exterior al nadador, la responsable matemáticamente de su movimiento de avance (V. ROZAMIENTO).

Una definición más restrictiva concierne a los vehículos provistos de un dispositivo que lanza hacia atrás un fluido, sobre el cual se ejerce una fuerza para imprimirle una velocidad de *eyección* conveniente. Por reacción, el fluido eyectado ejerce a su vez sobre el vehículo una fuerza igual y opuesta, responsable del movimiento de avance de éste. La hélice de un avión (¡de hélice!) expulsa el aire hacia atrás, y el avión avanza gracias a las fuerzas de reacción del aire, dirigidas hacia adelante. En los cohetes de pirotecnia o de señalización, los gases expulsados provienen de la combustión de una pólvora colocada en la parte de atrás. Este tipo de ingenios era ya conocido por los chinos, se dice que hace más de cinco mil años. Los *motores a reacción*, capaces de propulsar los pesados paratos que son los aviones y cohetes cósmicos actuales, se basan en el mismo principio de funcionamiento.

Los *«aviones a reacción»* llevan en sus depósitos un combustible (generalmente keroseno). Su combustión en el oxígeno atmosférico, aspirado a través de un artificio adecuado, origina una gran cantidad de gases calientes, lanzados hacia atrás por una turbina apropiada, bajo la forma de un chorro gaseoso (o jet). Ese es el origen de la palabra jet, con la que se designa en inglés (y progresivamente en otros idiomas) a este tipo de aviones, sustitutos de los antiguos aviones de hélice. Con ellos es posible alcanzar con mayor facilidad las velocidades sónicas y supersónicas. Esos aviones están, por tanto, sujetos al aire atmosférico: es tanto su fuente de combustible como su fluido sustentador.

Los *cohetes* y los *satélites artificiales* llevan en sus depósitos, simultáneamente, el combustible y el comburente (hidrazina y ácido nítrico, hidrógeno y oxígeno líquidos...). No utilizan ningún fluido de sustentación. Son, por consiguiente, completamente independientes del aire atmosférico (salvo que éste le opone una resistencia indeseable). Pueden, en consecuencia, desplazarse e incluso modificar su trayectoria en el vacío de los espacios siderales, como es sabido.

V. COHETE, EMPUJE DE UN MOTOR A REACCIÓN.

Reactancia

V. IMPEDANCIA COMPLEJA.

Reactividad

▶ *Reactividad de un material.*—Manifestación simultánea de *inercia* —entendidad como retraso en la respuesta a un estímulo externo— y de *histéresis* mecánica. El cobre, por ejemplo, presenta reactividad.

▶ *Reactividad de un reactor nuclear.*—Medido convencionalmente por el número $r = k - 1$, exceso sobre la unidad del factor de multiplicación k de un reactor. Se expresa en p.c.m. (partes por cien mil). *Ejemplo:* $r = 1.000$ p.c.m. quiere decir que $k = 1{,}01$.

La reactividad es positiva en el curso del arranque (se dice que la reacción es supercrítica, o divergente, o que el reactor diverge), nula cuando el reactor funciona a potencia constante (se dice que la reacción es crítica, o autoentretenida), y negativa cuando se decelera el reactor (se dice que la reacción es subcrítica, o convergente, o que el reactor converge).

V. REACTOR EN CADENA.

Réaumur René-Antoine Ferchault de (1683-1757)

▶ *Temperatura de Réaumur.*—Escala de temperaturas definida por *dilatación aparente* del alcohol en un tubo de vidrio, teniendo como intervalo fundamental el que va de 0 (fusión del agua) a 80 (ebullición del agua).
Los termómetros de Réaumur, conocidos hacia 1730, fueron utilizados durante cerca de un siglo, siendo más tarde progresivamente reemplazados por los termómetros de mercurio de *Celsius*. t °R = 0,8 · t °C. V. TEMPERATURA FARENHEIT.

Receptor eléctrico

Aparato que absorbe la energía eléctrica para *convertirla* —en parte— en energía mecánica, química o radiante, siendo la diferencia *disipada* generalmente bajo la forma de energía térmica en el interior del aparato, casi siempre por efecto Joule. Un motor eléctrico, un acumulador de carga o una antena emisora son ejemplos de receptores eléctricos.
Todo receptor eléctrico posee una *fuerza contra-electromotriz'* (f.c.e.m.) cuya definición recuerda la de la fuerza electromotriz (V. esa voz). Se puede escribir, de manera equivalente, bien $e' = dW/dq$, siendo aquí dW la energía eléctrica convertida, bien $e' = \int_N^P \mathbf{E}'_m \cdot \boldsymbol{dl}$, donde $\mathbf{E}'_m$ es un *campo contra-electromotor* cuya existencia es característica de los receptores eléctricos, y cuyo sentido, contrariamente al de los campos electromotores, es siempre opuesto al de la corriente. Las fuerzas que ejerce ese campo sobre los portadores de carga producen en este caso un trabajo *resistente*, medida de la cantidad de energía *absorbida* por el receptor.

▶ *Rendimiento de un receptor eléctrico.*—Razón η entre la energía eléctrica convertida, $e'/V = e'/(e + ri)$, donde V es la tensión en los bornes del receptor, r su resistencia interna, i la intensidad de la corriente. El orden de magnitud de ese rendimiento es el mismo que el del rendimiento del *generador eléctrico*.

Recorrido

▶ *Recorrido libre.*—Cuando una onda plana se propaga en un medio absorbente, su amplitud a se debilita progresivamente en el curso de su propagación, a menudo de manera exponencial: $a = a_0 \exp(-\lambda x)$, con λ *coeficiente de absorción o de debilitamiento* lineal. Se llama, de modo convencional, *recorrido libre* de la onda a la distancia $p = 1/\lambda$, al término de la cual su amplitud a se encuentra dividida por el número e, y su intensidad es e^2 veces más pequeña. La expresión de p en función de las características del medio depende del mecanismo que implica el debilitamiento de la onda. *Ejemplo:* Si se trata de una onda elástica que se propaga en un medio, en el que el debilitamiento es consecuencia de la viscosidad únicamente, $p = K\rho c^3/\eta N^2$, con $K = 3/8\pi^2$ (coeficiente numérico), ρ y η densidad y viscosidad del medio respectivamente, c velocidad de la onda y N frecuencia de la misma.

▶ *Recorrido libre medio.*—Es una de las consecuncias de la *teoría cinética de los gases*» que la trayectoria de cada una de las moléculas de un gas encerrado en un recinto, a temperatura y presión constantes, es una línea quebrada, en la que cada segmento rectilíneo representa un recorrido libre entre dos choques sucesivos.
Si el gas es químicamente puro (todas sus moléculas son idénticas entonces) la longitud media de esos segmentos, media calculada a lo largo de un tiempo considerable, tiene el mismo valor para todas las moléculas. Es el *recorrido libre medio* del gas, en las condiciones de observación. Por medio de un razonamiento, en el que se asimila cada molécula a una esfera rígida y en el que se tiene en cuenta la agitación térmica general, da un resultado simple: $l = a/n \cdot d^2$, donde a es un coeficiente numérico, $a = 1/\pi\sqrt{2}$). Este resultado demuestra que l varía en razón in-

versa a la densidad molecular n (número de moléculas por unidad de volumen) y al diámetro d de cada molécula (d puede ser evaluado midiendo la viscosidad del gas).
Numéricamente l vale algunas decenas de nanómetros en condiciones normales. Puede alcanzar valores mucho más altos en gases muy rarificados (V. GAS DE KNUDSEN).

Rectificador

Rectificar una corriente alterna es convertirla en continua. La industria utiliza corrientemente rectificadores alimentados por la corriente alterna del sector —que es la que se presta al transporte a grandes distancias con mayor economía— para obtener la corriente continua necesaria para ciertos usos: carga de baterías, galvanoplastia, etc. Existen varios tipos de rectificadores. Las antiguas máquinas giratorias (grupo conversor, conmutador) no se utilizan ya. Hoy se prefieren los *rectificadores de diodos*, más pequeños. Los diodos, diodos semiconductores la mayor parte de las veces, dejan pasar solamente una de las dos alternancias de la corriente. Montajes que llevan asociados varios diodos permiten rectificar las dos semiondas. La corriente de sentido constante pero de intensidad variable que se obtiene es transformada en corriente de intensidad constante con la ayuda de *filtros* apropiados.

Red o retículo

▶ *Red eléctrica.*—Conjunto de generadores y de receptores eléctricos reunidos entre sí por medio de conductores.
Cada uno de los puntos donde se cruzan dos o más hilos conductores es un *nudo* de la red. El dipolo que reúne dos nudos consecutivos es una *rama* de la red. Una *malla* de la red es una sucesión de ramas que constituyen un circuito cerrado.
Las intensidades de corriente que circulan en las distintas ramas son diferentes, en general, unas de otras, incluso para las ramas de una misma malla. Pueden ser calculadas en régimen permanente utilizando los lemas o *leyes de Kirchhoff.*
Diferentes montajes para efectuar medidas eléctricas son redes (V. PUENTE DE MEDIDA). Se utilizan redes en el cálculo analógico. La distribución para todo un país de la energía eléctrica que proviene de las diferentes centrales se lleva a cabo gracias a las redes de distribución.

▶ *Red o retículo óptico.*—Dispositivo experimental equivalente a un gran número de rendijas finas, paralelas y equidistantes. Se consigue, por ejemplo, un retículo grabando sobre vidrio una serie de rayas equidistantes idénticas. Son en ese caso los intervalos equidistantes los que hacen el papel de rendijas. En una dirección perpendicular a esas «rendijas», un retículo presenta, por consiguiente, una estructura periódica. La anchura a de cada motivo de esa extructura —una rendija seguida de una zona prácticamente opaca— es llamada «paso» o «periodo» de la red, y a la inversa, $n = 1/a$, su frecuencia (espacial). Las frecuencias de las redes van generalmente de 50 a 500 motivos por milímetro (excepcionalmente, 1.500).
Cuando una onda luminosa monocromática plana, proveniente de una rendija fuente situada en el plano focal de un colimador, llega a un retículo, se produce un fenómeno de *difracción* a través de cada una de sus rendijas, seguido de un fenómeno de *interferencia* entre las ondas difractadas, como en la experiencia de la doble rendija de Young. Pero aquí la intensidad luminosa resultante alcanza máximos muy acusados en direcciones privilegiadas, aquellas para las cuales la diferencia de marcha δ entre las vibraciones emitidas por dos rendijas sucesivas vale un número entero de longitudes de onda λ: $\delta = p\lambda$ ($p = 0, \pm 1, \pm 2...$).
En el plano focal de una lente de observación se obtienen algunas imágenes finas de la rendija fuente, separadas por espacios prácticamente oscuros, no una distribución sinusoidal de la intensidad luminosa (compárese con el fenómeno de interferencia en láminas delgadas semireflectantes de Fabry y Pérot).

Un cálculo más sabiodemuestra que una red, obstáculo periódico, produce sobre la amplitud de una onda monocromática que la atraviesa un análisis armónico. Se encuentra, en efecto, el término constante de su desarrollo de Fourier en la amplitud de su máximo central ($p = 0$), mientras que el p-ésimo armónico de ese desarrollo ($p \neq 0$) está igualmente repartido entre las amplitudes de los dos máximos laterales de rango p.
Con luz blanca sólo es blanca la imagen central. A un lado y a otro cada imagen lateral es reemplazada por un espectro, tanto más escalonado cuanto mayor es su rango p. Este fenómeno de dispersión de la luz explica que los retículos sean utilizados con frecencia en espectroscopia. Los espectroscopios «de retículo» presentan diferentes ventajas sobre los espectroscopios «de prisma». Tienen, con frecuencia, un *poder de resolución* mayor. Pueden dar, por añadidura, *espectros normales*, es decir, espectros en los que la dispersión es proporcional a la longitud de onda, lo que autoriza interpolaciones seguras en la determinación de las longitudes de onda. Retículos grabados sobre metal, utilizados por reflexión en el vacío, han permitido medir, *con un mismo aparato*, las longitudes de onda de los rayos luminosos y las de los rayos X, y asegurar así la unión experimental entre ambos dominios de la radiación electromagnética.

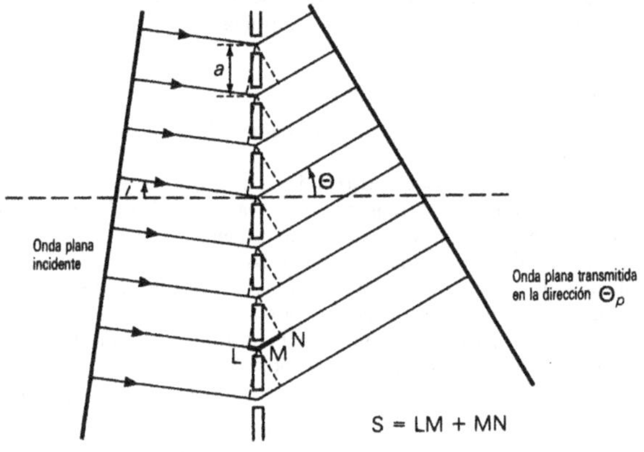

Retículo plano utilizado por transmisión
Figura esquematizada. En un retículo real, las «rendijas» transparentes no son jamás perfectamente transparentes, ni las partes «opacas» perfectamente opacas.

$\delta = a(\text{sen } i + \text{sen } \theta)$ es la diferencia de marcha entre las ondas difractadas en una misma dirección θ para dos rendijas vecinas.
$\varphi = 2\pi\delta/\lambda$ la diferencia de fase correspondiente (λ = longitud de onda de la luz utilizada). Se demuestra que la intensidad I de la luz difractada en esta dirección vale: $I = I_f \dfrac{\text{sen}^2 N\varphi/2}{\text{sen}^2 \varphi/2}$, siendo I_f la intensidad difractada por cada rendija, y N el número total de rendijas de la red.
En luz blanca se obtiene un espectro normal si se elige i de modo que se obtenga una dirección privilegiada para $\theta = 0$. Se encuentra entonces, en efecto, que $d\theta/d\lambda = p/a$ = cte. Se notará que la desviación crece aquí con la longitud de onda: el rojo resulta más «desviado» que el azul.

Reducida

▶ *Ecuación reducida.*—V. VARIABLE REDUCIDA.

▶ *Variable reducida.*—Magnitud termodinámica, medida tomando como unidad un valor particular de esta magnitud, característico del cuerpo estudiado.
V. ECUACIÓN DE ESTADO REDUCIDA, LEY DE DULONG Y PETIT.

Reech

▶ *Fórmula de Reech.*—Relación que se deduce de las leyes de la Termodinámica y que establece la igualdad, válida para todos los cuerpos puros, entre el cociente de sus capacidades térmicas, de una parte (capacidades caloríficas molares isóbara C_p e isócora C_v), y el cociente entre sus coeficientes de compresibilidad isoentrópico χ_s e isotermo χ_T.
Se escribe, por consiguiente: $C_p/C_v = \chi_s/\chi_T = \gamma$.
Su valor común, γ, es un parámetro cuyo valor numérico depende del fluido estudiado, y que interviene en numerosas relaciones relativas a procesos diabáticos: ley de Laplace, velocidad del sonido en los gases...

Referencial

También llamado sistema de *referencia*.
Cuerpo sólido, real o supuesto, con respecto al cual es estudiado el movimiento de un punto o, más generalmente, el de un sistema material cualquiera. Este sólido se *representa* con gran comodidad por medio de un sistema de ejes ligados a él.
Afirmar que un objeto está «en reposo» o «en movimiento», acelerado o uniforme, no tiene sentido si no se define el sistema de referencia utilizado. Un viajero está sentado en un tren que rueda sobre sus raíles. ¿Está «en reposo»? ¿Se mueve?
En mecánica newtoniana, el tiempo es un parámetro de valor universal. Un conjunto de tres ejes de coordenadas, o cualquier otra elección equivalente, permite señalar en cualquier instante la posición del móvil en el espacio tridimensional. En mecánica relativista el tiempo es una coordenada. Un referencial conlleva entonces en principio cuatro ejes. Es un referencial de *espacio-tiempo*.
V. REFERENCIAL BARICÉNTRICO, REFERENCIAL INERCIAL, COORDENADAS GENERALIZADAS.

▶ *Referencial baricéntrico.*—*Sinónimo:* Referencial del centro de masas.—Un sistema material se encuentra en movimiento en un referencial R. Su referencial baricéntrico es un sistema auxiliar R′ cuyo origen G es el centro de masas del sistema y cuyos ejes son, en todo instante, paralelos a los ejes de R. El movimiento de R′ con respecto a R es, en consecuencia, una traslación (¡no necesariamente uniforme y rectilínea!).
El interés del referencial baricéntrico estriba en el siguiente resultado. El movimiento del sistema en R puede ser estudiado cómodamente en dos fases. Se estudia, en primer lugar, el movimiento en R de G, aplicando el *teorema del centro de masas*; después, en segundo lugar, se estudia el movimiento del sistema «alrededor de su centro de masas», es decir, en su referencial baricéntrico.
Por ejemplo, el estudio de una colisión entre dos corpúsculos se lleva a cabo cómodamente en el sistema de referencia baricéntro, que en ese caso se comporta, prácticamente, como un sistema de referencia inercial.

▶ *Referencial geocéntrico.*—Referencial definido por su origen, confundido con el centro de la Tierra, y por tres ejes, paralelos respectivamente a los tres ejes del referencial de Copérnico.
V. REFERENCIAL INERCIAL.

Reflexión

Cuando una perturbación física, que se propaga por ondas, llega a la frontera que separa dos medios, se observan, en general, dos ondas: una que retorna al primer medio (fenómeno de reflexión), y otra que se propaga en el segundo medio (fenómeno de *refracción*).
La dirección de propagación, la estructura, la intensidad de la onda reflejada y las mismas características de la onda refractada dependen de los datos de la onda incidente, pero también

de las propiedades de los medios en presencia (V. LEYES DE DESCARTES-SNELLIUS, FÓRMULAS DE FRESNEL).
El rebote de un cuerpo material que encuetra un obstáculo –bola de billar, por ejemplo, macroscópico; molécula de un gas en el dominio microscópico...– es un fenómeno distinto, regido por las leyes mecánicas relativas a los *choques* (V. COEFICIENTE DE RESTITUCIÓN).
Puede parecer curioso que las leyes de Descartes, sobre la reflexión y la refracción de la luz, hayan sido establecidas primeramente en la hipótesis newtoniana de la estructura corpuscular de la luz. Descartes pudo demostrar que se encontraban con facilidad esas leyes utilizando las leyes de los choques. La comparación, realizada más tarde por Foucault, entre las velocidades de la luz en el aire y en el agua demostró que, en este caso, se trataba sencillamente de una feliz coincidencia (V. VELOCIDAD DE LA LUZ).

▶ *Factor de reflexión*.–V. FACTOR DE ABSORCIÓN.

▶ *Reflexión total*.–V. ÁNGULO LÍMITE, PRISMA DE NICOL, ONDA EVANESCENTE.

▶ *Reflexión selectiva*.–V. LEY DE BRAGG.

Refracción

De un verbo latino que significa romper.

Fenómeno que se produce cuando un rayo luminoso atraviesa la superficie de separación de dos medios transparentes e isótropos. El rayo en el segundo medio no se encuentra en la prolongación del rayo incidente. La trayectoria de la luz parece rota; de ahí proviene el nombre del fenómeno.
Las *leyes de la refracción* de la luz fueron estudiadas experimentalmente por distintos físicos (Kepler, Snellius, Descartes...) (V. LEYES DE DESCARTES). Puede notarse que la justificación de esas leyes, propuesta por Descartes y basada en las leyes de la mecánica, se ha revelado como inadecuada (V. FÓRMULAS DE FRESNEL, ÍNDICE DE REFRACCIÓN).

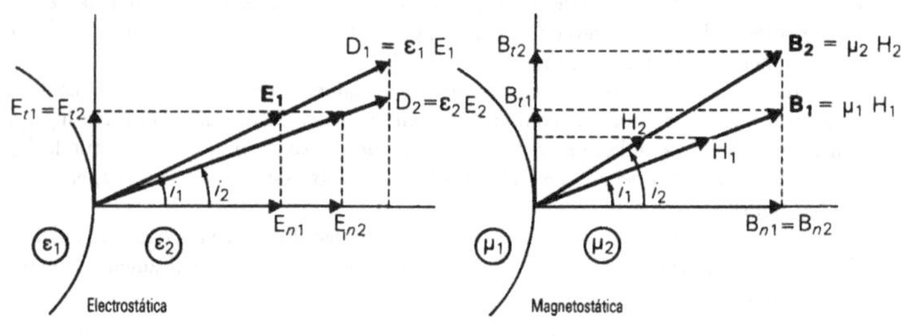

Medio 1:

Campo $\mathbf{E}_1$ $\begin{cases} \text{componente tangencial } E_{t1} \\ \text{componente normal } E_{n1} \end{cases}$

Medio 2:

Campo $\mathbf{E}_2$ $\begin{cases} E_{t2} \\ E_{n2} \end{cases}$

$$\left[\begin{array}{l} E_{t1} = E_{t2} \\ \varepsilon_1 E_{n1} = \varepsilon_2 E_{n2} \ (D_{n1} = D_{n2}) \end{array}\right.$$
$\Rightarrow$ $\operatorname{tg} i_1/\varepsilon_1 = \operatorname{tg} i_2/\varepsilon_2$

Medio 1:

Campo $\mathbf{B}_1$ $\begin{cases} B_{t1} \\ B_{n1} \end{cases}$

Medio 2:

Campo $\mathbf{B}_2$ $\begin{cases} B_{t2} \\ B_{n2} \end{cases}$

$$\left[\begin{array}{l} B_{n1} = B_{n2} \\ B_{t1}/\mu_1 = B_{t2}/\mu_2 \ (H_{t1} = H_{t2}) \end{array}\right.$$
$\Rightarrow$ $\operatorname{tg} i_1/\mu_1 = \operatorname{tg} i_2/\mu_2$

▶ *Doble refracción.*—V. BIRREFRIGENCIA.

▶ *Refracción límite.*—V. ÁNGULO LÍMITE.

▶ *Refracción de las líneas de campo.*—Cambio de dirección de las líneas de campo eléctrico o magnético, al atravesar la superficie de contacto entre dos medios diferentes.
La ley del fenómeno es especialmente sencilla en dos casos. En electrostática, si la superficie estudiada separa dos medios dieléctricos perfectos isótropos, de permitividades respectivas ε_1 y ε_2, y no lleva además carga superficial alguna. Se demuestra entonces la relación: $\operatorname{tg} i_1/\varepsilon_1 = \operatorname{tg} i_2/\varepsilon_2$. En magnetostática, si la superficie estudiada separa dos medios magnéticos perfectos e isótropos, de permeabilidades respectivas μ_1 y μ_2, no estando recorrida por ninguna corriente eléctrica superficial. Se demuestra una relación análoga: $\operatorname{tg} i_1/\mu_1 = \operatorname{tg} i_2/\mu_2$.

▶ *Refracción (o refractividad) molar.*—Es la magnitud $R = \frac{n^2 - 1}{n^2 + 2} \cdot \frac{M}{\mu}$, donde n es el índice de refracción de un dieléctrico, del que M es la masa molecular y μ la densidad.
De la relación de Lorentz se deduce que R debe ser independiente, para una radiación dada, de la temperatura e incluso del estado físico del dieléctrico estudiado, lo que la experiencia verifica de modo aproximado solamente (V. también RELACIÓN DE GLADSTONE).
La determinación de R es particularmente interesante en química orgánica. Landolt ha demostrado, en efecto, que la refracción molar de un compuesto es igual a la suma de las refracciones molares de sus elementos constitutivos, aumentada con incrementos característicos de los distintos enlaces que aseguran la estabilidad de su molécula. La explotación de esta ley es uno de los medios que los químicos orgánicos utilizan para controlar las hipotéticas fórmulas de constitución.

Refrigerador

V. BOMBA DE CALOR.

Refringente

Un medio transparente es tanto más refringente cuanto más alto es su índice de refracción absoluto. *Ejemplo:* El aire, cuyo índice de refracción es próximo a la unidad, es menos refringente que el agua, cuyo índice es cercano a 1,33; el agua es, a su vez, menos refringente que el vidrio, cuyo índice de refracción es sensiblemente próximo a 1,5.
V. ÁNGULO LÍMITE.

Regnault Victor (1810-1878)

▶ *Experiencias de Regnault.*—V. LEY DE BOYLE-MARIOTTE.

Relajación

Regreso espontáneo hacia su estado de equilibrio de un sistema físico-químico excitado.

▶ *Oscilaciones de relajación.*—Oscilaciones periódicas entretenidas de un sistema que no posee por sí mismo modos de oscilación propios.
La experiencia del «vaso de Tántalo» es una ilustración mecánica simple. Un recipiente provisto de un sifón se llena lentamente gracias a un chorro de agua de caudal constante (primera fase o fase de *excitación*), vaciándose después rápidamente cuando el sifón arranca (segunda fase, o fase de *relajación*), pudiéndose repetir el proceso indefinidamente. La duración constante global de ambas fases es el *periodo* del fenómeno. Está claro que se puede elegir a voluntad el valor de este periodo, actuando sobre el caudal del chorro de agua.

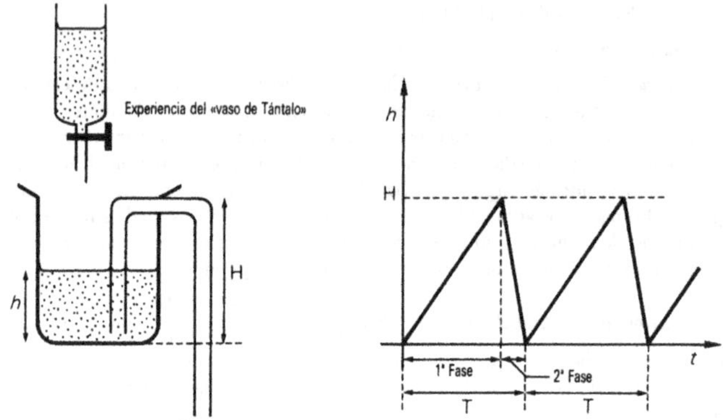

En *electricidad* podemos citar un caso similar. Un condensador, que un generador de corriente continua carga progresivamente, se descarga bruscamente en un circuito adecuado cuando su tensión en bornes alcanza un valor crítico. Es el principio de funcionamiento de las *bases de tiempo*, que se usan para realizar los barridos de los osciloscopios, televisores, radares, etc.

▶ *Tiempo de relajación*.—El regreso hacia su estado de equilibrio de un sistema excitado viene regido a menudo por una ley de decrecimiento exponencial. Llámase tiempo de relajación a la *constante de tiempo*» del proceso en cuestión.

Relativa

▶ *Aceleración relativa*.—V. TRANSFORMACIÓN DE ACELERACIONES.

▶ *Medida relativa*.—V. MEDIDA ABSOLUTA.

▶ *Velocidad relativa*.—V. TRANSFORMACIÓN DE VELOCIDADES.

Relatividad

▶ *Relatividad en mecánica newtoniana*.—Hipótesis ya formulada por Galileo: «Las leyes de la mecánica son las mismas para dos observadores que se desplazan entre sí con movimiento rectilíneo y uniforme.» Nosotros decimos hoy: «Las leyes de la mecánica son invariantes (guardan las mismas expresiones matemáticas) en un cambio de referencial entre referenciales inerciales.» Se ve, por ejemplo, en la fórmula fundamental $\boldsymbol{f} = m\boldsymbol{a}$, donde $\boldsymbol{f}$ es la resultante de las fuerzas aplicadas que actúan sobre un punto material de masa m, y $\boldsymbol{a}$ su vector aceleración. Un cambio de referencial regido por la transformación de Galileo deja simultáneamente invariantes $\boldsymbol{f}$ y m (hipótesis newtonianas), y $\boldsymbol{a}$, como puede demostrarse (V. LEY DE TRANSFORMACIÓN DE ACELERACIONES).
Señalemos que las leyes del electromagnetismo (ecuaciones de Maxwell) no son invariantes en una transformación de Galileo. Esto es lo que hizo necesario sustituir las ecuaciones de transformación de Galileo por las de Lorentz, en cuyo cuadro resultan invariantes las leyes del electromagnetismo, las de la nueva mecánica «relativista» y, de modo general, todas las leyes físicas (principio general de la relatividad).

▶ *Relatividad general.*—Extensión de la relatividad restringida, propuesta por Einstein en 1915 y que puede ser enunciada así: «Si se reemplaza un referencial inercial R por un referencial R′, acelerado con respecto a R, R′ no es inercial; sin embargo, si hay cuerpos materiales que crean en R′ un campo gravitatorio conveniente **G**, el referencial R′ provisto de **G** se hace equivalente a un referencial inercial.» Las leyes fundamentales de la física deben tener las mismas expresiones en R y R′ provisto de **G**.
Un estudio elemental demuestra que las leyes de la mecánica en un recinto animado, con respecto a un referencial inercial, con un movimiento uniformemente acelerado de aceleración ***a***, son las mismas que en un referencial inercial, si existe en el recinto un campo gravitatorio uniforme de intensidad **G** = ***a***.
En el interior de un ascensor en caída libre (***a*** = ***g***) sería válido el principio de inercia (V. INGRAVIDEZ). La identidad entre *masa inerte* y *masa gravitatoria*, revelada por la experiencia, permite demostrar que lo mismo sucede para todos los cuerpos presentes en el recinto, sea cual sea su masa. La relatividad general extiende la *equivalencia* del recinto con un referencial inercial a todos los movimientos posibles del recinto y a todos los fenómenos físicos que en él se produzcan.
Los cálculos de la relatividad general se hacen en un espacio-tiempo (un universo) de cuatro dimensiones análogo al universo de *Minkowski*. Pero a causa del campo gravitatorio este universo no es *euclidiano*. Así, el intervalo de espacio-tiempo entre dos sucesos próximos se expresa de forma más compleja que en el universo de Minkowski (euclidiano): $ds^2 = \Sigma g_{ij}\, dx_j$ $(i, j = 1, 2, 3, 4)$, en lugar de $ds^2 = \Sigma\, dx_\alpha^2$ $(\alpha = 1, 2, 3, 4)$. Los coeficientes g_{ij} definen la *métrica* de este universo. Una combinación matemática de esos coeficientes permite calcular una característica, llamada *curvatura del universo*, por analogía con un cálculo parecido de la teoría de superficies.
Los universos de la relatividad general son, en consecuencia, «curvos», mientras que los universos de Minkowski, alejados de toda materia gravitacional, son universos «planos» (de curvatura nula). El principio de inercia sigue siendo válido en todos los casos, a condición de enunciarlo de forma nueva: un punto material que no esté sometido a fuerza alguna describe en el universo observado una línea correspondiente a un intervalo total *mínimo*, línea llamada *geodésica* de este universo. Es una línea curva si el universo tiene una curvatura no nula, y una línea recta recorrida a velocidad constante si el universo tiene curvatura nula. La presencia de materia gravífica produce, en consecuencia, una modificación de las propiedades del espacio-tiempo —se dice, a veces, una «*deformación*»—, y es esta «deformación del universo», y no la intervención de fuerzas a distancia, la que implica la modificación del movimiento de un punto material. Este es el lenguaje nuevo de la relatividad general.
Hasta aquí esta teoría física parece acordada con la experiencia. Se encuentra una explicación de fenómenos ya observados pero no explicados, como el desplazamiento del perihelio del planeta Mercurio, por ejemplo, y alguna de sus previsiones, aparentemente asombrosas, han sido confirmadas, sin embargo, por la experiencia: es el caso de la curvatura de los rayos luminosos en las proximidades del Sol, o de la modificación de la frecuencia de las vibraciones luminosas emitidas en regiones en las que existe un campo gravitatorio intenso, en particular en las proximidades de las *enanas blancas* (desplazamiento de las longitudes de onda hacia el rojo por *efecto Einstein*). La relatividad general es utilizada, para finalizar, en ciertas consideraciones *cosmológicas*. Será el futuro quien diga si el acuerdo con la experiencia es el adecuado en este dominio también.

▶ *Relatividad restringida.*—El principio fundamental de la relatividad restringida (Einstein, 1905) es una extensión del principio de la relatividad en mecánica newtonina. Postula que: «La sustitución de un *referencial inercial* por otro referencial inercial debe dejar *invariantes* no solamente las leyes de la mecánica, sino, de un modo más general, todas las leyes de la física»; de él se deduce, en primer lugar, que, para la expresión de las leyes físicas, no existe ningún refe-

rencial privilegiado, de modo que no sabríamos considerar inmóvil de manera «absoluta» a ninguno de ellos.
Ese postulado exige el abandono de la transformación de *Galileo* en beneficio de la transformación de *Lorentz* y, por tanto, la aceptación de la relatividad del tiempo, con las aparentes paradojas que ello introduce en la medición de distancias y duraciones. La transformación de Loretz es también la que sugiere la utilización de un espacio-tiempo de cuatro dimensiones: el *universo de Minkowski*.
La confrontación de las previsiones de la relatividad restringida con la experiencia se ha mostrado hasta aquí satisfactoria. Las leyes de la *mecánica relativista* no son idénticas a las de la mecánica newtoniana, con las que, sin embargo, se confunden en la práctica cuando las velocidades de desplazamiento observadas son muy pequeñas frente a la velocidad de la luz. Su uso se revela, por el contrario, indispensable en el estudio de las partículas sumamente rápidas de los grandes aceleradores. La equivalencia entre masa y energía, descubierta gracias a la mecánica relativista, posee una extraordinaria importancia que nadie ignora actualmente, tanto en el reino científico como en el económico (energía nuclear).
En electromagnetismo, las *ecuaciones de Maxwell*, invariantes por y en una transformación de Lorentz, forman un conjunto coherente, mientras que en el marco de la transformación de Galileo y de la mecánica newtoniana llevaban a contradicciones con la experiencia. La velocidad de la luz, por ejemplo, aparecía igual a la constante relativista c cualquiera que fuera el referencial usado, y esto da una sencilla explicación del resultado negativo de la experiencia de *Michelson*. Otros fenómenos ópticos encuentran en ella también su explicación: experiencia de Fizeau, efecto Doppler, aberración estelar..., y en el dominio eléctrico de la existencia y la expresión del campo electromagnético, los fenómenos de inducción, etc.

Relativo

▶ *Movimiento relativo*.—V. TRANSFORMACIONES DE VELOCIDADES.

▶ *Tiempo relativo*.—V. ALARGAMIENTO DE LA DURACIÓN, DILATACIÓN DEL TIEMPO, RELATIVIDAD RESTRINGIDA.

Reluctancia

V. CIRCUITO MAGNÉTICO.

rem

Iniciales de la expresión inglesa *Rad Equivalent for Man*.
El rem es la antigua unidad utilizada en radiología para evaluar los «equivalentes de dosis». Ha sido sustituida, desde 1975, por el sievert (Sv): 1 rem = 0,01 Sv.
Cada uno de nosotros absorbe diariamente, por el efecto inevitable de las diversas radiaciones de origen terrestre o de origen cósmico, un equivalente de dosis medio de 0,5 mrem (5 microsieverts).

Remanente

▶ *Imanación remanente*.—V. IMÁN, FERROMAGNETISMO, HISTÉRESIS.

Rendimiento

Magnitud que caracteriza la eficacia de un dispositivo, al que demanda la conversión de una forma de energía en otra. Es el cociente entre la energía recibida a la salida del dispositivo y la suministrada a la entrada durante el mismo lapso de tiempo. Este cociente es, salvo la excepción de las bombas de calor, inferior a la unidad.

Ejemplo: El fluido cuya circulación asegura el funcionamiento de un *motor térmico* recibe una energía térmica q que le suministra la caldera («foco cálido») y restituye una parte q' al «foco frío» (condensador o atmósfera), siendo la diferencia $q - q'$ la única que es transformada en energía mecánica (V. 2º PRINCIPIO DE LA TERMODINÁMICA). El rendimiento vale, en consecuencia, $\eta_t = (q - q')/q$. De hecho, el rendimiento «efectivo» o «industrial» η, es inferior a ese rendimiento «termodinámico» (V. TEOREMA DE CARNOT). El combustible, en efecto, suministra a la caldera un calor q_1 superior a q ($\eta_c = q/q_1$ es el rendimiento de la caldera). Por otro lado, la energía mecánica «indicada» que se produce en los cilindros, medida antiguamente con el indicador de Watt, es inferior a la energía teórica que la expansión de los gases debería suministrar. El cociente $w_i/q = \eta_i$ es el rendimiento indicado. Sobre el árbol del motor, en fin, la energía disponible W es inferior a W_i, ya que una parte asegura el funcionamiento de los órganos anexos indispensables ($\eta_0 = W/W_i$ es el rendimiento «orgánico»). Finalmente, el rendimiento global es: $\eta = \eta_c \cdot \eta_i \cdot \eta_0$. Todos esos rendimientos son menores que la unidad. El rendimiento industrial alcanza raramente un 30 %.

V. GENERADOR ELÉCTRICO, RECEPTOR ELÉCTRICO, BOMBA DE CALOR.

Renormalización

Técnica de cálculo, utilizada en diversos dominios de la física, que esencialmente consiste en cambios de escala sucesivos en el estudio de un fenómeno. Así es, por ejemplo, como se estudia el comportamiento de un cuerpo en las proximidades de un estado crítico: mezcla de un cuerpo puro, bajo sus dos fases –líquido y vapor– en la vecindad inmediata del punto crítico, cuerpo ferromagnético inmediatamente próximo a su punto de Curie, etc.

Esta técnica se utiliza igualmente con éxito en mecánica cuántica, en la teoría de la interacción electrodébil.

Reografía

De dos palabras griegas que significan inscripción de una corriente.

▶ *Cubeta reográfica.*–Cubeta conteniendo una disolución conductora, en la que la corriente es dirigida por dos electrodos de formas calculadas. Una sonda en conexión con un electrómetro permite determinar, punto a punto, el potencial eléctrico V, y la forma en consecuencia de las líneas equipotenciales, sobre la superficie libre de la disolución.

Se utiliza este dispositivo cuando un fenómeno, cuyo estudio experimental es difícil, está regido por una ley matemáticamente análoga a la que rige la distribución de potencial sobre la superficie de la cuba reográfica, es decir, la ley de Laplace: $\Delta V = 0$. Las condiciones de contorno están representadas en este caso por las formas de los electrodos y por el valor del potencial impuesto a cada uno de ellos.

Ejemplo de aplicación de este procedimiento de cálculo analógico: el estudio de la distribución del potencial alrededor de los electrodos en una *lente electrónica*.

Reología

Parte de la física cuyo objeto es el estudio de los «flujos» (sentido etimológico de la palabra reología) y, más precisamente, de todas las «deformaciones» de los medios reales bajo la acción de tensiones exteriores a ellos.

No existen, en efecto, ni sólido rígido (perfectamente indeformable cualesquiera que sean las acciones que sufra), ni líquido incompresible y perfectamente fluido (sin viscosidad). Los medios reales —sólidos, líquidos, suspensiones diversas, barros, arenas, etc.— son simultáneamente más o menos deformables, más o menos viscosos, y sus comportamientos dependen con frecuencia del orden de magnitud de las tensiones que se les imponen, de la duración a veces de esas tensiones y, naturalmente, también de la temperatura. La pez, por ejemplo, a temperatura ambiente, se comporta aparentemente como un sólido elástico bajo el efecto de una tracción de escasa intensidad y pequeña duración. Fluye, sin embargo, como un líquido altamente viscoso bajo la lenta acción de la gravedad.

Desde el punto de vista de la reología, se clasifican habitualmente los medios teniendo en cuenta sus propiedades de *elasticidad*, de *plasticidad*, de *viscosidad* (V. cuadro adjunto). Algunos medios poseen además propiedades más complejas: histéresis, reactividad, tixitropía, inercia mecánica...

Creada (por Bingham, en 1928) para dar respuesta principalmente a las necesidades técnicas (diversos tratamientos de y para los materiales reales, transporte a través de canalizaciones...), la reología ha suscitado estudios teóricos que han realizado esfuerzos para establecer correlaciones entre los comportamientos macroscópicos de esos medios, sus estructuras y la naturaleza de sus fuerzas internas de enlace. Con independencia de los conocimientos puramente científicos que pudieran derivarse de ellos, esas correlaciones facilitan la fabricación de materiales cuyas propiedades reológicas están fijadas de antemano.

Señalemos igualmente la posible existencia de aplicaciones biológicas: el diagnóstico, por ejemplo, de ciertos estados patológicos, por medio del estudio de las propiedades reológicas de la sangre.

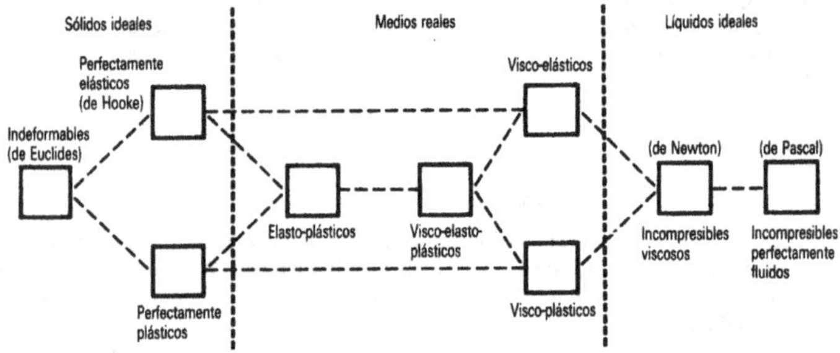

Residuo de dilatación

Cuando un cuerpo sólido de volumen v se calienta y se lleva luego rápidamente a su temperatura inicial, su volumen no toma de nuevo inmediatamente el valor primitivo v. Durante un tiempo bastante largo mantiene un valor superior v'. El exceso $(v' - v)$ es el *resto de dilatación*. Su importancia varía con la naturaleza del cuerpo y, para un mismo cuerpo, con las circunstancias experimentales. (V. HISTÉRESIS, INERCIA MECÁNICA).

Ejemplo: En un *termómetro de mercurio*, la existencia del residuo de dilatación del continente de vidrio, variable con la naturaleza del vidrio, y su progresiva desaparición son una de las fuentes de error en el uso de ese instrumento. Esos errores son aceptables, generalmente, en la vida corriente, pero no en las medidas de precisión del laboratorio. Los termómetros de mercurio no figuran en la definición de la escala internacional práctica de temperaturas.

Resiliencia

Magnitud que mide la resistencia de un material a los choques.
Se determina una resiliencia produciendo sobre una barra cilíndrica, una probeta, del material objeto de estudio, un choque suficiente para romperla, utilizando una pesada pieza de hierro que gira alrededor de un eje horizontal, al modo de un péndulo físico. La pérdida de energía W de ese péndulo, que se mide comparando el ángulo que forma con la vertical antes y después del choque, es igual a la energía utilizada para romper la probeta. Siendo S el área de la sección de ésta en la zona de ruptura, la resiliencia del material vale, por definición, R = W/S, midiéndose en J/m^2. La resiliencia de un material es, en consecuencia, tanto más débil cuanto menos resistente es a los choques, cuanto más frágil. Se encuentra, por ejemplo, para una muestra de hierro, $R \sim 2 \cdot 10^6$ J/m^2, y solamente 10 veces más pequeña ($2 \cdot 10^5$ J/m^2) para un acero templado, más *duro*, pero más frágil.
V. DUREZA, TENACIDAD.

Resistencia

▶ *Resistencia acústica específica (o intrínseca).*—V. IMPEDANCIA ACÚSTICA ESPECÍFICA.

▶ *Resistencia adicional.*—Conductor eléctrico que se coloca *en serie* con un voltímetro cuando la tensión que se quiere medir es superior a la tensión máxima que el instrumento puede soportar.

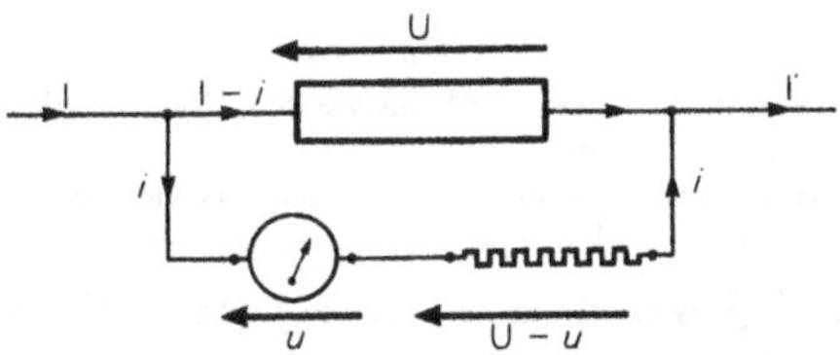

La tensión u en los bornes del voltímetro, provisto de su resistencia adicional, no es más que una fracción de la tensión que se quiere medir, U. La ley de Ohm permite establecer que se obtiene $u = U/n$ si se elige $R = (n - 1)\, r$, siendo R el valor de la resistencia adicional y r la del voltímetro. El *factor de multiplicación n* vale, por ejemplo, $n = 10$ ($U = 10u$), si $R = 9r$.
Las resistencias adicionales suelen estar previstas por el constructor, y colocadas en el interior de la caja del voltímetro. El usuario puede así modificar a su gusto el *calibre* del instrumento, llevando a cabo una sencilla maniobra.

▶ *Resistencia crítica.*—V. CIRCUITO OSCILANTE.

▶ *Resistencia de radiación.*—Todo conductor sede de una oscilación eléctrica (corriente alterna de alta frecuencia) emite directamente, bajo la forma de radiación electromagnética, una parte de la energía eléctrica que lo alimenta, siendo la otra parte disipada en forma de calor por efecto Joule. Estos hechos son particularmente importantes cuando el conductor objeto de estudio es una antena o poste emisor.
Se demuestra que tanto la potencia radiada P_r, como la potencia disipada P_d, son proporcionales al cuadrado de la intensidad eficaz I de la corriente: $P_r = I^2 \cdot R_r$, $P_d = I^2 \cdot R_d$. La magnitud R_r es la *resistencia de radiación* de la antena.
La razón entre la potencia radiada y la potencia total mide el *rendimiento de la atena:* $\rho = P_r/(P_r + P_d) = R_r/(R_r + R_d)$. Se demuestra que la resistencia de radiación para un conductor determinado es tanto mayor cuanto más alta es la frecuencia de la corriente (o más corta

su longitud de onda λ). Se infiere de ello que el rendimiento de la antena es pequeño para las ondas largas (del orden de 0,2), mejorando a medida que las ondas se acortan.
Para las corrientes industriales, de bajas frecuencias, R_r es despreciable ante R_d. La *resistencia total* $R_r + R_d$ se confunde prácticamente con R_d. Es la resistencia del conductor en el sentido habitual.

▶ *Resistencia del aire.*—V. ACCIÓN MECÁNICA DE UN FLUIDO, VELOCIDAD LÍMITE.

▶ *Resistencia eléctrica.*—La primera *ley de Ohm* expresa que existe una proporcionalidad entre la tensión eléctrica U en los bornes de un conductor y la intensidad I de la corriente que lo recorre, lo que puede ser escrito de la forma I = AU, o bien de la forma U = RI. A es la *conductancia* de ese conductor. Parece claro que para una tensión dada U, la corriente es tanto más intensa cuanto mayor es el valor de A, de ahí su nombre. Sucede lo contrario con R = 1/A. R es la *resistencia* del conductor.
R se mide en ohmios, A en siemens (V. CONDUCTIVIDAD, RESISTIVIDAD).
Una resistencia eléctrica se mide por aplicación directa o indirecta de la ley de Ohm o de la ley de Pouillet (V. OHMÓMETRO, PUENTE DE MEDIDA).

▶ *Resistencia inductiva.*—Dipolo pasivo que posee una *resistencia* eléctrica y una *inductancia propia* no despreciables.
V. IMPEDANCIA ELÉCTRICA, IMPEDANCIA ELÉCTRICA COMPLEJA.

Resistividad

Magnitud específica de un material. Es la inversa de su conductividad eléctrica σ: $\rho = 1/\sigma$. Se mide en ohmios · metros (Ω · m).
La experiencia demuestra que la resistividad de un buen conductor es del orden de 10^{-8} Ω · m, y que crece ligeramente con la temperatura. A las temperaturas ordinarias su coeficiente de temperatura $a = \dfrac{d\rho/\rho}{dT}$ es prácticamente constante y vale, sensiblemente, $a \simeq 4 \cdot 10^{-3}\ K^{-1}$ para la mayor parte de los metales puros, aunque es más débil para ciertas aleaciones. Por ejemplo, $a \simeq 0{,}02 \cdot 10^{-3}\ K^{-1}$ para la manganina (cobre, manganeso, níquel), lo que justifica el uso de esta aleación para construir patrones de resistencia. A temperaturas muy bajas las variaciones de la resistividad no son lineales. En las cercanías del cero absoluto se constata la existencia de una resistividad residual, tanto menor cuanto mayor es la pureza del metal.
Estos diversos resultados se explican por los choques inelásticos que obstaculizan el movimiento de deriva de los electrones que aseguran el paso de la corriente, choques contra los iones que constituyen la red cristalina del metal conductor y que se encuentran en agitación térmica; contra los iones desplazados a consecuencia de la existencia de defectos en la estructura cristalina y, eventualmente, contra los iones que pertenecen a átomos extraños presentes en el conductor.
V. LEY DE OHM, SEMICONDUCTOR.

Resistor

Dipolo electrocinético pasivo que consta exclusivamente de resistencia óhmica.

Resonador

V. OSCILACIONES FORZADAS, RESONANCIA, RESONADOR DE HELMHOLTZ.

Resonancia

Un oscilador, oscilando forzadamente bajo la acción de una excitación periódica exterior, es llamado un *resonador*. Se dice que entra *«en resonancia»* cuando la frecuencia de la excitación adquiere un valor particular, característico del oscilador, llamada *«frecuencia de resonancia»* del mismo.

La resonancia, que se encuentra en todos los dominios de la física, se traduce por un conjunto de fenómenos notables y concomitantes, tal como se puede apreciar en los siguientes ejemplos.

▶ *Agudeza de resonancia.*—Cuando un oscilador entra en resonancia, bajo el efecto de una excitación periódica, uno de sus parámetros, llamémosle x, adquiere un valor máximo x_m para un valor N de la frecuencia excitadora. Se mide convencionalmente la *agudeza* de resonancia por el valor del cociente N/ΔN, donde ΔN es el intervalo de frecuencia alrededor de N, en cuyo interior el parámetro x permanece superior a una fracción convenida de su máximo x_m, generalmente $x_m/\sqrt{2}$. La resonancia es tanto más aguda cuanto mayor es ese cociente.

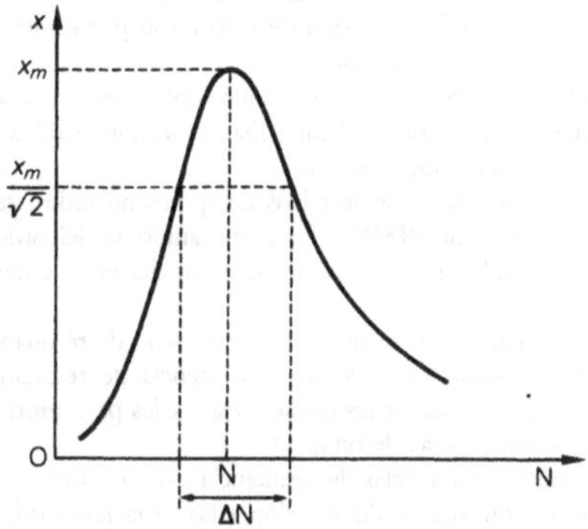

Puede demostrarse que la agudeza de resonancia de un oscilador es igual a su *factor de calidad*. Según el uso al que se destine el oscilador, se hacen esfuerzos, en la medida de lo posible, tanto para conseguir una resonancia pronunciada como una resonancia suave. Por ejemplo, el circuito de sintonía de un receptor de radio debe poder ser puesto en resonancia aguda por la onda portadora de la emisión elegida. Una resonancia no muy pronunciada le haría poco «selectivo».

▶ *Resonancia acústica.*—V. RESONADOR DE HELMHOLTZ, EXPERIENCIAS DE MELDE, TUBO SONORO.

▶ *Resonancia eléctrica.*—Un dipolo eléctrico que contenga en serie una resistencia inductiva (R, L) y un condensador C, es un oscilador con un grado de libertad. En oscilaciones forzadas bajo la acción de la tensión sinusoidal excitadora $u = U\sqrt{2}\cos \omega t$ —u, valor instantáneo; U, valor eficaz; ω, pulsación— es sede de una corriente sinusoidal $i = I\sqrt{2}\cos(\omega t - \varphi)$. Si se elige la intensidad como parámetro, la frecuencia de resonancia del circuito es igual a su frecuencia propia $N_0 = \omega_0/2\pi$ ($\omega_0 = 1/\sqrt{LC}$). La resonancia se produce, por tanto, cuando $\omega = \omega_0$ (o $N = N_0$), y se traduce en los hechos siguientes:

a) La intensidad eficaz I pasa por un máximo (V. AGUDEZA DE RESONANCIA).

b) La intensidad instantánea está en fase con la tensión ($\varphi = 0$).

c) Las tensiones instantáneas en los bornes de la autoinducción y del condensador está en oposición de fase entre sí.
d) Sus valores eficaces son ambos superiores a la tensión excitadora U. Se encuentran «en *sobretensión*».

▶ *Resonancia magnética*.—Fenómeno que se produce cuando una sustancia colocada en un campo magnético intenso **B** es sometida simultáneamente a un campo $\mathbf{B}_1$, perpendicular a **B**, de pequeña intensidad, periódico, de periodo regulable, o es atravesada por una onda electromagnética de frecuencia regulable. Este fenómeno puede ser analizado de distintas maneras. De forma simple, podemos decir esto: bajo la influencia del campo magnético **B** los diversos momentos magnéticos elementales de la sustancia —momentos electrónicos o momentos nucleares— toman con respecto al campo las diferentes orientaciones permitidas. El nivel energético fundamental de la sustancia se subdivide entonces en varios subniveles, equidistantes en la cantidad $\Delta E = \gamma \frac{h}{2\pi} B$ (γ es la relación giromagnética de la sustancia y h la constante de Planck) (V. EFECTO ZEEMAN). La llegada de un fotón a la sustancia puede entonces ser seguida de una *absorción* o de la expulsión de otro fotón por *emisión inducida*, si su frecuencia vale $\nu = \Delta E/h$, y solamente en ese caso.
Se comprende, por tanto, que si ν varía continuamente, pueden observarse *máximos agudos* de absorción o de emisión de energía radiante. Esto es lo que justifica la denominación de «*resonancia* magnética» (cfr. resonancia óptica).
Cuando la sustancia posee núcleos atómicos de spines no nulos, se observa el fenómeno de resonancia magnética nuclear (RMN). Para un campo B del orden del tesla, la frecuencia de resonancia se sitúa en los alrededores de las varias decenas de megahertzios (frecuencias de radio).
En las sustancias paramagnéticas se observa el fenómeno de resonancia paramagnética electrónica (RPE). Para un mismo valor de B, la frecuencia de resonancia es aquí del orden de 10^4 MHz (UHF). Se hacen necesarias técnicas especiales para producir la onda electromagnética (cavidades resonantes, guías de onda...).
Para detectar y medir las frecuencias de resonancia existen distintas técnicas. Se puede utilizar el fenómeno de absorción, prestando atención a las variaciones que se derivan en las características de los circuitos excitadores, o incluso utilizar el fenómeno de emisión, prestando en ese caso atención a las variaciones de intensidad eléctrica inducida en un circuito que capte la emisión.
Descubierta en 1938 por Rabi, estudiada igualmente a partir de 1945 por Bloch, Purcell y otros autores, la resonancia magnética es hoy un fenómeno de uso corriente. Se sabe deducir, por ejemplo, de la posición del máximo observado, de su anchura, de la forma del pico de resonancia, de las variaciones de esos parámetros con diversos factores (la temperatura, por ejemplo), datos sobre la composición de la sustancia, sobre su estructura electrónica o nuclear; sabemos determinar también la intensidad de campos magnéticos muy débiles. Gracias asimismo a la RMN se ha podido demostrar la existencia de paramagnetismo nuclear a muy bajas temperaturas.

▶ *Resonancia mecánica*.—La resonancia de un oscilador mecánico en una dimensión puede dar lugar a los mismos aspectos notables que la de un oscilador eléctrico (V. RESONANCIA ELÉCTRICA). No tiene interés aquí, sin embargo, la velocidad, sino la amplitud de los desplazamientos. El parámetro importante es, por consiguiente, la elongación, homólogo de la carga del condensador (V. CIRCUITO ELÉCTRICO EQUIVALENTE). La frecuencia de resonancia no es N_0 sino $N_0 \sqrt{1 - 2(\lambda/\lambda_0)^2}$, donde λ es el coeficiente de amortiguación, y λ_0 el coeficiente crítico (V. OSCILACIONES AMORTIGUADAS). Se ve que si el amortiguamiento es suficiente ($\lambda > \lambda_0/\sqrt{2}$) ningún valor de la frecuencia excitadora es conveniente. La respuesta del oscilador es entonces prácticamente independiente de la frecuencia del excitador, lo que presenta ventajas en ciertos usos. Es, por ejemplo, el caso de la membrana de un auricular telefónico, que debe vibrar y responder igualmente a todas las frecuencias de excitación. Señalemos, por fin, que los osciladores mecánicos reales poseen a menudo varios grados de libertad, y por tanto varias frecuencias de resonancia (una molécula poliatómica en lo infinitamente pequeño, un vehículo en mecánica industrial, etc.) (V. ANTIRRESONANCIA).

▶ *Resonancia óptica.*—Cuando una sustancia, irradiada por una luz monocromática, radia ella misma una radiación de la misma frecuencia, decimos que se trata de un fenómeno de *resonancia óptica*, y la radiación absorbida y luego radiada es una *radiación de resonancia* para la sustancia estudiada.

La resonancia óptica es, por consiguiente, un caso particular de *fotoluminescencia*.

La palabra resonancia proviene aquí de la antigua teoría de la radiación. Toda radiación emitida que tenga una frecuencia N era atribuida a la presencia, en la sustancia emisora, de osciladores, una de cuyas frecuencias propias de oscilación sería N precisamente. Se concluía que, bajo la acción de una excitación monocromática de frecuencia N, los osciladores entraban en resonancia y emitían una radiación de la misma frecuencia.

Desde el punto de vista de la actual física cuántica, un átomo que se encuentre en su estado fundamental puede, absorbiendo un fotón que le aporte la energía necesaria, pasar a un nivel energético inmediatamente superior y después emitir, volviendo espontánea y directamente a su estado inicial, un fotón de la misma energía y, por tanto, de la misma frecuencia.

Véase en la figura adjunta un ejemplo referido al vapor de sodio, tomado a una presión muy débil (<0,01 mm de mercurio), con el fin de evitar los choques de segunda especie.

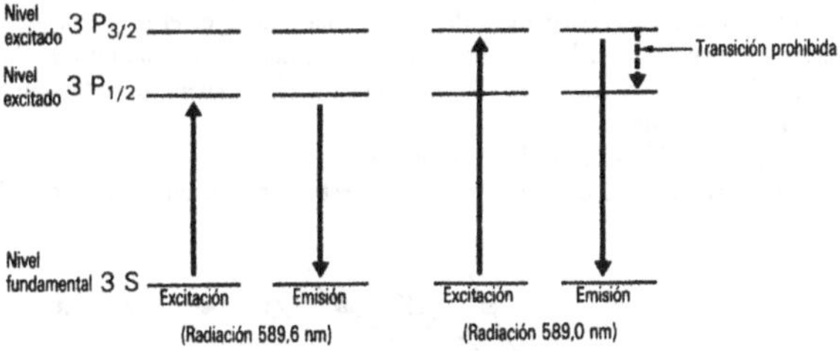

Cada raya horizontal representa simbólicamente un nivel energético, y cada flecha vertical una transición entre dos niveles

Resonancias

Partículas subnucleares de muy corta duración (vida media inferior a 10^{-20} s). Esta denominación recuerda que la curva que da la probabilidad de su formación en el curso de ciertas reacciones nucleares es parecida a la que da una agudeza de resonancia.

Restitución

▶ *Coeficiente de restitución.*—Parámetro que se utiliza muy a menudo para medir el grado de elasticidad de un choque.

Si, caso más simple, el choque se produce entre un cuerpo esférico A y un obstáculo rígido B —una pelota, por ejemplo, que rebota en un suelo duro— el coeficiente de restitución es la razón entre las componentes, normales a B, de las velocidades del centro de masas de A inmediatamente antes (v) e inmediatamente después (v') del choque: $e = v'/v$. El coeficiente e, prácticamente independiente de v, es característico de los cuerpos A y B; de ahí su interés. Admitiendo que el choque tenga lugar en ausencia de rozamiento entre A y B, se demuestra que la pérdida de energía cinética de A en el curso del choque vale $E - E' = E(1 - e^2)$, siendo E y E' las energías cinéticas antes y después del choque. En un choque perfectamente elástico ($E' = E$), $e = 0$.

En el choque entre dos móviles cualesquiera, A_1 y A_2, permanecen válidas las definiciones y consideraciones anteriores, pero v y v' designan ahora las componentes de las *velocidades relativas* de A_1 con respecto a A_2 normales a su plano tangente común en su punto de contacto.

Retardo

▶ *Línea de retardo.*—Línea eléctrica que introduce un retraso, generalmente brevísimo (algunos microsegundos a veces) y calculable, entre la corriente de entrada y la de salida. Se utilizan líneas de retardo en algunos montajes electrónicos, por ejemplo en los radares. Son, en general, cuadripolos análogos a los *filtros de pasa-baja*.

Reticular

Una familia de planos reticulares es un conjunto de planos paralelos equidistantes, que pasan por los centros de los iones, átomos o moléculas que constituyen un *cristal:* la familia de planos debe contener a todos esos constituyentes.

Cada familia está caracterizada por la densidad superficial de centros de corpúsculos sobre cada uno de sus planos, y por las naturalezas químicas de esos corpúsculos. La distancia, constante, entre dos planos consecutivos de una misma familia es el *paso reticular* de esa familia. Los pasos reticulares son del orden del angstrom, es decir, del mismo orden de magnitud que una longitud de onda de rayos X. Ello hizo posible el fenómeno de reflexión selectiva de los rayos X por los cristales.

V. EXPERIENCIA DE VON LAUE, LEY DE BRAGG.

La figura muestra algunas direcciones de líneas reticulares en una red de dos dimensiones.

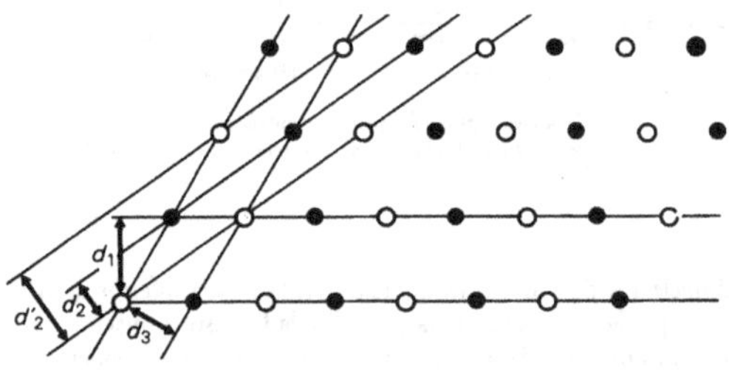

Retraso (en la respuesta)

Dilación temporal en la respuesta de un material a una excitación exterior. Ese retraso puede variar entre una fracción de segundo y varias horas. Es atribuida a una «viscosidad» interna, proveniente de la presencia de impurezas o defectos cristalinos, que entorpecen las sucesivas adaptaciones de la estructura del material a las condiciones impuestas. Este fenómeno, que conviene no confundir en absoluto con la histéresis, aparece en distintos dominios de la física: mecánica, electricidad...

Ejemplos:

Retraso termo-mecánico: La envoltura de vidrio de un termómetro de mercurio, que ha sido mantenida durante un cierto tiempo a temperatura positiva y que se sumerge después en hielo fundente, no vuelve a adquirir el volumen que tenía en el momento de la fabricación más que después de un tiempo más o menos largo. El mercurio, por el contrario, retoma casi instantáneamente su volumen. El termómetro indica entonces, para el hielo fundente, una temperatura algo inferior a 0 °C. Ese «desplazamiento del cero» puede llegar a valer varias décimas de grado, y ello contribuye al abandono de los termómetros de mercurio en las medidas de alta precisión.

Retraso magnético: La intensidad de imanación J de una muestra ferromagnética, sometida al influjo de un campo magnético B cuyos valores son crecientes, pasa de J_1 a J_2 cuando B aumenta lentamente de B_1 a B_2. Pero si B aumenta bruscamente, J alcanza solamente un valor inferior J'_2, elevándose luego lentamente hasta su valor de equilibrio J_2 si mantenemos B constantemente igual a B_2 (V. figura). Esa muestra sería impropia para emplearla en ciertos usos, como memoria de un ordenador, por ejemplo...

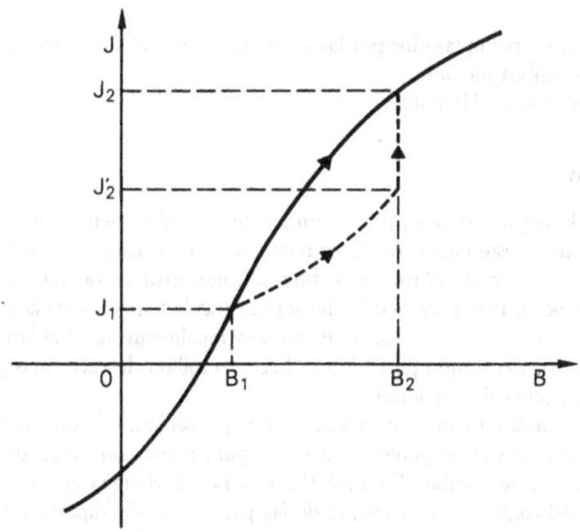

Reusch Friedrich (1812-1892)

▶ *Construcción de Reusch.*–Construcción, utilizando las superficies de índices, del rayo refractado correspondiente a uno incidente dado, a través del dioptrio separador de dos medios transparentes y homogéneos. Siendo n_1 y n_2 los índices de refracción respectivos de los medios, se trazan, a partir del punto I de incidencia, dos semicírculos de radios n_1 y n_2. El rayo incidente, prolongado, corta al primer semicírculo en P_1. Se construye la recta HP_1P_2 perpendicularmente a la traza del dioptrio en el plano de la figura (plano de incidencia). IP_2 es el rayo refractado que se busca.

Puede observarse cómo se satisface la ley de Snell-Descartes de la refracción: IH = n_1 sen i_1 = n_2 sen i_2. Si ambos medios son ópticamente anisótropos, la construcción sigue siendo válida, pero SI e IR son las normales a las ondas incidente y refractada, y los semi-

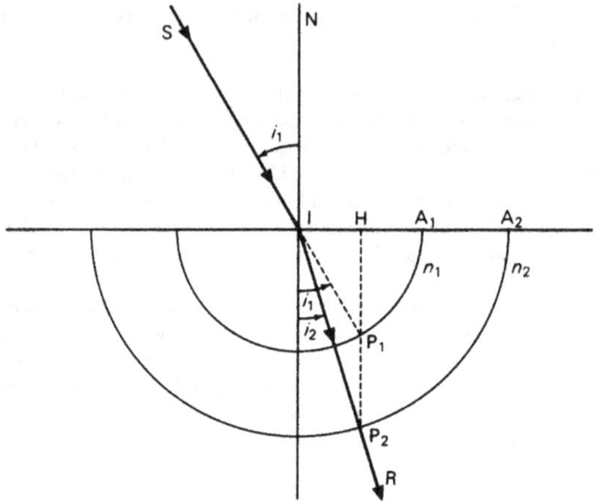

círculos deben ser reemplazados por las secciones, por el plano de incidencia, de las superficies de índices de ambos medios.
V. CONSTRUCCIÓN DE HUYGENS.

Reverberación

Si en una sala cuyas paredes no son completamente absorbentes se colocan un emisor y un receptor acústicos, este último continúa recibiendo las ondas reflejadas por las paredes tras haber cesado la emisión de la fuente, si bien la intensidad de las mismas va disminuyendo de forma exponencial. Esta persistencia del sonido tras la extinción de la fuente es llamada *reverberación*. La *duración de reverberación* es convencionalmente igual al lapso de tiempo T, en el que la intensidad del sonido percibido se hace un millón de veces más pequeña. T puede depender de la frecuencia del sonido.
Una fórmula, conocida como *fórmula de Sabine*, proveniente de una teoría simplificada del fenómeno, es utilizada en arquitectura acústica para prever un orden de magnitud del tiempo de reverberación. Se escribe: $T = 0{,}16\ V/aS$, donde V designa el volumen de la sala, a es un valor medio del *coeficiente de absorción* de las paredes y S la superficie total. Parece claro que las *cualidades acústicas* de una sala dependen, entre otros factores, de su duración de reverberación.
V. CÁMARA SORDA O ANECOICA.

Reversible

▶ *Transformación reversible.*—Se requieren tres condiciones para que la evolución de un sistema sea calificada de transformación reversible.
1. La evolución es una sucesión de estados de equilibrio termodinámico. A veces se dice que la evolución es cuasi-estática.
2. En cada etapa, una modificación muy débil de uno de los factores que determinan la evolución estudiada es suficiente para hacer evolucionar ligeramente al sistema.
3. La modificación inversa del mismo factor provoca una evolución de sentido opuesto (de ahí proviene la palabra reversible).

Desde el punto de vista mecánico eso exige la ausencia total de rozamientos y de viscosidad... Desde el punto de vista térmico, cuando el sistema se encuentra en contacto con una fuente externa de calor, sus temperaturas deben ser en todo instante casi iguales, de suerte que una modificación leve de una de ellas puede invertir el sentido del cambio...
La reversibilidad ligada a tales intercambios con el exterior (intercambios de trabajo, de calor, etc.) es llamada *reversibilidad exterior*. También existe un problema de *reversibilidad interior*. La evolución de un sistema aislado, por ejemplo, es consecuencia de procesos internos, que pueden ser reversibles o no serlo.
De hecho, toda transformación real comporta necesariamente procesos que se alejan más o menos de la reversibilidad. No se puede, por ejemplo, suprimir de forma absoluta todo rozamiento... El concepto de reversibilidad juega, no obstante, un papel sumamente importante en los razonamientos de la termodinámica.
Se infiere, por ejemplo, del segundo principio, que una transformación finita, serie de procesos todos ellos reversibles, puede ser *invertida* únicamente haciendo pasar al sistema en orden inverso por los mismos pasos intermedios, siendo la única transformación que puede ser invertida. Una transformación que conlleva uno o varios procesos no reversibles no es, en consecuencia, «invertible». Es llamada *irreversible*.
Salvo excepciones, sólo las transformaciones reversibles de un sistema dado, sucesiones de estados de equilibrio, pueden ser representadas en un diagrama por una sucesión de puntos. Los parámetros macroscópicos del sistema (extensivos e intensivos) presentan, en efecto, valores bien definidos en cada etapa, y pueden por ello servir de coordenadas de los puntos representativos.
V. CALOR NO COMPENSADO, ENTROPÍA, TERMODINÁMICA GENERALIZADA.

Reynolds Osborne (1842-1912)

▶ *Número de Reynolds*.—Número adimensional utilizado en mecánica de fluidos en el estudio del movimiento de un fluido en el interior de una canalización, o alrededor de un obstáculo sólido: $R = vL\rho/\eta = vL/\nu$, donde v es la velocidad media del fluido; L, una magnitud, homogénea de una longitud, característica de la canalización o del obstáculo; ρ, la densidad del fluido; η y ν, sus coeficientes de viscosidad, dinámico y cinemático respectivamente.
R mide la importancia relativa de las fuerzas de inercia y de viscosidad en el fluido. Para un mismo valor de ese número, el flujo posee las mismas características, cualesquiera que sean la canalización y el fluido que se mueve. Por ejemplo, en una canalización cilíndrica, de sección circular (L es su diámetro), el movimiento se produce en régimen laminar para cualquier valor de v si R es inferior a 2.000, volviéndose turbulento a partir de ese valor.

Richardson Owen (1879-1959)

▶ *Fórmula de Richardson*.—V. EFECTO TERMOELÉCTRICO.

Rigidez

La rigidez de un material elástico mide su resistencia a la deformación global (alargamiento, flexión, torsión...).
Ejemplo: Si un muelle en espiral se alarga una cantidad dL, bajo la acción de una fuerza de tracción dF, su rigidez r viene dada por la relación, que traduce la *ley de Hooke*: $dL = dF/r$.
Para obtener un mismo alargamiento dL, la fuerza de tracción debe ser tanto mayor cuanto mayor sea r, lo que justifica el empleo de la palabra «rigidez».

Se demuestra que la rigidez de un muelle espiral depende del módulo de rigidez G y del diámetro d del alambre del que está hecho, del número n y del diámetro D de sus espiras: $r = 8 \cdot G \cdot d^4/n \cdot D^3$.
r se mide en newton/metro. Su inversa $1/r$, llamada *flexibilidad* del resorte, se mide en metro/newton.
En la literatura en castellano dedicada a la mecánica se prefiere usar k (constante del muelle), en multitud de casos, en lugar de r.
V. TORSIÓN.

▶ *Módulo de rigidez.*—V. MÓDULOS DE ELASTICIDAD.

▶ *Rigidez eléctrica.*—Magnitud, determinada de modo empírico, que caracteriza la posibilidad que presenta un aislante de resistir la acción de un campo eléctrico sin deteriorarse. Es, por convenio, el valor máximo del campo más allá del cual, estando las moléculas del aislante ionizadas, éste es atravesado por una chispa eléctrica. Para cierto tipo de papel parafinado, por ejemplo, la rigidez vale 20.000 kV/m. Si una hoja de ese papel es utilizada como dieléctrico de un condensador y tiene un espesor de 1 mm, éste no podrá soportar una diferencia de potencial superior a 20.000 V.

Ritz Walter (1879-1909)

▶ *Principio de Ritz. Sinónimo:* Principio de combinación.— Es una de las leyes fundamentales de la espectroscopia. Fue establecida por Ritz (en 1908), quien había constatado, estudiando el espectro de rayas del hidrógeno, que «el *número de onda* de cada una de las rayas es igual a una combinación —de hecho, a la diferencia— de los números de onda de otras dos rayas del mismo espectro». El enunciado actual, válido para todos los espectros de rayas, da una explicación del enunciado de Ritz: el número de onda σ de cualquier radiación emitida por un átomo es igual a la diferencia entre dos elementos de un conjunto de magnitudes características del átomo estudiado, sus *términos espectrales* T (V. TÉRMINOS ESPECTRALES). $\sigma_{mp} = T_m - T_p$ y $\sigma_{np} = T_n - T_p$ implican que

$$\sigma_{mn} = T_m - T_n = \sigma_{mp} - \sigma_{np}$$

La experiencia demuestra que la recíproca no es necesariamente cierta. No siempre existe una raya correspondiente a la diferencia entre dos términos espectrales. Esto ha llevado a formular una ley complementaria, el *principio de selección*.

RMN

V. RESONANCIA MAGNÉTICA.

Rodopsina

Sustancia química contenida en los bastones retinianos y que ha podido ser aislada. Por su color ha sido llamada *«púrpura retiniana»*.
Se ha constatado que su curva espectral de absorción coincide con la curva de *eficacia luminosa* en visión escotoscópica. La demora de adaptación de la visión a la oscuridad sería debida, por tanto, al lapso de tiempo necesario al organismo para reconstituir la rodopsina, previamente disociada por una luz demasiado viva. Las carencias de vitamina A, necesaria para esta reconstitución, entrañarían una deficiencia en la visión crepuscular.

Paralelamente se han hecho numerosas tentativas para aislar en los conos retinianos sustancias químicas cuyas transformaciones pudieran explicar la visión fotófica y la visión de los colores. V. VISIÓN.

Roentgen Wilhelm Conrad (1845-1923)

Premio Nobel en 1901.

▶ *Rayos Roentgen.*–V. RAYOS X.

▶ *roentgen (o röntgen) (R).*–Unidad que se utiliza en radiología para evaluar una exposición. «La exposición de un haz de rayos X, o γ, vale por definición un roentgen (1 R) si ese haz produce, en un volumen de aire cuya masa sea igual a 0,001293g, iones que transporten una carga eléctrica de cada signo equivalente a una unidad electrostática (1 franklin).»
1 R+≅ 2,58 · 10^{-4} C/kg (unidad de exposición SI).

Rotacional

El rotacional de un campo vectorial **X**(M) es otro campo de vectores **R**(M), definido por las relaciones:

$$R_1 = \frac{\partial X_2}{\partial x_3} - \frac{\partial X_3}{\partial x_2}, \quad R_2 = \frac{\partial X_3}{\partial x_1} - \frac{\partial X_1}{\partial x_3}, \quad R_3 = \frac{\partial X_1}{\partial x_2} - \frac{\partial X_2}{\partial x_1}$$

R_1, R_2, R_3 son las componentes del rotacional **R** en un referencial ortonormal (O, *x*, *y*, *z*); X_1, X_2, X_3, las componentes del vector **X** en ese mismo referencial, y x_1, x_2, x_3, las coordenadas de un punto cualquiera de M.
Se demuestra que el vector **R** es independiente del referencial de definición. Es un vector axial si **X** es un vector polar, y *viceversa*. Su notación es: **R** = rot **X**, y si se utiliza el operador nabla ∇: $\mathbf{R} = \nabla \wedge \mathbf{X}$.
La denominación rotacional proviene de la utilización del vector **R** en el estudio del movimiento en régimen turbulento de un fluido. Es, sin embargo, de uso común en otros dominios de la física, singularmente en electromagnetismo.
V. POTENCIAL VECTOR, TEOREMA DE STOKES, VECTOR TORBELLINO.

▶ *Teorema del rotacional.*–V. TEOREMA DE STOKES.

Rotor

1. Órgano de una máquina rotatoria (alternador, dinamo, turbina...) animado por un movimiento de rotación en el interior de un órgano fijo, el *estator*.
2. Término y concepto equivalente a rotacional (V. esa voz).

Rowland Henry Augustus (1848-1901)

▶ *Experiencia de Rowland.*–Llevada a cabo por primera vez en 1876, esta experiencia consiste en hacer girar alrededor de su eje un disco circular de materia aislante que lleve cargas eléctricas sobre pastillas conductoras fijas en su superficie. Una aguja imantada colocada en las cercanías sufre una desviación. Esta experiencia demuestra, cualitativa y cuantitativamente, que los desplazamientos de las cargas eléctricas asociables a corrientes de «convección» producen los mismos efectos magnéticos que las habituales corrientes de «conducción».

Rozamiento

▶ *Rozamiento entre fluidos.*—V. VISCOSIDAD.

▶ *Rozamiento entre sólidos:*
1 / *Rozamiento dinámico.*—Cuando dos sólidos están en contacto y deslizan con dificultad uno sobre otro, decimos comúnmente que rozan entre sí. Arrastremos, por ejemplo, una silla sobre el parqué. Su rozamiento contra el suelo se nos hace evidente por una resistencia al movimiento, más importante si la silla está más cargada o si sus patas no son lisas..., lo cual raya el parqué. Una análisis atento conduce a enunciar las leyes del rozamiento:
Un sólido S se apoya sobre otro S'. Ambos se aplastan ligeramente entre sí, y están en contacto a través de una pequeña superficie de su plano tangente común, de normal MN (V. figura). Con respecto a S' S puede deslizar, pivotar, rodar o hacerlo todo simultáneamente. Las velocidades instantáneas relativas a esos tres movimientos son, respctivamente, v, ω_p, ω_r. La reacción mecánica compleja de S' sobre S puede ser representada por un conjunto de fuerzas, equivalente a una fuerza única R, acompañada por un par de momento C (V. TORSOR DE FUERZAS). R posee dos componentes: una normal, N —la experiencia demuestra que representa sólo la reacción de S' si el rozamiento resulta despreciable— y una tangencial T que se opone al deslizamiento de S sobre S'.

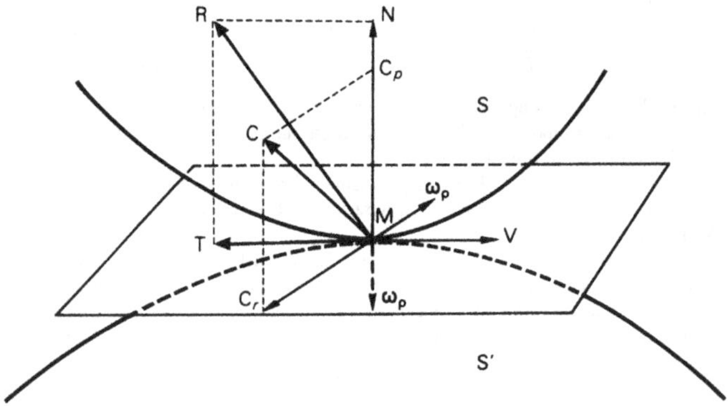

C posee igualmente dos componentes: su componente normal C_p se opone al giro sobre sí mismo; su componente tangencial C_r, a la rodadura.
T es la fuerza de *rozamiento por deslizamiento*, C_p el par de *rozamiento por pivotamiento*, C_r el par de *rozamiento por rodadura*.
Naturalmente, la ley de la igualdad entre acción y reacción permanece válida. S' sufre fuerzas iguales y opuestas a las que ejerce sobre S.
Las *leyes del rozamiento* fueron propuestas por Coulomb (1780) y aún se utilizan. Expresan la proporcionalidad entre fuerzas y pares de rozamiento, por una parte, y la componente N que asegura el apoyo mutuo ente los sólidos:

$$T = fN, \quad C_p = \lambda N, \quad C_r = \mu N.$$

f, λ, μ, son llamados *coeficientes de rozamiento* dinámicos: de deslizamiento, de pivotamiento, de rodadura (aunque sólo f sea un coeficiente numérico). λ y μ son homogéneas, cada una de ellas, a una longitud, y se evalúan corrientemente en milímetros.

Véanse algunas órdenes de magnitud:

acero sobre acero $f \sim 0{,}1$ $\lambda \sim \mu \sim 2$ mm;
pastilla de freno sobre acero $f \sim 0{,}35$.

Las leyes de Coulomb son aproximadas solamente. La experiencia demuestra que los coeficientes de rozamiento, para dos materiales determinados, dependen en realidad y sensiblemente de los valores de N y de las áreas de las superficies de contacto; también dependen de las velocidades v, ω_p y ω_r.

La teoría del fenómeno está por hacer, no estando claramente elucidado el origen de las fuerzas de rozamiento entre sólidos, que es sin duda múltiple. Las asperezas de las superficies de contacto juegan ciertamente un papel, pero igualmente las interacciones moleculares, principalmente cuando las superficies han sido bien pulimentadas (¡por rozamiento, usando abrasivos adecuados!).

Desde el punto de vista práctico, el trabajo de las fuerzas de rozamiento no puede ser más que nulo o resistente. Se convierte entonces parcialmente en calor, parcialmente en trabajo de desgaste de los materiales (hay que cambiar cada cierto tiempo las pastillas de freno). Presentan a menudo, pese a todo, un aspecto útil. El papel de los frenos, el de los abrasivos son ejemplos de ello. Se puede demostrar igualmente que, sin las fuerzas de rozamiento, sería imposible la marcha, el movimiento de los vehículos. Piénsese en los efectos de las placas de hielo...

2 / *Rozamiento estático.*—La experiencia demuestra que cuando un sólido S, en contacto con otro S′, es solicitado por fuerzas exteriores, aparecen fuerzas de rozamiento de contacto, se ajustan a valores que compensen esas fuerzas exteriores y mantienen al sólido S en equilibrio. Son, por ejemplo, las fuerzas de rozamiento las que sostienen sobre el suelo una escalera de mano.

Las leyes del fenómeno fueron establecidas por Coulomb, como las leyes del rozamiento dinámico. Contrariamente a estas últimas, se expresan por medio de desigualdades:

$$T \leqslant f_0 \cdot N, \quad C_p \leqslant \lambda_0 \cdot N, \quad C_r \leqslant \mu_0 \cdot N.$$

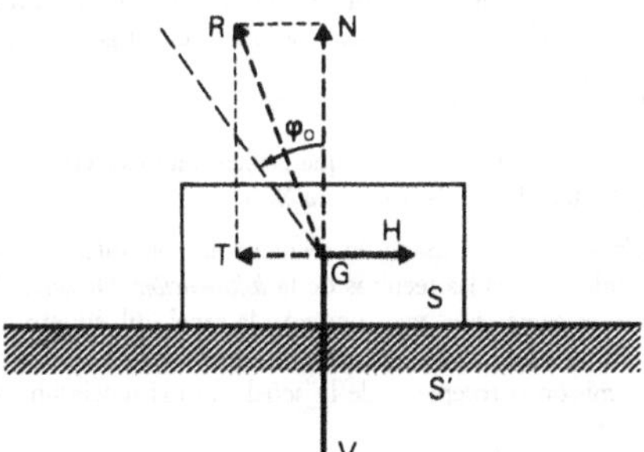

Un sólido paralepipédico S reposa sobre un suelo horizontal S′. Es solicitado por su peso **P** y por un conjunto de fuerzas (**F**). Suponemos que los elementos de reducción del torsor **P** + (**F**) en el punto G se reducen a una resultante de componente horizontal **H** y de componente vertical **V**. Las fuerzas de rozamiento se ejercen sobre S en los diferentes puntos de contacto con el suelo. Se ajustan de manera que compensan exactamente **V** + **H**, lo que quiere decir que son iguales a una resultante **R** cuya componente normal a la superficie de contacto es **N** = − **V**, y la componente tangencial es **T** = − **H**. Pero esto no es posible salvo si $T \leqslant f_0$ N, es decir, si **R** es interior a un cono de revolución, llamado «cono de rozamiento», de eje vertical y de semiángulo en el vértice φ_0, tal que tg $\varphi_0 = f_0$. Si T es exterior a ese cono, el sólido desliza sobre el suelo en la dirección y con el sentido impuestos por **H**.

Se ve que estas leyes implican la existencia de valores límite para estas fuerzas y pares de rozamiento estático. Más allá de esos límites ya no pueden compensar las fuerzas exteriores, y el sólido se pone en movimiento. Intervienen entonces las leyes del rozamiento dinámico.
f_0, λ_0, μ_0, son los *coeficientes de rozamiento estático*. Sus valores numéricos son superiores (a veces un 25 %) a los de sus homólogos dinámicos, aunque no se conozca exactamente la razón.

▶ *Rozamiento entre sólido y líquido.*—V. ACCIÓN MECÁNICA DE LOS FLUIDOS, OSCILACIONES AMORTIGUADAS.

RPE

V. RESONANCIA MAGNÉTICA.

Ruhmkorff Heinrich Daniel (1803-1877)

▶ *Carrete de Ruhmkorff.*—V. BOBINA DE INDUCCIÓN.

Ruido

▶ En lenguaje común se llama *ruido* a todo fenómeno sonoro desagradable o molesto, *indeseable* por consiguiente, cualesquiera sean su origen o sus características fisiológicas. Llamamos ruidos a los sones de un piano si molestan nuestro trabajo o nuestras cavilaciones, del mismo modo que para un joven motorista «el ruido» de su motor es una agradable sinfonía.
En el dominio científico se han propuesto diversas definiciones para la palabra ruido (vibraciones no periódicas, aleatorias, demasiado intensas...), ninguna de las cuales es juzgada como suficientemente satisfactoria. La mayor parte de los físicos evitan utilizar dicha palabra, salvo en algunas expresiones convencionales como «ruido de fondo» y, evidentemente, en el lenguaje ordinario. Los perjuicios que ocasiona el ruido al organismo humano comienzan a conocerse mejor. Se ha establecido, por ejemplo, que el nivel superior de intensidad sonora a partir del cual un ruido es nocivo se sitúa en torno a 80 fones. La lucha contra el ruido comprende, de una parte, los procedimientos que buscan reducirlo en origen y, de otra, los procedimientos de aislamiento sonoro.
V. AUDICIÓN, BEL, FON, SONIDO.

▶ *Ruido blanco.*—Sonido complejo en el que la densidad espectral energética es independiente de la frecuencia. (Analogía con la *luz blanca* W.)

▶ *Ruido de fondo.*—Expresión usada en técnicas de comunicación telefónica y radiofónica y más tarde extendida a todas las técnicas de la *información.* Designa el conjunto de señales parásitas cuyo efecto es *enmascarar,* más o menos, la señal útil, superponiéndose a ella. Su origen puede estar en el exterior, o ser consecuencia del funcionamiento mismo de los órganos de producción, transmisión o recepción de la señal. Su existencia limita la sensibilidad del conjunto de esos órganos.
Una de las cualificaciones de un aparato utilizado para producir, transmitir o recibir información es la relación energética señal/ruido (evaluada en decibelios).

▶ *Ruido rosa.*—Sonido complejo en el que la densidad energética espectral es inversamente proporcional a la frecuencia.

Rumford Benjamin Thompson, conde de (1753-1814)

▶ *Experiencia de Rumford.*—De hecho no se trata de una *experiencia*, sino de una *observación* hecha (en 1798) en el curso de la pulimentación de tubos metálicos destinados a la fabricación de cañones. Sorprendido por la cantidad de calor, aparentemente inagotable, que se desprendía en el curso de la operación, Rumford concluyó que éste no podía tratarse de un fluido –el pretendido calórico– previamente contenido en el metal, y tuvo la idea de atribuir el fenómeno a una conversión a calor del trabajo suministrado por las herramientas de pulimiento de ánimas.

La idea siguió su curso, y el *equivalente mecánico de la caloría* fue determinado una cincuentena de años después (Mayer, 1842; Joule, 1848).

V. CALOR.

Russel Alexander Smith (1888)

▶ *Acoplamiento Russel-Sanders.*–V. MODELO VECTORIAL DEL ÁTOMO.

Rutherford Ernest, Lord (1871-1937)

Premio Nobel de Química en 1908

▶ *Experiencias de Rutherford:*

1 / Difusión de partículas (1910).–Enviando partículas alfa, provenientes de un fragmento de radio, sobre una hoja metálica de espesor muy pequeño, Rutherford comprobó que la trayec-

1. *Esquema básico del montaje de la experiencia de difusión de partículas* α

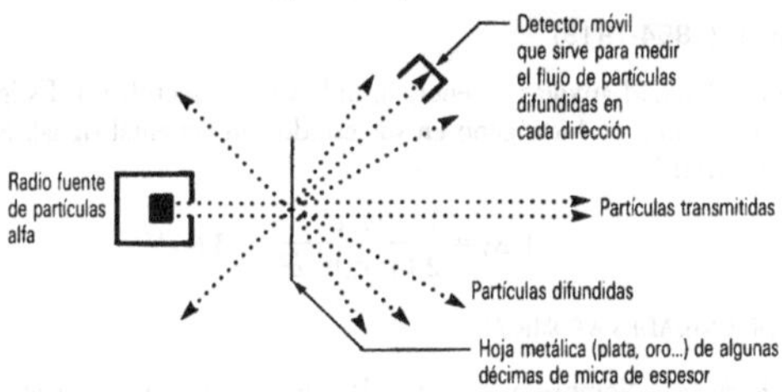

2. *Esquema de una colisión partícula* α y núcleo pesado

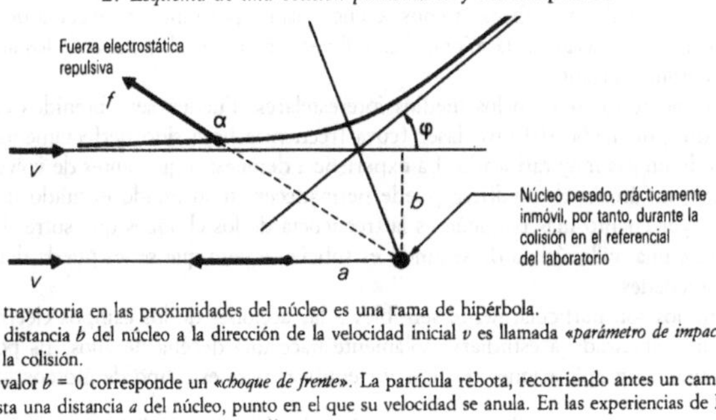

La trayectoria en las proximidades del núcleo es una rama de hipérbola.

La distancia b del núcleo a la dirección de la velocidad inicial v es llamada *«parámetro de impacto»* de la colisión.

Al valor $b = 0$ corresponde un *«choque de frente»*. La partícula rebota, recorriendo antes un camino hasta una distancia a del núcleo, punto en el que su velocidad se anula. En las experiencias de Rutherford a permaneció superior a 10^{-11} m = 0,01 nm.

El *ángulo de difusión* φ es calculable igualmente. Se encuentra que $\mathrm{tg}\,\frac{\varphi}{2} = \frac{a}{2b}$.

La ley de reparto del flujo de partículas difundidas se obtiene de todo ello; ley confirmada por la experiencia.

toria de algunas partículas sufría fortísimas desviaciones (superiores a 90°). Según el modelo atómico de J.J. Thompson, entonces admitido, esas desviaciones no podían exceder de unos pocos grados.
Los resultados obtenidos se explican e interpretan fácilmente si se admite que la carga positiva del átomo se encuentra concentrada en un «núcleo» cuasi puntual. Una partícula alfa, unas 8.000 veces más masiva que un electrón, puede, por tanto, llegar hasta la vecindad inmediata de ese núcleo y sufrir una intensa fuerza repulsiva que modifique intensamente su trayectoria (V. figura). Estas experiencias llevaron al concepto de átomo planetario.
2 / Transmutación artificial (1919).—Enviando partículas alfa, en una atmósfera de nitrógeno, con la esperanza de conseguir el fenómeno inverso de una emisión alfa (la captura, por tanto, de una partícula alfa por uno de esos núcleos de nitrógeno), Rutherford acertó a detectar la formación de unos cuantos iones de hidrógeno (protones). Acababa de realizar, por primera vez, una transmutación artificial: átomos de nitrógeno se habían transformado en átomos de oxígeno, reacción nuclear que se formula hoy de la siguiente manera: ${}^{14}_{7}\mathrm{N} + {}^{4}_{2}\mathrm{He} \rightarrow {}^{1}_{1}p + {}^{17}_{8}\mathrm{O}$, o, de manera más concisa: ${}^{14}\mathrm{N}(\alpha, p)\,{}^{17}\mathrm{O}$.
V. BALANCE ENERGÉTICO Q, REACCIÓN NUCLEAR.

▶ *rutherford*.—Unidad de actividad de los núcleos radiactivos (poco utilizada). Es la actividad de una preparación que origina 10^6 desintegraciones por segundo.

$$1 \text{ rutherford} \simeq 27 \text{ microcuries} = 10^6 \text{ becquerels (unidad actual)}.$$

Rydberg Johannes (1854-1919)

▶ *rydberg (Ry)*.—Unidad auxiliar de energía, utilizada en microfísica. Es igual al valor absoluto de la energía del átomo de hidrógeno en sus estado fundamental (igual, en consecuencia, a su energía de ionización):

$$1 \text{ Ry} = \frac{1}{2} \frac{m_e e^4}{(4\pi\varepsilon_0)^2 \cdot \hbar^2} \simeq 13{,}6 \text{ eV}.$$

V. SISTEMA DE UNIDADES ATÓMICAS.

▶ *Átomo de Rydberg*.—Nombre que se da a los átomos, uno de cuyos electrones ha sido llevado a un nivel energético altísimo, nivel de número cuántico principal n de varias decenas o centenares de unidades. Estos átomos se encuentran, por tanto, muy cerca de estar ionizados. Su tamaño puede alcanzar la micra, diez mil veces superior al tamaño de los átomos normales. Son los átomos gigantes.
Probablemente existen, en los medios interestelares. Pueden ser obtenidos en el laboratorio excitando, por medio del rayo láser (cuya frecuencia haya sido perfectamente calibrada), los átomos de un gas muy rarificado. La experiencia demuestra que, antes de volver al estado fundamental, un átomo de Rydberg puede permanecer en su estado excitado un cierto tiempo, tanto mayor cuanto más pequeña es la frecuencia de los choques que sufre. Un *tiempo de relajación* de una millonésima de segundo es suficiente para que se les pueda detectar y estudiar sus propiedades.
Esos átomos son particularmente sensibles a las acciones de los campos eléctricos o magnéticos. Han comenzado a estudiarse solamente hace una decena de años. Es posible que en el futuro aparezcan aplicaciones técnicas y científicas para este tipo de átomos.

▶ *Constante de Rydberg*.—Es la constante R de las fórmulas de Balmer acerca de los espectros de rayas del hidrógeno y los átomos hidrogenoideos:

$$\sigma = RZ^2(1/n^2 - 1/m^2)$$

donde σ designa el número de onda (inverso de la longitud de onda) de toda radiación emitida por el átomo estudiado; Z es el número atómico de éste, y n y m, dos números enteros positivos.

De estudio experimental de esos espectros se deducen, para la constante R, valores numéricos ligeramente diferentes. Para el hidrógeno, por ejemplo, y para el deuterio, se encuentran, respectivamente,

$$R_H = 1{,}096777 \cdot 10^7\ m^{-1} \qquad R_D = 1{,}097074 \cdot 10^7\ \mathrm{m}^{-1}.$$

La teoría cuántica de la emisión espectral ha permitido reencontrar la fórmula de Balmer por vía deductiva, y dando una expresión de R en función de constantes conocidas: $R_\infty = \mu_0^2 \cdot c^3/8h^3 \cdot m_e\, e^4$ donde m_e es la masa del electrón, e su carga eléctrica, μ_0 la permeabilidad del vacío, c la velocidad de la luz y h la constante de Planck.

Numéricamente, ese valor es: $R_\infty = 1{,}097373152 \cdot 10^7\ \mathrm{m}^{-1}$.

Las pequeñas desviaciones experimentales respecto de este valor teórico se explican si se tiene en cuenta la masa M del núcleo de cada átomo. De hecho, R_∞ ha sido calculada suponiendo el núcleo inmóvil y, por tanto, M infinita. De ello se deduce el valor de R que cada experiencia puede dar: $R = R_\infty \left(1 - \frac{m_e}{M}\right)$, previsión que la experiencia verifica con la notable precisión de las medidas espectroscópicas ($1/10^9$).

S

S

Símbolo del *siemens*, unidad de conductividad eléctrica.

s

Símbolo del *segundo*, unidad de tiempo.

▶ *Electrón s.*—La letra *s* (inicial del inglés *sharp*, nítido) ya había sido utilizada para caracterizar una serie de rayas del espectro de los átomos alcalinos. Las rayas de otras series se caracterizaban, respectivamente, con las letras *p* (principal), *d* (difuso), *f* (fundamental).
Cada serie corresponde a transiciones del átomo hasta su nivel fundamental desde estados excitados del mismo número cuántico secundario l. SI $l = 0$ se obtienen las rayas de las serie *s*; y para los valores 1, 2, 3 se obtienen las series *p*, *d*, *f*, respectivamente.
Los *términos espectrales* de esos niveles excitados se escriben, simbólicamente: $R/(n - s)^2$, $R/(n - p)^2$, etc. R es la constante de Rydberg. Pero, desde el punto de vista numérico, *s*, *d*, *p*, *f* presentan cada uno, de hecho, un valor que depende del átomo estudiado.
Con mayor generalidad se conviene hoy en llamar *electrón s*, *electrón p*, *electrón d*, *electrón f* a cualquier electrón *de un átomo cualquiera* que pertenezca a una subcapa de número cuántico secundario $l = 0, 1, 2, 3$, respectivamente. Si l es superior a 3 se utilizan las letras siguientes del alfabeto, *g*, *h*...

Sabine Sir Edward (1788-1833)

▶ *Fórmula de Sabine.*—V. REVERBERACIÓN.

Sacacorchos

▶ *Reglas del sacacorchos, de Maxwell.*—Procedimiento práctico para encontrar rápidamente el convenio del triedro a derechas (V. ORIENTACIÓN DEL ESPACIO).
«Un sacacorchos que gira en el sentido positivo de rotación (avance) progresa en el sentido positivo de traslación.»
El sacacorchos puede ser reemplazado, con el mismo objeto, por la mano derecha: «El pulgar, formando un triedro trirrectángulo con el índice y el corazón, da el sentido positivo de la orientación; los otros dos dedos, el sentido de la rotación.»
Se señala así sin dificultad, por ejemplo, el sentido del campo magnético **B** en el eje de una espira recorrida por una corriente eléctrica de intensidad *i* (V. figura). (En ella se ve otra variante de la regla de la mano derecha: el pulgar señala el sentido positivo de la traslación mientras los otros dedos, curvados, señalan el sentido de la rotación).
V. REGLA DEL OBSERVADOR DE AMPÈRE.

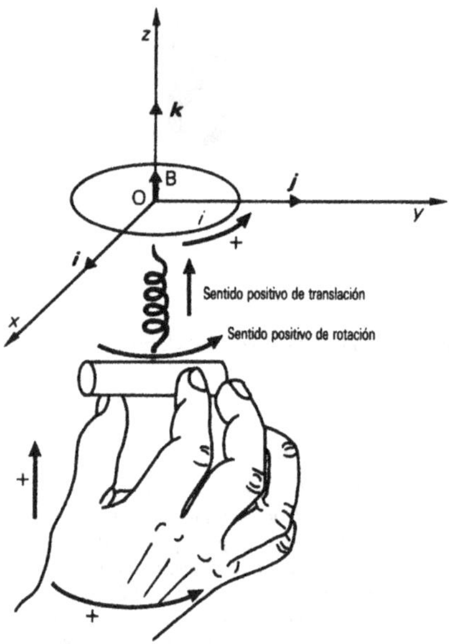

Sacarimetría

V. POLARIMETRÍA.

Saturación

1 / *Colorimetría*.—V. TRIVARIANCIA VISUAL.

2 / *Magnetismo*.—V. FERROMAGNETISMO.

3 / *Disoluciones*.—La disolución de un sólido o un gas en un disolvente líquido llega a *saturación* —la disolución obtenida es llamada entonces *saturada*— cuando ésta puede permanecer en equilibrio con un exceso de soluto, en condiciones dadas de presión y temperatura. Se piensa que, realmente, se trata de un equilibrio estadístico. Entre el soluto en exceso y la disolución tienen lugar intercambios permanentes, que se compensan. Este tipo de equilibrio es justificable a partir de las leyes sobre los equilibrios físico-químicos (ley de acción de masas, leyes sobre las variaciones y desplazamientos de los equilibrios...).

Ejemplo: Siendo igual a 2 la *variancia* del equilibrio, la solubilidad del cuerpo disuelto (medida por la concentración de la solución saturada) depende de dos parámetros intensivos, presión y temperatura. A presión constante, la solubilidad es función creciente de la temperatura si la disolución es endotérmica, caso más frecuente (un litro de agua puede disolver dos kilos de azúcar a 20° y 5 kg a 100°). La disolución de sal en agua es prácticamente atérmica, pudiendo disolver un litro de agua unos 360 g de sal a cualquier temperatura (sólo que con más rapidez en agua caliente).

▶ *Curva de saturación*.—Lugar geométrico de los puntos, sobre el diagrama de un cuerpo puro, que representan estados de equilibrio entre dos fases distintas. V. DIAGRAMA DE ANDREWS.

Savart Félix (1791-1841)

▶ *savart.*—Unidad utilizada en Acústica musical para evaluar los *intervalos*. Si las frecuencias de dos sonidos valen respectivamente N y N' (N mayor que N') (el primer sonido es más agudo), su intervalo, expresado en savarts, es:

$$i = 1.000 \log (N/N').$$

Ejemplo: El intervalo de octava vale 1.000 log 2 = 301,03, valor que se reondea habitualmente a 300 savarts. Un semitono de la escala templada vale entonces 300/12 = 25 savarts.

▶ *Ley de Biot y Savart.*—V. BIOT.

Scanner

De un verbo inglés que significa barrer.

Aparato que permite realizar una *scanografía* o, para los que prefieren las raíces grecolatinas, una *radiotomografía por barrido* (tomo viene de una palabra griega que significa cortar).
La idea de las radiografías por planos sucesivos, seguida por algunas tentativas de realización, data de 1951 (Boccage). El primer scanner fue realizado en 1968, por Hounsfield y Cormack (Nobel en 1979), y perfeccionado sin cesar desde entonces. Permite obtener una imagen de rayos X, punto por punto, de una pequeña región plana de un órgano (cerebro, pulmón...). Habiendo sido la pequeña región que se quiere explorar dividida idealmente en un gran número de pequeñas zonas, dispuestas como las casillas de un damero microscópico (n líneas y n columnas, $n = 250$, por ejemplo), el principio del scanner consiste en determinar el coeficiente de absorción de los rayos X, a_i^j, de cada una de esas pequeñas zonas z_i^j (i es el rango de la línea; j, el de la columna). Para ello atraviesa la región explorada un pequeño pincel de rayos X monocromáticos, a través, por ejemplo, de la primera línea del damero. Siendo I_0 la intensidad del pincel a la entrada e I la intensidad a la salida, puede demostrarse que el coeficiente de absorción total (I/I_0) es igual al producto de los coeficientes parciales de todas las zonas atravesadas. De ahí la ecuación:

$$\log (I/I_0) = x_1^1 + x_1^2 + x_1^3 + \ldots + x_1^n \quad \text{si} \quad x_i^j = \log a_i^j.$$

El mismo pincel es enviado a continuación sucesivamente al resto de las líneas, y así es barrida por primera vez toda la región interesada. Se han obtenido n ecuaciones para n^2 incógnita. Es preciso repetir la operación, tras haber hecho girar la dirección del pincel un pequeño ángulo. Se obtienen de nuevo n ecuaciones. Es fácil comprender que hay que proporcionar al pincel n direcciones sucesivas (sobre un ángulo próximo a 180°) para finalmente obtener un sistema de n^2 ecuaciones lineales con n incógnitas (¡62.500 ecuaciones con 62.500 incógnitas, por ejemplo!). Un ordenador puede obtener de modo efectivo las soluciones buscadas en muy pocos segundos.
Este mismo ordenador comunica a continuación los resultados, en forma numérica, a un osciloscopio, que reproduce el damero microscópico dando a cada casillero un tono gris más o menos profundo, en función del coeficiente de absorción de la casilla correspondiente del órgano examinado (V. NUMERIZACIÓN).
Gracias a este análisis, el scanner X permite localizar anomalías eventuales en elementos de volumen del orden del milímetro cúbico. Se pueden detectar anomalías a escala de las estructuras celulares usando un instrumento análogo: el scanner RMN.

Schmidt Bernhard (1879-1935)

▶ *Lámina de Schmidt.*—Es uno de los dispositivos que se utilizan para mejorar la calidad de las imágenes en los grandes telescopios de observatorio. Un espejo esférico no es estigmático para el punto del infinito sobre su eje. Cuando un telescopio posee como objetivo un espejo esférico, la imagen de una estrella aparece, por consiguiente, manchada de aberraciones (coma y aberración esférica). Una de las soluciones diseñadas para burlar esta dificultad consiste en colocar, en el plano perpendicular al eje óptico del espejo que pasa por su centro de curvatura, un diafragma circular, cuyo efecto es suprimir el defecto del coma, y, en la abertura de ese diafragma, una lámina de vidrio, llamada lámina de Schmidt, cuyo espesor en cada punto se calcula de modo que se obtenga una aberración esférica igual y de signo contrario a la del espejo. Un objetivo esférico provisto de una lámina de Schmidt es conocido como objetivo de Schmidt. Distintos telescopios actuales poseen un *objetivo de Schmidt*. Entre los más célebres citaremos el telescopio de Monte Palomar (California), cuyo campo de más de seis grados y su gran claridad han permitido particularmente determinar con gran precisión el mapa del cielo boreal.

Schrödinger Erwin (1887-1961)

Premio Nobel en 1933 (con Dirac).

▶ *Ecuación de Schrödinger.*—Ecuación que, en mecánica cuántica, determina la evolución de la onda asociada a un corpúsculo no relativista.
Fue establecida en 1926 por Schrödinger, guiado por el deseo de encontrar, para la nueva mecánica ondulatoria, una ecuación que admitiera, en primera aproximación, el principio de mínima acción (regente de la antigua mecánica), al modo que la ecuación de propagación de las ondas luminosas admite el principio de Fermat —rector de la óptica geométrica— en primera aproximación.
Para un corpúsculo que posea una masa m y una energía potencial $V(x, y, z, t)$, la ecuación de Schrödinger se escribe (siendo $i^2 = -1$ y $\hbar$ la constante reducida de Planck):

$$i\hbar \frac{\partial \psi}{\partial t} = -\frac{\hbar^2}{2m} \Delta\psi + V \cdot \psi.$$

$\psi(x, y, z, t)$ es la función de onda desconocida que se debe determinar.
Haciendo notar que $-\frac{\hbar^2}{2m}\Delta + V$ es la expresión del operador hamiltoniano $\hat{H}$ del corpúsculo, Schrödinger escribió la forma más general de la ecuación: $i\hbar \frac{\partial \psi}{\partial t} = \hat{H} \cdot \psi$.
Cuando la energía V no depende del tiempo, puede separarse de cada solución una parte espacial $\Phi(x, y, z)$ y una parte temporal. La parte espacial es, por sí misma, solución de una ecuación de Schrödinger independiente del tiempo, que puede escribirse de la forma $\Delta\Phi + \frac{2m}{\hbar^2}(E - V)\,\Phi = 0$, o bien de, de modo conciso, $\hat{H}\Phi = E\Phi$.
Se demuestra que ésta posee un conjunto de soluciones que dependen, cada una de ellas, de un número cuántico n. Se obtiene, finalmente: $\psi_n = \Phi_n(x, y, z)\exp(-iE/Kt)$. El corpúsculo se encuentra entonces en uno de sus estados estacionarios accesibles, y posee una energía constante E_n.

V. ECUACIÓN DE KLEIN-GORDON, ECUACIÓN DE DIRAC, ESPECTRO DE UN OPERADOR, ORBITAL, POSTULADOS DE LA MECÁNICA CUÁNTICA.

Schwarzschild Karl (1873-1916)

▶ *Radio de Schwarzschild.*—V. AGUJERO NEGRO.

Sección principal

1 / Óptica geométrica.—V. PRISMA.

2 / Óptica física.—Se llama plano de sección principal de una *lámina birrefringente* a todo plano normal a la cara de entrada que contenga una de sus líneas neutras. Existen, en consecuencia, dos direcciones ortogonales de secciones principales para una lámina, ya que existen sobre la cara de entrada dos direcciones ortogonales de líneas neutras. En las láminas uniáxicas utilizadas como *polarizadores* o *analizadores*, un prisma de *Nicol* por ejemplo, una de esas direcciones de plano contiene al eje óptico. En ese caso es a esa dirección de plano a la que se designa particularmente como plano de sección principal.

Seebeck Thomas Johann (1770-1831)

▶ *Efecto Seebeck*.—V. PAR TERMOELÉCTRICO.

Segundo

▶ *segundo (s)*.—Unidad de tiempo, común a los diferentes sistemas de unidades coherentes que han sido utilizados sucesivamente: sistemas c.g.s., m.t.s., m.k.s., SI. Fue definido en primer lugar de acuerdo con observaciones astronómicas: el «día solar medio» vale 86.400 s (convenio de los fundadores del sistema c.g.s.), «el año trópico 1900» vale 31.556.925,9747 s (convención de 1900). La conferencia general de Pesas y Medidas de 1967 adoptó una definición referida a un fenómeno físico reproducible en el laboratorio. Se trata de una radiación hertziacentimétrica, emitida por el cesio en determinadas circunstancias experimentales.

«El segundo es la duración de 9.192.631.770 periodos de la radiación correspondiente a la transición entre los dos niveles energéticos superfinos del estado fundamental del átomo de cesio 133». Es la definición en vigor actualmente.

Estos convenios sucesivos definen todos prácticamente *un mismo intervalo de tiempo*. Pero mientras que el segundo, en la primera definición, podía tener fluctuaciones del orden de $1/10^7$ en valor relativo, los «relojes de cesio» están acordados entre sí con una precisión relativa del orden de $1/10^{12}$ (desviaciones del orden de 0,03 ms en un año).

▶ *Segundo (")*.—Unidad de ángulo plano.—V. RADIÁN.

Selección (Reglas de)

1 / Espectroscopia.—Reglas que indican cuáles son las radiaciones que un átomo o una molécula puede emitir o absorber, entre todas aquellas que satisfagan el principio de combinación de Ritz.

En el caso de un átomo, por ejemplo, sólo están «permitidas», es decir, son observables, aquellas que corresponden a transiciones que implican una variación $\Delta L = \pm 1$ del número cuántico acimutas L, y una variación igual, a lo sumo, a una unidad en su número cuántico interno J: $\Delta J = 0$ o ± 1. En presencia de un campo magnético (efecto Zeeman) interviene una condición suplementaria: $\Delta M = 0, \pm 1$, siendo M el número cuántico magnético. Existen reglas análogas para los espectros moleculares.

Estas reglas, de origen empírico, no son válidas más que en determinadas condiciones. En el espectro pueden aparecer rayas «prohibidas», si cambian las circunstancias experimentales. Por ejemplo, cuando un átomo se encuentra sumergido en un campo eléctrico intenso (efecto Stark) aparecen rayas nuevas.

De acuerdo con las teorías clásicas, el modelo vectorial del átomo demuestra que las transiciones permitidas son aquellas que acompañan a una modificación del momento eléctrico o del momento magnético del átomo. En mecánica cuántica puede tratarse este problema cuantita-

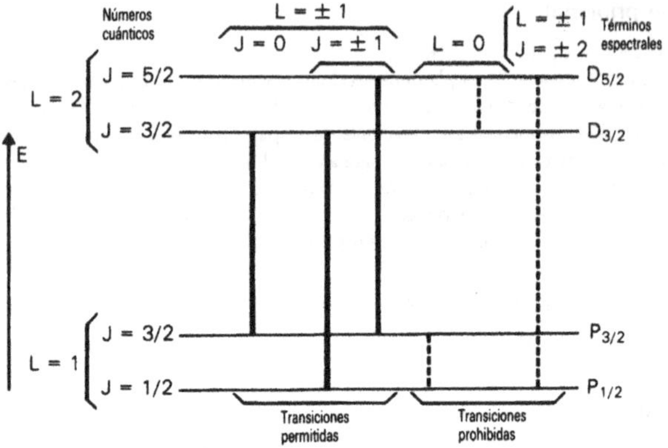

De las seis transiciones posibles del gráfico (número de combinaciones de cuatro niveles tomados dos a dos), tres son transiciones prohibidas y tres son permitidas.

tivamente, calculando la intensidad de cada radiación, que depende de la *población* (número de átomos o de moléculas) del nivel de partida de la transición estudiada y de la *probabilidad* de esa transición. Las radiaciones prohibidas son aquellas cuya intensidad es nula o muy pequeña, en las condiciones experimentales dadas.
2 / Interacciones.—Se asimilan a veces a reglas de selección las reglas según las cuales están permitidas o prohibidas las interacciones entre las partículas del dominio subnuclear. V. LEYES DE CONSERVACIÓN.

Self

Palabra inglesa con la que se designa corrientemente tanto la *inductancia propia* de un arrollamiento como el arrollamiento mismo.
V. IMPEDANCIA, IMPEDANCIA COMPLEJA, INDUCTANCIA PROPIA.

▶ *Self-consistent (Autoconsistente).*—Expresión inglesa que significa compatible consigo mismo, autocoherente. Se utiliza en ciertos dominios de la física: mecánica cuántica, teoría de plasmas...
Ejemplo: En un conjunto de corpúsculos idénticos, cada corpúsculo se desplaza bajo la acción de un campo creado, en todo instante, por los otros corpúsculos, también movimiento. Determinar un campo así exige ensayos sucesivos. El campo que resulta adecuado debe ser tal que la distribución espacial de los corpúsculos que se obtenga de él le reconstruya en todos los puntos. Tal campo recibe la denominación de *autoconsistente*, autocoherente.

▶ *Self-induction.*—V. AUTOINDUCCIÓN.

Sellmeier W.

▶ *Fórmula de Sellmeier.*—Relación, establecida por vía teórica en el marco de la mecánica newtoniana, que da el índice de refracción de una sustancia de moléculas no polares, n, al ser atravesada por ondas electromagnéticas de distintas frecuencias.
El campo eléctrico de la onda incidente se supone que provoca las vibraciones forzadas de los osciladores contenidos en cada molécula: electrones y núcleos atómicos. La *polarizabilidad* de

la molécula es, de este modo, función de la frecuencia, de la onda incidente, y, en consecuencia, lo es también la permitividad relativa. Realizados todos los cálculos, se obtiene la expresión:

$$n^2 = 1 + \Sigma\, D_i\, \lambda^2(\lambda^2 - \lambda_i^2) = n_\infty^2 + \Sigma\, D_i\, \lambda_i^2(\lambda^2 - \lambda_i^2)$$

λ es la longitud de onda de la onda incidente, supuesta monocromática; n_∞ es el valor límite del índice de refracción n al aumentar λ indefinidamente ($\varepsilon_r = n_\infty^2$ es, por tanto, la permitividad en régimen estático); $D_i = (N/4\pi^2\varepsilon_0\, c^2)\ (f_i\, q_i^2\, \lambda_i^2/m_i)$, donde N es la densidad volúmica de las moléculas de la sustancia en las condiciones dadas (número de moléculas por unidad de volumen); ε_0, la permitividad del vacío; c, la velocidad en el vacío de las ondas electromagnéticas; f_i, q_i, m_i son, respectivamente, el número por molécula, la carga eléctrica y la masa del oscilador i, mientras que $\lambda_i = c/\nu_i$, donde ν_i es la frecuencia propia del oscilador i.

Si el índice n no está definido para todo valor $\lambda = \lambda_i$, es porque para este valor de la longitud de onda uno de los osciladores entra en resonancia. La energía incidente es absorbida en parte. La fórmula de Sellmeier es, por tanto, aplicable únicamente en los dominios de transparencia del cuerpo estudiado, lejos, evidentemente, de sus dominios de absorción.

V. FÓRMULA DE CAUCHY, RELACIÓN DE LORENTZ-LORENZ.

Semiconductor

Sólido cuya *conductividad* eléctrica es intermedia entre las de los buenos conductores y las de los aislantes. Por otra parte, esa misma conductividad aumenta con la temperatura, a veces de modo considerable, contrariamente a la de los conductores (V. TERMISTANCIA).

Son semiconductores, principal aunque no exclusivamente, cuerpos simples pertenecientes a la columna IV, así como compuestos o aleaciones entre cuerpos de las columnas III y V (V. CUADRO).

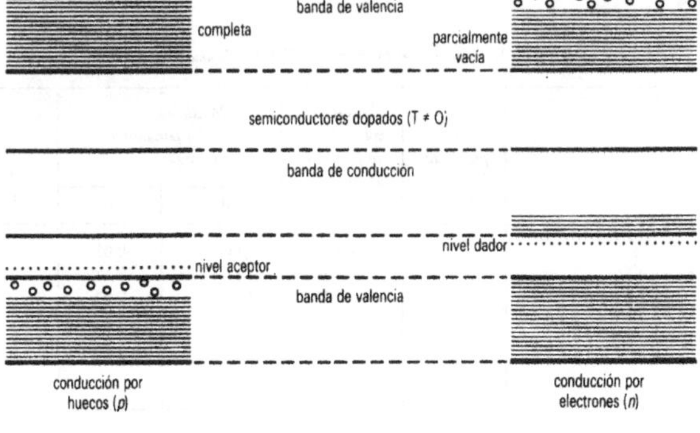

CUADRO 1.–*Extracto de la tabla periódica de los elementos*

II	*III*	*IV*	*V*	*VI*
	5 B Boro	6 C Carbono	7 N Nitrógeno	
	13 Al Aluminio	14 Si Silicio	15 P Fósforo	
	31 Ga Galio	32 Ge Germanio	33 As Arsénico	
	49 In Indio	50 Sn Estaño	51 Sb Antimonio	

Los mecanismos que están en el origen de la conducción en el seno de un semiconductor han sido estudiados experimentalmente, especialmente utilizando el efecto Hall, y teóricamente, usando la mecánica cuántica (V. TEORÍA DE BANDAS). Se trata aquí de una conducción ambipolar, asegurada simultáneamente por el movimiento de deriva de los *electrones* y por los *huecos* que la partida de esos electrones ha dejado en la banda de valencia. Éstos son asimilables a electrones cargados positivamente, pero su *masa efectiva* y su *movilidad* no son iguales a las de los electrones. La densidad $\boldsymbol{j}$ de corriente en función del campo eléctrico **E** aplicado viene dada por una fórmula análoga a la de la conducción en los electrólitos: $\boldsymbol{j} = e(n\mu_n + p\mu_p)$ E, lo que da, para la expresión de la conductividad σ: $e(n\mathbf{m}_n = p\mu_p)$, donde e representa la carga elemental; n y p, respectivamente, el número de electrones y de huecos por unidad de volumen; μ_n y μ_p, la movilidad de cada uno de esos tipos de portadores de carga. En un semiconductor químicamente puro, n y p son iguales. Aumentan cuando se eleva la temperatura –lo que explica que la conductividad sea función creciente de la temperatura–, pero permanecen muy inferiores al número de electrones libres en un buen conductor (un electrón por átomo en el caso del cobre, un par electrón-hueco por cada 10^{10} átomos de germanio a 300 K, aproximadamente).

CUADRO 2.–*Algunos ejemplos numéricos (T = 300 K, unidades SI, salvo* ΔE*, en* eV)

	Banda prohibida (Gap) ΔE	*Número volúmico de portadores de carga* $n = p = n_i$	*Movilidad de los portadores de carga* μ_n	μ_p	*Conductividad* $\partial = en_i\ (\mu_n+\mu_p)$
Silicio	1,1	1,4 10^{16}	0,13	0,05	4 10^{-4}
Germanio	0,8	2,4 10^{19}	0,39	0,18	2,2
Aleación (Ga As)	1,4	9,8 10^{12}	0,85	0,04	1,4 10^{-6}
A título de comparación					
Diamante	6				10^{-12}
Cobre		8,4 10^{28}	4,3 10^{-3}		5,8 10^{+7}

En las aplicaciones prácticas se utilizan frecuentemente semiconductores *dopados* por débiles cantidades de sustancias extrañas. Por ejemplo, en el germanio previamente purificado se incorpora, por medio de distintos procedimientos técnicos, una cantidad determinada de antimonio (un átomo de antimonio por cada 10^6 átomos de germanio, por ejemplo). Cada átomo de antimonio, cuerpo de la columna V, tiene un electrón más que el átomo de germanio, y por cada átomo de antimonio que reemplace a uno de germanio en el cristal impurificado obtenido, hay un electrón libre, por consiguiente. Globalmente, el número n se hace mucho mayor que p: los electrones son ahora mayoritarios, y los huecos, minoritarios. Decimos que el antimonio se comporta como *donor*, y que hemos obtenido un *semiconductor* tipo *n*... Inversamente, incorporando al germanio átomos de indio, elemento de la columna III que se comporta como *aceptor*, se obtiene un *semiconductor* tipo *p*, en el que los huecos son mayoritarios. La conducción de los semiconductores dopados se llama *extrínseca* y, por oposición a ella, la de los cuerpos puros es conocida como conducción *intrínseca*.
Diodos, transistores, los microprocesadores de los actuales circuitos electrónicos..., son placas semiconductoras que llevan en zonas vecinas elementos impurificadores apropiados.

Semipermeable

▶ *Pared semipermeable*.—Membrana porosa cuyos poros tienen un diámetro tal que si esta membrana separa dos compartimentos que contienen mezclas de dos cuerpos cuyas moléculas tienen diámetros diferentes, resulta permeable para uno de los cuerpos e impermeable para el otro. *Ejemplos:* una pared de *porcelana* porosa en cuyo espesor se ha producido un precipitado de ferrocianuro de cobre (procedimiento descubierto por Pfeffer en el año 1877), una simple hoja de *pergamino* o de *celofán*, cuyos poros tienen un diámetro del orden del nanómetro, son permeables a las moléculas de agua de una disolución acuosa, pero prácticamente impermeables a moléculas más gruesas de ciertos cuerpos disueltos en agua (albúmina, por ejemplo).
La existencia supuesta de paredes semipermeables perfectas es utilizada en algunos razonamientos termodinámicos. En biología se estableció desde hace tiempo la semejanza a membranas semipermeables de las membranas celulares.
V. DIÁLISIS, DISOLUCIONES COLOIDALES, ÓSMOSIS, PRESIÓN OSMÓTICA.

Semivida

Cuando una población de corpúsculos disminuye progresivamente a consecuencia de una transformación físico-química, el tiempo al final del cual la población se reduce a la mitad se llama *semivida*, o, quizá con un abuso de lenguaje, *periodo* o «periodo de semidesintegración».
Esta magnitud presenta gran interés si la transformación estudiada es de «primer orden». Se demuestra, en efecto, que en ese caso, y sólo en ese caso, la semivida es una constante característica de la población de corpúsculos.
Ejemplo: La desintegración espontánea de un núclido por radiactividad es una transformación de primer orden. Su semivida T está relacionada con la constante de desintegración λ por la expresión $T = \ln 2/\lambda$.
V. CONSTANTE DE TIEMPO, DECRECIMIENTO EXPONENCIAL, FAMILIAS RADIACTIVAS, ORDEN DE UNA TRANSFORMACIÓN, VIDA MEDIA.

Sensibilidad

1. De un instrumento de medida.—En el lenguaje corriente, un instrumento que mide una magnitud G es tanto más *sensible* cuanto más pequeña es la variación mínima dG que permite apreciar.
Ejemplo: un galvanómetro es llamado «sensible hasta la décima de microamperio» cuando bas-

ta que la intensidad que lo atraviesa varíe en ese valor para que se produzca un desplazamiento dx significativo del spot luminoso. El desplazamiento del spot es *significativo* si: 1. Es igual, al menos, a la distancia mínima que el ojo puede percibir en la escala, en las condiciones de funcionamiento del aparato; 2. Es superior al «ruido de fondo» del aparato (variaciones erráticas de la posición del spot debidas a la influencia de la agitación térmica de las moléculas de aire sobre la posición del cuadro).
En los estudios teóricos se caracteriza numéricamente la *sensibilidad* del instrumento por el valor del cociente $s = dG/dx$ o, preferentemente, por su inversa $s' = dx/dG$, ya que presenta la ventaja de ser tanto mayor cuanto más grande es la sensibilidad del instrumento.
En los ejemplos precedentes, y tomando para dx el valor —verosímil— de 0,2 mm, se encuentra: $s = 1/2.000\ A \cdot m^{-1}$, y $s' = 2.000$ m/A.
2. Emulsión fotográfica.—La sensibilidad de una emulsión mide la rapidez con la que se forma la imagen latente. Depende de la naturaleza química, pero también del grosor de los granos de la emulsión. Ejemplos de escalas de sensibilidad:

ASA (American Standard Asociation)				
(Escala proporcional)	12,5	25	50	100...
DIN (Deutsche Industrie Normen)				
(Escala logarítmica)	12	15	18	21...
Valores relativos	1	2	4	8...

Para una misma abertura del diafragma, si el valor relativo de la sensibilidad viene multiplicado por p, el tiempo de exposición debe ser multiplicado por el mismo número p.

Shunt

Palabra inglesa que significa derivar

▶ *Shunt eléctrico.*—Conductor eléctrico, de resistencia pequeña y conocida, que se coloca *en derivación* o en paralelo en los bornes de un amperímetro cuando se desea que sólo pase por el aparato una fracción i conocida de la intensidad total I que se quiere medir.
La ley de las corrientes derivadas demuestra que para obtener $i = I/n$ basta tomar $s = a/(n - 1)$, siendo s la resistencia del shunt y a la del amperímetro. Se obtiene, por ejemplo, $i = I/10$ si se elige $s = a/9$, etc.
En corriente alterna es posible utilizar shunts, procediendo con cuidado para evitar riesgos de coeficientes de inducción parásitos; en este caso, sin embargo, pueden utilizarse igualmente transformadores reductores de la intensidad.

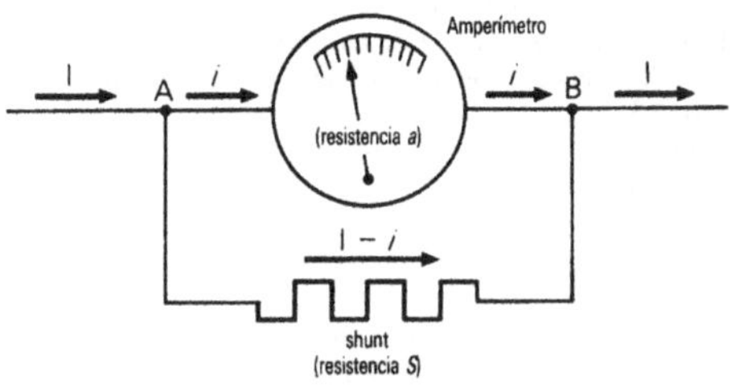

$$V_A - V_B = ai = s(I - i) \qquad I = ni \Leftrightarrow s = a/(n - 1)$$

El número *n* por el que hay que multiplicar la intensidad leída *i* para conocer la intensidad I es llamado *factor de multiplicación* del shunt.
Nótese que la sensibilidad del amperímetro queda entonces *dividida* por ese número *n*. Los amperímetros vienen provistos, en general, de shunts interiores, lo que permite al usuario adaptar rápidamente el factor de multiplicación y, por tanto, el «calibrado» del aparato a la intensidad que se desea medir.

SI

Siglas convencionales que representan al «SISTEMA INTERNACIONAL DE UNIDADES».

Siegbahn Karl (1886-1978)

Premio Nobel en 1924.

▶ *Escala Siegbahn*.—Escala de longitudes de onda de las radiaciones X determinadas a partir de un valor *d*, supuesto conocido, del paso reticular de un cristal particular: la calcita. Este valor (d = 3,02904 Å) fue obtenido por cálculo, utilizando la estructura conocida de la calcita y el número de Avogadro N. De la fórmula de Bragg que trata de la reflexión selectiva, por la calcita, de una radiación X, se deduce el valor de la longitud de onda de ésta en angströms, y luego en *unidades* X (1 UX = 10^{-3} Å). Hoy se sabe que el valor admitido entonces para N no era completamente exacto. Los valores obtenidos entonces para las longitudes de onda, evaluadas en UX, permanecen válidos, sin embargo, con la condición de aceptar para la unidad X un valor levemente corregido: 1 UX = 1,00202 Å. Las longitudes de onda de las radiaciones X no se evalúan ya en unidades X, sino en nanómetros (1 nm = 10 Å = 10^{-9} m).

Siemens Werner von (1816-1892)

▶ *siemens (S)*.—Unidad SI de *conductancia eléctrica*. El *siemens* es la conductancia de un conductor cuya resistencia vale un ohmio. 1 S = 1 Ω^{-1}.
Aún puede encontrarse en ciertas obras la denominación antigua de esta unidad, mho (ohm invertido).
La *admitancia* real Y de un dipolo recorrido por una corriente eléctrica sinusoidal se mide igualmente en siemens.
V. IMPEDANCIA ELÉCTRICA, IMPEDANCIA ELÉCTRICA COMPLEJA, LEY DE OHM.

Sievert Rolph (1896-1966)

▶ *sievert (Sv)*.—Unidad SI de *equivalente de dosis*.
Es la unidad que ha sustituido al rem (en 1975). 1 rem = 0,01 Sv.

Simetría

▶ *Simetría cristalina*.—La forma *externa* de todo cristal presenta elementos de simetría geométrica (centro, planos, ejes) cuyas definiciones coinciden con las de la geometría, salvo que, por una serie de fenómenos naturales, cada cara de un cristal está definida en dirección y no en posición. La existencia de esas simetrías ha sido el objeto de diversas leyes experimentales, descubiertas por cristalógrafos (Hauys, Bravais, etc.). Basándose en los elementos de simetría de sus formas primitivas, los cristales han sido agrupados en siete «sistemas cristalinos» (V. EJES ÓPTICOS), que han sido subdivididos hasta dar treinta y dos «clases» de cristales.
Cada especie cristalina está caracterizada por la naturaleza y el número de sus elementos de

simetría. El paralepípedo que posee los mismos elementos de simetría es la «*forma primitiva*» de la especie cristalina estudiada.
Hoy se sabe que las simetrías de un cristal a escala macroscópica son consecuencia de las simetrías de reparto de sus centros constituyentes, iones, átomos o moléculas, a escala microscópica. Éstos se encuentran regularmente repartidos en las tres dimensiones del espacio, formando «retículos cristalinos», y puede determinarse la estructura de esos retículos utilizando la difracción de los rayos X.
V. EXPERIENCIA DE VON LAUE, LEYES DE BRAGG.

▶ *Simetría de las leyes físicas.*—Una ley física, y el fenómeno gobernado por ella, es llamada *simétrica* con respecto a (o bajo) una cierta transformación si esta tranformación deja invariante la formulación matemática de la ley. Se dice también que la ley es, en sí misma, *invariante*.
Las transformaciones tratadas aquí pueden ser continuas, realizables, por tanto, a través de una sucesión de cambios infinitesimales (rotaciones, traslaciones en el espacio, en el tiempo...). Pueden ser también discretas (operación paridad, inversión en el tiempo, conjugación de carga...).
La relatividad restringida postula, por ejemplo, que todas las leyes naturales son simétricas y, por tanto, sus formulaciones invariantes, relativamente a una transformación cualquiera de Poincaré.
V. GRUPO DE POINCARÉ, LEYES DE CURIE, SIMETRÍA Y CONSERVACIÓN, SIMETRÍA INTERNA, SIMETRÍA LOCAL.

▶ *Simetría interna.*—Existen en los dominios subatómicos simetrías de leyes físicas que no se refieren a transformaciones espacio-temporales, sino a transformaciones discretas que afectan a las características internas de las partículas (spin, cargas eléctrica, bariónica, leptónica, etc.). Son las *simetrías internas*.
Ejemplo: La interacción entre dos protones no se modifica si se reemplaza uno de los protones por un neutrón, teniendo en cuenta, naturalmente, la repulsión eléctrica que desaparece. Con relación a un cambio así, el fenómeno físico «interacción fuerte» es *simétrico*, y su formulación matemática, *invariante*.
El estudio sistemático de las simetrías internas es actualmente uno de los ejes esenciales de las teorías que tratan de la clasificación de las partículas subatómicas y sus interacciones fundamentales.

▶ *Simetría local.*—La simetría de una ley física con respecto a una cierta transformación es llamada global si la transformación afecta del mismo modo a todos los puntos del espacio. Es conocida como *local* si la amplitud de la transformación es función del punto observado.
La noción de simetría local juega un importante papel en la moderna física. Se demuestra, en efecto, que la existencia de una simetría local implica la existencia de un campo local de fuerzas. V. SIMETRÍA DE GAUGE.

▶ *Simetría y conservación.*—La *simetría* de una ley física respecto a una transformación va acompañada frecuentemente de la *conservación* de una magnitud física en el curso de la transformación.
V. TEOREMA DE NOETHER.

Simultaneidad

En mecánica relativista dos sucesos que se producen en el mismo punto y en el mismo instante son juzgados simultáneos para cualquier observador. Pero si se producen en dos puntos distintos pertenecientes a un referencial R, y si son estimados como simultáneos por un observador inmóvil en R, aparecen como desfasados en el tiempo para cualquier otro observador que se está moviendo con respecto a R (V. DILATACIÓN DEL TIEMPO).

Desde el punto de vista histórico, fue precisamente el análisis de los medios experimentales de control de la simultaneidad el que llevó a Einstein a la edificación de la Relatividad restringida.

Sincrociclotrón

Acelerador de partículas. Es un ciclotrón adaptado a la aceleración de partículas hasta velocidades relativistas incluso.
Como en un ciclotrón, la intensidad del campo magnético B permanece constante. Pero la condición de sincronía, que aquí se escribe:

$$N = qB\sqrt{1 - v^2/c^2}/2\pi m,$$

donde c es la velocidad de la luz, v la de la partícula, q y m su carga y su masa (en reposo), muestra que la frecuencia N del campo eléctrico acelerador depende de v. El nombre del aparato viene precisamente del hecho de que el sincronismo necesario para su funcionamiento se consigue adaptando en todo instante el valor de N al de la velocidad v.
Ejemplo: El sincrociclotrón de protones del CERN libera, cincuenta veces por segundo, un paquete que contiene alrededor de 10^{11} protones, en posesión de una energía cinética de 600 MeV por protón ($v/c \approx 0{,}8$. La frecuencia N está ligada a v, y pasa sucesivamente, para cada paquete, de 28,7 a 16,7 MHz.

Síncronos

Se dice que dos sistemas son síncronos cuando sus leyes de evolución en el curso del tiempo son idénticas. Si son dos osciladores periódicos, deben poseer en todo instante el mismo periodo y la misma fase.
V. Coherencia, Isócronas.

Sincrotrón

Acelerador circular de partículas, derivado del ciclotrón.
El gran electroimán del ciclotrón es suprimido aquí. Las partículas recorren un gran número de veces la misma trayectoria, en el interior de un anillo metálico estrecho, formado por arcos de círculo y por líneas rectas.
Electroimanes convenientemente repartidos a lo largo del anillo tienen el papel de incurvar las trayectorias de los corpúsculos para mantenerlos en el interior del anillo. Un campo eléctrico de alta frecuencia, en el interior de cavidades resonanes, colocadas en el trayecto de las partículas, es sincronizado con su movimiento, de manera que se aceleren cada vez que atraviesen una de esas cavidades.
Para mantener cada partícula en una misma trayectoria, de radio medio (R) invariable mientras que su energía cinética (E_c) crece, la intensidad (B) del campo magnético, por una parte, y la frecuencia (N) del campo eléctrico, por otra, están sometidas a los sucesivos valores de la energía cinética (E_c). El cálculo, basado en las leyes de la mecánica relativista, da las relaciones:

$$B = \sqrt{E_c(E_c + mc^2)}/Rqc;$$
$$1/2\pi N = (R/c) \cdot \sqrt{1 + m^2 c^4/E_c(E_c + 2mc^2)}$$

donde c es la velocidad de la luz, q y m la carga y la masa (en reposo) de la partícula.
Se ve que B y N son funciones crecientes de E_c. Las partículas son inyectadas por oleadas sucesivas y, para cada oleada, B y N retoman las mismas variaciones entre los mismos valores extremos.

Ejemplo: En el sincrotón de protones (PS) del CERN (antes de sus últimas transformaciones), cada cinco segundos un haz conteniendo alrededor de un billón de protones recorría 480.000 veces un estrecho canal (100 cm^2 de sección, 628 m de longitud), dirigidos por 100 imanes regularmente repartidos, acelerados en la travesía de quince cavidades resonantes. El campo magnético B variaba entre 0,014 y 1,4 T, y la frecuencia del campo eléctrico acelerador, entre 2,9 y 9,55 MHz. Cada protón llegaba en posesión de una energía cinética de 50 MeV, ganaba 54 keV a cada vuelta y finalmente era expulsado poseyendo una energía cinética de 28 GeV. Su velocidad pasaba así desde 0,3 *c* hasta alrededor de 0,9994 *c*.
V. RADIACIÓN SINCROTRÓN.

Sismómetro

Instrumento destinado a estudiar el movimiento del suelo local provocado por la llegada de una onda sísmica, cuyas fuentes pueden ser fenómenos naturales (temblor de tierra...) o explosiones provocadas artificialmente (para prospecciones mineras, por ejemplo, o para el estudio de la estructura interna del globo terrestre).
La pieza maestra del sismómetro es un «captador inercial», cuerpo pesado que adquiere un movimiento oscilatorio amortiguado en el interior de un armazón al que está acoplado, solidario a su vez con el suelo. Una estación sísmica está equiparada en general con tres captadores, obligados a desplazarse dos de ellos en direcciones horizontales perpendiculares entre sí y el tercero de ellos verticalmente. Gracias, finalmente, a una cadena que contiene en particular un traductor mecanoeléctrico, un amplificador y un reloj, el movimiento de cada captador con respecto al armazón es registrado en un soporte gráfico o magnético. Así se obtienen los *sismogramas*, de los que pueden deducirse las informaciones que se buscan.
En ausencia de toda onda sísmica un captador puede adquirir *oscilaciones propias*, cuya frecuencia ω_0 depende de su estructura (V. PÉNDULO ELÁSTICO). A la llegada de una onda, supuesta sinusoidal, de pulsación ω, el armazón oscila y comunica al captador *oscilaciones forzadas*. Como demuestra la ley de transformación de las velocidades ($v_a = v_r + v_e$), el movimiento del captador con respecto al globo terrestre (su movimiento absoluto) depende de su movimiento (relativo) con respecto al armazón, y del movimiento de éste con respecto al globo terrestre (movimiento de arrastre, de velocidad v_e). El sismograma registra el movimiento relativo, aunque el movimiento que se quiere estudiar es el de arrastre: uno puede deducirse a partir del otro.
Particularmente se demuestra que si $\omega < \omega_0$ el desplazamiento de arrastre es, en cada instante, igual y opuesto al desplazamiento relativo (el captador permanece prácticamente inmóvil respecto al globo terráqueo). Si, por el contrario, $\omega > \omega_0$, el sismograma reproduce sensiblemente las variaciones de la aceleración instantánea del movimiento de arrastre. Funciona entonces el aparato como un acelerómetro...

Sistema

▶ *Elementos cardinales de un sistema centrado.*—Para determinar teóricamente la imagen A′ de un objeto luminoso A a través de un sistema centrado, es preciso en principio determinar la imagen A_1 dada por el primer dioptrio del sistema. Después, y tomando A_1 como objeto para el segundo dioptrio, habría que determinar la imagen segunda A_2, y así sucesivamente hasta obtener la imagen final A′. El problema se resuelve con más comodidad si se ha tenido el cuidado de determinar, de una vez por todas, los *elementos cardinales* del sistema. Gracias a esos elementos es posible, en efecto, determinar la imagen definitiva A′, ya se por construcción geométrica o por cálculos, conociendo el objeto A.
Esos elementos son esencialmente dos pares de planos, perpendiculares al eje del sistema: dos *planos focales* y dos *planos principales*. Se demuestra que existe un solo juego, y uno sólo, para

todo sistema centrado utilizado en rayos paraxiales (salvo el caso de algunos sistemas particulares, llamados afocales). El par de *puntos nodales* se utiliza igualmente con frecuencia.

El plano focal objeto es el conjunto de puntos objeto cuyas imágenes conjugadas están en el infinito; el plano focal imagen, el conjunto de puntos cuyos conjugados objetos están el infinito. Los planos principales objeto e imagen son conjugados el uno del otro, y corresponden a un aumento transversal igual a la unidad (+ 1). Los puntos nodales, objeto e imagen, son dos puntos en el eje, conjugados el uno del otro, para los cuales el aumento angular vale + 1. Las interesecciones del eje con los planos focales y principales son respectivamente los *focos principales*, objeto F e imagen F', cuyos conjugados respectivos están en el infinito sobre el eje, y los *puntos principales*, conjugados uno del otro, H y H'. Las distancias HF = f y H'F' = f' son las *distancias focales*, objeto e imagen, del sistema. Se demuestra que su cociente es igual, con la salvedad del signo, al cociente de los índices de refracción de los medios de incidencia n y de salida n': $f/f' = -n/n'$. El cociente $v = n'/f'$ es la *vergencia* del sistema.

V. las figuras de las voces PLANOS FOCALES, PUNTOS NODALES.

▶ *Fórmulas de los sistemas centrados.*—Relaciones matemáticas que permiten determinar, a través del cálculo, la posición y las dimensiones de la imagen de un objeto luminoso que atraviesa un sistema centrado utilizado en rayos paraxiales.

En las fórmulas llamadas de Descartes, la posición de un objeto puntual A situado en el eje del sistema viene señalada por la distancia de A al punto principal objeto (punto en el eje del plano principal objeto) HA = p, mientras que la abscisa de la imagen es contada a partir del punto principal imagen: H'A' = p'. En las fórmulas llamadas de Newton, los orígenes respectivos de las abscisas de objeto e imagen son los focos objeto e imagen del sistema: FA = q, F'A' = q'. Esas fórmulas se escriben, en el primer caso:

$$\frac{f}{p} + \frac{f'}{p'} = 1 \qquad \text{(fórmula de posición)}$$

y

$$\gamma_t = -\frac{f}{f'}\,\frac{p'}{p} \qquad \text{(fórmula del aumento);}$$

en el segundo caso:

$$qq' = ff' \quad \text{y} \quad \gamma_t = -\frac{q'}{f'} = -\frac{f}{q}.$$

En cuanto al aumento longitudinal γ_l y al aumento angular γ_a, valen en todos los casos:

$$\gamma_l = -\frac{f'}{f}\cdot\gamma_t^2, \qquad \gamma_a = -\frac{f}{f'}\cdot\frac{1}{\gamma_t}$$

Nótese: 1°, que esas fórmulas algrebraicas suponen que se ha elegido un sentido positivo de orientación (arbitrario, por añadidura) sobre el eje; 2°, que esas fórmulas son válidas cualquiera que sea el sistema, catóptrico, dióptrico o catadióptrico. Se transforman en expresiones más simples en algunos casos particulares. Por ejemplo, si el sistema es una lente delgada en el aire, entonces $f = -f'$, y las fórmulas de Descartes se escriben: $\frac{1}{p'} = \frac{1}{p} + \frac{1}{f'}$ y $\gamma_t = \frac{p'}{p}$, y si es un espejo esférico ($f = f'$): $\frac{1}{p'} = -\frac{1}{p} + \frac{1}{f'}$ y $\gamma_t = -\frac{p'}{p}$.

V. INVARIANTE DE LAGRANGE-HELMHOLTZ, MATRIZ DE TRANSFERENCIA, FÓRMULA DE LAS VERGENCIAS.

▶ *Sistema centrado.*—Sucesión de superficies, reflectantes o refractantes, esféricas o planas, cuyos centros de curvatura, a distancia finita o infinita, están situados en una misma recta, denominada *eje* del sistema.
Según que esas superficies sean todas reflectantes, todas refractantes o parte de ellas reflectantes y el resto refractantes, el sistema es conocido como catóptrico, dióptrico o catadióptrico. Un objetivo fotográfico, por ejemplo, es un sistema centrado dióptrico, y un telescopio, un sistema catadióptrico.
Utilizado en *rayos paraxiales* (aproximación de Gauss), un sistema centrado establece una correspondencia biyectiva, punto a punto, entre un «medio objeto» y un «medio imagen». En ese caso es, en efecto, *estigmático* para todo punto fuente situado en su eje o en las proximidades de éste, y también, por tanto, para todo objeto pequeño, todos cuyos puntos estarán próximos al eje. Se dice que objeto e imagen son *conjugados* uno del otro con respecto al sistema.
La razón $g = L'/L$, de una longitud L′ tomada sobre la imagen a una longitud homóloga L tomada sobre el objeto es llamada aumento, *aumentro transversal* si esas longitudes son perpendiculares al eje, *aumento longitudinal* si están tomadas sobre el eje. Al haz cónico de rayos luminosos incidentes salidos de un punto objeto A y de semiángulo en el vértice u, corresponde un haz emergente de semiángulo en el vértice u' que pasa por la imagen A′. La razón $g_a = u'/u$ es el *aumento angular*.
Esos diversos aumentos pueden ser calculados. Sus valores dependen de la posición del objeto, pero no de sus dimensiones ni de las de los diafragmas que limitan la abertura de los haces luminosos (V. FÓRMULAS DE LOS SISTEMAS CENTRADOS).
Fuera de la aproximación de Gauss las imágenes, en la medida en que existan, presentan defectos, *aberraciones*.

▶ *Sistema físico-químico.*—Nombre que a veces recibe un sistema termodinámico cuando se quiere precisar que en ese sistema pueden producirse, eventualmente, transformaciones físicas *y*, además, reacciones químicas.

▶ *Sistema material.*—Conjunto de corpúsculos o de cuerpos que poseen cada uno una masa y del que se estudia su evolución.
Un sistema material se encuentra, en la mayoría de los casos, en el interior de una superficie cerrada, constituida por paredes, reales o ficticias. La parte del universo que es exterior a esta superficie frontera es convencionalmente llamada el «exterior» del sistema.

▶ *Sistema mecánico.*—Sistema material cuyos intercambios con el exterior se limitan a intercambios de energía mecánica, y en cuyo interior no existen más que procesos que se traducen por eventuales variaciones de energía mecánica, cinética y potencial. Es, en consecuencia, un sistema ideal que evoluciona sin rozamiento.

▶ *Sistema termodinámico.*—Sistema material que puede eventualmente intercambiar con el exterior materia y cualquier tipo de energía, particularmente energía mecánica y calor, y en cuyo interior pueden producirse cualquier tipo de transformaciones.
A veces se le imponen a un sistema termodinámico restricciones y condiciones que limitan sus posibilidades de evolucionar. Se dice que el sistema es *aislado* si hay paredes adecuadas que prohíben cualquier tipo de intercambio con el exterior. Se dice que está aislado mecánicamente, térmicamente, eléctricamente... si tan sólo son imposibles los intercambios con el exterior de energía mecánica, de energía calorífica, de energía eléctrica...
Un sistema es conocido como *cerrado* si no puede intercambiar *materia* con el exterior, permaneciendo posibles los intercambios de energía, y *abierto* cuando puede intercambiar energía *y* materia. Veamos un ejemplo. La mezcla de gas en reacción, en una bomba calorimétrica sumergida en un calorímetro, constituye un sistema cerrado (no hay intercambio posible de materia con el exterior), aislado mecánicamente, pero no térmicamente.
V. ESTRUCTURA DISIPATIVA, SISTEMA ABIERTO.

Snell Willebrord (llamado Snellius) (1580-1626)

▶ *Leyes de Snell*.—V. LEYES DE DESCARTES.

Sobrecalentamiento

Técnica utilizada en el funcionamiento de las máquinas de vapor (máquinas alternantes o turbinas). A la salida de la caldera, y antes de la expansión en el órgano motor, el ciclo del vapor comprende una fase de sobrecalentamiento a presión constante, obtenida por la acción directa de los gases del hogar. La temperatura máxima de sobrecalentamiento se calcula de tal suerte que, al final de la expansión, el vapor esté aún en el estado de vapor seco.
Sobrecalentamiento, y resobrecalentamiento eventualmente, tienen como efecto, evitando la condensación del agua líquida sobre las paredes, mejorar el rendimiento del aparato.

Sobrefusión

Un cuerpo está en sobrefusión cuando, a una presión dada, se le ha podido enfriar por debajo de su punto de congelación sin que se solidifique.
La sobrefusión es difícil de llevar a cabo, e imposible para ciertos cuerpos, si la estructura de esos cuerpos a escala molecular es tal que se pueden formar gérmenes cristalinos en las proximidades de la temperatura de congelación. Es el caso del agua, por ejemplo. Por el contrario, cuando la temperatura ha podido alejarse sensiblemente del punto de congelación sin que se hayan formado gérmenes, la probabilidad de verlos formarse disminuye, haciéndose muy débil la agitación térmica que puede facilitar la combinación adecuada de las moléculas. El cuerpo puede permanecer entonces durante mucho tiempo en sobrefusión. Pero, muy frecuentemente, la viscosidad es de tal modo en ese caso que el cuerpo tiene la apariencia de un sólido. Se dice que se trata de un sólido *amorfo* (V. esa voz).
Un líquido sobrefundido está en un *equilibrio metaestable*. Si aún se encuentra cerca de su punto de congelación, basta dejar caer en él una mínima muestra del cuerpo en estado cristalino para que la solidificación arranque. Siendo exotérmico el fenómeno, la temperatura remonta y se estabiliza en su valor correspondiente a la congelación. Se utiliza este hecho en la realización de puntos fijos en la *escala práctica de temperaturas*.

Sobreintensidad

Cuando un circuito oscilante está en antirresonancia (V. CIRCUITO TAPÓN), la bobina y el condensador, colocados en paralelo, están en *sobeintensidad*. Esto quiere decir que la intensidad eficaz que atraviesa cada uno de esos órganos es superior a la intensidad eficaz del circuito principal. Se llaman *coeficientes de sobreintensidad* a las razones I_L/I e I_C/I, donde I, I_L e I_C designan, respectivamente, las intensidades eficaces en el circuito principal, en la rama de la bobina y en la del condensador.

Sobretensión

Cuando un circuito R, L, C —que comprende una bobina, de pequeña resistencia R y coeficiente de autoinducción L, puesta en serie con un condensador de capacidad C— es recorrido por una corriente eléctrica sinusoidal, cuya pulsación es idéntica a su pulsación propia $\omega_0 = \omega = 1/\sqrt{L \cdot C}$, ese circuito está en resonancia. La bobina y el condensador se encuentran entonces en *sobretensión*. Eso quiere decir que las tensiones eficaces U_L (en los bornes de la bobina) y U_C (entre las armaduras del condensador) son *superiores* a la tensión eficaz total U entre los bornes del dipolo. Se llaman *coeficientes de sobretensión* a las razones U_L/U y U_C/U.

Puede demostrarse que esos dos coeficientes de sobretensión tienen un valor común igual al coeficiente de calidad del dipolo $Q = L\omega/R = 1/RC\omega$, siendo un medio para medir Q. El fenómeno de la sobretensión puede acarrear daños. Si, por ejemplo, el coeficiente de sobretensión se acerca a 100, es necesario prever que el condensador pueda soportar sin «romperse» una tensión 100 veces superior a la tensión total aplicada al circuito.

Soddy Sir Frederick (1877-1956)

▶ *Leyes de Soddy:*

1. La transmutación por *radiactividad alfa* de un núclido ${}^{A}_{Z}X$ implica una disminución de cuatro unidades en su número másico A y una disminución de dos unidades en su número atómico Z:

$$ {}^{A}_{Z}X \rightarrow {}^{A'}_{Z'}X' + \alpha \quad ; \quad A' = A - 4 \quad , \quad Z' = Z - 2 $$

2. La transmutación por *radiactividad beta* (β^-) de un radionúclido implica un aumento de una unidad en su número atómico, mientras que su número másico permanece inalterado:

$$ {}^{A}_{Z}X \rightarrow {}^{A'}_{Z'}X' + \beta \quad ; \quad A' = A \quad , \quad Z' = Z + 1 $$

Ambas leyes, establecidas por vía experimental entre 1911 y 1913, fueron interpretadas de manera sencilla una vez que se conoció la naturaleza de cada una de ambas partículas expulsadas: $\alpha = {}^{4}_{2}He$, $\beta = {}^{0}_{-1}e$. Permitieron clasificar de manera clara los diversos núcleos radiactivos en *familias radiactivas*, y llevaron a Soddy a concebir la existencia de núclidos en posesión del mismo número atómico Z pero con distinto número másico A, para los cuales creó el calificativo, hoy de uso corriente, de *isótopos*. (V. ESPECTRÓGRAFO DE MASAS.)

Solenoide

Raíces griegas que significan parecido a una tubería.

Hilo conductor arrollado en hélice en torno a un cilindro de revolución. Sus espiras están a menudo unidas por los bordes, y pueden formar varias capas superpuestas; en ese caso el hilo está recubierto por un aislante.

Recorrido por una corriente eléctrica continua, un solenoide es una realización aproximada de una *capa de corriente* cilíndrica. Presenta dos tipos de propiedades:

1. El módulo del campo que crea es proporcional a la intensidad de la corriente: $B = C \cdot I$. Es una consecuencia de la ley de Biot y Savart. El coeficiente C depende de la posición del punto y de las dimensiones del solenoide. La experiencia de los espectros magnéticos permite «ver» el conjunto de líneas de fuerza en el exterior y en el interior del solenoide (V. figura). Parece así que el campo, ya que lo es el espectro, es idéntico al de un imán recto de las mismas dimensiones, al menos en el *exterior* del aparato. En el *interior*, el campo en las proximidades del eje es sensiblemente uniforme e igual, en módulo, a $k\mu_0 \frac{n}{L} I$, donde k es un coeficiente numérico de valor comprendido entre cero y uno (tiende a este último valor cuando la longitud del solenoide es mucho más grande que su diámetro), μ_0 es la permeabilidad del vacío (suponiendo que el solenoide no contenga ninguna sustancia magnética), n es el número de espiras en una longitud L. A causa de esta última propiedad, los solenoides son utilizados, a menudo, cuando se quieren estudiar, por ejemplo, leyes de imanación en campos magnéticos uniformes de módulos conocidos y variables.

2. Colocado en un campo magnético uniforme, un solenoide sufre un par mecánico exactamente igual al que sufriría un imán recto del mismo *momento magnético*. El del solenoide es fácilmente calculable y vale: $\mathbf{M} = N \cdot S \cdot I \cdot \boldsymbol{u}$. N es el número total de espiras, S la superficie de cada una de ellas, $\boldsymbol{u}$ el vector unitario del eje, estando éste orientado positivamente de acuer-

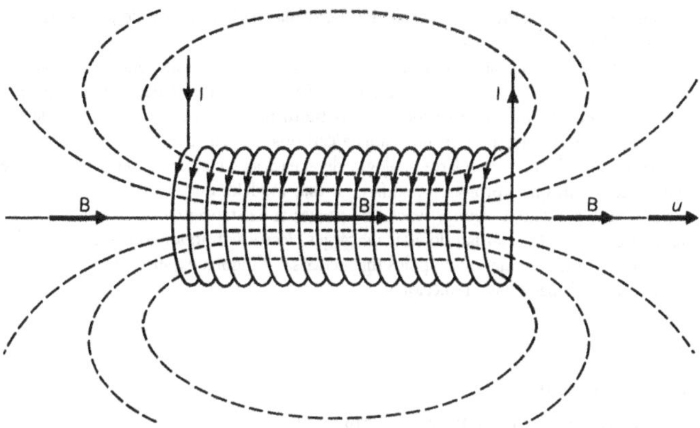

do con el sentido de la corriente en las espiras (regla del sacacorchos). En particular, un solenoide colocado en el campo magnético terrestre se comporta exactamente como una brújula. Más generalmente, las interacciones entre dos solenoides, o entre un solenoide y un imán, son idénticas a las interacciones entre dos imanes.

La equivalencia experimental, así constatada, entre imanes y solenoides (equivalencia cualitativa y cuantitativa) fue, en parte, el origen de la teoría amperiana del magnetismo, que atribuye las propiedades de los imanes a *corrientes* eléctricas interiores.

V. Bobina, Corrientes amperianas, Magnetismo.

Sólido

Un sólido *perfecto* es un cuerpo ideal en el cual las distancias entre dos puntos cualesquiera permanecen rigurosamente constantes en toda circunstancia.

Un sólido perfecto posee, en nuestro espacio tridimensional, seis grados de libertad. En efecto: puede señalarse su posición, por ejemplo, por medio del dato de las tres coordenadas de su *centro de masas*, más los tres *ángulos de Euler*, que determinan su posición alrededor de ese centro en su referencial baricéntrico.

Un sólido *real* no es perfecto jamás. Se deforma siempre más o menos bajo la acción de las fuerzas exteriores que pueda sufrir.

V. Elasticidad, Reología, Tensiones.

Solitón

Nombre dado recientemente (Zabusky y Kruskal, 1965) a un fenómeno conocido, en su versión mecánica, desde hace alrededor de ciento cincuenta años (Russel, 1834). Se trata de una *onda solitaria*, más generalmente de una *perturbación localizada*, que se propaga sin deformarse y sin perder ninguna de sus características: ni por amortiguamiento, ni por el efecto de eventuales choques con otra perturbación de la misma naturaleza.

Generalmente, un grupo de ondas propagándose en un medio material presenta la apariencia de una onda solitaria, pero se deforma en el curso de su propagación. La observación de Russel –onda que se propaga en un canal, conservando su amplitud y su forma– resultó sorprendente, por tanto. Más tarde se dio una justificación matemática, al demostrarse que tal

fenómeno viene descrito por una solución particular de la ecuación de propagación de un grupo de ondas.
El interés por este problema rebrotó cuando se encontraron soluciones particulares de la misma forma matemática en distintos dominios físicos, muy diferentes entre sí: propagación de un defecto en un edificio cristalino, de una perturbación en un alineamiento de spines paralelos, de un átomo dopador en una cadena carbonada... Algunas partículas elementales aparecen como soluciones particulares análogas de ecuaciones concernientes a la teoría de campos. Electrones, neutrones, protones... serían, en este modelo, ondas solitarias, *«solitones»*.
Este camino condujo a algunos teóricos a prever la existencia de partículas aún desconocidas, algunas de las cuales estarían dotadas de cargas eléctricas fraccionarias –como es el caso ya de los quarks–; otras serían «monopolos magnéticos». Ninguna experiencia ha venido, por el momento, a confirmar estas predicciones.

Soluto

Sinónimo: cuerpo disuelto.

V. DISOLUCIÓN, LEYES DE RAOULT, SATURACIÓN.

Solvatación

En una disolución líquida, moléculas del disolvente pueden aglomerarse alrededor de una molécula o un ión disuelto. Se dice que el soluto correspondiente está solvatado. La solvatación es una consecuencia, en general, de la atracción eléctrica entre iones y moléculas polares (V. un ejemplo en disolución normal). La solvatación por moléculas de agua es llamada hidratación.

Sommerfeld Arnold (1866-1951)

▶ *Átomo de Sommerfeld* (1916).–Extensión de la teoría del átomo de Bohr. Sommerfeld supuso que las trayectorias de los electrones planetarios en un átomo no son circunferencias, sino elipses, en las que el núcleo ocupa uno de los focos. Introdujo así dos condiciones de cuantificación, y en consecuencia dos números cuánticos, para caracterizar cada nivel energético. El modelo atómico de Bohr-Sommerfeld ha sido ya abandonado. El estudio de la estructura de la nube electrónica de un átomo se aborda ahora con criterios emanados de la mecánica cuántica.
V. CAPA ELECTRÓNICA, ORBITAL.

Sonar

Siglas de la expresión inglesa SOund NAvigation Ranging.

Aparato utilizado en el medio submarino, que aprovecha las posibilidades de *directividad* que presentan los *ultrasonidos* para determinar con precisión la dirección y la distancia a la que se encuentra un obstáculo. Sirvió, en tiempos de guerra, para la detección de submarinos sumergidos; en tiempo de paz es una ayuda importante para la navegación y la pesca (detección de fondos altos, de bancos de peces...).

Sonido

Es el nombre que damos a toda *sensación auditiva*, debida a la llegada a nuestro oído de una onda acústica aérea, siendo el tímpano sensible a las variaciones de presión que acompañan a la propagación de una onda así. El foco de la onda es conocido como *foco sonoro* o *fuente sonora*; la onda, como onda sonora, y su velocidad, como *«velocidad del sonido»*. Ello conduce a llamar «sonido» no solamente a la sensación fisiológica, sino también a la perturbación física que la origina. Así se comprende que puedan existir *«receptores físicos»* del sonido, los micrófonos por ejemplo, cuya sensibilidad sea frecuentemente distinta de la del *receptor fisiológico* que constituye el oído. El oído humano sólo percibe los sonidos cuya frecuencia se encuentra comprendida entre dos límites, variables según los individuos pero que se sitúan aproximadamente entre 20 y 20.000 Hz. Por debajo se encuentran los *infrasonidos*, y por arriba, los *ultrasonidos*.

Desde el punto de vista físico, un sonido puede estar caracterizado, como una señal cualquiera, por su duración, su intensidad y su estructura espectral. Desde el punto de vista psicofisiológico, un sonido se caracteriza por su duración, su intensidad subjetiva, su altura o tono y su timbre. El estudio general del sonido –producción, propagación, características físicas, características fisiológicas, relaciones entre ambos tipos de características– corresponde a la acústica.

V. AUDIOGRAMA, ESCALA, ISOFÓNICOS, RUIDO, SONIDO MUSICAL.

▶ *Sonido complejo.*–Todo sonido que no es *simple* es llamado *complejo* o compuesto. La perturbación que se produce a su paso por un punto –y que consiste en una variación de presión en función del tiempo– puede ser considerada, en efecto, como resultante de la suma de varias perturbaciones sinusoidales: de ahí el calificativo de «compuesto».

Existen procedimientos de análisis que permiten determinar la *estructura espectral* de un sonido complejo. Si el sonido es *periódico* su espectro está formado por una *serie armónica*, como permite prever el *teorema de Fourier*, y se puede determinar la frecuencia, la amplitud y la fase de cada una de sus componentes. El espectro de un sonido *no periódico* puede ser *continuo* o discontinuo, o conllevar componentes discontinuas superponiéndose sobre un fondo continuo.

Cuando el espectro de frecuencia de un sonido varía en el curso del tiempo de manera aleatoria, se dice que estamos ante un *sonido aleatorio* o *confuso*. Los sonidos aleatorios son casi siempre indeseables, y son clasificados entre los *ruidos*.

▶ *Sonido puro.*–En física se llama a veces sonido puro a un sonido sinusoidal. Desde el punto de vista musical, un sonido puro es un sonido complejo que no contiene ninguna componente discordante.

▶ *Sonido simple.*–Sonido producido por una variación de presión, función sinusoidal del tiempo. También decimos que se trata de un sonido *sinusoidal*. Pueden obtenerse sonidos simples de distintas frecuencias por medio de circuitos oscilantes regulables (V. AUDIOGRAMA). El timbre, muy pobre, de los sonidos simples es considerado generalmente sin interés musical. Entre los instrumentos de música, sólo el diapasón produce sonidos simples.

▶ *Velocidad del sonido.*–Las determinaciones directas en grandes distancias no tienen hoy otro interés que el histórico. Son preferidas las determinaciones indirectas, más precisas, y que actúan sobre pequeñas cantidades de sustancias (V. el ejemplo del tubo de Kundt); en general, se pide de estas medidas una verificación de teorías acerca de la propagación del sonido en los diferentes medios.

Ejemplos: 1. En los medios *fluidos*, la teoría admite que el sonido se propaga por medio de ondas longitudinales, gracias a una sucesión de compresiones y dilataciones rápidas, prácticamente *adiabáticas*, en consecuencia. De ello resulta una relación simple entre la velocidad c, la densidad del medio ρ y su coeficiente de compresibilidad adiabática χ_a: $c = \sqrt{1/\chi_a \cdot \rho}$, relación que, en el caso de un gas cercano al estado perfecto, se transforma en: $c = \sqrt{RT\gamma/M}$, donde R es la constante de los gases perfectos, T su temperatura absoluta, M su masa molecular y γ el cociente entre sus dos coeficientes de compresibilidad (V. FÓRMULA DE REECH).

Numéricamente, esta teoría da, por ejemplo, $c = 340$ m/s para una onda sonora que se propaga en el aire seco a 15 °C, y 1.400 m/s si se propaga en el agua, lo que está de acuerdo con la experiencia (V. NÚMERO DE MACH).

2. A lo largo de una varilla metálica rígida el fenómeno de elasticidad permite la propagación de ondas longitudinales «y» de ondas transversales. La velocidad de las primeras es $c_l = \sqrt{E/\rho}$, donde E es el módulo de Young y ρ la densidad del metal. La velocidad c_t de las segundas depende del medio y de la frecuencia N de las oscilaciones transmitidas: para ellas, por tanto, el medio es *dispersivo*. Si la varilla tiene una sección recta constante se encuentra: $c_t^2 = 3\pi Na\sqrt{E/\rho}$; *a* es una longitud que depende de la sección. Numéricamente, con una varilla de acero de sección dada, $c_l \approx 5.000$ m/s (VN), pero c_t vale 560 m/s para un sonido de frecuencia 1.000 Hz y duplica su valor para un sonido de frecuencia 4.000 Hz. Todo ello está confirmado por la experiencia.

Sonidos

▶ *Modos de producción de los sonidos.*—Existen tres modos posibles de producción de sonidos. Los *sonidos de flujo* son producidos cuando una corriente gaseosa pasa por un orificio estrecho o contornea un obstáculo. El silbido del vapor que se escapa de una caldera entreabierta, las «arpas eólicas» —los sonidos que produce el viento chocando con los hilos tendidos—, los que se producen al llegar el aire a la lengüeta de un tubo sonoro son otros tantos ejemplos de sonidos de flujo.

Los *sonidos térmicos* son producidos cuando se somete localmente un gas a un calentamiento periódico.

Los *sonidos de vibración* tienen su origen en las proximidades de sólidos vibrantes: cuerdas, placas vibrantes, etc.

En esos tres casos, las leyes de la dinámica de fluidos demuestran que en el origen de una onda sonora se encuentran siempre variaciones locales de presión, provocadas directa o indirectamente.

▶ *Sonidos musicales.*—Sonidos utilizados en música.

Puras convenciones de estética musical, gobernadas, en parte, por los instrumentos musicales empleados, y variables, por otra parte, según los países y las épocas, fuerzan a los músicos a adoptar, o a rechazar, determinados tipos de sonidos. Desde el punto de vista físico, los sonidos musicales son, generalmente, *sonidos periódicos complejos*.

V. ESCALA, INTERVALO.

▶ *Sonidos resultantes.*—Al recibir dos sonidos simples, de frecuencias respectivas n y n', nuestro oído nos hace escuchar, superpuestos a esos dos sonidos simples, sus *sonidos resultantes*, es decir, el *sonido adicional* $n + n'$, el *sonido diferencial* $n - n'$ y, más generalmente, los sonidos de frecuencias $pn + qn'$ (con intensidades variables), donde p y q son números enteros, positivos o negativos.

Se atribuye este fenómeno a la estructura del tímpano, sobre el que descansa la pequeña masa de la cadena de huesecillos, y que es asimilable a una membrana de *elasticidad disimétrica*.

Sonograma

Grafo utilizado por los músicos contemporáneos para presentar *sonidos evolutivos* (sonidos cuyas características, altura, duración, intensidad..., varían continuamente), para los cuales las representaciones habituales son insuficientes.

El tiempo va en el eje de abscisas; la altura, en el de ordenadas, y la intensidad se representa por las dimensiones de la mancha que reemplaza al punto de los gráficos matemáticos. Se ha diseñado un aparato, que comprende un micrófono y diversos órganos de traducción y grabación, y que permite la inscripción automática de un sonograma. Es un *sonógrafo*.

Sonoluminescencia

Luminescencia de ciertos líquidos, la glicerina por ejemplo, al ser atravesados por ultrasonidos. El fenómeno permanece todavía mal explicado. Quizás es similar a la triboluminescencia. Parece, en efecto, que está ligado a las deformaciones locales provocadas por la onda ultrasónica, y con mayor precisión, a la presencia en el líquido de cavidades fugaces.

spin

De un verbo inglés que significa girar.

Característica intrínseca de los corpúsculos de la microfísica, típica de la mecánica cuántica. La existencia del spin fue ideada en principio con el fin de encontrar una explicación para ciertos resultados experimentales de la espectroscopía (V. ESTRUCTURA FINA). En 1925, dos investigadores, Goudsmit y Uhlenbeck, propusieron admitir que cada electrón en un átomo poseía un movimiento de rotación propio sobre sí mismo, aparte de su movimiento orbital alrededor del núcleo. Ese movimiento le confiere un momento cinético y, por tanto, también un momento magnético (de spin), ya que el electrón está cargado eléctricamente. Propusieron, por otro lado, admitir que la relación giromagnética correspondiente a ese movimiento tiene un valor doble que la relación correspondiente al movimiento orbital. De esas hipótesis *ad hoc* se seguía efectivamente una justificación plausible de resultados aún no explicados. Pero la imagen de un electrón girando sobre sí mismo conduce en mecánica clásica a serias dificultades. Por el contrario, el spin del electrón, supuesto *puntual*, aparece de manera coherente, con las propiedades propias de los momentos cinéticos, en los cálculos propios de la mecánica cuántica. Le corresponde un operador de spin, S, de valor propio igual a $\sqrt{S(S+1)}\ \hbar$. Es el número cuántico s el que corrientemente es llamado spin de la partícula.
s puede ser nulo o entero para una cierta clase de partículas. Son los *bosones*. Es semientero para otra clase de partículas. Son los *fermiones*.

▶ *Onda de spin.*—En un sólido ferromagnético mantenido a temperatura fija, los momentos magnéticos de sus átomos poseen orientaciones determinadas (V. IMANACIÓN ESPONTÁNEA; DOMINIOS DE WEISS). Una perturbación local de esta orientación puede propagarse poco a poco, por interacción entre los portadores de momentos magnéticos, bajo la forma de una onda que recuerda, en ciertos aspectos, a las ondas acústicas que se propagan en un medio material. Estas ondas han sido denominadas *ondas de spin*, para señalar que los momentos magnéticos elementales, responsables del fenómeno ferromagnético, son los momentos magnéticos de spin de los electrones del sólido.
A esas ondas de spin la mecánica cuántica asocia cuasi-partículas, que F. Bloch, iniciador de la teoría, propuso llamar *magnones*, por analogía con los *fonones*, cuasi-partículas asociadas a las ondas acústicas.
La difracción de neutrones atravesando un material ferromagnético puede ser interpretada en términos de choques entre neutrones y magnones.

▶ *Temperatura de spin.*—En una asamblea de corpúsculos, un cristal, por ejemplo, si cada corpúsculo está provisto de un spin, y si el conjunto de ellos está sumergido en un campo magnético externo, la termodinámica permite definir dos temperaturas, T y T_s. T es la temperatura termodinámica habitual, llamada aquí *temperatura de retículo*, cuyo valor está ligado, por la relación de Boltzmann, al reparto estadístico de la energía global térmica (desordenada) entre los corpúsculos. T_s, cuyo valor está ligado al reparto de la energía de orientación de los momentos magnéticos de spin en el campo magnético exterior, es denominada *temperatura de spin* de los corpúsculos.
Se producen cambios aleatorios entre estos dos tipos de energía, y se alcanza un equilibrio térmico general (en el que $T = T_s$) al cabo de un tiempo finito. Pero la experiencia demuestra

que ese «tiempo de *relajación térmica*» es a menudo suficientemente largo como para poder ser observado, y medir entonces separadamente las temperaturas de equilibrio T y T_s, ésta en particular gracias al fenómeno de la resonancia magnética.

En el sencillo ejemplo de un conjunto de partículas idénticas, de spin 1/2, sólo están «permitidas» las orientaciones de los momentos magnéticos que sean paralelas o antiparalelas al campo. Sólo son posibles, en consecuencia, dos niveles energéticos E_1 y E_2 ($E_1 < E_2$), y el cociente entre sus respectivas poblaciones vale: $P_2/P_1 = \exp[(E_1 - E_2)/kT_s]$, lo que define matemáticamente su temperatura de spin T_s (k = constante de Boltzmann). El número total P de corpúsculos permanece constante, por lo que resulta posible seguir matemáticamente las variaciones previsibles de T_s cuando se le impone a la energía total de orientación $E = P_1 E_1 + P_2 E_2$ un valor creciente (por absorción, por ejemplo, de una radiación de frecuencia conveniente) (V. figura).

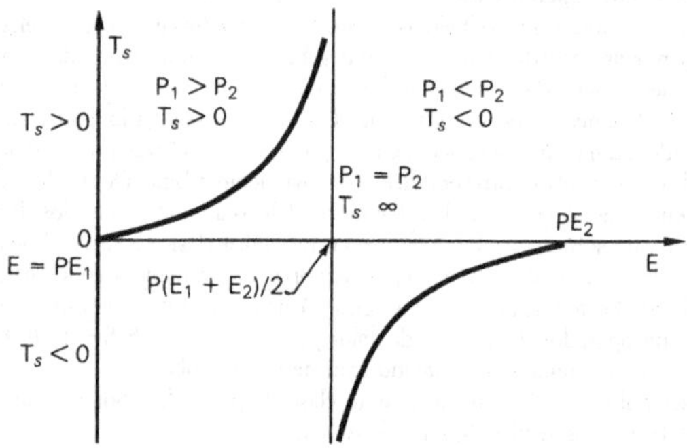

Si dos asambleas de corpúsculos idénticos, una a la temperatura $T_s' > 0$, y la otra a la temperatura $T_s'' < 0$ están en contacto, la segunda ¡cede calor a la primera, y la temperatura final no es nula, sino infinita!

Se ve entonces que T_s se hace infinita cuando la población P_2 del nivel excitado, a partir de una energía E suficiente, se hace igual a la del nivel fundamental, después *se hace negativa* más allá. Se sigue que si dos sistemas de spines están en contacto, uno a temperatura positiva y el otro a temperatura negativa, y si se admite, idea lógica, que el sistema de mayor energía cede energía –«*calor*», ya que se trata de energía repartida de modo aleatorio entre un número muy grande de corpúsculos– al sistema de menor energía, entonces es el sistema de temperatura negativa el que cede calor al otro, y el que debe, por tanto, ser considerado como el más caliente de los dos.

Estos resultados de aspecto paradójico, comprensibles a fin de cuentas si nos referimos a lo precedente, han recidibo confirmaciones experimentales (experiencias de Abragam del «calorímetro de spin», sobre los dos sistemas de spines de un cristal de fluoruro de litio).

Stark Johannes (1874-1957)

▶ *Efecto Stark*.–Fenómeno resultante de la acción de un *campo eléctrico* sobre una fuente emisora de luz. El efecto consiste, para el observador, en una descomposición de cada una de las rayas del espectro emitido en varias componentes cercanas. Pero en este caso, contrariamente a lo que sucede en el *efecto Zeeman*, las rayas de una misma serie espectral dan un número de componentes tanto más elevado cuanto mayor es la frecuencia de la raya. La diferencia de frecuencia entre cada una de las nuevas componentes y la raya primitiva es proporcional al cam-

po eléctrico *(efecto Stark lineal)* o al cuadrado de ese campo *(efecto Stark cuadrático)*. Esa diferencia puede, por ejemplo, alcanzar una decena de micras en la escala de las longitudes de onda, con campos –realizables– de algunos millones de voltios por metro.
La mecánica cuántica (y en esta explicación alcanzó uno de sus primeros éxitos) atribuye el efecto Stark a una subdivisión de cada uno de los niveles energéticos del átomo. Ésta resulta de la energía de interacción, que puede tomar varios valores cuantificados, entre el campo eléctrico y el momento dipolar eléctrico permanente del átomo (efecto lineal), o entre el campo y el momento dipolar inducido (efecto cuadrático).

Stéfan Josef (1835-1893)

▶ *Ley de Stéfan* (1879).–Ley referida a la radiación térmica del *cuerpo negro*.
«La radiancia energética M^o del cuerpo negro varía como la cuarta potencia de su temperatura termodinámica T: $M^o = \sigma T^4$.»
La constante σ es llamada *constante de Stéfan* y vale $\sigma \simeq 5{,}67 \cdot 10^{-8}\ W \cdot m^{-2}\ K^{-4}$. Descubierta experimentalmente, esta ley recibió una explicación teórica satisfactoria cuando fue conocida la teoría cuántica de la radiación térmica.
V. LEY DE PLANCK, TABLA DE CONSTANTES (Anexo 6).

Steinmetz

▶ *Fórmula de Steinmetz*.–Cuando una sustancia ferromagnética es sometida a un campo magnético alterno, que varía entre dos valores +B y −B, se imana alternativamente en un sentido y en otro. Decimos que la sustancia describe *ciclos de histéresis*. A cada ciclo le corresponde una disipación de energía eléctrica en forma de calor. La fórmula de Steinmetz es una relación *empírica*, utilizada en la práctica industrial para obtener, aproximadamente, el valor de la energía disipada. Por unidad de volumen de la sustancia, y para un ciclo, vale: $W = aB^{1,6}$; *a* es un parámetro dependiente de la sustancia y de las unidades utilizadas. Midiéndose, por ejemplo, B en teslas y W en J/m^3, *a* vale para un cierto acero 200.

Stern Otto (1888)

▶ *Experiencia de Stern y Gerlach*.–Realizada por primera vez en 1922, esta experiencia fue concebida con el fin de poner en evidencia de un modo directo la existencia de un momento magnético permanente en cada uno de los átomos de una sustancia paramagnética. Consiste en hacer pasar un delgado *chorro atómico* por una región donde existe un campo magnético **B** inhomogéneo (entrehierro de un electroimán construido al efecto), recogiendo luego el chorro en una placa fotográfica (V. Figura). La física clásica, teniendo en cuenta las características del campo en el entrehierro y de las fuerzas que origina, prevé que cada átomo debe sufrir una deflexión; admitiendo que, a la entrada del entrehierro, las direcciones de los momentos magnéticos están repartidas al azar, los puntos de impacto sobre la placa deben formar una mancha continua, simétricamente colocada en torno a la mancha T_0 que se produciría en ausencia de campo.
La experiencia, realizada con átomos de plata, reveló que se producen, de hecho, *dos manchas distintas*, simétricas con respecto a T_0. Ese resultado confirma en primer lugar la existencia de un momento magnético atómico, ya que se observa una deflexión. Confirma, por otra parte, la existencia misma de un spin electrónico. La estructura de un átomo de plata en su estado fundamental es, en efecto, tal que su momento magnético no puede provenir más que del spin de su electrón solitario periférico (electrón *s*), y esa fue una de las razones que invitó a elegir la plata en las primeras experiencias. Demuestra, en fin, que los momentos magnéticos permanentes responsables del paramagnetismo son momentos de spin. Pero el hecho de obtener

dos manchas simétricas demuestra que los momentos magnéticos de los spines no obedecen exactamente a las leyes clásicas.
La mecánica cuántica da cuenta de las dos manchas observadas postulando que la componente sobre la dirección del campo magnético **B** de un *momento cinético de spin* no puede adquirir más que valores discretos, siendo aquí esos valores $+\hbar/2$ y $-\hbar/2$, siendo $\hbar$ la constante reducido de Planck. El momento magnético de spin μ está, en consecuencia, cuantificado, y no puede tomar más que dos valores opuestos. La fuerza $F_y = \mu \dfrac{\partial B_y}{\partial y}$ que se ejerce sobre cada átomo de plata es, por tanto, el origen adecuado de las dos manchas observadas.
Experiencias de este mismo tipo se utilizan hoy en distintas circunstancias, en particular para el estudio de las propiedades magnéticas individuales de los diferentes átomos.

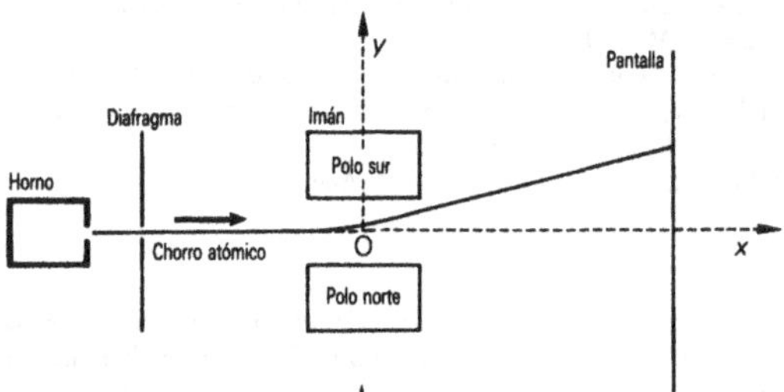

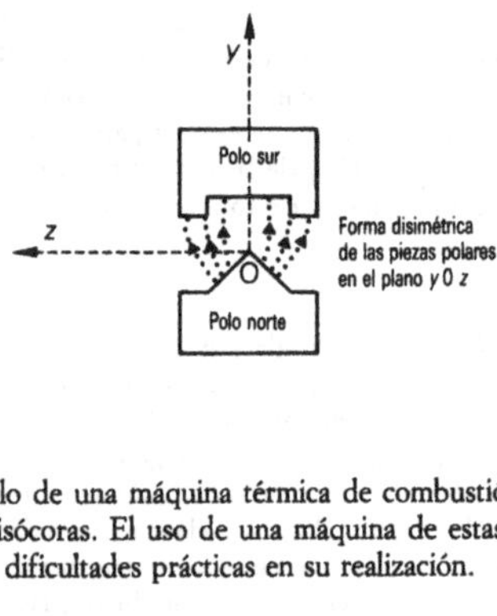

Stirling

▶ *Ciclo de Stirling.*—Ciclo de una máquina térmica de combustión externa, formado por dos ramas isotermas y dos isócoras. El uso de una máquina de estas características ha tropezado hasta nuestros días con dificultades prácticas en su realización.

Stockage o almacenamiento

V. ANILLOS DE COLISIÓN.

Stokes Sir George Gabriel (1819-1903)

▶ *Fórmula de Stokes.*—Expresión que da la fuerza f que frena el movimiento de una pequeña esfera material (de radio r) que se desplaza en un fluido viscoso con una velocidad v suficientemente pequeña. Se escribe: $f = 6\pi\eta \cdot r \cdot v$.
η es el coeficiente de viscosidad dinámica del fluido.
V. EXPERIENCIAS DE MILLIKAN, VELOCIDAD LÍMITE.

▶ *Ley de Stokes.*—Las primeras experiencias sobre fotoluminescencia parecieron revelar una relación simple entre la radiación excitadora y la emitida. Esta relación es la que se expresa en la *ley de Stokes:* «La longitud de onda de la luz emitida por fotoluminescencia es superior a la de la radiación que causa la excitación.» Una pantalla de platinocianuro de bario radia fácilmente, por ejemplo, una luz visible —de longitud de onda λ próxima a 0,5 micras— cuando es excitada por una radiación ultravioleta ($\lambda < 0,4$ micras), pero se mantiene insensible a una radiación roja o infrarroja ($\lambda \geqslant 0,8$ micras).
Hoy se sabe que la realidad no es tan sencilla, y la ley de Stokes es «violada» a menudo. No por ello ha perdido su interés, sin embargo. Invita a separar, en la luz emitida por fotoluminescencia, las radiaciones que cumplen la ley (denominadas *radiaciones Stokes*) de las que no la cumplen (denominadas *radiaciones anti-Stokes*). La investigación sistemática del origen de esas radiaciones lleva a comprender mejor los distintos mecanismos de la fotoluminescencia.
V. EFECTO RAMAN.

La figura muestra de forma esquemática en tres casos distintos, cómo puede explicarse el origen de las radiaciones emitidas. Los tres son *casos muy simples.*
Cada raya horizontal representa un nivel energético posible, y cada flecha vertical una transición.
1 / *Radicaciones Stokes*
a / Gas monoatómico a pequeña presión (moléculas prácticamente independientes).

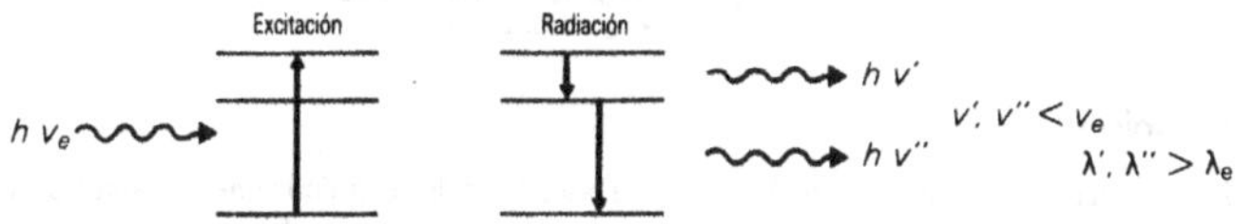

b / Gas poliatómico, líquido, sólido.

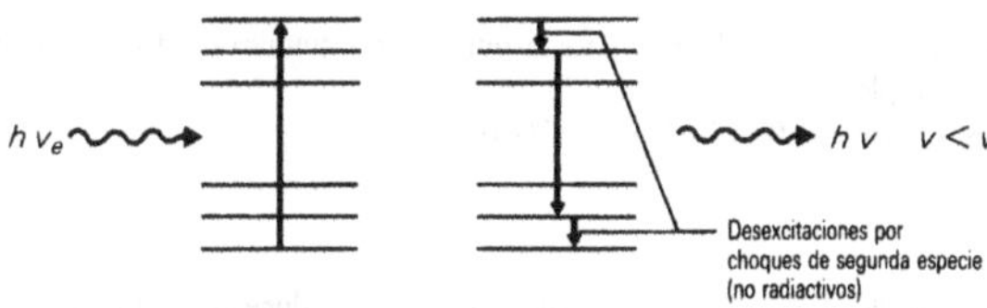

2 / *Radiaciones anti-Stokes*

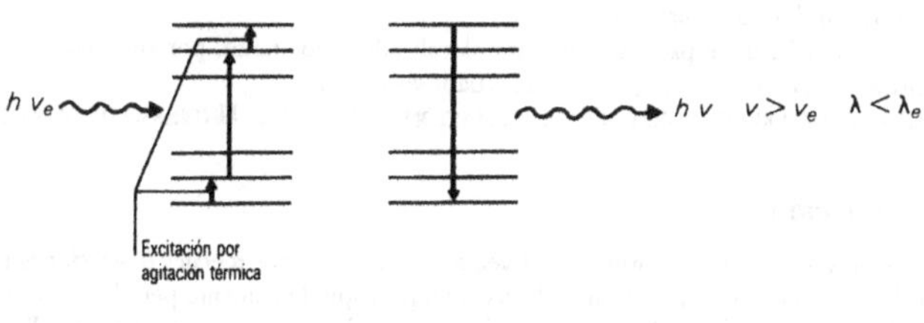

▶ *stokes (St).*—Unidad c.g.s. de viscosidad cinemática. La unidad SI correspondiente, el m^2/s, no ha recibido un nombre especial. 1 St = 10^{-4} m^2/s.

▶ *Teorema de Stokes (Sinonimo:* Teorema del *rotacional).*—Teorema de análisis vectorial que es utilizado en la teoría de campos. He aquí su enunciado: «La circulación del campo vectorial **X**(M) a lo largo de un contorno orientado Γ es igual al flujo de su rotacional a través de la

superficie limitada por el contorno Γ: $\oint_\Gamma \mathbf{X} \cdot d\mathbf{M} = \iint_S \text{rot}\, \mathbf{X} \cdot d\mathbf{S}$.» (Las orientaciones de S y Γ se suponen ligadas por el convenio de orientación del espacio elegido.)
De este teorema se deduce, entre otras cosas, que los campos de circulación conservativa (campos de gradientes) son campos de rotacional nulo (irrotacionales), y *viceversa*.
De ahí la cadena de proposiciones equivalentes (cada una de ellas implica a las otras tres): Campo de gradientes ⇔ deriva de un potencial escalar ⇔ campo conservativo ⇔ campo de rotacional nulo.
V. POTENCIAL ESCALAR.

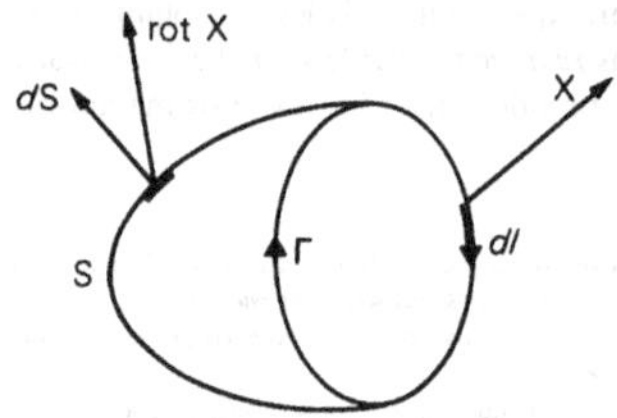

El espacio se supone orientado por el convenio de la regla del sacacorchos

Sublimación

Paso directo del estado sólido al gaseoso. Todos los sólidos químicamente estables pueden ser sublimados por calentamiento a presión constante, a condición de que la presión elegida sea menor a la de su punto triple. Todos salvo los dos helios, para los cuales no existe curva de sublimación.
La sublimación se utiliza industrialmente para la purificación química de determinadas sustancias, el iodo por ejemplo.
V. CALOR LATENTE, CAMBIO DE ESTADO, PUNTO TRIPLE.

Suceso

En física relativista se llama *suceso* a todo fenómeno que se produce en un punto y en un instante dados en un referencial del espacio-tiempo. *Ejemplos:* emisión de un fotón por un átomo, encuentro de dos partículas, etc.
En un referencial del espacio-tiempo está «localizado», por tanto, por sus cuatro *coordenadas de espacio-tiempo* (x_1, x_2, x_3, x_4), o por un cuadrivector $(\mathbf{r}, t)$.
V. RELATIVIDAD RESTRINGIDA, TRANSFORMACIÓN DE LORENTZ, UNIVERSO DE MINKOWSKI.

Superconducción

Cuando se somete a temperaturas cada vez más bajas a ciertos metales o aleaciones metálicas, su resistividad en corriente continua decrece, en principio lentamente pero luego bruscamente, cayendo hasta un valor prácticamente nulo a partir de una temperatura crítica T_c. Decimos que el metal se ha vuelto *superconductor*. Esta temperatura de transición T_c depende del metal, pero siempre es muy baja: 4,15 K para el mercurio, objeto del descubrimiento del fenómeno por K. Onnes (1911), 7,3 K para el plomo, 23,2 K para una aleación de niobio y germanio, y se ha anunciado recientemente una temperatura del orden de 90 K para unas aleaciones de tierras raras... (K. A. Müller y J. G. Bernodz, Nobel 1987).

Otras propiedades diversas acompañan a la superconductividad. Cuando se somete un superconductor a un campo magnético exterior se descubre que en su interior el campo global resulta nulo por compensación (efecto Meissner-Ochsenfeld). Puede, por otra parte, perder su propiedad superconductora cuando ese campo alcanza un valor crítico B_c, que depende de la temperatura: es grande en el cero absoluto, y disminuye a continuación progresivamente.
Desde el punto de vista teórico hay varios puntos que tocar para explicar esos diversos fenómenos conexos, todos ellos evolucionando rápidamente. Señalemos solamente que la superconductividad, como la *superfluidez* del helio, es atribuida a la existencia de un fluido de bosones en el metal. Se debe a Bardeen, Cooper y Schrieffer la demostración (en 1957) de cómo los electrones en un conductor pueden ligarse por pares (pares de Cooper) para formar ese fluido de bosones.
En un superconductor no hay prácticamente efecto Joule. Ello permite utilizar estos materiales en motores, en aceleradores de partículas, etc., para obtener y mantener intensidades eléctricas muy elevadas y, en consecuencia, campos magnéticos considerables, *sin disipación de energía*. Se prosiguen activamente los estudios teóricos y experimentales para encontrar materiales que permanezcan como superconductores a temperaturas fácilmente accesibles, obviando así la necesidad de conseguir y conservar temperaturas muy bajas por medio de helio líquido. El problema del transporte de la energía eléctrica a grandes distancias, sin excesivas pérdidas, estaría en ese caso muy cerca de su resolución.

Superficial

▶ *Magnitud superficial*.—V. MAGNITUD ESPECÍFICA.

Superfluidez

Notable propiedad de helio-4 líquido.
Mientras que la viscosidad de un líquido aumenta (y disminuye su fluidez) cuando su temperatura desciende, la viscosidad del helio líquido, siempre muy pequeña (alrededor de 1.000 veces más pequeña que la del agua), decrece cuando disminuye la temperatura. Con más precisión, a partir del punto lambda (2,19 K) ese coeficiente disminuye muy rápidamente, y cae por debajo de cualquier valor mensurable hacia una temperatura de 1 K. El helio II es *superfluido*. Otras propiedades inesperadas, su *superconducción*, la propiedad que posee de levantarse espontáneamente bajo la forma de fina película a lo largo de las paredes... han encontrado una explicación teórica. Según London y Landau (1936), son debidas al hecho de que el he-

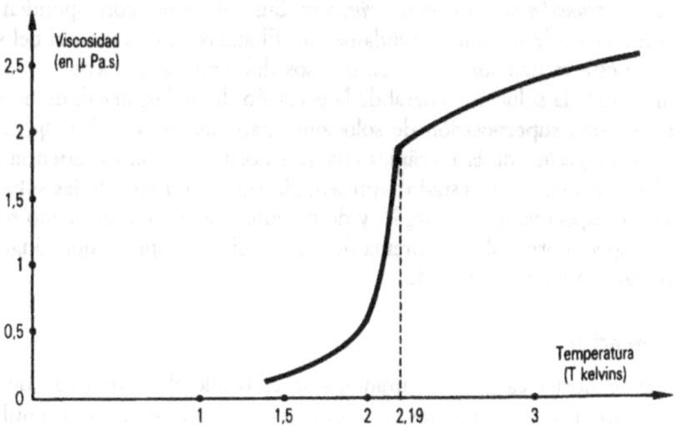

lio-4 es un bosón. Se demuestra, en efecto, en mecánica cuántica que un conjunto de bosones constituye un *fluido perfecto* (fluido sin viscosidad), al menos en el cero absoluto. Cuando se eleva la temperatura se forman «estados excitados» (V. CONDENSACIÓN DE BOSE-EINSTEIN), apareciendo progresivamente la viscosidad.

Supergravedad o supersimetría

Nombre dado a una teoría que tiene la ambición de establecer que las cuatro interacciones fundamentales (fuerte, débil, electromagnética y gravitatoria) tienen un origen común. Existen diferentes aproximaciones para las teorías de unificación. Una de ellas es consecuencia de una condición de *simetría local* impuesta a la ley de interacción de dos partículas en el marco de la *teoría cuántica de campos*. Este procedimiento es el que ha conseguido con éxito unificar las interacciones electromagnética y débil.

La condición utilizada aquí impone que la ley sea simétrica respecto a la sustitución de un fermión por un bosón de spines consecutivos, e inversamente. Fermión y bosón aparecen entonces como dos «estados cuánticos» diferentes de una misma partícula. En consecuencia, de una *simetría interna*, que se revela ser al mismo tiempo una simetría *espacio-temporal*, puesto que se ha demostrado que dos pasos sucesivos de una partícula del estado fermión al bosón y luego al fermión implican un desplazamiento de la partícula en el espacio-tiempo. Se dice entonces que se trata de una «supersimetría», de ahí el nombre dado a la teoría.

V. INTERACCIONES, SIMETRÍA DE LAS LEYES FÍSICAS, SIMETRÍA LOCAL.

Superposición

▶ *Teorema de superposición*.—Si S y S′ son dos soluciones de una ecuación lineal, su superposición S + S′ y, más generalmente, cualquier combinación lineal $S'' = aS + bS'$, donde *a* y *b* son dos constantes arbitrarias, es una solución de la ecuación que se estudia. Esta previsión matemática explica resultados experimentales, comprobados en distintos dominios de la física. Presentamos algunos ejemplos:

1. En electrostática, los estados de *equilibrio eléctrico* de un conjunto de conductores inmóviles están regidos por la *ecuación* —lineal— de *Laplace:* $\Delta V = 0$. Dos equilibrios distintos están caracterizados por los potenciales impuestos a los diferentes conductores. Si V_i y V'_i son potenciales de estados de equilibrio, $V''_i = aV_i + bV'_i$ es igualmente un estado de equilibrio.
2. En electrocinética se comprueba incluso la superposición posible de *estados permanentes* en una red eléctrica, estados caracterizados por los valores constantes I_i de las intensidades de cada rama, y regidos por las *ecuaciones*, lineales, de *Kirchhoff*.
3. En acústica las *oscilaciones* de una cuerda vibrante están gobernadas igualmente por una ecuación lineal: la *ecuación de las cuerdas vibrantes*. Sus soluciones corresponden a diferentes «parciales», armónicos, de un sonido fundamental. El análisis experimental del sonido emitido demuestra que éste es una superposición de esos diferentes armónicos.
4. En microfísica la solución general de la ecuación de ondas, lineal, de un oscilador armónico es, asimismo, una superposición de soluciones particulares: $\psi = \sum_n c_n \psi_n$. Pero el *principio de descomposición espectral* de la mecánica cuántica postula que la experiencia no puede detectar al oscilador más que en un estado representado por *una u otra* de las soluciones ψ_n, con una probabilidad respectiva igual a $|c_n|^2$, y de ninguna manera en un estado representado por ψ. Éste es un aspecto original del teorema de superposición, aspecto que ninguna experiencia conocida actualmente ha desmentido.

Superregenerador

En un reactor nuclar cargado de uranio, sólo es fisible el isótopo 235 del mismo. El uranio 238, el más abundante de los dos, se encuentra presente de manera inútil. Es, sin embargo,

un isótopo *fértil* (V. esa voz). Si los neutrones que mantienen la reacción en cadena poseen una energía suficiente, pueden provocar su conversión en otro núclido fisible, el plutonio 239. En ese caso, el cociente entre el número de núcleos fisibles así obtenidos y el número de núcleos fisibles desaparecidos durante el mismo tiempo mide la relación de conversión.
Si esa relación es superior a la unidad se dice que el reactor es *superconversor*. En un reactor cargado de plutonio 239 y de uranio 238, la acción de los neutrones sobre éste último da como efecto la regeneración del material fisible utilizado. El reactor es llamado *superregenerador* si su relación o cociente de regeneración es superior a la unidad. La voz simplificada *supergenerador* se utiliza en el lenguaje común para designar indistintamente uno u otro de los dos tipos de reactores (V. TIPOS).

Susceptancia

V. IMPEDANCIA ELÉCTRICA COMPLEJA.

Susceptibilidad

▶ *Susceptibilidad eléctrica*.—Los dieléctricos colocados en un campo eléctrico **E** se polarizan, y adquieren en cada región una polarización eléctrica inducida **P**. Cuando entre esos dos vectores existe una relación lineal, el *dieléctrico* es llamado *lineal* o *perfecto*. Si además es eléctricamente isótropo en todo punto, **P** y **E** son colineales en toda la región. Escribimos entonces $\mathbf{P} = \chi_e\, \varepsilon_0\, \mathbf{E}$, definiendo así una magnitud física adimensional χ_e, la *susceptibilidad eléctrica* del medio. La experiencia demuestra que es positiva siempre, pudiendo variar entre amplios límites de un dieléctrico a otro. ε_0 es la permitividad del vacío.
Ejemplo: $\chi_e \approx 5 \cdot 10^{-4}$ para el oxígeno, y algunas unidades para el vidrio. Para un mismo medio depende de la temperatura y de la densidad (V. ELECTROSTRICCIÓN).
Si el medio es lineal, pero anisótropo (caso de ciertos cristales), **P** y **E** no son colineales. Su susceptibilidad es un tensor de nueve componentes.
Existen dieléctricos no lineales. Su susceptibilidad, definida siempre por la relación $\mathbf{P} = \chi_e\, \varepsilon_0\, \mathbf{E}$, no es constante. Depende de E. Son los cuerpos *ferroeléctricos*.
La susceptibilidad de un cuerpo depende de su *polarizabilidad* y determina su *permitividad relativa* $\varepsilon_r = 1 + \chi_e$.

▶ *Susceptibilidad magnética (másica)*.—Parámetro característico de los medios magnéticos y que se define a partir de la *intensidad de imanación másica* $\mathbf{J}_m$, como la susceptibilidad volúmica se define a partir de la intensidad de imanación volúmica. Se escribe, por tanto, $\mathbf{J}_m = \chi_m\, \mathbf{H}$. χ_m se evalúa en $m^3 \cdot kg^{-1}$.
Es la susceptibilidad χ_m la que, bajo el nombre de *coeficiente de imanación*, se utiliza en el enunciado de la ley de Curie.

▶ *Susceptibilidad magnética (volúmica)*.—En la mayor parte de las sustancias imanadas (gases, sólidos microcristalinos o líquidos) la *intensidad de imanación* (volúmica) **J** es colineal con el campo inductor **B** en todos los puntos. Esas sustancias son conocidas como magnéticamente isótropas. Se define su *susceptibilidad magnética* (volúmica) χ escribiendo $\mathbf{J} = \chi\mathbf{H}$, expresando así **J** como una función directa del vector auxiliar **H** (por razones históricas) y no como función del campo magnético **B**. Ello implica que $\mathbf{B} = \mu_0(1 + \chi)\, \mathbf{H}$ (μ_0 permeabilidad del vacío).
La susceptibilidad definida así es una magnitud sin dimensiones, ya que tanto **J** como **H** se miden en amperios por metro (A/m).
Los medios cuya susceptibilidad es una constante (independiente del campo inductor **B**) son conocidos como *magnéticamente perfectos*, por analogía con los dieléctricos perfectos. Según que su susceptibilidad sea positiva o negativa, son *paramagnéticos* o *diamagnéticos*. Los medios cuya susceptibilidad varía con el campo son los *ferromagnéticos* (en sentido amplio).

Los monocristales son con frecuencia magnéticamente anisótropos. Su susceptibilidad posee valores diferentes en las distintas direcciones. Es una magnitud tensorial de nueve componentes. La relación entre intensidad de imanación y campo se escribe en este caso en forma matricial: $(J) = (\chi)\ (H)$.

Órdenes de magnitud
de la susceptibilidad magnética de algunas sustancias

Diamagnéticas		*Paramagnéticas*	
Bismuto	$-1{,}5\ 10^{-4}$	Cloruro férrico	$+3\ 10^{-3}$
Grafito	$-1{,}0\ 10^{-5}$	Aluminio	$+2\ 10^{-5}$
Agua	$-8{,}7\ 10^{-6}$	Oxígeno	$+2\ 10^{-6}$
Alcohol	$-7\ \ 10^{-6}$		
Nitrógeno	$-6\ \ 10^{-9}$		

Suspensiones

Las partículas se encuentran en suspensión en un medio fluido (gas o líquido) cuando, bajo el efecto de su peso aparente y de la resistencia del fluido, caen tan lentamente que parecen detenidas en su movimiento de caída. Pueden estar animadas de movimientos desordenados debidos a diversas causas de agitación.

Una *niebla* es un conjunto de gotitas líquidas en suspensión en el seno de un gas. Cuando se trata de partículas sólidas la suspensión es un *humo*.

T

T

Símbolo del prefijo Tera (10^{12}).
V. CUADRO DE PREFIJOS SI (Anexo 1.2).

Tamm Igor Ievghenievitch (1895-1971)

Premio Nobel 1958.

V. EFECTO ČERENKOV.

Tammann Gustav (1861-1938)

▶ *Experiencias de Tammann y Bridgman.*—Estudios experimentales realizados a presiones considerables (desde algunos centenares a varios centenares de millares de atmósferas). Han permitido estudiar, por ejemplo, las condiciones de existencia y transformación mutua de diferentes variedades de hielo; las variaciones de resistividad de los metales fuertemente comprimidos, cuyo conocimiento ha sido origen de un procedimiento de medida de altas presiones, etc.
V. POLIMORFISMO.

Tántalo

▶ *Experiencia del vaso de Tántalo.*—V. OSCILACIONES DE RELAJACIÓN.

Tanto por uno en peso

Equivalente al concepto francés de *titre* (título, voz sumamente desusada en castellano). Parámetro que caracteriza la riqueza de una mezcla en cada uno de sus constituyentes. Es, por definición, el cociente $\tau_i = m_i/m$; m_i = masa del constituyente de orden i, $m = \Sigma m_i$ = masa total de la mezcla. El tanto por uno es un número, de valor comprendido entre 0 y 1, y, naturalmente, la suma de los tantos por uno de todos los constituyentes de la mezcla es la unidad: $\Sigma\ \tau_i = 1$. *Ejemplo:* Una cierta aleación monetaria es de 900 milésimas de oro fino. Así, pues, 100 g. de esta aleación contienen 90 g de oro puro. La masa de cada constituyente de la mezcla es evaluada frecuentemente tomando como unidad su masa molecular, M_i; $n_i = m_i/M_i$ es, en consecuencia, el número de moles del constituyente i presentes en la mezcla. El cociente $x_i = n_i/\Sigma n_i$ es conocido como *fracción molar*.
En un medio homogéneo diluido en el que un pequeño número n de moles de soluto está disuelto en un gran número N de moles de disolvente, la fracción molar $x = n/(n + N)$ es prácticamente igual al cociente n/N. El cociente $\mu = n/m$ (medido en mol/kg) mide en ese caso la *molalidad* de la disolución. m es la masa del disolvente.
V. CONCENTRACIÓN, LEYES DE RAOULT.

Taquión

V. LUXÓN.

Tardón

V. LUXÓN.

Tasa

▶ *Tasa de combustión* (expresión inglesa equivalente: *Burn Up*).—Cantidad de energía térmica por unidad de masa de material fisible obtenida de modo efectivo en un reactor nuclear entre dos cargas sucesivas. La tasa de combustión se expresa habitualmente en megawatios · día por tonelada (MWd/t). En los reactores actuales la tasa de combustión vale alrededor de 50.000 MWd/t, mientras que la fisión de una tonelada de uranio puede dar en principio un millón de megawatios · día. Ese escaso rendimiento del 5 % (50.000/1.000.000) es debido a las condiciones mismas de funcionamiento del reactor: absorción demasiado importante de neutrones por parte de algunos productos de fisión, progresiva disminución de la riqueza del combustible en isótopo fisible, deformación mecánica de las barras que encierran el combustible, etc.

Tate

▶ *Ley de Tate*.—«El peso p de cada una de las gotas que se forman el extremo de un tubo delgado —pipeta, bureta, cuentagotas diversos...— es proporcional al radio interno r del extremo del tubo y a la *tensión superficial* A del líquido que forma la gota: $p = k \cdot 2\pi r \cdot A$.» La experiencia demuestra que el coeficiente de proporcionalidad k está próximo, en general, a 0,6. Esta ley explica que las gotas que fluyen de un tubo de radio r tienen siempre el mismo volumen para el mismo líquido (o de tubos distintos, mientras tengan el mismo radio final). Por ejemplo, 1/20 cm³ (alrededor de 5 cg) con los tubos corrientes (r cercano a 2 mm) que contienen líquidos cuya tensión superficial y cuya masa son semejantes a las del agua.
Se utiliza la ley de Tate para comparar rápidamente tensiones superficiales.

Tau (τ)

De la letra griega que encabeza la palabra tercero.

Partícula subnuclear. Es un leptón descubierto en los años setenta, cuando ya eran conocidos otros dos leptones (electrón y muón): de ahí su nombre. Presenta la particularidad de tener una masa, pese a su cualidad de leptón, superior a la de muchos bariones. Está cargado negativamente, como el electrón y el muón. La existencia de su antipartícula y la de los neutrinos asociados es todavía hipotética. Su eventual papel en la configuración y estructura de la materia —como sucede en el caso del muón— resultan una incógnita total.
V. CUADRO DE PARTÍCULAS SUBNUCLEARES (Anexo 4).

Tcherenkov

V. ČERENKOV.

t.e.c.

Siglas convencionales: (t)onelada (e)quivalente (c)arbón.

V. T.E.P.

Telegrafistas

▶ *Ecuación de los telegrafistas*.–V. ECUACIONES DE HEAVISIDE.

Telescopio

Raíces griegas que significan ver lejos.

Aunque se suele llamar telescopio a todo instrumento óptico, preferimos reservar este nombre únicamente para los instrumentos destinados a la observación de objetos celestes cuyo *objetivo* es un *espejo* (cóncavo).

Los rayos luminosos reflejados por el objetivo son reenviados al ocular, ubicado tanto lateralmente –telescopios tipo *Newton*– como detrás del obejtivo –telescopio tipo *Cassegrain*–. Las características generales –campo, poder de resolución...– se definen como en los anteojos astronómicos.

Los telescopios *reflectores* presentan sobre los anteojos astronómicos (o telescopios *refractores*) algunas ventajas. Su objetivo, en particular, está desprovisto rigurosamente de aberraciones cromáticas. Su construcción, en segundo lugar, exige pulir una sola superficie, sin que sea necesario preocuparse de la homogeneidad de una gran masa de vidrio, y se presta a la realización de objetivos de gran diámetro. El récord actual es 6,05 m (telescopio del monte Pasthoukov, en el Cáucaso), contra 1,02 para el objetivo refractor de Yerkès (cerca de Chicago). Un gran diámetro permite conseguir una mejor claridad y un mejor poder de resolución.

Los telescopios resulan imprescindibles para detectar y fotografiar las estrellas poco luminosas y para realizar los análisis espectroscópicos de la luz que proviene de los distintos objetos celestes.

V. ASTROFÍSICA, OBEJETIVO DE SCHMIDT.

Televisión

Transmisión a distancia de imágenes, fijas o animadas, por cable en la televisión «en circuito cerrado» y por ondas hertzianas en la televisión destinada al público.

El principio de la televisión, en sus grandes líneas, es muy simple. En la cámara del *puesto emisor*, un objetivo, parecido al de una cámara fotográfica, forma la imagen que se quiere transmitir en una pantalla especial. La luz recibida por esta pantalla origina, por *efecto fotoeléctrico*, corrientes cuyas intensidades variables dependen de las sucesivas iluminaciones de la imagen. Esas imágenes son enviadas al receptor por medio de un hilo o a través de las ondas hertzianas. Allí son dirigidas hacia el cañón de electrones de un *osciloscopio*, modulando en él el flujo de electrones. La pantalla del osciloscopio se ilumina así tanto más vivamente cuanto mayor es la señal eléctrica transmitida. La imagen primitiva sería así reproducida, si no existiera una seria dificultad.

No es la eliminación media global de la imagen inicial, sino la iluminación *en cada instante* de *cada uno de los puntos* de la imagen lo que interesa reproducir en la imagen final. Las propiedades de tolerancia del ojo, agudeza visual limitada y persistencia de las impresiones visuales,

permiten, felizmente, asimilar a un punto una superficie suficientemente pequeña, de una parte (un círculo de 0,5 mm de diámetro, visto a algunos metros de distancia, cobra la apariencia de un punto), y de otra, reproducir los diferentes «puntos» de la imagen sucesiva y no simultáneamente. Si todos son reproducidos en una fracción de segundo —0,04 s son adecuados— el ojo tiene la impresión de verlos todos de manera simultánea.
Esas facilidades son aprovechadas. En la emisora la imagen es *analizada*, es decir, explorada punto por punto, línea por línea, metódica y rápidamente, gracias a un haz electrónico guiado por *bobinas deflectoras* apropiadas. Los *tubos analizadores* son de distintos modelos y llevan diferentes nombres (iconoscopio, imagen-orticón, vidicón... V. esas diversas voces). Junto a los circuitos que los complementan, son concebidos de modo tal que cada punto de la imagen alcanzado por el haz electrónico, y durante el breve instante en el que es alcanzado, da en el circuito exterior, por efecto fotoeléctrico, una corriente fugaz cuya intensidad es proporcional a la iluminación. Esas corrientes constituyen una de las componentes de la señal que se va a transmitir, denominada señal de vídeo o *señal vídeo*.
En la recepción esas corrientes son dirigidas hacia la *rejilla de mando* de un cañón de electrones, en el que modulan el flujo electrónico.
El haz electrónico modulado es dirigido por las bobinas deflectoras sucesivamente sobre los distintos «puntos» de una pantalla fluorescente. La iluminación de cada punto, proporcional a su vez al flujo de electrones, reproduce finalmente en cada instante la del punto homólogo de la imagen primitiva, a condición, naturalmente, de mantener un sincronismo riguroso entre la exploración de la emisión y el barrido de la recepción. Éste se lleva a cabo gracias a breves corrientes, los *«tops»*, que regulan a la emisión la duración de la exploración horizontal unos, la de la exploración vertical otros, y que son transmitidos a los receptores. Allí se ponen en marcha, y detienen en el tiempo deseado los barridos horizontal y vertical. Esos tops constituyen la segunda señal componente de la señal vídeo.
El número de líneas recortadas en la imagen por la exploración y por el barrido es conocido como *«definición»* de la imagen. Se elige en función de las dimensiones admitidas para las imágenes y para las superficies elementales asimilables a puntos (los *«píxeles»*) y en función igualmente de las facilidades técnicas de realización. El standard europeo, 625 líneas, parece convenir a esos dos puntos de vista. Las señales vídeo son oscilaciones eléctricas de elevada frecuencia, del orden de 10 MHz. Las *ondas portadoras* que ellas modulan deben tener frecuencias aún más elevadas. Esa es la razón por la que los *canales* reservados para la televisión se encuentran en la zona de las ondas métricas (alrededor de 200 MHz) y decimétricas (sobre 800 MHz).

▶ *Canal de televisión.*—Banda de frecuencia, reservada a cada emisora de televisión. Su anchura se calcula para que contenga simultáneamente la onda portadora de la imagen, modulada por la señal de vídeo, y la onda portadora del sonido, modulada por la señal de audio.
En cada receptor la sintonización de la emisora elegida se lleva a cabo *simultáneamente* para la imagen y el sonido.
En 625 líneas, la anchura necesaria de banda es del orden de 8 MHz. Se reservan 5,5 MHz para la imagen (banda lateral debilitada), y algo menos de la mitad para el sonido. El intervalo entre dos portadoras es del orden de 6,5 MHz. Los diversos canales disponibles en cada gama de frecuencias están numerados según convenios internacionales.
V. CUADRO DE LAS ONDAS HERTZIANAS (Anexo 5.2).

▶ *Televisión en color.*—En la televisión en blanco y negro —llamada de modo más técnico televisión *monocroma* o *acromática*— sólo se transmiten señales eléctricas que traducen la luminosidad en cada instante de cada parcela de la imagen. En la televisión en color es necesario transmitir señales que traduzcan la *luminosidad* y los *colores*. Esto es posible gracias al procedimiento de la *tricromía*. Con este objeto sólo se utiliza en la actualidad el sistema tricrómico R, V, B, de la Comisión Internacional de la Iluminación.

En la emisora se realizan simultáneamente tres imágenes de la misma escena, cada una de ellas a través de un filtro coloreado, rojo, verde o azul. Son exploradas simultáneamente por tres *analizadores* sincronizados, y se obtienen así tres señales eléctricas, que representan línea por línea las variaciones respectivas de las luminancias roja, verde y azul de los puntos sucesivamente alcanzados por la exploración. En el receptor esas tres señales son dirigidas cada una de ellas sobre uno de los tres *cañones de electrones* de un mismo osciloscopio. Los barridos, horizontal y vertical, son comunes, pero cada haz transporta un flujo electrónico modulado por su señal de color, y va a excitar en la pantalla granos luminescentes de *fósforos*, emitiendo una luz de ese mismo color. La pantalla contiene en total alrededor de 1.200.000 granos, repartidos según un mosaico regular, por grupos de tres, uno de cada uno de los colores. Antes de alcanzar la pantalla los haces atraviesan un disco perforado, de 400.000 aberturas en algunos modelos, colocado de tal suerte que los tres haces pasan juntos a través de cada abertura sucesivamente, de modo que excitan juntos los tres fósforos de un mismo grupo. El observador tiene la impresión de ver un solo punto con la misma luminosidad y el mismo color que el punto homólogo de la escena televisada. La delicada fabricación de ese tubo, con sus tres cañones, su disco perforado, su pantalla especial y los diversos componentes electrónicos necesarios para su funcionamiento y su reglaje minucioso hacen que aún sean relativamente caros. Salvo en el caso de las televisiones en circuito cerrado, ha parecido más conveniente transmitir, no las luminancias tricromáticas, sino tres combinaciones lineales de esas luminancias. Todos los procedimientos actualmente en uso, el procedimiento americano NTSC *(National Television System Committee)*, el procedimiento alemán PAL *(Phase Alternative Linie)* y el procedimiento francés SECAM (SÉquentiel COuleurs A Mémoire) tienen un carácter común: transmiten todos una primera señal que da la *luminancia* global, acompañada de dos señales de *crominancia*. La señal de luminancia asegura la *compatibilidad* directa e inversa con la televisión monocroma. Las dos señales de crominancia no existen más que para los puntos coloreados, y son nulas para los puntos blancos, grises o negros. Los tres procedimientos se distinguen por la elección de la señal de crominancia y por el ritmo de su transmisión.
En los tres casos, un decodificador de componentes electrónicos recibe esas diferentes señales de luminancia y crominancia, las interpreta y envía a cada uno de los tres cañones excitaciones respectivamente proporcionales a las luminancias roja, verde o azul.

Temperatura

Noción familiar para los seres humanos, que tiene por origen las sensaciones de frío y de calor. Los primeros aparatos ideados para atribuir valores numéricos objetivos a la temperatura de la atmósfera y de los distintos cuerpos que nos rodean —los primeros *termómetros*— datan de finales del siglo XVI tan sólo. Galileo utilizó, se dice, un termómetro rudimentario de gas. Durante los siglos XVII y XVIII la Humanidad debió contentarse con *marcar* las temperaturas sobre diferentes escalas arbitrarias, definidas sobre distintos termómetros de líquido.
La primera definición de la temperatura que hizo de ella una magnitud *medible* independiente del aparato de medida data de 1852. La *«temperatura termodinámica»* propuesta entonces por Lord Kelvin es hoy universalmente utilizada. Interviene en los enunciados de distintas leyes físicas, lo que precisa la significación del concepto en sus diferentes aspectos, macroscópico y microscópico.
Ejemplo: la energía cinética de agitación media e_c de cada una de las moléculas de un gas perfecto monoatómico es proporcional a la temperatura termodinámica del gas: $e_c = 3 \cdot k \cdot T/2$, donde k es una constante universal (constante de Boltzmann). Se ve que T mide, con la salvedad de un factor numérico, la energía media e_c ($e_c = 1$ eV $\Leftrightarrow$ T $\approx$ 8.000 K).

▶ *Escala internacional práctica de temperaturas.*—Escala definida por Conferencias internacionales de Pesas y Medidas «de tal manera que la temperatura en esta escala sea una estrecha aproximación de la temperatura termodinámica, permaneciendo las diferencias en los límites actua-

les de exactitud de las medidas». La última puesta a punto data de 1968. Los datos de la revisión realizada en 1987 se pueden encontrar en las publicaciones del BIPM.
Esta escala se basa:
1. En los valores asignados a una docena de temperaturas marcadas, valores obtenidos con precisas medidas a través de termómetros de gas, escalonándose desde 13,81 K (punto triple del hidrógeno) hasta 1.064 K (fusión del oro).
2. En operaciones de interpolación y extrapolación, realizadas según las fórmulas convenidas, por medio de instrumentos específicos, graduados a partir de las temperaturas marcadas precedentes. Está en estudio una prolongación de esta escala hacia las temperaturas más bajas.

Puntos fijos		T_{68}	T_{76}	*Magnitud termodinámica*
Cadmio	transición superconductor		0,519	tensiones de vapor de los helios?
...				
Helio 4	ebullición normal		4,2221	
...				
Plomo	Transición superconductor		7,1999	
Hidrógeno	punto triple	13,81	12,8044	
	ebullición (a 25/76 atm)	17,042	17,037	Resistencia de un hilo de platino puro (Las ecuaciones de interpolación son polinomios específicos con coeficientes constantes, determinados por el conocimiento de los puntos fijos.)
	ebullición normal	20,28	20,2734	
Neón	punto triple		24,5591	
	ebullición normal	27,102	27,102	
Oxígeno	punto triple	54,361		
	ebullición normal	90,188		
Agua	punto triple	273,16		
	ebullición normal	373,15		
Estaño	congelación normal	505,1181		
Zinc	congelación normal	692,73		
Antimonio	congelación normal	1.273,08		Termopares platino-platino rodiado, una de cuyas soldaduras es mantenida a 0 °C (interpolación por polinomios especificados).
Oro	congelación normal	1.337,58		Radiación monocromática. Pirómetro que utiliza la ley de Planck: $c_1 \lambda^{-5}$ se determina utilizando el punto de congelación del oro. $c_2 = 0{,}014388$ m · K (V. PIROMETRÍA).

▶ *Temperatura absoluta.*—V. TEMPERATURA TERMODINÁMICA.

▶ *Temperatura aparente.*—Temperatura que se atribuye a un cuerpo, cuando ha sido determinada usando leyes auxiliares a las que el cuerpo no obedece completamente. *Ejemplo:* Si se utiliza un pirómetro para conocer la temperatura de un cuerpo, graduado con referencia a una de las leyes de radiación del cuerpo negro (ley de *Planck*, o ley de *Stéfan*), se dice que se ha obtenido su temperatura (aparente) de *luminancia* o de *radiación* total. Esas temperaturas son, por lo general, diferentes unas de otras e inferiores a la verdadera temperatura del cuerpo.

▶ *Temperatura centesimal.*—La definición de una escala de temperaturas por medio de una relación del tipo $g = a + bt$, entre una magnitud termodinámica g y la temperatura t, implica la elección de dos valores numéricos arbitrarios t_1 y t_2 para dos temperaturas fijas y reproducibles, con el fin de hacer posible la determinación de a y b. El intervalo $t_2 - t_1$ entre esos dos puntos fijos es el *intervalo fundamental* de la escala. Una escala es conocida como *centesimal* si su intervalo fundamental vale 100 grados.
La definición de la escala Celsius, tan utilizada aún, hace de ella una escala centesimal. No es el caso de la escala Farenheit, cuyo intervalo fundamental (32,212) es de 180 grados.

▶ *Temperatura crítica.*—Un gas puede ser licuado por compresión isoterma si, y sólo si, la temperatura de la experiencia es inferior a una temperatura t_c, característica de la sustancia estudiada. Este corte t_c en la escala de las temperaturas es la *temperatura crítica* de la sustancia. La del agua, por ejemplo, está cerca de 374 °C, la del oxígeno −119 °C, la del helio −268 °C.
El descubrimiento experimental de la existencia de las temperaturas críticas (Andrews, 1869) ha revelado el origen de algunos fracasos encontrados en los ensayos de licuefacción de algunos gases (el oxígeno, por ejemplo), que incluso habían sido calificados con demasiada prisa como «gases permanentes» y, simultáneamente, ha enseñado el camino que había que seguir para obtener la licuefacción de cualquier gas con éxito (V. PUNTO CRÍTICO).
Más generalmente se llama temperatura crítica a la temperatura que separa dos regiones de comportamientos diferentes, para un sistema físico-químico dado (V. PUNTO DE CURIE, SUPERFLUIDEZ). El estudio de la estructura y de las propiedades del sistema estudiado en las cercanías de una temperatura crítica es sometible al procedimiento de *renormalización*.

▶ *Temperatura de luminancia.*—V. TEMPERATURA APARENTE.

▶ *Temperatura de radiación total.*—V. TEMPERATURA APARENTE, PIROMETRÍA.

▶ *Temperatura termodinámica.*—Su definición (Lord Kelvin, en 1852) está basada en una propiedad de los ciclos termodinámicos ditermos reversibles: «Cuando un sistema material describe un ciclo de transformaciones *reversibles* intercambiando las cantidades de calor Q y Q_0, respectivamente, con dos fuentes de calor, el cociente Q/Q_0 no depende del sistema que evoluciona, ni de las particularidades del ciclo de transformaciones. Ese cociente depende exclusivamente de las temperaturas de ambas fuentes (V. TEOREMA DE CARNOT).
Escribiendo $|Q/Q_0| = T/T_0$, se define, por tanto, una escala de temperaturas T, *mensurable* (independiente del aparato de medida). Un valor numérico (T_0 = 273,15 K) se ha atribuido convencionalmente a la temperatura de una fuente constituida por una mezcla de agua, hielo y vapor de agua en equilibrio (punto triple del agua).
De esa elección y de la definición anterior resulta que las temperaturas termodinámicas son, en principio, siempre positivas. El punto límite más bajo es el cero «absoluto». La temperatura termodinámica o *temperatura Kelvin* es llamada con frecuencia *temperatura absoluta*.
Para determinar una temperatura termodinámica no es, afortunadamente, necesaria la realización (imposible) del ciclo reversible ideal previsto en la definición. Puede *calcularse* el valor de la razón Q/Q_0 utilizando un sistema material del que se han estudiado previamente las propiedades. Por esta vía se demuestra, por ejemplo, la identidad entre la temperatura termodinámica y la temperatura definida por un gas a presión pequeña (V. TEMPERATURA DE AVOGADRO).
Laboratorios especializados determinan, por ese procedimiento y con toda la precisión posible, las temperaturas termodinámicas de puntos fijos reproducibles repartidos por toda la escala. Sus resultados sirven a continuación para las determinaciones prácticas de cualquier temperatura por *interpolación* entre esos puntos fijos, por medio de termómetros basados en distintos fenómenos físicos. En lo tocante a las temperaturas extremas, leyes termodinámicas bien establecidas permiten las *extrapolaciones* necesarias —leyes de la radiación negra, por ejemplo— para las temperaturas muy elevadas.

▶ *Temperaturas negativas.*—En la escala Celsius una temperatura negativa es simplemente una temperatura inferior a la del hielo fundente, a la que le fue atribuido de modo arbitrario el valor cero. En la escala termodinámica Kelvin, su misma definición parece implicar la imposibilidad de la existencia de temperaturas negativas (de ahí nombres como cero absoluto o temperatura absoluta). Se pueden, sin embargo, definir en cierta medida y medir temperaturas negativas cuando un conjunto de partículas ha sido sometido a «inversiones de población». V. TEMPERATURA DE SPIN.

Tenacidad

Un material es considerado tanto más *tenaz* cuanto mayor es su *carga de ruptura*. Para medir esta carga de ruptura se procede a un ensayo por medio de máquinas especiales, que ejercen sobre una probeta del material estudiado una tracción creciente y conocida. Los resultados se inscriben automáticamente en un gráfico, en el que se encuentra generalmente en abscisas el alargamiento relativo de la probeta, y en ordenadas, la fuerza de tracción (V. figura).
Las particularidades encontradas en este tipo de ensayos encuentran explicación en el estudio de la textura cristalina del material y en el tipo de enlaces entre sus átomos.

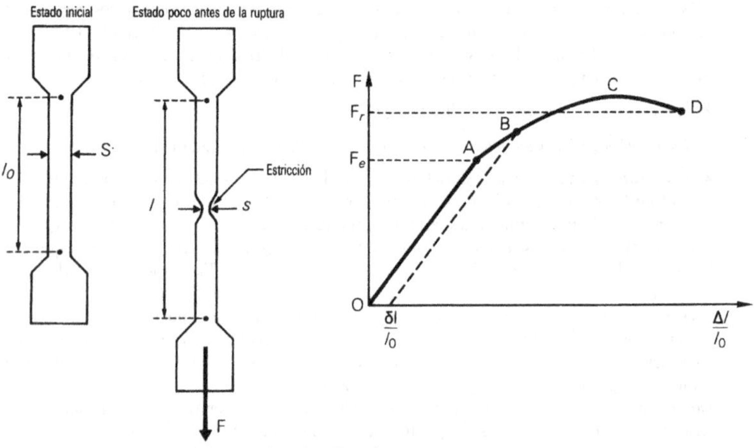

$F \leqslant F_e$: material elástico; F_e/S mide su *límite elástico*.
$F > F_e$: Queda un residuo de alargamiento tras la eventual supresión de la fuerza de tracción.
Más allá del punto C aparece una estricción. En el entorno de la estricción S se hace *s*. Mientras que F disminuye, F/s continúa aumentando.

$F = F_r$: brusca ruptura; F_r/s mide la *carga de ruptura*, $\frac{l - l_0}{l_0}$ el *alargamiento* en la ruptura.

Ejemplo: para un hierro medio:

límite elástico	150 N/mm^2
carga de ruptura	250 N/mm^2
alargamiento en la ruptura	45 %

Esas características varían para un mismo material con las impurezas que contiene, y con los tratamientos que pueda sufrir (temple, recocido...).

Tensión

▶ *Tensión eléctrica.*—Valiendo el potencial eléctrico en dos puntos A y B, en un instante dado, V_A y V_B respectivamente, la tensión eléctrica U_A^B entre esos mismos puntos y en ese instante

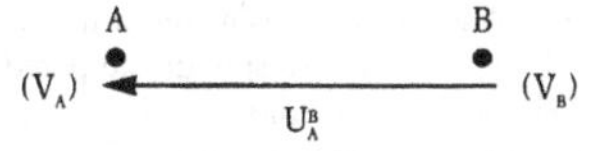

La tensión $U_A^B = V_A - V_B$ es positiva si $V_A > V_B$.

es una magnitud escalar medida por la diferencia o *caída de potencial* $V_A - V_B$. Se evalúa en voltios (V), y de ahí proviene su nombre familiar de voltaje.

Se compara a veces una tensión eléctrica a una diferencia de presión entre dos puntos de un fluido.

Una tensión eléctrica se mide por medio de un voltímetro, de un electrómetro o, con mayor precisión, oponiéndola a una tensión conocida (método conocido como de oposición).

Las tensiones eléctricas que se manejan corrientemente varían entre algunos microvoltios (efecto termoeléctrico) y los 400.000 voltios de las líneas de muy alta tensión que unen las grandes centrales en varios países. Existen igualmente fenómenos naturales que crean tensiones eléctricas cuyos valores son muy altos. Se encuentran en las células vivas tensiones del orden de algunos milivoltios, mientras que las descargas eléctricas en la atmósfera que se producen durante las tormentas alcanzan tensiones eléctricas que pueden llegar hasta los varios millones de voltios.

V. CAMPO ELECTROSTÁTICO, CONDENSADOR, LEY DE OHM, POTENCIAL EXPLOSIVO, POTENCIAL ESCALAR, TRANSPORTE DE LA ENERGÍA ELÉCTRICA.

▶ *Tensión superficial.*—A lo largo de toda línea ficticia que parta en dos la superficie libre de un líquido, cada una de las partes ejerce sobre la otra fuerzas atractivas. Esas fuerzas son responsables de la cohesión de la superficie libre, a la que confieren propiedades que recuerdan levemente las de una membrana elástica. Son las *fuerzas de tensión superficial* (V. CAPILARIDAD). Las que se ejercen sobre un elemento *dl*, prácticamente rectilíneo, de la línea ficticia (L), tienen una dirección común, situada en el plano tangente a la superficie, perpendicular a *dl*, y una intensidad conocida y común: $df = A \cdot dl$. A es la *constante* de tensión superficial del par (líquido, aire).

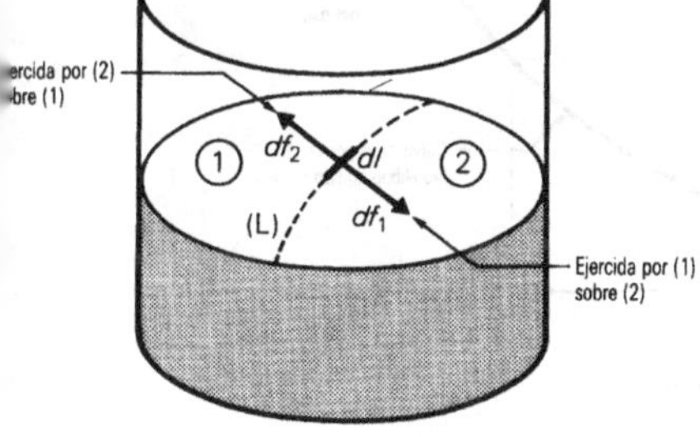

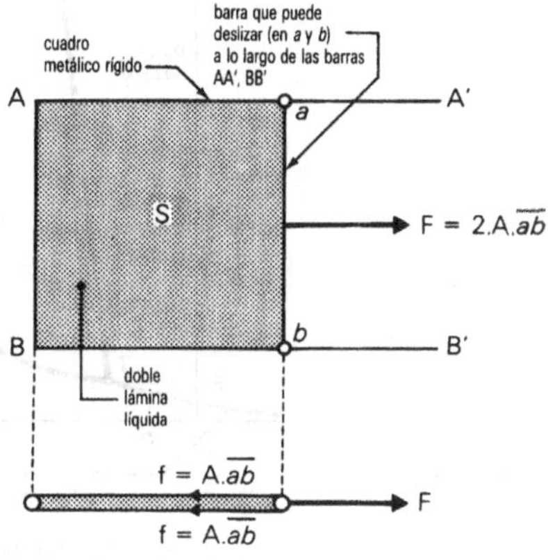

F es medible experimentalmente (y de ella se deduce A). Su valor no depende del «alargamiento» de S, contrariamente a lo que sucedería si S fuera una lámina elástica.

Fuerzas de tensión superficial se ejercen igualmente a una y otra parte de cada elemento de la frontera común entre el líquido y la correspondiente pared. Se demuestra que la constante (de tensión) superficial del líquido, A, medida en newtons por metro (N/m), tiene el mismo valor numérico que la constante (de energía) superficial del mismo par (líquido, aire, por ejemplo), medida en julios por metro cuadrado (J/m²). He aquí algunos valores numéricos (a 20 °C):

Agua pura	Glicerina	Aceite	Alcohol	Mercurio
$7,6 \cdot 10^{-2}$	$6,3 \cdot 10^{-2}$	$3,2 \cdot 10^{-2}$	$2,2 \cdot 10^{-2}$	$47 \cdot 10^{-2}$ N/m

La constante del mercurio, a causa sin duda de la estructura metálica de éste, es excepcionalmente alta.
Una pequeña cantidad de un cuerpo extraño que se coloca, a menudo espontáneamente, en la superficie de un líquido (un detergente, por ejemplo, sobre la superficie del agua) puede modificar la estructura molecular de éste y afectar intensamente, por consiguiente, el valor de la constante superficial A. Esos cuerpos son llamados *tensoactivos*.

▶ *Tensión de vapor*.—La tensión de vapor de un líquido químicamente puro es igual, por definición, a la presión que debe tener su vapor para que se establezca el equilibrio líquido ⇔ vapor. Es la presión de su *vapor saturante*.
La tensión de vapor de una sustancia dada es función creciente de la temperatura (el equilibrio es invariante). Se utiliza esta característica para la medida de temperaturas muy bajas (V. LEY DE DUPRÉ). *Ejemplo:* la tensión de vapor del agua líquida a 20 °C vale 23 mbar. Una cantidad de agua cualquiera, expuesta al aire libre, permanece inalterable si la presión parcial del agua en la atmósfera es igual a 23 mbar. Si esta presión parcial es menor (caso más frecuente) el agua se evapora (V. ESTADO HIGROMÉTRICO, EVAPORACIÓN, VAPOR SATURANTE).
La tensión de vapor de un sólido se define de manera continua. Crece igualmente con la temperatura, salvo algunas excepciones, entre las que destaca el hielo. (V. ALOTROPÍA, EFECTO POMRANCHUCK.)

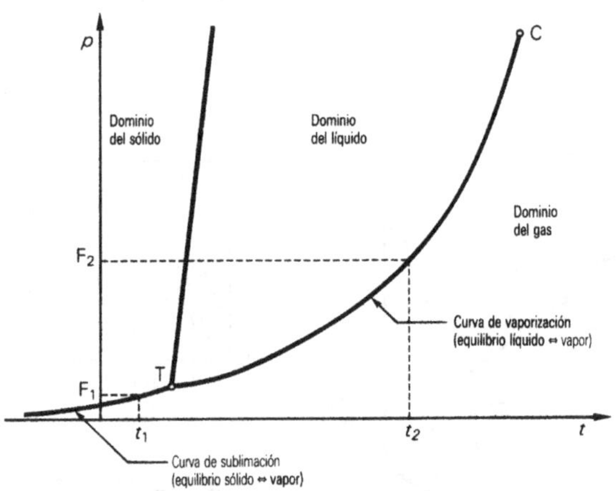

C : Punto crítico - T: Punto triple
F_1: Es la tensión de vapor del sólido a la temperatura t_1
F_2: Es la tensión de vapor del líquido a la temperatura t_2

Tensiones

En un medio continuo todo elemento de volumen sufre de parte del exterior una acción mecánica compleja, fruto de acciones a distancia y de acciones de contacto. Un análisis del fenómeno muestra que, en primera aproximación, sólo son estimables las acciones que se ejercen sobre las regiones del elemento (de volumen) inmediatamente próximas a su superficie frontera S.

Sobre un elemento dS de dicha superficie que rodea a un punto P, se ejerce un torsor de fuerzas, del que los elementos de reducción en P se componen de una fuerza $d\mathbf{F}$ y un momento $d\mathbf{M}$. Sus módulos son, en ambos casos, proporcionales a dS: $dF = f\,dS$; $dM = c\,dS$.

$d\mathbf{F}$ y $d\mathbf{M}$ son los *esfuerzos;* $\boldsymbol{f}$ y $\mathbf{c}$ las *tensiones* en el punto P.

De estos esfuerzos y tensiones y, más precisamente, de sus componentes tangenciales y normales, dependen las deformaciones locales del medio (V. LEY DE HOOKE, MÓDULOS DE ELASTICIDAD).

dF_n recibe el nombre de esfuerzo de *presión* cuando se ejerce hacia el interior del elemento de volumen, y de *tracción* en caso contrario. dF_t recibe el nombre de esfuerzo de *cizalladura*. dM_n es el esfuerzo de *torsión,* y dM_t el esfuerzo de *flexión*.

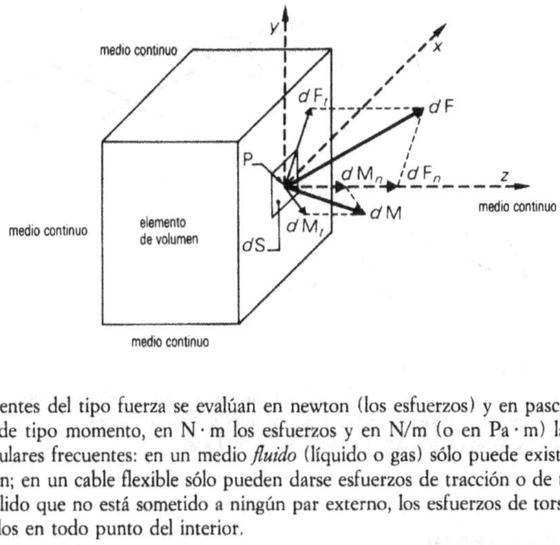

Las componentes del tipo fuerza se evalúan en newton (los esfuerzos) y en pascales (las tensiones): las de tipo momento, en N · m los esfuerzos y en N/m (o en Pa · m) las tensiones. Casos particulares frecuentes: en un medio *fluido* (líquido o gas) sólo puede existir un esfuerzo de presión; en un cable flexible sólo pueden darse esfuerzos de tracción o de torsión; dentro de un sólido que no está sometido a ningún par externo, los esfuerzos de torsión y de flexión son nulos en todo punto del interior.

▸ *Tensor de tensiones.*—Las tensiones en un punto O de un sólido dependen de la posición en torno a O del elemento de superficie sobre el que se ejercen o, lo que viene a ser lo mismo, de la dirección del vector unitario normal $\boldsymbol{n}$ a dicho elemento de superficie. Habiéndose elegido un referencial ortonormal $(0, x_1, x_2, x_3)$, una tensión $\boldsymbol{t}$ posee tres componentes (t_1, t_2, t_3). Es posible calcular estas componentes para cualquier dirección de $\boldsymbol{n}$, si se han determinado previamente las nueve componentes $f_{ij}(i, j = 1, 2, 3)$ que se obtienen dando a $\boldsymbol{n}$ sucesivamente las direcciones de los ejes Ox_1, Ox_2, Ox_3 (V. figura).

Escribiendo que el tetraedro elemental OABC está en equilibrio bajo la acción de las tensiones que se ejercen sobre sus cuatro caras (anulándose, por consiguiente, la resultante y el momento total en O), se obtiene la solución al problema propuesto bajo la forma de este conjunto

de tres ecuaciones: $t_j \pm \sum_i n_i f_{ij} = 0$, o, utilizando el convenio de índice mudo (en el que el símbolo del sumatorio $\sum_i$ se da por sobrentendido).
El conjunto de las f_{ij} constituye un tensor simétrico de segundo orden ($f_{ij} = f_{ji}$), con seis componentes independientes.

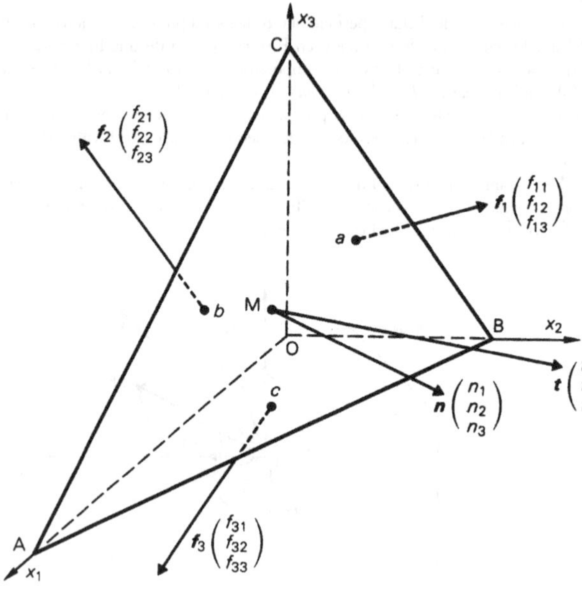

Es el *tensor de tensiones* en O.
Este tensor se utiliza con facilidad en el estudio de los sólidos elásticamente anisótropos, para expresar la ley de Hooke que relaciona tensiones y deformaciones.
V. MÓDULOS DE ELASTICIDAD, COEFICIENTES DE LAMÉ.

Tenso-activo

V. TENSIÓN SUPERFICIAL.

Tensor

Concebidos hacia comienzos de siglo (por W. Voigt), para el estudio de las *tensiones* en el interior de los medios cristalinos (de ahí su nombre), y más tarde definidos y estudiados con mayor rigor por diversos matemáticos (Ricci, Levi-Civita...), los tensores —existen varias *clases*— son entes matemáticos cuyo uso se ha revelado tremendamente útil en física. Recordamos aquí dos aspectos solamente, de manera muy simplificada:
1. Un tensor, aun teniendo una existencia intrínseca, está representado por el conjunto de sus componentes en una base vectorial. En nuestro espacio euclidiano tridimensional, las compo-

nentes de un tensor de *orden p* son, en número, 3^p ($p = 0, 1, 2...$). En el espacio-tiempo de cuatro dimensiones su número es 4^p...
2. Un cambio de referencial tiene como efecto reemplazar las antiguas componentes por nuevas según leyes de transformación bien definidas, cuya expresión depende de la especie y del orden del tensor estudiado. Esas leyes constituyen uno de los criterios posibles de la naturaleza tensorial de un conjunto de componentes.
Ejemplos: si en el espacio de tres dimensiones un referencial ortonormal es sustituido por otro referencial, igualmente ortonormal, siendo (a_{iI}) (i, I = 1, 2, 3) el término general de la matriz de paso, la componente única de un tensor de orden cero permanece invariante; las tres componentes t_i de un tensor de orden 1 se transforman en $T_I = \sum_i a_{iI} \cdot t_i$; las nueve componentes de un tensor de orden 2, que a menudo se presenta bajo la forma de un cuadro matricial, t_{ij} ($i, j = 1, 2, 3$), se transforman en $T_{IJ} = \sum_{i,j} a_{iI} \cdot a_{jJ} \cdot t_{ij}$, etc.
Se demuestra que todo tensor de segundo orden t_{ij} ($i, j = 1, 2, 3$) puede ser asociado, si se respetan ciertas condiciones matemáticas, a una superficie de ecuación $\sum_{i,j} t_{ij} \cdot x_i \cdot x_j = 1$. Se comprende así que sea posible, en el estudio de ciertas magnitudes físicas, utilizar indistintamente un tensor o una superficie (V., por ejemplo, TENSOR DE INERCIA, ELIPSOIDE DE INERCIA).
La notación tensorial introduce una gran economía de medios en la expresión de numerosas leyes físicas, en el estudio de los medios anisótropos, por ejemplo, y fundamentalmente en mecánica relativista, en la que el problema de los cambios de referencial tiene un papel tan relevante.
V. NATURALEZA TENSORIAL DE UNA MAGNITUD, TENSOR DE TENSIONES, VECTOR AXIAL, VECTOR POLAR.

t.e.p.

Siglas convencionales: (t)onelada (e)quivalente (p)etróleo.

Unidad auxiliar de energía, utilizada en la vida económica e industrial, que sirve principalmente para comparar cuantitativamente entre sí las diferentes fuentes de energía, con referencia a la más utilizada de todas: el petróleo.
Admitiendo que los diferentes combustibles provienen de operaciones de refino de distintos tipos de petróleos que poseen un poder calorífico medio de 10 kcal por gramo, se encuentra:
1 t.e.p. ~ 12 MWh térmicos y, sensiblemente, ~4,5 MWh eléctricos.
Comparados con este valor de referencia:
1 t.e.c. (1 t de carbón) ~ 9 $\text{MWh}_{\text{térm.}}$ ~ 3 $\text{MWh}_{\text{eléc.}}$ ~ 2/3 t.e.p.
1.000 m^3 de gas natural ~ 1 t.e.p.
1 t de uranio natural (fisión) ~ 10.000 t.e.p.
En esta óptica, puramente energética, no se tiene en cuenta el hecho de que carbón y petróleo sean materias primas preciosas para la carboquímica y la petroquímica.

Tera (T)

V. CUADRO DE PREFIJOS SI (Anexo 1.2).

Termistancia

Dipolo pasivo cuya conductividad σ es una función creciente de la temperatura, rápida, la mayor parte de las veces exponencial: $\sigma = a \exp(-b/T)$, $b > 0$. Son generalmente polvos de óxidos semiconductores calcinados. Son útiles para medir y para regular temperaturas. *Ejemplo:*

$$b \simeq 5.000 \Rightarrow d\sigma/\sigma \simeq 5/100 \text{ por grado}, \quad \text{si } T \simeq 300 \text{ K}.$$

Termodinámica

Rama de la física que tiene por objeto el estudio de la evolución de todo sistema físico-químico, teniendo en cuenta eventuales cambios de energía de cualquier especie entre el sistema y el medio exterior. Sus primeros creadores, entre los cuales se encuentran Carnot, R. Mayer, Joule y Clausius, se interesaron especialmente en las conversiones recíprocas entre el trabajo mecánico y el calor: de ahí su nombre. De hecho, sus leyes fundamentales, elevadas a la categoría de principios, sus diversas consecuencias, los métodos de análisis de los fenómenos implicados en ellas... pueden ser extendidos a todos los dominios de la física, la química o la biología. Cualquiera que sea el fenómeno estudiado, la termodinámica puede precisar el balance energético, y dar una indicación acerca del sentido en el que puede evolucionar.
La termodinámica, así definida, da una importancia grande a las evoluciones llamadas reversibles, que son evoluciones ideales, lentas, de paso entre estados vecinos sucesivos de equilibrio, y de evoluciones cuasi-estáticas. Esta termodinámica «clásica», que algunos querrían bautizar como termoestática, es prolongada hoy por una termodinámica de los procesos irreversibles, que estudia la evolución de los sistemas lejos del equilibrio.
V. PRINCIPIOS DE LA TERMODINÁMICA, TERMODINÁMICA GENERALIZADA, TERMODINÁMICA ESTADÍSTICA.

▶ *Principios de la termodinámica:*
1 / Primer principio.—Proposición que generaliza leyes ya conocidas: conservación de la energía mecánica, principio del estado inicial y estado final, equivalencia entre calor y trabajo.
«Cuando un sistema evoluciona entre dos estados 1 y 2 *recibiendo* (algebraicamente) del exterior ciertas cantidades de calor Q, de trabajo mecánico W_m, de trabajo eléctrico W_e, eventualmente de energía química, o nuclear, o radiante..., la suma de todas esas cantidades es almacenada en el sistema bajo la forma de un aumento de la magnitud U, su *energía interna*: $\Delta U = U_2 - U_1 = Q + W_m + W_e + \dots$ ». Lo que el sistema suministra al medio exterior debe ser contado negativamente en la precedente suma.
Se supone que la energía cinética macroscópica E_c del sistema, en el referencial del laboratorio, presenta en el estado 2 el mismo valor que tenía en el estado inicial 1. De no ser así, la variación ΔU de la relación precedente debe ser reemplazada por la variación $\Delta(U + E_c)$. Es fácil encontrar las leyes recordadas al principio como casos particulares de esta proposición general.
Otro enunciado *equivalente* al precedente:
«Si un sistema describe un ciclo de transformaciones (estado final idéntico al estado inicial), la suma algebraica del trabajo, el calor y otras formas de energía recibidas es nula.»
2 / Segundo principio.—Mientras que el primer principio permite establecer el balance energético de toda evolución de un sistema físico-químico cualquiera, el segundo principio demuestra que existen evoluciones posibles e imposibles.
Algunos enunciados de este principio hacen referencia a sistemas particulares:
— Enunciado de Clausius: «Si un cuerpo caliente y un cuerpo frío constituyen juntos un sistema aislado, el calor puede pasar espontáneamente del primero al segundo; la transferencia inversa jamás puede producirse de modo espontáneo.»
— Enunciado de W. Thomson: «Un sistema que sufre un ciclo de transformaciones cambiando calor con una única fuente de calor (evolución monoterma), absorbe necesariamente trabajo y restituye el calor equivalente. Lo contrario es imposible.»
— Enunciado de Carnot: «Un sistema que describe un ciclo de transformaciones absorbiendo calor y restituyendo trabajo utiliza necesariamente dos fuentes de calor (máquina diterma) como mínimo. Si recibe Q_1 de la fuente cálida y devuelve una parte $|Q_2|$ a la fuente fría, el trabajo recogido en el exterior es equivalente a la diferencia $Q_1 - |Q_2|$.» Puede demostrarse que todos esos enunciados son equivalentes (V. también DESIGUALDAD DE CLAUSIUS).
Un enunciado de tipo diferente no se refiere a ningún sistema en particular. Postula la exis-

tencia de una función de estado, conocida como *entropía*, y presenta así la ventaja de no llevar la señal de las primeras preocupaciones termodinámicas, el antiguo problema de las conversiones recíprocas entre calor y trabajo. Ha permitido una extensión importante de los dominios de la termodinámica.
V. ENTROPÍA.
3 / Tercer principio.—Este principio fija el valor numérico de la entropía en un estado de referencia particular. Puede ser enunciado así: «La entropía de todo sistema en equilibrio termodinámico a la temperatura del cero absoluto posee un valor finito. Ese valor es considerado igual a cero, cualquiera que sea el sistema estudiado.»
Esta proposición es consecuencia de una *hipótesis* formulada por Nernst, tras estudiar el comportamiento de los cuerpos a muy bajas temperaturas. Jamás ha entrado en contradicción con ningún hecho experimental.
4 / Principio cero.—«Dos cuerpos en *equilibrio térmico* con un tercero están en equilibrio térmico entre sí.»
Se deduce de ello que todos los cuerpos en equilibrio térmico entre sí poseen todos una misma propiedad. Decimos que se encuentran a una misma *temperatura*. Esta afirmación axiomática, que generaliza numerosísimas observaciones, contribuye, por tanto, a la definición de *igualdad* en toda la escala de temperaturas, y justifica la utilización de los termómetros.
Su enunciado explícito ha sido considerado útil en la época en la que el resto de los principios de la termodinámica eran conocidos y numerados. Ahora bien, desde el punto de vista de la lógica, debe precederlos: de ahí su nombre.

▶ *Termodinámica (o mecánica) estadística*.—Parte de la termodinámica que, generalizando la *teoría cinética de los gases*, se esfuerza en relacionar las propiedades macroscópicas de un sistema cualquiera con las de sus corpúsculos constitutivos. La primera tentativa con este objetivo fue de Boltzmann (hacia 1875). Éste calculó la *probabilidad termodinámica* correspondiente al estado de un sistema aislado, utilizando un cierto número de hipótesis. El estado de cada corpúsculo en un instante dado se supone representado por un punto en el *espacio de las fases* asociado al sistema estudiado. Este espacio, a su vez, se supone dividido en dominios elementales de extensión común D. Los corpúsculos cuyos puntos representativos se hallan en el interior de un mismo dominio poseen una misma energía. Una distribución dada del conjunto de corpúsculos del sistema entre los diferentes dominios constituye una «configuración», y de toda permutación de dos corpúsculos entre esos distintos dominios nace una configuración nueva. El número de configuraciones que corresponden a una misma energía global es el que mide la probabilidad termodinámica de un estado macroscópico del sistema. Su estado de equilibrio estable es aquel cuya probabilidad es máxima. Boltzmann estableció entonces que, en ese estado de equilibrio, el dominio de rango i, al que corresponde la energía u_i, está ocupado por un número de corpúsculos estadísticamente constante:

$$n_i = n \exp(-u_i/kT)/Z;$$ Z es la *función de participación*

donde n es el número total de corpúsculos y k la constante de Boltzmann.
Ese resultado permite el cálculo de las diferentes funciones termodinámicas del sistema. El acuerdo con la experiencia no es, sin embargo, perfecto (V. ENTROPÍA DE MEZCLA), a causa en parte del valor arbitrario D de la extensión de los dominios elementales.
V. ESTADÍSTICAS CUÁNTICAS.

▶ *Termodinámica generalizada*.—La termodinámica «clásica», edificada en los siglos XVIII y XIX, se ha mostrado como una Ciencia bien adaptada al estudio de los sistemas físico-químicos en *equilibrio*, o que evolucionan cuasi estáticamente (evoluciones conocidas como *reversibles*).
Desde hace unos decenios se ha desarrollado una termodinámica «generalizada». Su ambición es el estudio de las evoluciones reales y, por tanto, «irreversibles», y parece, por ello, que po-

dría aplicarse a todo sistema físico-químico o biológico. Por este camino se han obtenido resultados alentadores, particularmente en lo que concierne a los sistemas en las proximidades de su equilibrio (termodinámica *lineal*). Se prosiguen las investigaciones para estudiar los sistemas alejados de su estado de equilibrio (termodinámica *no lineal*).
V. PRODUCCIÓN DE ENERGÍA, RELACIONES DE ONSAGER, TEOREMA DE PRIGOGINE.

Termoelásticos

▶ *Coeficientes termoelásticos*.—La experiencia demuestra que es posible elevar la temperatura de un gas desde un valor inicial T hasta un valor final próximo T + *d*T, manteniendo constante uno de los dos parámetros, la presión p o el volumen v, y sufriendo el otro un aumento relativo dv/v o dp/p.
A esas dos transformaciones se asocian dos magnitudes denominadas *coeficientes termoelásticos* del gas: $\alpha = \left(\frac{dv/v}{dT}\right)_p$; $\beta = \left(\frac{dp/p}{dT}\right)_v$ (los índices p y v indican la naturaleza del parámetro que permanece constante).
α es el coeficiente de *dilatación térmica isóbara*, y β el coeficiente de *compresión térmica isócora*. Ambos se evalúan en K^{-1}.
Pueden ser medidos directamente, o calculados a partir de la ecuación de estado del gas o del diagrama de sus isotermas. Dependen, en general, de las condiciones iniciales (T, p, v).
Ejemplos: Se demuestra que, para todos los *gases perfectos*

$$\alpha = \beta = \frac{1}{T} \left(= \frac{1}{273{,}15} \simeq 3{,}66 \cdot 10^{-3}\ K^{-1},\ a\ 0\ °C \right) .$$

A veces se utilizan los coeficientes medios entre 0 °C y t °C:

$$\alpha_0^t = \frac{(v - v_0)/v_0}{t} , \quad \beta_0^t = \frac{(p - p_0)/p_0}{t} .$$

Las mismas definiciones son válidas, en principio, para los líquidos, pero en ese caso únicamente α es accesible a las medidas, y se confunde con el coeficiente de dilatación térmica.
V. DIAGRAMA DE AMAGAT, LEYES DE GAY-LUSSAC.

Termoeléctricos

▶ *Efecto termoeléctrico*.—V. EFECTO TERMOELECTRÓNICO.

▶ *Efectos termoeléctricos*.—Conocido de antiguo es el efecto *Joule*, una conversión de energía eléctrica en energía térmica, cualquiera que sea el sentido de la corriente. No sucede lo mismo en los efectos *Peltier* y *Thomson*, ya que ambos se invierten cuando se produce una inversión en el sentido de la corriente. El efecto *Seebeck*, que se pone de manifiesto en el funcionamiento de un *par termoeléctrico*, es consecuencia de la combinación del efecto Thomson en todos los puntos del circuito y del efecto Peltier en las soldaduras. Utilizando las relaciones de Onsager se pueden establecer, a su vez, relaciones entre estos tres efectos. Siendo E la f.e.m. de un par termoeléctrico constituido por los metales A y B, cuyas soldaduras son matenidas a las temperaturas T_0 y T, siendo e y e_0 las f.e.m. Peltier de los pares A/B en las dos soldaduras, τ_A y τ_B los coeficientes de Thomson de esos dos metales, las relaciones anunciadas se escriben: $dE/dT = -e/t$, y $d^2E/dT^2 = -(\tau_A - \tau_B) \cdot T$. Nótese que existen efectos termoeléctricos más complejos si se hace intervenir simultáneamente un campo magnético. Ver el ejemplo del efecto *Nernst*.

Termoelectrónico

▶ *Efecto termoelectrónico. Sinónimos:* Efecto termoeléctrico, efecto termoemisivo, efecto termoiónico o efecto Edison.—Emisión de electrones por un filamento llevado a altas temperaturas. Se han podido estudiar las leyes del fenómeno recogiendo los electrones emitidos gracias a una placa metálica, colocada en las proximidades del filamento y llevada a un potencial positivo con respecto al filamento (Edison, 1881). La intensidad de la corriente eléctrica que circula entonces entre placa y filamento da una indicación sobre el número de electrones emitidos por unidad de tiempo (V. DIODO). Se constanta que esta intensidad crece con la tensión V entre filamento y placa, y alcanza un valor máximo cuando V es suficientemente grande ($V \gg V_s$). Todos los electrones emitidos son entonces capturados por la placa. La intensidad de la *corriente de saturación* i_s que se obtiene es una función creciente de la temperatura.

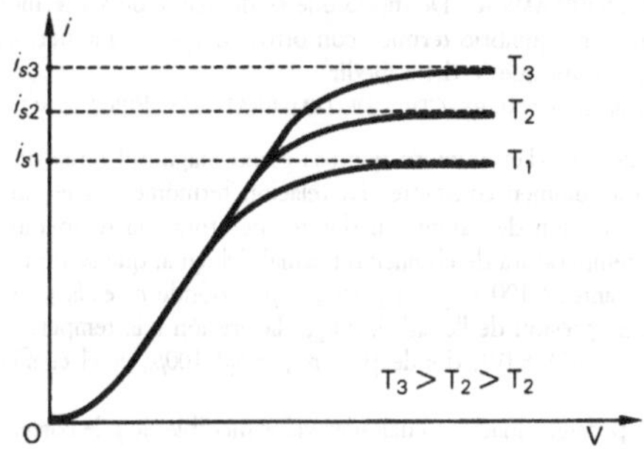

Una explicación teórica de este fenómeno fue ideada por Richardson (1912), que comparó la emisión de electrones a la ebullición de un líquido; la idea fue más tarde retomada por Dushman (1931), quien tuvo en cuenta la ley cuántica de reparto de los electrones del metal en los diferentes niveles de energía. Se llegó finalmente a la fórmula siguiente, acorde con la experiencia: $J = \frac{4\pi me}{h} k^2 T^2 \exp(-W/kT)$; J es la densidad superficial de la corriente de saturación, *m* y *e* la masa y la carga de un electrón, *h* la constante de Planck, *k* la constante de Boltzmann y T la temperatura del filamento. Sólo el *trabajo de extracción* $W = e \cdot V_s$ depende del material del filamento. Este trabajo mide la energía suplementaria que hay que suministrar a cada electrón para arrancarlo del metal. El efecto Edison es la base del funcionamiento de los diodos y, de modo más general, de todas las válvulas electrónicas de cátodo caliente.

Termoemisivo

▶ *Efecto termoemisivo.*—V. EFECTO TERMOELECTRÓNICO.

Termoiónico

▶ *Efecto termoiónico.*—V. EFECTO TERMOELECTRÓNICO.

Termómetro

Instrumento destinado a registrar o a medir *temperaturas*, utilizando las variaciones, en función de la temperatura, de una magnitud física mensurable: volumen aparente de un líquido, presión de un gas calentado a volumen constante, resistencia eléctrica de un conductor, fuerza electromotriz de un termopar, composición espectral de una radiación térmica, etc. Toda magnitud que varíe con la temperatura puede ser elegida como *magnitud termodinámica*. Si la ley que relaciona las variaciones de esa magnitud a las de la temperatura es elegida *arbitrariamente*, el termómetro da una simple *señal de referencia* de la temperatura en una escala arbitraria. Es el caso, por ejemplo, de los termómetros de líquido (alcohol, mercurio...), en cuya construcción se admite arbitrariamente una relación de la forma $v = a + bt$, entre la temperatura t y el volumen aparente del líquido en su continente de vidrio (V. DILATACIÓN DE LÍQUIDOS). Cuando la ley termométrica traduce una ley física la temperatura se hace independiente de la magnitud termométrica (V. TEMPERATURA KELVIN).

En rigor, un termómetro indica su propia temperatura. No puede ser igual a la del cuerpo estudiado más que si éste se encuentra en equilibrio térmico con el termómetro (V. PRINCIPIO CERO DE LA TERMODINÁMICA). De modo que se demanda de los termómetros que puedan entrar rápidamente en equilibrio térmico con otros cuerpos y que perturben, además, lo menos posible la temperatura que se debe medir.

V. ESCALA INTERNACIONAL PRÁCTICA DE TEMPERATURAS, PIRÓMETRO.

▶ *Termómetro de gas.*—Termómetro que usa como magnitud termodinámica la presión de un gas mantenido a volumen constante. La relación termométrica es una relación afín del tipo $p = a + bt$, con elección de valores en dos temperaturas: la temperatura de fusión del hielo, signada 0, y la temperatura de ebullición normal del agua, que se representa 100. Esta relación se escribe, por tanto: $t/100 = (p - p_0)/(p_{100} - p_0)$, donde p_0 es la presión del gas a la temperatura 0 (llamada presión de llenado), y p_{100}, la presión a la temperatura 100; puede también escribirse así: $p = p_0(1 + \beta t)$, donde $\beta = (p_{100} - p_0)/100p_0$ es el coeficiente termométrico del aparato.

Habiendo sido β determinado, a cualquier valor medible de p le corresponde una temperatura calculable t.

El interés de este tipo de termómetros radica en el siguiente resultado, perfectamente demostrable: si se elige la presión p_0 de modo que sea cada vez menor, el gas encerrado en el termómetro se aproxima al estado perfecto, y la escala centesimal definida así sería en el límite idéntica a la escala termodinámica Celsius. Ahora bien, el hidrógeno es un gas próximo al estado perfecto incluso a presiones vecinas de la atmosférica. Son suficientes entonces pequeñas correcciones para pasar, *a través de cálculos*, de la temperatura t_H dada por un termómetro de hidrógeno al valor t °C que se obtendría si se sustituyera el hidrógeno por un gas perfecto. Desgraciadamente, los termómetros de gas son instrumentos de fabricación y de utilización complejas. Laboratorios especializados de metrología los utilizan para determinar, con la máxima precisión posible, temperaturas clave reproducibles, que sirven a continuación para graduar los termómetros de uso corriente.

V. ESCALA INTERNACIONAL PRÁCTICA DE TEMPERATURAS, TEMPERATURA DE AVOGADRO.

▶ *Termómetro normal.*—Termómetro de gas (hidrógeno en la mayoría de los casos) en el que la «presión de llenado» (presión del gas a 0 °C) está muy próxima a la presión atmosférica *normal*.

Termómetro metálico bilaminar

Termómetro que se basa en la *desigualdad de las dilataciones térmicas* de dos láminas hechas de diferentes metales, soldadas una a otra en toda su longitud. Permaneciendo fijo uno de los extremos, la doble lámina se curva más o menos al variar la temperatura, y el extremo móvil hace girar una aguja sobre un limbo graduado. Utilizado corrientemente por su comodidad, es un aparato poco sensible y, sobre todo, bastante infiel.

Termostato

Dispositivo que permite mantener la temperatura de un cuerpo constantemente igual a un valor fijado de antemano (en realidad comprendido entre dos valores, que pueden estar muy cerca el uno del otro).
Ese dispositivo comprende, por ejemplo, una *bilámina* o termómetro metálico bilaminar, cuyas deformaciones, que dependen de la temperatura, pueden interrumpir o restablecer una corriente eléctrica de calentamiento.
V. CRIOSTATO.

Tesla Nikola (1884-1943)

▶ *tesla (T).*—Unidad SI de campo magnético (vector **B**), precedentemente denominado weber por metro cuadrado. 1 T = 1 Wb/m^2.
«El tesla es la intensidad de un campo magnético uniforme que, repartido normalmente a una superficie de un m^2, produce a través de esta superficie un flujo magnético total de un weber.»
Ejemplos: la intensidad de la componente horizontal del campo magnético terrestre, en nuestras regiones, vale sensiblemente $2 \cdot 10^{-5}$ T. Sabemos conseguir, por medio de electroimanes y en volúmenes reducidos, campos permanentes que valgan algunos teslas (récord actual: 25 T en una cavidad cilíndrica de 50 mm de diámetro, Grenoble, 1982) y, durante un tiempo muy corto —del orden de algunas docenas de microsegundos—, campos que valen varios centenares de teslas. Otras unidades de campo magnético son: el gauss (G): 1 G = 10^{-4} T. $1\gamma = 10^{-9}$ T = 1 nT.

tex

Unidad auxiliar de *densidad lineal de masa* o masa lineal, utilizada en la industria textil. 1 tex = 10^{-6} kg/m.

Thévenin Léon (1857-1926)

▶ *Representación de Thévenin.*—V. DIPOLO ELÉCTRICO.

▶ *Representación equivalente de Thévenin.*—Representación de un dipolo, o de un cuadripolo, electrocinético real, por medio de una asociación en serie de dipolos ideales.

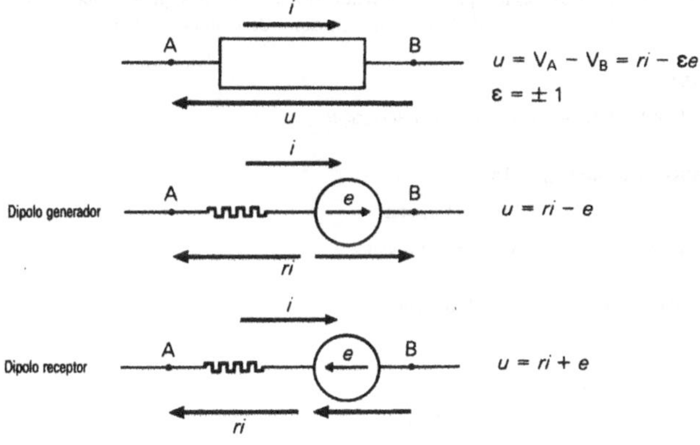

En el caso sencillo de un dipolo activo real D, sometido a una tensión continua $u = V_A - V_B$ y recorrido por una intensidad constante i, su resistencia interna r es representada por la de un dipolo pasivo lineal (d), y su f.e.m. e por una «fuente de tensión» (S), de tensión característica $|u_2| = e$, estando esos dos elementos asociados en serie si el dipolo juega un papel receptor, y en oposición si juega un papel generador (V. figura).
V. REPRESENTACIÓN DE NORTON.

▶ *Teorema de Thévenin*.—Si dos puntos cualesquiera A y B de una red eléctrica, entre los que existe una d.d.p. V, son reunidos por una rama suplementaria, la intensidad que recorre esta nueva rama puede calcularse suponiendo que se sustituye la red primitiva por un generador único de f.e.m. $e = V$, y de resistencia interna equivalente a la resistencia equivalente de la red entre A y B. En particular, si la rama suplementaria es un dipolo pasivo de resistencia r, es recorrida por una intensidad de corriente $i = V(R + r)$ (R = resistencia equivalente de la red entre A y B).
Este teorema, establecido en 1883, se utiliza en la actualidad corrientemente en electrocinética.

Thomas L.

▶ *Longitud de Thomas-Fermi*.—Cada uno de los electrones que pertenecen a una nube electrónica de un átomo está sumergida en todo instante en un potencial electrostático, creado por el núcleo del átomo y por el resto de los electrones de la nube (V. AUTOCONSISTENTE). Thomas y Fermi demostraron (en 1927) que es posible obtener un valor aproximado de ese potencial para los átomos que contienen un gran número de electrones. La mayor parte de éstos se encuentran, en efecto, lejos del núcleo (su número cuántico principal n es grande) y pueden, por tanto, aplicárseles los procedimientos «clásicos» de cálculo de Bohr. Dedujeron que el potencial buscado posee una simetría esférica (depende sólo de la distancia al núcleo) y que es igual al potencial creado por el núcleo multiplicado por un término corrector: $V(r) = \frac{Ze}{4\pi\varepsilon_0} \cdot f\left(\frac{r}{l}\right)$;
ε_0 es la permitividad del vacío, Z el número de electrones de la nube, e la carga elemental, y la función $f(x)$ es numéricamente calculable para todo valor de x.
Se ve que el término corrector depende del cociente r/l. El parámetro l, que se encuentra igualmente en la expresión de la densidad electrónica local alrededor del núcleo, vale $l = aZ^{-1/3}$, donde $a = 4\pi\varepsilon_0 \hbar^2/me^2$ es el «radio de Bohr». Este parámetro l es la *longitud de Thomas-Fermi* relativa al átomo estudiado.
Este tipo de aproximación parece ser válido si Z es al menos igual a una decena, pero no da ninguna indicación acerca de la partición en capas de la nube electrónica.

Thompson

V. CONDENSADOR DE LAMPAR Y THOMPSON.

Thomson George Paget (18

Premio Nobel en 1937 (con Davisson).

V. EXPERIENCIA DE DAVISSON Y GERMER.

Thomson Sir Joseph John (1856-1940)

Premio Nobel en 1906.

V. ESPECTRÓGRAFO DE MASAS.

▶ *Átomo de J. J. Thomson*.—V. ÁTOMO.

Thomson Sir William (Lord Kelvin, 1892) (1824-1907)

▶ *Efecto Thomson.*—El paso de una corriente eléctrica en un conductor filiforme homogéneo, pero cuyos diferentes puntos son mantenidos a temperaturas distintas, produce una transformación de la energía eléctrica en energía térmica (o la transformación inversa, según el sentido de la corriente). Ese efecto, descubierto por W. Thomson (en 1854), contribuye a explicar el funcionamiento de una termopar, junto al efecto Peltier.
Entre dos puntos vecinos AA', mantenidos respectivamente a temperaturas θ y $\theta + d\theta$, la potencia eléctrica transformada por efecto Thomson vale: $dP = - \tau I \, d\theta$, siendo I la intensidad de la corriente y τ el *coeficiente de Thomson* del conductor. Vale, por ejemplo, + 2μV/°C para el cobre, − 8,4 para el hierro. Se dice que el efecto Thomson se traduce por la existencia de una f.e.m. de *temperatura local*: $de = \tau \, d\theta$. En ausencia de un generador exterior, esta f.e.m. puede contribuir a crear una corriente.
Sin embargo, si un conductor *homogéneo* forma un circuito (cerrado), no puede ser sede de ninguna corriente, aunque la temperatura no sea la misma en todos sus puntos. La f.e.m. es nula, en efecto: $\oint de = \tau \int d\theta = 0$. Es la *ley de Magnus*.

▶ *Fórmula de W. Thomson.*—V. CIRCUITO OSCILANTE.

Tiempo

Las medidas del tiempo en física son, esencialmente, medidas directas o indirectas de la *duración* de los sucesos observables, siendo la unidad que se utiliza universalmente el *segundo*, con sus múltiplos y submúltiplos. Las duraciones que se miden pueden tener órdenes de magnitud muy diferentes. Un estado excitado de un núclido puede presentar una duración de algunos picosegundos. El periodo de un radionúclido puede alcanzar millares de años.
Los geólogos, los astrofísicos y los historiadores se interesan también por la *fecha* de los sucesos, medida a partir de un origen cuya elección es aún arbitraria. V. DATACIÓN.

▶ *Tiempo atómico.*—Un reloj de cesio que funcione de manera continua define una escala de tiempos. Es el tiempo atómico. En la actualidad, una centena de relojes de cesio, o «relojes atómicos», se encuentran repartidos por laboratorios de todos los continentes. La confrontación de sus indicaciones está asegurada por la Oficina Internacional de la Hora, encargada de definir y difundir el Tiempo Atómico Internacional.

Timbre de los sonidos

Carácter de la sensación auditiva que permite diferenciar sonidos de la misma intensidad y de la misma altura, reconociendo sus orígenes instrumentales o vocales.
Esta sensación está ligada a la *composición espectral* del sonido, es decir, a los caracteres de las vibraciones parciales que lo componen (intensidad y frecuencia). Algunas de esas vibraciones parciales pueden solamente existir en la fase transitoria del sonido o de su extinción. Contribuyen del mismo modo a determinar el timbre.
Un oído experimentado puede percibir muchas veces cada una de esas vibraciones parciales que componen el sonido, aunque es insensible a sus diferencias de fase.

Tipos

▶ *Tipos de centrales nucleares.*—Dos centrales nucleares pertenecen al mismo tipo si sus reactores se caracterizan por un mismo conjunto de parámetros: el mismo moderador eventual, el mismo combustible, el mismo sistema de aporte e intercambio de calor...
Actualmente se utilizan diversos tipos. He aquí algunos:

a / Los reactores que utilizan uranio natural exigen *neutrones térmicos* y, consecuentemente, la presencia de un moderador. La débil reactividad de este tipo de reactores demanda una gran economía de neutrones, y un moderador poco absorbente por tanto. El agua pesada y el grafito responden a esta condición. El fluido portador de calor es entonces el aire o, con más frecuencia, el dióxido de carbono CO_2. Son los reactores *uranio-grafito-gas*, desarrollados en Francia (Chinon), o la variante inglesa Magnox.
b / Los reactores cargados de uranio débilmente enriquecido (2 ó 3 %) exigen igualmente neutrones térmicos y, por tanto, también un moderador. La reactividad, mejor en estos reactores, permite soluciones más sencillas. El agua ordinaria purificada sirve a la vez como moderador y como fluido portador de calor. Es el tipo de *agua ligera*, que se divide en dos subtipos: de agua *presurizada*, en los que el agua se utiliza a presión suficiente (alrededor de 150 atm.) como para impedir su vaporización, o de agua *hirviente*, cuando la presión es menor (70 atm., aproximadamente), lo que permite su ebullición. La central de Trillo es un ejemplo de central de agua ligera (PWR).
c / Los reactores cargados con uranio altamente enriquecido (alrededor del 20 %) utilizan *neutrones rápidos*, y no es necesaria la presencia de moderador. La considerable potencia térmica que aparece en el núcleo del reactor exige un fluido portador muy eficaz. El más utilizado es el sodio fundido, a pesar de las draconianas medidas de seguridad a las que obliga.
Este tipo de reactores se llaman *rápidos*. No existen en España; sí en Francia (los Rapsodie de neutrones *rápidos* y *sodio* de Cadarache).

Tiratrón

Triodo que contiene una *atmósfera gaseosa* a escasa pesión. Un tiratrón es un *fanotrón* provisto de una rejilla. Imponiendo a la rejilla un potencial conveniente se puede gobernar la tensión de «encendido» del tubo. Un tiratrón puede servir, por tanto, para «abrir el camino» a una corriente anódica de gran intensidad por medio de un pequeño gasto de energía, ya que la corriente de rejilla es prácticamente nula. Por eso recibe ese nombre, contracción de electrón y una palabra griega que significa puerta.
El fenómeno, sin embargo, no es reversible. No se puede hacer cesar la corriente más que anulando la tensión entre ánodo y cátodo.
V. TIRISTOR.

Tiristor

Dispositivo semiconductor que se utiliza en numerosos montajes, en los que reemplaza a los tiratrones con las conocidas ventajas de los semiconductores sobre los tubos de gas. Es un cristal de silicio que comprende cuatro regiones sucesivas, dopadas alternativamente: *p*, *n*, *p*, *n*, y, por tanto, tres uniones alternas. Un hilo metálico está conectado a la región *p* interior, *electrodo de mando* del dispositivo (V. figura). Si establecemos una tensión continua entre ánodo y

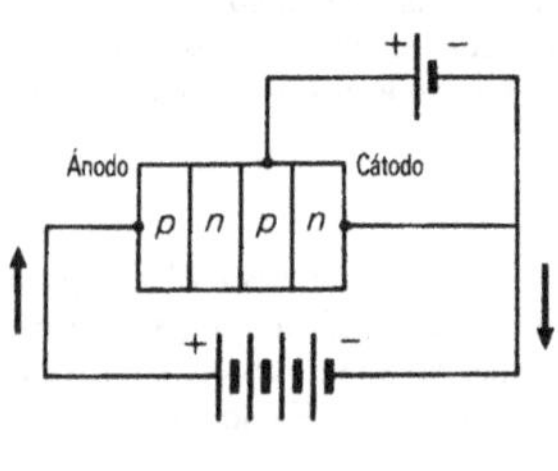

cátodo en sentido directo, la corriente no se inicia, bloqueada por la unión central *n-p*, salvo si alcanza un umbral U, del orden de varios centenares de voltios, y que se denomina *«tensión de encendido»*, por analogía con los fanotrones y tiratrones. Llevando el electrodo de mando a un potencial positivo respecto del cátodo –bastan algunos voltios–, la tensión de encendido desciende. De ello se deduce que, si el tiristor está conectado a una tensión grande, pero inferior a U (bloqueado, por tanto), es suficiente un breve impulso positivo sobre el electrodo de mando para iniciar la corriente.
El tiristor es, por consiguiente, un interesante iniciador de corrientes intensas.

Tixotropía

Raíces griegas que significan cambio por agitación.

Propiedad que poseen ciertas sustancias, que consiste en una modificación de su viscosidad según que se encuentren en reposo o sometidas a un movimiento de agitación. Mientras que en reposo las sustancias tixótropas son viscosas, a veces aparentemente sólidas, se van volviendo, por agitación, tanto más fluidas –tanto menos viscosas– cuanto mayor es la velocidad de agitación. Regresan a su estado inicial tras un reposo de duración suficiente. Ese es el caso de ciertas sustancias macromoleculares, de ciertas pinturas, de ciertas tierras arcillosas, de las «arenas movedizas»...
La explicación del fenómeno es simple. Se trata de geles coloidales en los que los aglomerados, las micelas, son destruidas por agitación y vuelven a formarse en reposo. La tixotropía se aprovecha a veces, por ejemplo, en la utilización de ciertos «barros de perforación» en los pozos petrolíferos. Agitados por el movimiento de rotación de las piezas metálicas que arrastran el trépano, esos barros se vuelven suficientemente fluidos para asegurar la lubricación de las piezas giratorias. Al volver al reposo, adquieren de nuevo la suficiente viscosidad para contribuir a colmatar las paredes de los pozos.
V. DISOLUCIONES COLOIDALES.

TLE

Siglas utilizadas en Radiología para designar una «Transferencia Lineal de Energía».

Tokomak

De dos palabras rusas que significan, respectivamente, corriente, magnético.

V. CONFINAMIENTO.

Tolman Richard Chace (1881-1948)

▶ *Experiencias de Tolman y Stewart*.–Experiencias realizadas por primera vez en 1916, y retomadas y perfeccionadas más adelante. Demuestran que la conducción eléctrica en los metales es debida al desplazamiento de los electrones libres. Se crea artificialmente un movimiento relativo de esos electrones, con respecto a los iones positivos que constituyen el retículo cristalino del metal, dando a una muestra de ese metal un movimiento rápido –un movimiento de rotación, generalmente, que se aplica a un solenoide o a un tubo hueco– y después se le detiene bruscamente. Los electrones prosiguen por inercia su movimiento, antes de perder su energía a consecuencia de los choques con los nudos cristalinos, ahora inmóviles.
Se observa efectivamente una breve corriente, que detecta un galvanómetro balístico. El cálculo permite deducir la carga por unidad de masa (e/m) de los portadores de carga responsables de esa corriente. Esa relación se revela idéntica a la de los electrones.
V. EXPERIENCIA DE ROWLAND.

Tonalidad

V. TRIVARIANCIA VISUAL.

Tono

V. ALTURA DE LOS SONIDOS.

Tonometría

V. LEYES DE RAOULT.

Torbellino (Sinónimo: Vórtice)

En un fluido en movimiento, la *circulación* C, a lo largo de una curva cerrada orientada Γ, del campo de velocidades *v*, puede ser expresada por aplicación del teorema de Stokes como función del campo vectorial rot *v*:

$$C = \int_{\Gamma} \boldsymbol{v} \cdot d\boldsymbol{l} = \iint_{S} \text{rot } \boldsymbol{v} \cdot d\mathbf{S}.$$

Se conviene en llamar *torbellino* al vector $\mathbf{T} = \frac{1}{2}\text{rot } \boldsymbol{v}$. El flujo del vector torbellino a través de una superficie cualquiera S que tenga a Γ como frontera es, en consecuencia, igual a la circulación del vector velocidad a lo largo de Γ, con la salvedad del factor 1/2. El régimen de un fluido es denominado *turbillonario* en las regiones en las que $T \neq 0$, y *laminar* o *irrotacional* en las regiones en las que $T = 0$.
V. NÚMERO DE REYNOLDS.

torr

Unidad auxiliar de presión (así denominada en homenaje a Torricelli).
1 torr vale, por definición, 1 mm de mercurio normal. 1 atm = 760 torr.
1 torr ≈ 133 Pa, o 1,33 mbar.

Torricelli Evangelista (1608-1647)

▶ *Experiencia de Torricelli.*—Un tubo de vidrio, cerrado por uno de sus extremos, con una longitud cercana al metro, se llena de mercurio y después se invierte sobre una cubeta que contiene asimismo mercurio. Se comprobó que, del mercurio del tubo, quedaba sobre el nivel de la cubeta una altura de mercurio aproximadamente igual a 760 mm. Esta altura es independiente de la sección del tubo o de su inclinación sobre la vertical. Esta experiencia tubo una enorme resonancia en la época en la que se realizó por primera vez (hacia 1643), ya que demostraba claramente que el ascenso de un líquido por encima del depósito que lo contiene, en un tubo en el que se ha hecho el vacío, era debido a la existencia de una presión atmosférica que se ejercía sobre el líquido del depósito, no a un pretendido «horror al vacío» de la Naturaleza. Sirvió también para proporcionar un medio cómodo para medir esta presión. Nuestros actuales barómetros de mercurio son tubos de Torricelli.

▶ *Teorema de Torricelli.*—La velocidad a la que se escapa un líquido por una pequeña abertura practicada cerca de la base de un depósito de gran sección depende de la altura *h* de la superficie libre del líquido por encima del nivel de la abertura: $u = \sqrt{2gh}$; g es la intensidad del campo gravitatorio terrestre. Puede demostrarse este resultado a partir de la ley de Bernoulli. Se notará que la velocidad u es igual a la velocidad de un objeto que cae, en caída libre, desde una altura h.

Torsión

Deformación de un sólido bajo la acción de dos pares de fuerzas cuyos momentos son paralelos y de sentidos opuestos.
Ejemplo: Un sólido homogéneo posee un eje de simetría longitudinal. Se encastra uno de sus extremos en un soporte, y se somete el otro extremo a un par cuyo momento, Γ, es paralelo al eje de simetría. El par antagonista es creado por el soporte. La torsión consiste aquí en que cada una de las placas del sólido, perpendicular a su eje, gira alrededor de este eje deslizando sobre la placa precedente un mismo ángulo $d\alpha$. Si la deformación no sobrepasa el límite de elasticidad del material, la ley de Hooke permite afirmar que el ángulo de torsión global α es proporcional al módulo del momento Γ. $\alpha = (1/C) \cdot \Gamma$. C es la *constante de torsión* del sólido (o su rigidez). En particular, si el sólido es un hilo metálico de sección circular, se encuentra:
$C = \frac{\pi}{32} G \frac{d^4}{l}$. l es la longitud del hilo, d su diámetro y G su módulo de rigidez.

V. BALANZA DE TORSIÓN, PÉNDULO DE TORSIÓN, TENSIONES.

▶ *Constante de torsión.*—V. RIGIDEZ, TORSIÓN.

▶ *Par de torsión.*—V. TENSIONES, TORSIÓN.

Torsor

Desde el punto de vista matemático, un torsor es un conjunto de vectores deslizantes, caracterizado por sus *elementos de reducción* en un punto. Se demuestra que si dos torsores tienen los mismos elementos de reducción en un punto, tienen los mismos elementos de reducción en todos los puntos. Se dice que son equivalentes.
La suma de dos torsores es otro torsor en el que cada uno de sus dos elementos de reducción es la suma de los elementos de reducción de los dos torsores componentes.
La derivada de un torsor con respecto al tiempo es, por definición, otro torsor cuyos elementos de reducción son las derivadas, con respecto al tiempo, de los elementos de reducción del torsor estudiado.
En mecánica se utilizan torsores para representar diferentes conjuntos de magnitudes físicas vectoriales.
V. ELEMENTOS DE REDUCCIÓN DE UN TORSOR, MECÁNICA NEWTONIANA.

▶ *Elementos de reducción de un torsor en un punto O.*—Son una *resultante* **R**, de una parte, suma vectorial de sus diferentes vectores componentes, y, de otra parte, un *momento resultante* **M**, suma de los diferentes momentos de esos mismos vectores con respecto a O.
Se demuestra que en otro punto O′ los elementos del mismo torsor son: $\mathbf{R}' = \mathbf{R}$; $\mathbf{M}' = \mathbf{M} + \mathbf{O'O} \wedge \mathbf{R}$.
En lenguaje físico eso quiere decir, por ejemplo, que un torsor de fuerzas que se ejerce sobre un sólido produce los mismos efectos sobre el movimiento de éste que el conjunto de una fuerza aplicada en O, **R**, «y» de un par de momento **M**, o incluso que una fuerza **R** aplicada en O′ «y» un par de momento **M′**.
Se notará que: 1°, en todo punto el producto escalar de los elementos de reducción de un torsor posee el mismo valor $\mathbf{R}' \cdot \mathbf{M}' = \mathbf{R} \cdot \mathbf{M}$; 2°, existe, para todo torsor cuya resultante **R** no es

nula, una recta D lugar de los puntos en los que **R** y **M** tienen precisamente a D como dirección común. D es el *eje central* del torsor.
V. CENTRO DE GRAVEDAD, MECÁNICA NEWTONIANA, TENSIONES.

▶ *Torsor cinético.*—Conjunto de vectores *cantidad de movimiento* de los diferentes puntos de un sistema material, que se encuentra en movimiento en un referencial R.
En un punto O cualquiera de R, ese torsor presenta dos elementos de reducción: su resultante **P** es la cantidad de movimiento (¿o *resultante cinética*?) del sistema, su momento resultante **L** es el *momento cinético* del sistema en el punto O.
V. MECÁNICA NEWTONIANA, TORSOR DINÁMICO.

▶ *Torsor dinámico.*—Conjunto de vectores *cantidad de aceleración* de los diversos puntos de un sistema material, en movimiento en un referencial R.
En un punto cualquiera O del referencial R, ese torsor posee dos elementos de reducción: su resultante **A** es la cantidad de aceleración (¿o *resultante dinámica*?) del sistema, su momento resultante **D** el momento dinámico del sistema en el punto O.
Se demuestra que el torsor dinámico de un sistema es el torsor derivado con respecto al tiempo de su torsor cinético.
V. MECÁNICA NEWTONIANA.

▶ *Torsor de fuerzas.*—Las acciones mecánicas que se ejercen sobre un cuerpo sólido pueden ser esquematizadas mediante un conjunto de fuerzas, representadas cada una de ellas por un vector deslizante. Este conjunto de fuerzas constituye un torsor de fuerzas.
Los principios fundamentales de la mecánica newtoniana, varificados en sus consecuencias en el dominio macroscópico, admiten, en efecto, impícitamente que dos acciones mecánicas distintas que se ejercen sucesivamente, en las mismas condiciones, sobre un sólido, producen los mismos efectos si los torsores de fuerzas que los resumen son *equivalentes* (V. TORSOR). Un torsor de fuerzas cuyo momento resultante en un punto O es nulo, es equivalente a una fuerza única igual a su resultante y cuya dirección pasa por O (V. CENTRO DE GRAVEDAD).
Un torsor de fuerzas cuya resultante es nula, es equivalente a un *par* de fuerzas cuyo momento es igual al momento resultante del torsor.

▶ *Torsor nulo.*—Torsor cuyos dos elementos de reducción en un punto son nulos y, por tanto, son igualmente nulos en todos los puntos.

Townes Charles Hard (1915)

Premio Nobel en 1964 (con Brasov y Prochorov)

V. MASER.

Trabajo

▶ *Trabajo de extracción.*—Trabajo mínimo que debe efectuar una fuerza aplicada a una partícula para extraerla de un cuerpo material, en cuyo interior se encuentra retenida por diferentes fuerzas de enlace.
Es también, desde otro punto de vista, la energía que es preciso comunicar a la partícula para que pueda salvar el *salto de potencial* localizado sobre la superficie del material.
V. EFECTO FOTOELÉCTRICO, EFECTO TERMOELÉCTRICO, MICROSCOPIO DE EFECTO TÚNEL.

▶ *Trabajo de un par.*—El trabajo de un par, de momento **M**, que se ejerce sobre un sólido en movimiento, es igual, por definición, al trabajo de dos fuerzas iguales, paralelas y de sentidos opuestos, cuyo momento resultante es equipolente con **M**. Se demuestra que ese trabajo, nulo si el sólido se traslada solamente, obedece a la expresión que sigue, tras haber efectuado el sólido una rotación elemental $d\alpha$ alrededor del eje orientado D:

$$dW = M \cdot \cos\alpha \cdot d\alpha = \mathbf{M} \cdot \omega \cdot dt$$

α es el ángulo $(\widehat{\mathbf{M}, \mathbf{D}})$; $M \cdot \cos\alpha$, la proyección de M sobre D; ω, el vector velocidad angular instantánea del sólido, en la dirección de D.
V. TRABAJO DE UNA FUERZA, TRABAJO DE UN TORSOR DE FUERZAS.

▶ *Trabajo de un torsor de fuerzas.*—Cuando un sólido se encuentra en movimiento en un referencial dado, bajo la acción de un torsor de fuerzas, siendo D su eje instantáneo de deslizamiento-rotación, v_g y ω las velocidades instantáneas que definen su movimiento helicoidal, el trabajo elemental (durante un lapso corto de tiempo dt) del torsor de fuerzas responsables de su movimiento obedece a la expresión: $dW = dt \cdot (\mathbf{R} \cdot v_g + \mathbf{M} \cdot \omega)$. **R** y **M** son los elementos de reducción del torsor de fuerzas en un punto O cualquiera del eje D.
V. MOVIMIENTO HELICOIDAL.

▶ *Trabajo de una fuerza.*—El trabajo elemental dW de una fuerza f cuando su punto de aplicación describe un corto segmento rectilíneo dl, con una velocidad instantánea v y en un tiempo dt, viene medido, por definición, por el producto escalar $dW = f \cdot dl = f \cdot v \cdot dt$. El trabajo de una fuerza es nulo, en consecuencia, si esa fuerza es perpendicular al desplazamiento de su punto de aplicación. Es positivo o negativo según que el ángulo $\alpha = (\widehat{f, dl})$ sea agudo u obtuso. Se dice que es *motor* en el primer caso y *resistente* en el segundo. En el caso más general, en el que la fuerza varía mientras su punto de aplicación describe un trayecto cualquiera entre dos puntos A y B, el trabajo es igual a la *circulación* de la fuerza a lo largo del trayecto:

$$W_{\widehat{AB}} = \int_{\widehat{AB}} f \cdot dl = \int_{t_A}^{t_B} f \cdot v \cdot dt$$

t_A y t_B son, respectivamente, los instantes de paso por los puntos A y B del punto de aplicación de la fuerza. La unidad de trabajo del SI es el *julio* (J). Otras unidades, todavía utilizadas a veces:
ergio (unidad cegesimal): 1 ergio = 10^{-7} J. kilográmetro (o kilopondímetro) (unidad técnica, o del sistema m.kp.s): 1 kgm ≈ 9,8 J.

Tracción

▶ *Ensayo de tracción.*—V. TENACIDAD.

Transductor

Aparato que permite modificar la naturaleza física de una señal.
El micrófono, el auricular telefónico son ejemplos de *transductores electroacústicos*. El primero recibe oscilaciones acústicas y transmite oscilaciones eléctricas. El segundo realiza esa operación a la inversa. Una célula fotoeléctrica que recibe señales luminosas y transmite señales eléctricas es un *transductor electro-óptico*.

Transferencia

▶ *Constante de transferencia* (de un cuadripolo).—Magnitud que caracteriza el efecto producido sobre una oscilación eléctrica sinusoidal cuando atraviesa un cuadripolo pasivo adaptado (el caso de un cuadripolo pasivo cualquiera se puede reconducir a ese caso sencillo).
Siendo la tensión a la entrada, en notación compleja, $u_e = U_e \exp(j\omega t)$ ($j = \sqrt{-1}$, ω = pulsa-

ción de la corriente), se encuentra a la salida una tensión $u_s = u_e \exp(-\theta)$, o, escribiendo $\theta = a + jb$, $u_s = U_s \exp[j(\omega t - b)]$, con $U_s = U_e \exp(-a)$. La cantidad compleja $\theta = a + jb$ es la *constante de transferencia del cuadripolo*; la parte real $a = ln(U_e/U_s)$ medida en nepers, es la *constante de atenuación* del cuadripolo; la parte imaginaria, b, medida en radianes, es su constante de fase, diferencia de fase entre las tensiones de entrada y salida.
Existen relaciones análogas entre las intensidades de entrada y salida, aunque las potencias correspondientes (activas, reactivas o aparentes) están relacionadas entre sí por la expresión $a = ln(P_e/P_s)/2$.
La constante de transferencia de un cuadripolo depende de la frecuencia de la oscilación eléctrica estudiada. Una señal real, suma de varias oscilaciones sinusoidales de frecuencias diferentes, corre el riesgo de ser deformada si no se toman determinadas precauciones (V., por ejemplo, PUPINIZACIÓN).
V. GANANCIA, MATRIZ DE TRANSFERENCIA.

▶ *Matriz de transferencia:*
1 / *Electrónica*.—Entre las características de la corriente eléctrica a la entrada de un cuadripolo pasivo (tensión u_1, intensidad i_1) y las de la corriente de salida (u_2, i_2) existen relaciones lineales que pueden ser escritas en forma matricial:

$$\begin{pmatrix} u_1 \\ i_1 \end{pmatrix} = (M) \begin{pmatrix} u_2 \\ i_2 \end{pmatrix}$$

M es la *matriz de transferencia* del cuadripolo. Sus elementos son función de las características de los elementos del cuadripolo.
Ejemplo muy simple: Si el cuadripolo es un transformador sin pérdidas:

$$M = \begin{pmatrix} -n_1/n_2 & 0 \\ 0 & -n_2/n_1 \end{pmatrix}$$

donde n_1 y n_2 designan, respectivamente, los números de espiras de los arrollamientos primario y secundario.
Esta notación matricial presenta la ventaja de prestarse a combinaciones relativamente simples cuando se asocian varios cuadripolos. Se demuestra, por ejemplo, que la matriz de una cadena de cuadripolos asociados en cascada es igual al producto de las matrices de los cuadripolos que componen la cadena.
2 / *Óptica*.—Los parámetros que permiten situar en el espacio un rayo luminoso que penetra en un sistema óptico (isótropo), y los del rayo emergente correspondiente, están ligados entre sí por relaciones lineales, cuando el sistema es utilizado en la aproximación de Gauss. Esas relaciones pueden ser escritas en forma matricial. *Ejemplo:* Si el sistema estudiado es un sistema centrado de eje xx', un rayo incidente BI situado en un plano meridiano prosigue su camino permaneciendo en el mismo plano, y emerge luego dando el rayo I'B'. B y B' están situados en dos planos P y P' perpendiculares al eje xx' (V. figura). La relación anunciada se escribe $\begin{pmatrix} y' \\ u' \end{pmatrix} = (M) \begin{pmatrix} y \\ u \end{pmatrix}$. La matriz $(M) = \begin{pmatrix} a & b \\ c & d \end{pmatrix}$, cuyos elementos a, b, c, d, dependen de sistema y de la posición de los planos P y P', es una matriz de transferencia.
Si P y P' son dos planos conjugados (A' es la imagen de A y B' es la imagen de B), la matriz de transferencia, llamada ahora *matriz de conjugación*, se transforma en:

$$(M_c) = \begin{pmatrix} \gamma_y & 0 \\ 1/f' & \gamma_u \end{pmatrix}$$

$\gamma_y = y'/y$ es el aumento lineal; $\gamma_u = u'_{A'}/u_A$ el aumento angular, y f' la distancia focal imagen del sistema.

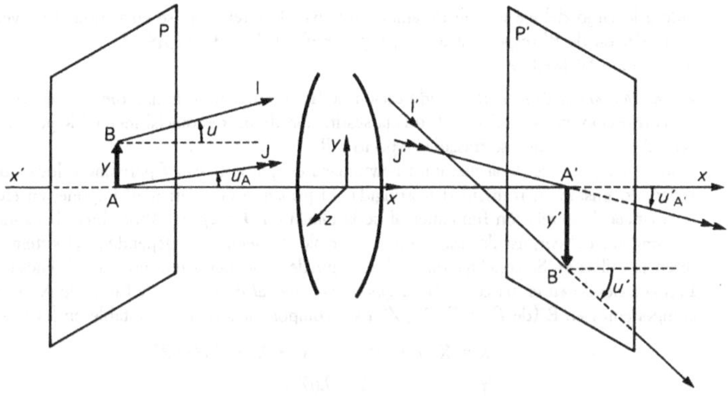

▶ *Transferencia lineal de energía.*—Cuando una partícula ionizante recorre un medio material, su trayectoria se ve jalonada por pares de iones cuya aparición provoca, gracias a los choques sucesivos con las moléculas del medio. A cada uno de esos iones la partícula cede parte de su energía. Su *transferencia lineal de energía* (TLE) es la razón media entre la energía E comunicada a las moléculas del medio en el curso de los choques ionizantes, y la longitud L de su trayectoria en el medio: TLE = E/L.
El valor de una TLE es característico de la partícula observada y del medio atravesado. Generalmente es del orden de algunos keV/*μm*.
Los efectos biológicos de una radiación ionizante dependen del valor de su TLE en los tejidos vivos, que es sensiblemente igual al valor del TLE de la partícula en el agua.
V. EQUIVALENTE DE DOSIS.

Transformación

1 / La transformación —también llamada *evolución*— de un sistema físico-químico puede ser, según las condiciones impuestas: adiabática, endotérmica, atérmica, exotérmica, endoenergética, exoenergética, isoenergética, isóbara, isócora, isoentálpica, isoentrópica, monoterma, diterma, irreversible, reversible...
V. cada una de esas voces.
2 / Convenimos en llamar tranformación a las modificaciones de una magnitud física que son consecuencia de un *cambio de sistema de referencia*.
V. a continuación.

▶ *Transformación de aceleraciones.*—Problema análogo al que concierne a la transformación de velocidades (la misma notación).
En mecánica newtoniana se establece que la aceleración «absoluta» γ_a de un móvil puntual viene dada por la suma de tres términos: $\gamma_a = \gamma_r + \gamma_e + \gamma_c$. γ_r es la *aceleración relativa del móvil*, γ_e la *aceleración de arrastre* (aceleración absoluta del punto coincidente) y γ_c una aceleración complementaria llamada *aceleración de Coriolis*, del nombre de quien descubrió su existencia y estableció su expresión: $\gamma_c = 2\omega \wedge v_r$, donde v_r es la velocidad relativa del móvil, y ω la velocidad angular de rotación del nuevo referencial R' con respecto a R.
Se notará que, en el caso particular del referencial R' trasladándose respecto a R, $\gamma_a = \gamma_r$.
En mecánica relativista, las leyes de transformación de las aceleraciones no son tan sencillas. Incluso en el marco de la *transformación especial de Lorentz*, y suponiendo que el móvil se tras-

lade a lo largo del eje común de ambos sistemas de referencia, se encuentra: (v = velocidad de traslación de R′ respecto a R): ($\gamma_a = \gamma_r(1 - v^2/c^2)^{3/2} \cdot (1 + v \cdot v_r/c^2)^{-3}$.
V. FUERZAS DE INERCIA.

▶ *Transformación de fuerzas.*—Modificación de las componentes de una fuerza que actúa sobre un corpúsculo en movimiento, *f*, tras la sustitución de un referencial inercial R por otro referencial inercial R′, que se traslada respecto a R.
Uno de los axiomas de la mecánica newtoniana es que la fuerza *f* permanece invariante. No sucede lo mismo en relatividad restringida. El principio de relatividad impone, en efecto, la invariancia de la relación fundamental de la Dinámica: $\boldsymbol{f} = d\boldsymbol{p}/dt$. Ahora bien, la cantidad de movimiento del corpúsculo, así como el intervalo de tiempo *dt*, dependen del sistema de referencia utilizado. Se concluye que la fuerza puede depender asimismo del referencial.
Permaneciendo en el marco de la *transformación especial* de Lorentz, y llamando X, Y, Z a las componentes en R (de *f*), y, X′, Y′, Z′ a sus componentes en R′, se establecen las relaciones:

$$X = X' + \lambda \cdot v(\dot{y}'/c^2) \cdot Y' + \lambda \cdot v(\dot{z}'/c^2) \cdot Z';$$

$$Y = \lambda_\alpha Y'; \qquad Z = \lambda\alpha Z'.$$

Suponemos que el corpúsculo posee en R las coordenadas de espacio tiempo (x, y, z, t) y la velocidad $\boldsymbol{u}$ ($\dot{x}, \dot{y}, \dot{z}$), que se transforman respectivamente en R′ en (x', y', z', t') y en $\boldsymbol{u}$ ($\dot{x}', \dot{y}', \dot{z}'$); $\boldsymbol{v}(v, 0, 0)$ es la velocidad a la que se desliza R′ sobre R; además, se ha escrito $\lambda = 1/(1 + v\dot{x}'/c^2)$ y $\alpha = \sqrt{1 - v^2/c^2}$; $\dot{x} = dx/dt$... Las fórmulas precedentes pueden invertirse fácilmente. Basta con sustituir v por $-v$.
En el caso particular en el que las velocidades v y u son muy pequeñas comparadas con la velocidad c de la luz, se encuentra: $X \approx X'$, $Y \approx Y'$, $Z \approx Z'$, lo que expresa en el límite la invariancia de las componentes de la fuerza, tal como admite intuitivamente la mecánica newtoniana.
V. FUERZAS DE INERCIA, TRANSFORMACIÓN DE ACELERACIONES.

▶ *Transformación de Galileo.*—Transformación de coordenadas espacio-temporales de un suceso que se produce en un punto M de un referencial inercial R(O, x, y, z), cuando R es reemplazado por otro referencial inercial R′(O′, x', y', z'), en movimiento con respecto a R. Ese movimiento es, necesariamente, una traslación rectilínea y uniforme, de velocidad (obviamente constante) $\boldsymbol{v}$. Las fórmulas de transformación se resumen en la relación: $\boldsymbol{r} = \boldsymbol{r}' + \boldsymbol{v}t$.
$\boldsymbol{r}$ = **OM**; $\boldsymbol{r}'$ = **O′M**; $\boldsymbol{v}$ = velocidad de traslación de R′ con respecto a R, medida en R.
El tiempo es supuesto aquí con valor universal, independiente del referencial utilizado (es el «tiempo absoluto»).
Se demuestra que una transformación de Galileo deja invariante la distancia entre dos puntos, las leyes de la mecánica newtoniana (V. RELATIVIDAD GALILEANA), pero no las del electromagnetismo.
V. GRUPO DE GALILEO, TRANSFORMACIÓN ESPECIAL, TRANSFORMACIÓN DE ACELERACIONES, TRANSFORMACIÓN DE VELOCIDADES.

▶ *Transformación de Lorentz.*—Transformación con coordenadas espacio-temporales de un suceso tras una sustitución de un referencial de espacio-tiempo inercial por otro referencial inercial, que se traslada respecto al primero. Las fórmulas de transformación (V. TRANSFORMACIÓN ESPECIAL) fueron establecidas por Lorentz (en 1903) y elegidas de tal suerte que permitieron encontrar, aunque sin justificarla, la *contracción de longitudes* ideada por Fitzgerald para explicar el resultado negativo de la *experiencia de Michelson y Morley*. Con mayor generalidad, Poincaré demostró que la transformación de Lorentz deja invariantes las ecuaciones de Maxwell y, por tanto, también la velocidad de la luz, igual a la constante c de las fórmulas de Lorentz. Dos años más tarde, Einstein pudo demostrar la necesidad lógica de abandonar los postulados de un espacio y un tiempo absolutos, marcos en los que se admitía, desde Galileo, que debían estar inscritos todos los sucesos que podemos observar, fueren de la naturaleza que fue-

ren. Se infiere que a cada referencial inercial están asociados, de hecho, un espacio y un tiempo propios, y son las ecuaciones de Lorentz las fórmulas adecuadas de paso entre las observaciones hechas en uno de esos sistemas de referencia y las observaciones realizadas en el referencial que se traslada con respecto al primero.
Ese es el punto histórico de partida de la teoría de la *relatividad restringida*.
V. GRUPO DE POINCARÉ, UNIVERSO DE MINKOWSKI.

▶ *Transformación de velocidades.*—Se trata, de hecho, de la ley de transformación de la velocidad de un móvil puntual, en movimiento en un referencial R, cuando R es reemplazado por otro referencial R′ que está, a su vez, moviéndose respecto a R. Esta ley es conocida tradicionalmente como *ley de composición de velocidades*, en evidente abuso de lenguaje.
En general, aunque no es necesario, R es un referencial inercial. El movimiento del móvil M en R es, por simple convenio, llamado movimiento *absoluto*; el movimiento de M en R′ se conoce como movimiento *relativo*. Los vectores velocidades respectivos son representados por $\mathbf{v}_a$ (*velociad absoluta*) y $\mathbf{v}_r$ (*velocidad relativa*).
En mecánica newtoniana se establece la ley de transformación: $\mathbf{v}_a = \mathbf{v}_r + \mathbf{v}_e$, siendo $\mathbf{v}_e$ la *velocidad de arrastre*, es decir, la velocidad respecto a R de un punto auxiliar P, inmóvil en R′, y que en el instante de observación coincide con M (P es el «punto coincidente»).
En mecánica relativista, la ley de transformación es más compleja. Colocándonos en el marco de la *transformación especial de Lorentz*, $\mathbf{v}_e = \mathbf{v}$ (velocidad de traslación de R′ con respecto a R, y si llamamos $\dot{x}$, $\dot{y}$, $\dot{z}$ las componestes de $\mathbf{v}_a$ (en R), $\dot{x}'$, $\dot{y}'$, $\dot{z}'$ las componentes de $\mathbf{v}_r$ (en R′), se establecen las relaciones:

$$\dot{x} = \lambda(v + \dot{x}'), \qquad \dot{y} = \alpha\lambda\dot{y}', \qquad \dot{z} = \alpha\lambda\dot{z}'$$

con $\lambda = 1/(1 + v\cdot\dot{x}'/c^2)$, $\alpha = (1 - v^2/c^2)^{1/2}$, c = constante relativista, y en el caso más simple en el que v_r tiene la dirección del eje común Ox, O′x′, $v_a = (v_r + v)/(1 + v_r\cdot v/c^2)$. Matemáticamente, esta última fórmula puede tomar la misma forma sencilla de la mecánica newtoniana, si se consiente en caracterizar la *rapidez* de un móvil no por el módulo de su velocidad, sino por un parámetro φ definido por $th\varphi = v/c$ (thφ significa tangente hiperbólica del ángulo φ). Se encuentra en ese caso, en efecto: $\varphi_a = \varphi_r + \varphi_e$.
Un fotón, cuya velocidad relativa vale c, posee una velocidad absoluta igual a c también, cualquiera que sea la velocidad de traslación v: $(v_r = c \Leftrightarrow v_a = c)$ o $(\varphi_r = \infty \Leftrightarrow \varphi_a = \infty)$.
V. LUXONES, TRANSFORMACIÓN DE ACELERACIONES.

▶ *Transformación del campo electromagnético.*—Las componentes de un campo electromagnético (**E**, **B**) dependen del referencial utilizado. Tras un cambio de referencial R → R′ (ambos inerciales), con las hipótesis simplicadoras de la transformación especial de Lorentz, se establece que las componentes en R se expresan, en función de las componentes en R′, a través de las fórmulas:

$$E_x = E'_x; \qquad E_y = \gamma(E'_y + v\cdot B'_z); \qquad E_z = \gamma(E'_z - v\cdot B'_y)$$

$$B_x = B'_x; \qquad B_y = \gamma(-\, v/c^2\cdot E'_z + B'_y); \qquad B_z = \gamma(+\, v/c^2\cdot E'_y + B'_z)$$

donde v es la velocidad de traslación de R′ con respecto a R, y $\gamma = (1 - v^2/c^2)^{-1/2}$.
En estas expresiones se ve claramente que se trata de las componentes de una magnitud única, que no se puede disociar en un campo eléctrico y un campo magnético independientes. Suponiendo, por ejemplo, que en R′ sólo existe un campo eléctrico ($B'_x = B'_y = B'_z = 0$), la componente magnética aparece en R como consecuencia de un simple cambio de referencial, sin que se haga preciso imaginar la existencia de un nuevo fenómeno físico (V. FUERZA DE LORENTZ, ECUACIONES DE MAXWELL).
Pueden encontrarse las mismas fórmulas de transformación admitiendo que la magnitud de un

campo electromagnético viene representada en el espacio tetradimensional de Minkowski por un tensor antisimétrico de dieciséis componentes.

$$\begin{vmatrix} O & B_z & -B_y & -i/c\cdot E_x \\ -B_z & O & B_x & -i/c\cdot E_y \\ B_y & B_x & O & -i/c\cdot E_z \\ i/cE_x & i/cE_y & i/cE_z & O \end{vmatrix}$$

▸ *Transformación especial.*—Transformación de coordenadas espacio-temporales de un «suceso» tras un cambio de referenciales inerciales:

$$R(O, x, y, z, t) \rightarrow R'(O', x', y', z', t')$$

con dos condiciones simplificadoras:
1 / El movimiento de R′ respecto a R se reduce a un deslizamiento de su eje $O'x'$, permaneciendo el resto de los ejes paralelos dos a dos (la velocidad de deslizamiento de R′, medida en R, naturalmente, es v).
2 / Los orígenes O y O′ coinciden en el instante inicial (de ambos sistemas) $t = t' = 0$.
Las fórmulas de transformación se escriben, en ese caso, en mecánica newtoniana (transformación especial de Galileo):

$$x = x' + vt', \qquad y = y', \qquad z = z', \qquad t = t'$$

y en mecánica relativista (relatividad restringida) (transformación especial de Lorentz):

$$x = \gamma(x' + vt'), \qquad y = y', \qquad z = z' \qquad ct = \gamma(\beta x' + ct')$$

siendo c la constante relativista, igual a la velocidad de la luz en el vacío,

$$\beta = v/c, \qquad \gamma = 1/\sqrt{1 - v^2/c^2} = (1 - \beta^2)^{-1/2}.$$

La transformación de Lorentz se escribe frecuentemente en forma matricial:

$$\begin{pmatrix} x \\ y \\ z \\ ct \end{pmatrix} = \begin{pmatrix} \gamma & 0 & 0 & \gamma\beta \\ 0 & 1 & 0 & 0 \\ 0 & 0 & 1 & 0 \\ \gamma\beta & 0 & 0 & \gamma \end{pmatrix} \begin{pmatrix} x' \\ y' \\ z' \\ ct' \end{pmatrix}.$$

Todas las fórmulas precedentes pueden ser invertidas fácilmente. Basta reemplazar $-v$ por v. Puede verse que si la velocidad v es muy pequeña comparada con c ($\gamma \simeq 1$), la transformación de Lorentz adquiere, en primera aproximación, la sencilla forma de la transformación de Galileo.
V. CUADRIVECTORES, UNIVERSO DE MINKOWSKI.

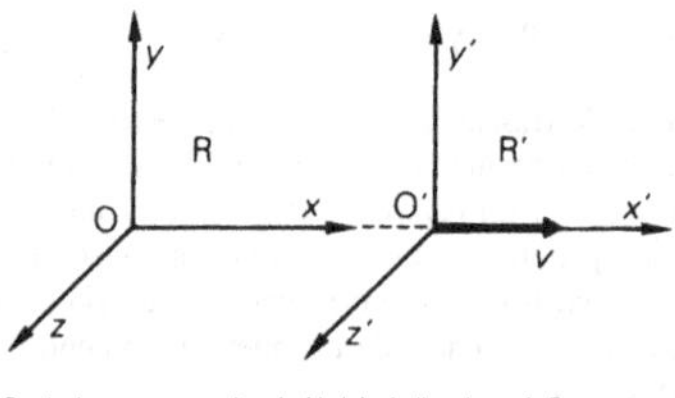

Puede demostrarse que la velocidad de deslizamiento de R con repecto a R′, medida en R′, es igual y opuesta a v: $v' = -v$

Transformador

Dispositivo que permite modificar, en una relación conocida y fija, la tensión y la intensidad de una corriente alterna, cuya frecuencia se conserva.
Está formado por dos arrollamientos de hilo conductor distintos, dispuestos en torno a una misma carcasa de hierro que forma un circuito magnético cerrado. Cuando la corriente periódica que se quiere transformar circula en uno de los arrollamientos (el *primario*), en el otro arrollamiento (el *secundario*) se produce una fuerza electromotriz alterna del mismo periodo, como consecuencia del fenómeno de inducción electromagnética. La carcasa metálica, canalizando las líneas de campo magnético, suprime casi completamente toda fuga magnética, y asegura así entre ambos circuitos un *acoplamiento* cerrado.
Según que el secundario de un transformador esté abierto o cerrado, se dice que el aparato funciona «*en vacío*» o «*en carga*».
Desde el punto de vista energético, un transformador en carga absorbe previamente en el primario la energía que se libera en el secundario. Las inevitables pérdidas –por efecto Joule, por histéresis y por corrientes de Foucault– pueden ser reducidas. El rendimiento energético de un transformador es alto: por encima, en general, del 90 %.
Un estudio elemental de un transformador ideal demuestra que existe, entre los valores eficaces U_1 e I_1 de la tensión e intensidad de entrada y sus valores homólogos a la salida, U_2 e I_2, las relaciones simples siguientes:

$$U_2/U_1 = n_2/n_1 \qquad I_2/I_1 = n_1/n_2$$

en las que n_1 es el número de espiras del primario y n_2 el del secundario.
$s = n_2/n_1$ es la *relación de transformación* del aparato.
Se ve que cuando s es superior a la unidad U_2 es mayor que U_1, y el transformador es llamado *de alta*; en caso contrario, hablamos de un transformador *de baja*. Un mismo transformador puede ser utilizado en uno y otro sentido.
Transformadores de dimensiones reducidas, capaces de transformar potencias eléctricas aparentes del orden del voltio · amperio, seguidos de un rectificador, son las piezas maestras de los «cargadores» que se utilizan para cargar las baterías de acumuladores, a partir de la corriente alterna del sector. Pero los transformadores juegan un papel esencial, fundamentalmente, en el problema del *transporte de energía* eléctrica a gran distancia. En ese caso son aparatos de considerable volumen, capaces de tratar potencias de varios millares (o incluso millones) de voltio · amperios.
V. EXPERIENCIA DE ELIHU THOMSON, MATRIZ DE TRANSFERENCIA.

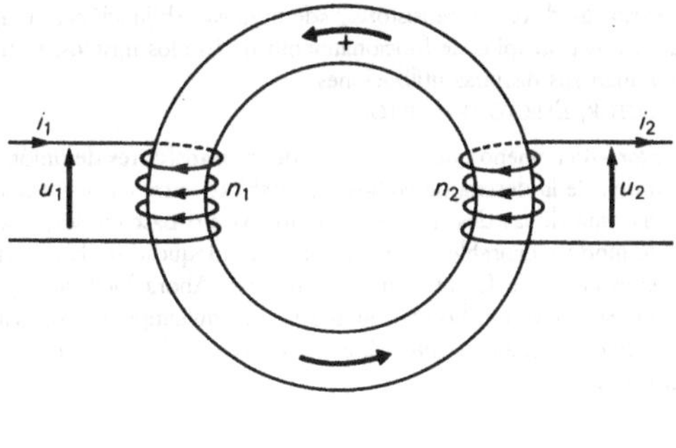

Transición

▶ *Transición de fases.*—V. CAMBIOS DE ESTADO.

▶ *Transición energética.*—V. ÁTOMO DE BOHR, ESTADO FUNDAMENTAL, EMISIÓN INDUCIDA, TRANSICIÓN RADIANTE.

▶ *Transición radiante o espectral.*—Se llama transición al paso brusco de un edificio molecular, atómico o nuclear, desde uno de sus estados estacionarios, de energía E', a otro estado estacionario de energía E". La diferencia de energía E' − E" puede ser ganada, o perdida, por emisión, o por absorción, de una radiación electromagnética de frecuencia $\nu = (E' - E'')/h$; la existencia de esa radiación se detecta por el estudio de un *espectro;* de ahí las denominaciones de «transición espectral» o *«transición radiante»*. Según el orden de magnitud de la frecuencia ν, se habla de *transición hertziana, infrarroja, visible, ultravioleta,* X o γ.
Incluso las transiciones son llamadas *dipolares eléctricas, dipolares magnéticas* según que acompañen, para el sistema estudiado, a una modificación de su *momento dipolar eléctrico*, de su *momento dipolar magnético*...
La mecánica cuántica permite calcular la probabilidad de una «transición espectral» determinada y, por tanto, la intensidad media de la radiación emitida o absorbida. (V. REGLAS DE SELECCIÓN).
Existen transiciones no radiantes (V. CHOQUE DE SEGUNDA ESPECIE).

Transistor

Contracción de la voz americana *Transfert Resistor*, que significa resistencia de transferencia.

1. En el lenguaje ordinario, significa aparato receptor de radio *transistorizado*, por extensión.
2. En física, es un cristal semiconductor que conlleva regiones diferentemente dopadas, y capaz de asegurar las dos funciones electrónicas fundamentales —amplificación y conmutación—, así como las funciones complejas que de ellas se derivan (generación de oscilaciones y de señales eléctricas diversas). Los primeros transistores fueron concebidos y conseguidos por investigadores industriales (Bardeen, Brattain y Shockley, galardonados con el Premio Nobel en 1956). Gracias a procedimientos químicos y al uso de tecnologías adecuadas, hoy se fabrican centenares de millones al año. La mayoría de los aparatos industriales o domésticos actuales están «transistorizados»: aparatos de medida, de regulación, de telecomunicación, calculadoras, ordenadores... Salvo en aquellas instalaciones que requieren una gran potencia, han reemplazado por todas partes a las antiguas válvulas electrónicas, sobre las que presentan numerosas ventajas: son menos grandes, menos frágiles, más fiables, requieren pequeñas tensiones para su alimentación (se acabó el caldeo del cátodo). Se prestan, por fin, a una miniaturización extrema, en forma de circuitos integrados. Tienen, no obstante, el inconveniente de ser más sensibles a las variaciones de temperatura.
Existen numerosos modelos de transistores, «de puntas», «bijunción», «unijunción», «de efecto de campo»... Sus principios de funcionamiento no son los mismos, y sus características diferentes determinan sus distintas utilizaciones.
V. SEMICONDUCTOR, EFECTO TRANSISTOR.

▶ *Efecto transistor.*—Fenómeno que es el origen de los transistores de unión. Una tensión constante U (del orden de la decena de voltios) se establece entre emisor y colector (V. figura), y en consecuencia, una de las dos uniones, colector-base o base-emisor, queda polarizada «inversamente» de modo inexorable. El transistor está «bloqueado». Efectivamente, la corriente colector-emisor es casi nula (algunos microamperios). Ahora bien, la experiencia demuestra que esa corriente se vuelve mucho más intensa (varios miliamperios) si, manteniendo constante la tensión U, se envía una corriente «directa» a través de la unión emisor-base. En esto consiste el «efecto transistor».

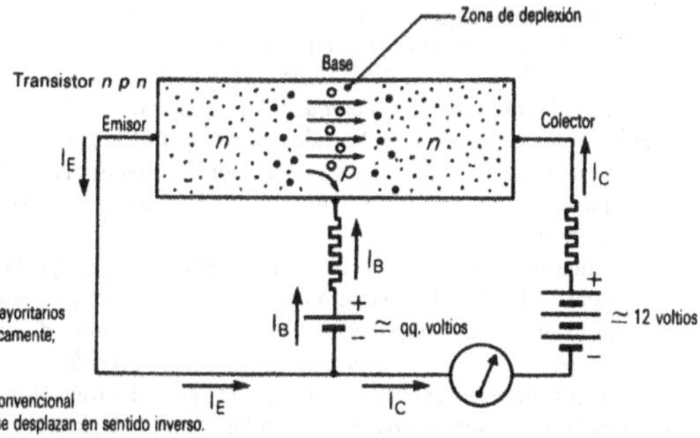

Sólo los portadores de carga mayoritarios han sido representados simbólicamente;
• electrón (negativo)
° hueco (positivo)
Las flechas indican el sentido convencional de la corriente. Los electrones se desplazan en sentido inverso.

$I_C + I_B = I_E \quad I_C/I_B = \beta$

Tensión base-emisor:

$U_{BE} \leqslant 0 \Rightarrow I_B = 0, \quad I_E = I_C \sim \mu A$

resistencia $R_{EC} \sim 10^6\,\Omega$ (transistor bloqueado).

$U_{BE} > 0 \Rightarrow I_B = \varepsilon, \quad I_E \simeq I_C \sim mA$

resistencia $R_{EC} \sim 10^{-1}\,\Omega$ (transistor saturado).

Una explicación cualitativa sucinta puede ser ésta: los portadores de carga del colector, puestos en movimiento por la polarización de la base (electrones negativos en los transistores *npn;* huecos positivos en los transistores *pnp*) atraviesan, en su mayor parte, el pequeño espesor de la base, por *difusión*, y son atraídos en el circuito de colector. Una pequeñísima proporción de entre ellos pasa al circuito base-emisor. (V. figura.)
El estudio cuantitativo del fenómeno se basa en la existencia de barreras de potencial entre ambas uniones, que son consecuencias de la diferente polarización de cada una de las tres regiones del transistor, y permiten explicar los diversos resultados experimentales.
V. SEMICONDUCTOR.

▶ *Transistor bijunción.*—Cristal semiconductor (silicio o germanio), en el que se hacen aparecer, por medio del dopaje, dos regiones de tipo *p* separadas por una región *n (transistor pnp)*, o, inversamente, dos regiones *n* separadas por una región *p (transistor npn).* Ambos tipos de transistores tienen propiedades completamente análogas. La parte intermedia, dopada débilmente y siempre muy delgada (su espesor es del orden de una decena de micras), es la *base* del transistor. Las dos regiones extremas son el *emisor*, una de ellas, y el *colector* la otra. Cada una de esas regiones es llevada a un potencial eléctrico diferente. Se dice que están *polarizadas* de modo distinto.

Representaciones convencionales

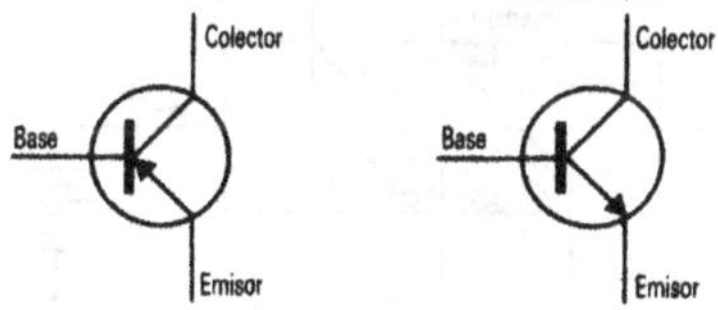

La flecha sobre el emisor indica el sentido convencional de la corriente (sentido del desplazamiento de las cargas positivas)

El funcionamiento de ese dispositivo reposa sobre un fenómeno particular, el «efecto transistor», el cual le confiere dos propiedades fundamentales:

1. Las eventuales variaciones dI_B de la corriente de base se encuentran amplificadas en las variaciones de la corriente de colector dI_C. La relación de amplificación del transistor, $\beta = dI_C/dI_B$ mide la ***ganancia en intensidad***. Su valor numérico puede llegar hasta 150. Pequeñas variaciones de la corriente de base pueden, en consecuencia, ***modular*** la corriente del colector, del mismo modo que las variaciones de la tensión de rejilla pueden modular la intensidad de la corriente de placa en un triodo.

2. Si la intensidad de corriente de base es nula, o muy pequeña, el transistor está *bloqueado*. La resistencia eléctrica del conjunto colector-emisor es muy elevada en ese caso, en efecto. Por el contrario, toma un valor muy pequeño (algunas décimas de ohmio) si la corriente de base se hace importante. El transistor está, en ese caso, *saturado*.

La primera propiedad explica el papel *amplificador* del transistor.
La segunda, su misión de *conmutador* en los circuitos lógicos.
En los numerosísimos montajes que incluyen transistores, las dos propiedades precedentes son, con frecuencia, aprovechadas simultáneamente.
V. EFECTO TRANSISTOR.

▶ *Transistor de efecto de campo* (TEC, o FET, en siglas inglesas).—Transistores en los que el flujo de electrones que circula en un semiconductor dopado negativamente, entre un cátodo (o *fuente*) S y un ánodo (o *sumidero*) D, es controlado por las variaciones de un campo eléctrico. Éste es creado por una tensión U, que se impone desde el exterior, entre el cátodo y un tercer electrodo, la *puerta* G (*Gate*, en inglés), que visiblemente juega el papel de la rejilla en los triodos.

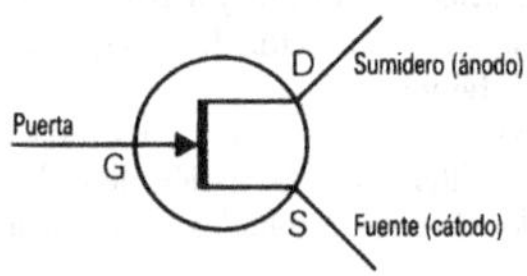

Representación convencional de un TEC

En los FET «de estrangulamiento», una región lateral anular fuertemente dopada positivamente se lleva al potencial de la puerta G. La tensión U polariza la unión *pn* «inversamente». Sus variaciones tienen el efecto de alargar más o menos la zona de deplexión no conductora que se forma y, por ello mismo, modificar las dimensiones transversales del canal por el que circulan los electrones, alterando así su conductancia. Finalmente, las variaciones de U pueden modular de este modo la intensidad de la corriente exterior I.

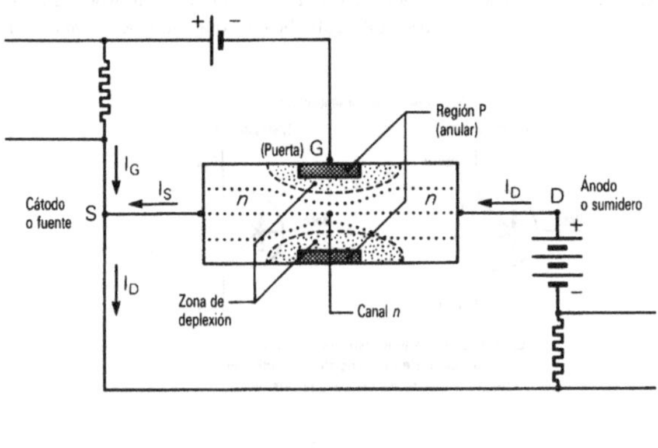

Transistor
de estrangulamiento
(esquema básico)

En los FET llamados MOS (Metal, Óxido, Semiconductor) se obtiene un resultado análogo de manera ligeramente diferente. Metal, óxido (de silicio) y semiconductor forman un condensador. La tensión U tiene como efecto la modulación de la concentración de electrones en la región semiconductora entre fuente y sumidero. Los transistores MOS son utilizados en los circuitos lógicos.

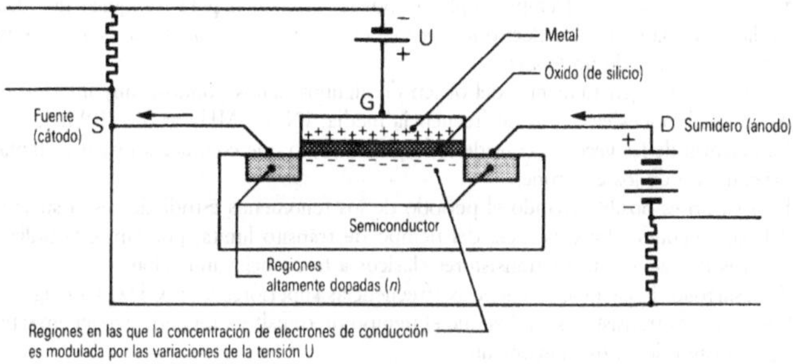

▶ *Transistor de puntas.*—Cristal semiconductor sobre el que se apoyan dos finas puntas metálicas muy próximas (algunas décimas de milímetro). Bajo esta forma de doble «diodo de puntas» fue construido el primer transistor (1948). Algunos defectos, entre ellos una excesiva fragilidad, han hecho que este tipo de transistores haya sido abandonado y reemplazado por los transistores de unión.

▶ *Transistor unijunción.*—Barra semiconductora de tipo *n*, hacia el medio de la cual se ha creado una región tipo *p* de pequeña extensión. Es el emisor. Una tensión eléctrica $V_2 - V_1$ se establece entre las «*bases*» de la barra e impone en la región en contacto con la región *p* un potencial intermedio V, comprendido entre V_1 y V_2. El emisor se encuentra al potencial V_E. La unión *pn* está polarizada «inversamente», y por tanto bloqueada, mientras V se mantiene por encima del potencial de emisor. Cuando V es suficientemente inferior a V_E la unión está polarizada «directamente», y se establece la corriente entre el emisor y la base B_1.
Este tipo de transistor se utiliza para provocar bruscos inicios de corriente a partir de umbrales regulables.

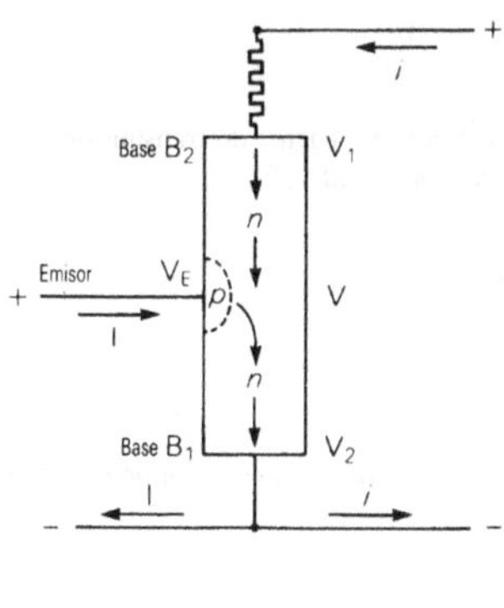

Transistorizado

Califica a un aparato en el cual las diferentes funciones están aseguradas por componentes semiconductores (diodos, transistores, etc.), y no por válvulas de vacío.

Tránsito

▶ *Tiempo de tránsito.*—Tiempo empleado por los electrones para franquear una distancia crítica, la distancia entre dos electrodos, por ejemplo, en el interior de un *tubo electrónico*, o el espesor de la base de un *transistor*.
Ese tiempo es, generalmente, del orden de algunos nanosegundos, muy inferior al periodo T de las oscilaciones eléctricas de frecuencia media: (N = 1 MHz ⇒ T = 10^3 ns).
La mayoría de las veces se considera despreciable, lo que conduce a juzgar instantáneo el desplazamiento de los electrones.
Esto ya no es posible cuando el periodo de los fenómenos estudiados es, a su vez, del orden del nanosegundo. La existencia del tiempo de tránsito limita, por tanto, la utilización de las válvulas de vacío y de los transistores clásicos a frecuencias muy altas.
El desarrollo de las hiperfrecuencias (frecuencias superiores a un GHz) ha exigido nuevos tubos y nuevos transistores, en los que el tiempo de tránsito interviene explícitamente en el principio mismo de su funcionamiento.
V. KLYSTRÓN, MAGNETRÓN, TUBO DE ONDA PROGRESIVA...

Transmisión

▶ *Factor de transmisión.*—V. FACTOR DE ABSORCIÓN.

▶ *Línea de transmisión.*—Dispositivo que asegura la transmisión de una información, bajo la forma de señales eléctricas o electromagnéticas. Una línea telefónica, un cable submarino o subterráneo, un cable hertziano, una guía de onda, una fibra óptica... son líneas de transmisión. El estudio teórico de las líneas de transmisión se ajusta, según los casos, a las *ecuaciones de Heaviside* o a las *ecuaciones de Maxwell*.

Transmutación

Transformación de un núclido en otro núclido que difiere del primero por la composición de su núcleo. Una transmutación puede ser espontánea o provocada.
V. BALANCE ENERGÉTICO Q, EXPERIENCIAS DE RUTHERFORD, RADIACTIVIDAD, REACCIÓN NUCLEAR.

Transparencia

▶ *Factor de transparencia. Sinónimo:* Factor de transmisión.
V. FACTOR DE ABSORCIÓN, OPACIDAD.

Transporte de energía

V. ENERGÍA.

Tratado

Califica a todo componente de un instrumento óptico (lente o prisma) al que se ha sometido a un tratamiento *antirreflejos*.

Trazas

▶ *Detector trazador.*—Una placa dieléctrica, mineral u orgánica, es expuesta a un flujo de partículas ionizantes. A lo largo de sus trayectorias, en la sustancia constituyente de la placa se producen diferentes defectos locales. Reactivos químicos apropiados permiten a continuación reemplazar esos defectos por canales huecos, que pueden ser estudiados al microscopio electrónico.

Este tipo de detector parece poder rendir grandes servicios, en particular cuando se quiere determinar un «tiempo de recorrido» excesivamente breve.

Tricromía

Ley experimental que demuestra que tres haces luminosos coloreados, adecuadamente elegidos, bastan para obtener, por superposición —se dice comúnmente por «síntesis aditiva»—, el equivalente visual de un haz luminoso cualquiera. Es uno de los aspectos de la ley general sobre la *trivariancia visual.* Ya Maxwell (en 1860) había demostrado su fundamento. Las placas fotográficas tricromas (ideadas por Lumière en 1903) o las actuales pantallas de nuestros televisores en color son aplicaciones de lo dicho.

Desde 1931, por recomendación de la Comisión Internacional de la Iluminación (CIE), se utilizan universalmente tres colores «fundamentales», correspondientes a tres radiaciones monocromáticas: una radiación roja (de longitud de onda 700 nm), obtenida por medio de un filtro especial, y dos radiaciones que provienen del espectro de rayas del mercurio, verde (546 nm) y azul (436 nm). Eligiendo las luminancias respectivas, L_R, L_G, L_B, de tres haces que transportan cada uno de ellos una de esas luces, se lleva a cabo la equivalencia visual de cualquier haz, de luminancia $L = L_R + L_G + L_B$. (Se eligen los subíndices en inglés —*Red, Green, Blue,* para Rojo, Verde, Azul— para evitar confusiones del tipo Amarillo-Azul o Verde-Violeta.)

Los tres *parámetros colorimétricos* son aquí L_R, L_G, L_B. Pueden ser reemplazados por el *parámetro fotométrico* L, y dos *parámetros cromáticos,* por ejemplo L_G/L_R y L_B/L_R, o por cualquier combinación equivalente.

Ejemplo: para obtener un equivalente de la *luz blanca* W, la experiencia demuestra (la sensibilidad del ojo no es la misma para todos los colores) que con L = 1 (unidad cualquiera), hay que tomar $L_G = 4{,}6$ y $L_B = 0{,}06$. Escribiendo, por tanto, $L_R = R$; $L_G/L_R = G$, y $L_B/L_R = B$, toda luz monocromática para la cual R = G = B es cromáticamente equivalente a la luz blanca W, y su luminancia vale L = 5,66 R.

V. COLORIMETRÍA, TELEVISIÓN EN COLOR, TRIVARIANCIA VISUAL.

Triodo

Válvula electrónica de tres electrodos (sin incluir el filamento de caldeo): un *cátodo* emisor de electrones, un *ánodo* colector, como en un diodo, entre los cuales se intercala un tercer electrodo, denominado *rejilla*. Ideada por Lee de Forest (en 1907), la rejilla es, de hecho, un enrejado metálico o un hilo metálico espiralmente enrollado en torno al cátodo. Puede, por tanto, ser atravesada por los electrones; de ahí su nombre.

La rejilla tiene la misión de *gobernar* la corriente anódica, como indican las *«características»* de los triodos, gráficas que dan la intensidad anódica en función del potencial de rejilla y del ánodo (el origen convencional de potenciales es el cátodo). Se ve en ellas que, siendo la corriente de rejilla casi nula (y, por tanto, sin suministro prácticamente de energía), la rejilla puede *bloquear* la corriente de placa, como lo haría un interruptor, rechazando a los electrones cuando su potencial es suficientemente bajo, o *modularla,* cuando su potencial oscila alrededor de un valor determinado, con una rapidez que no podría alcanzarse con ningún otro órgano material.

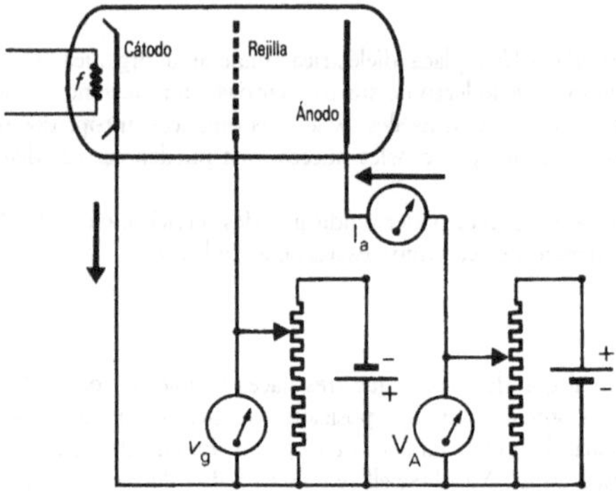

Los triodos han sido el origen y la causa del prodigioso desarrollo de la electrónica en su primera época. Existen distintos tamaños, desde el centímetro de los triodos «en miniatura» hasta el metro de los tubos electrónicos de las emisoras de gran potencia. Pueden realizar diversas funciones: *amplificar* las señales eléctricas, *detectar* corrientes de alta frecuencia, *producir* oscilaciones eléctricas entretenidas.

Cada tipo de triodo posee dos parámetros intrínsecos principales: su *resistencia interna* r_i y la *pendiente* (de sus características) s (*slote*, en inglés). De ellos dependen sus prestaciones. Se demuestra, por ejemplo, que la intensidad de placa I_A se expresa, en función de los potenciales de rejilla V_g y de placa V_a, por medio de un a relación de la forma: $I_A = h + sV_g + V_a/r_i$ (r_i vale a menudo varios millares de ohmios, mientras que s, que se evalúa en amperios por voltio, vale algunos miliamperios/voltio, siendo h una constante de escasa importancia).

Del conocimiento de esos dos parámetros puede deducirse, por ejemplo, el valor de la *relación de amplificación* μ de un triodo –cociente entre las variaciones del potencial de placa y las del potencial de rejilla que pueden implicar separadamente la misma variación de la intensidad anódica:

$$\mu = \frac{\Delta V_a \text{ (a } V_g = \text{cte)}}{\Delta V_g \text{ (a } V_a = \text{cte)}} = r_i \cdot s$$

Con, por ejemplo, $r_i = 20\ \text{k}\Omega$ y $s = 2$ mA/V, se obtiene $\mu = 40$. Las *ganancias* en tensión, en intensidad o en potencia, de un triodo dependen de esa relación de amplificación (V. figura).

En los triodos pueden producirse efectos indeseables: ionización de los gases residuales, emisión de electrones secundarios por parte de la placa o ánodo, acoplamiento de capacidad entre los electrodos... Tomarlos en consideración ha demostrado la utilidad de proveer a las válvulas de vacío de electrodos suplementarios: así han sido concebidos y realizados tetrodos, pentodos... Además, la existencia de un *tiempo de tránsito* de los electrones entre cátodo y ánodo ha obligado al diseño de nuevos tubos para corrientes de muy alta frecuencia: klystrones, magnetrones...

En épocas relativamente recientes, el descubrimiento y desarrollo de los *transistores* ha tenido como consecuencia la sustitución de los triodos, en la mayoría de los usos, por transistores que no exigen ninguna energía de calentamiento, que resisten mejor a los choques y que son más aptos que los tubos para conseguir miniaturizaciones profundas.

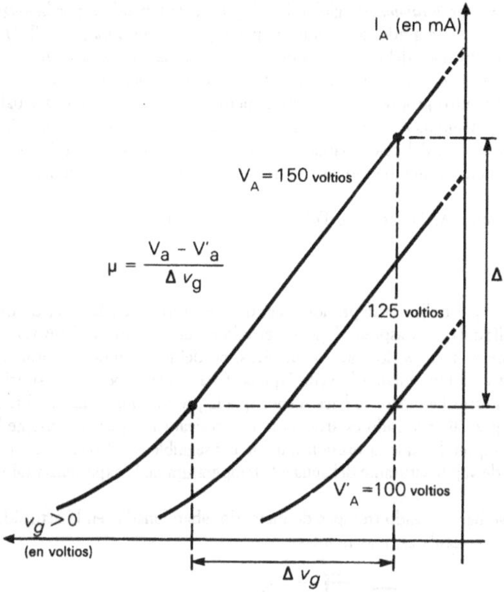

Tritio (T o $^{3}_{1}H$)

Isótopo del hidrógeno $^{1}_{1}H$ y del deuterio $^{2}_{1}H$. Su núcleo –el *tritón*– contiene tres nucleones: un protón y dos neutrones.

Desde 1935 sabemos obtenerlo a partir de reacciones nucleares, particularmente por la acción de neutrones sobre un isótopo del litio:

$$^{6}_{3}Li + ^{1}_{0}n \rightarrow ^{4}_{2}He + ^{3}_{1}H(+4{,}6\ MeV),\ o\ ^{6}Li(n,\ \alpha)^{3}H$$

El tritio es principalmente utilizado en la producción de energía termonuclear, para la reacción D + T (bombas H y fusión controlada). En ese caso es regenerado en el reactor mismo, por la acción sobre el litio de los neutrones expulsados en el curso de la reacción D + T.

El tritio es radiactivo β^-, de semivida 12,4 años. A este tenor es utilizado como trazador.

Trivariancia visual

Ley experimental, según la cual una sensación luminosa depende de tres parámetros.

Los psicólogos dividen efectivamente una sensación luminosa en *fanía* (sensación de luminosidad más o menos fuerte) y *cromía* (sensación de color), subdividiéndose ésta última en *tonalidad* y *grado de saturación*.

Desde el punto de vista de los físicos, puede demostrarse que una elección adecuada de tres parámetros permite reproducir el equivalente visual de un haz luminoso cualquiera.

Se puede, por ejemplo, superponer un haz luminoso de luz blanca (de luminancia L_W) y un haz de luz monocromática (de longitud de onda λ y luminancia L_λ). La fanía viene entonces

determinada por la *luminancia* global $L = L_W + L_\lambda$; la tonalidad, por la *longitud de onda* llamada *dominante* λ, y el grado de saturación, por la *pureza cromática* $p = L_\lambda/L$ (p está comprendido entre 0 y 1). El color del haz resultante es tanto más *saturado* cuanto más próximo a la unidad es el valor de p. λ, p y L son los *tres* parámetros físicos del haz estudiado.
Son posibles otros grupos de parámetros, pero su número permanece igual a tres.
La ley de la trivariancia visual, cuya importancia actual es grande en las técnicas de reproducción y transmisión del color, había sido ya propuesta, en forma de hipótesis, por Young (en 1801). Numerosas investigaciones se esfuerzan en explicar el origen anatómico y fisiológico de la ley.
V. COLORIMETRÍA, TRICROMÍA, TELEVISIÓN EN COLOR.

Trompa

Dispositivo que utiliza la depresión local que se produce en la zona de estrangulamiento de una vena líquida para aspirar el gas encerrado en un recinto (V. TUBO DE VENTURI).
En una *trompa de agua* dos ajustes sucesivos, no del todo unidos, el primero convergente y el segundo divergente, guían a la vena líquida. Cuando la velocidad es suficiente, la presión en el nivel del estrechamiento se hace menor que la presión que reina en el recinto que se quiere vaciar. El gas allí encerrado es arrastrado progresivamente por la corriente líquida.
Es fácil comprender que la presión mínima conseguible en el recinto no puede ser inferior a la presión de vapor saturante del agua a la temperatura de la experiencia (alrededor de 20 mbar a 20 °C).
También se han utilizado trompas de mercurio, abandonadas en la actualidad en beneficio de las bombas moleculares, más rápidas.

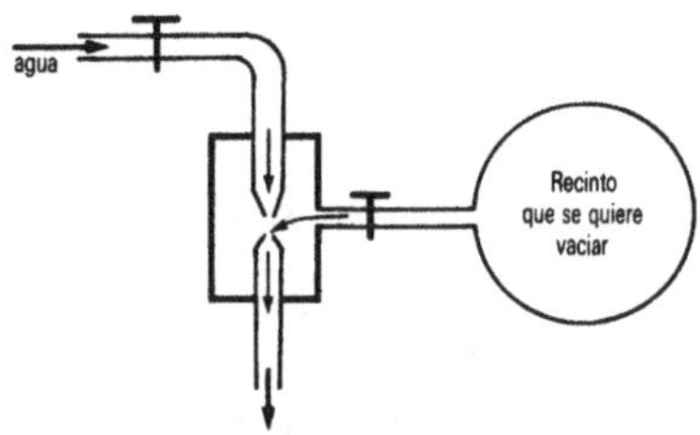

Tubo

▶ *Tubo de radiación.*—En un medio homogéneo la radiación electromagnética se propaga, aparentemente, siguiendo líneas rectas, los «rayos». Pero la experiencia demuestra que es imposible aislar *un* rayo. Se puede limitar tan sólo, por medio de dos diafragmas, un haz de rayos, un *tubo de radiación*, un tubo de luz si se trata de una radiación luminosa (V. DIFRACCIÓN). La *extensión geométrica* de un tubo de radiación es, por definición, la cantidad $dG = dS \cos\theta \cdot dS' \cos\theta'/r^2 = dS \cos\theta \cdot d\Omega = dS' \cos\theta' \cdot d\Omega$. dS y dS' son las áreas de las superficies de abertura de los diafragmas; θ y θ' los ángulos respectivos de las normales a esas superficies con el rayo medio OO' del haz; r la longitud OO', supuesta mucho mayor que cada una de las dimensiones lineales de las dos superficies, supuestas a su vez mucho mayores que la longitud de onda de las radiaciones que componen la radiación; $d\Omega$ y $d\Omega'$ son, por fin, los ángulos sólidos definidos, respectivamente, por el punto O y la superficie dS' y por el punto O' y la superficie dS. (V. figura.)
dG, homogénea a una superficie, se mide en metros cuadrados (V. LUMINANCIA DE UN HAZ).

Cuando un tubo de radiación atraviesa un sistema óptico sin pérdidas apreciables de energía, se demuestra que su extensión geométrica, calculada en cada uno de los medios atravesados, puede variar; pero que la cantidad $n^2\,dG$, donde n es el índice de refracción de cada uno de los medios atravesados, mantiene un valor constante. Esta cantidad, utilizada en fotometría, es también llamada a veces *extensión óptica* del haz.

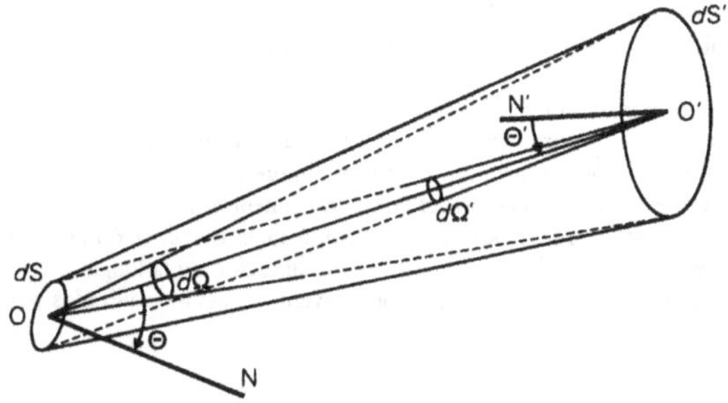

Tubo sonoro

Recinto en el que una columna de aire puede entrar en vibración. Los instrumentos musicales «de viento» son tubos sonoros.

Sabemos que unos son de madera, otros de metal. Su sección puede ser constante o creciente de un extremo a otro –se dice que son de agujero cilíndrico o troncocónico–. El extremo por el que se sopla el aire, la *embocadura*, puede llevar una *lengüeta* vibrante (clarinete, oboe...), reemplazada a veces por los labios del ejecutante (corno, trompeta...) o por un *bisel* fijo (flauta). El extremo opuesto está abierto al aire libre en el primer caso, ya que el aire penetra entonces en el tubo y debe poder escapar. Puede ser abierto o cerrado en el segundo caso, pudiendo escapar el aire que golpea en el bisel por uno de los lados de éste.

Una teoría elemental admite que la embocadura emite un sonido complejo, sonido de vibración en las embocaduras de lengüeta y de circulación en las embocaduras de bisel, y sirve de excitador, mientras que el tubo, en el que se instalan ondas estacionarias, refuerza por resonancia las de las frecuencias parciales del excitador que son iguales a sus frecuencias propias, únicas frecuencias que el tubo puede finalmente emitir. Pueden calcularse, y obtener así unas *leyes de los tubos sonoros*.

Una teoría más elaborada muestra que la embocadura y el tubo son dos osciladores acoplados, que interactúan uno sobre el otro. La altura y el timbre de los sonidos dependen, por tanto, del par (embocadura + tubo). Es conocida la riqueza de sonidos que puede emitir un órgano, asociación de varios millares de tubos de distintos tipos.

▶ *Leyes de los tubos sonoros*.–A cada uno de los modos de oscilación de un tubo corresponde una frecuencia propia. Las leyes de los tubos sonoros dan, para cada tipo de tubo, los valores de sus frecuencias propias. Se las establece admitiendo, lo que es cierto en primera aproximación solamente, que en la vecindad inmediata de un extremo abierto (o de una embocadura de bisel) se instala un nodo de presión (y, por tanto, un vientre de desplazamiento de las capas de aire), e, inversamente, un vientre de presión en las inmediaciones de un extremo cerrado (o de una embocadura de lengüeta).

a) *Tubos abiertos* (por los dos extremos):

1. Los sonidos propios forman una serie armónica, de frecuencias $N_p = p \cdot c/2 \cdot L$; c es la ve-

locidad del sonido en el tubo, L la longitud del mismo y p un número entero positivo, $p = 1, 2, 3, \ldots$
2. La frecuencia fundamental es inversamente proporcional a la longitud del tubo (corresponde a $p = 1$).
b) *Tubos cerrados* (por uno de los extremos):
1. Los sonidos propios son los armónicos impares del fundamental $N'_p = p \cdot c/4 \cdot L$; p es un número entero impar ($p = 1, 3, 5, \ldots$).
2. El sonido fundamental está una octava por debajo del de un tubo abierto de la misma longitud.
Aumentando la presión del aire soplado se le puede hacer alcanzar cada uno de sus sonidos propios a un tubo sonoro, sucesivamente. En realidad, varios de entre ellos son simultáneamente emitidos, lo que contribuye al peculiar timbre del instrumento.
Están previstos dispositivos especiales en los instrumentos de viento (salvo en los órganos) para que el instrumento pueda, modificando las condiciones de vibración de un mismo tubo, alcanzar los diversos sonidos de la gama sonora: modificación de la longitud (trombón de varas...) o válvulas que imponen nodos de presión convenientemente localizados por el simple manejo de aberturas laterales (clarinete, por ejemplo).

Tubos

▶ *Tubos electrónicos. Sinónimo:* válvulas electrónicas.—Recintos, de vidrio generalmente, que contienen un electrodo emisor de electrones por efecto termoiónico, el *cátodo;* un electrodo destinado a captar todos, o una parte de los electrones emitidos, el *ánodo;* y, con frecuencia, otros electrodos, en número variable, entre el ánodo y el cátodo, a los que se denomina *rejillas:* los electrones pueden atravesarlos, y tienen la misión de controlar la intensidad, la trayectoria o la velocidad del flujo electrónico. Por medio de circuitos exteriores se imponen potenciales apropiados a los diferentes electrodos.
El caldeo del cátodo es conseguido siempre por efecto Joule; a veces por *caldeo directo,* usando una corriente auxiliar que circule por el cátodo; en general, por *caldeo indirecto,* por medio de un filamento que ha sido llevado a una temperatura elevada por medio de una corriente eléctrica, y que se coloca en las cercanías inmediatas del cátodo, pero aislado eléctricamente de éste.
La mayoría de los tubos electrónicos son *tubos «de vacío»,* pero existen igualmente *tubos «de gas»,* en los que se introduce un gas (argón, vapor de mercurio...) a débil presión, tras haber hecho en él previamente el vacío.
Según el número total de electrones que contiene (sin contar el eventual filamento de caldeo), el tubo es llamado *diodo, doble diodo, triodo, tetrodo, pentodo...* Los fabricantes los designan por medio de nombres codificados, formados por cifras y letras. Desgraciadamente, los convenios que se utilizan no son universales. Algunos tubos que poseen propiedades particulares llevan nombres especiales, tales como los kenotrones, titatrones, klystrones...
Sus funciones son múltiples. Algunos modelos sirven para *rectificar* la corriente alterna industrial, otros para *detectar* ondas electromagnéticas, otros para *entretener* oscilaciones armónicas de alta frecuencia, otros para *amplificar* una intensidad o una potencia, otros para *modular* una señal, etc. Hoy son sustituidos ventajosamente por aparatos con semiconductores.

▶ *Tubos fluorescentes.*—Tubos que sirven para la iluminación publicitaria o doméstica.
En un primer modelo, son tubos de descarga que contienen un gas a poca presión. El campo eléctrico y los choques electrónicos excitan la fluorescencia del gas. El color de la luz emitida depende del gas utilizado, por ejemplo, rojo anaranjado para el neón, azul violáceo para el argón, etc.
En un segundo modelo, el tubo de vidrio transparente es bañado interiormente con una capa de una sustancia fosforescente, por ejemplo fosfato de calcio activado al manganeso. La lumi-

nescencia de este baño es excitada por la fluorescencia del vapor de mercurio contenido en el tubo, ella misma a su vez excitada por una descarga eléctrica entretenida.
El flujo luminoso total emitido por uno de estos tubos va desde algunos lumen (las pequeñas lámparas de neón, por ejemplo) hasta alrededor de 50.000 lumen para las lámparas ovoides empleadas en la iluminación de grandes espacios.

Túnel

▶ *Efecto túnel.*—Expresión que designa la propiedad que presentan los corpúsculos de la microfísica de poder atravesar las barreras de potencial «como a través de un túnel». Contrariamente a la mecánica newtoniana, la mecánica cuántica prevé que pueden encontrarse corpúsculos al otro lado de la barrera, incluso aunque su energía cinética a la entrada, E, sea insuficiente, por inferior a la energía potencial V que tendrían a la salida. El cálculo proporciona la probabilidad P del suceso, en función de las energías E y V, de la masa *m* del corpúsculo estudiado, del espesor *b* de la barrera y de la constante reducida de Planck $\hbar$. Para *b* muy grande, se encuentra: $P = \frac{16E(V - E)}{V^2} \exp(-2p)$, valiendo el parámetro numérico $p = \sqrt{2m(V - E)} \cdot b/\hbar$.
En particular, se observa que, a igualdad del resto de las cosas, la probabilidad disminuye si la masa *m* aumenta: un electrón franquea con mayor facilidad una barrera que un protón.
Hay numerosos fenómenos cuya explicación se encuentra en el efecto túnel: por ejemplo, el efecto Josephson.
V. ONDA EVANESCENTE.

Turbulencia

Fenómeno de aspecto caótico que aparece espontáneamente en ciertos sistemas en evolución. *Ejemplo:* el flujo de un fluido en una canalización deja de ser laminar para ser turbulento cuando el caudal sobrepasa un cierto valor crítico (V. NÚMERO DE REYNOLDS). La turbulencia posee dos características generales:
1. Todo parámetro que puede ser utilizado para definir el estado instantáneo de un sistema turbulento sufre, en el curso del tiempo, variaciones aparentemente erráticas.
2. Un sistema turbulento está dotado de «sensibilidad a las condiciones iniciales», lo que significa que una leve modificación de su estado en un instante dado puede entrañar considerables variaciones en su estado futuro. Un pequeño error de apreciación en su estado inicial puede, en consecuencia, arrastrar al observador a considerables errores en las previsiones a largo plazo. Aunque la evolución de un sistema turbulento sigue siendo determinista, sus estados futuros pueden parecer impredecibles. Así se explica, por ejemplo, que las previsiones meteorológicas fiables a más allá de quince días vista sean en la actualidad una imposibilidad científica.
Las ecuaciones matemáticas relativas a este tipo de fenómenos son ecuaciones diferenciales no lineales, de las que sólo podemos calcular soluciones numéricas por medio de ordenadores convenientemente programados.
V. ATRACTOR, DETERMINISMO EN FÍSICA.

Tyndall John (1820-1893)

▶ *Efecto Tyndall.*—Un medio turbio (gas o líquido que contiene finísimas partículas sólidas en suspensión) atravesado por un haz de luz solar, difunde lateralmente luz visible. Todo el mundo ha podido observar, por ejemplo, la luz azul difundida por el humo de los cigarrillos. Este fenómeno fue estudiado experimentalmente por Tyndall (hacia 1868), y explicado teóricamente algunos años más tarde por Lord Rayleigh.

Éste pudo demostrar que las moléculas de un gas se comportan, desde ese punto de vista, como finas partículas difractantes; la intensidad de la luz que ellas difractan varía como $1/\lambda^4$, siendo λ la longitud de onda de la radiación incidente.

En particular, las moléculas de gas atmosférico, al recibir las radiaciones solares visibles, difunden principalmente las radiaciones de longitud de onda corta (violeta, azul), y mucho menos las radiaciones del otro extremo del espectro, anaranjado o rojo. Así se explica el color azul del cielo puro, y el color enrojecido del sol poniente.

Las previsiones de Lord Rayleigh han sido verificadas igualmente desde el punto de vista cuantitativo. Del estudio espectroscópico de la luz difundida por el cielo diurno se deduce el número de centros difusores por unidad de volumen, y finalmente un valor correcto para el número de Avogadro.

Señalemos finalmente que la difusión de una onda electromagnética que atraviesa un medio material puede ser consecuencia igualmente de las oscilaciones de partículas cargadas, electrones y centros positivos, excitados por el campo eléctrico periódico de la onda. Este fenómeno ha sido estudiado por Lord Rayleigh y J. J. Thomson (V. DIFUSIÓN DE LAS ONDAS ELECTROMAGNÉTICAS).

U

u

Símbolo convencional de la *unidad de masa atómica*, también conocida como u.m.a. (V. MASA.)

Ultramicroscópico

Califica a los objetos cuyas dimensiones son inferiores al *límite de resolución* de los mejores microscopios visuales (alrededor de 200 nm). No pueden ser observados, por tanto, con iluminación axial normal. Con iluminación lateral, gracias a la luz difundida que envía sobre el instrumento, podemos distinguir su presencia, aunque sin distinguir su forma. Aparecen, entonces, como objetos claros sobre fondo negro. Se ha podido demostrar que ciertos objetos de los así descritos alcanzan dimensiones del orden de algunos nanómetros.
V. MICROSCOPIO.

Ultrasonidos

Vibraciones mecánicas de los medios materiales, cuyas frecuencias son superiores a la *frecuencia audible* más elevada (alrededor de 20.000 Hz). El oído de algunos animales es, no obstante, sensible a estas vibraciones.
Pueden ser producidos como se producen los sonidos ordinarios (V. SILBATO DE GALTON), pero en general se utilizan como fuentes de ultrasonidos cuerpos piezoeléctricos excitados por oscilaciones eléctricas, cuya frecuencia ha sido calculada de manera que se consiga resonancia. La frecuencia 40.000 Hz es la que se utiliza con mayor frecuencia, pero sabemos obtener frecuencias más altas.
En el laboratorio, los ultrasonidos constituyen uno de los medios de estudio de la estructura y del comportamiento de los cuerpos a escala molecular, gracias al alto valor de la energía que transportan cada uno de los *«fonones»* asociados a las *ondas ultrasónicas*.
Se pequeña longitud de onda asegura a los ultrasonidos interesantes propiedades de *directividad*. Ello explica su utilización en y por la Marina (detección de submarinos sumergidos, sondeos, señalización de bancos de peces...). Son igualmente utilizados en metalurgia, donde colaboran a la obtención de ciertas aleaciones, o en biología, a causa de su acción bactericida, acaso debida a fenómenos de *cavitación*.

Ultravioleta

Radiación electromagnética cuya frecuencia está por encima de la de la radiación violeta, y que resulta insensible para el ojo humano.
Se encuentran radiaciones ultravioletas en la radiación térmica de los sólidos a altas temperaturas (arco de carbón, por ejemplo), pero principalmente en los espectros de emisión de los

gases (vapor de mercurio, hidrógeno...). La primera raya Lyman del hidrógeno (12,6 nm) es una raya ultravioleta.
La radiación ultravioleta fue descubierta por su acción química sobre sales de plata (Wollaston, 1803). Se han puesto a punto técnicas especiales para su estudio experimental (placas fotográficas especiales, óptica de cuarzo o de fluorina, más transparentes al ultravioleta que los vidrios, retículo cóncavo al vacío...). Su dominio se extiende hoy entre los 400 nm (límite común con el violeta visible) y los 10 nm (frontera con los rayos X blandos) (V. CUADRO DE LAS RADIACIONES ELECTROMAGNÉTICAS, en Anexo).
El valor relativamente elevado del cuanto de energía de los fotones ultravioletas les confiere un importante poder ionizante, que explica sus acciones fotoeléctricas, químicas y, en particular, sus efectos destructivos sobre las moléculas orgánicas complejas de los seres vivos. Las radiaciones ultravioletas contenidas en la radiación solar son detenidas, felizmente, por los gases de la alta atmósfera. Su estudio exige, en consecuencia, la utilización de aparatos instalados en cohetes, o transportados, en la actualidad, por satélites artificiales.

Umbral diferencial

▶ *Umbral diferencial de audibilidad.*—Valor mínimo de aumento de la *intensidad acústica* de un sonido que determina un aumento sensible de la sensación auditiva. La experiencia parece demostrar (V. LEY DE BOUGUER-WEBER), al menos en el dominio de las frecuencias y las intensidades medias, que un aumento perceptible de la sensación auditiva se obtiene cada vez que la intensidad acústica aumenta, *en valor relativo*, en una cantidad constante (alrededor de 0,5 dB). Explotado matemáticamente, este resultado conduce a la *ley de Fechner*.

▶ *Umbral diferencial de visibilidad.*—Aumento mínimo de uno de los tres factores físicos capaz de provocar un incremento perceptible de la sensación luminosa correspondiente (V. TRIVARIANCIA VISUAL).
El *umbral diferencial de luminosidad*, en las mejores condiciones de visión, resulta de un aumento relativo de *luminancia*, prácticamente constante e igual a 1/100. Al igual que en acústica, ese resultado conduce a la ley de Fechner. A luminancia constante, el *umbral diferencial de tonalidad* —o de *cromaticidad*— para los colores saturados se mide por la variación mínima de la *longitud de onda dominante*. Ésta es del orden de algunos nanómetros ($1 \text{ nm} = 10^{-9}$ m), con un mínimo cercano al nanómetro en el amarillo, y picos próximos a los cinco nm en los extremos del espectro. El ojo puede, en consecuencia, distinguir alrededor de 250 tonalidades a lo largo del espectro (V. DIAGRAMA DE COLORES).
Para una misma tonalidad, por fin, existe un *umbral diferencial de saturación* o, lo que es lo mismo, de *pureza*. Varía según las tonalidades y, para una misma tonalidad, según el grado de saturación. En las proximidades del blanco, por ejemplo, es 10 veces más pequeño para el violeta que para el amarillo.
Se concluye de estos estudios que un ojo experto y ejercitado puede distinguir un número no infinito, pero sí muy elevado, de colores simples y compuestos, un número del orden del millón.

Uniáxico

Un medio *uniáxico* es un medio birrefringente en el que existe una dirección privilegiada, y una sola, denominada *eje óptico*. Un rayo luminoso que se propague en esa dirección puede transportar toda vibración luminosa sin que su estado de polarización sea alterado.
El cuadro de clasificación (V. EJES ÓPTICOS) nos da ejemplos de cristales sólidos uniáxicos. Son igualmente uniáxicos los *cristales líquidos*, así como los cuerpos ópticamente isótropos a los que se ha convertido en *artificialmente birrefringentes*. En estos últimos el eje óptico se confunde a veces con el eje de simetría de la acción exterior que ha forzado la birrefringencia: esfuerzo mecánico, campo eléctrico o campo magnético.

Unicidad

▶ *Teorema de la unicidad.*—Cuando un conjunto de cuerpos conductores está en *equilibrio electrostático*, después de haber impuesto a cada uno de ellos bien un potencial, bien una carga global, la distribución de las cargas superficiales sobre cada cuerpo depende, de modo único, de esos potenciales y cargas globales (V. ECUACIÓN DE POISSON, TEOREMA DE COULOMB).

Unidades

▶ *Sistema de unidades.*—En el curso del tiempo, el desarrollo de los intercambios de información comercial, industrial y científica, ha invitado de manera creciente a la edificación de un conjunto, de un *sistema*, de unidades, adaptado a la medida de todas las magnitudes conocidas y sobre cuyas definiciones pueda existir un acuerdo universal.
Por otra parte existen, entre las diferentes magnitudes, relaciones matemáticas, traduciendo tanto una ley natural como la definición de una de esas magnitudes. Así, la superficie s de un cuadrado es proporcional al cuadrado de la longitud de sus lados: $s = ka^2$ (ley natural); la velocidad de un móvil, v, es directamente proporcional al espacio recorrido e, y es inversamente proporcional al tiempo invertido en el recorrido: $v = ke/t$ (definición de velocidad).
En un deseo de comodidad, los sistemas de unidades han sido construidos, por tanto:
1. Eligiendo un pequeño número de unidades *independientes*, llamadas unidades *de base*, que es posible definir con máxima precisión y representar por *patrones* inalterables y reproducibles; las magnitudes correspondientes son las magnitudes *fundamentales* del sistema.
2. Definiendo, a partir de esas unidades básicas, cada una de las otras unidades, atribuyendo deliberadamente al coeficiente k que corresponde a su relación de definición el valor numérico más sencillo: $k = 1$. Las unidades así definidas son llamadas unidades *derivadas*.
El conjunto formado por unidades de base y unidades derivadas constituye un sistema de unidades *coherente*.
El sistema métrico decimal, con sus dos unidades de base, el metro y el kilogramo, adoptado en Francia hacia 1790, marca el primer esfuerzo histórico en la construcción de un sistema universal coherente. Los físicos ingleses, hacia 1890, completan el sistema métrico añadiendo una tercera unidad básica, el segundo; lo adaptan a la medida de las magnitudes eléctricas conocidas entonces, y crean el sistema c.g.s. Desde entonces se han diseñado y aplicado muchos otros sistemas. En nuestros días, el que está más extendido, cubriendo todas las magnitudes actualmente conocidas, en el «Sistema Internacional de Unidades», el SI.
V. DIMENSIONES DE UNA MAGNITUD.

▶ *Sistema de unidades atómicas.*—Sistema auxiliar de unidades utilizado en física atómica. Se le define haciendo iguales a la unidad: la masa en reposo del electrón, m; la carga eléctrica elemental, e, y la constante reducida de Planck, $\hbar$. Ello conduce a elegir tres magnitudes fundamentales: la masa, la carga eléctrica y la acción. Para la definición de las unidades derivadas se conviene en utilizar las relaciones entre magnitudes del *sistema de unidades de Gauss*. *Ejemplos:* la unidad de longitud se obtiene a partir de la expresión del radio de Bohr: $r = \hbar^2/me^2$. Se ve que en este sistema r es precisamente la unidad de longitud: $u_L = r \simeq 5{,}3 \cdot 10^{-11}$ m. La unidad de velocidad u_v se deduce de este valor y del valor numérico conocido de la constante de estructura fina. Se encuentra $u_v = 2{,}2 \cdot 10^6$ m/s. De ahí se deduce la unidad de tiempo: $u_t = u_L/u_v \simeq 2{,}4 \cdot 10^{-17}$ s.
Puede verificarse que la unidad de energía es igual al doble del *rydberg:*

$$u_e = 2 \text{ Ry} \simeq 27{,}2 \text{ eV...}$$

▶ *Sistema de unidades de Gauss.*—Sistema de unidades propuesto por Gauss. Sus unidades mecánicas son las del sistema c.g.s. Las magnitudes eléctricas (carga, campo eléctrico, intensidad

de corriente eléctrica, resistencia, etc.) se miden en el sistema c.g.s. electrostático (no racionalizado). Las magnitudes magnéticas (campo, inducción, flujo, momento, magnético, etc.) se miden en el sistema c.g.s. electromagnético, igualmente no racionalizado.
De todo ello se infiere que tanto la permitividad del vacío (ε_0) como su permeabilidad (μ_0) desaparecen de todas las fórmulas, ya que $\varepsilon_0 = \mu_0 = 1$. Por el contrario, las fórmulas que hacen intervenir simultáneamente magnitudes eléctricas y magnitudes magnéticas contienen una constante, homogénea a una velocidad, c, o bien una de sus potencias enteras.
Ejemplos: 1.° La fuerza de Lorentz que actúa sobre una carga eléctrica puntual q sumergida en un campo electromagnético (**E**, **B**) obedece a la expresión:

$$f = q\left(\mathbf{E} + \frac{1}{c} v \wedge \mathbf{B}\right)$$

Se notará que las dos componentes del campo electromagnético, **E** y **B**, tienen aquí las mismas dimensiones. Los usuarios del sistema de Gauss hacen valer: 1) que las magnitudes **E** y **B** son indisociables, componentes ambas de un mismo campo electromagnético, y que resulta normal, por tanto, que tengan las mismas dimensiones; 2) que en los otros sistemas de unidades sólo la combinación $1/\sqrt{\varepsilon_0 \cdot \mu_0} = c$ posee una significación física. Hacer intervenir separadamente a ε_0 y a μ_0 es, por tanto, artificial e ilusorio.
2.° La velocidad de propagación v de una onda electromagnética en un medio material de permitividad (relativa) ε y de permeabilidad (relativa) μ vale, según se deduce de la teoría de Maxwell: $v = c/\sqrt{\varepsilon\mu}$, y en el vacío, por tanto, $v = c$. Así cobra significado físico la constante c.
V. CUADRO DE LOS SISTEMAS DE UNIDADES (Anexo 1).

▶ *Sistema de unidades de Planck.*—Sistema coherente de unidades mecánicas construido tomando como unidades básicas las tres constantes físicas propias de cada uno de los dominios de la mecánica: la constante de gravitación G de la mecánica newtoniana, la constante c de la mecánica relativista y el cuanto de acción h propio de la mecánica cuántica.
Las unidades de longitud, masa y tiempo serían en este sistema unidades derivadas, de las que es fácil establecer la ecuación de dimensiones y los valores en unidades del SI. Por ejemplo, se encuentra para la unidad de longitud la ecuación de dimensiones siguiente: $[L]^2 = [G]\,[h]\,[c]^{-3}$, y para la unidad de tiempo: $[T]^2 = [G]\,[h]\,[c]^{-5}$. Sus valores respectivos son 10^{-35} m para la unidad de longitud y 10^{-43} s para la unidad de tiempo. Este sistema se revela como interesante en las recientes teorías de la *gravitación cuántica.*

▶ *Sistema de unidades racionalizado.*—Sistema de unidades electromagnéticas en el que el factor 4π ha sido introducido en la expresión de ciertas leyes, de manera que ese mismo factor desaparece en las expresiones de las leyes más usuales.
El sistema internacional (el SI) está racionalizado. La ley de Coulomb que mide la fuerza f entre dos cargas eléctricas puntuales q y q' se escribe de la forma: $f = \frac{1}{4\pi\varepsilon_0} \cdot \frac{q \cdot q'}{r^2}$ (r es la distancia entre las cargas, ε_0 la permitividad del vacío; gracias a ello, el factor 4π está ausente de otras fórmulas, fundamentalmente de las ecuaciones de Maxwell, y, por tanto, de todos los cálculos referidos a las ondas hertzianas.
Esta «ventaja» de la «racionalización» es muy controvertida.

▶ *Sistema Internacional de Unidades (SI).*—Sistema de unidades coherente, racionalizado, puesto a punto por la «Conferencia general de Pesos y Medidas» en 1954, 1960 y 1971.
Comprende siete «unidades de base»: dos de ellas se utilizan en todos los dominios de la física, el metro (unidad de longitud) y el segundo (unidad de tiempo); hay otras unidades, en número de cinco, consideradas útiles en cada uno de los dominios siguientes: en mecánica, el kilogramo (unidad de masa); en termodinámica, el kelvin (unidad de temperatura); en electromagnetismo, el amperio (unidad de intensidad de la corriente eléctrica); en óptica, la can-

dela (unidad de intensidad luminosa), y en química, el mol, unidad de «cantidad de materia». A partir de estas unidades de base, basta la obligación de coherencia para definir el resto de las unidades, conocidas como unidades derivadas. Algunas unidades derivadas llevan nombres especiales; el nombre de otras recuerda su ecuación de dimensiones o su definición.
El radián, el estereorradián, unidades de ángulo plano y de ángulo sólido respectivamente, son llamadas «unidades secundarias», y no se ha podido establecer un acuerdo sobre su pertenencia o no al conjunto de unidades básicas. La utilización del SI es legalmente obligatoria en muchos países de nuestro entorno. Si ese carácter obligatorio es necesario sin duda en el comercio y la industria, y ciertamente feliz en la enseñanza, no afecta, naturalmente, a la investigación científica.
V. CUADRO DE UNIDADES DEL SI (Anexo 1.2).

Universo

▶ *Línea de universo.*—V. UNIVERSO DE MINKOWSKI.

V

Vacío

Desde el punto de vista práctico, hacer el vacío en un recinto consiste principalmente en extraer los gases que pueda contener. Se llega a ello, al menos parcialmente, por medio de diversos dispositivos, de los que algunos, las bombas neumáticas, son conocidos desde hace siglos. Se evalúa el grado de vacío obtenido por el valor de la presión residual. El récord actual es de 10^{-10} Pa, y se piensa que en el vacío sideral la presión media es aún un millón de veces más pequeña. Señalemos que las observaciones astrofísicas demuestran que, en ese vacío sideral, la luz (y más generalmente las ondas electromagnéticas) se propaga a la manera de una perturbación en un medio elástico. Pero aquí la propagación se lleva a cabo sobre distancias considerables, sin absorción, y a una velocidad *c* constante, independiente de la frecuencia de la onda. Es la misma para las ondas hertzianas o para las ondas luminosas, X o gamma. Desde ese punto de vista se le atribuyen al vacío dos características: su permitividad ε_0 y su permeabilidad μ_0, valiendo la velocidad de propagación $c = 1/\sqrt{\varepsilon_0 \mu_0}$.

¿Existe el vacío absoluto? ¿Es alcanzable, al menos en teoría? Para esas preguntas, ya debatidas en la época de Aristóteles, la física actual aporta respuestas inesperadas:

1 / Un recinto del que hubiera desaparecido toda traza de materia, sólida, líquida o gaseosa, no está vacío, propiamente dicho. Contiene una «radiación negra», es decir, un campo electromagnético en equilibrio con las paredes. La energía que transporta está cuantificada, y la radiación es asimilable por consiguiente a un *gas de fotones*. Los fotones no son, ciertamente, partículas materiales, pero tienen ciertas propiedades particulares. Ejercen, por ejemplo, una presión sobre las paredes: la *presión de radiación*».

2 / La termodinámica enseña que la densidad volúmica de energía de la radiación negra disminuye y tiende a cero cuando la temperatura del recinto tiende al cero absoluto. Se podría, por tanto, *definir* el vacío absoluto como el estado de una región vacía de materia en el que el número de fotones fuera nulo igualmente...

3 / Pero según la mecánica cuántica, en un estado así el campo electromagnético, que se encuentra entonces en su «estado fundamental», varía de manera errática, y sus fluctuaciones poseen una desviación cuadrática no nula, lo que hace decir a veces que se han producido entonces «fluctuaciones del vacío». Esas consideraciones, que pueden parecer extrañas, explican, sin embargo, algunos hechos observados, el *desplazamiento de Lamb*, por ejemplo...

V. ÉTER, EXPERIENCIA DE TORRICELLI, CUADRO DEL VACÍO Y DEL ULTRAVACÍO (Anexo 2).

▶ *Vacío barométrico.*—Espacio que se encuentra por encima de la columna mercurial en el seno de un barómetro de mercurio (V. EXPERIENCIA DE TORRICELLI). Ese espacio, que se creía vacío de toda sustancia, contiene de hecho vapor saturante de mercurio. Pero a temperatura ambiente esta presión es del orden de la milésima de milímetro de mercurio, y despreciable, por tanto, comparada con la incertidumbre de lectura de las alturas barométricas.

Van de Graaff Robert Jemison (1901-1967)

V. ACELERADORES ELECTROSTÁTICOS.

Van der Waals Johannes (1837-1923)

▶ *Ecuación de Van der Waals.*—Inspirada en gran parte en la teoría cinética de los gases, es una de las ecuaciones de estado más simples entre las que han sido propuestas sucesivamente para representar las propiedades termoelásticas de un fluido real. Se escribe así: $(P + a/V^2)(V - b) = RT$, siendo V el volumen molar de un cuerpo sometido a una presión exterior P y a una temperatura absoluta T.
Comparada con la ecuación de estado de un gas perfecto ($PV = RT$), contiene dos términos correctores: $\pi = a/V^2$, llamado *presión interna*, que tiene en cuenta las interacciones entre moléculas, y b, el *covolumen*, que depende del volumen propio de las moléculas, que ya no se asimilan a puntos materiales. Los tres parámetros, a, b, R, dependen de la naturaleza química de cada gas. Pueden ser calculados sus valores numéricos a partir de la determinación experimental de tres conjuntos de valores $P_i\, v_i\, T_i$ ($i = 1, 2, 3$), o a partir de las constantes críticas P_c, T_c, v_c. En este último caso se obtiene: $a = 3P_c V_c^2$, $b = V_c/3$, $R = 8P_c V_c/3T_c$.
Para presiones cada vez más pequeñas se encuentra la ecuación de los gases perfectos. La experiencia demuestra que la ecuación de Van der Waals representa, con buena aproximación, el conjunto de isotermas de un fluido real, al menos cuando es homogéneo; ya sea gas o sólido.
V. ECUACIÓN DE ESTADO REDUCIDA, ESTADOS CORRESPONDIENTES, ISOTERMAS DE ANDREWS, TEOREMA DE MAXWELL.

▶ *Fuerzas de Van der Waals.*—V. FUERZAS INTERMOLECULARES.

Van't Hoff Jacobus Henricus (1852-1911)

▶ *Isóbara de Van't Hoff.*—La ley de *acción de masas* relativa al equilibrio de un sistema físico-químico resultante de dos transformaciones opuestas simultáneas, puede expresarse en función de las presiones parciales de los constituyentes del equilibrio. Interviene en ese caso una constante K_p. La isóbara de Van't Hoff es una relación termodinámica que da la ley de variación de K_p en función de la temperatura T de equilibrio: $\frac{1}{K_p}\frac{dK_p}{dT} = Q_p/RT^2$. Q_p es el calor de transformación relativo a la transformación directa que se supone que tiene lugar a *presión constante;* R es la constante de los gases perfectos.
Ejemplo: la isóbara de Van't Hoff aplicada al equilibrio de vaporización de un cuerpo puro da una forma simplificada de la relación de Clapeyron: $L = RT^2\, dP/P\, dT$. Si las variaciones de Q_p con la temperatura son conocidas, la isóbara de Van't Hoff permite deducir de ello las de la constante K_p.

▶ *Isócora de Van't Hoff.*—Relación análoga a la isóbara de Van't Hoff. Trata de la constante K_c de la ley de acción de masas en función de las concentraciones de los constituyentes del equilibrio. El calor de transformación a presión constante Q_p es reemplazado aquí por el calor de transformación Q_v a *volumen constante.*

▶ *Leyes de Van't Hoff:*
1. *Desplazamiento del equilibrio.*—«Un sistema físico-químico cerrado está en equilibrio. Si, a presión total constante, se eleva ligeramente su *temperatura*, se produce un desplazamiento del equilibrio en el sentido de la evolución que, a la presión de la experiencia, es *endotérmica*, y en el sentido opuesto si se hace descender la temperatura.»
Ejemplo: un sólido se encuentra en presencia de un líquido, en el cual es soluble. Se establece

un equilibrio entre el sólido en exceso y la disolución saturada. Si, a presión constante, se eleva levemente la temperatura del sistema, aumenta ligeramente la concentración del sólido en la disolución si ésta es un proceso endotérmico, y disminuye si la disolución en exotérmica. El estudio cuantitativo teórico de esos desplazamientos del equilibrio puede hacerse utilizando la *isóbara de Van't Hoff*.
V. LEY DE MODERACIÓN, VARIANZA.
2. La *presión osmótica* π ejercida por *n* moles de soluto contenidos en una disolución de volumen V, a una temperatura T, viene dada por la expresión: $\pi = nRT/V$, donde R es la constante de los gases perfectos. Es igual, por tanto, a la presión sobre las paredes de un recinto del mismo volumen V que contuviera el mismo número *n* de moles de un gas perfecto, a la misma temperatura T. Hoy está demostrado que esta ley, establecida experimentalmente por Van't Hoff en 1866, es una consecuencia de las leyes de la termodinámica, pero que se trata de una ley aproximada, válida solamente para disoluciones diluidas. Se puede, en ciertas condiciones, extender esta ley a disoluciones que contengan varios solutos.

Vapor

En el lenguaje ordinario la palabra vapor designa casi siempre una leve neblina, que de hecho es una *suspensión* en el aire de finísimas gotas de líquido.
En el lenguaje científico *vapor es sinónimo de gas*. Se suele emplear vapor con preferencia para designar a un gas que acaba de ser obtenido por vaporización de un líquido o por sublimación de un sólido.
V. CONTINUIDAD ENTRE EL ESTADO LÍQUIDO Y EL ESTADO GASEOSO.

▶ *Vapor saturante*.—Vapor en equilibrio con un líquido, o un sólido, de la misma composición química.
La experiencia demuestra que la *«presión de vapor saturante»* de una sustancia químicamente pura crece rápidamente con la temperatura, pero es independiente del volumen que ocupa. Si, a temperatura constante, se le obliga a ocupar un volumen más reducido, se condensa en parte. Se produce el caso inverso si aumenta el volumen, manteniendo constante la presión.
V. EBULLICIÓN DE UNA MEZCLA, FÓRMULA DE DUPERRAY, LEY DE DUPRÉ, TENSIÓN DE VAPOR.

▶ *Vapor seco*.—Vapor que no está en contacto con el líquido (o con el sólido) correspondiente. Un vapor seco se comporta como un gas, salvo que su presión no puede sobrepasar la presión de vapor saturante correspondiente a su temperatura. Si se trata de comprimirlo más allá, se condensa en parte y se hace saturante.
V. EVAPORACIÓN, GRADO HIGROMÉTRICO, VAPOR SATURANTE, VAPOR SOBRESATURANTE.

▶ *Vapor sobresaturante*.—Estado físico, que puede obtenerse excepcionalmente, cuando un gas, por medio de una expansión adiabática por ejemplo, permanece en estado gaseoso en condiciones de presión y temperatura en las que normalmente sería un líquido. El cuerpo se encuentra en *equilibrio metaestable*.
V. CÁMARA DE NIEBLA DE WILSON.

Vaporización

Paso de un cuerpo del estado líquido al gaseoso. El fenómeno inverso recibe el nombre de *licuefacción* (o *condensación*).
Existen varios modos de vaporización. Puede producirse por *ebullición*, vaporización en la masa misma del líquido por formación de burbujas gaseosas, que rompen en la superficie, o por *evaporación*, vaporización al nivel de la superficie libre del líquido. La vaporización es un cambio de estado de primera especie. Está acompañada por una absorción de calor.
V. CALOR DE CAMBIO DE ESTADO, TENSIÓN DE VAPOR.

VAr

Siglas convencionales para *voltioamperio reactivo*.
V. POTENCIA ELÉCTRICA REACTIVA.

Variables

▶ *Variables aleatorias*.—V. ALEATORIO.

▶ *Variables canónicas*.—V. CANÓNICAS.

▶ *Variables ocultas*.—Magnitudes de naturaleza (¿provisionalmente?) desconocida, cuya toma en consideración, según ciertas escuelas de teóricos (la escuela de Luis de Broglie, en particular), podría explicar el carácter aleatorio de las previsiones de la mecánica cuántica.
V. TEOREMA DE BELL.

▶ *Variables reducidas*.—V. ECUACIÓN DE ESTADO REDUCIDA, ESTADOS CORRESPONDIENTES.

Varianza

1. El equilibrio termodinámico de un sistema físico-químico se caracteriza por los valores de sus parámetros intensivos (temperatura, presión, fracciones molares de los diversos constituyentes del sistema en cada fase) y por los de sus parámetros extensivos (volumen y masa de cada fase en particular).
Se llama *varianza* de un sistema al número máximo de parámetros *intensivos independientes*, a los que puede imponerse, por consiguiente, pequeñas *variaciones* simultáneas y arbitrarias sin modificar ni el número de fases ni el número de constituyentes. Ese número puede ser determinado bien por vía experimental, bien por aplicación de la *regla de las fases*.
Sistemas con la misma varianza presentan algunas propiedades análogas, lo que justifica que a veces se utilice la varianza como criterio de clasificación de los sistemas físico-químicos.
2. V. MOMENTOS DE UNA VARIABLE ALEATORIA.

Varistancia

Sinónimo: Resistencia no lineal (R.N.L.).

Semiconductor formado por granos de carburo de silicio, que presenta la propiedad de tener una resistencia no lineal, lo que es tanto como decir que no obedece a la ley de Ohm, incluso a temperaturas constantes. Es un dipolo pasivo no óhmico. La tensión entre sus extremos y la intensidad que lo atraviesa están ligadas por una relación del tipo $V = AI^n$, con un componente $n \neq 1$.
Las películas de silicio que se forman en la superficie de los microcristales de carburo de silicio son, sin duda, el origen del fenómeno. Las varistancias son utilizadas en ciertos montajes destinados a estabilizar las tensiones eléctricas.

Vector

▶ *Vector axial*.—Vector geométrico cuya definición hace uso del convenio de orientación espacial. Su sentido se invierte si el convenio es invertido. Un vector geométrico cuya definición es independiente de dicho convenio es un «vector polar». *Ejemplos:* Un vector velocidad lineal es un vector polar. El producto vectorial de dos vectores polares es un vector axial.
V. NATURALEZA TENSORIAL DE UNA MAGNITUD.

▶ *Vector corriente*.—V. DENSIDAD DE UNA CORRIENTE ELÉCTRICA.

▶ *Vector polar.*—V. VECTOR AXIAL.

▶ *Vector radiante.*—V. VECTOR DE POYNTING.

▶ *Vector superficie.*—Para caracterizar completamente un «elemento de superficie» o «superficie elemental» —superficie de muy pequeñas dimensiones, prácticamente plana, que rodea a un punto M— el conocimiento de su área no es suficiente; es necesaria una información acerca de su orientación en el espacio. Para responder a estas dos exigencias está el *vector superficie.* Es un vector geométrico (deslizante), cuya dirección es la del sentido positivo de la normal orientada al elemento de superficie en M, y cuyo módulo representa, una vez elegida la escala, el área de dicha superficie.
V. ÁNGULO SÓLIDO, BUCLE DE CORRIENTE, DIPOLO MAGNÉTICO, FLUJO CORTADO, FLUJO ELEMENTAL.

Velocidad

▶ *Velocidad absoluta, de arrastre, relativa.*—V. TRANSFORMACIÓN DE VELOCIDADES.

▶ *Velocidad angular de un móvil puntual.*—Cuando un móvil puntual describe una trayectoria circular de centro O, su posición en cualquier instante puede venir expresada por su abscisa curvilínea $s = \widehat{M_0 M}$, o por su abscisa angular $\alpha = (\widehat{OM_0, OM})$. M_0 es un punto fijo, elegido arbitrariamente sobre el círculo.
El vector $\mathbf{v} = d\mathbf{OM}/dt$, en la dirección de la tangente a la circunferencia, representa la *velocidad lineal* del móvil. Su *velocidad angular* está representada por un vector (axial) ω, cuya dirección es perpendicular en O al círculo. Su módulo vale $\omega = d\alpha/dt$. El sentido positivo sobre la recta D que contiene a ω y el sentido positivo de rotación en la circunferencia deben estar ligados por el convenio del triedro directo (V. ORIENTACIÓN ESPACIAL). Entre v y ω existe en todo instante la relación $v = \omega \cdot OM$ y, más generalmente, $\mathbf{v} = \omega \wedge \mathbf{PM}$ (siendo P un punto cualquiera de la recta D).
En el SI el valor numérico de una velocidad angular se evalúa en *radianes por segundo* (rad/s). Otra unidad: la vuelta o revolución por minuto (r.p.m.). 1 r.p.m. = 120π rad/s.

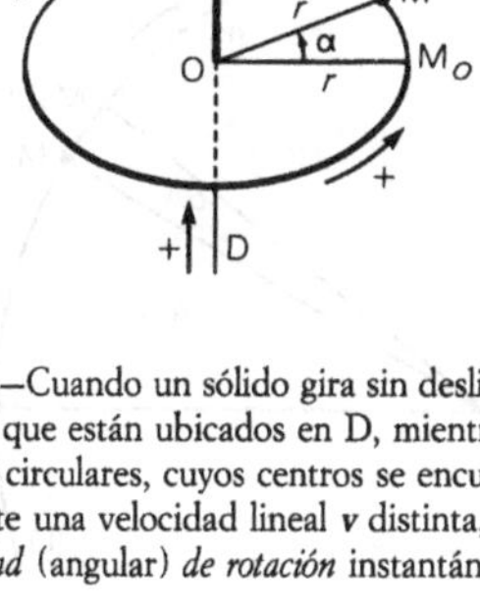

▶ *Velocidad angular de un sólido.*—Cuando un sólido gira sin deslizar alrededor de un eje orientado D, sus puntos fijos son los que están ubicados en D, mientras que el resto de sus puntos están animados de movimientos circulares, cuyos centros se encuentran en el eje D. Cada uno de ellos presenta en cada instante una velocidad lineal **v** distinta, pero la velocidad angular de todos ellos es común, ω, *velocidad* (angular) *de rotación* instantánea del sólido alrededor de D.

Se demuestra que la velocidad lineal $\boldsymbol{v}$ de un punto cualquiera M del sólido vale: $\boldsymbol{v} = \omega \wedge \mathbf{PM}$, siendo P un punto cualquiera del eje de rotación D.

V. Movimiento helicoidal.

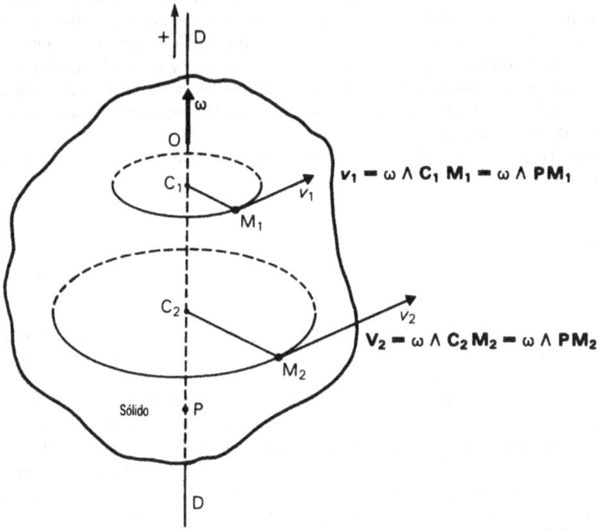

▶ *Velocidad areolar.*—Cuando un móvil puntual M describe una curva plana (Γ), el radio vector **OM** (siendo O un punto fijo cualquiera del plano en el que está la trayectoria) barre en el curso del tiempo una superficie cuya «área» es función del tiempo: $A = A(t)$. La derivada dA/dt (límite al que tiende el cociente entre el área barrida dA y el tiempo invertido en hacerlo, dt, cuando dt tiende a cero) es la *velocidad areolar* del móvil.

Se demuestra que si el movimiento es causado por una fuerza central (fuerza que es ejercida sobre M y cuya dirección pasa constantemente por O) la velocidad areolar es constante.

Es el caso, por ejemplo, del movimiento de los planetas (segunda ley de Kepler).

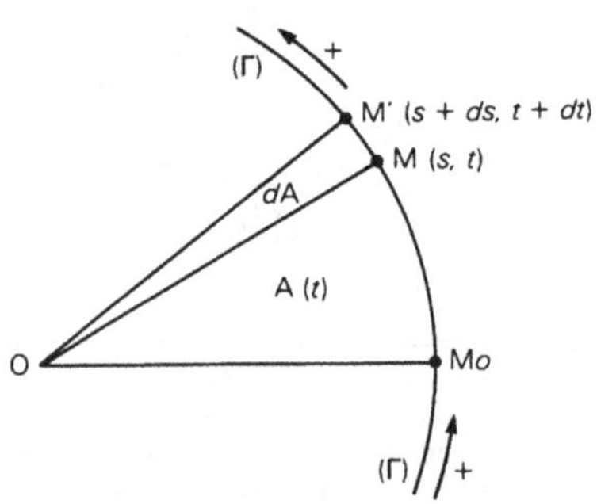

▶ *Velocidad ciclotrón.*—Velocidad angular de un corpúsculo eléctricamente cargado, sumergido en un campo magnético uniforme y constante en el curso del tiempo. Si la velocidad lineal inicial del corpúsculo, v, es perpendicular al campo, su trayectoria es una circunferencia situada en un plano perpendicular a las líneas de campo, recorrida con una velocidad angular constante $\omega = q \cdot \mathbf{B}/m$, donde q/m es la relación carga-masa del corpúsculo, B es la intensidad del campo y ω la *velocidad ciclotrón* del corpúsculo. La circunferencia trayectoria es llamada a veces circunferencia de *Larmor*, y su radio $r = v/\omega$, radio de Larmor. Se constatará que v permanece constante e igual a su valor inicial.
V. CICLOTRÓN.

▶ *Velocidad cuadrática media. Sinónimo:* Velocidad eficaz.—Las moléculas de un gas encerrado en un recinto están en permanente agitación, animadas de velocidades sucesivas, distintas tras de cada colisión (V. TEORÍA CINÉTICA DE LOS GASES).
Si en un momento dado esas N moléculas, supuestas todas de la misma masa m, poseen velocidades de módulos v_i (i = 1, 2, ..., N), la energía cinética total del gas vale $E_c = \sum_i mv_i^2/2$. Tiene el mismo valor que si todas las moléculas poseyeran en ese instante velocidades de módulo común u, definido por $E_c = N\, mu^2/2$. La magnitud u así definida: $u^2 = \sum_i v_i^2/N$ es la *velocidad cuadrática media* del gas. Se admite que se encontraría el mismo valor u tomando la media, a lo largo de un tiempo dilatado, del cuadrado de las sucesivas velocidades de una misma molécula (es una de las consecuencias de una teoría utilizada en mecánica estadística, la teoría ergódica).
En el caso de un gas perfecto la teoría cinética da el valor $u = \sqrt{3kT/m}$, con k constante de Boltzmann, m masa de cada molécula (se suponen todas idénticas), T temperatura del gas.
V. LEY DE DISTRIBUCIÓN DE MAXWELL, TEOREMA DEL VIRIAL.

▶ *Velocidad de fase.*— Una onda sinusoidal de periodo T se propaga en una dirección Ox. Su ecuación puede escribirse: $s = a \cos \frac{2\pi}{T}\left(t - \frac{x}{c}\right)$ (V. ECUACIÓN DE ONDA). s representa simbólicamente la magnitud de la que se estudia la propagación, y a su valor máximo, amplitud de la onda. La fase $\Phi = \frac{2\pi}{T}\left(t - \frac{x}{c}\right)$ depende simultáneamente de dos variables, la abscisa x y el tiempo t. Si su valor en un instante t y en un punto de abscisa x es Φ, en un punto próximo de abscisa $x + dt$ y en un instante posterior $t + dt$ su valor no es el mismo. Sufre un crecimiento $d\Phi = \frac{2\pi}{T}\left(dt - \frac{dx}{c}\right)$. *Este crecimiento es nulo si* dx y dt están ligados por la relación $dx = c\, dt$, lo que quiere decir que el valor de la fase Φ se desplaza a lo largo del eje Ox con una velocidad constante precisamente igual a c. Lo que se llama velocidad de una *onda progresiva*, es de hecho una *velocidad de fase*. V. ONDA ESTACIONARIA, VELOCIDAD DE GRUPO.

▶ *Velocidad de grupo.*—Velocidad de propagación de la zona de energía volúmica máxima transportada por un grupo de ondas.
Hay varias expresiones matemáticas equivalentes. La expresión siguiente tiene la ventaja de demostrar explícitamente la diferencia entre la velocidad de grupo v_g y la velocidad de fase v_φ de la onda sinusoidal media del grupo de ondas (velocidad también, por tanto, de esta onda monocromática): $v_g = v_\varphi - \lambda \frac{dv_\varphi}{d\lambda}$, con λ longitud de onda de la onda media, mientras que el valor del término $dv_\varphi/d\lambda$ depende del *poder dispersivo* del medio de propagación.
En un medio no dispersivo ese término es nulo. Todas las ondas simples que componen el grupo de ondas se propagan con la misma velocidad. El grupo de ondas se propaga sin deformarse, y $v_g = v_\varphi$. En un medio dispersivo, las ondas componentes se desplazan con diferentes velocidades. El grupo de ondas se deforma al propagarse, y $v_g \neq v_\varphi$.

Las medidas experimentales de velocidad dan, según la técnica utilizada, la velocidad de fase de la onda media (técnicas que utilizan ondas estacionarias) o la velocidad de grupo (ejemplo: procedimiento del espejo giratorio en el que se aprecia una intensidad luminosa, por tanto una energía).
En mecánica ondulatoria la velocidad de desplazamiento de un corpúsculo material es igual a la velocidad de grupo de la «onda asociada», y se demuestra, de acuerdo con las exigencias relativistas, que permanece siempre inferior a la velocidad de la luz en el vacío.
V. GRUPO DE ONDAS, TREN DE ONDAS, VELOCIDAD DE FASE.

▶ *Velocidad límite.*—Velocidad constante alcanzada por un móvil que se desplaza bajo la acción de una fuerza constante, o de un par de momento constante, en un fluido en equilibrio.
Ejemplo: un cuerpo pesado cae en el aire en calma. Si la dirección de su peso es un eje de simetría del móvil, la resistencia del aire se reduce a una fuerza F en la dirección del peso y hacia arriba. Su intensidad es una función creciente de la velocidad de caída v. Cuando ésta alcanza un valor tal que la resistencia F es igual al peso P, la aceleración del móvil se anula, como prevé la ley fundamental de la mecánica $m\, d\mathbf{v}/dt = \mathbf{P} + \mathbf{F} = 0$. La velocidad se hace invariable. Es la velocidad límite del móvil. Su valor depende del peso del móvil y de su forma. Se demuestra, por ejemplo, que la velocidad límite de caída de las gotas de lluvia es proporcional al cuadrado de su diámetro; que la de un paracaidista es inversamente proporcional a la raíz cuadrada de la superficie de su paracaídas, etc...
V. EXPERIENCIA DE MILLIKAN.

▶ *Velocidad lineal.*—Un móvil puntual en movimiento en un referencial R describe una trayectoria cualquiera (Γ). Habiendo sido elegido un origen M_0 sobre la trayectoria y definida una cronología, el móvil se encuentra en un instante t ubicado en un punto M, representado en la trayectoria por su abscisa curvilínea $\widehat{M_0 M} = s$. Su *velocidad lineal* es, en ese instante, el vector $\boldsymbol{v}$, en la dirección de la tangente a la trayectoria en M. Su sentido indica el del desplazamiento del móvil, y su módulo informa sobre la rapidez del movimiento en ese instante: v = límite del cociente ds/dt cuando el intervalo de tiempo dt se hace cada vez más corto (tiende a cero).

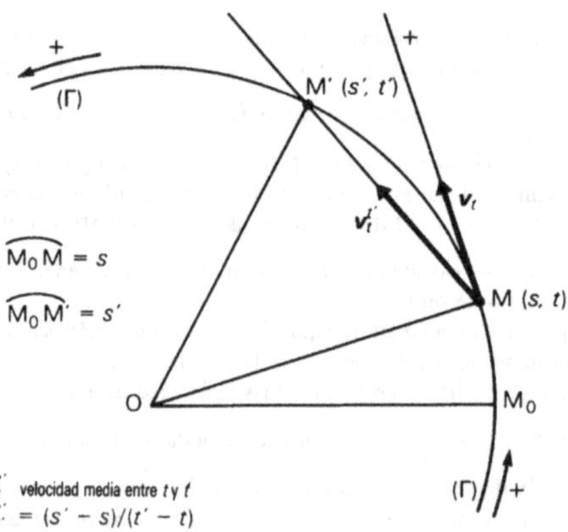

$\boldsymbol{v}_t^{t'}$ velocidad media entre t y t'
$v_t^{t'} = (s' - s)/(t' - t)$
$\boldsymbol{v}_t$ velocidad instantánea en M
(límite de $\boldsymbol{v}_t^{t'}$ cuando M′ se elige cada vez más próximo a M)

De modo más conciso, la definición precedente se expresa matemáticamente por la relación: $\boldsymbol{v} = d\boldsymbol{r}/dt$ (representada a menudo por $\boldsymbol{v} = \dot{\boldsymbol{r}}$), donde $\boldsymbol{r} = \mathbf{OM}$, siendo O un punto cualquiera fijo en R.
Sobre los ejes de un sistema de referencia ortonormal (O, x, y, z), M está representado por sus coordenadas x, y, z, y el vector velocidad, por sus componentes $\dot{x}$, $\dot{y}$, $\dot{z}$.
La unidad SI de velocidad lineal es el *metro por segundo* (m/s). Otra unidad, frecuentemente utilizada en la vida corriente, es el kilómetro por hora (1 km/h = 3,6 m/s).

▶ *Velocidad relativista.*—Velocidad de desplazamiento de una partícula, suficientemente alta para que sea necesaria la utilización de las fórmulas relativistas, siendo insuficiente la aproximación newtoniana a la vista de la precisión de las medidas (V. CAÑÓN DE ELECTRONES).

Velocidades

▶ *Velocidades cósmicas:*
1. *Velocidad de escape.*—Velocidad mínima que hay que comunicar a un cuerpo pesado para que pueda alejarse definitivamente de la Tierra, *escapando,* por tanto, completamente de su atracción. Su trayectoria deja de ser una elipse, curva cerrada, como sería la de un satélite, y se transforma en una curva abierta, parábola o hipérbola.
Puede, naturalmente, definirse de manera análoga la velocidad de escape a partir de cualquier objeto cósmico que sea fuente de gravitación.
Un cálculo simplificador que supone tal objeto esférico y homogéneo, de radio R y de masa M, da el valor de la velocidad de escape, a partir de un punto de lanzamiento de altitud z: $v = \sqrt{2GM/(R + z)}$, donde G es la constante de gravitación universal. Nótese: 1.°) que v es independiente de la masa del móvil, aunque la energía cinética que hay que comunicarle depende de ella (así como la energía necesaria para el funcionamiento del cohete encargado de hacerle llegar al punto de lanzamiento, a altura z; 2.°) que v disminuye cuando z aumenta.
Numéricamente la velocidad de escape en la vecindad inmediata de la Tierra vale, sensiblemente, 11,2 km/s (alrededor de 40.000 km/h).
2. *Velocidad de satelización.*—Velocidad inicial que es preciso comunicar a un cuerpo pesado para ponerlo en órbita alrededor de la Tierra, al que un cohete debe transportar hasta el punto de lanzamiento, situado generalmente más allá de las capas densas de la atmósfera.
La trayectoria ulterior, elipse en la cual la Tierra ocupa uno de los focos (o, en un caso particular, circunferencia concéntrica con la Tierra, supuesta esférica), depende del valor v de la velocidad inicial. En particular, es necesario que v esté comprendida entre dos límites. Si v es muy pequeña, el perigeo de su trayectoria está demasiado cerca del centro de la Tierra. El satélite está destinado a consumirse en las capas bajas de la atmósfera, por rozamiento, o a romperse contra el suelo. Si v es demasiado grande (superior a la velocidad de escape), el ingenio escapará definitivamente de la atracción de la Tierra.

▶ *Velocidades generalizadas.*—V. COORDENADAS GENERALIZADAS.

Venturi Giovanni (1746-1822)

▶ *Tubo de Venturi.*—Canalización de sección variable, horizontal, de modo que puedan considerarse despreciables las fuerzas exteriores. Si el fluido que circula en el «venturi» es incompresible y sin viscosidad, y si la circulación se lleva a cabo en régimen permanente, se demuestra: 1 / Que la velocidad u varía en razón inversa a la sección local: uS = u' S'; 2 / Que la presión es menor en las regiones de pequeña sección: si ρ es la densidad del fluido:

$$\frac{1}{2}\rho u^2 + p = \frac{1}{2}\rho u'^2 + p' \text{ (teorema de Bernouilli).}$$

Los tubos de Venturi se utilizan para medir caudales: $u^2 = f(p - p')$. Se utilizan también para crear depresiones locales y conseguir con ello la aspiración del aire, por ejemplo (trompas de agua, mecheros Bunsen...).

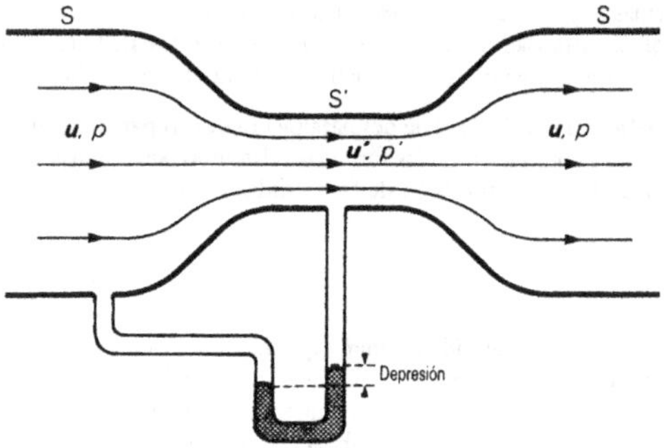

Verdet

▶ *Constante de Verdet.*—V. POLARIZACIÓN ROTATORIA MAGNÉTICA.

Vergencia

▶ *Vergencia de un haz.*—Cuando varios haces luminosos, homocéntricos, tienen como vértices respectivos puntos situados en un mismo eje, el eje de una lente delgada, por ejemplo, y están limitados por el mismo diafragma circular, centrado generalmente en el vértice de la lente, S, es cómodo, para comparar sus aberturas respectivas (supuestas muy pequeñas: aproximación de Gauss), caracterizar la abertura de cada haz por la magnitud $V = 1/x$, llamada *vergencia del haz* (x = SA, A = vértice del haz). Éste es, en efecto, tanto más convergente, o divergente, cuanto mayor es en valor absoluto la vergencia del haz.

Por otra parte, se exige que V sea *positiva para un haz convergente* y *negativa para un haz divergente*. Una dificultad surge del hecho de que si esta cualidad del haz y, por tanto, el signo de V, depende del sentido de propagación de la luz (que es de orden experimental), el signo de la abscisa está ligado a la elección, arbitraria, del sentido positivo de orientación del eje. Se puede verificar que esta dificultad desaparece si se adopta la definición general: $V = \varepsilon/x$, donde $\varepsilon = +1$ cuando el sentido de propagación de la luz y el sentido positivo del eje coinciden, y $\varepsilon = -1$ en caso contrario. Notemos, por fin, que si el haz que se va a comparar se propaga en medios diferentes, se tiene en cuenta escribiedo $V = \varepsilon n/x$, siendo n el índice de refracción del medio en el que se propaga realmente el haz, y x la abscisa del vértice A del haz, contado a partir del punto principal objeto, o del punto principal imagen si A es punto imagen en vez de objeto.

V. FÓRMULA DE LAS VERGENCIAS.

▶ *Vergencia de un sistema óptico centrado*, utilizado en rayos paraxiales.

1 / El sistema es una lente delgada en el aire. Su vergencia es la magnitud v, inversa de su distancia focal imagen f'. Una vergencia se evalúa en dioptrías cuando la longitud f' se mide en metros. No obstante, se conviene que una lente *convergente* posee una vergencia *positiva*, y una lente *divergente,* una vergencia *negativa*. Se escribirá, por tanto, $v = 1/f'$ si se ha escogido

orientar positivamente el eje de la lente en el sentido de propagación de la luz. Si ha habido que efectuar la elección opuesta, el convenio precedente nos impone escribir: $v = -1/f'$. De ahí la relación definidora, válida para todos los casos: $v = \varepsilon/f'$, en la que $\varepsilon = +1$ o $\varepsilon = -1$ según que el sentido positivo del eje coincida o no con el de propagación de la luz.
2 / El sistema es un espejo esférico. Por analogía con la definición referida a una lente delgada, se define la vergencia de un espejo esférico a través de la relación $v = \varepsilon/f'$, en la que $\varepsilon = +1$ o -1 según que el sentido de orientación del eje coincida o no con el sentido de propagación de la luz *tras reflejarse en el espejo*. La vergencia v es así *positiva* en un espejo *cóncavo* y *negativa* en un espejo *convexo*, sea cual sea el sentido de orientación del eje.
Nótese que la vergencia de un espejo plano es nula.
3 / El sistema es uno cualquiera, dióptrico o catadióptrico. Su vergencia está definida por $v = \varepsilon n'/f'$. f' es su distancia focal imagen, n' el índice de refracción del medio de emergencia, $\varepsilon = +1$ o -1 según que el sentido positivo elegido en el eje coincida o no con el sentido de propagación de los rayos luminosos que emergen del sistema.
El interés de todas estas definiciones aparece en la expresión de la *fórmula de las vergencias*.

Vergencias

▶ *Fórmula de las vergencias.*—Aspecto que puede tomar la fórmula de posición relativa a un sistema óptico centrado utilizado en rayos paraxiales.
1 / El sistema es una lente delgada en el aire. La fórmula de posición de Descartes, con origen en el vértice de la lente, se escribe: $1/x' = 1/x + 1/f'$, donde x' es la abscisa del punto imagen, f' la distancia focal imagen de la lente y x la abscisa del punto objeto. Llamando V a la vergencia del haz incidente, V′ la del haz emergente, v la de la lente, y teniendo en cuenta las

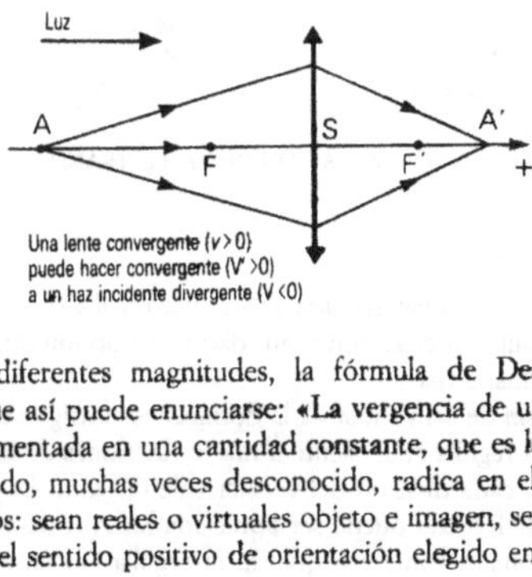

Una lente convergente ($v > 0$) puede hacer convergente ($V' > 0$) a un haz incidente divergente ($V < 0$)

definiciones de esas diferentes magnitudes, la fórmula de Descartes se transforma en: $V' = V + v$, relación que así puede enunciarse: «La vergencia de un haz emergente es igual a la del haz incidente aumentada en una cantidad constante, que es la vergencia de la lente.» El interés de este enunciado, muchas veces desconocido, radica en el hecho de que permanece válido en todos los casos: sean reales o virtuales objeto e imagen, sea convergente o divergente la lente, y sea cual sea el sentido positivo de orientación elegido en el eje de la lente.

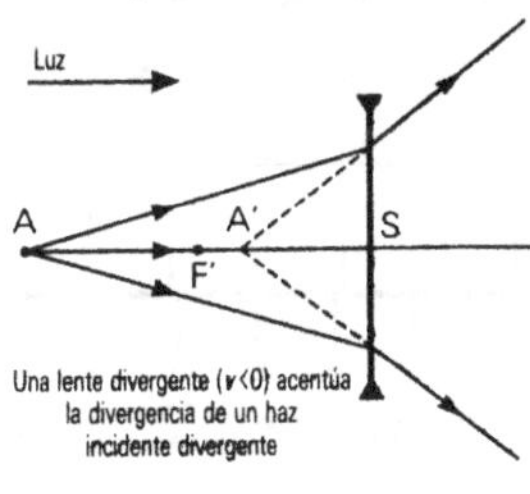

Una lente divergente ($v < 0$) acentúa la divergencia de un haz incidente divergente

2 / Puede demostrarse que la misma fórmula y el mismo enunciado son válidos en el caso de un espejo esférico, cóncavo o convexo, en el caso límite de un espejo plano y, con mayor generalidad, en el caso de cualquier sistema centrado cualquiera, sea dióptrico o catadióptrico, utilizado en rayos paraxiales.

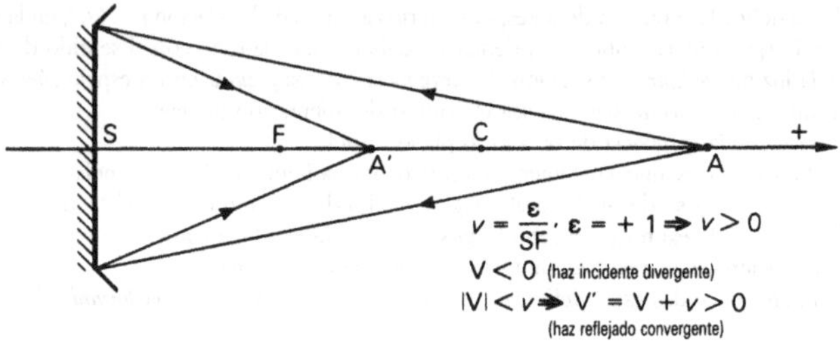

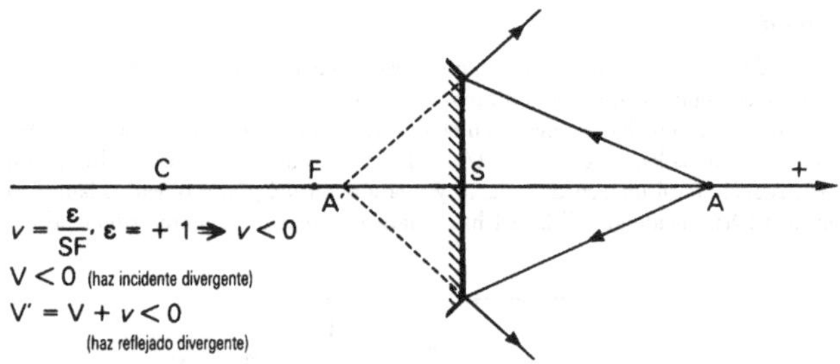

▶ *Teorema de las vergencias.*—V. RELACIÓN DE GULLSTRAND.

Vernier Pierre (1580-1637)

▶ *Vernier.*—Graduación auxiliar trazada sobre una reglilla que desliza a lo largo de una regla graduada, y que permite apreciar con seguridad una fracción de la más pequeña división existente en la regla graduada fija.

Ejemplo: La graduación de un vernier «a la décima» se consigue dividiendo en diez partes iguales una longitud de la reglilla equivalente a nueve divisiones de la regla. Si esta última está graduada en milímetros, cada división del vernier vale 0,9 mm. La posición del cero del vernier, que sirve de índice de lectura, puede ser apreciada hasta la décima de milímetro prácticamente. Basta para ello tomar el número que en la reglilla coincide con una división de la regla (V. figura).

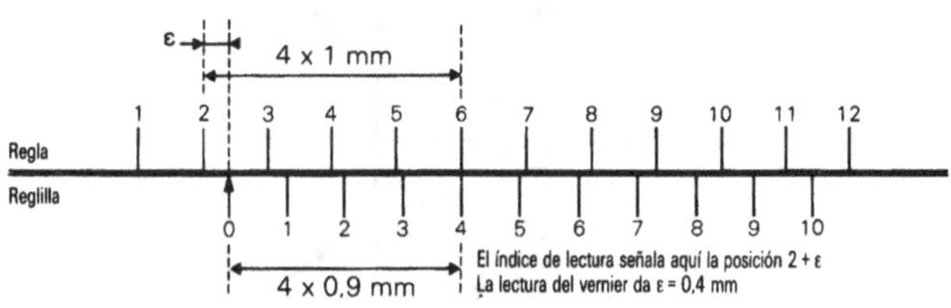

Existen vernieres adaptados a medidas de ángulos. Un círculo, graduado en semigrados, provisto de un vernier a 1/30, permite apreciar los minutos.

Vertex

De la palabra latina para vértice, que aquí puede usarse indistintamente.

Punto anguloso que representa simbólicamente un proceso elemental en una interacción entre dos partículas (V. GRÁFICOS DE FEYNMAN).

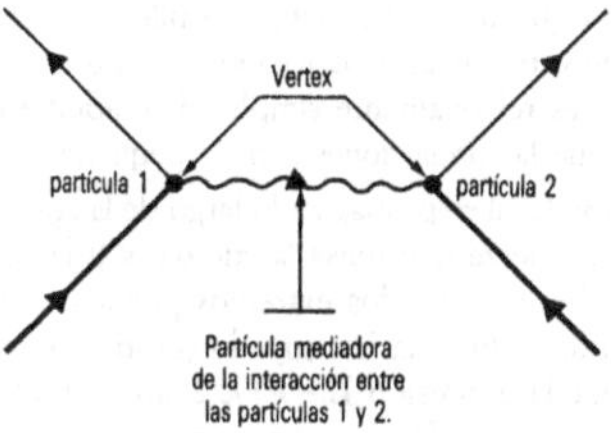

Vertical

La vertical de un lugar, en las inmediaciones de la Tierra, es por definición la dirección de la plomada en ese lugar. Experiencias precisas han demostrado que esta dirección es independiente del cuerpo elegido para la prueba y colocado al final del hilo (V. CAMPO GRAVITATORIO TERRESTRE, EXPERIENCIAS DE EÖTVÖS).
La *vertical* es también la perpendicular al plano *horizontal* del lugar, plano que materializa la superficie libre de una capa de agua en calma de reducidas dimensiones.

Vibraciones

Oscilaciones mecánicas rápidas, que el ojo no puede seguir. Las oscilaciones de una cuerda de violín, por ejemplo, son vibraciones. El estudio experimental de las vibraciones mecánicas exige el uso de técnicas especiales: el estroboscopio, por ejemplo. Su estudio teórico es idéntico al de las oscilaciones en general.

▶ *Vibraciones luminosas.*—V. LUZ NATURAL, LUZ POLARIZADA.

▶ *Vibraciones privilegiadas.*—Vibraciones luminosas que pueden propagarse en un medio transparente sin *alteración de su estado de polarización*. Su número y naturaleza dependen del medio en el que se produce la propagación.
En los medios ópticamente *isótropos* e *inactivos* (no dotados de poder rotatorio), tales como el vacío, el aire o el vidrio, toda vibración es privilegiada. En cualquier otro medio existen, generalmente, dos vibraciones privilegiadas *para cada dirección de propagación*, y dos solamente; son de diferentes naturalezas según que el medio sea ópticamente *isótropo* pero *activo*, *birrefringente* e *inactivo*, o *birrefringente* y *activo* simultáneamente.
En el primer caso —una disolución acuosa de sacarosa, por ejemplo— hay dos vibraciones privilegiadas *circulares*, una diestra y otra siniestra. En el segundo caso, un cristal de calcita por ejemplo, son dos vibraciones *rectilíneas*, a menos que la dirección de propagación sea eje óptico, ya que entonces toda vibración rectilínea es una dirección privilegiada.
En el último caso, por fin, para el cual se puede citar como ejemplo un cristal de cuarzo, las dos vibraciones privilegiadas son *elípticas*, o circulares si la dirección de propagación es eje óp-

tico. Esta última circunstancia, relativamente simple, fue llevada a cabo en las experiencias históricas de *Aragó* y *Biot* (1811), que llevaron al descubrimiento de la polarización rotatoria.
V. ELIPSOIDE DE ÍNDICES, LÍNEAS NEUTRAS.

Vibrante

▶ *Cuerda vibrante.*—Cuerpo flexible, cuyas dimensiones transversales son muy pequeñas comparadas con su longitud. Suficientemente tensa —una cuerda de piano debe poder resistir una fuerza de tracción del orden de 400 N—, una cuerda puede efectuar oscilaciones transversales, emitiendo un sonido. Basta con que se le imprima una deformación local por un medio cualquiera: pinzamiento, choque de un pequeño martillo, roce de un arco... Diferentes técnicas experimentales permiten estudiar esas oscilaciones, como la estroboscopía, por ejemplo.
La teoría del fenómeno es relativamente simple, si se admite que la cuerda es perfectamente flexible (sin rigidez) y que las oscilaciones son de pequeña amplitud. Se encuentra:
1 / Que toda deformación local se propaga a lo largo de la cuerda con una velocidad $v = \sqrt{F/\mu}$, donde F es el valor de la fuerza que tensa la cuerda, y μ la densidad lineal de la misma.
2 / Que en una cuerda fija por sus dos extremos pueden establecerse, a consecuencia de las sucesivas reflexiones ondas estacionarias, cuya longitud de onda λ está relacionada con la longitud L de la cuerda por la expresión $L = k \cdot \lambda/2$, *donde* k es un *número entero positivo*. Para cada valor de k existe un *modo* de vibración de la cuerda, y una frecuencia propia

$$N_k = k\frac{1}{2l}\sqrt{F/\mu}.$$

Los sonidos que una cuerda vibrante puede emitir constituye, por tanto, una serie armónica, en la que el armónico de primer orden ($k = 1$), el *sonido fundamental*, posee «una frecuencia inversamente proporcional a la longitud de la cuerda». Es una de las leyes de la física conocidas con mayor antelación —se atribuye su descubrimiento a los discípulos de Pitágoras, en el siglo VI antes de Cristo—, y es notable que hayan aparecido así por primera vez números enteros (números cuánticos «avant la lettre») en el enunciado de una ley física.
El sonido emitido realmente por una cuerda es siempre un sonido complejo, resultante de varios modos de vibración simultáneos. Su espectro depende del procedimiento empleado para poner la cuerda en vibración. Por ejemplo, se puede evitar, eligiendo adecuadamente el punto de ataque, la formación en ese punto de un nodo de vibración. Esta circunstancia se aprovecha en la construcción de pianos, para evitar la presencia de armónicos estéticamente indeseables.
V. ECUACIÓN DE LAS CUERDAS VIBRANTES, EXPERIENCIAS DE MELDE, OSCILADOR ARMÓNICO, VELOCIDAD DEL SONIDO.

▶ *Ecuación de las cuerdas vibrantes.*—Ecuación que rige las oscilaciones transversales de pequeña amplitud en los distintos puntos de una cuerda desprovista de rigidez. Es una consecuencia de la aplicación del principio fundamental de la mecánica al movimiento de una pequeña región de la cuerda, y se escribe así:

$$\frac{\partial^2 s}{\partial x^2} = \frac{1}{v^2}\frac{d^2 s}{\partial t^2} \qquad \text{con } v = \sqrt{\frac{F}{\mu}}$$

donde s es la elongación en un instante t del punto de la cuerda de abscisa x, F es el valor de la fuerza responsable de la tensión de la cuerda y μ su densidad lineal de masa.
La resolución de esta ecuación en derivadas parciales fue objeto de célebres discusiones entre grandes matemáticos (D'Alembert, Euler...). Su interés físico radica en el hecho de que se encuentran ecuaciones del mismo tipo en otras ramas de la Física: oscilaciones longitudinales del aire en un *tubo sonoro*, oscilaciones eléctricas en una línea de conducción, etc., pudiendo s de-

signar una magnitud escalar, o bien cada una de las componentes escalares de una magnitud vectorial. El estudio de esos distintos problemas está sujeto, por consiguiente, a la resolución de una ecuación «de las cuerdas vibrantes».
Su solución general es de la forma $s = s_1 + s_2$. $s_1 = f(t - x/v)$ implica la existencia de una onda progresiva que se propaga en el sentido de las x crecientes con una velocidad v; $s_2 = g(t + x/v)$, la de una onda progresiva que avanza con la misma velocidad en sentido opuesto; la combinación $s = s_1 + s_2$ puede traducir la existencia de una onda estacionaria. La forma de las funciones f y g, y, con mayor generalidad, la forma de la solución adecuada para cada problema, depende de las condiciones impuestas experimentalmente (punto que se mantiene fijo, excitación periódica local, etc.). La existencia en el medio de propagación de un fenómeno disipativo (por rigidez, viscosidad, resistencia eléctrica, etc.) entraña la aparición en la ecuación de las cuerdas vibrantes de términos suplementarios de amortiguamiento.
V. CUERDA VIBRANTE, ECUACIONES DE HEAVISIDE, ECUACIONES DE MAXWELL.

▶ *Membrana vibrante*.—Cuerpo delgado, flexible, tenso sobre un marco rígido. La piel de un tambor o la de un timbal son membranas vibrantes.
Una *placa vibrante* es un sólido, de pequeño espesor comparado con las otras dimensiones: es el caso de címbalos o campanas.
Cuando entran en vibración, las membranas son sede de *ondas estacionarias transversales*, que pueden ser estudiadas experimentalmente por medio de granos de arena fina extendidos por la superficie, y que se reúnen en las líneas nodales, formando de este modo las llamadas «*figuras de Chladni*». Esas figuras son distintas, dependiendo del modo de fijación o de los puntos de ataque.
La teoría de esas vibraciones, prácticamente idéntica para las membranas y las placas, es similar a la de las *cuerdas vibrantes*, salvo que aquí la elongación transversal de un punto de la superficie depende de dos parámetros. En coordenadas rectangulares, por ejemplo, la ecuación del movimiento de un punto M(x, y) se escribe: $\frac{\partial^2 s}{\partial x^2} + \frac{\partial^2 s}{\partial y^2} = \frac{1}{v^2}\frac{\partial^2 s}{\partial t^2}$, donde $v = \sqrt{T/\mu_s}$ es la velocidad de propagación de la perturbación a lo largo de la membrana. T es su tensión superficial, y μ_s su densidad superficial de masa. Nodos y vientres son reemplazados por líneas nodales y ventrales. Las frecuencias propias de vibración forman en consecuencia una serie que depende de dos números enteros.
Placas y membranas se utilizan frecuentemente como transductores en los aparatos electroacústicos, bien como emisores del sonido (altavoces...), bien como receptores del mismo (micrófonos...).

▶ *Placa vibrante*.—Sólido de pequeño espesor comparado con sus otras dimensiones. Valgan como ejemplo címbalos y campanas. Los modos de vibración de las placas vibrantres son análogos a los de las membranas vibrantes.

▶ *Varilla vibrante*.—En acústica se llama varilla o verga a toda barra de material sólido, madera, vidrio, metral..., a lo largo de la cual puede propagarse una onda de vibración, longitudinal o transversal, según el modo utilizado para la excitación.
Frotando, en el sentido de su longitud, una barrita de vidrio con una tela mojada, se provoca la aparición de ondas *longitudinales*, que se propagan a lo largo de la barra con una velocidad $c = \sqrt{E/\rho}$, siendo R el módulo de Young del vidrio y ρ su densidad.
Se originan ondas *transversales*, a lo largo de una lámina metálica por ejemplo, fijando uno de sus extremos y frotando el otro con un arco. La velocidad c' de estas ondas depende no sólo de las características del material (E y ρ), sino también de la frecuencia N de la vibración: $c'^2 = a \cdot \sqrt{E/\rho} \cdot N$ (a es una magnitud homogénea a una longitud, y depende de la forma y de la sección recta de la lámina). Para este tipo de ondas el medio es, por tanto, *dispersivo*.

Las lengüetas de los tubos sonoros, las ramas de un diapasón o las láminas de un xilófono son varillas vibrantes.

Vida media

Media estadística de las duraciones de la vida de una población de corpúsculos (partículas, núcleos radiactivos, átomos excitados, etc.). Matemáticamente, es la cantidad τ, definida por:

$$\tau = \frac{1}{N_0} \int_{N=N_0}^{N=0} t \cdot dN.$$

N_0 es la cantidad de corpúsculos que forman la población observada en un instante que elegimos como origen de tiempos; dN, el número de ellos que desaparecen entre los instantes, infinitamente próximos, t y $t + dt$, y cuya edad es, prácticamente, t.
Si el proceso de desaparición es una transformación de primer orden —N sigue en ese caso una ley de decrecimiento exponencial: $N = N_0 \exp(-\lambda t)$—, el cálculo demuestra que τ, constante característica del tipo de corpúsculo estudiado (con el mismo rango que λ, constante de desintegración o constante radiactiva del material, o que su periodo de semidesintegración T), vale: $\tau = 1/\lambda = T/ln2$, ($ln2 \simeq 0{,}69$).
Se puede decir igualmente que τ mide, para cada corpúsculo, su *probabilidad* o *esperanza de vida*.
Ejemplo: Los neutrones libres se desintegran espontáneamente: $n \rightarrow p^+ + e^- + \bar{\nu}_e$. Su periodo de semidesintegración vale T ≃ 11 min. La esperanza de vida de cada neutrón vale, por tanto,

$$\tau = \frac{11}{0{,}69} \simeq 16 \text{ min.}$$

Vídeo

Del verbo latino que significa ver.

▶ *Señal de vídeo.*—Señal eléctrica que lleva toda la información necesaria para la transmisión de una imagen desde la emisora al receptor. Registrando esas informaciones, y las del sonido correspondiente, sobre una banda magnética, se obtienen los «cassettes de vídeo».
V. TELEVISIÓN EN COLOR.

Vidicón

Tubo analizador de imágenes para cámaras de televisión.
La imagen óptica de la escena que se desea televisar se forma sobre un blanco, no *fotoemisor* como en el iconoscopio y sus derivados, sino *fotoconductor* (selenio amorfo, sulfuro de antimonio...). Sobre su cara delantera se encuentra una placa metálica suficientemente delgada para ser transparente. En cada punto del blanco, la resistencia eléctrica es tanto más pequeña cuanto mayor es la iluminación. Un haz electrónico explora metódicamente la imagen. Ese haz atraviesa ésta con mayor facilidad en los puntos en los que la resistividad es menor, antes de alcanzar el metal conductor.
La consecuencia, en un circuito exterior convenientemente diseñado, es una corriente eléctrica cuya intensidd es proporcional a la iluminación de los puntos sucesivamente alcanzados por la exploración; corriente que es enviada hacia el receptor en la forma de una modulación de la señal de vídeo.
El vidicón, menos sensible a la luz que el orticón, es más sencillo de construir, y de menor tamaño. Con él van equipadas la mayor parte de las cámaras de televisión en color, en las que

es preciso colocar tres tubos analizadores, y en general es utilizado cada vez que se hace necesaria una miniaturización del equipo.

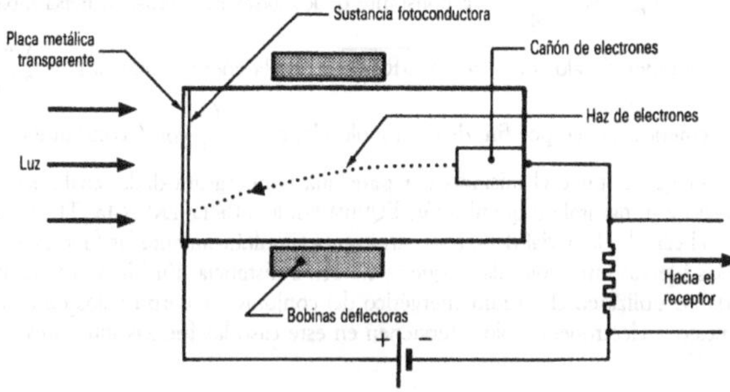

Violación de la paridad

Se demuestra que la *paridad* de un sistema de corpúsculos se conserva en el curso de una transformación si el operador hamiltoniano del sistema y el operador paridad conmutan. Esto es así si la transformación se efectúa por interacciones electromagnéticas o fuertes, deduciéndose de ello una serie de reglas de selección, pero no si interviene la interacción débil. Para verificar esta previsión teórica, Lee y Yang (en 1957) sugirieron una verificación experimental, llevada a cabo a continuación por un equipo constituido en torno a la señora Wu.

Consiste en realizar, en ciertas condiciones, la desintegración de una muestra de cobalto: ${}^{60}Co \rightarrow {}^{60}Ni + e^{+} + \nu$. Alrededor de la muestra de cobalto se pudo observar, efectivamente, una fuerte disimetría en el reparto espacial de los positones emitidos, traducción esperada de la «violación de la paridad» por interacción débil.

Virial

De una palabra latina que significa fuerza.

Magnitud mecánica utilizada por Clausius en la teoría cinética de los gases. Las moléculas de un gas en equilibrio macroscópico están agitándose de modo permanente y aleatorio en el interior de un recinto. Si, en un instante dado, la molécula, que se encuentra en un punto P_i, cuyo vector de posición con respecto al centro de masas O del gas es $\mathbf{OP}_i = \boldsymbol{r}_i$, está sometida a fuerzas de resultante f_i, el virial del gas vale por definición: $W = \frac{1}{2}\sum_i \boldsymbol{f}_i \cdot \boldsymbol{r}_i$, estando la suma extendida al conjunto de las N moléculas del gas ($i = 1, 2, ..., N$). Compruébese que W es homogéneo con una energía. Su interés radica en la existencia de una proposición matemática, el *teorema del virial*: en todo instante, el virial W es igual y opuesto a la energía cinética global del gas: $W + E_c = 0$.

Ejemplo de aplicación: Las moléculas de un gas perfecto monoatómico son asimilables a puntos materiales, sin interacciones mutuas entre ellas salvo en los momentos de sus contactos, en los cuales las fuerzas en los choques son iguales y opuestas dos a dos... En el cálculo del virial entran sólo, por tanto, las fuerzas exteriores, iguales y opuestas a las fuerzas de presión del gas contra las paredes. El cálculo nos da: $W = -3pv/2$, donde p es la presión del gas, v su volumen. En cuanto a la energía cinética, vale $E_c = \frac{1}{2}mu^2$, donde m es la masa total del gas y u su *velocidad cuadrática media*.

Del teorema del virial deducimos entonces la relación: $pv = \frac{1}{3} mu^2$. Comparada con la ecuación de estado del gas: $pv = \frac{m}{M} RT$ (R constante de los gases perfectos, M masa molecular del gas), permite obtener el valor de u: $u = \sqrt{3RT/M}$, el de la energía cinética $E_c = \frac{3}{2}\frac{m}{M} RT$, y el de la energía cinética media, por fin, de cada molécula: $e_c = 3 \cdot \frac{kT}{2}$, con k constante de Boltzmann. Se puede ver que e_c tiene el mismo valor para una temperatura dada, cualquiera que sea el gas observado y su naturaleza química (V. EQUIPARTICIÓN DE LA ENERGÍA, TEMPERATURA). En un gas real el cálculo del virial debe tener en cuenta simultáneamente las fuerzas exteriores de presión y las fuerzas intermoleculares que se ejercen a distancia. En Mecánica cuántica, el teorema del virial se utiliza en el estudio energético del conjunto de corpúsculos de una molécula estable (núcleo + electrones). Sólo intervienen en este caso las fuerzas interiores.

Virtual

▶ *Desplazamiento virtual.*—Desplazamiento imaginario de un sistema de cuerpos sólidos, a partir de una posición de equilibrio de ese sistema. Se pide, generalmente, a un desplazamiento virtual, que sea de pequeñísima amplitud y que sea compatible con las ligaduras impuestas al sistema.
V. TEOREMA DE LOS TRABAJOS VIRTUALES.

▶ *Objeto virtual.*—V. IMAGEN ÓPTICA.

▶ *Proceso virtual.*—V. VERTEX.

Virtuales

▶ *Teorema de los trabajos virtuales.*—«En todo desplazamiento virtual de amplitud muy pequeña y compatible con las ligaduras, todas ellas supuestas sin rozamiento, de un cuerpo sólido *en equilibrio*, la suma de los trabajos de las fuerzas y pares aplicados es nula.» Este resultado es una consecuencia de las leyes de la estática. Se utiliza para calcular las fuerzas y pares de ligadura que se ejercen sobre un cuerpo en un equilibrio, con una elección apropiada de los desplazamientos virtuales.

Viscosidad

Fluidos diferentes, colocados en circunstancias idénticas (la misma canalización, las mismas presiones...) fluyen con mayor o menor rapidez. Se dice de un cuerpo que es tanto más «fluido» cuanto más rápidamente circula, y tanto más «viscoso» cuanto más lenta es su circulación. Se explica la existencia de la viscosidad admitiendo que, en un fluido, dos capas en contacto que deslizan (una respecto a otra) se ejercen fuerzas tangenciales iguales (de acción y reacción). Esas fuerzas arrastran a la capa más lenta y frenan a la más rápida. Suponiendo que su intensidad común es proporcional a la superficie de contacto, S, y a la tasa de variación de su velocidad relativa v según una dirección O_z, perpendicular a esa velocidad, se obtiene: $f = \eta \cdot S \cdot dv/dz$. La magnitud η es el *coeficiente de viscosidad* del fluido estudiado, y su inversa, $1/\eta$, su *coeficiente de fluidez*.
A menudo se utiliza la magnitud $\nu = \eta/\rho$, donde ρ es la densidad del fluido. ν recibe el nombre de coeficiente de viscosidad *cinemático* y, por oposición, η el de coeficiente de viscosidad *dinámico*. η se mide en *poiseuilles* (Pl), mientras que ν se mide en m^2/s.

Los viscosímetros se basan en la ley de Poiseuille. Los resultados son del orden de 10^{-5} Pl para los gases, van de 10^{-3} a 1 Pl en la mayor parte de los líquidos (10^{-3} para el agua, 0,8 para el aceite) y alcanzan valores muy altos (10^{10}) en los cuerpos muy viscosos, como la pez. A escala microscópica, la viscosidad es atribuida a las fuerzas intermoleculares. En el caso de los gases, la teoría demuestra que el coeficiente η depende de la masa m y del diámetro σ de cada molécula: $\eta = a\sqrt{mk\mathrm{T}}/\sigma^2$, con k constante de Boltzmann, T temperatura absoluta del gas y a coeficiente numérico. Esta fórmula permitió calcular órdenes de magnitud de los diámetros moleculares. Nótese que η aumenta con la temperatura en el caso de los gases. En el caso de los líquidos sucede lo contrario.

V. FÓRMULA DE STOKES, SUPERFLUIDEZ, VELOCIDAD LÍMITE.

▶ *Viscosidad magnética.*—Propiedad de las sustancias sólidas en las que es observable el fenómeno de *arrastre magnético* o retraso magnético.

Visibilidad

▶ *Factor de visibilidad.*—Parámetro que mide el *contraste*, en un sistema de *franjas de interferencia*, entre las regiones en las cuales la intensidad luminosa presenta su máximo valor, I_{mx}, y aquéllas en las que posee su valor mínimo, I_{mn}:

$$v = (\mathrm{I}_{mx} - \mathrm{I}_{mn})/(\mathrm{I}_{mx} + \mathrm{I}_{mn})$$

El factor de visibilidad es máximo, e igual a la unidad, si I_{mn} es nula. En ausencia de franjas es nulo.

Visión

Asegurada por nuestros órganos de la vista —ojos, nervios ópticos y cerebro—, la visión es la función que nos informa a distancia de las dimensiones comparadas de los objetos que miramos, de sus posiciones respectivas, de sus luminosidades y sus colores.

Desde el punto de vista óptico, cada ojo puede ser asimilado a un aparato fotográfico que conste de un objetivo «de focal variable», un diafragma regulable y una placa sensible.

El objetivo está representado por una serie de medios transparentes, que constituyen el globo ocular. Se demuestra que este conjunto es sensiblemente equivalente, en cuanto a la formación de imágenes, a un dioptrio esférico único, cuyo plano focal imagen se encuentra sobre la retina en un ojo *normal*, y detrás o delante de la retina si el ojo es *amétrope* (hipermétrope o miope). Este sencillo esquema ocular es llamado *ojo reducido de Listing*. Su convergencia está próxima a las sesenta dioptrías, aunque nosotros le hacemos más convergente en el curso de la *acomodación*, por la acción de ciertos músculos.

El iris juega el papel de un diafragma. Su abertura, la *pupila*, es el elemento que limita cada haz luminoso que penetra en el ojo. Un reflejo nos conduce a disminuir el diámetro cuando la luminosidad es muy alta y a aumentarlo en la oscuridad. La pantalla, para acabar, donde se forman las imágenes, la *retina*, posee una estructura celular en la que hay dos tipos de células. Unas, con terminaciones cónicas, son abundantes hacia el centro de la retina, en las proximidades y en el interior de una pequeña depresión llamada *fóvea*. Las otras, parecidas a bastoncillos, ausentes de la fóvea, son relativamente más abundantes en la periferia. Esas diversas células son reunidas, separadamente o por grupos, en las células terminales del nervio óptico. Así queda asegurada la transmisión hacia el cerebro de los estímulos provocados por la luz incidente.

Aún no se conocen de manera clara qué procesos nos permiten tomar consciencia de las sensaciones visuales. Según las hipótesis actuales, los fotones incidentes producen a nivel de la retina transformaciones fotoquímicas, que a su vez transmiten al cerebro mensajes de naturaleza eléctrica.

Los bastones, gracias a una sustancia que encierran, la *rodopsina*, serían los responsables de la visión nocturna o *escotópica*, pero una iluminación demasiado intensa les deja provisionalmente inservibles. Los conos reaccionan tan sólo a una luz intensa, y aseguran la visión diurna o *fotópica*. Son los únicos que limitan la agudeza visual, la profundidad del campo de visión central, y son también los únicos sensibles a los colores. Parece demostrado que su sensibilidad a los fotones presenta tres máximos, para tres frecuencias determinadas, lo que explicaría la *tricromía* o la *trivariancia visual* (V. DISCROMATOPSIA).

Pero parece fuera de discusión que el conocimiento que poseemos del mundo exterior a través de la vista no es tal hasta la *«interpretación»*, por parte del cerebro, de los distintos mensajes recibidos. La imagen que en la retina se forma es mucho más pequeña que el objeto correspondiente, con respecto al cual está invertida en ambos sentidos, horizontal y vertical. Presenta, además, aberraciones geométricas y cromáticas. No obstante, gracias a un aprendizaje que comienza desde la más tierna edad, deducimos un conocimiento correcto de la forma de los objetos y de sus posiciones relativas. La interpretación de las ligeras diferencias entre las dos imágenes de un mismo objeto, dadas por la visión binocular, despierta la *sensación de relieve*.

Se prosiguen las investigaciones sobre el mecanismo de la visión, humana y animal. Tienen un interés biológico y terapéutico evidente, aunque no es menor su importancia en el orden de las aplicaciones industriales (televisión y cine, por ejemplo).

V. AMPLITUDES DE VISIÓN NÍTIDA, EFICACIA LUMINOSA.

▶ *Amplitudes de visión nítida.*—Sean D la distancia máxima de visión nítida de un ojo «en reposo» (ojo regulado sobre su «punctum remotum»), y d su distancia mínima de visión nítida (ojo a su máximo de acomodación, regulado sobre su «punctum proximum»). Mientras que la distancia entre esos dos puntos, $D - d$, llamada a veces *distancia métrica* de visión, varía considerablemente según los individuos, se ha constatado que la magnitud $A = (D - d)/D \cdot d$, llamada *amplitud dióptrica de visión* (si D y d se miden en metros, A se mide en dioptrías), posee un valor prácticamente común para todos los individuos de la misma edad, tengan vista normal o ametrópica (miopes e hipermétropes).

Un vidrio corrector no modifica la amplitud dióptrica de visión. Un ojo amétrope, provisto de su vidrio corrector, se transforma en un ojo normal de su misma edad, en lo tocante a sus puntos remoto y próximo.

— Amplitudes métricas de visión

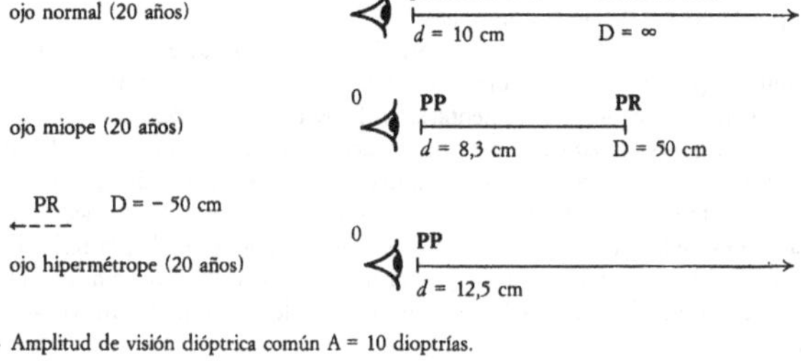

— Amplitud de visión dióptrica común A = 10 dioptrías.

Armados de sus vidrios correctores, este ojo miope (lente correctora − 2 dioptrías) y este ojo hipermétrope (+ 2 dioptrías) adquieren los mismos límites de visión nítida que el ojo normal.

Por el contrario, A disminuye en el curso de los años progresivamente, y el ojo se vuelve présbita (su punto próximo se aleja). Las observaciones estadísticas dan, aproximadamente, entre 10 y 50 años: $A = 16 - 0{,}3n$ (n = edad, en años).

Visores

Instrumentos ópticos formados por un objetivo y un ocular, en los que las *distancias frontales* varían, dependiendo de los modelos, entre algunos centímetros y un centenar de metros. Son, por consiguiente, instrumentos intermedios entre los microscopios y los anteojos.
Los visores se utilizan tanto en el laboratorio como sobre el terreno (en topografía).

Volátil

▶ *Líquido volátil.*–Líquido que puede vaporizarse con facilidad. Es, en suma, un cuerpo cuya temperatura de ebullición normal está próxima a la temperatura ambiente. De ello se infiere que ese cuerpo presenta a las temperaturas ambientes (en torno a 20 °C) una fuerte tensión de vapor (cercana a la presión atmosférica). *Ejemplo:* el agua, que hierve a 100 °C, posee a 20 °C un pequeña tensión de vapor (del orden de 0,02 atm). Es menos volátil que el éter (de las farmacias), que hierve a 35 °C y cuya tensión de vapor a 20 °C es muy próxima a 0,6 atm.

Volta conde Allessandro (1745-1827)

▶ *Diferencia de potencial de Volta*, llamada a menudo, por abuso de lenguaje, diferencia de potencial «de contacto».–Diferencia de potencial eléctrico que existe entre dos conductores, o semiconductores, de naturalezas químicas diferentes, cuando ambos están a una misma temperatura y en equilibrio electrostático (separadamente), siendo ambos eléctricamente neutros. Se ha establecido que su origen es la diferencia entre sus niveles de energía de Fermi. Puede ser del orden del voltio.
V. EFECTO PELTIER.

▶ *Ley de Volta de las cadenas metálicas.*–Cuando un circuito cerrado que no contiene ningún electrólito tiene todos sus puntos a una misma temperatura, no constituye de modo espontáneo sede de corrientes eléctricas, incluso aunque esté constituido por conductores diferentes: la suma de las diferencias de potencial entre conductores sucesivos (algebraica) es nula.

▶ *Pila de Volta.*–Generador hidroeléctrico formado por la cadena cinc-disolución de ácido sulfúrico-cobre. Su f.e.m. es del orden del voltio, pero disminuye rápidamente, en circuito cerrado, a consecuencia de la *polarización de los electrodos*. La pila de Volta no se utiliza ya, salvo para la enseñanza. Su importancia histórica, a cambio, es considerable. Fue, en efecto, llevando a cabo un *apilamiento* alternativo de discos de cinc y de cobre separados por discos de fieltro empapados de una disolución acuosa de ácido sulfúrico (de ahí proviene la palabra *pila*) como Volta construyó (hacia 1800) el primer generador de corriente eléctrica continua.

Voltaje (familiar)

Tensión eléctrica, evaluada en voltios, entre los bornes de una batería de acumuladores, por ejemplo.

Voltámetro

Cuba electrolítica equipada para facilitar el estudio experimental, tanto desde el punto de vista cualitativo como cuantitativamente, de los efectos de la *electrólisis*.

Voltímetros

Instrumentos que sirven para determinar por lectura directa la tensión eléctrica entre dos puntos, los bornes de un dipolo, por ejemplo.
Son, de hecho, amperímetros de resistencia interior R conocida. El principio de esas medidas consiste, en efecto, en colocar el instrumento *en derivación* en los bornes del dipolo. Está recorrido entonces por una intensidad i, y la tensión buscada vale entonces $V = Ri$. Se comprende que esos instrumentos pueden ser graduados directamente en voltios.
Nótese que, al absorber previamente la intensidad i, el instrumento perturba la corriente en el dipolo y, en consecuencia, la tensión que se mide. Se demuestra que esta perturbación es tanto menor cuanto más pequeña es i (por ello, cuanto mayor es R comparada con la resistencia del dipolo). Por tanto, un voltímetro es un amperímetro de gran resistencia, sensible a las pequeñas intensidades.
V. ELECTRÓMETRO, RESISTENCIA ADICIONAL.

Voltio (o volt) (V)

Unidad que sirve para medir las *tensiones eléctricas* (o las diferencias de potencial; son términos equivalentes), las *fuerzas electromotrices* y las *fuerzas contraelectromotrices*.
Es una de las unidades derivadas del SI.
«El voltio (denominado así en honor a Volta) es la diferencia de potencial que existe entre dos puntos de un conductor recorrido por una corriente constante de 1 amperio de intensidad, cuando la potencia disipada entre ambos puntos es igual a 1 watio.»
Esta definición es consecuencia de la condición de coherencia ($k = 1$) impuesta a la relación $P = kUI$, que da la potencia eléctrica absorbida por un dipolo recorrido por una corriente de intensidad I con una tensión U entre bornes. La potencia P es «disipada» por efecto Joule cuando el dipolo es un conductor pasivo.

Voltioamperio (VA)

Unidad de *potencia aparente* en corriente alterna.
V. POTENCIAL ELÉCTRICA ACTIVA.

Volúmica

▶ *Magnitud volúmica.*—Cuando una magnitud extensiva G es proporcional al volumen v de un objeto, la magnitud $g_v = G/v$, característica del objeto, es una *magnitud volúmica*. V. MAGNITUD ESPECÍFICA.

Von Jolly

▶ *Experiencia de Von Jolly.*—Experiencia que demuestra *directamente* la disminución de la intensidad del campo gravitatorio terrestre g al aumentar la altura sobre el suelo.
Un balón esférico lleno de mercurio (masa total del orden de 5 kg) se suspende del platillo de una balanza de gran sensibilidad, en principio del extremo de una larga barra y después directamente sobre el platillo. Si la intensidad gravitatoria es menor en altura, es necesario, para restablecer el equilibrio en la segunda pesada, añadir una sobrecarga sobre el mismo platillo, cuyo peso compense la disminución del peso del balón. Artificios de operación eliminan los errores que puedan provenir de las distintas presiones del aire sobre el balón, y doblan la sobrecarga (se utilizan simultáneamente cuatro balones idénticos, llenos dos de ellos y los otros vacíos, y se intercambian sus posiciones respectivas en experiencias sucesivas).

La experiencia demuestra que la sobrecarga prevista es perfectamente mensurable (63,4 mg para un desnivel de 21 m en la experiencia histórica de Von Jolly, en 1878). De ello se infiere una disminución relativa del valor de g, que vale $3{,}02/10^7$ por metro de desnivel, sensiblemente próximo al valor que se puede calcular suponiendo que la Tierra es una esfera homogénea: $3{,}12/10^7$ por cada metro. Señalemos que ello corresponde a una disminución absoluta vecina de 3 μGal por centímetro.
V. GRAVIMETRÍA.

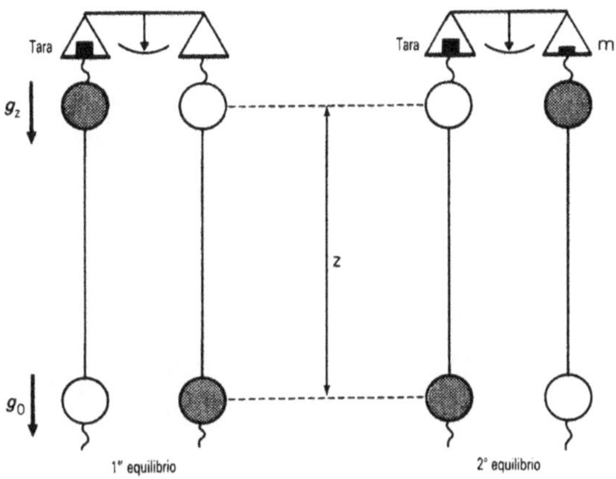

Vórtice

V. TORBELLINO.

W

W⁺, W⁻

V. TEORÍA ELECTRODÉBIL.

Waage Peter (1833-1900)

V. LEY DE ACCIÓN DE MASAS.

Walton Ernest Thomas Sinton 1903

Premio Nobel en 1951 (con Cockroft).
V. ACELERADORES ELECTROSTÁTICOS.

Watímetro

Instrumento destinado a medir una *potencia eléctrica* por lectura directa sobre un cuadrante graduado en watios. La potencia que se va a medir es la potencia que alimenta una instalación en corriente alterna sinusoidal. En este caso se trata de medir la potencia activa $P = VI \cos \varphi$. En la figura se esquematiza la instalación por la impedancia Z.
Su principio de funcionamiento descansa, como el de los electrodinamómetros, en la acción mutua de dos corrientes. En el cuadro fijo C circula una intensidad $i = I_m \cos(\omega t - \varphi)$, que recorre la instalación.
Un cuadro C′ que puede moverse sobre dos pivotes está colocado en derivación en los bornes de la instalación, y se encuentra recorrido por una corriente i' en fase con la tensión impuesta en los bornes de la instalación: $v = V_m \cos \omega t$.
El cuadro móvil gira bajo la acción de un par electromagnético de momento proporcional al producto $(i \cdot i')$ y, por tanto, al producto $(i \cdot v)$ mientras que un sistema mecánico (resorte es-

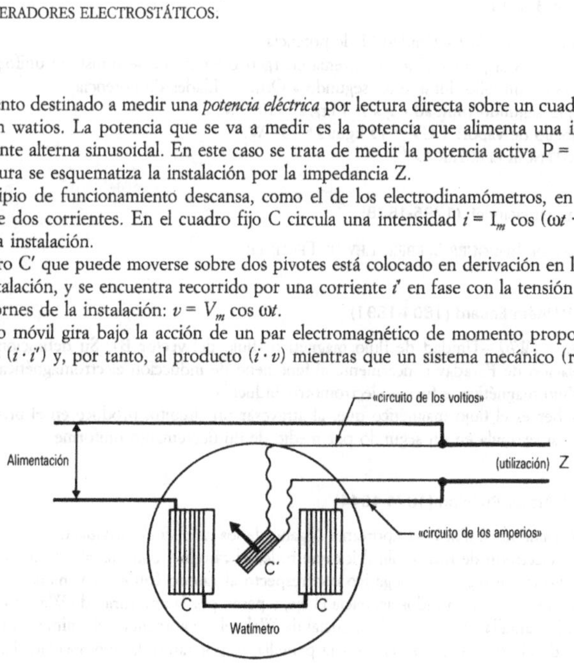

piral) ejerce sobre él un par recuperador de momento proporcional a la elongación θ. Dado que el equipo móvil tiene una gran inercia mecánica, se establece un equilibrio cuando hay igualdad entre el par recuperador $C\theta$ y el valor medio del par electromagnético $\langle v \cdot i \rangle$.
El cálculo demuestra que este valor medio es igual a la potencia activa que se quiere medir.
$C\theta = f\langle v \cdot i \rangle = kVI \cos \varphi = kP$.
Se ve que finalmente hay una proporcionalidad entre la elongación θ del equipo móvil en el equilibrio, y la potencia que se quiere medir, P.
Los watímetros están graduados generalmente en corriente continua.

Watt James (1736-1819)

▶ *Indicador de Watt.*—Manómetro que, por inscripción directa, da una gráfica que representa el ciclo real de funcionamiento de una máquina de vapor.
El volumen ofrecido al vapor en uno de los cilindros es llevado al eje de abscisas, llevándose en ordenadas los valores de la presión del vapor en el mismo compartimento. La superficie de la gráfica es proporcional al trabajo efectuado por el vapor en el curso de un ciclo. Es el *«trabajo indicado»*. A causa de su grandísima inercia, el indicador de Watt no puede ser utilizado en las máquinas cuya velocidad de funcionamiento es muy grande.
V. RENDIMIENTO.

▶ *watio-hora (Wh).*—Unidad auxiliar de energía.
Es la energía puesta en juego en una hora por una instalación cuya potencia es un watio.
1 Wh = 3.600 J.

▶ *watt* o watio (W).—Unidad SI de potencia.
«El watio es la potencia de un sistema energético en el que se transfiere uniformemente una energía de un julio durante un segundo.» Otras unidades de potencia:
El ergio/segundo (unidad c.g.s.): 1 erg/s = 10^{-7} W.
El caballo de vapor: 1 CV = 75 kgm/s ≃ 735 W.
V. POTENCIA ELÉCTRICA.

Weber Ernst Heinrich (1795-1878)

V. LEY DE BOUGUER-WEBER, LEY DE FECHNER.

Weber Wilhem Eduard (1804-1891)

▶ *weber (Wb).*—Unidad de flujo magnético (flujo del vector **B**). Su definición está ligada a la relación de Faraday concerniente al fenómeno de inducción electromagnética: $e = -\partial\Phi/\partial t$ (Φ flujo magnético, e fuerza electromotriz inducida).
El weber es el flujo magnético que, al atravesar un circuito, produce en él una f.e.m. de un voltio si se anula en un segundo por medio de un decremento uniforme.

Wehnelt Arthur Rudolph (1871-1944)

▶ *Electrodo de Wehnelt.*—Importante órgano de los *cañones de electrones*.
Es un electrodo de forma cilíndrica que rodea al cátodo y con una abertura en el eje. Se lleva a un potencial regulable, negativo con respecto al cátodo (unos 20 V menos). Los electrones catódicos son concentrados así hacia el eje, y pasan por la abertura «de Wehnelt», dirigiéndose hacia la pantalla. Alterando el potencial de Wehnelt se aumenta o disminuye a voluntad el número de electrones que se envía a la pantalla, y, por tanto, la luminosidad del punto de im-

pacto. Dando a este electrodo un potencial positivo puede también «apagarse» la pantalla cuando sea necesario.
En los receptores de televisión, la señal vídeo modula el potencial de Wehnelt, y así se obtienen sobre los diferentes puntos de la pantalla barridos por el haz electrónico las variaciones de luminosidad que determinan la imagen.
El electrodo de Wehnelt es llamado también *electrodo* o *rejilla* de comando.

Weierstrass Karl (1815-1897)

▶ *Puntos de Weierstrass.*—V. PUNTOS APLANÁTICOS DEL DIOPTRIO ESFÉRICO.

Weiss Pierre Ernest (1865-1940)

▶ *Dominios de Weiss.*—V. IMANACIÓN ESPONTÁNEA, FERROMAGNETISMO, PAREDES DE BLOCH.

▶ *Ley de Weiss.*—V. CAMPO MOLECULAR, LEY DE CURIE-WEISS.

Weizsäcker Karl von (1912)

▶ *Fórmula de Weizsäcker.*—Fórmula semiempírica que permite el cálculo de la masa m de un núcleo atómico en función de su número atómico Z —número de protones que contiene— y del número N de neutrones del mismo. Con mayor precisión, la fórmula explica la expresión del defecto de masa δ equivalente a la energía de enlace global entre sus nucleones. Inspirado por el modelo nuclear «de la gota», es una fórmula semiempírica, lo que explica que distintos investigadores hayan podido darle diferentes formas, muy próximas entre sí. Se escribe en general de la forma siguiente: $m = Zm_p + Nm_n - \delta$, con $\delta = \alpha_1 A - \alpha_2 A^{2/3} - \alpha_3 Z(Z-1) A^{-1/3} - \alpha(N-Z)^2 A^{-1} - \varepsilon\alpha_5 A^{-3/4}$; m_p es la masa del protón, m_n la del neutrón y $A = N + Z$. El primer término de δ traduce la existencia de fuerzas *atractivas* entre todos los nucleones indistintamente (interacciones «fuertes»). El segundo, proporcional a la superficie del núcleo, es un factor de corrección que tiene en cuenta los nucleones periféricos, menos ligados al resto del núcleo. El tercero traduce la existencia de fuerzas culombianas *repulsivas* entre los protones únicamente, y los dos últimos, por fin, tienen en cuenta las diferencias de estabilidad constatadas en función de las paridades de los números Z y N: $\varepsilon = 0$ si A es par y $\varepsilon = \pm 1$ para un núcleo impar (+1 si Z es par, −1 si Z es impar). Los coeficients numéricos α se determinan conociendo los valores experimentales de un número suficiente de núcleos.
La confrontación de esta fórmula con los resultados experimentales es bastante satisfactoria, al menos para los núcleos que contienen un elevado número de nucleones.
V. MODELOS NUCLEARES.

Weston

▶ *Pila Weston.*—*Pila impolarizable* constituida por la cadena: cadmio, disolucinoes saturadas de sulfato de cadmio, después de mercurio, mercurio. El mercurio es el polo positivo y el cadmio el polo negativo. Tomando diversas precauciones en su construcción y en su utilización, su fuerza electromotriz es notablemente reproducible (con error menor de $1/10^5$). $e = 1{,}01864$ voltios a 20 °C. Varía a razón de unos $4 \cdot 10^{-5}$ voltios/grado.
La conferencia internacional de unidades y patrones (1908) la recomendó como patrón de f.e.m.

Wheatstone sir Charles (1802-1875)

▶ *Puente de Wheatstone.*—V. PUENTES DE MEDIDA.

Wiedemann Gustav Heinrich (1826-1899)

▶ *Ley de Wiedemann y Franz.*—Ley empírica establecida hacia 1853: «El cociente entre las *conductividades* térmica (λ) y eléctrica (σ), medidas a la misma temperatura, tiene el mismo valor para los metales que son buenos conductores.» De hecho, a 0 °C, ese cociente oscila alrededor de $6{,}2 \cdot 10^{-6}$ unidades SI ($W \cdot \Omega \cdot K^{-1}$), con desviaciones relativas que pueden alcanzar el 10 %. Hacia 1900, la teoría de *Drude y Lorentz*, asimilando el conjunto de los electrones libres de un metal a un «gas electrónico», lo que permite la utilización de las leyes de la teoría cinética de los gases, dio una explicación teórica del fenómeno. Estableció la relación $\lambda/\sigma = L \cdot T$, donde T es la temperatura absoluta del metal, y L, una constante universal, llamada *constante de Lorentz*. La actual teoría de bandas de energía confirma la relación precedente y precisa el valor de L en función de las constantes fundamentales de la física (*k*, constante de Boltzmann, y *e*, carga elemental):

$$L = \left(\frac{\pi^2}{3}\right)\left(\frac{k}{e}\right)^2 \simeq 2{,}44 \cdot 10^{-8}\ \text{SI}\ (W \cdot \Omega \cdot K^{-2})$$

Lo que da, para una temperatura de 0 °C: $\lambda/\sigma \simeq 6{,}6 \cdot 10^{-6}$ (SI).

Wien Wilhem (1864-1925)

Premio Nobel en 1911.

▶ *Ley de Wien.*—Primera ley que trató la *radiación térmica* del *cuerpo negro*, establecida a partir de razonamientos fundados en las leyes de la termodinámica.
Siendo L la *luminancia energética* de un cuerpo negro, su *luminancia energética espectral* para una longitud de onda L_λ ($L_\lambda = \partial L/\partial\lambda$) depende de λ y de la temperatura T del cuerpo a través de una relación de la forma $L_\lambda = \lambda^{-5} f(\lambda, T)$, permaneciendo desconocida la función *f*.

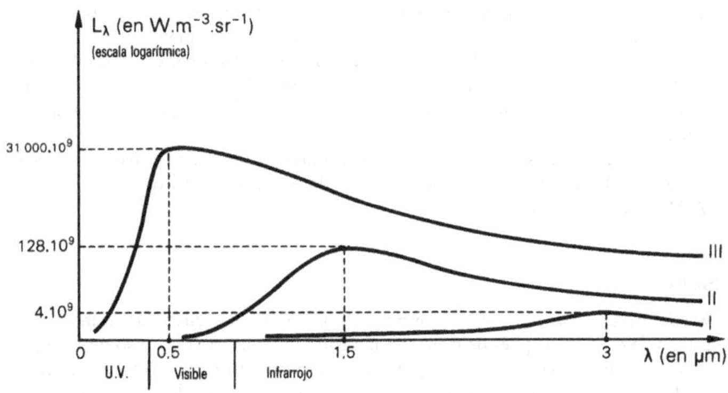

I Isoterma a 1.000 K;
II Isoterma a 2.000 K;
III Isoterma a 6.000 K (temperatura aproximada de la superficie del Sol).

Si cada radiación está caracterizada por su frecuencia ν, la relación se hace: L_ν $(= \partial L/\partial \nu) = \nu^3 g(\nu/T)$.
Un resultado más completo, basado en las leyes de la estadística clásica, fue obtenido hacia 1895 (V. LEY DE RAYLEIGH-JEANS). Aun así, fue considerado inadecuado, y sustituido hacia 1900 por un resultado más satisfactorio, basado en una teoría cuántica (V. LEY DE PLANCK).

▶ *Leyes de desplazamiento de Wien.*—Leyes experimentales sobre la radiación del cuerpo negro, construido en la forma de recinto isotermo provisto de una pequeña abertura. Su radiación es policromática, y su luminancia energética espectral L_λ pasa por un máximo $(L_\lambda)_m$ para un valor λ_m de la longitud de onda. Si a la temperatura T del recinto se le van dando valores cada vez más altos, ese máximo se desplaza progresivamente hacia las longitudes de onda más cortas (del rojo al violeta). Las leyes de Wien precisan: 1.°: Que su abscisa λ_m disminuye a medida que aumenta T: $\lambda_m \cdot T = b$ ($\sim 3 \cdot 10^{-3}$ SI); 2.°: que su ordenada aumenta como la quinta potencia de T: $(L_\lambda)_m = a \cdot T^5$ ($a \sim 4 \cdot 10^{-6}$ SI). Cuando la ley de Planck fue conocida, se pudo demostrar que las leyes de Wien son consecuencias lógicas de ella.

Wilson Charles Thomson Rees (1869-1959)

▶ *Cámara de Wilson.*—V. CÁMARA DE NIEBLA.

Wobbulador (o vobulador)

Del inglés *to wobble*, vacilar, oscilar.

Dispositivo eléctrico que libera una corriente alterna sinusoidal de amplitud constante, pero cuya frecuencia oscila periódicamente entre dos valores extremos, elegidos previamente. Utilizado cuando se quieren conocer las variaciones de las características de un circuito en función de la frecuencia de la corriente alimentadora.

Wood Robert William (1868-1955)

▶ *Cristal de Wood.*—V. LUZ NEGRA.

X-Y

X

▶ *Fotones X.*—V. FOTÓN.

▶ *Radiaciones X.*—V. RAYOS X, ESPECTROS X.

▶ *Rayas X.*—V. LEY DE MOSELEY, ESPECTROS X.

▶ *Unidad X (UX).*—Unidad de longitud, desaconsejada en la actualidad. Fue utilizada para evaluar las longitudes de onda de las radiaciones X, de donde proviene su nombre, y su valor aproximado es: 1 UX $\sim 10^{-4}$ nm (10^{-3} Å).
V. ESCALA SIEGBAHN.

Xerografía

De dos palabras griegas que significan impresión en seco.

Procedimiento de reproducción de documentos basado en el uso de la fotoconductividad del selenio.
Una placa metálica está recubierta de una delgada capa de selenio, después de un baño que lleva cargas eléctricas estáticas. Sobre esta preparación se hace formar una imagen del documento que se quiere reproducir, fuertemente iluminado. El selenio, aislante en la oscuridad, se hace conductor en las regiones iluminadas. Las cargas eléctricas superficiales desaparecen de esas regiones, y sólo de esas regiones. Suprimida la iluminación, se extiende sobre la preparación un fino polvo negro cuyos granos, atraídos electrostáticamente, se reúnen en las regiones que no han sido iluminadas, reproduciendo los trazos oscuros del documento. La imagen es «revelada» así. Puede entonces ser reproducida en una hoja de papel ordinario, por simple compresión, sin necesidad de tratamiento por vía húmeda, como en las fotografías químicas habituales.
Como es sabido, este procedimiento, convenientemente automatizado, ha adquirido en nuestros días una enorme importancia industrial.

Yang Chen Ning (1922)

Premio Nobel en 1957 (con T. D. Lee).

V. VIOLACIÓN DE LA PARIDAD.

Young Thomas (1773-1829)

▶ *Módulo de Young.*—V. MÓDULOS DE ELASTICIDAD.

▶ *Rendijas de Young*.—Dispositivo ideado por Young (hacia 1805), que sirve para realizar un experimento de interferencia luminosa.
Dos rendijas paralelas, estrechas y muy próximas, se practican en una placa opaca, o donde se puedan practicar. Una fuente luminosa rectilínea, paralela a las rendijas, envía sobre ellas un haz monocromático. Éste da, por difracción a través de las rendijas, dos haces divergentes de luz coherente, que pueden, por tanto, interferir. Efectivamente, en la parte común a los dos haces, que son recibidos por medio de una pantalla paralela al plano de las rendijas, se observan franjas de interferencia.
Ejemplo: La anchura de cada rendija vale d = 0,05 mm, y la distancia entre sus ejes a = 0,5 mm. Con una luz de longitud de onda 500 nm, y una pantalla colocada a una distancia D = 1 m, la parte común a las dos manchas centrales de difracción ocupa una zona de una veintena de milímetros de ancha, en cuyo interior aparecen franjas alternativamente claras y oscuras, valiendo la interfranja alrededor de 1 mm.
V. PRINCIPIO DE INTERFERENCIA.

Yukawa Hideki (1907)

Premio Nobel 1949.

▶ *Potencial de Yukawa* (1935).—Yukawa señaló que la ecuación de onda de *Klein-Gordon* (movimiento de un corpúsculo en mecánica cuántica) admite como solución estática de simetría esférica la solución:

$$\psi = k \cdot \frac{1}{r} \exp(-r/a), \qquad \text{con } a = \hbar/mc,$$

$\hbar$ constante reducida de Planck, c velocidad de la luz, m masa del corpúsculo en movimiento, k una constante. Ahora bien, si la masa m de ese corpúsculo se supone nula, se encuentra la forma en $1/r$ del potencial culombiano, potencial de la interacción electromagnética de alcance infinito, mediada por un fotón cuya masa es precisamente nula. Tuvo entonces la idea de que la función ψ, cuando m es diferente de cero, puede representar el potencial asociado a la interacción fuerte entre nucleones, responsable de la estabilidad de los núcleos atómicos. La masa m es en ese caso la de la partícula intermediaria de esa interacción, para la cual la longitud a caracteriza prácticamente el alcance. Escribiendo que el alcance de la interacción fuerte es próximo al diámetro de un núcleo (alrededor de $1{,}5 \cdot 10^{-15}$ m = 1,5 fermi), se encuentra que m debe ser del orden de 130 MeV/c^2 (alrededor de 260 veces la masa del electrón).
Algunos años más tarde fue descubierto el mesón π, que respondía a estas previsiones. Se ha descubierto con posterioridad que el resultado obtenido por Yukawa se desprende igualmente de la aplicación de la cuarta desigualdad de Heisenberg. Escribiendo, en efecto, que la duración de la vida del mesón π entre dos nucleones: $\Delta t = a/c$ (suponemos que se desplaza a la velocidad c), y que su energía $W = mc^2$ satisface la relación $\Delta t \cdot W \simeq \hbar$, se encuentra correctamente $a \simeq \hbar/mc$.

Z

Z

Designa universalmente el *número atómico* o *número de carga* de un núclido X, cuya representación simbólica es $^A_Z X$. (A es su número másico.)

▶ Z°.—Designa uno de los *bosones intermediarios* de la *interacción electrodébil*.

Zeemann Pieter (1865-1943)

Premio Nobel en 1903 (con Lorentz).

▶ *Efecto Zeeman*.—Desde el punto de vista experimental, consiste en una modificación del espectro de emisión de un corpúsculo (átomo o molécula), cuando éste es sometido a la acción de un campo magnético exterior. Un espectroscopio, con poder de resolución suficiente, demuestra que cada una de las radiaciones monocromáticas emitidas a campo nulo es sustituida por un grupo de radiaciones, sus «componentes Zeeman». Por otra parte, todas esas nuevas radiaciones están polarizadas, mientras que la radiación primitiva no lo estaba. *Ejemplo:* Las componentes Zeeman de una raya del átomo de hidrógeno forman un *triplete* (V. fig. 1). Este

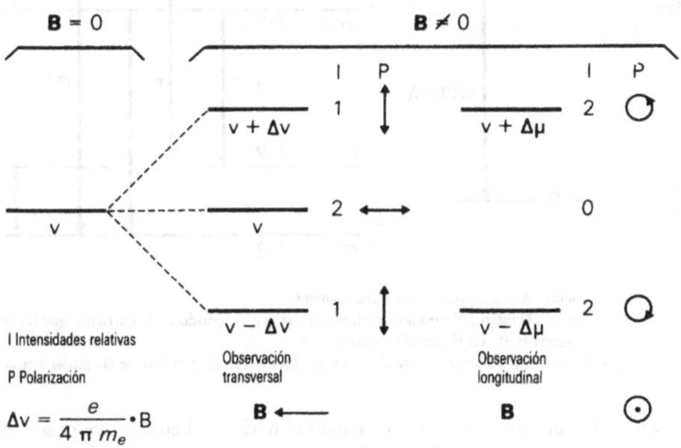

I Intensidades relativas

P Polarizaciones

$$\Delta\nu = \frac{e}{4\pi m_e} \cdot \mathbf{B}$$

FIG. 1

modo de descomponerse es común a los átomos hidrogenoideos, y la distancia entre sus componentes en la escala de frecuencias no depende de la raya estudiada, sino de la serie a la que pertenece (regla de Preston).

Pero sucede que el número de componentes Zeeman es a veces más importante. Se ha creído ver en ello un «efecto Zeemann anómalo». Éste es, de hecho, el caso más frecuente. Señalemos que el número de componentes disminuye en ese caso frecuentemente cuando el campo magnético se hace más intenso (efecto Paschen-Back), adquiriendo la raya el aspecto de un «triplete normal».

La primera explicación teórica del fenómeno (descubierto en 1896) fue edificada en el marco de la física teórica precuántica, por Lorentz.

En la actualidad ha sido abandonada en beneficio de una teoría cuántica, más completa, aunque solamente la teoría del efecto Zeeman para átomos libres está bien establecida. Esencialmente, esta teoría demuestra que el corpúsculo emisor, sumergido en un campo magnético, adquiere una energía suplementaria, $\Delta E = -\mathbf{MB}$, debida a la interacción entre su momento magnético propio, **M** (V. MODELO VECTORIAL DEL ÁTOMO), y el campo magnético exterior **B**. Esta energía está cuantificada.

Ello implica que cada uno de los niveles energéticos del corpúsculo se encuentre descompuesto en varios subniveles. Desde el punto de vista teórico, *el efecto Zeemann consiste precisamente en esta descomposición*. Cada uno de los subniveles está caracterizado por un valor distinto del *número cuántico magnético m*, lo que corresponde, de manera simplificada, a cada una de las orientaciones posibles del momento magnético **M** respecto al campo magnético **B**. Las transiciones radiantes entre esos subniveles, teniendo en cuenta las reglas de selección y de polarización, explican la presencia, la intensidad relativa y el estado de polarización de las diversas componentes Zeemann, tanto en la emisión (V. fig. 2) como en las escasas pero ciertas posibilidades de absorción (V. BOMBEO ÓPTICO).

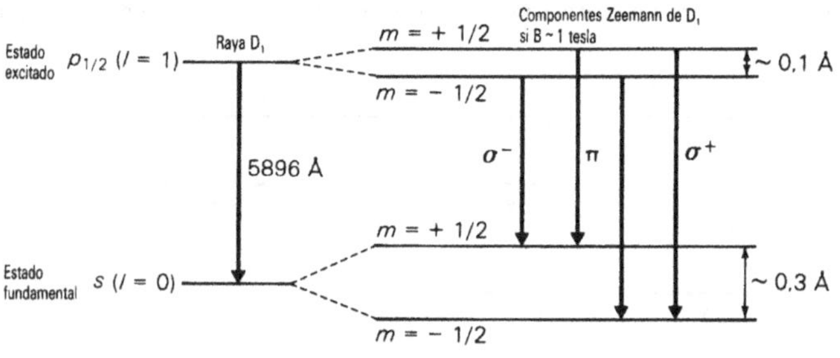

Las componentes π están polarizadas rectilíneamente.
Las componentes σ están polarizadas circularmente, σ^+ en el sentido de la corriente que ha creado el campo magnético, σ^- en el sentido contrario.
Son posibles transiciones entre subniveles vecinos. Pertenecen al dominio de las ondas hertzianas.

Estos diversos fenómenos se complican cuando el núcleo del átomo que observamos presenta un momento no rigurosamente despreciable.

El efecto Zeeman sirvió, y sirve todavía, para la clasificación de las rayas espectrales de un mismo elemento. Esta es una de sus aplicaciones. Además, las explicaciones teóricas destinadas a perfeccionar las explicaciones de sus diversos aspectos han contribuido históricamente al desarrollo de la mecánica cuántica.

Señalemos, para finalizar, que se aproxima a veces el efecto Zeemann a un fenómeno distinto, detectado por Landau. Afecta a la acción de un campo magnético sobre la distribución energética de los electrones en las bandas de valencia y de conducción de un metal o de un semiconductor.

Zernike Fritz (Frederik) (1888-1966)

Premio Nobel en 1953.

▶ V. CONTRASTE DE FASE.

Zworkyn Vladimir Kosma (1889-1982)

▶ *Tubo de Zworkyn*.—V. ICONOSCOPIO.

Cuadros y datos anexos

1
LAS UNIDADES

1.1. Las unidades del sistema internacional (SI)

Las unidades básicas están en *cursiva*.

Aquellas unidades derivadas a las que no ha sido atribuido ningún nombre especial llevan nombres construidos a partir de los de otras unidades, teniendo en cuenta sus dimensiones.

Ejemplos: Unidad de aceleración: metro por segundo cuadrado (m/s^2 o indiferentemente $m \cdot s^{-2}$). Unidad de campo eléctrico: voltio por metro (V/m o $V \cdot m^{-1}$). Unidad de luminancia energética: watio por metro cuadrado y por estereorradián ($W/m^2 \cdot sr$, o mejor, para evitar cualquier confusión $W \cdot m^{-2} \cdot sr^{-1}$).

Magnitudes	*Unidades*	*Símbolos*
a / Magnitudes eléctricas		
Capacidad eléctrica y coeficientes de influencia electrostática	faradio	F
Carga eléctrica y cantidad de electricidad	culombio	C
Densidad lineal de carga	culombio por metro	$C \cdot m^{-1}$
Densidad superficial de carga	culombio por metro cuadrado	$C \cdot m^{-2}$
Densidad volúmica de carga	culombio por metro cúbico	$C \cdot m^{-3}$
Campo eléctrico (**E**)	voltio por metro	V/m
Campo magnético (**B**)	tesla	T
Conductancia eléctrica	siemens	S
Conductividad eléctrica	siemens por metro	$S \cdot m^{-1}$
Desplazamiento eléctrico (**D**)	culombio por metro cuadrado	$C \cdot m^{-2}$
Excitación magnética (**H**)	amperio por metro	$A \cdot m^{-1}$
Flujo eléctrico del vector **E**	voltio-metro	$V \cdot m$
del vector **D**	culombio	C
Flujo magnético del vector **B**	weber	Wb
del vector **H**	amperio-metro	$A \cdot m$
Fuerza electromotriz (o contraelectromotriz)	voltio	V
Fuerza magnetomotriz	amperio-vuelta	$A \cdot v$
Impedancia eléctrica	ohmio	Ω
Inductancia	henrio	H
Intensidad de corriente eléctrica	*amperio*	A
Momento eléctrico	culombio-metro	$C \cdot m$
Momento magnético	amperio-metro cuadrado	$A \cdot m^2$
Permitividad (absoluta)	faradio por metro	F/m
Permeabilidad (absoluta)	henrio por metro	H/m
Polarización eléctrica	culombio por metro cuadrado	C/m^2
Polarización magnética (o intensidad de imanación volúmica)	amperio por metro	A/m
Potencial eléctrico	voltio	V
Potenciales magnéticos	tesla-metro	$T \cdot m$
Reactancia	ohmio	Ω
Reluctancia	$henrio^{-1}$	H^{-1}

Las unidades del sistema internacional (SI) (continuación)

Magnitudes	*Unidades*	*Símbolos*
Resistencia eléctrica	ohmio	Ω
Resistividad eléctrica	ohmio-metro	Ω · m
Susceptancia	siemens	S
Susceptibilidad eléctrica	(número)	–
Susceptibilidad magnética: másica	metro cúbico por kilogramo	m^3/Kg
Susceptibilidad magnética: volúmica	(número)	–
Tensión eléctrica	voltio	V

b / Magnitudes geométricas

Ángulo plano	radián	rad
Ángulo sólido	estereorradián	sr
Longitud	*metro*	m
Superficie	metro cuadrado	m^2
Volumen	metro cúbico	m^3

c / Magnitudes mecánicas

Cinemáticas

Aceleración angular	radián por segundo cuadrado	rad/s^2
Aceleración lineal	metro por segundo cuadrado	m/s^2
Frecuencia	hertzio	Hz
Periodo	segundo	s
Pulsación	radián por segundo	rad/s
Tiempo	*segundo*	s
Viscosidad cinemática	metro cuadrado por segundo	m^2/s
Velocidad angular	radián por segundo	rad/s
Velocidad lineal	metro por segundo	m/s

Cinéticas

Densidad	kilogramo por metro cúbico	kg/m^3
Masa	*kilogramo*	kg
Masa lineica (densidad lineal de masa)	kilogramo por metro	kg/m
Momento angular (o cinético)	kilogramo-metro cuadrado por segundo	$kg \cdot m^2 \cdot s^{-1}$
Momento lineal (o cantidad de movimiento)	kilogramo-metro por segundo	$kg \cdot m \cdot s^{-1}$
Momento de inercia	kilogramo por metro cuadrado	$kg \cdot m^2$
Producto de inercia	kilogramo por metro cuadrado	$kg \cdot m^2$
Volumen másico	metro cúbico por kilogramo	m^3/kg

Dinámicas

Acción	julio-segundo	J · s
Tensión	pascal	Pa
	o pascal-metro	Pa · m
Energía	julio	J
Fuerza	newton	N
Impulso de una fuerza	newton-segundo	N · s
Momento de una fuerza	newton-metro	N · m
Presión	pascal	Pa
Potencia	watio o vatio	W
Tensión superficial	newton-metro	N · m
Trabajo	julio	J
Viscosidad dinámica	poiseuille	Pl

d / Magnitudes ópticas

Vergencia (y potencia)	Dioptría	δ

Las unidades del sistema internacional (SI) (continuación)

Magnitudes	*Unidades*	*Símbolos*

e / Magnitudes radiológicas

	Unidades SI	*Unidades antiguas*
Actividad	becquerel (Bq)	curio (Ci) 1 Ci = $3{,}7 \cdot 10^{10}$ Bq
Dosis absorbida	gray (Gy)	rad 1 rad = 0,01 Gy
Equivalente de dosis	sievert (Sv)	rem 1 rem = 0,01 Sv
Exposición	culombio por kilogramo ($C \cdot kg^{-1}$)	roentgen (R) 1 R = $2{,}85 \cdot 10^{-4}$ C/kg
Factor de calidad	(número)	
Kerma	gray (Gy) o $J \cdot kg^{-}$	
Transferencia linéica de energía TLE	julio por metro ($J \cdot m^{-1}$) (1 keV/µm ≅ $1{,}6 \cdot 10^{-10}$ $J \cdot m^{-1}$)	

f / Magnitudes radiométricas y fotométricas

Intensidad energética	watio por estereorradián	W/sr
Intensidad energética (de iluminación)	watio por metro cuadrado	W/m^2
Iluminación	lux	lx
Emitancia (o radiancia) energética	watio por metro cuadrado	W/m^2
Emitancia visual	lumen por metro cuadrado	lm/m^2
Flujo energético	watio	W
Flujo visual (o luminoso)	lumen	lm
Intensidad luminosa (o visual)	*candela*	cd
Luminancia energética	watio por metro cuadrado y por esteroradián	$W \cdot m^2 \cdot sr^{-1}$
Luminancia visual	candela por metro cuadrado	cd/m^2

g / Magnitudes termodinámicas

Calor	julio	J
Cantidad de materia	*mol*	mol
Capacidad térmica	julio por kelvin	$J \cdot K^{-1}$
Concentración	kilogramo por metro cúbico	$kg \cdot m^3$
Conductividad térmica	watio por metro y kelvin	$W \cdot m^{-1} \cdot K^{-1}$
Energía interna	julio	J
Entropía	julio por kelvin	$J \cdot K^{-1}$
Molalidad	mol por kilogramo	$mol \cdot kg^{-1}$
Molaridad	mol por metro cúbico	$mol \cdot m^{-3}$
Temperatura termodinámica (o absoluta, o kelvin)	*kelvin*	K
Temperatura Celsius	grado Celsius	°C

1.2. *Cuadro de los prefijos SI*

	Prefijos y símbolos		*Valor multiplicativo*	*Etimología*	*Algunos ejemplos*
Múltiplos	exa	E	$10^{3 \cdot 6} = 10^{18}$	griego = seis	1 EeV ≈ 0,16 julio
	penta	P	$10^{3 \cdot 5} = 10^{15}$	griego = cinco	1 año luz ≈ 9,5 Pm
	tera	T	$10^{3 \cdot 4} = 10^{12}$	griego = monstruoso	1 THz = 10^{12} Hz
	giga	G	$10^{3 \cdot 3} = 10^{9}$	griego = gigante	1 GeV = 10^{9} eV
	mega	M	$10^{3 \cdot 2} = 10^{6}$	griego = grande	1 MΩ = 10^{6} ohmios = 1 megahomio
	kilo	k	$10^{3 \cdot 1} = 10^{3}$	griego = mil	1 KJ = 10^{3} J
	hecto	h	10^{2}	griego = cien	1 hm² = (100 m²) = 10^{4} m² = 1 ha
	deca	da	10^{1}	griego = diez	1 da N ~ 1 kg − peso
Submúltiplos	deci	d	10^{-1}	latín = diez	1 $dm^3 = (10^{-1}\ m)^3 = 10^{-3}\ m^3$ (= 1 l)
	centi	c	10^{-2}	latín = cien	1 $cm^{-1} = (10^{-2}\ m)^{-1} = 10^{2}\ m^{-1}$
	mili	m	10^{-3}	latín = mil	1 ml = 10^{-3} l = 1 $cm^3 = 10^{-6}\ m^3$
	micro	μ	10^{-6}	griego = pequeño	1 μA (1 microamperio) = 10^{-6} A
	nano	n	10^{-9}	griego = enano	1 ns = 10^{-9} segundos
	pico	p	10^{-12}	italiano = pequeño	1 pF = 10^{-12} faradios
	femto	f	10^{-15}	danés = quince	1 fm = 10^{-15} metros (= 1 fermi)
	atto	a	10^{-18}	danés = dieciocho	

Submúltiplos del metro utilizados en espectroscopía:

micra	μm	1 μm = 10^{-6} metro
angström	Å	1 Å = 10^{-4} μm = 10^{-1} nm = 10^{-10} metro
unidad X	UX	1 UX ≈ Å (V. SIEGBAHN)

1.3. Reglas de denominación de los grandes números (Reglas n)

Convenio europeo: $10^{6 \cdot n} \rightarrow n$-illón
(n = 1), 10^6, millón; (n = 2), 10^{12}, billón; (n = 3), 10^{18}, trillón, etc.
Convenio americano: $10^{3+3n} \rightarrow n$-illón
(n = 1), 10^6, millón; (n = 2), 10^9, billón; (n = 3), 10^{12}, trillón, etc.

1.4. Valores en unidades SI de algunas unidades c.g.s.

a / Unidades eléctricas (sistemas c.g.s. no racionalizados)

	Electrostático		*Electromagnético*		
Capacidad	(cm?)	$10^5/c^2$ F		10^9	F
Campo eléctrico (E)		$c/10^4$ V/m		10^{-6}	V/m
Campo magnético (B)		$1/10^6\,c$ T	(gauss)	10^{-4}	T
Carga eléctrica	(franklin)	$1/10\,c$ C		10	C
Desplazamiento eléctrico (D)		$10^3/4\pi c$ C/m²		$10^5/4\pi$	C/m²
Excitación magnética (H)		$10/4\pi c$ A/m	(oersted)	$10^3/4\pi$	A/m
Flujo magnético (de B)		$1/10^{10}\,c$ Wb	(maxwell)	10^{-8}	Wb
Intensidad eléctrica		$1/10\,c$ A	(biot)	10	A
Inductancia		$c^2/10^5$ H	(cm?)	10^{-9}	H
Permeabilidad (u_0)		$4\pi c^2/10^3$ H/m		$4\pi 10^{-7}$	H/m
Permitividad ($_0$)		$10^7/4\pi c^2$ F/m		$10^{11}/4$	F/m
Potencial eléctrico		$c/10^6$ V		10^{-8}	V
Resistencia eléctrica		$c^2/10^5$ Ω		10^{-9}	Ω

c constante de coordinación, en unidades SI ($\sim 3 \cdot 10^8$ m/s)

b / Unidades fotométricas

Iluminación	phot (ph)	1ph = 10^4 lux
Luminancia visual	stilb (sb)	1sb = 10^4 cd/m²

c / Unidades geométricas y mecánicas

Longitud	*centímetro*	cm	10^{-2} m
Masa	*gramo*	g	10^{-3} kg
Tiempo	*segundo*	s	1 s
Aceleración	gal	gal	10^{-2} m/s
Fuerza	dina	d	10^{-5} N
Momento de un par	dina centímetro	d · cm	10^{-7} Nm
Trabajo, energías	ergio	erg	10^{-7} J
Potencia	ergio por segundo	erg/s	10^{-7} W
Presión	baria	b	10^{-1} Pa
Viscosidad cinemática	stokes	st	10^{-4} m²/s
Viscosidad dinámica	poise	P o Po	10^{-1} Pl

d / Unidades radiológicas (referidas al sistema c.g.s.)

Dosis absorbida	rad (rad, o red)	1 rad = 100 erg/g = 10^{-2} Gy
Equivalente de dosis	rem	1 rem = 10 Gy
Exposición	roetgen (R)	1 R = 1 franklin por cm³ de aire $\simeq 2{,}58\ 10^{-4}$ C/kg

1.5. Las diversas unidades de presión

a / Valores en pascales de las diferentes unidades

$1{,}013\,25 \cdot 10^5$	atmósfera	(atm)
10^5	bar	(bar)
$0{,}980\,665 \cdot 10^5$	kilopondio por centímetro cuadrado	(Kgp/cm²)
10^3	piezo (antigua unidad m.k.s.)	(pz)
$1{,}333\,2 \cdot 10^2$	torr (o milímetro de mercurio normal)	(torr)
10^2	milibar	(mbar)
1	*pascal*	(Pa)
10^{-1}	(baria, unidad c.g.s.)	(baria)

b / Cuadro de conversión (valores aproximados)

	b	Pa	mbar	torr	pz	kgp/cm²	bar	atm
atm	$1{,}01\ 10^6$	$1{,}01\ 10^5$	$1{,}01\ 10^3$	760	$1{,}01\ 10^2$	1,03	1,01	
bar	10^6	10^5	10^3	750	10^2	1,02		$9{,}87\ 10^{-1}$
kgp/cm²	$9{,}8\ 10^5$	$9{,}8\ 10^4$	$9{,}8\ 10^2$	735	$9{,}8\ 10^1$		$9{,}8\ 10^{-1}$	$9{,}7\ 10^{-1}$
pz	10^4	10^3	10	7,5		$1{,}02\ 10^{-2}$	10^{-2}	$9{,}87\ 10^{-3}$
torr	$1{,}33\ 10^3$	$1{,}33\ 10^2$	1,33		$1{,}33\ 10^{-1}$	$1{,}36\ 10^{-3}$	$1{,}33\ 10^{-3}$	$1{,}32\ 10^{-3}$
mbar	10^3	10^2		$7{,}5\ 10^{-1}$	10^{-1}	$1{,}02\ 10^{-3}$	10^{-3}	$9{,}87\ 10^{-4}$
Pa	10		10^{-2}	$7{,}5\ 10^{-3}$	10^{-3}	$1{,}02\ 10^{-5}$	10^{-5}	$9{,}87\ 10^{-6}$
b		10^{-1}	10^{-3}	$7{,}5\ 10^{-4}$	10^{-4}	$1{,}02\ 10^{-6}$	10^{-6}	$9{,}87\ 10^{-7}$
	b	Pa	mbar	torr	pz	kgp/cm²	bar	atm

1.6. Las diversas unidades de energía

a / Valores en julios y en electronvoltios

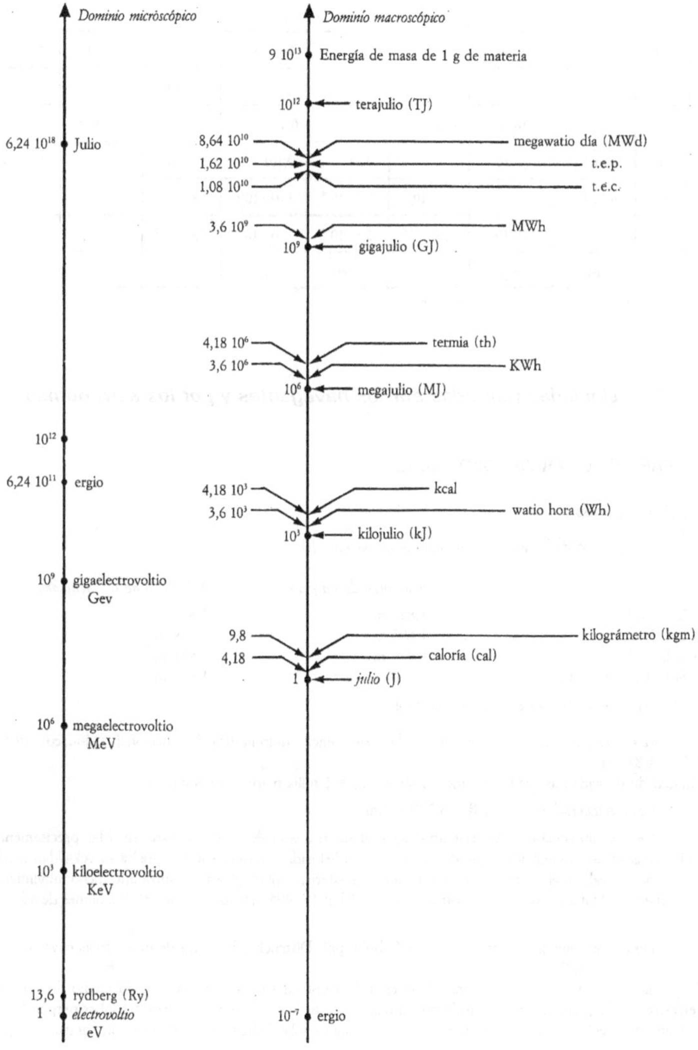

b / Cuadro de conversión (valores aproximados)

	eV	erg	J	cal	kgm	Wh	th	MWd
MWd			$8{,}64\ 10^{10}$	$2{,}1\ 10^{10}$	$8{,}8\ 10^{9}$	$2{,}4\ 10^{7}$	$2{,}1\ 10^{4}$	
th			$4{,}18\ 10^{6}$	10^{6}	$4{,}3\ 10^{5}$	$1{,}16\ 10^{3}$		$5\ 10^{-5}$
Wh	$2{,}2\ 10^{22}$	$3{,}6\ 10^{10}$	$3{,}6\ 10^{3}$	$8{,}6\ 10^{2}$	$3{,}7\ 10^{2}$		$8{,}6\ 10^{-4}$	$4{,}16\ 10^{-8}$
kgm	$6{,}1\ 10^{19}$	$9{,}8\ 10^{7}$	9,8	2,35		$2{,}7\ 10^{-3}$	$2{,}3\ 10^{-6}$	$1{,}13\ 10^{-10}$
cal	$2{,}63\ 10^{19}$	$4{,}18\ 10^{7}$	4,18		0,43	$1{,}16\ 10^{-3}$	10^{-6}	$4{,}8\ 10^{-11}$
J	$6{,}24\ 10^{18}$	10^{7}		0,24	0,102	$2{,}8\ 10^{-4}$	$2{,}4\ 10^{-7}$	$1{,}16\ 10^{-11}$
erg	$6{,}24\ 10^{11}$		10^{-7}	$2{,}4\ 10^{-8}$	$1{,}02\ 10^{-8}$	$2{,}8\ 10^{-11}$		
eV		$1{,}60\ 10^{-12}$	$1{,}60\ 10^{-19}$	$3{,}8\ 10^{-20}$	$1{,}63\ 10^{-20}$	$4{,}5\ 10^{-23}$		
	eV	erg	J	cal	kgm	Wh	th	MWd

1.7. Unidades utilizadas por los navegantes y por los astrónomos

A / PARA EVALUAR LAS DISTANCIAS

a / Definiciones

– *Longitud,* sobre la tierra, *de un arco de un minuto (1'):*

	A lo largo de un paralelo	*A lo largo de un meridiano* [1]
A la latitud 0° (ecuador)	1.855 m	1.843 m
A la latitud 30°	1.608 m	1.848 m
A la latitud 60°	930 m	1.857 m
A la latitud 90° (polo)	0	1.862 m

[1] Longitud evaluada sobre el círculo tangente local.

– *Milla marina* (M). Convención de la Conferencia hidrográfica internacional (Mónaco, 1929): 1 M = 1.852 m.
Unidad de velocidad asociada: 1 nudo (símbolo kn) = 1 milla marina por hora.

– *Radio ecuatorial terrestre:* 1 R = 6.378,14 km.

– *Unidad astronómica* (UA). Longitud igual al radio medio de la órbita terrestre. Más precisamente: radio de la órbita circular ideal que describiría, a una velocidad constantemente igual a su velocidad media de traslación real, en el centro de la Tierra, supuesta esférica y homogénea, no sufriendo dicho movimiento perturbación alguna proveniente de otros planetas. 1 UA ≈ 1,495 978 70 · 10^{11} m (~150 millones de kilómetros).

– *Parsec* (paralaje igual a un segundo) (símbolo: pc). Distancia a la Tierra de una estrella cuyo paralaje valga 1″. $d^{(pc)} = 1/p^{('')}$.
El paralaje de una estrella es el ángulo bajo el cual es visto desde esa estrella el radio medio de la órbita terrestre (1 UA), bajo la suposición de que la recta que une la estrella con el centro del sol es perpendicular al plano de la eclíptica. La estrella más próxima al sistema solar (Alfa Centauro) posee un paralaje de 0,76″

aproximadamente. Su distancia a la Tierra, $d^{(pc)} = 1/0,76$, es del orden de 1,32 pc (aproximadamente 4,3 años-luz).
1 pc ≃ 206.265 UA (~30,84 billones de kilómetros ~ 3,26 años-luz).

— *Año-luz* (a.l.). Distancia recorrida en un año por una señal luminosa que se propaga en el vacío.
1 a.l. ≃ $9,461 \cdot 10^{12}$ km ~ $6,32 \cdot 10^{4}$ UA ~ 0,307 pc.

b / Valores en metros

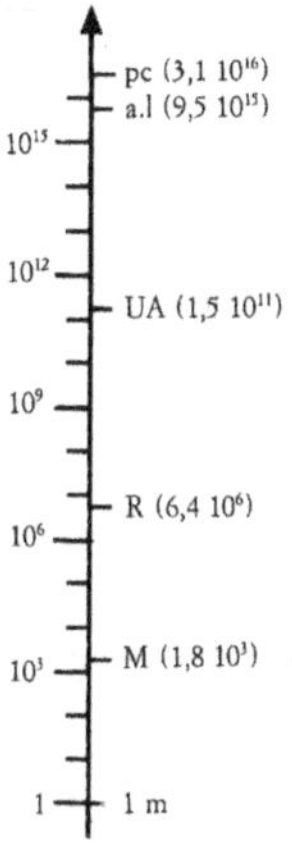

c / Cuadro de conversión (valores aproximados)

	m	R	UA	a.l	pc	
pc	$3,1\ 10^{16}$	$5\ 10^{9}$	$2,1\ 10^{5}$	3,3	1	pc
a.l	$9,5\ 10^{15}$	$1,6\ 10^{9}$	$6,3\ 10^{4}$	1	0,3	a.l
UA	$1,5\ 10^{11}$	$2,5\ 10^{4}$	1	$1,6\ 10^{-5}$	$4,8\ 10^{-6}$	UA
R	$6,4\ 10^{6}$	1	$4\ 10^{-5}$	$6,2\ 10^{-10}$	$2\ 10^{-10}$	R
m	1	$1,6\ 10^{-7}$	$6,6\ 10^{-12}$	$1,05\ 10^{-16}$	$3,3\ 10^{-17}$	m
	m	R	UA	a.l	pc	

B / PARA EVALUAR LAS DURACIONES

— *Día.* Es, en principio, el periodo de rotación propia de la Tierra alrededor del eje que pasa por sus polos. Puede ser medido señalando los instantes de dos pasos sucesivos aparentes del Sol por el meridiano de un mismo lugar, o los de una misma estrella lejana. Se obtiene en el primer caso la duración del *día solar* y en el segundo la del *día sideral.* Ambas duraciones son distintas, de hecho, variables ambas a lo largo de un año, y fluctuando la diferencia (día solar-día sideral) entre aproximadamente 3,36 y 4,26 minutos.

Hasta 1960 la unidad de tiempo, el *segundo* (V. esa voz), estaba definida por referencia a un «día solar medio», a su vez definido en Astronomía: 1 día solar medio = 86.400 segundos (24 horas exactamente).

— *Año.* Es un principio el periodo del movimiento de traslación de la Tierra alrededor del Sol. Se define con mayor precisión un año sidéreo y un año trópico.

El *año sidéreo* es la duración que separa dos pasos sucesivos de la Tierra por un punto en el que el Sol parece estar en conjunción con una misma estrella lejana. El *año trópico* es la duración que separa dos pasos sucesivos del centro de la Tierra por el punto gamma de la eclíptica (equinoccio de primavera).

Ni una ni otra de esas duraciones permanecen constantes a lo largo de los siglos. Además, y a causa del movimiento de *precesión* retrógrada del eje de la Tierra alrededor del eje sur-norte de la «esfera celeste», el punto gamma recula progresivamente sobre la eclíptica, y el año trópico es más breve que el año sideral (una veintena de minutos).

Entre 1960 y 1967, la unidad de tiempo, el *segundo*, ha sido definida con referenncia al año trópico 1900, escribiéndose: 1 año trópico = $3,155\ 692\ 597\ 47 \cdot 10^{7}$ segundos (≃365,242 198 781 días solares medios, o 365 días, 5 horas, 48 minutos, 45,971 segundos).

2
ALGUNOS ÓRDENES DE MAGNITUD

2.1. Lo infinitamente pequeño

metro		*Dimensiones de algunos objetos* (*órdenes de magnitud*)	*Longitudes de onda*	*Límites de resolución*
			Hertzianas	
10^{-3}	1 mm	Granos de polvo		
	200 µm	Óvulos humanos		
10^{-4}	100 µm		Infrarrojos	◄ Ojo desnudo
	20 µm	Celulas vegetales		
10^{-5}	10 µm	Glóbulos sanguíneos Bacterias		◄ Lupa
10^{-6}	1 µm	Microcristales	Visibles	
10^{-7}	100 nm	Células animales Macromoléculas	Ultravioletas	◄ Microscopio visual
10^{-8}	10 nm	Virus		
10^{-9}	1 nm	Moléculas	Rayos X	◄ Microscopio electrónico
10^{-10}	100 pm	(1 Å) Átomos		◄ Microscopio iónico
10^{-11}	10 pm		Ondas asociadas	◄ Microscopio de efecto túnel
10^{-12}	1 pm		Rayos γ (electrones, protones, neutrones)	
10^{-13}	100 fm	(1 UX)		
10^{-14}	10 fm	Núcleos atómicos		
10^{-15}	1 fm	Nucleones		
10^{-18}	10^{-3} fm	Quarks		

2.2. *Lo infinitamente grande*

A / LA TIERRA

a / La Tierra y sus movimientos

1. Asimilando su forma externa a la de un elipsoide de revolución se encuentra:
semieje mayor (radio ecuatorial): a = 6.378,164 km;
semieje menor (radio polar): b = 6.356,780 km;
coeficiente de aplanamiento: $(a - b)/a$ = 1/298.

Superficie: 510 millones de km² (el 29 % ocupado por continentes).

Volumen: 1,083 · 10^{12} km³.

Masa: 5,977 · 10^{24} kg. Densidad media: 5,52 (agua 1).

Corteza terrestre: espesor medio 50 km, densidad media 2,5. (Cumbre más alta, el Everest, 8.882 m; Fosa marina más profunda, Mindanao, 11.200 m).

Núcleo: radio supuesto, 3.500 km; densidad media, 11.

Atmósfera terrestre: V. Cuadro.

2. Los movimientos de la Tierra en el sistema solar.

Rotación propia: velocidad angular media: 7,3 · 10^{-5} rad/s;
velocidad lineal de un punto del ecuador: 465 m/s (1.674 km/h).

Movimiento orbital: radio medio de la eclíptica (trayectoria de la Tierra alrededor del Sol): 1 UA ≃ 1,5 · 10^{11} m;
velocidad angular media: 0,0172 rad/día (2 · 10^{-7} rad/s);
velocidad lineal media del centro de la Tierra: 2,98 · 10^4 m/s (≃ 107.300 km/h).

b / La atmósfera

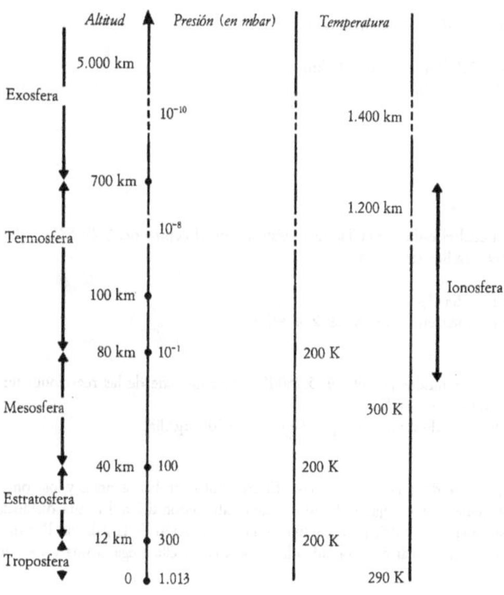

Las diferentes capas de la atmósfera (con algunas indicaciones sobre los órdenes de magnitud de dos parámetros, presión y temperatura).

c / Los satélites

1) La Luna

Diámetro aparente medio: 31′ (1 cm visto a 1,10 m).
Paraleje medio (ángulo desde el cual el radio terrestre es visto desde el centro de la Luna): 57′.
Radio medio de la Luna: 1.736 km (0,272 radios terrestres).
Volumen: $2{,}19 \cdot 10^{10}$ km³.
Masa: $7{,}35 \cdot 10^{22}$ kg.
Densidad media: 3,34.
Superficie lunar: $3{,}8 \cdot 10^{6}$ km².
Diámetro del circo lunar más grande (Copérnico): 90 km.
Profundidad de la fosa más honda (circo de Newton): 7.250 m.
Intensidad del campo gravitatorio lunar (aceleración de la gravedad lunar): $g_L \approx 1{,}62$ N/kg ($\approx g_T/6$).

Movimientos

Distancia Tierra-Luna (medida hoy por medio de un haz láser; tiempo de ida y vuelta: alrededor de 2,6 s).
Valor medio: 384.400 km (60,3 radios terrestres).
Apogeo: 406.720 km; perigeo: 356.430 km.
Día lunar (intervalo de tiempo entre dos pasos de la Luna por el meridiano de un mismo lugar): 24 h, 50 mn, 30 s.
Revolución sideral (dos conjunciones sucesivas con una misma estrella, cfr. año sidéreo): 27 d, 7 h, 43 mn, 11,5 s (o $2{,}3605915 \cdot 10^{6}$ s).
Velocidad angular media: $\bar{\Omega} = 2{,}66 \cdot 10^{-6}$ rad/s.
Velocidad lineal media: 1,023 km/s.
Revolución sinódica, o mes lunar, o lunación: dos conjunciones sucesivas con el Sol (dos lunas nuevas sucesivas): 29 d, 12 h, 44 mn, 3 s.
Movimiento de rotación propia. Velocidad angular $\omega = \bar{\Omega}$.

2) Satélite artificial

Ejemplo histórico del Sputnik I (lanzado el 4 de octubre de 1957).
Masa: 84 kg; diámetro: 58 cm.
Altitud de lanzamiento (perigeo): 228 km; apogeo: 947 km.
Velocidad inicial (horizontal): 28.200 km/h.
Periodo: 1 h, 36 mn, 3 s.
Desintegración: Enero de 1958.

B / EL SOL

Diámetro aparente medio: 32′.
Paralaje medio (ángulo desde el cual el radio de la Tierra es visto desde el centro del Sol): 9″.
Radio medio: $6{,}96 \cdot 10^{5}$ km (109,5 radios terrestres).
Volumen: $1{,}409 \cdot 10^{18}$ km³.
Masa: $1{,}989 \cdot 10^{30}$ kg. Densidad media: 1,4.
Intensidad del campo gravitatorio solar en la superficie: 274 N/kg.

Temperaturas

Fotosfera, fuente de las radiaciones emitidas por el Sol: 5.780 K. Corazón, sede de las reacciones termonucleares, origen de la energía emitida: $2 \cdot 10^{7}$ K.
Potencia radiada: $4{,}2 \cdot 10^{28}$W. Pérdida de masa correspondiente: $3{,}6 \cdot 10^{11}$ kg/día.

Movimientos

Rotación propia. Periodo dependiente de la latitud (25 días). El Sol, junto con los planetas y los cometas, constituye el sistema solar. El planeta más alejado (Plutón) gravita alrededor del Sol a una distancia media de 40 UA ($6 \cdot 10^{9}$ km). El sistema solar participa del movimiento de rotación de la galaxia. Por otra parte, en el interior de la Galaxia el sistema solar está trasladándose hacia la estrella Vega, a una velocidad del orden de 30 km/s.

C / LA GALAXIA (Vía Láctea)

Es, en apariencia, un disco aplanado, con un abultamiento central, formado por un amontonamiento de estrellas (¿alrededor de 30.000 millones?). Diámetro: unos 90.000 años luz. Altura del bulbo central: unos 15.000 años luz. Todas las estrellas visibles a simple vista pertenecen a la Galaxia. Entre ellas, el Sol se encuentra sobre uno de los diámetros del disco, a unos 30.000 años luz del centro.

La Galaxia gira con un movimiento periódico (periodo en torno a $2{,}2 \cdot 10^8$ años) alrededor del eje del bulbo central, arrastrando al Sol con todos sus planetas, a una velocidad aproximada de 260 km/s, lo que supone una velocidad angular cercana a $9 \cdot 10^{-16}$ rad/s.

D / EL UNIVERSO

Explorado por medio de telescopios y radiotelescopios, a partir de observatorios terrestres o, a veces, a partir de diversos satélites, el Universo parece contener innumerables agrupamientos de estrellas, «galaxias», parecidas a nuestra propia Galaxia, agrupadas entre sí en «enjambres de galaxias».

Sus distancias al Sol, prácticamente iguales a sus distancias a la Tierra d, son medidas a veces por ecoradar, aunque con mayor frecuencia se hace por comparación entre su magnitud aparente m, que se evalúa fotométricamente, y la magnitud absoluta M, calculable por medio de distintos procedimientos astronómicos. $M - m = 7{,}57 - 5 \log d$.

Ejemplos: la galaxia de Andrómeda se encuentra a una distancia próxima a *dos millones de años-luz*, lo que demuestra que es exterior a nuestra galaxia, aunque «relativamente cercana», formando parte del enjambre «local». Entre las más alejadas, la galaxia de Bouvier, estudiada con el radiotelescopio, se sitúa alrededor de los *cinco mil millones de años-luz*.

Nótese que las señales luminosas que llegan hoy hasta nosotros de esas fuentes, inmensamente alejadas *en el espacio*, fueron emitidas en una época inmensamente alejada *en el tiempo*.

Si se atribuye con exclusividad al efecto Doppler-Fizeau el ligero desplazamiento hacia el rojo de las rayas del espectro luminoso de la radiación que llega hasta nosotros, pueden ser deducidas por medio de cálculos las velocidades radiales de las fuentes emisoras. A partir de esta hipótesis, aún controvertida, se puede establecer que todas las galaxias se alejan mutuamente unas de otras con velocidades proporcionales a sus distancias mutuas, lo que expresa la ley de Hubble-Humason: $v = Hd$. *Ejemplo:* El enjambre de Virgo huye de nuestra galaxia con una velocidad cercana a los 1.240 km/s, y se encuentra a una distancia de cerca de 56 millones de años luz. Por ello, $H \approx 22$ kms^{-1}/a.l. Esos resultados, junto a las previsiones de la teoría general de la relatividad, son la base de la actual teoría de la «expansión del Universo».

2.3. El vacío y el ultravacío

Es imposible obtener el vacío absoluto en un recinto cerrado. Puede conseguirse tan sólo una atmósfera rarificada, cuya presión mida el «vacío» obtenido.

El cuadro da algunos órdenes de magnitud de los vacíos realizables (V. las voces: BOMBAS DE VACÍO, VACÍO, y el cuadro 2.2).

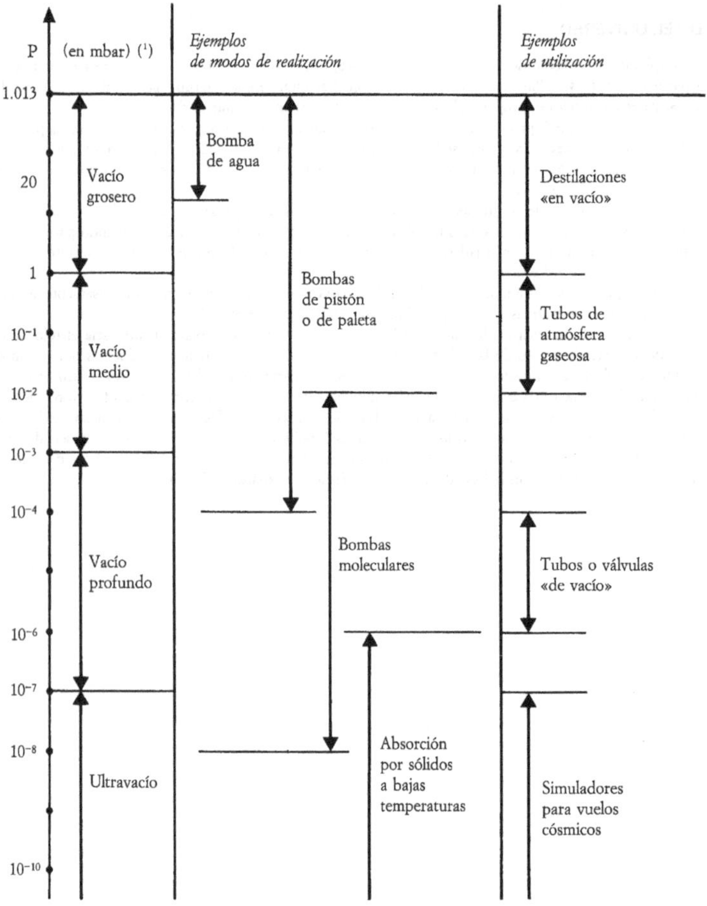

(1) 1 mbar = 100 Pa ~ 0,75 torr (o mm de mercurio).

2.4. Variaciones comparadas de la energía cinética de algunas partículas en función de su velocidad

		Energía cinética E_c (en MeV/c^2)			
		Electrón	*Protón*	*Deuterón*	*Helión*
$\beta = v/c$		$mc^2 = 0{,}511$	938	1.875	3.728
0		0	0	0	0
0,010		$2{,}55 \cdot 10^{-5}$	0,047	0,094	
0,023					1
0,033				1	
0,046			1		
0,073					10
0,100		$2{,}57 \cdot 10^{-3}$			
0,103				10	
0,145			10		
0,227					100
0,314				100	
0,428			100		
0,500		$7{,}92 \cdot 10^{-2}$			
0,615					1.000
0,758				1.000	
0,792			600		
0,875			1.000		
0,900		0,66			
0,941		1			
0,962					10 GeV/v^2
0,987				10 GeV/c^2	
0,990		3,11			
0,996			10 GeV/c^2		
0,998 8		10			
0,999	$(1 - 1 \cdot 10^{-3})$	10,9			
	$1 - 5{,}3 \cdot 10^{-4}$		28		
0,999 9	$(1 - 1 \cdot 10^{-4})$	35,6			
	$1 - 4{,}3 \cdot 10^{-5}$		100		
	$1 - 1{,}3 \cdot 10^{-5}$	100			
0,999 99	$(1 - 1 \cdot 10^{-5})$	114			
	$1 - 2{,}7 \cdot 10^{-6}$		400		
0,999 999	$(1 - 1 \cdot 10^{-6})$	360			
	$1 - 4{,}4 \cdot 10^{-7}$		1.000		
	$1 - 1{,}3 \cdot 10^{-7}$	1.000			
0,999 999	$(1 - 1 \cdot 10^{-7})$	1.142			

v velocidad de la partícula, de masa m, y, por tanto, de energía de masa $E_0 = mc^2$.
c velocidad de la luz; $\gamma = 1/(1 - v^2/c^2)^{1/2}$.

Energía cinética $E_c = E_0(\gamma - 1)$; Energía total: $E = E_0 + E_c = \gamma E_0$.

3
LOS ÁTOMOS

3.1. Tabla periódica de los elementos

Periodos / Familias	I		II		III		IV		
1.º	1 Hidrógeno H								
2.º	3 Litio Li		4 Berilio Be			5 Boro B		6 Carbono C	
3.º	11 Sodio Na		12 Magnesio Mg			13 Aluminio Al		14 Silicio Si	
4.º	19 Potasio K		20 Calcio Ca		21 Escandio Sc		22 Titanio Ti		23 Vanadio V
		29 Cobre Cu		30 Cinc Zn		31 Galio Ga		32 Germanio Ge	
5.º	37 Rubidio Rb		38 Estroncio Sr		39 Itrio Y		40 Circonio Zr		41 Niobio Nb
		47 Plata Ag		48 Cadmio Cd		49 Indio In		50 Estaño Sn	
6.º	55 Cesio Cs		56 Bario Ba		57 Lantano La	71 Lutecio Lu	72 Hafnio Hf		73 Tantalio Ta
		79 Oro Au		80 Mercurio Hg		81 Talio Tl		82 Plomo Pb	
7.º	87 Francio Fr		88 Radio Ra		89 Actinio Ac				

Lantánidos	58 Cerio Ce	59 Praseodimio Pr	60 Neodimio Nd	61 Prometio Pm	62 Samario Sm	63 Europio Eu	64 Gadolinio Gd
Actínidos y Cúridos	90 Torio Th	91 Protoactinio Pa	92 Uranio U	93 Neptunio Np	94 Plutonio Pu	95 Americio Am	96 Curio Cm

V	VI		VII		VIII			0
								2 Helio He
7 Nitrógeno N		8 Oxígeno O		9 Flúor F				10 Neón Ne
15 Fósforo P		16 Azufre S		17 Cloro Cl				18 Argón A
	24 Cromo Cr		25 Manganeso Mn		26 Hierro Fe	27 Cobalto Co	28 Níquel Ni	
33 Arsénico As		34 Selenio Se		35 Bromo Br				36 Kriptón Kr
	42 Molibdeno Mo		43 Tecnecio Tc		44 Rutenio Ru	45 Rodio Rh	46 Paladio Pd	
51 Antimonio Sb		52 Teluro Te		53 Yodo I				54 Xenón Xe
	74 Wolframio W		75 Renio Re		76 Osmio Os	77 Iridio Ir	78 Platino Pt	
83 Bismuto Bi		84 Polonio Po		85 Astato At				86 Radón Rn

65 Terbio Tb	66 Disprosio Dy	67 Holmio Ho	68 Erbio Er	69 Tulio Tm	70 Iterbio Yb

97 Berkelio Bk	98 Californio Cf	99 Einstenio Es	100 Fermio Fm	101 Mendelevio Mv	102 Nobelio No	103 Laurencio Lr	104 Kurchatovio Ku

3.2. Estructuras electrónicas

Reparto, entre los niveles energéticos accesibles, de los electrones que forman las nubes electrónicas de los distintos átomos en su estado fundamental.

Z = Número atómico; Sí = Símbolo del elemento; K, L, M..., s, p, d..., notación utilizada en espectroscopía para designar los niveles energéticos que la mecánica cuántica identifica por sus números cuánticos principal n = 1, 2, 3... y secundario l = 1, 2, 3... (n − 1) (V. CAPAS ELECTRÓNICAS).

			K	L	M	N	O	P	Q
	Z	Sí	s	s p	s p d	s p d f	s p d f g	s p d...	s...
1.er periodo	1	H	1						
	2	He	2						
2.º periodo	3	Li	2	1					
	4	Be	2	2					
	5	B	2	2 1					
	6	C	2	2 2					
	7	N	2	2 3					
	8	O	2	2 4					
	9	F	2	2 5					
	10	Ne	2	2 6					
3.er periodo	11	Na	2	8	1				
	12	Mg	2	8	2				
	13	Al	2	8	2 1				
	14	Si	2	8	2 2				
	15	P	2	8	2 3				
	16	S	2	8	2 4				
	17	Cl	2	8	2 5				
	18	Ar	2	8	2 6				
4.º periodo	19	K	2	8	2 6	1			
	20	Ca	2	8	2 6	2			
	21	Sc	2	8	2 6 1	2			
	22	Ti	2	8	2 6 2	2			
Elementos	23	V	2	8	2 6 3	2			
de	24	Cr	2	8	2 6 5	1			
transición	25	Mn	2	8	2 6 5	2			
	26	Fe	2	8	2 6 6	2			
	27	Co	2	8	2 6 7	2			
	28	Ni	2	8	2 6 8	2			
	29	Cu	2	8	2 6 10	1			
	30	Zn	2	8	2 6 10	2			
	31	Ga	2	8	2 6 10	2 1			
	32	Ge	2	8	2 6 10	2 2			
	33	As	2	8	2 6 10	2 3			
	34	Se	2	8	2 6 10	2 4			
	35	Br	2	8	2 6 10	2 5			
	36	Kr	2	8	2 6 10	2 6			

Estructuras electrónicas (continuación)

	Z	Sí	K	L	M	N	O	P	Q
			s	s p	s p d	s p d f	s p d f g	s p d...	s...
5.° periodo	37	Rb	2	8	18	2 6	1		
	38	Sr	2	8	18	2 6	2		
	39	Y	2	8	18	2 6 1	2		
	40	Zr	2	8	18	2 6 2	2		
Elementos	41	Nb	2	8	18	2 6 4	1		
de	42	Mo	2	8	18	2 6 5	1		
transición	43	Tc	2	8	18	2 6 5	2		
	44	Ru	2	8	18	2 6 7	1		
	45	Rh	2	8	18	2 6 8	1		
	46	Pd	2	8	18	2 6 10			
	47	Ag	2	8	18	2 6 10	1		
	48	Cd	2	8	18	2 6 10	2		
	49	In	2	8	18	2 6 10	2 1		
	50	Sn	2	8	18	2 6 10	2 2		
	51	Sb	2	8	18	2 6 10	2 3		
	52	Te	2	8	18	2 6 10	2 4		
	53	I	2	8	18	2 6 10	2 5		
	54	Xe	2	8	18	2 6 10	2 6		
6.° periodo	55	Cs	2	8	18	2 6 10	2 6	1	
	56	Ba	2	8	18	2 6 10	2 6	2	
	57	La	2	8	18	2 6 10	2 6 1	2	
	58	Ce	2	8	18	2 6 10 2	2 6	2	
	59	Pr	2	8	18	2 6 10 3	2 6	2	
	60	Nd	2	8	18	2 6 10 4	2 6	2	
	61	Pm	2	8	18	2 6 10 5	2 6	2	
	62	Sm	2	8	18	2 6 10 6	2 6	2	
	63	Eu	2	8	18	2 6 10 7	2 6	2	
Lantánidos ⟶	64	Gd	2	8	18	2 6 10 7	2 6 1	2	
	65	Tb	2	8	18	2 6 10 9	2 6	2	
	66	Dy	2	8	18	2 6 10 10	2 6	2	
Elementos	67	Ho	2	8	18	2 6 10 11	2 6	2	
de	68	Er	2	8	18	2 6 10 12	2 6	2	
transición	69	Tm	2	8	18	2 6 10 13	2 6	2	
	70	Yb	2	8	18	2 6 10 14	2 6	2	
	71	Lu	2	8	18	32	2 6 1	2	
	72	Hf	2	8	18	32	2 6 2	2	
	73	Ta	2	8	18	32	2 6 3	2	
	74	W	2	8	18	32	2 6 4	2	
	75	Re	2	8	18	32	2 6 5	2	
	76	Os	2	8	18	32	2 6 6	2	
	77	Ir	2	8	18	32	2 6 7	2	
	78	Pt	2	8	18	32	2 6 9	1	
	79	Au	2	8	18	32	2 6 10	1	
	80	Hg	2	8	18	32	2 6 10	2	
	81	Tl	2	8	18	32	2 6 10	2 1	
	82	Pb	2	8	18	32	2 6 10	2 2	
	83	Bi	2	8	18	32	2 6 10	2 3	
	84	Po	2	8	18	32	2 6 10	2 4	
	85	At	2	8	18	32	2 6 10	2 5	
	86	Rn	2	8	18	32	2 6 10	2 6	

Estructuras electrónicas (continuación)

			K	L	M	N	O	P	Q
	Z	Sí	s	s p	s p d	s p d f	s p d f g	s p d...	s...
7.° periodo	87	Fr	2	8	18	32	2 6 10	2 6	1
	88	Ra	2	8	18	32	2 6 10	2 6	2
	89	Ac	2	8	18	32	2 6 10	2 6 1	2
	90	Th	2	8	18	32	2 6 10	2 6 2	2
Elementos	91	Pa	2	8	18	32	2 6 10 2	2 6 1	2
	92	U	2	8	18	32	2 6 10 3	2 6 1	2
	93	Np	2	8	18	32	2 6 10 4	2 6 1	2
Actínidos →	94	Pu	2	8	18	32	2 6 10 6	2 6	2
	95	Am	2	8	18	32	2 6 10 7	2 6	2
	96	Cm	2	8	18	32	2 6 10 7	2 6 1	2
	97	Bk	2	8	18	32	2 6 10 8	2 6 1	2
de	98	Cf	2	8	18	32	2 6 10 10	2 6	2
transición	99	Es	2	8	18	32	2 6 10 11	2 6	2
	100	Fm	2	8	18	32	2 6 10 12	2 6	2
	101	Md	2	8	18	32	2 6 10 13	2 6	2
	102	No	2	8	18	32	2 6 10 14	2 6	2 ?
	103	Lr	2	8	18	32	2 6 10 14	2 6 1	2 ?
	104	Ku	2	8	18	32	2 6 10 14	2 6 2	2 ?

3.3. Masas atómicas relativas de los elementos químicos ($^{12}C = 12$)

(por orden alfabético)

La última cifra comporta una incertidumbre de varias unidades, proveniente a menudo de variaciones en la composición isotópica de las distintas muestras.

Se escriben en *cursiva* los elementos mononuclídicos.

Entre paréntesis, el nombre de los elementos (inestables) cuyas masas atómicas son desconocidas. El número adjunto es el número másico del isótopo más abundante, o el más utilizado.

	Símbolo	*Nº atómico*	
(Actinio)	Ac	89	(227)
Aluminio	Al	13	26,9815
(Americio)	Am	95	(243)
Antimonio	Sb	51	121,75
Argón	Ar	18	39,948
Arsénico	As	33	74,9216
(Astato)	S	85	(210)
Azufre	At	16	32,06
Bario	S	56	137,34
Berilio	Ba	4	9,01218
(Berkelio)	Be	97	(247)
Bismuto	Bk	83	208,9806
Boro	Bi	5	10,811
Bromo	B	35	79,904
Cadmio	Br	48	112,40
Calcio	Cd	20	40,08
(Californio)	Ca	98	(249)
Carbono	Cf	6	12,0115
Cerio	C	58	140,12
Cesio	Ce	55	132,9055
Cinc	Cs	30	56,37
Circonio	Zn	40	91,22
Cloro	Zr	17	35,453
Cobalto	Cl	27	58,9332
Cobre	Co	29	63,546
Cromo	Cu	24	51,996
(Curio)	Cr	96	(248)
Disprosio	Cm	66	162,50
(Einstenio)	Dy	99	(254)
Erbio	Es	68	167,26
Escandio	Er	21	44,9559
Estaño	Sc	50	118,69
Estroncio	Sn	38	87,62
Europio	Sr	63	151,96
(Fermio)	Eu	100	(255)
Flúor	Fm	9	18,998403
Fósforo	F	15	30,97376
(Francio)	Fr	87	(223)
Gadolinio	Gd	64	157,25
Galio	Ga	31	69,72
Germanio	Ge	32	72,59
Hafnio	Hf	72	178,49

	Símbolo	*Nº atómico*	
Helio	He	2	4,00260
Hidrógeno	H	1	1,00797
Hierro	Fe	26	55,847
Holmio	Ho	67	164,9303
Indio	In	49	114,82
Iridio	Ir	77	192,22
Iterbio	Yb	70	173,04
Itrio	Y	39	88,9059
Kriptón	Kr	36	83,80
Kurchatovio	Ku	104	(260)
Lantano	La	57	138,9055
(Laurencio)	Lr	103	(257)
Litio	Li	3	6,941
Lutecio	Lu	71	174,967
Magnesio	Mg	12	24,305
Manganeso	Mn	25	54,9380
(Mendelevio)	Md	101	(256)
Mercurio	Hg	80	200,59
Molibdeno	Mo	42	95,94
Neodimio	Nd	60	144,24
Neón	Ne	10	20,179
Neptunio	Np	93	237,0482
Niobio	Nb	41	92,9064
Níquel	Ni	28	58,71
Nitrógeno	N	7	14,0067
(Nobelio)	No	102	(254)
Oro	Au	79	196,9665
Osmio	Os	76	190,2
Oxígeno	O	8	15,9994
Paladio	Pd	46	106,4
Plata	Ag	47	107,868
Platino	Pt	78	195,08
Plomo	Pb	82	207,2
(Plutonio)	Pu	94	(239)
(Polonio)	Po	84	(210)
Potasio	K	19	39,0983
Praseodimio	Pr	59	140,9077
(Prometio)	Pm	61	(145)
Protoactinio	Pa	91	231,0359
Radio	Ra	88	226,0254
(Radón)	Rd	86	(222)
Renio	Re	75	186,207

Masas atómicas relativas de los elementos químicos (continuación)

	Sím-bolo	*N° atómico*			*Sím-bolo*	*N° atómico*	
Rodio	Rh	45	102,9055	Teluro	Te	52	127,60
Rubidio	Rb	37	85,4678	*Terbio*	Tb	65	158,9254
Rutenio	Ru	44	101,07	Titanio	Ti	22	47,90
Samario	Sm	62	150,4	Torio	Th	90	232,0381
Selenio	Se	34	78,96	*Tulio*	Tm	69	168,9342
Silicio	Si	14	28,086	Uranio	U	92	238,029
Sodio	Na	11	22,98977	Vanadio	V	23	50,9414
Talio	Tl	81	204,37	Wolframio	W	74	138,85
Tantalio	Ta	73	180,9479	Xenon	Xe	54	131,30
Tecnecio	Tc	43	98,9062	*Yodo*	I	53	126,9045

3.4. Masas atómicas de algunos núclidos isótopos naturales

	Sí	*Z*	*M*
...			
Carbono	C	6	
Carbono 12	^{12}C		12
Carbono 13	^{13}C		13,003 4
Carbono 14	^{14}C		14,003 2
...			
Helio	He	2	
Helio 3	^{3}He		3,016 03
Helio 4	^{4}He		4,002 60
...			
Hidrógeno	H	1	
Protio	^{1}H		1,007 82
Deuterio	^{2}H (o D)		2,014 10
Tritio	^{3}H (o T)		3,016 05
...			
Oxígeno	O	8	
Oxígeno 16	^{16}O		15,994 9
Oxígeno 17	^{17}O		16,999 1
Oxígeno 18	^{18}O		17,999 2
...			
...			
Nitrógeno	N	7	
Nitrógeno 14	^{14}N		14,003 1
Nitrógeno 15	^{15}N		15,000 1
...			
Plomo	Pb	82	
Plomo 204	^{204}Pb		203,973 1
Plomo 206	^{206}Pb		205,974 5
Plomo 207	^{207}Pb		206,975 9
Plomo 208	^{208}Pb		207,976 6
...			
Uranio	U	92	
Uranio 234	^{234}U		234,041 0
Uranio 235	^{235}U		235,043 9
Uranio 238	^{238}U		238,050 8

Sí Símbolo, *Z* número atómico, *M* masa atómica (base: $^{12}C = 12$).

3.5. Abundancias isotópicas de los elementos naturales

Número atómico Z	*Elemento*	*Nombre de masa del isótopo A*	*Abundancias en %*
1	H	1	99,985
		2	0,015
2	He	3	1,3 10^{-4}
		4	≃ 100
3	Li	6	7,39
		7	92,61
4	Be	9	100
5	B	10	18,83
		11	81,17
6	C	12	98,9
		13	1,1
7	N	14	99,635
		15	0,365
8	O	16	99,76
		17	0,4
		18	0,20
9	F	19	100
10	Ne	20	90,92
		21	0,257
		22	8,82
11	Na	23	100
12	Mg	24	78,60
		25	10,11
		26	11,29
13	Al	27	100
14	Si	28	92,28
		29	4,67
		30	3,05
15	P	31	100
16	S	32	95,06
		33	0,74
		34	4,18
		36	0,02
17	Cl	35	75,4
		37	24,6
18	A	36	0,337
		38	0,063
		40	99,600
19	K	39	93,08
		40	0,0118
		41	6,91
20	Ca	40	96,97
		42	0,64
		43	0,145
		44	2,06
		46	0,001
		48	0,185
21	Se	45	100
22	Ti	46	7,95
		47	7,75
		48	73,45
		49	5,51
		50	5,34
23	Va	50	0,25
		51	99,75
24	Cr	50	4,31
		52	83,76
		53	9,55
		54	2,38
25	Mn	55	100
26	Fe	54	5,84
		56	91,68
		57	2,17
		58	0,31
27	Co	59	100
28	Ni	58	67,76
		60	26,16
		61	1,25
		62	3,66
		64	1,16
29	Cu	63	69,09
		65	30,91
30	Zn	64	48,89
		66	27,81
		67	4,11
		68	18,56
		70	0,62
31	Ga	69	60,2
		71	38,8
32	Ge	70	20,55
		72	27,37
		73	7,67
		74	36,74
		76	7,67
33	As	75	100

Abundancias isotópicas de los elementos naturales (continuación)

Número atómico Z	*Elemento*	*Nombre de masa del isótopo A*	*Abundancias en %*
34	Se	74	0,87
		76	9,02
		77	7,58
		78	23,52
		80	49,82
		82	9,19
35	Br	79	50,5
		81	49,5
36	Kr	78	0,354
		80	2,270
		82	11,56
		83	11,55
		84	56,90
		86	17,37
37	Rb	85	72,15
		87	27,85
38	Sr	84	0,56
		86	9,86
		87	7,02
		88	82,56
39	Y	89	100
40	Zr	90	51,46
		91	11,23
		92	17,11
		94	17,40
		96	2,80
41	Nb	93	100
42	Mo	92	15,86
		94	9,12
		95	15,7
		96	16,5
		97	9,45
		98	23,75
		100	9,62
43	Tc	99	(artificial)
44	Ru	96	5,70
		98	2,20
		99	12,80
		100	12,70
		101	17,01
		102	31,34
		104	18,30
45	Rh	103	100
46	Pd	102	0,96
		104	10,97
		105	22,2
		106	27,3
		108	26,7
		110	11,8
47	Ag	107	51,35
		109	48,65
48	Cd	106	1,215
		108	0,875
		110	12,39
		111	12,75
		112	24,07
		113	12,26
		114	28,86
		116	7,58
49	In	113	4,23
		115	95,77
50	Sn	112	0,95
		114	0,65
		115	0,34
		116	14,24
		117	7,57
		118	24,01
		119	8,58
		120	32,97
		122	4,71
		124	5,98
51	Sb	121	57,25
		123	42,75
52	Te	120	0,08
		122	2,46
		123	0,87
		124	4,61
		125	6,99
		126	18,71
		128	31,79
		130	34,49
53	I	127	100
54	Xe	124	0,09
		126	0,09
		128	1,92
		129	26,44
		130	4,08
		131	21,18
		132	26,89

Abundancias isotópicas de los elementos naturales (continuación)

Número atómico Z	*Elemento*	*Nombre de masa del isótopo A*	*Abundancias en %*
		134	10,44
		136	8,87
55	Cs	133	100
56	Ba	130	0,10
		132	0,10
		134	2,42
		135	6,59
		136	7,81
		137	11,32
		138	71,66
57	La	138	0,09
		139	99,91
58	Ce	136	0,20
		138	0,25
		140	88,48
		142	11,07
59	Pr	141	100
60	Nd	142	27,13
		143	12,20
		144	23,87
		145	8,30
		146	17,18
		148	5,72
		150	5,60
61	Pm	147	(artificial)
62	Sm	144	3,16
		147	15,07
		148	11,27
		149	13,84
		150	7,47
		152	26,63
		154	22,53
63	Eu	151	47,77
		153	52,23
64	Gd	152	0,20
		154	2,15
		155	14,78
		156	20,59
		157	15,71
		158	24,78
		160	21,79
65	Tb	159	100
66	Dy	156	0,05
		158	0,09

Número atómico Z	*Elemento*	*Nombre de masa del isótopo A*	*Abundancias en %*
		160	2,30
		161	18,88
		162	25,53
		163	24,97
		164	28,18
67	Ho	165	100
68	Er	162	0,14
		164	1,56
		166	33,4
		167	24,4
		168	26,9
		170	14,2
69	Tm	169	100
70	Yb	168	0,15
		170	3,03
		171	14,34
		172	21,88
		173	16,18
		174	31,77
		176	12,65
71	Lu	175	97,4
		176	2,6
72	Hf	174	0,18
		176	5,15
		177	18,47
		178	27,10
		179	13,78
		180	35,22
73	Ta	180	0,012
		181	99,988
74	W	180	0,13
		182	26,4
		183	14,4
		184	30,67
		186	28,4
75	Re	185	37,07
		187	62,93
76	Os	184	0,02
		186	1,6
		187	1,6
		188	13,3
		189	16,1
		190	26,4
		192	41,0

Abundancias isotópicas de los elementos naturales (continuación)

Número atómico Z	*Elemento*	*Nombre de masa del isótopo A*	*Abundancias en %*
77	Ir	191	38,5
		193	61,5
78	Pt	190	0,01
		192	0,78
		194	32,9
		195	33,7
		196	25,4
		198	7,21
79	Au	197	100
80	Hg	196	0,15
		198	10,02
		199	16,84
		200	23,13
		201	13,2
		202	29,8
		204	6,85
81	Tl	203	29,5
		205	70,5
82	Pb	204	1,4
		206	25,1
		207	21,7
		208	52,3
83	Bi	209	100

3.6. Los núclidos radiactivos, naturales o artificiales

Se conocen en la actualidad más de un millar. Aquí sólo se citan una cuarentena de ellos, elegidos entre los más notables por su interés histórico, científico o práctico.

Nótese: 1.° Que los núclidos de número atómico Z superior a 83 son todos radiactivos; 2.° Que los núclidos transuránidos (Z superior a 92) son todos artificiales. Se cita un método de obtención para cada uno de ellos a título de ejemplo.

Z	*Nombre y número de masa A*	*Periodo de semidesintegración T*	*Tipo de actividad* (1)	
1	Hidrógeno 3	12,3 a	β^-	(V. Tritio.)
6	Carbono 14	5 640 a	β^-	El carbono 14 se forma en la alta atmósfera por la acción de los neutrones cósmicos sobre el nitrógeno. Es oxidado en la baja atmósfera. Globalmente se establece una compensación entre su formación y su desintegración: $^{14}N(n, p)\,^{14}C \xrightarrow{\beta^-} {}^{14}N$ (2). Esto explica que el gas carbónico atmosférico contenga una proporción constante de carbono 14 (alrededor de $1/10^{12}$). V. Datación.
7	Nitrógeno 13	10 mm	β^+	Núclido artificial. Obtenido por primera vez (en 1934) en la reacción $^{10}B(\alpha, n)\,^{13}N$. V. Radiactividad artificial.
8	Oxígeno 14	75 s	β^+, γ	Ejemplo simple de actividad β asociada a un emisión γ: $^{14}O \xrightarrow[1,8\ MeV]{\beta^+} {}^{14}N$ (nivel excitado) $\xrightarrow[2,3\ MeV]{\gamma} {}^{14}N$ (nivel fundamental)
11	Sodio 24	15 h	β^-, γ	Utilizado en análisis químico. «Activa», por su radiación, a ciertos núclidos, que pueden ser detectados a continuación por sus radiaciones características.
15	Fósforo 30	2,6 mn	β^+	Con el nitrógeno 13, es uno de los primeros radionúclidos conocidos de origen artificial: $^{27}Al(\alpha, n)\,^{30}P \rightarrow {}^{30}Si$.
	32	14,3 d	β^-	Utilizados uno y otro como trazadores (3), por ejemplo para seguir la migración del fósforo en las plantas.
	33	25 d	β^-	
19	Potasio 40	1,25 10^9 a	CE → Ar 40 (11 %) β^- → Ca 40 (89 %)	Las riquezas comparadas en Ar 40 y en Ca 40 (ambos estables), provenientes de la desintegración del potasio en ciertas muestras geológicas permiten calcular la edad de las muestras.
27	Cobalto 60	5,27 a	β^-, γ	Núclido artificial obtenido a partir de su isótopo estable $^{59}Co(n, p)\,^{60}Co$. Las características de su emisión le hacen preferible al radio en sus aplicaciones científicas y terapéuticas (bomba de cobalto).
43	Tecnecio 99	2 10^5 a	β^-	Obtenido artificialmente (en 1937) por la reacción: $^{98}Mo(n, \gamma)\,^{99}Mo \xrightarrow[66\ h]{\beta^-} {}^{99}Tc$. Se le encuentra igualmente entre los productos de fisión de los reactores nucleares.

Los núclidos radiactivos, naturales o artificiales (continuación)

Z	*Nombre y número de masa A*	*Periodo de semides-integración T*	*Tipo de actividad* (¹)	
53	Yodo 129	1,7 10^7 a	β^-, γ	Utilizado como trazador. Por ejemplo, en biología, sirve para seguir la evolución del yodo en el organismo.
54	Xenón 135	9,2 h	β^-, γ	Producto de fisión del uranio. Absorbe intensamente los neutrones térmicos (sección eficaz de captura próxima a $3 \cdot 10^6$ barns). Es un «veneno» para las reacciones en cadena de los reactores.
56	Bario 140	12,8 d	β^-, γ	El bario 140 y el lantano 140 son productos de fusión. Sus periodos de semidesintegración, relativamente breves, no crean problemas en los residuos de las centrales nucleares.
57	Lantano 140	40,2 h	β^-, γ	
61	Prometio 147	2,64 a	β^-	Radionúclido artificial. Se le encuentra, sin embargo, en los productos de fisión. Utilizado en ciertas pinturas luminescentes.
69	Tulio 170	127 d	β^-, γ	Utilizado en gammagrafía.
80	Mercurio 197	64 h	CE, γ	Ejemplos de núclidos isómeros:
	197 m	23 h		$^{197}\text{Hg m} \xrightarrow[23\ h]{\gamma} {}^{197}\text{Hg}$.
81	Talio 204	3,85 a	CE 2 % β^- 98 %	Trazador radiactivo, utilizado igualmente en análisis por activación.
	206	4,2 mn	γ^-	Familia del uranio.
	210	1,3 mn	β^-, γ	
	207	4,8 mn	β^-	Familia del actinio.
	208	3,1 mn	β^-, γ	Familia del torio.
	209	2,2 mn	β^-, γ	Familia del protoactinio.
82	Plomo 209	3,3 h	β^-	Familia del neptunio.
	210	20,4 a	β^-, γ	Familia del uranio.
	214	26,8 mn	β^-, γ	
	211	36,1 mn	β^-, γ	Familia de actinio.
	212	10,6 d	β^-, γ	Familio del torio.
83	Bismuto 210	5 j	β^-	Familia del uranio.
	214	19,9 mn	β^-, γ	
	211	2,16 mn	α, γ	Familia del actinio.
	215	8 mn	β^-	
	212	61 mn	α, γ	Familia del torio.
	213	47 mn	α, γ	Familia del neptunio.
84	Polonio			Descubierto, como el radio, por P. y M. Curie, en 1898, en un mineral de uranio, la pechblenda. Su nombre es un homenaje al país de origen de Marie Curie (nacida en Sklodowska).
	209	103 a	α	Isótopo de mayor duración.
	210	138,3 d		El isótopo 210, de la familia del uranio (como los dos siguientes), puede ser obtenido en estado puro por irradiación del bismuto 209 (estable): $^{209}\text{Bi}(n, \gamma)\ {}^{210}\text{Bi} \xrightarrow[5\ \text{días}]{\beta^-} {}^{210}\text{Po}$.
	214	1,6 10^{-4} s	α	Familia de uranio.
	218	3 mn		
	211	0,5 s	α	Familia de actinio.
	215	1,8 10^{-3} s	α, β^- (5 10^{-4} %)	

Los núclidos radiactivos, naturales o artificiales (continuación)

Z	*Nombre y número de masa A*	*Periodo de semidesintegración T*	*Tipo de actividad* (1)	
	212	$3\ 10^{-7}$ s	α	Familia del torio.
	216	0,15 s	α, β^- (0,014 %)	
	213	$4\ 10^{-6}$ s	α	Familia del neptunio.
85	Astato			Todos los isótopos conocidos del astato son radiactivos, de ahí su nombre.
	210	8,3 h	CE α (1 %)	Isótopo de mayor duración.
	211	7,2 h	CE α (40 %)	Primer isótopo conocido. Obtenido (en 1940) por la reacción: ^{209}Bi(α, 2*n*) ^{211}At.
	215	10^{-4} s	α	Familia del actinio.
	219	54 s	α, β^- (5 %)	
	216	$3\ 10^{-4}$ s	α	Familia del torio.
	217	$3\ 10^{-2}$ s	α	Familia del neptunio.
	218	2 s	α	Familia de uranio.
86	Radón 219	3,9 s	α γ	Familia del actinio (antiguo nombre: actinón).
	220	55 s	α	Familia del torio (antiguo nombre: torón).
	222	3,8 d	α	Familia del uranio (antiguo nombre: emanación [del uranio]). Contenido en la atmósfera junto al resto de los «gases raros» (contenido aproximado: 1/10^8 en volumen).
87	Francio 221	4,8 mn	α	Familia del neptunio.
	223	21 mn	α (0,0014 %), β^-	Familia de actinio. Descubierto en los productos de desintegración del actinio (Marguerite Perrey, 1939).
88	Radio 223	11,7 d	α	Familia del actinio.
	224	3,64 d	α	Familia del torio.
	228	6,4 a		
	225	14,8 d		Familia del neptunio.
	226	1.622 a	α	Familia del uranio. Es el isótopo más abundante. Acompaña al uranio en diversos minerales. Descubierto en 1898, y luego aislado, en 1910, por M. Curie. Sus propiedades químicas son análogas a las de los metales alcalino-térreos. Su actividad gamma ha sido utilizada en biología, siendo en la actualidad suplido por el cobalto-60.
89	Actinio 225	10 j	α	Familia del neptunio.
	227	21,6 a	α (1,2 %), β^-	Descubierto por Debierne (1899). Ha dado su nombre a la familia de radionúclidos de número másico A = 4*n* + 3, cuyo padre es el uranio 235.
	228	6,13 h	β^-	Familia de torio.
90	Torio			El torio es conocido desde 1828. Su radiactividad fue descubierta en 1896 por M. Curie. Su isótopo 232, el más abundante, es *fértil.*
	227	18,2 d	α γ	Familia del actinio.
	231	25,6 h	β^- γ	
	228	1,9 s	α γ	Familia de torio.
	229	7.300 a	α γ	Familia de neptunio.
	230	$8\ 10^4$ a	α γ	Familia del uranio.
	232	24,1 d	β^-, γ	
		$1{,}39\ 10^9$ a	α	Padre de la familia del torio.
91	Protoactinio 231	$3{,}2\ 10^4$ a	α γ	Familia del actinio.
	233	27,4 j	β^-,γ	Familia del neptunio. Intermediario en la transformación del torio 232 fértil en uranio 233 fisible.

Los núclidos radiactivos, naturales o artificiales (continuación)

Z	*Nombre y número de masa A*	*Periodo de semidesintegración T*	*Tipo de actividad* [1]	
92	Uranio 233	1,62 10^5 a	α γ	Familia del neptunio. Es un núclido fisible, pero que no existe en estado natural. Es obtenido por irradiación neutrónica del torio 232 *fértil.*
	234	2,48 10^5 a	α	Familia del uranio. Existe en proporción muy escasa (0,006 %) en el uranio natural.
	235	7,13 10^8 a	α γ	Familia del actinio (padre de la misma). Se encuentra en el uranio natural en pequeña proporción (0,72 %). Es el *combustible* nuclear por excelencia.
	237	6,7 d	β^- γ	V. Neptunio 237.
	238	4,5 10^9 a	α	Padre de la familia del uranio. Fértil. Es el isótopo más abundante (99,28 %) en el uranio natural.
93	Neptunio 237	2,2 10^6 a	α γ	Padre de una familia radiactiva hoy desaparecida. Aún se encuentra neptunio, en ínfimas proporciones, en minerales de uranio. Puede ser obtenido irradiando uranio en ciertas condiciones: $^{238}\mathrm{U}(n, 2n)\,^{237}\mathrm{U} \xrightarrow{\beta^-} {}^{237}\mathrm{Np}.$
	238	2,1 d	β^-, γ	Primer transuránido obtenido artificialmente (McMillan y Abeson, en 1940), enviando deuterones sobre el uranio: $^{238}\mathrm{U}(d, 2n)\,^{238}\mathrm{Np} \rightarrow {}^{238}\mathrm{Pu}.$
	239	2,4 d	β^-, γ	Artificial. Intermediario en la transformación del uranio 238 fértil en plutonio 239, fisible, en el interior de los reactores nucleares: $^{238}\mathrm{U}(n, \gamma)\,^{239}\mathrm{U} \xrightarrow[23\ \mathrm{mn}]{\beta^-} {}^{239}\mathrm{Np} \xrightarrow[2,4\ \mathrm{d}]{\beta^-} {}^{239}\mathrm{Pu}.$
94	Plutonio 238	86,4 a	α	La ausencia de radiación gamma le hace utilizable en los estimuladores cardiacos. El calor que libera es convertido en impulsos eléctricos.
	239	24 390 a	α, F	Utilizado como combustible en ciertos reactores nucleares.
	244	2,3 10^7 a	α	Descubierto (en 1971) en un mineral que contiene varios lantánidos: la bastnaesita.
95	Americio 241	433 a	α γ	Puede ser obtenido a partir del uranio: $^{238}\mathrm{U}(\alpha, n)\,^{241}\mathrm{Pu} \xrightarrow[13,2\ \mathrm{a}]{\beta^-} {}^{241}\mathrm{Am}.$ Su radiación γ, de energía bien conocida (60 KeV), es utilizada como radiación de referencia.
	243	7.950 a	α γ	Fue detectado (en 1945) en los residuos nucleares, en los que se obtiene probablemente como consecuencia de la actividad beta de un isótopo del plutonio: $^{243}\mathrm{Pu} \xrightarrow[5\ \mathrm{h}]{\beta^-} {}^{243}\mathrm{Am}.$
96	Curio 242	163 d	α	Descubierto (Seaborg, 1944) por la acción de partículas alfa sobre el plutonio: $^{239}\mathrm{Pu}(\alpha, n)\,^{242}\mathrm{Cm}.$
97	Berkelio 243	4,5 h	CE γ	Obtenido por vez primera por Seaborg (1949): $^{241}\mathrm{Am}(\alpha, 2n)\,^{243}\mathrm{Bk}.$

Los núclidos radiactivos, naturales o artificiales (continuación)

Z	*Nombre y número de masa A*	*Periodo de semides-integración T*	*Tipo de actividad* ([1])	
98	Californio 246	36 h	α	Obtenido (Seaborg, 1950) a partir del curio: $^{242}Cm(\alpha, \gamma)\ ^{246}Cf$.
	252	2,65 a	α, F (3 %)	Utilizado como fuente puntual de neutrones ($2{,}3 \cdot 10^{12}/g \cdot s$).
99	Einstenio 247	5 mn	CE, α (7 %)	Obtenido bombardeando blancos de uranio con átomos de nitrógeno ionizados que salen de un «acelerador de iones pesados»: $^{238}_{92}U(^{14}_{7}N, 5^{1}_{0}n)\ ^{247}_{99}Es$. Los primeros núcleos de einstenio, así como los primeros de fermio, fueron detectados en los residuos de una explosión nuclear experimental (1952). Hoy se conocen una docena de isótopos de cada uno de ambos núclidos.
100	Fermio 255	20 h	α, γ	$^{255}Es \xrightarrow[38\ d]{\beta^-} {}^{255}Fm$.
101	Mendelevio 256	1,5 h	CE, F (3 %)	Obtenido en 1957: $^{253}Es(\alpha, n)\ ^{256}Md \xrightarrow{CE} Fm$.
102	Nobelio 256	6 s	α	Obtenido en Berkeley (1957): $^{246}_{96}Cm(^{12}_{6}C, 2n)\ ^{256}_{102}No$.
	252	3 s	α, F (30 %)	y, al parecer, simultáneamente en Doubna: $^{238}_{94}Pu(^{16}_{8}O, 2n)\ ^{252}_{102}No$.
103	Laurencio 256	45 s	α	Obtenido (en 1961) a partir del bombardeo de núcleos de un isótopo del californio con átomos de boro ionizados: $^{248}_{98}Cf(^{10}_{5}B, 2n)\ ^{256}_{103}No$.
104	Kurchatovio o Rutherfordio			Los laboratorios de Doubna y los de Berkeley han anunciado, por separado, la obtención de este núclido y del siguiente, habiéndose propuesto nombres diferentes para ambos.
105	Nielsbohrio o Hahnio			

([1]) CE = Captura electrónica; F = Fisión espontánea.
([2]) Se recuerda que la escritura A(*a*, *b*) B es una traducción abreviada de A + *a* → B + *b*.
([3]) Un trazador, o indicador, es un radionúclido utilizado, en pequeñísima proporción, para acompañar a un isótopo estable, o para reemplazarlo en determinadas moléculas (se dice entonces que esas moléculas están «marcadas»). Siendo idénticas las propiedades químicas de ambos isótopos, se hace posible seguir, a través de medidas de radiactividad, las transformaciones y el camino del núclido estable, en un organismo vivo, por ejemplo.

3.7. Las familias radiactivas

a / Definiciones

Serie de núclidos, provenientes unos de otros por transmutaciones radiactivas sucesivas. Se conviene en llamar al primer miembro de la familia «padre» de la misma, y en decir que los siguientes, o «descendientes», proceden de él por «filiaciones sucesivas». El último miembro de la familia es el «producto final». Es un núclido estable, conocido como «radiogénico».

La radiactividad se traduce por una disminución en cuatro unidades del número másico (radiactividad α) o por su conservación, deduciéndose de ello que puede haber un máximo de cuatro familias distintas (sin elementos comunes), cuyos respectivos miembros tienen números másicos de la forma $4n$, $4n+1$, $4n+2$, $4n+3$ respectivamente (donde n es un número entero).

b / Las tres familias existentes

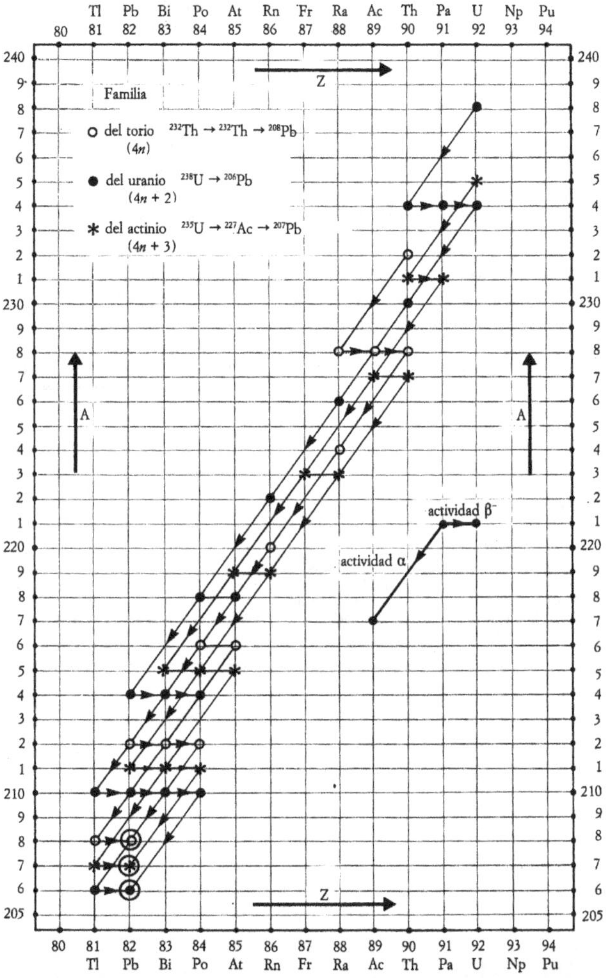

De hecho, se han podido agrupar los radionúclidos naturales en tres familias: la del torio 232 (familia 4*n*), la del uranio 238 (familia 4*n* + 2) y la del actinio 227 (familia 4*n* + 3). Los miembros de la cuarta familia posible han desaparecido todos, por transmutaciones en el curso del tiempo, siendo sus periodos netamente inferiores a la edad de la corteza terrestre, evaluada en la actualidad en 4.500 millones de años. El producto final de la familia, el bismuto 209, es conocido. Los otros miembros de la familia han podido ser obtenidos artificialmente, particularmente el neptunio 237, el padre. Su periodo es del orden de 2.000 millones de años.

c / La cuarta familia reconstituida (A = 4n + 1)

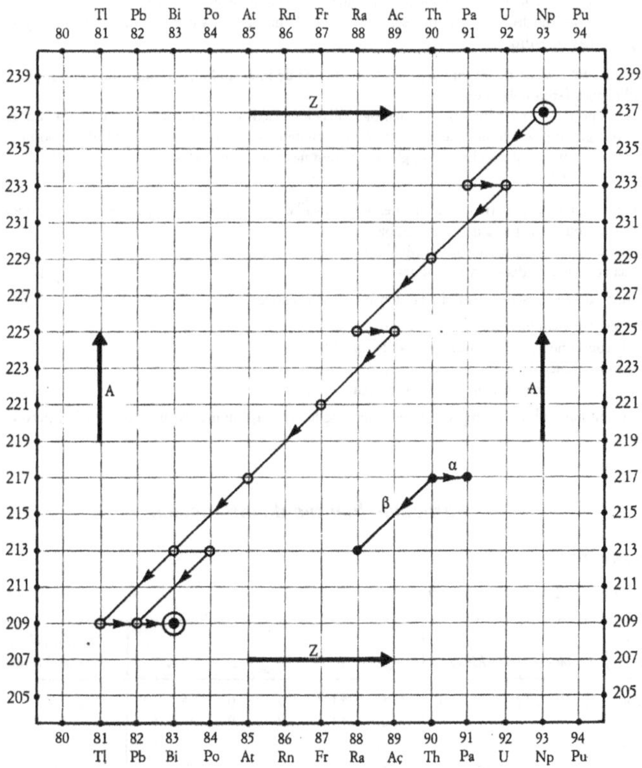

4
LAS PARTÍCULAS SUBNUCLEARES

Modo actual de clasificación:

1. Partículas *fuentes* de interacciones (o partículas «de materia»).
   Son todos los fermiones (spin semientero).
   Se subdividen en tres familias:

   a) los *leptones* (electrón, muón y tau), sus neutrinos asociados y las seis antipartículas correspondientes (Cuadro 4.1 *a*);
   b) los *quarks*, igualmente seis, y los seis antiquarks correspondientes (Cuadro 4.1 *b*);
   c) los *bariones* (nucleones e hiperones), formados cada uno de ellos por tres quarks ligados, y sus antipartículas (Cuadro 4.1 *c*).

2. Partículas *intermedias* de las interacciones (o partículas de intercambio, o cuantos de campo). Todas ellas son bosones (spin nulo o entero).
   A cada tipo de interacción corresponden partículas intermediarias diferentes: fotones para la interacción electromagnética, gravitones para la interacción gravitatoria, ambas de alcance infinito; «bosones intermediarios» para la interacción débil, gluones y mesones para la interacción fuerte, ambas de corto alcance. (Cuadro 4.2.)

Entre los cientos de partículas actualmente catalogadas, los cuadros que siguen exponen algunos ejemplos, elegidos entre las partículas más estables:
m designa la masa de la partícula (en MeV/c^2);
τ expresa su «vida media» (en segundos).

El resto de las características citadas son números cuánticos:

Q carga eléctrica (unidad carga elemental e);
J spin, I_z componente del isospín (unidad $\hbar = h/2\pi$);
B número bariónico; l_e, l_μ, l_τ, números leptónicos;
S extrañeza, C encanto, b belleza y t verdad para los quarks.

A las antipartículas —no representadas aquí— se les atribuye números cuánticos iguales, pero de signo opuesto.

4.1. Partículas fuentes de interacción

a / Los leptones

Para todos s = 1/2, B = S = C = 0.

Nombres y símbolos		*m* (*en MeV/c²*)	*Q*	l_e	l_μ	l_τ	τ	*Modos principales de desintegración*
Electrón	e^-	0,5110	−1	+1	0	0	∞	
Neutrino electrónico	ν_e	0	0	+1	0	0	∞	
Muón	μ^-	105,66	−1	0	+1	0	2 10^{-6}	$\to e^- \bar{\nu}_e \nu_\mu$
Neutrino muónico	ν_μ	0	0	0	+1	0	∞	
Tau	τ^-	1.784,2	−1	0	0	+1	3 10^{-13}	$\to$ { $e^- \bar{\nu}_e \nu_\tau$ 16 %; $\mu^- \bar{\nu}_\mu \nu_\tau$ 18 %; hadrones diversos
Neutrino taúico	ν_τ	0	0	0	0	+1	∞	

b / Los quarks

Para todos: spin = 1/2,
número bariónico = 1/3.

Sabor	*Nombres cuánticos* Q	I_z	S	C	b	t
d (down)	−1/3	−1/2	0	0	0	0
u (up)	+2/3	+1/2	0	0	0	0
s (extrañeza)	−1/3	0	−1	0	0	0
c (encanto)	+2/3	0	0	+1	0	0
b (belleza)	−1/3	0	0	0	−1	0
t (verdad)	+2/3	0	0	0	0	+1

c / Los bariones

Para todos: números leptónicos $l = 0$.
número bariónico B = 1
número de encanto C = 0 (salvo para Λ_c C = 1).

Nombre y símbolo		m	Q	J	I_z	S	τ	*Ejemplo de modo de desintegración*	*Quarks*
1. *Nucleones*									
Protón	p	938,3	+1	1/2	1/2	0	10^{32} a?	estable (?)	duu
Neutron	n	939,6	0	1/2	1/2	0	898	$\to pe\bar{\nu}_e$	ddu
2. *Hiperones*									
Lambda	Λ^0	1.115,6	0	1/2	0	−1	2,6 10^{-10}		dus
Sigma	Σ^+	1.189,4	+1	1/2	1	−1	8 10^{-11}	$\nearrow p\pi^0$ 52 % $\searrow n\pi^+$ 48 %	uus
	Σ^0	1.192,5	0	1/2	1	−1	5,8 10^{-20}	$\to\Lambda\gamma$	dus
	Σ^-	1.197,3	−1	1/2	1	−1	1,5 10^{-10}	$\to n\pi^-$	dds
Ksí	Ξ^0	1.314,9	0	1/2	1/2	−2	2,9 10^{-10}	$\to\Lambda\pi^0$	uss
	Ξ^-	1.321,3	−1	1/2	1/2	−2	1,6 10^{-10}	$\to\Lambda\pi^-$	dds
Omega	Ω^-	1.672,4	−1	3/2	0	−3	8,2 10^{-11}	$\nearrow\Lambda K^-$ 69 % $\searrow \Xi^0\pi^-$ 23 %	sss
Lambda encantada	Λ_c^+	1.282,0	+1	1/2	0	0	2,3 10^{-13}	$\to\Lambda\pi^+$	duc

4.2. Partículas intermediarias

Nombre y símbolo		*m*	*Q*	*J*	I_z	*S*	*C*	τ	*Modos de desintegración*	*Quarks*
Fotón γ		0	0	1					estable	
Gravitón (?) g		0		2						
Bosones	W^+	80.800	+1						e^+, ν	
interme-	W^-	80.800	−1					10^{-20}?	e^-, $\bar{\nu}$	
diarios	Z^0	92.900	0						μ^+, μ^-	
Gluones										
Mesones										
Piones	π^0	134,9	0	0	0	0	0	8,3 10^{-17}	γ, γ	$u\bar{u}$
	π^+	139,6	+1	0	1	0	0	2,6 10^{-8}	μ^+, ν_μ	$u\bar{d}$
Kaones	K^+	493,7	0	0	1/2	+1	0	1,25 10^{-8}	μ^+, ν_μ 64 % π^+, π^0 21 %	$u\bar{s}$
	L^0_L	497,7	0	0	1/2	+1	0	5,2 10^{-8}	π^+, π^- 69 %	$d\bar{s}$
	K^0_S	*id*	*id*	*id*	*id*	*id*	*id*	9 10^{-11}	π^0, π^0 31 %	
Deones	D^0	1.864,7	0	0	1/2	0	+1	4 10^{-13}	K^0, K^0	$\bar{u}c$
	D^+	1.869,4	+1	0	1/2	0	+1	9 10^{-13}	K^0, K^0, e^+	$\bar{d}c$
Ji-Psí	J-ψ	3.096,9	0	1	0	0	0	10^{-20}	π^+, π^-, K^+, K^-	$c\bar{c}$

5
LAS RADIACIONES ELECTROMAGNÉTICAS

5.1. Cuadro de conjunto

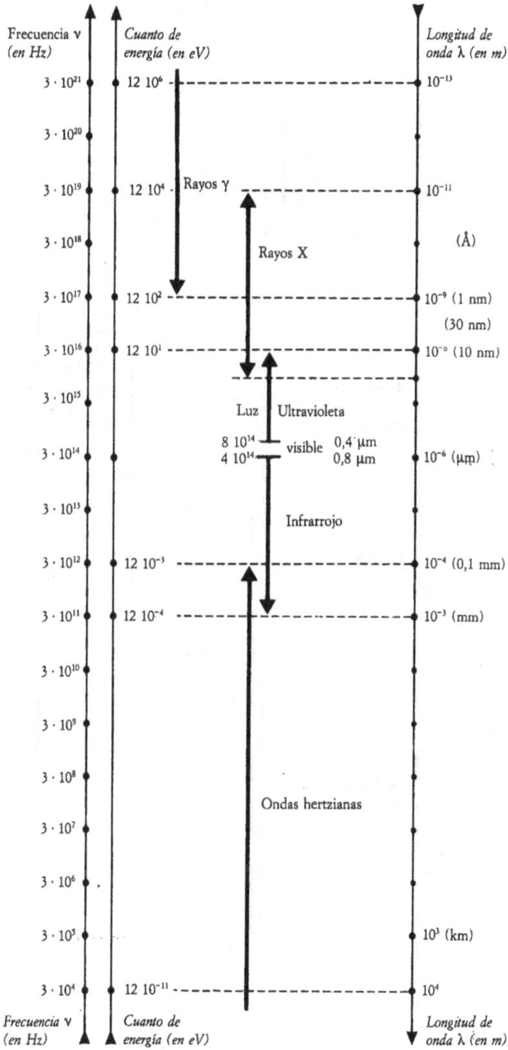

5.2. Ondas hertzianas

Clasificación, con algunas indicaciones someras acerca de sus usos.

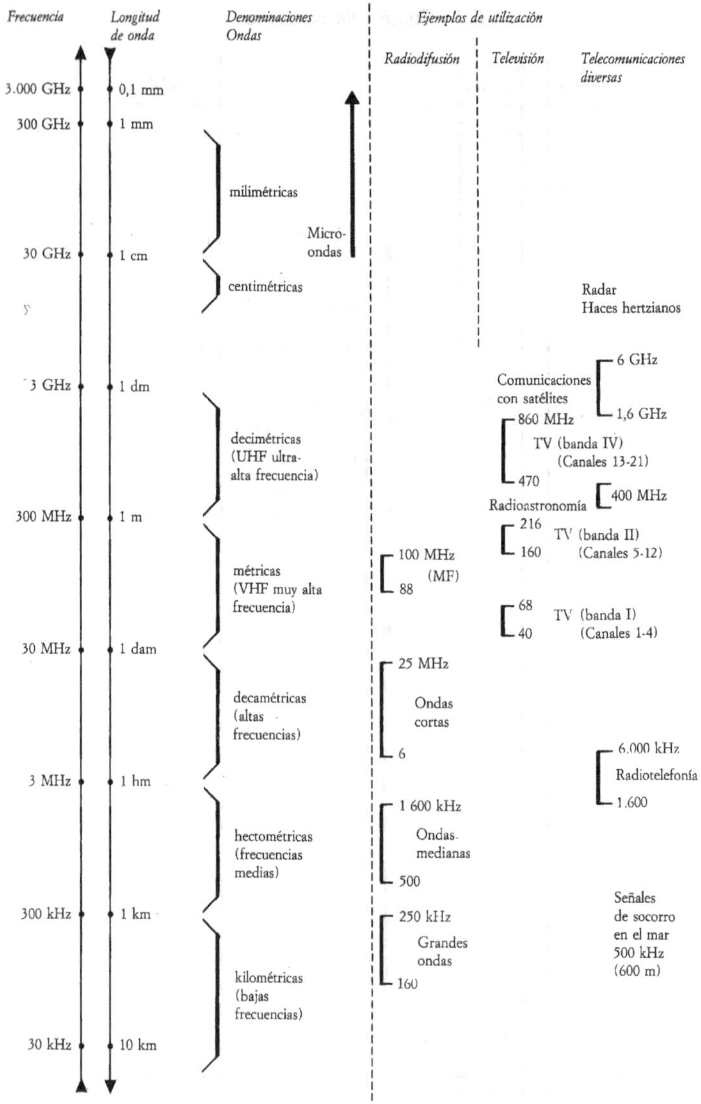

5.3. Ondas infrarrojas

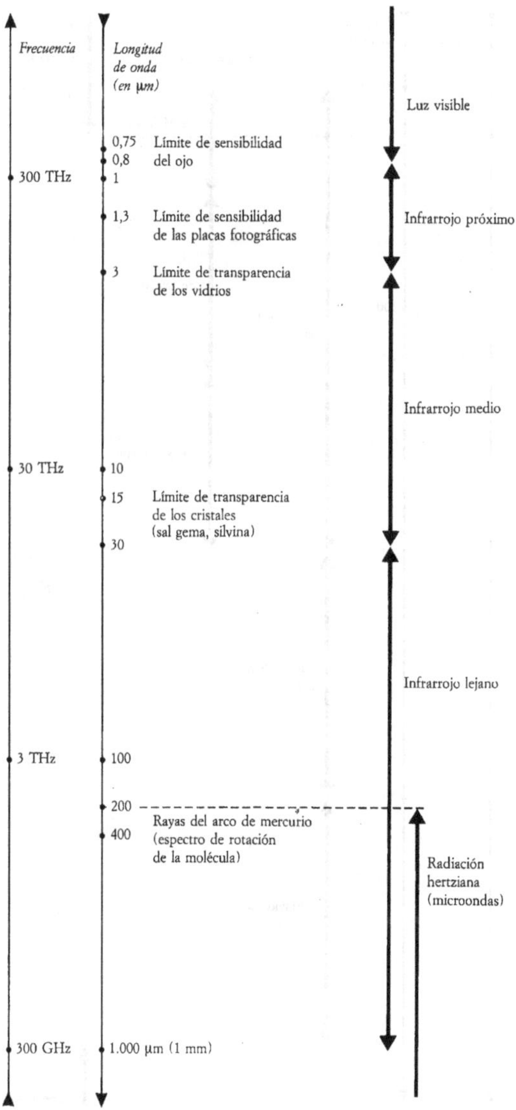

5.4 Ondas ultravioletas

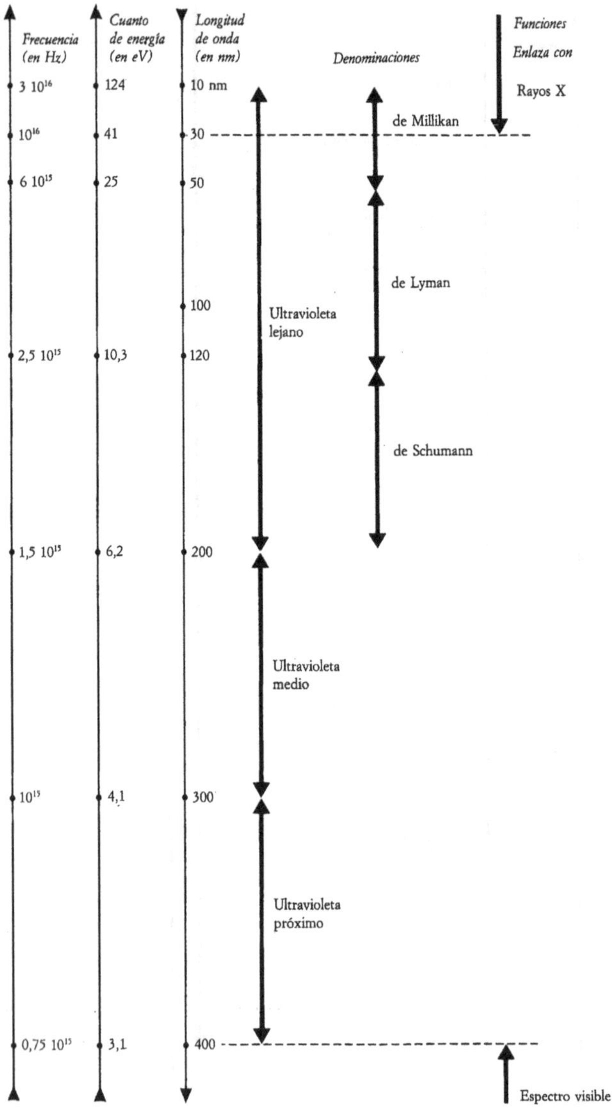

6
LAS PRINCIPALES CONSTANTES

acompañadas de algunas magnitudes y unidades, directamente ligadas a esas constantes

Velocidad de la luz en el vacío	c	$2{,}997\ 924\ 58 \cdot 10^{8}$ m/s	V. DEFINICIÓN DE METRO	
Permeabilidad del vacío	$\mu_0 = 4\pi\ 10^{-7}$	$1{,}256\ 637 \ldots\ 10^{-6}$ H/m	V. DEFINICIÓN DE AMPERIO	
Permitividad del vacío	$\varepsilon_0 = 1/\mu_0 c^2$	$8{,}854\ 187 \ldots\ 10^{-12}$ F/m	V. RELACIÓN DE COORDINACIÓN	
	$1/4\pi\varepsilon_0 = 10^{-7}\ c^2$	$8{,}987\ 551 \ldots\ 10^{9}$ m/F		
Carga elemental	e	$1.602\ 189\ 2 \cdot 10^{-19}$ C	ppm ([1])	2,9
		$4{,}803\ 242 \cdot 10^{-10}$ cgs es		2,9
Constante de Avogadro	N_A	$6{,}022\ 045 \cdot 10^{23}$ mol^{-1}		5,1
Unidades auxiliares de energía	eV	$1{,}602\ 189\ 2 \cdot 10^{-19}$ J (1 J = $6{,}241\ 461 \cdot 10^{18}$ eV)		2,9
de masa	MeV/c^2	$1{,}782\ 676 \cdot 10^{-30}$ kg		2,9
		$1{,}073\ 533 \cdot 10^{-3}$ u		2,8
	$u = 10^{-3}/N_A$	$1{,}660\ 565\ 5 \cdot 10^{-27}$ kg		5,1
		$9{,}315\ 016 \cdot 10^{2}$ MeV/c^2		2,8
Constante de Faraday	$F = N_A \cdot e$	$9{,}648\ 45 \cdot 10^{4}$ mol^{-1}		
Volumen molar de los gases perfectos (0 °C, 1 atm)	V_0	$2{,}241\ 383 \cdot 10^{-2}$ m^3/mol		31
Constantes de los gases perfectos	$R = P_0\, V_0/T_0$	$8{,}314 \cdot 4$ J · mol^{-1} · K^{-1}		
Constante de Loschmidt	$N_L = N_A/V_0$	$2{,}686\ 8 \cdot 10^{25}$ m^{-3}		
Constante de Boltzmann	$k = R/N_A$	$1{,}380\ 662 \cdot 10^{-23}$ J/K		32
		$8{,}617\ 35 \cdot 10^{-5}$ eV/K		32
Constante de gravitación	G	$6{,}672\ 0 \cdot 10^{-11}$ m^2 · kg^{-2}		615
Intensidad del campo gravitatorio terrestre (altura 0, latitud 45°)	g_0	$9{,}806\ 65$ N/kg		

Masa		*en* kg	*en* MeV/c^2	*en* u	ppm		
del electrón	m_e	$9{,}109\ 534 \cdot 10^{-31}$	0,511 003 4	$5{,}485\ 8 \cdot 10^{-4}$	5,1	2,8	
del muón	m_μ		105,659 32				
del protón	m_p	$1{,}672\ 648 \cdot 10^{-27}$	938,279 6	1,007 276 470	5,1	2,8	0,011
del neutrón	m_n	$1{,}674\ 95 \cdot 10^{-27}$	939,573	1,008 665 6			
del deuterón	m_d	$3{,}343\ 63 \cdot 10^{-27}$	1.875,628 0	2,013 554		2,8	
del helión 4	m_α	$6{,}646\ 899\ 9 \cdot 10^{-27}$		4,002 794			
	m_p/m_e	1.836,151 52				0,38	
	$m_p - m_n$	$-1{,}293\ 323$ MeV/c^2				12	
Cargas másicas		*en* C/kg					
del electrón	e/m_e	$-1{,}758\ 804 \cdot 10^{11}$					
del protón	e/m_p	$+9{,}578\ 75 \cdot 10^{7}$					
del deuterón	e/m_d	$+4{,}791\ 46 \cdot 10^{7}$					
del helión	$2e/m_\alpha$	$+4{,}820\ 86 \cdot 10^{7}$					
Radio clásico del electrón	$r = \dfrac{e^2}{4\pi\varepsilon_0}\dfrac{1}{m_e c^2} = 10^{-7}\dfrac{e^2}{m_e}$		$2{,}817\ 938 \cdot 10^{-15}$ m		2,5		

[1] ppm (= partes por millón): desviación típica, en valor relativo.
Ejemplo: $e = 1{,}602\ 189\ 2 \cdot 10^{-19}$ C ppm 2,9 quiere decir que la desviación típica en valor absoluto correspondientes al conjunto de resultados obtenidos en la medida de la carga elemental e ha sido medida como: $(2{,}9/10^6) \cdot e = 0{,}000\ 004\ 60 \cdot 10^{-19}$ C.

Constante de Planck	h	$6{,}626\,176 \cdot 10^{-34}$ J · s	$4{,}135\,69 \cdot 10^{-21}$ MeV · s	5,4	2,6
Constante de Planck reducida	$\hbar = h/2\pi$	$1{,}054\,588\,7 \cdot 10^{-34}$ J · s	$6{,}582\,173 \cdot 10^{-22}$ MeV · s	5,4	2,6
	hc	$1{,}986\,477\,5 \cdot 10^{-25}$ J · m	$1{,}239\,85 \cdot 10^{-12}$ MeV · m	5,4	2,6
	$\hbar c$	$3{,}161\,57 \cdot 10^{-26}$ J · m	$1{,}973\,286 \cdot 10^{-13}$ MeV · m	5,4	2,6
Constantes de la ley de Planck	$C_1 = 2hc^2$		$1{,}191\,061 \cdot 10^{-16}$ W · m²		
	$C_2 = hc/k$		$1{,}438\,79 \cdot 10^{-2}$ m · K		
Constantes de la ley de Stéfan	$\sigma = \frac{\pi^2}{60}\,\frac{k^4}{\hbar^3 c^2}$		$5{,}670\,32 \cdot 10^{-8}$ W · m⁻² · K⁻⁴	125	
Constante de la ley de desplazamiento de Wien	$b = \lambda_m \cdot T$		$2{,}897\,8 \cdot 10^{-3}$ m · K		
Constante de Rydberg	$R_\infty = \frac{1}{8\varepsilon_0^2}\,\frac{me^4}{ch^3}$		$1{,}097\,373\,152 \cdot 10^{7}$ m⁻¹		
rydberg (unidad de energía	$ry = hcR_\infty$		13,605 804 eV	2,6	
Constante de estructura fina	$\alpha = \frac{e^2}{4\pi\varepsilon_0}\,\frac{1}{\hbar c}$		1/137,036 04	0,82	
Radio de Bohr	$a = \frac{4\pi\varepsilon_0}{e^2}\,\frac{\hbar^2}{m_e}$		$5{,}291\,770\,6 \cdot 10^{-11}$ m	0,82	

Magnetón de Bohr	$\mu_B = \frac{e}{2m_e}\hbar$	$9{,}274\,08 \cdot 10^{-24}$ A · m²	
		$5{,}788\,378\,5 \cdot 10^{-11}$ MeV/T	1,6
Magnetón nuclear	$\mu_N = \frac{e}{2m_p}\hbar$	$5{,}050\,82 \cdot 10^{-27}$ A · m²	
		$3{,}152\,451\,5 \cdot 10^{-14}$ MeV/T	1,7
Momentos magnéticos propios			
del electrón		1,001 159 652 209 μ_B	0,000 03
del muón		4,841 957 04 μ_B	0,009
del protón		2,792 845 6 μ_N	0,39
del deuterón		0,857 34 μ_N	
del tritión		2,978 607 μ_N	
del neutrón		−1,913 041 84 μ_N	0,46
del helión 3		−2,127 374 μ_N	
Longitudes de la onda de Compton			
del electrón	$\lambda_{Ce} = h/m_e c$	$2{,}426\,308\,6 \cdot 10^{-12}$ m	1,6
del protón	$\lambda_{Cp} = h/m_p c$	$1{,}321\,41 \cdot 10^{-15}$ m	
del neutrón	$\lambda_{Cn} = h/m_n c$	$1{,}319\,59 \cdot 10^{-15}$ m	

ÍNDICE DE MATERIAS